新疆

农林主要外来入侵生物
监测与防控

郭文超◎主编

中国农业出版社

北京

　　本书由国家重点研发"新发/重大外来入侵物种区域减灾联防联控技术研究"（2022YFC2601401）、自治区重点实验室"新疆农业生物安全重点实验室"、自治区重大科技专项"新疆农业重大/新发外来入侵生物成灾规律与监测防控关键技术研究"（2023A02006）、新疆农业科学院农业科技创新稳定支持专项"农业病虫草害与生物安全防控关键技术研发"（xjnkywdzc‑2022004），"天山英才‑科技领军人才"项目资助。

郭文超 1966年4月出生，二级研究员，博士，博士研究生导师，享受国务院政府特殊津贴专家。现任新疆农业科学院植物保护研究所所长，第十三届新疆维吾尔自治区政协委员，第九届新疆维吾尔自治区科协常委。1998年、2006年被评为"新疆维吾尔自治区优秀专业技术工作者"；2009年获"新疆维吾尔自治区优秀留学回国人员"称号；2012年、2017年入选"天山英才"计划；2015年荣获"新疆维吾尔自治区有突出贡献优秀专家"，同年入选"国家百千万人才工程"，授予"国家有突出贡献中青年专家"；2016年荣获"享受国务院特殊津贴专家"；2019年入选首批"天山领军人才"计划；2022年入选新疆维吾尔自治区现代农业产业技术体系建设战略咨询科学家委员会，2023年荣获"天山英才-科技创新领军人才"称号。主要从事农业入侵生物入侵机理和防控技术研究，在马铃薯甲虫、稻水象甲等入侵生物监测预警及绿色防控研究方面居世界先进或国内领先水平。先后主持国家科技支撑计划、国家自然科学基金、公益性行业专项、农业部948、国家重点研发、自治区重大专项等项目近40项，取得省部级科技成果奖励17项，获省级科学技术进步奖14项，其中新疆维吾尔自治区科学技术进步奖一等奖2项，二等奖5项，三等奖6项；发表论文290余篇，其中SCI收录30余篇，获国家发明专利7项，制定地方和行业标准15项，编写专著16部。

阿地力·沙塔尔 1968年3月出生，博士，教授，博士研究生导师。现任新疆农业大学林学与风景园林学院院长。兼任新疆维吾尔自治区特色林果业发展科技支撑首席专家、新疆维吾尔自治区苹果产业技术体系岗位专家、新疆林学会副理事长、新疆农学会理事、新疆植物保护学会副理事长。

主要从事林业有害生物综合治理和外来有害生物监控等方面的教学与科研工作。主持"国家重点研发项目专题"、中央财政林业发展改革等项目10余项。主持省部级及厅局级项目（课题）50余项。在国内首次发现了枣实蝇、葡萄花翅小卷蛾等，并对其生物生态学及防控关键技术进行研究，研发了枣实蝇实时荧光PCR快速检测技术，研发了枣实蝇、白蜡窄吉丁、苹果小吉丁等的引诱剂及其田间监测技术；在新疆首次发现了农林检疫性有害生物扶桑绵粉蚧，并取得了一系列研究成果。获农业部"神农中华农业科技奖"一等奖1项，自治区科技进步二等奖2项，三等奖2项。取得国家发明专利10项。作为主编或副主编参与出版《枣实蝇及其检疫与控制》等学术著作和教材10余部。发表学术论文130余篇。获新疆维吾尔自治区"三农"骨干人才、"全国林业教学名师""新疆维吾尔自治区优秀教师"（两次）、"新疆维吾尔自治区教科职工建功立业先进个人""新疆农业大学优秀教师""教书育人先进个人"等荣誉。

张祥林 1964年7月出生，二级研究员，现任乌鲁木齐海关技术中心副主任。1988年研究生毕业于石河子农学院植物病理学专业，获农学硕士学位。新疆维吾尔自治区第十一批有突出贡献优秀专家、开发建设新疆奖章获得者。第十届和第十一届中国植物病理学会常务理事，海关总署专业技术委员会植物检疫分专业委员会委员，中国合格评定国家认可委员会动植物检疫专业委员会委员。新疆农业大学硕士研究生导师及客座教授。

自1995年以来一直从事植物检疫工作，承担进出境植物种子、苗木中有害生物检疫鉴定及田间疫情调查，先后从进境种苗中截获西瓜细菌性果斑病菌、松材线虫、苜蓿黄萎病菌等各类检疫性有害生物16种、92批次。相继奔赴南北疆各地州开展进境种苗疫情调查和新发外来入侵检疫性有害生物疫情普查、监测和综合防控工作。主持和参与完成"十二五""十三五"国家重点研发计划、国家公益性行业科研专项和省部级科研项目16项。获省部级科学技术进步奖一等奖2项，二等奖4项，三等奖3项，出版专著6本，制定国家标准9项、行业标准16项，获得授权国家发明专利15项、实用新型专利9项，发表论文116篇。

胡白石 1968 年 10 月出生，博士，南京农业大学植物保护学院教授，博士研究生导师。中央单位第九、第十、第十一批援疆干部人才。农业农村部植物检疫性有害生物监测防控重点实验室主任，农业农村部植物保护专家指导组成员，全国农业技术推广服务中心植物检疫及细菌病害专家，国家瓜类工程技术研究中心副主任，中国植物病理学会种子病理专业委员会主任委员，中国植物病理学会植物病原细菌专业委员会副主任委员，全国专业标准化技术委员会委员，新疆瓜菜种子健康检验检测中心副主任，新疆梨火疫病防控技术顾问，新疆油料作物产业技术体系病虫害岗位科学家，南京农业大学植物检疫研究室主任。研究方向为植物检疫学和植物细菌病害。对植物病原细菌的生物学、检测技术、致病机理有较深入的研究，在国内外有较大影响，发表该领域研究论文 70 余篇，获国家发明专利 5 项，参与制定国家标准 4 项，国际标准 1 项，主编国家级教材 2 部，专著 2 部。其领导的"南京农业大学植物检疫研究室"依托华东作物有害生物综合治理农业部重点实验室/农作物生物灾害综合治理教育部重点实验室，是全国农业技术推广中心植物检疫处的技术依托实验室，承担全国范围内检疫性植物细菌病害的检测、鉴定工作。

阎平　1962年3月出生，石河子大学生命科学学院植物学二级教授，硕士研究生导师，校级教学名师，兵团学术技术带头人，新疆自然科学（植物学）专家，新疆植物学会副理事长，第十四届中国植物学会系统与进化植物学专业委员会委员，中国民族医药协会健康科普分会科普专家。

　　主要从事植物学教学与科研工作，研究方向为植物形态分类与物种多样性、新疆杂草与野生植物种质资源。先后主持和负责完成国家自然科学基金项目"新疆北疆杂草植物区系与地理分布研究（2019—2022）"等6项，主持教育部、农业部科技项目2项，承担新疆维吾尔自治区农业农村厅、卫健委、海关总署、克拉玛依市等科技专项7项。参加《新疆植物志》（第三、六卷）、《昆仑植物志》（第二卷）与《天山维管植物名录》部分内容的编写与研究工作，以及《新疆维吾尔自治区重点保护野生植物名录》的主要编审。作为副主编参与出版植物学国家规划教材与教学参考书5部，作为参编、副主编和共同主编参与出版植物学相关专著7部，发表学术论文100余篇，发表植物新种3种，发现新疆新记录植物8属40余种，获兵团科技进步二等奖2项。

张国良 1967 年 12 月出生，博士，中国农业科学院农业环境与可持续发展研究所研究员，兼任国家外来入侵物种防控部际专家委员会委员，WTO-SPS 官方评议专家。主要从事入侵杂草监测、评估及生态修复技术研究；重点围绕入侵植物化感物质对地球化学循环、能量流动的影响机制进行研究，开发退化环境生态修复技术和产品并应用示范。

近 10 年主持完成国家公益性（农业）行业科研专项、国家重点研发计划、国家自然科学基金、农业农村部财政专项（政府购买服务项目）、国际合作等项目（课题）20 余项，获省部级科技成果奖励 8 项，农业农村部主推技术 1 项，制定农业行业（地方）标准 32 项，出版著作 24 部，授权专利 19 项，在 *BMC Plant Biology*、*Plant and Cell Physiology*、*Scientific Data*、*International Journal of Molecular Sciences* 等期刊发表科技论文 90 余篇。研发的"以草治草""以虫治草""农艺控草"等入侵杂草防控技术模式已成为我国入侵植物生态治理技术典范，形成的一系列实用技术、标准、指南和天敌产品得到广泛推广应用，取得了较好的经济、生态和社会效益。

赵思峰 1975 年 5 月出生，博士，石河子大学农学院党委书记，教授，博士研究生导师。2000 年在石河子大学获植物病理学硕士学位，2004 年 9 月至 2007 年 12 月在浙江大学农业与生物技术学院获农学博士学位，2011 年获教授职称。2015 年 9 月至 2015 年 12 月在新西兰梅西大学（Massey University）做访问学者，曾到以色列和安哥拉进行学习和交流。兼任中国植物保护学会理事，中国植物病理学会理事，新疆植物保护学会副理事长，新疆维吾尔自治区现代农业产业技术体系建设战略咨询科学家委员会委员，新疆绿洲农业病虫害治理与植物保护资源利用重点实验室主任；兼任《新疆农业科学》、《石河子大学学报》（自然科学版）编委，是 *Plant Disease*、《植物病理学报》《中国油料作物学报》等杂志的审稿专家。主持国家自然科学基金、国家重点研发项目子课题、国家科技支撑计划课题、国家星火计划课题等国家级课题 9 项，新疆生产建设兵团课题 7 项。发表论文 190 余篇，其中以第一或通讯作者在 *Plant Disease*、*Phytopathology*、*Frontiers in Plant Science*、*Agronomy-Basel*、*Ecology and Evolution* 等发表论文 42 篇。作为主编参与出版专著 2 部，作为副主编参与出版专著 1 部，授权国家发明专利 5 项，制定地方技术标准 2 项，获省部级科学技术进步奖二等奖 4 项，三等奖 2 项，省部级技术发明奖二等奖 1 项。

吕要斌 1971年2月出生，博士、研究员，浙江省农业科学院植物保护与微生物研究所学科带头人，湘湖实验室生物互作研究院执行院长，农业农村部植保生物技术重点实验室主任，浙江省有突出贡献中青年专家，浙江省"151人才工程"培养人员，中国植物保护学会理事、浙江省植物保护学会副理事长，担任《农药学报》《生物安全学报》《浙江农业学报》《环境昆虫学报》等学报编委，兼任南京农业大学、浙江农林大学、浙江师范大学、中国计量大学等大学的研究生导师。主要从事作物害虫成灾机制及绿色防控技术、外来入侵害虫入侵机制及防控技术等领域的应用基础研究及应用技术研究。主持国家公益性行业专项项目、国家重点研发计划项目课题、国家自然科学基金项目、浙江省重点研发计划项目等国家级和省级项目10多项。在西花蓟马、扶桑绵粉蚧、红火蚁、番茄潜叶蛾、草地贪夜蛾等重大入侵害虫以及花蓟马、棕榈蓟马、小菜蛾、甜菜夜蛾等重要蔬菜害虫的成灾机制及防控技术研究领域，取得了一批重要的科研成果，其中以主要完成人获得国家科学技术进步奖二等奖和省级科学技术进步奖一等奖各1项，以第一完成人获得浙江省科学技术进步奖二等奖2项，授权国家发明专利10项，蓟马高效引诱剂、扶桑绵粉蚧性诱剂等多项害虫绿色防控技术成功转让并实现产业化，以第一或通讯作者发表论文150多篇，其中SCI论文60篇，培养博士后及研究生40多名。

胡小平 1970 年 12 月出生，西北农林科技大学二级教授，国家小麦产业技术体系外来入侵物种防控岗位科学家，教育部新世纪优秀人才，享受国务院政府特殊津贴专家。

现任西北农林科技大学植物保护学院院长兼党委副书记，教育部重点实验室主任，农业部重点实验室主任，国际植物病害流行学专业委员会委员，国家海关生物安全专家委员会委员，全国植物检疫性有害生物审定委员会委员，中国植物病理学会植物病害流行专业委员会副主任委员，中国植物保护学会病虫测报专业委员会、植保信息技术专业委员会、抗病虫专业委员会、植保系统工程专业委员会副主任委员，陕西省植物病理学会理事长，陕西省植物检疫性有害生物审定委员会主任，*Phytopathology*、*Austin Biology* 等期刊编委，*Crop Protection* 副主编。主要从事作物病害监测与治理的教学与研究工作，明确了我国小麦条锈菌的菌源中心及其传播路径，修订了我国小麦条锈病的流行区系；发明的作物病害预报器和病菌孢子捕捉仪入选国家"十三五"科技创新成就展并在北京展览馆展出，研发的"小麦条锈病智能化监测预警技术"入选全国农业十大重大引领性技术。发表研究论文 300 余篇，撰写著作 14 部，获授权专利 16 件，获批标准 2 件，获国家级科技进步一等奖 1 项，省部级科技进步一等奖 2 项、二等奖 5 项、三等奖 1 项，获国家教学成果一等奖 1 项，省部级特等奖 2 项、一等奖 1 项、二等奖 1 项。指导的研究生荣获陕西省百篇优秀博士学位论文 2 篇、校级优秀研究生学位论文 11 篇。

编 委 会

主　编　郭文超

副主编　阿地力·沙塔尔　张祥林　胡白石　阎　平　张国良
　　　　赵思峰　吕要斌　胡小平

编　委（按姓氏笔画排序）

丁新华　于江南　马　荣　马　琦　马　淼　马占仓
马志龙　马洁云　王　兰　王　华　王　俊　王　洁
王　翀　王小武　王少山　王玉丽　王志慧　王忠辉
王晓东　王银芳　王惠卿　王寒月　邓建宇　玉山江·麦麦提
卡德艳·卡迪尔　叶晓琴　田艳丽　付卫东　付开赟
付文君　白剑宇　令狐伟　冯宏祖　吐尔逊·阿合买提
吕要斌　朱晓峰　朱晓锋　刘　彤　刘　慧　刘长月
刘忠军　刘爱华　刘海洋　关志坚　许建军　克尤木·卡德尔
苏　杰　杜珍珠　李　飞　李　玥　李　欣　李　晶
李广阔　李子昂　李志红　李克梅　李岚杰　李国清
李俊峰　李晓维　李海强　杨　栋　杨明禄　吴家和
何　伟　何善勇　辛　蓓　沙帅帅　宋　振　宋　博
张　硕　张　皓　张　蓓　张　璐　张小菊　张仁福
张国良　张治军　张学坤　张建萍　张祥林　陆　平
阿尔孜姑丽·肉孜　阿地力·沙塔尔　陈　静　陈卫民
陈佳宇　陈浩宇　陈雅丽　罗　明　罗文芳　季　娟
岳荣强　金格斯·吾尔兰汗　周军辉　赵　莉　赵文轩
赵思峰　郝敬喆　胡　安　胡小平　胡白石　姚兆群
秦培元　秦誉嘉　都业娟　索银·图娅　贾尊尊　徐文斌
徐兵强　殷智婷　高　利　高国龙　高桂珍　高海峰
郭　治　郭文超　郭铁群　唐子人　黄　刚　曹小艳
曹小蕾　盛　强　崔元秦　阎　平　梁　萌　梁巧玲
彭　彬　彭　焕　彭德良　葛伟淇　董　欢　董合干
韩　畅　韩　剑　韩　盛　韩志全　韩丽丽　喻　峰
焦　雪　焦雪婷　谢　盼　蔡志平　潘俊鹏　熹　慧
戴爱梅　魏　杨

序

全球经济一体化进一步加剧了外来入侵生物在地区间的传播与危害，据不完全统计，截至目前，全球入侵物种多达 19 600 种。外来入侵生物导致的全球经济损失严重、人类健康遭受威胁、生物多样性丧失等问题已引起各国政府的高度关注和重视。

近年来，随着全球经济一体化进程不断加快和我国改革开放的持续深入，我国生物入侵风险也正在不断加剧，生物安全防控形势十分严峻！据统计分析，近 20 年入侵我国的生物达到 100 种，平均每年有 5～6 种。截至 2020 年，我国农林入侵生物达到 667 种。其中草地贪夜蛾、马铃薯甲虫、美国白蛾、红火蚁、番茄潜叶蛾、扶桑绵粉蚧、福寿螺、柑橘黄龙病菌、梨火疫病菌、豚草、三裂叶豚草、紫茎泽兰等数十种农林重大入侵生物的传播蔓延和暴发，每年造成的直接经济损失超过 1 230 亿元，我国已成为全球遭受生物入侵威胁最大和损失最为严重的国家之一。农林外来生物入侵已对我国粮食安全、农林经济安全、农林生产安全和农林生态安全构成严重威胁。由此可见，加强我国农林生物安全的必要性和紧迫性已成为共识，进一步提升农林生物安全保障能力和水平不仅是我国粮食安全和农林生产持续健康发展的重大需求，更是防范外来物种入侵与保护生物多样性，维护我国农林生产和生态安全的必然选择。

新疆是我国西北边陲的农业大省，地域辽阔，地理纬度跨度大，气候多变，生物多样性十分丰富，错综复杂的地理环境，造就了新疆生态、物种的多样性和特殊性，可适应来源于多种生境的外来物种的生存繁衍。作为共建"一带一路"倡议的前沿核心区，新疆区位优势突出，周边与 8 个国家接壤，边境线长度达 5 700 千米，陆路和航空口岸多达 31 个，新疆已成为向西开放的重要窗口和桥头堡，尤其是随着丝绸之路经济带核心区建设，围绕乌鲁木齐国际陆港区与喀什经济开发区、霍尔果斯经济开发区建设和"两霍两伊"一体化发展，建立"一港""两区"和"口岸经济带"，打造我国内陆开放和沿边开放"高地"，"中国（新疆）自由贸易试验区"建设项目的确立，使新疆向西开放的窗口作用和桥头堡地位不断得到加强，新疆迎来了新一轮的大

1

发展。但是我们也应该清醒地看到，我国与中亚、西亚、南亚和欧洲等"一带一路"共建国家经贸往来日益频繁，加之跨境贸易旅游高速增长，结合新疆地理区位优势突出、生态气候类型多样、栽培耕作革新、农林种植格局改变，多种因素叠加，自2000年以来，传入我国新疆的农林入侵生物多达118种，农林生物入侵呈现多发、频发和重发态势，对新疆农林生产安全和生态安全构成巨大威胁。其中，马铃薯甲虫、枣实蝇、稻水象甲、甜菜孢囊线虫、梨火疫病、油菜茎基溃疡病、白蜡窄吉丁、葡萄花翅小卷蛾、番茄潜叶蛾、甜瓜迷实蝇、刺萼龙葵、豚草、三裂叶豚草等数十种重大危险性病、虫、草害相继传入新疆，其中绝大多数属于国际公认的重大入侵生物和我国对外检疫对象。农林重大和新发入侵生物的跨境和跨区域传播和危害使新疆农林生产遭受了严重的经济损失。据不完全统计，2021年棉花黄萎病菌、苹小吉丁、苹果蠹蛾、马铃薯甲虫、苹果绵蚜、枣实蝇、梨火疫病菌等16种主要农林外来入侵物种发生的总面积达163.91万 hm^2，危害造成的直接经济损失高达48.76亿元，投入防治费用达8.13亿元，累计造成经济损失56.89亿元。由此可见，新疆已成为我国农林外来物种发生危害的重灾区，监测和防控形势十分严峻。这充分说明新疆农林生物安全面临着巨大的挑战。因此，如何把好我国的西大门，杜绝或延缓重大和新发外来入侵生物跨境和跨区传播与危害，保障新疆乃至我国西北干旱和半干旱生态区农林生产和生态安全是我们必须解决的重大课题。

围绕新疆生物安全领域的重大科技需求，"十五"以来，依托国家和新疆维吾尔自治区先后启动的国家重点研发计划、国家公益性行业专项和新疆维吾尔自治区重大攻关等多项科研攻关课题，在生物安全领域，通过"外引内联"，新疆农业科学院植物保护研究所等单位组建了跨学科、跨部门、跨区域的具有较强科研优势且创新能力达到国内一流水平的创新研究团队，在马铃薯甲虫、稻水象甲、葡萄花翅小卷蛾、枣实蝇、番茄潜叶蛾、梨火疫病菌、烟粉虱、甜菜孢囊线虫和豚草等重大农林外来入侵生物的传播扩散规律、致害机理和暴发成灾、生态适应性变化等生物学、生态学机制和规律、风险评估和适生性分析、检测监测技术、应急阻截与综合防控等技术研究领域取得了一批具有国际先进和国内领先水平的技术成果，这些技术成果的推广应用，有效遏制了多种重大农林入侵生物的传播和危害，保障了新疆乃至我国内陆省份农林生产和生态安全。未来，依托新疆农业科学院创建"新疆农业生物安全创新中心""新疆农业生物安全重点实验室"，聚焦新疆，围绕优势特色农作物和林果产业持续发展的重大技术需求，筑牢外来入侵生物跨境、跨区联防联控的农林生物安全技术屏障，把好我国西北大门，为保障我国农林生产和生态安全做出应有的贡献。

该著作汇聚了国内多位在新疆从事农林外来生物入侵研究的权威专家，集他们多年来在相关领域取得的研究成果之大成，全面阐释了外来入侵生物的概念和相关知识，系统梳理和介绍了新疆农林外来入侵生物发生的本底情况，包括发生趋势、入侵特点和传入方式，以及新疆主要农林外来入侵生物种类、形态特征及危害等，重点展示了新疆区域性农林重大入侵生物的生物学和生态学机制、风险评估与适生性分析、监测及检测技术、应急阻截和综合防控技术等领域研究取得的最新成果，以期为新疆农林外来入侵生物的科学监测预警、应急阻截和综合防控提供相关的理论指导和技术支撑。该著作内容丰富、翔实，理论联系实际，不仅可为新疆农林生物安全领域的教学和科研提供重要参考，而且对于其他地区的农林入侵生物相关领域的科研工作者、学者和管理人员均具有重要的参考和借鉴价值。

前言

随着我国改革开放不断深入，经济快速发展，对外贸易高速增长，旅游业、交通和物流业迅速发展，以及全球气候变化等多重因素复合影响，我国生物入侵频发、多发和重发。由此引发的严重的生态灾害、巨大的经济损失、人类健康遭受威胁等一系列公害问题引起了各级政府高度关注，同时也成为社会公众关注的热点和焦点问题。据统计，我国每年因生物入侵造成的经济损失高达 2 000 亿元，其中农林外来入侵生物造成的损失达到 1 230 亿元，占总额的 61.50%。尤其是近年来，草地贪夜蛾、扶桑绵粉蚧、梨火疫病、柑橘黄龙病、马铃薯甲虫、红火蚁、番茄潜叶蛾、豚草等一大批农林外来病、虫和草的入侵、传播和危害，对我国生物安全和粮食安全构成严重威胁。为了有效应对外来生物入侵、传播和危害带来的威胁，2021 年 4 月 15 日《生物安全法》正式施行，标志着我国生物安全工作已经上升到国家安全的战略高度，并通过立法保障生物安全工作的全面落实。为了有效防范和应对入侵物种危害，保障农林牧渔业可持续发展，保护生物多样性，更好地落实和贯彻执行《生物安全法》，2022年 6 月 17 日，由农业农村部、自然资源部、生态环境部、海关总署四部门联合颁布的《外来入侵物种管理办法》，开启了我国生物安全服务保障和科学管控新纪元。

新疆拥有耕地面积 746.67 万 hm^2，耕地面积总体规模位居全国第五，是我国西北农业大省。得天独厚的自然条件和丰富的光热资源孕育了新疆独特而多样的农作物和果树品种资源。作为支柱性产业，棉花、葡萄、核桃、杏、香梨、加工番茄、哈密瓜等优势特色农作物和林果种植业在新疆区域经济发展中占有举足轻重的地位。随着新疆农业高质量发展和农业现代化建设的逐步推进，新疆农业发展蕴含的巨大发展潜力，将为新疆经济的持续发展提供强有力的支撑。然而，高山环抱盆地，绿洲荒漠交错，森林、草原、湖泊相间，湿地、沙漠并存，错综复杂的生态地理环境，造就了新疆生态、物种的多样性和特殊性，适合来源于多种生境的外来物种的生存繁衍。脆弱而结构单一的农林生态系统，也进一步增加了农林外来入侵生物成功定殖的风险。同

1

时，新疆边境线长，通商口岸多，是历史悠久的东西方交流和货物集散地。改革开放以来新疆的区位优势更加突出，并在"一带一路"倡议下，新疆的发展潜力进一步被发掘，迎来了崭新的机遇与挑战。新疆可谓地理区位优势突出，特别是随着"丝绸之路经济带"核心区建设，"中国（新疆）自由贸易试验区"建设，建立"一港""两区""五大中心"和"口岸经济带"，打造我国内陆开放和沿边开放"高地"，向西开放的重要窗口和桥头堡的作用和地位不断得到加强，新疆将迎来新一轮的大发展。同时，跨境贸易高速发展（中欧班列、跨境电子商务快速发展等）、旅游商贸人员往来骤增（亚欧博览会定期召开），均会导致进出境植物及其相关产品、携带物数量激增，这些变化将助长农林外来入侵生物的传播和危害。由此可见，特殊地理区位优势也使得新疆成为我国农林外来入侵生物传播的主要通道之一。在183种我国潜在的植物检疫性有害生物中，"丝绸之路经济带"周边邻国至少有48种以上。随着我国与"一带一路"共建国家，尤其是与毗邻的中亚各国经贸往来和人员互联互通更加频繁，这些具有潜在传播扩散风险的农林检疫性有害生物从中亚各国或经过中亚各国跨境传入我国新疆的风险正在加剧。此外，气候变化、农作物种植结构和耕作模式的变革等因素在一定程度上也增加了农林外来生物入侵成功的概率、扩散蔓延的速度和暴发成灾的风险，这也导致新疆农林外来生物入侵事件频发、重发，总体呈现入侵频率加快，蔓延范围逐步扩大，发生危害趋于严重的态势。在近几十年，入侵新疆的外来物种中，不乏有马铃薯甲虫、梨火疫病菌、枣实蝇、甜菜孢囊线虫、油菜茎基溃疡病菌等一系列我国对外重大检疫对象，上述入侵生物的传播和危害，对新疆农林生产安全和生态安全形成了巨大影响，也严重威胁到我国的农林生产安全和生态安全，应给予高度重视，防患于未然。

在此背景下，"十五"以来，围绕有效遏制农林外来生物入侵、传播和危害，保护新疆农林生产和生态安全，守好我国西北大门的重大技术需求，通过国家科技攻关、国家自然科学基金、国家公益性行业专项和新疆维吾尔自治区重大专项等项目，整合国家和自治区农林外来生物领域优势科研团队数十名专家学者，对一百余种代表性强、经济重要性大的入侵生物进行系统深入的研究，形成一批具有国际先进或国内领先的技术成果。以上述研究成果为基础，本著作系统梳理和阐明了新疆主要入侵生物的风险分析、检测监测、暴发成灾致害机制、种间竞争与互作机制等入侵生物学、生态学基础理论的最新研究进展，介绍了应急防控和综合防控技术及产品等一系列先进技术成果，这些理论技术成果不仅在生产上得到了广泛验证，而且其应用和推广有效地控制了新疆农业外来入侵生物的发生、传播和危害，保障了新疆农林的生产安全。因此，为了进一步贯彻落实生物安全法，系统规划和构建区域性生物安全风险防控和治理体系，全面提高新疆生物安全治理能力，本著作集新疆二十多年生物安全领域研究成果之大成，将对新疆乃至我国相关区域农林外来入侵生物的生物学、生态学等基础理论研究及检测、监测与防控技术探索应用发挥重要的指导作用。同时，由于涵盖的创新性研究成果进一步丰富了我国农林外来入侵生物基础理论探索研究和防控技术应用实践，本著作因此也具有很高的学术参考价值。

　　由于时间仓促，在本著作的编撰过程中难免出现不妥和疏漏之处，恳请广大读者和同行批评指正。

2023 年 12 月

CONTENTS

目 录

序
前言

1

下 篇 各 论

上 篇

概　　论

第一章
入侵生物学概论、生物入侵研究现状与趋势

　　生物入侵是导致全球经济损失、威胁人类健康并造成生态灾难的重要因素。随着全球经济一体化进一步加速，地区间物种迁移与传播加速，致使外来入侵生物的发生和危害愈演愈烈，生物入侵引发的生物安全问题已成为与一个国家经济发展、生态安全、国际贸易以及政治利益紧密关联的重大科学问题，是国际社会、各国政府、科学家与民众共同关心的热点和焦点问题，也是 21 世纪全球五大环境问题之一（Millennium，2005）。在全球范围内，外来入侵生物造成的经济损失至少达 1.4 万亿美元。在对外开放不断深入的大背景下，我国生物入侵呈多发、频发和重发态势。据不完全统计，全世界约 100 种最具威胁性的入侵物种中，我国就有 82 种之多，其中外来入侵物种 32 种。21 世纪以来，传入我国的农林入侵物种每年有 5～6 种，是 20 世纪 80 年代的 10 倍以上（生态环境部，2020）。我国每年由于入侵生物造成的经济损失超过 2 000 亿元（严玉平 等，2007）。为保障生物安全，遏制生物入侵，减轻其负面影响，通过国际新技术、新方法以及新兴交叉学科的融合发展，美洲、欧洲等地区的发达国家在入侵生物的生物学、生态学和防控学基础理论、技术产品和技术集成与应用方面率先取得了重要的研究成果，促进了入侵生物学科的发展。我国也十分重视外来生物入侵领域的研究与应用工作，尤其是在农林外来入侵生物防控研究方面取得了突破性的进展，特别是对苹果蠹蛾［*Cydia pomonella*（Linnaeus）］、马铃薯甲虫［*Leptinotarsa decemlineata*（Say）］、稻水象甲（*Lissorhoptrus oryzophilus* Kuschel）、西花蓟马（*Frankliniella occidentalis* Pergande）、黄顶菊［*Flaveria bidentis*（Linnaeus）Kuntze］、螺旋粉虱［*Aleurodicus dispersus*（Russell）］、烟粉虱［*Bemisia tabaci*（Gennadius）］、红火蚁（*Solenopsis invicta* Buren）、紫茎泽兰［*Ageratina adenophora*（Spreng.）R. M. King et H. Rob.］等重大农林入侵生物开展了系统的研究，集成了检测监测、风险评估、物理防控、生物防控、生态调控等技术体系，为重大入侵生物监测预警和阻截防控发挥了重要的技术支撑作用（张国良 等，2009；万方浩 等，2015；郭文超 等，2017）。

　　本章介绍了生物入侵的概念、特征、传播方式及影响等知识，系统分析了国际和国内生物入侵现状与趋势，重点阐述了我国生物入侵防控现状、问题及对策等。

第一节　生物入侵的概念、特征及传播方式

一、生物入侵概念

（一）生物入侵

生物入侵（biological invasion）指某种生物从原来的分布区域扩展到一个新区域，在

新区域，其后代可以繁殖、扩散并维持下去（Elton，1958）。英国研究生物入侵的权威学者 Williamson（1966）提出，生物入侵是指生物进入一个进化史上从未分布过的新地区，不考虑以后该物种是否永久定居。目前学术界引用最多的生物入侵的概念为：生物离开其原生地，由原来生存地（国家、地区、生态系统），经自然（气流、风暴和海流等）或人为途径传播到另一个环境中，损害入侵地的生态系统、生物多样性、农林牧渔业的生产以及人类的健康，从而造成经济损失和生态灾难的过程（徐汝梅，2003）。从生物入侵的概念中可以引出两个基本概念，即外来物种和外来入侵物种。

（二）外来物种

外来物种（alien species）或称非本地的、非土著的、外国的、外地的物种，是指那些出现在其过去或现在的自然分布范围及扩展潜力地区以外（即在其自然分布范围内没有直接或间接引入）的物种、亚种或以下的分类单元，包括所有可能存活、继而繁殖的部分、配子或繁殖体。该物种借助人类活动越过不能逾越的空间障碍而进入其从未分布的区域。在自然情况下，自然或地理条件构成了特种迁移的障碍，依靠物种自然扩散能力进入一个新的生态系统是相当困难的，或者说是不可能的。但是，在人类有意或无意的活动下却可能使特种迁移越来越频繁，情况也越来越复杂（万方浩 等，2011；Convention on Biological Diversity，2021）。如果这些外来物种在新迁居的生态系统中生存下来，能够自行繁衍和扩散，而使当地的生态系统与景观明显改变，对本土原有的生物群落和物种产生显著影响，这样的外来物种就变成外来入侵物种（Williamson，1996）。

关于本地种和外来种的区分标准，国际上一般有两种意见：空间标准和时间标准。空间标准，即按照"种＋属差"的原理，将本地物种以外的物种认定为外来物种。有的国家以空间标准界定外来物种，比如哥斯达黎加和新西兰以本国管辖的地域作为参照，而美国和南非以完整的生态系统为参照。时间标准，如澳大利亚规定 1400 年之前进入其领土的是本地物种，欧洲一些科学家认为可以 400 年为界划分本地种和外来种，我国也有学者主张以 100 年为时间单位划分本地物种和外来物种。

（三）外来入侵物种

关于外来入侵物种（Invasive Alien Species，简称 IAS），对于"外来"概念的界定，学术界一直持有不同意见，目前比较主流的两种是以国界或者以生态系统划分。因此，外来入侵物种的标准是外域种，它具有的特征和表现：一是借助人类活动越过隔离障碍，或能自然逾越空间障碍而入境；二是可在当地的自然或人为生态环境中定居，建立可自我维持的种群，并自行繁殖与扩散；三是对当地的生态系统和景观生态造成明显的影响，并损害当地的生物多样性（Williamson，1996）。《生物多样性公约》（Convention on Biological Diversity，CBD）对外来入侵物种的定义指出，一个外来物种的建立和扩散威胁到当地生态系统、生境或物种，造成经济或环境危害时，被称为外来入侵物种。2001 年世界自然保护联盟（International Union for Conservation of Nature，IUCN）将外来入侵物种定义为"已建立种群并传播威胁到生态系统、生活环境或具有经济、环境危害的外来物种"。为了便于管理，我国对外来入侵物种的定义以国界进行划分，根据 2022 年 8 月 1 日正式施行的《外来入侵物种管理办法》规定，外来入侵物种是指传入定殖并对生态系统、生境、物种带来威胁或者危害，影响我国生态环境，损害农林牧渔业可持续发展和生物多样性的外来物种。

实际上，并非所有外来物种都能成功入侵且建立种群，并非所有建立种群的外来物种都能对生态系统造成威胁，外来物种能够最后成为入侵物种的比例是非常小的，在外来物种与本地生态系统相互作用的结果下（Williamson，1996），约有1%的外来物种会建立起种群，其中建立种群的外来物种中10%会变成有害物种，造成生态灾害，这一经验被称为"十数定律（Tens Rule）"，即能够成功进入每一入侵阶段的外来物种比例约为1/10（Williamson，1996；万方浩 等，2015）。换言之，大约有10%的外来生物被引入新的生境后可以适应新生境，大约有90%的外来生物未能适应新生境而被淘汰。在适应新生境的外来生物中，大约有10%能够形成生物入侵并成为入侵生物，大约有90%未造成明显的环境风险和生态危害，这部分外来生物可以称为归化生物或归化种（图1-1）。

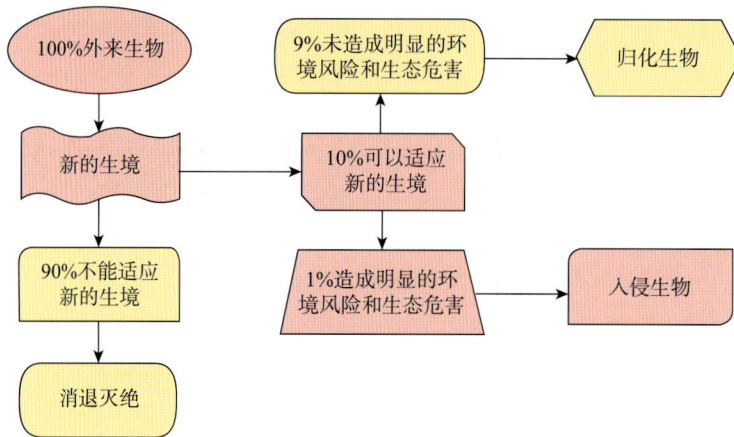

图1-1 Williamson 提出的十数法则（王从彦，2021）

（https://blog. sciencenet. cn/home. php? do＝blog&id＝1265612&mod＝space&uid＝565899）

（四）生物入侵机制假说

入侵物种会在新的环境生长、繁殖、适应、扩散和暴发，使入侵地的植被遭到破坏、生态过程改变，土壤贫瘠加重等，与当地物种竞争资源（陈宝雄 等，2020）。外来物种的成功入侵主要取决于其本身的生物学特性、入侵物种与入侵区域物种的相互作用、入侵区域物种多样性以及入侵区域的环境变化。生物入侵的过程较为复杂，用单一的入侵假说很难解释清楚入侵物种的入侵机制，因此学者们相继提出与物种入侵机制相关的多种假说，主要包括内在优势假说（Inherent Superiority Hypothesis，ISH）、竞争力增强进化假说（Evolution of Increased Competitive Ability Hypothesis，EICA）、天敌解脱假说（Enemy Release Hypothesis，ERH）、互利助长假说（Mutualist Facilitation Hypothesis，MFH）、繁殖压力假说（Propagule Pressure Hypothesis，PPH）、资源机遇假说（Resource Opportunity Hypothesis，ROH）、新武器假说（Novel Weapon Hypothesis，NWH）、生物阻抗假说（Biotic Resistance Hypothesis，BRH）、物种多样性阻抗假说（Diversity Resistant Hypothesis，DRH）、空余生态位假说（Vacant Niche Hypothesis，VNH）、生态系统干扰假说（Ecosystem Disturbance Hypothesis，EDH）等（万方浩 等，2011）。综上所述，外来入侵物种成功定殖的因素并非取决于某个单一因素，而是多种因素相互关联的结果。

二、外来生物入侵的特征

外来生物是否可以成功入侵，取决于其适应新生境的能力，成功的入侵物种或种群往往在其原生范围内进化出某些特性，使其易于通过外力特别是人类活动被转运，并能够成功地在入侵过程的选择中存活下来（万方浩 等，2011）。

①入侵物种自身的生物学、生态学特性决定了其入侵性的强弱。一般的入侵物种都具有生态适应能力强、繁殖能力强、传播速度快等特点（万方浩 等，2011）；如烟粉虱、松材线虫 [*Bursaphelenchus xylophilus* (Steiner et Buhrer) Nickle]、美洲白蛾等 50 种重大入侵物种在我国具有蔓延速度快、危害面积广的特点，已对农林业造成巨大的经济损失（万方浩 等，2011）。

②入侵呈现有序过程：传入、定居与种群建立、潜伏/时滞、传播/扩散、成灾（徐汝梅 等，2003；万方浩 等，2011）；如紫茎泽兰和豚草（*Ambrosia artemisiifolia* Linnaeus）等入侵后，可形成单一优势群落，导致本地土著种多样性丧失（万方浩 等，2011）。

③外来入侵物种进入与扩散的途径及危害形式复杂多样、难以防范，传入具不可预见性和不确定性（万方浩 等，2011；万方浩 等，2015）；如螺旋粉虱，传播扩散途径多样、复杂，可随寄主植物（如观赏植物、花卉盆景）迁移，借交通工具及落叶传播，还可借外力（如风、气流）飘飞或迁移进行远距离传播（张国良 等，2009）。

④入侵行为具隐蔽性和突发性。若达成入侵，可短时间内暴发，极难防范和监测（徐汝梅 等，2003；万方浩 等，2011；万方浩 等，2015）。

⑤入侵范围广泛，后果及其影响难以估量和预见，可能引发一系列连锁反应，难以或甚至根本无法控制、清除，且防除的成本高昂（徐汝梅 等，2003；万方浩 等，2015）。

⑥生境的可入侵性：外来生物入侵对于被入侵地的生境具有某种条件性或选择性特征，一般生态完整性良好的生态系统相对稳固，不易受到入侵，反之受人为干扰频繁、相对脆弱的生态系统被入侵成功的可能性较高（徐汝梅 等，2003；万方浩 等，2011）。

⑦我国农林外来生物入侵的总体特点表现为涉及面广、涉及生态系统多、涉及物种类型多、发生危害严重（徐汝梅 等，2003；万方浩 等，2015）。

三、外来生物的传播方式

外来入侵生物种群传入必须经过某一途径才能实现，其入侵的途径是多元化的，总体上可分为以下三类（徐汝梅 等，2003）。

（一）有意引种

指人类有意实行的引种，将某个物种有目的地转移到其自然分布范围及扩散潜力地区以外。如凤眼莲 [*Eichhornia crassipes* (Mart.) Solms] 作为观赏植物从东南亚引入我国台湾，20 世纪 30 年代，再由台湾引入大陆（高雷 等，2004），50～60 年代作为猪饲料、净化水体植物引种到昆明滇池，造成曾有 16 种本地高等植物的滇池，目前只剩下 3 种（叶森，2020）。同时，作为观赏物种的加拿大一枝黄花（*Solidago canadensis* Linnaeus）、圆叶牵牛 [*Pharbitis purpurea* (Linnaeus) voigt]，作为改善环境植物的互花米草（*Spartina alterniflora* Loisel.）、大米草 [*Spartina anglica* (Hubb.)]，以及作为养殖或观赏的福寿螺［*Pomacea canaliculata*（Lamarck）］、红耳彩龟（*Trachemys scripta wied*）等均为有意引种（万方浩 等，2015；叶森，2020）。

（二）无意引种

指物种利用人类或以交通运输系统为媒介，扩散到其自然分布范围以外的地方，从而形成的非有意引入。如红火蚁主要以原木携带方式侵入我国（周爱明，2009），目前，该物种入侵已造成我国南方部分地区出现作物（植物）受损、农田弃耕、家禽被咬伤、群众受到攻击等多方面危害，对农林业生产和生态系统安全构成了严重威胁（Wang et al.，2013；赵静妮，2015；Wang et al.，2019）。此外，苹小吉丁、稻水象甲、枣实蝇（阿地力·沙塔尔 等，2012；郭文超 等，2017）以及舞毒蛾［*Lymantria dispar*（Linnaeus）］（万方浩 等，2015）等亦是通过无意引种传入我国的。

（三）自然传播

指物种借助气流、迁飞等自然因素传播扩散。如薇甘菊可能是种子通过气流从东南亚传入我国广东省的（万方浩 等，2015），马铃薯甲虫、甜瓜迷实蝇［*Myiopardalis pardalina*（Bigot）］等外来入侵生物亦是通过自然传播入侵（郭文超 等，2008；郭文超 等，2017）。

总体而言，绝大部分的生物入侵是由人类活动直接或间接造成的，在我国已知的660余种外来入侵物种中，大多数属于有意或无意传入，经自然传入的仅占1.8%左右（图1-2）。

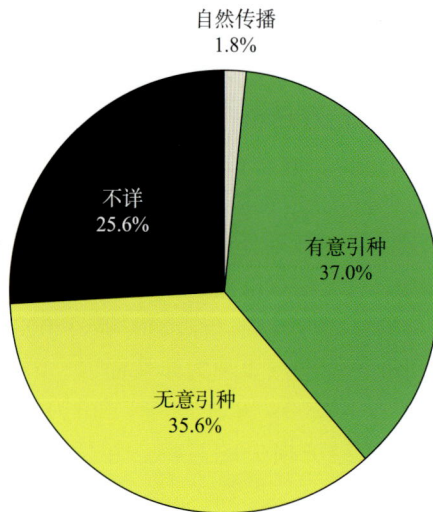

图 1-2 我国外来物种的传入途径

四、外来生物入侵的影响

Mooney（2001）指出贸易、旅行和运输的全球化会对生态环境产生意想不到的负面影响，即外来物种入侵。他认为人们对这一国际威胁知之甚少，而且没有对付入侵者的统一战略。外来有害生物入侵不仅造成严重的经济损失，还给全球的生态系统带来巨大的危害，是造成生物多样性下降的主要原因（New，2017）。鉴于其广泛而持久的负面影响，生物入侵已经成为全球共同关注和迫切需要解决的问题之一。随着社会经济的发展，全球化不断深入，传统入侵途径数量不断增加，新的入侵途径不断产生，全球外来生物入侵呈现出种类不断增多、频率不断加快、范围持续扩大、危害明显加重的显著特点和趋势（Wan et al.，2017；Meyerson et al.，2019）。

（一）危害生态平衡和物种多样性

很多外来入侵物种生命力旺盛，竞争力和生态可塑性强，入侵后迅速向四周扩散，使其他本地物种生存受到抑制。有些外来入侵植物如豚草属等，可通过释放有害化感物质，抑制和排斥其他本土植物，挤占其生存空间，形成单一物种群落，使本地物种逐渐减少甚至灭绝，破坏环境生物多样性，危害环境的生态平衡。

（二）危害农林牧渔业生产

外来入侵植物入侵农田、渔业水域，会与农作物竞争肥水、阳光等资源，消耗水中养分和氧气，对农作物和鱼类生产造成极大的影响，导致粮食作物减产，渔获物产量、质量下降。农作物外来入侵病虫草害会导致农作物大量减产甚至绝收，增加化学防控等农业生产成本，造成环境污染和巨大的经济损失。

（三）危害人畜健康

有些外来入侵植物如豚草等可产生大量花粉，其花粉含有水溶性蛋白，可引起人畜过敏性反应。红火蚁等外来入侵昆虫会咬伤人畜，严重的引起休克甚至死亡。福寿螺等外来入侵动物会传播广州管圆线虫病等寄生虫病害，危害人类健康。

第二节　全球生物入侵现状与趋势

一、全球生物入侵趋势

外来生物入侵被认为是 21 世纪五大全球性环境问题之一（Caffrey et al.，2014；Dellatorre，2014；Doherty et al.，2016）。据统计，世界上 17% 的陆地易受外来生物的入侵，16% 的热点地区正遭受入侵物种的威胁（Early et al.，2016）。据报道，19 600 个入侵种导致全球经济损失严重、人类健康遭受威胁，同时引发生物多样性丧失。据估计，全球外来入侵物种造成的损失每年高达 1.4 万亿美元，接近全球国民生产总值（GNP）的 5%（吴金泉，2010）。相关报道表明，1970—2017 年，世界生物入侵造成的经济损失至少达到 1 286 万亿美元，年平均损失为 268 亿美元（Diagne et al.，2021）。外来入侵生物在全世界各个国家都存在造成经济损失的案例，在发达国家的入侵频率高，且入侵数量多，同时造成的经济损失更为严重，投入的防治成本更高。例如美国，有研究表明，当地外来物种种类超过 50 000 种（Johnson，2017），成功入侵的生物多达 4 500 种（徐汝梅，2003），造成的损失总计达 1 380 亿美元，其中，入侵杂草每年就造成 234 亿美元的经济损失（Johnson，2017）。在夏威夷州，目前已有 2 000 余种入侵物种定居，并且每年以 20～30 种的数量持续增加；在美国西部，柽柳属植物的入侵对农业和居民用水造成巨大威胁；在加利福尼亚州，矢车菊（*Centaurea cyanus* Linnaeus）的入侵导致每年损失高达 1 600 万～5 600 万美元。澳大利亚 6 种外来入侵杂草每年造成的经济损失达 1.05 亿美元。菲律宾的福寿螺每年给水稻生产造成的损失达 2 800 万～4 500 万美元；南非和印度每年遭受生物入侵的经济损失分别达 1 200 亿美元和 980 亿美元（Pimentel，2014）。

近年来，全球气候变化进一步改变了生物入侵的格局。一是全球气候变化导致生态系统组成结构改变，极端气候增加了生态系统的脆弱性，加剧了外来入侵物种扩张进程。二是外来入侵物种对全球气候变化响应极其敏感，温度的升高，改变了入侵物种的分布格局，加重了危害程度，氮沉降增加和 CO_2 浓度升高提高了入侵植物的竞争优势。

2016 年刊登在《美国科学院院刊》上的一项研究评估了入侵物种对世界各国的威胁，Dean Paini 等（2016）分析了将近 1 300 种害虫和真菌病原体对 124 个国家造成的威胁，结果表明，美国、中国、印度和巴西等大型农业生产国均存在来自入侵物种的潜在威胁（Paini et al.，2016）。我国和美国是农业大国，拥有从亚热带到温带的多样化种植体系，这种多样化的种植体系导致了多种潜在的病虫害威胁，因此，我国和美国是世界上遭受外来物种入侵风险最高的国家。同时，还有一些入侵昆虫不仅危害人类生产，还破坏生态系统，甚至危害人类健康。非洲化蜜蜂与其他生物竞争蜜源，不仅杀死本地蜜蜂的蜂王，使养蜂业成本提高，还导致其他生物种群数量下降（http://www.columbia.edu/），而且受到其蜇刺可致人死亡，因此又被称为"杀人蜂"。入侵性花园蚁 [Lasius neglectus（Van Loon，Boomsma & Andrsfalvy）]、阿根廷蚂蚁 [Linepithema humile（Mayr）] 和红火蚁与同翅目蜜露昆虫互利共生，导致蚜虫、介壳虫等虫害发生增加，危害农林业生产。入侵性蚂蚁的攻击性强，导致领域内土著蚂蚁及其他节肢动物甚至脊椎动物的种群受到威胁，对生态系统造成危害（Armbrecht et al.，2003）。另外，其破坏性入侵和攻击性叮咬使人类生产和生活受到危害，人类健康受到威胁（http://www.columbia.edu/）。又如西方黄胡蜂入侵使夏威夷群岛的土著无脊椎动物受害严重（http://www.hear.org/articles/asquith1995/）。国际贸易是引进入侵性外来物种的主要原因，尤其是宠物和植物贸易，为入侵性外来物种提供了便利条件，许多入侵性外来物种通过空运、水运、陆运等运输方式进入相关国家和地区，给当地的生态环境造成极其不利的影响。加之，美国和中国分属全球第一和第二大经济体，中美两国贸易额占全球比例达到 44.7%。中美两国对外贸易依存度高，都与世界很多国家开展了积极的对外贸易，这为外来害虫与病原生物的入侵提供了潜在的运输通道（Paini et al.，2016）。小型发展中国家也会有较高的作物比例遭受损失。世界上最脆弱的国家是位于撒哈拉以南的非洲国家，这些国家一般不具有多样化的经济，这使得它们完全依赖农业，因此，任何来自入侵物种的威胁都可能给这些国家带来更大的影响。为了估算物种入侵的相对成本，研究人员根据 2000—2009 年国内生产总值的平均值来划分一个国家的总入侵成本。贸易的增长和国家之间联系的增加，与入侵物种相关的问题将越来越严重（https://ibook.antpedia.com/x/288145.html）。此外，一个国家种植的作物类型与其他国家的贸易水平以及这些贸易国家中存在的特定入侵物种之间存在复杂的相互作用（Paini et al.，2016）。

对于外来生物入侵，全球 1/6 的陆地表面是高度脆弱的。大部分国家和地区应对生物入侵威胁的能力是有限的（Early et al.，2016）。从全球范围来看，相关的干扰因素，其中程度最深、影响最大、范围最广的是农业扩张、全球气候变化和火灾频发，以及原始群落组成的变化（Early et al.，2016）（图 1 - 3）。鉴于不断扩张的外来物种，不同国家和地区应该认识到入侵性外来物种已经严重威胁到经济发展和环境保护，应该具备强大的应对能力，从而阻止新的入侵性外来物种的威胁。同时应加强国际合作，共享有关应对外来物种的经验，并建立相关预警机制，不断提高预防和抵御入侵性外来物种的反应能力（http：//www.cbcgdf.org/NewsShow/4856/909.html）。因此，加强农业有害生物科技攻关，推进形成完整的预防与预警、检测与监测、诊断与防治、根除与控制、利用与管理相协调的科技支撑体系。推动外来入侵物种早期快速精准检测与远程智能监测的技术开发与应用，推动入侵物种早期灭绝根除与阻击拦截技术的研发，提升"一种一策"的精准治理与有效灭除能力，实现入侵物种"治早、治小、治了、治好"主动应对能力的提升（http：//sthjj.km.gov.cn/c/2022-09-08/4513769.shtml）。

审图号：GS京（2023）1824号

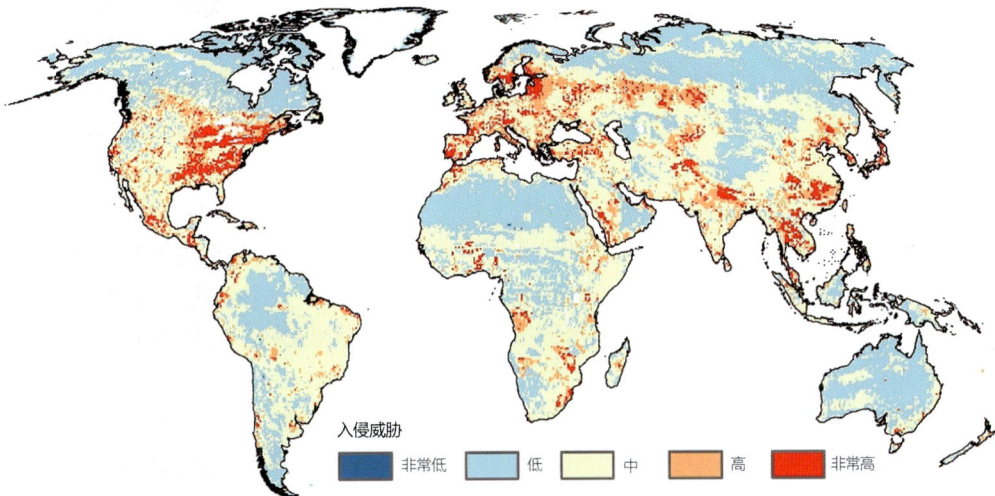

图 1-3 21 世纪全球入侵生物入侵威胁（Early et al.，2016）

二、国际相关组织、世界各国入侵生物管控的相关策略

从 20 世纪 50 年代开始，国际组织如世界自然保护联盟（IUCN）、国际海事组织（International Maritime Organization，IMO）、国际科学联合会环境问题科学委员会（Scientific Committee on Problems of the Environment，SCOPE）、国际应用生物科学中心（Center for Agriculture and Bioscience International，CABI）等国际组织和机构就开始通过制定国际公约、协议，成立联合管理机构等方式来预防和管理外来物种（陈宝雄等，2020）。目前，已通过了 40 多项国际公约、协议和指南，如《实施卫生与植物卫生措施协议》《生物多样性公约》《国际植物保护公约》《世界贸易组织贸易技术壁垒协议》、全球入侵物种计划（Global Invasive Species Programme，GISP）等。同时，还建立了 80 余个外来入侵生物的重要信息数据库和网站，为发展外来入侵生物的最佳预防与管理策略提供了技术指导，同时为制定防控外来物种入侵的全球对策、组织实施国际合作项目研究和公众教育等方面提供了平台和支撑（陈宝雄等，2020）。大多数国家特别是发达国家高度重视外来入侵物种防控工作，制定了相关法律法规，并投入大量财政资金用于外来入侵生物的防控工作及研究。美国先后颁布《国家入侵物种法（1996）》《入侵物种法令（1999）》，2016 年美国再次签署了总统令，成立了国家入侵物种委员会，协调全国的外来入侵生物防控工作，联邦政府投入 23 亿美元，用于国内预防、控制和根除外来入侵物

种。美国农业部收集了全球 3 000 余种有害生物信息，实现全国范围内的限制性信息开放和共享（陈宝雄 等，2020）。美国联邦政府每年都会编制预算用于入侵生物防控，如仅防控密西西比河泛滥成灾的亚洲鲤鱼的预算就高达 190 亿美元（Johnson，2017）。美国在密歇根州设立了有害物种国家研究中心，并在全美 6 个区域设立分支机构；美国动物卫生与流行病学中心定期监测 OIE（世界动物卫生组织）、WHO（世界卫生组织）、FAO（联合国粮食及农业组织）和相关国家近百个动物卫生专业网站，自动采集疫病和地理生态信息，及时发布预警信息。美国农业部动植物卫生检疫局（APHIS）在美国 50 个州和 3 个海外岛屿分别设有地区办公室，并在境外 25 个国家设有分支机构，广泛收集全球范围内有害生物的发生、危害、扩散和防控等信息与资源，为国内防控提供科技支撑。澳大利亚制定了《生物安全法（2015）》《澳大利亚杂草战略（2017—2027）》及《澳大利亚有害动物战略（2017—2027）》，强化对入侵生物防控的领导和管理，推进生物入侵科学研究工作。欧盟也于 2013 年重新修订了《欧盟入侵物种法案》，并且制定一系列行动计划，如"筛选 2010 生物多样性指标""欧洲水生物种研究网络""大尺度生物多样性风险评估及评估方法检验""欧洲外来物种目录"、欧盟压舱水处理工程、欧洲大叶牛防风的管理与控制等，通过这一系列的行动计划有效织牢织密防控网络。日本于 2004 年颁布《入侵物种法案》，并且建立了完备的名录制度，将外来物种划分为 3 大类：一类是"黑色名单"，对生态系统具有威胁或潜在威胁的外来物种，坚决禁止在规定许可范围之外进口，是监测和防除的重点；第二类是"灰色名单"，是指到目前为止还未确定其危险性；第三类是"白色名单"，除前面两类以外的外来物种，属于可放行的外来物种，于 2010 年 3 月发布了包括 97 种生物的外来入侵生物名录（陈宝雄 等，2020）。一些发展中国家如印度、泰国、马来西亚、南非等也成立了由国家农业委员会（理事会）牵头的专门机构，统一管理入侵物种问题。总之，发达国家外来生物入侵防控工作的总体机制、法律法规体系和财政投入优于发展中国家，但也存在预防预警不及时、响应滞后等问题（万方浩 等，2011）。

整体而言，我国生物安全领域的工作起步较晚。自 20 世纪 80 年代起，我国政府逐步重视并加强了生物安全领域的工作，形成了一整套涉及外来入侵生物管控较为完备的条例、法规体系。主要包括 1983 年国务院通过的《植物检疫条例》，1996 年发布的《进出境动植物检疫法实施条例》，2007 年颁布的《进境植物检疫性有害生物名录》，2009 年颁布的《进出境动植物检疫法》等 30 余项，保障了我国农林的经济和生态安全。但是，近年来随着全球生物安全形势日趋严峻，尤其是新冠肺炎疫情的暴发和大流行，更加凸显出国家制定、颁布生物安全法的必要性和迫切性。2021 年《生物安全法》正式施行，开启了我国生物安全技术研发全面实施的新阶段。2021 年 8 月颁布实施的《外来入侵物种管理办法》为我国有效管控外来入侵物种提供了具体指南。

由此可见，随着全球经济一体化进程的加快，交通运输的高速发展和国际贸易的频繁往来，外来入侵生物的影响已成为世界性的公害问题，严重威胁全球生物、生态、生产安全和经济持续协调发展。因此，入侵生物学所涵盖的研究领域是一个多学科交叉融合的聚合体，是一个全新的学科体系（万方浩，2011）。

第三节　我国生物入侵的现状与趋势

一、我国外来生物入侵总体现状

至 2023 年，共建"一带一路"倡议已提出 10 周年。其间，我国与共建国家经济往来日益频繁，共建国家过境货物实现"一国报关，多国通关"。同时"中欧班列"的运营和快速增长以及网购热、宠物热等新情况的出现，使外来入侵生物原有地理隔离、生态屏障和管理限制等逐渐被削弱，甚至被打破。在不同国家之间、我国不同区域之间物种更容易持续迁移、转移，导致外来入侵生物入侵途径更趋多样化、复杂化（冼晓青 等，2018）。我国幅员辽阔，自然环境多样，世界各地大多数物种在我国都可能找到适宜生存和繁衍的栖息地。加之现代大农业生产（农业、林业、畜牧业、水产养殖等）部分依赖于物种资源的引进与交换，这种有目地共享生物多样性资源打破或扰动了"地理隔离与生态屏障"的"廊道"效应，增加了入侵物种迁移扩散的频率（Wan et al.，2015）。因此，我国已成为外来生物入侵最严重的国家之一，几乎所有类型的生态系统都有外来生物入侵发生（Wan et al.，2015；Wan et al.，2017）。在此背景下，2020 年 2 月 14 日，习近平总书记在中央全面深化改革委员会第十二次会议上发表重要讲话强调，要从保护人民健康、保障国家安全、维护国家长治久安的高度，把生物安全纳入国家安全体系，系统规划国家生物安全风险防控和治理体系建设，全面提高国家生物安全治理能力，阐明了新时代生物安全在国家安全中的地位和作用。2021 年 4 月 15 日《生物安全法》正式施行，这标志着我国生物安全已经上升到国家安全的战略高度，并通过立法保障生物安全工作的全面落实。

二、入侵生物发生趋势

据相关信息的统计分析，入侵物种数量与国际旅游和贸易之间有一定的正相关关系（Wan et al.，2015）。目前入侵我国农林生态系统的外来生物有 660 多种，其中 71 种对自然生态系统已造成或具有潜在威胁并被列入《中国外来入侵物种名单》。69 个国家级自然保护区外来入侵物种调查结果显示，219 种外来入侵物种已入侵国家级自然保护区，其中 48 种外来入侵物种被列入《中国外来入侵物种名单》（中国生态环境状况公报，2020）。此外，据报道，在世界自然保护联盟（IUCN）公布的全球 100 种最具威胁的外来生物中，入侵我国的物种超过 50 种。调查发现，21 世纪以来，新发外来入侵物种的类群中，入侵昆虫数量最多，占 57.8%（冼晓青 等，2018），其中，以体型微小昆虫类群居多，如粉虱科和粉蚧科共占 18 种。从物种入侵来源分析，大多来源于"一带一路"共建国家和南亚、东南亚邻近国家以及北美洲。其中，我国入侵物种中来自北美洲的达到 51%，入侵昆虫呈逐年增多的趋势（冼晓青 等，2018；张春霞 等，2019）。近 10 年，新入侵物种有 55 种，是 20 世纪 90 年代前入侵物种新增频率的 30 倍之多，且该趋势还在不断增加（冼晓青 等，2018）。冼晓青等（2018）对我国农林生态系统近 20 年（1998—2017 年）新入侵物种名录分析发现，沿海地区和经济发达地区（北京）首次发现或记录的外来入侵物种数量最多，为 66 种（占 71.7%）；其次是边境地区，19 种（占 20.7%）；内陆地区的数量最少，7 种（占 7.6%）。Chen 等（2022）对 1979—2001 年，我国加入世界贸易组织以前的 13 种主要入侵昆虫在我国的空间分布的动态分析表明，东南沿海地区或南方亚热带地区经济越发达区域以及人口越多区域，外来入侵生物种类和分布越多。全国地域上入侵生物种类整体呈现出由东南沿海向西北内陆逐渐减少的趋势（张春霞 等，2019；Wan et al.，2015）。

三、我国外来入侵生物的普查

进入新的历史发展阶段，特别是随着我国对外开放的不断深入和贸易往来的日趋频繁，我国生物安全面临严峻挑战。虽然我国部分省份曾经开展了农业外来入侵生物发生与危害的调查工作，并对部分危害严重的入侵物种进行了基础生物学和生态学研究，但我国入侵生物整体发生的本底信息尚不清楚，这种局面对于我国农业生物入侵领域的决策和生物安全保障体系建设极为不利。为了有效加强外来入侵生物的监测和防控，进一步减少入侵生物带来的各类风险，2021 年 1 月，农业农村部、自然资源部、生态环境部、海关总署、国家林草局联合印发了《进一步加强外来物种入侵防控工作方案》，成立了外来物种入侵防控专家委员会，建立了外来入侵物种部际协调机制。为落实《生物安全法》有关规定，农业农村部会同有关部门制定了《外来入侵物种管理办法》（2022 年 8 月 1 日起施行）、《重点管理外来入侵物种名录》（2023 年 1 月 1 日起施行）。根据农业农村部等七部委联合印发的《外来入侵物种普查总体方案》要求，我国于 2021 年启动了全国外来入侵物种普查工作，利用 3 年左右的时间，摸清我国外来入侵物种的种类、数量、分布范围、发生面积和危害程度等情况。这将为做好外来入侵生物的管理和防治奠定扎实的数据基础。这些举措体现了我国继续不断完善外来入侵物种管理的法律法规，加大对重大恶性外来入侵生物的监测力度，重点监测生态脆弱地区和敏感地区外来入侵生物的发生和危害，提高早期预警能力。加强生物安全领域技术研究，着力解决已传入我国并发生危害的外来入侵物种综合防治共性和关键技术难题，为有效控制外来入侵物种的传播和危害，做好外来入侵物种防治提供支撑。

四、入侵生物分布及来源

据相关文献报道，全国 31 个省（自治区、直辖市）均有入侵生物发生和危害，半数以上县域都有入侵物种分布，涉及农田、森林、水域、湿地、草地、岛屿、城市居民区等几乎所有的自然或人工生态系统。全国外来入侵物种发生面积超过 0.25 亿 hm^2，其中 80% 以上的入侵生物出现在农田等人为干扰频繁的生境中（冼晓青 等，2018）。21 世纪以来，传入我国的农林入侵物种达 103 种，是 20 世纪 80 年代的 10 倍以上（生态环境部，2020）。据统计，1998—2017 年，从省级新发外来入侵物种数量来看：广东、海南、云南和北京的新发外来入侵物种数量＞10 种；广西和新疆的新发外来入侵物种数量各为 7 种；上海和辽宁的新发外来入侵物种数量均为 4 种；其余地区的新发外来入侵物种数量≤3 种（冼晓青 等，2018）。在新发外来入侵物种的构成中，昆虫数量最多达到 52 种，占 57.8%；其次是植物 15 种，占 16.7%；植物病毒 9 种，占 10.0%；真菌 5 种，占 5.6%；螨类 4 种，占 4.4%；细菌 3 种，占 3.3%；线虫最少，只有 2 种，占 2.2%（冼晓青 等，2018）。在外来入侵物种的来源方面，外来入侵物种来源于北美洲的最多，有 27 种，占 27.8%；来源于亚洲的有 24 种，占 24.7%；来源于南美洲的有 16 种，占 16.5%；来源于中美洲的有 12 种，占 12.4%；来源于欧洲的有 8 种，占 8.2%；来源于非洲的有 6 种，占 6.2%；其他 4 种来源不详（冼晓青 等，2018）。

五、入侵生物的危害

（一）入侵生物对生态的影响及造成的经济损失

据报道，入侵生物不仅使当地物种的种类和数量减少，造成生物多样性、群落稳定性下降，同时也使土壤循环进程改变。如被称为"破坏草"的紫茎泽兰入侵我国西南部 5 年以后，被侵入地的物种数量由入侵初期的 13 科 33 种减少到 5 科 5 种，物种丰富度下降了约 85%。入侵短短 1 年，与之相伴而生的本地植物覆盖度便由 90% 以上下滑为不足 50%；入侵 3 年后，本地植物的覆盖度严重下滑到不足 10%，由此对宜林荒山、经济林地、放牧草地、休耕地等植物群落的多样性产生的不利影响显而易见（http：//www.qstheory.cn/zoology/201903/25/c_1124278895.htm）。又如豚草属（*Ambrosia*）、反枝苋〔*Amaranthus retroflexus*（Linn.）〕等通过化感作用抑制其他植物生长，排挤本土植物并阻碍植被的自然恢复。单优势群落的形成，间接地使依赖于本地物种生存的其他物种的种类和数量减少，最后致生态系统单一和退化，改变和破坏生态系统景观的自然性和完整性，影响当地物种的遗传多样性；随着生境片段化，残存的次生植被常被入侵种分割、包围和渗透，使本土生物种群进一步破碎化，还可造成一些物种的近亲繁殖和遗传漂变（万方浩 等，2011；陈宝雄 等，2020）。在国际自然保护联盟濒危物种红色名录中，约 30% 的灭绝物种是由外来物种入侵导致的。

有统计显示，我国仅烟粉虱、紫茎泽兰、松材线虫等 11 种入侵物种，每年给农、林、牧、渔业造成的直接经济损失约 365.30 亿元，加上防治费用 14.83 亿元，每年的总直接经济损失达 380.13 亿元（https：//www.lifetimes.cn/article/9CaKrnJSXUR）。据统计，山东省因松材线虫病砍伐的枯死、濒死松树累计已超过 60 万株，造成直接经济损失 1.8 亿元。又如新疆因棉花黄萎病菌（*Verticillium dahliae* Kleb）、苹小吉丁、苹果蠹蛾、马铃薯甲虫、苹果绵蚜〔*Eriosoma lanigerum*（Hausmann）〕、枣实蝇、梨火疫病菌、番茄潜叶蛾、葡萄花翅小卷蛾〔*Lobesia botrana*（Denis & Schiffermüller）〕、小麦重大病害病原菌、扶桑绵粉蚧（*Phenacoccus solenopsis* Tinsley）、瓜类细菌性果斑病菌〔*Acidovorax citrulli*（Schaad et al.）Schaad et al.〕、黄刺蛾〔*Cnidocampa flavescens*（Walker）〕、稻水象甲、列当属（*Orobanche* Linnaeus）、豚草属等 16 种（属）主要农林外来入侵物种造成的直接经济损失高达 48.76 亿元，投入防治费用达 8.13 亿元，累计造成经济损失 56.89 亿元。

显而易见，我国已成为全球遭受生物入侵威胁最大和损失最为严重的国家之一，生物入侵风险不断加剧，防控形势严峻。相对于美国等发达国家在入侵物种防控工作的财政预算，我国目前外来入侵生物防控领域资金投入规模小，与防控需求相比缺口巨大。在入侵物种普查、监测预警网络构建、综合防控工程建设、应急物资储备、技术装备研发等方面缺乏长效稳定的投入，严重制约防控工作（陈宝雄 等，2020）。

（二）入侵生物对人类社会和健康的影响

入侵生物除了能降低物种多样性，破坏入侵地生态体系以及引发严重的经济损失外，对社会及人们的健康亦造成很大影响。福寿螺等是人畜共患的寄生虫的中间宿主，生吃福寿螺后极易引起食源性广州管圆线虫（*Angiostrongylus cantonensis*）病（张春霞 等，

2019）；红火蚁不仅造成作物减产，破坏生态环境，危害供电、电信设备和堤坝等（陆永跃 等，2019），还具很强的攻击性，人体被红火蚁叮咬后可能会产生过敏性休克反应，严重的甚至造成死亡（张春霞 等，2019）。生物入侵给人类健康带来直接的负面影响，对其潜在影响范围和持续时间还有待进一步认识（Laverty et al.，2017）。

六、农林外来入侵生物管理和控制策略与技术

（一）外来入侵生物与本地农业有害生物的控制方法的区别

对于本地农业有害生物的治理，不提倡种群灭绝策略，考虑到生态平衡，将其种群控制在经济危害水平之下即可。

由于入侵地存在生态位空缺和剩余资源，缺乏有效的生物制约因子，外来入侵物种易于建立种群和暴发成灾。因此，对入侵物种的控制策略应针对其入侵阶段采取相应措施：①在生物入侵前，加强风险评估和适应性分析；②严格进行检验检疫，杜绝入侵生物的扩散和传播；③完善早期预警、检测和监测技术，在外来物种入侵早期（种群构建时期和扩散初期）进行根除和灭绝；④在种群扩散蔓延时期，采取应急灭除技术对种群传播进行限制和阻断；⑤在种群暴发成灾阶段，综合运用生物、化学和生态方法等进行治理，将其控制在经济危害水平之下。

（二）入侵前的区域性重大新发靶标入侵生物管理、控制策略和技术

针对入侵前的区域性重大新发靶标入侵生物，研发基于多因子定量风险评估、快速检测、远程智能监测和精准识别等技术的检测监测预警技术体系，提高主动预警能力（图1-4）。

（三）入侵中的区域性重大新发靶标入侵生物管理、控制策略和技术

针对入侵中的区域性重大新发靶标入侵生物，发展并建立早期预警系统与阻击体系作为对物种引入控制措施的补充，通过靶向性阻截技术、无害化应急处置技术、扩散追踪技术和辐照不育技术等对入侵中的生物进行预警处置，可以有效防范外来入侵生物的扩散蔓延（Wan et al.，2015）。

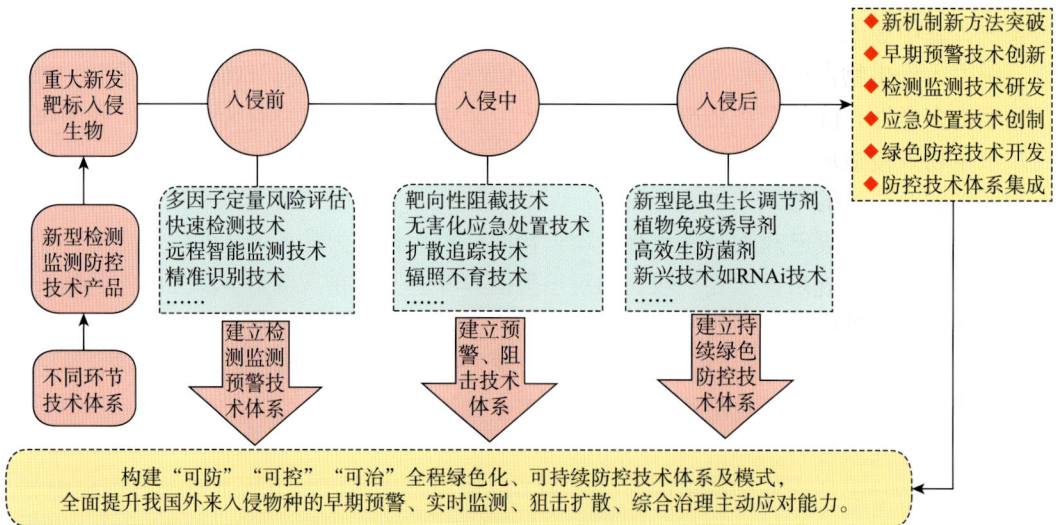

图1-4 外来入侵生物管理和控制技术（郭文超，2022）

（四）已入侵的区域性重大新发靶标入侵生物管理、控制策略和技术

对已入侵但仅局部发生的入侵生物，建立以物理根除、化学灭除、遗传不育等为代表的应急阻截技术，同时要采取严格的内检措施，防止其扩散与蔓延；对暴发性的入侵生物，采用应急的化学防治及其他一次性的扑灭技术；对于大面积发生并已基本稳定的入侵生物种群，建立以新型昆虫生长调节剂、植物免疫诱导剂、高效生防菌剂、生态调控、生态修复和 RNAi 等为代表的可持续防御与控制体系。此外，发展出针对特定目标有效的、可接受的消灭或控制外来有害生物的技术与方法，发展消灭、控制外来入侵生物的综合治理技术体系，制定最佳的优选方案与组合技术（Wan et al.，2015）。结合上述重大新发靶标入侵生物的入侵阶段实施不同措施，最终构建"可防、可控、可治"全程绿色化、可持续防控技术体系及模式，全面提升我国外来入侵物种的早期预警、实时监测、阻击扩散、综合治理主动应对能力。

第四节　我国外来入侵生物的防控现状、问题及对策

一、我国外来入侵生物防控现状

外来入侵物种防控事关国家粮食安全、生物安全、生态安全和人民群众身体健康。随着全球经济一体化、国际贸易、国际旅游等快速发展，外来物种入侵已成为全球性的生态环境问题，一些暴发性、毁灭性、流行性的入侵生物甚至达到了"生物恐怖"的程度。我国是遭受生物入侵威胁与损失最为严重的国家之一，外来入侵生物防控工作难度大，防控形势严峻。

我国外来入侵生物呈现出"种类多、分布广、危害重"的特点。目前已确认分布于我国农林生态系统的外来入侵生物达 600 余种，每年农林生态系统新入侵物种多达 5～6 种。大面积发生和危害严重的重大入侵生物达 120 余种。近 10 年，新入侵物种有 55 种，是20 世纪 90 年代前入侵物种发生频率的 30 倍之多。在全国 1 500 多个县均有入侵物种发生和危害的记录，涉及农田、森林、水域、湿地、草地、岛屿、城市居民区等几乎所有的生态系统，其中 80% 以上的入侵物种主要分布在耕地、林地及相关人工生境，其中农业生态系统中入侵生物占比最大，约为 41%。外来入侵生物竞争排斥本地生物，破坏生态系统的生物多样性，降低农产品产量和质量，大大增加了防控成本。有统计显示，我国每年因外来生物入侵造成的经济损失超 2 000 亿元。

面对如此严峻的形势，我国采取了一系列措施，不断加强外来入侵物种的防控能力和水平。一是制度建设不断推进。出台了《生物安全法》《外来入侵物种管理办法》等一系列法律法规和部门规章，研究制定了《重点管理外来入侵物种名录》，积极推动出台外来生物入侵突发事件应急预案等。二是调查监测体系不断完善。组织各省份开展外来入侵物种调查，建立中国外来入侵物种数据库，收录了近 1 000 种外来入侵物种的数据信息。启动了全国外来入侵物种普查工作，摸清家底，精准治理。三是综合防控不断加强。在全国建成数十个外来入侵生物综合防治示范基地和天敌繁育工厂等，积极开展物理防除、化学防治、生物防治等技术的示范推广，并针对重大外来入侵物种定期开展全国范围的集中灭除活动。四是科技支撑不断加强。农业农村部等部门先后发布 40 种重大入侵物种应急处置技术，制定了 30 余项外来入侵物种调查监测及防控技术标准，研发了基于大数据和人

工智能的精准监测检测和变量防控技术。

二、我国外来入侵生物防控存在的问题

尽管近年来我国外来入侵种防控工作取得积极成效，但还存在以下几个方面的困难和问题。一是防控意识有待提高。我国社会各界对外来物种的危害或潜在危险认识程度还不高，防控意识薄弱。对外来物种的引进仍存在一定盲目性，国内非法引进、携带外来物种入境现象严重，造成危险性病虫草害随种苗和农产品贸易传播扩散。公众对外来入侵物种缺乏应有认识，网购外来生物当宠物饲养、随意丢弃或放生外来生物的现象时有发生，对生态系统构成潜在威胁。二是监测预警能力薄弱。我国外来入侵物种监测工作基础薄弱，存在"家底不清"的情况，监测点数量少，布局不尽合理，监测"盲点"较多，且监测预警仪器设备简陋，多以手查目测为主，疫情信息搜集能力弱，极大地影响了监测预警和防治决策的准确性与时效性。三是应急控制与综合治理能力不足。目前，外来入侵物种防治多以单一的化学防治为主，过程费时、费工、费力，以生态调控为主的生物综合治理和无害化防控技术尚处于研发和应用的起步阶段。大多数基层农业部门应急处置能力不足，应急基础设施落后，防控措施难以落实，严重影响防控效果。四是长效投入机制有待建立。外来入侵物种防控领域资金投入规模小，与防控需求相比缺口巨大。外来入侵物种普查、监测预警网络构建、综合防控工程建设、应急物资储备等方面缺乏长效稳定的投入，严重制约防控工作。

三、我国外来入侵生物防控对策建议

（一）防控原则

（1）坚持统筹兼顾，突出重点　外来入侵生物防控是一项系统工程，必须整体谋划，突出重点，分步实施。

（2）坚持法制先行，政策保障　尽快完善外来入侵生物防控法律制度体系，依法健全风险评估制度、引种许可制度、名录制度、检验检疫制度、应急处置制度和责任追究制度。

（3）坚持预防为主，综合防控　将预防摆在外来入侵生物防控的突出位置，关口前移，加强引种管理、风险评估、环境监测，从源头上预防外来生物入侵发生。

（4）坚持科技先导，强化能力　融合分子生物学、现代信息技术等新技术、新方法，完善一批外来入侵生物防控的技术规范，创新性地开发一批物理防治、理化诱控、化学防治、生物防治、生态调控的防控技术与产品，全面提升精准防控治理能力。

（5）坚持科学普及，公众参与　加强外来入侵生物防控科普宣传和教育培训，提高社会公众防范意识，积极引导全社会广泛参与，为外来入侵生物防控工作开展营造良好社会氛围。

（二）对策建议

外来入侵物种防控任务长期而艰巨，必须加强法制建设，狠抓源头预防、监测预警和灾害治理三个环节，开展外来入侵物种本底普查，推进源头预防和监测预警体系建设，提升综合治理与应急控制能力。同时，强化科技支撑，改善技术手段，完善数据信息支撑体系，逐步形成系统的外来入侵物种预防、控制、治理机制，有效阻击外来物种入侵，切实

保障国家经济、生态和生物安全。

（1）加强法制建设，推动防控工作法制化管理　推动形成我国外来入侵生物防控法制化和长效化的管理体制机制，加强与各部门统筹协调，堵住外来生物管理漏洞。

（2）强化本底调查，开展长期性监测预警　尽快完成由多部门联合开展的全国外来入侵生物普查，全面摸清我国外来入侵生物发生情况。在此基础上，利用基础性、长期性监测，探索利用卫星遥感、互联网和人工智能（AI）技术进行监测和识别，完善监测预警网络体系构建，提升外来入侵生物动态监测能力。

（3）抓好源头预防，强化生物阻截　要加强入境检验检疫，把好国门防线第一关。要完善物种引入许可制度，加强引入风险评估。要在高风险区和关键节点建立入侵物种阻截带，发展生态拦截技术。

（4）推进综合治理，遏制蔓延扩散　要根据入侵事件发生危害特点，推进分区治理、分类施策。对新发零星外来入侵生物，要及时采取物理、化学、生物等措施进行根除。对新发且已局部分布的外来入侵生物，要强化封锁控制和检疫监管，切断传播途径。对已经发生多年、分布较广的有害生物，采取生态调控、生物防治、理化诱控、科学用药等持续综合治理技术，控制发生范围，减轻危害程度。要在重点地区建设综合防治示范基地，开展重大外来生物综合防控技术示范，形成一批可复制、易推广的入侵生物持续综合防控技术方案和行业技术标准。

（5）强化应急管理，防控入侵灾害　要加强动态监管，强化风险防范；完善运行机制，明确相应职责；确保物资储备，保障应急支撑；强化队伍水平，提升能力建设。

（6）加强科技攻关，提升防控水平　要加强基础科学研究，明确重大外来入侵生物的入侵机制、扩散途径、危害特点等。要提升重点领域研发力度，加大对风险评估、监测检测、快速应急处置、生态修复治理等方面技术研发的支持力度。要建立外来生物防控标准体系，结合我国实际情况，构建涵盖外来生物引入、风险评估、早期监测预警、灭除与控制、生态修复等领域的标准技术体系，为科学防控提供有力的技术支撑。

第五节　我国外来入侵生物的防控研究进展

我国共建设有253个国际入境口岸，包括机场、海港、铁路、高速公路车站，伴随而来的是外来生物入侵的频率和威胁急剧增加。潜在的入侵生物不可避免地通过附着在货物表面、藏身于货物容器中实现入侵（Wan，2015）。外来生物一旦入侵成功，用于控制其危害、扩散蔓延的代价极大，费用高昂，要彻底根除极其困难，防范外来生物入侵和危害将是一项长期而艰巨的任务。因此，为防止入侵生物的扩散危害，首先要加强外来生物入侵预防与预警；其次，针对具有潜在入侵性或已造成危害的入侵生物，需采取有效措施进行治理（张春霞 等，2019）。

一、外来入侵生物学学科体系框架及重点研究方向

生物入侵过程具有时序性，是一个连续的过程，包括五个阶段：传入、定殖、潜伏、扩散和暴发。鉴于入侵生物入侵机制的复杂性，万方浩（2011）架构了入侵生物学的学科体系。我国生物入侵研究以外来生物入侵的实时预警监测和有效控制为总目标，在国内外

现有科学研究的基础上，着重于重大外来生物的入侵机制与生态过程、对生态系统的影响及监控基础研究。从个体种群、种间关系、群落或生态系统三个层次深入研究入侵物种预防与控制所必须解决的种群形成与扩张、生态适应性与进化、入侵物种对生态系统结构与功能的影响三个关键科学问题，发展入侵物种监控的新技术与新方法（万方浩，2011）。基于入侵生物学科体系框架，确定针对外来有害生物入侵要着重研究外来生物入侵的早期预警，针对外来有害生物发生需要着重研究入侵生物种群的形成与发展，针对外来有害生物扩张需要着重研究入侵生物与寄主土著种的互作与竞争，针对外来入侵生物暴发需要着重研究生态系统对生物入侵的响应，针对外来入侵生物治理需要重点研究生物入侵防控的技术与方法（万方浩，2011）。在解析入侵生物入侵机制的基础上，发展相应的防控技术，对于潜在入侵生物的风险评估和快速检测技术开展研究，针对不同的生物入侵阶段，采取不同的管理技术：在传入阶段主要采取预警和预防技术；在定殖和潜伏阶段的工作重点是检测根除、监测扑灭和阻断传播；在扩散和暴发阶段着重于发展限制与控制技术，主要集中在生物防治、生态修复、生物干扰和持续治理方面（万方浩，2011；Wan，2015）。

对外来入侵生物传播扩散的不同阶段，应采取不同的防控策略。预防是防控外来生物入侵的第一道防线，而一旦外来入侵生物传入我国境内，早期检测和快速反应技术则是第二道防线，应能够及时做到"治早治小"。当入侵生物局部小范围暴发时，就应当及时采取应急措施，做到根除。而对于入侵时间较长、发生面积较大的入侵生物，由于无法做到根除，应该采取科学有效措施控制其危害，降低社会经济和生态损失，在"共存"的前提下减缓其入侵扩散的趋势。

近年来，国内外学者对外来生物入侵的研究主要集中在以下几个方面：一是入侵过程，包括引入、繁殖、定居、扩散等；二是入侵机制，包括外来生物的入侵性、生境可入侵性、入侵的抵抗力，以及空生态位、天敌逃逸、新奇武器、资源波动等入侵假说；三是生态影响或生态效应，包括对生态系统物种组成结构、生态系统功能及生态过程等的影响；四是入侵生物防控，包括人工清除、化学防除、生物防治、生态控制等；五是入侵生物管理，包括检验检疫、风险评估、预防预警等（陈宝明 等，2016）。

二、外来入侵生物防控基础理论研究

我国外来入侵生物研究起步较晚，虽然发展仅有不到 40 年的历史，但"十五"以来，国家先后启动了"973"、国家公益性行业科研专项、"生物安全关键技术研究"等国家重点研发计划项目（陈洁君，2018），针对我国当前面临的各类重大入侵生物的威胁，从基础研究、共性关键技术与重大产品研发、典型应用示范 3 个层面（陈洁君，2018），进行了一系列项目部署，取得了一系列世界领先的科技成果，培养了一批具有国际先进水平的人才队伍，为我国生物安全提供了重要的科技支撑，使我国在生物安全研究领域整体达到了国际先进和领先水平（陈洁君，2018），取得了标志性成果：一是揭示了多种入侵生物的入侵特性和入侵机理；二是明确了入侵植物与脆弱生态系统的相互作用机制；三是研发了多种重大新发入侵生物风险评估及防控技术；四是建立了生物威胁数据库和生物入侵突发事件可视化智能决策支持平台；五是构建了多种重大入侵动植物的治理模式和技术体系；六是建立了主要入侵生物标本资源库。

在入侵生物学学科框架和研究模式下，我国生物入侵基础研究重点围绕"入侵潜力与成功入侵的关系"（万方浩 等，2011），提出了入侵生物的"前适应性"与"后适应性"的"权衡"假说（郭建洋 等，2019）、"入侵种种群的扩张与扩散"（万方浩 等，2011），提出和解析了入侵昆虫，如烟粉虱竞争替代本地物种的"非对称型交配互作"理论、竞争替代的"内禀生殖行为调节"机制，以及解析了入侵昆虫，如烟粉虱、红脂大小蠹 [*Dendroctonus valens*（Le Conte）] 通过共生生物增强入侵能力的互作机制，提出了"协同入侵假说""返入侵假说"（郭建洋 等，2019）、"入侵种的生态适应性与进化"（万方浩 等，2011），如解析了烟粉虱等一批重要入侵生物的生态适应性与遗传分化或快速进化的分子基础和遗传基础（郭建洋 等，2019）及"本地生态系统对入侵的响应及可入侵性"（万方浩 等，2011），明确了入侵生物，如烟粉虱、美洲斑潜蝇（*Liriomyza sativae* Blanchard）等对本地近缘种或生态位等同种的竞争演替效应及竞争排斥机制，丰富了种间竞争的"资源分割利用"理论及"生态系统反馈调节"理论等（郭建洋 等，2019），通过详细解析外来生物的传入、定殖、潜伏、扩散、暴发等一系列入侵步骤，阐明其入侵机理和成灾机制；而应用研究方面则重点开展了风险评估与早期预警、检测与监测、狙击与灭除、生物防治、生态修复与干扰调控等方面的研究。这些工作为制定重要外来入侵生物的防控对策与技术提供了科学依据，推进了我国生物入侵预防与控制的技术创新与发展（万方浩 等，2011）。

三、外来入侵生物数据库建立和早期预警技术研究

预防是第一道也是最好的防线，真正做到"关口前移"，将外来入侵生物挡在国门之外是最有效也是成本最低的方法。对于预防的技术支撑主要集中在风险评估分析和入侵物种清单制定方面。目前，我国已建立 7 个与外来入侵生物相关的数据库或子系统，依次为中国外来入侵物种数据库系统、中国外来入侵物种地理分布信息系统、外来入侵物种野外数据采集系统、外来入侵物种安全性评价系统、中国主要外来入侵昆虫 DNA 条形码识别系统、中国重大外来入侵昆虫远程监控系统和中国外来入侵物种数据库平台（冼晓青 等，2013）。上述数据库或子系统提供了 114 个 IAIPs（Invasive Alien Insect Pests）的综合信息，包括 754 种入侵生物、2773 张物种图片，支持信息检索和交换，可远程访问。该数据库在支撑农业入侵生物的检测、监测上起到了重要作用（Wan，2015）。基于计算机模拟和建模软件，在以 CLIMEX、DYMEX、GARP、MAXENT、BIOCLIM 等 5 种模型和各种基于 GIS（地理信息系统）的工具为基础的外来入侵生物适生性风险评估中，我国完成了马铃薯甲虫、稻水象甲、扶桑绵粉蚧、枣实蝇、新菠萝灰粉蚧 [*Dysmicoccus neobrevipes*（Beardsley）]、加拿大一枝黄花等 64 种入侵生物的适生性风险分析，确定了其在我国的潜在分布范围（Wan，2015；万方浩 等，2011）；并在入侵生物风险分析的基础上，制定了刺萼龙葵（*Solanum rostratum* Dunal）、毒麦（*Lolium temulentum* Linnaeus）、飞机草 [*Chromolaena odorata*（Linnaeus）R. M. King & H. Robinson]、互花米草、黄顶菊、加拿大一枝黄花、凤眼莲、豚草、紫茎泽兰、稻水象甲、福寿螺、柑橘大实蝇 [*Bactrocera minax*（Enderlein）]、红火蚁、橘小实蝇 [*Bactrocera dorsalis*（Hendel）]、螺旋粉虱、马铃薯甲虫、美洲斑潜蝇、苹果蠹蛾、西花蓟马、烟粉虱、椰心叶甲 [*Brontispa longissima*（Gestro）]、瓜类细菌性果斑病菌、黄瓜绿斑驳花叶病毒（*Cu-*

cumber green mottle mosaic virus Tobamovirus，CGMMV)、亚洲梨火疫病菌［*Erwinia pyrifoliae*（Kim，Gardan，Rhim et Geider)］等近百种外来入侵生物的控制预案与管理措施（张国良 等，2009；万方浩 等，2011；Wan，2015)。基于入侵生物多组学大数据，构建了 130 多种入侵生物（包括植物 31 种、动物 100 种）基因组数据库 Invasion DB (ht-tp://www. insect genome. com/invasiondb/；Huang et al.，2021)，开发了基因组分析软件，发现了入侵昆虫的基因组学特性，实现从基因组角度预测昆虫入侵性；挖掘了化感、解毒、发育、滞育、代谢等一批与入侵致害紧密相关的扩增基因家族；鉴别出 6 个可用于防治和风险分析的生物学靶点和潜在靶标基因，6 个与宿主互作的信号化合物及信号传导通路（Chen et al.，2019；Zhang et al.，2019a)；为入侵生物后基因组时代的共性关键技术开发提供了分子数据支持。

四、外来入侵生物快速检测及精准监测技术研究

早期检测和快速反应（ED/RR）可以有效防止外来入侵物种的建立或传播。世界上没有任何一个预防系统可以始终 100% 有效，因此第二道防线的检测、监测、报告、评定、响应就显得至关重要。快速反应可以最大限度地减少环境和社会影响，还可以节省资金（例如管理成本)。外来入侵生物的入侵前或入侵早期（种群构建时期和扩散初期），针对重大新发外来入侵生物和潜在风险性入侵靶标对象积极开展风险评估和适生性分析、快速检测和精准监测，建立监测预警技术体系等工作是科学和有效控制外来入侵生物的重要环节。近些年，我国在这一领域取得重要进展，有力推动了入侵生物检测和监测技术的发展。传统的外来入侵生物的鉴定，主要依赖外来入侵生物的形态学特征，结合寄主信息、采集地区、入侵地近缘种的主要种类等信息。DNA 条形码技术的提出，为甄别个体微小、形态相似、躯体不完整或处于幼龄的虫体的农林外来入侵昆虫，以及尚未显症的病原微生物提供了分子生物学的依据，且鉴别效率大大提高。在国家重点基础研究发展计划（973)"重要外来物种入侵的生态影响机制与监控基础"（2009CB119200）项目的支持下，通过对潜在、局部及已扩散入侵生物检测技术的研究，已形成了一批前瞻性成果，建立的检测技术研究平台已辐射到 30 多种重要外来入侵生物的检测技术研究中，为构建我国应对危险性外来入侵生物突发事件的高效、快速检测与监测技术平台，保障我国农业可持续健康发展及生态安全提供了强有力的技术支撑。如我国已利用 COI (Cytochrome Oxidase-I)、ITS (the Intergenic Transcribed Spacer region between the 16S rRNA and 23S rRNA genes) 等 DNA 条形码，利用特异性 PCR 技术开发出并建立了以烟粉虱、苹果蠹蛾、草地贪夜蛾［*Spodoptera frugiperda*（Smith)］为代表的 50 余种农业入侵生物的种特异性高效快速分子检测识别诊断鉴定技术（田虎 等，2013；张桂芬 等，2013)；针对个体小或残体、形态难识别的 520 余种入侵生物，如蓟马类、实蝇类、介壳虫类、粉蚧类、粉虱类、潜叶蝇类等，建立了 DNA 条形码快速识别技术和平台系统（郭建洋 等，2019)。目前，利用限制性核酸内切酶、具有链置换活性的 DNA 聚合酶的链置换扩增技术（Strand Displacement Amplification，SDA)、利用重组酶和聚合酶的重组酶聚合酶扩增技术（Recombinase Polymerase Amplification，RPA)，以及利用链置换 DNA 聚合酶的环介导等温扩增技术（Loop-mediated Isothermal Amplification，LAMP)，已在油菜茎基溃疡病、实蝇等物种中实现了检测用时小于 1h 的现场快速检测技术。以胶体金作为示

踪标志物应用于抗原抗体的一种新型免疫胶体金技术，已在亚洲和欧洲梨火疫病检测中成功应用（王圆，2019）。创新研发了入侵植物的快速图像智能识别（卷积神经网络）技术及 APP 平台系统，可实现对 210 余种入侵植物的快速调查和监测（王维，2021；郭建洋等，2019；乔曦，2019）。发展了苹果蠹蛾、橘小实蝇［*Bactrocera dorsalis*（Hendel）］、红脂大小蠹、美国白蛾［*Hyphantria cunea*（Drury）］、松材线虫的媒介昆虫松墨天牛（*Monochamus alternatus*）等入侵害虫的基于信息素的野外实时监测技术（郭建洋等，2019；张真 等，2022），并在此基础上，结合诱集昆虫的 AI（Artificial Intelligence）图像识别、数据获取与实时传输，研发了入侵害虫的远程监测装备（郭建洋 等，2019）。通过分子识别主程序嵌入、图像识别算法更新与图像重训练等，建立了基于网络的重大入侵植物图像和入侵害虫实蝇图像及分子数据的多模态识别系统，可实现对重大入侵生物的实时智能识别和口岸实时监控（赵添羽 等，2022）。总之，我国相关学者建立了基于拓扑网络理论、模型验算、大数据挖掘与可视化智能分析、宏基因组筛查、免疫侧向层析、生物传感、多维指纹图谱识别、快速分子检测、胶体金试纸条、化学信息素监测、物理监测技术等的外来入侵生物快速检测监测技术（郭建洋 等，2019；Wan，2015）。

五、外来入侵生物的根除与阻截控制技术研究

在实际调查中，对于新发的外来入侵物种，在其刚刚传入定殖的滞后阶段根除是最合适的。根除被定义为："通过自然条件或人为阻碍对一个地区某一物种每一个体的破坏，以有效阻止物种在无人干涉地区的再生。"根除计划因其生效情况而有相当大的变化。根除一般分为两类：一类是针对新近引入的外来生物，另一类是针对局部分布且已建立种群或定殖的外来生物（Wan，2015）。换言之，在农业外来入侵生物在新的生态环境中建立种群并定殖，处于入侵中点片发生或局部发生阶段，即在农业外来物种入侵后早期（种群构建时期和扩散初期）进行根除和灭绝，最终实现在入侵生物种群构建环节的灭绝和扩散过程中的限制目标，有效遏制入侵生物进一步传播和扩散，这一过程是外来入侵生物早期防控的重要环节，也是外来入侵生物整体防控的关键环节。我国在外来入侵生物的早期阻截和根除领域开展了大量的研究，取得了重要成果和突破，为我国有效遏制农业外来入侵生物进一步扩散蔓延发挥了重要作用。

（一）三种重大外来入侵生物的应急防控技术案例

1. 马铃薯甲虫的封锁阻截技术

郭文超团队（2017）研究制定了符合我国马铃薯生产实际的马铃薯甲虫治理新模式，研究并提出了在非疫区的基于植物引诱剂、聚集素和种植诱集带的监测技术，在新疫点的"低密度"防控策略和因地制宜的高效应急化学处置措施，在疫区的基于环境相容的高效低毒药剂拌种、专性球孢白僵菌防治、抗虫保健栽培、具有自主知识产权转基因抗虫品种培育等关键技术的综合防控技术体系。同时通过铲除木垒哈萨克自治县（简称木垒县）至巴里坤哈萨克自治县（简单巴里坤县）走廊东西长达 200km 以上、南北 20km 范围内的马铃薯甲虫野生寄主天仙子，建立了马铃薯甲虫生态阻截带，并在出疆唯一公路通道——烟墩动植物联合检疫检查站设卡阻截。自 2003 年以来该团队提出的上述措施在伊犁河谷地区和昌吉回族自治州（简称昌吉州）等北疆等地广泛应用，综合防效达 90.0%以上，成功地将马铃薯甲虫控制在新疆木垒县博斯塘乡三个泉子村，有效遏制了该虫进一步向东

扩散蔓延，确保我国马铃薯生产安全，为重大外来入侵生物的防控积累了宝贵的经验，成为我国有效防控外来入侵生物的成功案例之一。

2. 红火蚁的封锁阻截技术

陆永跃团队（2019）研究提出了红火蚁疫情管理标准化模式及流程、防除决策依据指标体系、灭除循环与组合程序、防控组织模式与方式、施药手段与效率、专业化防控实施程序与要求等系列模式、方法，为构建我国应对红火蚁的管理和技术标准体系奠定了基础；提出了科学防控策略、全面防治与重点防治相结合的新"两步法"准则、全温区防控模式、全区域防控模式等，获得了 8 个饵剂、粉剂高效的防治组合；创建了适合我国南方多类生态区域不同季节的应急防控技术体系，防效达 96%～100%，并在广东等多个南方省（自治区、直辖市）广泛应用；构建了疫情根除管理与技术体系，连续、全面实施 2～3 年，可达到根除独立疫点或疫区疫情的目标，已在福建、湖南、云南等地根除多个红火蚁疫情点。

3. 扶桑绵粉蚧入侵新疆后根除技术

2010 年以来扶桑绵粉蚧主要通过花卉调运从我国南方花卉集中种植区多次多点入侵新疆，持续对新疆棉花、设施农业和特色林果等产业构成严重威胁。为有效遏制扶桑绵粉蚧的传播、扩散和危害，近年来郭文超团队根据新疆的气候、生态地理特点和寄主作物的分布和种植特点，因地制宜地制定了科学的防控技术方案，主要包括以下几点。一是抓好源头治理，把好检疫关口。各地严格落实《自治区花卉调运检疫复检制度》，全面启动扶桑绵粉蚧的产地检疫和调运地复检工作，最大限度地杜绝染疫花卉调入新疆。二是对花卉集散地等高风险潜在扩散源开展常态化监测。每年定期对大型花卉市场、园林苗圃基地以及寄主蔬菜大棚等风险区和高风险区进行常态化监测，在疫情发生后迅速启动疫情普查摸底工作。三是建立以新型高效化学药剂和助剂增效为核心的应急灭除技术。对于不同区域采用分区治理的分类防控策略，对已染疫大棚区域采用"化学药剂应急消杀＋清棚焚烧掩埋＋深翻棚土＋闷棚熏蒸＋持续监测"等措施；对疫情发生核心区域周边 20 km 以内尚未发生疫情的高风险区采取"加强持续监测、预防性消杀、加强检疫"。四是对于染疫区的非寄主作物和蔬菜品种实施"闭环定向投放、建档定期回查监测"等措施，防止染疫扩散。通过上述主要技术措施在实现彻底铲除扶桑绵粉蚧新发疫点的同时，避免给疫情发生地造成严重的经济负担。目前新疆已连续 12 年成功铲除了扶桑绵粉蚧的疫情，保障了新疆棉花产业的生产安全。

（二）靶向性绿色高效阻截技术的研究

1. 昆虫不育技术

昆虫不育技术（Sterile Insect Technique，SIT）是一种环境友好型和可持续的害虫防控技术（黄聪 等，2019）。如通过与受四环素调控的 tet-off 基因表达系统结合构建的地中海实蝇（*Ceratitis capitate* Weidemann）雌性特异致死系统，可实现雌性特异的早期发育致死；此外，实蝇类害虫 SIT 技术中也常用遗传突变的白蛹来区分雌雄虫。美国加州大学圣迭戈分校研究人员开发出精确引导的不育昆虫技术（precision guided SIT，pgSIT），利用基因编辑技术（CRISPR/Cas9）改变控制昆虫性别和生育能力的关键基因（如 βTub、dsx、tra 和 sxl），使虫卵孵化出的雄性昆虫 100% 不育（Kandul et al.，2019）。

2. 免疫诱抗技术

通过激活植物的免疫系统并调节植物的新陈代谢，增强植物抗病和抗逆能力。免疫学方法以血清学反应为基础，即以抗体与其抗原的专一性识别与结合为基础。抗原主要是能诱导产生抗体的一类物质，如病毒、细菌、真菌等病原物（万方浩 等，2011）。抗体是指由抗原注射到动物体内诱导产生的、能与抗原在体外进行特异性反应的一类物质，主要是免疫球蛋白。含有抗体的血清称为抗血清。抗原能与由其诱导产生的抗体发生凝集、沉淀等反应，将病原物作为特异性强的抗原与相应的抗体反应就可实现对病原物的检测和鉴定，主要有免疫酶分析、免疫胶体金分析、放射性标记免疫分析、荧光标记免疫分析、化学发光免疫分析等快速诊断技术（Chen et al.，2018）。如免疫学检测技术在病原真菌的检测方面发展较快，已经在疫霉属（*Phytophthora*）、腐霉属（*Pythium*）、丝核菌属（*Rhizoctonia*）、镰刀菌属（*Fusarium*）等许多植物病原真菌检测中得以应用。更多血清学反应试剂盒商品的出现使得快速检测植物病害变得非常简便（万方浩 等，2008）。

3. 昆虫理化诱控

利用昆虫的趋光性、趋化性，基于寄主植物活性挥发物和昆虫化学信息素诱杀昆虫。以杀虫灯诱杀、色板诱杀、性诱剂诱杀、性迷向和食源诱杀等技术为基础的外来入侵生物理化诱控技术中，目前我国学者已开发了草地贪夜蛾（农业农村部科技教育司，2022）、马铃薯甲虫（郭文超，2013）、西花蓟马（吕要斌 等，2011；农业农村部科技教育司，2022）、橘小实蝇（金扬秀 等，2022）、苹果蠹蛾（于昕 等，2020；农业农村部科技教育司，2022）和美国白蛾（刘万才 等，2022）等20余种入侵生物的理化诱控技术，并建立其规模化应用技术，包括单项技术和多项技术组合应用。同时，在摸清我国主要害虫的性信息素完整组分及其地理区系的基础上，国内宁波纽康、中捷四方、深圳百乐宝等企业开发了性信息素化合物的工业化全合成和异构体的纯化工艺技术，建立了多条工业化的生产线，合成路线和工艺立足国内化工原材料市场和环保要求，成本低于国外，产能超过国内目前市场需求，因此理化诱控技术现广泛应用于害虫的监测与防治中，是有害生物综合防控的重要组成部分。

总之，我国已创制了诱杀剂、灭杀剂等系列防控产品，并结合物理根除技术、化学灭除技术、遗传不育技术或辐照不育、诱杀防治、野外监测等，建立了入侵生物应急防控和扩散阻截技术体系。此外，目前，我国还针对马铃薯甲虫、葡萄根瘤蚜［*Viteus vitifoliae* (Fitch)］、松材线虫、大豆疫霉病菌［*Phytophthora sojae* (Kaufmann et Gerdemann)］、紫茎泽兰等10余种农林入侵生物，开展了其扩散阻击根除与阻截控制工作。

随着社会经济的发展，以及可持续生态环境建设的迫切需求，越来越多的对环境友好的病虫害防治措施出现，但化学农药依然是最经济有效的技术手段之一。筛选低毒高效的药剂是科学用药的基础。我国学者针对多种入侵昆虫进行了化学农药筛选与控制效应评估，并逐步运用于生产实践。如我国学者已成功筛选出了多种高效、低毒的新型杀虫剂，如乙酰胺类和吡虫啉类杀虫剂，通过拌种或喷施方法能够有效控制马铃薯甲虫的越冬成虫或一代幼虫（郭建国 等，2010a、2010b）。刘中芳等（2016）研究发现，240 g/L氟啶虫胺腈悬浮剂5 000倍液对苹果绵蚜持续控制效果较好，适用于苹果绵蚜发生盛期。

六、外来入侵生物综合防控技术体系构建

在外来入侵生物入侵后大面积发生危害，在种群暴发成灾阶段，应采取控制措施，即将外来入侵生物的数量减少到低于预先设定的水平，或者将其限定在特定的区域内。建立可持续综合防御和控制技术体系，综合运用农业、生物、化学和生态等方法进行治理，将其控制在经济危害水平之下，减少损失，同时，阻止其进一步传播扩散。近年来，针对农业外来入侵生物的发生、传播和危害，我国在多地针对不同的入侵对象开展了大量的防治技术研究，在生物防治、生态调控、理化诱控、免疫诱导等绿色防控新技术和新产品的研发领域取得了一系列重要成果，丰富和发展了我国外来入侵生物防控技术内涵和水平，为建立以区域性重大入侵生物绿色防控为核心的技术体系奠定了基础。

（一）植物抗性的挖掘与利用

经过多年的努力和探索，我国科技工作者通过利用作物遗传抗性资源，在外来入侵生物的防控研究与应用领域取得重要进展。一是在利用抗性野生种或抗性品系挖掘抗性基因方面：针对番茄黄化曲叶病毒（*Tomato yellow leaf curl virus Begomovirus*，TYLCV），选育出了醋栗番茄（*Solanum pimpinellifolium*）、秘鲁番茄（*Solanum peruvianum*）和多毛番茄（*Solanum habrochaites*）等抗病茄属植物，已挖掘出 Ty-1、Ty-2、Ty-3、Ty-3a、Ty-4 和 Ty-5 等质量抗性基因（宗园园等，2012）。针对向日葵列当（*Orobanche cumana* Wallr.），选育出了赤 KY11-46（寄生率 10.41%，寄生程度 0.27，寄生强度 2.60）和辽丰 F53（寄生率 8.33%，寄生程度 0.21，寄生强度 2.53）等高抗品种（石必显，2017）。针对哈密瓜上的分枝列当（*Orobanche aegyptiaca* Pers.），选育出了 Huang-pi 9818（寄生率 0.54%）和 KR1326（寄生率 1.37%）等高抗列当寄生的品种（Cao et al.，2023）。针对草地贪夜蛾，选育出了 H56、H57 和 H58 等抗性较强的品种（王全文，2023）。二是利用转基因技术将外源抗虫基因导入作物，也是抗性资源挖掘和利用重要途径。例如针对马铃薯甲虫，培育出了转 $Cry3A$ 抗甲虫马铃薯、转 $Cry3A+Vhb$ 抗甲虫抗旱耐涝双价马铃薯和无抗生素筛选标记的转 $Cry3A$ 抗甲虫马铃薯（Guo et al.，2016），大田试验表明，转 $Cry3A$ 基因马铃薯株系对马铃薯甲虫的校正死亡率为 95% 以上；再例如针对草地贪夜蛾，培育出表达 $Cry1Ab$ 单基因 Bt 玉米和表达 $Cry1Ab+Vip3Aa$ 复合基因 Bt 玉米（张丹丹 等，2019）。室内研究发现，草地贪夜蛾幼虫取食 Bt-$Cry1Ab$ 玉米，校正死亡率为 13.33%～65.41%，体重抑制率为 59.50%～107.97%。草地贪夜蛾幼虫取食 Bt-（$Cry1Ab+Vip3Aa$）玉米，校正死亡率为 53.02%～100%，体重抑制率为 76.12%～122.22%（张丹丹 等，2019）。相较于单基因品种 $Cry1Ab$-玉米，复合基因品种 $Cry1Ab+Vip3Aa$-玉米对草地贪夜蛾具有更高的杀虫效果（张丹丹 等，2019）。上述研究表明，由于具有低成本和无污染的优势，作物抗性资源的挖掘和利用在外来入侵生物绿色高效防控方面展现出良好的开发和应用前景。

（二）生物防治技术的研究与应用

生物防治是利用生物及其代谢物控制有害生物，降低其危害的防治方法，其生态学基本原理是依据有害生物与天敌的生态平衡理论，从有害生物原产地引入天敌，重新建立有害生物与天敌间的相互调节、相互制约机制，恢复和保持这种平衡（桑文 等，2018）。生物防治学是植物保护学科体系的核心组成，生物防治技术是农作物病虫害绿色防控的核心

技术，包括以虫治虫，以有益微生物治病，以微生物及其代谢产物治虫、治病等。近年来，国内研究提出生防天敌风险过滤理论和评估模式，修正了生防天敌寄主专一性"离心系统发育"测定方法。风险过滤理论主要包括种系发生限制、生物气候限制、寄主与生境选择限制，食物可接受性和后代适应力等。经过多年的持续探索和协同攻关，我国生物防治科学研究和应用技术都取得了显著的进步，揭示了一批生物防治科学原理，形成了一批天敌昆虫和微生物农药产品，凝练了一批轻简化的生物防治实用技术，取得了较好的科技引领和实践应用成效（武丽丽 等，2019）。如万方浩团队针对豚草主要研制了天敌昆虫的早春助增转移技术，建立了豚草卷蛾［*Epiblema strenuana*（Walker）］和广聚萤叶甲［*Ophraella communa*（Lesage）］2 种天敌昆虫"冬季保种—室内扩繁—大棚增殖"三步简易规模化生产技术流程，实现了豚草卷蛾和广聚萤叶甲的联合控制。在此基础上，建立了豚草区域化持续治理技术模式；又如针对空心莲子草［*Alternanthera philoxeroides*（Mart.）Griseb］，重点创建了莲草直胸跳甲规模化繁育技术和标准化工艺流程，建立了"天敌越冬保种-助增释放-化学协同"的空心莲子草综合治理技术模式，通过技术集成，分别在湖北宜昌、四川青神开展了空心莲子草天敌防控研究及推广示范，建立天敌繁育工厂 18 个、生物防治示范点 450 处，扩繁效率提升 40～50 倍，释放跳甲近亿头，覆盖空心莲子草发生区面积超 67 万 hm^2，实现了示范区的持续控制（宋振 等，2018）。再譬如针对农业入侵生物烟粉虱、椰心叶甲、美洲白蛾、美洲斑潜蝇、橘小实蝇等重大入侵生物，我国学者引进和挖掘以丽蚜小蜂［*Encarsia formosa*（Gahan）］和周氏啮小蜂［*Chouioia cunea*（Yang）］为代表的外来与本地高效天敌昆虫 20 余种，并建立其规模化繁育技术和田间释放应用技术，包括单种天敌释放和多种天敌组合释放（赵添羽 等，2022），为其防控及示范推广奠定了扎实的基础。目前，我国已集成建立了豚草、空心莲子草、烟粉虱、椰心叶甲、美洲白蛾、美洲斑潜蝇、橘小实蝇等 20 余种农业入侵生物的区域性持续治理技术体系，并进行了大面积的示范推广和应用，在生产实践中发挥了很好的控制作用。

（三）生态调控技术的研究与应用

害虫生态调控策略从农田生态系统整体把控，综合考虑害虫与天敌在不同农作物上的发生和发展过程及其迁移扩散规律，采用区域性的间作、轮作、套作以及其他调控措施，优化设计，合理布局，长期监测，实现害虫的生态控制（萧玉涛 等，2019）。生态调控措施包括调整寄主作物种植期，选择不敏感作物轮作，清除作物残茬，合理管理肥水，以及选择抗性作物品种等。例如基于秋耕冬灌、轮作、种植早熟品种等技术的生态调控措施是控制马铃薯甲虫的有效手段（郭文超 等，2014）。适期种植、选择与非寄主作物轮作以及秋耕冬灌能够提高马铃薯甲虫越冬成虫的死亡率与延长越冬成虫的出现时间（郭文超 等，2014；Guo et al.，2017）。郭利娜 等（2011）研究还发现，一代马铃薯甲虫幼虫在轮作马铃薯田的平均密度仅为连作马铃薯田的 65%；此外，还可利用生境调控恶化取食条件和生存环境，控制或限制其种群发展，达到防治目的。例如，在新疆荒漠绿洲水稻种植区，根据稻水象甲生物学特性和发生规律，研究并总结提出了以生态调控和环境友好型为主的绿色全程防控技术体系。其中生态调控手段主要包括：一是在育秧期"隔离"，即利用无纺布覆盖育秧田与外界隔离，阻止稻水象甲成虫的取食活动；二是实施秧苗适时"早移栽"，即利用稻水象甲的成虫取食趋嫩性，适当提早移栽，使水稻叶片表皮角质层增厚程度提高，恶化稻水象甲成虫营养条件；三是在育秧移栽缓苗后实施"晒田"，即在插秧后秧苗缓苗起身的 7 月上中旬，可通过适时排水晒田和重晒田，恶化稻水象甲幼虫种群的生存环境，大幅度降低虫口密度。在新疆荒漠绿洲水稻种植区，通过上述生态调控措施有效地降低了稻水象甲和马铃薯甲虫的危害（郭文超 等，2014；王小武，2018）。

（四）理化诱控技术的研究与应用

理化诱控技术是利用害虫的趋光性、趋化性，通过布设灯光、色板、昆虫信息素、气味剂等诱集并消灭害虫的控害技术。理化诱控在防治上不是通过毒性杀死害虫，而是将不同的生物因素以及非生物因素在一定区域内进行整体规划，进而发挥各因素在害虫及其天敌种群调控方面的协同作用，将害虫数量控制在较低水平（萧玉涛 等，2019），是减少化学农药用量，推进绿色防控的主要技术措施之一（刘万才 等，2022）。近年来，我国在理化诱控技术的昆虫性信息素的工业化合成、纯化、稳定、缓释生产工艺的改进和完善，各种干式诱捕器的开发研制，智能化性诱测报技术研发，以及多种害虫田间性诱实用技术试验示范方面取得了一系列进展，极大地促进了重大害虫的监测预报和绿色防控。针对国内主要害虫防控，基于其发生规律、耕作模式、气候等因子，我国学者研究并明确了昆虫理化诱控技术田间使用方法，制定了可大面积推广应用的田间配套技术（刘万才 等，2022）。

1. 灯光诱捕技术的应用

灯光诱控技术是利用昆虫趋向光源或远离光源运动的行为习性，促使昆虫聚集在某一固定位置集中消灭的物理防治手段。该技术在我国农、林、渔、养殖和园林景观的害虫测报和防控中发挥了重要作用并取得了良好成效。以灯光诱杀为重点的害虫综合防控技术已在全国 20 多个省份的水稻、棉花、柑橘、蔬菜、玉米、茶叶、花生、甘蔗主产区大面积推广应用，取得了巨大的经济效益、社会效益和生态效益（桑文 等，2018）。

2. 植物引诱剂、聚集素诱捕技术的研发与应用

植物引诱剂、聚集素是利用昆虫的趋化特性诱杀靶标成虫（群集诱杀）或干扰、破坏两性间的化学通信（干扰交配），从而减少交配，控制下一代种群数量，降低田间虫口基数，减少田间落卵量，进而减轻幼虫危害。此项技术可有效减少农药使用量，操作简便，防控效果好，是病虫害绿色防控体系主推技术之一（刘万才 等，2022）。如近年来，国内相关领域研究团队对马铃薯甲虫、西花蓟马和红脂大小蠹等重大有害生物的植物源引诱剂、驱避物及聚集素等方面展开深入研究，合成了马铃薯甲虫聚集素，在生物测试过程中发现人工合成的聚集素对马铃薯甲虫的引诱作用显著（郭文超 等，2013）。西花蓟马聚集素是由西花蓟马雄虫释放的一种挥发性信息化合物，该化合物对西花蓟马雌、雄成虫均具有非常高的引诱活性。目前，吕要斌团队（2011）已成功合成了对西花蓟马雌、雄成虫均具有很高的引诱活性的西花蓟马聚集素。油松释放的（＋）-3-蒈烯是红脂大小蠹的最佳引诱剂，目前，在我国各红脂大小蠹入侵地区，（＋）-3-蒈烯已成功应用于红脂大小蠹的诱集防控（Liu et al.，2006；Sun et al.，2004）。此外，我国研究人员也围绕草地贪夜蛾性信息素成分的分离与结构鉴定、遗传机制和感受机制、性诱剂的优化和开发、田间诱集效果评价等方面开展了大量研究工作，取得了一系列进展（车晋英 等 2020；Wang et al.，2022；Guo et al.，2022）。Jiang 等（2022）明确了入侵云南的草地贪夜蛾种群的主要性信息素成分是 Z9～14：Ac 和 Z7～12：Ac（100：3.9），但开发专一、高效的性信息素引诱剂仍有不少技术层面的问题需要解决。

3. 色板诱捕技术的应用

昆虫的趋色性与趋光性一样，都是昆虫的固有习性，利用昆虫对颜色的趋性而发展起来的色板诱捕技术也在害虫的监测预报和防治上取得诸多成效，该技术成本低、操作简便（桑文 等，2018）。如针对西花蓟马（吕要斌 等，2011）、橘小实蝇（金扬秀 等，2022）等 20 余种农业入侵生物的趋光性，我国学者筛选并建立了田间理化诱控应用技术，吕要斌团队基于西花蓟马的趋蓝色习性，研发并集成构建了基于蓝色粘虫板＋引诱剂等多项技术组合的物理诱杀技术（吕要斌 等，2011；农业农村部科技教育司，2022）。我国相关学者研发了基于蛋白饵剂＋灯光诱杀＋适量柠檬烯或酒精的防治橘小实蝇成虫的多项组合技术（金扬秀 等，2022；农业农村部科技教育司，2022）。

4. 防虫网阻截技术的应用

防虫网是利用物理阻隔的方法直接阻挡害虫对作物的侵害（桑文 等，2018）。如防虫网能阻隔粉虱和潜叶蛾等害虫的危害。虽然防虫网对柑橘害虫有很好的控制作用，但是防虫网透光透气性存在差异，直接影响网室内温度、湿度、光照强度等环境因子，导致植株光合速率、生长发育、产量和品质发生改变。

（五）免疫诱抗技术的研究与应用

免疫诱抗剂不直接作用于靶标病或虫，植物免疫诱抗剂针对作物本身起作用，通过诱导刺激植物产生水杨酸（SA）、茉莉酸（JA）等，诱导产生免疫信号传递的途径，产生植保素、致敏相关蛋白，提高植物的免疫力和抗性，从而抵抗病虫害。植物免疫诱抗剂应用范围非常广，可作用于大部分作物。寡糖·链蛋白是我国自主研发的植物免疫蛋白制剂，能诱导多种植物的广谱抗性。寡糖·链蛋白获得农药登记以来，在多种蔬菜、水稻、柑橘等上表现出了良好的抗病增产作用（盛世英 等，2017）。"十三五"以来，农业农村部大力开展化肥农药使用量零增长行动，绿色防控技术将会得到更多的应用和推广。寡糖·链蛋白是植物免疫诱抗领域的先驱和标杆，同时也是绿色防控技术的优秀代表，应用前景广阔。2014 年 5 月云南大理柑橘园呈现黄龙病初期症状，每 667 m^2 使用寡糖·链蛋白 15 g，用药 10 d 后，柑橘叶片恢复浓绿，长势好转（盛世英 等，2017）；此外，南京农业大学胡白石团队，针对当前香梨对梨火疫病极其感病的现状，筛选到苯并噻二唑、调环酸钙和壳寡糖 3 种可以显著提高香梨对梨火疫病抗性的诱抗剂，并确定了各诱抗剂的最佳使用浓度，明确了不同诱抗剂对病原菌在香梨上定殖的影响；明确了诱抗剂的诱抗机制。此外，田间试验中比较了"单独使用噻霉酮"与"噻霉酮药剂＋诱抗剂"的田间防控效果，建立了基于噻霉酮＋康喜的香梨抗梨火疫病植物免疫诱导剂使用技术 34.68 hm^2。同时，云南省农业科学院生物技术与种质资源研究所张仲凯研究员团队与中国科学院昆明植物研究所郝小江院士团队、中国科学院微生物研究所方荣祥院士团队等合作，发现板蓝根中分离提取的双裂孕烷甾体具有抑制类 Alpha 病毒、烟草花叶病毒（TMV）的功能。研究发现，吲哚酮衍生物和圆叶肿柄菊素 A 在抑制番茄斑萎病毒（TSWV）侵染方面，通过诱导水杨酸和茉莉酸途径启动植物系统获得抗性（SAR），抑制了病毒基因在寄主植物细胞中的复制（Zhao et al.，2019；Chen et al.，2018）。SAR 具有广谱抗病的特性，对调控和减轻多种病毒侵染的危害具有应用潜力。

（六）转抗靶标对象基因技术的研发与应用

利用植物基因工程和遗传育种技术培育的转基因抗虫作物，为农业有害生物的控制提供了新的手段（刘晨曦 等，2011）。苏云金芽孢杆菌（*Bacillus thuringiensis* Berliner，简称 *Bt*）在芽孢形成阶段会产生伴胞晶体，该晶体被鳞翅目昆虫取食后，在其中肠蛋白酶的水解作用下被激活，活化的晶体与中肠特异性受体结合，导致中肠形成孔洞而使昆虫死亡（刘晨曦 等，2011），转 *Bt* 基因抗虫棉可有效防治鳞翅目害虫。目前发现并登记的 *cry1*～*cry67* 基因大约有 190 多种，其中 *cry1Ab*、*cry1Ac*、*cry1F*、*cry2Ab*、*cry2Ae* 基因等被用于转基因抗虫棉工程（刘晨曦 等，2011）。此外，研究人员基于我国 *Bt* 玉米（转 *Bt* 基因抗虫玉米）的研发现状、玉米生产模式及草地贪夜蛾的发生危害规律，提出了在南方和西南山地丘陵玉米区利用多 *Bt* 基因叠加抗虫玉米来防控草地贪夜蛾的建议（卢军帅 等，2020）。利用将外源抗虫基因导入马铃薯中获得抗甲虫马铃薯是一个行之有效的方法，国内外转基因抗甲虫马铃薯的研究，取得了很好的进展（Reed et al.，2001；Guo et al.，2016）。然而，抗甲虫马铃薯商业化生产面临转基因生物安全的一系列问题，其中，最重要的就是抗生素筛选标记基因的安全问题。中国科学院微生物研究所和新疆农业科学院植物保护研究所经过多年的合作，先后培育了转 *Cry3A* 抗甲虫马铃薯、转 *Cry3A*＋*Vhb* 抗甲虫抗旱耐涝双价马铃薯和无抗生素筛选标记的转 *Cry3A* 抗甲虫马铃薯（Zhou et al.，2012；Guo et al.，2016）。首先，通过人工改造的方法合成苏云金芽孢杆菌晶体毒蛋白编码基因 *Cry3A*，利用农杆菌介导遗传转化马铃薯，成功获得高抗甲虫的马铃薯株系，这些株系在新疆进行连续 4 年的中间试验和环境释放试验，具有高抗马铃薯甲虫的特征和优良的农艺性状，并已经获得农业农村部颁发的转基因环境释放证书。在此基础上叠加血红蛋白编码基因 *Vhb*，首次培育出抗虫抗旱耐涝的转双价基因马铃薯株系。考虑到马铃薯是主粮作物，为了食品安全，利用共转化技术，获得无抗生素标记的转 *Cry3A* 抗甲虫马铃薯株系，该技术处于国际领先地位。这些以抗马铃薯甲虫为首的一系列转基因马铃薯材料的培育，不仅为入侵害虫马铃薯甲虫的防治提供技术材料，而且也为其他入侵生物的防治提供技术支撑和理论依据（Guo et al.，2016）。

（七）RNA 干扰技术的研究与应用

外源性或内源性的双链 RNA（double-stranded RNA，dsRNA）导入细胞后可触发同源基因 mRNA 的特异性降解，使得该基因不表达，这类现象称为 RNA 干扰（RNA interference，RNAi），是一种转录后的基因沉默（Post-transcriptional Gene Silencing，PTGS）形式（郭文超 等，2013）。随着昆虫分子生物学技术的蓬勃发展，RNAi 作为 21 世纪以来的变革性技术，通过特异性抑制靶基因转录后水平的表达，在昆虫基因功能研究方面被广泛应用。沉默重要基因的表达会导致某些昆虫的死亡或行为缺陷，故该技术被认为是一种潜在的害虫防治策略，在研究昆虫基因功能、控制害虫，甚至在自然天敌保护等方面具有巨大潜力。RNAi 是昆虫学研究和害虫控制潜在应用的反向遗传学策略。近年来，该技术已被广泛应用于马铃薯甲虫、褐飞虱［*Nilaparvata lugens*（Stal）］、豌豆蚜［*Acyrthosiphon pisum*（Haris）］、烟粉虱、飞蝗（*Locusta migratoria* Manilensis）、甜菜夜蛾［*Spodoptera exigua*（Hübner）］、棉铃虫［*Helicoverpa armigera*（Hubner）］等鞘翅目、半翅目、直翅目、鳞翅目昆虫（田宏刚 等，2019）。以马铃薯甲虫的预防和控制为例，国内相关领域的研究人员运用 RNAi 技术，在马铃薯甲虫的预防和控制研究方面已取得重大突破。一是通过克隆技术得到了马铃薯甲虫的脯氨酸脱氢酶基因的 cDNA 序列全长；二是检测获得脯氨酸脱氢酶基因在马铃薯甲虫成虫越冬前后的表达丰度差异；三是合成马铃薯甲虫的干扰载体，并在此基础上通过微生物发酵得到大量的脯氨酸脱氢酶基因 dsRNA（郭文超 等，2013）。这些研究的成功也使得该项技术开始在基因研究中应用，并进一步对植物保护做出贡献。不久之后，与马铃薯甲虫保幼激素合成相关的致死基因也首次在国内发现。我国科研工作者克隆出大量与保幼激素合成与代谢有关的基因：3-羟基-3-甲基戊二酰-CoA 还原酶、乙酰 CoA 硫解酶、甲羟戊酸激酶、3-羟基-3-甲基戊二酰-CoA 合成酶、甲羟戊酸焦磷酸脱羧酶、法尼酸-O-甲基转移酶、甲羟戊酸磷酸激酶、腺苷高半胱氨酸酶、保幼激素二醇激酶、柠檬酸裂合酶、甲羟戊酸激酶、保幼激素环氧水解酶、短链脱氢酶、保幼激素酯酶、异戊烯焦磷酸异构酶和腺苷激酶片段。其中利用保幼激素酯酶、腺苷高半胱氨酸水解酶与 3-羟基-3-甲基戊二酰-CoA 还原酶构建出 dsRNA 表达载体 pET-2P-X，并将其转入大肠杆菌中成功表达（郭文超 等，2013）。结果发现，二龄初的马铃薯甲虫幼虫取食其菌液处理过的新鲜马铃薯叶片后，含上述腺苷高半胱氨酸酶等的 dsRNA 菌液致死作用明显。以上这些研究结果为 RNAi 技术的进一步应用、高效、低毒、专一的"基因农药"的合成与针对马铃薯甲虫的新型杀虫基因的开发利用都打下良好的基础（郭文超 等，2013）。RNAi 技术不仅在昆虫基因功能研究中起到了重要的推动作用，而且在害虫控制中显示出重要价值。由于其有效性和潜在靶标基因的多样性，RNAi 被誉为新一代害虫防治新技术，在害虫控制新技术发展中显示出巨大的应用潜力（田宏刚 等，2019）。

（八）植物替代控制技术的研究与应用

替代控制是指运用于非耕地和草场，通过植被覆盖的方式替代目标有害植物，并实现间接控制害虫、水土保持等多个目标的非专一性手段（Piemeisel et al.，1951），其核心是根据植物群落演替的自身规律，用有生态价值和经济价值的植物取代有害群落，恢复和重建生态系统的合理结构和功能，并使之具有自我维持能力和活力，建立起良性演替的生态群落。从生态生理学的角度，替代控制的作用机理为植物竞争，在植物互作中优势偏向于替代植物，替代植物具有强大的竞争优势或具有特殊的化感作用，对其他植物产生直接或间接的毒害作用。从恢复生态学角度，这一过程则体现为群落演替。用高生态位植物替代低生态位植物。近年来，我国学者针对紫茎泽兰、豚草、黄顶菊沿交通要道扩散与蔓延的特点，根据植物竞争替代机制，经 10 余年野外竞争替代试验，从 50 多种具有经济生态或观赏价值的植物中筛选出可替代控制豚草的紫穗槐（*Amorpha fruticosa* Linnaeus）、小冠花 [*Coronilla varia*（Crown vetch）]、草地早熟禾 [*Poa pratensis*（Linn.）]、百喜草 [*Paspalum notatum*（Flugge）]，替代控制紫茎泽兰的非洲狗尾草 [*Setaria viridis*（L.，Beauv.）]、黑麦草（*Lolium perenne* Linnaeus），替代黄顶菊的紫苜蓿（*Medicago sativa* Linnaeus）、高丹草（*Sorghum hybrid* sudangrass）等（高尚宾 等，2017）。

（九）昆虫共生菌的研究与应用

昆虫不仅与环境中的各种微生物产生互作，还可以与特定的微生物建立终身联系。这些存在于昆虫肠道、外骨骼或其他特殊器官中的微生物被统称为昆虫共生菌（Engel et al.，2013），其在宿主体内与昆虫宿主共同经历了漫长的进化。昆虫共生菌不但可以进行垂直传播（安鹏 等，2019），还可以实现水平传播（赵志宏 等，2018）。共生菌对昆虫宿主营养、消化、抗性及天敌防御反应的影响使其成为宿主在特定生境中定殖和生态学进化的主要驱动力（郑林宇 等，2022）。近年来，研究表明微生物可以加速昆虫的入侵速度和危害程度

（Zeng et al.，2022）。研究发现，宿主饮食和分类是影响昆虫共生菌群落组成的最重要因素（Montagna et al.，2016；Paniagua Voirol et al.，2018）。许多共生菌来源于宿主栖息地，并在食用后机会性地定殖在肠腔中。如食叶毛虫，在从其原生范围引入新地区时饮食相对稳定，这使它们能够拥有相对丰富和稳定的细菌群落（Mereghetti et al.，2017；Paniagua Voirol et al.，2018）。舞毒蛾、光肩星天牛［*Anoplophora glabripennis*（Motschulsky）］、红棕象甲［*Rhynchophorus ferrugineus*（Olivier）］、马铃薯甲虫和橘小实蝇，已被证明具有丰富的肠道细菌群落（Ben-Yosef et al.，2008；Geib et al.，2009；Xu et al.，2015；Yao et al.，2016；Chung et al.，2017），这些肠道细菌，可以帮助宿主昆虫解毒植物防御化学物质（Tobin et al.，2012；Mason et al.，2015）。李国清和郭文超团队解析了共生细菌-普通变形杆菌（*Protues vulgaris* Ld01），协助马铃薯甲虫代谢和利用芳香族物质与马铃薯甲虫形成互惠共生的协同进化机制，证明了 Ld01 是提供芳香族氨基酸合成前体物质的媒介，以满足宿主马铃薯甲虫对芳香族氨基酸的营养需求，并相继提出了 Ld01 通过产生生氰葡萄糖苷（苦杏仁苷）促进马铃薯甲虫幼虫和成虫警戒色的进化形成，揭示了其保护马铃薯甲虫免受天敌捕食的防御机制。该研究结果有助于进一步阐明昆虫-内共生菌-微生物三者之间的相互作用关系，并为害虫防治新途径提供了可能（康玮楠，2023）。孙江华团队通过对红脂大小蠹-伴生微生物体系的系统研究，证明了红脂大小蠹与其伴生蓝变真菌（*Leptographium procerum*）形成共生入侵的复合体，并相继提出了红脂大小蠹及其伴生真菌的共生入侵假说、伴生真菌独特单倍型促进虫菌的"返入侵"假说，构建了红脂大小蠹-伴生真菌-细菌-寄主油松跨四界互作模型，阐明了细菌挥发物调控的多物种参与的虫菌共生关系的维持机制，揭示了调节红脂大小蠹-伴生菌间共生关系碳源分配的化学信号分子与调控策略（Liu et al.，2022）。除了对昆虫宿主产生积极影响外，一些研究还表明，肠道细菌在某些条件下对宿主具有拮抗作用。如铜绿假单胞菌（*Pseudomonas aeruginosa*）被证明会减少地中海果蝇的寿命（Behar et al.，2008）。

（十）外来入侵生物基因组的研究与应用

基因组高通量测序技术的快速发展和应用，使得测序成本大幅下降和测序精度不断提高，许多非模式生物也可以使用基因组、转录组等组学测序技术（Bieker et al.，2022）。外来入侵生物能够适应多种环境，并进一步定殖、繁衍乃至暴发成灾，其基因组驱动的进化机制一直被学界长期关注和研究（Tay et al.，2019）。San 综述了近年来各种外来入侵生物在入侵后与本地种杂交进而提高物种的适应性。如棉铃虫和美洲棉铃虫［*Helicoverpa zea*（Boddie）］杂交可产生危害更为严重的基因型或生态型品系。橘小实蝇与近缘入侵种（San et al.，2023）共享线粒体的适应进化，给入侵生物检测造成较大困难。两种热带火蚁 *Solenopsis geminata* 和 *S. xyloni* 通过同域入侵从而杂交，杂交后只产生工蚁而不产生雄蚁，且工蚁具备更强的筑巢能力和耐久力（Axen.，2014）。除此以外，基因组测序和重测序技术给外来入侵生物在抗药性、环境适应性上的分析提供了突破口，为系统性鉴定与解毒代谢相关超家族，以及这些家族在化学农药频繁使用的压力下如何适应进化提供线索。如对美洲和欧洲马铃薯甲虫种群的重测序结果表明，该虫在不同地区进化出了相近的代谢途径和不同的基因突变参与化学农药解毒（Pélissié et al.，2022）。在对 190 年来 655 份普通豚草（*Ambrosia artemisiifolia*）的重测序结果表明，植物病原菌侵染的减少和基因组在防御性基因在进化上选择压力变小，表明普通豚草通过特定植物病原菌的天敌逃逸成功发展成为代表性入侵物种（Bieker et al.，2022）。

综上所述，基因组、转录组等高通量测序技术的快速发展，为揭示外来入侵生物在入侵定殖、适应性进化提供了新的思路和技术手段。随着生物信息和测序技术的进一步发展，未来在群落组学（Meta-genome）、蛋白组学方面会有更多的发现和应用。

七、外来入侵生物的研究展望

外来物种入侵是造成全球生物多样性丧失、经济损失和威胁人畜健康的重要因素，也是导致农业生产损失和生态破坏的主要原因。随着全球经济一体化进程加快，我国对外开放程度不断深入、农产品贸易及人员流动加剧、气候变化、产业结构调整和耕作模式改变，加速了粮食、蔬菜和果树等农业外来入侵生物跨境或区域的入侵、传播与危害，农业外来入侵生物呈多发、频发和重发态势，我国农业生物安全面临严峻挑战，在此背景下，我国已成为目前世界上遭受生物入侵最为严重的国家之一。

"十二五"以来，我国启动了一系列国家公益性行业科研专项、国家重点研发计划等重大专项，在农林外来入侵生物的生物学、生态学、暴发机制和综合防控技术研究与应用方面取得了重要进展，如对苹果蠹蛾、马铃薯甲虫、西花蓟马、黄顶菊、螺旋粉虱、烟粉虱、红火蚁、紫茎泽兰等重大农业入侵生物构建了集风险分析、检测监测、理化诱控、生物防治、生态调控等技术于一体的防控体系，为重大入侵生物监测预警和阻截防控发挥了十分重要的作用。但以往的研究主要聚焦于入侵后扩散蔓延至暴发危害阶段即时或应急的被动性防治，存在防治成本高、经济损失大和难以有效控制的缺陷。进入新的历史发展阶段，面对重大入侵生物发生的新趋势和新特点，随着入侵生物研究不断深入，防治生物入侵的工作重点和策略也由原来侧重于生物入侵中后期的被动应对方式逐步向在生物入侵早期给予主动预防和应急处置转化，从单项技术应用逐步向全程一体化可持续技术体系与模式演变，强调从源头入手，重视早期监测预警、阻截和治理，构建全链条防控技术体系。这种入侵生物早期主动预防和治理的方法具有成本投入低、防控效果佳、造成经济损失小等优势。

未来，对于重大新发或局域分布并具有潜在扩散威胁的农业入侵生物研究工作，必须更加重视解决和应对早期的主动预防和治理、监测预警与人工智能融合、防治全程、高效绿色防控技术和产品等领域面临的问题和挑战：

一是风险威胁评估决策机制不完备，风险防卫缺乏前瞻性；二是检测监测溯源技术落后和储备不足，缺乏实时化和智能化技术和产品；三是早期预警与监管的主动应对能力不足，扩散路径与种群动态趋势预估不准确，缺乏有效风险预警信息支撑；四是新形势下，重大入侵生物生态适应性改变和寄主转移等新机制新规律尚未探明，新发入侵生物的生物学生态学机制不清，扩散蔓延与成灾致害机制不明，难以为阻截和绿色防控提供理论依据；五是主动预防应急处置有短板，难于早期根除和阻止扩散；六是缺乏区域性全程一体化可持续技术体系与模式。

解决这些问题的根本思路是发展新方法、研发新技术。在防控策略层面，要防控并重、突出重点、持续治理。在研究层面，要兼顾规律机制、技术模式、示范推广。核心内容要突出技术方法的创新，涵盖传播扩散与适应性、特征特性、发生规律、扩张与暴发的机制研究，识别评估技术、阻截根除技术、化防替代技术的研发，天敌组合控制效能、不同技术匹配组合、不同区域技术集成的示范等。依托国际相关领域最新的研究成果，结合我国外来入侵生物发展的现有基础和未来需求，在农业外来入侵生物基础理论、技术产品和应用方面，重点应在以下几方面开展工作。

（一）风险分析与早期预警

构建基于大数据的跨境入侵生物信息库，涵盖数据挖掘、等级排序、全息建档、可视展示、网络传递等模块，开展外来入侵生物跨区域扩散与风险评估，建立传入—扩散—成灾全程风险定量评估技术，探索构建适合不同类型外来入侵生物的预测模型体系，研发外来入侵生物的源头预警＋跨境防御技术，实现跨区播散风险的联动预警。通过比较基因组学、表观遗传学等多组学联合分析，结合新型分子生物学手段和景观生态学方法，基于多层次、多维度的生态因子，明确新发外来入侵生物发生规律、扩散蔓延规律和成灾致害机制；在受区域农业产业结构调整、耕作制度改变和气候变化等因素影响的背景下，探明潜在扩散的区域性重大外来入侵生物生态位转移与成灾暴发等新规律新机制；这将有利于制定各国之间、地区之间入侵生物传入与扩散的早期预警与风险分析策略，也能进一步明确外来入侵生物的遗传分化特性、生态适应机理，以及种群扩张行为与机制等。

（二）建立外来入侵生物精准识别与智能化快速检测技术体系

通过全生育期视觉光谱智能识别监测、可视化智能远程监测系统、多要素的灾害预警定量风险概率评估模型，推进外来入侵生物的创新性和前瞻性研发，充分利用物联网、大数据等现代信息技术，如整合卫星遥感数据、无人机遥感数据、物联网观测数据、地面调查数据、气象数据、环境数据等多源数据，基于 AI 数据处理，构建实时监测、早期预警、预测预报和应急防控指导等综合智能信息化平台，从而全面提高入侵生物监测预警的准确性和时效性，进而促进入侵生物监测预警与全程管控的靶向性，实现关口外移或前移，推动境外或区域外的源头预警监控，提升早期预警和主动应对能力。

（三）加强研发无害化灭杀、扩散追踪及靶向狙击等新技术新产品，构建完善的外来入侵生物应急处置技术体系

建立靶标性强、便于早期根除的无害化应急灭除处置技术；开发如遗传调控、生物农药基因改造等新型友好的入侵昆虫防治技术，在全基因组范围内筛选昆虫生长发育的关键基因，采用性别控制开关，通过遗传转化手段改变自然种群性别，从而实现种群数量逐步下降；利用 RNAi 技术创制微生物农药。将害虫的靶标基因 dsRNA 表达原件转入到微生物（如 Bt）中，构建具有 RNAi 杀虫活性的微生物（彭露 等，2020）；利用 CRISPR/cas9 等分子生物技术解析入侵昆虫-植物互作，入侵昆虫抗药性，入侵昆虫发育、繁殖以及免疫的分子机制等，从而为抗性育种、抗药性治理，以及行为调控提供数据支撑。

（四）构建外来入侵生物区域全程防控技术应用模式

加强外来入侵生物防控科技支撑体系建设，注重源头治理和"关口前移"，从应急、单项技术向"全程化"和"跨境或区域化"的联防联控方向发展，构建集"风险预判、检测识别、早期预警、实时监测、应急阻截、协同治理"于一体的区域性全程绿色可持续防控技术体系及模式，在防控技术和产品上强调智能化、轻简化和高效，注重技术产品的环境友好性和可持续性（彭露 等，2020）。

（郭文超，张国良，王小武，丁新华，李国清，宋振，付开赟，贾尊尊，

吐尔逊·阿合买提）

第二章
新疆农林外来入侵生物发生现状、趋势及主要研究进展

新疆独特的地理生态条件、多变的气候等因素造就了新疆的生态类型多样性和生物多样性，为新疆农林多元化种植结构发展提供了良好基础的同时，也为外来生物入侵创造了有利条件。在荒漠绿洲生态系统结构单一化特点的驱动下，新疆荒漠绿洲生态中形成了大量的空余生态位，显著降低了对外来生物入侵的抵抗力，使新疆成为易遭受外来生物入侵的区域之一。此外，新疆地理区位优势突出，作为"一带一路"前沿核心区，新疆跨境贸易、旅游业高速发展，新型业态——跨境电子商务蓬勃兴起。另外，近些年来全球气候变暖、区域种植结构调整、栽培耕作制度革新和农林格局改变等多重影响因素叠加，导致新疆农林外来入侵生物总体呈现入侵频率逐渐加快，蔓延范围不断扩大，发生危害趋于严重，经济损失逐步加重的趋势和特点。本章介绍了新疆农林外来入侵生物的本底情况，全面解析了新疆农林外来入侵生物发生和危害的主要影响因素，系统梳理了新疆农林外来入侵生物研究取得的标志性成果和主要进展，展望了未来农林外来入侵生物领域基础理论、监测检测、应急处置和综合防控技术研究与应用的主要发展方向。

第一节　新疆农林外来入侵生物的发生、危害现状及趋势

新疆是我国西北重要的农业大省，地理气候多变，生物多样性高，生态环境错综复杂。同时新疆光热资源十分丰富，既有众多地方特色农作物、果蔬品种，又适合种植内陆省份（包括南方）的多种果蔬品种（郭文超 等，2017）。新疆生态类型多样，农作物及果蔬品种多元化，为外来生物传入和定殖提供了便利条件。新疆的荒漠绿洲农业生态系统的生物多样性单一，易遭受外界环境因素的干扰和影响，加之过度开荒、放牧等，导致新疆生态环境十分脆弱，使得新疆成为我国生物入侵发生和危害最为严重的区域之一（郭文超 等，2017）。在对新疆105年（1919—2023年）农林外来入侵生物的文献、信息进行系统收集、整理和分析的基础上，本文统计的新疆外来入侵生物名录由三个来源组成：一是列入生态环境部颁布的《农业外来入侵生物名单》（662种），新疆分布有206种，其中动物（昆虫、螨和水生生物）52种，微生物20种，植物134种；二是列入农业农村部海关总署公告第413号《进境植物检疫性有害生物名录》［446种（属），2021年4月9日］，新疆分布有52种，其中昆虫15种，微生物23种，植物14种；三是相关工作报告、专著、学术报告、期刊论文等文献资料，首次报道的、不属于《农业外来入侵生物名单》和《进境植物检疫性有害生物名录》的农业外来入侵生物，总计82种。截至2023年，剔除《农业外来入侵生物名单》和《进境植物检疫性有害生物名录》重复收录的34种，目前新疆

现有的农业外来入侵生物数量高达 306 种（表 2-1、图 2-1），达到了历史最高值，其中动物 106 种（表 2-2）、植物病原微生物 52 种（表 2-3）、植物 147 种（表 2-4）。上述外来入侵生物除了 2017 年已报道的 94 种（郭文超 等，2017）外，其余 212 种均为新增加的，分别为 52 种入侵动物，32 种入侵病原微生物，128 种入侵植物。根据《生物安全法》，农业农村部会同自然资源部、生态环境部、住房和城乡建设部、海关总署和国家林业和草原局共同发布公告第 567 号，组织制定了《重点管理外来入侵物种名录》（59 种）（表 2-5），该名录自 2023 年 1 月 1 日起施行。该名录中的外来生物新疆目前有 25 种，其中植物 17 种、昆虫 6 种、植物病原微生物 1 种、水生生物 1 种。

表 2-1 新疆农林外来入侵生物的来源构成

序号	来源	新疆分布种类
1	生态环境部颁布的《农业外来入侵生物名单》[662 种]	206 种
2	农业农村部海关总署颁布的《进境植物检疫性有害生物名录》[446 种（属）]	52 种
3	相关工作报告、专著、学术报告、期刊论文等文献资料，首次报道的、不属于以上 2 个文件的新疆农业外来入侵物种	82 种
4	剔除以上 2 个文件名录中重复记录的新疆农业外来入侵生物	34 种
	共计	306 种

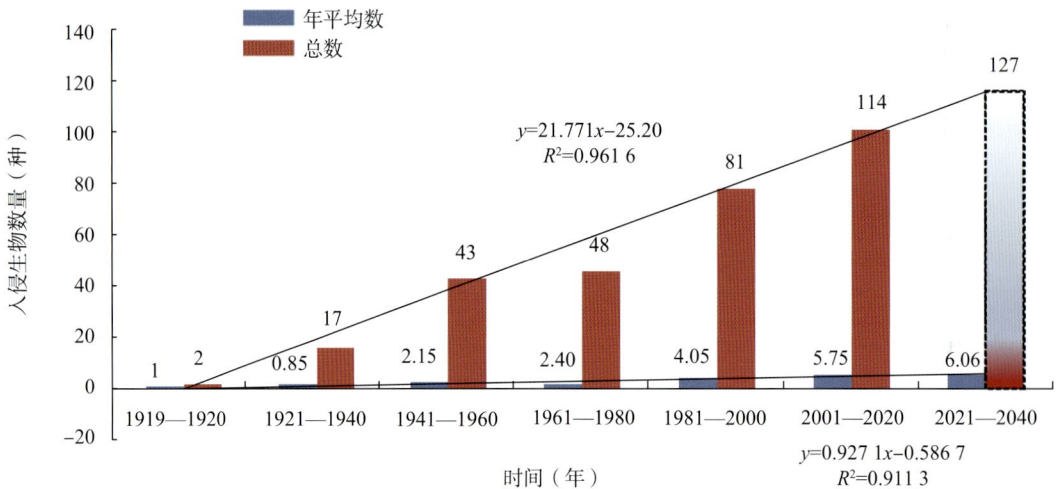

图 2-1 新疆各时期农林外来生物入侵频率及数量分布（1919—2023 年）

表 2-2 新疆农林外来入侵动物发生及分布统计（1919—2023 年）

序号	中文名	拉丁名	首次发现时间（年）	首次发现行政区域	现有分布区域
1	苹果蠹蛾	*Cydia pomonella* (Linnaeus)	1953	巴音郭楞蒙古自治州（简称巴州）库尔勒市	新疆各苹果和梨产区
2	白杨透翅蛾	*Paranthrene tabaniformis* Rottenberg	1960	昌吉州	新疆大部分林区

（续）

序号	中文名	拉丁名	首次发现时间(年)	首次发现行政区域	现有分布区域
3	苜蓿籽蜂	*Bruchophagus roddi* Gussakovsky	1961	乌鲁木齐市	昌吉州（昌吉市、呼图壁县、玛纳斯县等）、乌鲁木齐市、石河子市、塔城地区沙湾市等新疆天山北麓
4	谷象	*Sitophilus granaries* Linnaeus	1961	昌吉州昌吉市	新疆全区
5	麦秆蝇	*Meromyza saltatrix* Linnaeus	1965	博乐市/塔城地区	博乐市、伊犁哈萨克自治州（简称伊犁州）、塔城地区、昌吉州、喀什地区、阿克苏地区、和田地区等
6	桃条麦蛾	*Anarsia lineatella* Zeller	1965	乌鲁木齐市	乌鲁木齐市、喀什地区（岳普湖县、英吉沙县）、克孜勒苏柯尔克孜自治州（简称克州）阿克陶县等
7	豌豆象	*Bruchus pisorum* Linnaeus	1965	伊犁州霍城县	塔城地区、伊犁州、昌吉州等
8	牛蛙	*Lithobates catesbeiana* Shaw	1967	阿克苏地区	阿克苏地区、石河子市、乌鲁木齐市等
9	麦蛾	*Sitotroga cerealella* Olivier	1974	昌吉州	昌吉州、塔城地区、伊犁州、巴州、阿克苏地区、阿勒泰地区
10	印度谷螟	*Plodia interpunctella* Hubner	1974	乌鲁木齐市	乌鲁木齐市、塔城地区、阿勒泰地区、阿克苏地区、巴州、喀什地区、和田地区、克州等
11	黑森瘿蚊	*Mayetiola destructor* Say	1975	伊犁州霍城县	伊犁河谷、博乐市等
12	麦双尾蚜	*Diuraphis noxia* (Kurdjumov)	1977	塔城地区	伊犁河谷、塔城地区、伊犁州奎屯市、乌鲁木齐市、博尔塔拉蒙古自治州（简称博州）、博乐市
13	温室白粉虱	*Trialeurodes vaporariorum* Westwood	1978	乌鲁木齐市	新疆各地温室
14	枣大球蚧	*Eulecanium gigantea* (Shinji)	1980	和田地区	和田地区、喀什地区、阿克苏地区、巴州等
15	草地螟	*Loxostege sticticalis* Linnaeus	1980	克拉玛依市乌尔禾区	阿勒泰市640台地、塔城地区、博州、伊犁州、和田地区昆仑山
16	褐家鼠	*Rattus norvegicus* Berkenhout	1980	吐鲁番市	塔城地区塔城市、伊犁州伊宁市、准噶尔盆地、古尔班通古特沙漠、克拉玛依市及石西油田

（续）

序号	中文名	拉丁名	首次发现时间(年)	首次发现行政区域	现有分布区域
17	二化螟	*Chilo suppressalis* Walker	1981	乌鲁木齐市	乌鲁木齐市、伊犁州
18	山楂叶螨	*Tetranychus viennensis* Zacher	1981	巴州	和田地区、喀什地区、阿克苏地区、伊犁河谷等地部分县市
19	米扁虫	*Ahasverus advena* Waltl	1981	昌吉州昌吉市	昌吉州、博州、塔城地区、阿克苏地区
20	杂拟谷盗	*Tribolium confusum* Duval	1981	昌吉州昌吉市	塔城地区、阿勒泰地区、伊犁州、博州、克拉玛依市、阿克苏地区、和田地区
21	玉米三点斑叶蝉	*Zygina salina* Mit	1982	昌吉州玛纳斯县	新疆各地
22	棉蚜	*Aphis gossypii* Glover	1984	吐鲁番市	南北疆各棉区
23	泰加大树蜂	*Urocerus gigas taiganus* Benson	1984	伊犁州巩留县	伊犁州［巩留县、新源县、特克斯县、察布查尔锡伯自治县（简称察布查尔县）］、阿勒泰地区
24	杨干象	*Cryptorrhynchus lapathi* Linnaeus	1984	伊犁州察布查尔县	集中分布在阿勒泰市、伊犁州
25	纳曼干脊虎天牛	*Xylotrechus namanganensis* Heydel.	1985	克拉玛依市	北疆地区普遍发生
26	葡萄斑叶蝉	*Erythroneura apicalis* Nawa	1986	吐鲁番市	吐鲁番市、喀什地区、昌吉州、塔城地区、阿克苏地区等
27	香梨茎蜂	*Janus piri* Okamoto et Muramatsu	1987	巴州库尔勒市	巴州、阿克苏地区、喀什地区、吐鲁番市托克逊县等
28	意大利蜂	*Apis mellifera ligustica* Spinola	1987	喀什地区	巴州、阿克苏地区、喀什地区
29	桃小食心虫	*Carposina sasakii* Matsmura	1987	塔城地区沙湾市	塔城地区沙湾市、阿克苏地区（库车市、阿克苏市、沙雅县）、吐鲁番市鄯善县、喀什地区（莎车县、伽师县）等地局部
30	白背飞虱	*Sogatella furcifera* Horváth	1988	昌吉州	昌吉州、乌鲁木齐市米东区
31	桑白蚧	*Pseudaulacaspis pentagona* Targioni Tozzetti	1990	喀什地区	南疆各地州、北疆伊犁州伊宁县等
32	德国小蠊	*Blattella germanica* Linnaeus	1990	昌吉州昌吉市	新疆各地
33	赤足郭公虫	*Necrobia rufipes* DeGeer	1990	昌吉州昌吉市	哈密市、阿克苏地区、昌吉州、石河子市、克拉玛依市、喀什地区、和田地区等

（续）

序号	中文名	拉丁名	首次发现时间(年)	首次发现行政区域	现有分布区域
34	谷蠹	*Rhizopertha dominica* Fabricus	1990	昌吉州昌吉市	伊犁州、克拉玛依市、阿克苏地区、巴州、喀什地区、和田地区等
35	枸杞瘿螨	*Aceria macrodonis* Keifer	1991	博州精河县	博州精河县、塔城地区（沙湾市、乌苏市）、博州博乐市等
36	梨黄粉蚜	*Aphanostigma jakusuiense* Kishida	1991	巴州库尔勒市	巴州库尔勒市、阿克苏地区
37	枸杞刺皮瘿螨	*Aculops lycii* Kuang	1992	博州精河县	博州精河县、塔城地区（乌苏市、沙湾市）等
38	美洲大蠊	*Periplaneta americana* Linnaeus	1992	乌鲁木齐市	新疆各地
39	小家鼠	*Mus musculus* Linnaeus	1993	昌吉州	伊犁州霍城县、昌吉州、塔城地区、博州、阿勒泰地区
40	苹小吉丁	*Agrilus mali* Matsumura	1993	伊犁州新源县	伊犁州（新源县、巩留县、尼勒克县、特克斯县、霍城县、察布查尔县、伊宁县等）、昌吉州（呼图壁县、木垒县）
41	马铃薯甲虫	*Leptinotarsa decemlineata* (Say)	1993	塔城地区	新疆北部马铃薯种植区
42	橄榄片盾蚧	*Parlatoria oleae* Colvee	1994	巴州库尔勒市	巴州库尔勒市、阿克苏地区、喀什地区部分县市
43	枸杞红瘿蚊	*Gephyraulus lycantha* Jiao & Kolesik	1994	博州精河县	博州精河县、塔城地区沙湾市等
44	茶藨子透翅蛾	*Synanthedon tipuliformis* (Clerck)	1995	伊犁州巩留县	伊犁州（巩留县、新源县）、阿勒泰地区部分县市等
45	枣瘿蚊	*Contarinia datifolia* Jiang	1995	阿克苏地区	阿克苏地区、喀什地区、哈密市、吐鲁番市、巴州等
46	蔗扁蛾	*Opogona sacchri* Bojer	1995	哈密市	哈密市、乌鲁木齐市、伊犁州（伊宁市、新源县）等
47	野蛞蝓	*Agriolimax agrestis* Linnaeus	1995	乌鲁木齐市	乌鲁木齐市、石河子市、伊犁州奎屯市、吐鲁番市等
48	美洲斑潜蝇	*Liriomyza sativae* Blanchard	1997	乌鲁木齐市	乌鲁木齐市、巴州库尔勒市、喀什地区等
49	苹果全爪螨	*Panonychus ulmi* Koch	1997	阿勒泰地区	阿勒泰地区（富蕴县、吉木乃县、哈巴河县）、和田地区、喀什地区、阿克苏地区、伊犁州等地部分县市
50	中国梨喀木虱	*Cacopsylla chinensis* Yang et Li	1997	巴州和静县	巴州（和静县、库尔勒市）等

（续）

序号	中文名	拉丁名	首次发现时间(年)	首次发现行政区域	现有分布区域
51	白枸杞瘤瘿螨	*Aceria pallida* Keifer	1997	博州精河县	博州精河县、石河子市、阿克苏地区、昌吉州奇台县
52	南美斑潜蝇	*Liriomyza huidobrensis* Blanchard	1998	乌鲁木齐市	乌鲁木齐市、伊宁市、霍城县等
53	番茄斑潜蝇	*Liriomyza bryoniae* Kaltenbach	1998	乌鲁木齐市	乌鲁木齐市、伊宁市、霍城县等
54	双斑长跗萤叶甲	*Monolepta hieroglyphica* Motschulsky	1998	伊犁州奎屯市	北疆各地
55	烟粉虱	*Bemisia tabaci* (Gennadius)	1998	乌鲁木齐市	吐鲁番市、哈密市、伊犁州、喀什地区、阿克苏地区等
56	米蛾	*Corcyra cephalonica* Stainton	1998	喀什地区	新疆各地
57	二斑叶螨	*Tetranychus urticae* Koch	1998	阿克苏地区温宿县	伊犁州、乌鲁木齐市、阿克苏地区、巴州、第二师焉耆垦区等
58	椰子堆粉蚧	*Nipaecoccus nipae* Maskell	1998	喀什地区疏勒县	泽普县、莎车县、叶城县、乌鲁木齐市
59	光肩星天牛	*Anoplophora glabripennis* Motschulsky	2000	巴州焉耆回族自治县（简称焉耆县）	巴州（焉耆县、和静县、博湖县）、伊犁州（伊宁市、新源县、巩留县）、塔城地区沙湾市、昌吉州昌吉市、阿克苏地区温宿县、乌鲁木齐市、兵团22团、兵团23团等
60	红耳彩龟	*Trachemys scripta elegans* Wied	2000	乌鲁木齐市	博州、乌鲁木齐市等
61	青杨脊虎天牛	*Xylotrechus rusticus* Linnaeus	2000	阿勒泰地区阿勒泰市	集中分布在塔城市和阿勒泰地区哈巴河县、布尔津县、富蕴县，没有形成大的扩散
62	黄刺蛾	*Cnidocampa flavescens* Walker	2001	阿克苏地区库车市	巴州、阿克苏地区、伊犁州、塔城地区部分县市
63	白星花金龟	*Potosia brevitarsis* Lewis	2001	昌吉州昌吉市	昌吉市、乌鲁木齐、阜康市、奎屯市、吐鲁番市等
64	沟眶象	*Eucryptorrhynchus scrobiculatus* Motschulsky	2002	阿克苏地区阿克苏市	阿克苏市、库尔勒市、轮台县、伊宁市
65	葡萄阿小叶蝉	*Arboridia kakogawana* Matsumura	2002	巴州库尔勒市	巴州库尔勒市、吐鲁番市
66	枣星粉蚧	*Heliococcus zizyphi* Borchsenius	2003	喀什地区泽普县	喀什地区泽普县、和田地区、吐鲁番市、哈密市
67	锈色粒肩天牛	*Apriona swainsoni* Hope	2003	巴州库尔勒市	库尔勒市

（续）

序号	中文名	拉丁名	首次发现时间(年)	首次发现行政区域	现有分布区域
68	双条杉天牛	*Semanotus bifasciatus* Motschulsky	2003	伊犁州伊宁市	伊宁市、伊宁县、察布查尔县、新源县、霍城县等
69	桑褶翅尺蛾	*Zamacra excavata* Dyar	2004	乌鲁木齐市	乌鲁木齐市、昌吉州、伊犁州奎屯市、巴州库尔勒市、吐鲁番市鄯善县等
70	真葡萄粉蚧	*Pseudococcus maritimus* Ehrhorn	2004	和田地区墨玉县	和田地区墨玉县、喀什地区部分县市
71	六星吉丁虫	*Chrysobothris succedanea* Saunders	2005	巴州库尔勒市	巴州库尔勒市、喀什地区部分县市
72	苹果绵蚜	*Eriosoma lanigerum* (Hausmann)	2006	伊犁州新源县	伊犁州（特克斯县、尼勒克县、巩留县、察布查尔县、伊宁县等）、乌鲁木齐市、阿克苏市、和田市
73	枣瘿蚊	*Dasineura jujubifolia* Jiao&Bu	2006	阿克苏地区	和田地区、喀什地区、哈密市、阿克苏地区阿克苏市、巴州（库尔勒市、且末县）
74	枣实蝇	*Carpomya vesuviana* Costa	2007	吐鲁番市	吐鲁番市（鄯善、托克逊县）
75	西花蓟马	*Frankliniella occidentalis* (Pergande)	2007	乌鲁木齐市	乌鲁木齐市、喀什地区、阿克苏地区、巴州库尔勒市等
76	黄斑长翅卷叶蛾	*Acleris fimbriana* Thunberg	2007	阿克苏地区库车市	阿克苏地区库车市
77	灰暗斑螟	*Euzophera batanagensis*	2008	喀什地区	喀什地区、巴州（和硕县、若羌县）等
78	克氏原螯虾	*Procambarus clarkii* (Girard)	2008	博州	博州、乌鲁木齐市等
79	石蒜绵粉蚧	*Phenacoccus solani* Ferris	2008	乌鲁木齐市	乌鲁木齐市温室大棚内的神仙草、球兰、鹅掌柴等植物
80	绿长突叶蝉	*Batracomorphus pandarus* Knight	2009	昌吉州玛纳斯县	昌吉州玛纳斯县
81	枣顶冠瘿螨	*Tegolophus zizyphagus* (Keifer)	2009	阿克苏地区	阿克苏地区、喀什地区、巴州等
82	扶桑绵粉蚧	*Phenacoccus solenopsis* Tinsley	2010	乌鲁木齐市	乌鲁木齐市、昌吉州阜康市、喀什地区疏附县、伊犁州伊宁市、和田地区和田市等
83	大洋臀纹粉蚧	*Planococcus minor* Maskell	2010	乌鲁木齐市	乌鲁木齐市等
84	稻水象甲	*Lissorhoptrus oryzophilus* Kuschel	2010	伊犁州	伊犁州察布查尔县、乌鲁木齐市米东区、五家渠市、昌吉州昌吉市、阿克苏地区温宿县等

（续）

序号	中文名	拉丁名	首次发现时间(年)	首次发现行政区域	现有分布区域
85	日本盘粉蚧	*Coccura suwakoensis* (Kuwana et Toyoda)	2011	乌鲁木齐市	乌鲁木齐市等
86	蚕豆象	*Bruchus rufimanus* Boheman	2011	塔城地区	塔城地区、伊犁州等
87	瓜实蝇	*Zeugodacus cucurbitae* (Coquillett)	2012	喀什地区喀什市	喀什地区喀什市
88	橘小实蝇	*Bactrocera dorsalis* Hendel	2012	喀什地区喀什市	喀什地区、伊犁州霍尔果斯市、石河子市
89	榆黄毛萤叶甲	*Pyrrhalta maculicollis* (Motschulsky)	2012	吐鲁番市托克逊县	吐鲁番市、博州博乐市、克州阿图什市等
90	杰克贝尔氏粉蚧	*Pseudococcus jackbeardsleyi* Gimpel &. Miller	2013	乌鲁木齐市	乌鲁木齐市花卉市场盆景人参榕
91	甘蓝粉虱	*Aleyrodes proletella* Linnaeus	2013	乌鲁木齐市、吐鲁番市	乌鲁木齐市、吐鲁番市
92	沙棘绕实蝇	*Rhagoletis batava* Hering	2014	阿勒泰地区布尔津县	阿勒泰地区（布尔津县、哈巴河县、青河县等）
93	葡萄花翅小卷蛾	*Lobesia botrana* Den. &. Shiff.	2015	吐鲁番市高昌区	吐鲁番市、喀什地区、克州等
94	蚊态兴透翅蛾	*Synanthedon culiciformis* Linnaeus	2015	昌吉州呼图壁县	昌吉州呼图壁县
95	米象	*Sitophilus oryzae* Linnaeus	2015	塔城地区	塔城地区、阿克苏地区、巴州、喀什地区、和田地区
96	白蜡窄吉丁	*Agrilus planipennis* Fairmaire	2015	伊犁州伊宁市	伊犁州（伊宁市、新源县、巩留县等）、昌吉州玛纳斯县、博州博乐市
97	沙棘木蠹蛾	*Eogystia hipophaecolus* (Hua, Chou, Fang&Chen)	2016	塔城地区额敏县	塔城地区、阿勒泰地区等
98	番茄潜叶蛾	*Tuta absoluta* (Meyrick)	2017	伊犁州霍城县	除昌吉州、石河子市等地外，全疆分布
99	榆绿毛萤叶甲	*Pyrrhalta aenescens* Fairmaire	2017	喀什地区喀什市	喀什地区喀什市、克州阿图什市等
100	悬铃木方翅网蝽	*Corythucha ciliata* Say	2019	克州阿克陶县	克州阿克陶县、喀什地区疏勒县
101	杏树鬃球蚧	*Sphaerolecanium prunastri* Boyer de Fonscolomber	2019	伊犁州巩留县	伊犁州（巩留县库尔德宁镇、新源县）
102	星天牛	*Anoplophora chinensis* Foerster	2019	阿勒泰地区	阿勒泰地区、伊犁州等
103	马铃薯瓢虫	*Henosepilachna vigintioctomaculata* (Motschulsky)	2020	伊犁州察布查尔县	伊犁州察布查尔县

（续）

序号	中文名	拉丁名	首次发现时间（年）	首次发现行政区域	现有分布区域
104	甜瓜迷实蝇	*Myiopardalis pardalina* (Bigot)	2020	伊犁州霍尔果斯市	伊犁州（霍尔果斯市、察布查尔县）
105	梅下毛瘿螨	*Acalitus phloeocoptes* (Nalepa)	2020	巴州轮台县	巴州轮台县、伊犁州
106	小圆皮蠹	*Anthrenus verbasci* Linnaeus	2020	塔城地区	塔城地区

表 2-3　新疆农林外来入侵病原微生物发生及分布统计（1919—2023 年）

序号	中文名	拉丁名	首次发现时间（年）	首次发现行政区域	现有分布区域
1	苹果黑星病菌	*Venturia inaequalis* (Cooke) Winter	1954	伊犁州	伊犁河谷
2	棉花枯萎病菌	*Fusarium oxysporum* f. sp. *vasinfectum* (Atk.) Snyder & Hansen	1957	巴州焉耆县	新疆各棉区
3	棉花黄萎病菌	*Verticillium dahliae* Kleb	1957	巴州焉耆县	新疆各棉区
4	苹果锈果类病毒	*Apple scar skin viroid Apscavuroid* （ASSVd）	1961	阿克苏地区	阿克苏地区、伊犁州（新源县、伊宁市、尼勒克县等）、昌吉州奇台县、乌鲁木齐市、喀什地区岳普湖县、哈密市
5	小麦线条花叶病毒	*Wheat streak mosaic virus Tritimovirus* （WSMV）	1967	塔城地区	塔城地区、石河子市、昌吉州、乌鲁木齐市、五家渠市
6	小麦重大病害病原菌	—	1978	伊犁州霍城县	霍城县、新源县、伊宁市、察布查尔县等
7	葡萄黑痘病菌	*Elsinoe ampelina* （de Bary） Shear	1979	伊犁州新源县	伊犁州（新源县、伊宁市）、塔城地区（塔城市、额敏县、乌苏市、沙湾市）、和田地区和田市
8	枣疯病植原体	*Candidatus Phytoplasma ziziphi* Jung et al.	1980	喀什地区	喀什地区
9	马铃薯环腐病菌	*Clavibacter michiganensis* subsp. *sepedonicus* (Spieckermann & Kotthoff) Davis et al.	1981	乌鲁木齐市	乌鲁木齐市、昌吉州（奇台县、木垒县、吉木萨尔县）、哈密市巴里坤县、伊犁州、塔城地区、阿勒泰地区、石河子市、克州
10	小麦条锈病	*Puccinia striiformis* West. f. sp. *tritici* Eriks et Henn	1988	伊犁州新源县	伊犁州、博州、塔城地区、阿勒泰地区、乌鲁木齐市、昌吉州、巴州、阿克苏地区、喀什地区、和田地区、克州、哈密市

（续）

序号	中文名	拉丁名	首次发现时间(年)	首次发现行政区域	现有分布区域
11	甜菜霜霉病菌	*Peronospora farinosa* Fries	1991	伊犁州尼勒克县	伊犁州尼勒克县、新源县、巩留县
12	小麦赤霉病菌	*Fusarium graminearum* Sehw	1991	伊犁州昭苏县	伊犁州（昭苏县、特克斯县）
13	玉米霜霉病菌	*Peronosclerospora maydis* (Raciborski) Shaw	1992	和田地区	博州博乐市、和田地区、喀什地区、巴州
14	甘薯茎线虫	*Ditylenchus dipsaci* (Kuhn) Filipjev	1992	石河子市	石河子市、沙湾市、乌苏市等
15	番茄细菌性溃疡病菌	*Clavibacter michiganensis* subsp. *michiganensis* (Smith) Davis et al.	1993	昌吉州玛纳斯县、石河子市	乌鲁木齐市、昌吉州玛纳斯县、石河子市等
16	畸形外囊菌	*Taphrina deformans* (Berk.) TuLinnaeus	1993	克拉玛依市	克拉玛依市
17	稻瘟病菌	*Magnaporthe grisea* (Hebert) Barr.	1994	巴州库尔勒市	乌鲁木齐市、伊犁州察布查尔县、喀什地区莎车县
18	苜蓿黄萎病菌	*Verticillium alboatrum* Reinke et Berthold	1996	阿克苏地区	阿克苏地区、巴州、伊犁河谷、阿勒泰地区9县市、喀什地区塔什库尔干塔吉克自治县（简称塔县）
19	黄瓜黑星病菌	*Cladosporium cucumerinum* ElLinnaeus et Arthur	1996	乌鲁木齐市	乌鲁木齐市、五家渠市、昌吉州
20	松孢锈病菌	*Cronartium ribicola* J. C. Fischer ex Rabenhorst	1997	阿勒泰地区	阿勒泰地区（哈巴河县、布尔津县）
21	马铃薯癌肿病菌	*Synchytrium endobitoicum* (Schulbersky) Percival	1998	伊犁州伊宁市	伊犁州伊宁市
22	向日葵白锈病菌	*Albugo tragopogi* var. *ambrosiae* Novotelnova	1998	伊犁州特克斯县	北疆各地州许多县市和农牧团场
23	瓜类细菌性果斑病菌	*Acidovorax citrulli* (Schaad et al.) Schaad et al.	1998	阿勒泰地区	阿勒泰地区、昌吉州、伊犁河谷部分县市等
24	苹果茎沟病毒	*Apple stem grooving virus Capillovirus* (ASGV)	2002	巴州库尔勒市	巴州库尔勒市等
25	甜瓜根结线虫	*Meloidogyne incognita* Chitwood	2003	石河子市	石河子市、吐鲁番市、哈密市、喀什地区部分县市等
26	大豆疫霉病菌	*Phytophthora sojae* Kaufmann et Gerdemann	2005	石河子市	石河子市、昌吉州玛纳斯县、阿勒泰地区、伊犁州（伊宁市、新源县）等
27	向日葵黑茎病菌	*Leptosphaeria lindquistii* Frezzi	2005	伊犁州新源县	伊犁州（特克斯县、新源县、尼勒克县、昭苏县、巩留县）、阿勒泰地区福海县等

（续）

序号	中文名	拉丁名	首次发现时间(年)	首次发现行政区域	现有分布区域
28	向日葵茎点霉黑茎病菌	*Phoma macdonaldii* Boerma	2005	伊犁州特克斯县	伊犁州特克斯县、新源县、尼勒克县、昭苏县、巩留县
29	果树冠瘿病菌	*Agrobacterium tumefactions*（Smith at Towns.）Conn.	2006	伊犁州伊宁市	伊犁州伊宁市、哈密市、乌鲁木齐市水西沟镇等
30	向日葵黄萎病菌	*Verticillium dahliae* Kleb	2006	阿勒泰地区北屯市	昌吉州、阿勒泰地区、伊犁州
31	玉米锈病菌	*Puccinia poiysora* Underw	2007	昌吉州奇台县、木垒县	昌吉州（奇台县、木垒县等）、伊犁州
32	鹰嘴豆壳二孢叶枯病菌	*Ascochyta rabiei*（Pass.）Labrousse	2007	昌吉州木垒县	昌吉州（木垒县、奇台县）
33	马铃薯晚疫病菌（致病疫霉菌）	*Phytophthora infestans*（Montagne.）de Bary	2008	乌鲁木齐市	伊犁州（昭苏县、伊宁县、新源县）、阿勒泰地区（青河县、福海县）、昌吉州（吉木萨尔县、奇台县、木垒县）、阿克苏地区拜城县、哈密市巴里坤县、博州、喀什地区喀什市
34	沙棘溃疡病菌	*Fusicoccum viticolum* Reddick	2009	阿勒泰地区	阿勒泰地区部分县市
35	番茄黄化曲叶病毒	*Tomato yellow leaf curl virus Begomovirus*（TYLCV）	2011	喀什地区莎车县	喀什地区莎车县、和田地区（和田市、昆玉市）、吐鲁番市鄯善县、克拉玛依市、乌鲁木齐市
36	黄瓜绿斑驳花叶病毒	*Cucumber green mottle mosaic virus* Tobamovirus（CGMMV）	2011	吐鲁番市	高昌区
37	马铃薯酸腐病菌	*Oospora pustulans* Owen & Wakefield	2011	乌鲁木齐市	乌鲁木齐市
38	马铃薯黄萎病菌	*Verticillium dahliae* Kelb	2011	乌鲁木齐市	乌鲁木齐市（西山新区、永丰镇、板房沟镇）、昌吉州（木垒县、奇台县、昌吉市）
39	马铃薯叶枯病菌	*Macrophomina phaseoli*（Maub Linnaeus）Ashby	2011	乌鲁木齐市	乌鲁木齐市（西山新区、永丰镇、板房沟镇）、昌吉州（奇台县、昌吉市）
40	马铃薯炭疽病菌	*Colletotrichum coccodes*（Wallr.）Hughes	2011	乌鲁木齐市	乌鲁木齐市（永丰镇、板房沟镇）、昌吉州（木垒县、奇台县、吉木萨尔县）
41	马铃薯茎基腐病菌	*Rhizoctonia solani* Kühn	2011	乌鲁木齐市	乌鲁木齐市
42	李属坏死环斑病毒	*Prunus necrotic ringspot virus Ilarvirus*（PNRSV）	2012	喀什地区	阿克苏地区、喀什地区、石河子市、和田地区

（续）

序号	中文名	拉丁名	首次发现时间(年)	首次发现行政区域	现有分布区域
43	甜菜孢囊线虫	*Heterodera schachtii* Schmidt	2015	伊犁州新源县	伊犁州新源县
44	梨火疫病菌	*Erwinia amylovora* (Burrill) Winslow et al.	2016	伊犁州伊宁市	伊犁州、巴州、阿克苏地区等
45	中国枣树花叶伴随病毒	*Chinese date mosaic-associated virus* (CDMaV)	2016	阿克苏地区	阿克苏地区（阿克苏市、温宿县、新和县、库车市等）、和田地区、喀什地区
46	枣树黄化卷叶伴随病毒	*Jujube yellow mottle-associated virus* (JYMaV)	2016	阿克苏地区	阿克苏地区、喀什地区
47	枣树花叶伴随病毒	*Jujube mosaic-associated virus* (JuMaV)	2016	阿克苏地区	阿克苏地区（阿克苏市、温宿县、新和县、库车市等）、和田地区、喀什地区
48	十字花科细菌性黑斑病菌	*Pseudomonas syringae* pv. *maculicola* (McCulloch) Young et al.	2017	阿克苏地区	阿克苏地区、巴州库尔勒市、和田地区、喀什地区等
49	棉花曲叶病毒	*Cotton leaf curl virus-Pakistan Begomovirus* (CLCuV)	2017	石河子市	石河子市、克拉玛依市、伊犁州伊宁市、和田地区和田市、阿克苏地区阿瓦提县
50	番茄褪绿病毒	*Tomato chlorosis virus Crinivirus* (ToCV)	2019	和田地区洛浦县	和田地区洛浦县
51	油菜茎基溃疡病菌	*Leptosphaeria maculans* (Desm) Ces. Et de Not.	2019	伊犁州昭苏县	伊犁州昭苏县
52	油菜黑胫病菌	*Plenodomus biglobosus* (Shoemaker & H. Brun) Gruyter, Aveskamp & Verkley	2019	伊犁州昭苏县	伊犁州昭苏县

表 2-4　新疆农林外来入侵植物发生及分布统计（1919—2023 年）

序号	中文名	拉丁名	首次发现时间(年)	首次发现行政区域	现有分布区域
1	白车轴草	*Trifolium repens* Linnaeus	1919	塔城地区	伊犁州（霍尔果斯市、伊宁县等）、阿勒泰地区、塔城地区、乌鲁木齐市、博州、昌吉州、石河子市、吐鲁番市、巴州、哈密市、阿克苏地区、喀什地区等
2	野胡萝卜	*Daucus carota* Linnaeus	1919	昌吉州阜康市	昌吉州阜康市、伊犁州（霍城县、巩留县、昭苏县、特克斯县、尼勒克县）、巴州和静县

（续）

序号	中文名	拉丁名	首次发现时间(年)	首次发现行政区域	现有分布区域
3	虎尾草	*Chloris virgata* Sw.	1923	阿勒泰地区布尔津县	阿勒泰地区布尔津县、伊犁州、喀什地区（叶城县、英吉沙县）、吐鲁番市托克逊县、和田地区和田市、石河子市、阿克苏地区拜城县、哈密市、克拉玛依市、博州博乐市、昌吉州阜康市
4	顶羽菊（匍匐矢车菊）	*Rhaponticum repens* (Linnaeus) Hidalgo	1928	乌鲁木齐市达坂城区	新疆各地
5	紫苜蓿	*Medicago sativa* Linnaeus	1930	昌吉州	乌鲁木齐市头屯河区、阿克苏地区温宿县、伊犁州（伊宁市、伊宁县、霍城县、巩留县、新源县、昭苏县、特克斯县）、阿勒泰地区（阿勒泰市、富蕴县、青河县、布尔津县、哈巴河县、吉木乃县）、塔城地区沙湾市、克拉玛依市、吐鲁番市鄯善县、哈密市、昌吉州（阜康市、玛纳斯县、奇台县、吉木萨尔县、木垒县）、巴州（库尔勒市、轮台县、若羌县、焉耆县）、喀什地区（叶城县、巴楚县）、和田地区（和田市、策勒县、民丰县）、石河子市
6	荠	*Capsella bursa-pastoris* (Linnaeus) Medic	1930	昌吉州	新疆各地州农田均有分布
7	菟丝子属	*Cuscuta* Linnaeus	1931	昌吉州	新疆各地
8	菊苣	*Cichorium intybus* Linnaeus	1931	乌鲁木齐市	乌鲁木齐市、昌吉州（奇台县、昌吉市）、塔城地区额敏县、伊犁州（奎屯市、昭苏县、霍城县、察布查尔县、新源县）等
9	苦苣菜	*Sonchus oleraceus* Linnaeus	1931	乌鲁木齐市	乌鲁木齐市、昌吉州（奇台县、昌吉市）、塔城地区额敏县、伊犁州（奎屯市、昭苏县、霍城县、察布查尔县、新源县）等
10	草莓车轴草	*Trifolium fragiferum* Linnaeus	1931	乌鲁木齐市	乌鲁木齐市、伊犁州（察布查尔县、伊宁市等）、阿勒泰地区（青河县等）、塔城地区（沙湾市等）
11	反枝苋	*Amaranthus retroflexus* Linnaeus	1931	吐鲁番市	吐鲁番市、乌鲁木齐市、克拉玛依市等
12	野燕麦	*Avena fatua* Linnaeus	1931	伊犁州	伊犁州（昭苏县、巩留县）、博州温泉县、塔城地区、阿勒泰地区青河县、乌鲁木齐市、昌吉州木垒县、哈密市、喀什地区塔县

（续）

序号	中文名	拉丁名	首次发现时间(年)	首次发现行政区域	现有分布区域
13	白花草木樨	*Melilotus albus* Medikus	1931	乌鲁木齐市	乌鲁木齐市、伊犁州（霍城县、新源县、尼勒克县等）、阿勒泰地区（哈巴河县、布尔津县）、阿克苏地区、喀什地区等
14	草木樨	*Melilotus suaveolens* (Linnaeus) Lamarck	1931	乌鲁木齐市	霍城县、乌鲁木齐市、石河子市
15	大麻	*Cannabis sativa* Linnaeus	1931	伊犁州特克斯县	伊犁州（霍尔果斯市、霍城县、伊宁县、新源县等）、阿勒泰地区（阿勒泰市、哈巴河县、布尔津县等）、阿克苏地区柯坪县等
16	灰绿藜	*Chenopodium glaucum* Linnaeus	1931	乌鲁木齐市	新疆各地
17	圆叶牵牛	*Pharbitis purpurea* (Linnaeus) Voigt	1931	阿勒泰市	伊犁州伊宁市、可克达拉市、乌鲁木齐市、塔城地区塔城市、阿克苏地区阿克苏市、喀什地区喀什市、巴州、和田地区、阿勒泰地区北屯市、吐鲁番市、博州博乐市、昌吉州昌吉市
18	苘麻	*Abutilon theophrasti* Medicus	1931	吐鲁番市	昌吉州（奇台县、昌吉市）、塔城地区额敏县、奎屯市、伊犁州（昭苏县、霍城县、察布查尔县、新源县）等
19	杂配藜	*Chenopodium hybridum* Linnaeus	1931	昌吉州	昌吉州、乌鲁木齐市天山区、阿勒泰地区福海县、克拉玛依市、吐鲁番市、阿克苏地区柯坪县、喀什地区莎车县、图木舒克市、塔城地区（沙湾市、托里县）、昌吉州阜康市、伊犁州（尼勒克县、昭苏县）、可克达拉市、哈密市伊州区、博州（博乐市、精河县）、巴州（尉犁县、和静县）
20	毒莴苣	*Lactuca serriola* Linnacus	1950	塔城地区	塔城地区（塔城市、额敏县、乌苏市）、乌鲁木齐市、伊犁州（尼勒克县、奎屯市、伊宁市）、吐鲁番市托克逊县
21	列当属	*Orobanche* Linnaeus	1953	乌鲁木齐市	南北疆各地
22	曼陀罗	*Datura stramonium* Linnaeus	1953	乌鲁木齐市	乌鲁木齐市、吐鲁番市、哈密市、巴州焉耆县、阿克苏地区库车市、喀什地区、和田地区于田县、伊犁州、昌吉州、阿勒泰地区
23	黑麦	*Secale cereale* Linnaeus	1953	乌鲁木齐市	伊犁州、乌鲁木齐市、塔城地区、昌吉州等

（续）

序号	中文名	拉丁名	首次发现时间(年)	首次发现行政区域	现有分布区域
24	抱茎独行菜	*Lepidium perfoliatum* Linnaeus	1953	乌鲁木齐市	乌鲁木齐市、伊犁州伊宁市、昌吉州（玛纳斯县、呼图壁县、阜康市）、塔城地区及准噶尔盆地
25	野西瓜苗	*Hibiscus trionum* Linnaeus	1953	巴州焉耆县	乌鲁木齐市、伊犁州（伊宁市、霍城县）、博州、阿勒泰地区阿勒泰市、塔城地区塔城市、喀什地区喀什市、昌吉州昌吉市、哈密市伊州区、吐鲁番市、阿克苏地区
26	麦仙翁	*Agrostemma githago* Linnaeus	1955	乌鲁木齐市	乌鲁木齐市
27	矢车菊	*Centaurea cyanus* Linnaeus	1955	乌鲁木齐市	乌鲁木齐市、塔城地区沙湾市、伊犁州（巩留县、霍城县）
28	红车轴草	*Trifolium pratense* Linnaeus	1955	伊犁州	石河子市、伊犁州（霍城县、伊宁县、伊宁市等）、阿勒泰地区哈巴河县、塔城地区、博州、乌鲁木齐市等
29	多花黑麦草	*Lolium multiflorum* Lamk.	1956	乌鲁木齐市	乌鲁木齐市、博州、昌吉州、阿克苏地区、哈密市伊吾县
30	小蓬草	*Erigeron canadensis* (Linnaeus) Cronquist	1956	阿勒泰地区	伊犁州（伊宁市、察布查尔县、霍尔果斯市）、阿勒泰地区、乌鲁木齐市、石河子市、塔城地区沙湾市、吐鲁番市鄯善县、喀什地区、图木舒克市、博州、阿克苏地区、昌吉州等
31	弯叶画眉草	*Eragrostis curvula* (Schrad.) Nees	1956	塔城地区沙湾市	塔城地区沙湾市、石河子市
32	天人菊	*Gaillardia pulchella* Fougeroux	1956	巴州库尔勒市	巴州库尔勒市、伊犁州伊宁市
33	王不留行	*Vaccaria segetalis* (Neck.) Garcke	1956	乌鲁木齐市	乌鲁木齐市、阿勒泰地区富蕴县
34	凤眼莲	*Eichhornia crassipes* (Mart.) Solms	1957	乌鲁木齐市	乌鲁木齐市、喀什地区（塔县、叶城县）、博州温泉县、阿克苏地区、阿拉尔市、喀什地区巴楚县
35	大爪草	*Spergula arvensis* Linnaeus	1957	塔城地区沙湾市	塔城地区沙湾市、阿勒泰地区
36	欧洲千里光	*Senecio vulgaris* Linnaeus	1957	乌鲁木齐市	乌鲁木齐市、喀什地区（叶城县、莎车县）、伊犁州巩留县、克州乌恰县等
37	白苋	*Amaranthus albus* Linnaeus	1957	塔城地区额敏县	塔城地区、伊犁州霍城县、阿勒泰地区、博州、喀什地区、图木舒克市等
38	梯牧草	*Phleum pratense* Linnaeus	1957	乌鲁木齐市	乌鲁木齐市、伊犁州

（续）

序号	中文名	拉丁名	首次发现时间(年)	首次发现行政区域	现有分布区域
39	小藜	*Chenopodium ficifolium* Linnaeus	1957	乌鲁木齐市	乌鲁木齐市、伊犁州、阿勒泰地区、塔城地区沙湾市、吐鲁番市鄯善县、阿克苏地区、阿拉尔市、喀什地区（喀什市、疏附县）、昌吉州（昌吉市、玛纳斯县）、哈密市伊州区、和田地区和田市、巴州、博州、石河子市
40	药用蒲公英	*Taraxacum officinale* F. H. Wigg.	1957	伊犁州	乌鲁木齐市、昌吉州昌吉市、吐鲁番市、哈密市、伊犁州伊宁市、可克达拉市、博州、阿勒泰地区阿勒泰市、塔城地区塔城市、阿克苏地区阿克苏市、巴州、喀什地区喀什市、和田地区皮山县
41	长叶车前	*Plantago lanceolata* Linnaeus	1957	塔城地区沙湾市	塔城地区、伊犁州、乌鲁木齐市、喀什地区塔县、阿勒泰地区福海县、哈密市、巴州若羌县、克州阿克陶县
42	紫穗槐	*Amorpha fruticosa* Linnaeus	1957	石河子市	石河子市、昌吉州、五家渠市、博州、乌鲁木齐市、阿克苏地区、阿拉尔市、吐鲁番市、喀什地区（莎车县、疏附县、泽普县、喀什市）、巴州库尔勒市
43	孔雀草	*Tagetes patula* Linnaeus	1957	石河子市	石河子市、伊犁州（巩留县、奎屯市）、和田地区（和田市、民丰县）、乌鲁木齐市、昌吉州奇台县
44	猪屎豆	*Crotalaria pallida* Blanco	1957	乌鲁木齐市	乌鲁木齐市
45	桉	*Eucalyptus robusta* Smith	1957	博州精河县	博州精河县
46	凤仙花	*Impatiens balsamina* Linnaeus	1957	博州博乐市	博州（博乐市、精河县）、喀什地区巴楚县、图木舒克市、阿克苏地区沙雅县、哈密市、五家渠市、塔城地区塔城市、伊犁州伊宁市
47	天芥菜	*Heliotropium europaeum* Linnaeus	1957	博州博乐市	博州博乐市、昌吉州奇台县
48	牛膝菊	*Galinsoga parviflora* Cav.	1958	吐鲁番市	吐鲁番市、哈密市、阿克苏地区库车市、乌鲁木齐市
49	刺槐	*Robinia pseudoacacia* Linnaeus	1958	喀什地区喀什市	喀什地区（喀什市、英吉沙县）、吐鲁番市（鄯善县、托克逊县）、和田地区洛浦县、五家渠市
50	蚊母草	*Veronica peregrina* Linnaeus	1958	阿勒泰地区青河县	阿勒泰地区青河县

（续）

序号	中文名	拉丁名	首次发现时间(年)	首次发现行政区域	现有分布区域
51	北美独行菜	*Lepidium virginicum* Linnaeus	1958	吐鲁番市	吐鲁番市、阿克苏地区库车市、克州乌恰县、乌鲁木齐市、喀什地区、伊犁州（察布查尔县、伊宁市等）
52	苏丹草	*Sorghum sudanense* (Piper) Stapf	1958	塔城地区沙湾市	塔城地区沙湾市、巴州尉犁县
53	凹头苋	*Amaranthus blitum* Linnaeus	1958	巴州轮台县	巴州、阿勒泰地区（布尔津县、吉木乃县等）、伊犁州（伊宁县、伊宁市等）、乌鲁木齐市、石河子市、昌吉州、吐鲁番市高昌区、塔城地区、哈密市、阿克苏地区、巴州、和田地区、喀什地区
54	原野菟丝子	*Cuscuta campestris* Yuncker	1958	乌鲁木齐市	乌鲁木齐市
55	黑麦草	*Lolium perenne* Linnaeus	1959	塔城地区	塔城地区托里县、阿勒泰地区（阿勒泰市等）、克拉玛依市、伊犁州
56	长柔毛野豌豆	*Vicia villosa* Roth	1959	伊犁州	伊犁州（霍城县、昭苏县、巩留县）、乌鲁木齐市、阿勒泰地区布尔津县、喀什地区莎车县、图木舒克市
57	秋英	*Cosmos bipinnatus* Cavanilles	1960	乌鲁木齐市	阿克苏地区库车市、吐鲁番市、喀什地区、图木舒克市、博州精河县、巴州库尔勒市、伊犁州伊宁市
58	滨菊	*Leucanthemum vulgare* Lam.	1961	乌鲁木齐市	新疆各地
59	蓟罂粟	*Argemone mexicana* Linnaeus	1961	乌鲁木齐市	乌鲁木齐市
60	苋	*Amaranthus tricolor* Linnaeus	1962	昌吉州	昌吉州木垒县、博州、阿勒泰地区、巴州轮台县、伊犁州伊宁市、阿克苏地区、阿拉尔市、喀什地区喀什市、和田地区和田市、吐鲁番市、哈密市
61	毛酸浆	*Physalis philadelphica* Lam.	1962	乌鲁木齐市	乌鲁木齐市、石河子市、昌吉州
62	鹅肠菜	*Myosoton aquaticum* (Linnaeus) Moench	1964	阿勒泰地区福海县	阿勒泰地区（福海县、布尔津县）、塔城地区（塔城市、沙湾市）
63	杂种车轴草	*Trifolium hybridum* Linnaeus	1965	伊犁州巩留县	塔城地区塔城市、伊犁州（伊宁市、巩留县）、阿勒泰地区、昌吉州昌吉市
64	燕麦草	*Arrhenatherum elatius* (Linnaeus) Presl	1965	塔城地区沙湾市	塔城地区沙湾市、阿勒泰地区布尔津县

（续）

序号	中文名	拉丁名	首次发现时间（年）	首次发现行政区域	现有分布区域
65	阿拉伯婆婆纳	*Veronica persica* Poir.	1965	伊犁州伊宁市	伊犁州（察布查尔县、伊宁市、特克斯县等）、阿克苏地区库车市
66	新疆白芥	*Rhamphospermum arvense* (Linnaeus) Andrz. ex Besser	1965	伊犁州伊宁市	伊犁州（伊宁市、新源县）
67	田菁	*Sesbania cannabina* (Retz.) Poir.	1966	塔城地区	塔城地区、吐鲁番市
68	颠茄	*Atropa belladonna* Linnaeus	1969	伊犁州伊宁市	伊犁州伊宁市
69	银边翠	*Euphorbia marginata* Pursh.	1970	乌鲁木齐市	乌鲁木齐市、巴州库尔勒市
70	蒿子杆	*Glebionis carinata* (Schousb.) Tzvelev	1974	阿勒泰地区哈巴河县	阿勒泰地区哈巴河县
71	花叶滇苦菜	*Sonchus asper* (Linnaeus) Hill	1974	伊犁州昭苏县	伊犁州（霍城县、霍尔果斯市、伊宁县、巩留县、昭苏县）、阿勒泰地区（布尔津县、吉木乃县）、塔城地区（塔城市、托里县）、昌吉州奇台县、乌鲁木齐市、哈密市、巴州、喀什地区疏勒县、石河子市
72	弯曲碎米荠	*Cardmine flexuosa* With.	1974	阿勒泰地区哈巴河县	阿勒泰地区哈巴河县
73	刺芹	*Eryngium foetidum* Linnaeus	1974	阿勒泰地区布尔津县	阿勒泰地区布尔津县
74	向日葵列当	*Orobanche cumana* Wallroth	1974	伊犁州特克斯县	伊犁州、阿勒泰地区、昌吉州、巴州等
75	火炬树	*Rhus typhina* Linnaeus	1975	石河子市	伊犁州、乌鲁木齐市、昌吉州、塔城地区、阿勒泰地区等
76	鳢肠	*Eclipta prostrata* (Linnaeus) Linnaeus	1975	乌鲁木齐市	乌鲁木齐市
77	绿独行菜	*Lepidium campestre* (Linnaeus) R. BR. es W. T. Aiton	1975	乌鲁木齐市	乌鲁木齐市
78	节节麦	*Aegilops tauschii* Coss.	1976	伊犁州巩留县	伊犁州（巩留县、伊宁市、尼勒克县、新源县、霍城县、霍尔果斯市）
79	疏花黑麦草	*Lolium remotum* Schrank	1976	伊犁州	伊犁州
80	乌拉尔大戟	*Euphorbia uralensis* Fisch. ex Link	1978	伊犁州	伊犁州霍城县

（续）

序号	中文名	拉丁名	首次发现时间(年)	首次发现行政区域	现有分布区域
81	万寿菊	*Tagetes erecta* Linnaeus	1978	博州	喀什地区、克州、和田地区、伊犁州等
82	绿穗苋	*Amaranthus hybridus* Linnaeus	1978	伊犁州	伊犁州巩留县、阿勒泰地区阿勒泰市
83	蓖麻	*Ricinus communis* Linnaeus	1978	喀什地区	喀什地区（喀什市、巴楚县）、阿克苏地区新和县、和田地区洛浦县、五家渠市、伊犁州
84	毛曼陀罗	*Datura innoxia* Mill.	1978	阿勒泰地区	阿勒泰地区等
85	落葵薯	*Anredera cordifolia* (Tenore) Steenis	1980	乌鲁木齐市	乌鲁木齐市、喀什地区（喀什市、英吉沙县）、和田地区和田市
86	长喙婆罗门参	*Tragopogon dubius* Scop.	1980	伊犁州巩留县	伊犁州巩留县
87	亚麻菟丝子	*Cuscuta epilinum* Weihe	1983	伊犁州	伊犁州等
88	洋金花	*Datura metel* Linnaeus	1984	乌鲁木齐市	乌鲁木齐市、吐鲁番市、哈密市巴里坤县、巴州焉耆县、阿克苏地区库车市、喀什地区喀什市、和田地区于田县、伊犁州（察布查尔县、霍城县、新源县）
89	毒麦	*Lolium temulentum* Linnaeus	1985	克州	克州阿克陶县、阿克苏地区拜城县、伊犁州（巩留县、新源县）、喀什地区塔县
90	野牛草	*Buchloe dactyloides* (Nutt.) Engelm.	1985	乌鲁木齐市	乌鲁木齐市
91	牵牛	*Ipomoea nil* (Linnaeus) Roth	1986	乌鲁木齐市	和田地区民丰县、五家渠市、乌鲁木齐市
92	婆婆纳	*Veronica polita* Fries	1987	青河县	乌鲁木齐市、博州博乐市、阿勒泰地区青河县、伊犁州（伊宁市、昭苏县）
93	菊芋	*Helianthus tuberosus* Linnaeus	1989	乌鲁木齐市	乌鲁木齐市、伊犁州伊宁市、阿勒泰地区布尔津县、巴州和硕县、喀什地区巴楚县、克州阿图什市、阿克苏地区新和县、和田地区洛浦县
94	紫茉莉	*Mirabilis jalapa* Linnaeus	1989	乌鲁木齐市	乌鲁木齐市、阿勒泰地区阿勒泰市、博州精河县、吐鲁番市高昌区、喀什地区、图木舒克市、和田地区和田市、克州阿图什市
95	量天尺	*Selenicereus undatus* (Haw.) D. R. Hunt	1989	乌鲁木齐市	乌鲁木齐市、伊犁州
96	肿柄菊	*Tithonia diversifolia* A. Gray	1989	乌鲁木齐市	乌鲁木齐市
97	葱莲	*Zephyranthes candida* (Lindl.) Herb.	1989	乌鲁木齐市	乌鲁木齐市

（续）

序号	中文名	拉丁名	首次发现时间(年)	首次发现行政区域	现有分布区域
98	多花百日菊	*Zinnia peruviana* Linnaeus	1989	阿勒泰地区北屯市	阿勒泰地区北屯市
99	土人参	*Talinum paniculatum* (Jacq.) Gaertn.	1990	乌鲁木齐市	乌鲁木齐市
100	老枪谷	*Amaranthus caudatus* Linnaeus	1990	阿勒泰地区	阿勒泰地区布尔津县
101	熊耳草	*Ageratum houstonianum* Mil Linnaeus	1990	乌鲁木齐市	乌鲁木齐市、昌吉州、伊犁州
102	皱果苋	*Amaranthus viridis* Linnaeus	1994	乌鲁木齐市	乌鲁木齐市、阿勒泰地区、伊犁州伊宁市、吐鲁番市、喀什地区喀什市、博州、巴州
103	无瓣繁缕	*Stellaria apetala* Ucria ex Roem.	1996	伊犁州	伊犁州伊宁市、阿克苏地区、阿拉尔市
104	钻叶紫菀	*Symphyotrichum subulatus* Michx.	1997	伊犁州	伊犁州伊宁市、阿勒泰地区、塔城地区塔城市、喀什地区喀什市
105	小酸模	*Rumex acetosella* Linnaeus	1998	伊犁州	伊犁州、塔城地区、昌吉州
106	仙人掌	*Opuntia stricat*（Haw.）Haw. var. *dillenii*（Ker-Gaw Linnaeus）Benson	1998	乌鲁木齐市	新疆多地
107	意大利苍耳	*Xanthium orientale* subsp. *italicum* Moretti	2000	塔城地区	塔城地区、博州、阿勒泰地区吉木乃县、石河子市、昌吉州、乌鲁木齐市
108	加拿大一枝黄花	*Solidago canadensis* Linnaeus	2001	乌鲁木齐市	乌鲁木齐市、伊犁州奎屯市、克拉玛依市、昌吉州玛纳斯县
109	欧黑麦草	*Lolium persicum* Boiss. et Hoh. ex Boiss.	2002	阿克苏地区乌什县	阿克苏地区乌什县
110	月见草	*Oenothera biennis* Linnaeus	2002	乌鲁木齐市	乌鲁木齐市、昌吉州、伊犁州、石河子市、吐鲁番市、哈密市伊州区
111	水飞蓟	*Silybum marianum* (Linnaeus) Gaertn.	2003	塔城地区乌苏市	阿勒泰地区、阿克苏地区、阿拉尔市、喀什地区喀什市、图木舒克市、和田地区和田市、巴州
112	香附子	*Cyperus rotundus* Linnaeus	2005	伊犁州	伊犁州（尼勒克县、新源县、伊宁县、察布查尔县、霍城县、昭苏县、特克斯县）
113	藿香蓟	*Ageratum conyzoides* Linnaeus	2006	乌鲁木齐市	乌鲁木齐市
114	田春黄菊	*Anthemis arvensis* Linnaeus	2006	乌鲁木齐市	乌鲁木齐市

（续）

序号	中文名	拉丁名	首次发现时间(年)	首次发现行政区域	现有分布区域
115	蛇目菊	*Sanvitalia procumbens* Lam.	2006	乌鲁木齐市	乌鲁木齐市
116	含羞草	*Mimosa pudica* Linnaeus	2006	乌鲁木齐市	乌鲁木齐市
117	斑地锦	*Euphorbia maculata* Linnaeus	2006	乌鲁木齐市	克拉玛依市、乌鲁木齐市、伊犁州伊宁市
118	红花酢浆草	*Oxalis corymbosa* DC.	2006	乌鲁木齐市	乌鲁木齐市、伊犁州伊宁市
119	单柱菟丝子	*Cuscuta monogyna* Vahl	2006	博州	博州阿拉山口市、伊犁州（巩留县、霍城县、尼勒克县等）、克拉玛依市、塔城地区（塔城市、额敏县、沙湾市等）、石河子市、昌吉州（呼图壁县、玛纳斯县等）、第六师军户农场
120	刺萼龙葵*	*Solanum rostratum* Dunal	2006	乌鲁木齐市	乌鲁木齐市、昌吉州、石河子市、克拉玛依市等
121	一年蓬	*Erigeron annuus* (Linnaeus) Pers.	2006	乌鲁木齐市	乌鲁木齐市、石河子市
122	刺苍耳	*Xanthium spinosum* Linnaeus	2006	伊犁州	伊犁州、石河子市、昌吉市、阿勒泰地区等
123	假酸浆	*Nicandra physalodes* (Linnaeus) Gaertn.	2007	乌鲁木齐市	乌鲁木齐市
124	刺苋	*Amaranthus spinosus* Linnaeus	2008	乌鲁木齐市	乌鲁木齐县、昌吉市、托克逊县等
125	蒙古苍耳	*Xanthium mongolicum* Kitagawa	2009	阿克苏地区	温宿县、昌吉市、阿勒泰地区兵团181团等
126	豚草	*Ambrosia artemisiifolia* Linnaeus	2010	伊犁州新源县	伊犁州（新源县、尼勒克县、察布查尔县）
127	三裂叶豚草	*Ambrosia trifida* Linnaeus	2010	伊犁州新源县	伊犁州（新源县、尼勒克县）
128	五叶地锦	*Parthenocissus quinquefolia* (Linnaeus) Planch.	2011	乌鲁木齐市	阿勒泰地区阿勒泰市、伊犁州伊宁市、乌鲁木齐、阿克苏地区库车市、吐鲁番市、和田地区和田市、博州博乐市、昌吉州木垒县、巴州和硕县
129	假苍耳	*Cyclachaena xanthiifolia* (Nuttall) Fresenius	2012	塔城地区	塔城地区塔城市
130	滨州苍耳	*Xanthium orientale* Linnaeus	2012	博州阿拉山口市	博州阿拉山口市
131	五角菟丝子	*Cuscuta pentagona* Engelm.	2012	博州阿拉山口市	博州阿拉山口市

（续）

序号	中文名	拉丁名	首次发现时间(年)	首次发现行政区域	现有分布区域
132	铺散矢车菊	*Centaurea diffusa* Lam.	2012	博州阿拉山口市	博州阿拉山口市
133	大狼耙草	*Bidens frondosa* Linnaeus	2014	阿勒泰地区	阿勒泰地区哈巴河县、塔城地区、巴州等
134	粗毛牛膝菊	*Galinsoga quadriradiata* Ruiz & Pavon	2014	石河子市	石河子市、伊犁州霍尔果斯市
135	北美苋	*Amaranthus blitoides* S. Watson	2015	昌吉州木垒县	昌吉州木垒县、阿克苏地区沙雅县、乌鲁木齐市
136	老鸦谷	*Amaranthus cruentus* Linnaeus	2015	吐鲁番市	吐鲁番市鄯善县
137	具节山羊草	*Aegilops cylindrica* Horst	2015	博州	阿拉山口市
138	直立婆婆纳	*Veronica arvensis* Linnaeus	2015	伊犁州	伊犁州
139	剑叶金鸡菊	*Coreopsis lanceolata* Linnaeus	2015	阿勒泰地区阿勒泰市	阿勒泰地区阿勒泰市、巴州焉耆县、乌鲁木齐市
140	硫华菊	*Cosmos sulphureus* Cav.	2015	阿勒泰地区	阿勒泰地区（布尔津县、阿勒泰市）、巴州焉耆县
141	苏门白酒草	*Conyza sumatrensis* (Retzius) E. Walker	2015	博州博乐市	博州博乐市
142	黄花月见草	*Oenothera glazioviana* Michael	2015	吐鲁番市鄯善县	吐鲁番市鄯善县
143	空心莲子草	*Alternanthera philoxeroides* (Mart.) Griseb.	2016	伊犁州	伊犁州察布查尔县
144	长芒苋	*Amaranthus palmeri* S. Watson	2017	吐鲁番市	吐鲁番市高昌区
145	紫茎泽兰	*Ageratina adenophora* (Spreng.) R. M. King et H. Rob.	2018	阿勒泰地区	阿勒泰地区
146	华莲子草	*Alternanthera paronychioides* A. Saint-Hilaire, Voy. Distr. Diam.	2018	喀什地区	喀什地区岳普湖县
147	南苜蓿	*Medicago polymorpha* var. *vulgaris* (Benth.) Shinners.	2018	伊犁州伊宁市	伊犁州（伊宁县、伊宁市、察布查尔县）、阿勒泰地区阿勒泰市、阿克苏地区、阿拉尔市

注：＊在农业农村部公布的名录里为黄花刺茄，黄花刺茄为刺萼龙葵的别名，本书中该植物的名称统一采用刺萼龙葵的名称。

表 2-5　重点管理外来入侵物种名录

类别	序号	中文名称	学名
植物	1	紫茎泽兰*	*Ageratina adenophora*（Spreng.）R. M. King et H. Rob.
	2	藿香蓟*	*Ageratum conyzoides* Linnaeus
	3	空心莲子草*	*Alternanthera philoxeroides*（Mart.）Griseb.
	4	长芒苋*	*Amaranthus palmeri* S. Watson
	5	刺苋*	*Amaranthus spinosus* Linnaeus
	6	豚草*	*Ambrosia artemisiifolia* Linnaeus
	7	三裂叶豚草*	*Ambrosia trifida* Linnaeus
	8	落葵薯*	*Anredera cordifolia*（Tenore）Steenis
	9	野燕麦*	*Avena fatua* Linnaeus
	10	三叶鬼针草	*Bidens pilosa* Linnaeus
	11	水盾草	*Cabomba caroliniana* A. Gray
	12	长刺蒺藜草	*Cenchrus longispinus*（Hack.）Fernald
	13	飞机草	*Chromolaena odorata*（Linnaeus）R. M. King & H. Robinson
	14	凤眼莲*	*Eichhornia crassipes*（Mart.）Solms
	15	小蓬草*	*Conyza canadensis*（Linnaeus）Cronquist
	16	苏门白酒草*	*Conyza sumatrensis*（Retzius）E. Walker
	17	黄顶菊	*Flaveria bidentis*（Linnaeus）Kuntze
	18	五爪金龙	*Ipomoea cairica*（Linnaeus）Sweet
	19	假苍耳*	*Cyclachaena xanthiifolia*（Nuttall）Fresenius
	20	马缨丹	*Lantana camara* Linnaeus
	21	毒莴苣*	*Lactuca serriola* Linnaeus
	22	薇甘菊	*Mikania micrantha* Kunth
	23	光荚含羞草	*Mimosa bimucronata*（DC.）Kuntze
	24	银胶菊	*Parthenium hysterophorus* Linnaeus
	25	垂序商陆	*Phytolacca americana* Linnaeus
	26	大藻	*Pistia stratiotes* Linnaeus
	27	假臭草	*Praxelis clematidea* R. M. King & H. Robinson
	28	刺果瓜	*Sicyos angulatus* Linnaeus
	29	刺萼龙葵**	*Solanum rostratum* Dunal
	30	加拿大一枝黄花*	*Solidago canadensis* Linnaeus
	31	假高粱	*Pseudosorghum fasciculare*（Roxb.）A. Camus
	32	互花米草	*Spartina alterniflora* Loisel.
	33	刺苍耳*	*Xanthium spinosum* Linnaeus
昆虫	34	苹果蠹蛾*	*Cydia pomonella*（Linnaeus）
	35	红脂大小蠹	*Dendroctonus valens* LeConte
	36	美国白蛾	*Hyphantria cunea*（Drury）

（续）

类别	序号	中文名称	学名
昆虫	37	马铃薯甲虫★	*Leptinotarsa decemlineata*（Say）
	38	美洲斑潜蝇★	*Liriomyza sativae* Blanchard
	39	稻水象甲★	*Lissorhoptrus oryzophilus* Kuschel
	40	日本松干蚧	*Matsucoccus matsumurae*（Kuwana）
	41	湿地松粉蚧	*Oracella acuta*（Lobdell）
	42	扶桑绵粉蚧★	*Phenacoccus solenopsis* Tinsley
	43	锈色棕榈象	*Rhynchophorus ferrugineus*（Olivier）
	44	红火蚁	*Solenopsis invicta* Buren
	45	草地贪夜蛾	*Spodoptera frugiperda*（Smith）
	46	番茄潜叶蛾★	*Tuta absoluta*（Meyrick）
植物病原微生物	47	梨火疫病菌★	*Erwinia amylovora*（Burrill）Winslow et al.
	48	亚洲梨火疫病菌	*Erwinia pyrifoliae* Kim，Gardan，Rhim et Geider
	49	落叶松枯梢病菌	*Botryosphaeria laricina*（Sawada）Y. Z. Shang
	50	香蕉枯萎病菌 4 号小种	*Fusarium oxysporum* Schlecht f. sp. *cubense*（E. F. Sm.）Snyd. et Hans（Race 4）
植物病原线虫	51	松材线虫	*Bursaphelenchus xylophilus*（Steiner et Buhrer）Nickle
软体动物	52	非洲大蜗牛	*Achatina fulica* Bowdich
	53	福寿螺	*Pomacea canaliculata* Lamarck
鱼类	54	鳄雀鳝	*Atractosteus spatula* Lacepède
	55	豹纹翼甲鲶	*Pterygoplichthys pardalis* Castelnau
	56	齐氏罗非鱼	*Coptodon zillii* Gervais
两栖动物	57	美洲牛蛙	*Rana catesbeiana* Shaw
爬行动物	58	大鳄龟	*Macroclemys temminckii* Troost
	59	红耳彩龟★	*Trachemys scripta elegans* Wied

注：＊在农业农村部公布的名录里为黄花刺茄，黄花刺茄为刺萼龙葵的别名，本书中该植物统一采用刺萼龙葵的名称；★表示新疆已分布物种。

对新疆农林外来入侵生物发生情况的调查分析表明（郭文超 等，2017），1940 年新疆农林外来入侵生物仅有 19 种，1941—1960 年、1961—1980 年、1981—2000 年每隔 20 年间新增的农林外来入侵生物数量和平均年增长速度依次为 43 种、2.15 种/年，48 种、2.40 种/年，81 种、4.05 种/年。2001—2020 年，新疆农林外来入侵生物呈暴发式增长态势，这一时期传入的农林外来入侵生物有 115 种，占农林外来入侵生物总量的 37.58%，新入侵生物平均新增 5.70 种/年，生物入侵呈现出间隔期越来越短，突发性疫情频率越来越高的特点（图 2-1）。尤其是 2011—2023 年新入侵的农林外来生物多达 61 种，具体为日本盘粉蚧、蚕豆象、瓜实蝇、橘小实蝇、榆黄毛萤叶甲、杰克贝尔氏粉蚧、甘蓝粉虱、沙棘绕实蝇、葡萄花翅小卷蛾、蚊态兴透翅蛾、米象、白蜡窄吉丁、沙棘木蠹蛾、番茄潜叶蛾、榆绿毛萤叶甲、悬铃木方翅网蝽、杏树鬃球蚧、星天牛、马铃薯瓢虫、甜瓜迷实蝇、梅下毛瘿螨、小圆皮蠹等入侵动物22种；番茄黄化曲叶病毒、黄瓜绿斑驳花叶病毒、马铃薯酸腐病菌、马铃薯黄萎病菌、马铃薯叶枯病菌、马铃薯炭疽病菌、马铃薯茎基腐病菌、李属坏死环斑病毒、甜菜孢囊线虫、梨火疫病菌、中国枣树花叶伴随病毒、枣树黄化卷叶伴随病毒、枣树花叶伴随病毒、十字花科细菌性黑斑病菌、棉花曲叶病毒、番茄褪绿病毒、油菜茎基溃疡病菌、油菜黑胫病菌、番茄褐色皱果病毒等入侵植物病原微生物19种；五叶地锦、豚草、三裂叶豚草、假苍耳、滨州苍耳、五角菟丝子、铺散矢车菊、大狼耙草、粗毛牛膝菊、北美苋、老鸦谷、具节山羊草、直立婆婆那、剑叶金鸡菊、硫华菊、苏门白酒草、黄花月见草、空心莲子草、长芒苋、紫茎泽兰、华莲子草、南苜蓿等入侵植物22种。

一、新疆农林外来入侵生物列入国家、省级相关名录情况

《进境植物检疫性有害生物名录》中收录的物种中，分布在新疆的共计52种（属），包括苹果蠹蛾、苜蓿籽蜂、黑森瘿蚊、枣大球蚧、马铃薯甲虫、蔗扁蛾、杨干象、青杨脊虎天牛、苹果绵蚜、枣实蝇、扶桑绵粉蚧、大洋臀纹粉蚧、稻水象甲、葡萄花翅小卷蛾、甜瓜迷实蝇等检疫性害虫15种；苹果黑星病菌、棉花黄萎病菌、小麦线条花叶病毒、小麦重大病害病原菌、马铃薯环腐病菌、甜菜霜霉病菌、番茄细菌性溃疡病菌、苜蓿黄萎病菌、黄瓜黑星病菌、马铃薯癌肿病菌、向日葵白锈病菌、瓜类细菌性果斑病菌、苹果茎沟病毒、大豆疫霉病菌、向日葵黑茎病菌、黄瓜绿斑驳花叶病毒、李属坏死环斑病毒、甜菜孢囊线虫、梨火疫病菌、十字花科细菌性黑斑病菌、棉花曲叶病毒、油菜茎基溃疡病菌、番茄褐色皱果病毒等检疫性病原微生物23种；顶羽菊（匍匐矢车菊）、菟丝子属、毒莴苣、列当属、节节麦、毒麦、单柱菟丝子、刺萼龙葵、豚草、三裂叶豚草、假苍耳、五角菟丝子、铺散矢车菊、具节山羊草等检疫性植物14种（属）。

《中国外来入侵生物名单》物种有71种，且新疆分布的共30种，2003年颁布的《中国第一批入侵生物名单》有16种，新疆分布的有紫茎泽兰、豚草、毒麦、凤眼莲、蔗扁蛾、牛蛙等6种；2010年颁布的《中国第二批入侵生物名单》有19种，新疆分布的有三裂叶豚草、加拿大一枝黄花、刺苋、落葵薯、稻水象甲、克氏原螯虾、苹果蠹蛾等7种；2014年颁布的《中国第三批入侵生物名单》有18种，新疆分布的有反枝苋、钻叶紫菀、小飞蓬、苏门白酒草、一年蓬、刺苍耳、圆叶牵牛、红耳彩龟、悬铃木方翅网蝽、扶桑绵粉蚧等10种；2016年颁布的《中国第四批入侵生物名单》有18种，新疆分布的有长芒苋、刺萼龙葵、藿香蓟、野燕麦、美洲大蠊、德国小蠊、枣实蝇等7种。

2002年发布的《中国最具危险性的20种外来入侵生物名单》（万方浩 等，2002）有20种，新疆分布的有烟粉虱、稻水象甲、苹果蠹蛾、马铃薯甲虫、橘小实蝇、克氏原螯虾、紫茎泽兰、豚草、凤眼莲、空心莲子草、加拿大一枝黄花等11种；

2013年发布的《国家林业检疫性有害生物名单》有14种，新疆分布的有苹果蠹蛾、杨干象、青杨脊虎天牛、扶桑绵粉蚧、枣实蝇和松孢锈病菌等6种。

2014年列入《新疆维吾尔自治区补充检疫性有害生物名单》的有9种，新疆分布的有光肩星天牛、苹小吉丁、苹果绵蚜、星天牛、桃小食心虫、白蜡窄吉丁等6种。

2023年3月7日农业农村部公告第654号颁布的《国家一类农作物病虫害名录》有19

种，以及 2023 年 11 月 10 日农业农村部公告第 723 号将番茄潜叶蛾增补纳入《国家一类农作物病虫害名录》管理，总计 20 种，新疆分布的有飞蝗、草地螟、稻飞虱、二化螟、小麦蚜虫、亚洲玉米螟、蔬菜蓟马、番茄潜叶蛾、小麦条锈病菌、小麦赤霉病菌、稻瘟病菌、马铃薯晚疫病菌、大豆根腐病菌、褐家鼠等 14 种。

二、新疆农林外来入侵生物造成的经济损失

从世界范围来看，全球经济一体化进一步加剧了外来入侵生物在各地区间的传播与危害，导致全球经济损失巨大，严重威胁人类健康，造成生物多样性丧失，由此引发的生物安全问题已引起各国政府的高度关注和重视（万方浩 等，2002）。我国也面临同样的问题，由于生态地理的多样性和气候类型的复杂性，使得世界各地大多数外来生物都可在我国找到合适的栖息地。截至 2020 年，我国农林入侵生物达到 667 种，每年因外来生物入侵造成的经济损失超过 2 000 亿元，其中农林外来生物造成的直接损失占 61.50%，超过 1 230 亿元/年（万方浩 等，2002），中国已成为全球遭受生物入侵威胁最大和损失最严重的国家之一。当前我国生物入侵风险不断加剧，生物安全防控形势日趋严峻。新疆作为我国农林外来入侵生物多发、频发、重发区，长期以来受到入侵生物的严重危害。据相关研究报道分析，仅在 2021 年，新疆棉花黄萎病、苹小吉丁、苹果蠹蛾、马铃薯甲虫、苹果绵蚜、枣实蝇、梨火疫病菌、番茄潜叶蛾、葡萄花翅小卷蛾、小麦重大病害病原菌、扶桑绵粉蚧、瓜类细菌性果斑病菌、黄刺蛾、稻水象甲、列当属、豚草属等 16 种（属）主要农林外来入侵生物发生的总面积达 163.91 万 hm^2。综合统计分析表明，仅 2021 年新疆农林生态区因上述 16 种农林外来入侵生物危害造成的直接经济损失高达 48.76 亿元，投入防治费用高达 8.13 亿元，累计造成经济损失达 56.89 亿元。尤其是近些年来入侵的枣实蝇、梨火疫病菌、番茄潜叶蛾等对新疆农林生产和生态安全构成了严重威胁。由此可见，农林外来入侵生物不仅造成了严重的经济损失，而且对新疆农业和林业生产安全构成了严重威胁（表 2-6）。

表 2-6　新疆主要农林外来入侵生物造成的直接经济损失（乌鲁木齐，2021）

入侵生物	经济损失（万元）	入侵生物	经济损失（万元）
苹小吉丁	298.10	棉花黄萎病菌	227 889.60
苹果蠹蛾	10 260.48	扶桑绵粉蚧	9.83
马铃薯甲虫	3 321.18	瓜类细菌性果斑病菌	434.88
苹果绵蚜	1 374.21	梨火疫病菌	268 308.10
枣实蝇	625.84	小麦重大病害病原菌	949.72
番茄潜叶蛾	29 560.00	列当属	8 624.89
葡萄花翅小卷蛾	3 933.84	豚草属	9 781.85
黄刺蛾	1 060.00	合计	568 971.33 万元
稻水象甲	2 538.81		

注：根据新疆维吾尔自治区植物保护站统计的新疆主要农林外来入侵生物的发生面积、防治水平，结合当地具有代表性的被害农作物、林果生产水平和地方公布的相关农产品价格、防治成本等因素测算。

三、新疆农林外来生物入侵对生态环境和人类生活的影响

作为影响生态安全的主要因素，农林生物入侵严重威胁入侵地区生态环境，对入侵地区的农牧民生活产生了深刻影响。据不完全统计，近年来，枣实蝇、马铃薯甲虫、稻水象甲、瓜实蝇、橘小实蝇、番茄黄化曲叶病毒、甜菜孢囊线虫、梨火疫病菌、油菜茎基溃疡病菌、白蜡窄吉丁、葡萄花翅小卷蛾、番茄潜叶蛾、甜瓜迷实蝇、刺萼龙葵、豚草、三裂叶豚草等数十余种重大危险性病、虫、草害相继传入新疆，其中绝大多数属于我国对外检疫对象。这些外来生物的入侵和危害不仅给新疆农作物和林果生产造成了严重损失，而且对生态安全也造成了一定影响。以 2010 年首次在新源县发现的豚草和三裂叶豚草为例，其 2012—2013 年呈点状分布，2014 年在新源县中东部则克台镇、吐尔根乡、坎苏乡等 9 个乡镇（场）集中大面积暴发，形成单一优势种群，2021 年豚草和三裂叶豚草发生面积达到 10 898.78 hm²，短短 10 年时间其扩散面积增加了 1 089 倍，受害农牧民达 10 余万户，造成农牧民直接经济损失超过 9 700 万元。豚草花期长，豚草大量发生时，空气中弥漫的大量花粉可导致人类产生过敏反应，过敏体质者易发生哮喘、打喷嚏等症状，体质弱者甚至可发生其他并发症并死亡，对当地农牧民的生产和生活，以及伊犁河谷农业生产、畜牧养殖、旅游观光、广大农牧民的健康造成了巨大影响。外来入侵植物不仅与牧草竞争生长空间、肥水光热等资源，破坏草原原有生态平衡，而且被牲畜食用可导致牲畜中毒，给农牧民生产造成严重影响（田新春，2022）。2016 年首次在伊犁州伊宁市发现的梨火疫病，目前已扩散至新疆 13 个地州市 57 个县、市，发生面积超过 10 178.42 hm²，仅 2021 年对特色林果业造成的直接经济损失就超过了 26.83 亿元，对新疆的香梨、苹果等优势特色林果业造成了难以挽回的损失。据不完全统计，2021 年新疆农作物和特色林果生产因苹小吉丁、苹果蠹蛾、马铃薯甲虫、苹果绵蚜、枣实蝇、番茄潜叶蛾、葡萄花翅小卷蛾、黄刺蛾、稻水象甲、棉花黄萎病菌、扶桑绵粉蚧、瓜类细菌性果斑病菌、梨火疫病菌、小麦重大病害病原菌、列当属、豚草等外来入侵生物危害造成的直接经济损失超过 56.89 亿元。整体而言，新疆已成为我国外来生物入侵的高发、频发和重发区之一，监测和防控形势十分严峻。

四、新疆农林外来生物的入侵特点

（一）新疆农林外来入侵生物分布特点

新疆农林外来入侵生物近些年来呈多发、频发和重发的态势，根据对近 105 年来（1919—2023 年）新疆入侵生物的发生与分布的统计分析，乌鲁木齐市分布有 82 种、伊犁州分布有 58 种、阿勒泰地区分布有 24 种、昌吉州分布有 24 种、塔城地区分布有 21 种、巴州分布有 18 种、喀什地区分布有 16 种、博州分布有 16 种，上述 8 个地区的农林外来生物入侵发生率明显高于其他地区，分别为 26.80%、18.95%、7.84%、7.84%、6.86%、5.88%、5.23% 和 5.23%，总计占同期新疆农林外来入侵生物总量的 84.63%，同期新疆其他地州合计仅占总数的 15.37%（图 2-2）。表明新疆农林外来生物入侵发生区不均衡，区域中心城市和边境地州是新疆农林外来生物主要入侵点和扩散源。

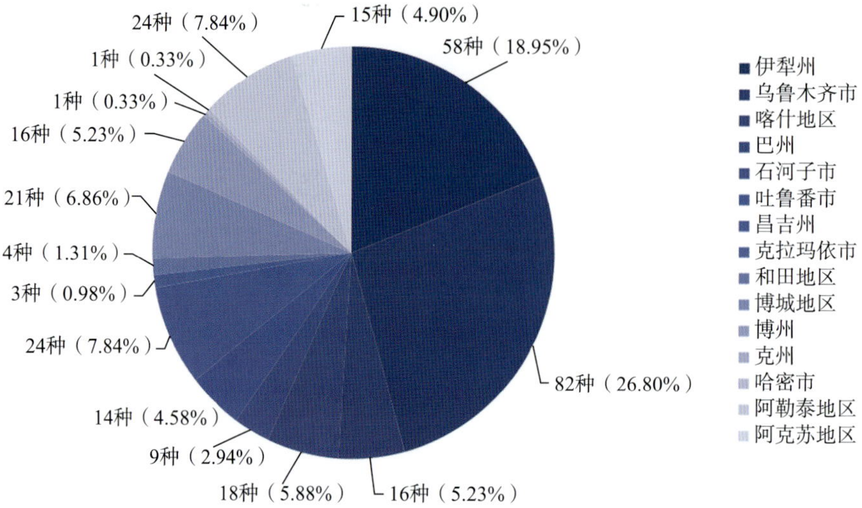

图 2-2　新疆农林外来生物入侵区域分布（1919—2023 年）

（二）新疆农林外来入侵生物的入侵方式和传播路径

1. 新疆农林外来入侵生物的入侵方式

对新疆农林外来入侵生物的来源整体调查结果表明，在 1919—2023 年过去的 105 年中，新疆农林外来入侵生物来源于国内其他省份的占同期发生总量的 90.85％。苹果蠹蛾、黑森瘿蚊、麦双尾蚜、玉米三点斑叶蝉、纳曼干脊虎天牛、马铃薯甲虫、枣实蝇、葡萄花翅小卷蛾、番茄潜叶蛾、甜瓜迷实蝇、苹果黑星病菌、小麦重大病害病原菌、甜菜孢囊线虫、油菜茎基溃疡病菌、梨火疫病菌、菟丝子（属）、列当（属）、欧洲千里光、乌拉尔大戟、单柱菟丝子、滨州苍耳、铺散矢车菊、枣树黄化卷叶伴随病毒、枣树花叶伴随病毒、番茄褐色皱果病毒（*Tomato brown rugase fruit virus*，ToBRFV）等重大农林外来入侵生物是直接由新疆毗邻的中亚、西亚等地区的国家传入；刺萼龙葵、向日葵黑胫病菌等分别从澳大利亚和美国传入，由国外直接传入新疆的农林外来入侵生物共计 27 种，仅占同期入侵新疆农林外来生物发生总量的 8.82％，这表明新疆农林外来生物主要是从国内其他省份传入新疆的（图 2-3）。另外，对 1919—2023 年传入新疆农林外来生物的入侵方式分析表明，除红耳彩龟、克氏原螯虾、牛蛙、紫苜蓿、菊苣、黑麦、紫穗槐、孔雀草、凤仙花、刺槐、黑麦草、滨菊、燕麦草、田菁、银边翠、火炬树、疏花黑麦草、万寿菊、蓖麻、落葵薯、葱莲、多花百日菊、土人参、仙人掌、加拿大一枝黄花、月见草、水飞蓟、红花酢浆草、凤眼莲、五叶地锦、剑叶金鸡菊、硫华菊等 32 种均是通过有意引种传入，马铃薯甲虫和玉米三点斑叶蝉是通过自然传播传入，其余 271 种农林外来入侵生物是通过种子、苗木、花卉等植物产品运输或人为携带、随农副产品和交通工具无意传入，占同期新疆农林外来生物入侵生物数量的 88.56％（图 2-4）。由此可见，无意传入等人为因素是造成新疆近 105 年来农林外来生物入侵暴发式增长的主要因素。

2. 新疆农林外来入侵生物的主要传播通道

我国农林外来入侵生物的主要入侵通道，从欧洲、南亚、西亚、中亚经我国西北陆地边境地区新疆进入我国内陆省区的"丝绸之路经济带"和经海运从我国东部、东南海疆沿边诸

1种（0.33%）

27种（8.82%）

278种（90.85%）

- 国内其他省份传入
- 国外传入
- 国际新种

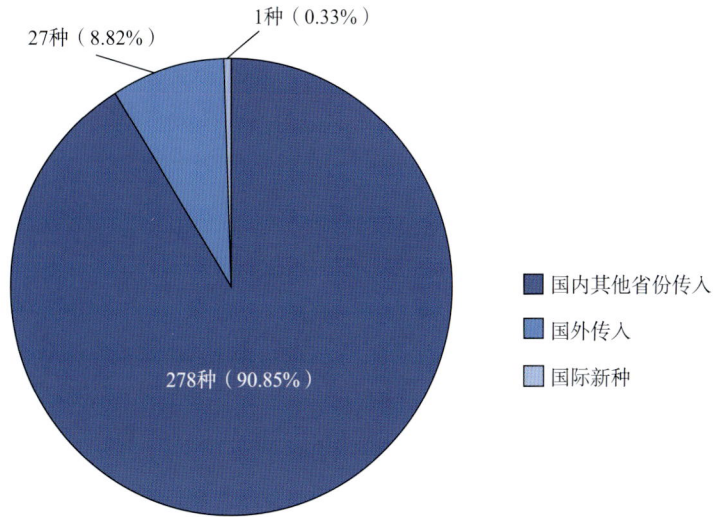

图 2 - 3　农林外来有害生物入侵方式统计（1919—2023 年）

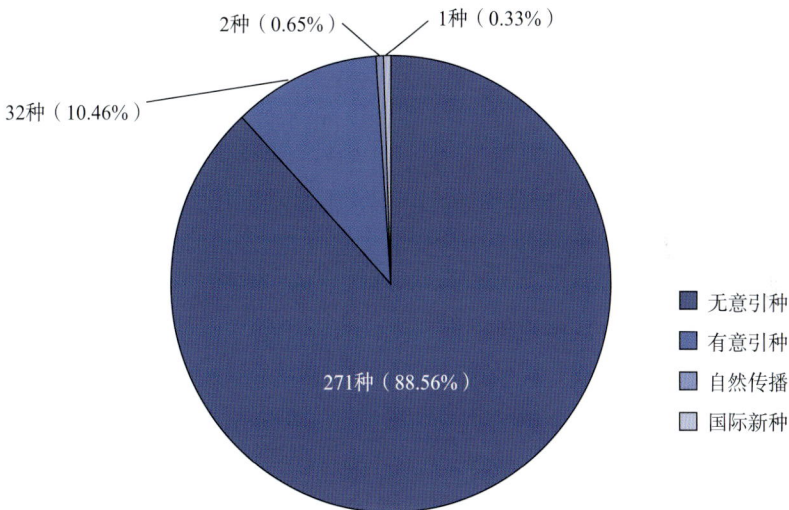

2种（0.65%）　1种（0.33%）

32种（10.46%）

271种（88.56%）

- 无意引种
- 有意引种
- 自然传播
- 国际新种

图 2 - 4　新疆农林外来生物入侵来源统计（1919—2023 年）

省进入我国内陆省区的"海上丝绸之路"。主要传播路径和通道包括三个廊道：（图 2 - 5）：

（1）"西北廊道"是指入侵生物由中亚各国通过陆地边境由西向东传入我国新疆乃至内地省区的入侵途径。

（2）"东南廊道"是指入侵生物由海上运输从东南传入我国云南、广东、广西、福建等沿海诸省的入侵途径。

（3）"东部通道"是指入侵生物通过海上及陆地运输方式从浙江、江苏、山东、辽宁、天津、北京等东部省（直辖市）传入我国的入侵途径。

新疆农林外来入侵生物主要通过"西北廊道"传入。我国新疆与中亚五国同处亚欧大陆中心区域，农作物种类、种植制度、地理位置、气候条件和生物多样性十分相似。同

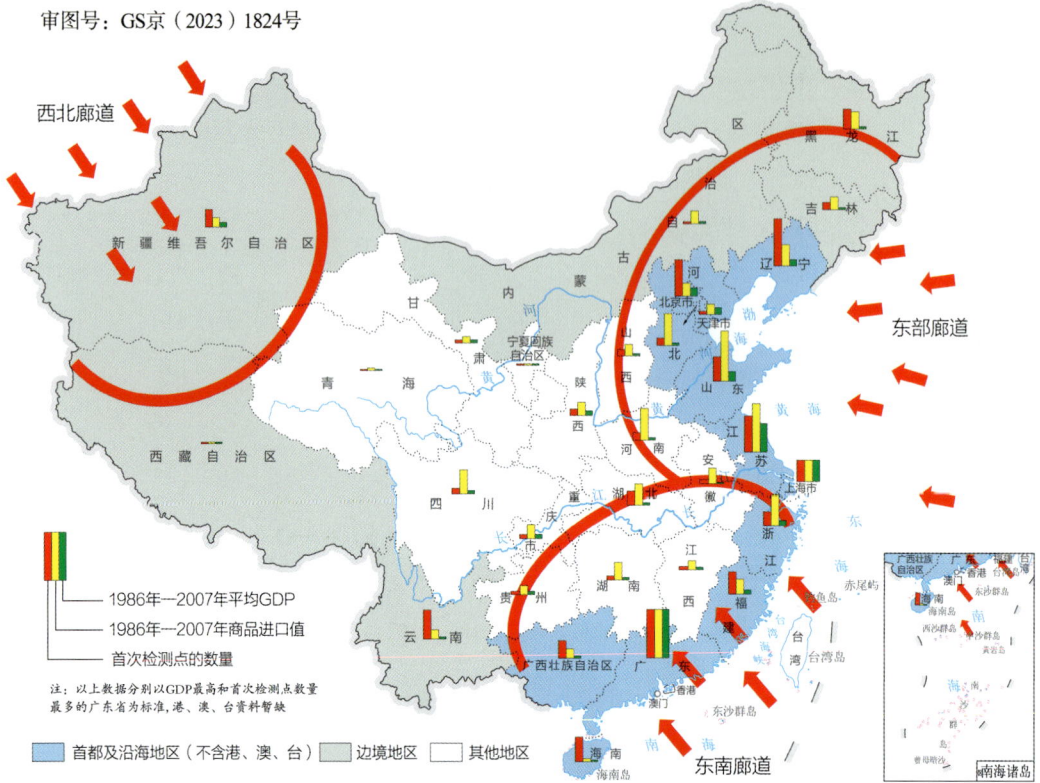

图 2-5　我国农林外来入侵生物的主要入侵通道（Huang et al.，2012）

注：中国大陆的省级行政单位根据其地貌位置分为三组：蓝色为沿海地区（除北京外有海岸的省份），灰绿色为边境地区（与其他国家接壤的省份），白色为中部地区（没有海岸或不与其他国家接壤的省份）。红色柱子是各省份的首次检测点的数量，绿色和黄色的柱子分别为1986—2007年的平均GDP和商品进口值，分别以GDP最高和首次检测点数量最多的广东省为标准，港、澳、台资料暂缺。

时，与吉尔吉斯斯坦、哈萨克斯坦等接壤的边境地区地势开阔，无高山阻隔，从而为有害生物的迁移、传播创造了条件。另外，"欧亚铁路桥"从新疆向西穿越哈萨克斯坦与中亚其他国家铁路网贯通，成为"欧亚铁路大动脉"重要组成部分，各国之间的人员、贸易往来频繁，外来入侵生物呈暴发增长趋势。从近些年来新疆有多种重大入侵生物新发和传播情况看，农林外来生物除了以从我国内陆省份传入作为主渠道外，相当一部分是由中亚各国传入的。因此，中亚已成为我国外来有害生物入侵的主要通道。

3. 我国周边中亚各国分布的具有潜在传入风险的生物发生情况

据2005年中国官方公布的数据表明，我国已发现的外来入侵生物有162种，其中外来入侵杂草107种，入侵害虫32种，入侵病害23种（张文玲，2005）。中亚各国分布的潜在传入风险的生物见表2-7。主要包括：瓜实蝇、玉米根萤叶甲、梨矮蚜、松唐盾蚧、山楂小卷蛾、苹果蠹蛾、梨小卷蛾、石榴螟、肾斑皮蠹、澳洲蛛甲、日本金龟子、马铃薯甲虫、菜豆象、欧洲栗象、玫瑰短喙象、木蠹象、欧洲大榆小蠹、苹叶蜂、李仁蜂、苹果瘿蚊、黑森瘿蚊等。值得高度关注和重视的种类有玉米根萤叶甲、马铃薯甲虫、苹叶蜂和苹果蠹蛾等。

表 2-7 中亚各国分布的具有潜在传入风险的生物发生情况

国家	潜在的植物检疫性有害生物种类
蒙古国	2 种
俄罗斯	16 种
印度	31 种
巴基斯坦	14 种
阿富汗	2 种
哈萨克斯坦	4 种
乌兹别克斯坦	4 种
土库曼斯坦	3 种
吉尔吉斯斯坦	3 种
塔吉克斯坦	4 种

第二节　新疆重大农林外来有害生物入侵发生的原因

一、新疆主要农作物及特色林果生产地位及发展概况

新疆地处我国西北边陲，是我国西北的农业大省，耕地面积达 704.12 万 hm² （新疆统计年鉴，2022）。丰富的光热资源，独特的气候、地理等自然条件孕育了棉花、哈密瓜、加工番茄、葡萄等优势特色农业生产资源。"十五"以来，随着"西部大开发"战略的实施，特别是"新疆工作座谈会"会议精神的全面落实，新疆维吾尔自治区人民政府加大农业产业结构调整力度，实施优势资源转换，积极推进新疆现代农业的发展。截至 2021 年，新疆棉花种植面积 250.61 万 hm²，总产量 512.90 万 t，占全国棉花总产量的 89.50%，并连续多年保持在我国最大的优质商品棉生产基地的地位。同时，新疆也是我国粮食和特色林果生产重要战略阶梯区，小麦种植面积 113.53 万 hm²、玉米种植面积 111.03 万 hm²，总产达到 1 652.40 万 t（其中小麦达到 639.75 万 t；玉米达到 1 012.65 万 t）。新疆红枣种植面积 31.86 万 hm²、核桃 42.70 万 hm²、杏 9.70 万 hm²、葡萄 12.60 万 hm²、苹果 8.69 万 hm²、香梨 7.13 万 hm²、桃 2.90 万 hm²。新疆特色农作物工业用番茄种植面积 3.20 万 hm²，番茄酱产量占全国总产量的 90% 以上，油料作物种植面积 11.32 万 hm²，甜菜 4.76 万 hm²（新疆统计年鉴，2022）。此外，近年来，新疆各地结合各自优势发展适宜本地区的特色作物，如籽用西瓜、红花和亚麻等，其中籽用西瓜种植面积达到 8.00 万 hm²（新疆统计年鉴，2020），种植面积和总产位居全国之首。新疆红花种植面积和红花产量均占全国的 80% 左右。随着新疆优势特色农作物生产规模的不断扩大，到"十三五"末，新疆优势特色农产品种植业不仅成为新疆区域经济发展的支柱性产业和新的经济增长点，而且在我国农业生产中占有举足轻重的地位。而同处于我国西北干旱和半干旱地区的甘肃、宁夏等省（自治区），农业产业发展历程、区域经济发展所处的地理生态条件、农业

模式和作物种植结构与新疆基本相同，同时存在着农林生态较为脆弱，作物种植结构单一等问题，农林生产面临植保共性问题。因此，新疆农林生产在我国西北干旱和半干旱地区极具代表性和典型性。随着我国农业经济发展，在我国农业供给侧结构性改革和 2020 年"农药化肥零增长计划"实施的大背景下，提质增效和提升农产品市场竞争力将成为农业生产发展的重点，农产品有效供给将更加市场化。农业现代化和高质量发展将是新疆农业未来发展的主攻方向，农业高质量发展主要以绿色和高效为目标。因此，农产品多元化、无害化和精品化将是新疆农业未来的发展大趋势。

二、新疆生态地理特点和区位优势对农林外来生物入侵的影响

（一）新疆独特的生态地理条件对农林外来生物入侵造成的潜在影响

新疆属于典型的温带大陆性气候，地貌总轮廓为"三山夹两盆"。高山环抱盆地，绿洲荒漠交错，森林、草原、湖泊相间，湿地沙漠并存的地理环境造就了新疆生态系统的多样性和特殊性，来源于多种生境的外来生物都可在新疆找到适宜的栖息地。例如，新疆伊犁河谷年平均气温 10.4 ℃，年日照时数 2 870 h，年降水量 417.6 mm，山区年降水量达 600 mm，气候温和湿润。优越的气候条件导致伊犁河谷等地区农林外来生物入侵频繁发生，使其成为新疆农林外来生物入侵的主要疫情发源地之一。同时伊犁河谷区域、塔城地区和阿勒泰地区的部分县、市与哈萨克斯坦、俄罗斯等国家毗邻，边界地接壤区地势平坦，无高山阻隔，气候、地理地貌和生态环境相同，植被种类和农作物种植结构极为相似，也为农林有害生物直接入侵提供了有利条件。1999 年以来，大量分布于境外虫源地（如哈萨克斯坦、俄罗斯等）的亚洲飞蝗直接迁入性危害是伊犁河谷区域、塔城地区、阿勒泰地区、博州等边境地州频繁暴发蝗灾的主要原因之一。新疆生态地理条件的复杂性、多样性特征，以及生态系统的持续恶化和荒漠绿洲生态系统的结构单一化，使生态群落中形成了大量的空余生态位，导致对外来生物入侵的抵抗力下降，成为我国易遭受外来生物入侵的区域之一。

（二）新疆特殊的区位优势对农林外来生物入侵的影响

1. 独特的区位优势对农林外来生物入侵的影响

新疆位于我国的西北边陲，地理位置特殊，周边与俄罗斯、哈萨克斯坦、蒙古国、巴基斯坦、印度、阿富汗等 8 个国家接壤，边境线达 5 700 km，为我国边境线最长的省份，也是我国通往西亚、中亚、欧洲等地的主要通道和货物集散地，我国历史上许多外来农产品和种植资源都是通过新疆传入的。进入新的历史发展阶段，我国边境口岸的贸易活动日趋频繁，旅游购物人员增长迅猛，开放口岸的汽车货运贸易等都加大了农林外来生物入侵风险（王钊英 等，2009）。目前，以乌鲁木齐国际陆港区与喀什经济开发区、霍尔果斯经济开发区建设和"两霍两伊"一体化发展，建立"一港""两区""五大中心""口岸经济带"和中国（新疆）自由贸易试验区，进一步提升了新疆向西开放的作用和地位。截至2021 年，中欧（中亚）过境班列达到了 12 210 列，始发中欧班列 1 185 列，占全国中欧班列同行总数的 52.40%，其中经霍尔果斯口岸的中欧班列数量和货运量双双刷新历史纪录，经霍尔果斯口岸站开行中欧（中亚）班列 6 362 列，同比增长 26.6%，经阿拉山口口岸站开行中欧（中亚）班列 5 848 列，同比增长 16.3%。开行国际货运航班 20 万班，同比增长了 22.0%。完成国际航线的货邮量 266.7 万 t，国际及港澳台快递 21 亿件，分别

同比增长 19.50％和 14.60％。进出新疆的国内外各种动植物产品数量将大幅度增加，而且从欧洲、中亚和西亚往来的旅游和商贸人数量也将剧增。危险性农林生物从国内外入侵新疆，并造成严重危害的风险正在加剧（郭文超 等，2012）（图 2-6）。

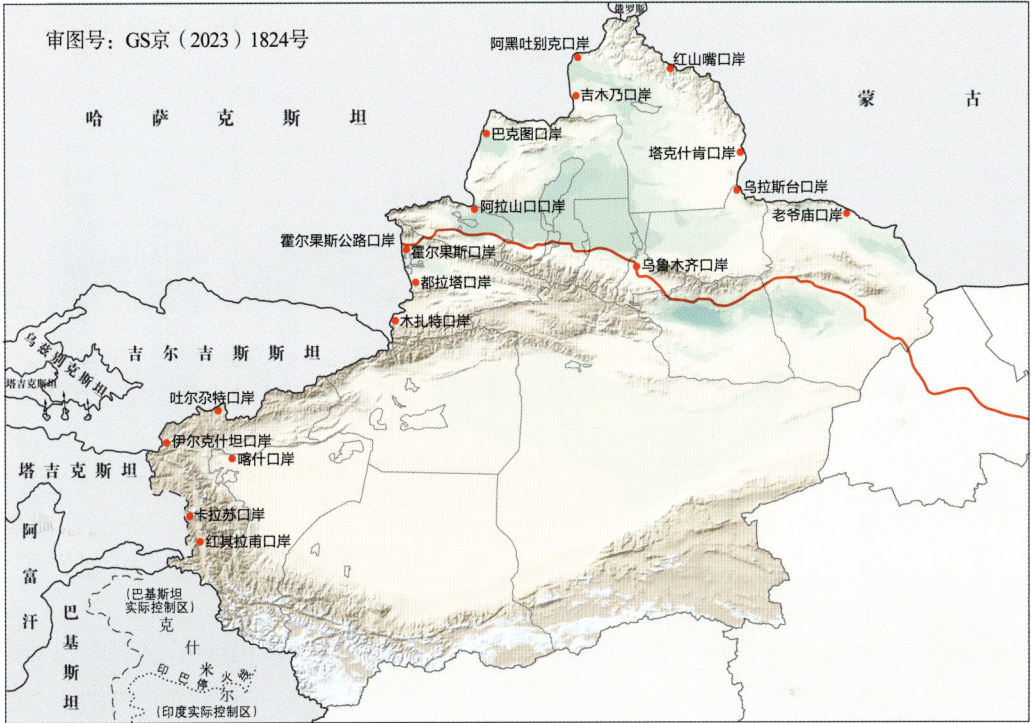

图 2-6　新疆一类口岸分布

新疆与周边中亚五国的地理地貌、气候特征等自然条件，以及农作物、林果种类及其种植模式等十分接近，农林生产面临植保共性问题。新疆已经发生的苹果黑星病、苹果蠹蛾、小麦重大病害病原菌、马铃薯甲虫、玉米三点斑叶蝉、麦双尾蚜、黑森瘿蚊等多种我国对外检疫的重大外来入侵生物直接由中亚各国传入我国新疆或者其传入与中亚五国有关（郭文超 等，2012）。2005 年，统计的我国潜在的 183 种植物检疫性有害生物中，新疆周边接壤的 8 个国家至少有 48 种以上，主要包括瓜实蝇、玉米根萤叶甲、梨矮蚜、松唐盾蚧、山楂小卷蛾、苹果蠹蛾、梨白小卷蛾、石榴螟、肾斑皮蠹、澳洲蛛甲、日本金龟子、马铃薯甲虫、菜豆象、欧洲栗象、玫瑰短喙象、木蠹象、欧洲大榆小蠹、苹叶蜂、李仁蜂、苹果瘿蚊、黑森瘿蚊等（全国农业技术推广中心，2005）。综上所述，由于独特的区位优势和特点，新疆荒漠绿洲生态外来生物入侵的危害风险和隐患将持续增加。

2. 经济和旅游业发展状况对农林外来生物入侵造成的潜在风险

在"一带一路"经济带的宏观背景下，新疆一些经济、旅游发达的中心城市成为农林外来生物入侵发生的主要区域和扩散源。据统计，2018 年新疆旅游外汇收入为 946 00 万美元，同比增长 14.27％，乌鲁木齐市作为新疆维吾尔自治区的首府，2018 年入境旅游人数达 184.93 万人次，是 2010 年 96.38 万人次的近 2 倍（图 2-7）（高卫红 等，2021）。此外，乌鲁木齐市作为通往国内外的交通枢纽，是新疆最大商品集散地和我国西北最大的出入境植物和相关产品通道。区域经济和旅游业快速发展使得乌鲁木齐市成为新疆农林外来生物入侵的高发区。据统计，乌鲁木齐入侵生物发生率明显高于其他城市。同样，经济和旅游业快速发展的伊犁州、巴州、喀什地区等地农林外来入侵生物的发生与分布明显处于增长态势。据统计，截至2021年，新疆已报道的农林入侵生物中，伊犁州分布有57种、巴州分布有17种、喀什地区分布有16种，分别占新疆总数的18.94%、5.65%和5.32%。

图2-7　2010—2018年新疆接待入境过夜游客人数情况

（数据来源：国家统计局）

3. 海关进出境农产品、植物产品、邮寄品造成农林外来生物入侵的潜在风险

据统计，新疆进出口总额由2000年的22.63亿美元增加到2022年的213.87亿美元，2022年较2020年增长近9倍，其中2020年新疆各口岸的进口农产品数量达到11.96亿t，木制品2.86亿t，与183个国家（地区）有进出口贸易（郭卫红 等，2021）。随着新疆各口岸进出口贸易额的增加，进口农产品、植物产品、邮寄品及进境旅客携带物中截获的外来入侵生物数量、检疫性有害生物种类和疫情批次急剧上升。据海关总署发布，2022年一季度全国海关共截获检疫性有害生物173种，1.39万次；销毁不合格农产品420批，涉及34个国家（地区），有效防范了松材线虫、红火蚁、地中海实蝇、小麦矮腥黑穗病菌、番茄褐色皱果病毒等重大外来入侵生物。据《中国国门时报》报道，霍尔果斯海关从2020年至2022年4月共检出疫病疫情717批次，有害生物检出率由2020年5月前的6.23%上升至13.2%，提高了1.1倍。其中，截获疫病疫情41种，3 686种次，发现2例检疫性有害生物，并在全国首次发现甜瓜迷实蝇属。新疆进境粮食指定口岸阿拉山口岸，该口岸2018—2020年截获有害生物30科77属114种，26 029种次，其中检出杂草20科65属99种，12 863种次，占总种次的83.97%；检出昆虫9科9属12种，98种次，主要为仓储类害虫，截获的昆虫以象甲科最多，占昆虫种数的25.00%，其次是蜱科。据乌鲁木齐海关报道，近3年来，阿拉山口海关从进境动植物及其产品中累计检出各类有害生物254种，3.48万种次，其中检疫性有害生物18种，476种次，其中检出的57种有害生物是新疆口岸首次截获。2020年12月，乌鲁木齐地窝堡机场海关对来自尼日利亚拉各斯的货运航空器实施现场查验时，发现5头疑似沙漠蝗的活体蝗虫（其中1头成虫，4头若虫）。经鉴定为喀麦隆南部蝗虫［*Oxycatantops spissus*（Walker）］，属新疆口岸首次截获。据统计，近年来首次截获的外来生物中有多种危险性有害生物，包括谷斑皮蠹［*Trogoderma granarium*（Everts）］、苜蓿黄萎病菌（*Verticillium alboatrum* Reinke &

Berthold)、桃果实蝇 [*Bactrocera zonata* (Saunders)]、芒果果肉象甲 [*Sternochetus frigidus* (Fabricius)]、苹果蠹蛾等。其中，国家一类检疫对象苹果蠹蛾、谷斑皮蠹检出率很高。据统计，2017 年新疆检疫机构有害生物截获批次比 2000 年增加 39.10 倍，检疫性有害生物截获数量（种）和批次分别由 2007 年的 5 种和 38 批次增加到 2017 年的 18 种和 1955 批次，分别增长了 2.6 倍和 50.45 倍（表 2-8）。对海关截获农业外来入侵生物数据的分析，说明新疆农林外来生物入侵风险正在不断加剧（图 2-8）。

表 2-8 **2000—2017 年新疆各年度外来有害生物截获数量及批次统计**（2017 年，新疆）

年份	有害生物截获数量 （种/属）	检疫性有害生物截获数量 （种/属）	有害生物截获批次	检疫性有害生物截获批次
2000	22	—	650	—
2001	22	—	650	—
2002	22	—	650	—
2003	22	—	650	—
2004	22	—	650	—
2005	—	—	—	—
2006	—	—	—	—
2007	40	5	2 160	38
2008	—	3	163	5
2009	41	3	5 297	91
2010	82	5	4 629	564
2011	—	3	1 146	135
2012	170	10	32 096	94
2013	172	10	4 506	269
2014	296	17	18 424	1 481
2015	302	21	26 090	1 779
2016	258	16	63 259	1 676
2017	218	18	53 573	1 955

（三）气候变化对新疆农林外来生物入侵造成的潜在影响

近年来，全球气候变化已经成为世界各国政府、媒体、学者及公众最为关注的环境问题。大气二氧化碳浓度升高、温度上升、灾害性天气出现频次增加等全球气候变化，深刻改变着农林生态系统昆虫群落的组成结构、功能和演替（戈峰，2011）。气候变暖是影响自然生命系统最重要的原因之一，长期的气候变暖造成的选择性压力会导致物种的遗传物质发生变化，从而改变其适应性（Thomas，2004），尤其是昆虫。昆虫对温度的变化较为敏感（戈峰，2012），气候变暖后，有利于害虫安全越冬，使其起始发育时间提前，发育速度加快，发育历期缩短，繁殖力增强，危害时间可能延长，危害程度呈加重趋势（Thomson et al.，2010）。外来生物通过生理适应、生态位拓展、改变与天敌的互作关系等途径来减少生物、非生物因素的制约，从而削弱本土生物群落的抵抗性，加速入侵进程（Sorte et al.，2013）。气候变化和生物入侵是当今世界最重要的两个生态问题，气候变化已成为生物入侵的重要驱动因素（丁一山 等，2016）。

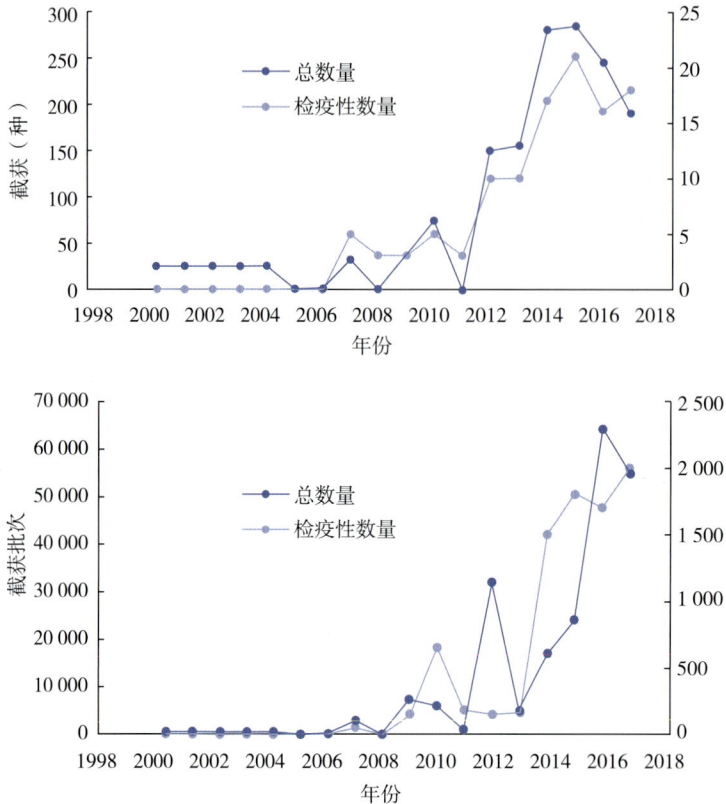

图2-8 新疆各年度截获外来有害生物情况统计（2000—2017年）

1. 气候变暖对入侵昆虫的生长繁殖等生物学、生态学特性的影响

温度是决定昆虫发育速率最重要的因子，气候变暖能加快昆虫各虫态的发育，导致其始见期、迁飞期及种群高峰期提前。Babasaheb（2014）对巴西、南非、巴基斯坦和印度的热带和亚热带棉区的气候变化预测发现，气候变暖会增加扶桑绵粉蚧的发生代次，同时增加种群丰度。杨明琪（2013）研究中发现美国白蛾在我国的潜在气候适生区较为广泛，利用EHCAM4气候的A2、B2、B1、A1FI四种情景预测，在未来气候变暖情景的假设下，美国白蛾在我国的适生范围将进一步扩大。在历史气象条件下，美国白蛾在我国发生1～8.5代，在未来气候变暖的假设下，在我国的发生代数呈现出相同的变化趋势，只是程度有所不同。对比历史气象条件下美国白蛾在我国的发生代数，随着气候变暖程度的加强，在4种情景预测下，发生代数将比历史气象条件下发生代数分别增加约0.4代、0.6代、0.8代、0.9代，同时发生区域也有所变化，分布面积与发生数量将增加。

2. 气候变暖促进昆虫向新领地入侵定殖

气候变化导致生物群落结构发生改变，导致生态位空间宽度增大，进一步加剧了物种入侵。Rafoss（2003）利用挪威的历史数据，研究了当前和未来的气候条件对苹果蠹蛾空间和时间分布以及马铃薯甲虫种群建立潜力的影响，气候变化情景下（日最高和最低温度每增加1℃，分布纬度增加1°）苹果蠹蛾的潜在地理范围扩大，发现23个新地点有利于其长期生存，苹果蠹蛾的丰度在已建立该物种的地方可能会急剧增加。马铃薯甲虫在挪威只能暂时找到合适的气候条件，在当前气候条件下只能在少数地区建立临时种群。气候变暖将有利于舞毒蛾繁殖及存活,模拟未来气候变化,2071年其在杨树上的定殖率将由1991年的33%提高至100%(Logan,2007)。由此可预测,气候变暖加速了昆虫的入侵定殖(王维玮,2016)。

气候变暖使受低温限制的昆虫增加了向两极和高海拔地区扩散的机会(Speight,1999)。冬季最低温是限制实蝇类害虫全球分布的重要因素,受气候变化的影响,入侵性实蝇的适生区呈现出北移趋势(李志红,2015)。枣实蝇起源于印度,主要以幼虫蛀食枣果果肉进行危害,该虫蛀果率一般在60%以上,严重时可造成枣果绝收(何善勇,2010)。枣实蝇在我国适生区广泛,其高度适生区分布于新疆阿勒泰市至海南省,随气候变暖其高度适生区和分布范围逐渐向高纬度地区移动。枣实蝇于2007年首次在吐鲁番市发生,其发生面积达 5 469.4 hm²,使当地的红枣产业遭受了沉重打击,也为新疆的林果产业带来严重威胁。

甜瓜迷实蝇在我国的高度适生区主要分布在台湾、海南、广东、广西、福建等地,但随着温度的逐步升高,2021年报道,新疆部分地区已成为该虫适生区(李志红,2015)。

悬铃木方翅网蝽的适生区呈现向东北方向扩展的趋势,总适生范围不断增大,且适生程度增加。崔亚琴(2019)等在对悬铃木方翅网蝽在我国适生范围的研究中表明,悬铃木方翅网蝽的高度适生区主要集中在华南、华中大部、华东大部及西南局部地区,而2019年该虫在新疆阿克陶县巴仁乡、皮拉勒乡以及疏勒县库木西力克乡已发生危害,危害株率在 7.73%~85.00%(朱晓锋,2020)。

综上,温度的升高使昆虫适生区呈现出向高纬度地区逐渐扩大的趋势,尤其是在气候变化条件下,受温度限制的外来入侵生物如实蝇类,入侵和危害新疆农林的风险也在不断加剧。

3. 气候变暖可改变植食性昆虫对寄主的适应性

气候变暖可改变植食性昆虫的寄主植物种类和取食的植物器官。温度升高,昆虫将向原来温度较低的区域扩散,而昆虫的原寄主植物不能满足昆虫扩散的需求,扩散到新区域的昆虫转向取食新环境的植物(陈瑜,2010)。气候变暖导致松异舟蛾由取食奥地利黑松转向取食生长于更高海拔地区的樟子松,2018年首次在国内发现苹果蠹蛾以幼虫蛀食核桃果实的现象,这种机制的发生可能与气候变化有关。

4. 气候变暖影响入侵植物的适生区分布

气候变化对植物种群的增长、物候以及物种间的相互作用等产生诸多影响,进而引起其地理分布区域的变化和生态系统的巨大变化(何善勇,2010)。对入侵植物的研究有如下收获:

①基于预测模型,对恶性杂草刺苍耳的适生区范围进行预测,预估博州、塔城地区、阿勒泰地区西北部、哈密市中部、巴州北部、克州中部、阿克苏地区北部、伊犁州奎屯市、克拉玛依市、五家渠市、喀什地区喀什市等地存在高入侵风险。在未来气候情景下,刺苍耳在新疆的适生分布区范围逐渐扩大,面积空间变化明显,呈现以塔城地区中部为中心,向天山北麓和塔克拉玛干北缘方向辐射状扩散的趋势,且两种气候变化情景下预测至21世纪70年代,分布区中心均向伊犁州奎屯市方向移动(塞依丁·海米提,2019)。

②在对新疆地区入侵性杂草豚草和三裂叶豚草的研究发现,温度和降水是影响豚草和三裂叶豚草分布的重要因子,未来气候变化更有利于三裂叶豚草在新疆的入侵扩张。豚草

和三裂叶豚草适生区的扩张、收缩位置大致相同，均呈现向北扩增转移趋势，收缩区域主要集中在准噶尔盆地（马倩倩，2020）。

③气候变化为外来植物的入侵提供新的机会，由于外来入侵植物较本地植物具有更强的适应能力和扩散能力，在一些目前外来植物还无法生存的地域（马倩倩，2020），由CO_2等温室气体浓度增加引起的气候变化将打破生态系统中C_3和C_4植物的平衡关系，使以C_4植物为优势种的群落更容易被C_3植物取代（吴建国，2017）。

新疆近年来降水量显著上升，四季平均气温呈现上升趋势，尤其是冬季升温最为明显，冬季降水速率增幅明显。北疆北部和西部、东疆大部分地区增温明显，降水在天山山区和南疆西部增加明显。从新疆气温、降水变化角度来看，总体有向暖湿方向发展的趋势（吴秀兰，2020）。这种冬季转暖的趋势可为昆虫提供更加优越的越冬环境，进而加剧农林外来入侵生物的传播与危害，应给予高度重视。

（四）设施农业生产规模的快速发展为农林外来生物的入侵、传播提供了庇护所和栖息地

随着设施农业迅速发展，截至2020年，新疆设施农业总规模达33 350 hm² 左右，主要分布在吐鲁番市、喀什地区、伊犁州、阿克苏地区、和田地区等中心城镇的周边农村，并成为当地农业生产的特色和农民致富的重要途径。设施农业生态区与农田生态系统交错并存的状况也有利于某些入侵性害虫的发生与危害。这主要是因为新疆冬季设施农业生产空间的小气候和环境条件不仅为起源于热带的烟粉虱、西花蓟马、扶桑绵粉蚧等小型昆虫的安全越冬创建了广泛的庇护所，也为其种群建立和扩张提供了丰富的食源和栖息地。如1996年美洲斑潜蝇传入新疆后，以设施农业生产环境作为庇护所，在短短几年时间内扩散到新疆各地（郭文超 等，2004）。威胁棉花生产的重大入侵害虫——烟粉虱也是用该方式在新疆传播、扩散和暴发危害的。该虫1998年首次在新疆乌鲁木齐市发现，1999年传入吐鲁番市（该市既是新疆东部的主要棉区之一，也是新疆设施农业生产规模较大和发展较好的地区）高昌区后在当地温室大棚蔬菜上定居，在经历了种群建立和种群扩张阶段后，2006—2017年春季揭棚期在设施蔬菜上的烟粉虱迁飞转移至棉花上繁殖和危害，在秋末又从棉田转移至设施蔬菜上越冬和危害（李杰 等，2008），当年吐鲁番市棉花受害面积达333.50 hm²。2005年以来，该区域烟粉虱的危害逐步进入暴发期。据统计，吐鲁番市2005年、2008年、2009年和2011年发生面积分别为6 003.00 hm²、9 558.11 hm²、10 205.10 hm²和11 605.80 hm²（占2011年吐鲁番市棉花种植总面积的61.23%），2011年较2005年发生面积增长近1倍，其危害呈逐年加重的趋势，使得当地棉花、设施蔬菜生产遭受严重损失。随着该虫迅速扩散至新疆大部分绿洲农区，作为新疆南部主要棉区的和田地区的和田县、于田县，以及喀什地区的莎车县和麦盖提县等棉田烟粉虱危害也呈暴发之势。据统计，2011年和2023年南疆烟粉虱的发生面积分别为1.74万hm²和5.01万hm²。截至2023年，南疆棉田烟粉虱发生面积达到17 462.06 hm²，其中部分区域严重发生，个别地块减产达70%以上。调查还发现，新疆各棉区烟粉虱危害的共同特征是蔬菜温室大棚集中种植区域或距离蔬菜温室大棚较近的棉田烟粉虱的发生普遍比较重，表明烟粉虱在新疆南部主要棉区的发生进入种群扩张期和暴发期，烟粉虱由温室逐步向棉田转移危害的速度明显加快，棉田受害将趋于严重。因此，设施农业生产模式的大规模发展，消除了以往传统生产模式下北方（如新疆）冬季寒冷的气候条件不利于多种外来入侵生物定居的障碍因素，并为其成功入侵、扩散和暴发创造了

适宜的环境条件。这种状况在很大程度上加大了烟粉虱、扶桑绵粉蚧等非滞育性小型昆虫在该区域入侵成功的概率、扩散蔓延的速度和暴发成灾的风险。在传入新疆的 MED 和 MEAM1 烟粉虱隐种中,应高度关注和警惕抗药性、适应性更强的 MED 隐种烟粉虱的传入、扩散和暴发危害带来的风险(段晓东 等,2011)。

(五)新型业态——跨境电子商务高速发展引发外来生物入侵的潜在风险

随着全球经济一体化,尤其是信息与互联网技术的迅猛发展,催生了新型商业模式——跨境电子商务。据 ConScore 和 Euromonitor 计算,2013 年全球跨境电子商务市场规模为 440 万亿美元,占当年电子商务总体规模的 14%。近年来,全球跨境电子商务每年更是以 30% 以上的速度增长。商务部所发布的《跨境电商 2019》指出,截至 2018 年底,与我国签署双边电子商务合作的国家达到 17 个,涵盖欧洲、美洲、非洲以及亚洲等地区主要国家。2019 年通过海关验放的电商进出口总额高达 1 347 亿元人民币,较 2018 年增长 49.30%。同样,中商产业研究院数据库显示,2018 年 1~9 月新疆邮政行业业务收入累计完成 27.51 亿元,同比增长 18.12%;业务收入(不包括邮政储蓄银行直接营业收入)累计完成 33.19 亿元,同比增长 8.45%。2018 年 1~9 月新疆快递业务量累计完成 7 968.2 万件,同比增长 25.91%;业务收入累计完成 16.24 亿元,同比增长 23.12%(图 2-9)。随着"一带一路"建设的不断推进,以电子商务为代表的跨境贸易模式将成为国际贸易未来的主要发展方向。但是,面对跨境电子商务的迅猛发展,我们尚未建立起适应新型业态电子商务发展模式的检验检疫技术体系。因此,跨境电子商务高速发展也加大了外来生物入侵潜在风险等安全隐患,必须引起高度重视。目前,跨境快递已经成为跨境电子商务的主要载体和物流方式,其携带的动植物疫情风险呈几何级数增长,这是近年来我国各地检疫部门遇到的普遍问题,目前尚无针对跨境快件的检验检疫监管法规和有效方法。因此,应尽快修订和制定符合中国特色的跨境电商动植物产品的风险监管政策法规,建立符合中国国情的跨境电子商务检验检疫监管模式,推动我国的跨境电子商务出入境检验检疫工作不断符合国际潮流。

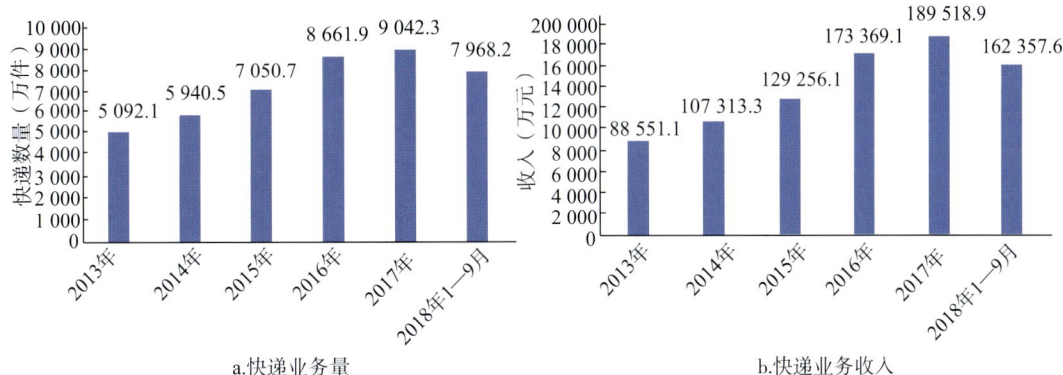

图 2-9 2013—2018 年 1~9 月新疆快递业务量及收入统计情况

(数据来源:中商产业研究院数据库)

作为丝绸之路经济核心区,新疆与中亚、西亚和欧洲地区各国间跨境电子商务业务往来亦将蓬勃发展,如何适应新的国家贸易模式,建立与之相匹配的检验检疫监管模式是未来新疆检验检疫工作面临的重大课题。而针对我国电子商务线下消费的传统商业模式逐步向线上消费的新型商业模式转型升级的变化趋势，提高公众对入境动植物产品的风险意识和生态安全意识的同时，如何进一步做好防范工作，建立更加完善和高效的农业外来生物入侵监测检测和应急防控体系，以应对突发疫情、疫情数量激增、疫情复杂等一系列不利局面，也是未来农业外来生物入侵防控领域亟待解决的重大问题。

（六）从境外非法走私异宠，引发外来物种入侵，危及本土生物安全

异宠是指区别于猫、狗、鸟、鱼等常见宠物、未完全被人类驯化、外形奇特的小众宠物，又称为另类宠物（图 2-10）。近些年来，追求时尚新潮的宠物市场蓬勃发展，饲养异宠成为一些年轻人眼中的潮流，这些异宠绝大多数来源于其他国家或地区，火爆的国际异宠贸易给我国生物安全防护带来了挑战。未经检疫的异宠被伪装打包后，通过跨境电商、邮件和旅客随身携带等方式入境。走私异宠带来的外来物种入侵问题日益突出，引发生物安全的风险骤增。2023 年我国政府首次将"异宠"一词写入中央一号文件，明确指出："严厉打击非法引入外来物种行为，实施重大危害入侵物种防控攻坚行动，加强异宠交易与放生规范管理"（詹金良 等，2023）。

图 2-10 部分异宠

A. 箭毒蛙　B. 豹纹守宫　C. 金仓鼠　D. 雨林蝎　E. 巨扁锹甲　F. 柯氏竹节虫　G. 夏威夷蜗牛　H. 猴面小龙兰
（图 A～C 引自 Lance Jepson；图 D～F 由上海海关叶军提供；图 G、H 由福州海关张晓燕提供）

1. 全国海关查获走私异宠情况

我国海关近年来查获的走私异宠案件频发，呈现愈演愈烈的趋势。仅 2022 年，全国海关查获走私异宠案件 203 起、2012 批次，最高单月查获达 75 起（詹金良等，2023）。

2. 异宠的贸易趋势分析

异宠在 20 世纪 70 年代最先兴起于欧美国家，21 世纪初在我国逐渐流行。2015 年我国异宠市场规模为 978 亿元，至 2022 年已达到 4 936 亿元，预计在 2025 年将达到 8 100多亿元，我国现已成为继美国、日本之后的第三大异宠贸易市场（卞靖，2023）。

3. 异宠的种类

异宠大致分为六大类：爬行动物类、两栖动物类、哺乳动物类、节肢动物类、水族动

物类和奇异植物类（Lance Jepson，2021）（表 2 - 9）。

表 2 - 9 异宠的种类

类别	序号	异宠名称	拉丁名	来源
爬行动物类	1	奶蛇	*Lampropeltis triangulum* Nelsoni	美国
	2	玉米锦蛇	*Pantherophis guttatus* Linnaeus	墨西哥
	3	变色龙（避役）	*Chamaeleonidae* spp.	马达加斯加
	4	红耳彩龟（巴西龟）	*Tracemys scripta elegans* Wied	巴西
	5	缅甸陆龟	*Nlotestudo elongata* Blyth	缅甸
	6	豹纹守官	*Eublepharis macularius*（Blyth）	巴基斯坦
	7	鬃狮蜥	*Pogona vitticeps* Ahl	澳大利亚
	8	暹罗鳄	*Crocodylus siamensis* Schneider	泰国
两栖动物类	1	幽灵箭毒蛙	*Epipedobates tricolor* Boulenger	厄瓜多尔
	2	红眼蛙	*Agalychnis callidryas*（Cope）	哥斯达黎加
	3	角蛙	*Ceratophrys ornata* Bell	阿根廷
	4	负子蟾（苏里南蟾）	*Pipa pipa* Linnaeus	圭亚那
	5	极北鲵	*Salamandrella keyserlingii* Dybowski	日本
	6	日本大鲵	*Andrias japonicas* Temminck	日本
	7	火蝾螈	*Salamandra salamandra* Linnaeus	法国
哺乳动物类	1	短尾龙猫	*Chinchilla chinchilla*（Lichtenstein）	阿根廷
	2	白狐（北极狐）	*Vulpes lagopus* Linnaeus	芬兰（北冰洋）
	3	金仓鼠	*Mesocricetus auratus* Waterhouse	叙利亚
	4	密袋鼯	*Petaurus breuiceps* Waterhouse	澳大利亚
	5	南非刺猬	*Atelerix frontalis* A. Smith	南非
	6	雪貂	*Mestela pulourius furo* Linnaeus	美国
	7	赤狐	*Vulpes oulpes* Linnaeus	北美
	8	菲律宾果蝠	*Acendon jubatus* Eschscholtz	菲律宾
节肢动物类	1	马来西亚雨林蝎	*Heterometrus spinifer* Ehrenberg	马来西亚
	2	玄裳眼蝶	*Satyrus ferula* Fabricius	缅甸
	3	巨扁锹甲	*Serrognathus titanus* Boisduval	印度尼西亚
	4	柯氏竹节虫	*Achrioptera fallax* Coquerel	马达加斯加
	5	魔花螳螂	*Idolomantis diabolica* Saussure	肯尼亚
	6	彩虹锹甲	*Phalacrognathus muelleri*（Macleay）	澳大利亚
	7	金直间蜘蛛	*Grammostola pulchripes*（Simon）	巴西
	8	猩红马陆	*Aphistogoniulus corallipes* Saussure & Zehntne	马达加斯加

（续）

类别	序号	异宠名称	拉丁名	来源
水生动物类	1	多棘槭海星	*Astropecten polyacanthus* Müller et Troschel	汤加
	2	龙纹螯虾	*Procambarus fallax* Hagen	美国
	3	橙红陆寄居蟹	*Coenobita compressus* H. Milne-Edwards	厄瓜多尔
	4	公主海葵	*Heteractis magnifica* Quoy & Gaimard	印度
	5	灯塔水母	*Turritopsis nutricula* McCrady	加勒比海
	6	霞红章鱼	*Octopus rubescens* S. S. Berry	日本
	7	夏威夷蜗牛	*Achatinella mustelina* Mighels	美国
奇异植物类	1	齿状捕蝇草	*Dionaea muscipula* Dentate Traps	美国
	2	猴面小龙兰	*Dracula simia* Luer	哥伦比亚
	3	猪笼草	*Nepenthes mirabilis*（Lour.）Druce	印度尼西亚
	4	飞鸭兰	*Caleana major* Robert Brown	澳大利亚
	5	苏铁	*Cycas revoluta* Thunb	日本
	6	红唇花	*Justicia brasiliana* Roth	巴西
	7	艳日辉	*Aeonium decorum* f. *variegata*	加那利群岛
	8	月兔耳	*Kalanchoe tomentosa* Baker	马达加斯加

4. 异宠的危害和风险

（1）导致外来物种入侵，危及本土生态　从境外非法携带、寄递异宠，特别是野生物种，如被遗弃、逃逸和错误放生，一旦它适应当地生态环境后，极可能造成外来物种入侵，对我国生物安全和生态系统带来威胁。外来物种一旦与本土物种杂交，将导致基因库污染，破坏本土生态结构（冉浩，2023）。

2014 年 7 月，福州市民曹女士在铜盘路附近看见一只巨型蜗牛，经专家鉴定为非洲大蜗牛，它是我国首批公布的外来入侵物种。这种蜗牛破坏力极强，可危害 500 多种作物；它还是人畜寄生虫和病原菌的中间宿主，可传播结核病和嗜酸性脑膜炎。

2019 年 2 月，广州白云湖惊现 2 米长怪鱼，经专家鉴定为凶猛鱼类鳄雀鳝，属于外来物种。

2022 年 6 月，四川省外来物种调查工作人员在成都市成华区附近发现一种外来入侵植物——紫茎泽兰。它是我国首批公布的外来入侵物种，严重危害畜牧业生产，常造成家畜误食中毒死亡。

（2）具有攻击性或毒性，威胁人身安全　这些异宠有时看上去很萌，但也会伤人。据报道，因被异宠所伤在门诊挂诊的患者并不鲜见，许多异宠饲养者有被爱宠咬伤的经历，虽不致命，却很麻烦。

2018 年 6 月，陕西渭南市一名 21 岁女孩，因网购饲养银环蛇被咬后身亡，经法院判决六名被告向其母亲赔偿共计 33.69 万元。

2022 年 8 月，江苏泰州一男童在小区水池边玩耍，被一条鳄雀鳝咬伤了 3 根手指。该鱼是一种凶猛鱼类，在排卵期还能产生剧毒物质，在我国属外来入侵物种。

（3）传播病原微生物，危害其他生物　有些异宠会携带某种病原菌、寄生虫或毒素，稍有不慎就会引发传染病或引发中毒，如长戟大兜虫可携带一种葡萄球菌，该菌可导致多种生物死亡。红耳彩龟体内可携带一种高致病性沙门氏菌，该菌在国内首次报道。蟑螂的体表和消化道可携带多种病原菌，如痢疾杆菌、沙门氏菌、葡萄球菌、大肠杆菌等。仓鼠、刺猬等异宠体内多带有巴贝斯虫、蛔虫、钩虫、滴虫等寄生虫，易感染饲养者。据报道，在目前已知的 200 种人畜共患病中，至少有 70 种与饲养异宠有关（钟勇，2023）。

（4）触犯国家法律，涉及非法交易　异宠的交易多涉及濒危动植物保护相关法律，有些是《濒危野生动植物国际贸易公约》《国家重点保护野生动物名录》中的物种，如巨扁锹甲、柯氏竹节虫、灯塔水母、日本大鲵等均为濒危野生物种（潘若曦，2023；陈雨，2023）。

5. 防范异宠非法交易的相关法律法规及治理措施

我国《野生动物保护法》《进出境动植物检疫法》《生物安全法》《刑法》等相关法律对非法引进、释放或者丢弃异宠等外来入侵物种均有严格的法律条文规定，违者必将追究其法律责任（薛培，2020）。

2022 年 10 月 1 日，海关总署组织全国海关开展"跨境电商寄递'异宠'综合治理"专项行动。截至 2023 年 8 月底，共计查获走私异宠案件 335 起，成功打掉 4 个非法走私异宠的犯罪团伙，严厉打击了不法分子走私异宠入境的行为。

案例 1：2022 年 10 月 9 日，北京海关从申报为"玩具"的日本进境邮件中查获活体昆虫 22 只，经鉴定为亚克提恩大兜虫（*Megasoma actaeon* Linnaeus），该虫在我国无发生报道，属于外来物种。

案例 2：2023 年 6 月，长沙海关从来自日本申报为"cookies"的邮件中查获活体甲虫 14 只，经鉴定分别为日本条纹扁锹甲（*Dorcus metacostatus* Kikuta）、巴拉望巨扁锹甲（*Serrognathus titanus palawanicus* Lacroix）、苏门答腊巨扁锹甲（*Serrognathus titanus yasuokai* Fujita）、智利宝石锹甲（*Streptocerus speciosus* Fairmaire）、束胸小刀锹甲（*Falcicornis bisignatus* Parry）等，上述昆虫在我国无发生报道，均属于外来物种。

案例 3：2023 年 7 月，深圳海关从来自香港的旅客携带物中查获 9 批活体苗木，经鉴定分别为洋桔梗（*Eustoma grandiflorum*）、银叶桉（*Eucalyptus cinerea*）、银叶菊（*Jacobaea maritima*），上述植物在我国无天然分布，均属于外来物种。

当前全球动植物疫情形势严峻，我国发展环境面临深刻影响。受国内市场、品种、价格等因素限制，部分异宠爱好者在线上购买国外野生异宠品种，携带或寄递走私入境，不仅对濒危野生动植物保护造成威胁，也给我国生物安全及生态环境带来风险。为保护野生动植物、维持生态平衡，异宠爱好者应树立国家生物安全意识，了解我国活体、野生动植物的购买、运输、饲养、交易等相关法律法规，不要违规购买、饲养、丢弃异宠。

新疆近年来海关未有走私动物异宠入境的拦截案例，但对于奇异植物类异宠，在花卉交易场所偶然可见，应予以重视。

第三节　新疆农林外来入侵生物的研究进展

长期以来，新疆植保科技工作者在农林外来入侵生物的生物学、生态学和防控策略等领域开展了大量的应用基础研究工作。在全国率先开展了马铃薯甲虫、稻水象甲、豚草、梨火疫病菌、甜菜孢囊线虫、苹果蠹蛾、小麦重大病害病原菌、枣实蝇、刺萼龙葵等多种我国对外重大检疫对象的系统研究和监测防控应用，有效地遏制了上述外来入侵生物的发生、危害和传播，保障了新疆乃至我国农业生产的安全。特别是"十一五"以来，在农林外来入侵生物领域的研究取得了一系列标志性成果和重要进展。首先，通过研究基本摸清了新疆农林外来入侵生物的发生种类、分布情况，主要农林外来入侵生物危害损失等本底情况，以及新疆农林外来入侵生物传播和扩散的特点和趋势等。其次，针对马铃薯甲虫这一重大外来入侵生物，在汲取国外已有技术成果的基础上，系统深入地开展了马铃薯甲虫入侵生物学、生态学、防治学、风险分析和评估、抗药性等多个领域的研究工作，取得了一系列标志性成果和重要突破。

一、马铃薯甲虫入侵的生物学、生态学和综合防控技术研究进展

随着马铃薯甲虫的入侵、传播和危害，新疆科研工作者在该领域开展了大量研究工作。开展了马铃薯甲虫的定殖风险分析和风险评估（郭文超 等，2013、2015a、2015b）；基于 SSR（简单重复序列分子标记）、RAPD（随机扩增多态性 DNA 分子标记），分析新疆及周边邻国不同地理种群马铃薯甲虫遗传多样性，摸清了马铃薯甲虫的传播途径和限制因子（刘旸 等，2016）；建立了覆盖全国马铃薯主产区的监测体系和预警信息平台；针对我国马铃薯甲虫的监测和防控策略，初步提出了遥感监测技术；建立了新疆马铃薯甲虫种群生命表，明确了温度及寄主作物等因子对马铃薯甲虫生长发育的影响，掌握了马铃薯甲虫发生规律、成灾关键因子和种群时空动态规律等；明确了马铃薯甲虫迁飞规律和起飞分子调节机制；探明了天敌（草蛉）—作物（马铃薯）—害虫（马铃薯甲虫）互作机制；明确了我国马铃薯甲虫抗药性动态水平，探明了马铃薯甲虫对氨基甲酸酯类、拟除虫菊酯、新烟碱和氯虫苯甲酰胺等主要化学农药的抗药性机制，提出了马铃薯甲虫抗药性快速检测监测及治理技术；研制出 300 亿/g 白僵菌〔*Beauveria bassiana*（Vuill）〕可湿性粉剂和 100 亿/g 白僵菌油悬浮剂，提出了白僵菌高密度、节能固体发酵生产技术；研制出基于昆虫化学信息生态学的植物性引诱剂、聚集素引诱剂、天敌引诱剂，以及马铃薯甲虫驱避剂和高效悬浮种衣剂等（郭文超 等，2013，2015a，2015b）；发掘了包括保幼激素、蜕皮激素和类胰岛素合成、代谢和信号转导通路，脯氨酸、丙氨酸、几丁质的合成和代谢通路相关的特异性致死基因数十个（Zhou et al.，2013a；Kong et al.，2014；Wan et al.，2014a；Wan et al.，2014b；Guo et al.，2015a；Guo et al.，2015b；Guo et al.，2016；Meng et al.，2015；Wan et al.，2015；Zhu et al.，2015）；构建了抗虫基因 *Cry3A* 和抗涝基因 *vhb* 的双价植物表达载体和携带 *Cry1Ba3* 单价基因的植物表达载体，获得了高抗马铃薯甲虫的转单、双价基因马铃薯品系和无抗生素标记马铃薯转基因抗虫品系，并完成了转基因马铃薯品系相关农艺性状的评价（Guo et al.，2016）。

在上述工作的基础上，研究提出了符合我国马铃薯甲虫发生区生产实际的监测、封锁防控和持续防控技术，以及由与环境相容的化学防控、生物防控、物理防控、抗药性治理、生态调控和保健栽培等关键技术组成的马铃薯甲虫持续防控技术。通过在新疆马铃薯疫区大规模的示范和应用，取得了显著的经济、社会和生态效益。2023 年以来成功地将马铃薯甲虫控制在新疆木垒县博斯塘乡以西，有效遏制了马铃薯甲虫进一步向东扩散蔓延，确保了我国西北马铃薯生产和生态安全。科研人员在新疆马铃薯甲虫生物学、生态学

和防控研究与应用领域取得的成果不仅丰富了我国外来入侵昆虫生物学、生态学和封锁防控技术领域研究内涵，为重大外来入侵生物的防控积累了宝贵的经验，也成为我国有效防控外来入侵生物的成功案例之一（郭文超 等，2013、2015a、2015b）。

二、梨火疫病菌的风险评估、快速检测、致病机制和综合防控技术研究进展

针对重大检疫对象——梨火疫病菌发生的监测预警技术方面，我国开展应用地理信息系统和 MARYBLYT 预测模型，对梨火疫病菌可能的分布区和发生的严重性进行初步研究（赵友福 等，1996），提出梨火疫病在我国各苹果栽培区发生的严重性可能随不同品种、年份、栽培区而有差异，并完成了梨火疫病和亚洲梨火疫病国内的首次鉴定；开展了梨火疫病菌的进境风险分析和随水果果实入侵的风险评估（陈晨 等，2007）；基于实时荧光 PCR 技术、padlock 探针技术、LAMP 技术、免疫吸附 PCR 技术、间接免疫荧光染色和协同凝集检测技术等，建立了梨火疫病菌可靠、灵敏的检测方法，实现了病害的早期诊断（苏梅华 等，2010）；筛选出能特异性识别梨火疫病菌的单克隆抗体，研发了准确、快速、灵敏检测梨火疫病菌的胶体金免疫检测试纸条产品，该产品已被农业农村部通过政府采购方式购买了数万条，在病害的现场诊断和疫情普查中发挥了重要作用；对梨火疫病菌致病机制研究发现，luxR 转录调节因子、双精氨酸运输系统基因（tatC）、环腺苷酸受体蛋白基因（crp）、Ⅵ型分泌系统（T6SS）等对病菌的胞外多糖分泌、生长、游动性以及致病性方面具有关键作用（于洋洋 等，2011）；对梨火疫病菌中两种 ABC 转运器 Dpp 和 Opp 的功能进行研究，探究了梨火疫病菌对春雷霉素的抗性机制，为梨火疫病防治提供了理论基础；筛选了替代链霉素药剂"噻霉酮"，经过近 3 年的推广和示范，防病效果极佳，完全可以替代农用链霉素；此外，指导企业研发了世界首创的电加热自动修枝剪和"蜜蜂＋生防菌"装备，解决了修剪工具传病和放蜂安全问题（王俊 等，2022）；建立了梨火疫病的综合防控技术体系，133.40 hm² 的示范园连续 3 年实现了对梨火疫病的有效防控。

三、稻水象甲入侵生物学、生态学和综合防控技术研究进展

2010 年在新疆首次发现稻水象甲（郭文超 等，2011），基于 MaxEnt 模型与 Arc GIS 方法，研究了稻水象甲在新疆的潜在分布及适生区（丁新华 等，2019），基于 RAPD 分子标记方法，对新疆荒漠稻区稻水象甲进行了遗传多样性分析（王小武 等，2016），探明了稻水象甲的传播路径。通过系统研究，摸清了新疆荒漠绿洲生态区稻水象甲主要生物学特性及发生规律（王刚 等，2015），阐明了温度、光照强度对稻水象甲飞行能力的影响作用（何江 等，2014），明确了伊犁河谷区域稻水象甲种群扩张及迁飞影响因子（王刚 等，2014），以及稻水象甲成虫、幼虫和蛹的空间分布，提出了稻水象甲田间抽样技术（王小武 等，2017）。通过新疆荒漠绿洲稻区稻水象甲危害与水稻产量损失的关系研究，明晰了稻水象甲的防治阈值（丁新华 等，2017）。

四、甜菜孢囊线虫检测、流行规律和综合防控技术研究进展

在甜菜孢囊线虫研究领域，新疆已开展甜菜孢囊线虫在我国的寄主范围及生活史研究（乔精松 等，2021），外来入侵甜菜孢囊线虫在新疆的风险评估及适生性分布（高海峰

等，2019），对比研究了甜菜孢囊线虫在甜菜、菠菜、番茄等不同寄主上生活史的差异性；初步明确了甜菜孢囊线虫在新疆荒漠绿洲区的适生区主要分布在阿勒泰市、塔城地区、博乐市、伊犁州、乌鲁木齐市、昌吉州、库尔勒市、阿克苏地区乌什县和拜城县以及哈密市的巴里坤县，并明确了甜菜孢囊线虫暴发成灾机制。在快速检测技术方面，通过以 RAPD 随机引物进行 PCR 扩增，设计出特异性引物，特异性 SCAR 标记以及快速 SCAR PCR 分子检测方法，探索 SCAR（特异序列扩增区域）快速分子检测技术，（彭焕 等，2019），并针对甜菜孢囊线虫重组酶结合 cas12a 介导技术研究（Yao Ke et al.，2021），建立了一种特异 SCAR-PCR 方法（Jiang，2021），提出甜菜孢囊线虫快速分子检测技术。通过甜菜孢囊线虫二龄幼虫对不同类型化合物的趋化性进行研究（李克梅 等，2019），发现 5 种化合物对甜菜孢囊线虫二龄幼虫表现趋避作用。

五、枣实蝇入侵生物学、生态学和综合防控技术研究进展

针对红枣重大检疫害虫——枣实蝇的传播与危害，探明了其分布、危害、生物学、生态学特性，明确了该虫在新疆吐鲁番、鄯善、托克逊等地的发生世代、田间消长动态及对产量的危害（胡陇生 等，2013）；明确了枣实蝇越冬蛹在土壤中的分布深度、成虫迁飞的最适温度以及雌雄个体之间迁飞能力的差异（丁吉同 等，2014）；提出在一定范围内土壤相对湿度对枣实蝇成虫羽化数量的最主要决策因素（阿地力·沙塔尔 等，2012）。在枣实蝇行为学的研究领域发现，同一性别不同生理状态的成虫对寄主植物不同器官的选择性表现出一定差异，性成熟的成虫比未性成熟的成虫对寄主植物的选择性要强，性成熟的枣实蝇雌成虫对半红期枣果的趋性强于枣花与叶片（阿不都拉·艾克拜尔 等，2019）；对枣实蝇对枣果挥发物的选择行为进行研究，发现枣实蝇成虫对肉豆蔻酸的选择率较强，为枣实蝇引诱剂的研发提供了理论依据（梁萌 等，2020）。在分子生物学、风险评估和快速检测技术领域，通过采用 CLIMEX、GARP 两种适生性分析软件和地理信息系统软件，预测了枣实蝇在我国的适生区及适生程度，开展了枣实蝇风险评估，明确了枣实蝇在我国的高度适生区和潜在适生区（何善勇 等，2011）；采用特异引物 PCR 鉴定技术和 SYBR Green 实时荧光 PCR 快速鉴定技术，研究提出了枣实蝇监测、快速分子检测技术（程晓甜 等，2014）。

六、小麦矮腥黑穗病菌快速检测技术、生物学与应急处置技术研究进展

小麦矮腥黑穗病是麦类黑粉病中危害最大、极难防治的国际重要检疫性病害，大流行年份可导致小麦减产 75% 以上，甚至造成绝产，发病后期小麦籽粒变为菌瘿后散发出浓烈的鱼腥臭味，可导致人畜恶心、呕吐等中毒症状，严重损坏小麦的品质与质量。中国农业科学院植物保护研究所的高利团队研究发现，该病原冬孢子可在土壤中存活 10 年之久，且寄主多达 80 多种禾本科植物，可通过土壤和种子传播（高利 等，2015）。该病原与其近缘种小麦光腥黑粉菌（*Tilletia foetida Liro*，TFL），特别是小麦网腥黑粉菌（*Tilletia.caries Tul*，TCT）的冬孢子大小、网脊高度值等衡量指标交叉重叠，极易混淆；进口原粮中该病原孢子数量通常较少，且该病原和小麦网腥黑粉菌常混合存在；该病原冬孢子 5 ℃光照条件下至少 21 d 才开始萌发；以上所依据的鉴定特征均不利于准确、快速的口岸检验检疫。目前已经实现了 DNA 水平上三种小麦腥黑穗病菌的快速区分，获得了该

病原的多个特异性 SCAR 标记，实现了该病原单个冬孢子的 PCR 检测（Liu et al.，2009）；建立了 TaqMan 及 SYBR Green I 实时荧光 PCR 定量检测方法，实现了定性及定量检测，并用于小麦不同生长期体内该病原的早期检测监测，实现了罹病小麦的早期监测（Gao et al.，2014）；实现了免疫荧光法区分小麦网腥黑粉菌及小麦光腥黑粉菌的冬孢子，结合颜色差异实现了病原冬孢子的快速鉴别（Gao et al.，2015）；采用液滴数字 PCR（ddPCR）检测其灵敏度是普通 PCR 检测的 100 倍，可用于检测土壤中微量冬孢子含量，根据预测病害的发生程度实施有效的预防措施（Liu et al.，2020）。该病原侵染机制及防治体系的研究成果（Xu et al.，2021；Du et al.，2021；Ren et al.，2021；Chen et al.，2021；He et al.，2022；Jia et al.，2022），为阻截和预防该病原的入侵提供了理论支持与技术储备。

七、苹果蠹蛾的入侵生物学、生态学和防控技术研究进展

我国苹果蠹蛾最早发现于新疆，并且在很长一段时间内仅分布于新疆，对于苹果蠹蛾的生物学和生态学领域的研究起步较早（郭文超，2015）。首次对苹果蠹蛾的形态、生活史、生活习性、危害情况及各虫态发育历期，以及发生与环境的关系进行了研究，为新疆荒漠绿洲区苹果蠹蛾的研究奠定了基础（张学祖，1957）。近年来，新疆在苹果蠹蛾的生物学、生态学领域在已有研究的基础上取得重要进展，研究发现苹果蠹蛾在新疆不同地区、不同作物上幼虫的越冬位置、化蛹、羽化始期、羽化高峰期、年发生代数之间存在较大差异，且成虫发生期有世代重叠和兼性滞育现象，给苹果蠹蛾的防治带来了一定困难（林伟丽 等，2006）。在苹果蠹蛾的监测预警方面，利用苹果蠹蛾的趋化性，采用苹果蠹蛾性信息素诱捕器等方法监测苹果蠹蛾的发生期和发生量，掌握其发生动态，为苹果蠹蛾的防治提供依据（崔笑雄 等，2020）。在防控技术方面，利用释放迷向剂进行了迷向试验，果园中雄虫平均净诱捕量明显下降，下降至 74.10%（朱虹昱 等，2012）；利用赤眼蜂（*Trichogramma* spp.）开展果园苹果蠹蛾田间罩笼试验，明确了释放松毛虫赤眼蜂的最高防效可达 83.48%，蛀果减退率达 64.00% 以上（许建军 等，2014）。

八、向日葵黑茎病暴发流行和防控技术研究进展

对于向日葵黑茎病快速检测技术和分子生物学鉴定领域，新疆的科研工作者先后开展了向日葵黑茎病菌分离鉴定及其 RFLP（限制性片段长度多态性）分析，进境向日葵检疫性病原快速检测及检疫处理技术、向日葵茎点霉黑茎病的发生与鉴定、新疆向日葵上两种检疫性病原生物学特性及快速检测技术（宋娜 等，2012）等研究，提出了向日葵黑茎病菌的分离鉴定技术，初步确认向日葵黑茎病的病原为向日葵茎点霉黑茎病菌，通过采用柯赫氏法则结合 PCR 手段，对田间采集的向日葵黑茎病株进行分离培养、致病性测定、病原形态学和 ITS 区 DNA 序列分析，并采用对 ITS 区扩增产物进行酶切分析，验证向日葵病株病原分离物的同源性，提出向日葵黑茎病菌快速分子检测技术。在向日葵品种的抗性鉴定方面，开展了新源县 32 个向日葵品种对黑茎病和白锈病抗性鉴定（陈卫民 等，2013）等研究，对新疆、内蒙古、黑龙江等地采集的病原孢子悬浮液进行室内接种鉴定，划分向日葵品种的抗性水平，明确了其抗病差异性。在向日葵黑茎病菌的风险评估方面，

利用我国农林有害生物的危险性综合评价标准和"PRA 评估模型"，对已入侵新疆的向日葵黑茎病进行了风险评估（张映合 等，2011），提出向日葵黑茎病菌在新疆属于高度危险有害生物。在向日葵黑茎病菌发生与环境的关系研究方面，对已知的病情指数和气象资料进行分析，探明了向日葵黑茎病菌发生与气象因子的关系，建立了向日葵黑茎病菌发生程度的气候预测模型。在向日葵黑茎病菌的发生规律及防治技术研究方面，探明了向日葵黑茎病暴发流行的原因及防治对策，研究提出了药剂拌种、药剂喷雾和覆膜结合药剂处理防治技术（陈卫民 等，2011）。

九、番茄潜叶蛾的发生规律、遗传多样性、抗药性和综合防控技术研究进展

针对番茄潜叶蛾的传播与危害，研究了不同温度对番茄潜叶蛾的生长发育和繁殖的影响，预测了该虫在新疆伊宁县和察布查尔县的理论发生代数为 4～5 代（李栋 等，2019）。测定了番茄潜叶蛾不同发育阶段的低温耐受性，预测出该虫在新疆北部和中部地区可能无法正常越冬，而在新疆南部具有极高的越冬潜能（Li et al.，2021）。明确了番茄潜叶蛾在番茄、马铃薯、茄子和辣椒 4 种寄主上产卵、生长发育和种群增长参数的影响因素（李晓维 等，2019），基于转录组、代谢组、挥发物组分析了番茄潜叶蛾取食诱导后，番茄和茄子两种寄主植物的植物挥发物、抗性代谢产物、植物抗性相关激素以及基因的变化，阐释了番茄潜叶蛾嗜食番茄的原因及机制（Chen et al.，2021a，2021b）。研究了新疆温室番茄潜叶蛾的幼虫和卵在不同种群密度下的垂直分布和空间分布（阿米热·牙生江 等2021），通过新疆和云南的番茄潜叶蛾种群 COI 基因序列分析，明确了新疆和云南番茄潜叶蛾的遗传多样性（马琳 等，2021），测定了入侵我国新疆和云南地区的番茄潜叶蛾种群线粒体基因组，明确了两个种群具有极低的遗传差异，筛选出可用于种群遗传差异研究的分子标记（Li et al.，2022）。采用 ISSR（简单序列重复区间扩增多态性）分子标记技术分析了新疆 20 个番茄潜叶蛾地理种群的遗传多样性和遗传结构特征（李爱梅 等，2022）。基于 AI 算法和大数据分析开发了番茄潜叶蛾智能识别微信小程序，建立了快速检测预警技术（李晓维 等，2023）。明确了新疆和云南番茄潜叶蛾地理种群对 6 种常用杀虫剂的敏感性及抗性水平，筛选出可用于田间防治的推荐药剂（李晓维 等，2022）。分析了不同类型杀虫剂对番茄潜叶蛾的毒性、防效及其抗性基因突变检测（付开赟 等，2022）。分析了不同性信息素对番茄潜叶蛾的引诱效果（张桂芬 等，2020），基于番茄和茄子挥发物组分，开发了番茄潜叶蛾植物源引诱剂和驱避剂（Chen et al.，2023）。明确了异色瓢虫和龟纹瓢虫幼虫对番茄潜叶蛾幼虫的捕食功能（杨桂群 等，2021），测定了诱捕器颜色与高度对番茄潜叶蛾的诱捕效果的影响（谈汐 等，2022），初步探索了基于竹炭土壤添加剂的作物抗性诱导技术（Chen et al.，2023）和基于 γ 射线辐照的番茄潜叶蛾辐照不育技术（Zhou et al.，2023），提出了番茄潜叶蛾的防治策略。

十、豚草的生态适应性、发生规律和综合防控技术研究进展

针对重大检疫对象——豚草的传播与危害，基于 MAXENT 模型与 ArcGIS 软件相结合，分析了豚草在中国的潜在适生区（柳晓燕 等，2016），研究了不同气候、土地利用特征对豚草入侵及地理分布的影响（马倩倩 等，2020），以及豚草入侵对新疆伊犁河谷区域植物群落结构的影响（柳晓燕 等，2021），提出豚草中化学物质对本土植物、天敌及土壤

微生物具有较强的化感作用（韩彩霞，2021）。分析不同光强、干旱胁迫、降水量变化、内生真菌以及埋深和播种密度对豚草种子出苗、幼苗生长及植株生长的影响，发现光强降低到一定程度时，豚草的生殖生长受到明显影响，花粉量减少，生活力降低，不能繁衍后代，明确了豚草的繁育系统特性（熊韫琦 等，2021）。研究了不同除草剂对豚草的化学防控效果（丁世强 等，2021a），发现了对豚草的专一性较强的天敌，对豚草起到了很好的持续控制作用（周忠实 等，2011）。分析了豚草土壤种子库特征及其对地上种群的贡献（王瑞丽，2021），提出了豚草的防治策略。

在三裂叶豚草的生态适应性、发生规律、生长机理和防控领域，研究了在当前气候条件下人类活动、温度、季节变动、年降水量、海拔等因子对三裂叶豚草入侵和分布的影响（李佳慧 等，2021），三裂叶豚草入侵对新疆伊犁河谷区域植物群落结构的影响（柳晓燕 等，2021），以及三裂叶豚草对其入侵地植物-土壤微生物的反馈作用（孙备 等，2016）。分析不同光强对三裂叶豚草种子出苗、幼苗生长的影响，明确了三裂叶豚草的繁育系统特性（王蕊 等，2012），提出了三裂叶豚草发生分布、生长限制的主要生态因子为光照和湿度（丁世强 等，2021b）。研究了不同地理种群三裂叶豚草的遗传多样性水平和遗传结构（王钿 等，2022）以及不同除草剂对三裂叶豚草的化学防控效果（李璇 等，2020），分析了不同三裂叶豚草土壤种子库特征及其对地上种群的贡献（王瑞丽，2021），提出了三裂叶豚草的防治策略。

十一、烟粉虱的遗传多样性、发生规律、抗药性和综合防治技术研究进展

针对烟粉虱的传播与危害，研究了新疆吐鲁番市瓜套棉种植模式下烟粉虱的时空动态（热孜万古丽 等，2016），开展了基于地理统计学的新疆棉田烟粉虱危害动态与时空分布研究（马宁远 等，2008）。通过新疆地区烟粉虱类群 mtDNA COI 基因序列分析，明确了新疆烟粉虱的遗传多样性（段晓东 等，2011）。分析了 MEAM1 烟粉虱隐种对不同类型杀虫剂的抗性和 MEAM1 烟粉虱隐种对吡虫啉的抗性遗传力及交互抗性，提出了 MEAM1 烟粉虱隐种治理策略（李国志 等，2013），明确了新疆地区烟粉虱生物型的区域分布情况，对其携带的番茄黄化曲叶病毒进行了检测。研究了海氏桨角蚜小蜂、中华草蛉对烟粉虱的控害作用，以及黄色粘虫板对烟粉虱的控制作用等（买合甫皮古丽·阿不力米提 等，2013；热孜万古丽·阿布都哈尼 等，2016），对 MEAM1 烟粉虱隐种的药效进行了评价（买热木古丽·克依木 等，2014）。对新疆地区烟粉虱发生分布、隐种动态监测、抗药性监测、抗性机制和在独特荒漠绿洲环境下遗传分化驱动因素进行研究，明确了新疆仅存在 MED 与 MEAM1 烟粉虱隐种，北疆以 MED 烟粉虱分布为主，南疆以 MEAM1 烟粉虱分布为主，MEAM1 与 MED 烟粉虱群体中多数基因交流在其种群内部发生（贾尊尊 等，2018）。明确了不同烟粉虱种群对常用药剂的抗药性水平不同，其中对吡虫啉抗性水平最高。明确了不同生物型烟粉虱抗性分子机制，提出了烟粉虱抗性分子检测技术及治理策略（贾尊尊 等，2017）。棉花营养物质和代谢产物含量的变化及烟粉虱与棉花的互作关系分析研究，明确了烟粉虱密度与持续取食时间，均是诱导叶片内总蛋白、脯氨酸、丙二醛、过氧化氢酶、可溶性糖和叶绿素含量变化的因素。高密度的烟粉虱会增强这种应答的程度，随着危害时间的延长应答程度也随之增强（贾尊尊 等，2022）。

十二、棉花黄萎病菌等生物学、生态学、遗传多样性和防控技术研究进展

针对棉花黄萎病病原——大丽轮枝菌（也称棉花黄萎病菌），新疆科研人员已先后开展了棉花黄萎病菌的培养特性及致病力分化（惠慧，2021），不同因素影响下棉田土壤中棉花黄萎病菌微菌核的数量特征（刘海洋 等，2021），新疆兵团垦区棉花黄萎病菌群体遗传多样性初步分析（纪晓彬 等，2020）等研究工作。在功能基因挖掘、鉴定、功能表达和克隆方面，进行了棉花黄萎病菌 β-1，4-内切木聚糖酶基因的鉴定及功能（张迎春 等，2021），棉花不同抗性品种根系分泌物对棉花黄萎病菌基因表达的影响（张新宇 等，2020），棉花黄萎病菌糖转运蛋白基因 *Vdght2* 敲除突变体构建及功能（田文辉 等，2021），棉花黄萎病菌 *VdKeR* 基因的克隆及功能（陈睿 等，2021）等相关领域的研究。在生防菌剂和增效剂的利用方面，开展了放线菌 LG-9 对棉花黄萎病的生防效果（王春艳 等，2020），利用生防菌防治棉花黄萎病效果的制约因素（刘海洋 等，2022），棉花根际微生物与内生菌对棉花黄萎病的共调控效应及防病机理（史应武 等，2021），深翻技术对棉田棉花黄萎病发病率及产量的影响（张勇 等，2014），助剂激健在防治棉花黄萎病中的效果（赖成霞 等，2021）等研究，为今后制定更好的策略，有效防治新疆棉花黄萎病奠定了基础。

十三、瓜类细菌性果斑病抗病快速检测和防治技术研究进展

针对瓜类细菌性果斑病开展了不同甜瓜材料苗期对细菌性果斑病抗病性鉴定和瓜类细菌性果斑病菌群体感应调节系统的鉴定与功能的研究（李俊阁 等，2015）。检测技术方面，开展了进出境瓜类种子中 10 种主要病原物微阵列芯片高通量检测技术的研究（张小菊 等，2019），筛选了瓜类细菌性果斑病菌突变体文库的构建及群体感应信号分子突变株，明确了瓜类细菌性果斑病菌群体感应信号分子的检测及其对致病性的影响，建立了西瓜细菌性果斑病菌快速检测方法（李晓霞 等，2009）。瓜类细菌性果斑病菌检测技术的应用方面，开展了两种瓜类细菌性果斑病菌快速检测技术的比较及应用研究（伍永明 等，2006）。监测和防治方面，开展了外源水杨酸诱导黄瓜幼苗抗细菌性果斑病抗性浓度的筛选（张梦洋 等，2015）和不同处理对甜瓜、籽用西瓜细菌性果斑病的防效等研究（万秀琴 等，2017）。

十四、农作物和果树检疫性有害生物检测与鉴定技术研究进展

针对果树检疫性有害生物，开展了枣疯病入侵新疆的风险分析（张静文 等，2012）、南疆红枣产区枣疯病发生现状及主导因子分析（韩剑 等，2017）、新疆枣疯病植原体 *tuf* 基因的克隆与序列分析（韩剑 等，2013），建立了枣疯病植原体 TaqMan 探针实时荧光定量 PCR 检测方法。在李属坏死环斑病毒的研究方面，开展了李属坏死环斑病毒新疆巴旦木分离物外壳蛋白基因（CP）片段的克隆与序列（殷智婷 等，2012），李属坏死环斑病毒 RT-LAMP 检测方法（韩剑 等，2014），李属坏死环斑病毒新疆分离物运动蛋白基因片段的克隆与序列的分析和研究（韩剑 等，2015），建立了李属坏死环斑病毒的 RT-LAMP 检测方法。

虽然新疆科研工作者在农林外来入侵生物领域的研究取得重要进展，但对于多数农业

入侵生物的研究而言，其研究工作与我国其他先进省份相比还存在一定差距。尤其是目前对新疆多数农林外来生物的入侵机制、传播途径等了解甚少。除马铃薯甲虫、稻水象甲、梨火疫病菌、番茄潜叶蛾、枣实蝇、向日葵黑茎病菌、小麦重大病害病原菌等部分农林重大外来入侵生物外，大多数农林外来入侵生物的风险评估、入侵生物学、生态学等研究工作基础还比较薄弱，总体而言，新疆在农业外来入侵生物的入侵暴发机制和监测防控技术的研发与应用等方面存在短板：一是技术储备不足，二是技术和产品针对性和有效性不强，三是对特色农作物和果树种植业安全生产有待进一步加强。

第四节　展　　望

一、新疆农林外来入侵生物研究新形势下面临的机遇与挑战

进入新的历史发展阶段，农业产业结构持续调整和优化升级推动新疆农业高质量发展，农业生物安全领域的发展面临诸多新的变化、机遇和挑战，新疆农业高质量发展对于农业生物安全领域的发展提出了新的要求。

一是随着丝绸之路经济带前沿核心区的建设，以乌鲁木齐国际陆港区与喀什经济开发区、霍尔果斯经济开发区建设和"两霍两伊"一体化发展为中心，建立"一港""两区""五大中心""口岸经济带"和中国（新疆）自由贸易试验区，打造我国内陆开放和沿边开放高地，为新疆迎来了新一轮的大发展，使新疆向西开放的重要窗口和桥头堡的作用和地位不断得到加强。但是我们也应该清醒地看到，受特殊生态地理条件及荒漠绿洲生态结构单一、自我调节能力脆弱等多重因素影响，新疆成为我国农林外来入侵生物重灾区和外来生物入侵的主要通道之一，外来入侵生物多发、频发、重发，生物安全形势十分严峻。守好我国的"西北大门"，构建生物安全屏障，对于有效遏制外来生物入侵、传播扩散和危害，保障新疆乃至全国农林生产安全与生态安全具有重大的指导意义。因此，从维护国家生物安全的角度出发，加强新疆农林外来入侵生物基础理论研究，技术产品的研发和应用刻不容缓，势在必行。

二是基于区域农业产业结构调整、耕作制度改变和气候变化等影响，在"一带一路"互联互通进一步加强的新形势下，潜在、新发入侵生物不断涌现；加之区域农业产业结构调整、耕作制度改变和气候变化的影响，重大入侵生物的生态适应性、扩散蔓延和成灾致害规律发生变化，区域暴发危害和扩散蔓延的潜在风险不断加剧。例如，苹果蠹蛾寄主适应性机制变化导致其在核桃上暴发危害，马铃薯甲虫危害番茄、三裂叶豚草环境适应性改变并迅速扩散蔓延成灾等生物学、生态学新机制新规律尚不清楚；重大、新发外来入侵生物检测监测技术落后和储备不足，实时化、可视化、智能化技术和产品匮乏；缺乏前瞻性风险评估技术，导致入侵扩散灾变风险预测不够精准；靶向性和主动预防应急处置存在短板，难以实现高效率的早期根除和阻止扩散；环境友好型绿色高效防控技术与产品研发相对滞后；农业有害生物防控亟待从监测、应急、防治单项和碎片化向全程化（跨境或区域的联防联控）的技术体系和模式发展。

三是近年来，新兴学科和交叉学科技术和装备的不断创新。因此，生物安全基础理论和监测防控技术的研发与应用同新兴交叉学科的融合发展，为生物安全学科发展和科技进步提供了新动能。例如，物联网、云计算、AI人工智能、基因编辑、多组学、纳米材料

和无人机等技术和装备的快速发展的背景下，基于新兴交叉学科的新方法和技术手段也为探索和研发重大及新发外来入侵生物基础理论，以及农业外来入侵生物智能化监测、实时监控和可视化图像远程传输及其诊断等植保信息化技术、防控新技术新产品提供了广阔的发展空间和无限可能。

四是未来新疆农业高质量和现代化的不断推进、农业产业结构的持续调整和优化将成为农业相关领域学科调整和优化不竭的动力和源泉。随着产业发展过程中新问题、新情况的不断涌现，对植保新技术、新产品需求更加迫切。绿色生产将进一步加速化学农药的替代技术和产品的研发与应用，持续为新疆优势特色农产品和果品的无害化和精品化发展提供必要的技术支撑和保障。新疆农业高质量和现代化将不断助推植保技术向更加精准、高效和轻简化的方向发展。因此，不难看出精准、高效和绿色将成为新疆植保技术发展的主导方向和必然趋势，也为应急阻截和综合防控技术的发展和创新指明了方向，值得我们高度关注。

二、新疆农林外来入侵生物领域研究的重点方向

未来在新疆农林外来生物入侵风险不断加剧的新形势下，为了确保新疆乃至全国的农业生产和生态安全，新疆植保科技工作者必须高度重视农林外来入侵生物研究和应用，进一步整合科技资源，加强区内合作、国内合作与周边中亚和西亚地区国家相关研究机构合作，积极开展风险预判、检测识别、早期预警、实时监测、应急阻截、协同治理等技术的研究，最终构建区域性生物安全屏障，守好我国西北门户，有效遏制外来生物的入侵、传播扩散和危害。重点方向应着眼于以下几个方面：

①进一步加强科普宣传，不断提高公众对于外来入侵生物的认知水平，以及参与外来入侵生物预防和控制的积极性和主动性，提升监管能力，杜绝人为导致的入侵生物传播扩散。

②结合西北荒漠绿洲生态的气候和农作物、蔬菜和果树的生产实际，制定外来入侵生物应急防控预案并与相关部门组成响应机制，进一步健全和完善外来入侵生物防控管理机制和政策导向。建议政府在农林外来入侵生物监测、防控技术研究上提供稳定资金支持，持续推动外来入侵生物防控科技支撑体系和科研团队建设，加强区域性重大外来入侵生物综合治理，促进科技创新和成果应用。

③农林入侵生物风险评估和预警技术方面，应基于拓扑网络理论、模型验算、大数据挖掘与可视化智能分析等多种方法与手段，构建多要素耦合入侵生物灾害预警定量风险概率评估体系，研发或迭代优化入侵生物的扩散与暴发风险预判预警技术。

④在农林外来入侵生物检测与监测领域，进一步研发或迭代优化新发入侵生物和潜在入侵生物的野外快速检测技术；基于计算机深度学习模型、图像识别、BP 神经网络高光谱分析等技术，开展 AI 实时智能识别与全生育期视觉光谱远程实时监测技术研究，并建立重大外来入侵生物的远程智能化实时监测和智能风险预判预警平台。

⑤在入侵生物基础理论方面，应重点加强基于非生物因子、生物因子、景观生态、种植模式等多种因子及其耦合互作下的传播扩散机制、微生态和宏生境中入侵生物和潜在入侵生物的发生规律、寄主适应性及生态环境适应性、寄主防御与入侵生物反防御、单独或协同致害和成灾暴发等机理机制的研究。

⑥针对扩散前沿突发疫情的阻截和应急处置，重点研发靶向性强的无害化应急灭除技术，提升早期防卫和主动应对能力。

⑦在绿色防控与化学农药替代技术的研发领域，重视和加强理化诱控技术及产品、抗虫基因生物农药、新型昆虫生长调节剂、植物免疫诱抗剂、高效生防菌剂等新型绿色防控技术和产品的研发。在技术和产品的研发上突出技术创新的前瞻性、储备性和高效性，注重靶向新技术与产品创制的环境友好性、持效性及经济性。

⑧加强与中亚地区相关国家在外来入侵生物监测预警、检测技术和防控技术方面的合作研究与应用，建立区域性外来入侵生物联防联控的"源头治理""关口前移"防御机制，做到防患于未然。

⑨在农林入侵生物监测与防控技术体系的构建与技术应用模式方面，亟待从应急、单项、传统的碎片化技术向跨区域化、全程化的联防联控方向发展，实现重大或新发农林入侵生物检测监测预警的精准化和智能化，综合防控技术的高效绿色，创新性地构建区域性外来入侵生物全程防控的一体化技术体系及模式。

在上述工作的基础上，针对包括新疆在内的我国西北荒漠绿洲生态区及中亚五国外来入侵生物的扩散传播和危害，通过持续性基础研究、应用技术研究与应用，大幅度提升新疆在外来入侵生物领域研究和应用的整体水平，形成一支在国内综合研究实力较强，具有影响力的外来入侵生物研究团队。力争在新入侵生物风险预判、快速检测、早期预警、实时监测和阻截技术、潜在危险性外来入侵生物的风险评估和监测预警技术、靶标性无害化应急处置与绿色防控技术研发领域取得突破。在此基础上，集成构建符合西北荒漠绿洲生态特点的新型区域性全程绿色可持续防控技术体系及模式，全面提升我区外来入侵物种"风险预判、检测识别、早期预警、实时监测、应急阻截、协同防控"的主动应对能力。为有效遏制农林外来生物入侵和危害，确保为新疆乃至全国农林生产和生态安全提供技术保障。

（郭文超，吐尔逊·阿合买提，李国清，张祥林，丁新华，付开赟，贾尊尊，王小武）

下 篇

各 论

第三章
农林外来入侵昆虫篇

入侵昆虫及害螨在新疆农林生物入侵、传播和危害中扮演着重要的角色。本章系统阐述了 51 种新疆特色优势农作物和果树的靶标入侵昆虫或害螨的学名及分类地位、分布与危害、形态特征、生物学特性、综合防控技术等。除此之外,重点介绍了马铃薯甲虫、麦双尾蚜、黑森瘿蚊、甜瓜迷实蝇、番茄潜叶蛾、苹果蠹蛾、葡萄花翅小卷蛾、枣实蝇等仅在新疆发生或新疆局域发生与危害,且对我国其他省份构成潜在威胁的农林重大或新发入侵害虫,以及玉米根萤叶甲和苹叶峰等分布于中亚地区的潜在入侵我国的危险性害虫的风险评估与适生性分析、监测检测技术、应急防控技术等。这些技术多来源于近年来在新疆农林外来入侵生物领域研究取得的最新技术成果,且具有明显的先进性、创新性和可操作性。对于农林外来入侵生物防控实践和技术应用具有重要的指导意义。

第一节 已有分布的入侵昆虫

一、马铃薯甲虫

（一）学名及分类地位

马铃薯甲虫 [*Leptinotarsa decemlineata* (Say)],属鞘翅目 (Coleoptera) 叶甲科 (Chrysomelidae),英文名为 Colorado potato beetle。

（二）分布与危害

1. 分布

马铃薯甲虫作为我国重要的外来入侵物种之一,是国际公认的马铃薯重要毁灭性害虫和对外重大检疫对象。1874 年美国首次报道了马铃薯甲虫作为农作物害虫在科罗拉多州马铃薯产区造成的严重危害。马铃薯甲虫于 1993 年 5～7 月,在中国新疆伊犁河谷地区伊宁市和察布查尔县、塔城地区塔城市首次发现。目前主要分布于新疆北疆的伊犁河谷地区、塔城地区、阿勒泰地区、博州、石河子市、奎屯市、乌鲁木齐市、昌吉州和巴州和静县,零星分布于黑龙江、吉林等马铃薯产区（张原 等,2012）。

2. 寄主范围

马铃薯甲虫的寄主范围相对较窄,属寡食性昆虫。其寄主主要包括马铃薯、茄子等作物,刺萼龙葵、欧白英 [*Solanum dulcamara* (Mathe)]、狭叶茄 [*Solanum angustifolium* (Mill.)] 等野生植物;而北美刺龙葵 (*Solanum carolinense* L.)、毛龙葵 [*Solanum sarrachoides* (Sehdtn.)] 和银叶茄 [*Solanum elaeagnifolium* (Cav.)] 等野生植物仅偶尔被取食。马铃薯甲虫的寄主还包括天仙子属的天仙子 [*Hyoscyamus niger* (Linn.)] 和中亚天仙子 [*Hyoscyamus pusillus* (Linn.)];番茄属的番茄。此外,马

铃薯甲虫偶食曼陀罗属（*Datura*）和十字花科的个别植物（郭文超 等，2013）。

3. 危害

马铃薯甲虫的危害通常是毁灭性的，其成虫和幼虫均危害马铃薯叶片和嫩尖。一至四龄幼虫取食量分别占幼虫总取食量的 1.5%、4.5%、19.4% 和 74.6%。危害初期叶片上出现大小不等的孔洞或缺刻，其继续取食可将叶肉吃光，留下叶脉和叶柄（图 3-1），尤其是马铃薯始花期至薯块形成期受害，对产量影响极大。研究表明 5 头/株马铃薯甲虫低龄幼虫可造成 14.9% 的产量损失；20 头/株马铃薯甲虫幼虫造成的产量损失可达 60% 以上。总之，马铃薯甲虫危害一般造成 30%～50% 的产量损失，严重者减产可达 90%，甚至绝收。另外，马铃薯甲虫还可传播马铃薯褐斑病和环腐病等（郭文超 等，2013）。

图 3-1 马铃薯甲虫的危害（郭文超 摄，2010）
A. 马铃薯叶片受害 B. 马铃薯块茎受害 C. 茄子叶片受害 D. 茄子果实受害

（三）形态特征

1. 成虫

体长（11.25±0.93）mm，宽（6.33±0.45）mm，椭圆形，背面隆起，雄虫略小于雌虫，背面稍平，体橙黄色，头、前腹部具黑斑点；鞘翅浅黄色，每个翅上有 5 条黑色条纹，两翅结合处构成 1 条黑色斑纹；头宽部具 3 个斑点，眼肾形黑色；触角细长 11 节，长达前胸后角；前胸背板有斑点 10 多个，中间 2 个大，两侧各有大小不等的斑点 5 个；腹部每节有斑点 4 个。雄虫最末端腹板比较隆起，具一凹线，雌虫无此特征（图 3-2A）（郭文超 等，2013）。

2. 卵

顶部钝尖，初产时鲜黄，后变为橙黄色或浅红色。卵长（1.83±0.08）mm；卵宽（0.83±0.06）mm。卵主要产于叶片背面，多聚产呈卵块，每块 20～60 粒，平均卵粒数为（32.70±17.88）粒，卵粒与叶面多呈垂直状态（图 3-2B）。

3. 幼虫

分 4 个龄期。一龄、二龄幼虫暗褐色，三龄以后逐渐变鲜黄色、粉色或橙黄色。一龄、二龄幼虫头、前胸背板骨片及胸、腹部的气门片为暗褐色或黑色；三龄、四龄幼虫腹部膨胀隆起呈驼背状，头两侧各具 6 个瘤状小眼；幼虫腹部两侧各有 2 排黑色斑点（图 3-2C）。

4. 蛹

老熟幼虫在被害株附近入表层土壤中化蛹，化蛹主要集中在黏性土壤深 1～5 cm 处，沙性土壤深 1～10 cm 处。裸蛹，椭圆形，尾部略尖，体长（9.49±0.37）mm，宽（6.24±0.25）mm，橘黄色或淡红色（图 3-2D）。

图 3-2　马铃薯甲虫（郭文超 摄，2010）

A. 成虫　B. 卵块　C. 幼虫　D. 蛹

（四）生物学特性

1. 生活史

成虫羽化出土即开始取食，3～5 d 后鞘翅变硬，并开始交尾，未取食者鞘翅始终不能硬化和进行交尾，数天内即死亡。马铃薯甲虫成虫交尾 2～3 d 后即可产卵，产卵期内可多次交尾。成虫一般将卵产于寄主植物下部的嫩叶背面，偶产于叶表和田间各种杂草的茎叶上。幼虫发育历期为 15～34 d，四龄幼虫末期停止进食，在被害植株附近入土化蛹。在 20～27 ℃条件下，从卵至成虫羽化出土平均历期为 33.5 d。

2. 传播扩散方式

大量研究表明，马铃薯甲虫成虫是传播和扩散的主要虫态。马铃薯甲虫成虫可通过爬行自然扩散，亦可随气流远距离迁飞，也可通过发生区的马铃薯薯块、蔬菜等相关农副产品以及交通工具等人为方式传播，但是以随气流的飞行传播为主。影响其传播的因子主要包括地理阻隔、越冬条件、寄主分布、风向风速、监测和防控水平等。其中地理阻隔、越冬条件和寄主分布是制约其传播的关键因素。同时，马铃薯甲虫亦可随水传播（郭文超等，2014）。

3. 迁飞习性

国内外研究均证实马铃薯甲虫具有较强的飞行能力，在一定条件下可远距离迁飞。其越冬后成虫及一代成虫发生期是马铃薯甲虫主要迁飞阶段。一般马铃薯甲虫成虫于春季和秋季通过爬行扩散，属田间扩散，距离一般在 15～100 m；马铃薯甲虫的飞行行为有三种。其一是小范围的低空飞行，限于田块内或临近田块，这种飞行的方向不受气流的影响，属自主飞行，飞行距离一般为几米至数百米，飞行高度不超过 20 m，可持续多次进行。其二是高空非自主迁飞，这种迁飞距离一次飞行超过 1 km，飞行高度超过 50 m，其飞行方向与气流方向一致，其飞行距离与气流强度成正比。这种飞行多发生于春季滞育出土后成虫寻找新的寄主田阶段。其三是长距离迁飞，这是马铃薯甲虫扩散的主要原因。在新疆伊犁河谷地区这种迁飞主要发生在越冬后成虫迁入寄主田产卵高峰后。这种迁飞发生主要是由于温度和日照强度的刺激，其飞行方向和距离取决于优势风。

4. 繁殖特性

田间调查发现一代和二代卵块平均卵粒数为（25.14±14.13）粒和（32.70±17.88）粒，一般单头雌虫一生产卵量为 300～3 130 粒，平均约 1 000 粒。越冬后成虫取食并交尾产卵，其卵的孵化率为 95%～100%，而未交尾者为 76.5%～92.6%。饲喂嫩叶越冬后成虫有 10.3%的个体，在秋季（10 月上旬）可再次入土越冬（郭文超 等，2013）。

5. 滞育特性

大量文献报道：马铃薯甲虫具有兼性滞育习性，而且不同地理种群的临界光周期随着纬度变化而变化，纬度越高，诱发滞育的临界光周期越长。在我国马铃薯甲虫二代发生区，马铃薯甲虫滞育的临界光照虫态为成虫，一、二代和少数越冬成虫产卵后在一定环境条件下均可滞育。其在光周期长于 16 h、温度适宜的条件下可继续生长发育，短日照（不足 14 h）可引起甲虫滞育，属于短日照滞育型，其临界光周期为 14 h（郭文超 等，2013）。

6. 发生规律

在我国新疆马铃薯甲虫发生区，该虫 1 年可发生 1～3 代，在热量资源较为丰富的区域如伊犁河谷地区伊宁市、察布查尔县和霍城县、准噶尔盆地的塔城市、沙湾市、玛纳斯县、昌吉市、奇台县等地 1 年发生 2～3 代，以 2 代为主，个别地区可完成 3 代；在新疆伊犁河谷昭苏县、乌鲁木齐市南山地区 1 年仅发生 1 代；在欧洲和美洲，1 年可发生 1～3 代，有时多达 4 代。马铃薯甲虫成虫一般年份 4 月底开始出土，5 月上中旬大量出土，取食野生寄主植物和危害早播马铃薯。一代卵孵化盛期为 5 月中下旬，一代幼虫危害盛期出现在 5 月下旬至 6 月下旬，一代蛹盛期出现在 6 月下旬至 7 月上旬，一代成虫发生盛期出现在 7 月上旬至下旬；一代成虫产卵盛期出现在 7 月上旬至下旬，二代幼虫发生盛期出现在 7 月中旬至 8 月中旬，二代幼虫化蛹盛期出现在 7 月下旬至 8 月上旬，二代成虫羽化盛期出现在 8 月上旬至中旬，二代（越冬代）成虫入土休眠盛期出现在 8 月下旬至 9 月上旬，由此可见，马铃薯甲虫世代重叠十分严重（图 3-3）（郭文超 等，2013）。

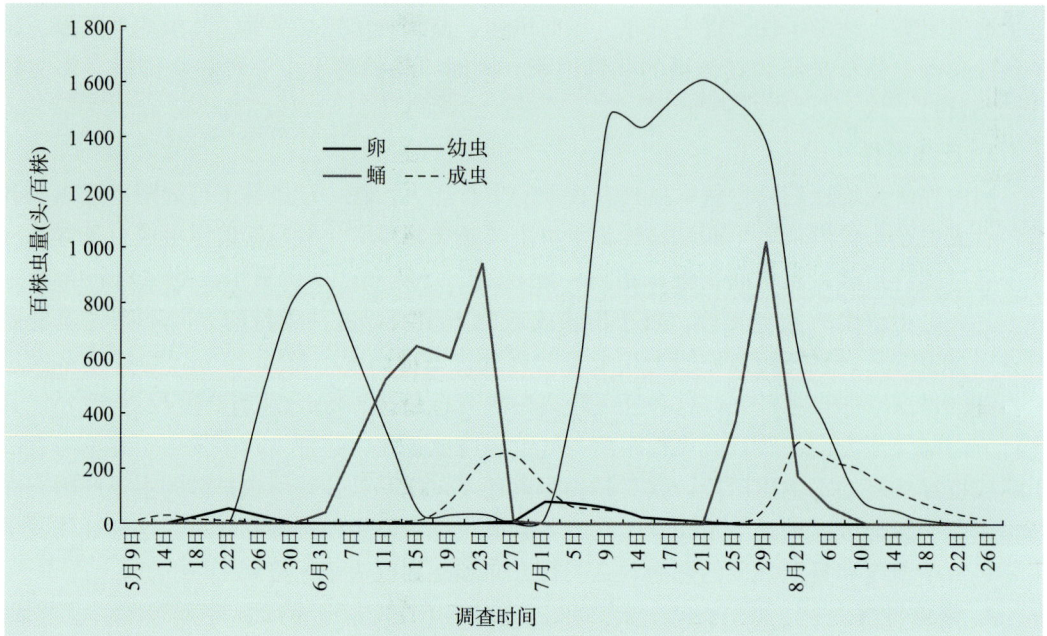

图 3-3　马铃薯甲虫田间消长曲线（郭文超，2013）

7. 生活习性

马铃薯甲虫各虫态的发育历期和取食量有所不同，随着龄期的增长，三至四龄幼虫进入暴食期。老熟幼虫入土后做蛹室化蛹，一般入土幼虫 5 d 后开始化蛹，具有明显的预蛹期。此外，马铃薯甲虫滞育最适条件是温度 19～22 ℃、营养环境良好和日照短于 14 h。在不良温度、营养条件下，越冬出土后的成虫还可利用再次滞育抵御不良环境，以减少死亡（郭文超 等，2014）。

在我国马铃薯甲虫发生区，马铃薯甲虫越冬代、一代成虫雌雄性比分别为 1.1∶1 和 1.02∶1，其性比基本为 1∶1，雌虫略占多数。马铃薯甲虫成虫具有夜伏昼出的习性，交尾、产卵和取食活动一般在 12∶00～18∶00 最盛。其成虫具有假死习性。由于大部分越冬代马铃薯甲虫交尾是在上一年越冬前完成的，翌年春天越冬后雌虫补充营养后不需交配即可产卵，在马铃薯、茄子或天仙子等寄主存在的情况下，即可形成一个种群。在无食物补充水分的条件下，大部分可存活约 30 d，最长可存活 101 d，70% 饲喂幼嫩叶片的越冬代成虫可存活 110 d 以上，具有较强的耐饥饿能力。由于受温度、越冬场所灌水等因素影响，越冬后成虫出土可持续 30 d 以上，而寄主作物播种期不整齐也影响了越冬代个体出土后获取食物的早、晚，进而引起成虫产卵期长短不一致，上述原因使马铃薯甲虫世代重叠现象十分严重，不仅增加了防治难度，导致大量使用化学农药，也为其产生抗药性埋下隐患（郭文超 等，2013）。

（五）风险评估与适生性分析

1. 风险评估

根据预测结果分级图，在我国东北地区：辽宁中东部、吉林中东部有高定殖风险；吉林西部、黑龙江东部以及东南部等部分地区具有中高定殖风险；黑龙江中部、东部具有中及中低定殖风险；黑龙江西北部具有低定殖风险；内蒙古东部以中低定殖风险为主，北部为低定殖风险地区（郭文超 等，2013）。

2. 适生性区域的划分以及风险等级

以 AUC 和中间风险判别能力均较好的 GAM 模型分析绘制中国马铃薯甲虫潜在分布风险分析图表明，我国除荒原沙漠、森林、水体等不适宜农业害虫生存的区域，大部分地区均有马铃薯甲虫定殖风险，其中西藏南部、四川、云南、贵州大部、重庆、湖北大部、湖南西北部及中部、河南西部、山西大部、安徽北部、陕西中南部、甘肃南部及东部地区、胶东半岛、江苏、辽宁和吉林东部地区具有高定殖风险；新疆北疆大部（图 3-4）、内蒙古中东部、青海南部、西藏中部、甘肃中部、宁夏、陕西北部、黑龙江大部、吉林、辽宁西部、河北大部、河南东北部、山东西部、湖南东部、广西西北部具有中定殖风险；新疆南疆大部（图 3-4）、青海

审图号：GS京（2023）1824号

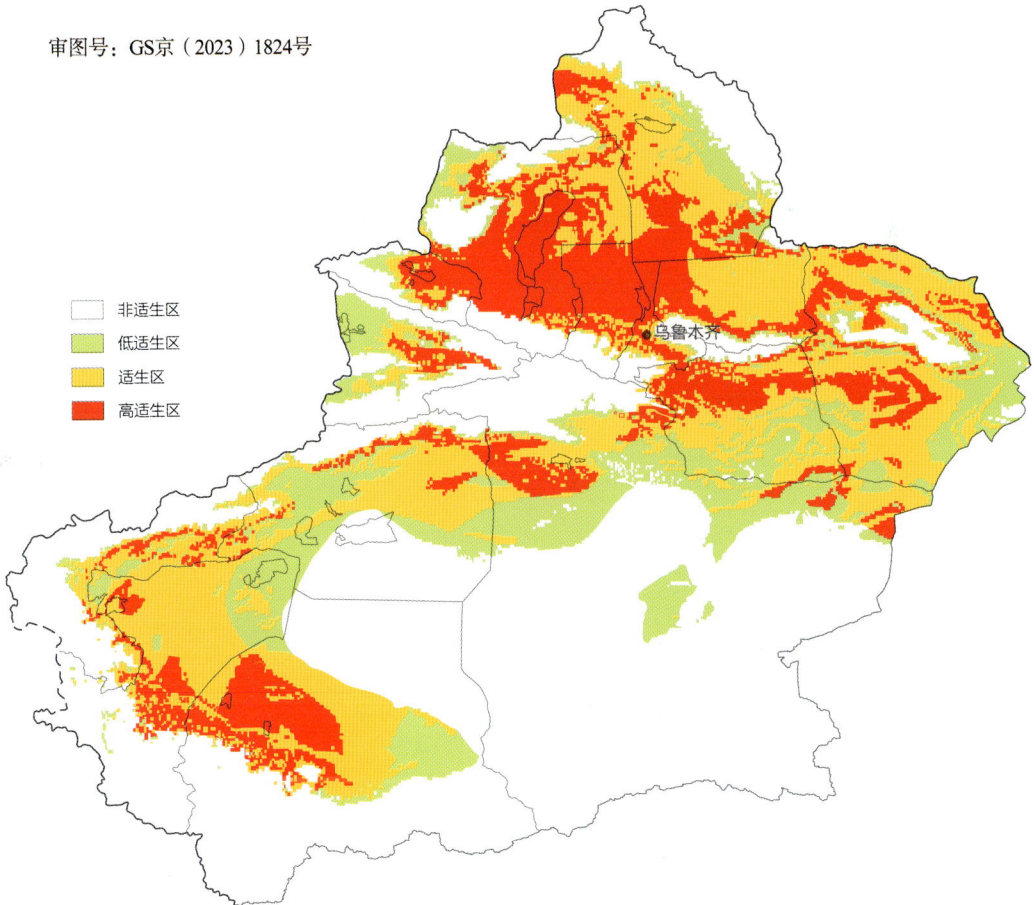

图 3-4 马铃薯甲虫在新疆的潜在适生区分布（郭文超，2012）

西部、西藏北部、甘肃、内蒙古西部、广西东南部、广东、浙江南部、江西、福建、台湾、海南岛等地具有较低定殖风险或无定殖风险（郭文超 等，2013）。

3. 风险管理措施

根据实地考察结果将我国划分为马铃薯甲虫发生区（疫区）和未发生区（非疫区），根据风险分析结果将非疫区划分为高、中、低和无风险区。目前对马铃薯甲虫防控重点是与疫区毗邻的高风险区。加强发生区马铃薯甲虫的综合防治，最大限度压低马铃薯甲虫种群密度，减轻造成的危害和经济损失，减少发生地虫源，降低其自然扩散、人为携带和随发生地调运农产品传播的概率，杜绝马铃薯及相关农产品向非疫区输入。对于幅员广大的非疫区，必须加大植物检疫封锁力度，严格禁止从新疆疫区和国外疫区调种引种。强化高风险区马铃薯甲虫通过迁飞造成入侵的监测和应急防控；重视中风险区马铃薯甲虫人为携带和通过货物运输携带造成入侵的监测和应急防控；高风险区和中风险区一旦发现疫情立即采取应急防控技术加以扑灭。

（六）监测检测技术

1. 监测与调查方法

（1）监测方法　引诱剂成分为 $4\%\sim7\%$ 的苯乙酸甲酯、$90\%\sim95\%$ 的 β-石竹烯和 $1\%\sim3\%$ 的 2-苯乙醇（比例为 3∶52∶1）。使用引诱剂制成的诱捕器采用直径 30 cm、高 15 cm 的黄色塑料盆。盆中加入浓度 0.1% 左右的洗衣粉溶液，诱芯悬挂于水盆中央，离水面 1 cm 左右，在诱芯的盖子上开 1 个直径约 1 mm 的孔。

（2）调查方法　各监测区采取对角线式或棋盘式取样方法取样。监测区内 4 hm² 以下地块取 10 个调查点，每个点调查 10 株；4 hm² 以上地块取 20 个调查点，每个点调查 5 株。记录每株植物上马铃薯甲虫的卵块、幼虫和成虫数量。

2. 监测检测技术应用

（1）新疆马铃薯种植区马铃薯甲虫的监测　在我国新疆马铃薯种植区，根据马铃薯甲虫在新疆发生分布情况将新疆分为四类监测区，包括发生区、高风险区、发生前沿区及非疫区，共设立县级监测点 36 个。广泛进行技术宣传、培训和指导，研究并发布的《马铃薯甲虫疫情监测规程》（DB65/T 2972—2009）每年的应用面积达 20 000 hm²，占新疆马铃薯种植面积的 60%，监测的长期预报准确率达 85% 以上，短期预报准确率达 90% 以上，为有效地监测和控制马铃薯甲虫危害，阻止其进一步扩散蔓延提供了科学依据（郭文超 等，2013）。

（2）我国非疫区马铃薯甲虫的监测　制订了全国性或区域性非疫区马铃薯甲虫监测和应急防控技术指南、规程和标准，并在我国马铃薯主产区大范围应用。在我国西北、东北、西南、华南地区等风险区或潜在疫区建立县级系统监测点 78 个。其中，在东北地区黑龙江、吉林、辽宁以及西北地区内蒙古等马铃薯主产区设立 31 个县级监测点；在西南地区重庆、四川、云南、贵州以及广西共设立了县级监测防控站 24 个。另外，在甘肃、青海、宁夏等地建立了 15 个州县级监测站。这些监测站点的建立，初步构成了我国非疫区马铃薯甲虫的监测体系。通过公益性行业专项实施过程中开展的大量形式多样的技术宣传培训，以及网络信息平台提供的马铃薯甲虫识别和防控信息，建立监测技术核心示范区超过 65 000 hm²（郭文超 等，2013）。

十几年来，新疆农业科学院农业生物安全与生物防治创新团队通过实施国家公益性行业（农业）专项资金项目（200803024），在我国新疆马铃薯甲虫发生区，以及马铃薯主产区，采用系统定点调查、普查、踏查等方式，实际监测面积累计达 279 200 hm²。建立的马铃薯甲虫监测和应急技术辐射区覆盖我国西北、西南、东北、华南等马铃薯主要产区总面积的 30％以上，达 2 000 hm²。在摸清我国西南、西北、东北、华南马铃薯主产区及周边国家马铃薯甲虫的疫情动态的基础上，基本建立了覆盖我国马铃薯主要产区的监测防控技术体系（图 3-5）（郭文超 等，2013）。

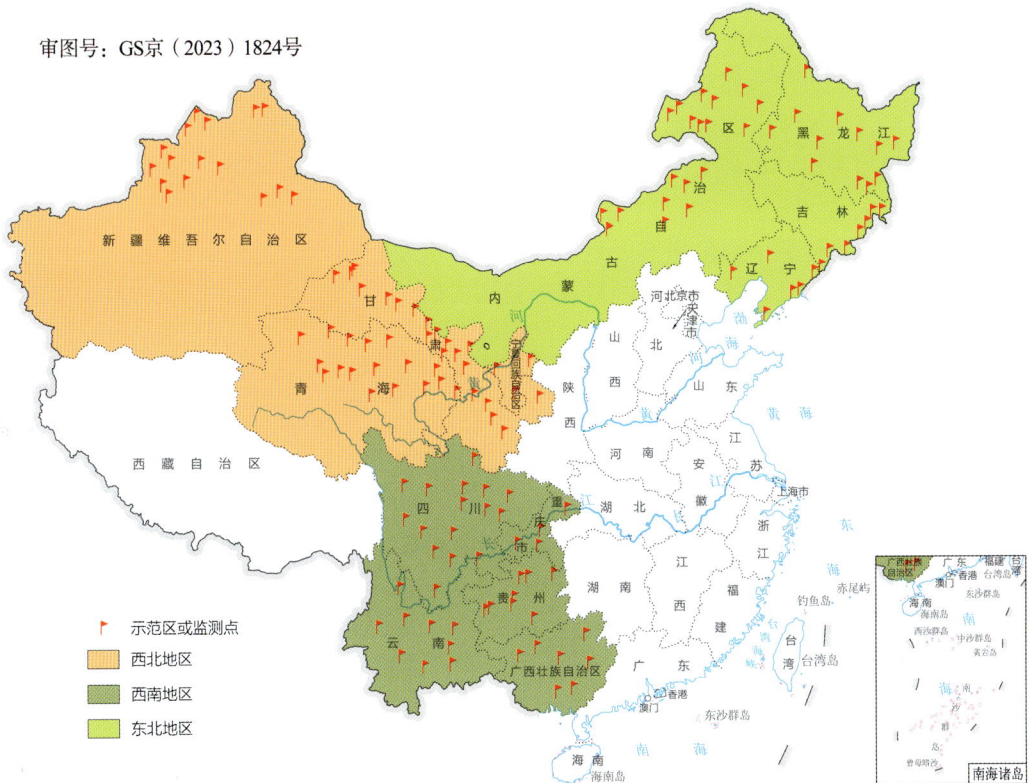

图 3-5　我国马铃薯主产区马铃薯甲虫监测点的分布情况（郭文超，2013）

（七）应急防控技术

在风险区，尤其是高风险区或潜在疫区（临近新疆的甘肃和内蒙古等地；距离俄罗斯滨海边疆区马铃薯甲虫发生区较近的黑龙江、吉林等地；交通发达的马铃薯种植区中心城市重庆市、昆明市、银川市等地），应加强马铃薯甲虫的检疫检验，杜绝人为传播的同时，在农业外来有害生物的主管部门组织和协调下建立快速的响应机制，制定监测和应急防控预案。加强对公众和种植者的宣传和指导，落实和强化马铃薯甲虫的监测和应急封锁防控措施，对突发疫情采取及时的封锁和铲除措施，有效杜绝其进一步传播扩散（郭文超 等，2013）。

1. 应急控制方法

（1）检疫措施　从源头控制入手，在马铃薯种植区依据《马铃薯种薯产地检疫规程》（GB7331—2003）实施检疫检验。疫区内的种苗及其他繁殖材料和应施检疫的植物、植物产品，只限在疫区内种植和使用，禁止运出疫区（郭文超 等，2013）。

（2）农业措施　实行轮作倒茬、秋翻冬灌、秋季扫残等，轮作地间距以 400 m 以上为宜。在马铃薯播种期，因地制宜地实施地膜覆盖技术，控制越冬成虫出土。

（3）化学防治　交替使用不同类型的高效低毒新型杀虫剂进行大面积化学防除。

（4）注意事项　新发生地区县级农业行政部门所属的植物检疫机构在本辖区确定发现疫情后，应在 12 h 内向省农业植物检疫机构快报疫情特征、发现时间、分布地点、传播途径与危害情况。

自治区农业植物检疫机构接到报告后，在 24 h 内，派出 2 名专职检疫员进一步进行实地诊断。自治区农业植物检疫机构经核实后，在 12 h 内上报农业农村部所属的植物检疫机构，并立即采取应急扑灭措施。

根据突发疫情发生区监测和普查的结果，发生马铃薯甲虫的地区应划为疫区，由省农业行政主管部门提出，报省人民政府批准，并报农业农村部备案（郭文超 等，2013）。

2. 应急防控技术应用

在我国新疆马铃薯甲虫发生区，目前马铃薯甲虫发生区前沿主要集中在新疆天山北坡昌吉州木垒县、奇台县，该区域是马铃薯甲虫从天山北坡发生区继续向东可能传播的唯一通道。此外，乌鲁木齐市和伊犁河谷地区的新源县是马铃薯甲虫前沿发生区。通过该区域马铃薯甲虫可向东南穿越天山分别传入新疆天山南吐鄯托盆地（吐鲁番、鄯善、托克逊以及哈密市）和巴州、阿克苏地区、喀什地区、和田地区和克州等天山以南的广大地区。作为马铃薯甲虫发生前沿和可能传播的通道，乌鲁木齐市、伊犁河谷地区新源县、昌吉州奇台县和木垒县等地马铃薯种植面积达 11 000 hm²，该区域的马铃薯甲虫有效防控对于防止其传播蔓延意义重大。为此，近年来，在前沿发生区，对马铃薯甲虫采取应急防控"低密度"防控策略，制定并推广了《马铃薯甲虫应急扑灭和封锁防控技术规程》（DB65/T 3398—2012），最大限度压低马铃薯甲虫的虫口密度，减轻危害，有效防止或延缓其迁飞扩散，建立示范区 9 000 hm²，马铃薯甲虫防治效果达到 95.8%，危害损失控制在 5% 以内。此外，除寄主作物上发生的马铃薯甲虫的应急防治外，利用新疆绿洲间荒漠戈壁植物多样性低，可将这类荒漠戈壁作为优良的天然隔离屏障。在北疆马铃薯甲虫最前沿地区昌吉州木垒县（入侵东疆地区的唯一通道），通过人工方式铲除了马铃薯甲虫野生寄主——天仙子，建立了长达 200 km 以上的阻截带，对有效防止马铃薯甲虫的向东持续传播起到了重要作用（郭文超 等，2013）。

（八）综合防控技术

根据马铃薯甲虫发生区的生产实际，结合国外相关研究成果，通过大量研究我国制定了"压前控后、治本清源"的对策，提出了以与环境相容的化学防治、生物防治、生态调控和防虫栽培等为关键技术的综合防控技术（郭文超 等，2013）。

1. 检疫防控

加强检疫、杜绝人为传播，疫区内的种苗及其他繁殖材料禁止运出疫区，加强监测，做到早发现、早报告、早隔离、早防控，防止马铃薯甲虫疫情的扩散和蔓延。（郭文超 等，2013）

2. 农业防控

（1）保健栽培措施　一般中等肥力土壤可采取施肥技术，即施入氮肥 375 kg/hm² ＋磷肥 225 kg/hm² ＋钾肥 225 kg/hm²，可显著提高马铃薯的耐害性。尤其是适当增施钾肥，可明显减轻马铃薯甲虫的危害（郭文超 等，2013）。

（2）人工防控　在4月下旬至5月中旬马铃薯甲虫越冬成虫出土期，利用马铃薯甲虫成虫假死性特点，在田间定期（1～2次/周）捕捉越冬成虫，摘除叶片背后的卵块，带出田外集中销毁，可有效压低马铃薯甲虫虫口基数（郭文超 等，2013）。

3. 理化诱控

Dicken研究发现马铃薯的六种挥发混合物对马铃薯甲虫具有较强的引诱力，同时研究还证实少量的三种化合物（顺-3-已烯乙酸酯、芳樟醇、水杨酸甲酯）的引诱力与马铃薯挥发物引诱力相当。Martel等（2005）应用人工合成的植物源引诱剂能明显增强诱捕作物对马铃薯甲虫的引诱力。此外，Dicken等研究证实马铃薯甲虫雄虫可以释放聚集信息素（S）-CPBⅠ，可同时引诱雌雄两性昆虫。最新的研究表明，植物源引诱剂与聚集信息素相互之间具有协同引诱作用（Dicken，2006），因而植物源引诱剂＋聚集信息素可能是田间应用中引诱力最强的引诱剂。

马铃薯甲虫对黄颜色的诱捕器及黄色波长的光反应较为敏感。Zehnder等证实了更多的马铃薯甲虫被黄色与金黄色（550～80 nm）的诱捕器所捕获。Ota′lora-Luna等测定发现，相比其他波长，马铃薯甲虫对黄色LED（585 nm）的趋性最强。Ota′lora-Luna等（2011）发现，当在黑暗环境中添加低强度黄色光源刺激时，马铃薯甲虫的聚集信息素定向作用消失。

国内马铃薯甲虫理化诱控研究方面也取得了一些进展。李源等（2010）用Y形嗅觉仪测定了马铃薯甲虫对寄主植物挥发物以及马铃薯甲虫聚集素的行为反应，并进一步进行了田间诱集试验。结果显示，芳樟醇＋水杨酸甲酯＋顺-3-已烯乙酸酯＋马铃薯甲虫聚集素在所研究的引诱剂配方中引诱效果最好。邓建宇等利用研制开发的两种植物源引诱剂监测了马铃薯甲虫成虫在田间的发生动态，两种引诱剂监测到的马铃薯甲虫发生动态基本一致。

4. 生物防控

保护利用马铃薯田间自然天敌。如中华长腿胡蜂（*Polistes chinesis* Fabricus）、中华草蛉（*Chrysoperla sinica* Tjeder）、普通草蛉（*Chrysoperla carnea* Stephens）、蜀敌［*Arma chinensis*（Fallou）］、蓝蝽［*Zicrona caerula*（Linnaeus）］、斑腹刺益蝽［*Picromerus lewisi*（Scott）］等对马铃薯甲虫捕食效应相对较强，具有一定的控害能力。可采取天敌招引技术，发挥这些天敌的控害作用。另外，利用寄生性天敌防治马铃薯甲虫，是有效且具备较高环境亲和性的害虫治理手段。欧米唑小蜂（*Oomyzus* sp.）和黑卵蜂（*Telenomus* sp.）是马铃薯甲虫的卵寄生性天敌（朱丹 等，2017）。此外，在马铃薯甲虫卵孵化始盛期至低龄幼虫期，使用专一性较好的苏云金杆菌制剂或白僵菌制剂可取得理想的防治效果。在马铃薯甲虫幼虫发生期或四龄末幼虫期，用300亿/g球孢白僵菌可湿性粉剂，每公顷每次用量为1 500～3 000 g，喷雾防治3次，间隔期7 d。使用多杀菌素以及除虫菊等生物源农药在卵孵化盛期至三龄幼虫期或成虫期使用效果也较好；苏云金杆菌、多杀菌素与拟除虫菊酯混合使用可杀灭各龄幼虫。

5. 生态调控

①利用秋耕冬灌，可有效降低马铃薯甲虫越冬虫口基数，明显减轻马铃薯甲虫的危害（郭文超 等，2014）。

②与冬小麦等禾本科作物和大豆等豆科作物合理轮作，轮作距离超过 400 m 为宜，可有效恶化越冬代马铃薯甲虫成虫取食、交尾的环境条件，减少其产卵量，从而推迟或减轻一代马铃薯甲虫的危害程度。同时推迟播期到 5 月上旬可避开马铃薯甲虫出土及产卵高峰期，有效减轻越冬代、一代马铃薯甲虫的危害。

③采取春麦、大麦、冬麦等禾本科与马铃薯间作，或在马铃薯作物周围种植非寄主作物构成屏障，适时清除茄科杂草，均可显著降低马铃薯甲虫的密度和危害。

④种植马铃薯诱集带，集中杀灭马铃薯甲虫越冬成虫。利用寄主作物对马铃薯甲虫明显的引诱作用，在早春马铃薯甲虫发生区，提早种植一定面积的马铃薯诱集带（面积不低于当地马铃薯种植面积的 1%），通过化学防治集中杀灭马铃薯甲虫越冬成虫，这一措施为统防统治创造了有利条件，可大幅度降低用药水平，延缓抗药性的发生。另外，在马铃薯播种期，因地制宜地实施地膜覆盖技术，可在一定程度上抑制越冬成虫出土。

6. 化学防控

在一、二代马铃薯甲虫幼虫一至二龄幼虫发生期，可选用 18.1% 氯氰菊酯乳油 300 mL/hm²，2.5% 高效氯氰菊酯 20% 氯虫苯甲酰胺悬浮剂 1 500 倍液，5% 氟虫腈悬浮剂 270 mL/hm²，20% 氯烟酰悬浮剂 90 mL/hm²，5% 噻虫嗪水分散粒剂 90 g/hm²，70% 吡虫啉水分散粒剂 30 mL/hm²，3% 啶虫脒乳油 225 mL/hm²，20% 啶虫脒可溶性液剂 150 g/hm²，2.5% 多杀霉素悬浮剂 900 mL/hm² 等药剂进行喷雾防治，配药时可施用化学农药减施增效剂，提高化学农药的表面活性，在减施 20% 的情况下仍保持较好的防治效果。在马铃薯播种期，越冬代成虫出土前，可选用 30% 喹虫嗪以 1∶40 或 10% 吡虫啉浓可湿性粉剂 1%～2% 浓度的药液浸种薯块 1 h 晾干后播种，可有效杀灭越冬代成虫和绝大部分一代幼虫，持效期可达 50 d 以上（郭文超 等，2014）。

7. RNAi 技术

外源性或内源性的双链 RNA（double-stranded RNA，dsRNA）导入细胞后可触发同源基因 mRNA 的特异性降解，使得该基因表达下降，这类现象称之为 RNA 干扰（RNA interference，RNAi），是一种转录后基因沉默（post-transcriptional gene silencing，PTGS）的方法（郭文超 等，2013）。近年来，在马铃薯甲虫的生理和行为调控机理以及预防和控制领域，中国科学家运用 RNAi 技术取得了一系列重要突破。通过生物信息学分析和分子克隆技术从马铃薯甲虫中获得了大量基因的 cDNA 序列全长；应用实时荧光定量 PCR 和转录组测序技术明确了这些基因在马铃薯甲虫中的时空表达谱；利用微生物发酵或体外合成得到足量 dsRNA，通过叶片浸液饲喂或显微注射技术高效递送 dsRNA 进入不同虫态细胞中沉默靶标基因表达；根据虫体表型细节和行为变化，结合内分泌信号转导途径，解析了马铃薯甲虫数十种基因的功能，筛选了大量具有 RNAi 致死作用的候选基因用于"基因农药"开发。其中，多个基因被证实调控马铃薯甲虫蜕皮激素的合成，包括促前胸腺激素基因 PTTH、受体酪氨酸激酶基因 *Torso*、蜕皮激素受体基因 *EcR* 亚型 *EcRA* 和 *EcRB1*、合成过剩气门蛋白基因 USP、激素受体基因 *HR4* 和 *HR38*、预蛹调节因子 *FTZ-F1*（fushi tarazu factor-1）、保幼激素受体烯虫酯耐受蛋白基因 *Met*、类胰岛素肽基因 *ILP2*、胰岛素受体底物基因 *chico* 和受体激酶下游基因 *drk*、叉头盒蛋白 *FoxO*、CncC/Keap1 信号途径基因 *CncC* 和 *Keap1*（Kelch-like ECH associated protein 1）等。这些基因中，*ILP2*、*chico*、*drk* 和 *FoxO* 属于类胰岛素通路相关基因，而 *Met* 与保幼激素结合启动保幼激素信号转导途径，揭示了马铃薯甲虫中存在类胰岛素通路、保幼激素通路和蜕皮激素通路的相互作用，共同调控多种生理和行为反应（Meng et al.，2019）。*EcR*、*USP*、*HR4*、*HR38* 和 *FTZ-F1* 本身属于响应蜕皮激素信号、调控蜕皮生理和行为的核受体家族基因，证明了马铃薯甲虫中存在蜕皮激素的反馈调节机制。核受体家族基因还包括蜕皮酮诱导蛋白 *E74* 和 *E75*、激素受体基因 *HR3* 等。EcR/USP 蛋白异源二聚体与蜕皮激素结合启动信号转导途径，调控一系列响应基因表达，控制蜕皮生理和行为反应的顺序化进行。而 *E75*、*HR4*、*HR3* 和 *HR38* 响应蜕皮激素信号，并且在信号转导途径中通过诱导 *FTZ-F1* 调控化蛹过程；*E74* 也参与调控蛹，但不通过 E75-HR3-FTZ-F1 途径；*EcR*、*E75*、*HR4* 和 *FTZ-F1* 的功能均存在亚型的特异性。参与蜕皮激素信号转导途径的响应基因还包括蛹期决定基因 *Br-C*（Broad-Complex）和 EcR/USP 的共激活因子 *Taiman* 等。受蜕皮激素信号转导途径调控的下游基因功能也已明确，包括蜕皮触发激素基因 *ETH* 和 *ETH* 的受体 *ETHR*、蜕壳激素 *EH*，几丁质合成相关基因如几丁质脱乙酰酶基因 *CDA1* 和 *CDA2*、尿苷二磷酸-N-乙酰葡萄糖胺焦磷酸化酶基因 *UAP* 和几丁质合成酶基因 *ChS*，海藻糖合成和代谢相关基因如海藻糖 6 磷酸合成酶基因 *TPS* 和海藻糖酶基因 *TRE*、营养氨基酸转运基因 *NAT1*、甲壳类心脏激活肽基因 *CCAP* 等。科研工作者对以上调控蜕皮激素合成的基因、蜕皮激素信号转导途径基因和蜕皮激素信号转导途径调控的相关基因进行靶向 RNA 干扰，发现基因沉默会破坏马铃薯甲虫的变态过程，造成预蛹期幼虫、蛹和成虫出现不同程度的发育畸形、器官发育不良等异常表型，致死作用明显。同时，对其他多种重要生理基因的 RNA 干扰也发现了明显的致死作用，特别是对羽化期虫体或成虫，包括保幼激素环氧水解酶基因 *JHEH*、保幼激素酸甲基转移酶基因 *JHAMT*、谷丙转氨酶基因 *ALT*、Δ1-吡咯啉-5-羧酸合成酶基因 *P5CS*、Δ1-吡咯啉-5-羧酸脱氢酶 *P5CDh* 和 Ras 超家族 GTP 酶基因 *Ran* 等。这些研究成果为 RNAi 技术在马铃薯甲虫防控方面的进一步精准应用提供了大量靶标基因，为高效、低毒、专一的"基因农药"合成与针对马铃薯甲虫的新型杀虫基因的开发利用都打下了坚实的基础。

8. 马铃薯甲虫芳香族氨基酸及其产物

马铃薯甲虫具有坚硬的外骨骼和一对鞘翅。其表皮层的硬化和黑化需要黑色素参与。黑色素合成途径的前体物质是酪氨酸。而芳香族氨基酸酪氨酸、苯丙氨酸和色氨酸的生物合成需要通过莽草酸途径。然而，所有昆虫均没有莽草酸途径，其芳香族氨基酸来源于细菌。无菌成虫表现出典型的缺乏芳香族氨基酸的表型，如无黑色素沉积、薄而柔软的表皮和浅色的复眼。对可培养细胞进一步分离得到一株菌株 Ld01，经鉴定为普通变形杆菌。普通变形杆菌（*Proteus vulgaris* Ld01）的基因组能编码完整的莽草酸和黑色素生物合成途径中的酶。它能生物合成并主动释放多巴和黑色素。清除幼虫中的细菌显著降低了酪氨酸含量。在无菌马铃薯甲虫中回补 *Proteus vulgaris* Ld01 则恢复了酪氨酸含量并改善了缺陷特征。向无共生细菌的马铃薯甲虫提供酪氨酸、多巴或多巴胺，也与 *Proteus vulgaris* Ld01 种群回补效果相当。显然，*Proteus vulgaris* Ld01 提供芳香族氨基酸合成的前体物质，以满足宿主马铃薯甲虫对芳香族氨基酸的营养需求。

Proteus vulgaris Ld01 还与马铃薯甲虫幼虫和成虫警戒色的进化形成有关。警戒色显示幼虫和成虫对天敌的毒性。有毒成分鉴定结果表明，受惊扰的幼虫和成虫都能够主动释放剧毒的氰化氢（HCN），其主要来自扁桃腈的降解，而生氰物质以生氰葡萄糖苷（苦杏

仁苷）的形式存在。苦杏仁苷由生活在甲虫肠道中的 *Proteus vulgaris* Ld01 产生。清除细菌显著减少了幼虫和成虫 HCN 的释放。在无菌马铃薯甲虫中回补 *Proteus vulgaris* Ld01 或注射扁桃腈，可以恢复 HCN 的释放。细菌的清除增加了马铃薯甲虫被雏鸡捕食的概率。将 *Proteus vulgaris* Ld01 或扁桃腈加入无菌马铃薯甲虫均降低了马铃薯甲虫的被捕食率。可见，*Proteus vulgaris* Ld01 为其宿主马铃薯甲虫生成苦杏仁苷。苦杏仁苷经降解后，产生的扁桃腈被释放到马铃薯甲虫血淋巴中，并富集于表皮附近。当甲虫受到刺激后，释放出表皮附近的扁桃腈并分解为 HCN 和苯甲醛，以保护甲虫免受捕食。

9. 综合防控技术应用

在研究、试验和示范基础上，对研究的技术进一步优化和集成，我国科技工作者研究提出了适宜我国马铃薯甲虫前沿监测区和发生区生产实际、操作性强的由与环境相容的化学防治、生物防治、物理防治、生态调控和防虫栽培等关键技术组成的马铃薯甲虫持续防控和应急防控技术。近年来，在新疆马铃薯甲虫发生区伊犁河谷地区、塔城地区和阿尔泰地区、昌吉州西部等地推广了马铃薯甲虫持续防控技术，分别建立马铃薯甲虫持续防控技术累计 29.4 hm²，马铃薯甲虫持续防控技术防效达 90.0% 以上。在防虫栽培技术领域，研究推广了"利用覆膜滴灌栽培防治马铃薯甲虫技术""提高马铃薯耐害性施肥技术"，前者较常规沟灌非防治田增产 57.3%，后者与常规防治田相比，马铃薯甲虫危害率降低 16% 以上。研制了 3.2% 甲噻 FS 种薯种衣剂防治马铃薯甲虫技术，示范结果表明，田间 60 d 防效达 68.5%。在我国马铃薯甲虫发生区和非发生区，累计推广各项新技术面积达 1 163.0 hm²，取得的直接经济效益 1.73 亿万元，成功将马铃薯甲虫阻截在新疆木垒县博斯塘乡三个泉子村以西，有效遏制了马铃薯甲虫进一步向东扩散蔓延，确保了我国马铃薯生产和生态安全，取得了显著经济效益的同时，也取得了巨大的社会效益和生态效益。

（郭文超，吐尔逊·阿合买提，李国清，付开赟，丁新华，贾尊尊，王小武，

阿尔孜姑丽·肉孜，潘俊鹏，董欢）

二、稻水象甲

（一）学名及分类地位

稻水象甲（*Lissorhoptrus oryzqphilus* Kuschel），属鞘翅目（Coleoptera）象甲科（Curculionidae）（王小武，2017；王刚，2015）。

（二）分布与危害

1. 分布

国内分布于西北、西南、东北、华北、华东、华中、华南等地的 23 个省（自治区、直辖市）463 个县（市或地区）（王小武，2017；齐国君 等，2012；郭文超 等，2011）（图 3-6）。

国外分布于北美洲中南部密西西比河流域，南美洲、亚洲（日本、中国、印度、韩国、朝鲜）和欧洲（意大利）。

2. 寄主

主要有水稻、小麦、玉米及高粱（王小武，2017；王刚，2015）。

审图号：GS京（2023）1824号

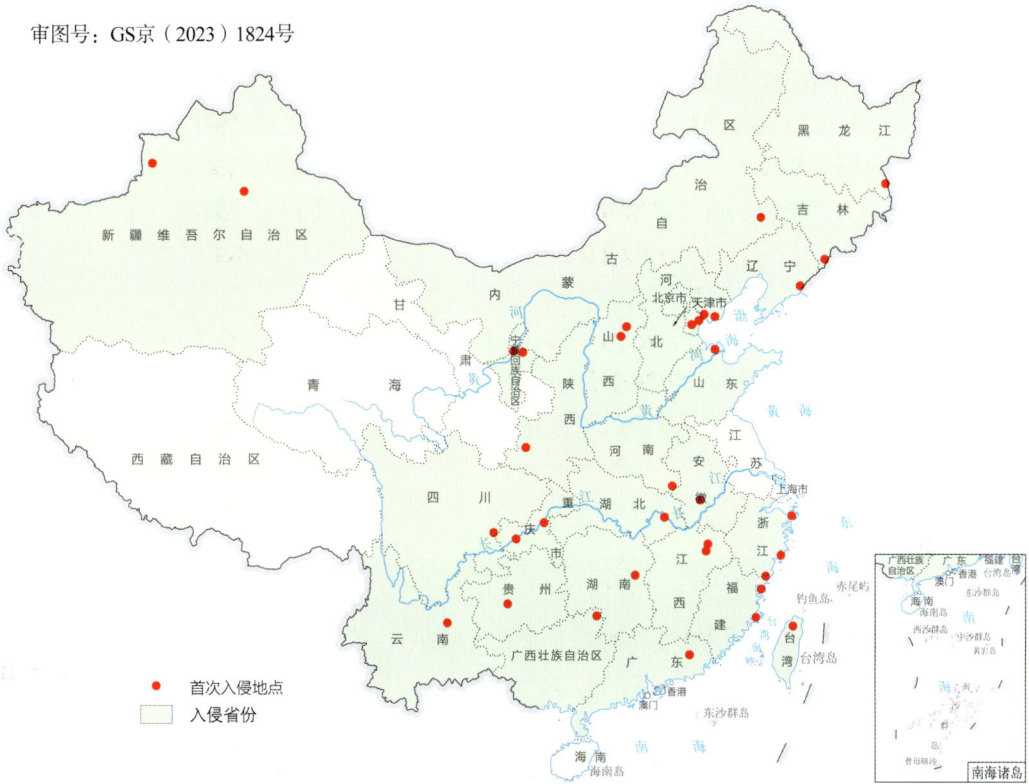

图 3-6　稻水象甲在国内的分布情况（齐国君 等，2012）

3. 危害

以幼虫危害为主。成虫在幼嫩水稻叶片上取食上表皮，留下下表皮；幼虫在水稻根内和根上取食，一至三龄幼虫蛀食根部，四龄后爬出稻根直接咬食根系，根系被害后还常变黑并腐烂，刮风时植株倾倒，由于根系损坏，植株生长受阻、变得矮小，分蘖率降低，抽穗成熟推迟，造成减产（图 3-7），一般发生可减产 10％～20％，严重发生可减产 50％～70％，甚至绝收（王小武，2017；王刚，2015）。

图 3-7　稻水象甲对水稻的危害（王小武 摄，2016）

A. 根部受害　B. 叶片受害

（三）形态特征

1. 成虫

成虫体长 2～5 mm。头顶有 1 对膝状触角，1 对复眼分布在头部两侧，还有向下弯曲的喙和咀嚼式口器；喙与前胸背板几乎等长，稍弯，呈扁圆筒形。鞘翅侧缘平行，比前胸背板宽，肩斜，鞘翅端半部行间上有瘤突。雌虫后足胫节有前锐突，锐突长而尖，雄虫仅具短粗的两叉形锐突。躯干由头、胸、腹 3 部分构成，游泳毛均匀分布在中足两侧（图 3-8）。

2. 卵

卵为白色，长约 0.80 mm，圆柱形，两端圆，略弯曲。

3. 幼虫

幼虫无足，整体呈白色新月形，头黄褐色，腹部第二至七节背面有成对的气门，呈向前的钩状。一般幼虫会蜕皮 3 次，分为 4 龄。

4. 蛹

四龄成熟的幼虫依附于水稻根部结茧化蛹，茧一般为黄色，蛹为白色，长约 3 mm。

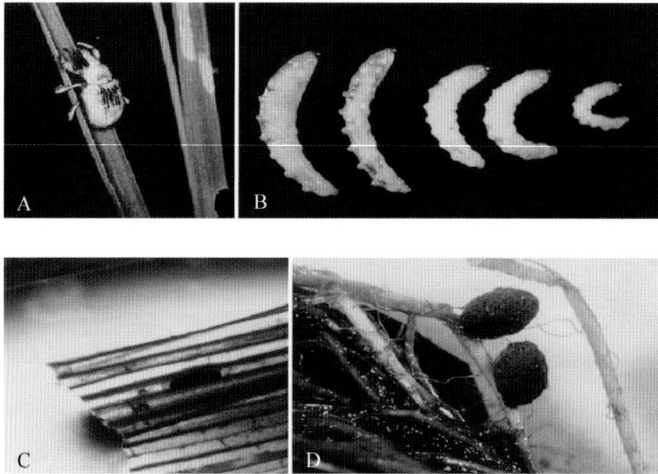

图 3-8　稻水象甲的形态特征（王刚，2015）
A. 成虫　B. 幼虫　C. 卵　D. 蛹

（四）生物学特性

1. 生活史

稻水象甲在新疆伊犁河谷地区 1 年发生 1 代，以滞育成虫在土表或潜土层越冬，越冬的主要场所为稻田附近的林带和田埂。稻水象甲共 4 龄，一个完整世代需要约 145 d，成虫历期约 110 d，卵历期约 7 d，幼虫历期约 20 d，蛹历期约 8 d（何江 等，2020；王小武，2017；王刚，2015）。

2. 迁飞习性

成虫迁移习性是稻水象甲适应不同环境的表现，通过迁飞寻找合适的寄主或合适的越冬场所。稻水象甲每年有 2 次迁移过程，第一次是在春季，越冬成虫从越冬场所附近的杂草丛或旱地作物上向稻田迁移。第二次是在秋季，一代成虫从水稻本田向越冬场所迁移。稻水象甲成虫自主飞行能力不是很强，迁移活动主要靠气流和水流进行。温度对稻水象甲飞行肌的发育和飞行活动影响较大，越冬后成虫飞行肌的发育起始温度为 13.8 ℃，在气温为 20～27 ℃时，随气温升高飞行活动活跃。稻水象甲成虫进行远距离迁飞扩散时，风速和风向起着重要的促进作用。在日本，10 年左右稻水象甲就扩散了 100 km。我国辽宁丹东和吉林集安稻水象甲发生的一个重要原因，是在稻水象甲迁飞期盛行偏南风。自稻水象甲于 20 世纪 80 年代传入我国以后，我国对该虫的迁飞进行了大量研究。国内齐国君等（2012）利用 MAXENT 生态位和 ArcGIS 对外来入侵生物稻水象甲进行了适生性研究。成卓敏研究了稻水象甲的有效积温和迁飞的关系，以及稻水象甲飞行肌的发育和迁飞的关系；翟保平等研究表明，稻水象甲迁飞扩散的行为特征是长时间的起飞准备和不高的起飞成功率，每晚的迁出率只有 1/3 左右；稻水象甲的飞行肌、卵巢发育表现出典型的卵子发生和飞行共轭；稻水象甲迁飞峰期只出现在无风或微风条件下。一代成虫的起飞一般发生在日落以后，低层大气处于稳定层，不存在上升气流，所以稻水象甲随气流进行远距离传播的可能性不大；再者我国南方稻水象甲发生区的自然地理环境以丘陵山地为主，即使少量稻水象甲成虫在几十米的高度飞行，一般情况下也不会形成远距离扩散（王小武，2017）。

3. 滞育特性

为了应对复杂的环境变化，稻水象甲还具有滞育性，即在环境相对恶劣的条件下，成虫会逐渐停止生长、发育和繁殖，等待环境适宜生存再重新开始活动，在不进食不活动的情况下，成虫可以存活 200 d 以上（何江 等，2020；王小武，2017）。

4. 发生规律

稻水象甲越冬成虫于 4 月上旬末开始出土，起初在越冬场所附近的杂草丛活动并取食；到 4 月中旬则逐渐扩散开，在杂草、小麦等旱地作物上活动、取食；5 月上旬，自秧田揭膜起，即可见成虫；插秧后，本田即有成虫。5 月中下旬的晴天黄昏，可见大量成虫自旱地向水田迁飞。越冬后成虫于 5 月下旬开始产卵，产卵结束后逐渐死亡。成虫羽化始期为 7 月中旬，盛期出现在 7 月下旬至 8 月上旬。自 8 月上旬起，稻水象甲又开始向其越冬场所附近的杂草丛转移。成虫于 8 月中旬开始入土越冬，9 月下旬则鲜见活动成虫（王刚，2015）。稻水象甲在新疆 1 年发生 1 代。稻水象甲是一种半水生的昆虫，既能寄生在水稻等植物的叶片上，也能生活在水中。从食性上看，稻水象甲一般以多种植物的叶片为食，有广泛的寄主范围。相关科研人员对稻水象甲的生活习性进行了研究，发现水稻等禾本科植物在生育期会分泌大量的 2-甲苯基-苯丙酮，这种物质对稻水象甲具有强烈的引诱作用，这是稻水象甲主要寄生在水稻作物上的原因。另外，从活动范围上看，稻水象甲有一定的飞行能力，可以借助气流迁移，最远可达 10 km 以上，生活在水中的稻水象甲还可以借助水流进行迁移（王小武，2017）。

（五）风险评估与适生性分析

MaxEnt 生态位模型的预测结果显示（图 3-9），稻水象甲在新疆的高适生区占新疆总面积的 1.85%，其主要在北疆伊犁河谷、昌吉州、乌鲁木齐北部以及博州中部和塔城地区西部的部分区域；适生区占新疆总面积的 10.84%，其主要包括伊犁东部、博州中东部、乌鲁木齐中部、塔城地区中东部、克拉玛依市、阿勒泰地区中南部、吐鲁番市西部、哈密市中西部以及阿克苏地区、克州的部分区域；低适生区占新疆总面积的 7.34%，其主要位于北疆昌吉州东部、阿勒泰地区和塔城地区的北部区域，东疆吐鲁番市和哈密市的中部部分区域，南疆巴州北部、阿克苏地区中部、克州东部以及喀什地区东北部的部分区域；非适生区则占新疆总面积的 79.97%，其包括北疆阿勒泰地区、塔城地区、伊犁州、博州，东疆吐鲁番市、哈密市、南疆和田地区、巴州、克州、喀什地区等地的高冷或极干旱区域（丁新华 等，2019；王小武，2017）。

从预测结果来看，稻水象甲的适生区和高适生区合计占新疆总面积的 12.69%，而非适生区和低适生区则占新疆总面积的 87.31%。（丁新华 等，2019；王小武，2017）

审图号：GS京（2023）1824号

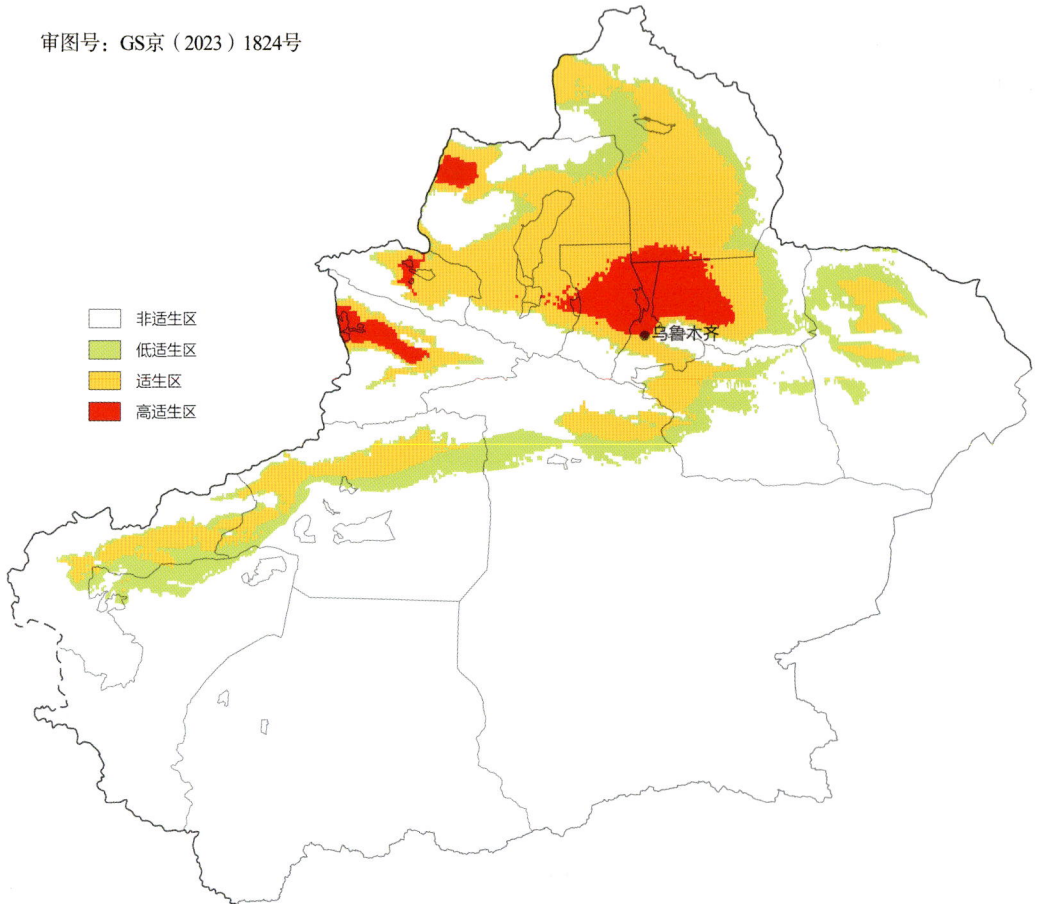

图 3-9　稻水象甲在新疆的潜在分布区预测（丁新华，2019）

（六）监测及防控技术

（1）非疫区　针对新疆稻水象甲的发生实际，各稻区强化对稻水象甲发生的监测预警与中长期预测预报，建立地、县、乡三级测报网，具体以县级行政区域为单位设立疫情调查点。每县调查该县 1/3 以上的水稻种植乡镇，每个乡镇至少调查该乡镇 1/3 以上的水稻种植行政村，每个行政村选取 3 块稻田，每块稻田 5 点取样，每样点调查 20 丛，统计虫口密度（王小武，2017）。

加强检疫、监测和技术宣传，构建稻水象甲疫情信息处理和疫情监测技术体系。县级以上检疫机构要明确稻水象甲及其他疫情由专门的检疫监测员来负责疫情监测工作。禁止从相应的疫区调运种苗和稻草，防止疫情的传播和扩散。同时，积极开展技术宣传与培训，提高公众和基层技术人员对稻水象甲的防范意识。

对于高风险区以及南疆非疫区一旦发生稻水象甲的疫情，迅速启动控制预案，县级以上人民政府发布封锁令，组织有关检疫检验部门，对疫区采取检疫、封锁、控制和保护措施，加强对来自疫区的交通、运输工具等的严格检疫，若于运输途中发现稻水象甲疫情或疑似稻水象甲疫情的，就地销毁。非疫区发生其疫情，采取应急封锁技术措施，扑灭疫情。

（2）疫区　对于稻水象甲已发生疫区，各级农业技术部门通过田间定点调查，明确稻水象甲的田间消长动态，掌握其发生规律、危害情况，为其疫情的精准防治提供参考。具体方法：于 4 月上中旬越冬代稻水象甲刚出土活动时，调查其主要越冬场所附近禾本科杂草等寄主植物中的虫口基数（每株虫量/每平米虫量）。并于 5 月上中旬至 9 月中下旬稻水象甲田间发生期，采用定点调查系统监测各虫态数量，各虫态最适抽样方法依次为：成虫采用双对角线取样、幼虫为 Z 字形取样、蛹采用大 5 点随机取样（王小武，2017）。

（七）综合防控技术

1. 农业防控

及时清除田埂杂草，降低越冬虫口基数，合理施肥，增强水稻的抗逆性。稻水象甲的发生与水条件关系密切，应合理水层管理，7 月上中旬适时排水晒田和重晒田，有利于抑制稻水象甲种群的发生（丁新华 等，2019；王小武，2017）。

2. 物理防控

在稻田的出水口设置拦截网（孔径小，0.50 mm）限制稻水象甲传播（丁新华 等，2019；王小武，2017）。

3. 生物防控

在 5 月下旬稻田越冬成虫发生盛期，使用专一性较好的球孢白僵菌制剂可取得理想的防治效果，建议喷雾用量为每公顷 3 000～4 500 mL，对于疫情较重的稻田，其使用量为每公顷 6 000 mL（王小武，2017）。

4. 生态调控

可以采用灯光诱杀等物理防治方式灭杀成虫，频振式杀虫灯是当前较为常用的诱杀工具，但是这种方法杀虫效果一般，还需要投入大量的人力成本。（王小武，2017）

5. 环境友好型化学防控

（1）种子处理　水稻播种前，可选用吡虫啉、噻虫嗪等兑水配成溶液后与稻种混合进行拌种。具体用药量及方法为，每公顷播种量（120 kg）用 60% 吡虫啉悬浮种衣剂 300 mL 或 70% 噻虫嗪种子处理可分散粉剂 300 mL，充分翻拌后摊开置于通风阴凉处 6～12 h 后即可播种（何江 等，2020；王小武，2017）。

（2）越冬场所处理　对于有机稻田，选用 1.5% 除虫菊素水剂每公顷 1 800 mL，0.6% 苦参碱水剂每公顷 1 500 mL，7.5% 鱼藤酮乳油每公顷 900 mL。另外，杂草根除也是减少稻水象甲食源和越冬虫源的重要措施之一，具体采用人工或者刈割等方式对田边、沟渠等处杂草进行定期根除（何江 等，2020；王小武，2017）。

（3）育秧苗床处理　对于常规稻田，选用 40% 氯虫·噻虫嗪悬浮剂每公顷 150 mL，14% 氯虫·高氯氟悬浮剂每公顷 120 mL，40% 氯虫·噻虫嗪悬浮剂每公顷 120 g，20% 氯虫苯甲酰胺悬浮剂每公顷 150 mL，22% 噻虫·高氯氟悬浮剂每公顷 150 mL，5% 阿维·氯苯酰悬浮剂每公顷 450 mL 等药剂进行防治（何江 等，2020；王小武，2017）。

（4）稻田施药处理　对于常规稻，采用常规喷雾方法喷施氯虫·噻虫嗪悬浮剂每公顷 150 mL，14％氯虫·高氯氟悬浮剂每公顷 120 mL，40％氯虫·噻虫嗪悬浮剂每公顷 120 g，20％氯虫苯甲酰胺悬浮剂每公顷 150 mL，22％噻虫·高氯氟悬浮剂每公顷 150 mL，10％阿维·氟酰胺悬浮剂每公顷 450 mL；有条件的还可选用小型无人机开展超低量喷雾防治，具体喷施 40％氯虫·噻虫嗪悬浮剂每公顷 187.5 mL，14％氯虫·高氯氟悬浮剂每公顷 187.5 mL，5％阿维·氯苯酰悬浮剂每公顷 600 mL，22％噻虫·高氯氟悬浮剂每公顷 300 mL，20％氯虫苯甲酰胺悬浮剂每公顷 187.5 mL，同时各处理均需加飞防专用助剂每公顷 300 mL 或飞防专用增效剂每公顷 150 mL。局部严重地区可在一代稻水象甲羽化盛期（7 月底至 8 月初）再次施药防治（何江 等，2020；王小武，2017）。

对于有机稻，采用常规喷雾方法处理，具体为：1.5％除虫菊素水剂每公顷 2 250 mL，0.6％苦参碱水剂每公顷 2 250 mL，7.5％鱼藤酮乳油每公顷 1 350～1 500 mL，同时各处理均需加飞防专用助剂每公顷 300 mL 或飞防专用增效剂每公顷 150 mL。局部严重地区可在一代稻水象甲羽化盛期（7 月底至 8 月初）再次施药防治（何江 等，2020；王小武，2017）。

6. 综合防控技术应用

在研究、试验和示范的基础上，对技术进一步优化和集成，新疆科技工作者研究提出了适宜新疆稻水象甲发生区生产实际、操作性强的由与环境相容的化学防治、生物防治、物理防治、生态调控等关键技术组成的稻水象甲持续防控和应急防控技术。近年来，在新疆稻水象甲发生区伊犁河谷地区、阿克苏地区和乌鲁木齐市等地推广了稻水象甲持续防控技术。一是在育秧期"隔离"，即利用无纺布覆盖育秧田与外界隔离，阻止了稻水象甲成虫的取食活动；二是实施秧苗适时"早移栽"，即利用稻水象甲的成虫取食趋嫩性，适当提早移栽，使水稻叶片表皮角质层增厚程度提高，恶化稻水象甲成虫营养条件；三是在育秧移栽缓苗后实施"晒田"，即在插秧后秧苗缓苗起身 7 月上中旬可通过适时排水晒田和重晒田，恶化稻水象甲幼虫种群的生存环境，大幅度降低虫口密度，在新疆荒漠绿洲水稻种植区，通过上述生态调控措施有效降低了稻水象甲的危害，该技术在新疆水稻主产区大面积推广应用达 15.08 万 hm²，总体防效达 90％以上，直接挽回产量损失 12 971.87 万 kg，取得直接经济效益 37 618.42 万元，累计节约用药成本 2 556.96 万元，累计新增效益 4.02 亿元。

（郭文超，丁新华，王小武，吐尔逊·阿合买提，付开赟，关志坚）

三、番茄潜叶蛾

（一）学名及分类地位

番茄潜叶蛾［*Tuta absoluta* (Meyrick)］，属鳞翅目（Lepidoptera）麦蛾科（Gelechiidae），是番茄上最重要的害虫之一（Campos M R et al.，2017）。

（二）分布与危害

1. 分布

番茄潜叶蛾原产于南美洲秘鲁的中部高地，20 世纪 60 年代扩散到拉美国家。80 年代初期，主要在南美洲发生与危害；在其入侵欧洲之前，只在南美洲以及智利的复活节岛（距智利约 3000 km）发生。2006 年底，该虫传入欧洲并首次在西班牙东部的卡斯特利翁-德拉普拉纳（Castellóndela Plana）被发现，据推测，其发生与农产品的贸易活动直接相关，并以每年 800 km 的速度向东和南快速推进。截至 2021 年，番茄潜叶蛾已在全世界的 103 个国家和地区发生，以及在 21 个国家和地区疑似发生。其中，欧洲已发生国家和地区 30 个，非洲已发生国家和地区 36 个、疑似发生国家和地区 14 个，亚洲已发生国家和地区 24 个、疑似发生国家和地区 4 个，北美洲已发生国家和地区 3 个，南美洲已发生国家和地区 10 个、疑似发生国家和地区 3 个，而且，进一步扩散的趋势依然强劲。

2017 年 8 月，番茄潜叶蛾在新疆伊犁首次发现，经专项调查，发生面积 20 hm²，涉及 6 个县市。2020 年，番茄潜叶蛾越过天山，快速在南疆地区向西、南扩散。目前已在伊犁州、吐鲁番市、阿克苏地区、克州和喀什地区的 31 个县市被发现，总发生面积为 1 066.30 hm²，防治面积 2 147.40 hm²。露地番茄较温室番茄发生面积大且受害程度重（王俊 等，2021）。截至 2022 年 3 月，该虫已扩散传播至我国新疆、云南、陕西、内蒙古、广西、贵州、重庆、四川、宁夏、湖北、甘肃等 13 个省（自治区、直辖市）（张桂芬 等，2022）。

2. 寄主

番茄潜叶蛾可危害 11 科 50 种植物，但该虫主要危害茄科植物，尤其偏好番茄（包括大果鲜食番茄、樱桃番茄和加工番茄），还可危害马铃薯、茄子、烟草、辣椒、人参果 [*Solanum muricatum*（Ait.）]、灯笼果 [*Physalis peruviana*（Linn.）]、枸杞 [*Lycium chinense*（Miller）] 等作物，以及广布性杂草——龙葵 [*Solanum nigrum*（Linn.）]（张桂芬 等，2022）。

3. 危害

番茄潜叶蛾主要以幼虫进行危害，可以在番茄植株的任一发育阶段和任一地上部位进行危害。据观察，雌性成虫最喜欢在植株上部刚刚展开的叶片上产卵，占总产卵量的 73%；在叶脉和嫩茎上的产卵量占 21%；而产在果萼和幼果上的卵相对较少，分别占 5% 和 1%。幼虫一经孵化便潜入寄主植物组织中，取食叶肉，并在叶片上形成细小的潜道，通常早期不易被发现，隐蔽性极强；当虫口密度比较高、幼虫龄期比较大时，还可蛀食顶梢、腋芽、嫩茎以及幼果。三至四龄幼虫潜食叶片时，潜道明显且不规则，并留下黑色粪便及窗纸样上表皮，影响植物光合作用，严重时叶片皱缩、干枯、脱落；潜蛀嫩茎时，多形成龟裂影响植株整体发育，并引发幼茎坏死（图 3-10）；蛀食幼果时，常使果实变小、畸形，形成的孔洞不仅影响产品外观，而且增加采收后人工分拣成本，甚至会招致次生致病菌寄生，造成果实腐烂；蛀食顶梢时，常使番茄生长点枯死，形成不育植株，进而造成丛枝或叶片簇生；此外，幼虫还喜欢在果萼与幼果连接处潜食，使幼果大量脱落，造成严重减产。

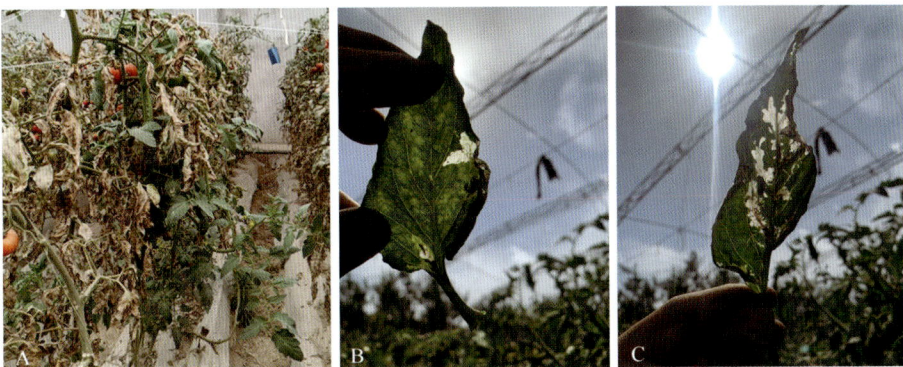

图 3-10 番茄潜叶蛾对番茄的危害（谈钇汐 摄，2022）
A. 果实受害 B、C. 叶片受害

（三）形态特征

1. 卵

椭圆形或近圆柱形，长约 0.4 mm，乳白色或淡黄色，近孵化时为黑褐色（图 3-11）。

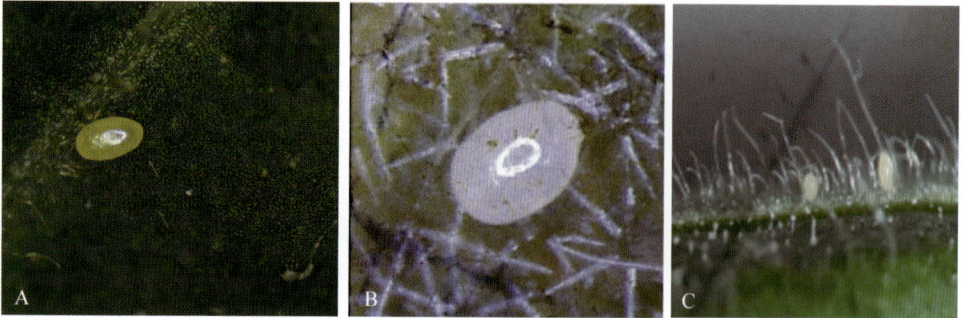

图 3-11 番茄潜叶蛾卵形态
（图 A、B 陆永跃提供，2021；图 C 张桂芬提供，2020）

2. 幼虫

番茄潜叶蛾幼虫分为 4 个龄期，初孵幼虫颜色主要是奶白色或者淡黄白色，而初孵幼虫的头部则为淡棕黄色，体长一般在 0.4～0.6 mm。番茄潜叶蛾二龄幼虫则表现为淡绿色或者淡黄白色，当进入三龄期和四龄期之后，幼虫体色会转变为绿色，有一部分幼虫背部会表现为淡粉红色（图 3-12）。

图 3-12 番茄潜叶蛾一至四龄幼虫形态（陆永跃，2021）
A. 孔道中的二龄幼虫　B. 四龄幼虫　C. 老熟幼虫　D. 老熟幼虫结薄茧

3. 蛹

蛹初期为淡绿色或棕绿色，后变为栗褐色，近羽化时变为深褐色（图 3-13）。

图 3-13 番茄潜叶蛾蛹期各阶段形态（陆永跃，2021）
A. 预蛹 B. 蛹初期 C. 蛹中期 D. 蛹末期

4. 成虫

体长 6～7 mm，翅展 8～10 mm，淡灰褐色、灰褐色或棕褐色，鳞片银灰色。触角丝状，足细长，具有灰白色与黑褐色相间的横纹（图 3-14A、C）。下唇须向上翘弯。腹部纺锤形（雌性尤为明显），第一至六节（雌性）或第一至八节（雄性）腹面中部两侧具有"八"字形黑褐色斑纹（图 3-14B、D）。雄性外生殖器抱器瓣指状，端部多毛。阳茎粗壮，具有突出的盲囊。

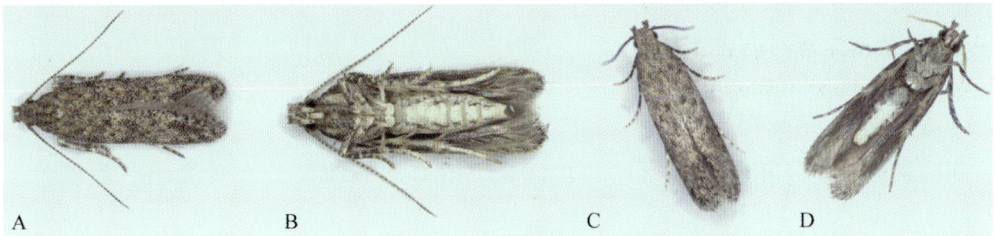

图 3-14 番茄潜叶蛾成虫特征（张桂芬，2019）
A. 雌蛾背 B. 雌蛾腹 C. 雄蛾背 D. 雄蛾腹

（四）生物学特性

1. 生活史

在南美洲，番茄潜叶蛾每年发生 10～12 代，世代重叠严重。成虫主要将卵产在植株上部叶片的背面、正面或嫩茎上，少部分产在幼果和果萼上，散产或 2～3 粒聚产。在温度 26～30 ℃、相对湿度 60%～75% 的条件下，卵经过 5～7 d 孵化为幼虫，幼虫发育历期约为 20 d。幼虫老熟后吐丝下垂，主要在土壤中化蛹，入土深度 1～2 cm；亦可在潜道内、叶片表面皱褶处或果实中化蛹，且常结一薄丝茧。雌性蛹的发育历期为 10～11 d，雄性为 11～13 d；在实验室条件下，成虫可以存活 30～40 d。在地中海盆地，成虫周年可见，雌虫和雄虫寿命分别为 10～15 d 和 6～7 d。

2. 传播扩散方式

番茄潜叶蛾的远距离传播主要借助农产品的贸易活动，尤其是番茄的跨境跨区域运输，传播载体包括来自疫区或发生区的番茄果实（尤其是带蔓番茄）、集装箱或装货箱和包装物或填充物及其运输工具、番茄或茄子的种苗，以及茄科花卉的种苗等。番茄潜叶蛾的中短距离扩散，主要是通过自然因素。气流在番茄潜叶蛾成虫扩散蔓延中起着重要作用（张桂芬 等，2020）。

3. 繁殖

成虫多在黄昏活动，雌虫羽化 1～2 d 后即可释放性信息素吸引雄虫前来交配，上午 7：00～11：00 为交配盛期，雌虫每天只能交配 1 次，一生可以交配 6 次，每次交配持续 4～5 h；而室内交配次数较多，平均为 10.4 次，交配持续时间也从几分钟到 6 h 不等。雌虫繁殖力比较强，一生最多产卵约 260 粒；第一次交配后的前 7 d 是其产卵高峰期，约占总产卵量的 76%。

4. 抗逆性

该虫不具有滞育习性，但具有较强的耐寒特性，当温度为 4 ℃时，幼虫可存活数周；即使在 0 ℃环境下也有大约 50% 的个体（包括幼虫、蛹和成虫）可存活 11.1～17.9 d。且该虫对寄主植物的全株性逆境胁迫比较敏感，如当番茄植株缺乏氮素或干旱时，由于摄食动力的改变，常导致幼虫存活率降低，以及发育历期延长（李栋 等，2019）。

（五）风险评估与适生性分析

基于 19 个环境因子和 183 个番茄潜叶蛾在新疆及其他重要代表性发生地的地理分布点信息，结合 MaxEnt 模型与 ArcGIS 软件，预测番茄潜叶蛾在新疆的潜在适生区主要集中在北疆博州、伊犁河谷、吐鲁番市一带，以及南疆的阿克苏地区、克州和喀什地区部分区域。其中，高适生区包括哈密市（伊吾县和巴里坤县北部、哈密市中南部）、吐鲁番市北部、昌吉州中北部、石河子市西北部、塔城地区西部、伊犁州大部分区域、阿克苏地区、克州南部、喀什地区大部分区域、和田地区（皮山县大部分区域、和田市以及墨玉县部分区域）。低适生区和非适生区主要分布于新疆最北部、塔里木盆地、新疆最南部以及新疆最西北的边境区域，这些区域主要分布着高山、荒漠等生境（图 3-15）。

（六）监测检测技术

1. 监测与调查方法

（1）监测方法　番茄潜叶蛾性信息素主要为 2 种成分，包括主要成分（3*E*，8*Z*，

审图号：GS京（2023）1824号

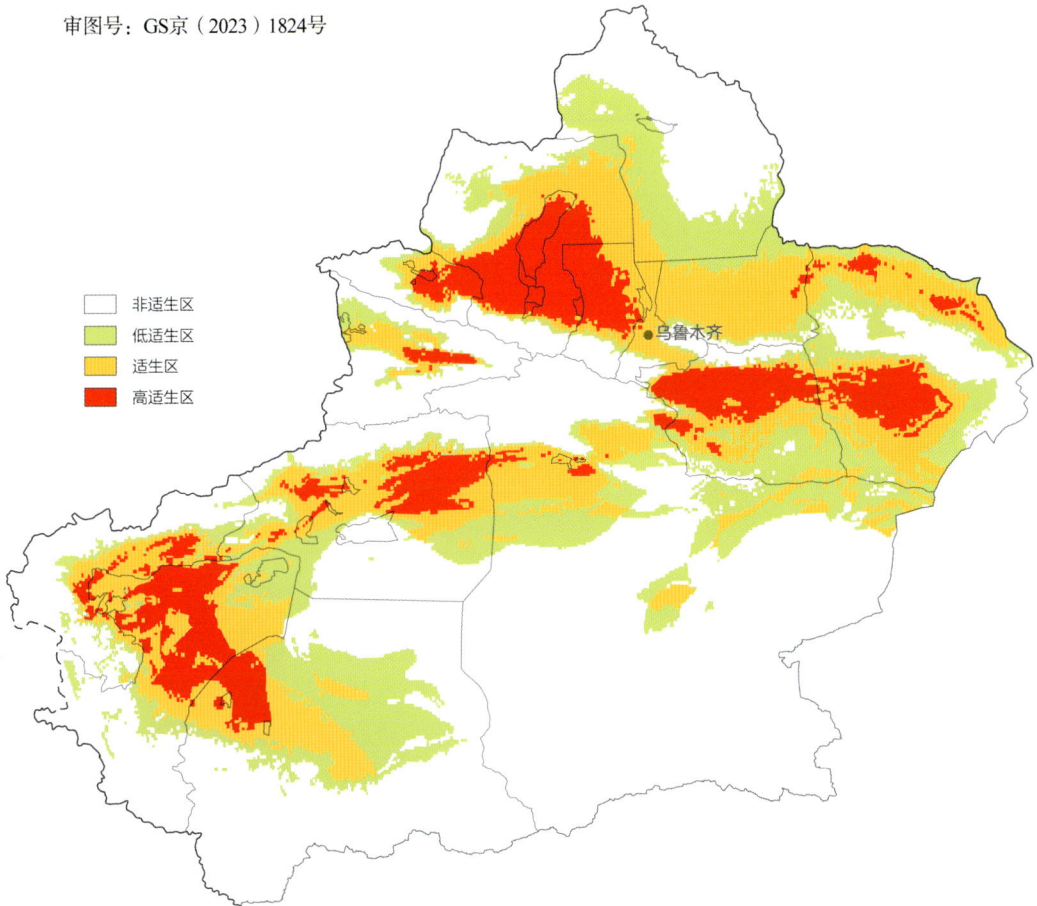

图 3-15 番茄潜叶蛾在新疆的潜在适生区分布

11Z）-十四碳三烯乙酸酯［（3E，8Z，11Z）-3，8，11-tetradeca-trienyl acetate］及次要
成分（3E，8Z）-十四碳烯醇乙酸酯［（3E，8Z）-3，8-tetradeca-dienyl acetate］。2 种成
分按 9∶1 混合能够显著引诱番茄潜叶蛾雄虫，从而降低田间种群密度或监测田间种群发
生动态。

（2）调查方法　幼虫量调查：选择危害程度基本一致的 3 个区域，每个区域采用 W
形均匀选 5 个点，每点连续调查 10 株，记录危害株数；每株上、中、下随机各选取 2 片
叶、2 个果，记录危害叶数、危害果数，每个叶片的卵、幼虫、蛹数量，计算被害株率、
被害叶率、百叶虫量、被害果率、每果的幼虫数。

成虫虫量调查：采用性信息素诱集法，诱捕器选用三角形和水盆形 2 种，两种不同的
诱捕器交叉摆放，2 个诱捕器间的距离不小于 50 m，每 3～4 d 调查 1 次，记录诱集到的
成虫数量，记录完后及时更换三角形诱捕器的粘虫板和清除水盆型诱捕器中的成虫。

蛹调查：在成虫调查区进行挖土调查，按五点取样法，每点调查 0.5 m²，挖土 10 cm
深，用分样筛孔径 10 mm、1.7 mm、0.83 mm 筛土，调查 1.7 mm、0.83 mm 分样筛中
入土老熟幼虫、活蛹、死蛹和蛹壳数量。

2. 检测技术

SS－COI 快速检测技术：提取番茄潜叶蛾 DNA，利用番茄潜叶蛾特异性引物 TAZJCE1/TAZJCF1，上游引物碱基序列为 AGAATCGTAGAAAATGGAGCAGGTA，下游引物碱基序列为 CTGGCAATGATAAAAGAAGGAG，PCR 技术扩增获得 256 bp 的特异性片段（张桂芬 等，2013）。

（七）应急防控技术

（1）检疫措施　对于番茄潜叶蛾的前沿发生区，对果实运输过程进行严格检疫，防止扩散。对发生前沿区的育苗棚进行监测，一旦发现番茄潜叶蛾成虫入侵，根据发生情况采取相应措施。

（2）化学防治和物理防治技术　参考以下综合防控技术。

（八）综合防控技术

1. 检疫防控

严禁携带有番茄潜叶蛾的番茄果实（包括鲜食番茄、加工番茄、樱桃番茄）和幼苗前往非疫区。

2. 农业防控

在定植茄科植物之前，可以对茄科植物的残体进行及时清除，并且应当选择没有番茄潜叶蛾的清洁苗进行定植。并且，茄科植物种植过程还要积极安装防虫网，对于出现害虫的虫果以及虫叶应采取人工摘除的方式。茄科植物可以与非茄科植物进行倒茬轮作或者水旱轮作。如果茄科植物出现番茄潜叶蛾虫害，则应该将带有虫体或者是虫卵的枝条叶片及时进行处理和销毁。

3. 物理防控

番茄潜叶蛾成虫具有近地面飞行求偶、地上交配的习性，对蓝光具有趋向性，将蓝色粘虫板结合诱芯放置于地面进行诱捕，可监测并降低番茄潜叶蛾发生数量（谈钇汐 等，2022），此外，利用 300 Gy 剂量的 γ 射线辐照处理番茄潜叶蛾雄虫可引起多代不育。

4. 生物防控

（1）天敌昆虫　在南美洲以及欧亚非大陆，对番茄潜叶蛾具有控制作用的自然天敌类群有 160 余种。其中，半翅目的花蝽、长蝽、盲蝽、拟猎蝽以及蝽科的蝽象等，无论是在原产地还是在入侵地均对番茄潜叶蛾具有很好的控制效果。如在欧洲发现盲蝽类天敌烟盲蝽［*Nesidiocoris tenuis*（Reuter）］、短小长颈盲蝽［*Macrolophus pygmaeus*（Rambur）］和小盲蝽属种类（*Dicyphus* spp.）；在中国发现有黑翅小花蝽［*Oirus agilis*（Flor）］、东亚小花蝽（*Orius sauteri*）、益蝽（*Picromerus lewisi*）虽然其生态学特性各不相同，但均可取食番茄潜叶蛾卵和低龄幼虫，降低或控制该种害虫在番茄作物上的种群建立和种群增长。其他的广食性捕食性天敌，如巴西的胡蜂也可能对该虫具有一定的控制作用。另外，蜘蛛、捕食螨、蓟马、草蛉、螳螂、步甲、瓢虫以及蚂蚁等也会捕食该害虫，但其控害作用尚不明确。此外，还有多种寄生性天敌，如暗黑赤眼蜂可以寄生该种害虫的卵，但其自然寄生率不是很高；寡节小蜂科和茧蜂科昆虫（主要为外寄生蜂）可以寄生其幼虫，如茧蜂科的 *Pseudapanteles dignus*（Muesebeck）和寡节小蜂科的 *Dineulophus phthorimaeae*（Desantis）在南美洲对该虫的寄生率高达 40%，芙新姬小蜂［*Neo-*

chrysocharis formosa（Westwood）］是唯一一种既可在原产地又可在入侵地发生的寄生蜂；而蛹寄生蜂只偶有发现。在中国，发现寄生性天敌暗黑赤眼蜂、玉米螟赤眼蜂、螟黄赤眼蜂对番茄潜叶蛾卵均有一定的寄生能力，分别可达到 30.00％，16.93％，10.80％，田间释放螟黄赤眼蜂 60 万头/hm²，对番茄潜叶蛾的防控效果可达 76.03％（付开赟，2022；Li et al.，2024）。

（2）致病微生物 生物杀虫剂，如苏云金杆菌的 *kurstak* 和 *aizawaii* 菌株具有较高的致死活性，杆菌属（*Bacillus*）的其他种类，以及白僵菌和绿僵菌［*Metarhizium anisopliae*（Sorokin）］，虽无专门的商品制剂，但有关该方面的研究较多。此外，斯氏线虫属（*Steinernema*）和异小杆线虫属（*Heterorhabditis*）线虫在实验室和温室条件下可使植株受害率降低 87％～95％。

（3）其他生物控制因素 抗性品种的选育、与非寄主植物轮作以及适当的肥水调控等，对番茄潜叶蛾的发生与危害均具有良好的控制作用。

5. 生态调控

（1）不在番茄潜叶蛾发生区育苗 不购买来自发生区的番茄苗。育苗前彻底清理育苗棚并安装防虫网。

（2）清洁田园 对该虫危害的田块，收获后彻底清除植株所有地上部位及枯枝落叶，挖坑深埋、压实，耕地深翻。对于春提早番茄，彻底清棚，撒施有机肥，将棚地深翻 30 cm 以上，在定植前低温冻棚 30 d 以上。

（3）轮作倒茬 对重发区域采取上述措施处理后改种非茄科蔬菜，并注意清除田边茄科杂草如龙葵、枸杞等。

6. 化学防控

24％甲氧虫酰肼悬浮剂每公顷 225 mL，20％氯虫苯甲酰胺悬浮剂每公顷 630 mL，45％甲维·虱螨脲水分散粒剂每公顷 225 mL，22％氯氟氰菊酯＋噻虫嗪悬浮剂每公顷 180 mL 等，药剂交替使用（付开赟 等，2022）。

（郭文超，付开赟，贾尊尊，丁新华，阿尔孜姑丽·肉孜，李海强，王小武）

四、烟粉虱

（一）学名及分类地位

烟粉虱［*Bemisia tabaci*（Gennadius）］，属半翅目（Hemiptera）粉虱科（Aleyrodidae）小粉虱属（*Bemisia*），是一个处于快速进化过程的复合性种群，其中 *Mediterraean* 隐种（简称 MED，以往称"Q 型烟粉虱"）和 *Middle East-Asia Minor*1 隐种（简称 MEAM1，以往称"B 型烟粉虱"），是世界上最具适应性和传播最为广泛的烟粉虱入侵性隐种。

（二）分布与危害

1. 分布

全球南极洲以外的国家和地区均有分布，存在 42 种以上形态无法区分的隐种。

中国记录了 17 种本土物种和两种入侵性隐种。MED 烟粉虱与 MEAM1 烟粉虱在全国各地均有发生。

2. 寄主范围

甘蓝、青花菜、茄子、番茄、黄瓜、棉花、烟草、一品红、秋海棠、扶桑、蜀葵、秋葵、豆科、锦葵科、葫芦科、大戟科、旋花科等至少600余种植物。

3. 危害

烟粉虱吸食植物叶片细胞汁液，造成植物叶片的生理性受损；分泌蜜露造成叶片的煤污病，导致叶片光合作用受阻从而影响作物的生长；携带植物病毒，尤其是传播植物双生病毒，对棉花、蔬菜产业具有较大的威胁。

（三）形态特征

1. 卵

表面光滑，呈椭圆形或长梨形，大多数不规则分散产于叶背面，极少产于叶片上面或叶缘。卵壳长约 0.2 mm，宽约 0.1 mm，基部有短柄，卵柄长 22～30 μm（闫明辉，2021）。

2. 若虫

共 4 龄，一龄若虫从卵中孵化后呈卵圆形，通常较透明，体小，体色淡白色带黄色。二龄虫体逐渐呈淡黄色，若虫发育进入三龄后，虫体明显比二龄大，长约 0.55 mm，宽约 0.39 mm，体色变浅，可见胸气门、尾气门，眼点变红色，背部 3 对刚毛细长。四龄若虫（伪蛹）椭圆形，体黄色，长 0.6～0.9 mm；体宽约 0.46 mm；羽化时，蛹壳背面裂开一道 T 形口，成虫即通过背面的 T 形孔羽化（闫明辉，2021）。

3. 成虫

体淡黄白色，雌虫体长（0.91±0.04）mm，翅展（2.13±0.06）mm；雄虫体长（0.85±0.05）mm，翅展（1.81±0.06）mm，雄虫略小；体被白蜡粉，前翅白色，无斑，具 2 条纵翅脉，后翅具 1 条纵翅脉；复眼红色，哑铃形，每个复眼可分为上、下两部分，中间只通过 1 个小眼相连。成虫静止时双翅呈屋脊状，两翅间常有较为明显的间隔，可见黄色腹部（闫凤鸣，2017）。

烟粉虱头部呈三角形，复眼红色，肾形，上下复眼由 1 个单眼相连，小眼的数目不等，35～40 个。口器为刺吸式口器，口针较长，0.3 mm 左右，口针由口针鞘和口针组成，口针鞘对口针起着保护作用，口针上有刺毛帮助其在植物韧皮部取食植物汁液。触角发达，7 节，由柄节、梗节和鞭节组成，鞭节 5 节，触角长 0.31～0.35 mm，上面分布有很多刺毛。第一鞭节最长（85～87 μm），第二鞭节最短（17～22 μm），触角的节与节之间略膨大。烟粉虱成虫有 3 对足，包括前足、中足、后足各 1 对，足的基本结构相同，分为基节、转节、胫节、腿节和跗节，跗节 2 节，爪 3 个，且爪中垫狭长如叶片。胫节、腿节和跗节分布有排列整齐的刺毛，跗节上刺毛密集，并有圆锥状感受器。烟粉虱雌虫外生殖器由 3 个产卵瓣组成，1 对腹瓣，1 个背瓣，背瓣略呈三角形，延长且有骨化边，在电镜上可见 1 条很细的中纵沟，终止于生殖突的端部，它是不成对的附腺导管的输出管。腹瓣、前生殖突的背缘和尖端均骨化，产卵器前方的背面有肛器和皿状孔，皿状孔内含舌状突和盖片；雄虫外生殖器由 1 对铗状抱握器和简单的管状阳茎组成，抱握器从基部向前端逐渐变尖，不弯曲（图 3-16）。

图 3-16 MED 烟粉虱不同形态（闫明辉，2021）

A. 卵　B. 一龄若虫　C. 二龄若虫　D. 三龄若虫　E. 四龄若虫　F. 皿状孔及尾刚毛　G～I. 烟粉虱成虫

（四）生物学特性

1. 生活史

烟粉虱属渐变态昆虫，包括卵期、4 个若虫期和成虫期，四龄若虫期通常称为伪蛹。在热带和亚热带地区 1 年可发生 11～15 代，且存在世代重叠现象。烟粉虱在不同寄主植物上发育各不相同，在 25 ℃条件下，从卵发育到成虫需要 18～30 d 不等，卵期为 7～8 d，若虫期为 12～14 d，成虫的寿命为 10～22 d。26～28 ℃为最适发育温度，卵期和若虫期均缩短，成虫期延长，可达 1～2 月（闫明辉，2021）。

2. 传播扩散方式

风力扩散；人为扩散，寄生在寄主（如大豆）上的若虫、伪蛹随寄主扩散；选择性扩散，随着原寄主衰老，烟粉虱向适生寄主转移。

3. 迁飞习性

随着设施蔬菜大棚在新疆农区的大规模引入，烟粉虱可在新疆顺利越冬，终年繁殖。烟粉虱冬季在居民、农田、温室大棚进行繁殖，春季温度适宜后成虫扩散至周边植物、农田及蔬菜大棚；夏季主要在露地大田危害，秋季迁回蔬菜大棚及室内寄主上（郭文超，2012；贾尊尊，2018）。

4. 繁殖及其他生物学特性

繁殖特性：烟粉虱成虫营孤雌生殖，通常情况下，正常交配的雌虫产下雄性和雌性子代，而未交配或未成功交配受精的雌虫产下的子代均为雄性。夏天烟粉虱羽化后 1～8 h 内交配，春、秋季羽化后 3 d 内交配，在适宜条件下，一般单头雌虫可产卵 300～500 粒，卵散产于叶片背面。

寄主偏好性：烟粉虱在田间存在明显的寄主选择性，寄主偏好性以葫芦科、茄科、十字花科、豆科、菊科为主。

5. 发生规律

（1）发生期

越冬期：11 月中旬至翌年 3 月上旬，随着气温的降低，露地作物上烟粉虱基本消失，但大棚内蔬菜上可见成虫活动。地表温度为 −8～−6 ℃时，部分大棚内仍有少量成虫存活。

繁殖、扩散期：3 月中旬至 6 月中旬在大棚繁殖。随着大棚作物的衰老以及外界气温不断升高，大棚内烟粉虱自 6 月上中旬大量向外扩散，到 6 月下旬大棚内烟粉虱虫量迅速下降，而靠近大棚的适生寄主虫量不断上升。

转移、扩散期：7 月上旬至 9 月中旬，此时气温偏高，对烟粉虱特别有利，烟粉虱在露地作物上大量繁殖。8 月下旬至 9 月中旬，随着秋熟作物不断衰老，烟粉虱不断向秋播作物上转移扩散，此时也是对环境造成危害的时期。

高峰期：9 月中下旬为全年虫量高峰期，10 月以后，温度下降，对烟粉虱的繁殖和存活十分不利，虫量开始大幅度下降，露地烟粉虱纷纷向大棚转移或死亡，直至 11 月中旬，露地作物上烟粉虱消失。

（2）发生特点　发生范围具有明显的区域性。一般为有虫源的越冬大棚周围，越冬大棚为明显的核心，没有大棚的地区，后期即使发生也极轻。发生量以核心区为中心呈辐射状递减，核心区内种群密度高，危害严重。随着距核心区的距离增加，种群密度随之降低，田间始见期延迟。

成虫飞行能力较弱，大部分成虫能飞行 20 m 左右，少数标记的成虫可在 5 km 以内发现。叶菜类蔬菜田中多数成虫在蔬菜叶顶部 5 km 左右范围内活动。一般在温室大棚周围及附近作物上发生程度较重，造成的危害也较大。

烟粉虱有明显的喜光性。活动高峰在 11：00—15：00，晴天的飞行活动明显强于阴天。

（五）监测检测技术

（1）监测方法

预测预报：烟粉虱测报过程中应用黄色粘虫板监测烟粉虱成虫，选择当地有代表性的蔬菜大棚，越冬棚室从 3 月上旬开始，以 5 点法放置黄色粘虫板，黄色粘虫板高度为下端略高于寄主植物顶部，每 10 d 更换 1 次黄色粘虫板。

隐种监测：由于 MED 与 MEAM1 烟粉虱存在先后入侵的现状，相关学者研究发现，MED 与 MEAM1 烟粉虱存在隐种间的竞争取代现象，这种竞争取代现象的可能原因：生态位竞争；寄主适应能力的差异；非对称交配互作；高温逆境适应能力差异；药剂敏感性差异；内共生菌的增强；双生病毒互作。入侵性隐种的监测对于揭示入侵性隐种的演替意义重大，可利用分子鉴定的方法，如种特异性 COI 标记、CAPs 技术等，对 MED 与 MEAM1 烟粉虱混发区域的隐种进行监测。

抗药性监测：依据杀虫剂不同的作用机理，可利用叶片浸渍法、着卵叶片浸渍法进行杀虫剂的毒力测定，对当地不同烟粉虱种群进行抗性测定，掌握其抗药性水平，为田间合理用药提供指导，可为抗性治理策略的制定提供理论基础。

（2）调查方法　采用 5 点取样法、Z 字形取样法或随机取样法。在每植株的上、中、下 3 个部位随机取叶龄相似的 3~5 片叶，现场检查所选叶片上烟粉虱高龄若虫（三龄、四龄）和成虫数量，随后将相应叶片进行标记后放入保鲜袋内拿回室内测量叶片面积。

当烟粉虱发生数量小时，在解剖镜下全叶镜检观察，分别统计每张叶片上烟粉虱的卵、若虫和蛹的数量，并用坐标纸测量叶片面积；当烟粉虱发生数量大时，在解剖镜下每叶按 5 点（大叶片）或 3 点（小叶片）取样进行观察，计算 1 cm^2 卵、若虫和蛹的数量，然后折算成每张叶片的平均虫量。

烟粉虱危害等级划分为 5 级：1 个标准叶面积为 10 cm^2。将调查叶片的平均叶面积折算为标准叶面积；以 1 个标准叶面积上的平均烟粉虱数量（卵、若虫和蛹的总数量）为分级单位，即虫量（头）/标准叶面积。

分级标准［平均虫量（头）/标准叶面积］：0 级无虫，1 级 1 头，2 级 2~3 头，3 级 4~6 头，4 级 7 头及以上，分别记为－，＋，＋＋，＋＋＋，＋＋＋＋。

（六）综合防控技术

1. 农业防控

在温室或大棚中进行作物栽种前，可采取翻耕、晒田、闷棚等措施，提前清除虫源，同时选育无虫净苗，避免将烟粉虱带入棚内。作物生长过程中，及时清除老叶并销毁，避免残留烟粉虱若虫。

在栽培作物周边种植或间作对烟粉虱有趋避效果的植物，如芹菜、薄荷等。实践表明：在黄瓜、辣椒、番茄田中间作芹菜，对烟粉虱表现出显著的趋避效果；在大棚一端加种薄荷，可提升烟粉虱的防控效果。

2. 物理防控

（1）防虫网隔栽培　对秋季育苗、冬季进入大棚生长的蔬菜，如西葫芦、番茄、黄瓜等，育苗期可覆盖防虫网进行隔离，阻止烟粉虱在西葫芦、番茄等苗期的危害。冬播大棚栽培蔬菜等作物可在棚室四周及门口增设防虫网于薄膜内侧，以防掀膜通风时害虫侵入。

（2）黄色粘虫板诱虫　利用烟粉虱对黄色的强烈趋性，在田园（棚室内）设置黄色粘虫板诱杀成虫（10 cm×20 cm 的黄色粘虫板每 667m^2 放置 8~10 块）于烟粉虱发生初期，将黄色粘虫板涂上机油粘剂（一般 7 d 重涂 1 次），均匀悬挂在作物上方，黄色粘虫板底部与植株顶端相平或略高些。

3. 生物防控

全球烟粉虱已知天敌昆虫种类达118种，其中寄生性天敌45种，捕食性天敌62种，虫生真菌11种。部分天敌表现出了对烟粉虱很强的控害潜能，如丽蚜小蜂。荷兰和英国释放丽蚜小蜂（*Encarsia formosa*）并配合使用噻嗪酮，可有效控制烟粉虱达70 d之久。加强天敌资源的调查引种、保护和利用天敌以及筛选有效的生物药剂可以缓解持续的药剂选择压造成烟粉虱抗性产生。

4. 化学防控

在调查烟粉虱成虫数量时，每片叶成虫数量达到5～6头时，就已达到烟粉虱的防治阈值，应采取化学防治的方法进行防控。在监测的基础上，对烟粉虱的防治提出"治前期压基数，治棚室保大田，治大田控危害"的防治策略（景炜明，2017）。由于烟粉虱对有机磷、拟除虫菊酯和氨基甲酸酯等许多常规杀虫剂产生了高水平抗性，同时对昆虫生长调节剂也产生了不同程度的抗性。可选用植物源杀虫剂6％绿浪乳油悬浮剂300倍液、40％阿维菌素乳油悬浮剂500倍液、25％噻嗪酮可湿性粉剂1 000倍液、10％吡虫啉可湿性粉剂1 000倍液、20％甲氰菊酯乳油1 500倍液、1.8％阿维菌素乳油800倍液，此外，在密闭的大棚内可用熏蒸剂按推荐剂量杀虫（景炜明，2017）。

5. 综合防控技术应用

烟粉虱的防治主要依赖于化学防治，而新疆地区设施农业多分布于各农田生态区，与棉花等主要农作物交错种植，因此设施蔬菜上施用的杀虫剂与棉田害虫防治使用的类似。鉴于新疆地区烟粉虱对不同类药剂已经产生不同程度抗性，当地设施蔬菜大棚中施药频率高，用药量大，主要施用药剂以吡虫啉、噻虫嗪、阿维菌素、吡丙醚、高效氯氰菊酯、溴氰虫酰胺等为主，同时不合理混用时有出现，易产生交互抗性，应建立合理的抗性治理及有效防治措施和策略，严格遵循轮换用药的原则，切忌单一使用同种作用机制的杀虫剂，严格管控药剂混施的行为，同时结合农事操作、化学、物理、生物等防控手段综合有效防治烟粉虱，延缓烟粉虱的抗性发生和发展。对于烟粉虱发生严重区域而言，应改进当地作物布局，尤其是在棉花集中种植区，应合理调整设施蔬菜种植面积，适当压缩豆类、茄果类蔬菜，如番茄、辣椒、黄瓜等烟粉虱主要寄主的种植比例，也可利用冻棚和晒堡等农艺措施减少烟粉虱的发生量。通过色板诱杀、施用生物农药等防治措施可以减少对化学农药的依赖，降低药剂对烟粉虱的选择压。同时应在新疆地区建立严格的检验检疫制度，切断烟粉虱的传入途径，在居民区种植朱槿等寄主，进行相应的知识宣传与普及，可在冬季发放药剂对烟粉虱进行控制，切断下年虫源，在冬季采用冻棚以及使用烟碱类熏棚等措施，以减轻烟粉虱的发生（贾尊尊，2017）。

（郭文超，吐尔逊·阿合买提，贾尊尊，王小武，阿尔孜姑丽·肉孜，李海强）

五、马铃薯瓢虫

（一）学名及分类地位

马铃薯瓢虫 ［*Henosepilachna vigintioctomaculata*（Motschulsky）］，属鞘翅目（Coleoptera）瓢虫科（Coccinellidae）食植瓢虫亚科（Epilachninae）裂臀瓢虫属（*Henosepilachna*），是典型的多食性害虫，别名马铃薯二十八星瓢虫、曼陀罗瓢虫等（虞国跃，2000）。

（二）分布与危害

1. 分布

马铃薯瓢虫原产地位于亚洲的东北部，日本、朝鲜和我国东北、华北地区等。迄今为止，该虫在我国的黑龙江、山西、河北、河南、辽宁、吉林、江苏、广东、浙江、台湾、广西、云南、贵州、四川、陕西等省（自治区）均有发生及分布。2020年6月上旬丁新华等（2022）在新疆伊犁州察布查尔县马铃薯、番茄以及龙葵上发现该虫。

2. 寄主

该虫寄主范围很广泛，可以取食13科30多种植物。包括马铃薯、茄子、龙葵、番茄、曼陀罗、枸杞、烟草等茄科植物；白菜 [Brassica pekinensis （Lour.） Rupr]、萝卜 [Raphanus sativus （Sazonava）]、芥菜 [Brassica juncea （Coss.）] 等十字花科植物；玉米 （Zea mays Linn.） 等禾本科植物；南瓜 [Cucurbita moschata （Duchesne ex Poir.）]、黄瓜（Cucumis sativus Linn.）、甜瓜（Cucumis melo Linn.）等葫芦科植物；向日葵（Helianthus annuus Linn.）、牛蒡（Arctium lappa Linn.）、千里光 [Senecio scandens （Buch.-Ham. ex D. Don）]、小蓟 [Cirsium belingschanicum （Petr.）] 等菊科植物；栎（Quercus acutissima）等壳斗科植物；豌豆（Pisum sativum Linn.）、绿豆 [Vigna radiata （（Linn.） Wilczek）] 等豆科植物；皱果苋、苋科、柿科、玄参科泡桐 [Paulownia fortunei （Seem.） Hemsl.]、胡桃科核桃 [Juglans regia （Linn.）]、酢浆草科酢浆草 [Oxalis corniculate （Linn.）] 等植物（武丹 等，2008）。

3. 危害

马铃薯瓢虫成虫、幼虫均危害植物叶片。一般群集在叶背面，啃食叶的下表皮及叶肉，残留叶片上表皮，形成有规则的半透明细凹纹或平行的透明线状纹。受害叶片变成黄褐色，并干枯，最后叶片出现孔洞，严重的整株叶片变成黄褐枯焦状，植物光合作用受到破坏，产量下降，品质下降，甚至整株死亡，影响马铃薯产量和收益。马铃薯瓢虫成虫危害茄子时，不仅取食叶片，而且还危害果实，影响产品质量，丁新华等（2022）于2020年6月在新疆伊犁州察布查尔县首次发现马铃薯瓢虫，发生面积 $6.12×10\ hm^2$，主要寄主为马铃薯、番茄以及龙葵等，其中马铃薯上危害最重，平均发生量5头/株，最高达27头/株（图3-17）。

图3-17 新疆伊犁马铃薯瓢虫田间危害状（阿尔孜姑丽·肉孜 摄，2020）

（三）形态特征

1. 成虫

体长6.6～8.2 mm，体宽5.0～7.2mm；体半球形，近于宽卵形或心形，体背面中度拱起，黄褐至红褐色，密生黄灰色短毛；头背面中部有2个黑点（有时联合）；前胸背板赤褐色，前胸背板上的斑纹由7个黑色斑点组成，一般中央前方的2个黑点相互联合或与其后方的1个黑点连成剑状纵纹，两侧各有2个黑色小斑相连成侧斑；小盾片在浅色的个体中基色（前胸背板的颜色）相同，在深色的个体中则由于1斑的扩展而成为黑色；两鞘翅各有14个黑色斑，其中基斑有6个，变斑有8个，基斑常大于变斑，斑纹呈1-2-2-2-1-3-2-1排列，两鞘翅合缝处有1～2对黑斑相连（图3-18A）；鞘翅端角的内缘与鞘缝呈切线相连，不呈角状突出；腹面的基色与背面相同，中胸腹板侧面及腹板基部黑色，第五腹节以后常为浅色；足股节及跗节为黑色。

2. 卵

卵形状为子弹头状，长约1.5 mm，初产时呈淡黄色，渐变鲜黄色，接近孵化时呈橘黄色；一般15～30粒排列在叶子背面，卵块的卵粒之间有明显的间隙（图3-18B）。

3. 幼虫

幼虫老熟后体长9～10 mm，体黄色，呈纺锤形，背面隆起，体背各节有黑色枝刺，前胸背板和腹部第八、九节有枝刺4根，其余各节有枝刺6根；在每个枝刺上有6～10根小刺，枝刺基部有淡黑色环状纹，全体刺状（图3-18C）。

4. 蛹

蛹体长6～7 mm，呈扁平椭圆形，初时呈淡黄色或黄白色，渐变鲜黄色，接近羽化时呈橘黄色；体上有黑色斑纹；背面隆起，其上有稀疏细毛，腹面平坦，蛹体尾端包被着幼虫末次蜕的皮壳（图3-18D）。

图3-18　马铃薯瓢虫各虫态（阿尔孜姑丽·肉孜 摄，2020）

A. 成虫　B. 卵　C. 幼虫　D. 蛹

（四）生物学特性

1. 生活史

卵：卵位于叶片背面，很少出现在叶片正面。一代成虫主要在马铃薯叶片上产卵，孵化后的幼虫从马铃薯叶片转移到茄子、瓜类和大豆等作物上。采用网饲法对卵进行观察后发现，一代卵期 8～11 d，二代卵期 5～7 d。

幼虫：新孵化的幼虫会聚集在卵壳上，并小幅度移动，2～6 h 后开始分散在卵块周围活动取食，之后逐渐生长并在叶面上进行扩散，但只能扩散到相互连接的植物。幼虫持续取食时间较长，食量较小，当幼虫进入老熟期后，身体会呈现橘红色。

成虫：成虫刚羽化时，就能爬行，2～4 h 后开始取食。成虫的取食量白天多、夜间少。成虫羽化后 2～4 d 就开始交配，交配时长几分钟到 4 d 不等。多数成虫交配后产卵并孵化幼虫，成虫一生中可多次交配产卵，也有少量的成虫不交配产卵。成虫每次产卵10～16 粒，成虫寿命为 30～80 d，部分越冬代成虫寿命可达 240 d 左右。

2. 传播扩散方式

成虫有假死性，受惊落地，并能分泌黄色黏液。幼虫孵化后，先集中在产卵叶的叶背危害，稍大后分散危害，老熟幼虫在叶背或茎部化蛹。成虫、幼虫均有食卵习性。

3. 发生规律

马铃薯瓢虫属完全变态昆虫，分卵、幼虫、蛹和成虫 4 个阶段。其生殖方式为两性生殖型。具有趋光性、群聚性和假死性。世代重叠现象严重，在山西、黑龙江一带每年发生1～2 代，在天津每年发生 2 代，而在黄河流域 1 年发生 3 代，当温湿度适宜，马铃薯瓢虫具有 1 年发生 4 代的现象。越冬代成虫翌年于 3 月底至 4 月中旬恢复活动，先在龙葵、枸杞等野生植物上取食，5 月上旬至 6 月初危害刚出的瓜苗及定植的茄子、辣椒、番茄的幼苗，并逐渐迁到马铃薯上危害，交尾、产卵。6 月上旬出现一代幼虫，6 月中旬幼虫老熟化蛹羽化为成虫，完成 1 个世代大约 30 d，6 月下旬至 7 月上旬为一代成虫危害高峰期，同时也是产卵盛期，卵产在叶背。8 月中旬至 9 月上旬为二代成虫危害高峰期。8 月下旬至 9 月上旬二代成虫羽化后，部分不交配产卵，于 9 月中旬进入越冬状态。

（五）综合防控技术

1. 农业防控

（1）播种管理　选用抗虫品种，播种后用药土覆盖，移栽前喷施 1 次除虫灭菌的混合药（张彩霞，2014）。

（2）合理施肥　提倡施用酵素菌沤制的（或充分腐熟的）农家肥，不用未充分腐熟的肥料；科学施肥，增施磷肥、有机肥，有利于减轻虫害（张彩霞，2014）。

2. 物理防控

（1）人工捕杀　利用马铃薯瓢虫群居越冬习性，清理其越冬场所，消灭越冬成虫；利用成虫假死习性，拍打植株，使其落地，集中消灭；在成虫产卵盛期，结合田间管理摘除卵块，减轻后期防治压力（王光荣，2010）。

（2）灯光诱杀　利用马铃薯瓢虫的趋光特性，采用杀虫灯诱杀成虫（张彩霞，2014）。

3. 生物防控

在马铃薯瓢虫幼虫盛发期，人工释放双脊姬小蜂防治（董传民，2019），也可施用白僵菌防治。

4. 化学防控

选择 2.5%氯氰菊酯乳剂 3 000 倍液，50%辛硫磷乳剂 1 000 倍液，2.5%三氟氯氰菊酯乳油 3 000 倍液，2.8%阿维菌素乳油 1 500 倍液等喷雾防治（古飞鸣 等，2013）。

5. 综合防控技术应用

抓住防治适期，有效控制虫害 越冬代成虫发生盛期和一至二龄幼虫集聚期进行防治。清除田边杂草，破坏越冬虫源基数。4～9 月在马铃薯田安装杀虫灯诱杀成虫。也可在早、晚人工捕杀成虫或摘除卵块。利用天敌或喷施阿维菌素或烟碱防治。成虫盛期和一至二龄幼虫集聚期用 50%西维因可湿性粉剂 600 倍液，10%溴·马乳油 1 500 倍液喷雾，7 d 喷 1 次，叶片正反面均匀喷雾。

（丁新华，郭文超，阿尔孜姑丽·肉孜，付开赟，王小武）

六、麦双尾蚜

（一）学名及分类地位

麦双尾蚜 ［*Diuraphis noxia*（Kurdjumov）］，属半翅目（Homoptera）蚜科（Aphididae）双尾蚜属（*Diuraphis*）（文勇林 等，1999；张润志 等，1999a，1999b）。

（二）分布与危害

1. 分布

国内分布于新疆小麦产区（张润志 等，1999a，1999b）。

国外分布于乌克兰、中亚、北非、东欧、尼泊尔、南非、墨西哥、美国、加拿大。

2. 寄主范围

主要有小麦、大麦和燕麦、野燕麦、黑麦和偃麦草等 70 余种禾本科作物及杂草。

3. 危害

麦双尾蚜喜取食麦类作物的幼嫩组织。常大量聚集在麦类幼苗和刚抽出的叶片上取食（在叶片基部）。其危害可使叶片中的叶绿素含量严重丧失，一般可减少叶绿素 35%左右，使叶片沿叶脉形成白、黄或红色的条斑，叶片纵卷呈筒状，失绿变红或变黄（文勇林 等，1999）（图 3-19）。

图 3-19 麦双尾蚜危害状（Saheed，2007）

（三）形态特征

1. 无翅孤雌蚜

体长 1.59 mm，宽 0.60 mm，体浅绿色。中胸腹岔无柄至两臂断开。触角长 0.74 mm。喙达中足基节，末节长为后跗节Ⅱ的 0.74 倍。跗节Ⅰ毛序为 3，3，3。腹管长不及基宽。第八腹节背片中央具上尾片，长为尾片的 0.55 倍。尾片毛 5 根或 6 根，上尾片具短毛 4～5 根，尾板毛 9 根，生殖板毛 20 根（图 3 - 20）（张广学 等，1999；张润志 等，1999a）。

2. 有翅孤雌蚜

体长 2.46 mm，宽 0.82 mm。触角长 0.74 mm；第三节上有圆形次生感觉器 4～6 个，第四节有 1～2 个（张广学 等，1999；张润志 等，1999a）。

3. 无翅性雄蚜

体长 2.41 mm，宽 0.31 mm，体淡色。缘瘤透明，极小，位于前胸及腹节各 1 对；小于气门直径。体背毛极小，粗钝顶，中额毛 1 对，额瘤毛 2～3 对，腹节毛 8 对，其中上尾片毛 2 对；触角 6 节，长 0.68 mm，节长 0.18 mm，节有毛 4～5 根。毛长为该节直径的 1/3。后足胫节中部膨大，两端渐细，后股节长 0.35 mm，后臀节长 0.56 mm，为体长的 0.23 倍，为中宽的 8.9 倍，为端宽的 1.5 倍。腹管短筒状，上尾片宽锥状，尾片宽舌状，有毛 8 根（张广学 等，1999；张润志 等，1999a）。

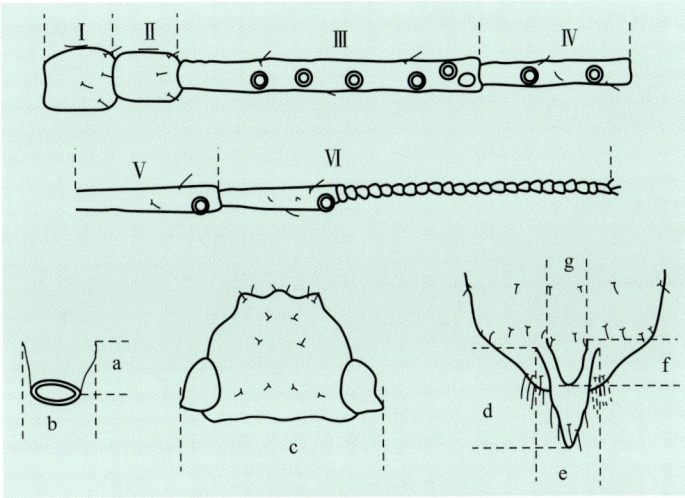

图 3 - 20 麦双尾蚜（张润志 等，1999a）

Ⅰ、Ⅱ、Ⅲ、Ⅳ、Ⅴ、Ⅵ. 触角各节长 a. 腹管长 b. 腹管宽 c. 头宽 d. 尾片长 e. 尾片基宽
f. 上尾片长 g. 上尾片宽

（四）生物学特性

1. 生活史

1 年发生 11 代，在寒冷麦区营全周期生活。秋末冬初产生雌性蚜和雄蚜，交配后把卵产在麦类或禾本科杂草上，翌春卵孵化，在上述寄主上孤雌生殖 3 个世代，一、二代为无翅型，三、四代部分为有翅型，向外迁飞或持续危害到麦类收获。在温暖地区营不全周期孤雌生殖。麦双尾蚜发育起点温度为 3.27 ℃，发育适温区为 15～24 ℃，有效日积温为 152.44 ℃。在较低温度下（7.5～15.0 ℃）发育阶段的总存活率较高，说明低温对麦双尾蚜生长有利，但一至二龄的存活率略低于三至四龄，说明低龄若蚜的抗逆性稍差。15～24 ℃时，麦双尾蚜单雌产仔量高，为繁殖最适温区。麦双尾蚜在 15～20 ℃时种群增长指数较大，为其适宜温区。在 20 ℃时种群内禀增长率最大，30 ℃恒温条件下种群内禀增长

率为负值，种群趋于衰败（张润志 等，1999b）。

2. 传播扩散方式

在新疆塔城地区冬、春麦混植区，冬麦田是麦双尾蚜的主要越冬地点。从 5 月开始有翅蚜迁飞到春麦上危害，秋季主要从晚熟春麦迁飞到冬麦上产卵越冬（张润志 等，1999a，1999b）。

3. 迁飞习性

有可能通过自主飞行、借助风力及人为携带途径进行扩散（张润志 等，1999a，1999b）。

4. 繁殖

在新疆塔城地区，麦田麦双尾蚜时间生态位宽度最大，麦双尾蚜和麦二叉蚜时间生态位重叠最严重，竞争激烈。在伊犁州，麦长管蚜和麦双尾蚜的时间生态位重叠最严重，而麦长管蚜和麦二叉蚜的空间生态位和时空生态位重叠最严重（张润志 等，1999a，1999b）。

麦双尾蚜的分布与海拔高度密切关系。在新疆塔城地区，麦双尾蚜在春麦田最集中分布的海拔为 600～800 m，随着总体蚜量的增大，最大蚜量出现的海拔高度下降；在冬麦田最集中分布的海拔为 700～800 m，略高于春麦田最集中分布的海拔高度。在麦双尾蚜最集中分布的海拔高度范围内，数量高峰出现在春麦田（张润志 等，1999a，1999b）。

5. 发生规律

在 6 月，田间产生有翅蚜，开始迁飞，转移到春麦田危害。夏季或秋季，作物收获后，在杂草上越夏。有性世代出现在 9 月，10 月开始在大麦或小麦的叶片上产卵，直到霜冻来临。在新疆塔城观察表明，麦双尾蚜在降雪时仍在产卵，直到 11 月还可以发现雌性麦双尾蚜（张润志 等，1999a，1999b）。

（五）综合防控技术

1. 农业防控

烧毁麦茬，消灭田间麦双尾蚜；种植诱集植物大麦，再进行翻耕，消灭麦双尾蚜；对收割后的麦茬也进行翻耕，消灭麦双尾蚜的卵（梁宏斌 等，1999）。

2. 生态调控

种植抗蚜品种、种植诱集田等措施可以有效控制麦双尾蚜危害。

3. 化学防控

（1）药剂拌种　每 100 kg 种子用 70% 吡虫啉湿拌种剂 420～490 g、吡虫啉悬浮种衣剂 108～180 g 拌种，对苗期蚜虫防治效果较好。

（2）喷雾防治　大田可喷施 22% 氟啶虫胺腈悬浮剂每公顷 225～300 mL，或 50% 氟啶虫胺腈水分散粒剂每公顷 75 g，或 10% 吡虫啉可湿性粉剂每公顷 150～300 g，或 3% 啶虫脒每公顷 225～300 g，兑水 600～900 kg，均匀喷雾。

（付开赟，李海强，丁新华，郭文超，王小武）

七、美洲斑潜蝇

（一）学名及分类地位

美洲斑潜蝇（*Liriomyza sativae* Blanchard），属双翅目（Diptera）潜蝇科（Agromyzidae）斑潜蝇属（*Liriomyza*）。

（二）分布与危害

1. 分布

美洲斑潜蝇是一种危险性害虫，适应性强，繁殖快，传播速度快。美洲斑潜蝇首先在阿根廷紫苜蓿上被发现，随后传播到北美、中美、南美、加勒比海、非洲、亚洲和欧洲等地区。

在我国，美洲斑潜蝇于 1993 年首次在海南省被鉴定报道，随后迅速传播扩散。目前我国各省（自治区、直辖市）均有该虫的分布和危害（代万安 等，2012）。新疆于 1997 年在乌鲁木齐市、昌吉市、喀什地区、巴州、哈密市和吐鲁番市等地发现美洲斑潜蝇危害，随后陆续蔓延至新疆各蔬菜产地（方德立 等，2000）。

2. 寄主

美洲斑潜蝇寄主广泛，多达 31 科 170 多种植物。其中，以葫芦科、茄科和豆科植物受害最重（戴小华 等，2000）。

3. 危害

美洲斑潜蝇是目前世界上严重危害蔬菜的杂食性害虫，在新疆许多地区危害温室蔬菜如黄瓜、番茄、西葫芦、豇豆、茄子、辣椒、芹菜、甘蓝等，轻者植株发育迟缓并减产，重者叶片上布满虫道，叶片枯死脱落，甚至绝收。幼虫危害叶片，取食正面叶肉，形成先细后宽的蛇形弯曲或蛇形盘绕虫道，其内有交替排列整齐的黑色虫粪，老虫道后期呈棕色的干斑块区，一般 1 头虫 1 条虫道，1 头老熟幼虫 1 d 可潜食 3 cm 左右。成虫在叶片正面取食和产卵时，刺伤叶片，形成针尖大小的近圆形刺伤"孔"，造成危害。"孔"初期呈浅绿色，后变白，肉眼可见，直径为 0.12～0.24 mm（图 3-21）。

图 3-21　美洲斑潜蝇在不同蔬菜上的危害状（何伟，2016）
A. 茄子叶片　B. 番茄叶片　C. 芹菜叶片　D. 辣椒叶片

（三）形态特征

1. 成虫

成虫体形较小，头部黄色，眼后眶黑色，头部外顶鬃着生处暗色，内顶鬃着生在黄色与暗色交界处。胸部中侧片黄色，下缘带黑色斑。足基节、腿节黄色。前翅中室较小，M3＋4 末段长为次末段的 3 倍（图 3 - 22）。

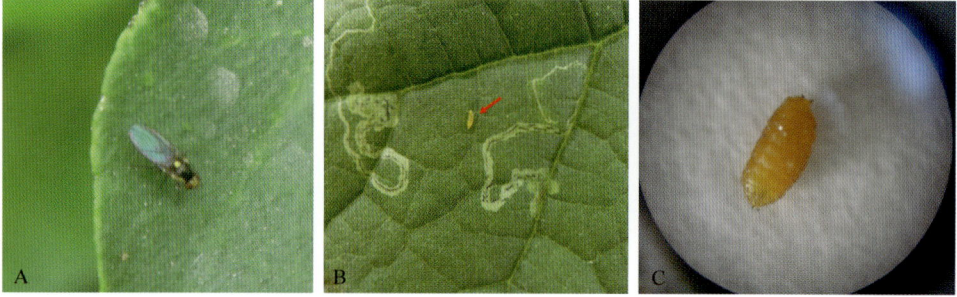

图 3 - 22　美洲斑潜蝇不同虫态（何伟，2017）

A. 成虫　B. 幼虫　C. 蛹

2. 卵

白色，半透明，较小，大小（0.2～0.3）mm×（0.10～0.15）mm，通常产于叶片正面上表皮下，很少产于叶片背面。

3. 幼虫

虫体呈均匀一致的橙黄色，后气门突具 3 个气孔。

4. 蛹

鲜黄色至黄褐色，椭圆形，长 1.3～2.3 mm。

（四）生物学特性

1. 生活史

美洲斑潜蝇一龄幼虫潜道较小，二龄幼虫潜道明显宽于一龄幼虫，粪便在潜道中具有间隔。三龄幼虫潜道明显宽于二龄幼虫，且黑色粪便在叶片潜道中常连成线。幼虫老熟后钻出叶面，在叶面或土壤表层 0～1 cm 处化蛹。成虫羽化速度受温度影响较大，温度越高，羽化速度越快（图 3 - 23）。

2. 传播扩散方式

美洲斑潜蝇成虫迁飞能力弱，主要以卵、幼虫和蛹随调运植物、土壤、包装物及交通工具等进行远距离传播。

3. 繁殖

美洲斑潜蝇繁殖能力强，世代短，具有世代重叠现象。卵孵化时间随着温度升高而加快，平均温度 29 ℃时，卵孵化仅需 3～4 d。幼虫在温度为 29 ℃时，历期为 3～4 d，温度越低，历期越长。幼虫孵化后即开始取食寄主植物叶片，幼虫取食速度随着龄期增大而增加。三龄幼虫在寄主植物潜道末端开半圆形口后钻出叶片化蛹。蛹的历期随温度的升高而缩短，温度为 28 ℃时，其蛹历期一般为 8～10 d。成虫在上午羽化，成虫羽化高峰期一般在上午 8：00～12：00，成虫羽化后第二天即开始交配，交配多在上午，持续时间多为

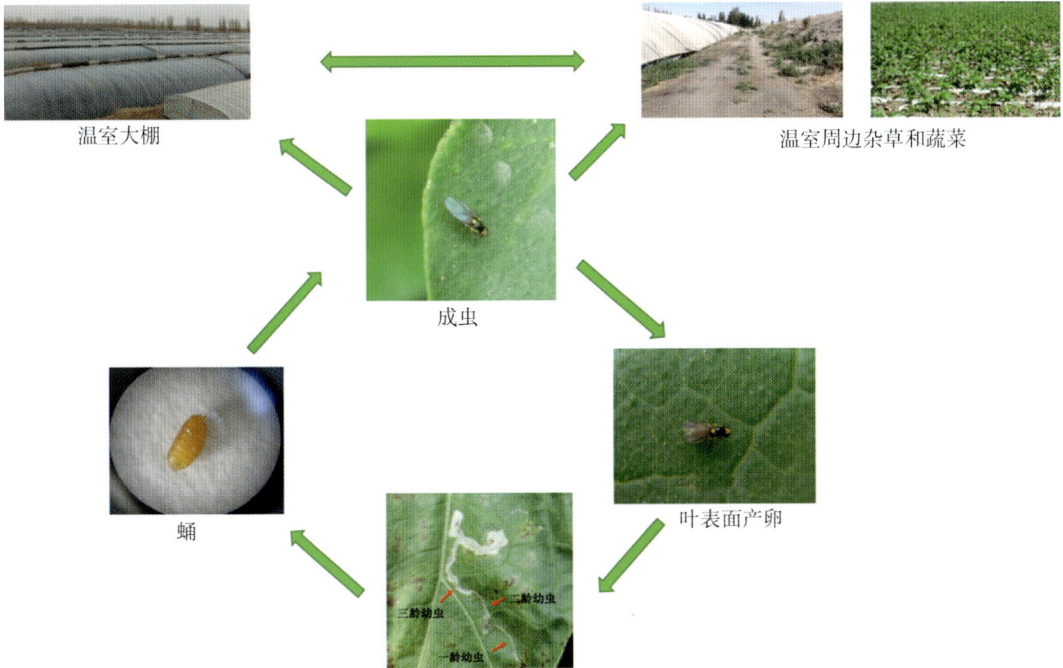

温室大棚

温室周边杂草和蔬菜

成虫

蛹

叶表面产卵

三龄幼虫　二龄幼虫

一龄幼虫

图 3-23　美洲斑潜蝇生活史（何伟，2022）

0.5～2 h。成虫寿命与温度和湿度密切相关，一般在 3～23 d。成虫具有趋光性、趋绿性、趋黄性和趋上性。

4. 发生规律

美洲斑潜蝇在新疆 1 年发生 9～10 代，其中露地蔬菜 1 年发生 6～7 代，温室大棚蔬菜 1 年发生 2～3 代。在新疆美洲斑潜蝇以各虫态在温室内越冬，在每年 4 月底至 5 月初从温室迁至露地杂草或蔬菜上，10 月中上旬，随着气温降低，美洲斑潜蝇迁入温室。美洲斑潜蝇在露地完成 1 个世代需要 16～32 d，在温室完成 1 个世代需要 50～63 d。

（五）综合防控技术

1. 检疫防控

严格检疫，防止该虫扩散蔓延。

2. 农业防控

蔬菜采收后，及时清除残枝败叶，集中烧毁或深埋，减少虫源。在高温季节可采用高温闷棚方式减少虫源，48 ℃高温持续 1 h 即可完全杀死美洲斑潜蝇的蛹。在斑潜蝇危害重的地块，要考虑蔬菜合理布局，把美洲斑潜蝇嗜好的瓜类、茄果类、豆类与其不危害的苋菜或苦瓜等作物进行套作或轮作。适当疏植，增加田间通透性，降低虫口密度。斑潜蝇发生盛期，及时采取中耕灭蝇。

3. 物理防控

育苗棚和温室可设置 60 目防虫网阻挡美洲斑潜蝇迁入。同时利用美洲斑潜蝇成虫的趋黄性，可在温室中每 667m² 悬挂黄色粘虫板 25～30 张进行诱杀，黄色粘虫板悬挂高度距离作物顶部 10～20 cm，随着作物生长调整悬挂高度。

4. 生物防控

斑潜蝇寄生蜂种类较多，如异角亨姬小蜂 [*Hemiptarenus varicornis*（Girault）]、

底比斯釉姬小蜂 [*Chrysocharis pentheus*（Walker）]、冈崎灿姬小蜂 [*Chrysono tomyiaokazakii*（Kamijo）]、丽灿姬小蜂 [*Chrysocharis formosa*（Westwood）]、甘蓝潜蝇茧蜂 [*Opius dimidiatus*（Ashmead）]、黄色潜蝇茧蜂（*Opius flavus*）、丽潜蝇姬小蜂（*Neochrysocharis formosa*）、黄腹潜蝇茧蜂 [*Opius caricivorae*（Fischer）] 和芦苇格姬小蜂（*Pnigalio phragmitis*）等，温室中在不使用杀虫剂的情况下可利用上述天敌进行防治。

5. 化学防控

采用黄色粘虫板和诱芯进行田间成虫发生量监测，在成虫发生高峰期 4～8 d 后及时进行防治。可参考使用以下杀虫剂：1.8%阿维菌素乳油 2 000～2 500 倍液，50%灭蝇胺可湿性粉剂 3 500 倍液，16%高氯·杀虫单微乳剂 1 000 倍液，20%阿维·杀虫单微乳剂 1 500 倍液。上述药剂视虫情 7～10 d 喷 1 次，番茄采收前 7 d 停止施药。

幼虫发生期，可使用以下杀虫剂：11%阿维·灭蝇胺悬浮剂 600～700 倍液，5%啶虫脒乳油 2 000～2 500 倍液，5%甲维盐微乳剂 4 000～5 000 倍液，1%甲氨基阿维菌素乳油 2 000～4 000 倍液，3.5%氟氰·溴乳油 1 000～2 000 倍液，10%溴虫腈悬浮剂 1 000 倍液，50%灭蝇胺可湿性粉剂 2 000 倍液，2.5%高效氯氰菊酯乳油 1 500 倍液。上述药剂视虫情 5～7 d 喷施 1 次，蔬菜采收前 7 d 停止喷药。

保护地可使用 10%苯基甲基氨基甲酸酯烟剂 3.75～4.50 kg/hm²，傍晚闭棚后烟熏，次日清晨及时通风。

（何伟，许建军，罗文芳，周军辉）

八、西花蓟马

（一）学名及分类地位

西花蓟马 [*Frankliniella occidentalis*（Pergande）]，属缨翅目（Thysanoptera）锯尾亚目（Terebrantia）蓟马科（Thripidae）。

（二）分布与危害

1. 分布

西花蓟马原产于北美洲，1895 年首次在美国加利福尼亚发现并报道，20 世纪 70 年代开始在美国境内蔓延，之后扩散至整个北美洲。1983 年西花蓟马在欧洲的荷兰被发现报道后，10 年内扩散到整个欧洲。在亚洲，西花蓟马于 20 世纪 90 年代在日本、马来西亚、土耳其和韩国被报道。目前，西花蓟马已在美洲、非洲、欧洲、大洋洲和亚洲的 90 多个国家和地区有报道（吕要斌 等，2011）。2003 年，西花蓟马首次在我国北京发生危害，目前主要分布于北京、天津、河北、河南、山东、江苏、浙江、云南、贵州、宁夏、新疆、西藏、吉林等地（吕要斌 等，2011）。

2. 寄主

西花蓟马食性杂，寄主植物多达 500 多种，主要包括菊科、葫芦科、豆科、十字花科等 60 多个科的作物和杂草，如菠萝、番木瓜、葡萄等水果，蚕豆、菜豆、甘蓝、花椰菜、芹菜、黄瓜、番茄、茄子、甜椒、辣椒、菠菜、大葱等蔬菜，非洲紫罗兰、秋海棠、金盏草、马蹄莲、菊花、大丽花、唐菖蒲、凤仙花、矮牵牛、樱草、毛茛、金鱼草等花卉，同时也危害多种杂草（吕要斌 等，2004）。

3. 危害

西花蓟马通过直接取食、产卵和间接传播病毒导致农作物减产（吕要斌 等，2004）。

西花蓟马是锉吸式口器，若虫和成虫均可取食危害果、花、花蕾、叶和叶芽等部位。西花蓟马通常取食未成熟叶芽边缘，导致叶片无法伸展而变形；也可取食展开的成熟叶片，导致叶片表面银化，并在植株表面留下黑绿色斑状排泄物。危害花卉时，导致花瓣斑驳，影响观赏价值。危害花蕾，导致花瓣斑驳，花冠畸形，甚至导致花不能正常开放。

另外，西花蓟马是许多植物病毒的传播媒介，如凤仙花坏死斑病毒（INSV）和番茄斑萎病毒（TSWV），给植株造成毁灭性危害。病毒危害的症状包括皱缩、叶片畸形、叶面斑点、明脉、叶面上出现线状波纹、叶面或花上出现同心环和茎干坏疽等（图 3-24）。

图 3-24 西花蓟马危害状（吕要斌 摄，2010）

（三）形态特征

1. 成虫

成虫细小，平均体长 1.5 mm，翅窄，翅前缘缨毛显著短于后缘缨毛。能飞善跳，能借助气流做短距离迁移。体色因季节不同从浅色（白色、淡黄色）、中间体色（颈部橘黄色，腹部褐色）至黑褐色变化，中间体色在全年均可见，但春天以黑褐色为主（图 3-25）。

2. 卵

卵呈肾形、白色，非常小，长约 250 μm。西花蓟马雌虫通过锯状产卵器将卵产于植物的叶、花和果等组织内。

3. 若虫

分为 2 个龄期。一龄若虫刚孵化时为白色或半透明状，然后逐步变为黄色。一龄若虫

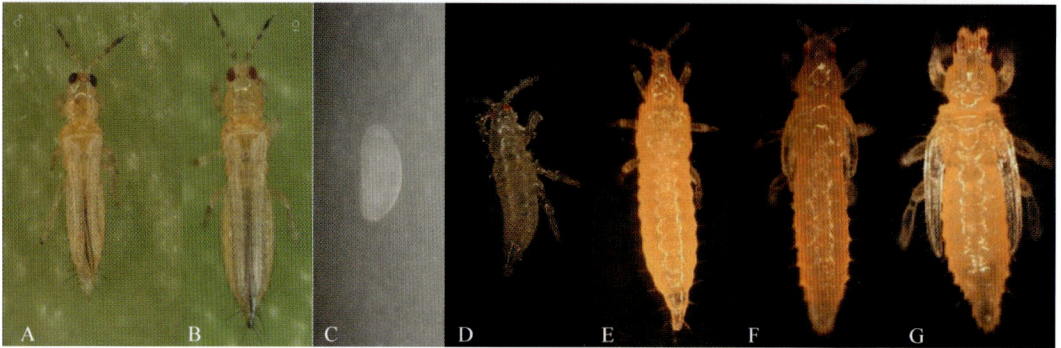

图 3-25　西花蓟马各虫态（李晓维 摄，2021）
A. 雄成虫　B. 雌成虫　C. 卵　D. 一龄若虫　E. 二龄若虫　F. 预蛹　G. 蛹

虫体包括头、3 个胸节、11 个腹节，在胸部有 3 对结构相似的胸足，没有翅芽。初孵化一龄若虫体长 0.2～0.5 mm。二龄若虫比一龄若虫大，为淡黄色，非常活跃。

4. 蛹

分为预蛹和蛹，预蛹翅芽短，触角前伸。蛹的翅芽长，长度超过腹部一半，几乎达腹末端，触角向头后弯曲。蛹和预蛹均不取食，几乎不动，受惊扰后会缓缓挪动。

西花蓟马成虫的分类特征：头部触角 8 节，第一节淡色，第二节褐色，第四至八节褐色；具 3 只单眼，呈三角状排列，1 对复眼；单眼三角区内 1 对刚毛与复眼后方 1 对刚毛等长。前胸前缘 1 对角刚毛与 1 对前缘刚毛等长，后缘具 2 对刚毛也与 1 对后缘角刚毛等长；后胸背板中央网纹简单，前缘 2 对刚毛着生位置几乎平行且等高，中央 1 对刚毛下方后缘处具 1 对感觉孔；前翅具有 2 列完整连续的刚毛。成虫腹部背板中央有 T 形褐色块；第八节背板两侧的气孔外方具 2 弯状微毛梳，后缘具稀疏但完整的梳状毛。雄虫体色淡，体小，腹部第三至八节腹板前方具有淡褐色椭圆形的腺室，但第八节背板后缘无梳状毛（图 3-26）。

（四）生物学特性

1. 生活史

西花蓟马的发育起点温度为 7.4 ℃，充分完成发育所需的日有效积温为 208 ℃。20～25 ℃是最适宜西花蓟马生长发育和繁殖的温度，温度过高或过低都不利于西花蓟马种群增长。结合我国昆虫不同分布区系的田间气象资料，通过有效积温法预测不同地区的年发生代数，华南、华中、华北和东北地区的年发生代数分别为 24～26 代、16～18 代、13～14 代和 1～4 代，西南地区昆明与丽江分别为 13～15 代和 8～10 代（吕要斌 等，2011）。

西花蓟马属渐变态昆虫，具有卵、一龄若虫、二龄若虫、预蛹、蛹和成虫 6 个虫态（吴青君 等，2005）。西花蓟马产卵于植物表皮内部，通常零星单个分布，但有时沿叶脉排成 1 排，17～37 ℃，卵期 2.5～4 d。初孵一龄若虫就可以取食。二龄若虫比一龄若虫大，取食量增加，钻入土壤或植物碎屑里。预蛹和蛹都在土壤或植物碎屑内，除非受到惊扰，否则不吃东西也不动。通常情况下，西花蓟马大部分在 2 cm 深的土壤中化蛹。蛹羽化为成虫时具翅。西花蓟马雌虫未交配就可以产卵，未受精卵孵化出来的子代通常为雄虫。雌虫为二倍体，雄虫为单倍体。西花蓟马从卵发育到成虫平均需要 2～3 周。

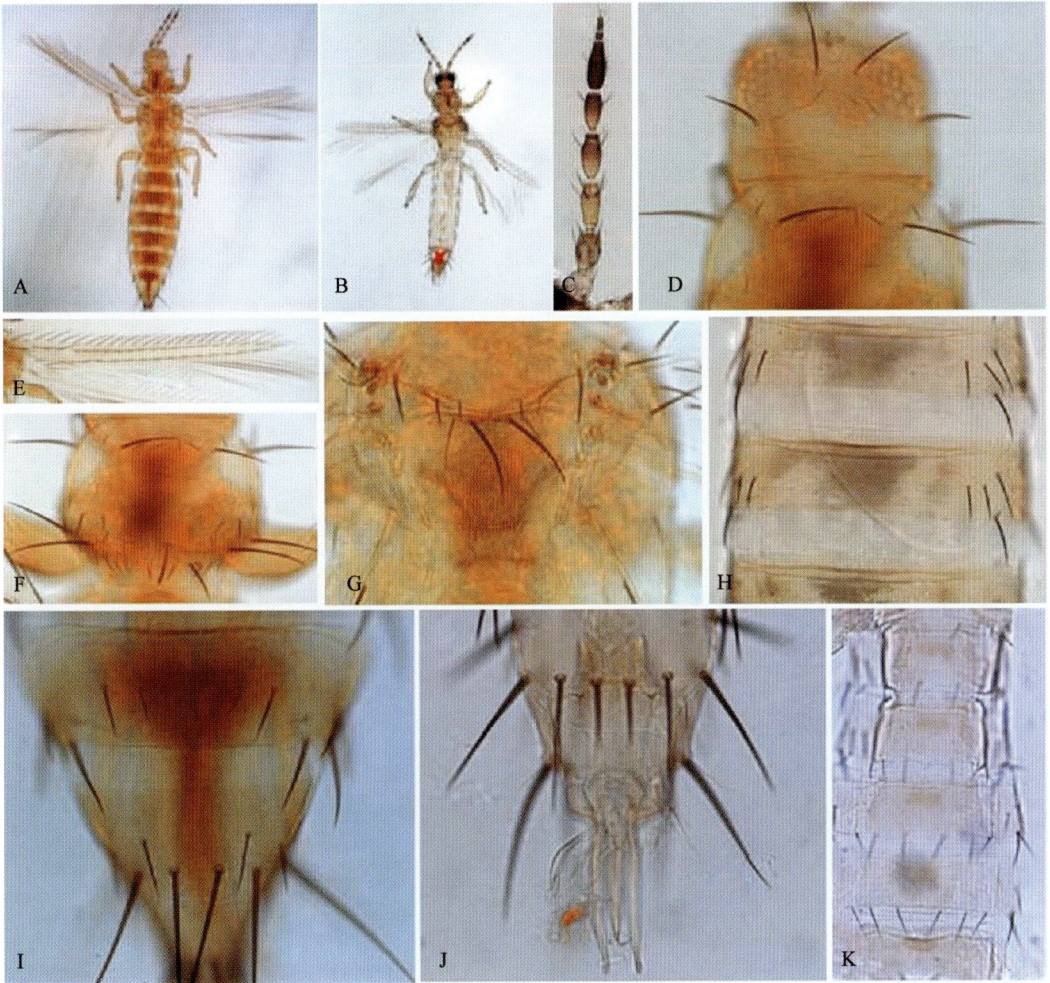

图 3-26　西花蓟马主要分类特征（贝亚维 摄，2011）

A. 雌成虫　B. 雄成虫　C. 触角　D. 头和胸　E. 前翅　F. 前胸背板　G. 中、后胸背板　H. 雌虫第五至六腹节背板

I. 雌虫第八至十腹节背板　J. 雄虫第八至十腹节背板　K. 雄虫腹部腺室

2. 传播扩散方式

西花蓟马个体微小、修长，具有缨状翅膀。虽然不能够远距离飞行，但是微小的体形、缨翅有利于西花蓟马随风远距离传播。西花蓟马容易随风带入温室，也容易随工作人员的衣服、毛发、仪器、植物材料等扩散。不同地区、国家间通常随蔬菜、花卉等各种栽培植物传播。

3. 繁殖特征

研究发现，在 15 ℃、20 ℃、25 ℃、30 ℃和 35 ℃条件下，西花蓟马种群 20 ℃时存活率最高，35 ℃时没有个体能发育到成虫；成虫寿命随温度的升高而明显缩短，在 15 ℃下，平均寿命为 36 d，最长寿命达 60 d 以上；在 30 ℃下，西花蓟马的平均寿命为 10 d。西花蓟马的种群增长参数净生殖率（R_0）、内禀增长率（r_m）在 25 ℃时达最高值。3 日龄成虫在 18 ℃下的持续锻炼明显提高西花蓟马的耐寒性与耐热性，证实了高低温胁迫间存在交互抗性；经31℃锻炼的西花蓟马其耐热性明显提高，但耐寒性未能得到相应的增强。经18℃锻炼后，西花蓟马的繁殖力显著下降；31℃锻炼对其繁殖力没有明显影响。这表明西花蓟马获得的耐受性是以繁殖力降低为代价。在36~44℃高温下暴露2h和4h，在相同高温处理条件下，同一虫态西花蓟马的存活率要高于花蓟马；在－2~10℃低温下暴露2h和4h，在相同低温处理条件下，同一虫态西花蓟马的存活率也要高于花蓟马，证明入侵害虫西花蓟马对极端温度具有较强的适应性（吕要斌 等，2011）。

在27℃条件下西花蓟马在不同蔬菜（黄瓜、甘蓝、甜椒、菜豆和番茄）叶片上的生物学特性表现出明显差异。西花蓟马在黄瓜叶片上发育历期最短，净增殖率和种群增长指数最高，在辣椒叶片上表现最差。在25℃条件下，在大豆叶片、豇豆叶片、四季豆叶片和四季豆豆荚4种豆科植物中，西花蓟马取食四季豆豆荚时存活率最高，取食其他3种豆科蔬菜时存活率相差不大。西花蓟马取食四季豆豆荚时内禀增长率最高，取食豇豆叶片时最低，净增值率也是取食四季豆豆荚时最高，取食大豆叶片时最低，表明四季豆豆荚最有利于西花蓟马的生长发育和繁殖（郅军锐 等，2010）。

4. 发生规律

西花蓟马在云南、北京和浙江等不同生态区域、不同耕作方式和不同寄主植物上的种群动态趋势不同。西花蓟马田间数量在云南蔬菜西葫芦上5月达到发生高峰，导致西葫芦过早枯萎，而在辣椒上是3月底至4月初的开花盛期达到高峰。西花蓟马田间数量在云南蒙自石榴树上的整个调查期间（3~6月）都维持较高水平，且不同调查时间差异不明显，但是空间分布差异明显，石榴树下部花朵西花蓟马虫量明显较中上部多。在云南华坪，2010年因严重干旱，芒果园蓟马暴发成灾，主要蓟马种类为西花蓟马，比例达95%，导致芒果嫩叶和幼果表面组织挫伤，然后木栓化。在北京大棚中，西花蓟马种群数量在辣椒定植后1个月增长缓慢，进入花期，西花蓟马种群数量开始急剧上升，6月达到最高，且维持高水平数量达1个月之久，直至辣椒拉秧。在浙江杭州萧山区农业科学技术研究所和西湖景区茅家埠监测了西花蓟马的年发生动态，发现西花蓟马在浙江种群数量不大，平均不到1头/花，但是调查期间不同寄主植物上西花蓟马的数量差异明显，呈现一年蓬＞空心莲子草＞金丝桃（吕要斌 等，2011）。

（五）风险评估与适生性分析

1. 风险评估

根据西花蓟马的生物生态学以及扩散与传播历史，对西花蓟马进行了传入可能性的评价，认为西花蓟马传入我国的危险性高（H），需要采取必要的管理措施进行检疫管理（陈洪俊，2005）（表3-1）。

表3-1　西花蓟马传入我国的风险性综合评价

风险评价因素	满足的评判条件	风险性大小评价	综合评价
与寄主相联系的危险性（A）	b；c；d；e；f；g	H	
进入的危险性（B）	a；b；c；d	H	
定殖的危险性（C）	a；b；c；d；e；f	H	H
扩散的危险性（D）	a；b；c；d；e；f；g；h	H	

2. 适生区分析

利用 CLIMEX 3.0 软件和 CRU 气象数据，以国内西花蓟马虫源地和严重发生地——昆明为气候匹配参考点分析其在我国不同地区的潜在性分布（图 3 - 27）。我国西南地区云南、四川、重庆和贵州，华中地区湖北、湖南西北部、河南，华东地区安徽、江苏、浙江和山东，华北地区河北南部、北京和天津、山西南部、东北地区辽宁以及西北地区陕西是西花蓟马在我国的主要适生区（吕要斌 等，2011）。

审图号：GS京（2023）1824号

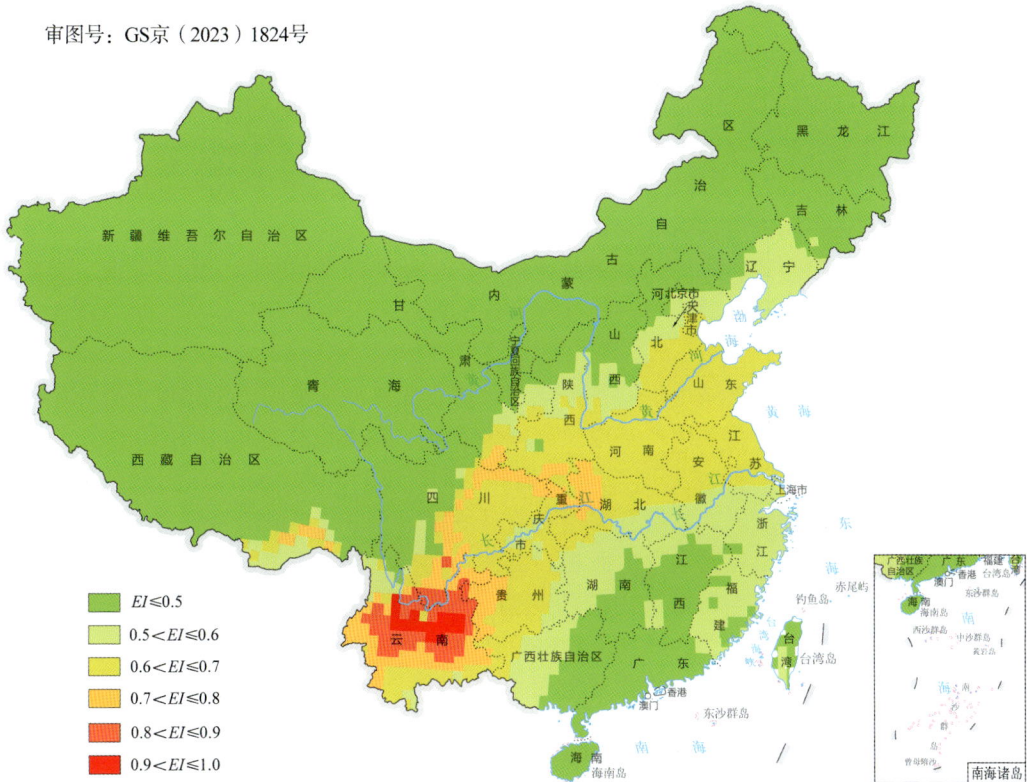

图 3 - 27　西花蓟马在我国的潜在适生区预测（吕要斌 等，2011）

3. 风险管理措施

管理措施的提出依据风险评价，分为一旦传入紧急管理措施和降低风险适当保护水平下的检疫管理措施。紧急管理措施的中心为防控根除。一旦西花蓟马传入，将启动紧急管理措施，根据已定殖的范围，采取不同的管理方法。在范围小时，可采取清除寄主、熏蒸处理、化学防治等手段进行根除，同时对周边地区进行监测，控制其扩散。对已经扩散到一定范围的情况，则进行分区监控，划分疫区和非疫区，切断主要传播途径，化整为零进行逐步根除，这种条件下的控制措施要紧密结合严格的内部检疫措施，以及预警监测，对存在发生可能性而未发生区的监测显得尤为重要（陈洪俊，2005）。

针对传入的风险，提出适当管理水平下的管理措施，通过传入可能性评价和进入场景分析，切断有害生物传入的各个节点。对进口和有害生物相关植物产品进行严格的检疫监管，在不影响正常贸易的情况下，提出降低进入风险的管理措施（陈洪俊，2005）。

（六）监测检测技术

1. 监测与调查方法

（1）监测方法　首先明确监测区的划定。发生点：西花蓟马发生田块外缘周围 100 m 以内的范围划定为一个发生点（两个发生田块距离在 100 m 以内为同一发生点）；划定发生点若遇河流和公路，应以河流和公路为界，其他可根据当地具体情况适当调整。发生区：发生点所在的行政村（居民委员会）区域划定为发生区范围；发生点跨越多个行政村（居民委员会）的，将所有跨越的行政村（居民委员会）划为同一发生区。监测区：发生区外围 5 000 m 的范围划定为监测区；在划定边界时若遇到水面宽度大于 5 000 m 的湖泊和水库，以湖泊或水库的内缘为界。

根据西花蓟马的传播扩散特性，在监测区的每个村庄、社区、街道山谷、河溪两侧湿润地带以及公路和铁路沿线的人工林地等地设置不少于 10 个固定监测点，每个监测点选 10 m²，悬挂明显的监测位点牌，一般每月观察 1 次。

（2）调查方法　调查包括访问调查和实地调查。

访问调查是指向当地居民询问有关西花蓟马发生地点、发生时间、危害情况，分析西花蓟马传播扩散情况及其来源。对询问过程发现的西花蓟马可疑存在地区，进行深入重点调查。

实地调查是指重点调查城市里的各类花卉、蔬菜交易市场及周边绿化带，重点调查城市郊区农村的各类花卉、蔬菜生产基地及周围杂草地。调查设样地不少于 10 个，随机选取，每块样地面积不小于 1 m²，用 GPS 测量样地的经度、纬度、海拔，记录样地的地理信息、生境类型、物种组成。观察有无西花蓟马危害，采集蓟马成虫带到室内镜检，确定是否有西花蓟马，记录西花蓟马发生面积、密度、危害植物（蔬菜、花卉、杂草等）。

发生于农田、果园等生态系统内的西花蓟马，其发生面积以相应地块的面积累计计算，或以划定包含所有发生点的区域面积进行计算；发生于路边、房前屋后、绿化带等地点的外来入侵生物，发生面积以实际发生面积累计或持 GPS 仪沿分布边界走完一个闭合轨迹后，围测面积。

2. 检测技术

（1）西花蓟马检验与鉴定方法　西花蓟马的检验与鉴定需借助玻片标本制作及生物显微镜形态特征观察。玻片标本制作包括临时玻片标本和永久性玻片标本。

（2）西花蓟马与近缘种的区别　西花蓟马及其近缘种检索表如下：

花蓟马属分种检索表

1. 体鬃较短而细。前脉鬃 11～15 根，后脉鬃 9～12 根。单眼间鬃长，位于前、后单眼外缘连接线上。后胸盾片具多条纵线纹，近后方有钟形感觉器 1 对。腹部第八背板后缘梳状毛缺
   ·· 茭笋花蓟马（*Frankliniella zizaniophila*）
   　体鬃较长而粗。前脉鬃 19～22 根，后脉鬃 15～18 根 ······························ 2

2. 头长于前胸，头顶略呈拱圆形，两颊平直。单眼间鬃位于前、后单眼外缘连线上。后胸盾片密布纵线纹，无钟形感觉器 ·············· 禾花蓟马（*Frankliniella tenuicornis*）
   　头短于前胸，前缘不拱圆，颊后部略收窄 ··· 3

3. 复眼后鬃长，最长的鬃几乎与单眼间鬃等长。单眼间鬃位于前、后单眼中间连线上，后胸盾片中央具长网状纹，并具 1 对钟形感觉器 ···
   ··· 西花蓟马（*Frankliniella occidentalis*）

复眼后鬃短，长度仅为单眼间鬃的一半，颊后部较窄。单眼间鬃位于后单眼前内方，在前、后单眼中心连线上。触角较粗。后胸盾片中部以网纹为主。腹部第八背板后缘梳状毛细小而稀疏 ·························· 花蓟马（*Frankliniella intonsa*）

（七）应急防控技术

1. 对田间尚未建立稳定种群地区的防治方法

发现少量或小范围的西花蓟马种群，首先人工铲除西花蓟马发生地上的所有植株，然后每隔 3～5 d 连续喷洒农药 3 次。其次对于比较珍贵、经济价值高的植物采用施药处理，并严格监测西花蓟马发生情况，然后及时处理。

2. 对田间已建立稳定种群地区的防治方法

主要以化学防治为主，可以使用甲基溴按 20 g/m² 的剂量进行熏蒸；或用新型杀虫剂 1.8%阿维菌素乳油 8 000 倍液、2.5%多杀菌素悬浮剂 10 000 倍液防治，效果显著；或用烟碱类药剂 10%吡虫啉可湿性粉剂 2 500 倍液防治。注意不同种类药剂轮用和换用。

3. 注意事项

喷雾时，注意选择晴朗天气进行。在沟边或农田边采用杀虫剂喷雾时，避免药剂随雨水进入农田、河沟而造成环境污染。喷药时应均匀周到。实施很低容量喷雾时，不要在下雨天施药，施药后 6 h 内下雨，应补喷 1 次。在施药区应插上明显的警示牌，避免造成人、畜中毒或其他意外。

（八）综合防控技术

1. 检疫防控

加强植物检疫，严禁从疫区引种苗木，对苗木进行严格检疫及消毒。

2. 农业防控

夏季休耕期进行高温闷棚，首先清除田间所有作物、杂草，棚室周围的植物一并铲除，将棚室温度升至 40 ℃左右，保持 3 周，残存的若虫均会因缺乏食物而饿死。培育抗虫品种在害虫防治中起着越来越重要的作用。国外对番茄、黄瓜、辣椒等不同作物对西花蓟马的抗性测定表明，不同种对该虫的敏感性最大相差可达 76 倍。把西花蓟马的寄主植物同生长比较快的非寄主谷类作物间作，可以阻碍西花蓟马和番茄斑萎病毒的传播。

3. 物理防控

采用近紫外线不能穿透的特殊塑料膜做棚膜。加盖防虫网是阻止西花蓟马进入温室最简单有效的措施，可减少农药使用量 50%～90%。将烟碱乙酸酯和苯甲醛混合在一起制成诱芯，或将茴香醛与上述两种化合物混合后制成粘虫板，在田间使用，能够大量诱杀成虫。悬挂蓝色粘虫板，可诱杀成虫，蓝色粘虫板与西花蓟马聚集信息素诱芯联合应用效果更佳。保持温室里面二氧化碳的含量在 45%～55%，可有效防治西花蓟马。将大棚温度加热到 40 ℃并保持 6 h 以上，可全部杀死西花蓟马的雌成虫。

4. 生物防控

西花蓟马的天敌包括花蝽、捕食螨、寄生蜂、真菌和线虫等。释放天敌应掌握在该虫发生初期，一旦出现即开始释放天敌。花蝽包括东亚小花蝽、南方小花蝽、微小花蝽等，其中东亚小花蝽和南方小花蝽最常用。捕食螨是西花蓟马的主要天敌之一。用于防控西花蓟马的捕食螨包括黄瓜钝绥螨、巴氏钝绥螨、胡瓜钝绥螨、斯氏钝绥螨、剑毛帕厉螨等。

国内对捕食螨的研究起于 20 世纪 60 年代末，近年来，国内有关捕食螨的研究与应用越来越多，目前，国内已有 10 多个单位或企业生产捕食螨产品。田间应用试验发现，释放胡瓜钝绥螨和巴氏钝绥螨对大棚甜椒和茄子上西花蓟马具有显著的控制效果。将植株上取食西花蓟马若虫的巴氏钝绥螨和土壤中取食西花蓟马预蛹和蛹的剑毛帕厉螨混合释放，能有效控制彩椒上西花蓟马的危害。

虫生真菌和线虫：西花蓟马的预蛹和蛹一般生活在基质或土壤中，采用土壤施用线虫，其中异小杆线虫较常见，线虫能够阻止或减少西花蓟马产卵。另外施用病原线虫斯氏线虫 $25 \times 10^4 \ L^{-1}$，防治效果可达 76.6%。同时在西花蓟马密度较低（3～4 头/叶）时，喷施金龟子绿僵菌制剂和球孢白僵菌制剂，间隔 6 d，连喷 2～3 次。

5. 化学防控

幼苗定植前 1～2 d，采用内吸活性药剂对苗床进行灌根或喷淋处理。

作物生长期，当西花蓟马种群密度达到经济阈值，进行喷雾防治，花期重点喷施花朵。也可选用敌敌畏烟剂或异丙威烟剂对棚室进行熏蒸。使用药剂防治西花蓟马要注意不同作用机理药剂的轮用和交替使用。由于西花蓟马繁殖能力强，抗性个体能够在短时间内产生大量后代，抗性发展迅速，应尽量减少同类药剂的使用频率，防止抗药性的产生。同时，由于西花蓟马的预蛹及蛹期都通常在土壤度过，喷洒药剂往往不起作用。为了有效控制西花蓟马的发生，推荐在若虫和成虫期每隔 3～5 d 喷药 1 次，重复 2～3 次，可取得良好的防治效果（吴青君 等，2020）。

6. 综合防控技术应用

（1）化学防治与农业防治相结合　在大面积种植抗性品种时，零星套种敏感品种或对西花蓟马具有引诱作用的植物，监测敏感品种植株或引诱植物上西花蓟马发生动态。每片叶上发现 1.7～9.5 头或每 200 cm² 叶面积有 8 头西花蓟马若虫时，必须采取化学防治。

夏季休耕期进行高温闷棚时，末茬植株上虫口密度大，尤其是成虫数量大的情况下，首先清除田间所有作物、杂草，棚室周围的植物一并铲除，然后喷洒速效性药剂，杀死成虫，防止其逃逸、扩散。最后将棚室温度升至 40 ℃左右，保持 3 周，残存的若虫均会因缺乏食物而饿死。

（2）化学防治与生物防治相结合　利用植物苗期虫口基数小的情况释放捕食螨，密切监测西花蓟马种群动态，在种群进一步扩大时，释放花蝽，进一步压制种群增长。若种群达到化学防治指标，使用对天敌相对安全的化学药剂，如 2.5% 多杀菌素等。

（3）化学防治与物理防治相结合　从作物定植时开始，悬挂蓝色粘虫板，密切监测蓝色粘虫板上蓟马成虫数量。在花卉植物上，每周 10～40 头/板，在蔬菜上，每天 20～50 头/板时，使用化学药剂压制虫口密度。

（吕要斌，李晓维，张治军）

九、玉米三点斑叶蝉

（一）学名及分类地位

玉米三点斑叶蝉（*Zygina salina* Mit），属半翅目（Hemiptera）叶蝉科（Cicadellidae）（杨星，2015）。

（二）分布与危害

1. 分布

国内分布于新疆，目前，在南、北疆玉米种植区均有分布（张继俊 等，2008）。

2. 寄主

主要有玉米、小麦、水稻、高粱，果园、农田内外的早熟禾、僵麦草、狗尾草、赖草、拂子毛、无芒雀麦等多种禾本科杂草（杨星，2015）。

3. 危害

以成虫、若虫聚集于玉米叶背刺吸汁液，破坏叶绿素，初期沿叶脉吸食汁液，叶片出现零星小白点，之后随着受害不断加重，斑点密集并遍及整个叶片，该虫不仅直接吸取植物汁液，分泌大量毒素，导致叶斑或整叶枯黄，而且还可传播植物病毒，严重影响玉米的产量和品质（李涛 等，2007）（图 3-28）。

图 3-28　玉米三点斑叶蝉危害玉米叶片（丁新华 摄）

（三）形态特征

1. 成虫

体长 4.6～4.8 mm，外形似蝉，灰白色。头冠向前呈钝圆锥形突出，头顶前缘有淡褐色斑纹，呈倒"八"字形。前胸背面具淡黄色纵中线，线的两侧各具 1 个淡黄色小点，在成虫胸片上有 3 个大小相等的椭圆形黑斑。小盾片末端也有相同形状的黑斑，前后翅白色透明，腹部背面有黑色横带，腹面及足均为赭色，常密生短细毛（周才丽，2009）（图 3-29）。

图 3-29　玉米三点斑叶蝉成虫头胸及正面形态特征（图 A，董建忠 等，1996；
图 B，丁新华 摄，2016）

A. 头胸形态示意　B. 成虫正面形态

2. 卵

白色较弯曲，长 0.6～0.8 mm，表面光滑（周才丽，2009）。

3. 若虫

共 5 龄。一龄体长 1.0 mm，淡白色，复眼黑色；二龄体长 1.4 mm，淡白色，初现翅芽，胸部背面有 2 条淡褐色纵线，腹部有 1 条黑色纵线，系消化道食物；三龄体长约 1.9 mm，灰白色，翅芽伸达第一节末；四龄体长约 2.2 mm，灰白色，翅芽伸达腹部第三节末；五龄长 2.5～2.8 mm，灰白色，体较扁平，翅芽伸达腹部第五节（周才丽，2009）。

（四）生物学特性

1. 生活史

玉米三点斑叶蝉 1 年发生 3 代，以成虫越冬，主要在杂草上完成周年循环。一代各虫态和越冬成虫在麦田里有发生，但数量少，二代和三代均发生于玉米田且数量大，危害重。从各代发生量看，以三代数量最大，二代次之，一代较少。

2. 迁飞习性

玉米三点斑叶蝉在玉米 3～5 叶期即开始从麦田、禾本科杂草上迁至玉米田危害，一直到玉米收获，几乎整个生长期均可危害（周才丽，2009；张继俊 等，2008）。

3. 发生规律

玉米三点斑叶蝉在新疆昌吉 1 年发生 3 代，以成虫在冬麦田、玉米田的枯叶下及林带、果园、田边渠边的禾本科杂草下越冬。翌年春季 4 月中旬越冬成虫在冬麦苗及其他禾本科杂草上交尾并危害。一代若虫发生盛期在 5 月中旬至 6 月中旬，一代成虫发生高峰期在 6 月中下旬至 7 月上旬且田间世代重叠，6 月下旬为一代成虫羽化和二代卵的高峰期，7 月初玉米进入抽雄期后，二代若虫孵化，7 月中下旬二代若虫田间发生达到高峰期，7 月下旬玉米进入散粉吐丝期前后，二代成虫开始羽化，并产卵于玉米植株的中部叶片，8 月中旬为三代若虫田间发生高峰期。

（五）综合防控技术

1. 农业防控

（1）加强田间管理　清除田边地头、渠边杂草，尤其是禾本科杂草，及时中耕，减少虫源。

（2）轮作倒茬　结合当地耕作制度，因地制宜进行轮作倒茬，避免连作，以减轻其危害。

（3）合理密植　合理密植可有效降低该虫田间发生数量（张继俊 等，2008；李涛 等，2007）。

2. 物理防控

6 月初至 9 月采收前，可于田间悬挂黄色粘虫板，粘虫板上缘与地面平行，距地面 80 cm，板面与植株平行，各板相隔 10 m，视诱集情况定期更换粘虫板（屈荷丽 等，2014）。

3. 生物防控

（1）保护利用天敌　保护利用方斑瓢虫、中华草蛉、黄褐新圆蛛等可捕食玉米三点斑叶蝉的优势天敌。

（2）使用植物源杀虫剂　可喷施 1.2％苦·烟乳油 1 000～2 000 倍液等植物源杀虫

剂，药后 3 d 平均防效为 96.23%～98.62%。

4. 化学防控

（1）种衣剂包衣　使用噻虫嗪等防虫种衣剂按 1∶40 用量拌种，可有效防治早期进入玉米田的玉米三点斑叶蝉。

（2）常规喷雾防治　于 5 月中旬对未迁入玉米田尚在杂草上发生的一代若虫进行集中喷药处理，可大幅度压低虫口基数。并根据田间虫量严重程度，于 6 月下旬一代成虫和卵发生高峰期，7 月中下旬二代成虫、若虫高峰期进行科学用药，具体可利用背负式电动喷雾器或高架施药器进行均匀喷雾防治，可用的药剂种类及施药量为 40% 氯虫·噻虫嗪水分散粒剂每公顷 150 g，20% 氯虫苯甲酰胺悬浮剂每公顷 150 mL，20% 噻虫胺悬浮剂每公顷 375 mL，25% 噻虫嗪水分散剂每公顷 180 g。建议各处理同时添加新型增效剂，如激健每公顷 225 mL，提升防效和持效期，持效期可达 30 d，能有效防治玉米三点斑叶蝉，同时兼防玉米螟（戴爱梅 等，2014）。

（丁新华，王小武，付开赟，郭文超，贾尊尊，阿尔孜姑丽·肉孜）

十、黑森瘿蚊

（一）学名及分类地位

黑森瘿蚊（*Mayetiola destruotor* Say），属双翅目（Diptera）瘿蚊科（Cecidomyiidae）瘿蚊亚科（Cecidomyiinae）喙瘿蚊属（*Mayetiola*）。

（二）分布与危害

1. 分布

黑森瘿蚊是世界性的小麦害虫，也是重要的国际性检疫害虫，原产于幼发拉底河流域，目前在欧洲、亚洲、非洲、北美洲和大洋洲的新西兰都有分布。欧洲：塞浦路斯、比利时、奥地利、捷克、斯洛伐克、丹麦、芬兰、法国、德国、希腊、匈牙利、意大利、拉脱维亚、荷兰、挪威、波兰、葡萄牙、罗马尼亚、俄罗斯、塞尔维亚、黑山、西班牙、瑞典、瑞士、英国、保加利亚、塞尔维亚、克罗地亚、斯洛文尼亚。亚洲：伊拉克、以色列、哈萨克斯坦、叙利亚、土耳其。非洲：阿尔及利亚、摩洛哥、突尼斯。北美洲：加拿大、美国（陈乃中，2009）。1956 年来一直被我国列为进境检疫害虫。我国最早于 1975 年发现黑森瘿蚊传入新疆伊犁霍城县，至 1983 年已扩散至伊犁州 8 县及博州 3 县。

2. 寄主

黑森瘿蚊寄主植物有小麦、大麦、黑麦、冰草属植物、龙牙草以及牧草和杂草等。麦类作物中，以小麦受害最重，大麦次之，黑麦最轻。在我国新疆仅见危害小麦。

3. 危害

黑森瘿蚊以幼虫潜藏在植物茎秆与叶鞘间取食危害。田间危害状与小麦的生育期有关。在冬小麦、春小麦苗期，幼虫在表土下的茎秆上取食，受害麦苗生长受阻，株形矮小，叶片变厚而脆，颜色变暗绿或青绿色，心叶不能抽出，植株不能拔节，有的甚至死亡。受害麦株基部出现肿胀，剥开可见白色幼虫或褐色的蛹。冬小麦返青、拔节期，幼虫在麦株基部各节间危害，受害株茎秆节间短缩，局部萎缩变褐，逐渐向有虫一侧弯曲，最终呈祈祷状弯倒。小麦拔节后，受害株茎秆弯曲、倒伏，不利于机械收割；麦穗畸形、籽粒空瘪，产量下降。冬小麦秋季受害后植株抗逆性下降，冬季遇严寒或干旱极易死亡（图 3-30）。

图 3-30　黑森瘿蚊的危害状（图 A、B，张皓 摄，2008；图 C、D，陆平 摄，2016）
A. 小麦受害株（右）与未受害株（左）　B. 受害小麦植株茎基部可见肿胀，内有幼虫
C. 受害小麦植株矮小，叶色呈蓝绿色　D. 受害植株不能拔节

黑森瘿蚊危害一般可造成小麦减产 25％～30％。20 世纪 50 年代，在美国每年造成的经济损失达 1 亿美元，1989 在乔治亚州曾造成 9.9 万～12.4 万 hm² 小麦绝收。1980 年在新疆伊宁县造成局部麦田减产 60％以上，2009 年来在博州多次局部暴发成灾（戴爱梅等，2014）。

（三）形态特征

1. 成虫

体形似小蚊，灰黑色，体长 3～4 mm，雌虫大于雄虫。头、复眼和胸部背面黑色，胸侧和腹部黄褐色或红褐色。下颚须 4 节，第一节短，第二节较粗，第三节较长，第四节长于第三节的 1/3。触角黄色或黄褐色，16～18 节，雄虫多为 17 节，雌虫多为 16 节。触角基节钻形，梗节球形，鞭节圆锥形，有环丝，具有直立短毛。雄虫触角鞭节有近透明的细长柄。

胸部背面有 2 条明显的纵纹；小盾片黑色，具有黑毛。翅较宽，翅面密布短毛，后缘毛较长。翅脉简单，前缘脉淡褐色；第一纵脉很短，几乎与前缘脉合并，与翅前缘中部相接；第二纵脉较发达且直，至近翅尖时稍向下弯，在翅尖之前与后缘相接；Cu 脉分叉处和 Cu2 脉与后缘的相接处，以及 R1 脉的末端几乎在一条直线上。平衡棒发达，淡红色，覆不均匀的黑色鳞片。足细长，跗节 5 节，第一节最短，第二节最长，第五节近末端具 1 对爪，弯曲细长，两爪间有一爪间突，有爪垫 1 个，长于爪，雌、雄爪均单一无齿。腹部各节背板两侧各具有一大方形黑斑点。雌虫产卵管由 3 节组成，圆柱形，淡粉红色，末节端部为褐色。雄虫腹部末节淡粉红色，具 1 对褐色抱握器；上生殖板较宽，上有许多感觉孔，缺刻深凹入，多呈 V 形，少呈 U 形；下生殖板较窄，两侧端部可见 4～5 个乳头状突起。尾铗二节，第一节粗壮，第二节细长，长近于宽的 4 倍，末端生爪甲（图 3-31A）。

2. 卵

长纺锤形，头尾圆形，长 0.4～0.5 mm，宽为长的 1/6。初产时红色有光泽，后颜色逐渐加深（图 3-31B）。

3. 幼虫

共 3 龄，身体由 13 节组成，第一节为头部，第二至四节为胸部，其后 9 节为腹部。体呈不对称梭形，前端较钝，后端较尖，体表光滑无毛。一龄幼虫体长 0.5～1.7 mm，初孵时红褐色，后变乳白色或半透明；二龄幼虫体长 1.7～5.0 mm，三龄体长与二龄末期等长，体色均乳白色或半透明，背中央可见一条半透明的绿色纵条纹（图 3-31C）。三龄幼虫在前胸腹面后缘有一 Y 形胸叉（剑骨片）。

图 3-31 黑森瘿蚊各虫态
A. 雌成虫 B. 卵 C. 二龄幼虫 D. 蛹（图 A，陆平 摄，2016；图 B～D，张皓 摄，2008）

4. 蛹

蛹为围蛹，栗褐色，色泽、大小似亚麻籽。颜色深浅不一，黄褐色至深褐色，平均体长 4.4 mm。前端小而钝圆，后端大，具凹缘（图 3-31D）。

（四）生物学特性

1. 生活史

黑森瘿蚊在各地 1 年可发生 1～6 代不等。在加拿大和美国加州 1 年发生 1 代。在欧洲大部分地区 1 年发生 3 代。在新疆冬麦和春麦混栽区，1 年多发生 3 代，少数 2 代或 4 代。以老熟幼虫在亚麻籽内越冬。越冬虫体常隐藏在田间残留的根茬内，或自生麦苗和早播小麦下部的叶鞘与茎秆间。翌年 3 月中下旬开始化蛹，4 月上旬羽化，中下旬进入盛期。成虫寿命仅 2～4 d，夜间羽化，上午交尾。卵期 3～12 d。幼虫孵化多在每天 17：00 至次日 8：00。幼虫孵化后钻入叶鞘内吸食汁液。初孵幼虫爬行速度很慢，爬到取食部位需 12～15 h。幼虫经 14～28 d 老熟，在叶鞘内化蛹。化蛹后到成虫羽化的时间因温度而不同：4.4 ℃为 30 d，10 ℃为 15 d，15.6 ℃为 11 d，18.9 ℃为 7 d，23.9 ℃以上不化蛹。

黑森瘿蚊一、二龄幼虫取食，三龄幼虫不取食。成虫最适发育温度为 21.1 ℃，卵、幼虫和蛹的发育起点温度分别为 12.2 ℃、1.6 ℃和 1.6 ℃；卵完成发育所需日有效积温为 27 ℃，幼虫和围蛹为 343 ℃。气候不适宜时会进入休眠，延期羽化。

黑森瘿蚊的发育与温度和湿度密切相关。除围蛹阶段外，其他阶段都不耐低温和高温。春季多雨、温度较高，有利于成虫羽化和卵的孵化。夏季高温干旱，虫体大量死亡，围蛹不能羽化为成虫。干旱年份不仅数量减少，而且世代数也减少。

2. 传播扩散方式

黑森瘿蚊主要以围蛹的形式随麦类秸秆和麦秆制品（如草垫）、包装物、填充物和禾本科饲草的调运进行远距离传播；少数围蛹也可以夹杂在麦粒中随小麦的调运传播；也可随观赏用禾本科植物如鹅冠草传播。

3. 迁飞习性

成虫飞翔力弱，一般在强风条件下（风速≥0.9 m/s）不飞行，但在微风条件下（风速<0.7 m/s）扩散能力较强，可随风扩散蔓延数十千米。

4. 繁殖特性

雌虫产卵通常在交配后 1～2 h 内开始，并在 1～2 d 内完成。卵多产在小麦叶片正面的脉沟中，通常 2～5 粒相连。每头雌性产卵量平均为 200 粒。雌虫一生只交配 1 次，雄虫可多次交配。

5. 滞育与夏眠特性

黑森瘿蚊具有兼性滞育特性，每个世代中都有比例不等的个体进入滞育时期，同时还具有夏眠特点。冬季滞育可能持续数月，取决于当时的气候条件。Barnes 等发现，当蛹在春季接近正常化蛹时，在 15 ℃或 20 ℃、95% 相对湿度条件下暴露的天数减少，会终止滞育。Zhukovskii 认为 6 月和 7 月的平均温度>20 ℃通常都会诱导幼虫进入夏眠。若夏季频繁降雨、凉爽气温时间较长，则夏眠发生率较低。

（五）风险评估与适生性分析

1. 适生区划分及风险等级

武威等（2015）利用 CLIMEX＋GIS 方法，对黑森瘿蚊在我国的适生范围和适生程度进行了预测分析（图 3-32）。结果显示，黑森瘿蚊的适生区遍及我国东北、内蒙古、北京、天津、河北、山西、陕西、宁夏、山东、江苏、上海、安徽、河南、湖北、浙江、福建、江西、湖南、四川、重庆、贵州、云南、台湾、西藏南部、新疆北部、甘肃东部、青海东部、广西北部及广东东部等地。高适生区分布在 23.7°N~34.3°N，非适生区为新疆大部、青藏高原、甘肃西部、内蒙古西北部、广西东部、广东大部及海南地区。

审图号：GS京（2023）1824号

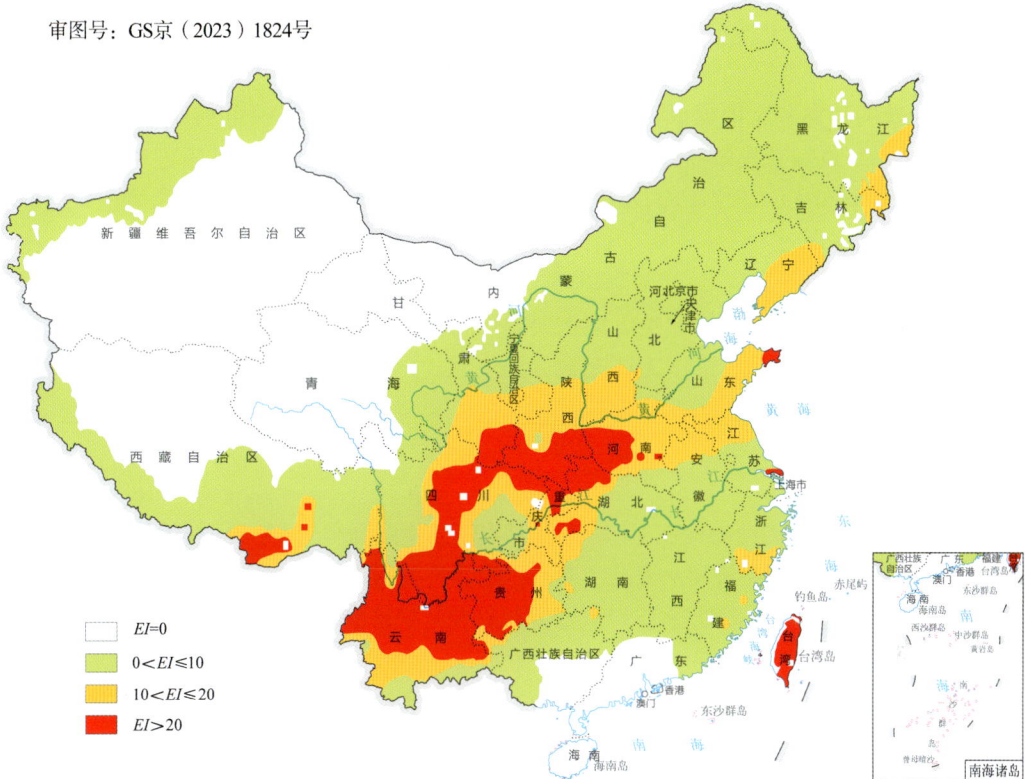

图 3-32 黑森瘿蚊在我国的潜在适生区分布（武威 等，2015）

注：根据 CLIMEX 模型对有害生物适生性运行得到的 EI 进行确定。设定 EI 的取值范围为 0~100，其大小与有害生物在该地的适生程度成正比，EI 取值越小，则越不适合物种生存，EI 取值越大越适合物种生存，EI＝0 表示有害生物不能在该地区生存；0＜EI≤10 为低适生区，10＜EI≤20 为中适生区，EI＞20 为高适生区。

2. 风险管理措施

黑森瘿蚊在我国的适生区面积很广，几乎遍及全国各主要麦区，高度适生区主要在中西部地区。目前仅在新疆局部发生，危害性相对可控，但是一旦从新疆传入内地，其危害性将大大增加。

（六）监测检测技术

1. 监测与调查方法

利用性诱剂诱捕监测成虫是目前监测黑森瘿蚊成虫动态的主要方法。监测时，将诱捕器设置在地边，悬挂高度控制在 30~60 cm，每隔 10~14 d 更换一次诱芯和粘虫板，每个诱芯的有效作用距离为 30 m。此外，Bhattarai 等报道了卫星遥感技术可在大尺度范围内比较准确地反映黑森瘿蚊在麦田的发生范围与危害程度，但该技术无法对黑森瘿蚊的发生危害进行早期预警。

大田采用普查、定点调查相结合的方法，根据小麦品种、播种期、土壤质地及前茬的不同，一般在4月下旬至6月中旬及9月中旬进行。每月在上、中、下旬各调查1~2次，统计小麦虫害株率、单株虫口密度。小麦受害株的识别方法根据张学祖等描述的症状进行判断。发现受害株后，连根拔出，剥开叶鞘，统计幼虫或蛹数量，计算虫害株率、百株虫口、单株虫口密度，相关计算公式如下。

$$虫害株率＝（受害株数/调查总株数）×100\%$$

2. 检测技术

黑森瘿蚊的种类鉴定依据成虫形态特征进行，进境口岸检疫中可利用分子鉴定进行。Chen等（2014）从黑森瘿蚊胰蛋白酶基因（trypsin gene）*MDP-10*和唾液分泌蛋白基因（salivary gland protein）*SSGP31D5*中筛选出2种特异性分子标记，可对黑森瘿蚊进行分子鉴定，其准确率超过98%。

（七）应急防控技术

加强检疫，不从黑森瘿蚊发生区输入麦类作物及其秸秆；从发生区输出的包装物不能用麦类植株或禾本科寄主杂草作为填充物、铺垫物。国内发生区禁止麦秆制品、麦种、原粮调出，需调出的，必须做除害处理。

（八）综合防控技术

1. 检疫防控

严格做好进境与国内植物检疫工作，禁止从疫情发生区调运小麦、小麦秸秆及其制品。确需调运的，做好除害处理。进口小麦及小麦秸秆的除害处理措施为，温度≥10.00℃条件下专用药剂用量2.12 g/m³，熏蒸处理168 h，小麦秸秆及其制品也可采用60℃下处理3 min。

2. 农业防控

（1）调整播种期　提倡冬小麦适期晚播，春小麦顶凌播种。冬小麦晚播可有效避开黑森瘿蚊秋季的产卵期，减轻秋季幼苗受害，压低翌年春季虫源；春季春小麦顶凌播种，不能避开成虫产卵期，但能达到壮苗作用，提高植株的耐害性。张学祖等建议在新疆博乐春麦区，将春小麦的播种期提前到3月上中旬，冬麦区播种在9月20日后进行。

（2）种植抗性品种　种植抗性小麦品种是防控黑森瘿蚊最有效、最环保的措施。迄今为止，国外已鉴定了37个抗性基因，分别命名为*H1~H36*，*Hdic*。

（3）合理轮作　将小麦与非寄主作物，如油菜、燕麦、油葵、玉米、马铃薯等进行轮作，可有效控制黑森瘿蚊的发生。

（4）加强田间管理　种植前做好秋翻冬灌，消灭越冬虫源。小麦收获后应及时进行伏翻或秋翻，消灭自生麦苗，减少越冬寄主，消灭越冬虫源。

3. 生物防控

保护和利用黑森瘿蚊田间自然天敌。在新疆发现有广腹细蜂科（Patygasteridae）、金小蜂科（Pteromalidae）和肿腿细蜂科（Bethylidae）多种寄生蜂，能寄生于黑森瘿蚊的卵、幼虫和围蛹。其中，以广腹细蜂为优势种，在田间可提高黑森瘿蚊幼虫的死亡率，达到一定程度的防控作用。

4. 化学防控

施药方式有拌种、叶面喷雾2种。采用烟碱类杀虫剂，如噻虫胺、吡虫啉、噻虫嗪等拌种，对小麦的保护期可达 20～30 d（Flanders et al.，2013）。可在成虫发生期和幼虫危害期，选用拟除虫菊酯、吡虫啉、噻虫嗪等药剂进行叶面喷雾（Whaley，2019）。

（陆平，张皓，马琦，郭治）

十一、白星花金龟

（一）学名及分类地位

白星花金龟（*Protaetia brevitarsis* Lewis），属鞘翅目（Coleoptera）金龟科（Scarabaeoidea）花金龟亚科（Cetoniidae）白星花金龟属（*Protaetia*），别名白纹铜花金龟、白星花潜、白星金龟子、铜克螂（马文珍，1995）。

（二）分布与危害

1. 分布

白星花金龟主要分布于中国、俄罗斯、蒙古国、朝鲜和日本等国。在我国分布很广，在黑龙江、吉林、辽宁、河北、山东、山西、河南、陕西、福建、江西、湖南、湖北、内蒙古、安徽、浙江、江苏、四川、西藏、广西、甘肃、青海、宁夏、新疆和台湾等地均有发生。

该虫于 2001 年在新疆昌吉州昌吉市等地玉米田首次被发现，逐步扩散到新疆北部的 5 个地州 13 县市及所辖的新疆生产建设兵团各农牧团场的农作物和林果种植区，新疆南部的各地州零星发现该虫危害（许建军，2009）。

2. 寄主范围

白星花金龟寄主种类多，在新疆危害植物种类共有 17 科 26 属 34 种，危害较严重的有玉米、向日葵、葡萄、苹果、桃等。

3. 危害

白星花金龟以成虫危害为主，主要取食植物的花、嫩叶及果实，食性较杂。取食向日葵、玉米、小麦等农作物的果实，以及葡萄、桃、杏、苹果、樱桃、梨、李、无花果、柑橘等果树的花器或果实，尤其是果实近成熟时，成虫群集于果实伤口、裂口和病虫果上取食，取食玉米花丝和籽粒，形成秃棒，危害向日葵花盘，造成花蕊受损而无法结实。

（三）形态特征

1. 成虫

体长 16～22 mm，椭圆形，体色暗紫铜色，密生刻点。触角 10 节，复眼突出。前胸背板和鞘翅上有不规则的白斑十余处，前胸背板较大，近梯形，小盾片呈长三角形。腹部末节腹面雌、雄虫差别较大，雌虫较尖，呈新月形，雄虫呈近三角形（图 3 - 33A）。

2. 卵

圆形或椭圆形，初产卵乳白色，后变为淡黄色，直径 1.7～2.0 mm（图 3 - 33B）。

3. 幼虫

分为 3 个龄期，老熟幼虫体长 30～35 mm，体柔软肥胖。头部红褐色，胸足 3 对，身体向腹面弯曲呈 C 形，腹乳白色，腹节膨大，密生刚毛，肛腹片上刺毛呈扁环形，幼虫后爪着生多根刚毛。幼虫将身体翻转靠体背体节蠕动爬行（图 3 - 33C）。

4. 蛹

为裸蛹，卵圆形，长约 19～24 mm，黄褐色，稍弯曲，蛹外包以土室（图 3 - 33D）。

图 3-33　白星花金龟各虫态（许建军　摄）

A. 成虫　B. 卵　C. 幼虫　D. 蛹

（四）生物学特性

1. 生活习性

白星花金龟在新疆1年发生1代，以幼虫在粪堆、食用菌废渣等有机质较丰富的地方越冬，具有假死性和群聚性，对糖、醋具有较强的趋性，早、晚气温较低时活动较强（许建军，2009）。

2. 传播扩散方式

白星花金龟的传播扩散方式主要有2种，一是成虫的自然迁飞，二是通过调运粪肥扩散，新疆绿洲内部主要通过自然迁飞扩散，在绿洲间远距离传播主要利用第二种方式。

3. 发生规律

白星花金龟在新疆北部农区每年5月初开始化蛹，蛹期30 d左右。于6月初田间始见白星花金龟成虫，在玉米田及果园中危害。6月底至7月初，各种农作物及果树果实器官大量趋于成熟，白星花金龟成虫量达到高峰，其高峰期与地域及作物种类不同而有所区别，8月下旬以后数量逐渐减少。成虫于7月开始在粪肥等地产卵，产卵后很快死亡，卵期为15 d，幼虫孵化后取食粪肥中有机质，至10～11月以幼虫开始越冬，幼虫期时间较长，至来年5月。

（五）风险评估与适生性分析

1. 风险评估

白星花金龟成虫体型较大，飞翔能力强，能够远距离自主传播，寄主范围较广，可在主要农作物、林果上取食危害，其幼虫主要生存在粪堆中，可随农家肥的调运而传播，新疆主要农林产区传入风险较大。

2. 适生性区域

新疆各地州农业、林果产区均适合白星花金龟生存。

3. 风险管理措施

采取有效措施控制发生区白星花金龟的发生，严禁从发生区调运粪肥至未发生区。

（六）监测技术

1. 监测方法

调查粪堆中幼虫数量，于田间设置糖醋液或西瓜诱饵，诱集、统计成虫数量。

2. 调查方法

每个区域调查3~5个粪堆，每个粪堆取东、南、西、北4个方向，每个方向按上、中、下各取1个点，每个点调查0.5 m³，统计幼虫数量。于成虫发生期，设置糖醋液或西瓜诱饵诱捕器，每块地设置3个，每日调查统计诱集成虫数量。

（七）综合防控技术

1. 压低越冬虫源

于深秋或早春对白星花金龟的主要越冬场所粪堆、食用菌废渣等进行处理，粪堆采用高温发酵腐熟，或用90%敌百虫对粪堆底层喷雾处理，可杀死大部分越冬幼虫，降低虫源。

2. 检疫防控

严禁从白星花金龟发生区人为携带活虫至未发生区，以及从发生区调运粪肥至未发生区。

3. 化学防控

（1）糖醋液诱杀　在成虫发生期，配制糖醋液（糖、醋、酒、水、90%敌百虫晶体比为3∶6∶1∶9∶1）装入大口容器中，置于农田或果园中，每667m²地设3个点，定期补充糖醋液，诱集到的成虫不进行清理，利用成虫群聚性，引诱效果更好。

（2）西瓜毒饵等诱杀　将西瓜切成两半，留部分瓜瓤，加适量90%敌百虫晶体，制成西瓜毒饵，置于田间进行诱杀，西瓜放置3~4 d后诱杀效果最佳。

（3）人工捕杀　利用白星花金龟成虫的假死性和群聚性，于清晨成虫不活动时人工震落，之后进行捕杀。

（4）喷雾防治　因白星花金龟危害期均为果实成熟期，使用化学农药防治易产生农药残留，且该虫虫体大、甲壳硬、飞翔能力强，一般化学喷雾防治效果不理想，因此，在生产上不提倡采用化学农药喷雾防治。

（许建军，何伟，罗文芳，周军辉）

十二、双斑长跗萤叶甲

（一）学名及分类地位

双斑长跗萤叶甲（*Monolepta hieroglyphica* Motschulsky），属鞘翅目（Coleoptera）叶甲科（Chrysomelidae）萤叶甲亚科（Galerucinae），长跗萤叶甲属（*Monolepta*）（Wagner et al.，2012）。

（二）分布与危害

1. 分布

双斑长跗萤叶甲是一种危害棉花、玉米等多种作物的重要害虫，又称双斑萤叶甲、长跗萤叶甲、双圈萤叶甲、四目叶甲。分布于俄罗斯（西伯利亚）、朝鲜、日本、印度、越南、菲律宾、印度尼西亚、新加坡。国内分布于内蒙古、河北、黑龙江、浙江、湖北、吉林、辽宁、四川、山西、湖南、贵州等地。1998年，在新疆生产建设兵团车排子垦区发现双斑长跗萤叶甲危害棉花。目前该虫主要分布在新疆北疆地区。

2. 寄主

双斑长跗萤叶甲的寄主范围较广，属于多食性昆虫。据文献记载，其寄主主要包括禾本科、十字花科、蓼科、菊科、大麻科、茄科、豆科、杨柳科、蔷薇科、毛茛科等多种植物（张永强 等，2013）。

3. 危害

双斑长跗萤叶甲成虫在玉米生长初期取食叶肉及下表皮，仅留上表皮，形成不规则白斑，玉米抽雄后取食花丝、雄穗及细嫩籽粒，在玉米心叶期、吐丝期和乳熟期，成虫基本上都有聚集倾向（张聪 等，2014）（图3-34）。

图3-34　双斑长跗萤叶甲对玉米的危害（何婉洁和孟涵颖 摄，2022）
A、B. 叶片受害状　C. 叶片上部受害状　D. 花丝受害状

该虫主要危害棉花上部叶片，取食棉叶上表皮多于下表皮，初危害时或数量少时，仅取食上表皮及叶肉（图3-35），形成凹陷，几天后凹陷由绿色变成黄褐色，形成花叶。危害时间较长或数量较大时，叶片形成缺刻，受害处变成黄褐色，最后形成枯斑（图3-36），危害严重时形成网状叶脉，影响叶片的光合作用，导致营养恶化、叶色发黄，被害部位焦枯，使生长发育受阻，易形成弱苗，从而影响棉花的正常生长。

图3-35　双斑长跗萤叶甲危害棉花叶片
（张伟伟 摄，2022）

图3-36　双斑长跗萤叶甲危害棉花叶片
呈枯斑状（杨陈 摄，2021）

在新疆北疆双斑长跗萤叶甲 6 月初开始危害棉花，百株平均虫口量 18～20 头，最高可达 114.2 头；6 月底至 7 月初达到危害高峰期，危害株率达 80％以上，百株平均虫口达 68 头，甚至高达 500 头以上；随后，百株虫口量开始下降，仅 10.4 头，虫口减退率为 82.2％，其危害程度明显减轻。

（三）形态特征

1. 成虫

体长 3.6～4.8 mm，宽 2.0～2.5 mm，长卵形，棕黄色有光泽，头、前胸背板色较深，橙红色，鞘翅淡黄色，每个鞘翅基半部有一个近于圆形的淡色斑，周缘为黑色，淡色斑的后外侧常不完全封闭（图 3-37）。头部三角形的额区稍隆，额瘤横宽，瘤间有一细沟，具极细刻点，复眼卵圆形，突出，触角 11 节，前胸背板横宽，长、宽比约为 2∶3，表面拱突，密布细刻点，四角各具毛 1 根。小盾片黑色，三角形，无刻点。鞘翅被密而浅细的刻点，侧缘稍膨出，端部合成圆形。后胫节端部具一长刺，后跗节第一节很长，超过其余 3 节之和。腹部雌虫完整，雄虫末节腹板后缘分为 3 叶。

图 3-37 双斑长跗萤叶甲成虫（何婉洁 摄，2022）

2. 卵

卵长约 0.6 mm，宽约 0.4 mm，椭圆形，卵壳表面有近等边的六角形网纹。卵主要产于叶片被害株根系周围或田边杂草根系周围的表层土壤中，多散产。双斑长跗萤叶甲取食不同植物时，其卵的颜色有所不同，如取食棉花，卵为棕红色，取食白菜，卵为淡黄色。

3. 幼虫

分为 3 个龄期，长筒形。一龄、二龄为淡黄色，三龄为黄色。三龄幼虫体表具有排列规则的瘤突和刚毛，头部具触角 1 对，上颚具 3 个小齿，端部狭窄，前胸背板骨颜色较深，腹部稍扁，共 9 节，末腹节黑褐色，为一块铲形骨化板，端缘具较长的毛。

4. 蛹

离蛹，黄色，长、宽分别为 2.8～3.5 mm 和 2 mm。头部位于前胸背板下，触角自两复眼之间向外侧伸出，端部伸至前足近口器的地方；翅位于两侧，前翅盖在后翅上，后胸背板大部分可见，小盾片呈三角形；腹部 9 节，第九节末端有一对稍向外弯的刺。腹面可见头部、足、翅及部分腹节。

（四）生物学特性

1. 生活史

在我国新疆北疆地区双斑长跗萤叶甲以卵在距地表 5 cm 以内的土壤中越冬。该虫 1 年发生 1 代。在室内温度为（25±0.5）℃，光照周期为 16 h：8 h（L：D），相对湿度为（80±5）% 的条件下，卵期 90 余天，幼虫期 10 d 左右，蛹期 7 d 左右，成虫期 30～40 d，羽化成虫经 12～17 d 性成熟后开始交配产卵，平均产卵历期为 6.96 d，产卵量 30～90 粒（李广伟，2008）。

2. 发生规律

在新疆石河子棉田双斑长跗萤叶甲卵于翌年 4 月中下旬开始孵化，幼虫期 30 d 左右，蛹期 7 d 左右，6 月初始见成虫，6 月底至 7 月初达成虫高峰期，8 月上旬为交尾产卵盛期。

3. 生活习性

成虫飞翔力弱，一般只能飞 2～5 m，有群集性、向上性和一定趋光性，日光强烈时常隐蔽在下部叶背或花穗中。在植物上自上而下取食。早、晚气温较低时或风雨天喜躲藏在植物根部或枯叶下。取食和交尾活动都集中在有阳光的白天。成虫除了危害棉花以外，也取食白菜、苍耳、灰藜、刺儿菜、玉米、沙枣、杨树等。黏土地发生重，沙土地无；玉米地边多；杂草多的地方发生重。

不同个体交尾的具体时间不同，在不受干扰的情况下，一般持续 30～50 min。交尾时，雄虫飞到雌虫的背上，然后两性腹部末端相连。雌虫产卵前腹部变粗膨大，各节间伸展，腹部长度明显超过鞘翅。此时，雌虫行动迟缓。即将产卵前，雌虫先把腹部末端插入土中缝隙，偶尔也将卵产在棉花叶片上，一般会分批产卵，一次几粒到几十粒不等。

（五）综合防控技术

1. 农业防控

早春双斑长跗萤叶甲喜在杂草上危害，春季需及时清除地边杂草，减少双斑长跗萤叶甲的早期寄主，可减轻其在棉田和玉米田中的危害。

2. 物理防控

由于双斑长跗萤叶甲成虫有一定迁飞性，喷药时飞走，药效过后又迁回，给防治带来一定难度，可通过人工网捕，降低双斑长跗萤叶甲虫口数量。

3. 生物防控

双斑长跗萤叶甲的天敌主要有蝎敌、瓢虫、食蚜蝇、小蜂、蜘蛛、寄蝇、胡蜂、草蛉、螳螂等。其中蝎敌若虫、成虫均取食双斑长跗萤叶甲成虫（陈静 等，2007），应加以保护和利用该天敌。

4. 生态调控

（1）恶化生活环境 如进行秋耕冬灌，可有效降低双斑长跗萤叶甲越冬虫口基数，明显减轻危害。

（2）与茄科等作物合理轮作 可有效恶化成虫取食的环境条件，减少其产卵量。另外，双斑长跗萤叶甲不危害小麦，因此，可以采用小麦与棉花的间作套种，增加棉田天敌资源，显著降低双斑长跗萤叶甲的密度和危害。

5. 化学防控

双斑长跗萤叶甲对一般的杀虫剂比较敏感。当百株虫口大于 30 头，呈聚集分布时，在晴天的早晨或傍晚用 25% 噻虫嗪可湿性粉剂叶面喷施，进行点片封锁布控（李广伟，2007）。建议把握好防控时机，高峰期开展统一防控。

（陈静，张建萍）

十三、玉米根萤叶甲

（一）学名及分类地位

玉米根萤叶甲 ［*Diabrotica virgifera* （LeConte）］，属鞘翅目 （Coleoptera） 叶甲科 （Chrysomelidae） 萤叶甲亚科 （Galerucinae） 根萤叶甲属 （*Diabrotica*）。

（二）分布与危害

1. 分布

原产于墨西哥、危地马拉，在 1955 年以前，该虫仅发生于美国中西部，但目前玉米根萤叶甲已在北美、欧洲等地区广泛分布，且蔓延仍在继续（王思一，2018）。

2. 寄主

寄主包括禾本科、菊科、豆科及葫芦科等植物，如小麦、大豆、南瓜、向日葵、野生瓠果，其中玉米受害最为严重。（张丽杰 等，2002）。

3. 危害

成虫主要取食玉米植株的花粉、穗丝、籽粒和叶片等，取食叶片时会形成玻璃窗样不规则的半透明条形斑，危害雌穗时会造成花穗呈齐头剪断状，影响玉米的授粉和受精，导致结实不良，最终导致减产。幼虫取食须根，大龄幼虫侵入根茎后吞食根部组织（图 3-38A），减少水分和养分吸收，降低植物稳定性，导致根部腐烂，形成"鹅颈管"症状（图 3-38B），造成植株倒伏，同时还使玉米的抗旱和抗病力降低，从而导致产量大幅下降。有研究发现，玉米根萤叶甲可以传播玉米褪绿斑驳病毒。

图 3-38　玉米根萤叶甲危害玉米（来源 NY/T 2413—2013）
A. 根部受害　B. "鹅颈管"症状

（三）形态特征

1. 成虫

成虫体黄绿色，长约 5 mm，长椭圆形。触角丝状，其不超过鞘翅的 1/2，第二节等长或稍长于第 3 节，第二节与第三节长度之和大于第四节长度的 1/2，从第四节到第十一节，长度逐渐递增。前胸背板窄于鞘翅，近方形；两侧及后缘边框明显，后角突出，前角钝圆；盘区偏中下部具 1 对浅凹。鞘翅在中部明显膨阔，每个鞘翅在肩角下具 2 条纵向沟槽。雌性鞘翅上具 3 条黑色纵纹。雄性鞘翅黑色，具黄色边缘，鞘翅末端黄色（图 3-39A）。

2. 卵

初产为白色，近孵化时为淡黄色，长 0.65 mm，宽 0.45 mm，卵壳表面呈规则的网状。

3. 幼虫

初孵幼虫半透明状，几近无色或白色，大龄幼虫长 11 mm，具明显黑色肛上板（图 3-39B、C）。

图 3-39 玉米根萤叶甲（来源 NY/T 2413—2013）

A. 成虫 B、C. 幼虫

（四）生物学特性

1. 生活史

玉米根萤叶甲 1 年发生 1 代，幼虫在春末至夏初孵化，可远距离寻找寄主；幼虫期一般 2 周；幼虫在 10～20 cm 深的土壤中化蛹，蛹期 10 d 左右；成虫在夏季羽化并取食玉米的花粉、花丝、籽粒和叶片，雌成虫在羽化的 12～24 h 内就可交尾，交尾 2 周后雌虫会将卵产于玉米根部的土壤中，产卵期可直至霜冻。雌虫一般可存活 11～12 周，平均每头雌虫可产 1 000 粒卵。

2. 传播扩散方式

玉米根萤叶甲的扩散主要以成虫为主，其传播途径包括以飞行和气流携带的自然传播和交通工具传带的人为传播，而跨洋的远距离传播是人为造成的。

3. 繁殖特性

虽然玉米根萤叶甲雄虫羽化一般会比雌虫早 5 d 左右，但有研究表明雌雄虫会有 97.8% 的羽化期重叠，两性羽化高峰出现在 8：00 左右，第二次羽化高峰出现在 20：00 左右。80% 的雄虫达到性成熟需要 5～7 d，而雌虫在羽化之前就能达到性成熟。玉米根萤叶甲的雌虫一般会在 7～8 月把卵产在玉米根部附近较湿润的土壤中，其一生可产 266～441 粒能健康发育的卵（王思一，2018）。卵发育起点温度为 10.5 ℃，在完成滞育后幼虫在玉米播种后的 2～4 周孵化，并在根表或根内取食。幼虫的移动受到土壤容重的限制，非常潮湿的土壤孔隙也非常小，会限制幼虫的活动。初龄幼虫在质地较细的土壤中比在粗糙的土壤中移动得更远，同时幼虫的发育上限温度是 33 ℃，此时二龄幼虫不能存活（张丽杰 等，2002）。

4. 滞育特性

玉米根萤叶甲以卵越冬，卵需要经历 5 ℃以下 4 个月的滞育阶段，但在 0 ℃时会降低幼虫活性，高于 5 ℃条件下会导致存活率降低或无法诱导滞育。冬季休眠分为专性滞育阶段及兼性休眠时期，滞育时间在不同的地区差异较大，在 78～163 d，且个体之间差异也很大。打破滞育的主要因素是时间。在温带地区当土壤温度低于 11 ℃时，玉米根萤叶甲会停止发育，进而进入休眠阶段以抵抗不利的环境条件。

（五）风险评估与适生性分析

1. 适生性区域的划分以及风险等级

根据玉米根萤叶甲发生区的经纬度、气候条件等生态因子，采用 Desktop GARP 软件对其在我国的适生性进行分析。显像管研究发现，玉米根萤叶甲在我国的潜在适生区主要分布于我国北方春播玉米区、黄淮海平原夏播玉米区和西北灌溉玉米区，主要包括黑龙江、吉林、辽宁、内蒙古、新疆、河北、北京、天津、山东、山西、陕西、宁夏、甘肃、江苏、安徽、河南、湖北、四川、云南和西藏等地。其中高适生区主要是东北平原的南部和华北平原的南部、渭河平原及其南北附近地区。此外，黑龙江兴凯湖北岸地区和新疆边境的伊犁河流域、塔城地区及额尔齐斯河流域等地也有小范围的高适生区。

2. 风险管理措施

目前我国暂未发生玉米根萤叶甲，但鉴于该虫可由交通工具及玉米等产品携带入境，故应从源头控制入手，对疫区航空港、口岸、码头实施检疫检验，一旦在进口产品中发现该虫，应在 12 h 内向自治区农业植物检疫机构快报疫情特征、发现时间、分布地点、传播途径与危害情况，在经自治区农业植物检疫机构核实后，在 12 h 内上报农业农村部所属的植物检疫机构，并立即采取应急扑灭措施。

（六）监测检测技术

（1）监测方法 在国际航空港、口岸、码头附近的玉米田或葫芦科植物，包括南瓜、甜瓜等，于距田边 5～10 m 的植株顶部悬挂涂有 8-甲基-2-丙酸正癸酯、4-甲氧基肉桂醛、葫芦素等信息素的黄板。对在诱集监测过程中发现有玉米根萤叶甲疫情的地方，应增加黄板监测点和黄板的设置密度，严密监测疫情的发展。应 30 d 更换 1 次新的引诱物和黄板，在整个监测期间每 14 d 检查 1 次黄板上是否有疑似玉米根萤叶甲成虫，当黄板上诱捕到该虫后，每 7 d 检查 1 次，并放置在醒目标志。

（2）调查方法 查看田间玉米有无"鹅颈管"症状植株，有无被害的植株叶片、果穗、雄穗以及查看葫芦科植物的果实等。若发现有疑似虫株，则在该田块随机选取不少于 5％的植株进行调查，每个植株分别调查地上部位有无成虫危害，地下根部有无幼虫危害，并将发现的可疑虫体带回室内进行鉴定。

（七）应急防控技术

1. 检疫防控

对玉米种子、幼苗、加工品、青贮饲料等加强检疫，一旦发现该虫，应禁止运出并就地焚毁等，防止玉米根萤叶甲的扩散和蔓延。

交替使用拟除虫菊酯类杀虫剂、氟氰菊酯类杀虫剂、新烟碱类杀虫剂（噻虫嗪、噻虫胺等）及西维因等植物源杀虫剂，进行大面积化学防除（Meinke et al.，2021）。

2. 注意事项

（1）突发疫情上报　新发生区地、县级农业行政部门所属的植物检疫机构在本辖区确定发现疫情后，应在 12 h 内向自治区农业植物检疫机构快报疫情特征、发现时间、分布地点、传播途径与危害情况。

（2）实地诊断　自治区农业植物检疫机构接到报告后，在 24 h 内派出 2 名专职检疫员进一步进行实地诊断。自治区农业植物检疫机构经核实后，在 12 h 内上报农业农村部所属的植物检疫机构，并立即采取应急扑灭措施。

（3）疫区划分　根据突发疫情发生区监测和普查的结果，发生玉米根萤叶甲的地区应划为疫区，由自治区农业行政主管部门提出，报自治区人民政府批准，并报农业农村部备案。

（4）应急防控技术应用　一旦发现突发疫情，由县级以上人民政府发布封锁令，组织本地有关部门对疫情发生区、受威胁区采取封锁、控制和保护措施。在疫情发生地点周边设立 40 km 宽的无玉米根萤叶甲寄主植物的隔离带，对疫情发生区进行隔离、封闭处理。防止玉米根萤叶甲进一步传播、定殖和扩散。

依据《农业植物检疫调运检疫规程》（GB 15569—2009）实施调运检疫检验，对染疫植物、植物产品、运输工具及包装材料进行熏蒸处理。

（八）综合防控技术

目前国外玉米根萤叶甲的防治主要以化学防治为主，搭配轮作种植。玉米根萤叶甲在还未传入我国之前，应当加强检疫监测，关键进出口的航空港、口岸、码头实施检疫检验，预测发生地带使用科学防范手段。防患于未然，促进快速检测技术的不断革新。将国内外防治手段进行有机结合。

1. 检疫防控

严格控制进出口玉米、葫芦科作物南瓜等的检疫检测，针对其生物学习性对预测预报可能发生区域进行排查，加强监测和防控，做到早发现、早报告、早隔离、早防控，防止玉米根萤叶甲虫害的扩散和蔓延。

2. 农业防控

可通过采用玉米与非寄主植物如大豆的轮作、调整玉米播期及种植转 Bt 基因玉米的措施以减少玉米根萤叶甲的发生。

3. 物理防控

参照本节（六）监测检测技术（1）监测方法中的黄板涂抹信息素进行诱采。

4. 生物防控

利用寄蝇（*Celatoria compressa*）、斯氏线虫（*Steinernema carpocapsae*）、白僵菌属（*Beauveria*）等进行防控（Paddock et al.，2021）。

5. 化学防控

主要是使用一些非专一性杀虫剂防治成虫和幼虫。可用植保无人机喷施拟除虫菊酯类杀虫剂、氟氰菊酯类杀虫剂防治成虫，使用新烟碱类杀虫剂（噻虫嗪、噻虫胺等）处理种子，防治卵和幼虫，同时注意药剂轮换使用。

（郭文超，丁新华，付开赟，贾尊尊，王小武）

十四、苜蓿籽蜂

（一）学名及分类地位

苜蓿籽蜂（*Bruchophagus roddi* Gussakovsky），属膜翅目（Hymenoptera）广肩小蜂科（Eurytomidae）。

（二）分布与危害

1. 分布

国内分布于新疆、甘肃、内蒙古、陕西、山西、河北、河南、山东、辽宁等地。新疆南、北疆均有分布。

国外分布于欧洲及中亚栽培苜蓿和三叶草的地区，北美洲的美国及加拿大南部，中亚、西伯利亚、大洋洲、土耳其、罗马尼亚、法国、匈牙利、捷克、斯洛伐克、伊拉克、智利及新西兰等地。

2. 寄主

主要有苜蓿、三叶草、草木樨、沙打旺、紫云英、鹰嘴豆、百脉根、骆驼刺等。

3. 危害

主要以幼虫取食苜蓿种子胚芽、子叶，使苜蓿种子失去发芽能力，对留种苜蓿造成的危害相当严重。种子被害初期，在种皮内可见1个褪白区域，为初龄幼虫取食所致；被害中期，幼虫达三龄时，种子1半以上被蛀空，仅可见透明种皮及黄褐色斑块，为其排泄物；被害后期，即幼虫达四龄时，可将种子蛀空，并在种壳内化蛹。受害轻者被害种子表面多皱褶，略鼓起，重者仅剩一空壳。

苜蓿种子被害率是随收种时间的后移而呈上升趋势，相同地块随着收种年限的增加，种子被害率也在增加，是留种苜蓿地的重要害虫（图3-40）。

图3-40　苜蓿籽蜂的危害（刘长月，2015）
A. 苜蓿种荚受害状　B. 骆驼刺种荚受害状

（三）形态特征

1. 成虫

（1）雌蜂　体长1.88~1.99 mm，宽0.55~0.62 mm，全体黑色。头大，有粗刻点，复眼酱褐色，单眼3个，着生于头顶呈倒三角形排列。触角长0.58~0.68 mm，共 10 节，柄节最长，索节 5 节，棒节 3 节。胸部特别隆起，具粗大刻点和灰色绒毛。前胸背板宽为长的 2 倍以上，其长与中胸盾片的长度约相等，并与胸腹节几乎垂直。足的基节黑色，腿节黑色，下端棕黄色，胫节中间黑色，两端棕黄色。胫节末端均有短距 1 根。翅无色，前翅缘脉和痣脉几乎等长。翅展 3.33～3.56 mm。腹部近卵圆形，黑色反光，末端有绒毛。产卵器稍突出。主要鉴定特征为外生殖器第二负瓣片端部和基部的连线与第二基支端部和基部的连线之间的夹角大于 20°，小于 40°，第二负瓣片弓度较小（图 3 - 41A）。

（2）雄蜂　体黑色，体型略小。形态特征与雌蜂相似。体长 1.56～1.69 mm，宽 0.45～0.51 mm。触角长 0.81～0.89 mm，共 9 节，第三节上有 3～4 圈较长的细毛，第四至第八节各为 2 圈，第九节则不成圈。翅展 2.87～3.12 mm。腹部末端圆形。

2. 卵

长椭圆形，长 0.17～0.24 mm，宽 0.10 mm。一端具细长的丝状柄，卵柄长 0.30～0.52 mm，为卵长的 1.5～3.0 倍，为卵宽的 2.5～6.5 倍。卵透明，有光泽（图 3 - 41B）。

3. 幼虫

共 4 龄。头部有棕黄色的上颚 1 对，其内缘有 1 个三角形的小齿，无足。初孵幼虫未取食体色透明，取食后体色开始变绿，发育至三、四龄时体色逐渐转为白色（图 3 - 41C）。

4. 蛹

蛹为裸蛹，初蛹为白色，1～2 d 后体变为乳黄色，复眼变为红色，羽化时变黑色。体长 1.79～1.87 mm，体宽 0.70～0.75 mm（图 3 - 41D）。

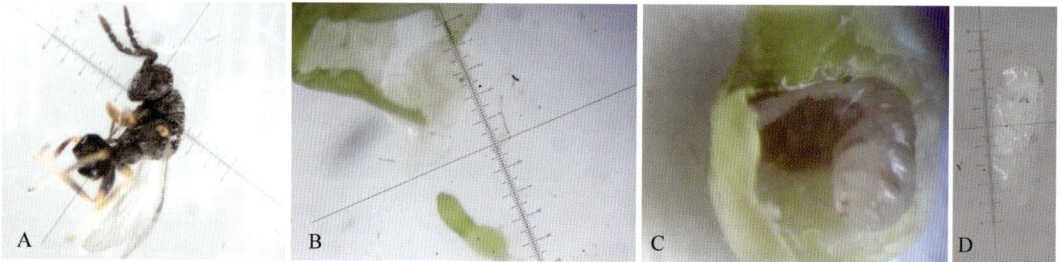

图 3 - 41　苜蓿籽蜂（刘长月，2015）

A. 成虫　B. 卵　C. 幼虫　D. 蛹

（四）生物学特性

1. 生活史

在新疆呼图壁地区 1 年可发生 3 代，主要以二、三龄幼虫在苜蓿种子内滞育越冬。越冬场所为田间残株、路旁或田边自生苜蓿的种荚内，收割时掉落地上的种子，种子脱落场地以及储存种子的仓库内。越冬代幼虫于翌年 4 月下旬开始化蛹，化蛹盛期在 5 月中下旬，化蛹末期在 6 月中旬。越冬代成虫于 5 月上旬开始羽化，5 月下旬为羽化盛期，羽化末期在 6 月中下旬。一代幼虫发生在 5 月下旬至 7 月中旬，发生盛期在 6 月下旬。一代成虫羽化初期在 6 月底至 7 月初，羽化盛期在 7 月中旬。二代幼虫的发生期在 7 月中旬，发生盛期在 7 月下旬至 8 月上旬。二代成虫发生在 7 月底至 9 月中旬，发生盛期在 8 月中旬。三代幼虫从 8 月上旬起，在种子内越冬（图 3 - 42）（刘长月，2012）。

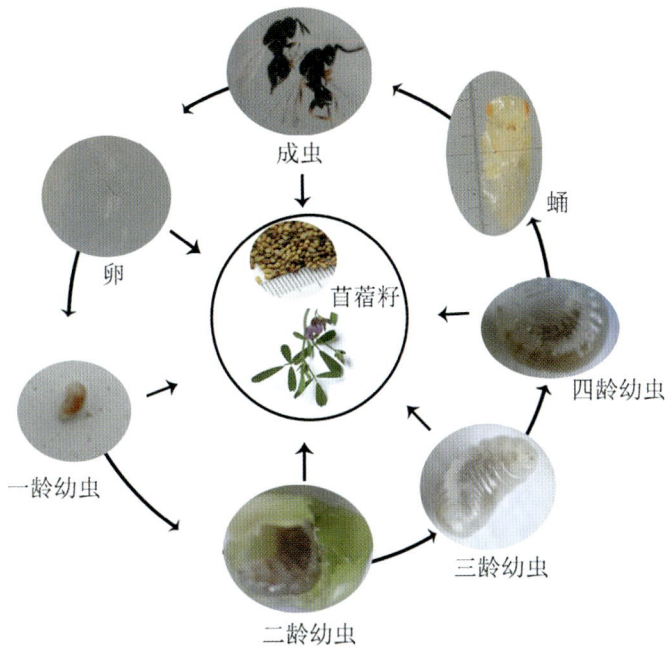

图 3-42 苜蓿籽蜂的生活史（刘长月，2012）

2. 传播扩散方式

幼虫、蛹可随种子调运而远距离传播，成虫具有较强的飞行能力，可随风、气流自然传播扩散。

3. 迁飞习性

成虫具有较强的飞行能力，其飞行距离受风向与气流强度及寄主影响。Kamm 在室内生物测定中发现，雌蜂在飞行中受到一系列来自寄主和非寄主花的气味刺激，不同的寄主植物能引起或抑制雌蜂具体的飞行和着陆行为。成虫羽化后如果找不到适宜产卵的种子，雌虫便飞到几英里外去寻找可产卵的种子。

4. 繁殖特性

成虫于翌年 4 月 8～10 日开始羽化（将当年收的带虫苜蓿种子储存于有暖气的室内），持续出蜂时间较长，羽化高峰期为 4 月中下旬；当储存于无暖气的室内，成蜂于翌年 5 月 8～12 日开始羽化出蜂，持续出蜂时间较短，羽化高峰期为 5 月下旬。虽然成虫羽化出蜂时间不同，但停止羽化时间均为 6 月中旬。

成虫羽化多集中在白天 10：00～14：00，高峰期为中午 12：00（平均温度为 29.0 ℃），夜间 22：00～00：00 羽化出蜂数较少（平均温度为 28.5～29.7 ℃）。

越冬代成虫雌雄性比平均为 1.33：1。一代性比平均为 1.33：1，二代性比平均为 1.34：1。室内饲养，其性比为 1.30：1，田间网捕调查，其性比为 1.38：1。

羽化后雌、雄蜂相遇时，雄蜂不断追逐雌蜂，最后雄蜂爬上雌蜂体背，触角与雌蜂触角相互碰撞，不断振动双翅，然后雄蜂稍往后退，此时将腹部弯起与雌蜂腹部保持平行，进行交配。交配时雌蜂不再移动但煽动双翅，交配时间可持续 2～6 min，最长可达 12 min，并可进行多次交配。

雌蜂产卵主要集中在羽化后 2 d，随着时间的延长，其产卵量逐渐减少。用 5％蜂蜜水饲养籽蜂，其产卵可持续 5.64 d，最长可达 9 d；单雌平均产卵量最高为 23.27 粒。雌蜂产卵选择刚乳熟或嫩绿的种荚，先在种荚上爬行，选择适当部位后，腹部高举，将产卵器插入种荚，卵产于种子胚芽处，而将卵柄留在外。雌蜂可控制在每粒种子内产 1 粒卵。当苜蓿开始结荚时，雌蜂偏向于选择 10～14 日龄的种荚，所以在苜蓿生长期，雌蜂均选择下部最先结实的种荚；在种荚乳熟期，选择上中部的种荚；在种荚成熟期，则选择上部最后结实的种荚。

5. 滞育特性

在美国西部，一小部分的苜蓿籽蜂幼虫越冬可滞育 1 年后才出蜂。在呼图壁地区，苜蓿籽蜂多以二、三龄幼虫滞育越冬。

6. 发生规律

在田间，成虫羽化时，先用口器咬破种皮，再在种荚上咬一羽化圆孔钻出。脱粒后的种子，则用口器咬破种皮即可直接羽化飞出。

羽化后的成虫立即交配，如能找到寄主，几小时后就可产卵。成虫在温度高、湿度低的中午前后最为活跃，多在寄主植物新结荚的顶部飞翔。卵经 3～12 d 孵化，幼虫在 1 粒种子内完成全部发育，很少转移危害其他种子，在一个种荚内常有 1～4 粒种子被蛀食。幼虫老熟后在种粒内进行化蛹，蛹的发育起点温度为 19.97 ℃，发育所需要的有效日积温达 58.56 ℃。

（五）发生与环境

1. 与苜蓿生长年限及收种时间的关系

苜蓿种子被害率随收种时间的后移而呈上升趋势，相同地块随着收种年限的增加，其被害率也在增加。尤其是田边地头自生苜蓿植株，由于无人管理其种子被害率高达 30％以上。

2. 正常与被害苜蓿种子质量差异与清选

成熟期正常种子（已收获）与被害种子百粒干重相差 0.03 g，差异显著。因此将收获种子经种子精选机筛选后，选净率可达 93％以上。

3. 温度对苜蓿籽蜂幼虫死亡率和种子发芽率的影响

在 35 ℃、40 ℃、45 ℃、50 ℃的高温条件下，处理带虫种子 48h，幼虫死亡率分别为 1.47％、32.41％、69.60％、100％，种子发芽率分别为 97％、97.33％、98％、92％。在 －10 ℃、－20 ℃、－30 ℃的低温条件下，处理带虫种子 48 h，幼虫死亡率分别为 29.20％、74.30％、100％；种子发芽率分别为 93％、89％、87％。

（六）应急防控技术

在苜蓿籽蜂发生区，应加强苜蓿籽蜂的检疫检验、杜绝人为传播的同时，在农业外来有害生物的主管部门组织和协调下建立快速响应机制，制定监测和应急防控预案，加强对公众和种植者的苜蓿籽蜂防控宣传和指导，落实和强化苜蓿籽蜂的监测和应急封锁防控措施，对突发疫情采取及时的封锁和铲除措施，有效杜绝其进一步传播扩散。

1. 检疫防控

从源头控制入手，在苜蓿种子种植区实施检疫检验。疫区内的种子只限在疫区内种植和使用，禁止运出疫区，防止苜蓿籽蜂疫情的扩散和蔓延。

2. 种子处理

种子收获后用选种机进行选种。

3. 化学防控

做好虫情监测，在田间苜蓿结荚成虫大量出现时可进行药剂防治。

4. 注意事项

根据《农业植物疫情报告与发布管理办法》，应注意以下事项：

①新发生区地、县级农业行政部门所属的植物检疫机构在本辖区确定发现疫情后，应在 12 h 内向自治区农业植物检疫机构快报疫情特征、发现时间、分布地点、传播途径与危害情况。

②自治区农业植物检疫机构接到报告后，在 24 h 内，派出 2 名专职检疫员进一步进行实地诊断。经核实后，在 12 h 内上报农业农村部所属的植物检疫机构，并立即采取应急扑灭措施。

③根据突发疫情发生区监测和普查的结果，发生苜蓿籽蜂的地区应划为疫区，由自治区农业行政主管部门提出，报自治区人民政府批准，并报农业农村部备案。

（七）综合防控技术

1. 检疫防控

严格实施苜蓿种子调运检疫。对已发生苜蓿籽蜂的区域要做好种子田的监测和防治工作。

2. 农业防控

（1）选育抗虫品种　选用抗虫品种是防治该虫最经济、最有发展前途的措施，应引起高度重视。

（2）改进栽培管理技术　适时早播或种植早熟品种。在苜蓿种荚 75％ 呈棕褐色时收割，收割时防止掉粒，尽快脱粒，脱粒后的种子必须通过选种机筛选，并将打场后的一切残屑及时清运并另作他用。合理布局不同品种的种植，避免同一品种在同一地区大面积种植。在苜蓿种子生产区，种子收获后，要统一进行选种，严格分级，保证种子质量，可有效控制苜蓿籽蜂的传播。

（3）其他措施　对苜蓿种子田田间残枝落荚及田边散生苜蓿种荚，以及苜蓿草田周边未刈割而结种的苜蓿进行彻底清理。同一块苜蓿地不宜连续 2 年留种，翌年可作为刈割草田。

3. 物理防控

（1）温度处理　50 ℃ 干热处理种子 1 d，可杀死全部幼虫；45 ℃ 干热处理种子 3 d，可杀死 90％ 幼虫；以上高温处理种子发芽率为 93％ 以上。−30 ℃ 低温条件下处理种子 1 d，可杀死全部幼虫；−20 ℃ 低温条件下处理种子 3 d，可杀死 90％ 幼虫；以上低温处理种子发芽率为 87％ 以上。

（2）盐水或泥水选种　把种子浸泡在食盐水或泥水中，将上浮的种子清除销毁。选好的种子用清水冲洗后晾干备用。

（3）机器选种　种子收获后用选种机进行选种，种子选净率可达 93％ 以上，被害种子可降低至 1％ 左右。

（4）人工网捕　加强虫情监测，在田间成虫羽化高峰期（5 月下旬、7 月中旬、8 月中旬）可进行人工扫网捕捉成虫，减少成虫产卵量，降低虫口基数。

4. 化学防治

在田间成虫羽化高峰期，可结合实际，避开花期，在田间苜蓿籽蜂成虫大量出现时，进行药剂喷雾防治。

（刘长月，赵莉）

十五、二斑叶螨

（一）学名及分类地位

二斑叶螨（*Tetranychus urticae* Koch），属蛛形纲（Arachnida）蜱螨亚纲（Acari）叶螨科（Tetranychidae）叶螨属（*Tetranychus*），别名二点叶螨，是一种重要的农业害螨。

（二）分布与危害

1. 分布

二斑叶螨是一种世界性的害螨，于世界各温带、亚热带地区广泛分布，在国外主要分布于美国、英国、土耳其、南非、澳大利亚、摩洛哥、俄罗斯、新西兰和日本等地，我国除台湾外，在20世纪80年代前未曾发现二斑叶螨发生。1983年，北京市首次发现二斑叶螨危害花卉作物一串红，之后甘肃、山东和河北部分地区陆续发现，目前在国内主要分布于北京、甘肃、河北、山西、陕西、辽宁、河南、山东、江苏、安徽等地（蔡双虎 等，2003）。

2. 寄主

二斑叶螨寄主植物广泛，达50余科800多种，在各地严重危害棉花、豆类、桑、木薯、木瓜、瓜类以及林木、温室栽培植物和多种观赏植物，为蔬菜、花卉、果树上的重要害螨（高萍 等，2021）。

3. 危害

二斑叶螨一般栖息在叶背取食，严重时在叶表和寄主植物的其他绿色部分，如嫩茎、花蕊、果柄等。二斑叶螨用一对口针刺穿绿色组织，吸取汁液和叶绿体。危害初期叶面沿叶脉附近出现许多细小失绿斑痕，随着害螨数量增加，危害加重，叶背面逐渐变褐色，叶面失绿呈苍灰绿色或呈现暗红色斑块，变硬变脆，嫩叶被害后常引起皱缩扭曲而变形，被害严重时造成大量落叶和植株长势减退。二斑叶螨种群数量大时常伴随结网现象（图3-43）。

图3-43 二斑叶螨危害菜豆（苏杰 摄，2021）

二斑叶螨危害叶片后，叶片会产生一系列生理变化，如叶绿体和水分的减少，光合作用受抑制等。寄主植物被害后，叶内镁含量增加，呼吸增强，气孔机能相应遭到破坏，由此水汽和其他气体的扩散能力减弱，碳水化合物和含氮物质显著减少，过氧化物酶、渗透压、蔗糖和花青素的含量都增加，而过氧化氢酶却消失，蒸腾作用减弱。

（三）形态特征

1. 雌成螨

背面观呈卵圆形。体长 4.28～5.20 mm，宽 3.06～3.23 mm。夏秋活动时期，体色通常呈绿色或黄绿色，深秋时橙红色个体逐渐增多，为越冬滞育雌螨。体躯两侧各有黑斑1个，其外侧三裂，内侧接近体躯中部，极少有向末体延伸者。背面表皮的纹路纤细，在第三对背中毛和内骶毛之间纵行，形成明显的菱形纹。背毛12对，刚毛状，缺臀毛。腹面有腹毛16对。气门沟不分支，顶端向后内方弯曲成膝状。须肢跗节的端感器显著，足Ⅰ跗节前后双毛的后毛微小。各足环节上的刚毛数为：转节Ⅰ～Ⅳ各1根；股节Ⅰ～Ⅳ分别为10根、6根、4根、4根；膝节Ⅰ～Ⅳ分别为5根、5根、4根、4根；胫节Ⅰ～Ⅳ分别为10根、7根、6根、7根；跗节Ⅰ～Ⅳ分别为18根、16根、10根、11根。爪间突分裂成几乎相同的3对刺毛，无背刺毛（牛永浩，2006）（图3-44A）。

2. 雄成螨

背面观略呈菱形，比雌螨小（图3-44A）。体长 3.65～4.16 mm，宽 1.92～2.20 mm。体淡黄色或黄绿色。须肢跗节的端感器细长，背感器稍短于端感器。背毛13对，最后的1对是从腹面移向背面的肛后毛。各足环节上的刚毛数为：股节Ⅰ～Ⅳ分别为10根、6根、4根、4根；膝节Ⅰ～Ⅳ分别为5根、5根、4根、4根；胫节Ⅰ～Ⅳ分别为13根、7根、6根、7根；跗节Ⅰ～Ⅳ分别为20根、16根、10根、11根。阳茎的端垂十分微小，两侧的突起尖利，长度几乎相等（牛永浩，2006）（图3-45）。二斑叶螨形态与朱砂叶螨外部形态极其相似，仅可以通过雄螨阳茎分辨。

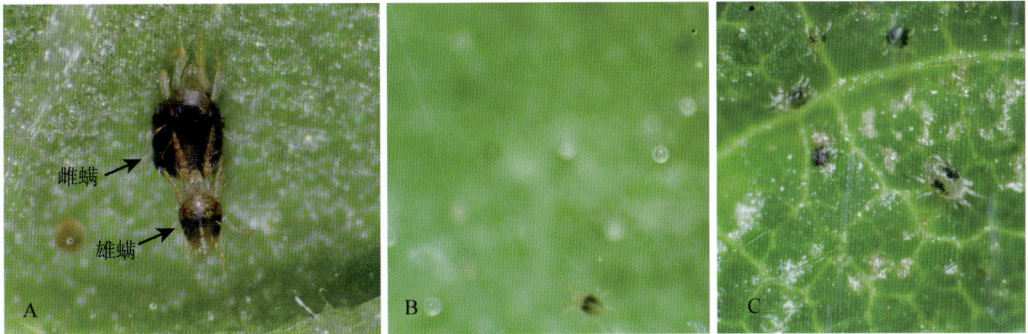

图3-44　二斑叶螨（聂子鑫 摄，2022）
A. 雌、雄成螨　B. 卵　C. 若螨

3. 卵

圆形，透明，直径为 0.12～0.14 mm，初产卵乳白色，后变淡黄色，随胚胎发育卵色逐渐加深，孵化前透过卵壳可见到2个红色眼点（牛永浩，2006）（图3-44B）。

4. 幼螨

体半球形，长 0.15～0.21 mm，宽 0.12～0.15 mm，体淡黄或黄绿色。足3对。背

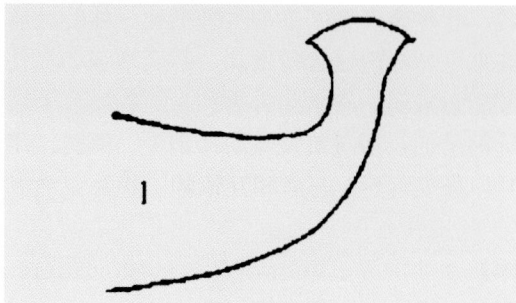

图 3-45　二斑叶螨的阳茎侧面（牛永浩，2006）

毛数同雌螨。腹毛 7 对。基节毛、前基间毛和中基间毛各 1 对，肛毛和肛后毛各 2 对（牛永浩，2006）。

5. 若螨

体椭圆形。足 4 对，行动敏捷。有第一若螨和第二若螨 2 个虫期，但雄性个体后若螨期比雌性个体要短。前若螨体长 0.21～0.29 mm，宽 0.10～0.19 mm。背毛数同雌螨。腹毛数共有基节毛 4 对，前基间毛、中基间毛和殖前毛各 1 对，肛毛及肛后毛各 2 对。后若螨体长 0.34～0.36 mm，宽 0.21～0.23 mm。无生殖皱褶纹，背毛数与雌螨相同。生殖毛 1 对，其余的腹毛同雌螨（牛永浩，2006）（图 3-44C）。

（四）生物学特性

1. 生活史

二斑叶螨 1 年发生 10～20 代（由北向南逐增），越冬虫态及场所随地区而不同：在华北以雌成虫在杂草、枯枝落叶及土缝中越冬；在华中以各种虫态在杂草及树皮缝中越冬；在四川以雌成虫在杂草或豌豆、蚕豆等作物上越冬。二斑叶螨生育期包括卵、幼螨、第一若螨、第二若螨和成螨 5 个时期，在幼螨和每个若螨之后都有一个静止期。二斑叶螨的发育历期主要是受热量积累的影响（蔡双虎 等，2003）。在不引起其滞育的温度范围内，各螨态发育历期的长短与温度高低成反比。用富士苹果叶片饲养二斑叶螨，发现随着温度升高，其发育历期缩短，二斑叶螨的发育起点温度为 11.65 ℃，完成 1 代所需的有效日积温为 162.19 ℃；在变温条件下更有利于二斑叶螨的生活，在变温范围 24.40～28.10 ℃，日平均温度 26.72 ℃条件下，单雌产卵量为 33.21 粒，比 30 ℃恒温下的 31.08 粒略多，比 25 ℃恒温下的卵量多 66%。

2. 传播扩散方式

二斑叶螨可凭借风力、流水、昆虫、鸟兽、人畜、各种农机具和花卉苗木携带传播。研究发现二斑叶螨在果实贮存期间，可在果实、果箱、果筐上越冬转移扩散传播，极易长距离传播并在新的地区建立种群（牛永浩，2006）。

3. 繁殖特性

二斑叶螨的繁殖方式主要为两性生殖，即有性生殖，也有孤雌生殖。在两性生殖中，雌雄交配获得有两性个体的后代，虽然雌成螨个体间所产生的后代性比有差异，但总体上来看，其雌雄性比趋于 3∶1。孤雌生殖所产生的后代全部都是雄性个体（蔡双虎 等，2003）。

4. 滞育特性

二斑叶螨以受精雌成螨滞育，滞育的雌成螨个体体色为橙红色，体背无褐斑，非滞育个体为黄绿色，体具褐斑。越冬滞育型雌成螨有较强的抗寒力和抗水性，最低气温－25℃时，越冬死亡率小于50％，虫体在水中可存活几十个小时。影响二斑叶螨滞育的主要环境因素是光周期、温度和寄主营养、三者相互依赖，相互制约（蔡双虎 等，2003）。二斑叶螨属于长日照发育短日照滞育型。在实验室条件下，当温度为15℃，每天光照超过13 h，该螨不发生滞育个体；当每天光照时间为12 h时，开始出现滞育个体，以后随着时间的减少，滞育率逐渐增加。在光周期一定的情况下，温度对二斑叶螨滞育的影响也很大，低温可促进短日照对滞育的诱导作用，而高温则明显抑制这种作用。引起50％的个体进入滞育的临界温度为15.5℃。在每天8 h的光照条件下，温度从11℃上升到19℃，二斑叶螨的滞育率从100％降低到20％。二斑叶螨一旦进入滞育，如不经过一定时间的发育起点以下的低温阶段，即使给予适宜的环境条件也不能恢复发育，必须经过一定时间的低温刺激后才能解除滞育，恢复发育。在每天13 h的光照条件下，温度越高，解除越冬雌成螨滞育的速度越快，低温处理滞育雌成螨的时间越长，解除其滞育的速度也越快。

5. 发生规律

在苹果园中，二斑叶螨在不同树龄树体上的越冬位置会有一定差异。幼树以根颈周围土缝为主，约占总量的80％，而覆草幼树园，在根颈周围20 cm范围内，约占总量的85％以上；十年生左右的结果树，根颈处占总量的60％，而覆草园可占到70％左右，其余在树体上越冬；10年以上的大树，以在树体的翘皮、裂缝处越冬为主，其比例约占总量的60％左右，其中以主干树皮裂缝处最多，中央干次之，三大主枝较少。二斑叶螨前期出现卵块聚集度高，6月中旬以后聚集强度逐渐降低。翌年3月下旬，气温在10℃以上，苹果芽萌动时开始出蛰，4月中旬为出蛰盛期。在南方温暖地区，出蛰时间可提早到2月下旬至3月上旬，出蛰迟早，主要取决于当时的气温。出蛰后，先在树冠内膛部位叶片取食危害，后逐步向外围扩散，同时开始产卵。5月上旬为一代卵孵化盛期。4～5月因气温较低，一般繁殖较慢，不会造成严重危害。5月下旬至6月初，气温逐渐升高，繁殖、扩散加快。6～8月，若遇干旱，则会大量暴发，是全年危害高峰期。此期间如果降雨频繁，田间湿度在80％以上，能明显抑制二斑叶螨的危害。9月随着气温下降，成螨逐渐减少。10月上中旬出现越冬型成螨，11月上中旬入蛰结束。二斑叶螨田间种群的年消长曲线多为单峰型，两端平缓，中央陡然升高。其发生除一代整齐外，以后则世代重叠，虫态混杂。

6. 生活习性

先羽化的二斑叶螨雄螨有主动帮助雌螨蜕皮的行为，蜕出后即交配，交配时雄体在下方，锥形腹端翻转向上与雌体交接，交配时间在2 min以上。雌雄螨一生可多次交配，交配能刺激雌螨产卵，并使雌性比增加。幼螨和前期若螨不甚活动。后期若螨则活泼贪食，有向上爬的习性。在黄瓜及架豆植株上，先危害下部叶片，而后向上蔓延。雌成螨一般将卵散产在叶背面和网丝上，每头成螨产卵量高达百粒以上，卵孵化后在叶背面取食造成危害。繁殖数量过多时，常在叶端群集成团，滚落地面，被风刮走，向四周爬行扩散。二斑叶螨在高温低湿的6～8月危害重，尤其干旱年份易大发生，但温度达30℃以上和相对湿度超过70％时，不利于其繁殖，暴雨对其有抑制作用。

（五）综合防控技术

1. 农业防控

大田作物和果树应注意及时清除田边杂草，在早春越冬螨出蛰前，刮除树干上的翘皮、老皮、清除果园里的枯枝落叶和杂草，集中深埋或烧毁，消灭越冬雌成螨，并于入冬前对受害重的农田喷药以压低越冬虫量。在秋播时耕翻整地，通过深翻将越冬叶螨翻压到17～20 cm的深土下。在作物出土前，及时铲除田间或田外杂草，可大大压低虫源基数。设施作物应适当进行换茬，利用夏季高温闷棚防控。

二斑叶螨通常先点片发生，之后扩散至周边作物，应及时调查并掌握虫情，及时杀灭被害植株上的二斑叶螨并摘除被害叶片、果实等植物组织，在二斑叶螨发生的中心植株周围同样进行调查和灭杀。同时适当追肥壮苗，提高植株抗性。

2. 生物防控

二斑叶螨的天敌种类较多，常见的包括捕食螨、塔六点蓟马、小花蝽、草蛉、食螨瘿蚊和深点食螨瓢虫等。目前研究较多的捕食螨包括智利小植绥螨、胡瓜新小绥螨、加州新小绥螨和双尾新小绥螨等。田间释放捕食螨可有效降低害螨种群，控制害螨危害，同时应注意合理用药，提高并延长捕食螨的防控效果（洪晓月 等，2013）。

3. 化学防控

化学防治二斑叶螨常见药剂包括2%阿维菌素悬浮液12 g/hm^2，15%哒螨灵乳油悬浮液15 g/hm^2，10%虫螨腈悬浮液5 g/hm^2，11%乙螨唑悬浮液11 g/hm^2，73%炔螨特乳油16 g/hm^2，24%螺螨酯悬浮液10 g/hm^{2}等。常见药剂由于使用频繁，在二斑叶螨多年发生地区易使其产生较高抗药性（牛永浩，2006；高萍 等，2021）。因此推荐新型杀螨剂43%联苯肼酯悬浮液2 g/hm^2、20%丁氟螨酯悬浮剂6 g/hm^2，可有效防治二斑叶螨。化学防治时需注意施药均匀细致，避免连续多次使用相同药剂，建议多种药剂交替使用，延缓二斑叶螨产生抗药性。

（苏杰，张建萍）

十六、枣实蝇

（一）学名及其分类地位

枣实蝇（*Carpomya vesuviana* Costa），属双翅目（Diptera）实蝇科（Tephritidae）实蝇亚科（Trypetinae）实蝇族（Trypetini）卡实蝇属（*Carpomya*），英文为 Ber fruit fly。

（二）分布与危害

1. 分布

分布于亚洲、欧洲，非洲的毛里求斯、埃及西奈半岛。国内分布于新疆吐鲁番市、哈密市、阿图什市、喀什地区等地（何善勇 等，2009）。

2. 寄主

危害红枣（*Zizyphus jujuba*）和酸枣（*Ziziphus jujuba*）（张润志 等，2007）。

3. 危害

枣实蝇是2007年5月24日发布的《进境植物检疫性有害生物名录》中规定的我国禁止进境的检疫性入侵害虫（张润志 等，2007）。2007年7月，吐鲁番市发现枣实蝇后，国家林业局在2008年2月18日发布2008年第3号公告，将枣实蝇增列为全国林业检疫性有害生物。枣实蝇以幼虫蛀食果肉并向中间蛀食（图 3-46），导致果实提早成熟和腐烂，通常可造成 20％以上的产量损失，局部严重的可以致使 90％以上枣果受害，严重时可造成枣果绝收（阿地力·沙塔尔 等，2008）。

图 3-46　枣实蝇对枣果的危害（阿地力·沙塔尔 摄，2008）
A. 产卵痕　B. 幼虫脱果孔　C. 幼虫虫道　D. 幼虫及其排泄物

（三）形态特征

1. 成虫

头高大于长，雌、雄成虫的头宽相同，淡黄至黄褐色。复眼圆形，其高与长大致相等。触角全长较眼短或约与眼等长，第三节的背端尖锐；触角芒裸或具短毛。喙短，呈头状（图 3-47A、B）。

头部鬃序：下侧额鬃 3 对，上侧额鬃 2 对；单眼后鬃、内顶鬃、外顶鬃、颊鬃各 1 对；单眼鬃退化，缺或微小如毛状；单眼后鬃、外顶鬃和颊鬃是淡黄色，上对上侧额鬃淡褐色，余全黑色。

胸部：盾片黄色或红黄色，中间具 3 个细窄黑褐色条纹，向后终止于横缝略后；两侧各有 4 个黑色斑点，横缝后亚中部有 2 个近似椭圆形的黑色大斑点，近后缘的中央于两小盾前鬃之间有一褐色圆形大斑点；横缝后另有 2 个近似叉形的白黄色斑纹。小盾片背面平坦或轻微拱起；白黄色，具 5 个黑色斑点，其中 2 个位于端部，基部的 3 个分别与盾片后缘的黑色斑点连接。

翅透明，具 4 个黄色至黄褐色横带，横带的部分边缘带有灰褐色；基带和中带彼此隔离，较短，均不达翅后缘；亚端带较长，伸达翅后缘，带的前端与前端带于 R_1 和 R_{2+3} 室内相互连接，呈倒 V 形；前端带伸至翅尖之后，边缘的大部分一般由几个小透明斑带与翅前缘相隔。R_{4+5} 脉背、腹面裸或仅于径脉结节上被小鬃。足完全黄色；中胫端刺（距）1 根（张润志 等，2007）。

雄虫第五背板几乎呈三角形，其宽度不足长度的 2 倍；第 5 腹板后缘向内呈 V 形凹陷。雌虫第六背板略长于第五背板。雄性外侧尾叶后面观超过第九背板长度的 1/2；阳茎端中部大片几丁化。雌性产卵管基节圆锥形，约与第五背板的长度相等；针突末端渐窄至尖锐，两侧具微细锯齿。体翅长 2.9~3.1 mm（张润志 等，2007）（图 3 - 47C）。

2. 卵

圆形，黄色至黄褐色（图 3 - 47D）。

3. 幼虫

蛆形。三龄幼虫体长 7.0~9.0 mm，宽 1.9~2.0 mm；口感器具 4 个口前齿；口钩具 1 个弓形大端齿。第一胸节腹面具微刺；第二、三胸节和第一腹节均有微刺环绕；第三~七腹节腹面具条痕；第八腹节具数对大瘤突。前气门具 20~23 个指状突；后气门裂大，长是宽的 4~5 倍（张润志 等，2007）（图 3 - 47E）。

4. 蛹

体节 11 节，初蛹黄白色，后变黄褐色（图 3 - 47F）。

图 3 - 47　枣实蝇不同虫态（阿地力·沙塔尔 摄，2008）
A. 成虫背面观　B. 雌成虫　C. 雄成虫　D. 卵　E. 幼虫　F. 蛹

（四）生物学特性

1. 生活史

枣实蝇在吐鲁番市 1 年发生 2 代，以蛹在枣树树盘内土壤中越冬，蛹 98% 集中分布于 0~5 cm 深的表层土壤中，占蛹数的 60%。幼虫还能在麻袋、塑料袋等包装材料以及干枣内化蛹。翌年 5 月中旬头茬枣花约一半坐果时，越冬代成虫开始羽化出土，5 月下旬至 6 月上旬为羽化盛期，7 月初越冬代成虫羽化完毕，羽化期长达 48 d 之久。越冬代成虫于 6 月中旬头棚枣果初次膨大时开始产卵，枣果受害从 6 月中旬一直持续到 10 月中旬。9 月下旬绝大部分枣果采摘完毕时，老熟幼虫开始脱离枣果入土化蛹越冬，至 10 月中旬结束（何善勇 等，2009）。成虫多在 9~14 时羽化，白天交配产卵，成虫对黄色（波长

570 nm）有趋性。

2. 传播扩散方式

枣实蝇主要以卵、幼虫、蛹随寄主果实的调运远距离传播。国外资料报道，最大的检疫风险来自旅客乘飞机携带虫害果传播枣实蝇。

3. 迁飞习性

经研究发现，羽化后 12 d 左右的枣实蝇飞行能力最强，雌虫平均飞行距离和最远飞行距离分别为 1.04 km 和 3.19 km，雄虫分别为 0.94 km 和 3.09 km。枣实蝇飞行能力随着日龄的增加呈现先增强后减弱的趋势；相同日龄的雌成虫平均飞行距离、平均飞行时间略高于雄虫，雌、雄虫的平均飞行距离、平均最快飞行速度、平均飞行时间之间没有显著性差异；环境温度 28～34 ℃为枣实蝇最佳飞行温度，且 31 ℃条件下飞行能力最强。

4. 繁殖特性

成虫羽化补充营养后才能交配，雌雄成虫可多次交配，一般产卵前期为 2～8 d。雌虫将卵产于枣果中下部果皮下，尤其是果实底部较多。卵为单粒，雌虫产卵量 10～26 粒，平均为 16 粒，每果产卵 1～4 粒，最多可达到 19 粒（何善勇 等，2009）。

5. 发生规律

幼虫孵化后蛀食果肉并向中间蛀食，不转移果，接近枣核后围绕枣核四周继续取食，幼虫老熟后逐渐向外蛀食，于果实中下部表面咬出圆形脱果孔脱离果实入土化蛹，一部分幼虫在果内化蛹（一半在果内一半在果实外部形成"花生形"）（何善勇 等，2009）。

枣实蝇不同发育阶段的过冷却点不同，同一虫态个体间的过冷却点出现不同程度的差异。不同虫龄的过冷却点和体液结冰点差异显著，表现为随着虫龄的增加过冷却点和体液结冰点降低。其中枣实蝇三龄幼虫的过冷却点平均值为 (-9.75 ± 0.64)℃，体液结冰点平均值为 (-5.53 ± 0.46)℃。枣实蝇 30 日龄蛹过冷却点平均值为 (-22.71 ± 1.21)℃，1 日龄蛹平均值为 (-7.28 ± 1.08)℃；而枣实蝇 30 日龄蛹的体液结冰点平均值为 (-17.01 ± 2.34)℃，1 日龄蛹平均值为 (-5.49 ± 0.56)℃（丁吉同，2014）。

（五）风险评估与适生性分析

1. 风险评估

（1）在新疆的潜在分布区　利用 Arc Map 软件将 CLIMEX 和 GARP 预测叠加结果中的新疆预测结果单独提取出，得到枣实蝇在新疆的潜在适生区分布。

吐鲁番市、鄯善县、托克逊县均为枣实蝇的高适生区，同时新疆的大部分地区都是枣实蝇的潜在分布区，具体包括 2 块区域。中部宽带状区域：哈密市的伊吾县、巴里坤沿线以南地区（包括哈密大枣的主产区五堡乡等），吐鲁番市，巴州中部地区，阿克苏地区中部以南，和田地区中部以北（沙漠地区），喀什地区东北部。北部区域：阿勒泰地区、昌吉州、伊犁州三地区交界处的三角区域，包括乌苏、奎屯、石河子、玛纳斯、呼图壁、富蕴、克拉玛依等县、市。但北部区域没有枣树的栽培条件，故也就不存在枣实蝇的潜在危害（何善勇，2009）。

（2）危险性的定量评估　根据枣实蝇的生物学特性、传播扩散规律、检验检疫技术、防治除害处理技术等，对照表 1 中各评判指标的赋分标准，得出枣实蝇在新疆各潜在分布区的相关赋分值（表 3-2）。按照有害生物危险性定量分析计算公式（黄振 等，2008），分别进行各项评判指标值及危险性总 R 值的计算：

$$P_2 = 0.6P_{21} + 0.2P_{22} + 0.2P_{23}$$
$$P_3 = Max（P_{31}，P_{32}，P_{33}）$$
$$P_4 = \sqrt[5]{P_{41} \times P_{42} \times P_{43} \times P_{44} \times P_{45}}$$
$$P_5 = （P_{51} + P_{52} + P_{53}）/3$$
$$R = \sqrt[5]{P_1 \times P_2 \times P_3 \times P_4 \times P_5}$$

P_1 根据表内的评判标准得到。

表 3-2　枣实蝇在新疆枣产区危险性分析评判指标赋分及危险性程度等级

区域	P_1	P_{21}	P_{22}	P_{23}	P_{31}	P_{32}	P_{33}	P_{41}	P_{42}	P_{43}	P_{44}	P_{45}	P_{51}	P_{52}	P_{53}	R	危险程度
哈密市	3	3	0	2	0	0	2.5	2	1	2	2	2.8	2	2	1.5	2.238 2	高度
吐鲁番市	1	3	0	2	2	1	1.4	1	1	2	2	3	2	2	1.5	1.675 5	中度
巴州	3	3	0	2	0	0	1.5	1	1	2	2	3	2	2	1.5	2.027 3	高度
阿克苏地区	3	3	0	2	0	0	2	1	1	2	2	3	2	2	1.5	2.087 2	高度
和田地区	3	3	0	2	0	0	1.5	1	1	2	2	2.2	2	2	1.5	1.945 9	中度
喀什地区	3	3	0	2	0	0	2	2	2	2	2	2.5	2	2	1.5	2.190 9	高度

我国林业有害生物的危险程度一般分为 4 级：$2.5 \leqslant R < 3.0$ 为特别危险，$2.0 \leqslant R < 2.5$ 为高度危险，$1.5 \leqslant R < 2.0$ 为中度危险，$1.0 \leqslant R < 1.5$ 为低度危险。由表 3-2 可以看出，枣实蝇在新疆的哈密市、巴州、阿克苏地区、喀什地区的 R 值分别为：2.238 2、2.027 3、2.087 2、2.190 9，存在高度危险性；吐鲁番市、和田地区的 R 值分别为 1.675 5、1.945 9，为中度危险性。吐鲁番市危险性稍低的主要原因是该地区已经有枣实蝇的发生，面积达 1 107.22 hm^2；而在和田地区危险性稍低的主要原因是适于枣实蝇发生的地区处于沙漠地带，较不适合枣树生长，且与枣实蝇的发生地区无邻接（何善勇，2009）。

（3）风险管理措施　枣实蝇是危害枣属植物的重要蛀果性害虫，被列入新疆一级危险性林业有害生物。将对新疆乃至中国枣产业造成严重影响，将会影响枣产品出口贸易，给国家带来巨大损失。枣实蝇应由国家和自治区组织开展重点防治，实施严密封锁、全面监测、积极除治的策略；防治原则是坚持预防为主、坚持分类施策、坚持无公害防治；防治对策重点是做好各个时期的发生动态监测及预报，定期开展专项调查工作，及时开展综合治理工作。

2. 适生性分析

根据目前枣实蝇南至印度，北至乌兹别克斯坦、意大利的全球分布界限，并结合寄主的分布范围可以初步推断，枣实蝇适生于我国所有枣树种植区。

何善勇利用相关软件进行预测（图 3-48），发现枣实蝇在中国的潜在分布范围较广，主要集中在我国的华东、华南和西北地区，结合我国的枣树分布范围，确定我国枣实蝇的高适生区包括华北地区的河北，华中地区的河南，华东地区的安徽、江苏，华南地区的广西南部，华中地区的湖北南部与湖南北部，西北地区的新疆中南部、甘肃敦煌；中适生区主要包括山东、湖北东北部地区、湖南南部局部地区、四川东南部以及部分与重庆接壤的地区、江西、福建、广西，另外新疆北部局部区域、内蒙古东部与辽宁接壤的零星地点、云南南部零星地点，其余为枣实蝇非适生区（何善勇，2009）。

审图号：GS京（2023）1824号

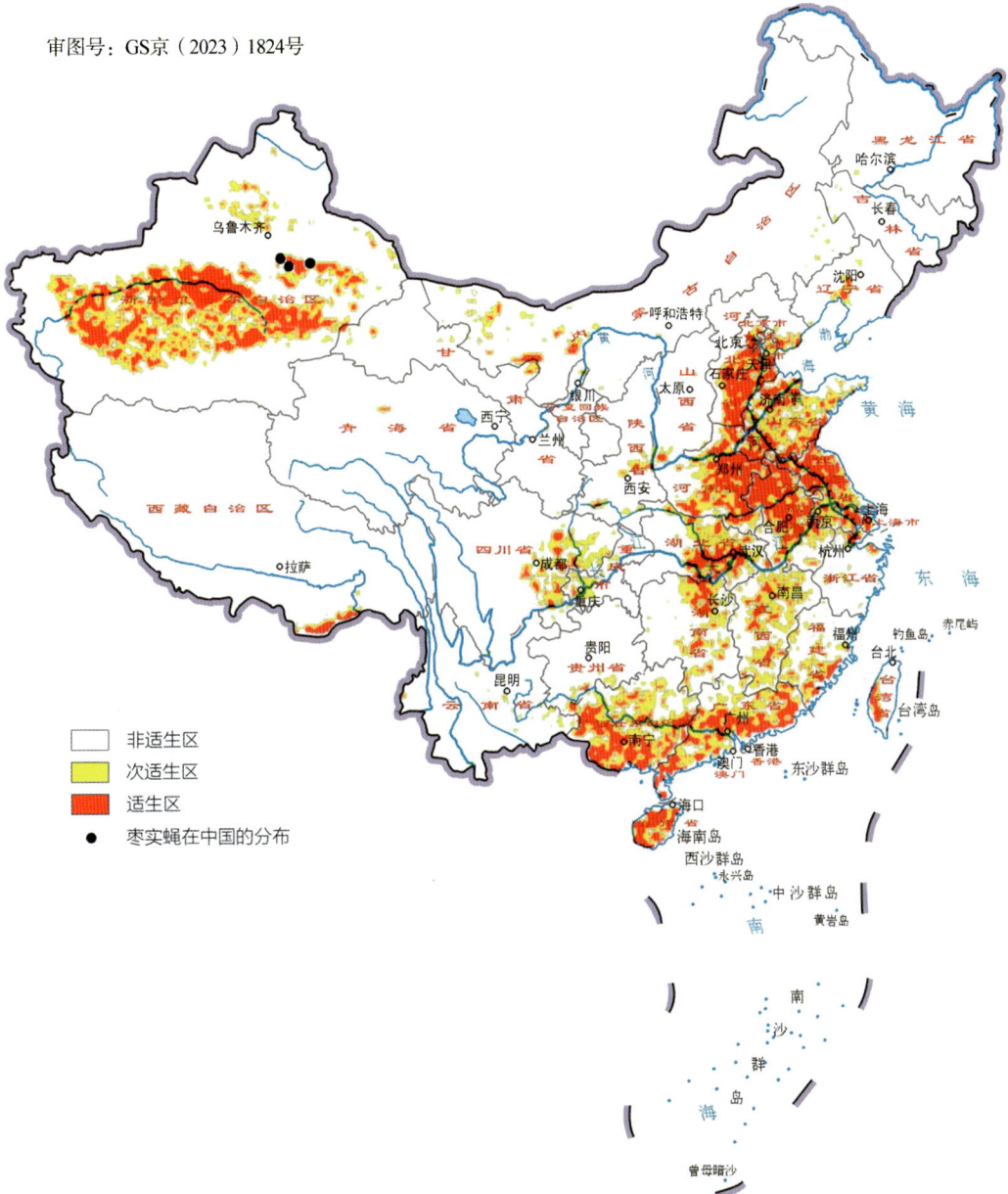

图 3-48　枣实蝇在我国的适生区分析

（六）监测检测技术

每年 5~9 月即枣树开花期到枣果采摘期，分别在枣实蝇成虫羽化迁飞期以枣实蝇引诱剂监测，及时掌握消长规律及动态、虫情发生面积、发生范围、危害程度。

1. 成虫的监测

监测时间在 5 月中旬到 10 月底，成虫的监测采取黄板（波长为 570 nm）和引诱剂相结合的监测方法。根据监测点的情况，每个监测点挂 5 个黄板，每个诱捕器间的距离控制在 7～8 m。黄板悬挂位置在树冠北面，高度 1.5 m 左右，按地块对黄板进行编号，每 3 d 检查 1 次，每 10 d 更换黄板 1 次。调查时间为上午 12：00 前检查结束。

2. 幼虫的监测

采用田间调查方法：以县（市）为单位，每个县（市）选择当地有代表性的枣园，每个枣园选取 5 个点取样，每点随机选取 1～2 棵枣树，每棵枣树从东、西、南、北 4 个方向摘取约 100 个果实，剥开果实检查是否被枣实蝇钻蛀，每个方位不少于 25 个果实，全园调查不少于 10 棵枣树，记载蛀果率，并摘取有虫果。

3. 蛹期的监测

调查时间在 10 月到翌年 4 月。对进入结果期的枣园进行枣实蝇越冬蛹的调查。每 1～3 hm² 枣园设样地 1 块，每块样地用随机抽样法选取样株 12～20 株，每棵样株从树干基部到树冠投影外沿不同方位（东、南、西、北）挖扇形样坑，样坑深度为 25 cm，收集土样调查越冬蛹数量（阿地力·沙塔尔，2008）。

4. 枣实蝇发生程度分级标准

发生程度分为 5 级，即 1 级（未发生或轻度发生）、2 级（中等偏轻度发生）、3 级（中等发生）、4 级（中等偏重度发生）、5 级（严重发生），以监测到的虫口密度为划分标准，各级指标见表 3-3。

表 3-3 枣实蝇成虫发生程度分级指标

发生程度	1 级	2 级	3 级	4 级	5 级
虫口密度（头/黄板）	≤5	6～10	11～15	16～20	≥25

（七）应急防控技术

1. 新入侵区的控制策略

从枣实蝇的生活史和对环境的适应能力来看，枣实蝇一旦扩散到新的环境并定殖后很难根除（何善勇，2009）。枣实蝇新入侵但还未大面积定殖扩散地区，以应采取以加强枣产品的检疫为根本，以应用生态致死因子（断枣）为基础，再配合相应的其他手段（如田间监测、深翻土壤、覆盖地膜和化防）的 TPM（全种群治理）策略。

2. 定殖地区的控制策略

枣实蝇已经大面积扩散并适应定殖地区环境，彻底地清除疫情已经完全不能实现的情况下，应以诱杀成虫为目标，采用树上防治（幼虫期摘除虫果、喷洒农药）和树下防治（深翻、土壤处理）相结合的 IPM（害虫综合治理）策略。

（八）综合防控技术

1. 检疫封锁

加大检疫监管力度，禁止发生区内枣果、带土枣树及苗木等相关枣产品向发生区外销售，进行疫情封锁，防止枣实蝇进一步扩散蔓延，同时禁止从疫情发生区内调运枣产品（何善勇 等，2009）。

2. 枣园清理

枣实蝇发生区有枣实蝇危害的枣园，采取人工摘果集中深埋的措施，切断枣实蝇的产卵场所。对地面的落果、虫果、烂果运出园外集中销毁处理（何善勇 等，2009）。

3. 断枣处理

枣实蝇疫情严重发生的地区，可以结合枣树品种改良，实施全面嫁接改造及落花落果等断枣措施。在枣树盛花期喷洒 3～5 波美度的石硫合剂或者 6～7 月底每隔 10 d 喷施一次乙烯利（实生园枣树的使用浓度为 3.5 g/L，嫁接苗的使用浓度为 2.6 g/L），阻止枣树开花结果，连续喷施 2～3 年，切断枣实蝇的食物源。保证断枣干净、彻底，不留死角。

4. 土壤处理

在土壤上冻前进行全园深翻，重点是枣树树冠下的土壤，深度在 20 cm 左右，将土层中的枣实蝇蛹翻到地表，可减少越冬代虫口基数。再结合冬灌，至翌年枣树开花前（4～5月），对发生区开展春灌或浇灌毒水。

5. 树盘覆膜处理

对枣实蝇发生区的枣树，在 5 月上旬树盘覆盖地膜阻止越冬代成虫羽化出土。可以有效地阻止枣实蝇成虫羽化后到枣果上产卵，达到消灭越冬代成虫的目的。

6. 诱杀成虫

枣实蝇对黄色粘虫板（波长为 570 nm）具有很强的趋性，以引诱剂和黄板结合监测、诱集液诱杀枣实蝇成虫。具体做法：头茬枣花约一半坐果时，枣园悬挂枣实蝇专用黄板，每张枣实蝇专用黄板间的距离控制在 7～8 m，一直到 9 月中旬；枣实蝇专用黄板悬挂在树冠阴面并离地面 1.5～1.7 m 高，枣实蝇专用黄板诱虫数量主要集中在前 12 d，因此10～12 d 更换 1 次黄板，如发现黄板变形、黏性明显降低时，应及时更换。

7. 化学防控

（1）树冠喷药 在枣实蝇成虫产卵盛期前（6 月上旬到 7 月初），果实转色期，对树冠喷施 5% 吡虫啉乳油 1 000 倍液，48% 毒死蜱乳油 1 000 倍液，1.2% 烟碱·苦参碱1 000 倍液，交替喷施防治枣实蝇成虫和果内的卵、幼虫，每隔 15 d 喷 1 次。喷药时间最好选择在 18：00～22：00。

（2）地面施药 在一代幼虫入土化蛹或成虫羽化盛期前（7 月初、8 月初），用 20%辛硫·灭多威乳油 500 倍液泼浇地面，毒杀蛹或初羽化的成虫，每隔 15 d 1 次，连续喷施3 次（吐鲁番市分别是 8 月初、8 月中下旬、9 月初），具体方法同上。

（阿地力·沙塔尔，何善勇）

十七、苹小吉丁

（一）学名及分类地位

苹小吉丁（*Agrilus mali* Matsumura），属鞘翅目（Coleoptera）吉丁甲科（Buprestidae）窄吉丁属（*Agrilus*），别名苹果金蛀甲、串皮干、旋皮虫，为国内检疫对象。

（二）分布与危害

1. 分布

苹小吉丁国内分布于黑龙江、吉林、辽宁、河北、山东、山西、陕西、内蒙古、宁夏、甘肃、青海、新疆等地。自 1993 年在新疆西天山野果林中首次发现以来，该虫给天山野果林带来毁灭性灾难。在新疆主要分布在伊犁州新源县、巩留县、霍城县、特克斯县、尼勒克县、伊宁市、伊宁县等地。截至2020年，该害虫已扩散到乌鲁木齐市、昌吉州、哈密市、阿克苏等地。在国外仅分布于俄罗斯、日本、朝鲜等国家（丁玉献，2019）。

2. 寄主

苹小吉丁主要危害蔷薇科植物，包括苹果、梨、桃、杏、沙果、海棠、楸子、山定子和楸梓等，其中野苹果树是苹小吉丁主要寄主树种。

3. 危害

苹小吉丁幼虫孵化后，蛀入树皮的表皮层，初孵幼虫在啃食时会造成寄主流出红褐色或黄色液体，俗称"流红油"。幼虫在枝干内独居生活，很少受到外界不良环境的影响。随着幼虫的发育，枝干形成层受到严重迫害，受害部位开始向下凹陷，局部发黑坏死，并形成"坏死疤"。木质部与韧皮部分离，树体的输导组织受到损害，导致树势衰弱，构成受害林木干枯。苹小吉丁成虫咬破枝干树皮羽化飞出，咬破部位形成 D 形的羽化孔（马志龙 等，2021）。当苹小吉丁危害严重时，会导致整株树木死亡（图 3 - 49）。

图 3 - 49 苹小吉丁危害（阿地力·沙塔尔 摄，2020）

（三）形态特征

1. 成虫

体长 6～11 mm，紫红色，具有金属光泽，各部密布细小刻点。头短宽，复眼肾形，触角锯齿状，11 节。前胸背板长方形，宽大于长；小盾片三角形。鞘翅略有紫红色反光，基部明显凹陷。鞘翅末端尖削，在近端部合拢处有 2 个不太明显的淡黄色绒毛斑。后足胫节外缘有 1 刺列。腹部亮蓝色，背板 6 节，第一、二节腹板愈合（图 3 - 50A）（王福民等，2020）。

2. 卵

长约 1 mm，椭圆形，初产时乳白色，逐渐变为橙黄色（图 3 - 50B）。

3. 幼虫

老熟幼虫体长 16～22 mm，细长而扁，乳白色或淡黄色。胴部 13 节，分节明显，头褐色，较小，大部缩入前躯，仅见口器。前胸特别膨大，呈横椭圆形，背部中央有 1 条硬化下凹的纵带，胸足退化，尾端有 1 对呈褐色的骨化齿状物（图 3 - 50C）（王福民 等，2020）。

4. 蛹

长 6～8 mm，纺锤形，初为白色，渐变黄白色，羽化前为黑褐色（图 3-50D）。

图 3-50 苹小吉丁不同虫态（伊犁地区森防站，2020）
A. 成虫 B. 卵 C. 幼虫 D. 蛹

（四）生物学特性

1. 生活史

苹小吉丁在我国许多地区都有分布，但每个地区的世代数量和越冬幼虫龄期不一致，存在明显的差异（丁玉献，2019）。例如，在吉林长春 3 年发生 2 代，以一龄幼虫越冬；在甘肃大部分地区，2 年发生 1 代，少数地区 1 年发生 1 代，主要以老熟幼虫越冬；青海尖扎县 1 年发生 1 代，但在贵德县 2 年发生 1 代。湖北、内蒙古包头、新疆伊犁 1 年发生 1 代，幼虫以二龄和三龄在枝干的被害树皮下越冬（丁玉献，2019）。在大多数地区越冬幼虫 3 月中旬开始蛀食，但是在较寒冷的地区害虫发育期将会延迟。例如，在天山野果林中，苹小吉丁在翌年开春（4 月初）开始危害；5 月上旬至 6 月上旬是幼虫危害盛期；5 月下旬至 6 月上旬幼虫陆续在木质部化蛹（老熟幼虫蛀成一回旋的椭圆形圈，长径 4～8 cm。幼虫多自圈中央蛀入木质部 3～5 mm，做一船形蛹室，倒转头的方向，在其中化蛹）；成虫在 6 月中旬开始羽化直至 8 月上旬，其中在 7 月中旬和下旬为羽化盛期，成虫羽化后一般在蛹室停留 8～10 d，将皮层咬一个直径约 2 mm 的半圆形羽化孔。成虫一般需经 15～20d 才进行交配产卵（在 7 月中旬开始产卵）（丁玉献，2019），成虫取食 20～30 d，产卵期可延续 10～20 d。卵于 7 月下旬开始孵化，7 月下旬为产卵盛期，卵期 10～13 d，8 月上中旬为孵化盛期，幼虫蛀入树皮表皮层危害至越冬（11 月初），高海拔地区的发育期会推迟 20～30 d。

2. 生活习性

成虫具有假死性，飞行能力较弱，多取食枝梢处叶片，危害较轻。此外，在野外观察发现成虫还具有喜光喜温等习性，在气温较高、晴朗无风的中午最为活跃，夜间和阴雨天不活动。经研究发现，苹小吉丁成虫对 530～590 nm 波长的光敏感，其中对绿色光（530 nm）最为敏感，其趋光反应率为（9.2±1.0）%；黄色光（590 nm）次之，趋光反应率为（7.6±1.6）%，并且雌虫对各单色光的趋光反应率高于雄虫（卡德艳·卡德尔等，2020）。在 14：00 和 16：00 两个时间段内对各单色光的趋光反应率最高（此时间段的平均温湿度分别为 33 ℃、24%，32 ℃、21%）。除此之外，在一定光照度范围内（0.58 lx、1.53 lx、2.38 lx），苹小吉丁成虫对 5 种单色光的趋光性随着光照度的增强而增强（图 3 - 51）（卡德艳·卡德尔 等，2020）。

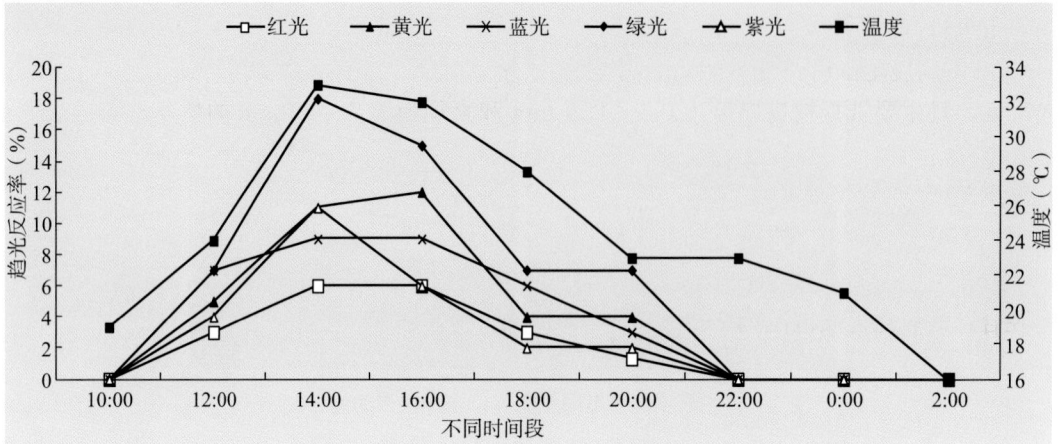

图 3 - 51　不同时间段内苹小吉丁趋光性反应（卡德艳·卡德尔 等，2020）

成虫喜阳光，因而卵多散产在幼树主干、主枝的向阳面的粗皮裂缝、芽侧和小枝基部不光滑处，一般每处 1～3 粒，最多 5～6 粒，每只雌虫 1 次可产卵 60～70 粒，产卵期可延续 15～20 d。

3. 传播扩散方式

苹小吉丁成虫飞翔能力较差，野外自身传播扩散的距离 5～35 m，但幼虫可以借助寄主苗木及幼树的调运，传播到它自身难以到达的地方。

4. 迁飞习性

苹小吉丁雌虫飞行能力强于雄虫，1 日龄飞行能力最弱，11 日龄时达到最强；雌、雄成虫的最远飞行距离分别为 0.42 km 和 0.31 km，最长飞行时间分别为 0.46 h 和 0.37 h；最大飞行速度分别为 2.46 km/h 和 1.86 km/h。饲喂野苹果叶片的飞行能力均高于未饲喂的。交配对雄虫各飞行指标的影响作用稍弱。对苹小吉丁在林间的扩散能力测试发现，苹小吉丁主要向北面、南面及东北面进行扩散。扩散至 5 m 处的数量最多，最远扩散至北面 35 m。雄虫扩散速度高峰出现在第三天，为 1.7 m/d；雌虫平均扩散速度高峰出现在第十二天，达 2.5 m/d。

5 发生规律

苹小吉丁暴发成灾的原因是野苹果树种群年龄结构整体呈现衰老型，树势是诱发苹小吉丁的主要因素。可见，随着野苹果树衰弱程度的增加，苹小吉丁虫口密度随之上升，树势衰弱的树体、枯枝等为苹小吉丁提供栖息、生活和繁衍后代的场所（彭斌 等，2018）。研究发现，在野苹果树南面枝条受苹小吉丁危害率最高，约为 60%，东、西和北面枝条的相对较低，分别为 47.5%、45.1%、42.6%。苹小吉丁在枝条稀疏、冠幅小的野苹果树上虫口密度较高，枝条稀疏能够接受更多光照，有利于繁衍，说明苹小吉丁有喜光习性。除此之外，对苹小吉丁幼虫发生与枝条着生高度之间的关系调查发现，不同高度的枝条受害程度不同。危害严重区域主要集中高度在 2～5 m 的枝条，其中对 3～4 m 高度范围的枝条危害最重，虫口密度和枝条受害率分别是 1.34 头/m 和 60.0%（彭斌 等，

2018）。苹小吉丁幼虫虫口密度与野苹果单株树高、胸径呈正相关，而与单株冠幅呈负相关；苹小吉丁幼虫虫口密度主要集中在树冠南面 2～5 m 高度范围内，其中在 4～5 m 高度范围虫口密度最高，为 0.97 头/m；当年被苹小吉丁危害的枯枝，在野苹果树冠南面 4～5 m 的高度范围所占比例最高，为 22.76%；93.52% 的苹小吉丁初孵幼虫蛀入枝条的向阳面，且主要选择树皮厚度为 0.9～2.5 mm 和直径为 1.7～5.0 cm 的枝条。

彭彬等（2018）研究发现苹小吉丁虫口密度与枝条水分含量密切相关，随着苹小吉丁在树皮内部的发育，枝条含水量呈现整体下降趋势，初孵幼虫部位所在树皮含水量主要集中在 35%～55%。

由此可见，树皮含水量的差异可能影响苹小吉丁成虫产卵、孵化、初孵幼虫发育，只有在合适的理化性质范围内，苹小吉丁才能够更好地繁衍后代（图 3-52）。

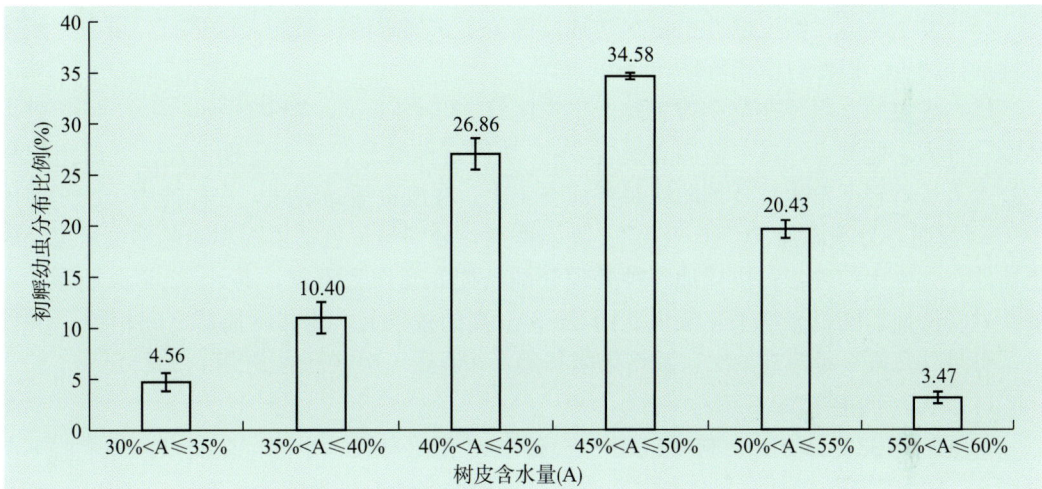

图 3-52 初孵幼虫危害部位树皮含水量分析

（五）监测检测技术

1. 监测准备

收集当地与苹小吉丁及其寄主状况相关的信息并进行整理、分析，制定简要的调查、监测计划。

2. 监测区域

新疆乃至全国广大苹果产区、野生寄主分布区。

3. 监测植物

苹果、梨、桃、杏、葡萄等苹小吉丁寄主植物。

4. 监测时间

从 6 月初至 9 月初，即在苹小吉丁成虫羽化迁飞期开展监测工作，及时掌握虫情发生动态、发生范围、寄主种类、危害程度的变化情况。

5. 成虫虫情监测

（1）未发生区 原则上以引诱剂诱捕监测为主。如果诱捕监测无法进行，可以采用辅助性抽样调查，以便科学指导防治工作。

（2）监测样点设置　监测样点设置在面积不小于 0.33 hm² 的果园中，监测果园的数量要占到整个高风险区内果园的 30% 以上。

（3）诱捕器设置　每年苹小吉丁成虫开始羽化前，在苹果园监测点设置诱捕器。统一使用 PVC 缓释瓶，分别添加 YC 和 YSYZ 2 种引诱剂，分别与蛋黄色粘虫板和浅绿色粘虫板组合成诱捕器，用细铁丝将诱捕器随机悬挂于寄主果树北面 2～3 m 高的枝条上，相邻诱捕器之间相距 5 m 以上（马志龙 等，2021）。

（4）诱捕器日常管理和维护　在整个监测期间，监测人员按要求对诱捕器的诱捕情况进行检查，并记录结果。监测时诱捕器内引诱剂根据挥发情况酌情添加粘虫板，每 7 d 更换 1 次。一旦发现诱捕器出现损坏或丢失的状况，应立即进行更换或补挂，并做好相应的记录。更换下来的废旧粘虫板和应集中销毁。如确认有疫情发生，则进一步按照发生区的要求进行监测。

（5）发生区　原则上以性引诱剂诱捕监测为主。如果诱捕监测无法进行，可以采用辅助性抽样调查，以便科学指导防治工作。

（6）成虫的监测　在苹小吉丁发生重灾区每 333.33 hm²，轻灾区每 666.67 hm² 野果林设一个固定监测点，每个监测点设置 3～5 块固定标准地，专人定期监测。同时组织相关技术人员对轻度发生区及预防区每年详查 1 次。在成虫活动期间，在样地中，统一使用 PVC 缓释瓶，分别添加 YC 和 YSYZ 2 种引诱剂，分别与黄色粘虫板和绿色粘虫板组合成诱捕器，共 4 个处理，每块样地每种处理分别悬挂 8 套作为重复，共计 32 套诱捕器。用细铁丝将诱捕器随机悬挂于苹果树北面 2～3 m 高的枝条上，相邻诱捕器之间相距 5 m 以上。野果林每隔 2 d 调查 1 次，栽培果园每隔 9 d 调查 1 次（马志龙 等，2021）。

（六）综合防控技术

重灾区每 333.33 hm²，轻灾区每 666.67 hm² 野果林设一个固定监测点，每个监测点设置 3～5 块固定标准地，由专人定期监测。根据监测情况指导防治生产。

1. 加强营林

以营林技术为基础，加大封山育林力度，及时清理虫害木和有虫枝条。将修剪的枝条及虫害木登记并集中烧毁。清理虫害木及修剪工作要在成虫羽化前结束。

2. 物理防控

虫口密度较低果园以苹小吉丁引诱剂＋绿色粘虫板（波长为 530 nm）诱杀成虫。即用细铁丝将诱捕器随机悬挂于苹果树北面 2～3 m 高的枝条上，相邻诱捕器之间相距 5 m 以上。诱捕器每隔 9 d 调查 1 次（马志龙 等，2021）。

3. 生物防控

对于苹小吉丁天敌密度大的区域，应避免林间放牧或割草，尽可能保留蜜源植物，林间牧场割草应推迟到 8 月初，为天敌寄生蜂成虫提供充足的食物。

保护利用苹小吉丁优势天敌苹小吉丁刻柄茧蜂（*Atanycolus* sp.）、苹小吉丁长尾啮小蜂（*Tetrastichus* sp.）、苹小吉丁扁体茧蜂（*Doryctes* sp.）等天敌。引进白蜡吉丁肿腿蜂［*Sclerodermus pupariae*（Yang et Yao）］等优势天敌进行防治。

4. 化学防控

（1）树干注射药剂　在 4～5 月底苹小吉丁幼虫期，在树干离地面 30 cm 处，运用打孔机沿主干各方位均匀打深达木质部的 45° 下斜孔，运用注射器将药液注入树干内，通过药液在树体内的流动杀灭幼虫，用药量一般在 1 mL/cm，如 10%甲维·吡虫啉可溶性液剂等。

（2）树干喷药　成虫羽化盛期树上喷药杀成虫。在苹小吉丁虫发生严重的果园，单靠防治幼虫往往还不能完全控制其危害，应在防治幼虫的基础上，在成虫发生盛期连续喷药，如 20%杀灭菊酯乳油 2 000 倍液等。

（阿地力·沙塔尔，卡德艳·卡迪尔，彭彬，马志龙）

十八、苹果绵蚜

（一）学名及分类地位

苹果绵蚜〔*Eriosoma lanigerum*（Hausmann）〕，属半翅目（Hemiptera）瘿绵蚜科（Pemphigidae）绵蚜属（*Eriosoma*），别名血色蚜虫、赤蚜、白毛虫，是国内检疫性害虫（全国农业技术推广服务中心，2001）。

（二）分布与危害

1. 分布

苹果绵蚜原产美国东部，现在日本、朝鲜、印度、澳大利亚、埃及、新西兰、波兰有分布。国内分布于山东、天津、河北、陕西、河南、辽宁、江苏、云南、西藏。

2004 年该虫在新疆开始发生，现分布于新疆的伊犁州、博乐市、塔城地区、昌吉州和田地区苹果种植区。根据对新疆伊犁果区的初步调查，苹果绵蚜是通过苗木调运传入新疆的，2004 年开始零星发生，2006 年起数量开始迅速增长，现已在新疆伊犁河谷的 2 市（伊宁、霍尔果斯）5 县（新源、霍城、巩留、伊宁、特克斯）和兵团农四师 61～66 团、70 团、71 团、78 团等 9 个团场建立了种群。发生面积达 2 400 hm²，危害轻的减产 20%，重者 40%以上。并有扩散蔓延的趋势（陈卫民，2006）。

2. 寄主

苹果绵蚜在新疆危害苹果、海棠 2 种果树。

3. 危害

苹果绵蚜多分泌白色蜡质棉状物。以无翅胎生蚜及若蚜密集于果树树干、主枝、侧枝的病虫伤口、剪锯口、老树皮裂缝、新梢的叶腋、短果枝的端部、果柄、果实的梗洼和萼洼处以及露出地表的根际等处刺吸造成危害，吸取果树汁液，使树势衰弱。在被害处形成瘤状突起，木质部变为黑褐色坏死。其危害性主要表现：是刺吸根际，损坏根部的组织和功能，使根部形成肿瘤，肿瘤久则破裂，造成深浅大小不等的伤口，影响水分和营养的运输；二是刺吸枝干，吸取树液，消耗树体营养，从而使树势衰弱，严重影响果树的生长发育、花芽分化，降低果品产量及品质，缩短树龄；三是幼树受害后，枝条发育不良，推迟结果；四是瘤状虫瘿的破裂，更有利于苹果绵蚜继续危害和越冬。

苹果绵蚜对不同苹果品种危害程度存在显著差异，红元帅、红星受害最重，被害率达 100%，其次为红富士和黄元帅，被害率分别为 87.74%和 76.09%，乔纳金和秦冠受害最轻，仅为 31.25%和 8.22%。而对于同一品种，苹果绵蚜在衰老、树龄长、伤口较多的树上造成的危害重，管理粗放的老果园发生重（图 3-53）。

（三）形态特征

1. 有翅胎生雌蚜

体长 1.7～2.0 mm，翅展 5.5 mm。身体暗褐色，头胸黑褐色，腹部红褐色。身体上

图 3-53　苹果绵蚜田间危害状（新梢、枝条）（陈卫民，2005）

覆有白色蜡质絮状物。复眼红黑色，具眼瘤。触角 6 节，第三节较长，触角环状感觉圈的数量为第三节 28～42 枚，第四节 3～4 枚，第五节 1～6 枚，第六节 1 枚。腹管痕迹状，尾片不突出。前翅中脉二分叉（图 3-54A）。

2. 无翅胎生雌蚜

体长 1.8～2.2 mm，身体呈倒卵圆形，肥大，暗红褐色，体侧具瘤状突起，着生短毛，身体上被以白色蜡质的绵状物，较有翅蚜厚。头部无额瘤。触角 6 节，无次生感觉孔。复眼红黑色，有眼瘤。腹部背面有 4 条纵列的泌蜡孔，分泌白色蜡质絮状物。其他特征同有翅胎生雌蚜（图 3-54B）。

3. 性蚜

极少见，雌蚜体长约 1 mm，触角 5 节，身体为浓橙黄色，体隆起，口器退化。腹部

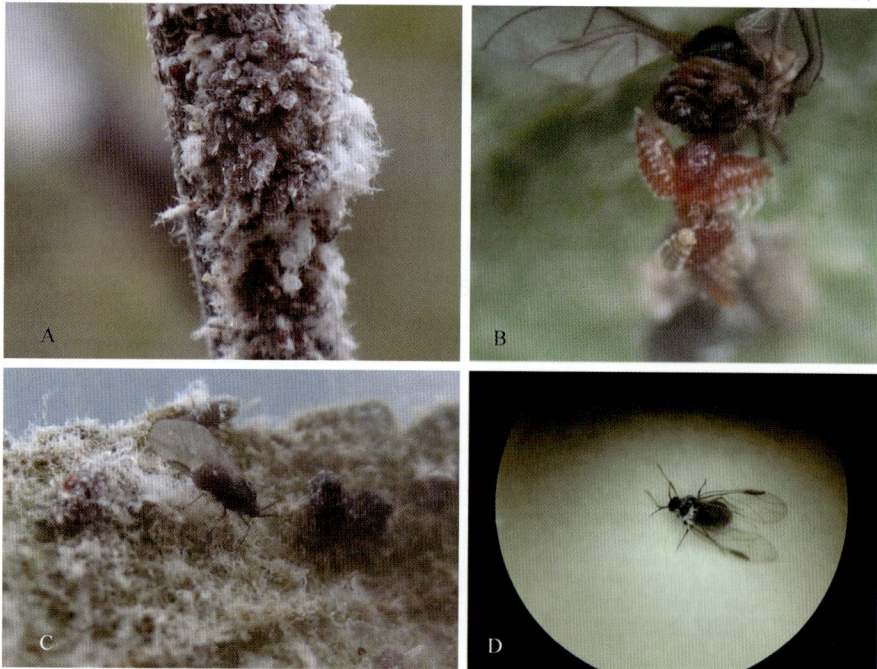

图 3-54　苹果绵蚜不同虫态（陈卫民，2005）
A. 无翅胎生若蚜　B. 无翅胎生雌蚜　C、D. 有翅蚜

赤褐色，稍被白色绵毛。雄虫体长约 0.7 mm，暗黄绿色，活跃。触角 5 节，口器退化。腹部各节中央隆起，有明显沟痕（图 3-54C）。

4. 卵

椭圆形，长约 0.5 mm，初产为橙黄色，后变为黄褐色。表面光滑，外覆白粉。

（四）生物学特性

1. 生活史

苹果绵蚜在新疆 1 年发生 12～15 代。在根茎外围 0～7 cm 土层中越冬。4 月下旬至 5 月上旬，苹果绵蚜开始活动、繁殖造成危害；5 月中下旬果园花期后，进入蔓延阶段；6 月中下旬至 7 月是全年繁殖危害盛期，此期温度平均为 20 ℃ 左右，适合苹果绵蚜繁殖危害，整个树枝干各部覆盖白色绵状物。7 月下至 8 月，虫口密度下降；9 月中旬以后，温度下降，苹果绵蚜的数量又开始增长，并产生有翅蚜，形成第二个危害高峰期；11 月上旬苹果绵蚜开始以一、二龄若蚜越冬（于江南，2008）。

2. 传播扩散方式

（1）借苗木接穗传播扩散　从有苹果绵蚜危害区调运苗木或采接穗，易使其进行远距离传播。

（2）人及动物传播扩散　果园中操作人员进行疏花、疏果等农事操作接触苹果绵蚜群体后，通过衣、帽、头发等传至其他树体或果园；鸟类及树体害虫栖息在苹果绵蚜群落处使个体带蚜，其活动造成苹果绵蚜传播。

（3）借工具及机械传播扩散　果园中用的周转箱、修枝剪锯、刮刀、喷药器械、车辆运输工具相互借用或用后不清理都可造成苹果绵蚜传播。

（4）借风雨传播扩散　附有白色蜡状物的若虫可随风雨传到另一树体或由一苹果园传到另一苹果园。

3. 迁飞习性

研究表明，田间黄色粘虫板诱集到的苹果绵蚜有翅蚜数量极少，证明有翅蚜迁飞能力弱，同时田间调查证实有翅蚜迁飞很少。

4. 繁殖特性

从苹果绵蚜无翅胎生雌蚜越冬和迁移变化规律来看，苹果绵蚜在伊犁州越冬场所主要是根蘖、树干和侧枝的剪锯口。苹果绵蚜的迁移主要以一龄若蚜为主，成蚜很少移动或不移动。果树不同部位苹果绵蚜出现频率有所不同，4 月下旬在根蘖部出现，5 月上中旬在树干和枝条上出现并开始造成危害。温度条件显著影响苹果绵蚜的繁殖和活动量，从日迁移规律与温度的关系来看，伊犁州夏天多雨和温暖天气适合苹果绵蚜定殖并可加快其繁殖速度。当地苹果绵蚜有翅蚜 1 年只发生 1 次，9 月上中旬产生，11 月中下旬结束，产生的有翅蚜数量很少（玛依拉·吐拉洪，2010）。

5. 滞育特性

伊犁地区苹果绵蚜在平均 28 ℃ 左右高温时，在苹果园田间会产生滞育现象。

6. 发生规律

越冬虫态 4 月底开始活动并迁移，5 月初开始从果树的根蘖部转移到树干和枝条上。6 月上旬在果树的不同部位都有苹果绵蚜群落。7 月中旬是 1 年当中的繁殖高峰期，苹果绵蚜群落上蚜虫数量达到最高峰。7 月底至 8 月初，被天敌寄生的蚜虫数量增加和温度升高抑制苹果绵蚜的繁殖。9月中旬，田间有翅蚜出现，9月底至10月初为第二个繁殖小高峰期，这时温度的降低影响种群数量的继续增加。10月底至11月初，苹果绵蚜进入越冬期。从苹果绵蚜的迁移情况来看，在1年当中迁移高峰期出现在7月初，在1 d当中的迁移高峰出现在15：00～17：00。

（五）监测检测技术

1. 调查方法及内容

（1）越冬基数调查 于12月上旬，根据当地苹果品种、栽培年龄等，分类普查10～15个苹果园。在果园内采用对角线5点抽样，每点随机确定3株，每株均全株调查，用肉眼或手持放大镜、计数器等在树体伤疤、树皮裂缝、老枝的剪锯、新枝条上叶柄基部和根蘖等隐蔽场所仔细检查，确定有无苹果绵蚜发生，记载苹果绵蚜蚜块数量。

（2）不同时期苹果绵蚜调查 于4月中旬苹果叶片展开时开始，至11月上旬苹果绵蚜危害结束。每5 d调查1次。选面积在0.07 hm² 以上有代表性的幼果园、盛果园和老果园各1块，每块果园在靠近边缘和中间部位各选定1株果树，每株均全株调查，确定有无苹果绵蚜发生。并记录苹果绵蚜蚜块的数量。调查并记录苹果绵蚜蚜块的大小（先把苹果绵蚜虫落分割为较为规则形状的小虫落，再根据经验肉眼估测苹果绵蚜虫落面积）。

调查单位面积虫落中苹果绵蚜活体数量，每次调查在已选取的2株苹果树之外，随机选取20个不同面积的苹果绵蚜虫落，将其带到实验室，去掉绵絮状物，计数每个虫落中苹果绵蚜的活体数量，从而计算单位面积虫落中苹果绵蚜的平均数量。

2. 普查

春季大面积防治以前，系统调查田间蚜量，普查有代表性的苹果园10～15块，每块调查2株，方法同系统调查。

秋季于9月上中旬调查，同一地点每年秋季调查时间应相对固定，调查方法亦同系统调查，注意有翅蚜。

预测预报：根据物候观测和系统调查掌握越冬苹果绵蚜若蚜出蛰期，在苹果展叶前预报防治越冬若蚜，展叶后当苹果绵蚜发生量达到防治指标，或田间初见白絮时，立即预报防治。

发生程度预测：根据越冬蚜量和天气预报，并与历史资料比较，对发生程度做出预测。春季主要依据田间发生量，结合天气预报，对发生程度综合预测，干旱、少雨有利于苹果绵蚜发生。

发生程度划分标准见表3-4。

表3-4 苹果绵蚜发生程度分级标准

发生级别	1	2	3	4	5
平均最高蚜枝率（%）	<3.0	3.0～8.0	8.1～15.0	15.1～20	>20
高峰日百枝蚜量（头）	<200	200～1 500	1 501～2 500	2 501～4 000	>4 000

（六）综合防控技术

苹果绵蚜属检疫性有害生物，聚集危害，体被蜡状物，防治过程中药物不易接触虫体，在生产上易造成暴发性、毁灭性危害，因此防治苹果绵蚜要坚持"预防为主、综合防治"的植保方针，树立"公共植保、绿色植保"的理念，采取越冬期与繁殖期防治相结合，人工与药剂防治相结合，地上部与地下部防治相结合，苹果绵蚜与其他病虫害防治相结合的防治措施，推进统防统治和绿色防治相融合，有效控制苹果绵蚜的发生。

1. 检疫防控

建立苹果苗木、接穗繁育基地，提供健康的苗木和接穗；对苗木、接穗和果实认真实施产地检疫和调运检疫，严禁从苹果绵蚜疫区调运苗木、接穗；对无证调运苹果苗木或接穗而造成苹果绵蚜传播蔓延的当事人，要依法给予严肃处理。

2. 农业防控

提高果园的管理技术，合理追肥和浇水，增强果树树势和抗苹果绵蚜的能力。

3. 物理防控

早春苹果树发芽前和秋天果实收获后，结合清园刮除苹果树粗翘皮下的苹果绵蚜，并将刮下的残渣带至果园外烧毁或深埋。根除萌蘖枝和受害较重的枝条，集中烧毁，结合涂白刷除树缝、伤口等处的苹果绵蚜。

4. 生物防控

注意保护利用自然天敌，苹果绵蚜的天敌种类很多，已知的有丽蚜小蜂、七星瓢虫、异色瓢虫、黄色瓢虫、草蛉等，各地要充分保护和利用天敌，使其在控制苹果绵蚜危害上起到应有的作用。为保护和利用这些天敌，喷药时要尽量选择毒性小的药剂如10%吡虫啉、3%啶虫脒等。在天敌发生量少时喷药，尤其在7~8月天敌活跃期，要尽量减少杀虫剂的使用次数，可显著控制苹果绵蚜的发生量。

5. 生态调控

苹果绵蚜主要发生在管理粗放的果园，因此提高果园管理技术非常必要。实践证明，对果树实行科学修剪，随时剪除病虫枝，使果树通风透光好，及时刮除粗翘皮，刮治腐烂病，及时铲除根蘖和杂草，可以破坏苹果绵蚜的繁殖和生活场所，不利于其发生危害，可收到良好的防治效果。

6. 化学防控

（1）休眠期防治　于4月上旬果树萌芽前喷5波美度的石硫合剂或48%毒死蜱乳油2 000倍液。

（2）地下防治　若蚜危害期，采用地下灌药方法防治。苹果萌芽后，在树盘挖一以树干为中心、半径为50 cm、深10 cm的沟，灌入48%毒死蜱乳油300~500倍液或40%丙溴磷乳油800倍液，待药液渗入后覆土填沟，可消灭浅土层及树干周围的苹果绵蚜。

（3）树上喷药防治　初发期若蚜活动扩散时及时喷洒药剂，可有效限制蚜虫的扩散蔓延。可选用50 g/L双丙环虫酯每公顷150 g，50%吡蚜酮水分散粒剂每公顷225~300 g，70%啶虫脒水分散粒剂每公顷75~150 g，20%氟啶虫酰胺悬浮剂，使用倍数1 500倍液，10%吡虫啉可湿性粉剂1 000倍液。重点喷透树干、树枝的剪锯口、伤疤、缝隙等处。隔5~7 d喷1次，连续喷3~5次。所用药剂要注意交替使用，以避免产生抗性（李霞，2007）。

7. 综合防控

2008年在伊犁地区伊宁县五道桥村的9个苹果园建设综合防治示范园66.67 hm²，苹果品种分别为红富士和红元帅，树龄10年，通过实施综合防控措施后防治效果达90%。2009—2010年在新源县、霍城县建立了106.67 hm²苹果绵蚜综合防控技术示范园，取得了较好的效果。

（陈卫民，韩丽丽）

十九、苹果蠹蛾

（一）学名及分类地位

苹果蠹蛾［*Cydia pomonella*（Linnaeus）］，属鳞翅目卷蛾科（Tortricidae）小卷蛾亚科（Olethreutidae）小卷蛾属（*Cydia*）。

（二）分布与危害

1. 分布

苹果蠹蛾起源于欧亚大陆中南部地区，现广泛分布于除东亚（日本和朝鲜半岛）外的北半球及南半球大部分苹果产区。苹果蠹蛾在我国北方广泛分布，包括新疆、内蒙古、宁夏、甘肃、黑龙江、吉林、天津、河北、辽宁等 9 省（自治区、直辖市），195 县的苹果产区。1953 年张学祖首次在新疆发现苹果蠹蛾，随后数年间，苹果蠹蛾在我国呈现由西向东，由北向南扩散的趋势。

2. 寄主

苹果蠹蛾寄主广泛，其寄主主要为蔷薇科植物，包括苹果属（*Malus* Mill.）的苹果、花红、海棠等，梨属（*Pyrus* Linn.）的沙梨、香梨等，也危害蔷薇科及其他植物，如楹梓、山楂属（*Crataegus* Linn.）、杏属、桃属、石榴、无花果属、花楸属、胡桃属（*Juglans* Linn.）核桃等（吴正伟，2015）。

3. 危害

苹果蠹蛾以幼虫蛀食核果、坚果等果实，是重要的蛀果类害虫之一（图 3-55）。幼虫蛀果后深入果实取食种子，果肉部分被苹果蠹蛾取食后变为豆沙状，平均每头幼虫可蛀食 3～4 个果实，且具有转果危害的习性，造成大量虫害果，并导致果实成熟前脱落和腐

图 3-55 苹果蠹蛾幼虫危害核桃果实及叶片（曹小艳、叶晓琴 摄，2022）

A～B. 叶片受害　C. 蛀孔情况　D. 外果皮被啃食　E. 虫粪　F. 幼虫蛀入木质化果壳

烂，蛀果率普遍在 50% 以上，严重的可达 70%～100%（杜磊 等，2012）。

（三）形态特征

1. 成虫

体长 7～9 mm，翅展 15～22 mm；身体灰褐色略带紫色金属光泽（冯丽凯等，2019）。臀角处的翅斑色最深，为深褐色，有 3 条青铜色条纹；翅基部颜色次之，为褐色，此褐色部分的外缘突出，略呈三角形，其中有色较深的斜行波状纹；翅中部颜色最浅，为淡褐色，其中也有褐色的斜纹杂有波状纹。后翅黄褐色，前缘呈弧形突出。雄成虫，正面差异不大，雌、雄成虫主要区别在于雌虫前翅反面中室后缘无黑褐色条斑，雄虫前翅反面中室后缘有一黑褐色条斑（图 3 - 56A2、A4）；雄虫腹部狭长，抱器瓣常开张，呈钳状；雌成虫腹部圆筒状，末端较细（冯丽凯 等，2019）（图 3 - 56A1～A5）。

2. 卵

椭圆形，长、短轴分别为（0.93±0.11）mm×（0.79±0.06）mm，长轴中央部分隆起，周边带裙边。初产时隆起，部分为半透明，后颜色逐渐变深，孵化前能观察到明显头壳（图 3 - 56B1、B2）。

3. 幼虫

初孵幼虫体淡黄色，稍大变淡红色，成长后呈桃红色，背面色深，腹面色很浅。成长幼虫体长 14～20 mm。头部黄褐色，单眼区深褐色，每侧有单眼 6 个。体桃红色，但背面色深，前胸盾淡黄色，斑点褐色，臀板颜色较浅。前胸气门前毛片生 3 根刚毛。腹足趾钩单序缺环（外缺），两端的趾钩较短，有趾钩 14～30 个不等，大多数为 9～23 个。臀足单序，新月形。幼虫发育至老熟阶段可区分雌、雄，雄虫第五腹节背面体内有一对明显呈紫褐色的"肾形斑"，雌虫无明显"肾形斑"（图 3 - 56C1～C6）。

图 3 - 56 苹果蠹蛾不同虫态（冯丽凯，2019）

A1. 雌成虫背面　A2. 雌成虫腹面　A3. 雄成虫背面　A4. 雄成虫腹面　A5 雌成虫侧面　B1. 初产卵

B2. 将孵化卵　C1. 初孵幼虫　C2. 二龄幼虫　C3. 三龄幼虫　C4. 四龄幼虫　C5. 五龄幼虫　C6. 六龄幼虫

D1. 雌蛹正面　D2. 雌蛹侧面　D3. 雄蛹正面　D4. 雄蛹侧面　1～10. 第一至十腹节

4. 蛹

体长 7～10mm，黄褐色。肛门两侧各有 2 根钩毛，加上蛹末端的 6 根（腹面 4 根，背面 2 根）共 10 根（林伟丽，2006）。雌蛹翅尖长达第四腹节中部，翅尖后能见到 3 条明显体节线，第八腹节腹面前缘有一纵裂缝，裂缝较长，连接第七、九腹节，与腹节线相连形成类似 Y 形纹，该结构为第八腹节上的雌性生殖孔及产卵孔，裂缝两侧平坦，无突起，裂缝离肛门距离较远。雄蛹腹面翅尖达到第四腹节后缘，翅尖后能见到 4 条明显体节线，第八腹节腹面无纵裂缝，第九腹节腹面中央有一纵裂缝，裂缝两侧各有一半圆形的瘤状突起，此裂缝为第九腹节上的雄性生殖孔，裂缝离肛门的距离较近（冯丽凯 等，2019）（图 3 - 56D1～D4）。

（四）生物学特性

1. 生活史

苹果蠹蛾在核桃园中一年发生 2 代和一个不完整的 3 代。10 月上旬以老熟幼虫在树皮裂缝处、老翘皮下等隐蔽场所越冬，翌年 3 月中旬越冬代老熟幼虫化蛹、羽化。全年共有 3 个成虫羽化高峰期，分别为 4 月下旬、7 月下旬和 8 月下旬；2 个产卵高峰期，分别为 5 月上旬和 8 月中旬，2 个蛀果高峰期，分别为 6 月下旬和 8 月中旬，2 个化蛹高峰期，分别在 4 月下旬至 5 月上旬、7 月中旬至 8 月上旬。一代卵历期为 2～8d，平均历期为 5.17d，幼虫历期为 14～35d，平均历期为 19.97d，蛹历期为 6～11d，平均历期为 8.80d，成虫寿命为 6～17d，平均寿命 9.7d，完成 1 个世代时间为 41.69d；二代卵历期为 3～5d，平均历期 3.94d，幼虫历期为 8～24d，平均历期 16.80d，蛹历期 7～11d，平均蛹期 8.61d，成虫寿命 7～11d，平均寿命 8.76d，完成 1 个世代时间为 30～45d，平均时间 37.96d。

2. 传播扩散方式

苹果蠹蛾传播与扩散方式分为自然传播与人为传播。苹果蠹蛾以成虫形态随气流自然传播，也可通过发生区的核桃果实、果品包装材料运输等人为方式传播，影响其传播的因子主要包括地理阻隔、越冬条件、寄主分布、风向风速和防控水平等。

3. 繁殖特性

苹果蠹蛾为弱光性、夜出型昆虫，成虫羽化当日即可交配，交配时长 36～70 min，成虫羽化当天不产卵，羽化后 2～23 d 产卵，产卵时间主要集中在成虫羽化后 2～5 d。雌虫产卵持续时间为 3～15d，卵期 4～11 d，平均卵期 7.4 d，产卵量 3～214 粒，平均产卵量 74.32 枚。

幼虫从孵化至老熟脱离被害果需 25.5～31.2 d，老熟脱果后在树皮、枝干等缝隙隐蔽处，或树干、树根附近的隐蔽处，吐丝作茧化蛹、越冬，或在采收和运送果品的包装材料、果品贮藏场所、蛀果内作薄茧越冬；但在野外越冬幼虫以在离地面 0～50 cm 处的树干最多，占 50%～60%，50～100 cm 处占 25%～30%，100 cm 以上占 10%～15%。

4. 滞育特性

国内外文献报道，苹果蠹蛾具有滞育特性，诱导昆虫滞育的因素有光照、温度、湿度、食物等，苹果蠹蛾是短日照滞育昆虫，光周期是引起滞育的主要原因。

5. 发生规律（以核桃为例）

3 月下旬，当日均温达到 9℃以上时，越冬代老熟幼虫开始化蛹，蛹期 22.3～30.6d，3 月下旬（核桃雌花萌动期、海棠果开花初期）越冬代成虫开始羽化，4 月下旬进入羽化盛期。4 月中旬雌虫开始产卵（核桃果实幼果期），卵多产于核桃上冠层叶片背面，5 月上旬进入产卵高峰期。4月下旬一代幼虫就近取食叶片、果实，开始蛀果危害，6月下旬为一代幼虫危害高峰期，幼虫期约27d。6月下旬（核桃果实硬核期）进入脱果盛期，脱果后幼虫在树干上越夏化蛹，蛹期约10d。6月上旬一代成虫出现，6月上旬少量一代成虫羽化产卵（核桃青皮转色，翠绿色转黄绿色），8月中下旬为一代成虫羽化高峰，卵主要产于中上冠层果实蛀洞中，7月下旬为二代幼虫蛀果危害高峰期，大量老熟幼虫开始脱果转移至化蛹场所，8月上旬二代成虫开始羽化，8月下旬达到羽化高峰，至10月上旬，苹果蠹蛾完全进入越冬状态。和田县于8月下旬进入核桃采收期，9月上旬，所有品种核桃均已完成采收，果实采收后，部分苹果蠹蛾无法完成二代。在北疆伊犁、伊宁完成1代需45～54d，各虫态的发育期比南疆约晚20d，一代幼虫结束时50％以上的幼虫滞育。

苹果蠹蛾种群数量变化与寄主植物、气候条件相关，4～6月果实内蛋白质、糖等营养物质含量较少，幼虫发育历期较长，7月苹果蠹蛾发育历期受高温天气影响，各虫态历期均有所延长。无化学防治干扰情况下，卵自然孵化率可达68％，幼虫在田间自然死亡率约为33.2％。

（五）监测检测技术

目前主要利用黑光灯、诱虫布和诱捕器监测苹果蠹蛾。黑光灯监测是利用苹果蠹蛾的趋光性，但是由于需要不间断电源，在大规模监测中有一定的局限性，且由于其缺乏特异性，也常常引诱到其他昆虫。

越冬幼虫监测是利用幼虫的越冬习性，将瓦楞纸、旧衣服或棉质诱虫布捆绑在果树树干、枝杈处诱捕越冬幼虫，然后根据幼虫数量推测果园内越冬幼虫的发生量。

诱捕器监测，主要是利用苹果蠹蛾的趋化性，如苹果蠹蛾性信息素具有吸引雄成虫的特点。通常将这一特性用于苹果蠹蛾种群密度动态变化、发生时间和发生量的监测，进行预测预报。

（六）综合防控技术

1. 检疫防控

苹果蠹蛾自身扩散能力较弱，加强植物检疫，可以有效减缓苹果蠹蛾的扩散。对从疫区调运的果品、包装材料、运输工具等应进行严格检疫，一旦发现可疑果品应予以销毁。

2. 农业防控

（1）果园清理　根据苹果蠹蛾幼虫越冬习性，在果树主干、主枝上捆绑棉质诱虫布诱集老熟幼虫，待老熟幼虫由果实转移至越冬场所后，集中清理；保持果园清洁，清除僵果、落果，减少苹果蠹蛾老熟幼虫越冬场所，定时去除老翘树皮，并将清除下的树皮集中深埋或烧毁，以减少虫源。储藏果实时应进行严格筛选，减少虫果入库，防止传播。

清理树干裂缝、翘皮、修剪锯口、树干伤疤、诱虫布等处越冬的幼虫和蛹，并及时销毁，清理果园地面上的落果、遗弃果。及时摘除树冠上的僵果，并集中进行销毁。

（2）诱杀幼虫　5月一代幼虫开始蛀果危害，及时在60～120 cm范围的主干处捆绑棉质诱虫布，能够有效诱集老熟幼虫，便于统一清理；6月、8月中旬，一、二代幼虫蛀果危害后出现大量落果，及时清理园中落果，同时每5d对园中的果树树干、诱虫布中的老熟幼虫和蛹集中清理，降低虫口基数；8月下旬至翌年3月，果实采收后及时清理果园，将采收到的僵果、落果等进行填埋处理，残枝、枯枝进行焚烧，减少苹果蠹蛾越冬场所，进而降低越冬代基数；春、秋季修枝后留存的截面，为老熟幼虫提供了良好的化蛹场所，且多数修枝截面位置较高，不便于人工清理，可在修枝后通过涂抹油漆或泥巴对截面进行保护。

3. 物理防控

利用频振式杀虫灯、糖醋液以及苹果蠹蛾性信息素进行诱杀。每年3月中下旬至9月中下旬苹果蠹蛾的发生期内，可在果园内架设杀虫灯或悬挂诱捕器诱杀成虫。频振式杀虫灯安置位置应高于树冠高度，呈闭环或棋盘状分布。频振式杀虫灯应及时清理诱捕到的成虫，以免影响诱虫效果。

4. 生态调控

迷向法是近几年来在新疆南疆香梨园、苹果园推广应用的防治方法。从越冬代苹果蠹蛾成虫羽化开始，每棵树悬挂1根迷向丝，迷向丝2个月更换1次。用此方法的前提条件是果园面积大，面积至少 66.7 hm²，而且是成片果园。

5. 生物防控

利用天敌如赤眼蜂防治苹果蠹蛾卵效果很好，新疆伊犁苹果蠹蛾幼虫和蛹的寄生蜂有5种。

6. 化学防控

初孵幼虫抗药性较弱，因此，化学防治的时间应安排在每世代的卵孵化且幼虫尚未蛀果时期（李兴龙 等，2012）。越冬代幼虫的危害时间较为统一，因此应在每年一代出现后进行重点防治。当诱捕器监测到越冬代羽化高峰，10～14 d 后为卵孵化高峰，此时为药剂防治的最佳时间（张润志，2012）。一、三代羽化高峰后5～7 d 为卵孵化高峰。在药剂类型方面，具有胃毒作用和杀卵作用的药剂可达到较好的效果，如高效氯氟氰菊酯、甲氨基阿维菌素苯甲酸盐、灭幼脲、氯氰菊酯等。

（阿地力·沙塔尔，曹小艳，叶晓琴）

二十、黄刺蛾

（一）学名及分类地位

黄刺蛾（*Cnidocampa flavescens* Walker），属鳞翅目（Lepidoptera）斑蛾总科（Zygaenoidea）刺蛾科（Limacodidae），别名刺蛾、洋辣子。

（二）分布与危害

1. 分布

国外分布于日本、朝鲜、俄罗斯（西伯利亚）等国家。国内除宁夏、贵州、西藏目前尚无记录外，几乎遍布所有省份。

2. 寄主

以幼虫危害麻类、桑树、茶树、苹果、梨、桃、李、杏、樱桃、山楂、梅花、蜡梅、海棠、枣、柿、石榴、栗、核桃、柑橘、牡丹、紫薇、海仙花、桂花、大叶黄杨、榆、杨、枫杨、悬铃木等多种果林和园林树木及花卉等（武春生，2010）。

3. 危害

以幼虫危害90多种植物，可将叶片吃成很多孔洞、缺刻或仅留叶柄、主脉，严重影响树势和果实产量。

（三）形态特征

1. 成虫

雌蛾体长 15～17 mm，翅展 35～39 mm；雄蛾体长 13～15 mm，翅展 30～32 mm。

体橙黄色。前翅黄褐色,自顶角有1条细斜线伸向中室,斜线内方为黄色,外方为褐色;在褐色部分有1条深褐色细线,自顶角伸至后缘中部,中室部分有1个黄褐色圆点。后翅灰黄色(毛赫 等,2015)(图3-57A)。

2. 卵

扁椭圆形,一端略尖,长1.4~1.5 mm,宽0.9 mm,淡黄色,卵膜上有龟状刻纹。

3. 幼虫

老熟幼虫体长19~25 mm,体粗大。头部黄褐色,体自第二节起,各节背线两侧有1对枝刺,以第三、四、十节的为大,枝刺上长有黑色刺毛;体背有紫褐色大斑纹,前后宽大,中部狭细呈哑铃形,末节背面有4个褐色小斑;体两侧各有9个枝刺,中部有2条蓝色纵纹,气门上线淡青色,气门下线淡黄色。腹足退化,胸足极小(苟新卯 等,2019)(图3-57B、C)。

4. 蛹

被蛹,椭圆形、粗大。体长13~15 mm。淡黄褐色,头、胸部背面黄色,腹部各节背面有褐色背板(图3-57)。

5. 茧

椭圆形,质坚硬,黑褐色,有灰白色不规则纵条纹,极似雀卵,与蓖麻子无论大小、颜色、纹路几乎一模一样,茧内虫体金黄(鞠瑞亭 等,2007)(图3-57D)。

图3-57 黄刺蛾不同虫态(阿地力·沙塔尔 摄,2008)

A. 成虫 B、C. 幼虫 D. 茧

（四）生物学特性

1. 生活史

在新疆南疆黄刺蛾成虫于6月底至7月初，平均温度在20℃以上时开始羽化，从6月底开始羽化至8月中旬结束，羽化需要45 d左右；7月上中旬是羽化初期，7月下旬左右进入羽化高峰期，8月上中旬是成虫的羽化末期；成虫羽化高峰期较为集中，高峰期成虫羽化量占总数的64％左右。成虫羽化多在傍晚，以17:00～22:00时为盛，大约占单日羽化总量的79.81％。雄虫比雌虫羽化早2 d左右。羽化时将茧盖顶开，蛹体露出茧外1/3。成虫夜间活动，有趋光性，白天静伏叶背。7月中下旬孵化，孵化前可见到卵壳内乳黄色的幼体和枝刺及黄褐色口器等。初孵幼虫成群栖于叶片背面，随着长大分散取食，7月下旬、8月下旬危害严重。幼虫共分6个龄期，9月底老熟幼虫在树上结钙质茧过冬。

2. 传播扩散方式

黄刺蛾传播与扩散分为自然传播与人为传播，黄刺蛾以成虫形态可随气流自然传播，也可通过发生区的苗木运输等人为方式传播，影响其传播的因子主要包括地理阻隔、寄主分布、风向风速和防控水平等。

3. 繁殖特性

成虫羽化后，即交尾产卵。卵多产于叶背面，卵期1周左右。每雌虫产卵49～67粒，散产或数粒在一起。卵孵化多在白天。

（五）监测检测技术

1. 虫情监测

（1）虫情监测调查内容与时间　监测调查内容包括蛹期调查和幼虫期调查。蛹期调查于5～6月临时标准地内进行。幼虫期调查可在幼虫孵化始盛期，在该虫寄主分布区采取线路调查方法。

（2）蛹期调查　在监测区内每33.33～66.67 hm² 设置一块面积为0.20～0.33 hm²的临时标准地，其中主要寄主树种不少于100株。在标准地内按对角线或Z字形或隔几株选一株的方法选取20株寄主树，作为调查标准树。调查方法是在树冠上取50 cm长标准枝，选择东、西、南、北各调查1个枝条，检查枝条上黄刺蛾蛹的数量。

（3）幼虫期调查　从幼虫孵化始盛期开始，在踏查线路各代表地段设置临时标准地，在其中进行有虫株率和虫口密度调查。有虫株率调查：对寄主树木进行调查，计算出虫株率。虫口密度调查：从各标准树的上、中、下部，东、南、西、北方向，各选取50cm标准枝1枝，在地面上铺一块100 cm²的白布，将剪下的标准枝在白布上用剪枝剪轻击几下，幼虫全部落在白布上，检查各龄幼虫数量、死虫数、感病数、寄生数。

2. 虫情调查情况内容

（1）发生面积的统计　蛹从平均每株1头起算；幼虫从平均50 cm标准枝2条起算。

（2）发生等级　轻：每株平均1～3个蛹；50 cm标准枝平均2～5条幼虫。中：每株平均3～6个蛹；50 cm标准枝平均5～8条幼虫。重：每株平均6个蛹以上；50 cm标准枝平均8条幼虫以上。虫情调查结束后，按以上发生面积统计标准汇总。

3. 系统虫情调查

在黄刺蛾的常发区，设立固定标准地进行系统虫情调查，以获取进行预测的相关资料。

（1）标准地及标准株的设置　在中度以上的发生区域内，代表性强的果园中设置 3 块固定标准地。根据调查需要可在其附近设置临时标准地。在固定标准地内按对角线或 Z 字形选择 20 株寄主树木作为固定标准树，固定标准地和标准树应做好标记。

（2）调查方法　蛹越冬基数调查方法和时间同监测调查。

成虫期调查（成虫羽化进度调查）成虫羽化进度调查方法很多，本办法仅提出两种方法，即定点标记法和灯光诱集法。在调查时选其一即可，一旦选定就要沿用此法。

产卵量调查：于越冬后羽化前取蛹 100 头放入纱笼中，羽化后待其交配产卵，在产卵结束后清查产卵量，并计算平均产卵量。

卵孵化进度及孵化率调查：在固定标准地内于产卵盛期，在叶片易于观察处标记新产卵块 100 块，每隔 2 d 观察 1 次，直到卵孵化结束。

幼虫密度调查：在 6 月下旬，卵孵化结束时，对幼虫发生密度进行调查。方法同监测调查。并统计出 50 cm 枝条平均虫口密度、有虫株率。

幼虫发育进度调查：从卵孵化进度达到 50％时开始到六龄幼虫占 84％时结束，选几块有代表性的标准地每天调查 1 次，调查方法同监测调查。并统计出各龄幼虫出现的始盛期、高峰期、盛末期。

（六）综合防控技术

1. 物理防控

冬春季结合修剪，将有虫茧的枝条修剪掉，或人工摘除茧，进行焚烧、掩埋（深度在 30 cm 以下）。根据初孵幼虫群集取食的习性，在幼虫期采摘聚集虫体的叶片，均可以降低虫源基数。

大部分黄刺蛾成虫具较强的趋光性，可在成虫羽化期于 19：00～21：00 用灯光诱杀。

2. 生物防控

以粗提液 20 亿多角体/mL 的黄刺蛾核型多角体病毒 1 000 倍液喷杀三至四龄幼虫，防控效果达 76.8％～98.0％（Moneen et al.，2012）。

3. 化学防控

尽量选择在低龄幼虫期施药，效果较好。防治时可选用 1.2％苦烟乳油 800～1 000 倍液，25％灭幼脲 3 号胶悬浮剂 1 500～2 000 倍液（李建军，2012），5％除虫菊酯乳油 800～1 000 倍液等喷施（朱晓锋 等，2021）。

（阿地力·沙塔尔，李欣）

二十一、桃小食心虫

（一）学名及分类地位

桃小食心虫（*Carposina sasakii* Matsumura），属鳞翅目（Lepidoptera）蛀果蛾科（Carposinidae），别名桃蛀果蛾、桃小。

（二）分布与危害

1. 分布

桃小食心虫在我国南、北方均不同程度发生，其中在山东、河北、山西、河南、陕西等地林果产区发生和造成的危害较为严重，主要危害红枣和苹果等果树。新疆仅在吐鲁番市有枣食心虫发生和危害的报道。2015 年在阿克苏地区的沙雅县枣园发现了枣食心虫危害，目前在阿克苏地区各枣园均有不同程度发生，其中库车市、沙雅县、新和县发生严重，而阿克苏市、阿瓦提县、温宿县等地仅有零星发生（张勇 等，2018）。

2. 寄主

桃小食心虫的寄主复杂，寄主植物多至4科10余种，苹果、梨、枣、山楂、杏等是其主要寄主植物。

3. 危害

桃小食心虫将卵产于果实表面，幼虫孵化后主要从苹果萼洼处蛀入果实，蛀果后在皮下及果实内窜食。苹果受害之初，果面有针尖大小蛀入孔，孔外溢出泪珠状汁液，干涸后呈白色絮状物。幼虫在果内纵横爬行并留有大量虫粪，呈"豆沙馅"状。幼虫老熟后，在果面咬一直径2～3 mm的圆形脱果孔脱出，进而在地表结茧化蛹。常造成果实提前脱落和腐烂，严重影响果实产量和品质，使果实失去食用价值，造成严重的经济损失，是各地果园常年防治的主要对象（图3-58）。

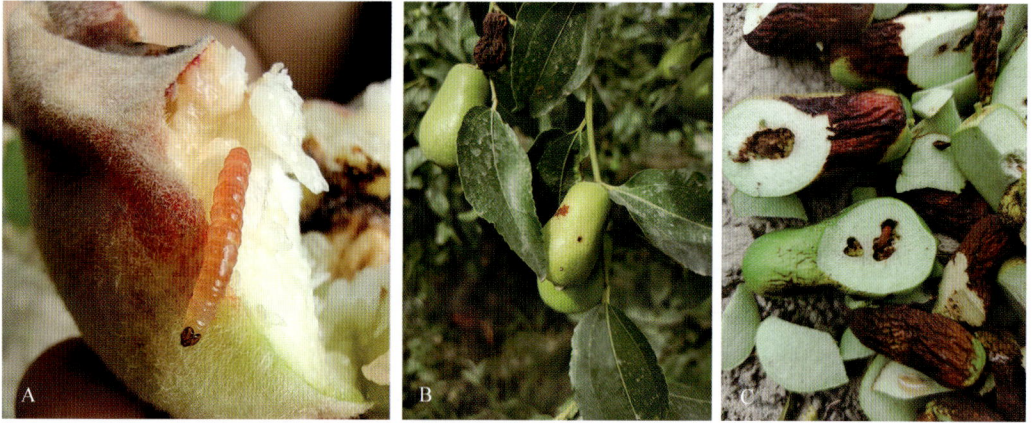

图3-58　桃小食心虫的危害（郭文超 摄，2021）
A. 蟠桃受害状　B、C. 红枣受害状

（三）形态特征

1. 成虫

灰褐色，雌成虫体长7～8 mm，翅展开16～18 mm；雄成虫体长5～6 mm，翅展开13～15 mm。前翅颜色灰白，翅中前缘部分有1个大斑，颜色蓝黑色，近似三角形，翅基部和中部长有7簇鳞片。根据下唇须的形态可区别成虫性别，下唇须短而向上翘者为雄性；长且直，向前剑状伸出者为雌性。雄性外生殖器较短而粗，端半部膨大部分极粗（徐艳彩，2015）（图3-59A、B、C）。

2. 卵

初产时为橙色，近球形，后来逐渐变为橙红至鲜红色。表面密生刻纹，卵壳端部1/4处环生2～3圈Y形刺毛状外长物（徐艳彩，2015）（图3-59D）。

3. 幼虫

短圆形，末龄老熟幼虫体长13～16 mm，体色呈橙红或桃红色，头部黄褐色，前胸背板、臀板呈褐色。胸足和气门缘片呈浅黄褐色，毛片褐色，唇基为头长的3/5，上唇内面无短刺，4对腹足，1对臀足（徐艳彩，2015）（图3-59E）。

4. 蛹

体长 6.5～8.6 mm，全体淡黄白色，快羽化时为淡灰黑色，骨化程度浅。复眼红褐色或火黄色，体壁质地光滑无刺，气门缘片呈褐色。后足至少超过第五腹节后缘，并超出翅端甚多，体壁光滑无刺，翅、足及触角端部不紧贴蛹体而游离（徐艳彩，2015）（图 3 - 59F）。

5. 茧

越冬茧扁圆形，长 4.5～6.2 mm，夏茧纺锤形，一端有孔，长 7.8～9.8 mm。（徐艳彩，2015）（图 3 - 59G、H）。

图 3 - 59　桃小食心虫不同虫态（郭文超 摄，2021）
A、B. 雌成虫　C. 雄成虫　D. 卵　E. 幼虫　F. 蛹　G. 越冬茧　H. 夏茧

（四）生物学特性

1. 生活史

桃小食心虫在不同地区其发生世代数不同，如在河北地区 1 年发生 2 代；江苏南京等地 1 年发生 3 代；在新疆，桃小食心虫 2 年发生 3 代，老熟幼虫于 9 月至翌年 5 月上旬越冬，5 月中旬化蛹，5 月下旬越冬代成虫羽化产卵，越冬代化蛹羽化持续到 8 月上旬，世

代重叠严重。一代卵和幼虫于6、7、8月发生，7月中旬至8月下旬化蛹，于8月上旬至9月下旬一代成虫羽化结束（表3-5）。

表3-5　新疆桃小食心虫生活史

世代	虫态	5月上	5月中	5月下	6月上	6月中	6月下	7月上	7月中	7月下	8月上	8月中	8月下	9月上	9月中	9月下	10月上	10月中	10月下	11至翌年4月
越冬代	幼虫	(一)	(一)	(一)	(一)	(一)	(一)	(一)	(一)											
	蛹			°	°	°	°	°												
	成虫			+	+	+	+	+	+	+	+									
一代	卵				•	•	•	•	•	•	•									
	幼虫												(一)	(一)	(一)	(一)	(一)	(一)	(一)	(一)
	蛹									°	°	°								
	成虫										+	+	+	+	+	+				

2. 生活习性

桃小食心虫成虫白天潜伏在枝干、树叶及草丛等背阴处，日落后开始活动，深夜最为活跃，交尾产卵，卵多产在叶背面基部，少数产在果梗洼处，幼虫孵化后多从果顶部和中部蛀入。幼虫蛀入果实后不久便可蛀至核，在果核周围边取食、边排粪，待老熟后脱果化蛹（黎宁，2015）。

同一生态区，桃小食心虫取食不同寄主后，其各虫态存活率无明显差异，但是全世代周期存在一定差异，如取食蟠桃的桃小食心虫全世代周期比取食红枣、杏和苹果的短，相差达2~6 d，存活率差异不显著时，全世代周期越短越适合桃小食心虫生长（图3-60）。

桃小食心虫危害时间和寄主植物的物候期相适应，如在福建省永泰县富口镇李在6月上旬成熟，危害李果的桃小食心虫也在6月上旬李果采摘前开始脱果，幼虫脱果后98.46%的个体结圆茧滞育，当年不再发生二代。在陕西的杏果上，幼虫脱果盛期在6月上中旬，也与杏果成熟期一致，脱果幼虫99%的个体结圆茧滞育，除个别个体发生2代外，基本上1年发生1代。翌春气温回升后，越冬幼虫开始破茧出土，始期在5月中、下旬，盛期为6月（黎宁，2015）。在新疆同一生态区的不同寄主果园内，桃小食心越冬代成虫在5月下旬在红枣园内羽化产卵，6月上旬逐渐进入产卵高峰期，时值红枣开花期，大部分成虫扩散至果实膨大期的杏与蟠桃上产卵，小部分扩散至坐果期的苹果与香梨上产卵，即越冬代成虫转移完成。6月上旬一代幼虫在杏园、蟠桃园、香梨园与苹果园危害，7月中旬随着杏和蟠桃成熟，老熟幼虫脱果化蛹，杏园与蟠桃园中一代危害结束。由于该虫世代重叠严重，越冬代成虫羽化会持续45 d左右。因此，7月中旬至8月上旬越冬代成虫羽化末期持续在香梨和苹果上产卵，幼虫在香梨园与苹果园危害至果实成熟后脱果化蛹。一代桃小食心虫于7月下旬化蛹，8月上旬成虫在杏园和蟠桃园内羽化后转移到坐果期的红枣园，此时，香梨与苹果进入成熟期，果实表皮坚硬，通过对初孵幼虫蛀果习性观察，发现其破皮能力差，仅对幼果蛀入危害，无法蛀入成熟的果实表皮。因此，成虫在香梨和苹果上产卵后初孵幼虫无法蛀入造成危害，8月上旬至中旬，红枣仍在开花坐果期，绝大部分成虫会转移到红枣上产卵危害，8月下旬进入越冬代幼虫发生高峰期，幼虫在红枣上危害至10月上旬红枣成熟，随着红枣采收，老熟幼虫逐渐脱果越冬，因此，红枣园内桃小食心虫为主要越冬虫源（图3-61）。

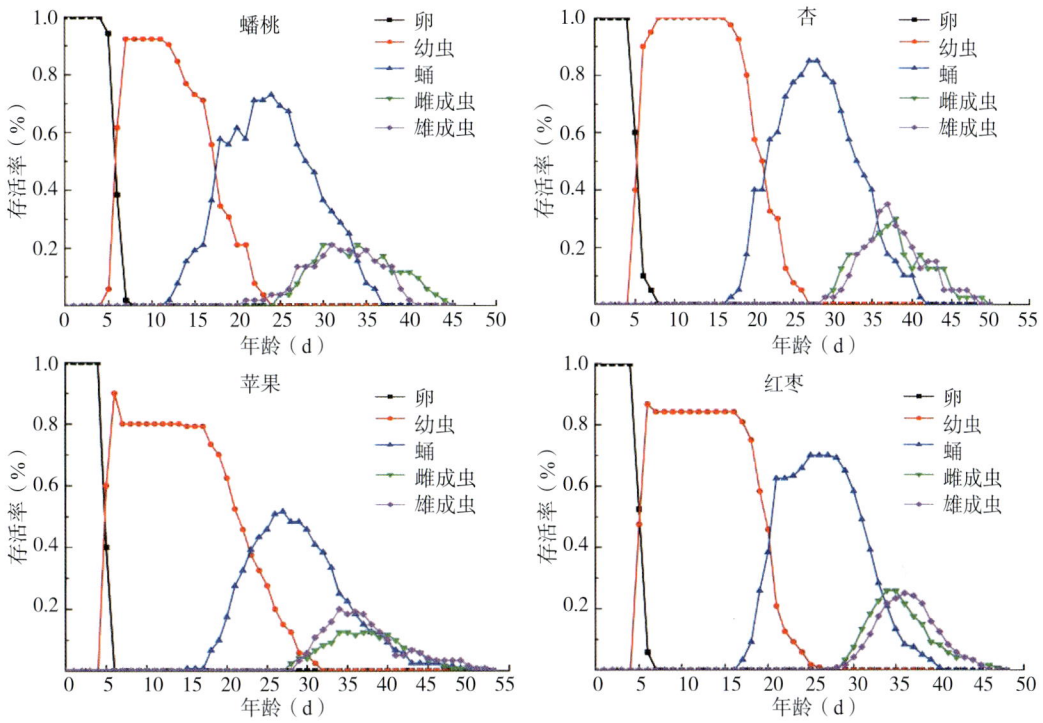

图 3-60 取食不同寄主的桃小食心虫不同年龄阶段特定存活率（赵雯慧，2023）

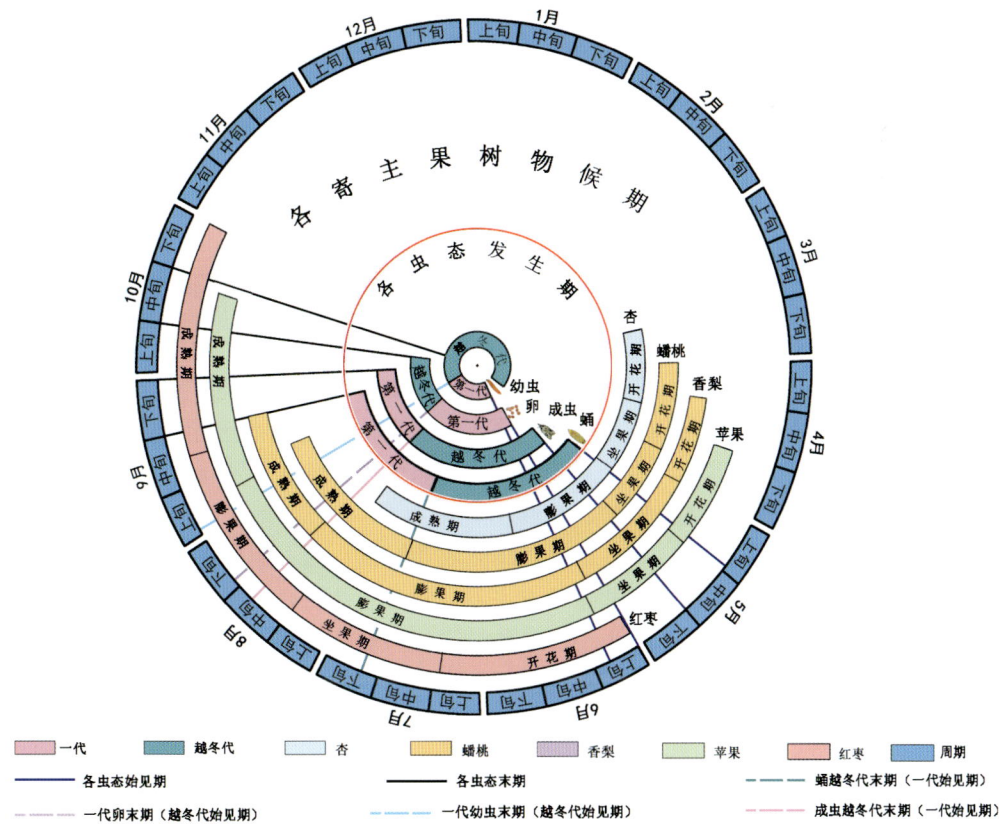

图 3-61 桃小食心虫转移规律示意

3. 繁殖特性

桃小食心虫成虫羽化当天夜间便开始进行交配活动，午夜时交配活动最为活跃。交配经过 14～20 h 后雌蛾即开始产卵，在 20：00～22：00 时段产卵最多。桃小食心虫雌蛾在交配 2 d 后产卵量达到最大值，之后产卵量逐渐减少，并且有研究发现，桃小食心虫羽化后不再取食（张顺益，2015）。

4. 滞育特性

桃小食心虫在 25 ℃恒温下的临界光周期约为 14.33 h，但是在一定的温度范围内，临界光周期随着温度的升高而缩短，随着温度的降低而延长。采果期不同，桃小食心虫幼虫发育及滞育也不同，提前摘果能够促进桃小食心虫幼虫发育，且使幼虫提早进入滞育期。对杏、枣、桃、苹果、海红、山楂等桃小食心虫不同寄主的研究表明，桃小食心虫在桃、枣和苹果上 8 月上旬已有 50％个体进入滞育，在杏上，桃小食心虫的临界光周期略长于 12 h（徐艳彩，2015）。

5. 发生规律

不同地区桃小食心虫发生规律有所不同。济南地区果园中桃小食心虫 1 年可发生 1～2 代，始发期是 5 月中下旬或 6 月初，成虫数量在 6 月上中旬达到高峰期，发生期持续将近 3 个月。莱芜地区果园中桃小食心虫 1 年可发生 1～2 代，6 月中下旬越冬代发生达到高峰期，并且每年有 2 次成虫发生的高峰期。冀东地区苹果园桃小食心虫成虫 1 年有 3 个发生高峰期，越冬代始见于 5 月下旬，在 6 月上旬越冬代成虫达到发生高峰期，6 月下旬至 7 月中下旬一代成虫发生达到高峰，8 月上旬至 9 月上中旬为二代成虫发生高峰期。在灵武枣区的桃小食心虫 1 年有 1～2 次发生高峰，分别在 7 月上中旬和 8 月上中旬。河南西部地区的桃小食心虫 1 年发生 1～3 代，三代为局部世代。一代中除了少量越冬幼虫因幼虫发育历期长、脱果时间晚而不能发育成下一代外，大部分幼虫会结夏茧并发育成二代；二代幼虫中，大部分脱果后结冬茧滞育，少数发育较快的个体会进入三代。（张勇 等，2018）。

（五）风险评估与适生性分析

1. 风险评估

新疆红枣种植面积达 43.30 万 hm²，产量占到国内近 50％，也是农民的重要收入来源之一。红枣上的病虫害相对较少，生产中主要防治枣瘿蚊，部分区域受介壳虫和灰暗斑螟危害。枣实蝇及桃小食心虫是近年出现的新害虫，利用检疫措施已对其实施防控，但对桃小食心虫认识不足。桃小食心虫已在新疆多个地区发生，除了库车市、新和县、沙雅县发生面积较大外，多零散发生且较轻。成虫寿命短（4～6 d），飞行能力也不强，有报道成虫向外自然扩散只有 225 m。虽然新疆的绿洲农业对桃小食心虫的自然扩散起到阻隔作用，但从现有的分布特征和幼虫的危害特点来看，桃小食心虫随枣果运输被动扩散是桃小食心虫的主要传播途径，因此，桃小食心虫的扩散风险较大，将来造成大面积严重发生的风险不容忽视。

2. 适生性区域的划分以及风险等级

利用 ArcGIS 的空间分析方法统计各级适宜生境面积比例，得到桃小食心虫的非适生区占新疆总面积的 56.78％，低适生区占新疆总面积的 31.91％，适生区占新疆总面积的 6.89％，高适生区占新疆总面积的 5.40％（图 3 - 62）。

审图号：GS京（2023）1824号

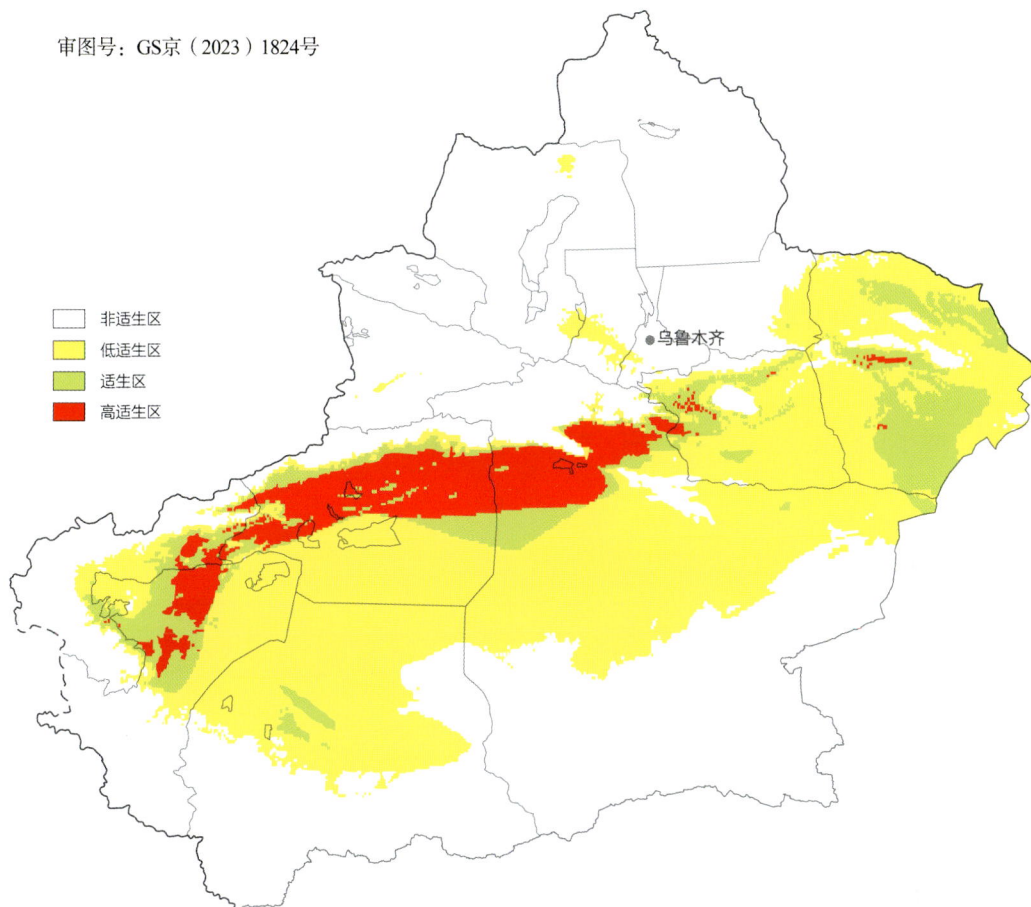

图 3-62 桃小食心虫在新疆的适生区分布

3. 风险管理措施

新疆红枣生产区分布广泛，红枣产量占国内红枣产量近 50%。红枣是桃小食心虫的主要寄主之一，从分析结果可以看出，新疆的大部分地区是桃小食心虫的适生区，若进一步扩散，很可能对我国的红枣生产带来毁灭性的打击。因此，必须进一步加大对桃小食心虫的检疫力度，防止其传入和扩散。

（1）加强检疫　对进口的水果特别是红枣、苹果、杏、桃等桃小食心虫寄主及其包装材料要进行严格的现场检疫和处理，严防桃小食心虫传入，发现疫情立即采取处理措施。

（2）加强监测　根据桃小食心虫在新疆的适生区分布情况，重点对桃小食心虫的中、高适生区开展普查工作，真实上报调查结果，以便有关部门及时掌握种群动态，防止其进一步扩散。

（3）加大检疫宣传力度　各级检疫部门和检疫工作人员要加大对桃小食心虫防除的宣传力度，增强果品生产部门及果农对桃小食心虫的防范意识。

（六）监测检测技术

1. 监测与调查方法

（1）监测方法　性信息素是监测害虫种群动态的一种有效措施，前人利用人工合成性诱剂对桃小食心虫、梨小食心虫（*Grapholita molesta*）、金纹细蛾（*Lithocolletis ringoniella*）等进行引诱以及预测预报。性诱剂具有灵敏度高、选择性强、易操作、不污染环境等特点，已广泛地被用于桃小食心虫的预测预报及防控，不仅减少了果园中农药的用量，而且提高了果实产量和品质。近年来，以性信息素为主体的迷向防治桃小食心虫技术成为研究热点（田宝良，2011）。

（2）调查方法　桃小食心虫危害区进行普查，主要普查其蛀果率，调查方法是每个县区抽查 10 个果园，每个果园随机抽查 5 棵树，每棵树分东、西、南、北、中方位，每个方位摘 10 个果，每棵树共摘 50 个果，室内刨果（并对蛀果虫进行辨别诊断是否为桃小食心虫），同时对落地果进行调查，计算蛀果率（田宝良，2011）。

2. 认准虫类

（1）桃小食心虫成虫性别的区别　根据下唇须的形态区别成虫性别，具体方法见前面成虫的形态特征描述。

（2）与近缘食心虫的区别见表 3 - 6。

表 3 - 6　近缘食心虫形态区别（杨磊，2017）

虫态	形态	梨小食心虫	李小食心虫	苹果蠹蛾	桃小食心虫	桃蛀螟
卵	形状	扁椭圆形，中央略隆起	扁椭圆形，中央略隆起	扁椭圆形，中央略隆起	椭圆形	椭圆形，表面粗糙
	颜色	初淡黄白色，渐变带粉色	初无色透明，渐变淡黄白色	初乳白色，后出现淡红色	深红色	初乳白色，渐变橘黄、红褐色
老熟幼虫	体长	10～13 mm	13～16 mm	14～18 mm	18～25 mm	18～22 mm
	体色	淡黄色或淡红色	玫瑰红或桃红色	淡黄白色渐变为淡红色	桃红色	暗红、淡褐、浅灰等颜色
	前胸盾片色	浅黄褐色	浅黄白或黄褐色	淡黄色	暗褐色	褐色
	臀栉	4～7 刺	5～7 刺	无	无	无
	趾钩	单序环	双序环	单序环或缺环	单序环	双序环或缺环
	前胸侧毛数量	无毛	无毛	3 根毛	2 根毛	2 根毛
蛹	蛹长	6.8～7.4 mm	6～7 mm	7～8 mm	6.5～8.6 mm	13 mm
	颜色	初淡黄色，渐变黄褐色	初白色，渐变黄褐色	初淡黄色，渐变黄褐色	淡黄褐色	初淡黄绿色，渐变褐色
	臀棘	8 根	8 根	10 根	8 根	6 根
成虫	体长	5～7 mm	4.5～7.0 mm	8 mm	5～8 mm	12 mm
	翅展长	12～14 mm	11～14 mm	19～20 mm	16～18 mm	22～25 mm
	颜色	灰褐色至暗褐色，无光泽	体背烟灰色，腹面灰白色	灰褐色带紫色光泽	灰白或灰褐色	黄色或橙黄色
	翅	前翅灰色，混杂白色鳞片，前缘有 8～10 组白色斜纹，中室外缘有一小白斑，近外缘处有 10 个黑色斑点，后翅灰褐色	前缘有不明显的约 18 组白色斜短纹，近外缘部有 1 不明显的月牙形浅灰色斑纹，其内侧有 6～7 个黑点，缘毛灰白色	前翅肛上纹大、深褐色、椭圆形，很明显；雄蛾前翅反面中区有 1 大黑褐色条纹，雌蛾则没有	前翅前缘中部有 1 蓝黑色三角形大斑，翅基和中部有 7 簇褐色斜立鳞毛，后翅灰白色	体、翅表面具许多黑斑点，似豹纹；胸背有 7 个；腹面第一和三至六节各有 3 个横列，前翅 25～28 个，后翅 15～16 个，雄虫第九节末端黑色，雌虫不明显

3. 诱捕统计

（1）性信息素诱捕器　各种诱捕器按五点取样方式布点，悬挂高度约 150 cm，间距 30 m。自 5 月 1 日开始至 9 月底终止，每天定时统计每个诱捕器内食心虫种类和数量，性诱芯每月更换 1 次。

（2）黑光灯　置于枣园边缘，悬挂高度 150 cm。自 5 月 1 日开始至 10 月底终止，每隔 7d 开灯 1 次，开灯时间为晚 18：00 至早 7：00，鉴别并计数诱捕到的食心虫种类及其数量（田宝良，2011）。

（七）应急防控技术

1. 检疫防控

桃小食心虫非疫区外围桃小食心虫防治的效果将直接影响非疫区日常运作中所承受的压力。因此，有效地在桃小食心虫危害地区进行防治是桃小食心虫非疫区建设成功的一个必要条件。

在进入非疫区的交通干线入口处设立公路检查站，对于进入非疫区内的所有大批量的植物材料进行检查，核查入境许可，对不具有入境检疫许可的货物要求其退回或者改道。同时，检查站还负责向过境车辆发放宣传材料等工作。在加大扩散前沿桃小食心虫监测和防治力度的同时，由全国农业技术推广服务中心指导，相关地市的植物保护部门具体负责，采用化学防治等多种防治措施，对扩散种群进行综合治理，遏制桃小食心虫高密度种群的形成，从而减小桃小食心虫扩散速度。

在桃小食心虫发生地区，除进行必要的防治措施之外，严格执行产地检疫制度，特别是针对苹果、枣等桃小食心虫的寄主水果，当地植物保护部门对从生产到包装的整个过程进行检查，严格按照国家有关标准和规定办理调运许可植物的检疫合格证明，防止桃小食心虫通过植物的调运进入非发生地区（杨磊，2017）。

2. 农业防控

摘除树上的蛀果、清理落果并深埋；早春发芽前，刮除粗老翘皮，集中烧毁，还可采取树干绑草环或麻袋片诱虫潜入的办法，封冻前解下草环或麻袋片烧毁，消灭越冬幼虫等，这些方法可以简单有效地控制桃小食心虫的种群数量。

3. 物理防控

通过在田间设置大量的性信息素诱捕器捕获桃小食心虫成虫；在果园中放置大量的信息素散发装置，通过稳定地向周围的环境中释放雌蛾的性信息素，使雄蛾无法对雌蛾进行准确的定位。

4. 化学防控

在成虫羽化产卵和卵孵化期进行，可选用 2.5％高效氯氟氰菊酯 1 000～1 500 倍液、4.5％高效氯氰菊酯 1 000 倍液、25％灭幼脲 3 号 1 500 倍液等，杀灭成虫、卵及孵化的幼虫（黎宁，2015）。

5. 注意事项

新发生地区、县级农业行政部门所属的植物检疫机构在本辖区确定发现疫情后，应在 12 h 内向自治区农业植物检疫机构快报疫情特征、发现时间、分布地点、传播途径与危害情况。

自治区农业植物检疫机构接到报告后，在 24 h 内，派出 2 名专职检疫员进一步进行实地诊断。自治区农业植物检疫机构经核实后，在 12 h 内上报农业农村部所属的植物检疫机构，并立即采取应急扑灭措施。

根据突发疫情发生区监测和普查的结果，发生桃小食心虫的地区应划为疫区，由自治区农业行政主管部门提出，报自治区人民政府批准，并报农业农村部备案。

6. 应急防控技术应用

为了保护我国新疆红枣主产区免受桃小食心虫的危害，促进红枣这一优势农产品的生产，我国开始进行非疫区县级的疫情检测站建设并制定一系列应急反应体系，其中应做好桃小食心虫的监测与疫情报告，非疫区与缓冲区的各个疫情监测点的工作人员以及检查站的工作人员按照各项规程进行监测和汇报，当在监测中发现有与桃小食心虫近似的昆虫时，及时进行初步鉴定，同时在 24 h 之内报告给上级植物检疫机构。植物检疫机构接到疫情之后立即指派相应的专职检疫人员进行诊断。无法鉴定的种类，则将其标本移送非疫区疫情管理中心直至国家疫情监管中心，由国家疫情监管中心委托有关专家进行诊断并作出鉴定结果。确定为桃小食心虫之后，由国家疫情监管中心通知各级政府及植保机构宣布疫情发生，并采取防控措施进行解决。

（八）综合防控技术

桃小食心虫的防治往往因为其发生的隐蔽性而延误防治时机，所以建立预测预报系统是非常必要的，建立预测预报体系的方法有很多种，比如：性诱剂预报法、物候期预报法、期距法预报、积温测报法等。

1. 植物防控

食心虫的飞行能力普遍较差，主要通过依附在果实中的幼虫随着果品运输交易等途径扩散传播，所以应该加大对检疫性果树食心虫的检查力度，将发现检疫性果树食心虫的果实、包装袋等进行消毒或者销毁。

2. 农业防控

（1）扬土晒茧 晚秋幼虫脱果入土作茧后，把枣树干周围约 80 cm，深 16 cm 的表土铲起撒于田间，并把贴于根颈上的虫茧一起铲下，使虫茧暴露于地表，经过冬春的风吹冷冻死亡或被鸟取食（黎宁，2015）。

（2）覆盖地膜 春季对树干周围地面覆盖地膜，抑制幼虫出土、化蛹、羽化（黎宁，2015）。

（3）堆土压虫 5 月底前在树干周围地面堆高 20 cm 左右的土堆，拍打结实，阻止越冬幼虫出土。利用一代老熟脱果幼虫多在树干根颈附近作茧的习性，8 月中旬再培土 1 次（黎宁，2015）。

（4）清除虫源 7 月下旬开始，每 3~4 d 收集落地的虫枣，摘掉树上提前变红的虫枣，深埋或煮熟喂牲畜，消灭果内幼虫。提倡枣园养鸡，利用鸡啄食从枣果内吐丝落地的越冬幼虫和越冬虫蛹及羽化成虫（黎宁，2015）。

（5）树干上束草环 在秋季果园收获后，及时捡拾落果并在果园外深埋，然后在果树主干上束草环或者布环，诱集老熟幼虫在其中越冬。开春后，把草环或者布环解开集中焚烧或者深埋（黎宁，2015）。

3. 化学防控

（1）地面施药　桃小食心虫越冬幼虫出土期进行药剂防治，可地面喷洒甲氰菊酯 2 000～3 000 倍液（黎宁，2015）。

（2）撒毒土　将机油与 2.5% 溴氰菊酯按 100：12 的比例与沙子混拌，在平均气温达 18 ℃，土壤含水量在 9% 时进行地面撒施（黎宁，2015）。

（3）树冠喷药　在成虫羽化产卵和卵孵化期进行，可选用 2.5% 高效氯氟氰菊酯 1 000～1 500 倍液、4.5% 高效氯氰菊酯 1 000 倍液、25% 灭幼脲 3 号 1 500 倍液等，灭杀成虫、卵及孵化的幼虫。越冬代成虫盛发期喷 1 次，隔 10 d 再喷 1 次；一代成虫盛发期连喷 2 次，间隔 7～10 d 再喷 1 次（黎宁，2015）。

4. 物理防控

（1）频振式杀虫灯诱杀　频振式杀虫灯是利用昆虫的趋光性诱集并消灭害虫，降低害虫基数，使害虫的密度和落卵量大幅度降低，从而减轻和避免害虫对果树的直接危害或扩散危害。能够诱杀的害虫主要有鳞翅目、鞘翅目等成虫。选择使用效果较好的频振式太阳能杀虫灯，灯光诱虫的有效范围是以害虫可感知诱虫光源的距离（50～100 m）为半径所作的圆，杀虫灯的有效控制范围为 1.5～2.0 hm²，灯设置高度应高于树冠 1.5 m 为宜。

（2）昆虫性诱剂诱杀　性诱剂的使用方法：性诱剂的使用方法一般有诱杀法、迷向法、引诱绝育法三种方法。由于性诱剂的高度敏感性，安装桃小食心虫诱芯，需要用一次性塑料手套，以免污染。

诱芯的放置方法：4 月上旬，在越冬代成虫羽化前用细铁丝缠绕绑缚诱芯，挂在三角形胶粘式诱捕器内部，距粘虫板 1～2 cm，悬挂高度为果树中上部（离地面 1.5 m 以上）枝条，以风不易吹落、不倾斜为宜，注意放置在枝叶庇荫处。

（3）诱芯的放置密度　每公顷均匀放置性诱剂 10～15 个，地势高低不平的山地或果树密度大、枝叶茂密、虫口密度大的果园可多放置一些；反之，地势平坦或果树密度及虫口密度较小的果园可适当减少用量。诱芯的放置时间：4 月上旬至 10 月中旬。管理和调查：诱捕器每月更换 1 次诱芯，每 15 d 更换 1 次粘虫板，诱捕器可以重复使用，定期记载诱捕器中捕捉的成虫数量。

5. 生物防控

（1）白僵菌的应用　在一代幼虫老熟随果实落下后，在树下土壤中撒施白僵菌，用 100 亿孢子/g 白僵菌制剂 45 kg/hm²，细沙土 375 kg/hm²，混合均匀制成菌土，均匀撒在树盘下。落地幼虫接触到白僵菌孢子后，在适宜的温度、湿度条件下幼虫 5～6 d 后发病死亡，虫体白色僵硬，体表布满菌丝和白色粉末状孢子。孢子借助风力、昆虫继续传播，侵蚀其他害虫，是一种长效生物制剂（黎宁，2015）。

（2）绿僵菌的应用　在桃小食心虫成虫发生盛期，田间卵果率达 1% 以上时，用 100 亿孢子/g 金龟子绿僵菌可湿性粉剂 3 000～4 000 倍液进行喷雾处理，连续用药 2 次，间隔 20 d，可达到良好的防治效果（黎宁，2015）。

（3）天敌昆虫的应用　桃小食心虫的天敌很多，如蚂蚁、蜘蛛、草蛉、瓢虫、花蝽、松毛虫赤眼蜂等。当今应用最广的天敌昆虫是松毛虫赤眼蜂，赤眼蜂是卵寄生蜂，应用时在桃小食心虫成虫发生期 3 d 后开始放蜂，每 5 d 放蜂 1 次，连续放蜂 5 次，每次放蜂量为 37.5 万头/hm² 左右（黎宁，2015）。

6. 综合防控技术应用

通过研究试验，以及对研究技术进一步优化，我国科技工作者研究提出了适宜防治桃小食心虫的一系列防治措施，即检疫防控、农业防控、化学防控、物理防控和生物防控等关键技术组成的桃小食心虫持续防控和应急防控技术，近年来，在新疆阿克苏枣园桃小食心虫发生区开展试验，为降低桃小食心虫田间危害，物理防控技术领域，研究性诱剂诱捕器和杀虫灯监测桃小食心虫发生规律，利用白僵菌和绿僵菌以及天敌昆虫防控桃小食心虫发生与危害，建立绿色防控体系。越冬幼虫出土期在地面撒毒粉，成虫羽化产卵和卵孵化期间喷药防治桃小食心虫。晚秋脱果幼虫入土结茧期间，可采用扬土晒茧、覆盖地膜、堆土压虫、清理果园等农业措施来防控桃小食心虫的危害，对外应加强检疫宣传，增强风险意识，采取积极有效的措施对桃小食心虫进行风险评估，阻止其传入（图3-63）。

图3-63 在新疆阿克苏沙雅县开展桃小食心虫调查与防治现场

（郭文超，吐尔逊·阿合买提，阿尔孜姑丽·肉孜，李海强）

二十二、桑褶翅尺蛾

（一）学名及分类地位

桑褶翅尺蛾（*Zamacra excavata* Dyar），属鳞翅目（Lepidoptera）尺蛾科（Geometridae）灰尺蛾亚科（Ennominae），别名桑褶翅尺蠖、核桃尺蠖、桑刺尺蛾、褶翅尺蠖。

（二）分布与危害

1. 分布

国外分布于朝鲜、日本等地。国内分布于吉林、辽宁、北京、河北、河南、陕西、宁夏、内蒙古、新疆（乌鲁木齐、昌吉、哈密）等地。20 世纪 90 年代初该虫传入新疆乌鲁木齐。

2. 寄主

寄主植物主要有杨、榆、刺槐、柳、白蜡、桑、国槐、苹果、梨、核桃、枣、山楂，还可危害太平花、金银木等多种园林植物（中国科学院动物研究所，1981）。

3. 危害

该虫幼虫食叶，并在叶片上形成缺刻和孔洞，严重时会将树叶吃光，从而影响树势和观赏效果。三至四龄幼虫的食量最大，新叶、老叶、嫩枝一概都食，常将植物的顶部吃成光秃，虫体自我保护性很强，观察叶面不易被发现，但排粪量很多，检查地面较易发现（图 3 - 64）。

图 3 - 64 桑褶翅尺蛾危害状

（三）形态特征

1. 成虫

雌体长 14～16 mm，翅展 46～48 mm，体灰褐色，触角丝状。腹部除末节外，各节两侧均有黑白相间的圆斑。头胸部多毛。前翅有红、白色斑纹，内、外线粗黑色，外线两侧各具 1 条不明显的褐色横线。后翅前缘内曲，中部有 1 条黑色横纹。腹末有 2 毛簇。雄体略小，色暗，触角羽状，前翅略窄，其余与雌体相似（Linda et al.，2007）。成虫静止时 4 翅折叠竖起，因此得名（图 3 - 65A）。

2. 卵

扁椭圆形，长约 1 mm，褐色（图 3 - 65B）。

图 3-65 桑褶翅尺蛾不同虫态
A. 成虫　B. 卵　C. 幼虫　D. 蛹

3. 幼虫

体长约 40 mm，头黄褐，颊黑褐色，前胸盾片绿色，前缘淡黄白色。体绿色，腹部第一、八节背部有 1 对肉质突起，第二至四节各有 1 大而长的肉质突起（萧刚柔，1992）；突起端部黑褐色，沿突起向两侧各有 1 条黄色横线，第二至五节背面各有 2 条黄短斜线，呈"八"字形，第四至八节突起间亚背线处有 1 条黄色纵线，从 5 节起渐宽呈银灰色，第一至五节两侧下缘各有 1 肉质突起，足状。臀板略呈梯形，两侧白色，端部红褐色。腹线为红褐色纵带（图 3-65C）。

4. 蛹

长 13~17 mm，短粗，红褐色，头顶及尾端稍尖，臀棘 2 根。茧半椭圆形，丝质，附有泥土（图 3-65D）。

（四）生物学特性

1. 生活史

1 年发生 1 代，以蛹在树干基部地表下数厘米处贴于树皮上的茧内越冬，翌年 3 月中旬开始陆续羽化。每雌产卵 600~1 000 粒（张萍 等，2018）。4 月初开始孵化。5 月中旬老熟幼虫爬到树干基部 6~9 cm 土中或根颈部寻找化蛹处吐丝作茧化蛹，越夏、越冬。

2. 生活习性

成虫白天潜伏，傍晚活动，卵多产在光滑枝条上，堆生，排列松散。幼虫习惯在枝条上栖息，稍受惊扰头向腹面隐藏，使身体呈半环状，此时背面刺及腹侧刺突出，很像周围的树叶（苗国显 等，1998）。幼虫静止时常头部向腹面蜷缩至第五腹节下，以腹足和臀足抱握枝条。

（五）综合防控技术

1. 物理防控

（1）灯光诱杀成虫　在成虫发生期，利用频振式杀虫灯诱杀成虫。

（2）人工铲除卵　在害虫发生较严重的地方，人工于树干处捕捉成虫，刮卵或捕杀群集的初龄幼虫和卵。

2. 生物防控

幼虫在三龄前选用生物农药，可施用含量为 16 000 IU/mg 的苏云金杆菌可湿性粉剂 500～700 倍液。

3. 化学防控

尽量选择在低龄幼虫期防治，此时虫口密度小，造成的危害轻，且虫的抗药性相对较弱。防治时用 1.2％苦·烟乳油 800～1 000 倍液，25％灭幼脲 3 号胶悬剂 1 500～2 000 倍液（敖铁胜 等，2016），20％米满悬浮剂 1 500～2 000 倍液等喷洒。

（阿地力·沙塔尔，李欣）

二十三、桑白蚧

（一）学名及分类地位

桑白蚧（*Pseudaulacaspis pentagona* Targioni Tozzetti），属同翅目（Homoptera）盾蚧科（Diaspidae），别名桑白盾蚧、桑盾蚧。

（二）分布与危害

1. 分布

桑白蚧最早起源于亚洲东部，是热带和亚热带物种，广泛分布于热带、亚热带和温带地区。寄主范围广、食性杂、繁殖力强，随世界各国苗木、接穗和果品的相互引进，在全世界蔓延。桑白蚧国外主要分布于欧洲、南美洲、北美洲、大洋洲、非洲地区，以及亚洲的朝鲜、韩国、日本、缅甸、印度、以色列、土耳其、伊拉克、伊朗、越南、马来西亚、文莱、印度尼西亚、菲律宾、叙利亚、阿塞拜疆、马尔代夫等国家（周尧，1982）。

国内主要分布在辽宁、吉林、北京、河南、河北、内蒙古、天津、浙江、江苏、广东、广西、江西、湖南、福建、云南、四川、安徽、山东、山西、陕西、甘肃、宁夏、新疆、台湾等地。在新疆主要分布于南疆喀什地区、阿克苏地区、巴州、和田地区、哈密市等地。

2. 寄主

桑白蚧的寄主广泛，约有 55 科 120 属。主要危害桑、桃、李、杏、梅、樱桃、扁桃，还可危害梨、苹果、银桂、葡萄、柿、核桃、无花果、枇杷、栗、椰子、芒果、海枣、番石榴、番荔枝、柑橘、芭蕉、木瓜、银杏、猕猴桃、橄榄等落叶和常绿果树，以及胡桃、芙蓉、木模、翠菊、芍药、红叶李、山茶、梅花、樱花、桂花、杜鹃花、牡丹、紫叶李、茉莉、臭椿、榆叶梅、碧桃、金叶女贞、月季、白蜡、可可、辣椒、茄子、茶、棉、悬铃木、秦皮、皂荚、乌梅、玫瑰、景天、羊蹄甲、夹竹桃、牛角瓜、黄秋葵、蓖麻、黄蝉花、金丝桃、银叶花、天芥菜、紫珠、玄参、紫薇藤、假泽兰、鹤望兰、羊齿、天竺葵、七叶树、阿拉曼达、科科斯莲、乌雷尼亚、铁线莲、构树、花椒、泡桐、合欢、苦楝、苏铁、丁香、白杨、梧桐、青桐、国槐、棕榈、榆、朴树、杨、柳、枫树、樟树、榕树、橡胶树、械树等100余种庭园花木和多种经济林木（Davidson J A et al.，1990）。

3. 危害

桑白蚧主要危害寄主枝、梢、叶及果实，以二～三年生的主干、侧枝受害较重。主要以雌成虫和若虫群集寄生在主干与侧枝上，以针状口针刺入寄主植株的皮内吸食汁液，致使寄主营养失衡、养分输送受阻、树皮死亡，树势衰弱，造成果实畸形或开花不结实；严重时，其雌、雄虫介壳、蛹壳覆满枝干，使枝、梢大量干枯，甚至整株枯死，严重影响果实产量和品质。一般可造成10%～30%的产量损失，严重时毁园。如2015—2016年阿克苏地区拜城县由于桑白蚧的危害造成大量杏园毁园，致使成千上万亩杏树被砍或伐枝，经济损失严重（图3-66）。

图3-66　桑白蚧危害状（徐兵强 摄，2016年）

A. 杏树枝干受害状　B. 桃树枝干受害状　C. 樱桃树枝干受害状　D. 西梅果实受害状

（三）形态特征

1. 雌成虫

通常微呈圆形，体色橙黄色或黄色，体表被蜕皮和分泌物组成的白色或灰白色盾状介壳。介壳圆形，直径2.0～2.5 mm，略隆起，有螺旋纹，灰白至灰褐色，壳点黄褐色，在介壳中央偏旁。雌性介壳由一、二龄若虫的2层蜕皮和1层丝质分泌物重叠而成（图3-67A、B、C）。

2. 雄成虫

橙黄至橙红色，体长0.6～0.7 mm，翅仅1对，腹末无蜡质丝；交配器狭长。雄介壳细长，白色，长约1 mm，背面有3条纵脊，壳点橙黄色，位于介壳的前端。

图 3-67 桑白蚧（徐兵强 摄，2017）

A. 雌成虫　B. 介壳下雌成虫　C. 雌成虫及卵　D. 解剖镜下的卵　E. 具白色蜡质的若虫
F. 解剖镜下若虫

3. 卵

卵位于雌成虫腹部下，呈椭圆形，橘黄色或粉红色（图 3-67C、D）。

4. 若虫

初孵若虫长形或椭圆形，体色橘黄色，头、触角和足明显；随后体表形成 1 层白色蜡质，逐渐变成粉红色。最后若虫被白色或灰白色盾状介壳（图 3-67E、F）。

（四）生物学特性

1. 生活史

以受精雌成虫在枝干上越冬，3 月中下旬开始吸食树汁液，介壳变大、变厚，这时附着力最差，容易剥落。4 月中下旬产卵，产卵期 6 d，卵经过 10 d 左右孵化为若虫，若虫孵化后1周蜕第一次皮，触角及足消失，在无阳光直射的枝侧，以口针固定体躯不再移动，并由分泌的蜡质物连同蜕皮，共同在虫体背上形成介壳。再经1周蜕第二次皮，又经1～2周蜕第三次皮，即为无翅成虫。雄若虫第一次蜕皮后，在二龄后期也分泌蜡质物，形成细而长的白色蚕茧状介壳。再经2周蜕第二次皮而化蛹其中，蛹期1周即羽化为有翅成虫。若虫经20～30 d发育为成虫，在介壳下无法区分雌雄，5月下旬出现雄蛹，6月上中旬羽化与雌成虫交配，受精雌成虫开始膨大，7月中旬产卵。二代若虫于7月底出壳，固定后形成白色介壳。8月下旬出现雄蛹，9月上旬羽化，与雌虫交配，10月后以受精雌虫越冬。桑白蚧生活史见表3-7。

表3-7　桑白蚧年生活史

世代	1~3月	4月 上旬	中旬	下旬	5月 上旬	中旬	下旬	6月 上旬	中旬	下旬	7月 上旬	中旬	下旬	8月 上旬	中旬	下旬	9月 上旬	中旬	下旬	10月 上旬	中旬	下旬	11~12月
越冬代	+	+	+	+	·		·																
一代				·		—	—	—	—														
一代							+	+	+	+	+												
二代												·		·									
二代												·	—	—	—	—							
二代																	+	+	+	+	+	+	

注："＋"表示成虫，"—"表示若虫，"·"表示卵。

2. 传播扩散方式

桑白蚧自身的活动和扩散能力差，雌成虫无翅不能飞行，只能爬行，自然传播距离非常有限，主要通过各种媒介传播扩散，例如风、昆虫、雨水。人为传播是其主要传播方式，各种农事操作（不同品种间的嫁接）可以造成其在植株间、田块间的传播蔓延。随着现代交通发展和经济全球化，世界各国苗木、接穗和果品的相互引进，人为调运未经除害处理或处理不彻底的虫害木，导致其扩散蔓延（王成祥 等，2012）。

3. 繁殖特性

桑白蚧在自然界条件产卵量较大，据相关文献报道，每雌平均产卵量都在80粒以上，一般在100～150粒，最高可达304粒（江洪，1986；屈邦选，1994；孙孝龙 等，2005）。

卵产在雌成虫的体后，堆积在介壳下，也有少数产在介壳外，随气温不同卵期在7～20 d范围内变化。雄虫羽化后，能飞寻觅雌成虫，但飞翔力极弱，多半在树上爬行，雄成虫停在雌介壳上，将生殖刺弯到介壳下摸索雌成虫生殖孔交配，交配时间短，仅4～5 min。雄虫寿命短，交配后即死，仅数小时。由于雌成虫具介壳，也有未经交配而孵化的孤雌生殖现象。一般雌成虫寿命较长，产卵完毕，即干瘪死于介壳内（孙孝龙 等，2005）。

4. 发生规律

桑白蚧发生世代随地理位置和气候条件的不同而不同，在北方一般1年发生1～2代，南方则发生 3～5 代（霍宗红，2000）。桑白蚧在新疆南疆 1 年发生 2 代。

（五）风险评估与适生性分析

1. 风险评估

桑白蚧在我国分布地域很广，包括辽宁、吉林、北京、河南、河北、内蒙古、天津、浙江、江苏、广东、广西、江西、湖南、福建、云南、四川、安徽、山东、山西、陕西、甘肃、宁夏、新疆、台湾等地。在新疆凡是有杏、桃、李、梅等种植的地区分布。

根据有害生物危险性评价的定量分析方法、评判指标 P_i 和 R 值的计算公式，以及 R 值范围所对应的危险性级别对桑白蚧进行分级。结果表明，桑白蚧的危险性 R 值为 2.26，属高度危险级（王成祥 等，2012）。

2. 风险管理措施

目前，桑白蚧已经在我国大部分地区均有分布，根据风险评估预测结果可知，我国大部分地区均有桑白蚧定殖风险。目前，对桑白蚧的防治是加强对发生区的综合防治，最大限度地降低桑白蚧的种群密度，减轻造成的危害和经济损失，减少发生地虫源，降低其自然扩散、人为携带和随发生地调运苗木传播的概率；对桑白蚧非发生区，必须加强植物检疫封锁，禁止疫区和非疫区之间苗木的调运，杜绝疫区苗木外流。

（六）监测检测技术

1. 监测与调查方法

（1）监测方法　每 100 hm² 设置 2 个标准地，在调查区内分林龄选取调查标准地，标准地面积 0.1 hm²，每块标准地的寄主树种，幼林不少于 100 株，苗圃不少于 400 株。在标准地内，采用随机和机械抽样选取样株，每块标准地的样株数不少于 30 株。

（2）调查方法　在标准地内，从调查区样株的上、下 2 层和东、南、西、北 4 个方位，根据枝干粗细选择直径×长度为 4 cm×5 cm，或 2 cm×10 cm，或 1 cm×20 cm 等 8 个表面积为 20 cm² 的样段，记录每个样段桑白蚧所占面积的比例和危害株数。

2. 检测技术

仔细检查寄主的主干、枝条和果实，当发现灰白至灰褐色介壳，橙黄或黄色虫体时，带回室内制片、镜检。

（七）应急防控技术

新发生区地、县级林果业行政部门所属的植物检疫机构在本辖区确定发现疫情后，应在 12 h 内向自治区林业和草原局等机构快报疫情发生情况、发现时间、分布地点、传播途径与危害情况。

自治区林业和草原局接到报告后，在 24 h 内，派出 2 名专职检疫员进一步进行实地诊断。自治区林业和草原局经核实后，在 12 h 内上报自然资源部所属的植物检疫机构，并立即采取应急扑灭措施。

（八）综合防控技术

目前桑白蚧的防治主要采用化学防治技术。根据桑白蚧发生区的生产实际，结合国内外研究成果，按照"预防为主，科学防控，依法治理，促进健康"的防治方针，提出了以果园生态系统为基础，以检疫防控、农业防控为基本措施，以生物防控和生态调控为主要防治技术，以化学防控为应急手段等多种技术措施相结合的综合防控技术，从而达到安全有效的防治目的。

1. 检疫防控

严格按照植物检疫技术规程对苗木进行检疫检验，尤其在果树嫁接中，若发现已受害的砧木和接穗，立即进行无害化处理或者销毁处理，防止其扩散和蔓延。

2. 农业防控

（1）合理布局　在建果园，合理控制株行距，加强果树修剪；间作果园，间作作物与果树保持一定距离（以树左右相隔 1.5 m 为准），并两边起垄，保证果树与间作作物根据自身生长规律，单独管理，增强树势，且达到增加果园通风透光的目的。

（2）营林技术　结合果树修剪，剪除桑白蚧危害严重枝或刮除雌成虫，对大树枝干涂白，保护树干不受侵害，以减少虫源基数。

3. 生物防控

保护利用天敌，充分发挥生物控制作用。如捕食性天敌孪斑唇瓢虫（*Chilocorus geminus*）、红点唇瓢虫（*Chilocorus kuwanae*）、日本方头甲（*Cybocephalus nipponicus*）和寄生性天敌黑褐纹翅跳小蜂（*Cerapteroceroides similis*）等对桑白蚧的捕食效应相对较强，具有一定的控害能力。在果树生长期使用高效低毒农药，发挥这些天敌的控制作用。

4. 生态调控

果园套种矮秆作物如小麦、大豆、蔬菜等，能够为天敌昆虫提供充足的蜜源植物及良好的小生境，克服天敌与害虫在发生时间上的脱节现象，在一定程度上增强果园生态系统对农药的耐受性，扩大生态容量，扩大和丰富天敌种类和数量。故可在果树下通过间作小麦、棉花、油菜或苜蓿等低矮植物，增加果园节肢动物多样性，招引天敌，从而达到控害促益的目的。

5. 化学防控

针对桑白蚧危害的果园，结合桑白蚧发生规律和防治指标，可在果树休眠期和生长期进行适期防治。

（1）防治指标　以桑白蚧在枝干上的发生程度，作为桑白蚧的防治指标。具体若虫发生程度及其分级见表 3-8。用以下公式计算虫害指数：

$$虫害指数 = \frac{\sum（各级代表值 \times 各级调查数）}{5 \times 调查总数} \times 100\%$$

当虫害指数在 10%，或桑白蚧危害株率在 10% 时应对果园进行全面防治。

表 3-8　若虫发生程度分级表

级别	分级标准
0	没有虫体
I	虫体零星分布
II	部分虫体密集，虫体密集面积/调查面积＜1/4
III	1/4≤虫体密集面积/调查面积＜1/2
IV	虫体密集面积/调查面积≥1/2

（2）果树休眠期　以杏树为例，初春（3 月 20 日前）杏树发芽、开花以前为重点防

治期。根据果园桑白蚧危害程度不同，果园可采用45％晶体石硫合剂30～60倍或3～5波美度石硫合剂进行喷雾防治。

（3）果树生长期　以杏树为例，在5月上中旬桑白蚧一代若虫发生高峰期和8月上中旬桑白蚧二代若虫发生高峰期，根据桑白蚧的发生程度，在果园内可进行点片挑治。可选择的药剂有1.8％阿维菌素2 000倍液＋有机硅助剂1 000倍液，或25％螺虫·吡丙醚5 000倍液或70％啶虫脒8 000倍液＋有机硅助剂1 000倍液进行喷雾防治，也可兼治吐伦球坚蚧等害虫。

6. 综合防控技术应用

在研究、试验和示范的基础上，对研究取得的技术进一步优化和集成，研究并发布了《桑白盾蚧无公害防治技术规程》（DB65/T 3084—2010）。近年来，通过广泛的技术宣传、培训和指导，在新疆桑白蚧发生区喀什地区、阿克苏地区、和田地区、巴州和克州等地推广了桑白蚧综合防控技术，桑白蚧综合防控技术应用面积累计1 069.7 hm²，桑白蚧防效达90％以上。

（徐兵强，朱晓锋，宋博）

二十四、橄榄片盾蚧

（一）学名及分类地位

橄榄片盾蚧（*Parlatoria oleae* Colvee），属半翅目（Hemiptera）盾蚧科（Diaspididae）。

（二）分布与危害

1. 分布

原分布于地中海沿岸及中亚，现已存在于许多热带及亚热带地区。国内分布于东北、河北、河南、山东、山西、陕西、甘肃、内蒙古、新疆等地。

2. 寄主

寄主有苹果、梨、杏、桃等果树。最早发现于新疆乌苏市的苹果和梨上，20世纪90年代开始危害库尔勒香梨，局部造成严重危害。90年代后期在香梨上的发生面积超过梨圆蚧，成为危害香梨的盾蚧优势种（陈尚进，2003）。

3. 危害

危害梨树枝、叶，刺吸汁液，吸取营养，造成树体生长缓慢，树皮纵裂，严重的引起枝条干枯死亡；危害果实，喜集中在萼洼及其周围，果实受害后果面出现红点、凹陷或畸形，大量虫体聚集果面，形成俗称的"麻风果"，被害果实品质低劣，丧失商品价值。

4. 种群竞争

调查发现，橄榄片盾蚧与梨圆蚧此长彼消，存在竞争关系，橄榄片盾蚧从出现到种群数量不断上升，逐渐取代梨圆蚧成为危害香梨的优势种。同时，多年调查，尚未发现有2种混合发生在一个梨园的情况，两者分布各居其地。

（三）形态特征

1. 雌成虫

介壳椭圆形，灰白色，直径1.60～2.20 mm，壳点隆起，褐色至灰黑色，偏向一侧；介壳由虫体蜕皮和分泌物形成，边沿薄，中间厚，有环形轮纹，形似蚌壳，越冬代介壳轮纹不明显。雌成虫阔卵形，紫红色，长约 0.80～1.20 mm，分节明显，各节侧缘有圆形突起。口针细而长达身体的数倍（图 3-68A）。

2. 雄成虫

介壳长柱形，灰白色，长 1.00～1.20 mm，宽约 0.30 mm，壳点位于一端，黄至黑褐色。雄成虫体长约 0.8 mm，具前翅 1 对，交配器针状。

3. 卵

长圆形，一端钝圆，另一端稍尖，淡紫色，长×宽约 0.20 mm×0.08 mm。聚产在母体介壳下，初产时半透明，前半部透出胚胎的淡紫色，有光泽，卵表面带一薄层白霜，孵化前全卵显紫色花纹（图 3-68A）。

4. 若虫

初孵若虫善爬行，椭圆形，长×宽约为 0.25 mm×0.12 mm。眼点黑色，触角和 3 对足白色，腹末 1 对蜡丝细而短。雌雄若虫异形，初孵雌若虫紫色，初孵雄若虫黄褐色，口器超过腹末端。二龄雌若虫特征与雌成虫相似（图 3-68B）。

5. 蛹

仅雄虫经过蛹期，蛹紫色，长圆形（图 3-68C）。

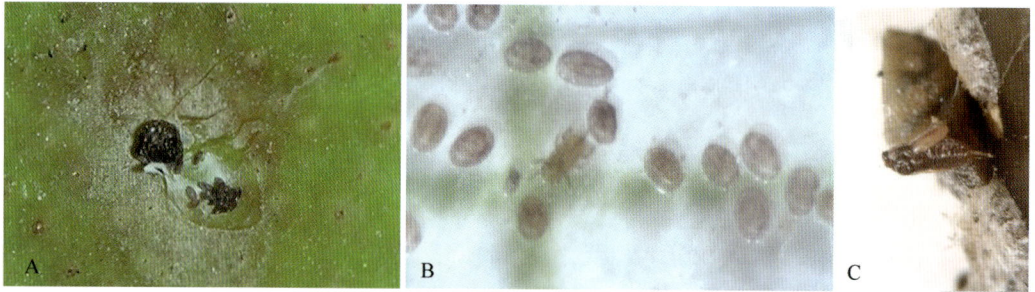

图 3-68　橄榄片盾蚧不同虫态
A. 雌成虫及卵　B. 雌雄若虫异型　C. 雄虫伪蛹

（四）生物学特性

1. 生活史

一年发生 2 代，个别生境可发生 3 代（张春竹，2004）。4 月中旬开始出现一代卵，完成 1 个世代约 60d。一代危害盛期为 5 月中旬至 6 月中旬。二代卵于 6 月底或 7 月初始见，二代危害盛期为 7 月中旬至 8 月中旬。

2. 传播扩散方式

通过带虫苗木和接穗的调运进行传播扩散，虫果的运输销售也是传播的途径。

3. 繁殖特性

橄榄片盾蚧产卵繁殖，每雌平均产卵 40 粒。卵孵化成若虫后，喜在母体下固定，形成新老介壳层层叠加，大部分若虫从母体介壳开裂处爬出，在嫩枝或果实上固定取食，随后丝腺分泌白色丝状物质，形成蜡质薄膜，后与二次蜕皮共同构成介壳，形成 2 个壳点，二龄后介壳逐渐钙质固化。

该虫与梨圆蚧在危害习性、生活史及消长规律方面比较近似，虫体大小与介壳外观也近似，但二者存在明显区别：一是体色不同，梨圆蚧各虫态为杏黄色，橄榄片盾蚧各虫态均为紫色；二是生殖方式不同，梨圆蚧属卵胎生，橄榄片盾蚧为卵生方式。

4. 滞育特性

越冬雌成虫春季取食后开始发育，由于个体发育存在差异，部分成虫发生滞育，产卵期可长达2个多月，一直产到二代卵出现以后，出现世代重叠现象，7月以后可同期见到卵、成虫、若虫等各种虫态。雌虫各虫态均可滞育（张春竹，2004）。

5. 发生规律

以雌成虫在枝条上越冬。翌年3月中下旬平均温度10℃以上时，即梨树萌动时开始取食危害并继续发育，虫体由扁平逐渐饱满。4月中下旬为一代卵盛期，卵期2～3周；5月上中旬为孵化高峰期，一代雌成虫6月上旬开始成熟，二代卵出现在6月下旬至7月上旬，7月上旬至下旬为二代孵化高峰期，8月中下旬出现二代雌成虫，9月交尾，受精雌成虫开始休眠越冬。

6. 天敌

天敌种类较丰富，主要种类有草蛉、蜘蛛、阿克苏方头甲、李斑唇瓢虫、小枕异绒螨、寄生蜂（蚜小蜂、跳小蜂、细蜂）和啮虫等（张春竹 等，2006）（图3-69、图3-70）。

图3-69　橄榄片盾蚧雌成虫被寄生（外寄生）

图3-70　啮虫取食橄榄片盾蚧若虫

（五）风险评估与适生性分析

橄榄片盾蚧已知分布于新疆南北疆，是危害苹果、香梨、杏的主要盾蚧种类，以带虫苗木或果实进行远距离传播，危害蔷薇科仁果类、核果类果树，寄主种类较多。

1. 风险评估

根据分布范围和预测结果分析，在我国东北、华北、西北等苹果、梨、杏等主产区有发生，均为中风险区域，其他地区为低风险区域。

2. 适生性区域的划分以及风险等级

用李娟等（2013）对林业有害生物风险性的定量分析方法进行预测，建立橄榄片盾蚧风险等级分析指标体系及评判标准。根据橄榄片盾蚧风险性评判指标，国内分布情况（P_1），传入、定殖和扩散的可能性（P_2），潜在危害性（P_3），受害寄主经济重要性（P_4），危险性管控难度（P_5）等5个方面的评判标准，橄榄片盾蚧的风险综合评价R值＝1.59，为中度危险。

3. 风险管理措施

橄榄片盾蚧为中度危险的有害生物，要采取相应的风险管理措施。一是开展定期普查，掌握该虫分布和危害动态。二是采取检疫措施：对调运的寄主苗木、产品进行检查，严禁带虫苗木和果品外运。三是由检疫机构执行对苗木及其产品的产地检验，如果发现检疫对象，可以采用禁止调运、退回、销毁、消毒等一切必要措施进行处理。

（六）监测检测技术

1. 监测与调查方法

采取定点调查与普查相结合的方法。定点调查要求查清虫情发育动态，及时做出预测预报；普查是为了监测发生面积、范围和危害程度，掌握虫情变化趋势。

定点调查：确定有代表性的 2～3 个果园作为调查园，在每个定点调查园选择样树 5 株，在树冠的不同方位查 10 个一至二年生枝条及 30 个果实，在枝条基部 30 cm 长度范围用放大镜、挑针查看介壳下的虫体，观察果实被害状，做好记录。

普查：在寄主树种分布区均匀、随机选取 10 个调查果园（苹果、梨、杏），在果园中按对角线随机选取 5～10 株树，每株树在不同方位选取 10 个一至二年生枝条及 30 个果实，在枝条基部 30 cm 长度范围用放大镜、挑针查看介壳下的虫体，观察果实被害状，做好记录。

2. 监测检测技术应用

（1）分级标准　发生程度分级标准以调查点有虫枝率、危害期虫果率为指标划分为 5 级，分级标准见表 3-9。

表 3-9　橄榄片盾蚧发生程度分级标准

级数	虫枝率（%）	虫果率（%）	发生程度
0	0	0	无
1	≤3	≤1	轻度
2	4～20	2～10	中度
3	21～50	11～30	重度
4	≥50	≥30	成灾

（2）短期预报　依据橄榄片盾蚧生物学习性，通过田间调查，在确定发生量的基础上，结合气象资料，以期距法及时预测若虫发生时期和危害程度，做出短期虫情预报，在若虫发生初期，即危害果实前进行化学防治。

（3）中长期预报　通过虫情普查，在掌握越冬基数、有虫枝率的基础上，结合发生危害历史资料和寄主果树生产情况，做出发生面积、不同区域危害程度等年度发生趋势预报。

（4）防治适期预报　越冬基数调查当有虫枝率≥4%，即中度发生程度时，必须进行药剂清园防治；发生危害期调查，当虫果率≥1%，即出现果实受害时，必须进行化学防治。

（七）综合防控技术

橄榄片盾蚧有介壳保护，繁殖力较强并且世代重叠，因此，开展化学防控的关键是防治适期的选择（席勇，2011），喷药防控的最好时机是卵孵化至若虫固着前。春季要抓住越冬代雌虫产卵孵化期，介壳出现裂缝的有利时机，喷施清园药剂；果树生长期于一、二代若虫孵化盛期喷施杀虫剂。黄伟等（2004）进行了药剂田间防治试验，筛选出了效果较好的药剂种类。

1. 检疫防控

加强检疫，禁止疫区调运苗木和采集接穗，严格检查果品，避免带虫果实外运。

2. 农业防控

结合冬季修剪，剪除病虫枝、枯死枝，集中烧毁或深埋，减少越冬成虫。

3. 化学防控

春季3月下旬施用5波美度石硫合剂喷淋枝干。

果树生长期药剂防治的关键是适时喷药，在镜检调查、准确掌握虫情的基础上，抓住孵化盛期，即5月中下旬和7月中下旬，分别喷施药剂1～2次，重点喷施梨树顶端和上部，由上至下进行。可选用80％敌敌畏乳油800～1 000倍液，25％蚧死净乳油1 000倍液，20％噻嗪酮1 500倍液，95％蚧螨灵（机油乳剂）100倍液，99.1％敌死虫200倍液。

（郭铁群；盛强）

二十五、杏树鬃球蚧

（一）学名及分类地位

杏树鬃球蚧（*Sphaerolecanium prunastri* Boyer de Fonscolombe），属半翅目（Hemiptera）蚧总科（Coccoidea）蜡蚧科（Coccidae）鬃球蚧属（*Sphaerolecanium*）。

（二）分布与危害

1. 分布

杏树鬃球蚧原产于古北界的亚热带地区，目前在土耳其、乌克兰、俄罗斯、比利时、美国等多个国家均有分布（Malumphy et al.，2016），在我国主要分布在新疆、辽宁、河北、山东（王子清，2001）及陕西（王琛，2010）等地。

2. 寄主

杏树鬃球蚧为多食性昆虫，其寄主植物包括鼠李属以及李属的普通杏、野生樱桃、野生欧洲李等，另外，蔷薇属（*Rosa* Linn.）、苹果属的海棠果和欧洲野苹果、梨属的西洋梨、剑叶花属食用日中花（*Carpobrotus edulis*）、榕属的无花果［*Ficus carica* (Pellizzari et al.)］等也是其寄主植物。

3. 危害

2019年杏树鬃球蚧在新疆伊犁野果林暴发成灾，野杏树受到严重危害，且危害呈扩散蔓延趋势（图3-71）。杏树鬃球蚧危害野杏树使其冠部枝条失水，严重时可导致野杏树死亡，严重威胁野杏的生存和野果林的生态平衡，并给当地旅游业造成了重大影响。

杏树鬃球蚧暴发年份，6月底至7月份初一龄若虫发生量可达＞1 000头/50 cm枝条。伊犁不同区域野杏林的受害指数平均均在50％左右。

（1）对野杏生长的影响　受杏树鬃球蚧危害后的野杏一年生新梢长度、基径减少；叶片鲜重、干重、长度、宽度、叶面积及叶片SPAD值均下降，而叶片宽长比增加，说明杏树鬃球蚧对野杏叶片长度的生长抑制作用大于叶片宽度；受害野杏的果实纵径、横径、侧径及单果重均降低。

（2）对野杏光合作用的影响　杏树鬃球蚧危害野杏幼苗后，不同受害级别间的光合参数均出现显著性差异，且随受害级别的增加，野杏幼苗的净光合速率、水分利用效率先升高后降低；气孔导度、蒸腾速率升高；胞间 CO_2 浓度先降低后升高。

图 3-71　杏树鬃球蚧危害野杏林（高桂珍 摄，2019）

（三）形态特征

1. 雌成虫

雌成虫半球形，初期为黄褐色，后期转变为深棕色，长 0.95～2.20 mm；宽 1.10～1.78 mm，高 0.50～1.04 mm，背部有不规则凹点，生殖期把大量卵产于蚧壳下（图 3-72A）。

2. 雄成虫

雄成虫虫体红褐色，头胸腹分段明显。触角丝状，单眼大，胸部为倒等腰梯状，翅白色，微透明，翅脉简单，交配器呈锥状（图 3-72B）。

3. 卵

卵椭圆形，长 0.23～0.45 mm，宽 0.11～0.31 mm，长宽比为 1.62，该比例随时间的增加而变大（图 3-72C）。初期白色，半透明，中期淡粉色，微透明，后期在解剖镜下可看清一龄若虫轮廓。

4. 若虫

一龄若虫粉红色，椭圆形，长 0.29～0.43 mm，宽 0.18～0.32 mm，长宽比 1.35（图 3-72D）。初孵时体表光滑，单眼 1 对，圆形，红棕色；足发达，足基节和转节占足长 1/6、腿节占足长 1/2、胫节 1/3、跗节 1/6；体躯分节明显，9 节；长端毛 1 对，腹末 1 对端丝上有 2 根白色长丝状尾须伸出。二龄若虫虫体由粉红色加深为深褐色，椭圆形，长 0.66～0.82 mm，宽 0.45～0.76 mm，长宽比 1.44（图 3-72E）。越冬后二龄若虫虫体有黑斑，虫体黄褐色（图 3-72F）。若虫雌雄两性分化后，雄性若虫虫体略扁平椭圆形，黑褐色，长 1.14～1.93 mm，宽 0.53～1.05 mm，长宽比 1.86；雌性若虫虫体比分化为雄性的若虫小，虫体微微向上拱起，黄褐色，长为 0.95～1.64 mm，宽为 0.48～1.07 mm，长宽比 1.47（图 3-72G）。

5. 雄蛹壳

蛹壳，白色，光滑，不透明，一捏呈碎片状，有臀裂，呈 120°，圆滑，蛹壳长 1.52～2.17 mm，宽 0.75～1.19 mm，长宽比 1.73（图 3-72H）。

图 3-72 杏树鬃球蚧不同虫态（王玉丽 摄，2021）
注：A. 雌成虫 B. 雄成虫 C. 卵 D. 一龄若虫 E. 越冬中的二龄若虫
F. 越冬后二龄若虫 G. 雌雄分化的二龄若虫 H. 蛹壳

（四）生物学特性

1. 生活史

杏树鬃球蚧在新疆伊犁野果林 1 年发生 1 代，主要以二龄若虫在枝条上越冬。3 月底至 4 月初越冬二龄若虫出蛰，随后在枝条上固定并雌雄分化。杏树鬃球蚧的雌雄比为 1.02∶1。4 月底至 5 月初雄性若虫发育为预蛹，再化蛹至羽化为成虫，雄成虫寿命短，交配完不久死亡。雌成虫膨大并分泌大量蜜露。5 月底雌成虫开始产卵。6 月中旬一龄若虫出现，并在枝条、叶片、果实上活动。杏树鬃球蚧在 6 月底至 7 月初转移到枝条，随后蜕皮为二龄若虫，虫体表面逐渐分泌蜡丝，直至把虫体完全覆盖，至翌年 3 月越冬（表 3-10）。杏树鬃球蚧的越冬死亡率较高。

表3-10　杏树鬃球蚧生活史

1~3月	4月			5月			6月			7~10月	11~12月
一	上旬	中旬	下旬	上旬	中旬	下旬	上旬	中旬	下旬	一	一
(一)	(一)	(一)	(一)								
			×	×							
			+	+	+						
						÷	÷	÷			
							一	一	一	一	(一)

注："（一）"代表越冬若虫；"×"代表蛹；"＋"代表成虫；"÷"代表卵；"一"代表若虫。

2. 繁殖特性

杏树鬃球蚧在新疆伊犁野果林每年5月下旬开始产卵，一直持续到6月中上旬。单头雌成虫的产卵量可达500粒以上。在15~35 ℃条件下，杏树鬃球蚧卵的发育历期随着温度升高先缩短后延长，在30 ℃时卵的发育历期最短。杏树鬃球蚧卵的发育起点温度为9.50 ℃，有效积温81.17 ℃。

3. 发生规律

杏树鬃球蚧一龄若虫在野杏树东、南、西、北四个不同方位的发生量无显著性差异。在一~四年生野杏枝条发生量从高到低呈现三年生＞四年生＞二年生＞一年生枝条。杏树鬃球蚧雌成虫在同一枝条阴面发生量显著多于阳面。

（五）综合防控技术

1. 围栏技术

减少在野杏林内放牧以阻断杏树鬃球蚧传播途径，是控制杏树鬃球蚧发生危害的有效手段。

2. 修剪技术

在春季杏树鬃球蚧处于雌成虫期时对野杏进行中度或重度修剪，既可以减少杏树鬃球蚧的发生危害，又能保证野杏的新梢生长和存活，是野果林采用修剪技术防治杏树鬃球蚧的最佳选择。

3. 生物防控

充分发挥天敌的控害作用，如异色瓢虫［*Harmonia axyridis*（Pallas）］、七星瓢虫［*Coccinella septempunctata*（Linnaeus）］，以及杏树鬃球蚧寄生蜂天山食蚧蚜小蜂［*Coccophagus tianshanensis*（Li & Yao sp. nov.）］、短腹花翅跳小蜂［*Microterys breviventris*（Xu）］、盔蚧花角跳小蜂［*Blastothrix longipennis*（Howard）］等。

4. 化学防控

在杏树鬃球蚧越冬二龄若虫膨大期和一龄若虫涌散期开展化学防治。杏树鬃球蚧越冬二龄若虫膨大期推荐3.6％烟碱·苦参碱和18％吡虫·噻嗪酮；一龄若虫涌散期推荐0.3％印楝素和3.6％烟碱·苦参碱，以上药剂的防治效果较好。

（高桂珍，王玉丽，令狐伟）

二十六、粉蚧

粉蚧个体微小、生活隐蔽，适应性强，在世界分布范围广泛，近年来，随着贸易往来频繁，许多粉蚧成为国际上重要的检疫性害虫，椰子堆粉蚧、枣星粉蚧和真葡萄粉蚧是近年来在新疆发生的具有区域性分布的入侵性害虫，对新疆特色林果业的健康发展产生影响。

（一）学名及分类地位

椰子堆粉蚧（*Nipaecoccus nipae* Maskell）、枣星粉蚧（*Heliococcus zizyphi* Borch-senius）、真葡萄粉蚧（*Pseudococus maritimus* Ehrhorn）均属半翅目（Hemiptera）蚧总科（Coccoidea）粉蚧科（Pseudococcidae），分别属鳞粉蚧属（*Nipaecoccus*）、星粉蚧属（*Heliococcus*）、粉蚧属（*Pseudococus*）。

（二）分布与危害

1. 椰子堆粉蚧

（1）分布 在国外分布于朝鲜、俄罗斯、美国、大洋洲、非洲、南美洲。在国内分布于广东、广西、海南、福建、新疆。在新疆分布于乌鲁木齐、吐鲁番、喀什、和田。

（2）寄主 在新疆主要危害无花果、石榴、红枣、桑、梨、葡萄等特色林果。其他地区主要危害椰子、番荔枝、天冬、菠萝蜜、美人蕉、无花果、龟背竹、桑、鳄梨、番石榴、旅人蕉、麻、葡萄等植物。

（3）危害 该虫以雌成虫和若虫刺吸树木的嫩枝干、新梢、叶片和果实上的汁液。对秋梢及幼果危害最烈，并在危害的同时排泄蜜露，招引其他害虫传播煤污病，使被害的树木幼芽新梢扭曲或畸形干枯，嫩叶卷缩早脱落；使枝梢枯萎，落花和落果；使树木生长势下降，甚至整株枯死（图3-73）（乔艳艳 等，2022）。

图3-73 椰子堆粉蚧危害叶片背面及枝干（阿地力·沙塔尔 摄，2020）

2. 枣星粉蚧

（1）分布 在国外分布于俄罗斯、哈萨克斯坦、乌克兰。在国内分布于北京、新疆、甘肃、宁夏、陕西、山西、河北、山东、河南、江西、广东。在新疆分布于吐鲁番、哈密、若羌。

（2）寄主 有枣属、桑、药桑。

（3）危害 该虫主要以若虫或雌成虫危害红枣，尤其是越冬出蛰后的若虫往往密集在红枣树的一至二年生的嫩枝、芽、叶、花和果实上，以针状口器刺入植物组织内刺吸汁液。枣树受害后叶、芽不能正常萌发，即使勉强发芽，叶片也瘦小、枯黄，以至早期脱落（图3-74）。

3. 真葡萄粉蚧

（1）分布 在国外分布于地中海、南非、美国、巴基斯坦、阿根廷。在国内分布于新疆。在新疆分布于河谷、吐鲁番、喀什、和田。

图 3-74　枣星粉蚧危害叶片背面、枝干及果实（阿地力·沙塔尔 摄，2020）

（2）寄主　主要危害葡萄等植物。

（3）危害　该虫以成虫或若虫危害叶片、果穗、枝蔓，多数隐藏在葡萄老蔓的裂缝、翘皮下，刺吸植株汁液（图 3-75），多喜欢在枝蔓裂缝、节部、分枝处或伤疤处危害，被害部位粗糙、变形。该虫分泌黏稠的蜜露，招致蚂蚁和黑色霉菌，污染果实外表。危害严重时，葡萄果粒停止生长，果实含糖量降低，品质变差，失去经济价值；同时导致整个树体发育不良，树势衰弱减产。

图 3-75　真葡萄粉蚧危害状（阿地力·沙塔尔 摄，2020）

（三）形态特征

椰子堆粉蚧、枣星粉蚧、真葡萄粉蚧特征对比见表 3-11。

表 3-11 三种粉蚧识别特征对比

虫态	椰子堆粉蚧	枣星粉蚧	真葡萄粉蚧
雌成虫	体长 1.9～2.5 mm。虫体暗红色，外被黄白色蜡质，体周围有约 7 对锥状蜡质突起	体长 3.0～3.2 mm，椭圆形，背部略隆，淡黄色，被白色蜡粉，并向各方散射玻璃状细蜡丝，体侧腹部可见 5～6 对蜡丝，通常末对明显。尾部还有一对蜡质长尾毛	体长 4.5～5.0 mm，暗红色，腹部扁平，背部隆起，身披白色蜡粉，体周缘有 17 对锯齿状蜡毛，锯齿状蜡毛从头部到腹末逐渐增长
雄成虫		体色为暗黄色或褐色，复眼黑褐色。前翅乳白色半透明，尾端具蜡丝 4 根，其中 2 根长度约等于体长	体长 1.1 mm 左右，翅白色透明，翅有 2 条翅脉。腹末有 1 对较长的白色针状蜡毛
卵	乳黄色，椭圆形，藏于绵团状蜡质卵囊内	椭圆形，藏于卵囊中，卵囊是由白色蜡质的绵絮状物组成	暗红色，椭圆形，卵粒很小，肉眼一般看不清。卵在卵囊内
若虫	初孵若虫体表无蜡粉被，渐长后体背及周缘即开始分泌白色粉状蜡质	一龄若虫体裸露呈褐色。二龄时体缘有蜡丝并有白色蜡粉。三龄若虫似雌成虫	初孵若虫长椭圆形，触角和足发达，有 1 对触角、3 对足。二龄若虫，体上逐渐形成蜡粉和体节，体周缘逐渐形成锯齿状蜡毛

（四）生物学特性

1. 椰子堆粉蚧

（1）生活史 椰子堆粉蚧在新疆 1 年发生 3 代，世代重叠。以若虫和雌成虫在果树的主干、枝条和树皮裂缝内越冬。翌年 3 月下旬开始取食活动。成虫和若虫均有群集性，常多个雌虫堆聚在一起，雄虫一般数量很少。雌成虫每年 4 月初开始产卵，性成熟的雌成虫由体末端长出乳白色、蜡质绵团状的卵囊，在其内产卵繁殖。各代若虫发生盛期为 4 月上中旬、6 月中旬、8 月上旬，以 4～6 月和 8～10 月虫口密度最大、危害最严重。

（2）传播扩散方式 该虫短距离传播靠若虫孵化后分散转移。远距离传播以不同虫态靠苗木运输传播。

（3）繁殖特性 该虫营孤雌生殖，自然繁殖能力强，单雌产卵 200～500 粒。

2. 枣星粉蚧

（1）生活史 枣星粉蚧在新疆每年发生 3 代。以卵和若虫在树皮裂缝中越冬。翌年 4 月上旬枣树发芽前，越冬若虫群集于枣股上；枣树萌芽初期或展叶时若虫大多又分散转移到上芽，在芽的基部和初伸长的枣吊上或群居于幼叶腋间和未展开的叶褶内刺吸汁液。在虫口密度大的树上，往往一片叶上有十几头若虫危害。5 月下旬至 6 月上旬若虫蜕变为成虫，虫态不整齐，6～8 月在叶片上随时可见到若虫和成虫。雌若虫蜕皮 5 次，经过 6 个龄期才进入成虫期；雄若虫蜕皮 2 次进入化蛹期，雄成虫与雌成虫羽化期相同，交尾后雄成虫立即死亡；雌成虫继续危害一段时间后开始分泌白色蜡质物结成卵囊，卵产于其中；5 月中旬雌成虫开始产卵，单雌产卵量为 90～234 粒。产卵后的雌成虫干缩死亡。卵期 7～15 d 不等。一代若虫发生期为 5 月下旬至 7 月下旬，若虫孵化盛期为 6 月上旬。二代若虫发生期为 7 月上旬至 9 月上旬，若虫孵化盛期为 7 月中下旬。三代若虫（即越冬代）发生期为 8 月下旬，孵化盛期在 9 月上旬。10 月上中旬三代若虫陆续转移并潜入到果树的主干和老枝条的树皮裂缝中越冬。

（2）发生规律 每年以一代和二代在 6 上旬至 8 月中旬危害最严重。进入雨季后，该虫活动迟笨，易遭到雨水冲刷，故其三代虫口密度较小，这时若虫分泌的胶状物也易引起煤污病的发生，并污染叶片和果实，从而影响果品的质量（谢映平，1998）。

3. 真葡萄粉蚧

（1）生活史　1年发生3代，世代重叠。以若虫在老蔓翘皮下、裂开处和根颈部分的土壤内群集越冬。翌年3月中下旬葡萄树出土萌动时开始活动危害，4月中旬越冬代雌成虫出现，此时雄成虫进入化蛹及羽化始期，5月上旬为两性交配盛期。4月底至5月初即葡萄树长出新梢期开始产卵，5月中旬为一代卵盛期，若虫于5月中旬孵化，盛期为5月底至6月初。一代雌成虫6月中旬出现，7月初早熟葡萄果实成熟时开始产卵；7月中旬为二代卵盛期，二代雌成虫8月中旬出现，8月下旬即中熟葡萄果实成熟期开始产卵；9月中旬为三代卵盛期，若虫于9月初孵化，盛期为9月下旬，10月开始越冬。

（2）生活习性　雌成虫期11 d左右，产卵期40 d左右。成虫产卵时将在体外分泌棉絮状卵囊，卵囊包围虫体，卵产于卵囊内，产卵后虫体逐渐萎缩，变黑褐色，不久干枯死亡。越冬代雌成虫产卵量最高，平均每雌虫产卵272粒，最少产卵157粒，最多产卵425粒。

若虫孵化后，在卵囊内停留一段时间后爬出活动，活动若虫在葡萄各处固定，伸出针状口针在树体组织内刺吸汁液危害。若虫期20～30 d，若虫蜕2次皮开始化蛹。蛹经5 d左右羽化为有翅雄虫，雄虫数量少、寿命短，羽化后即可交配。

（五）综合防控技术

1. 农业防控

结合粉蚧主要在树皮缝中越冬的习性，在其越冬期间进行树干刮皮并涂白灭除越冬的成虫和若虫，可降低此虫危害程度。

2. 物理防控

春季树干涂胶阻止上树危害：根据枣星粉蚧越冬出蛰后向树上转移危害的习性，可在此虫出蛰前于主枝上涂粘虫胶，阻止其上树危害，达到保护枣树的目的。

3. 生物防控

粉蚧天敌寄生蜂种类也很多，主要有跳小蜂、黑寄生蜂等，枣星粉蚧在二代和三代自然寄生率达30%～40%（王爱静 等，2006）。因此天敌大量活动期避免喷施化学药剂防治，充分发挥天敌的作用。

4. 化学防控

枣星粉蚧一代和二代在6上旬至8月中旬初孵若虫发生最盛，使用化学农药喷洒树冠1～3次。常用的药剂有10%吡虫啉乳油1 000倍液，25%噻嗪酮可湿性粉剂1 000倍液，48%毒死蜱乳油1 000倍液，22.4%螺虫乙酯悬浮剂3 000～4 000倍液（Mani，2016；Mckenzie，1967）。

综合防控技术坚持"预防为主、综合防治"的植保方针，采取农业防治、物理防治和化学防治等措施进行综合防治，防早防小，将其控制在危害经济水平之下。

（阿地力·沙塔尔，李欣）

二十七、香梨茎蜂

（一）学名及分类地位

香梨茎蜂（*Janus piri* Okamoto et Muramatsu），已成为香梨重要害虫，别名梨梢茎

蜂、梨茎锯蜂、折梢虫、梨茎蜂。

（二）分布与危害

1. 分布

香梨茎蜂是 1987 年在库尔勒发现的害虫新种，经杨集昆先生（1995）鉴定命名，仅见新疆报道。分布于新疆焉耆盆地、库尔勒市、尉犁县、轮台县、阿克苏市、喀什地区等梨产区，尤以库尔勒市危害严重。

2. 寄主

寄主为各种梨树，不同梨品种受害程度不同，尤以出梢早或花、梢同时的品种受害重。未见危害杜梨。

3. 危害

该虫危害梨树春梢，雌蜂用锯状产卵器将新梢折断，受害新梢萎蔫下垂，不久干枯脱落，形成短橛（图 3-76）。成虫危害期集中在香梨盛花期后新梢发梢初期，一般不超过 10 d。幼虫蛀食断梢髓部，虫粪排于蛀孔内，被害梢变黑干枯，形成干橛，影响树体正常生长（图 3-77）。

图 3-76　香梨茎蜂危害造成幼树 100% 折梢

图 3-77　香梨茎蜂危害果台副梢造成僵果

梨树品种及树龄不同，受害程度各异。库尔勒以京白梨受害最重，其次是慈梨、鸭梨，再次是香梨、砀山酥梨、二十世纪，早酥梨和巴梨受害轻。同一品种幼龄树较成龄树受害重。香梨幼树受害常见 50%～100% 的折梢率，影响树体整形和扩冠，造成结果延迟。成龄树受害，影响树势，果台副梢被害，造成僵果，直接使产量下降。

（三）形态特征

1. 雌成虫

体长 9.0～10.0 mm，翅展 15.5～17.0 mm，体黑色有金属光泽。触角丝状，口器黄色，上唇和上颚端部黑褐色。翅基部、胸部背板两侧为黄褐色，后胸背板与腹部连接处有 1 块三角形膜质区，呈淡黄色。足黄色至黄褐色，后足腿节末端黑色。腹部末端黑色生殖刺突内有褐色锯齿状产卵瓣 1 对（图 3-78A、B）。

2. 雄成虫

体长 7.0～8.0 mm，翅展 13.5～15.0 mm，体色与雌成虫相近，但腹部末节及交尾器黄色（图 3-78B）。

3. 卵

椭圆形，两端稍尖略弯曲，长约 1.2 mm，宽 0.6 mm，白色半透明，孵化前可见卵壳中 C 形幼虫（图 3-78C）。

4. 幼虫

老熟幼虫体长约 10 mm，淡黄色，头部暗黄色，单眼黑褐色，复眼褐色，裸露时虫体胸部向上隆起，末端上翘，呈"～"形（图 3-78D、E）。

5. 蛹

裸蛹，长 7～10 mm，体白色，复眼黑色，近羽化时体色逐渐变深为乌黑色（图 3-78F）。

图 3-78　香梨茎蜂不同虫态
A. 雌成虫产卵　B. 成虫交尾　C. 卵　D. 幼虫　E. 幼虫取食　F. 老熟幼虫休眠

（四）生物学特性

1. 生活史

香梨茎蜂 1 年发生 1 代，以老熟幼虫在被害干二年生枝条梢处髓部越冬。库尔勒 2 月下旬日均气温达到 3.5 ℃以上时开始化蛹，蛹期平均 38 d，成虫羽化产卵及活动与香梨花期一致，通常 4 月中旬为该虫产卵折梢期，雄蜂寿命 7~8 d，雌蜂可达 10 d（蒋世铮 等，2002）。卵产于新梢上，卵期平均 12 d，4 月下旬开始孵化，5 月初进入孵化盛期，幼虫蛀食新梢髓部约 25 d，5 月下旬至 6 月初幼虫老熟，进入二年生枝髓部，扭转虫体，头朝上结薄茧，进入休眠越夏及越冬。

2. 传播扩散方式

该虫寄主单一，危害取食各种梨树新梢，传播途径主要是随带虫苗木传播，近距离通过自然迁飞扩散。

3. 繁殖及其他特性

雌雄成虫出梢当日即可交尾。交尾时雄成虫同向重叠在雌成虫背上，尾部相连呈"人"字形。雌雄成虫均有重复交尾习性。每雌产卵 10 余粒，通常 1 个新梢上只产 1 粒卵。雌雄性比 1∶2.5。成虫对黑光灯无趋性，对糖醋液也无趋性。雄虫对雌虫腹部二氯甲烷粗提物有明显趋性，说明性信息素可以起到性诱作用。

4. 发生规律

成虫在白天光照强、气温高时，比较活跃，晴天午后产卵最盛，早、晚或阴天均静伏于叶背。成虫羽化时先用口器将树皮咬破，拱出头部带动身体从干橛基部钝角处钻出，树枝上留有圆形羽化孔，钻出的成虫立刻飞走。

成虫产卵时，选长 10 cm 左右的新梢，头向下方，腹部下垂伸出锯状产卵器，在 3~5 cm 长的部位刺入皮层下产卵，一次产 1 粒卵，然后在产卵孔上方 3~5 mm 处锯断新梢，再将下部叶片的叶柄锯断，形成短橛。卵粒斜立镶嵌在嫩茎髓部。如遇寒潮、大风等恶劣天气，可明显抑制成虫产卵折梢量。

幼虫蛀食断梢髓部，仅留皮层，内充满褐色虫粪，受害断梢逐渐变黑干枯，形成干橛。

5. 天敌

有 4 种寄生蜂寄生于幼虫，均营单寄生，分属于膜翅目姬蜂总科和小蜂总科，自然寄生率 0.33%~2.92%。自然死亡率低，被捕食及寄生率低，天敌制约能力弱。

（五）风险评估与适生性分析

1. 风险评估

根据该虫的分布、发生规律及传播途径进行预测，香梨茎蜂已知分布于新疆南疆地区。由于地理环境的阻隔和远距离传播载体的限制，在我国北方梨产区发生风险低。

2. 适生性区域的划分以及风险等级

用李娟等（2013）对林业有害生物风险性的定量分析方法进行预测，建立香梨茎蜂风险等级分析指标体系及评判标准。根据香梨茎蜂风险性评判指标国内分布情况（P_1），传入、定殖和扩散的可能性（P_2），潜在危害性（P_3），受害寄主经济重要性（P_4），危险性管控难度（P_5）等 5 个方面的评判标准，香梨茎蜂的风险综合评价值 $R=1.01$，为低危险等级。

3. 风险管理措施

香梨茎蜂目前仅分布于新疆南疆，其传播扩散对我国梨生产有一定潜在影响，风险管理上应加强苗木调运检疫，阻断传播途径。

（六）监测预报技术

新疆发布了地方标准《香梨茎蜂无公害防治技术规程》，规定了监测调查、预测预报等方法。

1. 监测与调查方法

（1）监测方法　采取定点调查与普查相结合的方法。定点调查的目的是查清虫情发育动态，及时做出预测预报；普查的目的是监测发生面积、范围和危害程度，掌握虫情变化趋势。

（2）调查方法　选取具有代表性的幼龄园、盛果期园各 1 个作为定点调查对象，每 5 d 1 次，选取 5～10 株梨树，每株 10 个枝条或 30 个新梢，查干橛、被害新梢数量，观察干橛处羽化孔，剖茎观察各虫态发育进度，统计危害率、寄生率等。

香梨花前调查被害枝率、越冬幼虫化蛹率、羽化率，记录调查结果。香梨花后调查折梢率、卵孵化率、幼虫发育进度、僵果率。

2. 调查监测与预测预报

短期预报：根据越冬幼虫化蛹进度、羽化出梢率调查，结合成虫出蛰期与香梨盛花后期一致的物候特点，做出羽化高峰期的短期预报。羽化高峰期即危害高峰期。

中长期预报：根据春季被害枝率调查及虫情普查，结合气象资料和梨树生长情况，做出当年发生面积、发生程度的预测。

（1）发生（危害）程度分级指标　香梨茎蜂预报分级标准按表 3－12 规定执行。

表 3－12　香梨茎蜂发生危害程度分级标准

级数	被害枝率/折梢率（%）（幼龄园）	僵果率（%）（成龄园）	发生程度
0	0	0	无
1	≤5	≤0.1	轻度发生
2	6～50	0.1～2.0	中度发生
3	≥51	≥2	严重发生

（2）防治指标　幼龄园防治指标为中度发生，即折梢率达到 6% 及以上，在成虫危害期喷药防治。

成龄园防治适期为严重发生期，即折梢率达到 50% 以上，果台副梢被害率超过 15%，在卵孵化率达到 30% 以上时喷药防治。

（七）综合防控技术

香梨茎蜂羽化、产卵盛期正值香梨盛花期，成虫活动时间短，卵产于新梢内，幼虫隐蔽蛀食，危害期仅 40～50 d，应采取综合防控技术。

1. 检疫防控

香梨茎蜂随苗木传播，做好苗木调运检疫，禁止带虫梨树苗木调运。

2. 农业防控

剪除虫枝，对不宜剪除的有虫枝条，可用铁丝从干橛处插入 1～2 cm，杀死休眠幼虫。在 4 月中下旬检查折梢情况，人工及时摘除断梢，消灭虫体。

3. 化学防控

幼龄园药剂防治适期为成虫羽化高峰期，成龄园防治适期为卵孵化率达到 30% 以上时。可选用 0.5% 印棟素乳油 2 000 倍液或 20% 甲氰菊酯乳油 2 000 倍液等药剂喷施。

（郭铁群，张蓓）

二十八、苹果全爪螨

（一）学名及分类地位

苹果全爪螨（*Panonychus ulmi* Koch），属于蛛形纲（Arachrtida）蜱螨亚纲（Acari）真螨总目（Acariformes）叶螨总科（Tetranychoidea）叶螨科（Tetranychidae），别名苹果红蜘蛛，是苹果园中最常见的害螨之一。

（二）分布与危害

1. 分布

原产于欧洲，后传入世界各地。国外分布于印度、日本、加拿大、俄罗斯、美国、阿根廷、新西兰、欧洲等地。在我国分布于北京、辽宁、内蒙古、宁夏、甘肃、河北、山西、陕西、山东、河南、江苏等地，在华北、东北等地发生较重。

2. 寄主

苹果、梨、沙果、桃、杏、李、山楂、海棠、樱桃以及一些观赏植物（程少丽 等，2010）。

3. 危害

苹果全爪螨以成螨、幼螨、若螨吸食芽、叶、果实的汁液，叶被害初期出现许多灰白色失绿斑点，严重时叶片呈现黄褐色或苍灰与淡绿相间的花斑，甚至焦枯，但很少有早期落叶现象，幼果被害后常萎缩（韩柏明，2005）。

（三）形态特征

1. 雌成螨

体长约 0.38 mm，体宽约 0.29 mm。体圆形，背部隆起，侧面观呈半球形，体色深红，被毛白色，粗壮，具粗茸毛，共 26 根，着生于黄白色的毛瘤上。须肢端感器长略大于宽，顶端稍膨大。背感器小枝状，与端感器等长。刺毛较长，约为端感器的 2 倍。口针鞘前端圆形，中央微凹。气门沟端部膨大，呈球形。背表皮纹纤细。足 I 爪间突爪状，其腹基侧具 3 对爪间突爪，近于相等。足 I 跗节具 2 对双毛。

2. 雄成螨

体长约 0.25 cm，须肢端感器柱形，长略等于宽。背感器小枝状，其长略大于端感器。足 I 爪间突同雌成螨。足 I 跗节双毛近基侧有 3 根触毛和 3 根感毛，双毛腹面有 2 根触毛。足 II 跗节双毛近基侧有 2 根触毛和 1 根感毛。阳具末端弯向背面，呈 S 形弯曲，末端尖细。

3. 卵

葱头形，圆形稍扁，顶部中央有 1 根刚毛。夏卵呈橘红色，冬卵深红色，卵表面密布纵纹，直径为 0.13～0.15 mm。

4. 幼螨

近圆形，初孵足 3 对，体毛明显。冬卵孵化淡橘红色，取食后变暗红色，夏卵孵化呈浅黄色，后渐变为橘红以至暗绿色。

5. 若螨

足 4 对，前期体色比幼螨深，后期可辨别雌、雄，雄螨体末尖削。

（四）生物学特性

1. 生活史

以卵在短果枝、果台和二年生以上的枝条上越冬。卵的发育起点温度和有效日积温分别是 7.79 ℃和 113.49 ℃，全世代分别是 9.78 ℃和 202.16 ℃，完成 1 代所需时间为 10～14 d（韩柏明，2005）。

2. 传播扩散方式

苹果全爪螨的幼螨、若螨和雄成螨喜在叶片背面活动、取食；静止期多在叶背面基部主脉和侧脉的两旁，以口器固着在叶上，不食不动；而雌成螨多在叶片正面活动危害。该螨一般无拉丝张网习性，在螨口密度过大，而营养条件不利时，成螨主要为雌成螨，常大批垂丝下降，随风飘荡，借以扩散。

3. 繁殖特性

苹果全爪螨既能营两性生殖，也能营孤雌生殖，但孤雌生殖所产的卵均发育为雄螨。田间调查发现，自然条件下雌螨与雄螨的比例大约为 3：1。雌螨一生只交配 1 次，而雄螨可以交配多次，各代雌螨的生殖力和寿命不同，越冬代和一代成螨的生殖力高于其他世代，如越冬代平均每雌产卵 67.4 粒，日产卵量 4～5 粒，单雌最高产卵量 146 粒，平均寿命 18.8 d。而最后的世代生殖力最低，如五代平均每雌产卵 11.2 粒，日产卵量 1.9 粒，单雌最高产卵量 49 粒，平均寿命 8 d。

4. 滞育特性

光照影响叶螨的发育速率，也影响叶螨的生殖力和存活率。滞育是叶螨度过不良生存环境条件的一种方式。诱发滞育的生态因子有光照长度、温度和营养条件等，其中光照对叶螨滞育有重要影响。光照对苹果全爪螨越冬卵的孵化率有影响，其孵化率与波长呈负相关。蓝光下孵化率可达 95%，红光和无光则分别为 62% 和 52%，但对其夏卵作用不大。苹果全爪螨冬雌的产生受光周期的影响，长日照抑制冬雌的产生，短日照诱发冬雌的产生。

5. 发生规律

苹果全爪螨在各地发生的代数依当地气候条件而异。在辽宁兴城每年发生 6～7 代，在北京每年发生 5～7 代，在河北昌黎每年发生 9 代，在新疆阿克苏地区每年发生 9～10 代，世代重叠严重。越冬卵 4 月上旬开始孵化，4 月下旬见若螨，4 月底卵孵化率达 50%，并可见到成螨。在辽宁兴城地区，苹果花蕾膨大时，气温达 14.5 ℃时进入孵化盛期，越冬卵孵化较为集中，导致越冬代成螨发生也极为整齐，即始花期（4 月下旬末）开始出现，并在盛花期（5 月上旬初）达到高峰，终花期（5 月上旬）迅速下降，到 5 月上旬末基本结束。一代夏卵在苹果盛花期（5 月上旬初）始见，前期数量少，但增加速度快，到终花期达到高峰，5 月中下旬基本结束。花后 1 周（5 月中旬）一代夏卵大部分孵化，一代雌成螨开始发生而尚未产卵，这就出现了世代重叠现象。7～8 月进入危害盛期，8 月下旬至 9 月上旬出现冬卵，9 月中下旬进入高峰期。7 月中旬以前是种群数量增长阶段，其后是下降阶段。苹果全爪螨有趋于新展叶片危害的习性，7 月中旬以前，新梢不断抽出，新展叶片多，温度适宜，雨量少，干旱，天敌数量少，这是种群增长的重要原因。

（五）监测检测技术

在苹果园内选择标准树（每 100 株树选择不少于 5 株），在树冠的东、南、西、北、中 5 个方位各固定 2 个枝条，每个枝条从基部向上数 5 片成龄叶，全株共 50 片叶作为调查样本，定期调查固定枝叶上的雌成螨数量。按照防治的经济阈值进行施药。其防治标准为：7 月中旬以前，4～5 头/叶活动期螨；7 月中旬以后，7～8 头/叶活动期螨。

（六）综合防控技术

苹果全爪螨防治上要抓住两点，首先要加强预测预报，抓住冬卵孵化期和一代夏卵盛孵期的关键时期；其次要早期防治。

1. 物理防控

①早春刮除树干上的翘皮、老皮，清除果园里的枯枝落叶和杂草，集中深埋或烧毁，消灭越冬成螨。②树干涂抹粘虫胶，于春天及春夏在树干中下部涂抹 5～10 cm 宽的粘虫胶，可有效防治苹果全爪螨的危害（宋素琴 等，2015）。

2. 生物防控

叶螨类昆虫的天敌主要有食螨瓢虫类、花蝽类、蓟马类、隐翅甲类和捕食螨类等几十种，这对控制苹果全爪螨种群数量起了重要作用。在生长期，保护利用害螨天敌，益害数量比在 1∶50 以上时不用药防治，益害数量比在 1∶50 以下时，使用对天敌影响小或没影响的杀螨剂防治。

3. 化学防控

春季药剂防治重点应放在越冬卵孵化期。夏季按防治指标（平均单叶活动螨数）防治：6 月以前 4～5 头，7 月以后 7～8 头。可选用的药剂及浓度为：1.8% 阿维菌素乳油 4 000～5 000 倍液，5% 氟虫脲乳油 1 000 倍液，20% 哒螨灵悬浮液 2 000～3 000 倍液，5% 噻螨酮乳油或 25% 三唑锡可湿性粉剂或 73% 炔螨特乳油 2 000 倍液。

（蔡志平，张建萍）

二十九、枣顶冠瘿螨

（一）学名及分类地位

枣顶冠瘿螨［*Tegolophus zizyphagus*（Keifer）］，属蛛形纲（Arachnida）蜱螨亚纲（Acarina）瘿螨总科（Eriophyidae）顶冠瘿螨属（*Tegolophus*），别名枣上瘿螨、枣叶锈螨、枣叶壁虱、枣灰叶、灰叶病等（杨帅 等，2012）。

（二）分布与危害

1. 分布

枣顶冠瘿螨在我国河北、江苏、山东、安徽、辽宁、新疆均有分布，枣顶冠瘿螨在新疆和田地区、阿克苏地区、喀什地区、巴州均有发生（杨帅 等，2012）；国外美国有分布（曲仕绅 等，1994；匡海源，1995）。

2. 寄主

主要危害枣树。

3. 危害

主要危害枣树的叶片，另外还可以危害花蕾、果及脱落性枝等绿色部位。枣顶冠瘿螨常以成螨、若螨群集在叶片背部用口针吸取汁液，破坏组织细胞中的叶绿体，影响枣树光合作用。枣叶受害后，最初在叶片基部及沿叶脉部位首先呈现轻度灰白色症状，叶片变得发亮。随着危害程度加重，危害状延伸开来，直至遍布全叶，叶片极度灰白、衰老，同时叶质加厚变脆；严重时，沿中主脉向叶面合拢，叶缘枯焦，提早脱落。叶片受害变灰白色后，致使光合速率大大降低，光合产物大约减少1/2，短期造成树势衰弱，长期影响枣树的生长发育。花蕾和花受害后逐渐干枯脱落。果实受害后出现锈斑，后期凋萎脱落，使产量和品质下降，危害严重时甚至绝产（杨帅 等，2012）（图3-79）。

图3-79 枣顶冠瘿螨危害枣树（2012）
A. 枣树受害状　B. 枣叶受害状

（三）形态特征

1. 雌成螨

体纺锤形，体长145～160 μm，宽45～50 μm，厚40 μm，黄棕色。喙长25 μm，斜下伸。螨体分为前体段、后体段2部分。背盾板有前叶突；背中线不完整，仅留后端的1/2。背瘤位于近盾后缘，瘤距29 μm。足2对，位于前体段。大体有背中脊和侧脊，脊旁往往有蜡质，背环36个，光滑；腹环60个，有椭圆形微瘤。雌性外生殖器长14 μm，宽21 μm，生殖器盖片有纵肋8条，生殖毛长3.5 μm。营自由生活（图3-80）。

2. 卵

圆球形，透明，表面光滑，有光泽。

（四）生物学特性

1. 生活史

枣顶冠瘿螨1年发生9～10代。一般代数

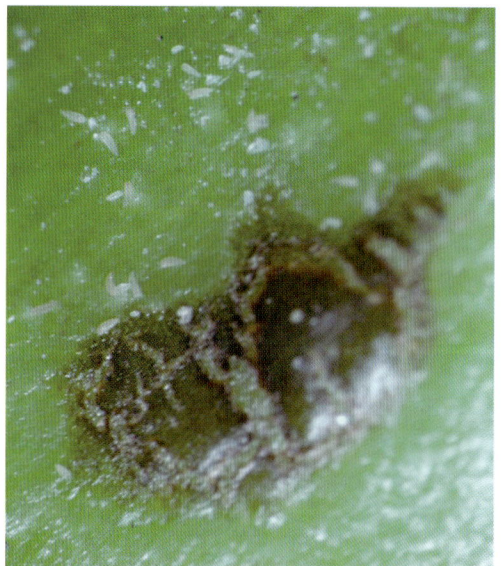

图3-80 枣顶冠瘿螨（张建萍 摄，2012年）

随着温度升高而增加，6～7 月温度较高，可繁殖 2～3 代；8～9 月随着温度开始降低，可繁殖约 2 代。枣顶冠瘿螨卵期 1～12 d，平均 5.2 d，温度较适宜时，也可在 10 d 左右孵化，多散产；若螨 4～16 d，平均 7.7d；成螨 5～11 d，平均 7 d。

2. 传播扩散方式

远距离传播主要是通过苗木携带运输，近距离主要通过风、雨水、蜜蜂等进行传播。蜜蜂是传播媒介，采蜜时，体肢上黏附螨体进行传播。

3. 繁殖特性

繁殖以两性生殖为主，也可营产雄孤雌生殖。雄成螨阳茎退化，从而不出现交尾或交配现象，但排出精泡于基物（叶片）上，由雌成螨拾起放入生殖腔，压破精泡，使精子进入授精囊，当排卵时，精子跑出授精囊，与卵子结合，完成授精。有时雌成螨产卵后期，因体已衰弱，成熟卵已无力排出体外（即产卵），这时体内成熟的卵可在母体内孵化，产出若螨（屈立峰 等，1998）。

降雨直接影响其发生。一般降雨多的年份发生较轻，而高温少雨的年份发生较严重（屈立峰 等，1998）。

4. 发生规律

枣顶冠瘿螨以雌成螨在枣树老芽鳞内、果柄脱落基部、树皮裂缝处越冬。全年危害期达 5 个月。5 月上旬枣树萌芽期越冬成螨开始出蛰活动，危害嫩芽及叶片。6 月底出现卷叶症状，进入危害高峰期，虫口密度也最大，平均每叶可达 100 多头，最多可达 400 多头。7 月下旬至 8 月上旬南疆气温达最高温时，部分枣顶冠瘿螨转入枣树老芽鳞内越夏，叶片虫口数量显著减少。8 月中下旬温度降低后，害螨会再次危害，进入二次危害高峰期。9 月下旬全部入蛰越冬（杨帅 等，2012）。

5. 空间分布

枣顶冠瘿螨的数量变动能引起空间分布的直接变化，各环境因子的差异也可导致空间分布发生相应变化。不同年份在生长枝条上的分布，以一年生枝条叶片的螨量最多，占约 40%；其次是二、三年生枝条叶片的螨量，分别占 30.2% 和 29.8%。在枣吊上的分布：以枣吊上第三至八片叶螨量最多，平均 9.8 头/叶，其次为基部的第一至二片叶，平均 7.1 头/叶，第九至十二片叶螨量最少，平均 4.2 头/叶。在叶正、反面和花蕾上的分布：9:00 前气温偏低，叶面常有露珠，枣顶冠瘿螨多聚集在叶背主脉两侧；9:00 后气温升高，露珠小时，螨体迅速频繁活动，开始爬向叶正面取食活动。随着枣树的生长发育，继续危害蕾、花、果，此时，在叶正、反面和蕾（花）上的螨量比例分别为 32.0%、56.7% 和 11.3%。在树冠不同方位的分布：枣顶冠瘿螨具有喜温怕热、喜阴趋凉的习性，在树冠的分布随季节变化而变化。在枣树生长前期，气温偏低，树冠内层环境较外层稳定，以内层分布较多。从树冠的不同方向看，5 月朝阳的方向螨量为背阴北面螨量的 1.3 倍；而 7 月高温季节，树冠外层螨量多于内层，北面的螨量为南面的 1.6 倍（屈立峰 等，1994）。

（五）防控技术

1. 农业防控

选用无螨的苗木。嫁接苗是携带、传播瘿螨的重要途径，因此选择无螨苗木是控制枣顶冠瘿螨的首要条件。加强树体管理，合理修剪，及时地剪除有螨枝、纤细枝、受伤枝，控制新梢抽生数量和生长量，有利于枣园内通风透光，破坏枣顶冠瘿螨的栖息环境，达到抑制害螨的目的（魏瑞芳，2005）。

2. 生物防控

保护利用天敌。在枣园调查过程中发现少量捕食螨、塔六点蓟马、横纹蓟马、深点食螨瓢虫。可在枣园中间种一些天敌喜欢在其上栖息的作物来招引天敌昆虫，以便达到控制枣顶冠瘿螨的发生与危害（杨帅 等，2012）。

3. 化学防控

合理使用药剂。避开花结果期和天敌高峰期施药，以保持枣园生态环境的平衡。一般喷施 2 次 0.3～0.5 波美度的石硫合剂，2 次喷药间隔半个月。但在红枣采摘前 1 个月禁止施用任何化学农药。若该螨发生严重，可喷施 16.8％的阿维·三唑锡可湿性粉剂 1 500～2 000 倍液或者 20％双甲脒乳油 1 000 倍液进行防治（金宗亭 等，2005；杨帅 等，2012）。

（张建萍；蔡志平）

三十、梅下毛瘿螨

（一）学名及分类地位

梅下毛瘿螨［*Acalitus phloeocoptes*（Nalepa）］，属蜱螨亚纲（Acari）前气门亚目（Prostigmata）瘿螨总科（Eriophyoidea）瘿螨亚科（Eriophyidae）瘤瘿螨族（Aceriini）下毛瘿螨属（*Acalitus*）（薛晓峰，2007）。

（二）分布与危害

1. 分布

1890 年 Nalepa 首次命名并报道了梅下毛瘿螨在奥地利侵染欧洲李［*Prunus domestica*（Linn.）］。在英国、葡萄牙、保加利亚、捷克、伊朗、波兰、乌克兰、摩尔多瓦、俄罗斯南部、亚美尼亚、加拿大等多个国家都有发生，在中国甘肃武威、景泰，以及新疆等地的普通杏树上有发生。

2. 寄主

在北美和西班牙东南部主要侵染李，在德国和意大利主要侵染普通杏和桃，在伊朗危害扁桃，在地中海地区主要侵染仁用杏。在中国甘肃、新疆其主要侵染不同品种的普通杏树。其寄主范围局限于李属和枸子属。

3. 危害

杏树受害最明显的症状就是枝条上出现虫瘿，一开始瘿瘤内的叶片呈绿色，幼叶外围多层鳞片包被，后随着温度的变化及瘿螨的取食，叶片失绿变褐，逐渐木质化直至枯萎，形成坚硬的瘿瘤。杏树芽苞受梅下毛瘿螨侵染后变成瘿瘤的过程如图 3-81 所示。

（三）形态特征

1. 雌成螨

体蠕型，长 220 μm，宽 44 μm。喙长 14 μm，斜下伸。背盾板长 25 μm，宽 36 μm，无前叶突。背盾板基本光滑，仅在盾板后缘中央有少量短条纹饰；背瘤生于盾后缘，瘤距 21 μm，背毛长 23 μm，斜后指。基节间有腹板线，布有少量短条纹饰，基节刚毛 3 对。足Ⅰ长 22 μm，股节长 6 μm，无股节刚毛；膝节长 3 μm，膝节刚毛长 16 μm；胫节长 4 μm，无胫节刚毛；跗节长 4 μm，羽状爪单一，5 分支，爪端球不明显。足Ⅱ长 21 μm，

图 3-81 梅下毛瘿螨侵染杏芽成瘿过程（索银·图娅 摄，2020）
A. 健康芽 B~D. 侵染初期 E~G. 侵染中前期 H~N. 侵染中后期 O. 侵染后期

股节长 7 μm，股节刚毛长 6 μm；膝节长 4 μm，膝节刚毛长 6 μm；胫节长 3 μm；跗节长 2 μm，羽状爪单一，5 分支，爪端球不明显。大体背环 71 环，背环具椭圆形微瘤；腹环 68 环，腹环为圆形微瘤。侧毛长 24 μm，生于 9 环。腹毛Ⅰ长 33 μm，生于 21 环；腹毛Ⅱ 35 μm，生于 37 环；腹毛Ⅲ长 14 μm，生于体末 4 环。无副毛。雌性外生殖器长 14 μm，宽 18 μm，生殖器盖片上布有粒点。生殖毛长 3 μm。营非自由生活（Amrine J W et al.，2003；Lindquist EE et al.，1996）（图 3-82）。

2. 卵

体积较小，直径 20~60 μm，球形或椭圆形，刚产的卵为透明或半透明体，几天后形状和颜色会越来越明显，之后就孵化（Lindquist EE et al.，1996）。

3. 若螨

若螨形态特征与成螨相似，但体型较小，识别成螨、若螨的主要依据是外生殖器是否出现（Lindquist EE et al.，1996）。

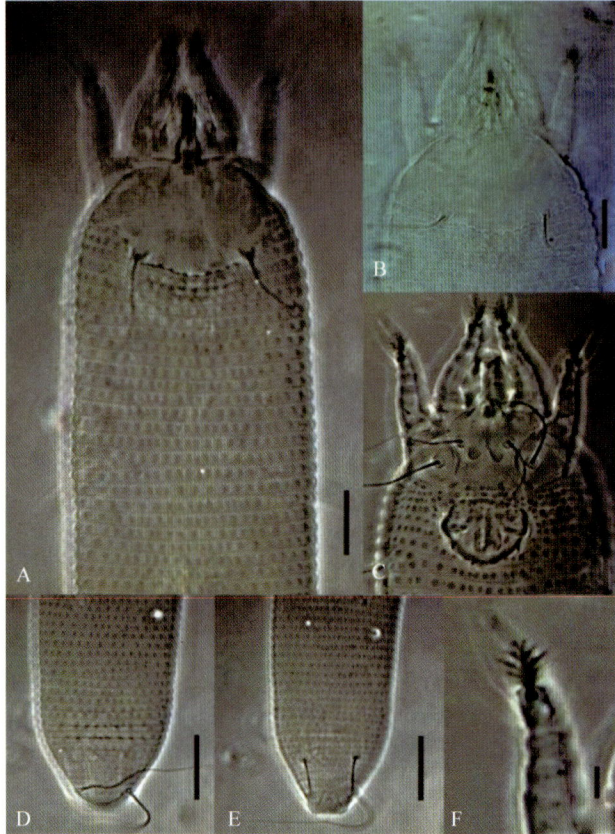

图 3-82　梅下毛瘿螨形态特征图（洪晓月 供，2022）

A. 雌螨背面观　B. 背盾板　C. 足基节和雌性生殖器　D. 尾体背面观　E. 尾体腹面观　F. 羽状爪

（四）生物学特性

1. 生活史

该瘿螨聚集在杏树芽苞内危害，使其畸变增生成刺状瘿瘤，以成螨在包被较紧密且具有绿色幼嫩叶片的瘿瘤芽苞内越冬。3月下旬开始繁殖危害，一生分卵、若螨、成螨3个时期，4月下旬和5月上旬是其的产卵高峰期，5月上中旬为卵孵化盛期，5月下旬成螨数量达到最高峰。9月底随着气温下降，成螨准备越冬。

2. 传播扩散方式

梅下毛瘿螨的传播途径与大多数瘿螨一样，会借助风、昆虫、人为农事活动等进行传播，主动传播依靠自身爬行转移。5月下旬是其转移高峰期，这一阶段是化学防治最佳时间。

3. 繁殖及其他生物学特性

梅下毛瘿螨的繁殖方式是两性生殖，个体发育也和多数瘿螨相同。有迁移到新芽取食的习惯，喜欢在夜间迁徙，其取食活动会导致寄生芽苞周围形成新的虫瘿。这些新虫瘿会容纳转移的所有瘿螨及后代。在虫瘿内，雌螨可持续产卵 20～25 d。在夏季，每 3 周就会产生新的一代，世代重叠。到秋季停止繁殖时，虫瘿里有 4 000～5 000 只螨虫。伊朗学者于 2013—2014 年在伊朗霍拉桑拉扎维省杏园，为摸清该瘿螨生命周期中发育时间、寿命和繁殖力等重要指标开展室内研究，在温度（25±0.5）℃，湿度（60±5）%，L：D 为 16 h：8 h 条件下进行，雌、雄平均发育历期分别为（16.80±0.02）d、（16.57±0.25）d。雌虫一生产卵量为（33.30±0.35）粒，平均寿命为（15.57±0.25）d，雄螨平均寿命为（10.53±0.12）d（Kamali H et al.，2016）。

瘿螨的发生与气候条件有密切的关系，其中温度对瘿螨的田间消长影响较显著。同一地区不同年份天气差异影响梅下毛瘿螨种群数量及各虫态高峰期出现的时间。该螨在气温 10 ℃左右时开始产卵；平均气温为 15 ℃左右时有利于该螨产卵。气温在 18～25 ℃时，成、若螨较活跃，30 ℃以上的高温天气抑制种群数量，不利于该螨发生。由此可见，梅下毛瘿螨的发生与温度密切相关。

4. 发生规律

轮台县梅下毛瘿螨 1 年发生 13～15 代，完成 1 代 12～18 d。该瘿螨在 3 月下旬开始出蛰活动，随着气温的上升越冬雌螨开始大量产卵，4 月下旬产卵量达到峰值，5 月上中旬卵孵化出大量若螨，这一阶段若螨数量达到峰值。5 月下旬成螨数量达到高峰。6 月随着气温升高一年生瘿瘤逐渐木质化，大量瘿螨向外转移并逐步向新生芽苞转移。这一时期持续监测梅下毛瘿螨在新生芽苞内的发生情况，新生芽苞内种群数量少于一年生瘿瘤内，6 月底至 7 月上旬各虫态数量达到最小值。7 月中旬随着大部分瘿螨定居在新芽苞内，各虫态虫口数量略微上升，最高温 39 ℃，平均温度 27 ℃左右，成、若螨向外转移数量减少，在瘿瘤内造成危害，这一时期最适合人工摘除瘿瘤等物理防治措施。8 月各虫态虫口数量总体趋势较平缓，8 月下旬成螨数量上升，若螨数量上升，卵量下降。9 月随着温度降低，产卵量降低，若螨、卵的数量呈下降趋势。这一阶段最低温度为 4 ℃，平均温度为 11.5 ℃，成螨数量较高，并准备越冬。

（五）综合防控技术

1. 检疫防控

从其他区域调运杏树苗木时，严格执行《植物检疫条例》，一旦发现虫瘿必须经有效的无害化处理后方可调运，从源头上控制疫情的传播渠道。由于梅下毛瘿螨个体微小，行动缓慢，远距离传播主要靠人为携带种苗和接穗，因此，采取检疫措施是防止该螨长距离扩散的重要手段。需严格检疫，防止引进带螨的苗木和接穗。

2. 农业防控

加强肥水管理，增强树势，保护和利用天敌。早春人工摘除死芽，现蕾期结合疏花和疏果摘除全部僵芽。

3. 物理防控

春季花芽萌动前喷施 3～5 波美度石硫合剂；结合冬季修剪，剪除带有瘿瘤的枝条或刮除瘿瘤，集中焚毁，减少越冬虫源。

4. 生物防控

保护利用田间自然天敌。可采取"以螨治螨"的生物防控技术，如金露梅盲走螨

（*Typhlodromus dasiphorae*）对梅下毛瘿螨有一定的捕食能力。

5. 化学防控

针对该螨的发生规律，抓住几个关键时期进行防治可有效控制该虫害。一个是冬季清园，冬季清园能有效地减少冬季越冬虫量，避免来年大发生。冬季清园可用50%晶体石硫合剂250倍液或3～5波美度石硫合剂、15%阿维·螺虫酯1 000～1 500倍液。针对新嫁接的杏树接穗用30%乙唑螨腈5 000倍液+5%阿维菌素5 000倍液浸泡半分钟左右处理。另一个是转移期，即从5月上旬开始到7月底。转移期是化学防治的最佳时期，此时可有效控制瘿螨传播和大量繁殖。5月上旬至5月底为转移前期，此时成虫从上年受害芽转移到当年新芽；6月至7月为转移后期，此时成虫从当年新危害的芽转移到周边的新芽。因此，化学防治可在冬季修剪后的清园用药一次，5月上旬至7月底连续用药2～3次，防治的关键时期在5月上旬，此时瘿螨开始从越冬虫瘿向外转移。转芽期可选30%乙唑螨腈2 000倍液、24%阿维·乙螨唑2 500～3 000倍液、20%阿维·四螨嗪2 000～2 500倍液、20%阿维·三唑锡1 000～2 000倍液、15%阿维·螺虫酯1 500～2 000倍液，为了增加药液的渗透性，提高药效，可适当添加渗透剂，有机硅渗透剂或橙皮精油助剂等。

（阿地力·沙塔尔，索银·图娅、魏杨）

三十一、山楂叶螨

（一）学名及分类地位

山楂叶螨（*Tetranychus viennensis* Zacher），属蛛形纲（Arachnida）蜱螨亚纲（Acari）真螨总目（Acariformes）叶螨总科（Tetranychoidea）叶螨科（Tetranychidae），别名山楂红蜘蛛，是核果类和仁果类果树的主要害螨之一。

（二）分布与危害

1. 分布

国外主要分布于保加利亚、德国、俄罗斯、日本、英国、葡萄牙、朝鲜、澳大利亚等国。国内主要分布于河北、北京、山西、山东、陕西、河南、天津、江苏、江西、湖北、广西、宁夏、辽宁、甘肃、青海、新疆、西藏等地。

2. 寄主

山楂叶螨主要寄主为蔷薇科植物，如苹果、山楂、梨、桃、杏、沙果、榆叶梅、李、海棠、樱桃等果树（焦蕊 等，2012），危害其叶片、嫩梢和花萼。

3. 危害

山楂叶螨以成螨、若螨、幼螨集中于寄主叶片背面刺吸汁液，也可刺吸嫩芽和幼果。受害叶片首先呈现失绿小斑点，以后逐渐相连成片，造成叶片枯黄、脱落，严重时引起果树秋季二次开花，不仅影响当年水果产量和品质，而且引起树势衰退，影响次年产量。

（三）形态特征

1. 成螨

卵圆形，体长0.54～0.59 mm，宽0.35～0.39 mm，冬型体红色，夏型体初为红色，取食后变暗红色。雄成螨菱形，体长0.42～0.45 mm，宽0.20～0.25mm，淡黄色至淡绿色。体背毛12对，腹毛16对，毛基无瘤状突起，肛侧毛1对。

2. 卵

圆球形，直径约为 0.15 mm，光滑，有光泽，初产时黄白色或浅黄橙色，近孵化时橙红色。

3. 幼螨

近圆形，体长约为 0.19 mm，初孵为黄白色，取食后为淡绿色，3 对足。

4. 若螨

椭圆形，体长约为 0.22 mm，前期体背开始出现刚毛，两侧有明显墨绿色斑，后期体较大，体形似成螨，4 对足。

（四）生物学特性

1. 生活史

山楂叶螨完成一个世代需要经过卵期、幼螨期、前若螨期、后若螨期和成螨期 5 个不同的发育阶段（蒋世铮 等，2012a）。山楂叶螨的年发生代数，因地理位置不同而有所差异，一般由北向南逐渐增加。即使在同一地区，因为寄主条件的不同，发生代数也会有所不同。在库尔勒地区 1 年发生 11 代，以成螨在树皮缝隙越冬（蒋世铮 等，2012c）。在山楂叶螨自然种群连续世代中，每头雌螨平均产卵量为 19.32 粒，其中十代、二代、九代、三代和八代高于平均产卵量，分别为 47.46 粒、38.41 粒、31.37 粒、20.10 粒和 19.39 粒（蒋世铮 等，2012b）。前 8 代山楂叶螨的发育速率逐渐加速，9 代之后开始减速。其中十一代完成 1 个世代需 34.8 d，是各代历期中最长的，一代次之，七、八代最短。非滞育时，十一代山楂叶螨成螨寿命最长，为 31.4 d，其次为一代和二代，八代最短，为 7.8 d。

2. 传播扩散方式

山楂叶螨的扩散方式为在树内爬行，在果树间扩散主要借助风力和水流，也可通过爬行。初孵幼螨行动敏捷，无吐丝习性，但雌若螨和雌成螨有吐丝结网的习性（付建业 等，2003）。

3. 繁殖特性

主要营两性生殖，也可进行孤雌生殖。产卵量因发生时间而异，越冬代成螨历期长，单雌平均产卵约 80 粒；夏季高温成螨历期短，单雌平均产卵约 30 粒。成螨产卵于寄主叶片主脉两侧或丝网上。

4. 发生规律

翌年 3 月上旬平均气温 9～10 ℃时，越冬成螨开始出蛰，3 月下旬至 4 月上旬日平均气温在 14.8 ℃以上为出蛰高峰期，4 月中旬出蛰结束，这时正值库尔勒香梨发芽膨大期。4 月中旬日平均气温 20 ℃时开始产一代卵，卵期 8～10 d，4 月下旬卵开始孵化，4 月底为孵化高峰期。5 月上旬出现一代成螨，并开始产二代卵，从这一代起出现世代重叠。5 月下旬出现二代成螨，6 月上旬出现三代成螨。四～十代成螨分别出现在 6 月下旬、7 月上旬、7 月中旬、7 月下旬、8 月上旬、8 月中旬、8 月下旬，9 月中旬至 10 月上旬出现十一代越冬型成螨。当日平均气温在 16 ℃以下时，成螨开始滞育，10 月下旬日平均气温在 8 ℃以下，为滞育高峰期，越冬型成螨爬到树皮缝下越冬（蒋世铮 等，2012d）。

（五）监测方法

在山楂叶螨发生盛期，选有代表性的果园 5～10 个，每园按双对角线 5 点取样，每次在树冠内膛部位分东、西、南、北方向各随机调查 5 片叶，每株 20 片叶，共 100 片叶，调查统计卵及活动螨数。

（六）综合防控技术

1. 农业防控

合理施用各种肥料，增强作物的生长势，提高作物自身的抗虫能力。及时清洁果园，摘除或剪除有螨植株，消除害螨的隐蔽场所。秋季树干涂白，涂白剂可以加硫或杀螨剂，用于防治越冬螨。

2. 化学防控

防治山楂叶螨的化学药剂较多，常见的有50％溴螨酯乳油、25％除螨酯乳油、73％炔螨特乳油、20％哒螨灵可湿性粉剂、20％四螨嗪胶悬剂、25％三唑锡可湿性粉剂、0.36％苦参碱水剂等（杨文飞 等，2006）。另外，15％哒螨灵对山楂叶螨卵、幼螨、若螨和成螨均有较高的触杀作用。

3. 生物防控

宽翅六点蓟马和深点食螨瓢虫是山楂叶螨的主要天敌，对山楂叶螨自然种群数量的控制起关键作用，是控制山楂叶螨自然种群的关键因子（姜莉莉 等，2021）。另外，普通草蛉、丽草蛉、大草蛉、蜘蛛类以及捕食螨小枕异绒螨等，在控制山楂叶螨中发挥着不可忽视的作用。

（蔡志平，张建萍）

三十二、白枸杞瘤瘿螨

（一）学名和分类地位

白枸杞瘤瘿螨（*Aceria pallida* Keifer），属蜱螨亚纲（Acari）真螨总目（Acariformes）绒螨目（Trombidiformes）瘿螨总科（Eriophyoidea）瘿螨科（Eriophyidae）。由于其在几种枸杞害螨中危害重，发生数量多，为枸杞属害螨优势种。

（二）分布与危害

1. 分布

白枸杞瘤瘿螨国外仅在美国分布。我国在宁夏、青海、甘肃、新疆、内蒙古、山西、陕西等枸杞主产区均有分布，并造成严重危害（洪晓月，2011）。

2. 寄主

主要危害枸杞、白花枸杞（洪晓月，2011）。

3. 危害

白枸杞瘤瘿螨属非自由生活型，以口针刺吸危害，在造成的瘤状组织内吸取营养和水分。以危害枸杞叶为主，也危害花蕾、萼片和嫩枝，刺激受害部位的细胞增生，形成泡状瘤瘿，螨在瘤瘿内寄生、繁殖危害。起初，瘤瘿很少，体积也小，直径仅0.2 mm，呈黄绿色小泡状。随着螨不断繁殖，螨量增加，瘤瘿也不断扩大，一般直径4～5 mm，最大的可超过8 mm。1片叶上常有4～5个瘤瘿，多的有10多个，严重时则连成一片，覆盖整个叶面（图3-83）。每个瘤瘿内螨量的多少因瘤瘿大小而异，少的几头或几十头，多则可达数百头。叶上的瘤瘿起初为黄绿色，逐渐变为黄褐色，最后边缘呈紫黑色。直到瘤瘿变脆老化，螨则从瘤瘿向下开口向外转移，再寻找合适的部位重新寄生，再形成新的瘤瘿。该螨的一生均在瘤瘿内完成。

图 3-83 白枸杞瘤瘿螨危害状（母凯琴 摄，2022）

（三）形态特征

1. 雌成螨

淡黄色，蠕虫形，体长 $200\sim240\ \mu m$，宽 $65\ \mu m$，厚 $60\ \mu m$。喙长斜下伸。盾板上在背瘤之间有残存的侧中线，在近盾后缘构成弧形纹，在其外侧有少量粒点，其余纵线皆缺；背瘤位于盾后缘，尾指。足具模式刚毛，前胫节刚毛生于背面基部 1/3 处，羽状爪单一，5 支，爪不具端球。基节间有腹板线，基节刚毛 3 对，基节光滑（图 3-84）。大体背、腹环数近似，由 $60\sim65$ 个组成，均生有圆锥形微瘤。雌性外生殖器盖片光滑（洪晓月，2011）。

2. 卵

球形，浅白色，半透明，直径约 $39.5\sim42.5\ \mu m$。

3. 幼螨

圆锥形，略向下弯曲，浅白色半透明，体长约 $74.00\sim109.68\ \mu m$。

4. 若螨

体型如成螨，浅白色至淡黄色，体长较成螨稍短。

（四）生物学特性

1. 生活史

白枸杞瘤瘿螨1年可发生 $6\sim7$ 代，且世代交替。白枸杞瘤瘿螨卵、幼螨、若螨的发育起点温度为 $5.5\ ℃$，有效日积温为 $167.7\ ℃$，全世代发育起点温度为 $6.1\ ℃$，有效日积温为 $217.1\ ℃$。在 $14\sim29\ ℃$ 能正常产卵、发育、完成世代。在 $23\ ℃$ 下完成 1 个世代时间最短，仅

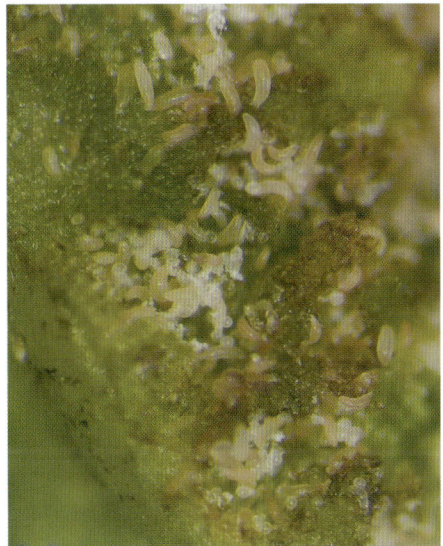

图 3-84 瘿瘤内白枸杞瘤瘿螨显微照片（母凯琴 摄）

需 6.86 d，35 ℃下不能正常发育（陈生翠，2014）。

2. 传播扩散方式

远距离传播主要是通过苗木调运携带；近距离传播分为主动传播和被动传播。在植株内主要靠主动传播，通过主动爬行进行迁移扩散。靠自身爬行传播扩散范围小，主动扩散蔓延范围有限，植株间扩散主要靠被动传播蔓延。被动传播主要通过风、雨水、昆虫以及农事操作等进行传播（刘赛 等，2016）。枸杞受白枸杞瘤瘿螨危害后，叶开始老化萎蔫、干枯，逐渐瘿内营养不足，当瘤瘿老化发硬发黑时，瘤内生境已不适合该螨生长，该螨便从瘤内爬出迅速转移至附近嫩叶上，转移生瘤时间为 3 d 左右，转移到新叶 5 d 后瘤瘿迅速增多。可帮助其传播的昆虫主要有枸杞虫瘿内外的昆虫，虫瘿外主要有木虱、蚜虫等，虫瘿内有枸杞瘿螨姬小蜂、蓟马、枸杞蛀果蛾等小型节肢动物，（刘赛 等，2016）。

3. 繁殖及其他生物学特征

繁殖以两性生殖为主，也可营产雄孤雌生殖。大多数时间生活于虫瘿内，发生数量很难计数，可通过虫瘿大小估计其数量，虫瘿的长径、短径、厚度、体积和重量与虫瘿内螨量显著相关，均呈正相关关系，其中重量与虫瘿内螨量高度相关，回归方程为 $Y＝15.116X＋9.441$，可作为估算虫瘿内螨量的模型（张颖 等，2012）。

白枸杞瘤瘿螨在一天中不同时间的活动规律。基部活动数量多，其次是中部，然后是端部。白枸杞瘤瘿螨虫瘿在上、中、下枝 3 个部位和东、南、西、北 4 个方向的空间分布型均为聚集分布（陈生翠，2014）。白枸杞瘤瘿螨虫瘿在枸杞树冠内不同高度枝条及同一枝条不同位置叶上的分布不同，同一枝条上每叶虫瘿数量依次为端部叶≥中部叶≥基部叶；虫瘿直径表现为上层枝上的大于中层和下层枝（吴秀花 等，2017）。

4. 发生规律

该螨以雌成螨在枸杞的当年生枝条及二年生枝条的冬芽鳞片间、枝干凹陷处、枝条裂缝和枝条上的瘤瘿内越冬。平均每芽鳞有螨 0.44～2.72 头，最多一个冬芽鳞处有 16 头。枝条瘤瘿内的雌成螨成活率为 71% 左右，而在枝条裂缝处的成活率平均为 7.6% 左右。近几年报道白枸杞瘤瘿螨可由枸杞木虱携带安全越冬（刘赛 等，2019）。

越冬雌成螨于 4 月初芽开始展叶时，从越冬场所迁移至新叶上产卵，孵化出幼螨后刺吸叶细胞，并随即形成瘤瘿。4 月下旬有少量瘤瘿出现。随着气温升高，5 月中下旬新梢盛发时，二年生枝条上的白枸杞瘤瘿螨从瘤瘿内爬出扩散到新梢上危害，6 月上旬开始迅速繁殖、扩散，叶上的瘤瘿不断增加。6 月下旬至 7 月中旬达第一次危害高峰，叶片瘤瘿连片，叶片发硬、变脆，大大影响了其光合作用和生理代谢，枝条顶部出现畸形扭曲。8 月中旬后，第一批叶老化，瘤瘿形成较慢，9 月又有新的枝条抽出，新瘤瘿迅速形成，又出现一次危害高峰。10 月下旬，少数雌螨爬出瘤瘿到冬芽鳞和裂缝处越冬。瘤瘿数量与枸杞生长发育有直接关系，瘤瘿数量急剧增长期和枸杞枝、叶生长盛期一致。

5. 生活习性

白枸杞瘤瘿螨自瘤瘿钻出后，首先补充营养，白枸杞瘤瘿螨在合适位置试探几秒之后即开始取食。首先其将喙垂直叶片表面，足弯曲，尾部吸盘贴紧叶片，身体呈弓形，以便口针紧贴叶片取食，取食时螨体保持不动，持续时间 1 min 以上；之后，大部分白枸杞瘤瘿螨开始寻找下个取食点，少数开始四处搜寻适宜的侵染部位；确定位置后，在幼嫩组织部位钻孔，侵染初期见 1 头白枸杞瘤瘿螨在 1 个固定部位钻蛀并形成一个微型凹陷，随后多头聚集协同钻蛀，幼嫩组织凹陷空间逐渐增大形成瘤瘿雏形。大部分瘤瘿形成并非由 1 头白枸杞瘤瘿螨所致，而是多头协同作用的结果（刘赛 等，2016）。

（五）综合防控技术

1. 农业防控

白枸杞瘤瘿螨在一、二年生的枝条和次生苗发生严重，且部分在枝条瘤瘿内和芽鳞内越冬，对于发生严重的枝条秋季应尽心修剪。

白枸杞瘤瘿螨虫体微小，主动扩散能力弱，叶片脱落可阻断其生活史。根据枸杞植株夏果采收后重新发叶的习性，选择在换叶期喷施脱叶剂，诱导带瘤瘿叶片快速脱落来有效抑制白枸杞瘤瘿螨种群增长，减轻危害（刘赛 等，2016）。

2. 物理防控

树干涂抹粘虫胶或树体喷施仿生胶对抑制瘿螨种群增长有一定作用（司剑华 等，2016）。

3. 生物防控

白枸杞瘤瘿螨的天敌主要有枸杞瘿螨姬小蜂（*Cirrospilus eniophyesi*）。该蜂产卵于瘤瘿内，以幼虫在瘤瘿内取食白枸杞瘤瘿螨的成螨和若螨。优势天敌姬小蜂多选择发育近成熟的紫黑色瘤瘿产卵，单雌产卵量约 29 头，每个瘤瘿内寄生小蜂数量多达 7 头；在大量暴发时，寄生率高达 83.3%。该蜂的捕食会导致瘤瘿的干枯（王玲玲 等，2008）。

4. 化学防控

生长季，白枸杞瘤瘿螨在瘤瘿内隐蔽危害，农药难以接触螨体，防控难度较大，因此减少越冬基数和早春来源是在防治重要环节。在秋季修剪后和早春萌芽前喷施石硫合剂，既能减少白枸杞瘤瘿螨的越冬基数，也可以减少其他螨源及害虫。

早春从越冬场所往叶片转移形成瘤瘿前是防治关键时期，杀螨剂如 20%三唑锡可湿性粉剂、1.8%阿维菌素乳油、20%哒螨灵可湿性粉剂、43%联苯肼酯悬浮剂、20%丁氟螨酯悬浮剂、22%阿维·螺螨酯悬浮剂、23%阿维·乙螨唑悬浮剂、10.5%阿维·哒螨灵微乳剂等对白枸杞瘤瘿螨均有很好防效（张春竹 等，2021；杨宁权 等，2021）。

枸杞木虱是携带白枸杞瘤瘿螨越冬的重要因子，因此，防治越冬枸杞木虱也是减少白枸杞瘤瘿螨的一个重要环节（刘赛 等，2019a）。

（张建萍，苏杰）

三十三、枸杞刺皮瘿螨

（一）学名及分类地位

枸杞刺皮瘿螨（*Aculops lycii* Kuang），属蜱螨亚纲（Acari）真螨总目（Acariformes）绒螨目（Trombidiformes）瘿螨科（Eriophyidae）（洪晓月，2011）。

（二）分布与危害

1. 分布

枸杞刺皮瘿螨主要分布于宁夏、甘肃、青海、陕西、内蒙古和新疆。在新疆主要分布于精河、石河子、昌吉、奇台、阿克苏等地。

2. 寄主

主要危害枸杞。

3. 危害

该螨属自由生活型，主要在枸杞的叶片、嫩枝、花蕾上取食危害，以叶片上的数量最多。在叶片上，主要在叶片背面沿叶脉两侧刺吸危害，叶片边缘及靠近叶尖 1～2 cm 处数量较少。被害叶片表皮细胞坏死，初期呈现灰绿色，继而呈现绿褐色，严重时呈现灰褐色，同时叶片变厚变脆。到后期，整个叶片失绿，影响了光合作用，造成早期落叶和花蕾脱落，果实瘦小，严重时成为秃枝，一般比健枝减产 60% 左右，对产量和品质影响很大（图 3-85）。

（三）形态特征

1. 成螨

雌成螨分原雌和冬雌两种类型。

原雌：体长为 170～180 μm，胡萝卜形，淡黄或浅黄褐色。背盾板三角形，有前叶突，背中线不完整，仅有后端的 1/2，侧中线呈波状，亚中线分叉，各纵线间有横线相连，构成网状饰纹。背瘤位于盾板后缘，足具模式刚毛，羽状爪单一，4 支。约有 27 个背环，环上有较大的尖顶圆形微瘤，腹环 65～70 个，具圆形微瘤，生殖器盖片上有 8～10 条纵肋（图 3-86）。

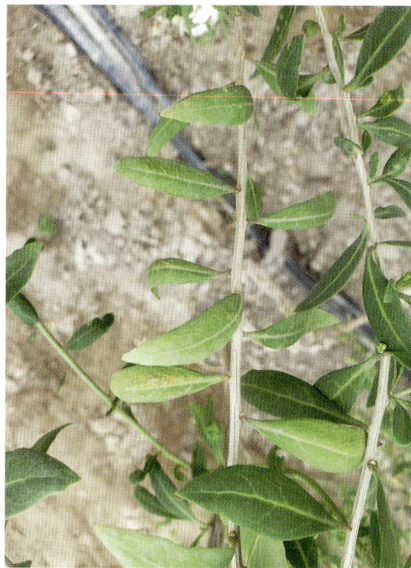

图 3-85　枸杞刺皮瘿螨危害枸杞症状
（张建萍 摄，2022）

图 3-86　枸杞刺皮瘿螨（母凯琴 摄，2022）

冬雌：体长为 150～160 μm，纺锤形，棕黄色，背、腹环均无微瘤，其他特征与原雌相同。

雄螨：体长 175 μm，宽 54 μm，雄性外生殖器宽 17.7 μm，生殖毛长 12.3 μm。（钟定琪 等，1985；匡海源 等，1986；匡海源，1995）

2. 卵

圆球形，直径约 50 μm，半透明乳白色，卵壳表面有网状饰纹。

3. 若螨Ⅰ

长 100～120 μm，宽 40～50 μm，初孵化时无色半透明，后为白色透明。前半体和大体间稍圆，尾体较细。若螨静止蜕皮期呈椭圆形，外被薄膜。

4. 若螨Ⅱ

体长 160～170 μm，宽 60～70 μm，前期乳白色，后期黄色。大体前端宽后端狭，爬行稍快。若螨静止蜕皮期呈椭圆形，外被薄膜，膜内两端透明，体在其中。

（四）生物学特性

1. 生活史

从卵到成螨平均需 9.2 d，产卵前期为 2.6 d，完成 1 个世代平均为 11.8 d（钟定琪 等，1985）。

2. 繁殖及其他生物学特性

繁殖以两性生殖为主，也可孤雌生殖。卵散生在靠近叶脉周围的低洼处，叶背最多。初产呈透明水滴状，随后卵壳渐变硬而呈乳白色，卵将要孵化时变为半透明，表面看有一道黑色阴影。刚孵化的若螨Ⅰ爬行缓慢，活动范围较小，常伏在叶片上不动，吸取叶肉内营养。若螨Ⅰ静伏期用尾部将躯体固定在叶片上，蜕皮变成若螨Ⅱ。若螨Ⅱ爬行较迅速，十分活跃。成螨爬动较若螨Ⅱ缓慢（刘美珍 等，1985）。

3. 传播扩散方式

枸杞刺皮瘿螨的爬行仅限于单株范围，株间短距离传播靠昆虫、风和农事活动。远距离传播主要是借早春苗木长途调运将成螨带到新区。

4. 发生规律

枸杞刺皮瘿螨主要以成螨在枸杞树一、二年生枝条的芽眼凹陷处和树皮裂缝处群集越冬，枸杞刺皮瘿螨的生活周期短，但繁殖快，1 年发生 14～15 代，喜温喜湿，6～8 月为危害高峰。1 年有 4 次虫口密度高峰，4 月上中旬，越冬成虫从枝条芽眼和裂缝中出蛰，到新叶上繁殖危害，到 5 月中旬出现高峰，6～7 月上旬出现第二次高峰，6 月下旬出现第三次高峰，9 月下旬为第四次高峰，以后逐渐转入冬眠。

5. 空间分布

枸杞刺皮瘿螨在田间呈聚集分布并呈负二项分布（任月萍 等，2007），此螨在叶片上密度最大，一叶多达数百头到 2 000 头，绿色嫩枝次之，果面、花和花蕾也有分布及危害。

6. 发生条件

栽培条件对此虫发生有一定影响。大树旁或村舍附近的枸杞园阳光不足、透风不良、湿度大，枸杞刺皮瘿螨发生早、密度大、落叶多，圆果种受害最重，而大麻叶和小麻叶等良种则受害较轻；施肥量多，肥料各要素配比合理则枝叶茂盛，耐螨性强，受害程度轻。

（五）综合防控技术

1. 农业防控

阻断枸杞刺皮瘿螨远距离传播：苗木调运检测是否有携带瘿螨。

改进栽培管理措施：栽培条件对该螨的发生有一定影响，大树旁或村舍附近的枸杞园阳光不足、透风不良、湿度大，有利于枸杞刺皮瘿螨发生；合理施肥增强树体耐螨性。加强管理，及时清理枸杞园外的枸杞苗木，减少传播源。枸杞园内植株合理灌水施肥，加强树势，减轻枸杞刺皮瘿螨的危害。

2. 化学防控

由于枸杞刺皮瘿螨主要以成螨在枸杞树一、二年生枝条的芽眼凹陷处和树皮裂缝处群集越冬，因此秋季修剪后和早春萌芽前喷施石硫合剂，可减少枸杞刺皮瘿螨的越冬基数。

枸杞刺皮瘿螨危害重时使用植物源农药苦参素、1.8％阿维菌素乳油、5％唑螨酯悬浮、6.78％阿维·哒螨灵乳油进行喷施防治（刘彦宁 等，2005；任月萍 等，2005；杨宁权 等，2021）。

（张建萍，苏杰）

三十四、梨黄粉蚜

（一）学名及分类地位

梨黄粉蚜（*Aphanostigma jakusuiense* Kishi da），属半翅目（Hemiptera）根瘤蚜科（Phylloxeridae），英文名为 Pear Phylloxera，别名梨黄粉虫、梨瘤蚜。梨黄粉蚜呈米粒状堆集在一起，看上去像黄色的粉末，故称黄粉虫。

（二）分布与危害

1. 分布

国外分布于日本、朝鲜。国内分布于辽宁、河北、山东、江苏、安徽、河南、陕西及新疆南疆梨产区等（章士美，1996）。张伟 1992 年报道在新疆库尔勒首次发现，蔡耘英 1997 年报道此虫在新疆香梨上发生面积为 1 100 hm^2，虫果率 10％左右。

2. 寄主

该虫食性单一，寄主为各种梨树。

3. 危害

该虫常年在梨树翘皮下隐蔽寄宿和危害，库尔勒 7 月中下旬梨果膨大后，开始上果危害，喜集中于果实梗洼、萼洼及两果交接荫蔽处取食。随着虫量的增加，逐渐蔓延至整个果面，果实表面似一堆黄粉，周围有黄褐色晕环。被害部初变黄稍凹陷，后渐变黑腐烂，形成大块黑疤，俗称膏药顶。受害严重的果实，被害部位果肉逐渐腐烂，造成落果（图 3-87）。该虫有时藏匿于果梗底部、萼洼内，随果实采摘入库，不易察觉，在贮藏运输中传播并引起烂果（图 3-88 和图 3-89）。

图 3-87 梨黄粉蚜聚集在香梨萼部危害

图 3 - 88　梨黄粉蚜危害香梨后期症状

图 3 - 89　梨黄粉蚜成虫在萼洼内藏匿危害

（三）形态特征

1. 成虫

均为无翅蚜。孤雌成蚜呈倒卵圆形，尾部稍尖，长 0.7～0.8 mm，鲜黄色，略有光泽。喙发达，伸达腹部前端，触角丝状 3 节，足短小，均呈淡黑色。无翅，无腹管，尾片上着生 4～6 根短毛（图 3 - 90）。有性雌成虫体长 0.48 mm，有性雄成虫体长 0.35 mm，均长椭圆形，亦无翅和腹管，口器退化。

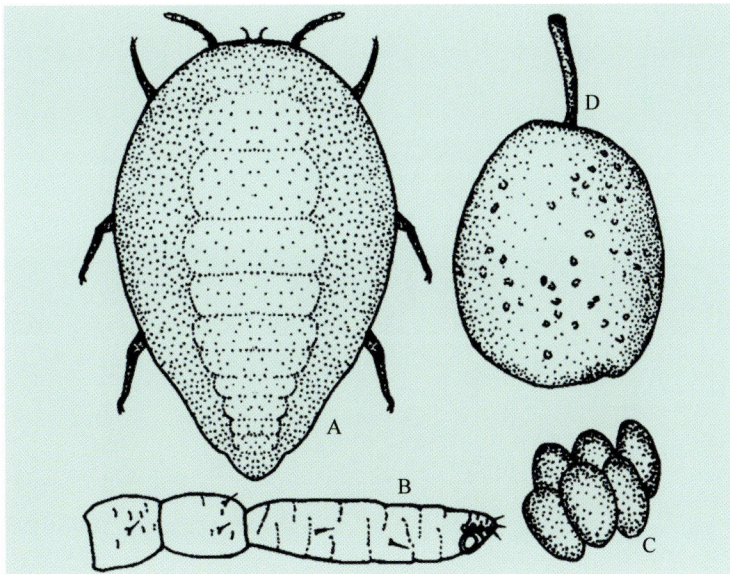

图 3 - 90　梨黄粉蚜无翅孤雌蚜
A. 成虫　B. 触角　C. 卵　D. 梨被害状
（仿北京农业大学主编《果树昆虫学》下册）

2. 卵

椭圆形，越冬卵长 0.22～0.33 mm，淡黄色，有光泽，孵化前一端出现一对红色眼点。果树生长季节所产夏卵为黄绿色（图 3 - 91）。

3. 若虫

淡黄色，形体与成虫相似。

图3-91　梨黄粉蚜粉状卵块

（四）生物学特性

1. 生活史

1年发生10余代，以卵在树皮裂缝、老翘皮下越冬，也有少量的卵在芽鳞、果台上越冬。孙朝晖（1995）报道该虫在梨树枝干翘皮缝中越冬占96.2%～97.8%。翌年梨树开花时即库尔勒4月上中旬越冬卵孵化，若蚜在翘皮下取食树液，生长发育成熟后即行孤雌产卵。每繁殖1代，若蚜都要向树冠外围扩散1次。梨果膨大后，一般7月中下旬开始危害果实，8月是危害高峰期。8月下旬至9月上旬出现有性蚜，9～10月产卵进入越冬期（图3-92）。

图3-92　梨黄粉蚜在老翘皮下越冬状

2. 传播扩散方式

该虫远距离传播主要靠苗木、接穗以及果品运输等人为途径。据四川农业科学院果树研究所1969年在金川的调查，梨苗木或接穗中有70%～80%带有梨黄粉蚜的越冬卵（张伟，1992）。

3. 繁殖特性

梨黄粉蚜生活周期为同寄主全周期型，以繁殖方式不同，成虫分为干母、干雌、性母、性蚜。行孤雌生殖为主，干雌每天产卵约10粒，一生平均产卵约150粒，卵集中成堆。性母成虫行交尾产卵，性蚜产生受精卵越冬，一生只产1粒卵，翌年春季孵化为干母。

4. 发生规律

该虫常年群集于梨树枝干翘皮下营隐蔽生活。春季越冬卵孵化，初孵若蚜爬行扩散，找到适合的隐蔽场所后刺吸汁液固定取食，若蚜发育成熟后即行孤雌产卵，随着虫口数量增多，有时可见"黄粉"溢出翘皮外，沿着主枝干不断向树冠扩散。

该虫喜欢温暖干燥的气候，喜阴忌光，在梨树上部及树冠外围虫口少，下部、内堂虫口多。老树、通风透光不良的梨园发生重，果实膨大期和成熟期蚜量最大、危害最重。

5. 天敌

该虫天敌种类丰富，蚜狮、蜘蛛、瓢虫是优势天敌种群。

（五）风险评估与适生性分析

梨黄粉蚜荫蔽危害，不易察觉。一旦在新发生区域定殖，在寄主梨树上不易铲除，局部会造成严重危害，是库尔勒香梨重要的出口检疫对象。

1. 风险评估

根据分布区域和预测结果分析，在北方梨产区有高定殖风险，部分梨产区可形成间歇性暴发，在南方多雨梨产区有低定殖风险。

2. 适生性区域的划分以及风险等级

用李娟等（2013）对林业有害生物风险性的定量分析方法进行预测，建立梨黄粉蚜风险等级分析指标体系及评判标准。根据梨黄粉蚜风险性评判指标国内分布情况（P_1），传入、定殖和扩散的可能性（P_2），潜在危害性（P_3），受害寄主经济重要性（P_4），危险性管控难度（P_5）等5个方面的评判标准，梨黄粉蚜的风险综合评价值$R＝2.22$，为高度危险。

3. 风险管理措施

梨黄粉蚜为高度危险的有害生物，必须采取相应的风险管理措施。一是加强检疫，禁止调运发生区的带虫苗木，重点阻止梨黄粉蚜随果品调运而扩散传播。二是定期开展虫情调查，及时进行预测预报，准确掌握分布范围和发生动态，指导防治工作。三是保护未发生区，及时查处虫源，防范扩散传播途径。四是做好发生区的防控，压低基数，防止梨黄粉蚜上升为主要虫害。

（六）监测检测技术

1. 调查方法

（1）定点监测　选择有代表性的、不同树龄果园35个，每园面积0.33 hm²以上，作为定点监测果园。田间系统调查每15 d进行1次，调查查点有虫率及有虫株率，危害高峰期8～9月每5 d调查1次，调查虫果率。系统调查每次调查30株树，每株树在树干或主枝翘皮下查点10处，每个查点>50 cm²，记录有虫查点。高峰期调查每次选取10株样树，每株树在外围和内堂随机选取20个果实进行调查，重点查看梗洼、萼洼及果实相互接触处，调查虫果率。

（2）虫情普查　根据普查范围，确定普查点50～100个。全年分2个时期进行，春季3月上中旬调查年度发生基数，即查点有虫率；发生高峰期8月调查虫果率，确定危害程度。调查方法与定点监测相同。

2. 监测检测技术应用

（1）发生量与危害期的确定　年度发生量根据越冬基数调查确定，以系统调查的查点有虫率表示。梨树生长季节发生量根据田间虫情普查，以查点有虫率和蚜果率表示。根据系统调查结果，掌握该虫全年数量发生消长规律和果实危害期。当调查发现有 1 个蚜果时，即确定进入危害期（夏风 等，2004）。

（2）发生程度分级标准　张利军等（2020）规定了生长季节发生程度以高峰期蚜果率为指标划分为 5 个等级，笔者提出全年发生程度以查点有虫率、高峰期蚜果率为指标划分为 5 个等级，分级标准见表 3-13。

表 3-13　梨黄粉蚜发生程度分级标准

调查时期	发生级别	1 级	2 级	3 级	4 级	5 级
	发生程度	轻度	中等偏轻	中度	重度	大发生
休眠期至 7 月	查点有虫率（%）	≤0.1	0.2～1.0	1.1～10.0	10.1～50.0	≥50.0
8～9 月	高峰期蚜果率（%）	≤1.0	1.1～3.0	3.1～10.0	10.1～30.0	≥30.0

注：有虫株率＝（调查有虫株数÷调查株数）×100%；蚜果率＝（虫果数÷调查总果数）×100%。

（3）短期预报　以田间系统调查、虫情普查数据为依据，确定各阶段有虫株率、查点有虫率及蚜果率等虫情指标，结合历年虫情资料，预测梨黄粉蚜发生程度。

（4）中长期预报　根据越冬基数调查、虫情普查数据，掌握虫口基数、有虫株率及发生面积，结合历史资料和寄主生长情况，做出发生面积、不同区域危害程度等年度发生趋势预报。

（5）防治适期预报　当调查发现有蚜果出现时，梨黄粉蚜进入果实危害期。蚜果率≥1%即为药剂防治适期。

（七）综合防控技术

1. 检疫防控

调运苗木或采集接穗，用 1～2 波美度石硫合剂浸泡 1 min，以杀死虫卵。带虫果品就地销毁，严禁外运销售。

2. 农业防控

梨树落叶期至冬前树干刷白。休眠期刮除枝干老翘皮，清洁枝干裂缝，清除枯枝落叶及杂草。摘除受害虫果，清理落果，集中销毁或掩埋。

3. 生物防控

保护蜘蛛、蚜狮、瓢虫等天敌昆虫，人工设置草垛、树盘覆草等适合天敌越冬、藏匿的庇护所。喷施印楝素、苦参碱等生物农药以及矿物油制剂。

4. 生态调控

提倡果园生草，间作绿肥或牧草，健全防护林。

5. 化学防控

在梨树开花前，即花芽膨大期至花序分离期，喷施 3～5 波美度石硫合剂。7 月梨果膨大期，根据虫情调查，一旦发现虫果，立即进行药剂防治。选用 10% 吡虫啉可湿性粉剂 2 000 倍液，1.8% 阿维菌素乳油 1 500 倍液，3% 啶虫脒乳油 1 500 倍液，20% 甲氰菊酯乳油 2 500 倍液叶面喷雾，间隔 12～15 d 喷 1 次，严重发生的果园喷施 2～3 次。套袋梨园，可于套袋前药剂防治，喷雾细致周到，果、叶、枝干均匀着药。

（郭铁群，马洁云）

三十五、中国梨喀木虱

（一）学名及分类地位

中国梨喀木虱（*Cacopsylla chinensis* Yang et Li），属半翅目同翅亚目（Homoptera）木虱科（Psyllidae），别名中国梨木虱。

（二）分布与危害

1. 分布

广布种，分布于国内辽宁、河北、山东、内蒙古、山西、宁夏、陕西等梨产区，为我国梨产区的主要害虫种类及优势种群。1997 年在新疆和静县首次发生，迅速扩散到南疆各地州。

2. 寄主

寄主单一，主要危害梨，在新疆寄主范围包括库尔勒香梨、砀山酥梨、鸭梨、慈梨、早酥梨、苹果梨、巴梨和杜梨等各种梨树。

3. 危害

主要危害梨树芽、花、嫩梢、叶片和果实，以成、若虫刺吸组织汁液，分泌大量蜜露，黏着在枝条、叶片和果实上，诱发黑霉菌寄生（图 3-93），形成煤污病，影响枝叶生长，导致果面出现黑斑，严重发生时可导致提早落叶，果实不能长大，使果实品质下降甚至丧失商品性。梨树落叶后，枝条上成、若虫可继续取食危害，使枝条表面覆盖一层"油污"，像被烟熏过（图 3-94）。该虫是库尔勒香梨的主要害虫之一（图 3-95）。

图 3-93 中国梨喀木虱危害幼果

图 3-94　中国梨喀木虱危害形成煤污病

图 3-95　中国梨木虱危害果实造成霉菌污染

（三）形态特征

1. 成虫

有冬型和夏型 2 种。冬型成虫较大，体长 2.8～3.2 mm，体褐色至暗褐色，胸背部有黑褐色斑纹，前翅后缘在臀区有明显褐斑。夏型成虫体小，长 2.3～2.9 mm，初羽化时体色为绿色，后变黄至污黄色，胸背部有褐色斑纹，翅上均无斑。雄虫腹部第九节宽大，阳基上翘。雌虫腹部末端尖，背视肛环呈菱形（图 3-96，图 3-97）。

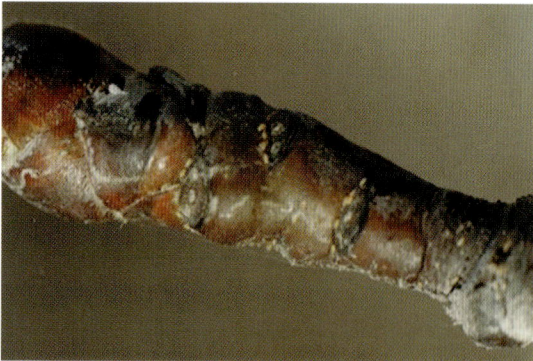

图 3-96　中国梨喀木虱冬型成虫产的卵

图 3-97　中国梨喀木虱老熟幼虫及分泌蜜露

2. 卵

长约 0.3 mm，表面光滑，长圆形，一端有一短突起固定在植物组织上。夏卵乳白色，冬型成虫在梨树展叶前产的卵暗黄色，展叶后产的卵乳白色（图 3-98）。

3. 若虫

体扁椭圆形，初孵若虫淡黄色或白色，逐渐变为绿褐色，复眼红色，触角末端黑色。三龄若虫出现翅芽，黄褐色，突出于体两侧。腹部边缘排列长毛。冬型若虫色暗，红褐相间，翅芽深褐色，体背有褐斑及条纹（图 3-99）。

图 3 - 98　中国梨喀木虱夏型和冬型成虫

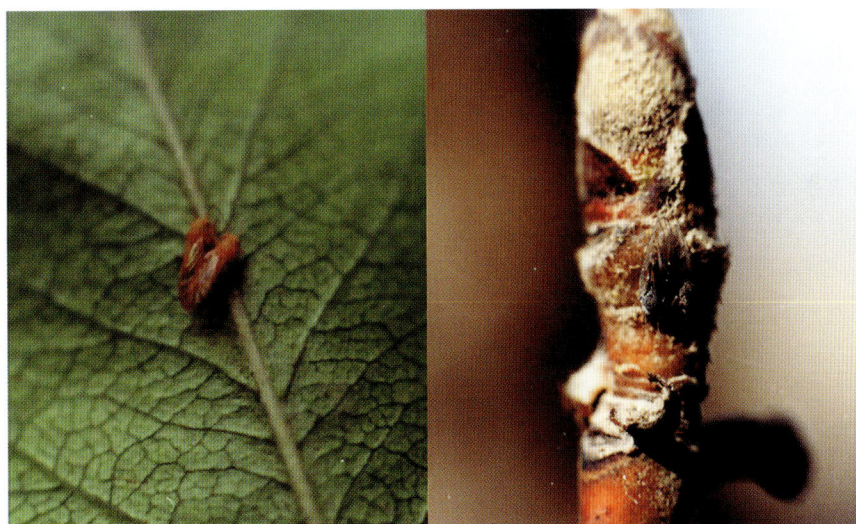

图 3 - 99　中国梨喀木虱夏型成虫和冬型成虫交尾状

（四）生物学特性

1. 生活史

库尔勒1年发生5～6代，世代重叠，以冬型成虫在枝干裂缝和老翘皮下越冬，也有在杂草、落叶中越冬。翌年2月下旬出蛰，3月上旬开始交尾产卵，3月中下旬进入产卵盛期，持续至4月上旬。4月上中旬香梨盛花期为一代卵孵化盛期，5月初出现一代成虫，6～8月为发生高峰期。9月上中旬出现冬型若虫，9月下旬出现冬型成虫，持续危害枝条到11月梨树落叶后，成虫藏匿越冬。中国梨喀木虱年生活史见下表3-14。

表 3 - 14　中国梨喀木虱年生活史（2001 年新疆库尔勒）

世代	2月 上中下	3月 上中下	4月 上中下	5月 上中下	6月 上中下	7月 上中下	8月 上中下	9月 上中下	10月 上中下	11月至 翌年1月
	(+++)	(+++)	(+++)	(+)						
一代		• • •	• • •	•						
			— — —	— —						
				+++	+					
二代					• • •					
				— —	— — —					
					+++	++				
三代					• • •	• • •				
					—	— — —	—			
						++	+++			
四代						•	• • •	•		
							— — —	—		
							+	+++	+	
五代								• • •	• • •	•
								(— —)	(— — —)	(— —)
								(+)	(+++)	(++++)

注："＋"表示成虫，"·"表示卵，"－"表示若虫，"（ ）"表示冬型；若虫不能安全越冬。

2. 传播扩散方式

传播途径主要是随带虫苗木传播，携带虫体的苗木和果实可以实现远距离传播，春季调运的梨树苗木携带梨木虱卵的风险很大。成虫随风和气流可以就近扩散。

3. 繁殖及其他生物学特性

雌、雄成虫交尾产卵繁殖，春季 3 月中下旬，冬型成虫产卵于梨树芽基部、短果枝的叶痕及皱褶处，卵粒呈线状排列；部分越冬成虫产卵在新梢嫩叶上聚产，每头产卵量 200～300 粒。夏型成虫产卵多在叶片主脉两侧、叶柄沟、叶缘齿及新梢尖端的绒毛处，散产，产卵量为几十至上百粒。根据室内饲养试验，采用优选法估算结果表明，中国梨喀木虱发育起点温度为 0.49 ℃，从卵至成虫出现整个发育过程有效日积温需 645.5 ℃。

4. 发生规律

（1）成虫　越冬成虫出蛰早，翌年 2 月中下旬，当日均温度在 0 ℃以上时开始活动，光照强、温度高时活跃。在交尾高峰期，雌、雄成虫喜聚集在枝头配对交尾。冬型成虫体液天蓝色，抗寒性强。成虫雌、雄性比为 1.00：0.88，冬型成虫寿命长，雌、雄寿命分别平均为 195 d、190 d，夏型成虫雌、雄寿命分别平均为 19 d、16 d。

（2）若虫　春季若虫喜在梢尖和果枝叶簇中取食，分泌大量蜜露和棉絮状物，可将虫体包埋在内，虫口密度大的叶片形成"茎流"，并将叶片黏连在一起。若虫的分泌的蜜露在气温低时呈蜡质颗粒状，气温高时，则呈稀薄的液体状。盖英萍等（2000）对若虫的排蜜规律及蜜露中的氨基酸成分进行了研究。冬型若虫分泌蜜露较少，口针刺吸伤口诱发树液流出，使枝条表面覆盖一层深褐色"油污"。冬型若虫耐寒性强，在12月气温低于0 ℃时仍可见取食危害（张翠瞳 等，2003）。若虫经4次蜕皮，共5龄，三龄后长出翅芽，若虫历期20～25 d。

5. 发生与环境

果园环境及气候条件对该虫生长发育影响较大。春季高温干旱有利于该虫的发生，但夏季气温达到35 ℃以上时就呈现非常明显的抑制作用（黄健 等，2011）。树冠郁闭、通风透光差的果园，发生较重。干旱年份或季节发生重，降雨多不利于其发生。降水量对若虫存活有显著影响，库尔勒2001年4～5月上旬降水量6.1 mm，若虫死亡率达75.5%～85.8%；2002年4～5月上旬降水量2.0 mm，若虫死亡率44.4%～55.6%。风及雨水的冲刷是造成其死亡的主要原因，卵和一龄若虫的致死率显著高于二龄以后各虫期，这是由于二龄后，虫体大量分泌蜜露，减弱了雨水对其的冲刷影响（顾耘 等，1996）。

6. 天敌

捕食性天敌有草蛉、黑食蚜盲蝽、胡蜂、李斑瓢虫、塔六点蓟马、蜘蛛等，草蛉和蜘蛛是天敌的优势类群。库尔勒尚未发现寄生性天敌（图3-100）。

图3-100　蜘蛛捕食中国梨喀木虱冬型成虫

（五）风险评估与适生性分析

1. 风险评估

根据分布范围、传播途径进行预测分析，在我国北方梨产区均有发生。

2. 适生性区域的划分以及风险等级

用李娟、宋玉双等（2013）对林业有害生物风险性的定量分析方法进行预测，建立中国梨喀木虱风险等级分析指标体系及评判标准。根据中国梨喀木虱风险性评判指标国内分布情况（P_1），传入，定殖和扩散的可能性（P_2），潜在危害性（P_3）、受害寄主经济重要性（P_4）、危险性管控难度（P_5）等5个方面的评判标准，中国梨喀木虱的风险综合评价值$R=1.50$，为低度危险。

3. 风险管理措施

中国梨喀木虱冬型成虫春季在苗木上产卵，卵是其传播扩散的主要虫态。随着新疆林果业发展，每年春季大量从内地调运苗木，带虫苗木是主要的传播形式，同时，部分受危害的果品携带若虫和卵，也是传播的途径之一。

防范传播扩散一是要加强检疫，禁止调运带虫苗木，严格检查果品，禁止发生"煤污病"的果品销往外地，阻断中国梨喀木虱随苗木和果品的调运而扩散传播。二是做好发生区的防控，压低基数，防止暴发成灾。三是重点加强苗圃管理，有效防控梨木虱等病虫害，有虫苗木禁止出圃外调。

（六）监测检测技术

赵龙龙等（2020）编制了山西省中国梨喀木虱测报调查规范。笔者根据研究结果与调查经验，提出以下中国梨喀木虱监测预报技术。

1. 监测与调查方法

选择有代表性的梨园作为调查园，在定点调查园选择标准树，每点选取 5 株，在树冠的东、西、南、北中 5 个方位各固定 2 个枝条（枝组）进行标记。调查时选择 1 个枝条（枝组）或每个枝条选择 5 片叶，查卵、若虫数量，做好记录，并根据叶片的受害状划分危害级别。

2. 监测检测技术应用

（1）分级标准　按照中国梨喀木虱虫口密度和叶片煤污病发生比例，将危害程度划分为 5 个等级，具体分级指标见表 3 - 15。

表 3 - 15　发生程度分级指标

级别	分级指标				等级划分
	单株冬型成虫数	每枝冬型成虫产卵量	百叶夏型虫口数	百叶煤污叶片数	
0	0	0	0	0	无发生
1	≤5	≤3	≤40	≤3	轻度发生
2	6～30	4～20	41～200	4～15	中度发生
3	31～120	21～50	201～1 000	16～50	重度发生
4	≥121	≥51	≥1 001	≥50	成灾危害

（2）短期预测预报　梨树开花后，根据卵量、若虫发生量，结合气象预报，预测下一世代发生程度，做出防治适期预报。

（3）中长期预测预报　3 月上旬根据中国梨喀木虱冬型成虫基数，结合梨树生长期的相关天气预报，进行中长期发生趋势预报。

（4）防治指标　越冬中国梨喀木虱发生基数达到 3 级及以上时，喷施 5 波美度石硫合剂加 90% 敌百虫晶体 1 000 倍液。

梨树生长期，当百叶虫口密度≥40 头，或夏季百叶煤污叶片数≥4 片时，及时进行化学防治。陈江玉等（2011）也提出，4～6 月当单叶虫口密度达到 0.4 头时，及时进行化学防治。

（七）综合防控技术

中国梨喀木虱适生范围广，繁殖快，世代多，一旦传入新梨园，防治不及时，极易暴发成灾。防治的关键是"治早治小"，抓紧越冬代和梨树开花后春季化学防治，为全年防治打好基础。顾耘等（1996）开展了梨木虱生命表的研究，指出种群消长决定期在发生的早期，能否成灾则由一、二代的发生情况所决定。若夏季虫口数量大，形成大量煤污病等危害状，则难以防治。

1. 检疫防控

做好苗木检疫，禁止调运带虫苗木，严格检查果品，禁止被"煤污病"污染的果品销往外地，阻断梨木虱随苗木和果品调运而扩散传播。

2. 农业防控

早春刮除枝干粗翘皮，清除园中杂草落叶，集中处理；6～7 月结合夏剪，摘除新梢顶部约 5、6 片叶；改善树体通风透光条件，及时拉枝、整枝，疏除过密枝，减少郁闭。

3. 化学防控

化学防治的关键时期是越冬代活动产卵期和一代若虫孵化发生期，即 3 月上中旬和梨开花前后。杀灭越冬成虫可用 48% 毒死蜱乳油 2 000 倍液 5% 高效氰戊菊酯乳油 3 000 倍液光杆喷施；花前喷施 5 波美度石硫合剂加敌百虫晶体 1 000 倍液（现配现用）；花后用 1.8% 阿维菌素类药剂 2 000 倍液或吡虫啉 3 000 倍液叶面喷雾 1～2 次。秋季果实收获后，及时用 20% 甲氰菊酯乳油 2 000 倍液喷雾清园。

4. 综合防控技术应用

根据该虫的发生规律及特点综合防治措施，应在清洁梨园、压低越冬虫口基数的基础上，紧紧抓住越冬成虫出蛰至一代卵孵化盛期集中进行化学防治，重点在早春进行药剂清园和及时施药，杀灭越冬成虫和卵，梨树花后消灭一代若虫，即可起到事半功倍的防治效果。

（郭铁群，季娟）

三十六、枣瘿蚊

（一）学名及其分类地位

枣瘿蚊（*Dasineura jujubifolia* Jiao&Bu），属双翅目（Diptera）瘿蚊科（Cecidomyiidae），别名枣叶瘿蚊、枣蛆、卷叶蛆、枣芽蛆等。

（二）分布与危害

1. 分布

在我国各枣区均有分布。2006 年首次在新疆阿克苏发现枣瘿蚊之后，其他地区的枣园中也陆续发现（克热曼·赛米 等，2013）。

2. 寄主

枣瘿蚊寄主主要为枣树和酸枣。

3. 危害

幼虫刺吸危害叶片，对嫩叶的危害最为严重，对枣树的花蕾及幼果也能造成危害。枣树叶片受到枣瘿蚊危害后，首先叶片从两侧向中间卷曲，将枣瘿蚊幼虫包在叶片内继续危害，受害严重的叶片颜色由绿色变为紫红色，同时也变厚变硬，无法展开，最后颜色变黑直至叶片干枯脱落，严重影响了枣树的光合作用；花蕾在受到枣瘿蚊危害后，花萼变为畸形，并且呈肿大状，使得枣花不能正常开放，影响枣果产量（图 3 - 101）；枣

图 3 - 101　枣瘿蚊危害状（蔡志平 摄，2016）

瘿蚊还可以危害枣的幼果，以幼虫钻蛀到幼果内部蛀食危害，危害轻的使得枣果变成畸形果，降低红枣品质，危害严重的幼果不能进行正常的生长发育，最后脱落（蒋晓晓，2014；阎雄飞 等，2022）。

（三）形态特征

1. 成虫

雌成虫体长 1.5～2.8 mm，翅展 3～4 mm，似小蚊虫。复眼黑色，肾形；触角细长，念珠状，14 节；前翅为透明膜翅，后翅退化为短小的平衡棒；腹部黄白或橘红色，有 3 对细长足；产卵器管状（图 3-102A）。雄成虫体小，触角发达（图 3-102B）。

2. 卵

长椭圆形，长 0.3 mm，初为白色，逐渐变为黄褐色，一端较尖，有光泽。

3. 幼虫

蛆状，乳白色至黄红色（图 3-102C）。

4. 蛹

长 1.1～1.9 mm，纺锤形，浅黄色。茧长 2 mm，椭圆形，灰白色。

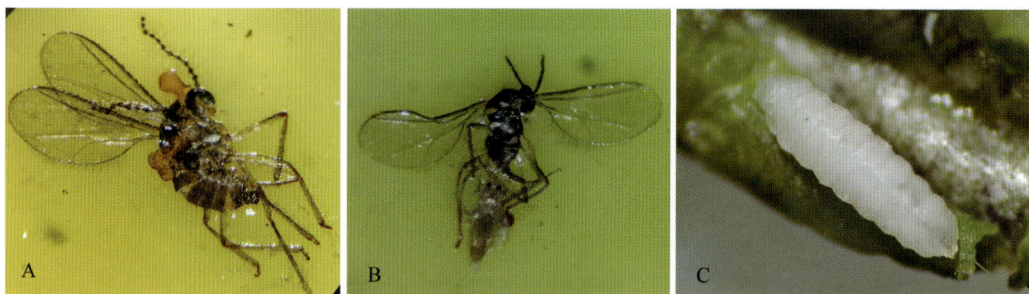

图 3-102 枣瘿蚊（黄暄雯 摄，2022）
A. 雌成虫 B. 雄成虫 C. 幼虫

（四）生物学特性

枣瘿蚊在南疆 1 年发生 4～5 代，以老熟幼虫作茧或化蛹越冬，茧、蛹多集中在浅土层中和草根处，少数在杂草、落叶、树皮内越冬。4 月上旬越冬代蛹开始羽化，高峰期出现在 4 月中下旬，越冬代成虫于 4 月底至 5 月上旬开始产卵。一代卵产在未展新叶、幼芽缝隙内，以后各代卵产在幼芽、花序缝隙内，卵块状或线状排列。4 月底至 5 月上旬开始孵化一代幼虫，5 月中旬达到孵化高峰期，幼虫孵化后，一龄幼虫分泌黏液于体后，二龄幼虫黏液包裹整个身体。幼虫经 4 次蜕皮后变成蛹。一代幼虫期 10～15 d，以后世代重叠。5 月中旬至 7 月中旬发生二代，6 月中旬至 8 月中旬发生三代，7 月下旬开始发生四代卵，8 月下旬四代老熟幼虫入土作茧或化蛹越冬。枣瘿蚊爬行能力弱，幼虫危害隐蔽，人为调运未经除害处理或处理不彻底的虫害木，是其扩散蔓延的主要途径。

（五）风险评估与适生性分析

1. 风险评估

枣瘿蚊在新疆具有丰富的寄主植物，适宜的生存环境，一旦传入，十分容易定殖，就目前的防治方法难以控制其发生（克热曼·赛米 等，2013）。

2. 适生性区域的划分以及风险等级

枣瘿蚊适生范围很广，南、北疆的枣园均为其适生区（克热曼·赛米 等，2013）。北疆伊犁，南疆种植红枣的阿克苏、喀什、和田、巴州、吐鲁番、哈密等地州均适合其生存，这些地区由于寄主的存在及适宜的气候条件成为枣瘿蚊潜在的适生区。

（六）监测检测技术

1. 监测方法

利用枣园悬挂黄色粘虫板的方法对枣瘿蚊进行监测。在枣园中将黄板挂在枣树外围的枝干或枝条上，悬挂高度为 1.5 m 左右，两张相邻黄板之间的距离为 10～15 m。每 3 d 统计调查 1 次，并记录枣瘿蚊的数量（訾莉莉，2018）。每隔 10 d 左右更换 1 次黄色粘虫板。

2. 调查方法

调查于 4 月中旬至 8 月中旬进行，在枣园选取具有代表性的枣树 10 株，采用定点定期的系统调查方法，每隔 10 d 调查 1 次。每棵枣树分东、南、西、北 4 个方位随机选取枝条 1 枝，粗细基本一致，每枝条量取从枝梢向里 20 cm 的长度，调查选取枝条所有叶片上枣瘿蚊幼虫的数量。

（七）综合防控技术

1. 检疫防控

在引进苗木时，应详细了解原产地枣瘿蚊发生情况，认真做好苗木的检疫，以控制枣瘿蚊的传播。

2. 农业防控

3 月下旬以前，在枣树下覆盖薄膜，阻止越冬蛹羽化出土。5 月中下旬结合果园中耕除草把蛹翻入深层，阻止成虫羽化出土。6 月上旬，幼虫化蛹盛期，在距离树干 1 m 范围内，培起 10～15 cm 厚的土堆，拍打结实，防止羽化成虫出土。另外，可在当年 8 月下旬以前，在枣树下覆盖薄膜，阻止老熟幼虫入土作茧或化蛹越冬。清理果园。10 月清理树上及树下虫枝、叶、果集中烧毁，减少越冬虫源。入冬前深翻树盘，耕翻枣园，消灭越冬茧。

3. 物理防控

通过在枣园悬挂黄色粘虫板，可以诱杀枣瘿蚊的成虫，以减少落卵量（李兰 等，2010）。每年在 4 月上旬到 8 月下旬，在枣树树冠中部悬挂黄色粘虫板，间隔 3～5 棵挂 1 个，每月更换 1 次黄色粘虫板。

4. 化学防控

化学防控重点是一代幼虫，如防治得好，以后各代可不进行针对性防控，在防控害螨、介壳虫等其他有害生物时兼治即可。十年生以上枣园视危害程度可不采用化学防控措施，新建枣园要采取严格防控措施，联防联治，重点预防枣瘿蚊危害（訾莉莉，2018）。施药时期以春季展叶期效果最好，此时虫态整齐，喷药 1～2 次即能收到良好效果。

4 月上中旬成虫未羽化前，在树干周围直径 1 m 的地面范围内喷施 48% 毒死蜱乳油 2 000 倍液，防止成虫羽化。

5 月上中旬在枣树上喷施 5% 啶虫脒乳油 2 000 倍液、70% 吡虫啉乳油 10 000 倍液、25 g/L 溴氰菊酯乳油 3 000 倍液、50 g/L 高效氯氟氰菊酯乳油 2 000 倍液等药剂，防治卷叶内的幼虫（蔡志平，2014）。喷药量以树叶均匀分布药液，叶片上药液无流动或无水滴为宜。6月中旬，根据枣瘿蚊危害程度确定是否需要防治。

（蔡志平，张建萍）

三十七、枸杞红瘿蚊

（一）学名及分类地位

枸杞红瘿蚊（*Gephyraulus lycantha* Jiao & Kolesik），曾一直被称为（*Jaapiella* spp.），根据其形态和生物学特性，2020年正式命名为〔*G. lycantha*（Jiao & Kolesik）〕。

（二）分布与危害

1. 分布

枸杞红瘿蚊于1970年在宁夏首次发现，1996年开始在新疆精河县发生危害，2000年在精河县发生严重，占枸杞种植总面积的74%（杜红霞，2002；李云翔 等，2002）。近年来，枸杞红瘿蚊的发生区域和危害面积正逐年扩大，已蔓延至宁夏、新疆、内蒙古、甘肃等枸杞主产区（李建领 等，2017）。

2. 寄主

枸杞红瘿蚊是专性致瘿害虫，主要危害枸杞。

3. 危害

枸杞红瘿蚊成虫选择枸杞花蕾产卵危害。雌虫孕卵后在花蕾顶端产卵，幼虫孵化后取食花蕾子房，花蕾畸形膨大呈灯笼状虫瘿。幼虫的整个生育期均在虫瘿内危害，末龄幼虫老熟后脱离虫瘿，进入土壤中结茧化蛹（图3-103）。枸杞红瘿蚊危害隐蔽，防治难度极大，受害的花蕾不能正常开花结果，花蕾被害率即为产量损失率。枸杞红瘿蚊一直以来被农户们称为"枸杞癌症"（刘赛 等，2020；高琼琼 等，2022）。

（三）形态特征

1. 成虫

成虫头部小，呈椭圆形，复眼黑色，大而突出，占头部1/2面积，两复眼相连，无单眼，下颚须4节。雌成虫体长2.9～3.3 mm，体形粗胖，初羽化时虫体为淡黄色，随后变为棕色；雄成虫体长2.0～2.3 mm，体形细长，初羽化时虫体为淡黄色，随后变成棕褐色。触角念珠状，雌雄异形。雌成虫触角短，各鞭节呈圆柱状，中间微凹，无节间；雄成虫触角长，各鞭节球形，各鞭节中间有细而长的节间（刘赛 等，2020）。

2. 卵

长椭圆形，长0.3～0.5 mm，宽0.05～0.08 mm；无色光滑，卵壳极薄；聚产，

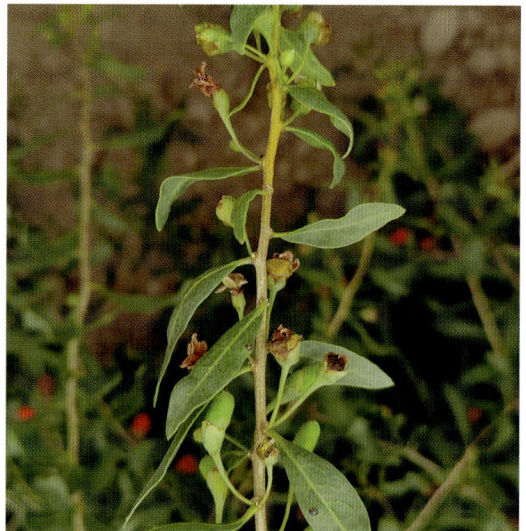

图3-103 枸杞红瘿蚊虫瘿（母凯琴 摄，2022）

每个花蕾中常有十几至几十粒卵（刘赛 等，2020）。

3. 幼虫

乳白色、橘黄色或橘红色，纺锤形，体长 0.4～3 mm；头部细小，常收缩于前胸内，胸部腹面有 1 个 Y 形的剑骨片；腹节 10 节，每个体节两侧均有 1～2 根短刚毛（刘赛 等，2020）（图 3 - 104）。

图 3 - 104　枸杞红瘿蚊虫瘿内部幼虫（母凯琴 摄，2022）

4. 蛹

被蛹，椭圆形，淡黄色、橘红色或棕红色，体长 1.8～2.8 mm，体宽 1.0～1.5 mm；头部触角基部略微膨大，基部着生有 1 对圆锥形突起的小角；额顶端两侧均着生 1 对刚毛；前胸背部两侧着生有 1 对气孔，较额顶端的刚毛粗，基部粗，近端部较细且略弯曲；腹部背面各体节基部着生有 1 横排刺突。老熟幼虫吐丝与土壤颗粒缀成茧（刘赛 等，2020）。

5. 虫瘿形态

枸杞红瘿蚊造成的虫瘿基部膨大而顶部尖，虫瘿外形呈水滴状，随着虫瘿不断生长，子房膨大导致花槽开裂，此时虫瘿呈球形，虫瘿顶部露出近白色花冠，花萼边缘干枯呈棕色（高琼琼 等，2022）。

（四）生物学特性

1. 生活史

枸杞红瘿蚊 1 年发生 5～6 代，以末代老熟幼虫在枸杞树冠下的土中作茧越冬，主要分布在 3 cm 深的土层中。田间调查发现，每年 4 月中旬枸杞展叶现蕾期，枸杞红瘿蚊开始羽化出土，在树冠下飞舞交配，后将卵产于幼嫩花蕾，产卵后成虫死于花蕾顶端。1 头雌性成虫可危害多个花蕾。孵化后的幼虫钻蛀到子房与花萼之间，蛀食正在发育的子房，刺激子房形成虫瘿，每个虫瘿内有幼虫十余头至百余头不等。幼虫发育成熟后，从畸形花蕾的顶端咬破虫瘿外壳脱落，然后通过地表裂缝、松软的土层钻入土中或直接在荫蔽处结茧化蛹，待条件合适时，成虫羽化继续危害（李清志 等，2001；李建领 等，2017）。4 月中旬至 5 月上旬为越冬代红瘿蚊出土产卵期，4 月中旬一代红瘿蚊幼虫开始活动危害，5 月上旬危害最为严重，5 月中旬老熟幼虫入土化蛹。5 月下旬成虫羽化产卵，二代幼虫开始危害，6 月中旬幼虫危害达到高峰。6 月下旬，二代枸杞红瘿蚊成虫羽化并产卵，7 月上旬三代幼虫集中危害。7月中旬至下旬持续高温，最高温度达35 ℃以上，对枸杞红瘿蚊的发育抑制作用明显，因此，7月下旬四代枸杞红瘿蚊危害较轻（虫果数为0.04个/枝）。8月中旬至8月下旬五代枸杞红瘿蚊发生并危害。8月下旬五代红瘿蚊成虫羽化产卵，9月上旬六代红瘿蚊幼虫开始危害，9月中旬危害达到高峰，9月下旬六代老熟幼虫入土结茧准备越冬。

2. 其他生物学特性

枸杞红瘿蚊完成单个世代需要有效日积温347.5 ℃，发育起点温度为7 ℃，持续高温对成虫的羽化有明显抑制作用。卵期发育需要3～5 d，幼虫期13.4 d，越冬代幼虫存活长达半年之久，前蛹期8.2 d，蛹期2.4 d，成虫期2.5 d，完成1个世代约需30.5 d（李建领 等，2017）。交尾后枸杞红瘿蚊雌、雄成虫平均寿命分别为41.8 h和38.3 h；未交尾雌、雄成虫平均寿命分别为28.5 h和16.6 h，分别显著低于已交尾雌、雄成虫平均寿命，2种条件下，雌成虫寿命均长于雄成虫寿命（刘赛 等，2020）。

3. 发生规律

越冬代红瘿蚊出土较早，一代幼虫主要危害老眼枝（上年生枝条）上的花蕾；5月下旬至7月上旬随着温度升高，七寸枝（当年生枝条）大量萌发，二代和三代枸杞红瘿蚊危害严重，主要危害七寸枝上的花蕾；7月中旬至8月下旬温度较高，枸杞生长停滞，花蕾较少，四代和五代枸杞红瘿蚊危害相对较轻；9月七寸枝再次萌发，六代幼虫主要危害秋梢上的花蕾（刘赛 等，2020）。一代发生期为4月下旬至5月上旬，二代6月上旬，三代7月上旬，四代7月下旬，五代8月中旬，六代9月中旬。危害较重的是一代和二代（李建领 等，2017）。

4. 生活习性

枸杞红瘿蚊入土至羽化为成虫出土前，在正常土中虫体移动水平距离是12.5 cm，老熟幼虫移动距离最长，为10 cm，蛹羽化前仅移动2.5 cm，羽化出土前较少活动。由于成虫发生期不集中，在田间常见有世代重叠现象。枸杞红瘿蚊喜欢潮湿环境，遇到雨水天气或浇水后数量增加，尤其在路边树荫下或离土壤近的花蕾上较为严重，碱性较大、新开的荒地等土壤结构较差的土地受害严重，在疏松、透气性好的壤土上栽植的枸杞受害较轻，相对分散种植的枸杞地比连片种植的枸杞地受害严重。降水、日照、湿度对枸杞红瘿蚊种群发生的影响不明显；气温与红瘿蚊危害程度有一定的相关性。春季危害程度随温度的升高而增长，夏季气温升高到一定水平时，枸杞红瘿蚊的危害受到抑制，秋季气温回落时，危害程度又有加重的趋势（张凡，2020）。

（五）综合防控技术

1. 农业防控

枸杞红瘿蚊以老熟幼虫在围蛹内化蛹，在枸杞根部周围的土壤中越冬。因此，秋翻可以使老熟幼虫暴露在土表或深埋下层，可有效减少越冬虫口数量，春灌使土壤温度骤降且地表结层，减少土壤透气性，有助于消灭出蛰成虫。地表覆膜可以将羽化的枸杞红瘿蚊成虫封闭于膜下，从而起到降低虫口数量的目的。早春及时摘除受害花蕾，以及在幼虫脱果前及时摘除虫果，有助于减少枸杞红瘿蚊虫口数量，降低后期危害（李清志 等，2001）。

2. 物理防控

在越冬代枸杞红瘿蚊出土前通过地表覆盖地膜，将羽化的枸杞红瘿蚊成虫封闭在膜下，从而达到防治的目的。4月上旬覆膜，5月中旬撤膜。早春喷施仿生胶可黏附枸杞红瘿蚊成虫，使成虫无法继续活动危害，直至死亡。4月中旬，越冬代枸杞红瘿蚊成虫羽化出土前，是使用仿生胶防治的关键时期（李建领 等，2017）。

3. 生物防控

枸杞红瘿蚊报道的天敌包括草蛉、瓢虫、蜘蛛、齿腿长尾小蜂（*Monodontomerus* sp.）、枸杞红瘿蚊拟长尾小蜂（*Pseudotorymus jaapiellae*）、枸杞瘿蚊金小蜂（*Pteromalus janssoni*）、枸杞瘿蚊黄色长尾啮小蜂（*Aprostocetus calvus*）等（李建领 等，2017；朱秀，2021）。应适当保持枸杞园生态环境，保护自然天敌，利用天敌的控制作用，提高生物防治效果。

4. 化学防控

化学防控以土壤施药为主，树冠喷药为辅。土壤施药是要抓住成虫羽化前和幼虫入土后进行，在枸杞现蕾初期用40%辛硫磷3.75～4.50 kg/hm² 加 1 500 kg 湿土配成毒土，结合耙地进行土壤毒土封闭，可有效降低春季枸杞红瘿蚊成虫数量（李云翔 等，2022；李建领 等，2017）。毒土防治应注意避开灌水和降水期以保证药效。树冠喷药主要在幼虫入土前进行，可选用10%吡虫啉可湿性粉剂 2 000 倍液（1.5 kg/hm²），25%噻虫嗪水分散粒剂 4 000 倍液（750 g/hm²），5%啶虫脒乳油 2 000 倍液（1.5 kg/hm²）内吸性杀虫剂喷雾防治（李建领 等，2017；朱秀，2021）。

（苏杰，张建萍）

三十八、葡萄阿小叶蝉

（一）学名及分类地位

葡萄阿小叶蝉（*Arboridia kakogawana* Matsumura），属半翅目（Hemiptera）头喙亚目（Auchenorryhncha）叶蝉科（Cicadellidae）小叶蝉亚科（Typhleybinae）阿小叶蝉属（*Arboridia*）。

国内一直误将危害葡萄的叶蝉定名为［*Erythroneura apicalis*（Nawa）］，2002 年，在新疆巴州地区库尔勒市郊葡萄采集的叶蝉，经西北农林科技大学杨美霞博士鉴定为 *Arboridia kakogawana*。曹文秋等（2017）将所采集的叶蝉标本送至美国著名叶蝉研究专家 Dmitry Dmitriev 博士（美国伊利诺伊州自然历史调查中心）鉴定，也确定为 *Arboridia kakogawana*。最终将该叶蝉修订为葡萄阿小叶蝉（*Arboridia kakogawana* Matsumura）。

（二）分布与危害

1. 分布

国外分布于俄罗斯、乌克兰、日本、朝鲜、韩国、罗马尼亚等国家；国内分布于新疆、吉林、辽宁、河北、陕西、宁夏、河南、山东、湖北、安徽、江苏、浙江、江西、湖南、广西、台湾。

2. 寄主

该虫除危害葡萄外，还危害苹果、桃、梨、山楂、李、樱桃、桑等多种果树以及小麦、爬山虎和毛叶苕子等绿色植物，该虫专性取食能力较强，春季葡萄展叶后至秋季叶片枯死前均以取食葡萄为主。

3. 危害

葡萄阿小叶蝉在整个葡萄生长季节均可造成危害，其主要以成、若虫聚集在葡萄叶片背面刺吸汁液危害。被害叶片表面最初表现为褪绿的白色小斑点；危害重时白点密集，连成大白斑块，使叶片光合作用丧失；危害严重时使整个叶片苍白，并自叶缘向内焦枯，造成提前落叶，严重影响葡萄的产量和品质以及枝条的发育、花芽的分化和树势等。此外，成、若虫边取食边排泄蜜露，污染果实表面而使葡萄的商品价值下降，同时还可传播多种病毒（张华普 等，2019）。

（三）形态特征

1. 成虫

成虫体长 2.5～3.6 mm。全体底色为淡黄白色，其上布有各种淡褐色的斑纹。头顶近冠处有 2 个明显的圆形黑斑。前胸背板呈淡黄白色，其前缘处有数个淡褐色大小不等的斑纹排成横列，但有时消失。小盾片呈淡黄色，其前缘侧角处有大型的三角形黑色斑纹。中胸腹面中央位置具黑色斑块。足 3 对，其端爪为黑色。腹部的腹节背面中域具黑褐色斑块。前翅为淡黄白色半透明状，翅面着生不规则的淡褐色或红褐色斑纹，尤以翅端部色较深。因成虫发生期不同，其个体间翅面斑纹的大小及其颜色变化很大，有的虫体斑纹色深（称之红褐色型），且愈近晚秋红褐色型的虫体发生数量愈多。此外，可根据成虫下生殖板末端区分雌、雄成虫。雄虫尾部有二叉状交配器，黑色稍弯曲；雌虫尾部有黑色的产卵器，上有突起。

2. 卵

初期为乳白色。长 0.3～0.7 mm，长椭圆形，略呈弯曲状。

3. 若虫

若虫共 5 龄。一龄若虫体长约 0.5 mm，虫体无色，接近透明状，复眼明显，呈黑色，头顶有脊，触角端部颜色略深。二龄若虫体长 0.55～0.60 mm，虫体整体呈淡黄色，两复眼位于头部两侧，两复眼之间有脊，呈透明状，腹部颜色较深，呈土黄色，触角长于身体，中足、后足跗节可以看到清晰的刚毛，但腹部无明显刚毛。三龄若虫体长 0.6～0.7 mm，比二龄若虫体长明显变长，并且触角端部膨大，触角与身体等长。身体节数增多，腹部开始附着黑色刚毛。四龄若虫体长约 1 mm，腹节节数相对于三龄若虫继续增长，并且每节的宽度也有所增加；此龄期最大特点就是可以较为清晰地观察到其前胸背板有 2 个淡褐色的斑点；腹部刚毛较三龄若虫相比稍长。五龄若虫体长约 2 mm，可以明显观察到翅芽出现，腹部会有黑色沉积，会分泌较多的黑色黏性物质。复眼明显，前胸背板上出现三角状的黑斑（曹文秋 等，2017）（图 3 - 105）。

（四）生物学特性

1. 生活史

葡萄阿小叶蝉在不同地区发生代数不一，在华北地区 1 年可发生 2～3 代。在吐鲁番、阿图什及库尔勒地区 1 年发生约 4 代。以成虫在落叶下或杂草、石缝等隐蔽场所越冬。翌年春季越冬代成虫出蛰活动，先在杂草、间作植物上活动、取食，后到发芽早的桃、苹果、梨等果树上吸食汁液，葡萄展叶后又转移到葡萄上危害。越冬代成虫高峰期在 5 月初左右，一代成虫高峰期在 6 月中下旬，三代成虫高峰期在 8 月中旬，四代成虫高峰期在 9 月中旬。一代若虫发育规律较为整齐，其余 3 代均有世代重叠的现象。10 月中下旬进入越冬期。

图 3 - 105 葡萄阿小叶蝉的各虫态及孵化卵孔（曹文秋 等，2017）

A. 成虫背面观 B. 叶蝉孵化卵孔 C. 卵 D. 一龄若虫 E. 二龄若虫 F. 三龄若虫 G. 四龄若虫 H. 五龄若虫

2. 传播扩散方式

随带树皮的木材运输扩散可能是其传播方式，该虫会隐藏在树皮下越冬。

3. 迁飞习性

葡萄阿小叶蝉成虫多在白天羽化，尤以 8：00～11：00 居多，约占 62.4%。初羽化的成虫前翅柔软呈灰白色，此时成虫基本不活动。大约 2 小时后，翅即可伸展、硬化。成虫性活泼，横向爬行迅速，受惊即起飞。6 月之前全天均可见其活动，6～8 月则以 8：00～10：00 和 17：00～19：00 活动多，正午时分多集中栖息于中下部叶背。

葡萄阿小叶蝉喜欢荫蔽的环境，一般通风透光性较差、修剪不好的葡萄园危害较重。高温、干旱对葡萄阿小叶蝉发生一般影响不大，但过于干旱或叶片老化，是促使其迁飞扩散的一个原因。

4. 繁殖与其他生物学特性

葡萄阿小叶蝉成虫羽化后 2～5 d 开始交配，交配多在清晨进行。多数成虫在交配后第二天开始产卵。单雌产卵量越冬代为 21～34 粒，平均 26 粒；一、二代为 36～64 粒，平均 52 粒。成虫产卵历期 4～8 d，平均 6 d，产卵后期较长。秋末时越冬成虫部分羽化早的个体可转移至附近的苹果园及桃园活动并越冬。成虫有一定的趋光性，卵多散产于植株中下部较老的叶背叶脉处的表皮下，以中脉处为多。初孵若虫具有很强的群集性，且活动迟缓。

5. 发生规律

从田间发生情况看，一代各虫态发育比较整齐，是防治的有利时机，以后各世代重叠较重。从各代种群数量看，越冬代成虫产卵量较少，三代若虫期受降水等因素影响大，故以二代虫口数量大，危害盛期为 7 月下旬至 8 月上旬。根据以上特点，对该虫的防治应以一代为重点，做到压低一代，控制二代。

田间葡萄阿小叶蝉发生的主要影响因素：①一般美洲品系的葡萄受害较重，欧洲品系的受害较轻，野生品种以及叶片背面茸毛多而厚的品种均受害较轻。②葡萄阿小叶蝉喜欢聚集在叶片背面进行危害，喜欢隐蔽的环境。据调查，郁闭处的叶片受害率 95%，危害指数 0.74；而非郁闭处叶片受害率为 38%，危害指数 0.38。因此在枝叶密闭、杂草丛生或通风透光条件差的葡萄园中，葡萄阿小叶蝉危害更严重。从调查的分布情况来看，葡萄阿小叶蝉主要发生在葡萄园四周，发生早危害重。③冬季气温偏暖对其越冬存活较为有利，春季开春早，气温回升快，夏季高温、干旱，极利于该虫繁殖、危害。④越冬场所多而且分散，不利于防治。⑤葡萄园管理粗放，修剪不及时，造成通风透光差，园内杂草丛生，有利于葡萄阿小叶蝉危害。⑥桥梁寄主多。葡萄园内或周围多种植杏、桑、杨、榆等，为其越冬及早春及时补充养分提供了有利条件，有利于其发生。

（五）监测检测技术

1. 监测方法

若虫采用人工调查，成虫利用黄色粘虫板监测，统计时可运用微小昆虫自动计数软件系统（Bug Counter）进行自动计数，该软件适用于诱虫量在 100～500 头/（板·面），准确率 85% 以上（刘钰燕 等，2013）。

2. 调查方法

定点监测，悬挂黄色粘虫板诱集和扫网。设立 5 个点悬挂黄色粘虫板诱集和设置一定区域进行扫网。统计黄色粘虫板上成虫数量和扫网捕捉到的成、若虫数量。

（六）综合防控技术

1. 加强检疫

实行苗木标准化生产，严格检疫，杜绝葡萄阿小叶蝉传播和扩散。

2. 农业防控

田间合理施肥灌水，增施有机肥，控制化肥用量，提高葡萄自身抗性；及时抹芽、修剪、去副梢、摘心捆蔓、去除下部多余叶片，保持葡萄架面通风透光良好及植株合理负载。

3. 物理防控

在葡萄园内悬挂黄色粘虫板诱集成虫，并根据诱集量变化指导葡萄园用药时间。每公顷 450 块诱杀效果最佳，15 d 防效达 78.32%。黄色粘虫板悬挂于葡萄架面下 10 cm 处，诱虫效果最好，每天每板诱虫数量达 83.55 头（任轲亮 等，2016）；王惠卿等研究黄色粘虫板对越冬代成虫的诱集试验表明，平均每块板每天诱杀 37.10 头，最高可诱杀 116 头。

4. 生物防控

（1）保护天敌 曹文秋等（2017 年）实验初步确认了吐鲁番葡萄园葡萄阿小叶蝉卵寄生蜂为缨翅缨小蜂属（*Anagrus* sp.）。王惠卿等研究表明：纤赤螨、蜘蛛为吐鲁番葡萄阿小叶蝉主要天敌。球腹蛛科、园蛛科和微蛛科蜘蛛多结网捕食，狼蛛科的丁纹豹蛛［*Pardosa Tinsignita*（Boes. et Str.）］和蟹蛛科的种类多直接捕食。蟹蛛科、狼蛛科和球腹蛛科蜘蛛对若虫的捕食量较大，平均 3～6 头/d。园蛛科和微蛛科蜘蛛捕食量低于 2 头/d。多异瓢虫对葡萄阿小叶蝉的最大捕食数量为 69 头/d。

（2）施用生物制剂 利用生物农药 2.5% 多杀菌素悬浮剂 1 500 倍液、2% 阿维菌素乳油 3 000 倍液防治葡萄阿小叶蝉具有较好的速效性、持效性，14 d 后的防效仍保持在 74%～86%。

5. 化学防控

5 月中下旬一代若虫发生高峰期为最佳防治时期，应及时进行防治以达到压前控后的效果。沙月霞等（2011）研究表明，70% 吡虫啉水分散粒剂、25% 噻虫嗪水分散粒剂、40% 毒死蜱乳油对葡萄阿小叶蝉既具有较好的速效性，又有很好的持效性。邓福新（2016）研究表明，10% 吡虫啉可湿性粉剂、25% 噻虫嗪水分散粒剂药后 7 d 防效均为 100%。吡虫啉、噻虫嗪、吡蚜酮和矿物油都具有很好的防效，且前 2 种药剂持效期长，药后 7 d 防效为 100%。

6. 综合防控技术应用

重视农业防控措施，加强田间管理工作。在每年秋季清除葡萄园落叶、杂草，集中烧毁或深埋，减少越冬虫源。在葡萄生长季节注意及时抹芽、整枝、打杈，使葡萄枝叶分布均匀，改善通风透光条件，及时清除园中杂草，减少害虫数量。随时掌握田间虫情动态，结合气象预报，抓住关键时期特别是越冬代成虫和一代时期，世代整齐，便于统一防治。可选用 2.5% 多杀菌素悬浮剂 1 500 倍液、70% 吡虫啉 15 000 倍液、0.3% 印楝素乳油 1 000 倍液和 3% 啶虫脒乳油 1 500 倍液等有效药剂。王少山等通过 3 年（2009—2011 年）在石河子葡萄园进行综合防治实践，有效地控制了其发生危害。

（王少山，葛伟淇）

三十九、沙棘绕实蝇

（一）学名及分类地位

沙棘绕实蝇（*Rhagoletis batava* Hering），属双翅目（Diptera）实蝇科（Tephritidae）绕实蝇属（*Rhagoletis*）（武福亨 等，2004）。

（二）分布与危害

1. 分布

沙棘绕实蝇最早在荷兰发现，后于前苏联图瓦地区出现。后来在俄罗斯、白俄罗斯、德国及拉脱维亚等地发生。沙棘绕实蝇于 1985 年首次在我国辽宁发现，现在在陕西榆林、山西及黑龙江北部地区，内蒙古西部和新疆阿勒泰地区、阿合奇县沙棘种植区均有分布。

2. 寄主

该虫寄主为沙棘。

3. 危害

成虫产卵于沙棘的果皮下，幼虫孵化后蛀食果肉，致使受害沙棘果实只剩外面的果皮而干瘪，导致受害果实丧失经济价值，大暴发时能够造成沙棘果实减产 90％以上，是国家林业局发布的沙棘果实重要检疫害虫（图 3 - 106）。

图 3 - 106　沙棘绕实蝇危害（阿地力·沙塔尔 摄，2018）

（三）形态特征

1. 成虫

体长 4～5 mm，翅展约 9 mm，体黑色。芒状触角橙黄色，短于颜面长度，末端呈角状突起，触角芒褐色。复眼绿色，有金属光泽。上额鬃 2 对，下额鬃 3 对；单眼鬃较发达，其长短粗细与下额鬃相当。中胸背板黑色，具有 4 条黄白色绵毛纵条，纵条跨过横缝延伸至背板前缘，两两分离不相连。小盾片平坦，呈黄白色，具有小盾鬃 2 对。存在前翅上鬃和背中鬃。翅透明，无副前缘横带和后端横带；翅前端横带与前缘脉分离，出现透明区，该区横过 R2＋3 和 R4＋5 脉的端部；端前横带横过翅面；基横带与中横带不相连。腹部背板黑色，各节具黄白色横带。雌虫腹部腹面具 5 条黑色横带，雄虫腹部腹面仅有 4 条。雄成虫腹末端圆钝，外生殖器圆柱状，透明；雌成虫腹末端尖突，产卵管长，末端尖，针状（图 3－107A、B）。

2. 卵

梭形，乳白色，长约 0.5 mm。

3. 幼虫

蛆形，白色，呈半透明状，虫体分 11 节，前端细，尾端稍粗，具 1 对高度骨化的黑色口钩（图 3－107C）。

4. 蛹

长椭圆形，淡黄色，长（3.70±0.26）mm（标准差），宽（1.80±0.14）mm（标准差）（图 3－107D）。

图 3－107　沙棘绕实蝇不同虫态（阿地力·沙塔尔 摄，2018 年）
A、B. 成虫　C. 幼虫　D. 蛹

（四）生物学特性

1. 生活史

沙棘绕实蝇在新疆1年发生1代，以蛹在0～10 cm土层中越冬，幼虫危害高峰期为20～30 d。

2. 传播扩散方式

研究表明，沙棘绕实蝇成虫飞行能力较弱，所以主要是以卵、幼虫形态进行扩散，且沙棘绕实蝇寄主范围较小，所以带虫沙棘苗木运输、带虫接穗嫁接是沙棘绕实蝇主要传播途径。

3. 繁殖与其他生物学特性

沙棘绕实蝇成虫有补充营养的习性，羽化后经1周左右性成熟开始交尾，雌、雄成虫一生只交尾1次。雌成虫交尾24 h后即可产卵。在果实上产卵时，雌虫寻找早期着色或成熟的沙棘果实，产卵时将产卵器插入到果皮下1 mm处。1枚沙棘果实最多产2～3粒卵，卵的孵化时间为1～6周。在产卵部位上出现凹陷的产卵痕，1枚沙棘果出现1个或多个产卵痕。

4. 滞育特性

大量研究表明，沙棘绕实蝇属于蛹期专性滞育，1年仅发生1代，一代幼虫化蛹后进入滞育状态，翌年羽化。

5. 发生规律

6月中旬成虫开始羽化出土，7月上旬进入羽化高峰期，并开始产卵，7月中旬至8月上旬为产卵高峰期，产卵期可达50 d左右，8月上旬进入成虫羽化末期，羽化期长达40～60 d。7月下旬幼虫开始孵化并蛀食沙棘果实，受害果实仅剩果皮并干瘪，8月中旬幼虫进入危害高峰期，同时老熟幼虫开始脱果入土化蛹，8月下旬至9月中旬为化蛹高峰期，10月上旬进入化蛹末期，幼虫危害高峰期为20～30 d（Raimondas M，2020）。

（五）风险评估与适生性分析

1. 风险评估

通过研究分析，得出沙棘绕实蝇对新疆的危险性综合评价R＝2.22，属高度危险的林果有害生物。该虫在我国北方多数省份适生，在新疆部分地区已经发生，一旦蔓延，将造成沙棘大面积绝收，应采取有效措施加强对沙棘绕实蝇的管控，减少害虫的发生与蔓延。

2. 适生性区域的划分以及风险等级

国内学者基于最大熵模型进行预测，发现在当前气候条件下，沙棘绕实蝇在我国主要分布于东部、中部及西北部。高度适生区主要分布在新疆北部、内蒙古中部和东部、甘肃东部、安徽北部、江苏北部以及宁夏、山西、陕西、河北、北京、天津、黑龙江、吉林、辽宁、河南、山东、湖北等大部分地区；中度适生区分布在四川东部、贵州东北部、湖南南部等地区；低度适生区分布在青海东部、江苏南部以及重庆、湖南、江西等大部分地区。在我国沙棘绕实蝇适生范围较广，适生性较强，未来沙棘绕实蝇的适生区可能向我国西南部扩张。现已传入我国大部分沙棘种植地，并成功定殖，危害我国沙棘产业。

3. 风险管理措施

（1）加强监测预警 依托新疆果园提质增效工程，结合田间管理等增强树势，加强清洁沙棘园，跟进肥水措施以增强树体的抗病能力，并引进智能远程监测高新技术，提高对沙棘绕实蝇的实时监测能力，多措并举综合预防。

（2）加强检验检疫　在沙棘绕实蝇常发、多发区域及时落实沙棘绕实蝇处置措施，加强林业植物检疫检查执法力度，严把检疫关，加强对外来沙棘苗木的检疫和自治区内沙棘苗木调运检查，一旦发现疫木传入，采取焚烧等措施及时处理，防止沙棘绕实蝇入侵及扩散。

（3）构建绿色防治网络，开展统防统治　沙棘绕实蝇通常水平分布在上方有沙棘果的区域，垂直分布在深度 6 cm 处的沙土层内，采取秋翻春灌的方法可破坏其生活环境，降低翌年虫卵发生率。沙棘具有较强的萌蘖能力，平茬复壮是控制沙棘钻蛀性害虫最经济、有效的技术措施，可使害虫因丧失生存环境和产卵繁殖场所从而中断世代。根据沙棘绕实蝇的趋光性，使用夜间光源诱杀，能有效降低田间密度；黄色粘虫板对成虫的诱集效果最好。化学防治应注意区分生长期用药，幼虫期选择在幼虫离果落地前对地面喷洒 5% 敌百虫粉剂，毒杀幼虫；成虫期向林冠喷施 40% 乐果乳油 1 000 倍液以杀死成虫及刚孵化出的幼虫。

（六）监测检测技术

1. 监测与调查方法

（1）监测方法　利用沙棘绕实蝇专用引诱剂结合黄色粘虫板，悬挂在距地面 1.5 m 左右的沙棘枝条上，每 3 d 观察并记录诱捕到的沙棘绕实蝇成虫数量。

（2）调查方法　监测区采取对角线式或棋盘式取样方法取样。监测区内 4 hm² 以下地块取 10 个调查点，每个点调查 10 株；4 hm² 以上地块取 20 个调查点，每个点调查 5 株。记录每株沙棘上沙棘绕实蝇卵、幼虫的数量（卵记录产卵痕数量），成虫采用沙棘绕实蝇专用引诱剂结合黄色粘虫板进行发生数量调查。

2. 鉴定技术

雌成虫腹部腹面具 5 条黑色横带，雄虫腹部腹面仅有 4 条。雄成虫腹末端圆钝，外生殖器圆柱状，透明；雌成虫腹末端尖突，产卵管长，末端尖，针状。

3. 监测技术应用

在重点区域设立固定测报点，监测沙棘虫害的虫口密度及其发生发展情况，定期开展虫情调查，预测预报沙棘虫害的发生趋势。同时可结合遥感、无人机监测技术及信息素引诱剂监测技术等，及早发现虫情，及早治理。

（七）应急防控技术

（1）农业防控　需要对沙棘林加强管护，做好林分改造。

（2）物理防控　利用糖醋液、黄色粘虫板诱捕沙棘绕实蝇成虫，降低虫口数量。

（3）化学防控　交替使用不同类型高效低毒新型杀虫剂进行防控。

（八）综合防控技术

目前沙棘绕实蝇的防治主要以化学防控为主，结合物理防控和生物防控，同时加强种苗检疫，防止其随苗木调运传播。

1. 检疫防控

要加强苗木检疫，杜绝人为传播，疫区内的种苗及其他繁殖材料禁止运出疫区，加强监测，做到早发现、早报告、早隔离、早防控，防止沙棘绕实蝇的扩散和蔓延。

2. 农业防控

在沙棘幼虫发生初期，及时摘除虫果，集中药剂除害或烧毁。8 月中旬可在树冠下覆盖塑料薄膜，阻止幼虫入土越冬。

3. 物理防控

在成虫羽化高峰期用黄色粘虫板诱捕成虫防治效果最好，可显著减少幼虫数量；诱捕器诱杀成虫亦可减少虫源，但防治效果甚微。

4. 生物防控

沙棘绕实蝇的天敌种类十分丰富，有捕食性昆虫步甲、虎甲、蚁蛉、草蛉、螳螂等，鸟类及刺猬、榆林沙蜥等亦是沙棘绕实蝇的重要天敌。特别是寄生性天敌沙棘蝇茧蜂（*Opius* sp）对沙棘绕实蝇寄生率达 24.5%～53.9%，利用人工助迁方法，可有效地控制沙棘绕实蝇危害。

5. 生态调控

秋翻、春灌可改变老熟幼虫生活环境。经秋翻可使老熟幼虫暴露于土表或深埋下层，降低老熟幼虫越冬存活率；春灌可减少成虫出蛰数量，从而减轻危害。

6. 化学防控

（1）树冠喷药防治　主要采用飞防，使用吡虫啉早、晚进行喷雾，用量 225 g/hm² 加 100 g 尿素。

（2）成虫防治　于成虫羽化高峰期，林冠喷雾防治 2 次，每次间隔 10 d。可用 2.5% 溴氰菊酯乳油 1 000 倍液喷雾。

（3）幼虫防治　利用老熟幼虫离果落地后，在地表蠕动下潜越冬的特性，在林冠下进行地面喷药粉杀虫，具体做法是抓住 8 月下旬至 9 月上旬老熟幼虫落地高峰期，地面喷洒粉剂 2 次，每次间隔 7～10 d。

7. 综合防控技术应用

目前主要在沙棘绕实蝇成虫期采用化学药剂与物理诱杀相结合的方法防治；幼虫期采用伐除病株进行防治。综合应用物理防控、化学防控、生物防控技术，针对各虫态采用不同方法精准防控，形成综合防控技术，为沙棘绕实蝇防治奠定基础。

（阿地力·沙塔尔，李子昂）

四十、星天牛属

天牛是鞘翅目天牛科昆虫，我国记载的有 2 000 多种。是目前发生面积最大的蛀干害虫，主要以幼虫钻蛀树干、枝条及根危害，往往造成树木衰弱或死亡。星天牛和光肩星天牛是世界性林业蛀干害虫，也是重要的入侵性昆虫，在新疆发生危害严重。

（一）学名及分类地位

星天牛（*Anoplophora chinensis* Foerster）、光肩星天牛（*Anoplophora glabripennis* Motschlsky），均属鞘翅目（Coleoptera）天牛科（Cerambycidae）。

（二）分布与危害

1. 分布

星天牛：国外主要分布在朝鲜、日本、缅甸。国内主要分布在辽宁、吉林、广西、贵州、四川、宁夏、甘肃、陕西。在新疆分布于克州。

光肩星天牛：世界范围内在多国被发现。已在国内东北、华北、西北以及湖北、贵州等地分布。新疆主要分布于伊犁州伊宁市、新源县、巩留县、伊宁县、察布查尔县，巴州和硕县、和静县、焉耆县、博湖县、库尔勒市。

2. 寄主

星天牛：木麻黄、杨、柳、榆、刺槐、核桃、桑、红椿、楸、乌桕、梧桐、相思树、苦楝、悬铃木、红花天料木、栎、柑橘及其他林果等19科29属48种植物。

光肩星天牛：杨属、柳属、榆属、槭属、桦木属、桤木属、白蜡属、合欢属、鹅耳枥、朴属、连香树属、栎属、楝属、桑属、悬铃木属、李属、梨属、槐属、刺槐属、蔷薇属、花楸属、椴树属、香椿属等，共计18科20余属的树木。

3. 危害

星天牛：危害与光肩星天牛危害特征相似（图3-108），以幼虫在寄主植物基干部位危害，低龄幼虫主要在形成层危害，高龄幼虫开始蛀入木质部，危害严重时严重影响树体的生长发育，易使寄主植物发生风折。

图3-108 星天牛危害状（李飞 摄，2020）
A. 星天牛刻槽 B. 羽化孔 C. 幼虫危害状

光肩星天牛：主要以幼虫在寄主树干内钻蛀危害，其中，一至二龄幼虫主要在寄主形成层中危害，三龄后蛀入木质部，在木质部内形成钻蛀孔道（图3-109）。幼虫危害期间，在树干上形成排粪孔和透气孔，利用排粪孔将锯末状虫粪排出坑道。

图3-109 光肩星天牛危害状（李飞 摄，2020）
A. 羽化孔 B、C. 树干内危害状

（三）形态特征

1. 星天牛

（1）雌成虫　体长 36～41 mm，黑色，具金属光泽。触角第一、二节黑色，其他各节基部 1/3 有淡蓝色毛环，其余部分黑色，触角超出身体 1～2 节。前胸背板中瘤明显，两侧具尖锐粗大的侧刺突。每翅具大小白斑约 20 个，排成 5 横行（图 3-110A）。

（2）雄成虫　触角超出身体 4～5 节。

（3）卵　长椭圆形，长 5～6 mm。初产时白色，以后渐变为浅黄白色（图 3-110B）。

（4）幼虫　老熟幼虫体长 38～60 mm，乳白色至淡黄色。前胸略扁，背板骨化区呈"凸"字形，"凸"字形纹上方有 2 个飞鸟形纹（图 3-110C、D）。

（5）蛹　纺锤形，长 30～38 mm，初为淡黄色，后渐变为黄褐色至黑色（图 3-110E）。

图 3-110　星天牛形态特征（李飞 摄，2022 年）

A. 成虫　B. 卵　C、D. 幼虫　E. 蛹

2. 光肩星天牛

（1）雌成虫　体长 14～40 mm，体黑色，有光泽。头部比前胸略小，自后经头顶至唇基有 1 条纵沟，以头顶部最为明显。触角鞭状，自第三节起各节基部呈灰蓝色。雌虫触角约为体长的 1.3 倍，最后 1 节末端为灰白色。前胸两侧各有 1 刺状突起，鞘翅上各有大小不等的白色或乳黄色毛斑约 20 个，毛斑大小、形状、位置、数量等变异较大（图 3-111A）。

（2）雄成虫　触角约为体长的 2.5 倍，最后 1 节末端为黑色。

（3）卵　乳白色，长椭圆形，长 5.5～7.0 毫米，两端稍弯曲（图 3-111B、C）。

（4）幼虫　初孵幼虫为乳白色。老熟幼虫体长约 50 mm，体带黄色，头部褐色，前胸大而长，前胸背板后半部较深，呈"凸"字形（图 3-111D、E）。

（5）蛹 全体乳白色至黄白色，长 30～37 mm，附肢颜色较浅（图 3 - 111F）。

图 3 - 111 光肩星天牛各虫态形态特征（李飞 摄）
A. 成虫 B、C. 卵 D、E. 幼虫 F. 蛹

（四）生物学特性

1. 星天牛

（1）生活史 星天牛 1 年发生 1 代，以幼虫在被害寄主木质部越冬，3 月中下旬开始活动取食，4 月下旬化蛹，5 月下旬羽化，6 月上旬幼虫孵化危害至 10 月下旬越冬。危害期长，生活十分隐蔽，防治难以奏效，所以预测成虫羽化高峰期，在高峰期防治成虫是成败的关键。

5 月开始羽化，5 月下旬至 6 月中下旬为成虫出孔高峰期，卵期 10 d，7 月上中旬为孵化高峰，20～30 d 后开始向木质部蛀食，幼虫共 6 龄，以老熟幼虫越冬。老熟幼虫用木屑、木纤维把虫道两头堵紧，作蛹室并于其中化蛹。

（2）传播扩散方式 星天牛扩散传播主要包括远距离传播和近距离传播，其远距离传播主要为人为传播，主要依靠其卵、幼虫、蛹等随苗木等传播介质调运传播，其近距离传播主要依靠该害虫成虫自主飞行扩散。

（3）繁殖特性 成虫羽化后啃食寄主幼嫩枝梢的树皮补充营养，10～15 d 后交尾。破晓时较活跃，中午多停息枝端，21：00 后及阴雨天多静止。交尾后 3～4 d，于 6 月上旬，雌成虫在树干下部或主侧枝下部产卵，6 月下旬至 7 月上旬为产卵高峰期，卵多产在离地面 10 cm 以内的主干上，且以直径 6～15 cm 的树干居多。产卵前先在树皮上咬 T 形或"人"字形刻槽,用上颚稍微掀开皮层,再将产卵管插入刻槽一边的树皮夹缝中产卵,每处1粒,每头雌虫1生可产卵23～32粒。

(4) 生活习性　成虫羽化孔一般离地面1～28 cm。成虫寿命一般40～50 d,飞行距离约40 m。通常初孵幼虫从产卵处蛀入,在树木表皮与木质部之间蛀食,形成不规则的扁平虫道,虫道内充满虫粪,常见向上蛀成不规则的虫道,也有的向下蛀入根部;并开有通气孔1～3个,从中排出似锯木屑的粪便,整个幼虫期长达10个月,虫道长20～60 cm,宽0.5～9.0 cm。幼虫危害部位在离地面20 cm以下的树干上占91.4%,钻入地下根部占2.3%,其余在20 cm以上部位危害。

2. 光肩星天牛

(1) 生活史　光肩星天牛在我国大部分地区1年发生1代,或2年发生1代,以各虫态越冬。成虫羽化后在蛹室内停留约7 d,然后在侵入孔上方咬出羽化孔飞出。在华北地区通常于5月中下旬开始羽化,7月上旬为羽化高峰期,10月上旬仍然有部分成虫羽化,世代极不整齐。成虫白天活动,补充营养时取食杨、柳、复叶槭等叶柄、叶片和小枝皮层,通常补充营养2 d后开始交配产卵。光肩星天牛在新疆1年发生1代,大多以卵和幼虫越冬。在南疆焉耆县翌年5月上旬化蛹,蛹期23 d左右。成虫于6月初出现,7月初至7月底为成虫羽化盛期,9月下旬很少见到羽化的成虫;在北疆伊宁县翌年4月底化蛹,5月中下旬出现成虫,6月中下旬至7月中旬为成虫羽化盛期,到9月上中旬很少见羽化的成虫。雄成虫寿命为8～65 d (32 d),雌成虫寿命为6～67 d (34 d)。

(2) 传播扩散方式　光肩星天牛常随寄主植物调运进行远距离传播,近距离传播则主要依靠其自身飞行活动扩散。

(3) 繁殖特性　通常,成虫一年可交尾数次,产卵前成虫先用上颚咬1个椭圆形刻槽,然后将产卵管插入韧皮部和木质部之间产卵,每个刻槽产卵1粒,每雌平均产卵量为32粒。通常在树木根际至3 cm粗的小侧枝上均有刻槽分布,主要集中在树干枝杈及萌生枝条的部位。

(4) 生活习性　卵:产于产卵孔上方6～10 mm处,南、北疆该天牛的卵期都是12～13 d。当年9月中下旬产的卵到翌年才能孵化。在不同树种上卵的孵化率也不同,如馒头柳、旱柳、箭杆杨上孵化率达90%以上;在复叶槭、白榆、新疆杨、胡杨和沙枣上为20%～70%。

幼虫:初孵化的幼虫在树皮下产卵孔周围取食腐蚀的韧皮部及形成层,排出褐色粪便。二龄后的幼虫取食部位逐渐由树皮下韧皮部和形成层深入到木质部表层,然后开始蛀入木质部内危害。蛀道初为横行,斜向上方,随着幼虫不断成长,蛀道逐渐加深,钻蛀成长20 cm左右的L形蛀道,并在木质部内蛀成椭圆形孔洞,外排有木屑及粪便。老熟幼虫从木质部内的蛀道四周咬取长木丝紧塞蛀道末端,形成蛹室并在其内等待化蛹。

蛹:蛹室长椭圆形,内壁光滑,大多直立。外部四周用细木丝围成,蛹在蛹室内头部向上,面朝树皮外方。

成虫:成虫羽化时先从蛹室顶端向树皮外咬9 mm左右的圆孔,钻出孔后就补充营养,喜食柳树的嫩叶及嫩皮。2～3 d后进行交尾产卵。一生交尾多次,多在晴天进行。行动迟缓,无趋光性,飞翔能力弱,但可多次连续飞翔。雌、雄比例均为1.3:1。

（五）综合防控技术

1. 被害程度划分标准和防治指标

被害程度划分标准见表 3 - 16。

表 3 - 16　被害树木程度划分标准

被害程度	轻	中	重
树龄 10 年以下的虫口密度（头/株）	1～2	3～8	9 头以上
树龄 10 年以上的虫口密度（头/株）	3～5	6～10	10～12 头
被害株率（%）	5～10	11～20	20 头以上

防治指标：根据天牛造成 10 年以下生树木的经济损失的虫口数量确定其生物防治指标和化学防治指标。

防治时间：北疆 4 月上中旬利用打孔注药防治即将出孔的天牛成虫，5 月下旬至 7 月中旬利用喷雾防治当年的成虫；6 月上旬开始再次打孔注药防治一至二龄幼虫。南疆在每年 6 月上旬至 8 月上旬打孔注药防治即将出孔的天牛成虫和一至二龄幼虫，6 月下旬至 7 月下旬利用喷雾防治当年的成虫。

2. 防控技术

（1）检疫防控　禁止从外省（市、区）调入白蜡、梧桐、法桐、槐属、槭树、杨属、柳属、榆属植物，防止天牛通过苗木调运传入。

（2）人工防控　每年 5 月底至 7 月底天牛成虫期，继续采取奖励形式发动当地群众和中小学生捕捉，收集和灭杀成虫。

（3）生物防控　目前用于光肩星天牛生物防治的天敌主要包括花绒寄甲和管氏肿腿蜂，管氏肿腿蜂通常用于一至三龄幼虫防治，花绒寄甲主要用于高龄幼虫和蛹期防治。此外，大斑啄木鸟、蒲螨等天敌也可有效防控光肩星天牛。

（4）化学防控　常用的施药方式包括打孔注药和喷雾防治。

打孔注药：用 20%吡虫啉、3%啶虫脒、5%氟虫腈原液，树木胸径按每厘米用 1.0～1.5 mL 药液注射到钻孔中，连续注射 3 次，每次相隔 10 d 左右，注药后用稀泥密封孔洞，以防止树液流出伤害树体或用 2.5%拟除虫菊脂 100 倍液做成毒签、毒泥，插、塞入虫孔内，使药物在树体内熏杀幼虫、蛹和即将羽化的成虫。

喷雾防治：用触破式微胶囊（8%氯氰菊酯微胶囊水悬浮剂）400～500 倍液，或用 20 g/kg 噻虫啉微胶囊悬浮剂 1 500 倍液，或用 5%氟虫腈 2 000 倍液喷雾防治天牛成虫。用 2.5%溴氰菊酯乳剂或 20%杀灭菊酯乳剂 800～1 000 倍液树干喷雾防治初龄幼虫。

（辛蓓，李飞，阿地力·沙塔尔）

四十一、黄斑长翅卷叶蛾

（一）学名及分类地位

黄斑长翅卷叶蛾（*Acleris fimbirana* Thunbeng），属鳞翅目（Lepidoptera）卷蛾科（Tortricidae）长翅卷蛾属，别名桃黄斑卷叶蛾。

（二）分布与危害

1. 分布

国外分布于俄罗斯、乌克兰、日本等国。国内分布于东北、华北、华东、西北各地。

2007 年在新疆南疆库车县首次发现该害虫以来，目前逐渐扩散到新疆各地。

2. 寄主

有桃、杏、苹果、海棠、梨、李、山荆子、杜梨、酸梅等。

3. 危害

初孵幼虫首先食害花芽，钻入芽内危害，或在花芽基部蛀食，果树展叶后，食害新叶。幼虫吐丝卷叶，一至二龄幼虫仅食害叶肉，残留表皮，三龄以后则蚕食叶片，仅留叶脉，且卷叶数目由 1～2 片增加至 5～6 片，使整个叶簇卷曲成团或幼虫吐丝将数张嫩叶缠缀在一起，呈疙瘩状，幼芽和嫩梢被害后不能展开或死亡。有果实时，幼虫咬食果皮，影响果品质量（图 3 - 112）。

图 3 - 112　黄斑长翅卷叶蛾危害状（阿地力，2022 年）

（三）形态特征

1. 成虫

有夏型和越冬型之分。体长 7～9 mm，翅展 15～20 mm。夏型体色为菊黄色，前翅金黄色，散有银白色鳞片；前翅近长方形，顶角圆钝（图 3 - 113A）。后翅和腹部灰白色，复眼灰色。越冬型深褐色，体较夏型稍大，体暗褐微带浅红色，前翅上散生有黑色鳞片，后翅浅灰色，复眼黑色（图 3 - 113B）。

2. 卵

扁椭圆形，直径约 0.8 mm，一代卵初为乳白色半透明，后变暗红。以后各代近孵化期表面有一红圈。夏型成虫产的卵初为淡绿色，次日为黄绿色，近孵化时深黄色。

3. 幼虫

共 5 龄。初龄幼虫体乳白色，头、前胸背板及胸足均为黑褐色；二、三龄时虫体黄绿色，头及前胸背板黑褐色；四、五龄幼虫头、前胸背板及胸足变为淡绿褐色。老熟幼虫体长 22 mm，化蛹前体黄绿色，头及前胸背板绿褐色。臀栉短而钝。腹足趾钩双序环状，臀足趾钩双序缺环（图 3 - 113C）。

4. 蛹

体长 9～11 mm，深褐色。头顶有一向背面弯曲的角状突起，基部两侧还有 6 个小瘤状突起。臀刺分二叉，向前方弯曲，化蛹于卷叶内（图 3 - 113D）。

图 3 - 113 黄斑长翅卷叶蛾不同虫态（阿地力·沙塔尔 摄，2012）

A. 夏型成虫　B. 冬型成虫　C. 幼虫　D. 蛹

（四）生物学特性

1. 生活史

在新疆 1 年发生 3 代，有世代重叠现象。以越冬型成虫在杂草、落叶间越冬，翌年 4 月初开始活动。一代卵于 4 月上中旬散产于枝条或附近；4 月中下旬孵化出一代幼虫，蛀食花芽及嫩芽的基部，后将数张叶片缀为虫包，使叶成缺刻或呈现孔洞，严重影响果树新梢的生长和发育；幼虫 5 月上旬开始化蛹。二、三代卵多产于叶片正面，卵期 7 d 左右，幼虫发生盛期在 6 月下旬和 8 月下旬。幼虫有吐丝缀叶和转移危害习性，老熟后转移新叶结茧化蛹，蛹期平均 13 d 左右（高鹏飞，2018）。据室内 24 ℃恒温下观察，蛹期为 7 d。一代成虫发生高峰期在 6 月上中旬，二代成虫发生高峰期在 7 月中下旬，三代则在 10 月中旬左右（刘永华 等，2020）。

2. 生活习性

成虫于 3 月下旬开始活动，一般多在清晨羽化，对糖醋液和黑光灯有趋性。4 月中旬交尾产卵（马瑞燕 等，2000）。卵产于枝条或芽附近，一代幼虫孵化后蛀食花芽及芽的基部后卷叶危害。以后各代成虫多将卵产在叶片上。叶正面多，背面较少；枝条中部叶片上卵较多，基部老叶和梢顶嫩叶上卵很少。幼虫均喜卷叶危害。

（五）综合防控技术

1. 农业防控

清除果园内的杂草、枯枝和落叶等杂物，消灭越冬成虫。春天在幼虫危害初期人工摘除虫苞，杀灭幼虫。

2. 物理防控

利用黑光灯对成虫进行诱杀。当地实践证明，黄斑长翅卷叶蛾成虫对频振式杀虫灯的趋性不如黑光灯强，故多采用黑光灯。利用糖醋液诱杀。糖醋液配制方法：糖 5 份，酒 5 份，醋 20 份，水 80 份。将糖醋液装于瓶中，挂在树冠下，5～7 d 更换 1 次糖醋液（刘永华 等，2018）。

3. 化学防控

一代卵孵化期一般在 4 月下旬至 5 月上旬，用菊酯类农药 1 000～2 000 倍液进行防治。若发生严重，用药 1 周后再补喷 1 次。二、三代幼虫用药时间则分别为 6 月中下旬和 8 月下旬（张仁福 等，2011）。

（阿地力·沙塔尔，张仁福）

四十二、白蜡窄吉丁

（一）学名及分类地位

白蜡窄吉丁（*Agrilus planipennis* Fairmaire），属鞘翅目（Coleoptera）吉丁甲科（Buprestidae）窄吉丁属。

（二）分布与危害

1. 分布

国外分布区域主要为日本、韩国、蒙古国、俄罗斯、加拿大、美国。我国于 20 世纪 60 年代在黑龙江首次发现其危害，目前白蜡窄吉丁在黑龙江、吉林、辽宁、河北、北京、天津、山东等地分布。2017 年传入新疆后，先后在乌鲁木齐市、昌吉州、伊犁州、博州和石河子市等地发现。

2. 寄主

主要危害美国白蜡（*Fraxinus americana* L.）、美国红蜡（*Fraxinus pennsylvanica* Marshall）、绒毛蜡（*Fraxinus velutina* Lingelsh）、黑蜡（*Fraxinus nigra* Marshall）和水曲柳（*Fraxinus mandshurica* Rupr.）等。与早期文献上的记载不同，很少发现白蜡窄吉丁对白蜡树（*Fraxinus chinensis*）和花曲柳（*Fraxinus rhynchophylla*）造成危害，不同白蜡树对白蜡窄吉丁的敏感性不同，洋白蜡、绒毛白蜡等北美白蜡树种受其危害重于亚洲的水曲柳。根据国外报道，白蜡窄吉丁可危害白蜡属、榆属、枫杨属、核桃属的一些树种，入侵美国后有在美国流苏树（*Chionanthus virginicus* L.）和实验室的木樨榄（*Olea europaea* L.）上觅食和发育的记录。

3. 危害

主要以幼虫在树干内蛀食危害。成虫羽化期啃食叶片补充营养而后产卵，对白蜡树危害不大，白蜡窄吉丁成虫通常将卵产在距地面 1～2 m 的主干上，幼虫通常分布在距地面 4 m 以下的主干上，成虫羽化孔主要分布于距地面 1～3 m 的主干上。胸径 0.3～1 m 的白蜡树均可受到白蜡窄吉丁的危害，被害木一般在 2～6 年内树势衰弱导致死亡，初侵染看不出表征，被害木可以看到树皮脱落、倒 D 形羽化孔、S 形虫道、干基处萌蘖时已受到严重侵害（图 3-114）。白蜡窄吉丁不仅危害生长在干旱、病害多发和土壤瘠薄地区的衰弱树，也会危害健康树，林型不同害虫发生程度不同，混交林暴发虫害率低于纯林。

图 3-114 白蜡窄吉丁危害状
A. 羽化孔　B. 树皮纵裂　C. 树势衰弱　D. 蛀道

（三）形态特征

1. 成虫

成虫体表具有铜绿色金属光泽（图 3-115A、A1），体长 9.8～14.1 mm，窄楔形。触角锯齿状，复眼 1 对，肾形，棕褐色，体表有铜绿色金属光泽。前胸背板略宽，2.1～3.0 mm，近方形，边缘钝化。雄虫胸部腹面及足腿节内侧密布银白色长绒毛，解剖镜下或从虫体侧面观察更为明显，尤其是中足的腿节，而雌成虫相应部位的绒毛则短而稀。羽化时会先咬出 1 个长（3.32±0.67）mm、宽（2.7±0.86）mm 的倒 D 形羽化孔，咬碎木屑被成虫啃食补充能量，虫粪随即排在身后，可见羽化孔内堆满虫粪。

2. 卵

卵平均直径 0.7～1.0mm，初产时为乳白色至淡绿色（图 3 - 115B、B1），3～4 d 后变土黄色，孵化前为棕褐色，薄饼状，不规则椭圆形，表面粗糙不平。卵主要产于树皮裂缝处，多为单产、散产，每雌成虫平均可产卵 60 粒以上，平均成熟卵粒 30 粒。

3. 幼虫

幼虫体长 24～30 mm，乳白色，腹部 10 节（图 3 - 115C、C1）。尾端有 1 对棕褐色尾叉。白蜡窄吉丁共有 4 龄，一龄幼虫历期 19 d，二龄幼虫历期 11 d，三龄幼虫历期 12 d，四龄幼虫历期 275 d，林间观测到一龄和二龄幼虫危害较大、啃食量较多、危害速度较快、虫体变化较大。

4. 蛹

蛹为裸蛹（图 3 - 115D、D1、D2），菱形，长 10～17 mm，宽 3～5 mm，初化蛹为乳白色，5 d 左右复眼开始变黑，而后腹背、前胸变黑，化蛹后 10 d 左右全身变黑。羽化前具有金属光泽，鞘翅蜕完最后一层皮，即羽化完成，室温下，蛹期为（14 d±0.70）d。

图 3 - 115　白蜡窄吉丁形态特征
A1、A2. 成虫　B1、B2. 卵　C1、C2. 幼虫　D1、D2、D3. 蛹

（四）生物学特性

1. 生活史

白蜡窄吉丁在新疆 1 年发生 1 代，以老熟幼虫在蛹室内越冬，幼虫自 7 月底开始陆续蛀入蛹室，至 11 月完全进入越冬状态。翌年 4 月上旬陆续越冬完毕，进入预蛹状态。月中旬至 5 月上旬白蜡窄吉丁蛹体变黑直至具有金属光泽，5 月上旬开始羽化出孔。出孔后开始啃食叶片补充营养，约 1 周后，白蜡窄吉丁成虫开始交配随即产卵。卵多产在树皮裂缝处，成虫直到 6 月下旬产卵完成后消亡。5 月中旬至 7 月上旬为卵期，6 月 6 日观察到初孵幼虫开始咬破卵壳向下蛀入树体，在树体中呈 S 形蛀食危害，持续到 10 月仍可见幼虫危害（图 3 - 116）。

2. 传播扩散方式

大量研究表明，白蜡窄吉丁卵、幼虫是传播和扩散的主要虫态。白蜡窄吉丁可以通过

卵期：5月中旬至7月上旬

成虫期：5月上
旬至6月下旬

一至二龄幼虫期：7月
上旬至7月中旬

蛹期：4月上旬
至5月上旬

三至四龄幼虫期：7月
上旬至10月上旬

老熟幼虫期：7月
下旬至4月上旬

图 3 - 116 白蜡窄吉丁生活史

成虫迁飞随气流自然传播，但飞翔能力不强，只能近距离传播；在无隔离的白蜡林中，自然扩散速度为1年1.1 km；也可通过苗木、木材调运等进行人为传播，以人为传播为主要方式。影响其传播的因子主要包括地理阻隔、寄主分布、风向风速、监测和防控水平等，其中地理阻隔和寄主分布是制约其传播的关键因素。

3. 迁飞习性

白蜡窄吉丁喜朝向阳处飞行，有文献报道雌虫24 h内最远飞行距离5 500 m，雄虫最远飞行距离1 397 m，雌、雄成虫间飞行距离差异显著；雌虫在24 h光照时间下飞行距离比L/D（昼/夜）＝16 h/8 h光照周期下更远；交配雌虫与未交配雌虫在飞行距离上有显著差异，交配后雌虫飞行距离更远，而交配对雄虫飞行能力无显著影响；经取食并休息的雌虫飞行距离显著大于不取食不休息的雌虫；不同日龄未取食的白蜡窄吉丁雌虫飞行能力存在一定差异，1日龄飞行能力最弱，13日龄最强，1～2日龄随日龄增加飞行距离增加，2～4日龄飞行距离随日龄增加而减少，4日龄后飞行距离随着日龄的增加而增加。

4. 繁殖及其他生物学特性

成虫一生交配多次，以午后气温较高时为盛，交配活动多在叶面上完成，往往是当雌虫停歇在叶面时引来雄虫进行交配，也有雄虫追逐在树干上的雌虫而完成交配的现象。白蜡窄吉丁交配后一段时间雌成虫进行产卵，将产卵器插入树干老皮下面或纵裂缝内，产卵持续30 min左右。

5. 滞育特性

白蜡窄吉丁于8月底开始进入滞育期，滞育后的白蜡窄吉丁幼虫呈J形，翌年4月解除滞育后呈I形，之后继续发育至蛹期。白蜡窄吉丁幼虫进入滞育期后需要一定条件解除，目前研究认为，白蜡窄吉丁幼虫滞育深度与温度相关，在1.7 ℃条件下储存1～9个月白蜡窄吉丁幼虫均无法打破滞育，但若在12.8 ℃条件下储存2～9个月，白蜡窄吉丁幼虫可打破滞育继续生长发育，其中，储存4个月的白蜡窄吉丁幼虫化蛹、羽化率最高。

6. 发生规律

白蜡窄吉丁在林间发生规律受温度、湿度影响较大。卵期会受温度、湿度影响，只有在环境条件适宜时才会孵化，相对湿度为80%时，卵粒易被霉菌感染，28℃和38℃时仍有部分卵粒孵化，41℃以上则无法正常孵化，与28℃相比，高温、高湿环境下卵的孵化率显著降低。幼虫期在树体内蛀食危害，受温度、湿度影响不大。蛹期受湿度影响较大，在湿度为55%时化蛹量较多，湿度小于等于24%时，化蛹缓慢。成虫期受温湿度影响较大，成虫喜在温暖无风天气活动，遇下雨、阴冷天气则蛰居不出。研究发现，白蜡窄吉丁雌、雄成虫对恒定高温、高湿环境均具有较强的耐受性，相对湿度为80%时，雌、雄成虫可在38℃下存活3 d以上，恒温41℃时雄虫的存活率在第三天开始下降，而雌虫则在恒温42℃时才开始死亡。白蜡窄吉丁雄虫对高温、高湿的耐受能力较雌虫弱，恒温43℃以上时雌虫可存活24 h，而雄虫在12 h内全部死亡。

（五）风险评估与适生性分析

1. 风险评估

目前，由于白蜡窄吉丁传播范围较小，未将其列为国内检疫对象，白蜡窄吉丁传入新疆后对新疆的生态环境造成严重威胁，因此，基于定量风险评估分析认为，白蜡窄吉丁在新疆的危险性值R＝2.06，介于2.0～2.5，因此白蜡窄吉丁在新疆属高度危险的林业有害生物。

2. 适生性区域的划分以及风险等级

白蜡窄吉丁的适生纬度范围为北纬22.49°～53.22°，目前中亚、东亚、北美和欧洲部分地区适合白蜡窄吉丁生存，但目前的预测结果无法覆盖新疆、山东等现有白蜡窄吉丁分布区。Dang等（2020）利用MaxEnt对白蜡窄吉丁适生区进行分析认为，目前白蜡窄吉丁在国内的高适生区主要集中于北京、河北、天津、辽宁、吉林和黑龙江等省（直辖市）的大部分区域及山东省部分地区，而中度适生区主要以东北、华北、华东地区为主，包括辽宁、吉林、黑龙江、河北、山西、山东、安徽等省的部分地区，低度适生区则主要为华中、华南和西南地区（图3-117）。目前白蜡窄吉丁已在新疆包括乌鲁木齐在内的5个地州暴发成灾，但基于目前适生区预测中并未涵盖新疆的分布区。因此，研究认为白蜡窄吉丁等蛀干害虫的适生区受其寄主植物的适生区影响，可能会进一步扩散蔓延。

3. 风险管理措施

目前，白蜡窄吉丁传入新疆先后在乌鲁木齐市，昌吉州玛纳斯县，伊犁州伊宁市、巩留县、伊宁县，博州博乐市以及石河子市等多地发现，且对新疆城市园林绿化、平原造林以及小叶白蜡自然保护区等造成严重威胁。应加强监测，及时清理被害木和枯死木，对于发生量较大的树林定期喷雾防治。

（六）监测检测技术

1. 监测与调查方法

自4月上旬至6月下旬，在林内空旷处，于白蜡树向阳面距地面1.5 m以上的侧枝上悬挂粘有1 mL YC挥发物引诱剂缓释瓶的绿色粘虫胶板，每10 m悬挂1个，每3 d记录1次粘虫胶板上白蜡窄吉丁成虫数量，每6 d更换一次，监测林内成虫数量动态，指导下一步有虫株率和虫口密度调查，从而决定是否继续采取防治措施以及防治时间。

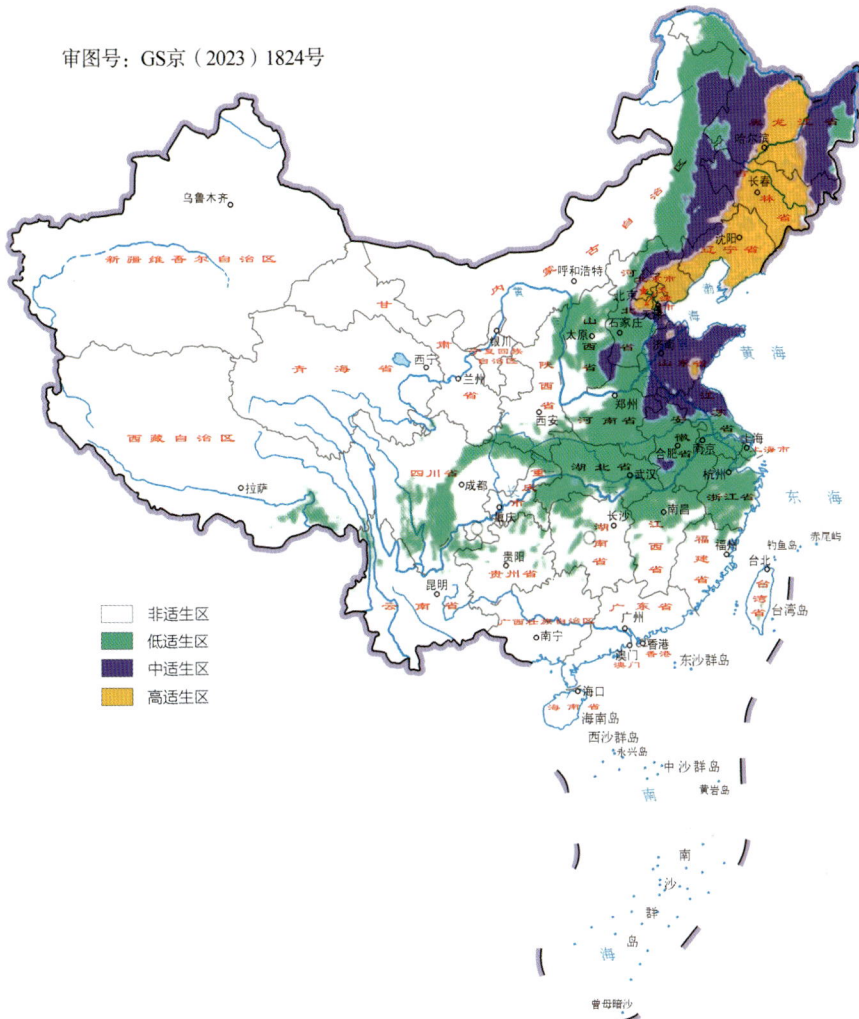

审图号：GS京（2023）1824号

图 3-117　白蜡窄吉丁在我国的适生区分析

2. 检测技术

白蜡窄吉丁雄虫胸部腹面及足腿节内侧密布银白色长绒毛，解剖镜下或从虫体侧面观察更为明显，尤其是中足的腿节，而雌成虫相应部位的绒毛则短而稀，雌成虫个体一般较雄成虫大。

3. 监测检测技术应用

（1）新疆白蜡窄吉丁发生危害区的监测　应在4月中下旬开展监测工作，于白蜡树向阳面距地面1.5 m以上的侧枝上悬挂粘有1 mL YC挥发物引诱剂缓释瓶的绿色粘虫胶板，每10 m悬挂1个，每3 d记录一次粘虫胶板上白蜡窄吉丁成虫数量，每6 d更换一次，且对白蜡树受害的典型特征，倒D形羽化孔、S形蛀道、树皮纵裂、树基部萌蘖进行调查记录，以便在受害初期采取措施，阻止白蜡窄吉丁的进一步扩散蔓延。

（2）新疆非疫区白蜡窄吉丁的监测　未发生区尤其是栽植欧美白蜡的地区需加强虫情监测和预防工作。春末夏初，当白蜡树花期已过，枝条展叶之后（4月下旬），于白蜡树向阳面距地面 1.5 m 以上的侧枝上悬挂浅绿色粘虫板，每 50 m 悬挂 1 个，每半个月观察 1 次。于林地内东、西、南、北、中 5 个方位分别选择一株长势较差的白蜡树作为饵木，在树木展叶之前在其地面以上 10～20 cm 主干范围内进行环割，于当年秋冬季节或翌年早春成虫羽化之前解剖环割树，检查是否有虫侵染。全年定期观察林间白蜡树外观长势，确定是否存在白蜡窄吉丁危害。

（七）应急防控技术

1. 检疫措施

严禁虫害发生区未经处理的白蜡活立木和木质材料（木质包装材料、原木、薪材等）的跨区调运。有虫区域发现白蜡窄吉丁危害后，立即彻底伐除所有衰弱株和死亡株（伐桩距地面小于 3 cm）并进行有效处理（成虫期立即处理，非成虫期则在下一个成虫期之前处理完毕），具体处理程序如下：

①使用熏蒸剂处理参见《溴甲烷检疫熏蒸库技术规范》（GB/T 31752—2015）。

②去除树皮及皮下 2.5 cm 范围内的木质组织并焚烧或深埋。

③彻底粉碎，碎屑（任何维度）＜1.5 cm。

④若未按照上述方法处理，则应将受害木全部焚烧或深埋。

2. 农业防控

在白蜡窄吉丁发生地及时清除死树或濒死木，注重肥水管理，及时浇水，同时林内应加强管护，招引益鸟。

3. 物理防控

在成虫羽化前期及成虫产卵期进行树干涂白，防止成虫羽化及产卵。

4. 化学防控

交替使用胃毒类、触杀类药剂防治。

5. 应急防控技术应用

应急防控技术通常分为检疫除害和疫点拔出。一旦在苗木调运检疫过程中发现白蜡窄吉丁，则应立即进行检疫除害，以焚烧深埋、虫害木粉碎为主，虫害木粉碎标准以任何纬度不超过 1.5 cm 为宜。一旦白蜡窄吉丁定殖，则需要划为疫区，将疫区内受害的白蜡属植物全部伐除并进行销毁，并定期踏查、使用诱捕器进行监测，避免白蜡窄吉丁扩散蔓延。

（八）综合防控技术

主要有物理防治、化学防治、生物防治 3 种方法，林间主要以化学防治为主，目前生物防治也取得了较好的效果，逐渐形成以生物防治为主，其他防治方法为辅的综合防控方法，有效降低了白蜡窄吉丁虫口基数，防止其进一步扩散。

1. 检疫防控

加强检疫、杜绝人为传播，疫区内的白蜡种苗及其他繁殖材料禁止运出疫区，加强监测，做到早发现、早报告、早隔离、早防控，防止白蜡窄吉丁疫情的扩散和蔓延。

2. 农业防控

（1）清除虫害木　清除林间受害严重、已无挽救价值的死树和濒死树，如树冠大小＜20％、主干上有萌蘖的感虫枝。伐倒木应及时进行统一除害处理，对于伐除死树后留下的空地，严禁继续栽植白蜡窄吉丁喜食的寄主树种，可补种其他本地优良树种，如榆、柳、杨等，提高林间的树种多样性。

（2）加强管护 针对寄主树可于冬季加强肥水管理的同时清除林内杂物，增强树势，提高树木抗虫性。

3. 物理防控

（1）悬挂粘虫板 参照白蜡窄吉丁（六）监测检测技术中的监测与调查方法。

（2）防止产卵 成虫羽化前可利用石硫合剂等涂白剂对白蜡树主干 2 m 以下进行涂白，有条件的场所及重点保护的树木可采用此方法。

4. 生物防控

（1）招引益鸟 悬挂人工鸟巢，或利用心腐木段供啄木鸟筑巢，啄食越冬期老熟幼虫。

（2）释放天敌 幼虫三至四龄时（7月下旬至8月中旬），在林间释放白蜡窄吉丁天敌白蜡吉丁肿腿蜂和管式肿腿蜂，防治白蜡窄吉丁幼虫，释放比例为白蜡窄吉丁幼虫：肿腿蜂＝1∶20 效果最佳。

5. 生态调控

白蜡窄吉丁对引进的欧美白蜡危害更为严重，因此，营造混交林，加强肥水管理，提高白蜡树树势可有效减轻白蜡窄吉丁危害。

6. 化学防控

可在白蜡窄吉丁成虫期通过药剂喷干、药剂喷冠防治成虫，在幼虫期通过树干注药防治幼虫。

（1）药剂喷干（4月下旬至5月下旬） 于晴朗的上午用胃毒类或触杀类药剂喷干1次，待其羽化出孔时或在树干爬行、产卵时毒杀。对于胸径 20 cm 以下的小树，自地面至主干分叉处全部喷湿即可；对于胸径 20 cm 以上的大树，较粗的侧枝上也可能带虫，侧枝也需要喷药。

（2）药剂喷冠（5月上旬至6月中旬） 选用 20％毒死蜱微胶囊悬浮剂、5％吡虫啉乳油、1.8％阿维菌素乳油等胃毒类或内吸剂毒杀成虫。每 7～10 d 喷药 1 次，连续喷施 3～4 次。用药方法和用药量按产品说明书推荐使用。目前以 3％高效氯氰菊酯微囊悬浮剂 500 倍液防治效果最佳，5％甲氨基阿维菌素苯甲酸盐以 225 mL/hm² 的剂量也可用于树冠喷药防治，可适当提高浓度。

（3）树干注药（6月上旬至7月上旬） 可选用 70％吡虫啉水分散颗粒、20％呋虫胺悬浮剂、2％噻虫啉微囊悬浮剂、30％噻虫嗪悬浮剂 4 种药剂进行树干注药。目前以 70％吡虫啉原液效果最佳，也可使用 20％噻虫嗪稀释 1 倍进行树干注药。

7. 综合防控技术应用

在白蜡窄吉丁成虫期通过树干涂白、喷洒化学药剂防治；幼虫期通过树干注入化学药剂、林间释放天敌方法防治，通过物理防治、化学防治、生物防治综合应用，在各个虫态通过不同方法精准防控白蜡窄吉丁，形成综合防控技术，为白蜡窄吉丁防治奠定基础。

（辛蓓，崔元秦，陈佳宇，张硕）

四十三、悬铃木方翅网蝽

（一）学名及分类地位

悬铃木方翅网蝽（*Corythucha ciliata* Say），属半翅目（Hemiptera）盾蚧科（Diaspidae）网蝽属（*Corythucha*）。

（二）分布与危害

1. 分布

原产北美，主要分布于美国和加拿大东部，之后逐渐传入意大利、塞尔维亚、黑山、斯洛文尼亚、克罗地亚、波黑、马其顿、法国、匈牙利、西班牙及欧洲中南部 10 多个国家以及韩国、日本、澳大利亚等国。目前在世界范围内，除了非洲、南极洲以外，其他大洲均可见该虫分布（鞠瑞亭，2010）。2002 年该虫在我国长沙首次被发现（Streito，2006），之后逐渐传入湖北、上海、浙江、江苏、重庆、贵州、江西、四川、河南、山东、河北、北京、陕西等省（直辖市）（邓玉华 等，2008；陈小平 等，2009；王福莲 等，2008；徐加利 等，2013；虞国跃 等，2014；鞠瑞亭，2010；李传仁 等，2007）。2019 年该虫在新疆喀什地区疏勒县、克州阿克陶县发生危害（朱晓锋 等，2020）。

2. 寄主

主要危害悬铃木属植物，可危害一球悬铃木、二球悬铃木、三球悬铃木，并完成完整的世代发育；部分取食红叶李（*Prunus cerasifera*），胁迫条件下还可危害构树（*Broussonetia papyrifera*）和红花槭（*Acer rubrum*），但只取食不产卵（鞠瑞亭 等，2010）。在国外该虫也可危害白蜡木和山核桃属植物。

3. 危害

主要在悬铃木叶片背面刺吸汁液，危害初期会使叶片出现白色斑点，进而造成叶片失绿（图 3-118）。其危害能减弱叶片光合作用，导致叶片光合速率、气孔导度、蒸腾速率、叶绿体色素含量和可溶性糖含量等生理生化指标下降（鞠瑞亭 等，2010）。高密度种群严重危害时，可导致悬铃木叶片变黄，提前脱落，造成树势衰弱甚至死亡。此外，该虫还能传播病原真菌悬铃木叶枯病菌（*Gnomonia platani*）和甘薯长喙壳菌（*Ceratocystis fimbriata*），造成叶部病害，共同对寄主造成危害。种群密度大时还会滋扰居民生活，叮咬人体皮肤产生红色斑疹。悬铃木方翅网蝽会利用自身的物候可塑性，在暖春灵活地跟踪宿主植物资源的变化，并给宿主植物带来严重危害。

图 3-118 悬铃木方翅网蝽危害状（朱晓锋 摄，2019）

（三）形态特征

1. 成虫

长翅形，体长 3.2～3.7mm，乳白色，头顶和体腹面黑褐色。雌虫腹部肥大而饱满，末端呈圆锥形，产卵器明显，产卵器基部着生下生殖片；雄虫腹部瘦长，末端有 1 对爪状抱握器；头兜发达，盔状，头兜突出部分的网格比侧板的略大，从侧面看，头兜的高度比中纵脊稍高，在两翅基部隆起处的后方有褐色斑。头兜、侧背板、中纵脊和前翅表面的网肋上密生小刺，侧背板和前翅外缘的刺列明显；前翅显著超过腹部末端，前缘基部强烈上卷并突然外突，亚基部呈角状外突，使前翅近长方形，腿节不加粗；足和触角浅黄色；后胸臭腺孔缘小且远离侧板外缘（鞠瑞亭，2010）（图 3-119A）。

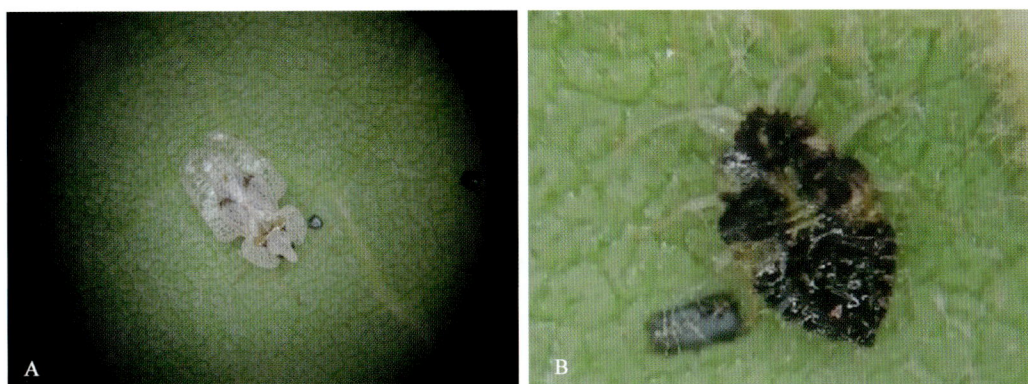

图 3-119　悬铃木方翅网蝽（朱晓锋 摄，2019）
A. 成虫　B. 五龄若虫

2. 卵

长椭圆形，乳白色，顶部有椭圆形褐色卵盖。

3. 若虫

若虫共 5 龄。一龄若虫无明显刺突；二龄若虫中胸小盾片刺突不明显；三龄若虫初现前翅翅芽，中胸小盾片具有 2 个明显刺突；四龄若虫前翅翅芽伸至第一腹节前缘，前胸背板具 2 个明显刺突；五龄若虫前翅翅芽伸至第四腹节前缘（图 3-119B），前胸背板出现头兜和中纵脊，头部具刺突 5 个，头兜前缘有 2 对刺突，后缘有 1 对 3 叉刺突，前胸背板侧缘后端具有单刺 1 个，中胸小盾片有 1 对单刺突，腹部背面中央纵列 4 个单刺，两侧各具 6 个双叉刺突（蒋金纬 等，2008）。

（四）生物学特性

1. 生活史

悬铃木方翅网蝽在不同地区生活史不尽相同。在郑州 1 年发生 4 代，以四代成虫越冬，存在严重的世代重叠。4 月中下旬越冬成虫出蛰，并产卵，5 月中旬始见一代若虫，6 月上旬出现一代成虫，一代历期约 60 d，二至四代历期约 35 d；9 月中旬至 10 月下旬四代成虫陆续越冬（表 3-17）；越冬场所主要为悬铃木主干、主枝的翘皮下、缝隙中或地面枯枝落叶下（卢绍辉 等，2013）。

表 3-17　悬铃木方翅网蝽生活史（卢绍辉 等，2013）

世代	4月		5月			6月			7月			8月			9月			10月		
	中	下	上	中	下	上	中	下	上	中	下	上	中	下	上	中	下	上	中	下
越冬代	×	×	×	×	×															
一代			●	●	●	●	●	●												
					−	−	−	−	−											
						+	+	+	+	+										
二代							●	●	●	●	●									
									−	−	−	−	−							
										+	+	+	+	+	+					
三代										●	●	●	●	●	●	●				
												−	−	−	−	−				
													+	+	+	+	+	+	+	
四代													●	●	●	●	●	●	●	
														−	−	−	−	−	−	
															+	+	+	+	+	+

注：本表中数据以郑州为例，"×"表示越冬成虫，"●"表示卵，"−"表示若虫，"+"表示成虫。

2. 传播扩散方式

能通过飞行或爬行进行短距离扩散，并能借助风力实现中等距离传播。人类活动是该虫长距离传播的主要途径，如随悬铃木植物远距离调运、移栽传播。悬铃木作为行道树被广泛种植于各地街道和公园，为该虫的传播提供了便利。

是美国和加拿大的本地种，危害并不严重。入侵欧洲后，其传播速度极快，现已广泛分布于欧洲各地，成为危害严重的物种。

在我国，该虫在 2002 年在湖南长沙被首次报道入侵我国，2006 年在湖北武汉被发现，且危害普遍，随后相继在上海、浙江、江苏、重庆、贵州、江西、四川、河南、山东、陕西被发现，并在长江流域形成了暴发态势。2012 年在北京发现该虫危害。2016 年在江苏（除泰州市外）的 12 个市均发现该虫危害，发生面积达 626.6 hm^2（重度发生面积 45.5 hm^2，成灾面积 36.1 hm^2）。2019 年在新疆喀什地区、克州发现该虫危害。

3. 迁飞习性

成虫平均飞行距离和平均飞行时间随着日龄的增加先呈逐渐上升趋势，10 日龄时达到最大，然后再逐渐下降。10 日龄成虫 24 h 平均飞行距离和飞行时间分别为 1 361.75 m 和 4 580.36 s。但不同日龄成虫间的飞行速度无显著差异。10 日龄成虫在气温 25 ℃时平均飞行距离及平均飞行时间达到最大，分别为 1 160.53 m 和 6 518.92 s，气温 28 ℃平均飞行速度最快，为 0.25 m/s。雌成虫在平均飞行距离和平均飞行时间上显著高于雄成虫，而雄成虫的平均飞行速度显著高于雌虫。秋季平均扩散距离均显著高于夏季。悬铃木方翅网蝽在野外具备一定的短距离扩散能力，其短距离扩散受到种间竞争和自然风等环境因素的影响，尤其与风向密切相关（卢绍辉，2020）。

4. 繁殖及其他生物学特性

田间每雌可产卵约 280 粒，卵孵化集中在产卵后 7～11 d，平均发育历期为 9.34 d；

成虫羽化集中在卵孵化后的 8～14 d，平均发育历期为 10.23 d；成虫寿命在 30～65 d。室内在 15～33 ℃范围内，随温度升高悬铃木方翅网蝽的发育速率加快，并符合 Logistic 模型。悬铃木方翅网蝽卵、一龄若虫、二龄若虫、三龄若虫、四龄若虫、五龄若虫、产卵前期和全世代的发育起点温度分别为 10.42 ℃、9.49 ℃、7.89 ℃、10.12 ℃、8.82 ℃、7.80 ℃、9.69 ℃和 10.42 ℃，有效日积温分别为 153.9 ℃、38.8 ℃、41.4 ℃、31.8 ℃、42.0 ℃、69.5 ℃、101.9 ℃和 479.3 ℃。世代存活率和单雌产卵量在测定温度范围内均表现为先升高后降低的抛物线关系，在 25 ℃时最高，分别为 57.81％和 87.71 粒/雌。成虫寿命和雌成虫产卵期均随温度的升高而缩短。25 ℃时，种群内禀增长率和种群趋势指数最大，分别为 0.04 和 22.46。25～30 ℃是该虫生长发育的最适温区（纪锐 等，2011）。

高温耐性：悬铃木方翅网蝽具有优异的高温耐性，能忍耐 41 ℃的高温。在均温升高和极端高温事件频发的情况下，悬铃木方翅网蝽种群的内禀增长率显著上升，种群世代周期显著缩短。全球气候变化的大背景也促进了悬铃木方翅网蝽在我国低纬度地区的扩展传播，进一步加重了其对悬铃木植物的危害。该虫可依靠自身的快速热适应能力，提高耐热性。

低温耐性：具有一定的耐寒性。成虫越冬时，其在树皮下能耐受－10 ℃的低温，也有报道该虫在树皮的保护下能忍受的温度低限达－30 ℃。悬铃木方翅网蝽还具有快速低温应激能力。该虫经过冷处理后，能获得零下低温容忍能力，这种快速低温适应机制保障了其在我国北部和东部地区冬季和春初寒冷气候下的存活（鞠瑞亭，2010）。悬铃木方翅网蝽在北京－26～－15 ℃的野外低温条件下，其存活率仍达 50％（Li et al.，2017）。此外，悬铃木方翅网蝽还有较强的抗饥饿能力，对环境有很强的适应能力。

5. 滞育特性

悬铃木方翅网蝽发育起点温度为 10.42 ℃（纪锐 等，2011）。当气温低于发育起点温度时，该虫逐渐处于滞育状态。越冬代成虫主要集中在树干基部翘皮内，翌年连续数日最低气温都在 10 ℃以上时，越冬代成虫才能转移到悬铃木下层叶片，气温较低能延迟越冬代成虫上树。

6. 发生规律

越冬场所主要为悬铃木主干、主枝的翘皮下、缝隙中或地面枯枝落叶下（卢绍辉 等，2013）。在悬铃木阴面树干树皮下栖息的数量高于阳面，在树皮 50％～75％皲裂的外皮下虫口密度最大，主要集中在距地面 1.0～1.5 m 的树干区段。4 月连续数日最低气温都在 10 ℃以上时越冬成虫出蛰，并产卵。田间悬铃木方翅网蝽成虫、若虫和整个种群均呈聚集分布，个体间相互吸引，分布的个体成分是个体群，其分布与密度有关，密度越大聚集程度越强。低龄若虫对长时间风雨干扰的耐受性较差，夏季强对流天气对成虫种群的影响较大，7 月下旬至 9 月中旬为种群发生高峰期，10 月当最高气温在 10 ℃以下时成虫逐渐转入越冬场所并开始滞育。

（五）风险评估与适生性分析

1. 在我国的适生区分析

当前气候条件下，在我国的适生范围较大，总适生面积为 588.37 万 km²，占我国内陆总面积的 61.27％，适生区域主要集中在我国中东部地区，西北地区零星分布。

高、中和低适生区面积分别为 194.32 万 km^2 和 116.24 万 km^2、277.81 万 km^2。高适生区主要包括我国的江苏、安徽、上海、河南、湖北、湖南、江西、福建、广东、广西、云南、海南、香港大部分地区、山东东南部、云南东南部、陕西东南部、四川东部地区、重庆西部地区、西藏东南部。中适生区主要包括我国的北京、天津、河北中部及东南部、辽宁大部分地区、山西南部及东部、陕西中部、山东中北部及东部，四川、重庆、河南、湖北、湖南、江西、浙江、福建、云南、贵州、广西、广东和海南有零星分布。低适生区主要包括我国的黑龙江、内蒙古、吉林、宁夏、河北北部、山西北部、陕西北部、甘肃东南部及西北部、青海东部、四川中部及东南部、辽宁、新疆、西藏、陕西、湖北、湖南、浙江、福建、云南和贵州有零星分布（崔亚琴 等，2019）。在新疆的适生区主要为喀什地区、克州、阿克苏地区、巴州、伊犁州、博州、塔城地区、阿勒泰地区、昌吉州、乌鲁木齐市、吐鲁番市、哈密市等地。

2. 在新疆的适生区分析

2019 年首次在新疆克州阿克陶县发现悬铃木方翅网蝽危害。由于气候原因，目前悬铃木属植物在新疆种植范围较小，主要在南疆喀什地区、阿克苏地区、巴州、克州、伊犁州等地作为园林绿化树种栽植，对其他地区危害较小。定量风险分析认为，悬铃木方翅网蝽在新疆的风险值为 1.66，为中度危险害虫。

3. 风险管理措施

目前在新疆的分布地区包括克州阿克陶县和喀什地区疏勒县，对当地用于行道绿化的悬铃木属植物造成严重影响，受害株率分别为 7.73％和 75.00％。悬铃木方翅网蝽在新疆的风险管理，应从以下 3 点着手：①加强监测预警。对于悬铃木属植物的分布区域，进行监测预警，虽然目前新疆悬铃木方翅网蝽适生区较小，但仍然存在一定风险。可于夏季在悬铃木叶片背面或冬季在树皮下观察是否有该害虫危害或越冬，一旦发现及时上报并进行除害处理。②强化检疫管理。林业检疫部门和悬铃木调运部门加强对调运的悬铃木进行抽检，按照形态特征鉴定是否携带悬铃木方翅网蝽，一旦发现及时处理，做到早发现、早报告、早处置。③实施防治措施。目前悬铃木方翅网蝽的防治技术主要包括生物防治、物理防治和化学防治。

（六）监测检测技术

1. 监测与调查方法

（1）监测方法　采用昆虫抽样调查法监测悬铃木方翅网蝽种群数量。

（2）调查方法　明确监测树种和范围。注重监测片林、四旁树、苗圃地等范围内的悬铃木属植物。

把握好监测时期。始见期，即每年的 4 月上旬至 5 月中旬；始盛期，即每年的 5 月下旬至 6 月下旬；高峰期，即每年的 7 月上旬至 9 月中旬；盛末期，9 月下旬至 10 月下旬；休眠期，主要指 11 月初至翌年的 3 月下旬。其中，最关键的监测时期是始见期。

选择具有代表性的林地类型：一个样地检查树木要超过 20 株，每株分别从东、西、南、北 4 个方向剪取 50 cm 长的标准枝，对于标准枝上悬铃木方翅网蝽的有无、数量等相关信息进行严格检测，进而针对该虫害的具体信息和危害程度进行严格细致的检测和判断，并把相应的检查结果记录到登记表中（杨金花 等，2021）。

2. 检测技术

根据不同虫态的特征进行鉴定。

3. 监测检测技术应用

2019 年笔者采用田间调查采样、室内观察、查阅相关文献鉴定的方法，发现悬铃木方翅网蝽在新疆阿克陶县巴仁乡、皮拉勒乡以及疏勒县库木西力克乡已发生危害，危害株率在 7.73%～85.00%，并提出应急防控措施，及时防控，避免该虫在新疆扩散蔓延和暴发。

（七）应急防控技术

1. 检疫防控

严管引种审批流程，强化引种隔离试种和检疫监管。对调入或调出的苗木、树木，特别是悬铃木属植物、红叶李、构树、红花槭、白蜡木和山核桃等进行严格检查，禁止带虫、卵苗木、树木的流通，防止进一步扩散。

2. 农业防控

夏、秋季及时清除落叶并集中烧毁；秋、冬季人工刮除疏松树皮层、收集落叶并销毁，对树干进行涂白；夏季适时修剪。

3. 物理防控

春季出蛰期结合浇水对树冠虫叶进行冲刷，秋季浇水冲刷树干降低越冬虫量；在树干上捆绑诱集带，12 月中旬或落叶后，解除诱集带并集中销毁。

4. 化学防控

在一代成虫羽化前，喷洒 20%高氯·噻嗪酮 500 倍液、4.5%高效氯氰菊酯 1 500 倍液，4.2%高氯·甲维盐 1 500 倍液，0.7%辛硫·高氯氟 500 倍液，1%甲维盐 2 000 倍液等，可防治卵和初孵若虫。此外，喷洒 1.2%烟碱·苦参碱 2 000 倍液，2.5%联苯菊酯 3 000 倍液，或在树干注入 10%甲维·吡虫啉（用药量为 2～3 mL/cm 胸径），20%呋虫胺（用药量为 0.1～0.4 mL/cm 胸径），20%烯啶虫胺（用药量为 0.2～0.4 mL/cm 胸径），根部灌入 25%噻虫嗪 3 000 倍液（用药量为 20kg/株）等方式均能防治悬铃木方翅网蝽。

5. 注意事项

新疆南疆春、秋季的沙尘天气较多，干旱少雨，喷洒树冠的药效和持效期可能会有所降低，应抓住关键防治时期，采取树干注药及灌根的方式，受天气影响小、对树体伤害小、简单易操作、持效期长且对环境无影响。

6. 应急防控技术应用

2018 年 7 月上旬至 8 月中下旬在悬铃木方翅网蝽危害高峰期，杭州市绿管站 7 月开始就在全市范围内开展了 4 期悬铃木方翅网蝽的集中防治工作。开展悬铃木道侧、河道公共绿地扑杀 4 次，密集分布标段扑杀 5～6 次。利用氯氰菊酯、甲维·氯氰、联苯菊酯等药剂对树干注药、树冠叶面喷洒药剂等，防治悬铃木 13 000 余株，保障了悬铃木的健康生长。

（八）综合防控技术

1. 检疫防控

林业检疫部门和悬铃木调运部门加强对调运悬铃木的抽检，按照形态特征鉴定是否携带悬铃木方翅网蝽，一旦发现及时处理，处理技术参考化学防治。

2. 农业防控

在初冬剥除悬铃木树干的翘皮、清除树下枯枝落叶并对树干涂白，降低其越冬基数。在树体生长季节做好养护工作，增强树体抵抗力。另外，营林建设时悬铃木不与红叶李等邻近栽种，减少悬铃木方翅网蝽食物源，减低暴发率。

3. 物理防控

在树干上捆绑诱集带，诱集越冬成虫，12月中旬或落叶后，解除并集中销毁，着重清理树干背阴面。夏、秋高发季节，剥除新芽、修剪受害枝叶并及时销毁，也可减小虫口基数；春季出蛰期结合浇水对树冠虫叶进行冲刷，秋季浇水冲刷树干降低越冬虫量。

4. 生物防控

悬铃木方翅网蝽天敌种类较多，天敌对其种群控制起着重要作用，引进、保护利用天敌是控制悬铃木方翅网蝽的重要途径之一。悬铃木方翅网蝽的天敌有日本通草蛉 [*Chrysoperla niponensis*（Okamoto）]、普通草蛉、南亚大眼长蝽 [*Geocoris ochropterus*（Fieber）]、史氏盘腹蚁 [*Aphaenogaster smythiesi*（Forel）]、中华草蛉、日本弓背蚁（*Camponotus japonicas*）、军配盲蝽（*Stethoconus japonicas*）、广斧螳螂（*Hierodula petellifera*）、狭蚁蛛（*Myrmarachne angusta*）、三突花蛛（*Misumenops tricuspidatus*），其中军配盲蝽和小花蝽是主要捕食性天敌（纪锐等，2011）。在新疆仅有邻小花蝽（*Orius vicinus*）和普通草蛉等少量捕食性天敌。其天敌资源在新疆较为匮乏，因此培养新疆本地天敌，可以避免引进天敌对当地生态系统的破坏，且对生态环境友好。

5. 化学防控

化学药剂施用方式有树冠喷洒、树干打孔注药、灌根等。抓住悬铃木方翅网蝽一代卵期和第一世代历期时间长的特性，在一代成虫羽化前快速降低虫口数量，减少虫源。当种群数量为250头成虫（若虫）/百叶时（王凤 等，2013），喷洒20%高氯·噻嗪酮500倍液，4.5%高效氯氰菊酯1 500倍液，4.2%高氯·甲维盐1 500倍液，0.7%辛硫·高氯氟500倍液，1%甲维盐2 000倍液等可防治卵和初孵若虫。另外，1.2%喷洒烟碱·苦参碱2 000倍液，2.5%联苯菊酯3 000倍液，或在树干注入10%甲维·吡虫啉（用药量为2～3 mL/cm胸径），20%呋虫胺（用药量为0.1～0.4 mL/cm胸径），20%烯啶虫胺（用药量为0.2～0.4 mL/cm胸径），根部灌入25%噻虫嗪3 000倍液（用药量为20 kg/株）等方式均能防治悬铃木方翅网蝽（毛杨军 等，2021；江艳，2014）。

6. 综合防控技术应用

2020年西安市长安区主要干道上的法桐发生悬铃木方翅网蝽危害，受害株率高达90%，严重影响景观效果，干扰人们的正常工作和生活。长安区森林病虫害防治检疫站及时制定防治实施方案，通过刮除疏松树皮层并及时收集销毁落叶，减少越冬虫的数量；药物喷防利用高效氯氰菊酯、吡虫啉进行复配，对主干道进行喷洒除治。

（朱晓锋，辛蓓，宋博）

四十四、榆黄毛萤叶甲和榆绿毛萤叶甲

叶甲类通称"金花虫"，是危害榆属（*Ulmus* spp.）的一种重要食叶害虫，主要是以幼虫及成虫取食榆树叶进行危害，食性专一，危害严重时，可将树叶吃光，造成枯梢甚至

整株死亡。榆黄毛萤叶甲和榆绿毛萤叶甲，是近年来新疆林业重要的入侵性害虫。

（一）学名及分类地位

榆黄毛萤叶甲 [Pyrrhalta maculicollis（Motschulsky）]，榆绿毛萤叶甲（*Pyrrhalta aenescens* Fairmaire），均属鞘翅目（Coleoptera）叶甲科（Chrysomelidae）萤叶甲亚科（Galerucinae）毛萤叶甲属（*Pyrrhalta*）。

（二）分布与危害

1. 分布

榆黄毛萤叶甲和榆绿毛萤叶甲国外分布于朝鲜、日本、俄罗斯等国家。在我国主要分布于黑龙江、吉林、辽宁、陕西、甘肃、宁夏、河北、山东、山西、江苏、浙江、河南、福建、江西、广东、广西、台湾等地。在新疆主要分布于博州、哈密市、吐鲁番市、巴州、克州、喀什地区等。

2. 寄主

寄主要为榆树。

3. 危害

一、二龄幼虫啃食叶肉呈半透明网状，三龄幼虫啃食叶片呈孔状。一、二龄幼虫具群集性，三龄期分散活动，食量增大，可将叶片吃成孔洞或只留叶脉。成虫啃食榆树芽叶。受害榆树轻者叶片被吃光，降低其防风效果，重者树势衰弱，诱发脐腹小蠹等蛀干害虫，最终导致榆树林带成片死亡（图 3 - 120、图 3 - 121）。

图 3 - 120　榆黄毛萤叶甲危害状（阿地力·沙塔尔 摄，2019）

图 3-121　榆绿毛萤叶甲危害状（阿地力·沙塔尔 摄，2019）

（三）形态特征

榆黄毛萤叶甲与榆绿毛萤叶甲形态对比见表 3-18。

表 3-18　榆黄毛萤叶甲与榆绿毛萤叶甲形态特征

虫态	榆黄毛萤叶甲	榆绿毛萤叶甲
成虫	体长 4.5～6.2 mm，宽 1.7～2.2 mm，长椭圆形。头部具三角形黑纹，复眼大、卵圆形，明显突出，触角为丝状，共 11 节，基部第一至三节褐黄色，第二、三节变短。前胸背板有 3 条纵向的斑纹，中央是 1 个长椭圆形、两侧卵形的褐色斑，胸足为行走足。越冬成虫的前胸背板为深绿色。鞘翅为棕黄色，除越冬代以外的其他成虫前胸背板及鞘翅均为棕黄色。腹部呈纺锤形，腹面呈棕黄色，腹部的腹面可见 5 节。第五腹节腹板末端凹入，形成 1 条向内凹的新月形横缝的是雄虫；第五节末端钝圆的是雌虫。成虫刚羽化时，鞘翅柔软，浅色而无斑纹	虫体长 7.5～8.2 mm，宽 2.4～4.1 mm，体型长条状，体深黄色。鞘翅墨绿色，具金属光泽。头部偏小，头顶中央有 1 个钝角三角形、带黑纹的前头瘤；复眼大、黑色、半球状；触角细长，呈丝状。前胸背板有突起斑纹，前窄后宽；两翅上各有 2 条明显隆起的线条；雄成虫腹部末端呈半圆形凹陷，雌成虫腹部末端呈 U 形凹陷
卵	长 0.68～1.20 mm，长圆锥形，顶端钝圆，初产卵粒的颜色为金黄色，经过一段时间变为棕黄色，快孵化出幼虫的卵顶端呈现黑色小点	长 0.8～1.4 mm，呈锥形、尖顶；新产卵块鲜黄色，表面光滑，2～4 d 后颜色逐渐变深，在孵化前尖头处变黑
幼虫	初孵幼虫体色呈淡黄色，群集取食一段时间后呈灰黑色；二龄幼虫呈灰黑色；三龄幼虫呈黄褐色，第二至十一体节背面各有 4 个黑斑和 1 个黑色长方横斑，周身具黑色毛瘤	一龄幼虫体色呈鸡蛋黄色，3～5 d 后颜色逐渐加深；二龄幼虫颜色比一龄幼虫深；三龄幼虫背部长有毛瘤，呈黑色（图 3-122A）
蛹	长 4.0～6.5 mm，宽 2.0 mm，新蛹呈金黄色，体表具刚毛，经过一段时间的发育后蛹变为棕黄色	长度在 4.3～6.8 mm，宽约 3.0 mm，体色深黄色，背具刚毛，翅在体两侧裹足，羽化前颜色呈黑灰色，可见前胸背板（图 3-122B）

图 3-122　榆绿毛萤叶甲的幼虫与蛹（阿地力·沙塔尔 摄，2019）

A. 幼虫　B. 蛹

（四）生物学特性

1. 生活史

榆黄毛萤叶甲：在吐鲁番市一年发生 4 代，以成虫在树干基部土缝、树皮缝内越冬。翌年 3 月底（榆树发芽）开始出蛰，并取食榆树嫩芽补充营养，4 月上旬开始交尾产卵，卵期 10 d 左右。4 月中旬（榆钱期）一代幼虫孵化并取食叶片叶肉，经过 2 次蜕皮后，老熟幼虫在 5 月中旬开始蜕皮化蛹，蛹期 10～14 d。6 月上旬为一代成虫危害高峰期。6 月中旬羽化较早的成虫在经过取食、交尾后产卵，此时的卵期约为 7 d 左右。二代幼虫孵化后继续取食危害，至 7 月上旬二代成虫开始羽化，经过一段时间的取食后交尾产卵。7 月下旬开始为三代幼虫的危害期，经过一段时间后蜕皮化蛹，8 月下旬三代成虫羽化。经三代成虫交尾产卵，四代幼虫于 9 月中旬出现，10 月中旬四代成虫羽化并开始越冬（阿地力·沙塔尔 等，2017）。

榆绿毛萤叶甲：榆绿毛萤叶甲常与榆黄毛萤叶甲混合发生，唯一不同的是榆绿毛萤叶甲在树干分叉处集群化蛹，而榆黄毛萤叶甲在树干基部土缝、树干缝隙等处化蛹。

2. 传播扩散方式

成虫是传播和扩散的主要虫态，两种成虫均具有较强的活动及飞行能力，可进行远距离飞行。

3. 繁殖及其他生物学特性

越冬成虫 3 月中下旬活动取食，5 d 后左右交尾，交尾后 8 d 左右雌虫产卵。卵一般产于叶片背面的叶脉之间，少量产于叶片正面。每只成虫 1 次只能产 1 个卵块，每个卵块有 8～28 粒卵，每天可以产 1～3 个卵块。卵的孵化率很高，可达 98%。林间实际产卵始期为 4 月上旬，产卵高峰期持续 3～4 d。产卵时先静置一段时间，然后腹部末端伸出产卵器，产卵 1 粒，接着向前爬行一小段距离，再产卵 1 粒，产 1 粒卵的时间约为 1 min，每只雌虫每次的产卵量约为 16 粒。每头雌虫一生的平均产卵量约为 800 粒。榆黄毛萤叶甲的防御行为主要表现为它的假死性。榆黄毛萤叶甲有较强的趋光性，蓝光（波长为 476～495 nm）对其诱集效果最好（阿地力·沙塔尔 等，2017）。

4. 发生规律

榆黄毛萤叶甲在吐鲁番市的种群数量变化有 4 个明显的高峰。4 月中旬是一代卵的高峰期，4 月下旬至 5 月初是幼虫高峰期，5 月下旬至 6 月初是一代成虫高峰期；6 月上旬为二代卵高峰期，6 月中旬为幼虫高峰期，7 月初至中旬为成虫高峰期，二代成虫期与一代成虫期相比其发生期明显延长，而且种群数量明显下降；7 月中下旬为三代卵的高峰期，而且高峰期持续的时间较长，7 月下旬至 8 月初为三代幼虫发生高峰期，但这代幼虫种群密度与前两代相比下降非常明显，幼虫种群密度达到高峰期（7 月 27 日）的幼虫数量为每 50 cm 样枝出现 73 头，与一代幼虫发生高峰期（4 月 30 日）每 50 cm 样枝出现 413 头的幼虫数量和二代幼虫发生高峰期（6 月 19 日）每 50 cm 样枝出现 331 头的幼虫数量相比，其种群数量分别下降了 82.3%、77.9%；9 月上旬为三代成虫发生高峰期；9 月中旬为四代卵的高峰期，9 月中下旬为幼虫高峰期，10 月中旬为成虫高峰期（图 3 - 123）。

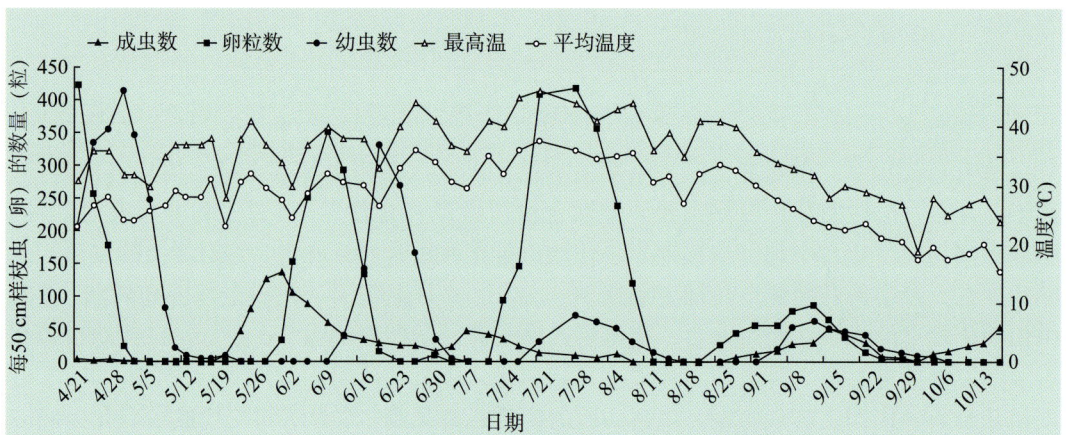

图 3 - 123　吐鲁番市榆黄毛萤叶甲发生动态

从上图中可以发现，7 月 20～27 日是榆黄毛萤叶甲三代卵的高峰期，7 月 15～27 日期间吐鲁番出现了持续的 45 ℃以上的极端高温天气，笔者在野外调查三代卵的孵化率时发现，这代卵的自然孵化率仅为 15% 左右（阿地力·沙塔尔，2017）。可见，榆黄毛萤叶甲春季世代发生期短，各虫态存活率较高，保持着很高的种群密度，而夏季世代受吐鲁番夏季持续 45 ℃以上的极端高温影响，其各虫态发育历期明显延长，并各虫态存活率的下降非常明显。可见，吐鲁番夏季的持续高温干旱天气是影响榆黄毛萤叶甲种群数量变动的关键因子。

（五）综合防控技术

榆黄毛萤叶甲与榆绿毛萤叶甲的防治方法基本相同。结合春季林带中耕除草，深翻土地，破坏成虫越冬场所。成虫期利用成虫对蓝光（波长为 476～495 nm）的趋性诱杀成虫。保护当地麻雀、草岭等幼虫期的天敌。在越冬成虫出蛰盛期，可选用 40% 啶虫脒可溶性粉剂，5% 高效氯氰菊酯乳油，5% 氯氰菊酯乳油，2.5% 溴氰菊酯乳油，2.8% 阿维菌素乳油，3% 甲维·氟铃脲乳油等药剂对幼虫及成虫进行灭杀，具有良好效果（陈丽亚等，2016）。

（阿地力·沙塔尔，陈雅丽，喻峰）

第二节　具有潜在入侵风险的入侵昆虫

一、扶桑绵粉蚧

（一）学名及分类地位

扶桑绵粉蚧（*Phenacoccus solenopsis* Tinsley），属半翅目（Hemiptera）粉蚧科（Pseudococcidae）绵粉蚧属（*Phenacoccus*）（孟醒 等，2018）。

（二）分布与危害

1. 分布

扶桑绵粉蚧原产于北美洲，于 1898 年首次在美国新墨西哥一个公园的热带火蚁巢中发现。1991 年，该虫在美国得克萨斯州首次被发现危害棉花，随后通过苗木、接穗及果品调运等方式扩散至周边国家和地区，如厄瓜多尔（1992）、智利（2002）、阿根廷、巴西等南美洲国家。2005 年扩散至亚洲的巴基斯坦及大洋洲的新喀里多尼亚，随后先后入侵至印度（2007）、泰国（2008）、越南（2008）、中国（2009）、斯里兰卡（2012）和马来西亚（2016）。目前扶桑绵粉蚧已广泛分布于除南极洲以外的所有大洲，横跨热带、亚热带和温带，涉及 44 个国家和地区，具有极强的潜在侵害性（吴贵宏 等，2018）。扶桑绵粉蚧于 2009 年首次传入中国，随后迅速扩散至我国的台湾、广东、海南、广西、福建、云南、四川、江西、湖南、浙江、湖北、安徽、江苏、新疆、河北、上海、重庆、天津等地，造成了严重的经济损失。

2. 寄主

扶桑绵粉蚧属多食性昆虫，其寄主植物种类繁多，目前已记录的寄主植物多达 61 科 189 属 200 多种，包括大田作物、观赏植物、蔬菜、水果和杂草等。扶桑绵粉蚧喜食锦葵科（Malvaceae）、茄科（Solanaceae）、菊科（Asteraceae）、大戟科（Euphorbiaceae）、苋科（Amaranthaceae）、葫芦科（Cucurbitaceae）、豆科（Fabaceae）等植物。主要寄主植物包括棉花、番茄、扶桑、秋葵、茄子、马铃薯、辣椒、烟草、向日葵、甜瓜、苦瓜、南瓜、豇豆、大豆、玉米等作物。一般而言，扶桑绵粉蚧更偏好糖、氮、钾、磷、钠等含量高的寄主植物，在该类植物上其存活率高。

3. 危害

扶桑绵粉蚧是一种全球恶性入侵害虫，它是近年来入侵我国的一种严重威胁大田作物、园林观赏植物、果树和蔬菜等经济作物安全生产的重大检疫性害虫，是全世界公认的对棉花等 40 多种作物具有毁灭性危害的重大检疫性有害生物。2009 年被列入《进境植物检疫性有害生物名录》，2010 年，农业部、国家林业局联合发布公告，将其增列为全国农业、林业检疫性有害生物，2013 年再次被农业部列为 52 种国家重点管理外来入侵物种之一，2014 年入选中国第三批入侵物种名单。该害虫主要分布于寄主植物幼嫩部位，以雌成虫和若虫吸食嫩枝、叶片、花芽和叶柄汁液危害；其分布具有隐蔽性和聚集性，受害植物叶片萎蔫，嫩茎干枯，植株生长缓慢或停止，花蕾、花、叶片脱落；扶桑绵粉蚧排泄的蜜露诱发的煤污病影响叶片光合作用，导致叶片干枯脱落，植物生长受阻，严重时可造成植株大量死亡。有研究表明，由于该虫在我国潜在分布地区广泛，我国大部分地区都适合扶桑绵粉蚧生存，若全面暴发将造成近 100 亿元的重大损失，对农业、林业生产构成较大威胁（图 3 - 124）。

图 3 - 124　扶桑绵粉蚧危害

（三）形态特征

1. 成虫

雌雄异型，雌成虫体长（5.16±0.41）mm，宽（3.06±0.28）mm，虫体背面的黑色斑纹在蜡质层的覆盖下呈成对斑纹，腹部可见 3 对，胸部可见 1 对（图 3 - 125A）；雄成虫呈红褐色，体长（1.31±0.08）mm，宽（0.31±0.01）mm，触角共 10 节（图 3 - 125B、C）。虫体具有 1 对被有薄蜡粉的前翅。前翅发达，但后翅退化为平衡棒。雄虫交配器突出，锥状（王莹莹，2012）

2. 卵

长椭圆形，呈橙黄色，透明，长（0.32±0.01）mm，宽（0.16±0.02）mm（图 3 - 125D）。

3. 若虫

分为 3 个龄期，一龄若虫呈淡黄色，体表比较平滑，体长（0.40±0.01）mm，宽（0.20±0.01）mm，背部无白色蜡质层覆盖；二龄若虫刚蜕皮时呈黄绿色，在体背亚中区可见淡淡的黑色斑纹，体长（1.06±0.06）mm，宽（0.52±0.02）mm；三龄若虫刚蜕皮时呈明黄色，体背的黑色斑纹很清晰，随着生长颜色逐渐加深；虫体周缘的蜡突变得明显，体背蜡质层也逐渐加厚；体长（1.27±0.07）mm，宽（0.62±0.03）mm，末期其形态与雌成虫很相似（图 3 - 125E～J）。

4. 蛹

在成虫之前，雌虫没有但雄虫有一个类似"蛹"的阶段，雄虫蛹期虫体被厚厚的蜡丝

包裹着，丝上可见一些白色粉末状物体，轻轻剥开丝茧可以看见虫体呈黑灰色；体长
（1.19±0.02）mm，宽（0.43±0.03）mm（图 3 - 125K、L）。

图 3 - 125　扶桑绵粉蚧形态特征（王莹莹，2010）

A. 雌成虫　B、C. 雄成虫　D. 卵　E. 卵囊中的初孵若虫　F. 一龄若虫　G. 二龄若虫
H. 二龄末期雄若虫　I. 三龄若虫　J. 三龄雌若虫蜕皮成雌成虫　K. 拨开丝茧的雄蛹　L. 雄蛹

（四）生物学特性

1. 生活史

扶桑绵粉蚧在温度低的地区以低龄若虫或卵在土中、作物根、茎秆、树皮缝隙中、杂草上越冬，热带地区终年繁殖。我国扶桑绵粉蚧种群繁殖能力强，平均单雌产卵量150～600粒，其在扶桑上的单雌产卵量高达469粒。此外，其产卵量随温度而变化，最适产卵温度范围为25～32 ℃。该虫的发育历期也随温度而改变，卵期3～9 d，若虫期22～25 d，一般25～30d完成1代，一年12～15代。

该虫对低温的忍耐能力强，其过冷却点以一龄若虫最低，为−24.02 ℃。高温37～43 ℃，12 h、24 h、36 h处理条件下，扶桑绵粉蚧死亡率无明显差异（$P>0.05$），在45 ℃条件下处理36 h，扶桑绵粉蚧的死亡率只有70%，表明扶桑绵粉蚧的耐高温性极强。湿度对扶桑绵粉蚧影响不大。

2. 传播扩散方式

该虫是一种扩散迅速、危害严重的害虫，可以通过带虫植株转移到新的地区，卵与若虫可随着风、雨水、人类、鸟类、蚂蚁、器械等扩散。虫体具蜡质层，常被动地黏附于田间使用的机械、设备、工具、动物或人体上传播、扩散，若虫可以随灌水传播；长距离传播主要依靠苗木或修剪下的枝条或植物产品的调运。蚂蚁等粉蚧的共生者常会将若虫从染虫的植株搬运到健康的植株上（胡成志，2013）。

（五）风险评估与适生性分析

1. 适生性分析

基于19个环境因子和64个扶桑绵粉蚧在新疆及内地重要代表性发生地的地理分布点信息，结合MaxEnt模型与ArcGIS软件，预测了扶桑绵粉蚧在新疆的潜在分布区，并划定了风险等级（图3-126）。首先对适生性分析的预测精度进行评价，本研究的训练数据集（Training data）和验证数据集（Testing data）的AUC值分别为0.998、0.994，表明预测结果非常好。高适生区约占新疆总面积13.57%，主要集中在北疆乌鲁木齐市、石河子市、五家渠市、克拉玛依市、昌吉州等地的大部分区域，塔城地区中部、博州东部、吐鲁番市大部分区域、哈密市中北部（伊州区、伊吾县、巴里坤县等），以及南疆喀什地区（喀什市、疏勒县、疏附县等）、和田地区皮山县、阿克苏地区和巴州的局部区域。适生区约占新疆总面积29.11%，主要集中在南疆的阿克苏地区大部分区域、喀什地区中北部、和田地区中北部、巴州北部、昌吉州东部、阿勒泰地区中南部和伊犁州中东部，以及吐鲁番市南部、哈密市南部的部分区域。这些高适生区及适生区覆盖了新疆大部分棉花产区和温室大棚分布区，对我国新疆的棉花、设施蔬菜及果树等产业构成威胁，尤其是对新疆主要植棉区棉花生产构成极大威胁。虽然扶桑绵粉蚧目前在新疆尚属于多次零星入侵阶段，且每次发现均进行了应急铲除，但扶桑绵粉蚧对新疆许多地区具有很高的定殖风险，应引起高度重视。此外，环境因子刀切法分析表明，最湿月降水量（bio13）、最湿季的降水量（bio16）、年均降水量（bio12）、最暖季的降水量（bio18）和最冷季的降水量（Bio19）对扶桑绵粉蚧的潜在分布影响较大，这说明它们是影响扶桑绵粉蚧在新疆分布的主要环境因子。

审图号：GS京（2023）1824号

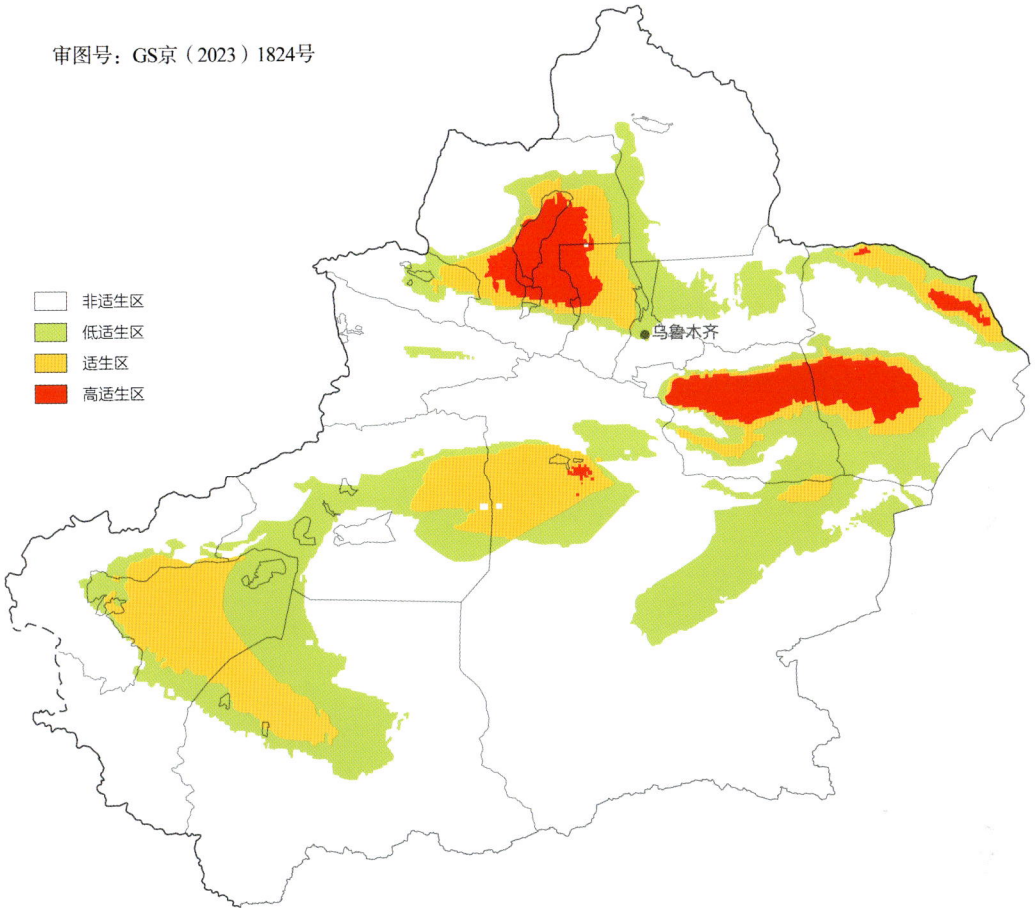

图例：

- 非适生区
- 低适生区
- 适生区
- 高适生区

乌鲁木齐

图 3-126 扶桑绵粉蚧在新疆的潜在适生区预测

2. 风险管理措施

加强检疫监管是防止扶桑绵粉蚧入侵的重要手段。应加大检疫宣传，增强风险意识，采取积极有效措施对扶桑绵粉蚧进行检疫管控，阻止其传入（胡成志，2013）。若发现扶桑绵粉蚧应及时扩大监测范围，迅速摸清疫情发生规模和本底，并开展相应的无害化应急处置工作。

（六）监测检测技术

1. 监测调查方法

（1）定期常规监测　对花卉市场、大棚、园林苗圃基地等高风险区域进行定期抽样调查，及时发现疫情入侵发生情况。

（2）疫情发生区监测　在疫情发生后迅速启动疫情普查摸底工作，重点对疫情发生核心区域进行地毯式排查，并对疫情发生地所在县区乡镇扶桑绵粉蚧的可能发生的花卉市场、温室大棚、苗圃基地、园林行道树、公园、居民家庭花卉等重点区域进行拉网式普查，全面摸清疫情发生规模与本底情况。

（3）疫情前沿区随机抽测方法　对疫情发生核心区域 2～20 km 范围内的高风险寄主

作物和杂草采用高频次随机抽测调查，按东、西、南、北 4 个方向，每个方向在 5 km、10 km、15 km、20 km 处随机选取 5～10 个点，每个点选取 0.1 hm² 样方，每个样方按对角线 5 点取样调查监测，每个监测样方大小为 1 m²；每 15 d 至少调查 1 次。调查不同寄主（棉花、露地蔬菜、西瓜、甜瓜、大棚、杂草、园林树等）上扶桑绵粉蚧的发生情况。

2. 检测技术

扶桑绵粉蚧虫体小，一般体长在 0.5～5.0 mm，具隐蔽性，不同个体间的特征非常相似，肉眼很难辨别，暴发初期不容易被发现，具有较高的变异性，尤其是在野外，扶桑绵粉蚧、石蒜绵粉蚧和双条拂粉蚧之间很难区分和识别，但利用 DNA 条形码技术能够快速、准确鉴定出粉蚧的种类。有研究表明扶桑绵粉蚧及其近似种序列在 GenBank 或 BOLD 数据库中对比，相似度在 99％～100％，与形态鉴定结果一致（吴福中 等，2020）。

（七）应急防控技术

建议采用分区分类精准防控策略，对于已染疫寄主植物进行应急扑灭和铲除处理；对于尚未发生疫情的相邻高风险区域采取加强检疫、强化监测、预防性消杀等措施，实现彻底铲除扶桑绵粉蚧的同时减少不必要的经济损失，实现精准防疫的总体目标。

1. 检疫防控

扶桑绵粉蚧的雌成虫活动能力有限，远距离扩散必须依靠媒介或载体，因此应加强植物检疫，严禁带虫货物通关。对检查出的携带物，要彻底处理，防止其蔓延扩散，设立专业的防治小组，控制该虫的扩散，探索防治方法，避免其大面积暴发，减少不必要的经济损失（胡成志，2013）。

2. 销毁处理

对携带有该虫的应检物，无法进行彻底除害处理或不具备检疫处理条件的应停止调运，就地销毁处理。对可能受污染的作物、杂草、土壤或基质立即淋溶式喷施杀虫剂。对染疫大棚内部及棚间空地可能受污染的作物、杂草、土壤或基质立即淋溶式喷施杀虫剂，药剂可选用 30％螺虫·噻虫嗪 3 000 倍液，40％丙溴磷 750 倍液，46％氟啶·啶虫脒 5 000 倍液，10％顺势氯氰菊酯 4 000 倍液，22％螺虫·噻虫啉 3 000 倍液，10％氟啶虫酰胺 1 000 倍液，用上述各药剂处理，同时增加有机硅类助剂，且不同药剂交替使用，注意安全间隔期及浓度。喷药 12 h 后对地表植物进行连根铲除，并装入封闭性好的口袋或水桶将其移至焚烧坑，集中处理。就地挖坑，将药剂处理过的染疫植物及材料倒入深坑内，充分焚烧后深埋，覆土后在坑表面撒生石灰。

3. 无害处理

对染疫的植株、包装材料、运载工具等可采用溴甲烷熏蒸的方式进行除害处理。对带疫的较小型苗木、切花、球茎、培养介质等，可使用药剂浸泡的方式进行除害处理。溴甲烷熏蒸处理、药剂处理的方法参考《扶桑绵粉蚧药剂除害处理操作规程》（SN/T 3891—2014）中第五章、第七章、第九章的规定，溴甲烷熏蒸处理技术指标参见《扶桑绵粉蚧检疫技术规程》（LY/T 2778—2016）附录 F，药剂处理常用药剂种类和处理技术指标参见《扶桑绵粉蚧检疫技术规程》附录 G。

4. 注意事项

新发生区地、县级农业行政部门所属的植物检疫机构在本辖区确定发现疫情后，应在

12 h 内向自治区农业植物检疫机构快报疫情特征、发现时间、分布地点、传播途径与危害情况。

自治区农业植物检疫机构接到报告后，在 24 h 内，派出 2 名专职检疫员进一步进行实地诊断。自治区农业植物检疫机构经核实后，在 12 h 内上报农业农村部所属的植物检疫机构，并立即采取应急扑灭措施。

（八）综合防控技术

扶桑绵粉蚧在防治上应采取预防为主的综合防治方法，将其消灭在初入侵阶段。

1. 检疫防控

（1）产地检疫　3～11 月，气温在 20 ℃以上开始调查，调查次数每年不得少于 2 次。调查点选取应具有代表性，可选取田间、种苗繁育地、种植园、四旁绿化带、城市绿化带、风景名胜区等地。

（2）调运检疫　在运载工具装卸货物过程中随机抽样，也可在装货后分层设点抽样，按一批货物总件数（株）的 5% 抽样；总株数少于 100 株应全部抽查。对于疑似有扶桑绵粉蚧危害状的植株，应直接抽出待查。

2. 农业措施

（1）杂草铲除　将绿化区、果园、农田等周边有扶桑绵粉蚧的杂草铲除，将有扶桑绵粉蚧的植物落叶或枯枝统一清理并烧毁，降低虫害发生率。加强田间管理，增施有机肥，创造良好的通风透光环境，提高农作物的抵抗能力，有利于减轻扶桑绵粉蚧的危害（胡成志，2013）。

（2）修剪刮治　根据扶桑绵粉蚧的越冬习性，结合冬季植物修剪，剪去局部白色卵囊分布较密集的枝条；作物收获后，对大田进行翻耕，将带虫的秸秆集中烧毁，减少越冬虫源。刮除枝、干上的老皮、翘皮，降低越冬虫量，减少虫口基数。采取深耕冬灌，消灭越冬虫蛹，降低和减少翌年害虫越冬基数，从而减轻危害。

3. 物理防控

消灭害虫或改变其物理环境，阻隔害虫侵入是收效迅速的方法。这种方法可直接把害虫消灭在大发生之前，或在某些情况下作为大发生的补救方法，起到降低危害的作用，并能最大限度地减少农药的使用，保护生态环境。调节播种期，避开该虫暴发高峰，能减轻其危害程度，通过合理轮作，将扶桑绵粉蚜的寄主作物与不受其影响的作物进行轮作。

4. 生物防控

采用生物防治中以虫治虫的方法防治扶桑绵粉蚧，引进天敌或寻找本土天敌控制该虫。其天敌包括捕食性天敌和寄生性天敌。

（1）捕食性天敌　目前已报道的扶桑绵粉蚧捕食性天敌包括鞘翅目瓢虫科的宽纹纵条瓢虫［*Brumoides lineatus*（Weise）、宽缘唇瓢虫［*Chilocorus rufitarsus*（Motschulsdy）］、澳洲瓢虫［*Rodolia cardinalis*（Mulsant）］、纤丽瓢虫［*Callineda sedecimnotata*（Fabricius）］、厚缘四节瓢虫［*Tetrabrachys kozlovi*（Barovshy）］、孟氏隐唇瓢虫［*Cryptolaemus montrouzieri*（Mulsant）］、长斑弯叶毛瓢虫［*Nephus koltzei*（Weise）］、黑背毛瓢虫［*Scymnus*（*Neopullus*）*babai* Sasaji］、双带盘瓢虫［*Coelophora biplagiata*（Swartz）］、六斑月瓢虫［*Cheilomenes sexmaculata*（Fabricius）］、红点唇瓢虫、异色瓢虫等，脉翅目彩角异粉蛉［*Heteroconis picticornis*（Banks）］、晋草蛉［*Chrysapa shansis*（Kuwayama）〕、亚非草蛉〔*Chrysopa boninensis*（Okamoto）〕、全北褐蛉〔*Hemerobius humuli*（Linnaeus）〕、班氏跳小蜂、中华草蛉等。

（2）寄生性天敌　目前已报道的扶桑绵粉蚧寄生性天敌包括跳小蜂科的松粉蚁抑虱跳小蜂〔*Acerophagus coccois*（Smith）〕、橙额长索跳小蜂〔*Anagyrus aurantifrons*（Compere）〕、长崎原长缘跳小蜂〔*Prochiloneurus nagasakiensis*（Ishii）〕、克氏长索跳小蜂〔*Anagyrus clauseni*（Timberlake）〕、指长索跳小蜂〔*Anagyrus dactylopii*（Howard）〕、粉蚁长索跳小蜂（*Anagyrus Pseudocoeci*）、泽田长索跳小蜂〔*Anagyrus sawadai*（Ishii）〕及广腹细蜂科（Platygastridae）的粉蚁广腹细蜂（*Anagyrus zlotropa*）等。

5. 化学防控

22％氟啶虫胺腈悬浮剂、20％啶虫脒可溶性液剂、22.4％螺虫乙酯悬浮剂、20％吡丙醚乳油、25％噻嗪酮可湿性粉剂、70％吡虫啉水分散粒剂、5.7％甲氨基阿维菌素苯甲酸盐水分散粒剂等多种农药对扶桑绵粉蚧各虫态均有较好的毒杀作用。其中，新型杀虫剂氟啶虫胺腈和啶虫脒对扶桑绵粉蚧雌成虫和若虫的防治效果均显著，速效性与持效性均较好，可用于田间防治和除害处理；螺虫乙酯、吡丙醚对扶桑绵粉蚧的防治效果次之。90％灭多威可湿性粉剂在药后 3 d 防效达 99.92％。施用 25％吡虫啉可湿性粉剂 1 500 倍液和 23％高效氯氟氰菊酯微囊悬浮剂 1 500 倍液，药后 1 d 防效均达 96％以上，药后 3 d 达 100％；这 2 种药剂防治效果佳且毒性低，对农作物及生态环境安全，可作为防治药剂推广。印楝素也可用来防治扶桑绵粉蚧（孟醒 等，2018；胡卫峰 等，2017）。

6. 综合防控技术应用

合理修剪、整枝。扶桑绵粉蚧常聚集在植株各枝条上，冬季对植株进行整枝修剪时，将扶桑绵粉蚧栖息密度高的枝条剪除，以压低越冬的虫口密度。对个别植株生长过旺、枝叶郁闭的部分进行修剪，改善通风透光条件，使其不利于扶桑绵粉蚧的生长，减轻危害。对剪下的有虫枝条，应集中烧毁，同时加强肥水管理，促使抽发新梢，更新树冠，恢复树势。并进行秋耕冬灌，消灭越冬虫蛹，降低和减少翌年越冬基数，减轻危害发生。刮除虫体。对一些数量少而名贵的盆栽花木，可用竹片进行刮除。初孵若虫期身体上的胶、蜡、粉等保护物很少，最易着药，是防治最佳时期。

在扶桑绵粉蚧低龄若虫高峰期施药。每公顷可用 40％毒死蜱 1 500～1 800 mL 兑水 750～900 kg，或使用 10％吡虫啉乳油 1 000 倍液，或使用 40％久效磷乳油 800～1 000 倍液喷雾。对危害严重的植株整株拨出，对绵粉蚧的植株落叶及枯枝进行集中烧毁处理。

利用防治扶桑绵粉蚧的天敌如班氏跳小蜂、异色瓢虫、红点唇瓢虫、中华通草蛉，寄生蝇和捕食螨等进行防控。加强检疫监管是防止扶桑绵粉蚧入侵的重要手段。在口岸检疫时，仔细检查植物的枝、茎、叶、花和果实，如发现虫体被有白蜡粉且体缘具有 18 对蜡丝时，应带回室内制片、镜检；若为若虫，则送往检疫隔离苗圃，待饲养至成虫后再制片、镜检确定；对外应加强检疫宣传，增强风险意识，采取积极有效措施对该粉蚧进行风险评估，阻止其传入。

（郭文超，丁新华，吐尔逊·阿合买提，李海强，贾尊尊，

阿尔孜姑丽·肉孜，秦培元，唐子人，焦雪）

二、甜瓜迷实蝇

（一）学名及分类地位

甜瓜迷实蝇 [*Myiopardalis pardalina* （Bigot）]，属双翅目（Diptera）实蝇科（Tephritidae）咔实蝇属（*Carpomya*）。

（二）分布与危害

1. 分布

甜瓜迷实蝇是我国进境检疫性有害生物，曾被列入《进境植物检疫性有害生物名录》警告名单。据记载，最初来自伊朗东南部到巴基斯坦西部的俾路支地区。2000 年，乌兹别克斯坦报道该虫是当地甜瓜上的常见害虫。2004 年，土库曼斯坦也报道该虫在甜瓜上发生危害。

分布范围：在亚洲分布于阿富汗、阿塞拜疆、巴基斯坦、哈萨克斯坦、吉尔吉斯斯坦、黎巴嫩、沙特阿拉伯、土耳其、叙利亚、亚美尼亚、伊拉克、伊朗、以色列、印度（北部）。欧洲：俄罗斯、乌克兰。非洲：阿尔及利亚、埃及、塞内加尔。

2. 寄主

甜瓜迷实蝇是一种葫芦科（Cucurbitaceae）作物害虫，主要寄主是甜瓜，也能取食西瓜、黄瓜等（吴佳教等，2009）。

3. 危害

甜瓜迷实蝇对瓜类作物的果实和种子造成危害，受害的果实通常会受细菌和真菌的影响腐烂变成棕色（图 3 - 127A），进而影响甜瓜的销售（瓜的表皮上观察到虫孔（图 3 - 127B）。阿富汗、土库曼斯坦、乌兹别克斯坦等国报道，甜瓜迷实蝇可导致甜瓜作物损失高达 80%～90%，如果没有对该有害生物进行管控，将导致一些瓜类作物绝产。

图 3 - 127 甜瓜迷实蝇危害（CABI，2013）
A. 幼虫危害状 B. 受损瓜类果实表面

（三）形态特征

1. 成虫

雄虫体长 5～6 mm，雌虫体长 7.0～7.5 mm。头暗黄色，宽大于长。成虫头部有 2 对上侧额鬃、3 对下侧额鬃。雄虫前上侧额鬃无修饰，后上侧额鬃尖锐，朝下；单眼后鬃长约与下侧额鬃等长。具单眼后鬃、内顶鬃、外顶鬃；外顶鬃、眼后鬃、单眼后鬃和后顶鬃均尖锐；具颊鬃。颜面平或突起，无颜面斑，额和侧额无银色斑（图 3 - 128）。触角短于颜面长，触角第三节末端呈角状突起，触角芒长于触角鞭节。喙短，呈头状花序状。颊高达复眼长的 1/3。中胸背板有黑色亮斑；小盾片两侧及中部各具 1 个黑斑。具肩胛鬃、缝前翅上鬃、前背侧鬃、后背侧鬃、前翅上鬃、后翅上鬃、翅内鬃、背中鬃、小盾前鬃各 1 对，小盾鬃 2 对。各足腿节均不具暗色斑。翅纹带与绕实蝇属的翅带相似，浅黄色；具基横带、中横带和伸达翅后缘的端前横带；前端横带部分或全部与 C 脉分离，在 R2＋3 室端有一透明区。R2＋3 脉常直伸，且在端段具一明显的距脉，前倾。r-rn 脉与 dm 室相交于 dm 室脉段约中央处；bm 室窄，三角状，长是宽的 2.5～3.0 倍；宽与 Cup 室宽相等。臀条缺或不伸达翅缘。腹部黄色到橙褐色，各节腹背板相互分离。第三至五节腹背板不具暗色中纵条。第五腹背板不具腺斑。雄成虫第三腹背板无栉毛；第五腹节腹板后缘深凹。雄成虫背针突长度超过第九背板长的一半，后叶较长。雌成虫产卵管末端尖，针状，无锯齿，有 3 个受精囊（陈乃中，2009；胡学难 等，2013）。

图 3 - 128　甜瓜迷实蝇成虫（图 A 陈淑芳 摄；图 B 吴佳教 摄）

2. 卵

长 1.5～1.6 mm，白色，半透明。

3. 幼虫

共 3 龄。老熟幼虫长 8～10 mm，每侧有 3 个口前齿，口脊有 4～7 列尖齿。幼虫前气门有 26～28 个指突（图 3 - 129）（吴佳教 等，2009）。

4. 蛹

长 5～6 mm。

（四）生活习性

1. 生活史

甜瓜迷实蝇以蛹越冬。1 年可发生 3～7 代，有世代重叠现象，多数地区全年有活动。卵期在夏季 2～3 d，秋季为 7 d。幼虫历期 8～18 d，蛹期 13～20 d。成虫存活期 45～50 d。秋季老熟幼虫钻入 2～4 cm 表层土壤中化蛹越冬。

图 3-129　甜瓜迷实蝇幼虫

2. 传播扩散方式

成虫飞行和随被害瓜果的运输是甜瓜迷实蝇传播扩散的主要途径。包装物、集装箱、邮包和交通工具等均是该虫远距离传播扩散的载体。

3. 迁飞习性

成虫喜欢白天活动，傍晚后停息在寄主叶片背面。成虫飞翔较敏捷，具有一定飞行扩散能力，但迁飞距离有限。

4. 繁殖及其他生物学特性

在高加索等偏冷凉地区，甜瓜迷实蝇成虫在 6～7 月间大量出现。在地中海地区东部，成虫较多出现于寄主开始开花时。在夏季，成虫出现一周后开始产卵，产卵持续约 3 周。每雌产卵约 150 粒，多可达 250 粒。卵期幼虫在果内取食，老熟幼虫在 5～15 cm 深的土中化蛹，偶尔在果内化蛹。

5. 滞育特性

未见甜瓜迷实蝇有滞育现象的报道。

6. 发生规律

在每年 5 月下旬至 6 月初甜瓜迷实蝇越冬蛹孵化为成虫，成虫交配产卵，雌虫产卵于嫩瓜内，每次产几粒至十多粒，每头雌虫可产数十粒至上百粒卵，成虫可存活 6 周至 2 个月，其间交配多次。幼虫孵化后即在瓜内取食，将瓜蛀食成蜂窝状，以致腐烂、脱落。老熟幼虫在瓜落前或瓜落后弹跳落地，钻入表土层化蛹。

（五）风险评估与适生性分析

1. 风险评估

（1）进入可能性　甜瓜迷实蝇以幼虫钻蛀、取食西瓜、甜瓜等葫芦科植物果实。因此幼虫随进口瓜类果实进入我国的可能性很高。

（2）定殖可能性　甜瓜迷实蝇的寄主仅为葫芦科植物，但这些寄主在我国的种植及分布十分广泛。此虫一旦进入，很容易找到寄主而定殖。

（3）扩散可能性　甜瓜迷实蝇有一定的飞行能力，在寄主充足情况下，可飞行扩散数百米至 1.5 km。卵或幼虫可随果实远距离传播扩散，随意丢弃带虫果实等可造成该虫扩散。该虫一旦定殖，将很快扩散到所有适生地区。

（4）经济重要性　甜瓜迷实蝇的成虫在寄主果实上产卵，幼虫孵出后即在果实内取食，造成整个果实腐烂。据报道，在以色列60%的西瓜和85%以上的甜瓜受甜瓜迷实蝇的危害，减产达40%～60%。甜瓜迷实蝇一旦定殖和扩散，根除非常困难，给西瓜、甜瓜生产和外贸带来极大损失。

（5）结论 甜瓜迷实蝇进入可能性、定殖可能性和扩散可能性均很高，经济重要性很大，总体风险等级为高。

2. 适生性分析

利用 Arc GIS 9.1 对用 CLIMEX 3.0 预测甜瓜迷实蝇在全球及我国的潜在适生区所得的 *EI* 进行插值替换，得到该实蝇潜在适生区的初步结果见图 3 - 130。甜瓜迷实蝇主要在全球的 20 多个国家和地区发生，其高度适生区主要分布在亚洲中西部多数国家以及欧洲中南部、非洲北部、北美洲西部、南美洲西部和大洋洲南部地区的少数国家，中度适生区在亚洲西北部、非洲南部、欧洲西部、北美洲中部和大洋洲东南部的国家和地区，低度适生区在亚洲东部和南部、欧洲中部、非洲中南部、北美洲中部、南美洲东部及南部部分地区、大洋洲中南部等，非适生区在亚洲东部、北部和东南部，欧洲北部，非洲中部和中西部、北美洲南部、南美洲北部、大洋洲北部等（Qin Yujia etal.，2021）。

审图号：GS京（2023）1824号

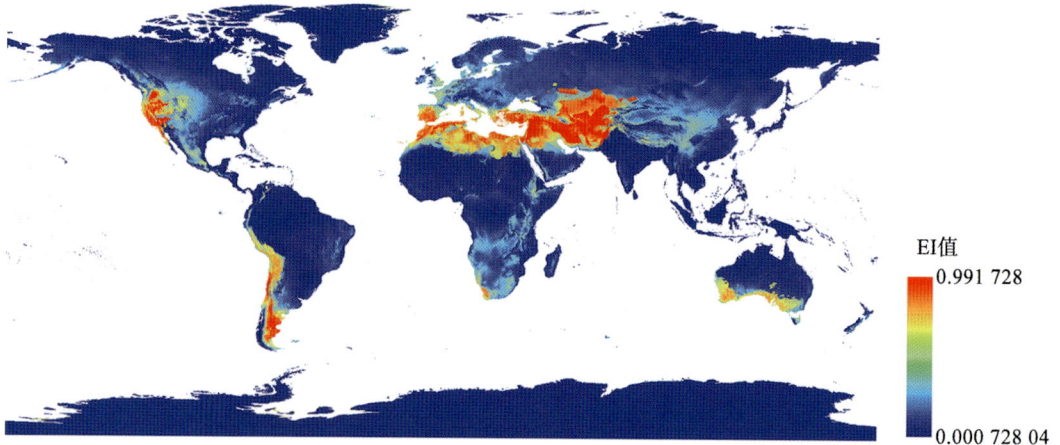

图 3 - 130　甜瓜迷实蝇在全球的适生区分布预测（QinYujia et al.，2021）
注：越接近红色表示越适生，越接近蓝色越不适生。

CLIMEX 3.0 预测结果表明：甜瓜迷实蝇在我国的潜在分布区范围极广，包括 437 个适生站点。其中高度适生区有 95 个站点，中度适生区包括 13 个站点，低度适生区包括 209 个站点。高度适生区主要分布在云南、海南、河南的大部分地区，广西、台湾、陕西、湖北、山西、河北的部分地区，以及广东、西藏、贵州、四川、甘肃极少部分地区。中度适生区主要分布在广东、广西、海南、福建、四川、山西、山东大部分地区、河南局部地区、陕西、甘肃、河北部分地区，云南、台湾、贵州、湖南、江西、江苏、安徽、湖北、辽宁少部分地区。低度适生区主要分布在西藏、甘肃、贵州、湖南、江西、福建、浙江、重庆、湖北、安徽、江苏、宁夏、内蒙古、辽宁、吉林的大部分地区，新疆部分地区、青海部分地区、四川部分地区、广西、台湾、山西、河北、北京、黑龙江的部分地区，以及云南、广东、河南、山东、陕西的少部分地区。非适生区主要分布在上海、新疆部分地区、青海、甘肃、内蒙古、黑龙江（部分地区）、西藏局部地区、浙江、吉林局部地区。

3. 风险管理措施

来自疫区国家和地区的输华甜瓜不得带有甜瓜迷实蝇，并在植物检疫证书注明。

输华甜瓜来自非疫区且非疫生产点需中方官方认可。

输华甜瓜果园、加工包装厂和储藏库要实行注册并经双方认可。出口到中国的甜瓜必须来自指定地区经出口国植物检疫主管部门注册的果园，并在指定地区内经出口国植物检疫主管部门注册的包装厂进行包装、储藏。

中方要求在出口甜瓜包装环节，配合人工和自动选果等加工清除手段，去除带病斑、蛀孔等果实，同时，还要对甜瓜表面、果柄处土壤及附着物等，采用物理或机械方式进行处理，例如高压气流、水洗刷或其他的等效措施，以保证出口甜瓜不携带甜瓜迷实蝇等检疫性有害生物。

输华甜瓜包装材料应经过适当的熏蒸处理，确保不带活虫及其他有害生物。出口国提出合适的熏蒸处理指标，需经中方确认。

输华甜瓜在中国入境口岸要进行进境植物检疫和实验室检测。如发现带有甜瓜迷实蝇等检疫性有害生物，则须进行除害处理。除害处理符合中方检疫要求的，准予入境。不符合检疫要求的或无有效处理方法的，不得入境。

在输华甜瓜生长期和收获期，中方如认为必要，可派遣植物检疫人员赴甜瓜原产地就中国方面所关注的甜瓜迷实蝇等检疫性有害生物进行调查和监测，包括了解货物包装、储藏和运输情况，以保证输华甜瓜完全符合中国方面的植物检疫要求。

（六）监测与检测技术

1. 监测调查方法

（1）信息素诱捕监测　将甜瓜迷实蝇蛋白诱饵（Torula yeast and borax pellets）放置于 McPhail 型诱捕器中或其他 GACC 允许使用的诱捕工具内。在使用时，预先在诱捕器内盛放少量的清水，然后将 4 粒诱饵投入诱捕器中直至溶解。将诱捕器悬挂在离地面 1.5 m 左右的高处，避免受阳光直晒或直接淋雨。以 3.33 hm² 作为一个监测单位放置 1 个诱捕器，每个监测地点至少放置 1 个诱捕器，每个星期检查 1 次诱捕器。每月更换 1 次诱芯。

（2）黄色粘虫板诱虫（黄色胶剂诱捕器）　诱捕监测周期从西瓜、甜瓜的坐果（生长期）开始一直持续到西瓜、甜瓜采收期结束。每块瓜地悬挂黄色粘虫板的数量不能少于 4 个。当种植园的面积大于 0.67 hm² 时，应按照每 0.13 hm² 悬挂 1 个黄色粘虫板的密度要求，黄色粘虫板的悬挂数量不超过 20 个。在生长季节里应每周检查 1 次黄色粘虫板；在采收前应每周检查 2 次黄色粘虫板。黄色粘虫板和碳酰铵液体需每 2 周更换 1 次。

（3）剖果检查　在西瓜、甜瓜生长季节，以每 6.67 hm² 输华甜瓜种植地作为一个检查单位，选择 200 个有畸形、腐烂、虫蛀或其他斑痕的甜瓜进行剖果检查，查看是否有甜瓜迷实蝇危害。

2. 检测技术

（1）口岸现场检测　检查果实表面有无产卵刻点或产卵痕迹，或果实是否有腐软的现象，必要时进行剖果检查，观察是否有蛆状幼虫或蛹。

（2）饲养鉴定　将带有卵或幼虫的寄主果实放在小号白瓷盘里，然后将小号白瓷盘放在装有自来水的大号白瓷盘内，再用防虫网罩盖住小号白瓷盘，罩的下方边缘浸没于大号白瓷盘内的水中，置于温度为22～28 ℃，相对湿度为50％～90％的环境中饲养5～10 d，以获取老熟幼虫。

（3）实验室鉴定　目前对甜瓜迷实蝇的鉴定主要是采用传统的形态学特征鉴定方法。

（4）标本制备与保存　将采集到的幼虫或围蛹用蒸馏水清洗后，投入（60±5）℃热水中浸泡杀死，置于室温下冷却，再将冷却后的幼虫（或围蛹）置于保存液中保存，保存期至少6个月。如果成虫虫体已干硬，在制备标本前应进行软化处理。取一小型干燥器，加入约2 cm深干净细沙，加水至漫过细沙表面约1 cm，并滴加数滴苯酚以防标本腐烂，上层放待软化的成虫标本，密闭1 d，制成针插标本。将制好的成虫标本或相应的玻片标本置于干燥箱中干燥数日，然后移入标本柜中保存，注意防虫和防潮。

3. 监测检测技术应用

（1）疫区划分区　按照甜瓜迷实蝇的发生情况进行分区。将核心区外半径1 500 m以内的范围界定为发生区；发生区外围，距甜瓜迷实蝇发生地块半径为2 400 m以内的范围界定为缓冲区；缓冲区外围，距甜瓜迷实蝇发生地块半径为7 200 m以内的范围界定为外围区。甜瓜迷实蝇发生地块7 200 m范围以外的区域定为未发生区。

（2）监测方法　对甜瓜迷实蝇成虫的监测，主要采用性诱剂诱捕监测，诱捕器悬挂高度1.5 m左右，间距3 m以上，避免遮蔽和阳光直射。低密度区：每公顷放置15个诱捕器；未发生区：每50 hm² 放置1个。各监测点每3 d检查1次虫量。

也可采用诱虫灯监测：灯装在离地面约1.5 m，间隔20 m以上。每3 d检查1次虫量；或采用黄色粘虫板诱集法，在不同区域放置涂抹蜂蜜的黄色粘虫板，每公顷放置75个，每3 d检查1次。

采用糖醋液诱集监测：可用90％敌百虫可溶性粉剂1 000倍液＋3％红糖；或30％敌敌畏乳油1 500倍液＋3％红糖；或用甜橙汁65 g、酒65 g、醋65 g、糖130 g、90％敌百虫可溶性粉剂5 g，加水670 g混合均匀后即配成诱杀液。诱杀瓶挂在瓜地行间，每0.1 hm² 挂10个诱杀瓶。每个瓶中装100～200 g毒饵药液，瓶离地面1～1.5 m高。每3 d检查1次。

对甜瓜迷实蝇卵、幼虫、蛹的监测，主要是对发生区果品的监测。每块甜瓜地取100个落瓜、烂瓜，剥查瓜中卵、幼虫、蛹的密度。土壤监测：在发生区每块地取10个调查点，每个点在0～10 cm表土层取500 g土壤，使用过筛冲洗法，调查核心区和发生区田块烂瓜周围表土层蛹的密度。

（3）监测地点　利用引诱剂或黄色粘虫板在大田、运输公路沿线、农贸市场、居民点、铁路运输集散地等进行监测。

（4）监测标本上报、鉴定　对于监测的疑似标本及时上报，由疫情防控工作组技术专家进行核定。

（七）应急防控技术

甜瓜迷实蝇的应急控制方法，同本节"四、地中海实蝇"。

（八）综合防控技术

1. 检疫防控

禁止旅客携带鲜果入境，对来自疫区的寄主果实，要严格查验。一旦发现，采取检疫处理或销毁等除害处理检疫措施（高建诚 等，2021）。

2. 农业防控

清除疫区瓜田里及周边的杂草，打掉植株下部的老叶、黄叶，改善瓜田通风透光条件，减少成虫隐蔽栖息的场所。

在西瓜、甜瓜谢花后，幼瓜未被产卵时，用草覆盖幼瓜或对幼瓜套袋，以防成虫在瓜果实上产卵。

及时摘除疫区西瓜、甜瓜田的烂瓜以及收集落地烂瓜，然后集中深埋以减少虫源。在甜瓜迷实蝇发生较严重的地区，在瓜果刚谢花、花瓣萎缩时期，可采用套袋护瓜的方法。

3. 物理防控

利用甜瓜迷实蝇成虫对黄色的趋性，采用黄色粘虫板诱杀成虫。每公顷设置 450 张左右，悬挂在距地面 1.2～1.5 m 的高度。

4. 化学防控

（1）毒饵诱杀　把南瓜或甘薯煮熟、发酵，取 40 份，加入氰戊马拉松 1 份，香精 1 份，兑水 48 份，调成糊状毒饵，直接涂在瓜棚篱竹上或装入容器中吊挂于瓜架下，每公顷 300 个点，每点放 25～30 g，可诱杀成虫。或选用醋 3 份、水 100 份、每 50 kg 加少许敌百虫，盛在塑料瓶内挂于棚下，诱剂选用能发出甜、酸气味并能发酵的物质，对成虫具有较好的诱杀效果。

（2）药剂防治　在成虫初发期立即喷药，可用 1.8% 阿维菌素乳油 2 000～3 000 倍液、2.5% 溴氰菊酯乳油 2 000～3 000 倍液等，每 3～5 d 喷 1 次，共喷 3 次左右即可。在成虫盛发期选在晚上或中午喷施 21% 氰戊·马拉松乳油 4 000～5 000 倍液，或 2.5% 溴氰菊酯乳油 2 000～3 000 倍，每隔 3～5 d 喷 1 次，连喷 2～3 次（Toyzhigitova B. et al.，2019）。

5. 综合防控技术应用

（1）清洁田园　在新发现的疫区内，对瓜地所有瓜果及时清理，集中处理。

（2）土壤处理　已种植葫芦科作物的瓜地均采用"重型圆盘耙耙地、撒施辛硫磷颗粒剂每公顷 15～30 kg 或喷施高效氯氰菊酯＋辛硫磷乳油 1 000 倍液后犁地深埋，再进行灌水"，做到冬前 100% 完成。

（3）种植结构调整　疫区内 3 年内不种植葫芦科作物，以清除实蝇寄主植物，阻断其繁殖蔓延。

（4）地膜隔离　前一年种植葫芦科植物的地块铺宽幅地膜种植其他作物，降低越冬蛹出土羽化数量。

（5）诱杀成虫　在监测的基础上，结合其发育历期，确定成虫羽化期和产卵期，在其产卵前、成虫羽化盛期用黄板和糖醋液诱杀成虫。

（6）加强对瓜菜交易场所的监督管理　场地要硬化，并建立废瓜果处理池，将废瓜果及时入池进行灭虫处理。

（张祥林，李志红）

三、瓜实蝇

（一）学名及分类地位

瓜实蝇［*Zeugodacus cucurbitae*（Coquillett）］，属双翅目（Diptera）实蝇科

（Tephritidae）果实蝇属（*Bactrocera*），别名针蜂、瓜蛆，是我国进境检疫害虫，瓜类作物（苦瓜、冬瓜、南瓜、丝瓜等）的重要害虫。

（二）分布与危害

1. 分布

瓜实蝇起源于印度，广泛分布于温带、亚热带和热带的 58 个国家和地区，国外主要分布于日本（琉球群岛）、越南、老挝、柬埔寨、泰国、尼泊尔、孟加拉国、印度、巴基斯坦、缅甸、斯里兰卡、菲律宾、马来西亚、文莱、印度尼西亚（爪哇岛、苏拉威西岛、苏门答腊岛、伊里安查亚、婆罗洲）、东帝汶、埃及、伊朗、肯尼亚、坦桑尼亚、毛里求斯、留尼汪、巴布亚新几内亚（布干维尔群岛、新爱尔兰岛）、所罗门群岛、俾斯麦群岛、新不列颠、夏威夷；国内最早于 1985 年在深圳口岸由香港输入内地的白瓜中截获，目前已在福建、海南、广东、广西、贵州、云南、四川、湖南、台湾等 9 省（自治区）局部分布（徐海根 等，2011）。

2. 寄主

幼虫可取食西葫芦、丝瓜、棱角丝瓜、苦瓜、笋瓜、黄瓜、瓜叶栝楼、油瓜、葫芦、冬瓜、南瓜、佛手瓜、甜瓜、西瓜、西番莲、番木瓜、番茄、树番茄、辣椒、茄子、菜豆、长豇豆、金甲豆、木豆、楄梓、柚子、葡萄柚、甜橙、酸橙、柠檬、柑橘、菠萝蜜、蒲桃、洋蒲桃、桃、阳桃、鳄梨、无花果、芒果、苹果、杏、牛心番荔枝、刺果番荔枝、番石榴、草莓番石榴、草莓、海棠果、枇杷、胡桃、人面子、黄皮、咖啡黄葵、刺葵、龙珠果等 120 多种栽培果蔬作物和野生植物（McQuate et al.，2017）。

3. 危害

雌虫以产卵管刺入幼瓜表皮内产卵，幼虫孵化后钻进瓜内蛀食危害，表面无明显伤痕，剖开后可见乳白色幼虫。受害瓜先局部变黄，而后全瓜腐烂变臭，造成大量落瓜，即使不腐烂，刺伤处凝结着流胶，畸形下陷，果皮硬实，瓜味苦涩，严重影响瓜的品质和产量（黄振 等，2013）。

（三）形态特征

1. 成虫

体形似蜂，黄褐色至红褐色，长 7～9 mm、宽 3～4 mm，翅长 7 mm，雌虫比雄虫略小。初羽化的成虫体色较淡，大小不及产卵成虫的 50%。前胸背面两侧各有 1 黄色斑点，中胸两侧各有 1 较粗黄色竖条斑，背面有并列的 3 条黄色纵纹；翅膜质，透明，有光泽，亚前缘脉和臀区各有 1 长条斑，翅尖有 1 圆形斑，径中横脉和中肘横脉有前窄后宽的斑块（图 3 - 131A）。

2. 卵

细长，乳白色，长 0.8～1.3 mm，两端尖，略弯曲圆筒形，小的一端中间显著变细。

3. 幼虫

蛆状，初为乳白色，长 1.1 mm；老熟幼虫米黄色，长 10～12 mm，前小后大，尾端最大，呈截形。口钩黑褐色，有时透过表皮可见其呈窄 V 形，尾端截形面上有 2 个突出颗粒，呈黑褐色或淡褐色（图 3 - 131B）。

4. 蛹

初为米黄色，后呈黄褐色，长约 5 mm，圆筒形。

图 3-131　瓜实蝇成虫与幼虫

A. 成虫　B. 幼虫

(https://www.plantwise.org/KnowledgeBank/pmdg，图片由 APVMA 提供)

（四）生活习性

1. 生活史

瓜实蝇在我国适生地区 1 年可发生 2～12 代，以发生 4～6 代为主，世代重叠现象明显。每年春季成虫羽化、交配后，雌虫产卵于果皮下，卵孵化为幼虫蛀食果肉，幼虫老熟后从果实中脱出入土化蛹，一般以蛹越冬，待新成虫羽化后进入下一世代。郭志强等报道，瓜实蝇在广西 4 月中旬成虫开始羽化，到夏秋季节，尤其是 6～10 月活动繁殖最活跃，危害最严重。一般 6 月中旬成虫交尾，6 月下旬至 9 月上旬为产卵盛期。各虫态发育历期随气温高低及暴雨次数的不同而长短不一，卵期 1～3 d，幼虫期 8～18 d，蛹期 9～20 d。正常年份一般从 6 月中旬至 8 月中旬是危害高峰期，9 月上旬至 10 月中旬出现 1 个小高峰。11 月中下旬化蛹越冬。

老熟幼虫弹跳能力强，可连续弹跳 2 m，落地后入土化蛹，化蛹深度在 2～8 cm，其中以 4～6 cm 居多。蛹的发育历期与温度有关，当温度在（25±1）℃时，蛹历期为 8～11 d；在 22 ℃、25 ℃、28 ℃恒温条件下，蛹历期分别为 12.2 d、10.7 d、7.5 d。土壤湿度对蛹的影响很大，土壤含水量在 25% 以内有利于老熟幼虫化蛹，蛹的羽化率也较高。不同温度下蛹的羽化率不同，26 ℃时最高，为 92.36%，其次为 22 ℃的 85.65%，34 ℃蛹的羽化率最低，仅 4.73%。

2. 传播扩散方式

瓜实蝇的卵、幼虫可随寄主鲜果经人类活动（如国际贸易和旅游、交通运输等）进行传播扩散。

3. 繁殖及其他生物学特征

成虫羽化后 9～11 d 补充营养后达到性成熟，出现交尾行为，黄昏时开始交尾直到第二天早晨分开。具有多次交尾习性，一生交尾 4～8 次。交尾容易受到温湿度、日出日落早晚的影响。成虫羽化整齐，大多数在 5：00～6：00，少数在 8：00 左右。雌虫交尾 2～

3 d 后开始产卵，喜在幼嫩瓜果表皮和破损部位产卵，卵块竖状排列，同一产卵孔可被多头雌虫多次产卵。未交尾雌虫也能产卵，但卵不会孵化。雌虫一生平均产卵 764～943 粒，每天产卵 9～14 粒，产卵期长达 48～68 d。

雌虫产卵存在明显的寄主选择与寄主发育期选择，偏好在丝瓜和黄瓜上产卵；在丝瓜上产卵时，偏好在谢花 25 d 和 28 d 后的苦瓜上产卵。成虫有强趋光性，对紫光和白光趋性最强，黄光次之，红光、绿光和蓝光最差。成虫还具趋化性，对香瓜和蛋白胨趋性明显。

（五）发生规律

温度、湿度、光照是影响昆虫生长发育及繁殖的重要生态因子。瓜实蝇的正常发育温度范围是 15～30 ℃，最适生长发育温度是 25～30 ℃，35 ℃时蛹不能存活。

（六）风险评估与适生性分析

1. 风险评估

孙宏禹等采用@RISK 软件和随机模拟方法，预测了瓜实蝇可能给我国苦瓜产业带来的直接经济损失。结果显示，在不防治和防治的场景下，瓜实蝇每年可能给我国苦瓜产业带来的直接经济损失分别为 440 757.51 万～2 348 173.45 万元和 133 742.41 万～1 416 106.91 万元；在投入防治时，每年可以挽回的直接经济损失为 223 259.26 万～1 067 075.85 万元。

2. 适生性区域的划分以及风险等级

孔令斌等根据瓜实蝇的生物学数据及已知地理分布信息，采用 CLMEX 软件的地点比较 DIVA-GIS 软件的 BIOCLIM 模型，预测我国 34.7～18.1°N，97.5～122.6°E 范围内的 19 个省（自治区、直辖市）为瓜实蝇的潜在地理分布区。广东、广西、海南、福建南部、云南南部、台湾西部以及四川盆地为高度适生区；江西、湖南、贵州、重庆、上海以及四川、云南、福建、浙江、江苏、安徽、湖北、陕西、河南、甘肃局部地区为中低度适生区（图 3-132）。较适合瓜实蝇生长发育的地区特点：有比较充足的降水量，相对湿度为 70%～75%。随着未来气候变化，其适生区范围还将向陕西、辽宁、河北等地扩展（李志红，2015）。

（七）监测检测技术

1. 监测与调查方法

瓜实蝇的监测主要采用性引诱剂、食物诱饵、人工合成诱饵等方法诱捕成虫，可参照行业标准《实蝇监测方法》（SN/T 2029—2007）进行。

2. 监测技术

瓜实蝇监测技术包括监测点的设置（布局）、引诱剂种类的选择和诱捕器类型的使用。诱捕瓜实蝇可利用的引诱物质有诱雄剂、饵剂（包括疏解蛋白、糖醋液、瓜果发酵物）等。诱雄剂对雄虫具有强烈的引诱活性，是应用最广泛的一类引诱剂。水解蛋白类饵剂诱捕范围广，对雌、雄成虫均有引诱作用，缺点是持续时间短，易被雨水冲刷；10% 的红糖液或蜜糖液添加南瓜饵对瓜实蝇的诱杀效果较好，南瓜饵具有明显的增效作用。也可用香蕉皮、菠萝皮或南瓜等的煮熟发酵物 40 份、90% 敌百虫晶体 0.5 份、香精 1 份，加水调成糊状制成毒饵；或用醋 3 份、糖 1 份、敌百虫 1 份、水 100 份拌匀制成毒饵，盛在容器中挂于瓜棚下诱杀成虫。

审图号：GS京（2023）1824号

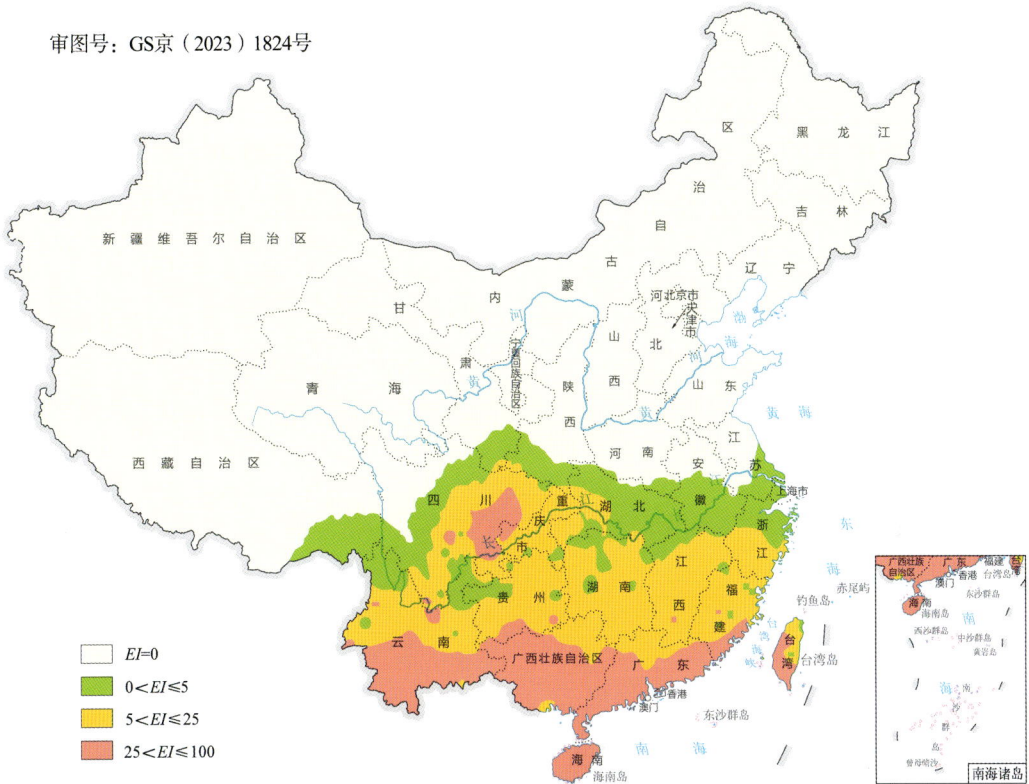

图 3-132　瓜实蝇在我国的潜在适生区预测（孔令斌 等，2000）

注：红色地区为高度适生区，橙色地区为中度适生区，绿色地区为低度适生区，白色地区为非适生区。

（八）综合防控技术

1. 检疫防控

严格执行入境果蔬的检疫审批制度；对疫区及周边输入的寄主材料，连同包装、运输工具，执行严格的检疫；建立和完善瓜实蝇的监测网络，在重点防范地区、潜在入侵地区加强监测，以便发生疫情时能迅速加以封锁，在其定殖或暴发之前进行根除（邓金奇 等，2021）。

2. 农业防控

包括清除虫害果蔬、翻耕灭蛹、套袋等措施。发现被害果随时摘除，集中挖坑深埋或用生石灰灼杀，可达到灭卵除幼虫的目的。冬春翻耕，可减少或杀死土中越冬的蛹。苦瓜果长 3~4 cm 时为套袋防治的适宜时期，高密度聚乙烯塑料袋和无纺布袋效果较好。

3. 物理防控

主要有粘虫板诱杀、果实套袋。在瓜实蝇危害高峰期使用，利用粘虫板诱杀成虫。田间设置密度为每 15~20 m² 放 1 张，有效时间可达 15 d。粘虫板可以单独使用，如用竹签支撑分布于瓜地或者直接悬挂在瓜棚下；也可以稍加改进，如用绿色或黄色的粘虫板，包在矿泉水瓶（或竹筒）外，挂在离地面高约 1.2 m 的瓜架上，每 10 d 换纸 1 次，连续换 3 次。胡瓜和丝瓜套用白、绿尼龙网袋及蜡光纸袋，苦瓜套用黑色聚乙烯薄膜袋均可有效防治瓜实蝇产卵危害。瓜类在开花后 3 d 进行套袋，至少要保持 5 d 才能有效防止瓜实蝇危害。

4. 生物防控

生物防治包括利用天敌、病原微生物、植物源提取物、引诱物质和不育技术等防治瓜实蝇。天敌一般包括寄生性天敌或捕食性天敌。Srinivasan 报道弗蝇潜蝇茧蜂［*Opius fletcheri*（Silvestri）］是瓜实蝇的主要寄生蜂。目前，国际上扩繁和应用比较成功的是弗式短背茧蜂［*Psyttalia fletcheri*（Silvestri）］和阿里山潜蝇茧蜂［*Fopius arisanus*（Sonan）］，前者主要寄生瓜实蝇幼虫，后者主要寄生卵，两者联合应用防效高于单一应用。国内对印啮小蜂［*Aceratoneuromyia india*（Silvestri）］、蝇蛹俑小蜂［*Spalangia endius*（Walker）］的研究发现，其对瓜实蝇幼虫、蛹均具有较好的寄生潜能。捕食性天敌有蚂蚁、鸟类、捕蝇草、青蛙等。

绿僵菌、白僵菌、拟青霉菌（*Paecilomyces* spp.）等病原微生物对瓜实蝇有致病性，5 d 死亡率达 94.0%。从自然死亡的瓜实蝇上分离到的黄曲霉（*Aspergillus flavus*）和溜曲霉（*Aspergillus tamarii*）对瓜实蝇成虫均有较高毒性，对卵、幼虫和蛹毒性较低。从自然死亡的瓜实蝇上分离的黏质杀雷菌（*Serratiamarcescens*）处理瓜实蝇 7 d 后成虫的死亡率高达 81.2%，卵孵化抑制率 37.5%，幼虫死亡率 53.0%。球孢白僵菌对瓜实蝇幼虫、蛹和成虫的毒杀作用强，但起效慢，瓜实蝇大量死亡需要 8 d 左右的时间。

植物源引诱剂中，10%（质量体积比）的榴莲香精和南瓜香精溶液对瓜实蝇有较好的监测和防治效果。国外从葫芦科果实中鉴定出 31 种化合物，以其为诱饵诱捕瓜实蝇的雌虫量是蛋白质诱饵的 2 倍。

5. 化学防控

丙溴磷、烯啶虫胺、辛硫酸、甲维盐等对瓜实蝇成虫有较高毒杀作用；印楝素、氯氰菊酯和溴氰菊酯对瓜实蝇成虫具有较好的趋避和抑制产卵作用（李向群 等，2016）。

（陆平，张皓）

四、地中海实蝇

（一）学名及分类地位

地中海实蝇［*Ceratitis capitata*（Weidemann）］，属双翅目（Diptera）实蝇科（Tephritidae）小条实蝇属（*Ceratitis*）。

（二）分布与危害

1. 分布

亚洲：阿富汗（曾有记录，但不可靠）、巴基斯坦（曾有记录，但不可靠）、黎巴嫩、沙特阿拉伯、塞浦路斯、土耳其、叙利亚、也门、伊拉克、伊朗、以色列、印度（曾有记录，但不可靠）、约旦。非洲：阿尔及利亚、埃及、埃塞俄比亚、安哥拉、贝宁、博茨瓦纳、布基纳法索、布隆迪、多哥、佛得角、刚果（布）、刚果（金）、加蓬、加纳、几内亚、津巴布韦、喀麦隆、科摩罗、科特迪瓦、肯尼亚、利比里亚、利比亚、留尼汪（法属）、马达加斯加、马拉维、马里、毛里求斯、摩洛哥、莫桑比克、纳米比亚、南非、尼日尔、尼日利亚、圣赫勒拿（英国）、圣多美和普林西比、塞内加尔、塞舌尔、塞拉利昂、苏丹、坦桑尼亚、突尼斯、乌干达、赞比亚。欧洲：阿尔巴尼亚、奥地利（根除中）、保加利亚、比利时（已根除）、德国、法国（科西嘉岛）、荷兰（已根除）、黑山、克罗地亚、卢森堡（已根除）、马耳他、葡萄牙、塞尔维亚、斯洛文尼亚、瑞士、西班牙（巴利阿里岛）、乌克兰（根除中）、希腊（克里特岛）、匈牙利（已根除）、意大利、英国（已根除）。北美洲：美国、巴拿马、伯利兹、哥斯达黎加、洪都拉斯、墨西哥（已根除）、尼加拉瓜、萨尔瓦多、危地马拉、百慕大（英）。南美洲：阿根廷、巴拉圭、巴西、玻利维亚、厄瓜多尔、哥伦比亚、秘鲁、委内瑞拉、乌拉圭、智利（已根除）。大洋洲：澳大利亚（新南威尔士）、新西兰（已根除）。

2. 寄主

该虫可危害 41 科、近 300 种植物，几乎所有寄主的果实都可受害。常见寄主有毛叶番荔枝、柑橘、榅桲、苹果、梨、桃、杏、李属、樱桃、石榴、咖啡属、柿、枇杷、番石榴、龙眼、荔枝、无花果、葡萄、芒果、香蕉和可可等植物，以及番茄、辣椒和茄子等蔬菜。

3. 危害

该虫通常以成虫在果实上产卵，幼虫孵出后即在果实内取食发育，一个果内有高达 100 条幼虫的记录，果实被害率高达 50%～90%，被害果易脱落。在地中海地区，以柑橘和桃受害最重。该虫还可传播果腐病菌。地中海实蝇以其分布和寄主之广，繁殖力之高，危害程度之大而被公认为世界上最具毁灭性的农业害虫之一（陈乃中，2009）。

（三）形态特征

1. 成虫

中胸背板和翅均有特殊斑纹，且小盾片半部呈黑色；雄虫第二对上额眶鬃端部特化为黑色菱形薄片，因而极易鉴别（图 3-133）。

2. 卵

纺锤形，略弯曲，白色至浅黄色，长 0.9～1.1 mm，宽 0.20～0.25 mm。

3. 幼虫

蛆形，三龄成熟幼虫长 7～10 mm，宽 1.5～2.0 mm。乳白色至黄色，通常随体内所含食物而异。胴体 11 节，第一节前缘、第一节和第二节间、第二节和第三节间以及臀叶周围的小刺形成环带，腹节腹面的纺锤区有小刺。前气门有指突 7～12 个，排成单列。末节着生小乳突 2 对，位于后气门的背侧方；在后气门的腹侧方向有 1 对明显的脊状中突；脊状突的腹面有 2 对小乳突。

4. 蛹

长椭圆形，长 4.0～4.3 mm，宽 2.1～2.4 mm，黄褐色至黑褐色。前二气门间突起，二后气门间突起并有一条黄色带。

图 3-133 地中海实蝇的形态特征（照片源自 https://gd.eppo.int/）

（四）生活习性

1. 生活史

此虫以蛹或成虫越冬。在常年有果实的温暖地区，可终年活动。发育起点为 12.4 ℃，整个 1 代发育日积温为 399 ℃。成虫产卵前期的长短与温度有关，温度在 15 ℃以下时成虫不产卵。成虫开始交尾时间，夏季一般在羽化后 3～13 d，秋季在羽化后 6～26 d。雌虫产卵时将产卵器刺进果皮，产卵其中，每次产卵 3～9 粒。在甜橙或其他柑橘类青果上，产卵孔周围常呈现黄斑，每头雌虫最多可产卵 500 粒。成虫寿命夏季一般 1 个月，最长达 2 个月，冬季平均 2～3 个月，最长可达 7 个月。幼虫在果实内发育成熟，脱果外出，钻入土中化蛹。入土深度 5～15cm（De Meyer，et al.，2008）。

2. 传播扩散方式

成虫飞行和被害果的运输是该虫传播扩散的主要途径。卵和幼虫可由被害果（包括豆荚）传带；蛹可能附着于植株的土壤或栽培介质中传带。包装物、集装箱、邮包和交通工具等均可能成为该虫远距离传播扩散的载体。

3. 迁飞习性

成虫飞翔能力较强，可飞行扩散数百米至 2.4 km，据报道，在寄主充足情况下，该虫成虫可飞行 20 km，曾有飞行距离达 32.2 km 的记录。

4. 繁殖与其他生物学特性

产卵后 2～4 d（冷凉季节 16～18 d）孵化，幼虫在 13～18 ℃条件下取食 6～11 d，在寄主下面的土中化蛹，24～26 ℃条件下 6～11 d 羽化，野外环境下成虫可存活 2 个月，但该虫不能在接近 0 ℃的冬季温度下存活。成虫有趋光性，常在树冠壳处活动。因此，在密植果园中，外面几排树受害严重。

5. 滞育特性

该虫 1 年发生多代，无滞育现象。

6. 发生规律

在常年有寄主果实生长的温暖地区，该虫可终年不停地发育。在较寒冷地区以蛹在土壤中越冬，或以成虫越冬。此虫发育起点为 12.4 ℃，全生育期积温为 339 ℃。每年发生世代数量因地区不同差异很大。在法国巴黎 1 年仅发生 2 代，在意大利罗马每年发生 5～6 代，在埃及开罗和印度加尔各答每年发生 9 代，而在美国夏威夷则每年发生 11～16 代。

该虫成虫羽化后需进行补充营养才能完成性成熟，喜食蚜虫或介壳虫所分泌的蜜露及其他甜性物质。幼虫孵化后即入果肉危害发育，形成蛆果，老熟时由果内钻出，落于地面即入土化蛹，受害果往往因腐烂脱落。老熟幼虫在土中化蛹，几天后成虫羽化从土壤中爬出，经补充营养后开始交尾产卵和繁殖。当遇到寒冷天气时，蛹便在土壤中越冬，翌年果树结果时，成虫羽化出土，迁飞到果实上进行危害和繁殖。

（五）风险评估与适生性分析

1. 风险评估

（1）进入中国的可能性很高　地中海实蝇原产西非热带地区，1842 年传入西班牙，随后传入法国、意大利、希腊和中东等地中海沿岸国家。1893 年出现在澳大利亚，1901年出现在南美洲，1929 年传到美国，现已遍布全球大部分热带和亚热带地区，成为世界性果蔬主要害虫，但此虫目前在中国尚无分布。该虫以幼虫钻蛀果实，随果实进入的可能性为高,特别是随进口鲜食水果进入我国的可能性很高。

（2）在中国定殖的可能性高 地中海实蝇的 200 多种寄主中有 100 余种在我国有分布,其中柑橘、苹果、葡萄、梨、桃、杏、无花果、樱桃、石榴等寄主植物在我国广泛种植,并且我国的大部分环境适合地中海实蝇生存,一旦传入易造成巨大的经济损失。根据对该实蝇的发生条件及我国的气候,以及寄主分布等情况,确定该实蝇在我国大部分地区可以定殖。因此,地中海实蝇在我国定殖的可能性高。

（3）定殖后扩散的可能性高 该实蝇的成虫飞翔能力较强,在寄主充足情况下,可飞行扩散数百米至 2.4 km,曾有飞行距离达 32.2 km 的记录。该实蝇的幼虫和卵可随水果果实远距离传播扩散。因此,地中海实蝇一旦定殖后扩散的可能性高。

（4）经济影响评估高 该虫寄主植物达 300 余种,成虫在果实上产卵,幼虫孵出后即在果实内取食,果实被害率可高达 50%～90%。该虫危害所造成的经济损失巨大,1970 年地中海实蝇危害哥斯达黎加、尼加拉瓜和巴拿马等国的柑橘,造成当年损失达240 万美元;1990 年智利和秘鲁签订了扑灭地中海实蝇联合工作协议,每年为此投资30 亿美元。该虫是世界公认的、最危险的检疫性害虫之一,已列入 EPPO 的 A2 名单,国际上有近 40 个国家将它列为检疫对象。该虫一旦传入我国,将对我国水果的生产和贸易影响极大。为此,我国政府早在 1983 年便将其列为进境植物检疫性有害生物,对其的检疫极为严格。

通过适生性分析并结合我国截获情况,地中海实蝇已具备传入我国并定殖和扩散的条件。因此我国需要密切关注该实蝇的入侵。

综上所述,地中海实蝇随进境水果、蔬菜和运输工具传入我国的可能性很高,并且该虫的自然寄主种类多、广泛分布,所以定殖和扩散的可能性很大;一旦传入后将对中国的葡萄造成很大的经济损失。因此,地中海实蝇是高风险的植物检疫性有害生物,我们应加大口岸植物检疫监管力度,从源头上控制害虫的传入。

2. 适生性分析

李志红（2015）用 MaxEnt 对全球气候变化条件下地中海实蝇潜在地理分布进行了预测,并将预测结果与近年来该实蝇在我国的截获及其寄主种植情况结合,从入侵、适生区和寄主分布三方面综合分析了该实蝇入侵我国的风险。从全球分析结果来看,与我国接壤的缅甸、老挝、越南、印度、巴基斯坦等国均适宜该害虫生存,且印度、巴基斯坦曾有分布,因此该实蝇具备了从陆路边境地区发生进而传入我国的地理优势。

地中海实蝇的寄主十分广泛,其主要寄主植物在我国均有种植。苹果、柑橘、荔枝、番石榴、咖啡、槟榔和无花果在 2003 年～2013 年的种植面积和总产量均呈增长趋势。因此,寄主多样性为地中海实蝇在我国的定殖和扩散提供了良好的条件。

应用 MaxEnt 3.3.3K 软件基于地中海实蝇的分布数据和环境数据对其适生区范围进行预测,结果表明,在当前气候条件下,地中海实蝇在全球的适生区范围主要集中在热带及亚热带地区,包括北美洲南部地区、南美洲绝大多数地区、非洲北部沿海和南部地区、欧洲西部局部地区、大洋洲部分地区及亚洲南部局部地区。

在当前气候条件下,地中海实蝇在我国的潜在地理分布范围主要集中在我国南部。高度适生区主要在海南北部和西部、台湾南部;中度适生区包括云南中部、台湾中南部、广东南部和福建南部沿海少部分地区;低度适生区包括云南、四川、重庆、贵州、台湾、海南大部分地区，广西、广东、福建少部分地区，西藏和甘肃零星分布；其余为非适生区（图 3 - 134）。

审图号：GS京（2023）1824号

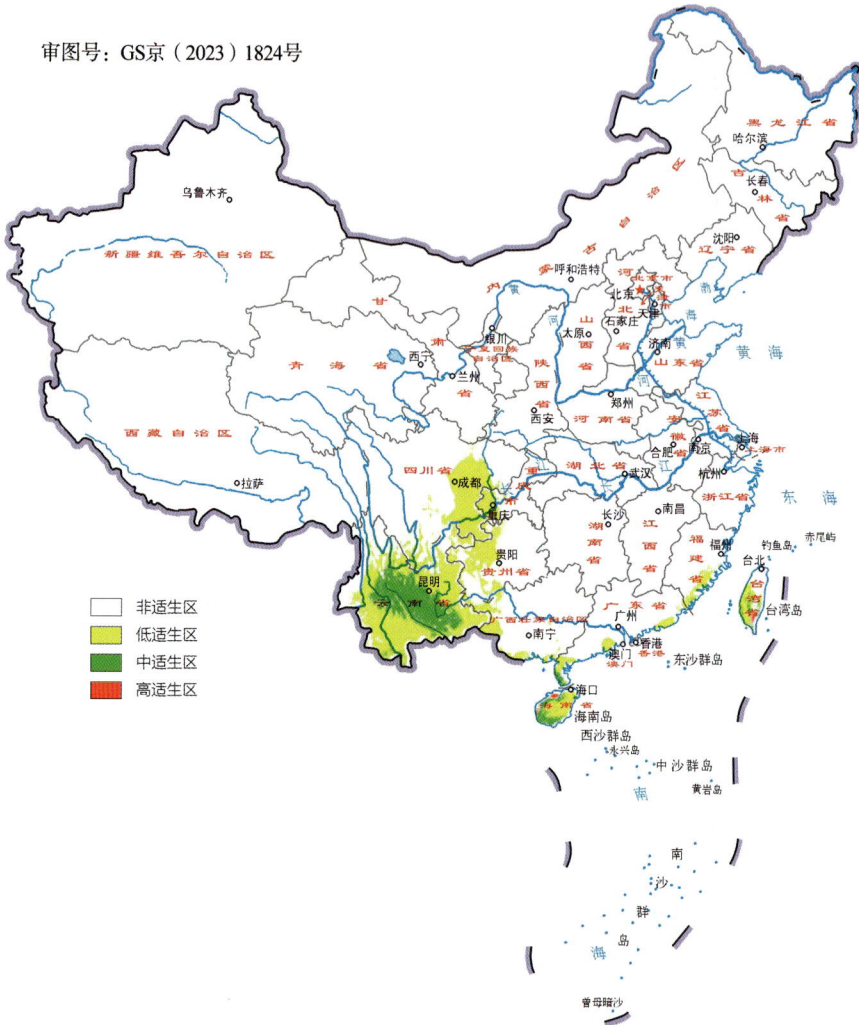

图 3 - 134 地中海实蝇在我国的潜在适生区分布

3. 风险管理

依据风险评估的结论，综合考虑措施的合理性、有效性、可行性，以及便利贸易等因素，针对地中海实蝇分布和发生国家的输华水果和蔬菜采取相应的风险管理措施，包括：

①所有输华水果或蔬菜均应来自地中海实蝇非疫区；②对来自地中海实蝇非疫区的输华水果或蔬菜必须由输出国进行有效的除害处理，并经中方评估认可；③输华果园、种植园、加工包装厂和储藏库应按有关要求经出口国植物检疫部门注册，并经中方认可；④在加工厂，经过人工或自动选果、杀菌、水洗、烘干、打蜡等工序，剔除果皮状况和颜色不正常的病果、虫果，去除果实表面的所有有害生物；⑤输出国植物检疫部门应对检疫合格的输华水果或蔬菜出具植物检疫证书，并在证书上注明不带有中方关注的地中海实蝇等相关信息，证书格式应经双方共同确认；⑥水果或蔬菜首次输华时中方将派植物检疫专家组

赴产地预检，重点检查果园、包装厂落实上述要求情况，并进行抽样检疫。产地预检合格后方可允许其产品输华。

（六）监测与检测技术

1. 监测调查方法

（1）监测区域 进境口岸、水果集散地和批发市场等海关监管区、水果和蔬菜出口基地，以及上述地点的周边地区。

（2）监测时间 月平均温度超过 15 ℃时，需开展监测；月平均温度低于 10 ℃，无需监测；月平均温度 10～15 ℃的，视情形开展监测，通常在 6～10 月开展监测。

（3）监测药器与使用方法 选用 Trimed-lure 诱芯（简称 TML），含雄性外激素诱剂，聚合栓状。使用时加入粘蝇纸块以粘着诱入的成虫。选用综合型实蝇监测诱捕器，其构件包括底座、上盖、小隔网或大隔网（图 3-135）。

在监测过程中，需要使用的其他器具包括：伸缩竿、GPS 仪、数码相机、手套、口罩

图 3-135 地中海实蝇监测诱捕器

等防护用具，收虫和记录用具，如胶桶、镊子、收虫瓶，封口袋、油性笔、记录表等。

（4）监测点的选择及诱捕器的悬挂 在选择监测点时，首要选择具有成熟果实的主要寄主植物为诱捕器悬挂点。

诱捕器具体悬挂位置应视树干高度和风向而定，优先选择悬挂在寄主植物的树冠中上部且逆风、半阴暗的地方。诱捕器设置密度为每 5 km^2 1～10 个，两个诱捕器间的悬挂距离间隔 3m 以上。用封口袋、离心管或各种规格收集瓶装诱集到的实蝇类昆虫标本，并及时交专家进行鉴定。

2. 检测技术

（1）形态学鉴定方法 观察进境水果或蔬菜果实表面有无产卵孔、虫孔、流胶、突起、凹陷、水渍状等异常现象。剖果检查有无幼虫。对可能带虫的果实，可室内笼罩观察饲养。

（2）分子生物学鉴定方法 所有实蝇标本在 DNA 提取之前均要作前处理，用磁珠法基因组提取试剂盒提取供试实蝇样品 DNA，−20 ℃左右保存备用，用实时荧光 PCR 仪进行扩增（姜帆，2015）。所用的特异性引物对及其序列如下：

CCCA-COI-L：5′-TCTTCACGATACTTATTATGTTGTT-3′

CCCA-COI-R：5′-ACTTGACGTTGAGAAACAAGG-3′

反应体系：2×SYBR Green Master Mix 10 μL，正向/反向引物（10 μmol/L）各 0.5 μL，DNA 模板 1 μL，dH₂O 补至 20 μL。反应条件：50 ℃/2 min；95 ℃/10 min；95 ℃/15 s；60 ℃/1 min，共 40 个循环。

当检测样品和阳性对照 PCR 扩增结果的 Ct 值小于等于 30，阴性对照和空白对照无 Ct 值或 Ct 值大于 30，可判定检测样品为地中海实蝇（杨伟东 等，2008）。

当检测样品无 Ct 值或 Ct 值大于 30，可判定检测样品不是地中海实蝇。

（七）应急防控技术

1. 地中海实蝇疫情发生后的应对措施

将疫情按相关程序和文件要求通报当地政府部门。

划分核心区（以发现点为中心，半径 200 m 以内的范围），发生区（核心区外围，距暴发点半径为 1 500 m 以内的范围），缓冲区（发生区外围，距暴发点半径为 2 400 m 以内的范围）和外围区（缓冲区外围，距暴发点半径为 7 200 m 以内的范围），并采取相应的措施。

如果在以发现点为中心，半径 7.2 km 范围内有易感寄主，则暂停该范围内的非疫区地位，且易感寄主只有经过除害处理或检疫合格后才可以进入实蝇非疫区。

指导当地政府部门开展疫情根除措施。

2. 地中海实蝇疫情暴发后的根除措施

（1）果实受害调查与集中处理　在核心区内开展果实受害调查，对区内的落地果及发现目标实蝇的果树中的受害果实及时清理并集中灭除（如深埋＋药剂杀虫处理）。每 7 d 开展 1 次调查，直到连续 3 周内不再发现实蝇个体为止。在发生区和缓冲区开展果实受害调查，调查以目标实蝇嗜好寄主或成熟果或近成熟果为重点，调查频率同上。

（2）药剂防除处理　核心区内用覆盖式喷雾结合土壤用药处理进行药剂防除。推荐药剂为：马拉松等有机磷杀虫剂 1 000～1 500 倍液，或辛硫磷乳油 800～1 200 倍，每 7 d 喷雾 1 次，连续 3 次（De Clercq EM, et al.，2015）。

发生区在寄主果园内用覆盖式喷雾或结合点喷毒饵方式进行药剂防除。推荐药剂及使用方法：马拉松等有机磷杀虫剂 1 000～1 500 倍液进行喷雾，或用马拉松、水解蛋白和清水依次按 1∶6∶100 的比例混合配制成毒饵进行点喷。每公顷喷 75～150 个点，每点喷 100 mL 毒饵。每 7 d 防除一次，连续 3 次。

缓冲区内推荐用点喷毒饵进行药剂防除。毒饵配制如前述，在嗜好寄主或具成熟果的果园内，每公顷喷 15～30 个点，每点喷约 100 mL 毒饵。每 7～10 d 防除 1 次，连续 3 次。

（3）强化监测诱捕工作　在疫情确认后 3～5 d 内在核心区、发生区和缓冲区分别增设一定数量的实蝇诱捕器，并组织开展监测诱捕工作，直至根除行动结束。

（4）加强对疫区水果外运的管理　采取强制性措施对疫区内的果实外运进行管控，防止未经除害处理或未经检疫合格的水果流出疫区外。

（八）综合防控技术

1. 检疫防控

禁止从地中海实蝇发生国家和地区进口水果、蔬菜。禁止旅客携带水果、蔬菜入境。实施进口水果检疫审批制度。对批准入境的水果和蔬菜，应加强口岸检疫。加强地中海实蝇的监测工作。根据地中海实蝇生物学和生态学特性设置监测网点。监测网点主要设在进出境口岸所在地、远洋轮垃圾集中堆放及处理场所、国际旅客集中的旅游点、国际性大城市近郊的植物园、果园、蔬菜地等。

2. 农业防控

将发现地中海实蝇成虫的地点 200 hm^2 区域内的寄主果实全部摘下，连同地上掉落的果实一起收集并进行深埋或者火烧，消灭地中海实蝇的卵或者幼虫，达到根除的目的。

修剪果树过密的枝条，使果树通风透气，光照充足，减少地中海实蝇的发生。

3. 物理防控

在地中海实蝇高发时段，可用黄板加性诱剂进行诱杀，达到较好的防治效果；用杀虫灯防治地中海实蝇：地中海实蝇的成虫具有趋光性，可以安装诱虫灯在夜间诱杀地中海实蝇的成虫。在地中海实蝇蛹期用 γ 射线照射，使雄蝇不育后，释放于发生地，不育的雄蝇与雌蝇交配后所产下的卵，丧失了孵化能力。对来自疫区的进口果蔬采取低温处理措施，0 ℃冷藏 10 d 或 2 ℃冷藏 16 d，均可杀死地中海实蝇幼虫和卵。也可选用湿热处理措施，将来自疫区的进口果蔬置于一密闭容器中，用 43 ℃蒸汽处理 12～16 h，或用 49.5 ℃热水浸泡 70 min，可杀死水果中的地中海实蝇幼虫和卵。

4. 化学防控

在疫区增加诱捕器的数量，利用环乙烯羧酸酯类性诱剂杀灭地中海实蝇。

（张祥林）

五、橘小实蝇

（一）学名及分类地位

橘小实蝇（*Bactrocera dorsalis* Hendel），属双翅目（Diptera）实蝇科（Tetriphitidae）果实蝇属（*Bactrocera*），别称名针锋、果蛆、东方果实蝇。

（二）分布及其危害

1. 分布

橘小实蝇是一种危害多种蔬菜和果树果实的重要害虫和国际公认危险性检疫害虫，也是我国检疫性对象。橘小实蝇原产于亚洲热带和亚热带地区，现广泛分布于东南亚、印度次大陆、夏威夷群岛以及我国部分地区。1911 年，在中国台湾省台北市的柑橘园上首次发现橘小实蝇，大陆在 1937 年出现橘小实蝇的相关报告。目前在中国，橘小实蝇已广泛分布于广西、广东、福建、海南、湖南、贵州、云南、四川、重庆等多个省（自治区、直辖市）（金梦娇，2021）。

2. 寄主

橘小实蝇寄主十分广泛，包括柑橘、桃、芒果、香蕉、番石榴、木瓜、无花果、柚子等 46 科 250 余种果蔬经济作物（金梦娇，2021）。

3. 危害

该虫主要以幼虫危害，通常情况下，雌成虫产卵器锋利细长，一次将多个卵粒产在新鲜桃果实的表皮下，造成机械损伤，为其他病菌侵入提供条件。孵化后幼虫潜居果瓤取食，幼虫随龄期增加而食量增大，另外在果实采摘以后，幼虫可以继续依靠果实生存及发育，将果肉取食成糊状之后常造成水果腐烂或未熟先黄而脱落，严重影响水果的产量和质量，有的甚至完全失去食用价值。

另外，橘小实蝇通常具有迁移习性，在桃果实接近成熟时，开始从其他地方大量迁入桃园危害桃果实，而在桃采摘结束后迁出寻找柑橘等其他寄主作物危害。（王艳俏，2021）。

（三）形态特征

1. 成虫

长度约 8 mm 左右，翅膀透明，翅脉呈紫褐色，并且带有明显的菱形翅痣。整个身体颜色在黑色和褐色之间，后背及前胸都是黑色，中间夹杂着 U 形斑纹。这种斑纹颜色较浅，与腹部颜色一致，但背面肢节处有黑色的横带，最后一节的横带与腹部底端相连，形成一个 T 形的斑纹（图 3 - 136）。

2. 卵

雌虫产卵情况异常顺利，主要是因为产卵管构造独特，而且卵的形状呈梭形，长度在 0.8 mm 左右，宽度在 0.2 mm 左右，同蚂蚁的卵类似，呈乳白色。

3. 幼虫

属于典型的无头无脚的蛆形，等到成熟以后，能够达到 8 mm 长，同时颜色变深。

4. 蛹

幼虫变成蛹时，长度能够缩减到 4 mm，整个蛹的颜色更深，变成褐色。

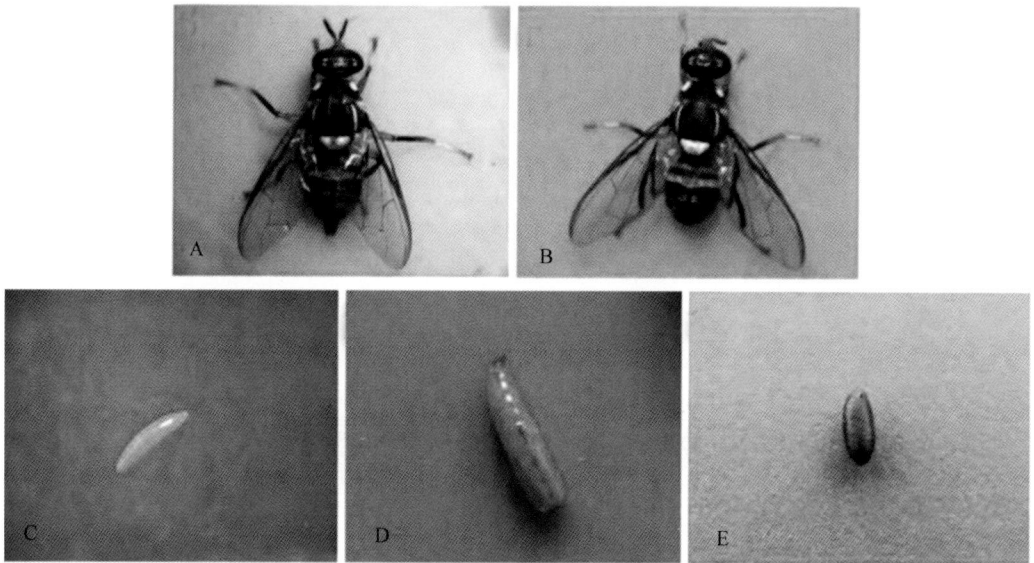

图 3 - 136　橘小实蝇的不同虫态（宫庆涛 等，2022）
A. 雌成虫　B. 雄成虫　C. 卵　D. 幼虫　E. 蛹

（四）生物学特性

1. 生活史

橘小实蝇在不同地区的发生代数不一，国内由北至南，年发生代数逐渐增多。在最适宜发生地区，橘小实蝇每年可发生 6～8 代，周年发生，几乎无越冬现象；在适宜地区每年发生 2～3 代，以蛹在浅层土壤中越冬；次适宜地区每年可发生 1 代，但不能越冬；在可能适宜的地区，可完成世代发育，但不能越冬；在非适宜地区，橘小实蝇不能完成世代发育（郭腾达 等，2019）。

2. 传播扩散方式

橘小实蝇主要以卵或幼虫借助各类被害的水果和蔬菜随人类活动（如物流贸易、交通运输、旅游等）进行远距离传播，以蛹随果蔬苗木的运输传播。借助受害水果和蔬菜还可通过河流随河水传播到异地。成虫也可较长距离地飞行传播（刘志宏，2019）。

3. 繁殖特性

成虫羽化后需经历一段时间方能产卵，每头雌虫产卵 200～400 粒，多的达 1 800 粒，卵分多次产出。调查发现，橘小实蝇交配的黄金时间是在傍晚左右，这一时间橘小实蝇的交配活动十分频繁，每个橘小实蝇发育成熟之后可以进行多次交配，而且多次交配的雌虫产卵量优于只交配一次的雌虫。阴天，雨天藏在寄主叶背和杂草中，交配后产卵管刺入果皮下 1～4 mm 处，将卵产在果皮下（刘志宏，2019）。

4. 发生规律

橘小实蝇主要是在 10：00 之前以及 15：00～19：00 这两个时间段进行活动。高温以及潮湿环境特别有利于橘小实蝇的生长和发育，基本上橘小实蝇的幼虫能够在有水的环境下生存 3 d 以上。但在干燥环境下，幼虫存活的时间却很短，尤其是橘小实蝇蛹的羽化率会明显降低。如果是自然成熟掉落的果实，因为水分充足，非常适宜橘小实蝇幼虫的生长。

（五）风险评估与适生性分析

1. 风险评估

橘小实蝇可通过多种方式向未分布区扩散，加之近年来全球气候整体变暖等因素，为该虫的定殖、扩散和暴发提供了条件。尽管河北省被划分为非适生区，但在石家庄市的梨园和保定市的苹果园中已连续两年诱集到橘小实蝇成虫，且在石家庄的梨果内发现了该虫的幼虫（宋来庆 等，2019），相关部门应重视橘小实蝇的发生并及时做好监测和防控工作。刘志宏（2019）也明确指出要提前加大果品异地调运与果园监测防控的力度。同属非适生区的北京近年来也相继在房山、大兴、昌平、丰台发现了橘小实蝇（宋来庆 等，2019）。王晓梅等（2016）通过试验证明在北京地区该虫 1 年发生 4 代，但不能安全越冬。

虽没有明确的报道证实橘小实蝇可在非适生地越冬，但近几年连续监测到其在北方发生危害（王晓梅 等，2016），其中的缘由尚不明确。推测有三种可能，一是其在北方能够完成整个生活史，可在北方温室内或野外的土壤、烂果中越冬；二是在北方不能越冬，每年造成危害的虫源由南方调运而来，其发生危害的规律还有待进一步研究；三是以上两种可能兼而有之。综上所述，随着全球气候变暖、贸易的往来、种植方式的改变以及果蔬种类的多样，橘小实蝇暴发的可能性极大。因此，各级检疫部门应对调运果蔬严格检疫、严密监测，一旦发现及时防控，降低暴发的风险。

2. 适生性区域的划分以及风险等级

橘小实蝇在中国的高度适生区主要有海南岛、珠江三角洲、长江三角洲，福建省东部和南部沿海地区，云南省南部地区也是橘小实蝇的高度适生区；中度适生区主要有云南省中部地区，广西大部分地区，湖南、湖北、江西的部分地区；低度适生区主要为秦岭—淮河线以南的地区，而秦岭—淮河线以北为非适生区。侯伯华等利用 CLIMEX 生态位模型的预测高度适生区主要位于华南地区，中度适生区主要是云南、四川，湖南、湖北为低度适生区，长江以北为非适生区（张华纬 等，2021）。而利用 GIS 和 Maxent 模型相结合预测的高度适生区包括珠江三角洲；湖南、湖北等地部分地区为中度适生区。

3. 风险管理措施

在我国，橘小实蝇主要发生在云南和华南地区。近年来，由于物流业的快速发展和果蔬频繁调运，长江以北也发现橘小实蝇危害桃、枣、石榴、苹果，但尚未确定能否在北方越冬。詹开瑞等（2006）对橘小实蝇在中国的适生性进行研究，将橘小实蝇在中国的定殖风险区划分为高度危险区、危险区、轻度危险区和安全区，分布北界为北纬（30±2）°N。

橘小实蝇在国内的扩散已在福建、广东、广西、海南、湖南、贵州、云南、四川、重庆、上海、浙江、江西、湖北、河北、河南、陕西、澳门、西藏等地分布（Wan F H et al.，2016；）。

（六）监测检测技术

1. 监测区域

橘小实蝇监测区域应包括进境口岸、水果集散地和批发市场等检疫监管区、水果和蔬菜出口基地及其相关场所，以及上述提及相应地点的周边地区，或其他具有橘小实蝇传入和发生风险的地方或场所。

2. 监测时间

月平均温度超过 15 ℃时，需开展监测；月平均温度低于 10 ℃的，无需开展监测；月平均温度 10～15 ℃，视情况开展监测。

3. 监测药器与使用方法

（1）橘小实蝇诱剂　橘小实蝇引诱剂 Methyl Eugenol（简称 ME），属雄性外激素引诱剂，液体。

（2）诱捕器　推荐用的实蝇监测诱捕器为综合型诱捕器。

4. 监测方法

（1）监测点选择　首要选择具有成熟果实的主要寄主植物为诱捕器悬挂点。在某些监测区内，如果没有主要寄主，应选次要寄主。

（2）诱捕器重置　诱捕器悬挂点应随寄主果实的成熟期变化而进行调整，即需要有计划地对诱捕器进行重置。

（3）诱捕器悬挂位置　诱捕器具体悬挂位置应视树干高度和风向而定，优先选择悬挂在寄主植物的树冠中上部且逆风、半阴暗的地方，也可挂在能够为橘小实蝇提供庇护、避开强风和天敌的场所。诱捕器不宜暴露在太阳直射、强风或多尘土的地方。同时，诱捕器入口应避免受树枝、树叶、蜘蛛网或其他阻碍物的遮挡，以便于橘小实蝇进入。

（4）诱捕器悬挂密度　诱捕器悬挂密度为每 5 km² 1～10 个诱捕器。

5. 疫情的报告、通报和发布

经鉴定或复核确认为检疫性实蝇疫情的，疫情所在单位应立即上报上级部门，进行疫情处置。

（七）应急防控技术

1. 果实受害调查与集中处理

对疫区内的落地果及发现橘小实蝇的果树中的受害果实及时清理并集中灭除（如深埋＋药剂杀虫处理）。调查每 7 d 开展 1 次，直到连续 3 周内不再发现橘小实蝇个体为止。

2. 药剂防除处理

疫区内用覆盖式喷雾结合土壤用药处理进行药剂防除。推荐药剂及使用方法：辛硫磷乳油800～1 200 倍液，在发现橘小实蝇幼虫的树冠下进行地面喷洒土壤处理。每 7 d 防除

1次，直到连续3周内不再发现橘小实蝇个体为止。

3. 加强疫区内的果实移运管控

采取强制性措施，防止未经除害处理或未经检疫合格的水果流出疫区。

（八）综合防治防控技术

1. 检疫防控

各地植物检疫机关应加大果品异地调运检疫与当地果园监测力度，严查异地调运检疫手续，特别是来自疫区果品的调运检疫证书，最大限度降低果品调入带虫率和橘小实蝇危害（刘志宏，2019）。

2. 农业防控

（1）调整作物布局 橘小实蝇对果实的危害率与品种的成熟期、作物布局密切相关。在一个区域应尽量种植单一品种或者成熟时间比较接近的果蔬品种，避免其通过转移寄主危害，有效降低危害率。

（2）清园灭虫 橘小实蝇以幼虫在果实中蛀食危害，受害果往往提早脱落，老熟幼虫一般从果内爬出以弹跳或爬行方式钻入土壤中化蛹，有些来不及脱果或未能脱果的老熟幼虫也可在果实内部化蛹，因此，及时全面清理果园落地果及树上的有虫果，防止老熟幼虫入土化蛹也是减少虫源的有效措施之一。

（3）土壤处理 根据橘小实蝇老熟幼虫在潮湿、疏松土层2～4 cm深处化蛹的特性，每年清园后可地面撒施石灰粉，对老熟幼虫和不同发育时期的蛹都有较好的防治效果，也可在每年12月底至翌年2月初进行2次土壤浅翻，深度掌握在10 cm左右，翻1次，捣耙1～2次，利用温度、水分及其他环境因素的变化来杀死土壤中的蛹。对于散生果树树冠下的地面，也要做好土壤处理，以压低越冬虫源基数，减轻翌年危害。冬季灌水等措施也能破坏越冬幼虫、蛹以及成虫生境，使其大量死亡，达到防控目的。

（4）果实套袋 橘小实蝇偏好在成熟度较高的果实上产卵，果实套袋是防治橘小实蝇危害的重要措施。（金扬秀 等，2022）

3. 物理防控

（1）黄色粘虫板诱杀 黄色粘虫板对橘小实蝇的诱杀效果主要受黄色粘虫板色光波长、放置方向、密度等影响，国内学者在这方面研究较多。汪燕琴等通过比较不同波长色光的黄色粘虫板对橘小实蝇的诱集效果，认为波长600 nm（反光度为70%）诱集效果最好，添加适量柠檬烯或酒精引诱效果更佳。匡石滋等试验认为橘小实蝇的诱杀量与黄色粘虫板的放置方向、密度有关，放置在南向、高度在1.2 m以上，每10 m² 放1块，在11：00～15：00时段诱杀效果最佳。

（2）性诱剂诱控 甲基丁香酚（简称ME）是橘小实蝇雄成虫性成熟所需的前体物质，利用ME搭配诱捕器等诱杀和干扰其交配行为，可大量诱杀成熟雄虫，使雌、雄比例失调，削弱种群的交配活力，从而减少种群数量，减轻危害，达到防治目的。此方法简单、实用、高效，具有经济、安全、无公害的优点，得到广泛应用。

（3）食饵诱杀 根据橘小实蝇雌虫在产卵前需要补充糖类和蛋白质才能发育成熟的特性，利用食饵剂诱杀产卵前的雌成虫，可以降低橘小实蝇在果实上的产卵量，从而控制其种群数量。食物源诱剂包括蛋白质类、糖蜜类，可同时引诱雌虫和雄虫，具有性引诱剂不可取代的作用（金扬秀 等，2022）。

4. 生物防控

（1）天敌的利用　利用天敌是橘小实蝇绿色防控的关键技术之一，橘小实蝇天敌种类较多，目前国内外研究报道的主要有寄生性天敌、捕食性天敌、寄生性微生物和食虫动物等，其中以寄生性天敌最多，达 70 余种。在橘小实蝇寄生性天敌的研究方面，有关寄生蜂的较多，据不完全统计，仅我国报道的寄生蜂就有 9 科 19 种。

（2）不育技术的应用　应用不育技术（SIT）防治野生实蝇，是国际上最为先进和环保的做法。有关 SIT 技术中，应用较为广泛和成功的是雄性不育技术和化学不育技术。我国雄性不育技术的研究，主要在雄蛹辐照最佳时期和剂量、遗传性别品系的建立、不育雄虫在果园扩散距离等方面（金扬秀等，2022）。

5. 化学防控

可以选用 10％溴氰虫酰胺 750 mL/hm²、5％乙基多杀菌素 667 mL/hm²、8％甲氨基阿维菌素苯甲酸盐 450 g/hm²，施药 1～2 次，防效在 72.13％～91.43％，3 种药剂在防治橘小实蝇上有较好的防效，且对果树安全，适宜在果树生产中推广应用（朱学松 等，2021）。

6. 综合防控技术应用

上海张塘柑橘园在 2011—2012 年运用了综合防控技术措施，经土壤处理、清洁果园、性诱剂诱杀、化学防治后，橘小实蝇危害得到了有效控制，到 2012 年基本未发生橘小实蝇危害，综合防治措施取得较好的效果（陶赛峰，2015）。

（王少山，胡安）

六、葡萄花翅小卷蛾

（一）学名及分类地位

葡萄花翅小卷蛾（*Lobesia botrana* Den. & Schiff.），属鳞翅目（Lepidoptera）卷蛾科（Tortricidae）花翅小卷蛾属（*Lobesia*）（李俊峰，2017）。

（二）分布与危害

1. 分布

葡萄花翅小卷蛾原产意大利南部，在地中海附近地区广泛分布，如今遍布整个欧洲，现逐渐扩散至非洲北部及西部、亚洲部分国家，智利和美国加州也发现了该虫。葡萄花翅小卷蛾于 2015 年 9 月，首次在我国吐鲁番市高昌区亚尔镇被发现，目前分布于吐鲁番市（秦誉嘉，2018）。

2. 寄主

葡萄花翅小卷蛾主要危害葡萄、大戟瑞香、多种醋栗、橄榄、欧洲李、甜樱桃、黑莓、猕猴桃、柿、石榴、迷迭香等以及多种石竹属植物和十多种野生或次生寄主，其中以危害葡萄为主（李俊峰，2017）。

3. 危害

该虫一代幼虫取食葡萄花序，在花蕾周围吐丝结网，致使相邻周边花序簇拥，呈球形，受害的花序萎蔫干枯脱落，严重影响坐果率；二代幼虫危害葡萄幼果，受害果实腐烂，受害果实果肉被蛀空并有大量虫粪，蛀孔周围易变黑腐烂，大量果实提早萎缩而脱落。7月后危害成熟果实，受害果实大量腐烂。该虫仅2016年，对吐鲁番市的葡萄产业造成的经济损失达4 480万元，葡萄花翅小卷蛾发生区域葡萄产量损失20%～50%，严重区域甚至绝收。

（三）形态特征

1. 成虫

体长6～8 mm，翅展10～13 mm；成虫大小与幼虫取食情况有关。头部和腹部奶油色，胸部也为奶油色并具黑斑，着生有锈褐色的背毛丛；足具浅奶油色和褐色相间出现的带纹。前翅具包括黑色、褐色、奶油色、红色和蓝色的斑驳状图纹，其底色为蓝灰和褐色，有浅奶油色边；翅前、后和外缘鳞片颜色深于翅底色；缘毛褐色，端部色浅；外缘有一奶油色基线；翅下表褐灰色，至前缘和端部颜色渐深；后翅浅褐灰色，至端渐深；下表浅灰色，雌雄差异不大（牛春敬 等，2013）（图3-137A）。

2. 卵

卵：扁椭球状，长0.65～0.90 mm，宽0.45～0.75 mm（图3-137B）；初期呈奶白色，后变浅灰色、半透明并呈彩虹光斑。经观察卵发育后期为乳黄色，孵化前卵上具有1个黑色小点，为幼虫头壳，卵壳透明，可清晰地看见初孵幼虫（牛春敬 等，2013）。

3. 幼虫

共5龄。初龄幼虫体色呈绿色，长约1 mm；老熟幼虫体长9～11 mm，宽2 mm，头部呈蜜黄色，眼点呈黑色，胸部和腹部体色多变，呈绿色、玫瑰色、红色或红褐色（牛春敬 等，2013）。经笔者观察幼虫的体色会随取食寄主种类不同会有所不同。初孵幼虫体色为蜜黄色，头壳异色，分别为黑褐色头壳以及浅褐色透明头壳；体被刚毛，幼虫腹节背部具有明显4根刚毛，呈正梯形排列，气门椭圆形，两侧气门附近具有长短不一两根刚毛；幼虫具有3对胸足，基节粗壮，呈浅褐色，周围着生6根刚毛，跗节呈深褐色，分布6根刚毛，前跗节锐利，呈钩状；腹足4对，基节外侧着生3根刚毛，具35～41个趾钩，双

图3-137 葡萄花翅小卷蛾（阿地力·沙塔尔 摄，2017）

A. 成虫　B. 卵　C. 幼虫　D. 蛹

序环式，排列整齐；臀足基节均匀排列 6 根刚毛，具 30～34 个趾钩，呈双序中带状，形似"月牙环"，腹末臀栉 7 根（图 3-137C）。

4. 蛹

化蛹初期呈奶油色、浅褐色、浅绿色或浅蓝色，随后变为褐色或深褐色。根据其生殖结构骨架所在的部位判断雌雄：在第九节腹板的为雄蛹，在第八节腹板的为雌蛹（牛春敬等，2013）。蛹壳外被 1 层白色的丝茧，外形呈纺锤状；蛹长 7.5～8.0 mm，宽 2.0～2.5 mm，头部复眼为黑色，相距 1 mm 左右，第三至六节末端为深褐色，排列波浪状倒刺；第九节末端具有八根钩状臀棘（图 3-137D）。

（四）生活习性

1. 生活史

葡萄花翅小卷蛾在高昌区 1 年发生 5 代，以蛹在枯枝落叶中、果实内、藤皮下或土壤缝隙中结茧化蛹越冬。越冬蛹翌年的 3 月底至 4 月初（葡萄开墩）开始羽化，4 月上旬为羽化高峰期（清明节前后），4 月中旬为羽化末期。越冬代成虫产卵于花芽上，在 4 月 8 日首次发现，在温度 24～32 ℃条件下，平均卵期为 5～6 d；4 月中旬幼虫开始孵化，幼虫在取食花芽之前，在其上吐丝结网，取食 3 周后在花芽上或卷叶边内化蛹；蛹期为 8～12 d；完成 1 代的历期为 40 d 左右；一代成虫 5 月中旬开始羽化，5 月下旬结束，高峰期为 5 月 20～25 日；二代成虫 6 月下旬开始出现，羽化高峰期为 7 月上旬，完成二代的历期为 35 d 左右；三代成虫从 7 月底开始羽化，8 月 5～10 日为羽化高峰期，完成三代的历期为 30 d 左右；四代成虫从 8 月底至 9 月初开始羽化，9 月 5～10 日为羽化高峰期，完成四代的历期为 25～30 d；越冬代幼虫 10 月上中旬开始化蛹越冬。该虫各世代划分明显，越冬代发生数量最大，无世代重叠现象，随气温升高各世代和虫态的发育历期缩短（李俊峰，2017）。

2. 生活习性

（1）成虫　该虫的飞行、取食、交配、产卵等活动多发生在黄昏（8：00 左右），阴雨、刮风天成虫不活动或活动少。多在夜间活动，羽化当日并不立即交配，1d 后交配，日落黄昏前后（20：00—23：00）尤为活跃。多数雌虫一生只交配 1 次，但雄虫可多次交配，每次交尾时间为 20～30min。越冬代成虫卵产于葡萄花序萼片以及花蕾上；一至四代成虫产卵于果实上，秋季世代将卵产在二次开花的花序上。卵单产，单雌产卵量为 20～40 粒。卵期 6～9 d，孵化率可达到 90% 以上。葡萄花翅小卷蛾对光和糖醋液具有一定的趋性。

（2）幼虫　一代幼虫取食葡萄花序，在花蕾周围吐丝结网，致使相邻周边花序簇拥，呈"球形"，受害的花序萎蔫干枯脱落，严重影响坐果率。幼虫不仅危害钻蛀花蕾，部分甚至会钻蛀到花轴中取食，老熟幼虫在花絮上吐丝结网化蛹；二代幼虫危害葡萄幼果，具有转果危害习性，受害果实腐烂，1 头幼虫可危害两至三粒果实，最多达到 4 粒，且喜选择阴面果实危害，虫道不规则，受害果实果肉被蛀空并有大量虫粪，蛀孔周围易变黑腐烂，大量提早萎缩而脱落，老熟幼虫多在干瘪的果实内化蛹。三代幼虫发生期为 7 月，危害成熟果实，其危害最大，受害果实大量腐烂。四代幼虫主要危害成熟果实，幼虫的危害为灰霉和黑曲霉等真菌的侵入提供有利条件，导致受害果实大量变黑腐烂。五代幼虫危害二次开花的花序或田间遗留的果实，每枚病果中仅有 1 头幼虫。幼虫具自相残杀的习性。

3. 传播扩散方式

（1）商贸物流 吐鲁番市位于天山东部山间盆地，是连接内地、中亚地区及南北疆的交通枢纽，贸易往来非常频繁，物流业极为繁荣。据了解，新疆从中亚各国进口的黑加仑、葡萄等各类干鲜果产品大多在吐鲁番进行加工、整装后销往各地，这也成为葡萄花翅小卷蛾传入我国最主要的途径之一。

（2）自然扩散 亚尔镇、葡萄镇、葡萄沟街道连接较为紧密，具有地理位置邻近、地势开阔平坦、缺乏地理屏障、葡萄园区连接紧密等特点，为葡萄花翅小卷蛾的扩散提供了有利环境，这也致使葡萄镇与葡萄沟街道最先受到葡萄花翅小卷蛾传播入侵并造成危害。

（3）农事操作 当地农民在春季修枝与夏季疏叶后，修剪下来的枝梢部分运往家中作为柴薪或者牲畜饲料饲养牛羊；而一些距离较远的果园，农民多在修剪后就近郊外随意焚烧或者直接扔弃在公路、田地附近。这为葡萄花翅小卷蛾的传播扩散提供了便利条件。

（4）果园经营 据笔者调查发现，亚尔乡部分果园由其他乡镇农民承包种植，而其中三堡乡与胜金乡很大一部分农民在该地进行葡萄园承包，葡萄成熟采收后运到各自所居住地晾晒，从而导致部分乡镇监测点8月、9月葡萄花翅小卷蛾种群数量猛增。

（5）果品交易 吐鲁番市特殊的盆地地形，造成了当地葡萄收获时期并不统一，亚尔镇葡萄收获时间稍早于其他乡镇，七泉湖、胜金乡、园艺场等地葡萄成熟时节较晚。往往到了葡萄采收季节，车辆运载亚尔镇收购来的早熟葡萄频繁往来于亚尔镇、园艺场、七泉湖、胜金乡等各个乡镇的同时，也将病果、烂果带至其他乡镇，为该虫的传播扩散提供较大可能性。

（6）游客携带 葡萄成熟期与吐鲁番市旅游高峰期重合，在亚尔镇游客量大且往来频繁，葡萄交易及携带导致病果直接被带出虫源地，造成葡萄花翅小卷蛾的人为扩散。

（7）晾晒制干 当地所产出葡萄很大一部分会被晾晒制成葡萄干。由于晾房距离果园位置较远，各自分散，排列也是随机分布的。这为葡萄花翅小卷蛾扩大了传播半径。甚至部分病果并未及时销毁，而是作为次品铺设在公路两旁进行晾晒。

（8）加工清洗 据笔者调查，葡萄晾晒完成后，农民往往将其送至加工厂进行分拣、清洗，精加工，而该过程残余的烂果、病果跟随分拣残渣囤积在工厂周围，长期未进行处理，为葡萄花翅小卷蛾的扩散创造了良好条件。

（9）果园采伐 秋季清园期间，农民将病树、老树等砍伐后，原木并未进行任何处理而直接驮运至家中，作为生活燃料囤积于庭院周围，这为该虫的越冬及扩散提供了便利。

（10）各乡镇间亲友往来 高昌区亚尔镇、胜金乡、艾丁湖乡、七泉湖镇等地农民间来往亲密，探亲访友、相亲等活动较多。在此过程中，鲜果以及葡萄干相互赠送，为该虫的传播创造了条件。

4. 迁飞习性

葡萄花翅小卷蛾成虫具有迁飞习性。飞行对于葡萄花翅小卷蛾交配产卵具有重要作用，雌蛾可通过飞行寻找合适的产卵点，成虫飞行轨迹是典型的环形、无规律。Hurtrel通过在风洞中对葡萄花翅小卷蛾雌蛾飞行情况进行实验发现，有飞行经验的雌蛾在隧道中飞行时间持续更长〔（3.9±7.4）s，（20.3±22.8）s〕；1日龄的雌蛾比大龄雌蛾活跃，飞行时间较2日龄的雌蛾短〔（2.7±6.7）s，（5.1±9.5）s〕；交配与否也会对飞行时间造成影响，已交配的2日龄雌蛾比未交配雌蛾飞行时间更长〔（12.0±16.8）s，（5.1±9.5）s〕。实验证明，飞行经验、日龄、大气压、交配等对葡萄花翅小卷蛾雌蛾的飞行能力具有一定的影响。

5. 繁殖及其他生物学特性

成虫多在夜间交配产卵。成虫羽化后无需补充营养。羽化 1 d 后开始交配，交配时间一般多在 20：00～24：00，日落前后尤为活跃。葡萄花翅小卷蛾雌、雄蛾以对尾方式交配，交配过程持续（66.5±4.5）min，交配场所主要集中在葡萄叶面、藤皮表面。

雌蛾产卵场所众多。越冬蛹羽化成虫交配后主要将卵产于葡萄花序萼片以及花蕾上，主要集中在葡萄花序主轴由基部到顶部的第二至四根分轴花序上；一至三代成虫产卵主要集中在葡萄果实缝隙以及果梗等地，少部分会将卵产于葡萄叶片；四代成虫部分将卵产于葡萄二次开花的花序上，部分继续产卵于田间遗留的果实上。产卵过程中，雌蛾腹部微弯，产卵器伸直，产下单粒卵后，立即飞离，个别会有产 2～3 粒卵的现象，平均产卵量为（97.27±12.98）粒。在光照培养箱（26±1）℃、相对湿度（60±5）%，光照周期 L：D=16 h：8 h 条件下，葡萄花翅小卷蛾卵期为 4～6 d，孵化率（93.2±1.1）%。

6. 滞育特性

国外报道在葡萄花翅小卷蛾卵期或幼虫期的发育阶段，短日照会对其正常发育产生影响，在光照时长较短的秋冬季，其蛹会休眠滞育以抵抗严寒冬季。滞育蛹在 5 ℃光照周期 L：D=8 h：16 h 下饲养 50 d，接着在 10 ℃下连续黑暗 10 d 能够解除滞育。诱导葡萄花翅小卷蛾滞育的条件为 L：D=13 h：11 h。我国试验研究表明，蛹是其滞育虫态，在 25 ℃和 28 ℃光照 L：D=12 h：12 h 条件下蛹的滞育率最高，可达 80% 以上；在 25 ℃、28 ℃时该虫显示出兼性滞育型。在 25 ℃和 28 ℃条件下，蛹滞育的临界光周期时数分别为 14.17 h 和 14.03 h。幼虫孵化初期和老熟幼虫末期是敏感虫态。

7. 发生规律

葡萄花翅小卷蛾越冬代的种群数量较大，在吐鲁番市春天合理的药物防治与清园，会导致一代种群数量减少，之后，随着果实的成熟，种群数量有所回升；三代种群数量最高，四代部分区域种群数量急剧减少。部分区域后期（8月）突然暴发成灾，大多由前期的监测较少，重视程度不够，食物丰富以及往来调运导致。

（五）风险评估与适生性分析

1. 风险评估

通过风险分析，风险评估 R 值为 2.14，为高度危险性有害生物。葡萄花翅小卷蛾具有适生范围广、不易检疫、难以根除等特点，对我国的葡萄产业构成了较大的潜在风险，必须采取相关措施，控制其危害，并防止进一步传播和蔓延（李俊峰 等，2017）。

2. 适生性区域的划分以及风险等级

葡萄花翅小卷蛾具有很强的抗逆性，对不同的环境具有极强的适应能力，传播足迹贯穿整个欧亚大陆，与中国接壤或邻近的多个国家、地区先后发现该虫的踪迹。除戈壁沙漠地区、青藏高原等气候恶劣，不适宜种植葡萄的地区外，全国有广泛的潜在适生区（李俊峰 等，2017）。

3. 风险管理措施

（1）加强检疫管理，有效防范入侵与传播扩散　实施严格的检疫管理措施，严格把控果品调运。加大检疫力度，对葡萄花翅小卷蛾发生区实施检疫封锁，严禁葡萄苗木、果实及其枝梢和叶片调运。同时对调入的苗木、果实等材料要严格实行检疫检查和复检，一经发现来自疫区的产品要严格依法进行除害处理，对有排泄孔和虫粪的果实要禁止外运并集中销毁。

（2）加强监测，及时预警 要根据葡萄花翅小卷蛾的发生规律和生物生态学特性，在葡萄园区设立监测点，适时开展调查监测，尤其是要对果园、疫区的周边地区和果品加工站等加强监测调查，及时掌握入侵与传播扩散动态，适时采取应急处置措施，做到严防传入以及疫情的早发现、早控制，以保障我国日益发展的葡萄种植业的安全生产。

（3）科学防治，防止扩散危害 葡萄花翅小卷蛾目前在吐鲁番市高昌区局部地区发生，危害面积较小，但扩散蔓延迅速，已对我国葡萄产业发展构成潜在的严重威胁。因此，对发生葡萄花翅小卷蛾的地区，要作为重点防治对象做好防治疫区内综合采用化学、物理等措施对葡萄花翅小卷蛾采取治理，控制其危害，尽力降低灾害造成的经济损失，有效阻止或减缓其向外扩散蔓延的速度。

（六）监测检测技术

1. 监测与调查方法

（1）监测方法 从3中旬至10月底，即葡萄开墩到葡萄埋墩期，分别在葡萄花翅小卷蛾成虫羽化迁飞期开展监测工作，将葡萄花翅小卷蛾性诱芯、三角形诱捕器及粘虫板配套使用，将组装好的诱捕器悬挂于葡萄园内距地面1.5 m处。

（2）调查方法 在有葡萄花翅小卷蛾发生的各级行政区，于疫情中心地带面积不小于0.33 hm² 的果园（或相对连续的葡萄种植带）中设置监测样点，监测果园的数量应占到该行政区内果园数的20%以上；在疫情发生区周边地带的各级行政区内，监测果园所占比例应在50%以上。防治用诱捕器每公顷果园悬挂45～75套。

2. 监测检测技术应用

葡萄花翅小卷蛾监测方法原则上以性引诱剂诱捕监测法为主，在诱捕监测过程中，或诱捕监测无法进行时，应配合采用一些辅助性调查（田间踏查和剖果检查等）。

（1）未发生区监测样点设置 监测样点设置在面积不小于0.33公顷的果园（或相对连续的葡萄种植带）中，监测果园的数量要占到整个高风险区内葡萄园或其他寄主果园数量的30%以上。每年葡萄开墩日均气温连续5 d达到9.62 ℃（越冬蛹羽化的起始温度为9.62 ℃）以上时，开始在葡萄园监测点安放诱捕器。以村为单位，每个村设置一个监测点，每个监测点设置10个诱捕器，诱捕器的安放密度为每公顷设置1个诱捕器。如确认有疫情发生，则进一步按照发生区的要求进行监测。

（2）发生区监测样点设置 在有葡萄花翅小卷蛾发生的各级行政区，于疫情中心地带面积不小于0.33 hm² 的果园（或相对连续的葡萄种植带）中设置监测样点，监测果园的数量应占到该行政区内果园数的20%以上；在疫情发生区周边地带的各级行政区内，监测果园所占比例应在50%以上。

诱捕器可以安放在葡萄架底离地面1.5 m处，诱捕器附近安放醒目标志（例如立小红旗），方便监测人每日监测，且防止受到人为破坏。在整个监测期间，监测人员每日对诱捕器的诱捕情况进行检查，幼虫期结合田间踏查和蛀果率（或受害花絮）检查等辅助性调查。诱捕器的诱芯每10 d更换1次，粘虫板每7 d更换1次。一旦发现诱捕器出现损坏或丢失的状况，应立即进行更换或补挂，并做好相应的记录。更换下来的废旧诱芯、粘虫板和诱捕器应集中销毁。

（七）应急防控技术

1. 检疫防控

严禁从葡萄花翅小卷蛾发生区调运葡萄苗和葡萄产品，对运输葡萄过境或到境的车辆进行检疫，对携带疫情的果品进行检疫处理，杜绝地区之间扩散蔓延。

2. 农业防控

葡萄开墩后及时扒树皮，在发生葡萄花翅小卷蛾的地块要刮除葡萄主蔓老皮、翘皮并就近集中烧毁深埋处理。葡萄上架后开展清园工作，将修剪后的老弱枝条、折断的枝条、枯枝杂草再进行一次全面清理并就地烧毁深埋，破坏葡萄花翅小卷蛾的化蛹场所。葡萄花翅小卷蛾幼虫发生期，结合疏花疏果及时摘除受到危害的葡萄花穗和果穗，并就地深埋处理，人工防治降低虫口密度。

3. 物理防控

从越冬代成虫羽化开始一直到 10 月底，每 3.33 hm^2 地葡萄园悬挂一盏波长为 390 nm 的诱虫灯诱杀成虫，可以取得良好防治效果。

4. 化学防控

葡萄开墩后，顺沟喷施 3～5 波美度的石硫合剂降低越冬病虫基数；葡萄花翅小卷蛾越冬代成虫期利用飞防控制其群数量并及时喷洒触杀型药剂。对葡萄花翅小卷蛾发生危害严重的葡萄园，喷施 2 500 倍液的甲维盐、20％甲维·吡虫啉乳油 2 000 倍液，或 10％虫酰肼乳油 2 000 倍液进行防治，喷药间隔期为 10～15 d。

5. 注意事项

在新发生区林业行政部门所属的有害生物检疫机构在辖区确定发现疫情后，应在 12 h 内向自治区林业有害生物检疫机构快报疫情特征、发现时间、分布地点、传播途径与危害情况。

6. 应急防控技术应用

一旦发现突发疫情，由县级以上人民政府发布封锁令，组织本地有关部门对疫情发生区、受威胁区采取封锁、控制和保护措施。在疫情发生地点周边设立 80 km 宽的无葡萄花翅小卷蛾寄主植物的隔离带，对疫情发生区进行隔离、封闭处理。防止葡萄花翅小卷蛾进一步传播、定殖和扩散。

依据《农业植物调运检疫规程》（GB 15569—2009）实施调运检疫检验，对染疫植物、植物产品、运输工具及包装材料进行熏蒸处理。

（八）综合防控技术

1. 检疫防控

严禁从葡萄花翅小卷蛾发生区调运葡萄苗和葡萄产品，对运输葡萄过境或到境的车辆进行检疫，对携带疫情的果品进行检疫处理，杜绝地区之间扩散蔓延。

2. 农业防控

葡萄开墩后及时扒树皮，在发生葡萄花翅小卷蛾的地块要刮除葡萄主蔓老皮、翘皮并就近集中烧毁并深埋处理。葡萄上架后开展清园工作，将修剪后的老弱枝条、折断的枝条、枯枝杂草再进行一次全面清理并就地烧毁深埋，破坏葡萄花翅小卷蛾的化蛹场所。葡萄花翅小卷蛾幼虫发生期，结合疏花疏果及时摘除受到危害的葡萄花穗和果穗，并就地深埋处理，人工防治降低虫口密度。

3. 物理防控

利用昆虫的趋光性，使用葡萄花翅小卷蛾最敏感波长（390 nm）的太阳能杀虫灯对葡萄花翅小卷蛾成虫进行诱杀，诱虫灯的设置密度为每 2 hm² 设置 1 盏，灯泡距离地面高度为 1.5 m。

4. 生物防控

诱杀越冬代成虫：葡萄园每公顷悬挂诱捕器 45～60 只，诱杀越冬代羽化成虫，降低越冬代虫口密度。

迷向技术：在春季葡萄花翅小卷蛾越冬代成虫刚刚开始羽化之时，即监测诱捕器第一次捕获葡萄花翅小卷蛾成虫时，在距地面高度不低于 1.5 m 的通风较好的葡萄架上悬挂迷向丝，每公顷悬挂 450 根。

5. 化学防控

葡萄开墩后，顺沟喷施 3～5 波美度的石硫合剂降低越冬病虫基数；葡萄花翅小卷蛾越冬代成虫期利用飞防控制其种群数量并及时喷洒触杀型药剂。对葡萄花翅小卷蛾发生危害严重的葡萄园，喷施 2 500 倍的甲维盐、20% 甲维·吡虫啉乳油 2 000 倍液，或 10% 虫酰肼乳油 2 000 倍液进行防治，喷药间隔期为 10～15 d。

6. 综合防控技术应用

葡萄花翅小卷蛾是危害多种经济植物花和果实的世界性害虫，其综合防控原则遵循"全部种群治理"。在我国的发生区应提出以化学防治、生物防治、物理防治等关键技术相结合的综合防控策略。性信息素干扰交配技术是在葡萄园中稳定释放人工合成的葡萄花翅小卷蛾雌虫性信息素，以切断雌、雄虫之间的化学交流，从而使雄虫迷失方向，最终达到减少雌虫产受精卵的目的。性信息素干扰交配技术早在 20 世纪 70 年代中期就被用于葡萄花翅小卷蛾的防治，目前在欧洲的许多国家以及美洲、希腊等地的葡萄花翅小卷蛾发生区被广泛应用，且由于技术的不断改进，葡萄花翅小卷蛾雌虫性信息素的成本不断降低并对葡萄花翅小卷蛾有很好的防控效果，已成为葡萄花翅小卷蛾防控的主要手段。目前，性信息素干扰交配技术已在吐鲁番市广泛使用，并取得显著成效。

（阿地力·沙塔尔，李俊峰，李岚杰，梁萌，王洁）

七、苹叶蜂

（一）学名及分类地位

苹叶蜂 [*Hoplocampa testudinea*（Klug）]，属膜翅目（Hymenoptera）叶蜂科（Tenthredinidae）实叶蜂属（*Hoplocampa*）。

（二）分布与危害

1. 分布

起源于北欧，现分布于克罗地亚、奥地利、比利时、英国、保加利亚、捷克、丹麦、芬兰、法国、德国、匈牙利、爱尔兰、意大利、卢森堡、荷兰、挪威、波兰、罗马尼亚、瑞典、瑞士、南斯拉夫、土耳其、摩尔多瓦、亚美尼亚、格鲁吉亚、俄罗斯（黑海附近）、拉脱维亚、乌克兰、加拿大、美国和阿塞拜疆等地（陈乃中，2000）。

2. 寄主

雌虫及雄虫均取食花粉，幼虫危害果实。

3. 危害

幼虫在苹果果实内钻蛀危害，幼虫喜食种子及果肉，受害水果表面会有明显的黄褐色长疤痕，但不会导致幼果大量脱落（图 3-138、图 3-139、图 3-140）。

图 3-138　苹叶蜂对苹果花期的危害（Charles，2019）

图 3-139　苹叶蜂对苹果幼果的危害（Charles，2019）

图 3-140　苹叶蜂在苹果表面留大长疤痕

（三）形态特征

1. 成虫

体长 6～7 mm。头部主要为黄色，在头部顶端处有黑斑覆盖，复眼前观近乎平行。中胸背板几乎栗色或黑色。翅微带烟色，脉黑色到栗色；前翅痣色基比端深。腹部除末节外上面黑色。雌虫产卵器与后足胫节等长；雄阳茎瓣无弯端突（图 3-141A～C）。

2. 卵

长 1 mm，半透明（图 3-141D）。

3. 幼虫

长 12～14 mm，白色，头部褐色，有腹足 7 对（图 3-141E）。

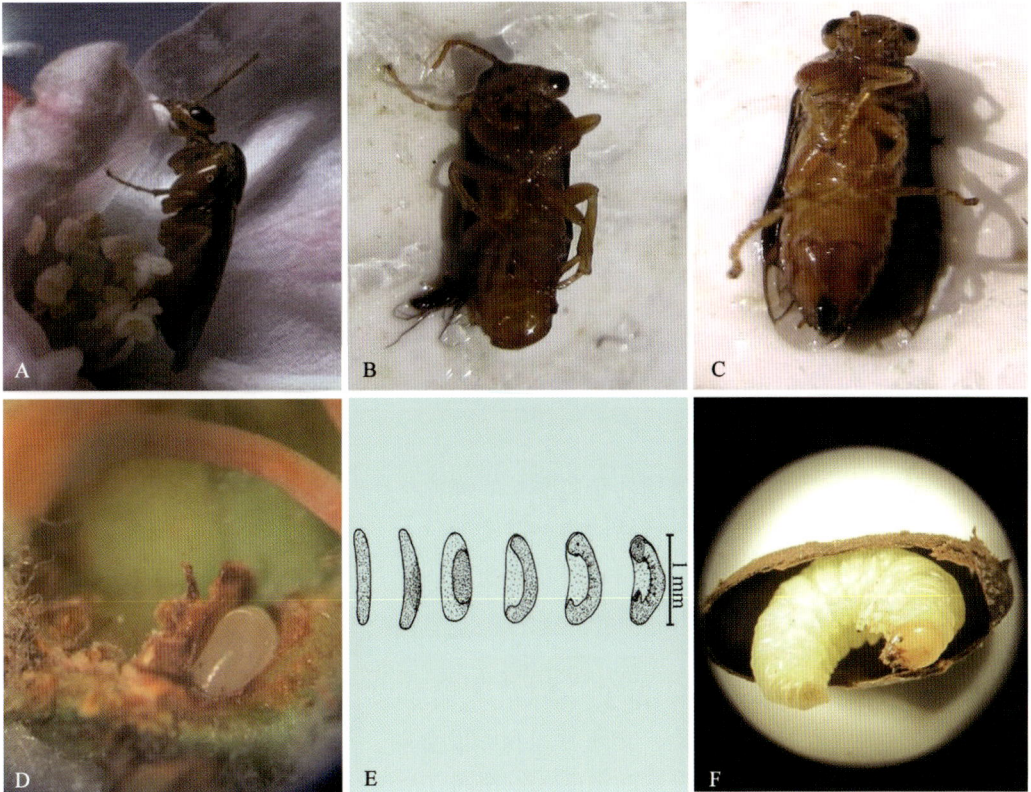

图 3-141 苹叶蜂形态特征（Charles，2019）

A. 成虫产卵　B、C. 成虫　D. 卵　E. 幼虫形态变化　F. 剖开的蛹

4. 蛹

长约 6mm，白色，复眼红褐色，外被一层白色羊皮质薄丝茧。

（四）生物学特性

1. 生活史

可孤雌生殖，每年 1 代，偶有完成一代超过 2 年者。在法国，成虫出现于 5 月，喜选择白色花产卵。每雌产卵 30 粒，产于花的雌蕊之下。幼虫在幼果中蛀食，每条幼虫可危害幼果 2～5 个，一般当果实直径达到 2.5 cm 时幼虫老熟，入土作茧滞育。长可达 9～21

个月，春季化蛹，卵期 8～18 d，幼虫历期 25～28 d，蛹 17～20 d。

2. 传播扩散方式

幼虫可随果实远距离传播。成虫有飞行能力，可主动扩散蔓延。

3. 繁殖特性

成虫在 4 月中旬至 5 月初从土壤中出现，出现早晚这取决于春季的温度，并且可以立即交配。飞行期在很大程度上与苹果开花期相吻合。雌性产卵量可达 32 粒（Dicker，2015）。在产卵过程中，雌性将锯状产卵器插入花的 1 个萼片下方。卵直接产在花托表皮之下，雄蕊和雌蕊的基部之间，孵化期为 12～15 d，孵化温度为 11～15 ℃。

4. 滞育特性

五龄幼虫离开果实之前，在 6 月中旬进入土壤。在土壤中形成茧，预蛹滞育。冬季过后，在羽化前约 3～4 周发现发育良好的蛹。一些预蛹会长期处于滞育状态，直到 2 个甚至 3 个冬天后才开始解除滞育。（Zijp JP，2002）

5. 发生规律

一龄幼虫钻入果皮下方，形成典型的弯曲带状疤痕。二龄幼虫通常深入苹果的中心。这些阶段的幼虫对苹果的损害类型被称为主要的、重要的危害。卵孵化大约 2 周后，三龄幼虫会寻找第二个小果，直接钻入果实内，在入口处留下褐色的条纹（次生损伤）。在它完全发育成为五龄幼虫离开果实之前，有些幼虫可以危害 2～3 个苹果果实，在 6 月中旬进入土壤。在土壤中形成茧，以预蛹状态进入滞育状态。冬季过后，部分发育良好的育蛹解除滞育，开始羽化。

（五）监测检测技术

1. 监测与调查方法

（1）监测方法　白色粘性诱捕器是监测苹叶蜂种群动态和侵染预测的一种有价值且可靠的工具，用于监测苹叶蜂的飞行活动和种群密度。

（2）调查方法　在果园里引入白色黏性诱捕器。为了确定成虫首次飞行期，在捕捉到第一只叶蜂后，每 2 d 检查 1 次诱捕器。

2. 监测检测技术应用

利用 IPM 策略控制苹叶蜂。基于土壤和空气温度的几种物候学驱动模型已经被开发出来，用于预测成虫的春季羽化、交配时间和卵发育期。Zijp 和 Blommers（2002）的一项研究表明，空气温度与土壤温度的精度大致相同。当诱捕器捕获的信息与天气数据和经验得出的卵子发育温度总和相结合时，可以更好地估计最佳杀虫剂时间。土壤质地也会影响叶蜂羽化的时间（Graf et al.，1996），从理论上讲，这可能会改变空气和土壤温度之间的关系，从而改变在不同位置使用的适用性。

（六）应急防控技术

（1）检疫防控　在引进外来苗木时要对苗木、果品、接穗等进行严格检疫，防止检疫性病虫入侵。

（2）农业防控　结合秋季施肥或冬前和早春休闲时间，深翻树冠下土壤，机械杀伤越冬茧或将其翻到土表，使其被天敌捕食或冻死（杨宗武，1997）。

（3）物理防控　根据苹叶蜂幼虫下树越冬的习性，8 月中旬在果树主干中上部绑扎 1 圈稻草、麦草、麻袋片或果树专用诱虫带等，诱集下树幼虫潜藏。12 月以后将绑缚物解下集中烧毁或深埋，消灭越冬幼虫。

灯光诱杀：利用害虫较强的趋光、趋波、趋色的特性，将光的波段、波的频率设定在特定范围内，近距离用光，远距离用波，引诱成虫扑灯将其杀灭。常用的杀虫灯有频振式杀虫灯、太阳能杀虫灯等。果园内每 hm^2 安装 1 个 15 W 灯管即可，悬挂高度因果树高度而定，一般 3.5 m 左右。安装杀虫灯不可过密，每天要定时开、关灯，避免杀伤害虫的自然天敌，破坏生态平衡。

人工扑杀：利用部分害虫的群集性、假死性等特殊生活习性，振枝使其落地，人工捕杀，集中消灭（张娅，2020）。

（4）化学防控　主要使用具有接触作用的合成拟除虫菊酯。通常在开花期之前和之后立即进行处理，并与其他杀虫剂结合使用。

幼虫发生期，选用 20% 甲氰菊酯乳油 2 000 倍液，或 25% 灭幼脲悬浮剂 1 500～2 000 倍液，或 3% 甲维盐微乳剂 2 000 倍液等对树上喷雾，每周 1 次，连喷 2～3 次，防效较好。7～10 月，在苹叶蜂大量发生期，结合树上树下同时防治，选用 1.8% 阿维菌素乳油加 48% 毒死蜱乳油 1 000 倍液喷施，喷布地面及附着物，可杀死附着在地面及杂草上的幼虫，起到全面防治的效果。

（5）生物防控　*Aptesis nigrocintai* Gravenhorst 是苹叶蜂的一种长寿寄生蜂，尽管其繁殖力相当低，但却导致其宿主显著死亡。在加拿大，尝试用这种天敌作为苹叶蜂的防治手段，但其他生物学特性还需要进一步研究（D. Babendreier，2000）。

（吐尔逊·阿合买提，郭文超，贾尊尊，李海强，阿尔孜姑丽·肉孜）

第四章
外来入侵病原微生物篇

外来入侵病原微生物是一类重要的农业入侵生物，包括入侵植物病原真菌、细菌、病毒、立克次氏体和线虫等。本章系统阐述了 28 种在新疆发生和危害，且具有代表性的农业外来入侵病原微生物的分类地位、分布危害、形态特征、主要生物学特性、侵染循环或发生规律和防治技术等。同时，基于最新的相关研究技术成果，重点介绍了梨火疫病菌、甜菜孢囊线虫、油菜茎基溃疡病菌、枣树病毒病等近些年来仅在新疆发生或局域发生，但对我国其他省份具有潜在传播风险的重大或新发的农业外来入侵病原微生物研究的成果，总结提出上述重大或新发外来入侵病原微生物检测监测，适生性分析、应急防控和综合防控技术等，以期为新疆乃至我国其他省份相关农业入侵病原微生物的科学监测和防控提供可靠依据和重要参考。

第一节 已有分布的入侵病原微生物

一、梨火疫病菌

（一）学名及分类地位
梨火疫病菌也称解淀粉欧文氏菌 [*Erwinia amylovora*（*Burrill*）Winslow et al.]，属原生生物界（Procaryotes）薄壁菌门（Gracilicutes）肠杆菌科（Enterobacteriaceae）欧文氏菌属（*Erwinia*）。

（二）分布与危害
1. 分布

梨火疫病起源于北美，国际贸易日益繁荣导致病害全球化传播与流行。19—20 世纪，该病害迅速传播，给梨、苹果等生产带来了严重危害（胡白石，2000）。近几年，梨火疫病传播到我国周边一些国家，例如俄罗斯、伊朗、吉尔吉斯斯坦、哈萨克斯坦和韩国（Myung et al.，2016），这给我国苹果和梨产业带来巨大威胁。目前，美洲、非洲、大洋洲的 50 多个国家和地区报道过此病害的发生（EPPO Global Database，2022）。

2. 寄主

梨火疫病菌的寄主范围很广泛（Van et al.，1991），寄主植物主要有：山楂属（*Crataegus* Linn.）、唐棣属（*Amelanchier* Medic）、木瓜属（*Chaenomeles* Lindl.）、假升麻属（*Aruncus* Adans.）、栒子属（Cotoneaster B. Ehrhart）、牛筋条属（Dichotomanthus Kurz）、榲桲属（Cydonia Mill.）、柿属（Diospyros Linn.）、白鹃梅属（Exochorda Lindl.）、梨属（Pyrus Linn.）、火棘属（Pyracantha Roem.）、蔷薇属（Rosa Linn.）、胡桃属（Juglans Linn.）、苹果属（Malus Mill.）、欧楂属（Mespilus Linn.）、酸果木属

(Peraphyllum spp.）、红果树属（Stranvaesia Lindl.）、李属（Prumus Linn.）、悬钩子属（Rubus Linn.）、绣线菊属（Spiraea Linn.）等，其中的大部分属蔷薇科苹果亚科（Pomoideae），最易感病的是苹果属、梨属、榅桲属、枸子属、山楂属等植物。山楂等野生寄主植物，对梨火疫病菌传播至苹果和梨等果树上起着重要的作用。

3. 传播途径

传病的气候因子中，雨水是梨火疫病菌短距离传播的主要因子，其次是风。病原菌往往沿着盛行风的方向，以单个菌丝、菌脓或菌丝束被风携带到较远距离。

梨火疫病菌远距离传播途径主要是感病寄主繁殖材料的调运，包括种苗、接穗、砧木、水果等，被污染的运输工具、候鸟及气流也可造成该病的远距离传播。

除风、雨、鸟类和人为因素外，昆虫也是梨火疫病菌传播扩散的重要因素。据报道，传病昆虫包含有 77 属的 100 多种昆虫，其中蜜蜂的传病距离为 200～400 m，一般情况下，梨火疫病菌的自然传播距离约为每年 16 km。

4. 危害

梨火疫病是世界范围内的毁灭性病害，该病原菌几乎能够侵染寄主植物所有的地上部分组织，包括花、嫩枝、树干、主干、果实以及砧木。尤其在苹果和梨产业中，梨火疫病可导致果树大量死亡，并造成严重的经济损失。在美国，每年梨火疫病的防控成本和该病导致的直接经济损失平均超过 1 亿美元。

（三）识别特征

1. 形态特征

革兰氏染色为阴性，好氧短杆菌，有荚膜，周生鞭毛 1～8 根，能运动，多数单生，有时成双或短时间内 3～4 个成链状。大小为（0.9～1.8）μm×（0.6～1.5）μm。

2. 致病症状

梨火疫病菌可通过感病植株的花朵、果实、营养枝、木质组织和砧木进行侵染。最典型的症状是花、果实和叶片受病菌侵害后，很快枯萎变成黑褐色，犹如火烧一般，但仍挂在树上不落，火疫病因此而得名。

开放的花朵是最常见的感染部位，花器被侵染后呈萎蔫状，深褐色，并向下蔓延至花柄，使花柄呈水渍状，不久便萎蔫；接着病原菌可扩散至花簇中其他健康花朵上。随着病原菌的进一步扩展，可能延伸到嫩枝和树枝上，造成嫩枝枯萎，在被侵染的嫩芽的末端形成钩状物，类似"牧羊鞭"的形状。叶片一旦发病，先从叶缘开始变黑色，然后沿叶脉发展，最终全叶变黑、凋萎。病果初生水渍状斑，后变暗褐色，并有黄色黏液溢出，最终病果变黑而干缩（图 4-1）。

当病菌到达枝干时，初呈水渍状，有明显边缘，新感染的木质部下的树皮可见红褐色的条纹，后病部凹陷出现溃疡状；前一季越冬溃疡边缘的病原菌在初春的时候恢复活性，如果从溃疡边缘切下树皮，临近溃疡斑边缘的木质部会有淡红色的斑点出现，意味着细菌已侵入健康木质部进行新一轮的侵染。随着溃疡斑的扩展，受侵染的木质部死亡，病斑呈褐色至黑色并最终枯竭，病死组织区域干缩下陷，病健交界处产生龟裂纹（图 4-2）。病情严重时，病害可迅速延伸到树枝、树干或根系并且可以杀死高度感病寄主。

图 4-1　梨火疫病危害状（EPPO Global Database）

图 4-2　梨火疫病对梨幼果及叶片的危害（胡白石 摄，2021）

（四）生物学特性

生理生化测试中，在葡萄糖、半乳糖、果糖、蔗糖、2-甲基葡萄糖苷等中产酸不产气，但产酸速率不一致，不能利用鼠李糖和木糖。生长最适温度为 18～30 ℃。在 LB 固体培养基平板上，菌落呈圆形，稍隆起，乳白色，黏性，边缘整齐，表面光滑湿润。可液化明胶，使石蕊牛乳呈碱性反应。

（五）病害循环

病原菌在病株的溃疡边缘、活组织、幼嫩枝条的维管束中越冬，挂在树上的病果也是它的越冬场所，在暖冬条件下，病菌还可以在病株树皮上越冬。翌年早春，病原菌在上年的溃疡处迅速繁殖，来年遇到潮湿、温和的天气，从病部渗出大量乳白色黏稠状的菌脓，即为当年的初侵染源。风雨、昆虫（如蜂、蚁、蚜虫等）、鸟类及人的田间操作将病原菌传至健康植株，造成初侵染和再侵染。病原菌亦通过伤口、自然孔口

（气孔、蜜腺、水孔）、花侵入寄主组织，有一定损伤的花、叶、幼果和茂盛的嫩枝最易感病。由剪枝、冰雹损伤或风造成的树皮或树枝的伤口，都是病原菌的入侵部位。病原菌侵入后可以在多年内不出现症状，但一遇到适合的温湿度条件，就会突然暴发，导致毁灭性灾害（图 4-3）。

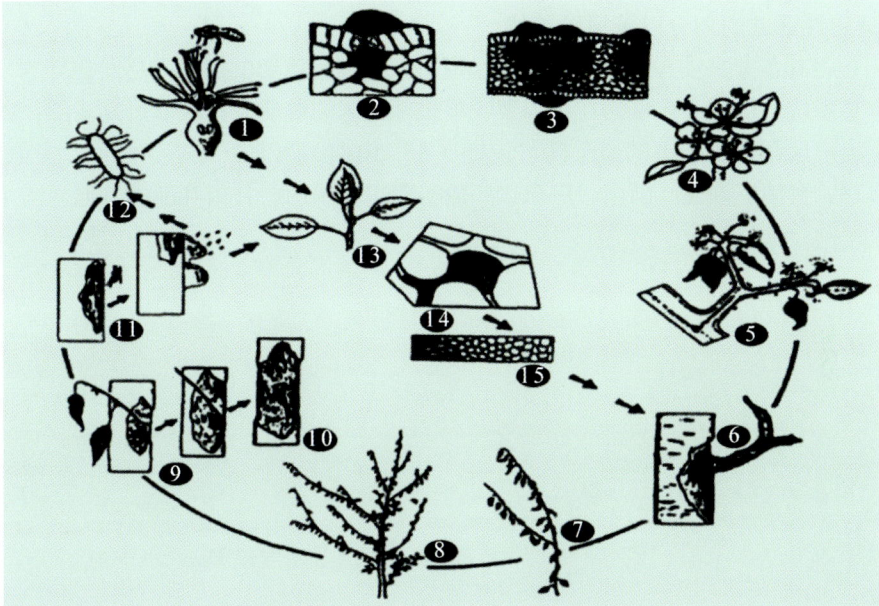

图 4-3　梨火疫病侵染循环（仿 Van der Zwet T. et al.，1991）

1. 昆虫在花间传播病原菌　2. 病原菌通过伤口或气孔侵染花　3. 病原菌在细胞间繁殖和扩散　4. 花朵萎蔫或死亡　5. 再侵染　6. 形成新的溃疡　7. 罹病枝条　8. 罹病幼树　9. 病原菌在溃疡斑边缘越冬　10. 溃疡环绕枝干并产生菌脓　11. 昆虫和风雨传播病原菌　12. 病原菌形态　13. 直接侵染幼枝　14. 病原菌在树皮组织间繁殖扩散　15. 树皮组织崩解

（六）流行规律

花期侵染是整个病害循环中最重要的一个环节，它直接影响梨火疫病后续的发生发展。一旦花被侵染，蜜蜂则会成为病原菌传播的主要介体。嫩叶或芽上由风、冰雹或昆虫导致的伤口，更易被梨火疫病菌感染。多雨或者湿润的天气（白天温度 24～30 ℃，夜晚温度 13 ℃以上）有利于病原菌的侵染、增殖以及传播。

树势对于梨火疫病危害程度有重要影响。病原菌对蓬勃生长的幼枝影响最大。高肥力和潮湿的土壤能够促进幼枝快速生长，也会增加对树木的损害程度。总之，幼年树木比成年树木更易感病。

此外，梨火疫病与腐烂病在发生时间上有重叠，并且病害的发病率和扩散速度均显著高于单一病害发生的梨园，甚至一个生长季就可导致整棵梨树的死亡。最新研究表明，梨树腐烂病菌的代谢产物能够促进梨火疫病菌的生长和提高梨火疫病菌毒素的产量，二者之间存在协同致病关系，可增强梨火疫病菌的致病性，使二者复合侵染时对梨树更具毁灭性。

（七）风险评估与适生性分析

1. 风险评估

胡白石（2000）利用 PRA 体系，对梨火疫病进行了以有害生物为起点的风险评估，通过对各风险相关因子赋值并进行运算，最终确定梨火疫病的风险值 R 为 10.108。认为梨火疫病菌属特高风险有害生物。

2. 适生性区域的划分以及风险等级

国内是否具备梨火疫病的适生条件对检疫决策有极其重要的意义。赵友福等（1995）利用地理信息系统分析了梨火疫病在我国梨、苹果种植区的可能分布区。研究表明，国内大部分梨和苹果产区都是该病害的适生区，包括辽宁、山西、河北、山东、江苏、安徽、浙江、江西、福建、台湾、湖北、湖南、广东、广西、四川、陕西、甘肃和新疆等地（图 4 - 4）。

审图号：GS京（2023）1824号

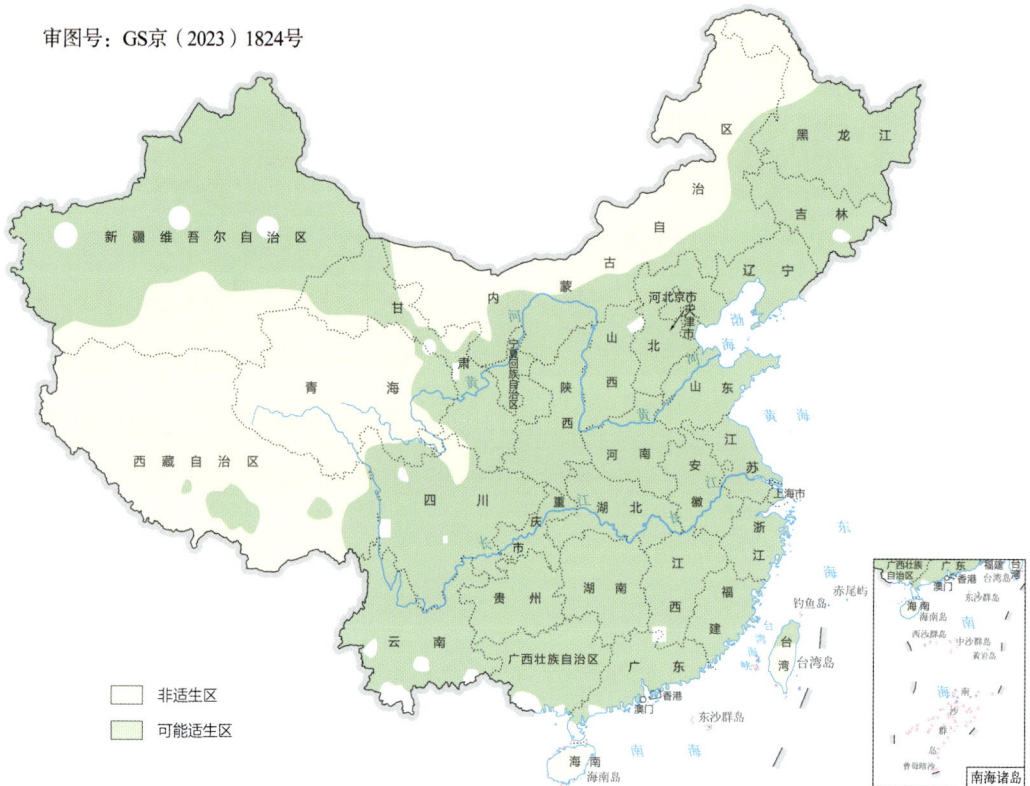

图 4 - 4　梨火疫病在我国的可能分布区（赵友福 等，1995）

赵友福等（1996）以假设我国已经发生梨火疫病为前提，利用 MARYBLYT 模型预测了我国各栽培区梨火疫病发生的可能严重性，结果表明，梨火疫病在我国各苹果和梨栽培区的严重性将随不同品种、不同年份，不同栽培区而有所不同。陈娟（2005）利用 1981—2000 年全国 730 个气象站点的资料划分不同地区的风险程度。高风险地区包括海南、台湾、广东、广西、云南、贵州、湖南、江西、福建、浙江、四川、湖北、安徽、江苏、陕西、山东、河南、河北、北京、山西、甘肃、辽宁；中风险地区包括天津、内蒙古、新疆；低风险地区包括吉林、黑龙江、宁夏；基本不发生地区包括西藏、青海。

（八）监测检测技术

1. 监测与调查方法

（1）监测区域 重点监测有梨火疫病发生县（区）的代表性果园和边缘区果园，以及传入风险高的未发生县（区）的寄主作物采穗圃和苗圃、与发生县（区）相邻的周边果园等。监测调查作物包括梨、苹果、杜梨、山楂、海棠、榅桲等蔷薇科果树、砧木等，以及其他仁果类植物。

（2）监测时间

果园：发生县在果树开花期到果实膨大中期（一般为 4～7 月），尤其是雨后或浇水后，每 15 d 调查 1 次；秋花、秋果或秋梢期（一般为 9 月）调查 1 次。未发生县全年踏查 2 次。

采穗圃或苗圃：全年踏查 2～3 次。

（3）监测方法

取样方法：果园面积小于 3.34 hm² 的选 1 个标准地进行调查，面积每增加 3.34 hm² 增设 1 个标准地，标准地面积不少于 0.33 hm²，在标准地内随机抽取或采取平行线法选取寄主树作为调查株。每个标准地调查株数不少于 100 株。标准地累计面积原则上不应少于总面积的 5%，抽取标准株不少于标准地总株数的 20%。

每个采穗圃或苗圃采用对角线取样或棋盘式取样，选取若干个样方（靠近圃地边缘的样方应距离边缘 2～3 m）。样方累计面积不少于栽培面积的 3%。样方应在 10 m² 以上，每个样方上的植株应在 100 株以上。每个样方按对角线取样或棋盘式取样，选取调查样株，调查样株不少于样方总株数的 10%。对于大苗或绿化苗，可适当扩大样方面积和抽样比例，也可采取随机抽取样株的方法进行，但样方累计面积不少于栽培面积的 3%，样株数量不少于苗圃估计总数量的 10%。

调查方法：开花期：重点调查是否有花腐症状。花腐初期为水渍状病斑，花基部或花柄呈暗色，逐渐变褐色或黑褐色，不久萎蔫。在温暖潮湿的条件下，花梗上会有菌脓渗出。

果实膨大期：重点调查嫩梢、枝干、果实症状。嫩梢最易受侵染，最初症状是梢表皮发黑，后叶片、枝尖萎蔫，但萎蔫前不褪色，呈拐杖状，潮湿时，枝条、叶柄上出现菌脓。随着病原菌不断深入和侵染主干，皮层收缩、下陷，会形成溃疡斑。幼果在感病初期果实呈水渍状，湿度大时可见大量乳白色至褐色的菌脓，发病后期变黑褐色，呈僵果状。

苗期：重点调查嫩梢是否出现"牧羊鞭"症状。

（4）鉴定方法

样品采集：将田间调查发现疑似症状的植株进行取样，若有条件，可采用梨火疫病快速检测试纸条做初筛，阳性样品作为重点样品进行实验室检测。采集样本装在牛皮信封内，记录采集时间、地点、采集人、发病症状及发病面积等信息。

免疫学检测：采用商品化 ELISA 进行检测，按照说明书进行操作及结果判定。若检测结果为阴性，判定为未检出梨火疫病菌。若检测结果为阳性，且有典型症状，判定为检出梨火疫病菌；若检测结果为阳性，而症状非典型，需进行分离培养及致病性测定鉴定。

分子生物学检测：根据实验室条件，可选择 PCR 凝胶电泳检测、实时荧光 PCR 检测等。检测结果若为阴性，判定为未检出梨火疫病菌。若检测结果为阳性，且有典型症状，判定为检出梨火疫病菌；若检测结果为阳性，而症状非典型，需进行分离培养及致病性测定鉴定。

分离培养鉴定：制备样品悬浮液或样品富集培养液，在 LB 培养基平板上划线分离，菌落白色，较大而突起。在 25 ℃恒温培养 24～48 h，挑取可疑单菌落进行纯化，转接 2～3 次，随后进行致病性测定、Biolog 鉴定、免疫学或分子生物学鉴定。

Biolog 鉴定：利用 Biolog 微生物自动鉴定系统对分离纯化的菌株进行鉴定，按照说明书进行操作及结果判定。

致病性测定：根据实验室条件，可选择杜梨苗、未成熟梨幼果接种试验或枝梢接种试验，进行致病性测定。调运相关物品的梨火疫病菌检测参照上述方法进行。

2. 检测技术

（1）选择性培养基法　选择性培养基是一种传统的梨火疫病菌检测方法，常通过多种培养基结合使用以达到精准检测和鉴定目的。基本原理是根据梨火疫病菌在不同培养基上呈现出的菌落特征、颜色达到快速鉴定的目的。多以半选择性培养基为主，各类培养基均有不同优缺点。比如 MS 培养基上的菌落为橙红色，边缘光滑透明，但该配方复杂，不易储存；TTC 培养基上的菌落为独特的红色肉瘤状，易识别；CCT 培养基上菌落为黄色带蓝色边缘菌落，常用于检测无症状苹果花、芽和溃疡斑上的梨火疫病菌。

（2）致病性测定　检测分离得到的梨火疫病菌通常需要进行致病性测定。一般采用幼梨或幼苗测定分离物的致病性，特征性明显的菌脓则视为梨火疫病菌。张乐等（1993）利用离体巴梨枝条测定梨火疫病菌的致病性，接种的枝条在 28 ℃条件下保湿培养，如果是梨火疫病菌，60 h 后可见接种孔有白色菌脓流出，若接种孔干燥则不是梨火疫病菌。

（3）免疫学检测技术　应用于植物病原细菌的免疫学检测的主要为酶联免疫分析技术、免疫荧光技术、玻片凝集技术、免疫分离等。检测结果获得时间相对较短，但会受限于血清质量和专化性。胡白石等建立了间接免疫荧光染色法和协同凝集法检测梨火疫病菌，具有耗时短、转化性好的特点，适合口岸工作需求。

（4）PCR 检测技术　谢云陆（1996）建立了聚合酶链式反应（PCR）检测梨火疫病菌技术，梨火疫病菌检出最低带菌量为 50 个。PCR 技术具有特异、灵敏和快速的特点，但影响因素较多，直接影响扩增结果。

（5）实时荧光 PCR 技术　钱国良等（2006）根据梨火疫病菌 16～23 S 间的 ITS 保守序列，设计合成一对特异性引物 REA/FEA，成功建立了梨火疫病菌的实时荧光 PCR 检测方法，检测灵敏度达到 4 个细胞，比常规 PCR 电泳检测灵敏度提高 10 倍。

（6）一步双重 PCR 法　许景升等（2008）将来自染色体序列的引物和 pEA29 质粒序列的引物放在 1 个 PCR 反应体系中，同时扩增得到 1.6 kb 和 1.0 kb 的 2 条扩增带，建立了快速、准确检测梨火疫病菌的一步双重 PCR 技术，最小检出菌量可达到 3 个。此技术可直接采用细菌菌体为模板检测梨火疫病菌，省去了烦琐耗时的 DNA 提取过程。

（7）免疫捕获（吸附）PCR 方法　何丹丹等（2010）和苏梅华等（2010）等利用特异抗血清包被 PCR 管吸附靶标细菌的原理，建立了梨火疫病菌免疫捕获 PCR 方法，较PCR 方法灵敏度提高 10 倍以上，且省去了 DNA 提取步骤。免疫捕获（吸附）PCR 方法准确灵敏，对设备要求不高，极具在口岸一线检疫部门推广使用的潜力。

（8）多光谱遥感技术　Nikrooz（2020）提出了利用多光谱遥感技术对梨园的叶绿素含量和树冠密度进行测定，采用地面多光谱成像技术对健康树木叶片、无症状病叶和有症状病叶进行成像研究。树冠的航空多光谱成像则利用无人机完成，然后对地面和空中图像进行预处理和处理。通过计算某些植被指数来检测感染叶片，分类总体准确率达到

95.0%，是一种可靠的早期检测梨火疫病的方法。

（九）综合防控技术

1. 检疫防控

加强植物检疫，严格控制和禁止从疫区引入易感火疫病的蔷薇科仁果类的果树苗木；由于科研目的必须从疫区引种时，要严格限制数量。所有引进的寄生植物都必须隔离试种至少1周。组织有关部门进行专题调查，一旦发现疫情，立即采取必要措施，并及时上报农业主管部门。迄今为止，我国仍未发现梨火疫病害，因此在进出口植物材料时需谨慎，严格执行检验检疫制度。

2. 农业防控

（1）加强田间管理 快速生长的树木易感病，而过量施氮肥和大量地修剪枝条会加速树木生长，因此，应合理施肥，树木在开花期不应进行灌溉。定期监测树的生长情况，及时清除并销毁病源，在秋末冬初时，及时剪除病梢、病花、病叶，确保带菌或疑似带菌的植物组织被完全清除，清除果园内残枝病叶，深埋或焚烧病果以减少病源及越冬病源。此外，修剪工具也应注意及时消毒以防止交叉感染。

（2）抗病品种育种 抗病品种可进一步降低果园防控病害的压力，而这些抗病品种可以通过采用传统的育种或者基因工程方法（转基因）来实现。目前，通过传统育种方式得到了含有一个单独抗病基因（该基因仅是假定含有抗病机制，具体功能仍不确定）的抗病品种"Ladina"（拉迪娜），在进行了各项测试评估之后被投入市场进行销售。最近，有研究表明，已经培育出一种包含有 $M. \times robusta$ 5 抗病基因的转基因"Gala"品种。迄今没有培育出抗病效果良好的苹果树品种。

3. 生物防控

目前已经初步尝试了几种梨火疫病害的生物防治途径，其中包括从附生微生物种群中获得拮抗菌 *Pseudomonas syringae* 和 *Erwinia herbicola*。研究发现 *Erwinia herbicola* 主要是通过产生细菌素等抗生物质来抑制梨火疫病菌的（Paulin，1978）。另外，控制梨火疫病菌还可以通过使用噬菌体和弱毒菌株等方法。

4. 生态调控

如果出现虫害，比如吸汁性害虫，特别是蚜虫、甲虫、梨木虱等，一定要采取措施，减少虫源，园区内见症时，要下重手解决虫害问题，减少介体昆虫传播病原，其中用大蒜油定期喷雾能够达到有效驱避害虫的目的。同时建议使用生物菌，生物菌有改良土壤、改善作物根际环境，启动作物次生代谢能力等作用。

5. 化学防控

目前，化学防治是控制梨火疫病传播最常用的方法。当寄主处于高度感病期时，各种抗菌物质综合利用将会起到一定的防治效果。当梨火疫病发病程度较轻时，果农常采用铜制剂来控制梨火疫病。在开花期多次施用极低浓度（大约 0.5%）的波尔多液或其他铜制剂就可能减少新一轮的侵染，但不会消除已经存在于木质部上的侵染病原菌。一旦花朵开始开放，当平均温度超过 15 ℃即可开始进行喷洒。当湿度较高时，间隔 4～5 d 施用 1 次，直到晚花结束。喷雾量取决于花期的长短，花期越长，施药次数越多。

但是，铜制剂也可能导致果实表面出现锈斑和疤痕。这种损害的风险从开花期开始，并随着果实的成熟风险加大。所以，铜制剂主要应用于果树的休眠期和开花的前期（Psallidas et al.，2000）。后来，人们逐渐采用喷洒抗生素的方法防治梨火疫病，收到良好的效果并且避免了药害的产生。

在欧洲一些国家，科学家们曾采用一种包含硫酸铝和木贼属提取物的化学制剂来防控梨火疫病；此外，也曾使用硫酸铝钾化合物进行防治，在果园遭遇冰雹等恶劣天气之后，可使用该药剂防治4次。

（胡白石）

二、向日葵白锈病菌

（一）学名及分类地位

向日葵白锈病菌（*Albugo tragopogi* var. *ambrosiae* Novotelnova），属真菌门（Eumycota）鞭毛菌亚门（Mastigomycotina）卵菌纲（Oomycetes）霜霉菌目（Peronosporales）白锈菌科（Albuginaceae）白锈菌属（*Albugo*）（商鸿生 等，2001）。

（二）分布与危害

1. 分布

国外分布于美国、阿根廷、南非、比利时、匈牙利、俄罗斯、乌克兰、罗马尼亚、法国、加拿大、澳大利亚、塞尔维亚、德国、玻利维亚、肯尼亚、津巴布韦、乌拉圭等国家。国内分布于河北、海南、新疆等省（自治区）。新疆主要分布于北疆（陈卫民 等，2016）。

2. 寄主

向日葵。

3. 传播途径

向日葵白锈病菌以卵孢子存在于种子中，随同种子远距离传播。近距离传播依靠土壤、病残体和农家肥。

4. 危害

新疆伊犁河谷地区向日葵白锈病发生面积逐年扩大，发病率达96%，甚至可达100%。向日葵白锈病造成的损失：特克斯县产量损失10%左右；新源县受害严重，减产30%，平均减产15%左右；霍城县复播油用型向日葵田产量损失10%左右（陈卫民 等，2016）。

（三）识别特征

1. 形态特征

向日葵白锈病菌菌丝无色，分支。孢子囊梗短棍棒形，无色，单胞，细长，不分支，单层排列，（30.7～58.9）μm×（10.2～13.8）μm。孢子囊球形、短圆筒形、腰鼓形、椭圆形、卵形或多角形，顶部球形，单胞，无色，壁膜中腰增厚或稍厚，短链生，大小（15.1～23.0）μm×（12.8～19.9）μm（图4-5A）。藏卵器无色，近球形、椭圆形，大小（33.3～62.5）μm×（33.3～62.5）μm。卵孢子近球形，沿叶脉生或散生于叶组织内，淡褐色至深褐色，网纹双线，边缘有较高的突。网状棱纹（14.0～23.0）μm。卵孢子大小（27.5～37.5）μm×（25.0～32.5）μm（图4-5B）。

2. 致病症状

向日葵白锈病菌侵染向日葵叶片、叶柄、茎秆和花萼。

（1）叶片症状　分为疱斑型、散点型、叶脉型和叶边型。

疱斑型：田间主要症状是叶片呈淡黄色疱斑。主要危害中下部叶片，严重时蔓延至上

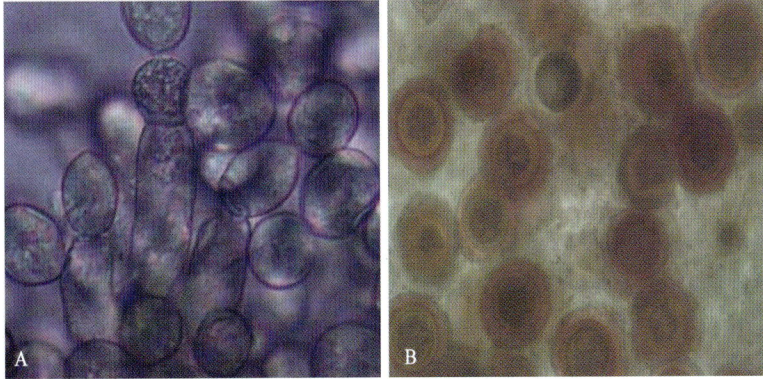

图 4-5　向日葵白锈病病原菌
A. 向日葵白锈病菌孢子囊和孢囊梗　B. 向日葵白锈病菌藏卵器和卵孢子

部叶片。叶正面呈淡黄色疱状突起病斑，叶片背面相对应的部位产生白色至灰白色的凹陷斑，后期渐变为淡黄白色，内有孢子囊和孢囊梗。严重时病斑连接成片，造成叶片枯死并脱落（图 4-6）。

图 4-6　向日葵白锈病疱斑型症状（陈卫民，2001）
A. 叶片正面症状　B. 叶片背面症状

散点型：发生在叶片上，叶正面病斑呈淡黄色斑块，背面有许多白色疱状点（孢子堆），孢子堆在叶背散生，大小 0.11～1.00 cm，白色有光泽，内有白色粉状物（孢子囊和孢囊梗）。严重时病斑连接成片，造成叶片发黄变褐而枯死（图 4-7）。

图 4-7　向日葵白锈病散点型症状（陈卫民，2001）
A. 叶片正面症状　B. 叶片背面症状

叶脉型：叶片正面沿叶脉形成淡黄色病斑，对应背面有许多疱状点（白色小孢子堆），沿叶脉形成，后期局部症状坏死，叶片变褐枯死，影响光合作用（图4-8）。

图4-8　向日葵白锈病叶脉型症状（陈卫民，2001）

A. 叶片正面症状　B. 叶片背面症状

叶边型：从叶片边缘向内侵染形成浅白色病斑，造成叶片四周边缘向内卷曲，内有白色孢子囊层，后期叶片边缘变褐枯死（图4-9A）。

（2）叶柄症状　一般发生在叶柄中部，被害部位呈现暗黑色水渍状，后期产生白色疱状物，叶片萎蔫、死亡（图4-9B）。

图4-9　向日葵白锈病叶边型症状和叶柄症状（陈卫民，2001）

A. 叶片正面症状　B. 叶柄症状

（3）茎秆症状　分为黑色水肿型和破裂型两种。

黑色水肿型：病斑一般分布在离地面50～80 cm处的茎部，前期受害部位表现为暗黑色水渍状斑并形成肿大，后期在病茎肿大部位失水并凹陷，在凹陷处产生白色粉末状孢子囊层，严重时可造成茎秆折断。

破裂型：在茎秆基部向上0～50 cm范围形成褐色擦伤状病斑，造成茎秆纵向破裂，病株倒伏，倒伏率高达30%以上，造成严重的经济损失。

（4）花萼症状　前期萼片受害部位表现为暗黑色水渍状，后期多产生扭曲、畸形，从花萼尖向内逐渐干枯，其上产生白色疱状物（孢子囊和孢囊梗）（图4-10）。

图 4 - 10 向日葵白锈病花萼症状（陈卫民，2001）

A. 花萼症状-前期 B. 花萼症状-后期

（四）生物学特性

孢子囊在水中 30 min 即可产生游动孢子。孢子囊萌发不需要光照，生存温度范围 4～35 ℃，最适温度 12～15 ℃。游动孢子直径 6～12 μm，1 条鞭毛。游动孢子经短时间游动后，变为休止孢，在 4～20 ℃范围内萌发，最适温度为 15 ℃，萌发后产生 1 根芽管，偶 2 根。侵染和发病适温为 10～26 ℃；在 12～18 ℃和湿润的条件适合向日葵白锈病菌侵染；降水或重露是其重要流行因素。春播早的和种植过密的向日葵易发病。随气温升高，侵染速度下降（陈卫民 等，2006）。

（五）病害循环

向日葵白锈病菌侵染循环见图 4 - 11。

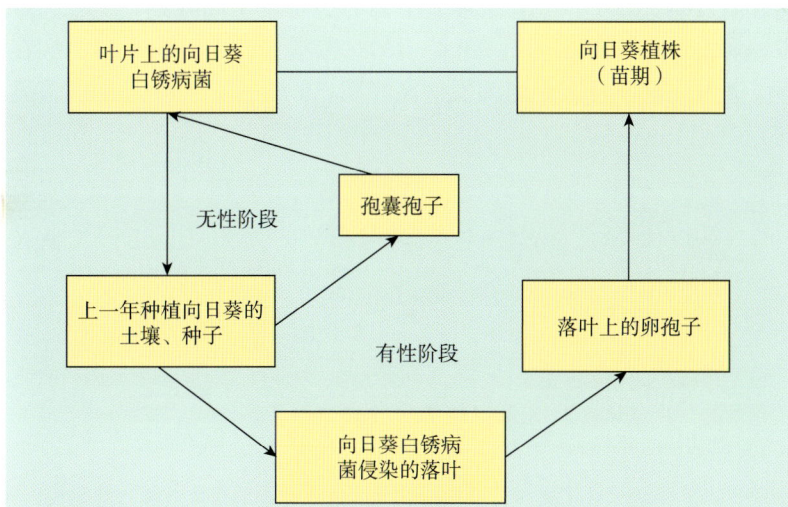

图 4 - 11 向日葵白锈病菌侵染循环（陈卫民，2008）

（六）流行规律

1. 初侵染源

向日葵白锈病菌在新疆伊犁河谷以卵孢子在种子、病残体（叶片）、土壤中越冬，该途径是其侵染主要来源，带有卵孢子病残体的农家肥也可作为初次侵染来源。向日葵播种出苗后，卵孢子在适宜的环境条件下萌发产生游动孢子，游动孢子从叶背面气孔入侵，在气孔下腔内变为休止孢，休止孢萌发后产生胞间菌丝和吸器，胞间菌丝在叶片细胞间蔓延，以不规则形吸器穿透向日葵叶片的细胞壁，在向日葵叶片表皮下形成孢子堆，突破表皮而外露。病斑上产生孢子囊和孢囊梗。孢子依靠风、雨传播，在田间侵染频繁。卵孢子一般在 7 月底至 8 月初产生（陈卫民 等，2006）。

经透明染色法检测，向日葵种子的种壳（种皮）和种仁膜中有卵孢子，胚中未发现卵孢子，证明向日葵种子携带白锈病菌（表 4-1）（陈卫民 等，2008）。

表 4-1　向日葵种子携带向日葵白锈病菌卵孢子检测情况（伊宁，2008）

序号	品种	卵孢子数量（个）		
		种壳（种皮）	种仁膜	种仁（胚）
1	DK3790	6	2	0
2	美国 G101	5	1	0
3	康地 101	3	2	0
4	新葵杂 5 号	3	3	0
5	矮大头（567DW）	4	1	0

2. 流行规律

以新疆伊犁河谷向日葵主要种植区为例，依据 2004—2010 年的系统调查资料，绘制向日葵白锈病病情指数的时间动态曲线。正播向日葵：向日葵白锈病在新源县 6 月上中旬开始发病，7 月上中旬为发病高峰期，7 月底病情缓慢，8 月上中旬病情停止。在特克斯县，6 月下旬开始发病，7 月下旬至 8 月上中旬为病害发生高峰期，8 月下旬病情发展缓慢，9 月上中旬病情停止（图 4-12、图 4-13）。复播向日葵：向葵白锈病在巩留县 7 月下旬开始发病，8 月底至 9 月上中旬为发病高峰期，9 月下旬～10 月初病害逐渐停止发展（图 4-14）。

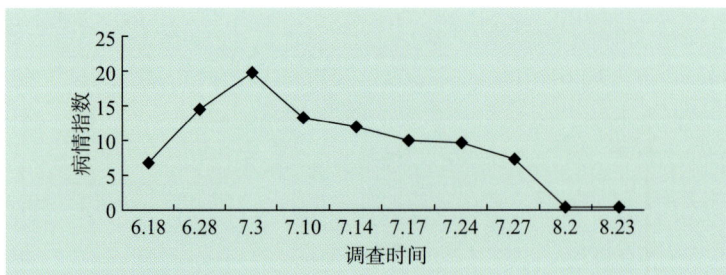

图 4-12　2005 年新源县正播向日葵白锈病病情指数的季节变化规律（陈卫民，2006）

3. 发生与气象因子的关系

向日葵白锈病发生、流行与降水量、温度有关。低温、高湿条件有利于病害发生。由降水量和向日葵白锈病病情指数建立回归方程 $y=-48.39+12.49R$；由日照时数和病情指数建立回归方程 $y=1\ 176.71-15.52S$；由温度和病情指数建立回归方程 $y=60.06-$

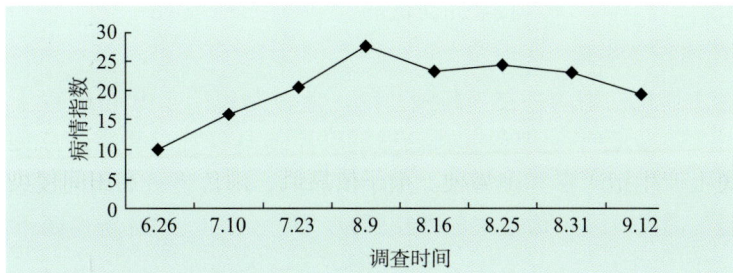

图 4-13　2004 年特克斯县正播向日葵白锈病病情指数的季节变化规律（陈卫民，2006）

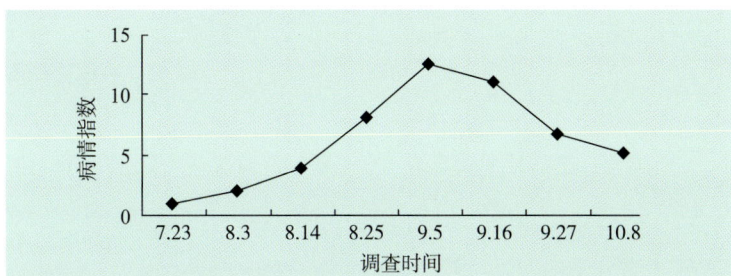

图 4-14　2010 年巩留县复播向日葵白锈病病情指数的季节变化规律（陈卫民，2006）

$0.15T$。表明，向日葵白锈病发生与降水量呈正相关，与降水次数无关，与日照时数、温度呈负相关。当天气晴朗、温度较高、日照充足时不利于向日葵白锈病的发生，当可控条件一定时，气象条件是影响向日葵白锈病发生的主要因子（陈卫民 等，2010）。

4. 向日葵种质抗白锈病特性

对新疆主要栽培的 80 个向日葵种质资源抗白锈病鉴定，结果表明：抗病品种有美国 G101、新葵杂 5 号、康地 1034、诺葵、康地 101、KWS203；中抗品种有 TO12244、S606、西域 566、MG$_2$、矮大头（567DW）、LD5009、HS11、XY8318、KWS303、TK503、TK601、TK606、TK919、TK6026、TKC-1103、TKC2008、TKC2602、TKC2606、TKC8033、L808、HK306、MT792G；高抗品种有 TK311、TK555、TK901、TY0409、TK2101、TK2102、TK2104、TK6015、TK7640、TK8023、诺油 6 号、TKC2607、西亚 218、西亚 53（图 4-15）。

图 4-15　高感品种 DK3790 的叶片危害状及孢子囊层（单株、群体）（陈卫民，2010）

（七）风险评估

1. 风险评估指标及应用

目前向日葵白锈病在国内分布于新疆北部，危害面积达 5 万 hm^2 以上，造成的经济产量损失 10%～15%。种子处理和茎叶处理剂可控制向日葵白锈病的危害，根据相关指标和田间调查的病情指数及气象资料，利用我国有害生物的危险性综合评价标准和"PRA 评估模型"进行风险评估，向日葵白锈病（$R = 1.567$）在新疆属于中度危险性有害生物（表 4 - 2）。

表 4 - 2　多指标综合评判风险指标评判标准（蒋青，1995）

序号	评判指标	判断标准	赋分值	赋分理由
P_1	国内分布状况（P_1）	国内分布面积占 0～20%，$P_1 = 2$	2	向日葵白锈病在国内分布面积占 0～20%
P_{21}	潜在的经济危害性（P_{21}）	产量损失为 5%～20%，和（或）有较大的质量损失，$P_{21} = 2$	2	据预测，向日葵白锈病造成的产量损失为 1%～5%
P_{22}	是否为其他检疫性有害生物的传播媒介（P_{22}）	传带 2 种检疫性有害生物，$P_{22} = 2$	2	向日葵白锈病传带 2 种检疫性有害生物（向日葵黑茎病、向日葵霜霉病）
P_{23}	国外重视程度（P_{23}）	如有 10～19 个国家把某一有害生物列为检疫性有害生物，$P_{23} = 2$	2	向日葵白锈病被 10～19 个国家列为检疫性有害生物
P_{31}	受害栽培寄主种类（P_{31}）	受害栽培寄主 1～4 种，$P_{31} = 0$	0	向日葵白锈病栽培寄主为 1～4 种
P_{32}	受害栽培寄主的种植面积（P_{32}）	受害栽培寄主的总面积＜150 万 hm^2，$P_{32} = 1$	1	向日葵白锈病受害栽培寄主的总面积＜150 万 hm^2
P_{33}	受害栽培寄主的特殊经济价值（P_{33}）	根据其应用机制、出口创汇等方面，由专家进行判断定级，$P_{33} = 1$	1	根据其应用机制、出口创汇等方面，专家判断向日葵白锈病定级
P_{41}	截获难易（P_{41}）	有害生物偶尔被截获，$P_{41} = 2$	2	向日葵白锈病偶尔被截获
P_{42}	运输过程中有害生物的存活率（P_{42}）	运输过程中有害生物的存活率为 0～10%，$P_{42} = 1$	1	运输中向日葵白锈病的存活率为 0～10%
P_{43}	国外分布状况（P_{43}）	在世界上 25%～50% 国家分布，$P_{43} = 2$	2	向日葵白锈病在世界上的国家分布比例为 0～25%

2. 风险管理措施

我国北方和东北地区大面积种植向日葵，适合向日葵白锈病菌生长。向日葵白锈病菌随气流传播的特性使其容易传播，加上我国目前从俄罗斯、东亚五国进口向日葵籽粒，向日葵白锈病菌随向日葵籽粒进入我国并且定殖和传播的风险很大。因此，提出以下 3 条管理建议：

①需要建立快速检测的分子生物学方法。

②进口向日葵籽粒在中国入境口岸要进行进境植物检疫和实验室检测，向日葵籽粒中不得带有向日葵白锈病菌，并在植物检疫证书上注明。

③如在输入的向日葵籽粒中发现向日葵白锈病菌，采取退货、销毁及其他检疫处理措施，并根据情况严重性采取暂停向该地区进口向日葵籽粒。

（八）监测检测技术

1. 检测方法

（1）常规检测方法　田间根据向日葵白锈病的典型症状进行诊断。

种子带菌可解剖后用透明染色法检验孢子形态。

（2）病原菌鉴定　在向日葵白锈病叶片背面挑取白色孢状物，置于载玻片上，加无菌水，或用溴酚蓝染色，制成临时玻片，置于光学显微镜下观察测量孢子囊特征及大小；将干枯病组织进行徒手切片，置于载玻片上，加一滴乳酚油，在酒精灯上加热 $3\sim 5$ min，组织透明，或用 $1\%\sim 2\%$ 的 NaOH 浸泡叶片使组织透明，观察其特征并测量大小。

（3）种子洗涤检验　将携带向日葵白锈病菌的种子充分与无菌水混匀，振荡 20 min，将振荡后的液体倒入灭菌的离心管中，1 500 r/min 离心 3 min，弃上清，重复离心，沉淀物完全沉于离心管底。将席尔试液加入离心沉淀物中，充分振荡后，制片观察。如发现可疑孢子按前述形态鉴定。或将沉淀物用 PCR 技术检验。

（4）向日葵白锈病菌分子检测技术　普通 PCR 检测技术：利用向日葵白锈病菌的特异性引物 P3 和 P4，扩增提取的 DNA，经扩增及电泳后出现一个 370 bp 大小的特异性产物。

巢式 PCR 检测技术：建立向日葵白锈病菌 NL1/NL4-ATHP3/ATHP4 巢式 PCR 检测方法。该方法可以快速、准确地检测向日葵种子是否带有向日葵白锈病菌。

实时荧光 PCR 检测技术：刘彬等成功设计出了针对向日葵白锈病菌具有稳定点突变的特异性引物对 ATHF、ATHR 和 TaqMan 探针 ATH-X，建立了快速、准确、灵敏的向日葵白锈病菌实时荧光 PCR 检测技术。应用建立的 TaqMan 探针实时荧光 PCR 方法对 2010 年采集的样品进行检测，结果与巢式 PCR 检测结果一致（刘彬 等，2011）。

2. 调查方法

（1）一般调查　每次根据当地向日葵品种、前茬、海拔等，随机普查 $10\sim 15$ 块面积大于 0.67 hm^2 的向日葵田，每块田随机选取 5 个样点，每个样点连续数取 10 株样株分别挂牌标记。

（2）定点调查　选择当地发病重且面积在 0.67 hm^2 以上向日葵田块，每块田随机选取 5 个样点并进行定点标记，每个样点连续数取 10 株向日葵样株，分别挂牌标记，以后 3 次均调查标记的植株，记载发病级数，计算发病率和病情指数。病害分级标准如下：

0 级：无病斑。

1 级：病斑面积占整个叶面积的 1/5 以下，形成褪绿黄斑。

3 级：病斑面积占整个叶面积的 1/5～2/5，形成隆起泡状褪绿黄斑。

5 级：病斑面积占整个叶面积的 2/5～3/5，形成隆起泡状褪绿黄斑，叶片枯黄。

7级：病斑面积占整个叶面积的 3/5～4/5，形成隆起泡状褪绿黄斑，叶片枯黄脱落。

9级：病斑面积占整个叶面积的 4/5 以上，形成隆起泡状褪绿黄斑，叶片干枯死亡、脱落。

（九）综合防控技术

1. 检疫防控

加强对向日葵种子调运的检疫，禁止从疫区调运向日葵种子，防止病菌传播蔓延。一经发现进境向日葵种子中携带向日葵白锈病菌，应对货物做销毁或退运处理。

2. 农业防控

选用抗病性较强的品种，如 TK311、诺油 6 号等；清理病残体；实行轮作倒茬，与小麦等禾本科作物轮作；合理施肥，增施有机肥等。

3. 物理防控

发病初期，摘除发病叶片，集中销毁。

4. 生物防控

选择可防治鞭毛菌亚门的生物药剂，在向日葵白锈病发生前，喷雾预防。

5. 生态调控

合理密植，每公顷保苗 7.5 万～8.25 万株；适时晚播。

6. 化学防控

（1）种子处理　选用 25％甲霜灵可湿性粉剂、64％噁霜灵·代森锰锌（杀毒矾）可湿性粉剂，按种子重量的 0.3％用量拌种，或用 35％金捕隆悬浮种衣剂每 160 kg 种子用量 200 mL 进行拌种。先用少量的水将药剂溶解，再均匀喷洒在待处理的向日葵种子上，边喷洒边搅拌，直至种子表面湿润为止，摊开阴干后播种。

（2）茎叶处理　在发病前选用 80％代森锰锌可湿性粉剂 600 倍液或 75％百菌清可湿性粉剂 800 倍液进行保护。病害发病初期，选用 68％精甲霜·锰锌水分散粒剂 800～1 000 倍液，或 100 g/L 氰霜唑悬浮剂 1 000 倍液，687.5 克/L 氟菌·霜霉威悬浮剂每公顷 900～1 125 ml 等药剂进行喷雾防治，每隔 7～10 d 喷 1 次，连喷 2 次（陈卫民，2013）。

7. 综合防控技术应用

2009—2010 年，在新源县、特克斯县、博州建立了 66.67 hm^2 的向日葵白锈病防控核心示范区。特克斯县 2003—2010 年防治向日葵白锈病面积 5 666.67 hm^2 次。新源县 2003—2010 年防治向日葵白锈病面积 7 666.67hm^2 次。昭苏县 2003—2010 年防治向日葵白锈病面积 6 293.34 hm^2 次。博州 2009 年防治向日葵白锈病面积 6 333.34 hm^2 次（陈卫民，2013）。

（陈卫民，韩丽丽）

三、向日葵黑茎病菌

（一）学名及分类地位

有性世代（*Leptosphaeria lindquistii* Frezzi）属子囊菌亚门（Ascomycotina）腔菌纲（Leculoascomycetes）格孢腔菌目（Pleosporales）格孢腔菌（Pleosporaceae）小球腔菌属（*Leptosphaeria*）。

无性世代［*Phoma macdonaldii*（Boerma）］，属半知菌亚门（Deuteromycotina）腔孢纲（Coelomycetes）球壳孢目（Sphaeropsidales）茎点霉属（*Phoma*）。

（二）分布与危害

1. 分布

（1）国内分布　主要分布于新疆、内蒙古、河北、甘肃、海南、吉林、山西等省（自治区）。在新疆主要分布于北疆（陈卫民，2016）。

（2）国外分布　主要分布于欧洲的匈牙利、法国、罗马尼亚等，美洲的加拿大、阿根廷、美国等，亚洲的伊朗、伊拉克、巴基斯坦、哈萨克斯坦等，以及澳大利亚等各国（商鸿生 等，2001）。

2. 寄主

向日葵。

3. 传播途径

向日葵黑茎病菌主要通过种子调运进行远距离传播；田间病株上形成的分生孢子借助雨水飞溅进行近距离传播。大青叶蝉［*Cicadella viridis*（Linnaeus）］和小绿叶蝉［*Empoasca flavescens*（Gillette）］是该病的传播介体。

4. 危害

向日葵黑茎病在伊犁地区田间平均发病率47%，重病田发病率100%，并可造成倒伏绝收。对其进行产量损失测产时发现减产均在73%以上，造成严重的经济损失。2010年据新疆植物保护站统计，新疆向日葵黑茎病发生面积8 267 hm^2，造成0.33亿元经济损失。

（三）识别特征

1. 形态特征

（1）无性世代　菌丝无色、分隔、分支多，较老熟的菌丝分隔处明显膨大。向日葵茎秆病部表面后期出现的小黑点为分生孢子器，即分生孢子器着生在病斑上。分生孢子器扁球形至球形，薄壁，深褐色至黑褐色，直径110～340 μm，分散或聚集、埋生或半埋生于菌落中，有乳头，孔口处有淡粉色或乳白色胶质分生孢子黏液溢出。分生孢子器内含有大量分生孢子。分生孢子单胞，无色，肾形或椭圆形，两端有油球，大小（3～8）μm×（1.5～5）μm。

（2）有性世代　假囊壳通常在前一年死亡的向日葵植株上，寄生于茎秆表面，近球状。假囊壳中有成束的子囊，每个子囊内有6～8个子囊孢子，子囊孢子具1～3个分隔，通常2个，无色，腊肠形（图4-16）。

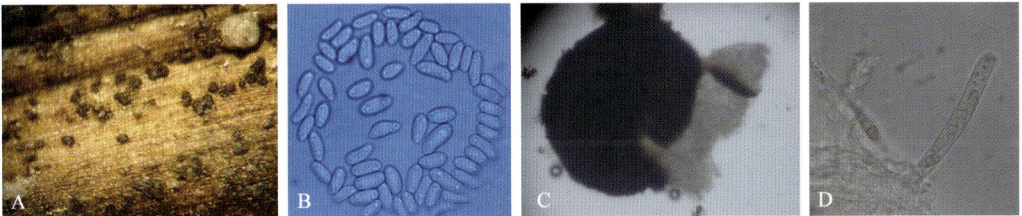

图4-16　向日葵黑茎病病原形态（陈卫民）

A. 向日葵茎秆上的分生孢子器　B. 分生孢子　C. 假囊壳释放子囊　D. 子囊及子囊孢子

2. 致病症状

向日葵黑茎病主要危害向日葵的地上部分，以茎秆症状为主。向日葵开花中后期症状明显，其典型症状为病斑最初发生于叶柄基部，迅速向茎秆上下扩展，形成水渍状、褐色或深褐色至黑色有光泽椭圆形或长椭圆形病斑，具清晰的边缘，其病斑平均直径7.39 cm，引起叶片萎蔫干枯，严重时病斑可环绕茎秆，导致茎秆全部变黑。病株常自下部病斑出现断裂，致使植株倒伏枯死。叶柄上初期出现褐色至黑色小斑点或梭形斑，后期多个小斑点连成片，造成叶柄枯死。花盘背面，盘颈和盘颈基部可形成大小不等的褐色或黑褐色病斑，罹病花盘瘦小或干枯，籽粒灌浆不良，使种子产量和含油率降低，造成严重减产。发病严重的田块叶片全部焦枯、茎秆倒伏、花盘干枯，成片或大面积连片枯死（图4-17）。

图4-17　向日葵黑茎病田间危害症状（陈卫民，2008）

A. 茎秆上椭圆形病斑　B. 茎秆水渍状和叶柄枯死　C. 大田向日葵倒伏症状　D. 大田向日葵干枯死亡及折茎症状

（四）生物学特性

向日葵黑茎病菌对培养基选择性不强，对碳源没有明显的选择性，在可溶性淀粉上生长最好，同时在可溶性淀粉和葡萄糖上产生的分生孢子器较多，而在蔗糖和麦芽糖上生长较差。对氮源有明显的选择性，在硝酸钾为氮源的培养基上生长最好，而在尿素和硝酸铵为氮源的培养基上基本不生长。该菌对温度不敏感，在4～32 ℃都能生长，最适温度

24～28 ℃。对 pH 不敏感，偏酸性环境（pH 5.0～7.0）更有利于该病原菌生长。全光照有助于该菌菌丝的生长。

（五）病害循环

向日葵黑茎病菌假囊壳 11 月初至翌年 5 月下旬成熟并在向日葵茎秆上越冬，5 月底至 6 月下旬假囊壳释放出子囊孢子，随着雨滴和风雨传播到向日葵植株的叶柄及茎组织上形成侵染，7 月下旬至 10 月底病斑不断扩展直至向日葵收获，6 月底至 7 月初病斑沿向日葵叶柄逐步扩散至茎秆基部。

（六）流行规律

1. 初侵染源

经调查向日葵黑茎病菌以假囊壳、分生孢子在向日葵茎秆、花盘、叶片、叶柄及种子上越冬。初侵染来源为向日葵种子上的分生孢子和田间病残体上的假囊壳，随着雨滴和风雨、病残体以及农事操作工具等近距离传播到向日葵植株形成侵染。分生孢子存在于向日葵种子表面、种壳、内种皮 3 个部位，带菌种子是该菌远距离传播的主要载体。

2. 流行规律

向日葵黑茎病在伊犁河谷 7 月中下旬（开花期）开始发病；8 月中旬（籽粒充实期）病情指数逐渐上升；9 月初至下旬（籽粒成熟期）为向日葵黑茎病的发病高峰期；10 月上中旬（收获期）造成植株枯死（图 4 - 18）（陈卫民，2016）。

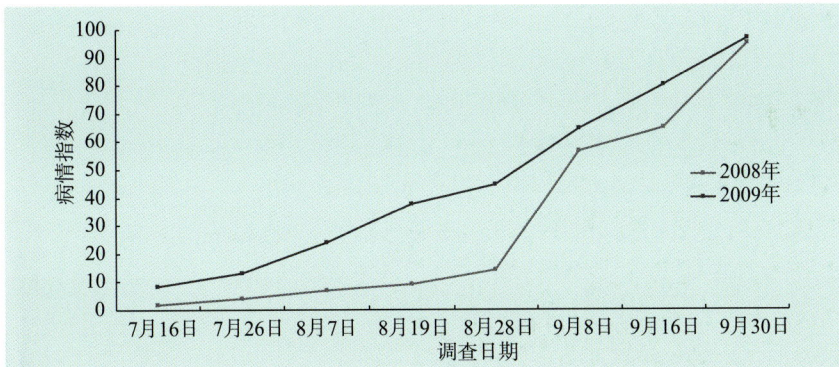

图 4 - 18　2008—2009 年向日葵黑茎病田间消长规律（特克斯县）（陈卫民，2009）

3. 病害发生与气象因子的关系

通过分析向日葵黑茎病发生与气象因子的关系，确定了影响向日葵黑茎病的主要气候生态因子是降水量、气温和日照时数。建立回归方程 $y=-28.2+0.55x$，可知降水量与病情指数呈正相关；建立回归方程 $y=191.57-7.67x$，可知气温与病情指数呈负相关；建立回归方程 $y=198.41-0.551x$，可知日照时数与病情指数呈负相关。降水量次数与病情指数无关。天气晴朗、日照充足、空气交换加快不利于向日葵黑茎病发生发展。当种子带菌、重茬种植、品种抗性、地块选择、栽培管理等可控条件一定时，气象因子是向日葵黑茎病发生发展的主导因子，同时建立了向日葵黑茎病发生程度气候模型 $Y=36.52-4.9T+0.708S+0.04R$。

4. 传播介体

国外报道向日葵黑茎病传播媒介是向日葵茎象甲。在叶片上取食的茎象甲成虫可以引起叶斑，而被病原污染的幼虫通过在茎部蛀食隧道而传病（陈卫民，2016）。

（七）风险评估与适生性分析

1. 风险评估

（1）风险评估指标及应用　参照蒋青等（1995）建立的有害生物风险性评估体系，对其中的一级指标包括国内分布情况、潜在的危害性、受害栽培寄主的经济重要性、移植的可能性和危险性管理的难度进行风险性定性分析。采用多指标综合评估方法评判向日葵黑茎病风险等级。结果表明，向日葵黑茎病风险值 R 为 2.22，属于高度危险等级（表 4-3）。

表 4-3　向日葵黑茎病风险定量评估指标

序号	判断指标	判断标准	赋值分	赋分理由
P_1	中国分布情况（P_1）	中国无分布，$P_1=3$；中国分布面积占全国面积的 $0\sim20\%$，$P_1=2$；占 $20\%\sim50\%$，$P_1=1$；$>50\%$，$P_1=0$	1	新疆伊犁、宁夏永宁、内蒙古赤峰均有分布，分布面积在 $20\%\sim50\%$ 内
P_2	潜在的经济价值（P_{21}）	据预测，造成产量损失达 20% 以上或严重降低产量质量，$P_{21}=3$	3	造成的严重损失可达 $50\%\sim60\%$，且严重降低了向日葵种子质量
	是否为其他检疫性有害生物的传播媒介（P_{22}）	可传带 3 种以上的检疫性有害生物，$P_{22}=3$	3	可传带向日葵白锈病、向日葵霜霉病、向日葵象甲等
	国外重视程度（P_{23}）	如有 20 个以上国家把向日葵黑茎病列为检疫性有害生物名录，$P_{23}=3$	3	所以向日葵种植国均将其列为检疫性有害生物
P_3	受害栽培寄主的种类（P_{31}）	受害的农作物栽培寄主达 $1\sim4$ 种，$P_{31}=1$	1	只侵染向日葵
	受害栽培寄主的面积（P_{32}）	受害农作物栽培寄主的总面积 <150 万 hm^2	1	新疆北部发生面积 75 万 hm^2
	受害栽培寄主的特殊经济价值（P_{33}）	根据其应用价值、出口创汇等方面，由专家判断定级，P_{33} 为 3、2、1、0	2	经过专家判定
P_4	截获难易（P_{41}）	有害生物经常被截获，$P_{41}=3$；	3	在天津港等港口进口的种子中经常被截获
	运输中有害生物的存活率（P_{42}）	运输中有害生物的存活率在 40% 以上，$P_{42}=3$	3	经检测，进口的向日葵种子有 40% 以上带菌
	是否在国外广布（P_{43}）	在世界 50% 以上的国家有分布，$P_{45}=3$	3	世界绝大多数向日葵种植国均有分布
	国内适应范围（P_{44}）	在国内 50% 以上的地区能够适生，$P_{44}=3$	3	根据适生性研究，国内 60% 以上地区均可发生
	传播力（P_{45}）	是气传有害生物，$P_{45}=3$	3	经田间观察，主要以气流传播

（续）

序号	判断指标	判断标准	赋值分	赋分理由
	检验鉴定的难度（P_{51}）	现有检验鉴定方法的可靠性很低，花费时间很长，$P_{51}=3$	3	目前，口岸检疫可靠性低
P_5	除害处理的难度（P_{52}）	现有的除害处理方法几乎完全不能杀死有害生物，$P_{52}=3$	3	目前口岸除害处理防治效果较差
	根除难度（P_{53}）	田间防治效果差，成本高，难度大，$P_{53}=3$	3	田间几乎无药剂可以防治

（2）风险管理措施　我国北方和东北地区大面积种植向日葵，存在适合向日葵黑茎病菌生长的区域。具有土传和气流传播特性使向日葵黑茎病菌更容易传播，加上我国目前从俄罗斯、日本、韩国、朝鲜和蒙古国等进口向日葵籽粒，向日葵黑茎病菌随向日葵籽粒进入我国并且定殖和传播的风险很大。因此，提出3条管理建议：需要建立快速检测的分子生物学方法；进口向日葵籽粒在中国入境口岸要进行进境植物检疫和实验室检测，向日葵籽粒中不得带有向日葵黑茎病菌，并在植物检疫证书上注明；如在输入向日葵籽粒中发现向日葵黑茎病菌，采取退货、销毁及其他检疫处理措施，并根据情况严重性采取暂停向该地区进口向日葵籽粒。

2. 适生性分析

向日葵黑茎病潜在适生区必须同时满足自然气候适生和有向日葵分布两个条件，根据这一判定原则，结合向日葵在新疆的各县市分布资料，对预测出的向日葵黑茎病气候适生区进行核对，将气候适生和有向日葵分布的地区视为向日葵黑茎病潜在适生区，气候适生但无向日葵种植的地区以及气候非适生的地区视为向日葵黑茎病非适生区。

向日葵黑茎病适生区包括：阿勒泰地区、塔城地区、奎屯市北部、昌吉地区、博尔塔拉地区、伊犁地区、阿克苏地区、克州、疏附县东部、哈密市、和田地区、巴州、乌鲁木齐市、克拉玛依市等局部或全部地区。

（八）监测检测技术

1. 检测方法

（1）常规检验　种子检验在实际工作中以常规种子检验为主。挑选可能带菌的种子，将待检样品倒入洁净白瓷盘内，挑选干瘪、弱小、畸形的可疑病种子和植株残体作为实验材料，植株残体包括茎秆、叶柄、花盘等。

（2）田间发病植株材料采集　向日葵生长后期，重点检查植株中下部叶柄茎基部有无边缘清晰的黑褐色至黑色椭圆形或梭形病斑，发现可疑植株，取带病斑的茎秆立即送回实验室进行病菌分离培养。

（3）向日葵黑茎病菌分子检测技术　普通PCR检测技术：采用向日葵黑茎病特异性引物LEPB和LEPF扩增提取的DNA，经扩增及电泳后出现一个420bp大小的特异性产物。

实时荧光PCR检测技术：利用针对向日葵黑茎病菌具有稳定点突变的特异性引物对LEP1和TaqMan探针PBM建立的实时荧光PCR检测技术，可快速、准确完成鉴定。

荧光定量PCR：荧光定量PCR所用荧光探针主要有3种：分子信标探针、杂交探针和 TaqMan 荧光探针，其中 TaqMan 荧光探针使用最为广泛。TaqMan 技术是在普通 PCR 原有的一对特异性引物基础上，增加了一条特异性的荧光双标记探针，从而使荧光信号的累积与 PCR 产物形成完全同步。荧光定量 PCR 克服了以往检测植物病原物的各种分子生物学方法需要进行 PCR 后处理的弊端，整个检测过程完全闭管，消除了 PCR 产物的污染，减少了检测步骤，大大节省了检测所需时间，具有广阔的应用前景。

2. 调查方法

（1）一般调查　又称普查，分别在 7 月上中旬（向日葵开花初期）、8 月中下旬（向日葵籽粒充实期）普查 2 次。每次根据当地向日葵品种、前茬、海拔等，随机普查 10～15 块面积大于 0.67 hm^2 的向日葵田，每块田随机选取 5 个样点，每个样点连续数取 10 株样株分别挂牌标记，记载发病情况。

（2）定点调查　又称系统调查，在发病盛期进行，一般从 7 月下旬（向日葵开花中期）至 8 月下旬（向日葵籽粒充实期），调查两次。选择当地发病重且面积在 0.67 hm^2 以上田块，每块田随机选取 5 个样点并进行定点标记，每个样点连续数取 10 株向日葵样株分别挂牌标记，以后 3 次均调查标记的植株，记载发病级数，计算病情指数。

（3）病害分级标准

0 级：无病斑。

1 级：整株茎秆上的病斑数为 1～5 个，形成黑褐色斑块，无枯叶。

3 级：整株茎秆上的病斑数为 6～10 个，形成黑褐色斑块，无枯叶。

5 级：整株茎秆上的病斑数为 11～15 个，形成黑褐色斑块，无枯叶。

7 级：整株茎秆上的病斑数为 16～20 个，形成黑褐色斑块，有枯叶 1～3 片。

9 级：整株茎秆上的病斑数为 20 个以上，形成黑褐色斑块，有枯叶 4 片以上。

（九）综合防控技术

1. 检疫防控

（1）严格实施引种检疫　引种时要进行严格检疫和检验，避免种子带菌。禁止从疫区调运向日葵种子，防止向日葵黑茎病菌随种子远距离传播蔓延。

（2）加强引种检疫管理　各地在办理向日葵国外引种检疫审批时，应要求引种单位或个人提供国外向日葵种子产地官方检疫机构出具的证明，证明该批种子产自没有向日葵黑茎病等检疫性有害生物的地区。

（3）引种后的田间监测　加强进口种子的田间疫情监测。

2. 农业防控

（1）种植抗病品种　选用抗病性较强的品种 MT792G、TO12244 等（可根据当地种植品种选择种植抗病品种）。

（2）轮作倒茬　上年发病重的地块避免连作，最好轮作 2～3 年，即种 1 季向日葵后，间隔 2～3 年后再种，间隔期间可种小麦、玉米等其他作物。

（3）加强田间管理　根据测土配方施肥，增施有机肥，注重钾肥施用，及时中耕除草，注重雨后排水，以增强向日葵植株的抗病能力，从而减轻发病。

3. 物理防控

重视向日葵收获后病残体的清理与深埋，秋收后清洁向日葵田，将向日葵残株连根拔出，并及时运出田外，彻底把病残体深埋到地下，使其腐烂，可减轻翌年发病程度。

4. 生物防控

在向日葵黑茎病发生前，使用一些防治鞭毛菌亚门真菌的生物制剂如哈茨木霉菌、枯草芽孢杆菌进行预防防治。

5. 生态调控

（1）合理密植 每公顷保苗 7.50 万～8.25 万株；采用宽窄行种植，增加田间通风透光，降低小气候湿度。

（2）调节播种期，适时晚播 在不影响产量的前提下，向日葵尽量晚播，一般年份新疆北部可推迟至 5 月上旬种植，其中伊犁地区特克斯县播种期可延迟到 5 月下旬至 6 月初。

6. 化学防控

（1）种子处理 2.5％咯菌腈悬浮种衣剂包衣，每 250 mL 药剂拌向日葵种子 100 kg。拌种方法：准备好桶或塑料袋，将 2.5％咯菌腈悬浮种衣剂与种子按重量比 1∶400 拌种。

（2）茎叶处理 向日葵株高 20 cm 时第一次喷施药剂，选用 70％甲基硫菌灵可湿性粉剂 1 000 倍液。第二次喷施药剂，用 22.5％啶氧菌酯悬浮剂 1 500 倍液＋58％甲霜灵·锰锌可湿性粉剂 800～1 000 倍液（距离第一次施药 7～10 d）。第三次施药（现蕾前期），用 10％氟硅唑水乳剂 1 000 倍液＋64％噁霜·锰锌可湿性粉剂 1 500 倍液（距离第二次施药 7～10 d）。

（3）切断传播介体 麦收时（7～8 月）防止大青叶蝉和小绿叶蝉大量迁入，可在向日葵田边地头喷药防治。药剂可选用 3％啶虫脒乳油 2 000 倍液、10％吡虫啉可湿性粉剂 1 000 倍液、1％印楝素水剂 800 倍液，灯光诱杀（陈卫民，2011）。

7. 综合防控技术应用

2009—2010 年特克斯县、新源县建立了 66.67 hm² 的向日葵黑茎病核心示范区。特克斯县 2003—2010 年防治黑茎病面积 7 093.34 hm²。新源县 2003—2010 年防治向日葵黑茎病面积 8 733.34 hm²。昭苏县 2003—2010 年防治向日葵黑茎病面积 4 446.67 hm²（陈卫民，2013）。

（陈卫民，韩丽丽）

四、棉花黄萎病菌

（一）学名及分类地位

棉花黄萎病菌（*Verticillium dahliae* Kleb）属半知菌类（Deuteromycotina）丝孢纲（Hyphomycetes）丛梗孢目（Moniliales）丛梗孢科（Moniliaceae）轮枝菌属（*Verticillium*）。该属中危害棉花的有 5 个种，危害我国棉花的黄萎病菌为大丽轮枝菌（*V. dahlia*）。

（二）分布与危害

1. 分布

棉花黄萎病（Cotton *Verticillium* wilt）自 1914 年 Carpenter 在美国弗吉尼亚州的陆地棉上首次报道发现棉花黄萎病后，该病很快向世界各主要产棉国传播蔓延，到 21 世纪初，棉花黄萎病已遍布于秘鲁、巴西、阿根廷、委内瑞拉、墨西哥、乌干达、刚果、突尼斯、阿尔及利亚、坦桑尼亚、莫桑比克、澳大利亚、土耳其、叙利亚、以色列、伊拉克、伊朗、印度、保加利亚、希腊、西班牙、乌克兰、阿塞拜疆、哈萨克斯坦、乌兹别克斯坦、吉尔吉斯斯坦、塔吉克斯坦等国，给世界棉花产业造成了巨大损失（图 4-19）。

审图号：GS京（2023）1824号

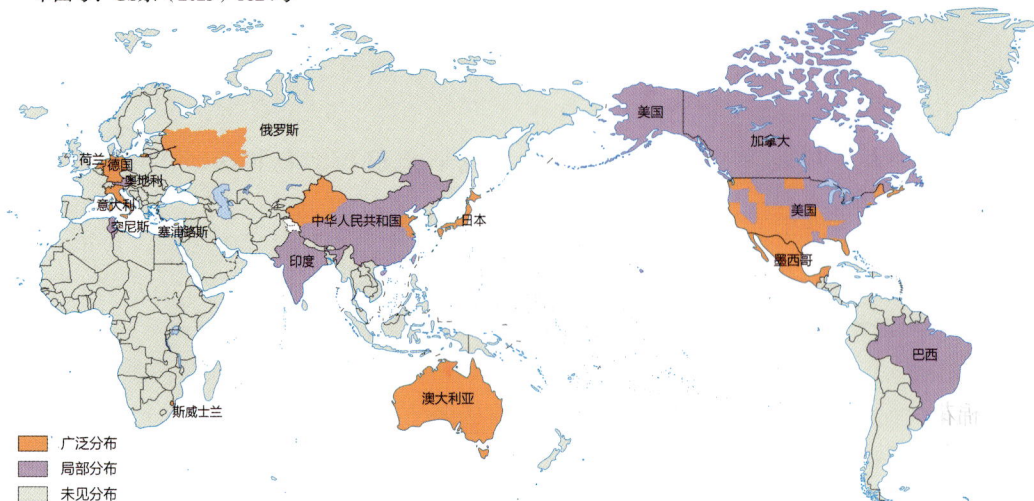

图 4-19　棉花黄萎病菌在全球发生分布（Subbarao，2020）

我国棉花黄萎病是 1935 年由美国引进斯字棉品种 4B 时伴随种子传入，由于当时动植物检验检疫机制不健全，致使棉花黄萎病首次进入我国山东、山西等 4 个省，从此，在我国不断蔓延开来（陈其焕，1983），目前棉花黄萎病在我国黄河流域、长江流域、新疆三大棉区呈发展态势。

大丽轮枝菌寄主范围广，超过 200 种双子叶植物，包括一年生和多年生草本植物以及多年生木本植物（Inderbitzin et al.，2014）。主要的经济作物宿主包括茄子、甜椒、棉花、生菜、油菜、马铃薯和番茄等。其他重要的宿主包括白蜡木、可可、开心果、玫瑰、杏、樱桃、油桃、桃、李和向日葵等。一般禾本科作物，如水稻、麦类、玉米、谷子、高粱等不受侵害。

2. 传播途径

大丽轮枝菌能在病残体和土壤中形成大量微菌核，通过风力、灌溉水以及农事操作进行近距离传播（Huang，2003）。常金梅等（2007）认为长期连作和大面积的棉秆粉碎还田，以及用未经过高温处理的带菌棉籽油渣做肥料是棉花黄萎病近距离传播的重要途径。刘今河（2008）发现，用带菌的棉籽壳做饲料经牲畜肠胃消化产生的粪便制肥料，翌年将这些肥料再施入田间还会引发棉花黄萎病。

运输带菌棉种在棉花黄萎病的远距离传播中占据主导地位。陈吉棣等（1980）采用"微菌核法"在中国科学院微生物研究所病圃内检测到棉花种子内部带菌率为 0.06%，且病原主要依附在棉籽外部的短绒上。孙君灵等（1998）发现我国棉花主产区（除莎车外），棉种外部棉花黄萎病菌孢子负荷量为 $2.19 \times 10^7 \sim 102.11 \times 10^7$ 个/g。Göre 等（2011）在蒸汽消毒的土壤、泥炭和沙子混合物中，测试了土耳其艾登省棉花黄萎病发病田棉种的带菌情况，发现播种后 12～13 周出现了棉花黄萎病症状，不同品种发病率在 3.3% ～ 9.5%。发病棉田棉籽壳和棉籽饼的使用，是棉花黄萎病传播扩散的一个重要原因，因此，来源于病田的种子既不能做播种材料，也不宜做饲料或者肥料（沈其益，1992）。

众多研究发现，棉花黄萎病菌不仅可以出现在棉种上，在莴苣、生菜、菠菜和油菜等众多种子上也检测出了大丽轮枝菌，后者也是该病原传播的重要途径（Heppner et al.，1995）。

3. 危害

受棉花黄萎病菌影响，1952—1990 年，美国棉花产量损失 1.46%～3.48%（Bell，1992）。1966 年，棉花黄萎病菌造成乌兹别克斯坦棉花产量损失近 80%（Mukhamezhanov，1966）。我国约 50% 的棉花种植区受到棉花黄萎病菌感染，每年大约造成 2.5 亿～3.1 亿美元的直接经济损失。棉花黄萎病的发生危害不仅造成棉花大幅度减产，也导致棉花纤维长度和马克隆值显著降低，严重影响纤维品质（Yang et al.，2015）。我国检验检疫法将其明确规定为 B 类植物检疫性病害，降低了这种"棉花的癌症"（简桂良 等，2003）在我国大面积泛滥的可能性。

棉花黄萎病在我国发病日益严重，极大地影响了棉花的生产和棉农的植棉积极性。目前，棉花黄萎病已成为制约我国棉花产业发展的瓶颈。

（三）识别特征

1. 形态特征

菌落圆形，中央为灰黑色，边缘为白色。初生菌丝体无色，后变为灰白色，气生菌丝边缘规则，1 周左右由于产生微菌核而从中心变黑。分生孢子梗呈轮状分支，基部透明，上端由 2～4 层辐射状轮生的枝梗和 1 个顶枝组成，无色，具隔膜，每层间相距 20～45 μm，每轮有 3～4 根枝梗，枝梗大小（13.5～21.5）$\mu m \times$（2.0～3.0）μm，每小枝顶生 1 至数个分生孢子，全长（110.0～130.0）$\mu m \times 2.5 \mu m$。分生孢子长卵圆形，无色，单胞，大小（2.0～9.5）$\mu m \times$（1.5～3.0）μm（图 4 - 20）。

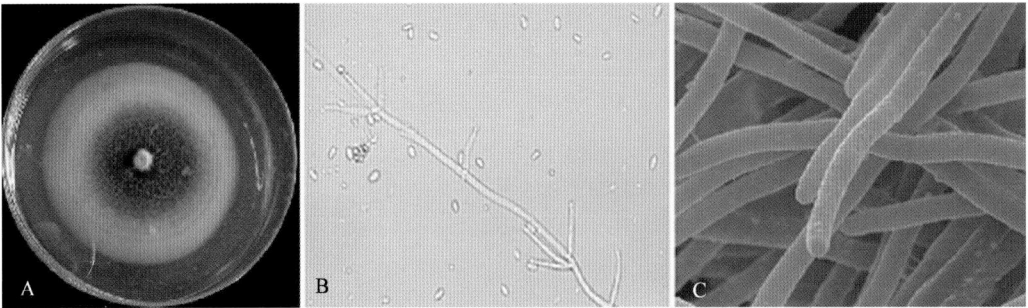

图 4 - 20　大丽轮枝菌形态（王兰 等，2016）
A. 在 PDA 培养皿中培养 7d 的形态　B. 分生孢子梗　C. 分生孢子

2. 致病症状

棉花黄萎病菌由根部侵入，系统性地危害棉株，在棉花生长整个生育期均可发病。

（1）幼苗期症状　3～5 片真叶期开始显示症状，病株比正常植株略矮，叶片上出现斑驳，剖开维管束有淡褐色病变。

（2）成株期症状　在自然条件下，棉花黄萎病大多数在现蕾后开始显症，开花结铃期达到高峰。由于病原的致病力差异、棉花不同品种的抗感特性、棉花生育期以及环境条件的影响，棉花黄萎病的症状表现也有所不同。主要分为以下 2 种类型。

普通型：又称非落叶型。病株症状自下而上扩展。发病初期，在叶缘和叶脉间出现不规则形淡黄色斑块，病斑逐渐扩大，从病斑边缘至中心的颜色逐渐加深，而靠近主脉仍保持绿色，呈"花西瓜皮"状，随后变色部位的边缘逐渐焦枯，呈现"褐色掌状斑驳"症状（图4-21A）；严重感病的棉株，整个叶片枯焦破碎，脱落成光秆。有时在病株的茎基部或落叶的叶腋处，可长出赘芽和枝叶。

落叶型：发病速度很快，叶片突然萎垂，呈水渍状，随即脱落成光秆，表现出急性萎蔫落叶症状。叶、蕾甚至小铃在几天内可全部落光，之后造成植株枯死，对产量影响很大（图4-21B）。

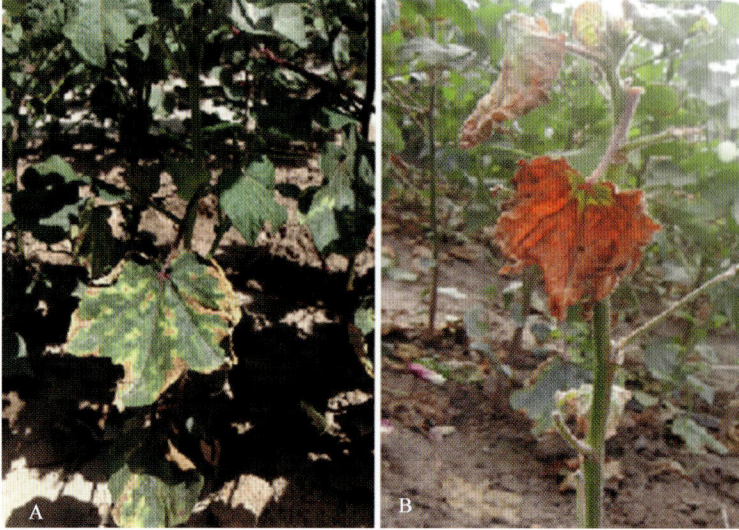

图4-21 棉花黄萎病在田间危害症状（王兰 等，2016）
A. 普通型 B. 落叶型

无论普通型还是落叶型或其他症状类型，茎秆剖视检查时，均可见木质部导管变黄褐色（图4-22）。

图4-22 棉株茎部维管束变色症状（冯宏祖 等，2016）
A. 横切面 B. 纵切面

在生产上，往往几种症状型混生于一株上，尤其是棉花枯萎病、黄萎病混合发生田间，混生的症状类型更为普遍。棉花枯萎病和黄萎病症状相似，主要区别见表4-4。

表4-4 棉花枯萎病与黄萎病主要区别

比较项目	棉花枯萎病	棉花黄萎病
发病始期	发病早，子叶期即可发生	发病较晚，一般在现蕾期才开始发生
发病盛期	现蕾期达到发病高峰	花铃期达到发病高峰
苗期症状	子叶或真叶的局部叶脉变黄，呈"黄色网纹型"，后叶片大块变色、焦枯最终脱落。在气候变化剧烈时，出现紫红型、黄化型或急性凋萎型	真叶边缘或主脉间叶肉变黄，呈"花西瓜皮"状，有时"褐色掌状斑驳"，叶脉不变黄，病苗很少枯死

3. 致病症状

植株感染大丽轮枝菌后，真菌会腐生并在发病的组织中定殖，定殖过程中，病原在活体或病死组织上可形成黑色的、微小的、细胞壁厚的微菌核（图4-23）。湿度大时，还在根部土壤见到粉白色霉层。

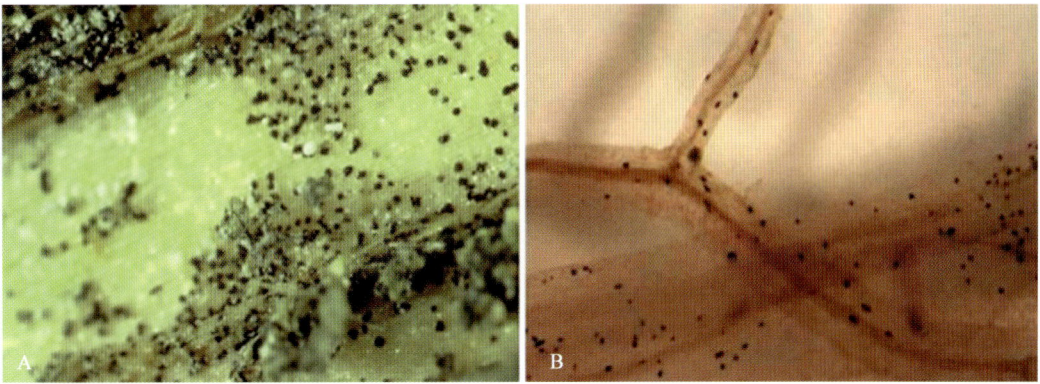

图4-23 大丽轮枝菌在植物组织上的病症（Berlanger et al.，2000）
A. 活体组织　B. 病死组织

（四）生物学特性

1. 生物学特性

大丽轮枝菌在10～30 ℃均可生长，生长的最适温度20～25 ℃，33 ℃绝大多数菌株不生长。由于微菌核具有厚壁，其内又含有大量脂肪，故对不良环境的抵抗力较强，能耐80 ℃高温和−30 ℃低温，所以一旦定殖下来，很难根除。微菌核萌发适温25～30 ℃，在察氏培养基上培养18h后，微菌核的萌发率接近90%。土壤含水量20%时，有利于微菌核形成；40%以上则不利于其形成。

2. 生理分化特性

棉花黄萎病菌变异性较大，常因环境条件影响而产生新的生理分化类型。据报道，在美国发现的T-9落叶型菌系，其毒力是SS-4非落叶型菌系的10倍。原苏联报道，黄萎病菌存在0号、1号、2号3个生理小种，0号小种致病力弱，2号致病力强，1号致病力中等。1977—1978年，我国年根据对来自8个省（自治区）的10个菌系在海岛棉、陆地棉和中棉三大棉种9个棉花品种上的致病力不同，将其划分为3个不同的生理型：

生理型 1 号：致病力最强，如陕西泾阳菌系，对所有鉴别品种都可造成严重感染。

生理型 2 号：致病力最弱，如新疆和田及车排子菌系，对所有品种侵染都很轻。

生理型 3 号：致病力中等，如河南安阳、河北栾城和永年、辽宁辽阳、江苏丰县、四川南部和云南宾川等菌系。

1983 年我国在江苏南通发现了落叶型菌株，其后相继不少单位都对其进行了研究，查明这种强致病性菌株在黄河流域不少植棉区都已存在，在新疆植棉区也已发生。由于落叶型菌株的分子生物学特性与普通强致病性菌株有所区别，是将其包括在强致病型 1 号内，还是另立生物型或致病型，有待进一步统一和完善。

（五）病害循环

棉花黄萎病是单循环病害。初侵染源为土壤或病残体中的微菌核。作物根系分泌的物质能够刺激微菌核的萌发。微菌核萌发后，菌丝体即可从根毛或伤口处（虫伤、机械伤）侵入根系内部。菌丝先穿过根系的表皮细胞，在细胞间隙中生长，继而穿过细胞壁再向木质部的导管扩展，一旦棉花黄萎病菌的菌丝到达维管束组织，就会产生大量分生孢子并在导管内迅速繁殖，分生孢子可以在木质部组织中自由地横向流动，同时也可以通过植物的蒸腾作用在木质部组织中纵向流动，随着输导系统的液流向上运行，依次扩散到茎、枝、叶柄、叶脉和铃柄、花轴等棉株的各个部位，系统侵染植物。被系统侵染的植物会导致叶片的黄化变色、坏死甚至萎蔫脱落。最后在植物衰老的组织中定殖并在干枯的叶片和秸秆中形成微菌核。棉株感病枯死后，棉花黄萎病菌在土壤中能以腐殖质为生或者在病株残体中存活，连作棉田土壤中不断积累菌源，就形成所谓的"病土"，导致病原菌重复侵染并加重发病（承泓良 等，2016）。棉花黄萎病的病害侵染循环见图 4-24。

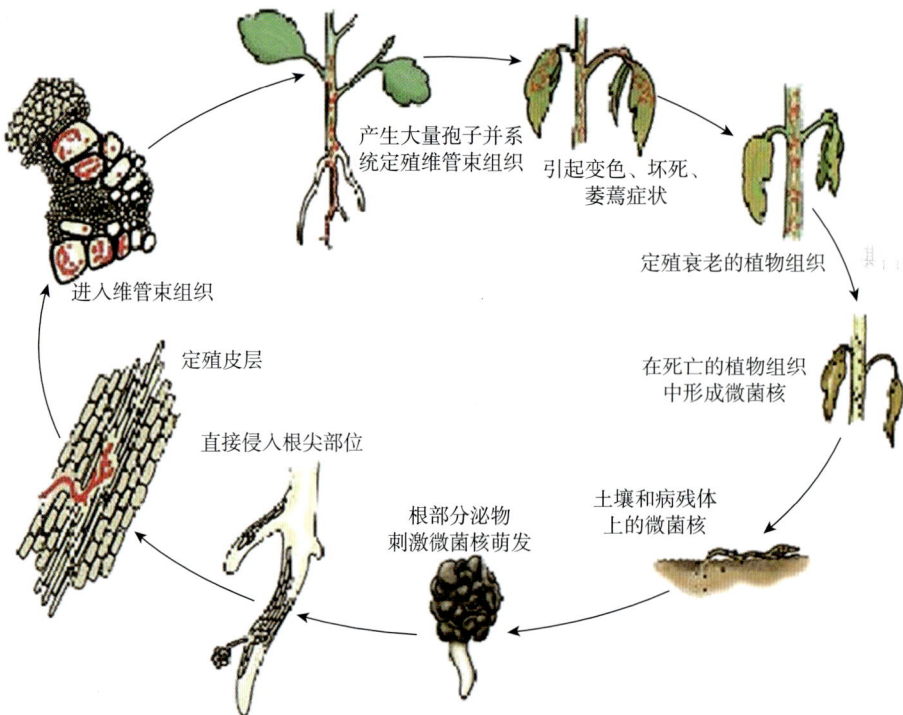

图 4-24 棉花黄萎病的病害侵染循环（Berlanger et al.，2000）

（六）流行规律

1. 初侵染

棉花黄萎病菌主要在土壤、病残组织、带菌的棉籽、棉籽饼、棉籽壳和未经腐熟的土杂肥及田间带病寄主中越冬，成为翌年病害发生的初侵染源。种子带菌主要是短绒带菌，内部带菌率很低，但对病害的传播仍起主要作用。病残体和土壤中微菌核是主要的侵染来源，主要分布在耕作层（0～40 cm 的土层中），对不良环境具有很强的抵抗力，能存活8～10 年。

2. 侵入和发病

适宜的条件下，棉花黄萎病菌的菌丝可直接从棉花根毛细胞、根表皮细胞或根部伤口侵入，经皮层进入导管，并在其内繁殖产生大量的菌丝和分生孢子，随导管中的上升液流，很快扩散到全株。一般2～6 片真叶期是棉花对黄萎病最敏感的时期，特别是2 叶期接种易获成功，潜育期短。

3. 发病条件

棉花黄萎病的发生流行与病原的致病力、菌源数量、棉种和品种抗病性、气候条件、耕作栽培措施以及土壤中线虫的危害情况等因素密切相关。

（1）菌源　新病区是带菌棉种引致发病，发病之后，经过多种途径扩散使病区（田）不断扩大。影响不同病区病害发生程度的因素，除棉花品种的抗性外，菌源累积量、病原致病力的强弱，也是直接影响病害发生程度的关键因素。病区或病田菌源数量累积较多，病菌致病力较强，病害发生危害程度就重，反之则轻。

（2）棉种与品种抗病性　不同种棉花或同种棉花的不同品种对棉花黄萎病的抗病、感病性有明显差异。海岛棉对棉花黄萎病抗耐病性较强，陆地棉次之，中棉比较感病。种植感病品种是病害大流行的基础。

（3）生育期　黄萎病通常苗期很少发病，多在现蕾后才开始发病，开花结铃期为发病高峰期。

（4）气候条件　棉花黄萎病发病最适气温为25～28 ℃，低于25 ℃或高于30 ℃，病情发展缓慢，超过35 ℃即呈现出隐症。此外，降水量及湿度也是影响病害发展的重要因素，花蕾期降水较多，温度适宜，湿度较大，对病害发生比较有利，夏季暴雨之后，常会加重病情。在病区或病田，棉田冬季淹水，可加速土壤中微菌核死亡，有利于减轻翌年病情。

（5）耕作栽培因素　一般连作的棉田，土壤中带菌量累积较多，病情会逐年加重，连作年限越长，病情越重。反之，与非寄主作物轮作，特别是水旱轮作，可显著减轻病情。凡排水不良，地势低洼，不利于棉株生长，往往病情较重。干旱时大水漫灌可加速病菌的传播。棉田耕作粗放，施肥不合理，棉株生长差，抗病力较低，也会加重病害。

（七）监测检测技术

1. 监测方法

由于棉花黄萎病属于土传病害，其发生受气候等外界环境因子的影响相对较小，土壤中病原基数和棉花品种的抗病性往往是病害流行的主要决定因素。因此，对棉花黄萎病菌的综合定量监测结合种植品种的抗病性表现是监测棉花黄萎病发生的重要基础。

传统监测方法是通过田间调查获取病害信息，但该方法具有耗时费力、准确性低、时效性差等缺点，不能实时、高效监测病虫害发生量及发生动态（李浩等，2019）。通过遥感技术手段，特别是高光谱遥感进行病虫害监测研究，是近年来棉花黄萎病监测的主要发展方向。

2. 调查方法

可分为系统调查和大田普查两种方法。

（1）病情系统调查 选择历年发病较重的地块，从棉花现蕾期开始每 5d 调查 1 次。调查取样方法采用对角线法取样，每块田取 5 点，每点直线前进取 50 株，分级调查，共查 250 株。根据调查数据计算发病率和病情指数。

棉花黄萎病病情分级标准（张兴华 等，2008）：

0 级：健株。

1 级：病株叶片 25％以内其主脉间的叶肉变为黄色或呈不规则形黄色病斑。

2 级：棉株叶片 26％～50％（或 26％～50％高度）变为黄色或黄褐色斑块，叶片边缘略有卷枯。

3 级：病株叶片 51％～75％（或 51％～75％高度）变为黄色或黄褐色斑块，或有少数叶片凋枯。

4 级：病株中 75％～100％的叶片已（或 75％～100％的高度）变为褐色掌状枯斑，或脱落成光秆，严重时整株枯死。

棉花黄萎病剖秆调查病情分级标准：

0 级：木质部洁白无病变。

1 级：木质部有少数变色条纹，变色面积占剖面的 1/4 以下。

2 级：木质部有多数变色条纹，变色面积占剖面的 1/4～1/2。

3 级：木质部变色面积占剖面的 1/2～3/4。

4 级：木质部变色面积占剖面的 3/4 以上。

（2）大田普查 黄萎病应在铃期进行普查。普查的田块尽可能多一些，普查面积一般不低于栽培总面积 5％。选择当地不同主栽品种各一块，每块田平行取 8～10 个点，每点查 10～20 株。

病区划分标准

无病区：无病株。

零星病区：发病率在 0.5％以下。

轻病区：发病率在 0.5％～2.0％，没有明显发病中心。

中度病区：发病率在 2.1％～5.0％，有较明显发病中心。

重病区：发病率在以 5.0％上，有明显的发病中心，全田较普遍发病。

3. 病原菌检测技术

微菌核是大丽轮枝菌在土壤中的主要存活结构和初侵染源，对土壤中大丽轮枝菌微菌核进行定量监测是棉花黄萎病监测和预警的基础。常用的检测技术包括血清学检测、选择性培养基平板计数法和分子生物学检测法等。

4. 监测检测技术应用

（1）监测技术的应用 基于支持向量机的棉花黄萎病监测模型和无人机多光谱遥感技术（宋勇，2021）的应用，为准确、快速识别及鉴定棉花黄萎病病害程度提供了一种新的方法。

（2）检测技术的应用 血清学检测：琼脂双扩散法（ADD）和间接 ELISA 方法可以准确地将大丽轮枝菌鉴定到种的水平（Göre et al.，2014），而菌株营养亲和性测定技术可准确区分落叶型和非落叶型棉花黄萎病菌。

选择性培养基平板计数法：选择性培养基计数法是指从棉田不同土层取出的土壤，经过风干、研磨、过筛等处理后获得土样（罗舒文等，2018），将土样接种在大丽轮枝菌（*V. dahliae*）选择性培养基（MSEA）上，在倒置显微镜下统计平板上微菌核的数量（冯争光 等，2004）。该方法是传统且比较常用的检测方法，但无法在形态上准确区分各种病原。因此，在病原监测时，常常与分子生物学方法配合使用，可提高监测的准确性（刘海洋 等，2021）。

分子生物学检测法：分子生物学技术的不断发展为棉花黄萎病菌快速准确地检测提供了良好的技术平台（朱荷琴 等，2017）。PCR 扩增、RPLP 标记、RAPD 标记、环介导等温扩增（LAMP）的检测技术、TaqMan qPCR 和 TaqMan 测定法、限制性片段长度多态性（ITS-RFLP）的鉴定技术、巢式聚合酶链式反应（Polymerase chain reaction，PCR）技术等在全球范围内广泛使用（Inderbitzin et al.，2013）。

（八）综合防控技术

以加强植物检疫和种植抗病品种为主，通过深翻、水旱轮作等措施改善棉田生态环境，以提高棉花抗病性为核心，物理防治、生物防治及化学药剂为辅的棉花黄萎病综合防治措施。

1. 检疫防控

严格实行产地检疫。严防从致病性强的棉区调入种子，防止落叶型菌株的进一步传播扩散；对于产地不明的种子，应该进行小面积的田间试验，鉴定其是否带有病菌，确定无病菌再进行大面积推广。

2. 农业防控

坚持水旱轮作和深翻（60～70 cm），田间增施有机肥，逐步改造重病田；选用抗（耐）病优良品种；禁止秸秆还田；增施有机肥以基肥为主，适当增加磷钾肥的比例，特别是 7 月中下旬后棉花黄萎病将进入发病高峰期，加强肥水管理对防病有重要作用。

3. 物理防控

铲除土壤菌源，消灭零星病田。

4. 生物防控

与枯草芽孢杆菌、乙蒜素、噁霉灵和克萎星等对棉花黄萎病都有一定的防治效果，尤其以活芽孢 10 亿个/g 枯草芽孢杆菌可湿性粉剂防治效果显著。

5. 选育抗病品种

选育抗病品种是控制该病害的最有效途径，而发掘棉花抗病相关基因是棉花抗病育种的关键和基础（Gong et al.，2017）。

6. 化学防控

常规药剂包衣后，使用 5%氨基寡糖素或芸苔素内酯等植物免疫诱抗剂对种子进行处理，促根壮苗，提高棉苗的抗逆能力。

选用乙蒜素、咯菌腈悬浮剂、敌磺钠、多抗霉素、棉枯净、噁霉灵等化学药剂在发病初期进行喷施或灌根。

7. 综合防控技术应用

棉花黄萎病防治应采取保护无病区、消灭零星病区、控制轻病区、改造重病区的策略，贯彻"预防为主，综合防治"的方针，有效控制病害。根据"棉花黄萎病防治技术规程"（农业农村部）的标准，将棉田划分为 5 种类型（表 4-5）。

表 4-5 棉花黄萎病病田类型划分指标

病田类型	平均病株率（ADI，%）
零星病田	0.0＜ADI≤3.0
轻病田	3.0＜ADI≤15.0
中度病田	15.0＜ADI≤30.0
重病田	30.0＜ADI≤50.0
极重病田	ADI＞50.0

（1）零星病田　田间发现病株，及时拔除，并带出田外进行无害化处理。同时，利用土壤熏蒸剂对病株 1 m² 范围内的土壤进行彻底消毒处理。

（2）轻病田　及时清除病株并进行无害化处理。

（3）中度病田　在黄萎病发生初期随水滴灌或喷淋枯草芽孢杆菌等微生物制剂，或叶面喷施氨基寡糖素等诱导抗性物质，根据产品说明书推荐剂量和方法使用。棉花收获后及时将棉株及残枝落叶清理出棉田，并进行无害化处理。

（4）重病田　选用抗病品种或高耐病品种；棉花黄萎病发生初期随水滴灌或喷淋枯草芽孢杆菌等微生物制剂或叶面喷施氨基寡糖素等诱导抗性物质，根据产品推荐使用方法和剂量使用；初冬进行深翻，耕深不小于 60 cm。

（王兰，沙帅帅，谢盼）

五、棉花曲叶病毒

（一）学名及分类地位

棉花曲叶病毒 [*Cotton leaf curl virus-Pakistan Begomovurus*（CLCuV）]，属双生病毒科（Geminiviridae）菜豆金色花叶病毒属（*Begomovirus*）。

（二）分布与危害

1. 分布

埃及、巴基斯坦、马拉维、南非、尼日利亚、苏丹、泰国、印度、中国（福建、广东、广西、海南、新疆）（高国龙 等，2022）。

2. 寄主

棉花 [*Salix leucopithecia*（Kimura）]、烟草 [*Nicotiana tabacum*（Linn.）]、秋葵 [*Abelmoschus*（Medicus）]、番茄 [*Lycopersicon esculentum*（Mill.）]、扶桑 [*Coriaria nepalensis*（Wall.）]、悬铃花 [*Malvaviscus arboreus*（Cav.）]、苘麻（*Abutilon theophrasti* Medicus）、菜豆 [*Phaseolus vulgaris*（Linn.）]、芝麻 [*Sesamum indicum*（Linn.）]、西瓜 [*Citrullus lanatus*（Thunb.）Matsumura & Nakai]、百日草 [*Zinnia elegans*（Jacq.）]、矮牵牛 [*Petunia hybrida*（J. D. Hooker）Vilmorin]、曼陀罗等。

3. 传播途径

棉花曲叶病毒主要由烟粉虱传播，种子不能传播。可传播该病毒的烟粉虱 Asia II 1 和 Asia II 7 隐种在我国分布较广，成为在棉花主产区棉花曲叶病毒扩散并流行的重要因素。

4. 危害

棉花曲叶病毒是我国进境检疫性有害生物。1912 年 Farqauharson 在尼日利亚的海岛棉上首次发现和报道了此病，1967 年传播到巴基斯坦，1993 年该国受害棉田面积超过 20.2 万 hm^2，成为该国棉花生产的突出问题，仅 1992—1997 年因此病受到的经济损失就高达 50 亿美元（Mansoural，1993）（图 4-25）。

图 4-25 棉花染病的症状（Tahir M. N.）

A. 曲叶和矮化 B. 叶脉膨大和耳突

（三）识别特征

1. 形态特征

（1）病毒粒体 病毒粒体双联结构，每个粒体大小为 18nm×30nm，无包膜，由 2 个不完整的二十面体组成。

（2）基因组 基因组核酸由两个组分（DNA-A 和 DNA-B）组成，为两条闭环状 ssDNA 分子，每条 2.5～2.8 kb。

（3）病毒基因序列 棉花曲叶病毒基因 2747bp：698A、548C、652G、849T。

2. 棉花曲叶病毒株系的种类

木尔坦棉花曲叶病毒（*Cotton leaf curl Multan virus*，CLCuMV）分布于巴基斯坦、印度、中国；*Cotton leaf curl Burewala virus*（CLCuBuV）、*Cotton leaf curl Kokhran virus*（CLCuKV）分布于巴基斯坦、印度；*Cotton leaf curl Alabad virus*（CLCuAV）分布于巴基斯坦；*Cotton leaf curl Shahdadpur virus*（CLCuShV）分布于巴基斯坦；*Cotton leaf curl Rajasthan virus*（CLCuRV）分布于印度；*Cotton leaf curl Gezira virus*（CLCuGV）分布于苏丹。

3. 致病症状

棉花曲叶病毒侵染棉花后，病株叶片边缘向上或向下卷缩，叶脉膨大、增厚、暗化，叶脉表面突起，后期在叶背面的主脉上形成杯状的侧叶（耳突），植株矮化。感病植株一般只有健康植株高度的 $40\%\sim60\%$，棉纤维低产，结实率下降或不结实（棉铃少结或不结）（汤亚飞 等，2015）。

棉花植株受侵染后，早期表现新叶卷曲、叶脉膨大，后期在叶背面的主脉上形成耳突，植株矮化，结实率下降或不结实。

朱槿植株感病后，全株叶片向上卷曲、叶脉肿大明显、产生叶耳、开花少或不开花等。植株长势迅速衰弱，后期叶片黄化，最终枯死（图4-26）。

图4-26 棉花曲叶病毒侵染朱槿的症状（何自福 等，2012）

黄秋葵植株染病后早期表现为叶脉黄化，叶片正面形成网络状，叶片背面叶脉肿大突起明显或叶脉颜色加深，对光可见深绿色条纹；病株幼叶小且向下卷曲，甚至整片幼叶黄化（图4-27）。

图4-27 棉花曲叶病毒侵染黄秋葵的症状（何自福 等，2012）
A. 黄秋葵黄脉曲叶病症状　B. 黄秋葵黄化曲叶病症状

（四）生物学特性

棉花曲叶病毒的基因组含有2个大小相近的单链环状 DNA 组分，即 DNA-A 和 DNA-B，大小为 $2.5\sim3.0$ kb。DNA-A 编码与病毒的复制和介体传播有关的蛋白，DNA-B 编码与病毒的寄主范围及病毒在植物体内的运输相关的蛋白。棉花曲叶病毒伴随的 DNA β、DNA1 分子与 DNA-A 分子组成病害复合体，这3种分子之间的重组又为病毒多样性和寄主适应环境提供了更多机会，导致其适应新的生态环境。

（五）病害循环

田间此病的初侵染源主要是杂草或前一生长季感病的棉花残根。彻底铲除杂草和感病植株对控制病害的流行和降低田间发病率收效甚微。病害的严重程度与棉花品种、粉虱的传毒水平及植株受侵染的生育期关系密切，而与该病毒的株系无关。此病的流行受非生物因素的影响较大，特别是温度。据报道，当田间最高温度在 $33\sim45$ ℃、最低温度在 $25\sim30$ ℃时，此病的发病率明显增加，而降水量、湿度与病情的发展无关。另据报道，温度、湿度、风力、降水量、光照、粉虱种群数量等因素与此病的病情发展均无显著关系，棉花植株生长至第四～十四周均易受 CLCuV 的侵染，但是株龄和发病率有显著的相关性，在棉花植株生长的第六周（幼苗期）发病率最高，随着株龄的增加发病率逐渐降低（Nateshan，1996）。通常在此病害严重发生的棉田，苗期田间并未出现大量的烟粉虱，棉花生长中、后期，当病害已经普遍发生时，通常烟粉虱也已经成为棉田的主要害虫，但烟粉虱种群数量很高时，并不能引起严重的继发性扩散传播。由于棉花品种普遍已丧失抗性，目前尚未发现对该病毒有效的抗病品种（何自福 等，2012）。

（六）流行规律

棉花等寄主植物的种子不能携带棉花曲叶病毒，该病毒是由可以传播多种菜豆金色黄花叶病毒属病毒的烟粉虱以持久性方式传播，但该昆虫介体的后代不传毒（Briddon et al.，2001）。单头烟粉虱就可以传播该病毒，通常烟粉虱接种后 2～3 周棉花植株开始表现症状。该病毒也可以通过嫁接传播，不能通过机械传播、接触传播。该病毒的远距离传播主要通过带毒的活体寄主植物（如棉花病残体、花卉种苗）或带毒的昆虫介体。

（七）风险评估与适生性分析

1. 风险评估

（1）定殖的可能性　该病毒的寄主植物在我国均有分布，且其传播介体烟粉虱在我国广泛分布，因此该病毒在我国定殖的可能性极大。

（2）扩散的可能性　该病毒主要通过烟粉虱传播和无性繁殖材料嫁接传播，但不能通过寄主植物种子传播，也不能进行人工接种传播。因此该病毒可以由烟粉虱传播扩散。

（3）潜在的经济危害性　据报道，该病毒对棉花造成的经济损失包括直接经济损失、间接经济损失和防治费用支出。直接经济损失指侵染棉花后直接导致的棉花损失，主要包括棉花产量下降的损失和由于棉花品质降低而造成的损失。间接经济损失指侵染棉花后所导致的非现场有形损失，主要包括纺织工业、棉副产品行业、运输业经济损失等。防治费用支出指棉花曲叶病毒发生地相关单位根除病毒所支出的费用。主要包括口岸检疫监测疫情投入费用、根除过程中化学药品的费用、劳动力费用、设备燃料费用、防治装置费用等。因此该病毒对我国造成的潜在经济损失达 77 亿～500 亿元，说明该病毒对我国经济的潜在危害很大。

（4）风险管理措施　严禁从棉花曲叶病毒发生的国家和地区进口其寄主植物的活体。对来自疫区的花卉、棉花种子等进行严格检疫，一经发现带有该病毒，则全部销毁或禁止进入。

加强疫情监测，加大普查范围和力度，重点调查棉田以及花卉市场、温室大棚、花卉苗木基地等疫情发生高风险场所，重点检查来自疫区的朱瑾、曼陀罗等观赏植物。一旦发现疫情立即采取扑灭措施。

加强宣传培训，加强对棉花曲叶病毒相关知识的宣传，引导农民不从发生区调运寄主植物及产品，降低人为传播概率。加强对技术人员和农民的培训，重点放在棉花曲叶病毒田间调查识别和防控技术上，提高对该病毒的调查与监测水平。

对棉花曲叶病毒病的防治重点要做好传毒媒介烟粉虱的防治。由于烟粉虱世代重叠，繁殖速度快，抗性产生快，因此防治烟粉虱不能单纯依赖化学农药，要将农业措施和生物防治措施相结合。

2. 适生性分析

木尔坦棉花曲叶病毒是引起该病害的主要病原之一（Briddon et al.，2000）。2006年以来，在我国广东、广西、海南、福建、云南和江苏等省（自治区）相继发现了严重侵染朱槿、黄秋葵、垂花悬铃花等寄主植物的木尔坦棉花曲叶病毒，更为重要的是在广西南宁棉花试验地发现了该病毒可自然侵染陆地棉花，说明入侵我国的木尔坦棉花曲叶病毒对棉花具有侵染性。（唐远，2013）。

基于 Maxent 生态位模型的预测结果表明，在长江流域棉区、黄河流域棉区的大部分区域都属于棉花曲叶病毒的适生区，而西北内陆棉区的适生程度较低，大部分为低度适生区；其中，高度适生区主要集中在长江流域的湖南、江西、浙江、安徽、江苏、湖北棉区，此区域也适宜朱槿的种植。因此，华南地区已流行危害的木尔坦棉花曲叶病毒向北入侵到我国棉花主产区的风险极高，其中长江流域棉区将是该病害发生及防控的重点区域。

（八）监测检测技术

1. 监测与调查方法

（1）监测区域　从国外疫区进口棉花或国内种有相关寄主植物的地区，我国长江流域、黄河流域和西北内陆棉花主产区。根据寄主植物种植分布情况设置监测调查点，每个区域的监测调查点不得少于10个，每点每次的采样数不少于5个。

（2）监测时间　根据各地区的气候条件。一般在每年的4～10月实施监测。

（3）监测频率　每年至少监测2次，两次监测间隔不少于45 d。

2. 田间调查与采样

在棉花生长季节进行田间调查，发现疑似症状的植株及时采样并拍照，观察是否有烟粉虱介体。采集有症状（如叶片卷曲、耳突等）植株上的叶片，编号后单独检测，必要时可采集整个活体植株，带回实验室鉴定。

3. 检测技术

（1）形态学方法　主要包括生物学检测法和电子显微镜法。

（2）分子生物学技术　目前应用较多的是常规 PCR 检测法。采用该病毒特异性引物对进行检测，其引物序列为：

CL1/F：5′-GTCGCAGGATTATTCACCG-3′。

CL3a/R：5′-GTTGCTAGC GTGAGTACAA-3′。预期扩增产物大小为791bp。

PCR 反应体系：$10 \times$ PCR Buffer 2.5 μL、25 mmol/L $MgCl_2$ 2 μL、10 mmol/L dNTP 0.5 μL、10 pmol/μL CL1/F 和 CL3a/R 各 0.2 μL、5 U/μL Taq 酶 0.3 μL、cDNA 模板 3 μL，补充灭菌高纯水至 25 μL。PCR 反应条件：94 ℃ 3 min；94 ℃ 1 min，60 ℃ 1 min，72 ℃ 1 min，36 个循环；72 ℃ 10 min。如果检测样品中扩增出 791 bp 的电泳条带，则该样品中带有棉花曲叶病毒。

（3）血清学测定　采用 EILSA 或免疫电镜方法均可用于检测棉花曲叶病毒。

（九）应急防控技术

加强监测预警；组建应急防控队伍；做好棉花种植管护工作；清除中间宿主；制定应急防控机制；科学布局监测和应急防控站点，合理配置监测防控设备，构建全区域监测网络。

（十）综合防控技术

1. 检疫防控

加强对从疫区进境的棉花中携带的病残体和该病毒的寄主花卉种苗及传毒介体的检疫，严防此病毒随寄主植物和介体昆虫传入我国。

2. 农业防控

（1）选用抗病品种　选用栽培抗性品种是最有效的控制方法。抗性程度不同的品种种植于同一块田中，抗性品种基本未发病，而非抗性品种50％～60％的植株感病。

（2）铲除田间杂草　棉田的有些杂草是棉花曲叶病毒和烟粉虱的中间寄主，因此在棉花生长期及时铲除棉田周围的杂草，可有效控制此病发生。

（3）合理选择播期　在4月中下旬播种比5月中旬后播种此病的发病率要低。

3. 物理防控

烟粉虱具有趋黄性，应用黄板诱杀是消灭该虫的关键。

4. 生物防控

蜀葵和苘麻是该病毒的中间寄主，且在我国分布广泛。及时清除中间宿主是减少病毒及其传播介体越冬场所。

5. 生态调控

对发病棉田进行深秋耕冬灌，降低来年此病发生。合理施肥，增强棉花抗病性。

6. 化学防控

目前没有特效药用以防治此病，更没有广谱的抗病毒剂。对此病的防治重点要做好传毒媒介烟粉虱的防治。田间可选用1.8％阿维菌素乳油每公顷600 ml、25％噻虫嗪水分散粒剂每公顷30～45 g、25％噻嗪酮可湿性粉剂每公顷450～750 g、25％吡蚜酮悬浮剂每公顷300 g、10％烯啶虫胺水剂每公顷300～450 mL或20％啶虫脒可湿性粉剂每公顷300 g喷雾防除烟粉虱。

7. 综合防控技术应用

①加强检疫。严禁进口来自疫区且受该病毒感染的植物材料。

②选育抗病品种。栽培抗病品种可降低该病毒病发生的风险。

③种植诱虫作物避免传毒介体传病。如种植万寿菊控制烟粉虱。

④铲除棉田中的病毒及其传毒介体的宿主杂草。

⑤轮作倒茬。棉花与粮食作物轮作也是防治该病毒病的有效措施。

⑥化学防治。使用杀虫剂控制传播病毒的昆虫媒介。

⑦生物防治，利用拮抗生物（竞争、寄生和捕食）防治烟粉虱，减少田间传毒介体。

（张祥林，张小菊）

六、甜菜霜霉病菌

（一）学名及分类地位

甜菜霜霉病菌（*Peronospora farinosa* Fries），属卵菌门（Oomycota）卵菌纲（Oomycetes）

霜霉目（Peronosporales）霜霉科（Peronosporaceae）霜霉属（*Peronospora*）（图4-28）。

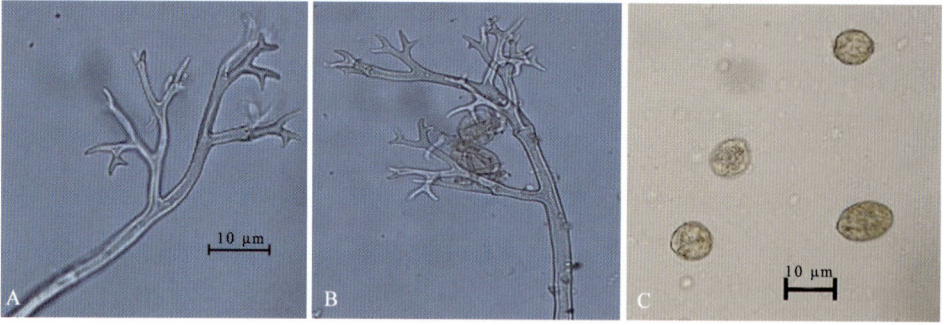

图4-28 甜菜霜霉病原物（李京，2016）
A. 孢囊梗 B. 孢子囊和孢囊梗 C. 孢子囊

（二）分布与危害

甜菜霜霉病是甜菜生产上的一种危险性病害，广泛分布于北半球温带甜菜产区。在以色列、肯尼亚、摩洛哥、加拿大、美国、阿根廷、澳大利亚、新西兰等国家均有分布。20世纪60～90年代在我国贵州、四川以及新疆伊犁州发生此病，造成了一定程度的减产（郭文超 等，1996）。

甜菜霜霉病对甜菜的4个变种，即糖用、饲用、食用和叶用甜菜都能侵染。据田间测定，原料田感病植株含糖量平均降低2.5度，根重降低25%；采种田发病后，种子产量下降20%～50%，病情严重田块种子至少减产50%，有些田块甚至绝产。在俄罗斯和其他一些东欧国家在20世纪60年代曾因该病造成减产50%以上，在美国加州也曾减产43%（郭文超 等，1996）。

图4-29 甜菜霜霉病症状（李京，2016）
A. 感病叶片初期症状 B. 感病叶片后期症状

（三）识别特征

1. 形态特征

该病原的孢囊梗淡色、大小（250～600）μm×（7.0～10）μm，单根或数根从气孔抽出，呈二叉状直角或锐角分支，多数分支为 4～8 次，以 6 次分支为主，顶端尖细，每枝顶端着生一个孢子囊。孢子囊呈卵圆形或椭圆形，无色至浅黄色，光滑无乳突，大小为 (21.5～30.0) μm ×（17.5～22.5）μm（郭文超 等，1996；查红英 等，1996；严进，1999；Kim et al.，2010）。藏卵器近圆形至卵圆形，黄色至黄褐色，卵孢子直径 30～36 μm，在老叶及花上大量形成。

2. 致病症状

甜菜霜霉病菌主要侵染甜菜地上部幼嫩器官，多危害心叶。春季甜菜苗较小时，在幼嫩的心叶上产生灰色粉状霉层，叶片由黄变黑褐色，靠近心叶的叶片变厚，易碎裂，其后展开的叶子发病，叶边缘皱缩并向叶背面卷起（图 4-29）。大多数情况下，霉层出现在叶片背面，但当环境湿度足够的情况下，叶片正面也会有霉层出现。罕见危害老叶，但在感病品种中，在老叶上可形成局部黄化病斑，叶背披淡色霉层，叶片不反卷（胡白石 等，1999）。一年生甜菜染病后，感染的病叶停止生长或皱缩卷曲畸形，致使甜菜株心坏死，腐烂变成空心，后期全株死亡。二年生甜菜感病后，花薹不能抽出或抽出很短，整个花薹呈淡黄绿色，节间短缩，最终很少结实或不实枯死。绿色幼嫩种子也感病（查红英 等，1996）。

（四）生物学特性

孢子囊可在 5～22 ℃及湿度 60%～100% 的条件下产生，适宜条件为 12 ℃及湿度 85% 以上。孢子囊萌发温度 0.5～30 ℃，适宜萌发温度为 4～10 ℃。适宜侵染的温度是 7～15 ℃。20 ℃以上极少侵染，27 ℃以上通常不发生侵染。孢子囊在低于 12 ℃及湿度 60% 的条件下可存活 5 d，但在 20 ℃以上很快便失去活力。病害潜伏期依不同环境条件会有所不同，一般 5～32 d。

（五）病害循环

病原主要以卵孢子在病种子和病残体中越冬，也可以菌丝体和卵孢子在窖藏的母根上越冬，种子可被卵孢子和菌丝污染。甜菜霜霉病菌可通过种子调运进行远距离传播。栽植带病母根病原随新叶生长侵染幼芽，成为初侵染源。在冷凉潮湿的条件下，卵孢子可直接萌发并产生菌丝，菌丝上产生孢子囊。孢子囊也可形成于越冬的菌丝上。孢子囊借风雨或农事操作传播蔓延，通过芽管直接萌发，然后通过气孔侵入寄主。病菌形成胞间菌丝，产生吸器穿透寄主细胞壁，吸取水分和营养物质。最后孢囊梗从叶片伸出，孢囊梗产生孢子囊，进行再侵染（严进，1999）。

（六）流行规律

甜菜霜霉病在潮湿冷凉环境下易发生。甜菜霜霉病主要通过带病种子运输进行远距离传播。部分感病的植株在环境条件不利于病害发展或植株本身抗性提高的情况下，病害可自行消失。在环境条件适宜时，部分恢复的植株可重新发病。

甜菜霜霉病的发生与栽培条件有很大关系，如原料田与采种田相邻，原料田的发病率就会很高。植株密度过大造成田间郁蔽，或过量施用氮肥有利于霜霉病发生（胡白石 等，1999）。

（七）综合防控技术

1. 加大植物检疫力度

胡白石（1999）等人提出有效控制甜菜霜霉病的发生需要加大口岸检疫力度，禁止购入甜菜霜霉病疫区的甜菜种子，加强国外引种的检疫力度，防止甜菜霜霉病的二次传播与扩散。

2. 农业防控

避免连作，轮作倒茬，选种抗病品种，合理种植，合理灌溉，增施有机肥料，做好田间调查及管理工作。拔除重病株，深埋或烧毁。将糖用甜菜与母根甜菜隔离开。

3. 化学防控

播种前用70％敌磺钠可湿性粉剂和增产菌进行拌种处理。发病后，可以采用波尔多液、代森锰锌、75％百菌清、58％甲霜灵锰、40％增效瑞毒霉粉剂等通过叶面喷雾的方法防治甜菜霜霉病。于生（2014）进行甜菜霜霉病田间药剂筛选试验，结果表明：72％锰锌·霜脲可湿性粉剂为500倍液、50％烯酰·吗啉可湿性粉剂为600倍液、69％锰锌·烯酰可湿性粉剂为500倍液，均对甜菜霜霉病具有较好的防治效果。

（胡白石）

七、番茄细菌性溃疡病菌

（一）学名及分类地位

番茄细菌性溃疡病菌 [*Clavibacter michiganensis* subsp. *michiganensis* (Smith) Davis et al.]，属革兰氏阳性菌（*Gram-positive Bacteria*）棒性杆菌属（*Clavibacter*）。

（二）分布与危害

1. 分布

北京、河北、内蒙古、黑龙江、辽宁、吉林、新疆、山西、山东和上海等省（自治区、直辖市）都有发生，并有逐渐向南方扩展蔓延的趋势（胡俊 等，1998）。

番茄细菌性溃疡病是一种世界公认的毁灭性病害。目前我国北方十几个省（自治区、直辖市）均有不同程度的发生，且呈现逐年加重的趋势。该病的特点是蔓延迅速，危害严重，防治困难。为此，我国1995年将番茄细菌性溃疡病菌列入《全国植物检疫对象名单》，1997年列入《中国进境植物检疫潜在的植物危险性病、虫、杂草三类有害生物名录》。

2. 传播途径

番茄细菌性溃疡病菌主要是通过伤口包括损伤的叶片、幼根侵入到寄主内部，也可以从自然孔口包括气孔、水孔、叶片毛状体以及果实的表皮直接侵入到寄主组织内部。在自然条件下，病原主要是靠带菌的种子及种苗调运进行远距离传播。近距离传播主要是靠风雨、灌溉水和昆虫，或随分苗移栽、中耕松土、整枝打杈等农事操作进行蔓延。此外，农事操作人员的手、衣物及鞋子、操作工具等也可以造成该病原菌在田间的近距离传播。

（三）识别特征

番茄细菌性溃疡病是一种维管束系统病害，从番茄育苗到收获期均可发生。植株常常是一侧先发病，可以表现为系统症状和局部症状。主要类型包括叶片边缘坏死、叶片萎蔫至枯死、植株矮化、茎秆开裂呈现溃疡状、维管束变褐等，后期果实上出现中央浅褐色、边缘为白色晕圈、形似鸟眼状的病斑，为本病的典型症状（魏亚东，1996）（图4-30）。

Gleason 等（1993）认为，如果初侵染源是番茄种子或是病原通过伤口直接侵入番茄的维管束组织，将出现系统症状，通常先表现为萎蔫；而当病原通过植物表皮的毛孔、水孔等自然孔口侵入后，首先会出现叶边缘坏死、叶片萎蔫等局部症状，在适宜的环境条件下，再发展成为系统症状。在一定时空条件下，症状的类型取决于番茄感病的生育期、病菌的侵染位点及温度、湿度等环境条件。

图 4-30　番茄细菌性溃疡病发病症状
(https://www.sohu.com/a/165326679_254330)

（四）生物学特性

该菌好气，无鞭毛和芽孢，不含荚膜；菌体短杆状，大小为 (0.6～0.7) μm×(0.7～1.2) μm，单个或成对方式存在，细菌活动性不强。在 523 培养基上 28 ℃培养，4 d 后菌落黄色、不透明、黏稠状、圆形光滑、中央略突起、边缘整齐，菌落直径达 1 mm。该菌在不同的选择性培养基上菌落特征有所差异，在 KBT 培养基上菌落圆形、隆起、深灰白色、边缘黄至琥珀色，在 KBP 培养基上菌落表现为淡黄色，此外该菌还存在红色、白色、橙色和粉红色的变异菌落（赵廷昌，1993）。

番茄细菌性溃疡病菌最适 pH 为 7.5～8.5，最适温度为 25～27 ℃（赵廷昌 等，1993）。赵廷昌（1993）等对番茄细菌性溃疡病菌菌株的研究表明，该菌可以利用、蔗糖、麦芽糖、甘油、葡萄糖和甘露糖代谢，不能利用鼠李糖、棉子糖、山梨醇、甘露醇和松三糖代谢。在该菌的各种代谢中，不产生果聚糖，不产生吲哚，但能产生 H_2S，石蕊牛乳还原不产生氨，不还原硝酸盐，过氧化氢酶反应为阳性，尿酶、氧化酶、色氨酸脱氨酶、苯丙酸脱氨酶反应均为阴性（赵廷昌 等，1993）。

（五）病害循环

带病种子、种苗以及土壤和粪肥中的病残体为该病害主要的初侵染源。在田间和温室的番茄细菌性溃疡病菌主要通过水滴飞溅，从植物的自然孔口、伤口、叶毛、根或幼嫩的果实表面侵入，对植株进行再侵染。在植株中潜伏 3～4 周后，田间少数植株表现出症状。在适宜的环境条件下，病原大量繁殖，继而通过昆虫、雨水或灌溉、打杈、绑蔓、打顶等农事操作进一步进行近距离传播扩散，形成多次再侵染（张艳，2009）。番茄细菌性溃疡病菌可随病残体在土壤和粪肥中越冬并存活 2～3 年，当苗床土壤带菌时，病株率达 50% 以上。

（六）流行规律

当气候温暖潮湿时有利于番茄细菌性溃疡病的发生，特别是在番茄开花结果期，气温不太高（一般不超过 28 ℃），在暴风雨天气或大水漫灌后，病害最易流行、暴发。而当盛夏气温较高时，该病害反而扩展较慢，甚至停滞。雨水、流水、飞溅的水滴和暴风、昆虫、农事操作等造成的伤口等条件会加速病害在田间的扩展（张艳，2009）。

（七）风险评估与适生性分析

番茄细菌性溃疡病菌属于局部入侵物种，其在国内主要发生于东北三省、内蒙古、山西、河北、新疆等地。徐进（2007）等利用 Maxent 和 Garp 对番茄细菌性溃疡病菌的适生区域进行分析发现，除在高原地区不能定殖以外，番茄细菌性溃疡病菌可能的适生区域几乎遍及中国全境。

（八）监测检测技术

1. 监测与调查方法

监测方法：利用分子检测技术对发病植株进行检测，从而达到监测的目的。

调查方法：即取样方法，五点取样、对角线取样、棋盘取样、平行线取样、Z 字形取样。

2. 检测技术

（1）半选择性培养基　采用半选择性培养基可以从带菌的种子及种苗上分离和富集番茄细菌性溃疡病菌，通过菌落形态可初步判定是否带菌。

（2）致病性测定　采用蘸根法将浓度为 10^8 cfu/mL 的番茄细菌性溃疡病菌悬液接种感病番茄幼苗，7 d 后叶片出现萎蔫症状；接种烟草叶片则表现出过敏性坏死反应，但不同品种对番茄细菌性溃疡病菌的过敏性反应不尽相同。接种番茄和烟草后，发病时间的长短还会受到接种条件（如温度、湿度等）的影响（张艳，2009）。

（3）血清学检测　ELISA（Enzyme-linked Immunosorbent Assay）是检测番茄细菌性溃疡病菌常用的血清学方法。根据检测结果是否为阳性及酶联读数吸光值（ELISA OD reading），可以判断检测样品中是否带有番茄细菌性溃疡病菌和大致浓度。IF（Immuno-fluorescence assay）将免疫学和荧光标记技术相结合的一种技术，它是利用特异性抗体能够捕获病菌和荧光素在荧光显微镜下发光的原理直接检测番茄细菌性溃疡病菌。

（4）分子检测方法　目前基于传统 PCR 技术的巢式 PCR、多重 PCR、实时荧光 PCR、免疫 PCR、repPCR 等在番茄细菌性溃疡病菌的检测中应用较广泛。根据 ITS 基因序列、16S rDNA 基因序列设计的引物应用较多，在番茄细菌性溃疡病菌检测中被广泛作为靶标序列。

（5）LAMP 技术　LAMP（Loop-mediated Isothermal Amplification）环介导等温扩增，其最大的特点为 DNA 扩增在恒温条件（60～65 ℃）下进行，不需要昂贵的 PCR 仪；整个检测过程在 1 小时内完成；检测结果肉眼可视，不需要凝胶电泳检测，使得检测时间更短，操作方法更简便。

（九）应急防控技术

1. 加强检疫，选用抗病品种

种子和种苗带菌是病害远距离传播的主要途径，加强检疫措施，严防带菌种子和种苗进入无病区。

2. 种子处理

播种前采用温汤浸种，也可用 0.01% 的醋酸浸种 24 h，或选用 0.5% 次氯酸钠溶液浸种 20 min。

3. 选择无病留种田

选择没有番茄细菌性溃疡病病史的地区进行育种留苗，并采取严格地隔离措施，防止病原感染种子。

4. 加强田间管理

及时摘除下部的老、黄、病叶，清洁田园，及时拔除病株和附近的植株，将病残体集中到一起进行焚烧或深埋，并对病穴和周围的土壤施药，尽快消毒，避免病菌随病残体传播蔓延。

5. 合理轮作

与非茄科植物轮作 2 年以上，可有效降低田间病原的数量，控制病害的发生。

6. 化学防控

发病初期及时施药，常用的药剂有 20％络氨铜水剂 500 倍液、20％噻菌铜悬浮剂 700 倍液、77％氢氧化铜可湿性粉剂 800 倍液，每隔 7 d 喷施 1 次，连续喷施 2～3 次。还可选择 30％琥胶肥酸铜可湿性粉剂 60 倍液灌根，每株约 0.5 L，对番茄溃疡病的防治也具有较好效果。田间施药时铜制剂与其他药剂尽量轮换使用，既可以提高药剂使用效果，又可以降低抗药性风险。

（十）综合防控技术

1. 检疫防控

种子带菌是病害异地传播的最重要途径，番茄细菌性溃疡病菌是我国的植物检疫对象，因此应该把出入境种子的植物检疫工作放在首位加以重视，防止从境外或病区引种时将病菌带入，引种时要求供种方出示种子健康检验证书和植物检疫证书，从源头控制番茄细菌性溃疡病的扩展蔓延。

2. 农业防控

（1）田间管理　及时拔除发病植株，并在远离种植区域对病残体进行集中掩埋或焚烧，对病穴及周围土壤进行消毒。避免在湿度大、阴天、雨后叶片上有结露的情况下进行整枝、打杈、采摘等农事操作。工人在接触病株后应及时用肥皂认真洗手，再进行其他操作。与此同时还要对劳动工具进行消毒，可采用 10％的次氯酸钠。收获结束后应对田园进行彻底清洁，对土壤进行深翻，将地表残留的病残体和病原深翻至土壤中，可加速病原的死亡。同时对病区土壤进行药剂处理，尽量减少病菌传播的可能性。

（2）合理轮作　对有番茄细菌性溃疡病发生记录的田块，在条件允许的情况下，可与其他非茄科作物进行两年以上的轮作，能有效地降低田间病菌的数量，控制病害的发生危害。实行与非茄科蔬菜 3 年或 3 年以上的轮作控制氮肥用量，增施磷、钾肥，提高番茄对病原的抵抗力，适时通风透光，创造有利于番茄生长，不利于病菌危害的环境条件。

（3）改善栽培条件　设施番茄栽培可采用无滴地膜覆盖和膜下滴灌，可大大降低地表和空气湿度，防止滴露的形成，减少病原的繁衍和侵染；在低温季节采用自控电热增温设施调节昼夜温度的变化，利于植株的健康生长，提高自身的抗病性。

3. 物理防控

除了对带菌种子使用紫外线照射等物理消毒方法外，对发病田也可在非生产季使用物理方法进行处理，从而杀死病原，降低病害的发生率。Antoniou 等（1995）在希腊的试验表明，在秋季番茄定植前的 7 月中旬至 8 月底，对大棚中的土壤灌足水后覆盖聚乙烯膜，日晒 4～6 周实施闷棚，可有效降低田间菌量，番茄细菌性溃疡病发病率平均降低 72%，而作为对照的溴甲烷熏蒸（70g/m²），效果仅为 20%。

4. 生物防控

用 M22 枯草芽孢杆菌每公顷 7.5 kg、荧光假单胞杆菌每公顷 7.50～10.05 kg 灌根或 47% 春雷霉素可湿性粉剂 500 倍液灌根（也可叶面喷雾）。发病初期使用 3% 中生菌素可湿性粉剂 600 倍液对植株整体喷雾，每隔 3 d 喷施一次，连续 3～4 次可有效预防和控制番茄细菌性溃疡病菌的发生和发展。或用 2% 春雷霉素水剂 500 倍液，每隔 5～7 d 喷洒 1 次，连续使用 3～4 次。或用 10 亿孢子/g 枯草芽孢杆菌可湿性粉剂 500 倍液喷淋植株，每株喷 100 mL。

5. 生态调控

重点采取推广抗病品种、选用无菌种子、培育健康种苗等措施并且结合合理轮作、加强田间管理等生物多样性调控，改造病害发生源头，人为增强自然控害能力和作物抗病能力。

6. 化学防控

国内外目前尚没有开发出防治番茄细菌性溃疡病的特效药剂。田间防治番茄细菌性溃疡病菌的最常用的药剂就是各种铜制剂，自发病初期开始每 5～7 d 喷施 1 次，对番茄细菌性溃疡病有一定的防治效果。国内报道的有关番茄细菌性溃疡病防治的药剂主要有铜制剂、代森锰锌、琥胶肥酸铜和农用链霉素等。虽然长期施用含铜的杀细菌剂有可能会导致病原细菌产生抗药性，但目前还没有关于番茄细菌性溃疡病菌对铜制剂产生抗性的报道（胡俊 等，1998）。

7. 综合防控

生产上对番茄细菌性溃疡病的防治要采用"预防为主、综合防治"的宗旨，减少初侵染源是防治该病害的关键。

（胡白石）

八、番茄褪绿病毒

（一）学名及分类地位

番茄褪绿病毒［*Tomato chlorosis virus Crinivirus*（ToCV）］，属长线形病毒科（Closteroviridae）毛形病毒属（*Crinivirus*）（Lozano et al.，2020）。

（二）分布与危害

1. 分布

番茄褪绿病毒是一种番茄、辣椒、甜椒等茄科作物的重要病害。番茄褪绿病毒于 1998 年在美国佛罗里达州被首次报道（Wisler et al.，1998），现已蔓延至欧洲、亚洲、非洲、美洲等各国（图 4-31）。

番茄褪绿病毒于 2004 年，在我国台湾地区首次发现，现在北京、山东、天津、河南、河北、山西、陕西、浙江、内蒙古、吉林、辽宁、广东、海南、湖南、云南和新疆等多个地区发现并迅速蔓延（孙晓军 等，2021）。

2. 寄主

番茄褪绿病毒寄主范围广，可侵染茄科、菊科、苋科、番杏科（Aizoaceae）等 7 科

25 种植物（周涛 等，2014；王志荣 等，2016）。

审图号：GS京（2023）1824号

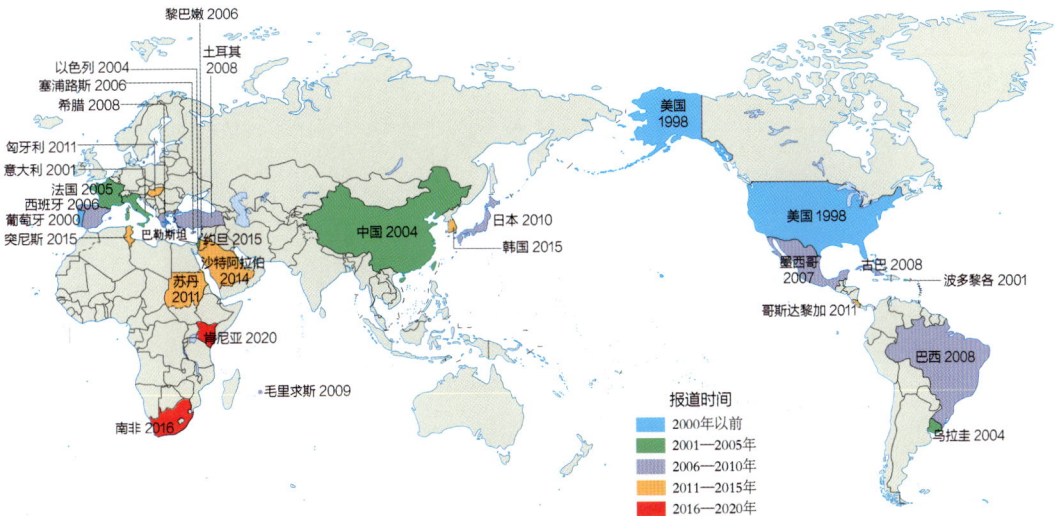

图 4-31 番茄褪绿病毒在世界各地分布与报道时间

3. 传播途径

番茄褪绿病毒是一种昆虫介体传播的 RNA 病毒，主要由温室白粉虱、银叶粉虱 [*Bemisia argentifolii*（Bellows & Perring）]、烟粉虱 [*Bemisia tobaci*（Gennadius）]、纹翅粉虱（*Trialeurodes Abulitnea*）等媒介传毒（Wintermantel et al.，2006）。温室白粉虱可带毒 1 d，烟粉虱可带毒 2 d，纹翅粉虱的带毒时间比较长，可达 5 d，虽然这几种粉虱对番茄褪绿病毒的传毒效率有所差异，但都可以进行有效传播。

4. 危害

番茄褪绿病毒是一种世界性重要病害，对番茄产量与品质造成严重影响，成为危害我国番茄产业发展的重要病害（王志荣 等，2016）。番茄在整个生长阶段均能感染番茄褪绿病毒，尤其在生长早期该病毒对番茄产量的影响比较大。番茄褪绿病毒发病率高且传播速度快，在适合的发病条件下，感染番茄褪绿病毒的病株率为 20%～100%，感病植株减产 10%～40%，影响果实品质和产量，造成果实商品率下降，给农民造成巨大的经济损失。

（三）识别特征

番茄褪绿病毒具有潜伏侵染的特性，一般侵染 3～4 周后才表现症状。发病初期不显现症状；进一步发展后，叶脉呈褪绿症状，中部的叶片变成红褐色，老叶变厚变脆；在番茄各个生长期都能侵染，发病后期，整个植株的叶片变黄，导致果实畸形，产量降低（图 4-32）。

在变黄的区域内经常出现金黄色坏死斑点，叶缘向上卷曲。叶最终变得厚而脆，失去功能，弯曲时容易折断。番茄褪绿病毒严重发生很大程度降低番茄光合强度，减少运输到番茄果实的营养物质总量，可导致减产。在某些番茄品种中，番茄褪绿病毒的侵染会造成叶片花青素的积累（Seo et al.，2018）。

图 4 - 32　番茄植株感染番茄褪绿病毒后不同时期的症状（孙晓军提供）
A. 番茄褪绿病毒的初期症状　B. 番茄褪绿病毒的中期症状　C、D. 番茄褪绿病毒的晚期症状

（四）生物学特性

番茄褪绿病毒是二分体基因组，包含有两条正义单链 RNA，基因组全长约 16.8 kb，包含有 13 个开放阅读框（ORFs）。其中，RNA1 链全长 8 594 bp，RNA 2 链全长 8 242 bp。根据电子显微镜检测结果，番茄褪绿病毒粒子长 800～850 nm（图 4 - 33）。番茄褪绿病毒的在两个不同的病毒粒子中分别包装着两条 RNA 链，番茄褪绿病毒成功侵染寄主需要这两条 RNA 链同时存在。番茄褪绿病毒基因组中包含有两个重复的 CP 外壳蛋白基因，并且包含一个可以编码 HSP70 同源蛋白的基因。番茄褪绿病毒的 p22 蛋白具有 RNA 沉默抑制作用，P22 具有锌指结构（Landeo et al.，2016）。

（五）流行规律

关于番茄褪绿病毒病的田间发病规律已有较多的研究（刘勇 等，2019）。MED 烟粉虱隐种及番茄褪绿病毒的发病时间为秋季，并在 11 月上旬之后，日光温室平均温度一般低于 20 ℃（李娇娇 等，2018）。高温、干旱有利于番茄褪绿病毒病暴发，越冬茬和早春番茄的栽培过程，4～5 月降水量少，气温回升的速度快，烟粉虱迅速繁殖，活动旺盛，

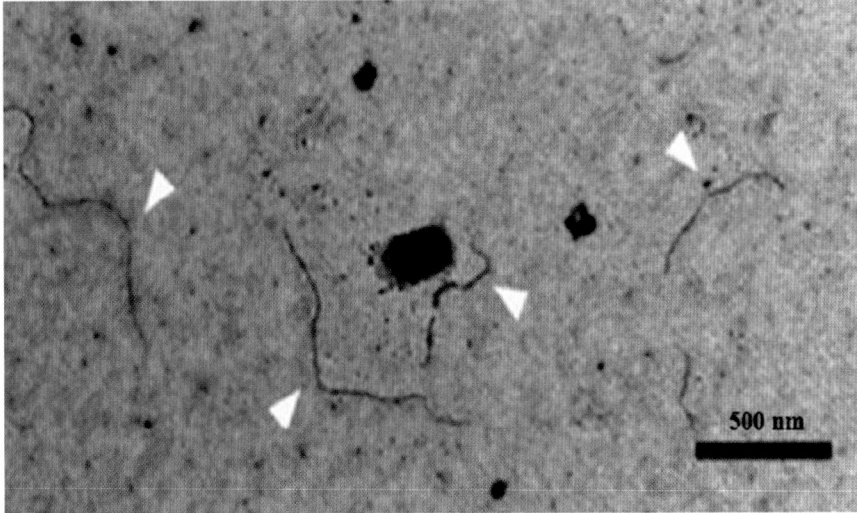

图 4-33 番茄褪绿病毒粒子的电子显微镜照片（Orilio et al.，2014）

是番茄褪绿病毒病大面积危害的高峰期，烟粉虱繁殖速度与番茄褪绿病毒病的发病成正比；5 月后，进入雨季，雨量较多，湿度大不利于烟粉虱活动，该病毒进入低发期；8～9月，温度升高，雨量减少，烟粉虱开始大量活动，植株生长缓慢，较易感染病毒，番茄褪绿病毒病大面积发生，10 月至翌年 3 月，气温低，雨量少，烟粉虱活动进入低潮期，番茄褪绿病毒病进入低发期。调查发现，番茄褪绿病毒病的发生与烟粉虱田间种群动态具有着明显的相关性，高温、低湿有利于烟粉虱的活动，植株的感染病毒的概率增大，危害加重。日光温室的前后通风口、门口处都是烟粉虱迁入的主要通道，且附近植株发病相对较重（孔亚丽 等，2016）。

（六）监测检测技术

1. 症状观察

发病初期不显现症状；进一步发展后，番茄的早期症状包括叶脉间的轻微泛黄，叶脉呈褪绿症状，如同植株缺素症，中部的叶片变成红褐色，老叶变厚变脆；发病后期，整个植株的叶片变黄，甚至枯死，导致果实畸形。

2. 血清学检测（双抗夹心酶联免疫吸附法）

血清学检测法具有灵敏、特异、简便快捷的优点，因此被广泛应用于植物病毒的检测。但值得注意的是番茄褪绿病毒在感染的叶片、芽上分布不平衡，样品处理不合理，病毒浓度差异大，会导致检测的假阴性。具体检测方法按照血清学检测法进行操作。

（七）综合防控技术

番茄褪绿病毒传播速度快、危害性强、防控困难。因此，对番茄褪绿病毒及其传毒介体的发生规律进行监测，及时掌握其发生动态，制定综合防治措施、开展相关防治工作。

1. 检疫防控

加强育苗管理及对其进行检测工作，从疫区引进的苗要加强检测监测，发现疫情立即销毁。对番茄褪绿病毒发生区调出的苗、进行严格的跟踪检疫，防止病害进一步扩散。

2. 农业防控

（1）培育抗病毒优良品种，加强监测　选育抗病毒病品种为防治番茄褪绿病毒的根本措施。烟粉虱是番茄褪绿病毒的传毒介体，菜农在引苗时，应对引苗区病毒及烟粉虱的发生情况进行详细的了解和监测，防止毒源传入蔬菜种植基地。

（2）加强田间栽培管理　定植后及时追肥，多施腐熟有机肥，生长前期及时喷施叶面肥，促使番茄、茄子植株健壮生长，提高植株的抗病能力。注意通风换气，避免棚内温度过高，创造有利于植株生长而不利于病毒发生的环境条件。此外，及时清除田间杂草、病株残体，基地附近避免种植粉虱喜食的寄主植物。

3. 物理防控

果实收获后及时清洁田园，清除杂草、病残体，枯枝败叶，及时将剪下的枝叶带出温室外，进行深埋或者焚烧，杀灭残体上的虫源；在通风口及出口处设置 50～60 目的防虫网，在温室内放置黄色粘虫板，诱杀烟粉虱成虫；番茄定植后加强对烟粉虱的预测预报，其零星发生时即采用高效低毒化学药剂进行防治，一般 5～7 d 喷施 1 次，同时注意交替用药，防止产生抗药性。

4. 化学防控

适时用药剂防治白粉虱、银叶粉虱、烟粉虱、纹翅粉虱等传毒介体。根据当地实际情况选择有效方法施药，采用多种化学措施防控粉虱对番茄褪绿病毒的传播，种苗定植前期喷淋 10％吡虫啉可湿性粉剂 2 000 倍液，防止带虫苗进入温室；粉虱出现后，选择合理的杀虫剂进行防控，如 25％噻嗪酮可湿性粉剂 1 500 倍液、10％吡虫啉可湿性粉剂 2 000％倍液、25％噻虫嗪水分散剂 2 500 倍液、1.8％阿维菌素乳油 1 500％倍液等；粉虱数量较大时，采用熏烟剂、防效效果更佳。粉虱容易产生抗药性，注意轮换用药，避免同一种药物重复使用。番茄生长前期，叶面可以喷施微肥，促使番茄生长，提高植株抗病能力。目前市场上还没有防治该病的专用药剂，药剂防治效果并不理想。

（玉山江）

九、番茄黄化曲叶病毒

（一）学名及分类地位

番茄黄化曲叶病毒［*Tomato yellow leaf curl virus Begomovirus*（TYLCV）］，是对全球番茄生产破坏性最大的病毒（Li et al.，2022），属双生病毒科（Geminiviridae）菜豆金色花叶病毒属（*Begomovirus*），为单组分环状 DNA 病毒。

（二）分布与危害

1. 分布

番茄黄化曲叶病毒首次报告在以色列发生危害，并迅速传播到世界上许多热带和亚热带地区，包括地中海盆地、亚洲、澳大利亚、北美洲、中美洲和南美洲（Ramosa et al.，2019）。

我国于 2006 年首次报道番茄黄化曲叶病毒的危害。现分布于国内大部分省市。

根据已发表和注释的序列，我国目前已鉴定出 415 株具有全长核酸序列的番茄黄化曲叶病毒分离物，具体分布情况见表 4－6（Li et al.，2022），其中番茄黄化曲叶病毒分离株最多的 5 个省（自治区、直辖市）为云南、山东、河南、北京和河北，其中云南、山东和河南是中国番茄种植规模最大的省份。

表 4-6 中国番茄黄化曲叶病毒分离物的地理分布

行政区划	分离物数量	行政区划	分离物数量
云南	119	湖北	4
山东	76	四川	2
河南	31	湖南	1
北京	29	重庆	1
河北	21	吉林	1
江苏	14	贵州	1
浙江	14	天津	1
辽宁	14	台湾	症状描述
福建	13	黑龙江	症状描述
山西	12	甘肃	症状描述
广东	12	宁夏	症状描述
新疆	11	内蒙古	症状描述
广西	9	香港	0
安徽	8	青海	0
上海	8	西藏	0
陕西	7	江西	0
海南	6	澳门	0

注："症状描述"代表描述过与番茄黄化曲叶病毒相关病害症状的区域，但缺乏对该病毒的分子鉴定。

2. 危害

番茄黄化曲叶病毒在新疆发生严重。2011年下半年，新疆喀什地区莎车、泽普两县温室番茄、辣椒和茄子陆续发生严重的黄化、卷叶、矮化的症状，经检测鉴定由番茄黄化曲叶病毒引起，对当地番茄生产造成毁灭性危害。

番茄黄化曲叶病毒的宿主范围广泛，能够侵染16科49种植物，我国已在25种植物中检测到番茄黄化曲叶病毒，包括番茄、辣椒、豇豆等14种经济作物，其中番茄受到的危害最重（Li et al.，2022）。此外，番茄黄化曲叶病毒还可以与其他病毒复合侵染危害，导致病害症状加重。例如，番茄黄化曲叶病毒和番茄褪绿病毒的复合侵染给生产带来更大的损失。

（三）识别特征

番茄黄化曲叶病毒危害番茄后表现植株节间变短、矮化（图4-34A）；叶片变小、变厚，质感脆硬并向上卷曲、黄化，部分品种后期叶脉呈紫色（图4-34B）；苗期受害则花少甚至不能开花，全株坐果很少或基本不结果，果实小而畸形（图4-34D）。

（四）生物学特性

番茄黄化曲叶病毒属于双生病毒科，该科是最大的植物病毒科，根据其基因组特征、昆虫介体和宿主范围分为14个属，其中由烟粉虱传播的菜豆金色花叶病毒属是迄今为止最大的属，包含445种病毒。

图 4-34　番茄黄化曲叶病毒危害番茄的症状
A. 苗期危害状　B. 叶脉变紫　C. 温室番茄受害症状　D. 番茄黄化曲叶病毒危害症状

　　番茄黄化曲叶病毒编码 6 个典型的病毒蛋白，其中病毒链编码 2 个 ORFs，V1 和 V2，互补链编码 4 个 ORFs，C1、C2、C3 和 C4，最近报道了 2 个新的 ORFs，V3 和 C5（图 4-34）。病毒 DNA 包装和昆虫介体传播所必需外壳蛋白（CP）由 V1 ORF 编码，V2 ORF 是转录基因沉默（TGS）和转录后基因沉默（PTGS）的 RNA 沉默抑制因子；C1 ORF 编码复制相关蛋白（Rep），C2 ORF 编码转录激活蛋白（TrAP），C3 ORF 编码复制增强蛋白（REn），C4 ORF 编码的 C4 蛋白与病毒的多种功能相关，如病害症状、参与病毒运动、抑制宿主 DNA 甲基化和 RNA 沉默方面；最近的研究表明番茄黄化曲叶病毒编码的 V3 ORF 是一种高尔基体和部分内质网（ER）定位蛋白（Gong et al.，2022），C5 ORF 是致病性决定因子和 RNA 沉默抑制因子（Zhao et al.，2022）（图 4-35）。

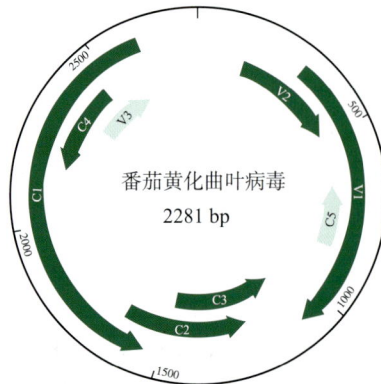

图 4-35　番茄黄化曲叶病毒基因组结构示意（Li et al.，2022）
注：病毒链编码的 V1、V2，互补链编码的 C1、C2、C3 和 C4，以及新近报道的 ORFs V3 和 C5。

（五）病害循环

番茄黄化曲叶病毒在自然界中通过烟粉虱以持久性方式进行传播。烟粉虱是由 35 个隐种组成的隐种复合体（Luan et al.，2014），其中 MEAM1 和 MED 是传播植物病毒并导致严重损失重要介体。MED 烟粉虱隐种被认为是中国番茄黄化曲叶病毒（*Tomato yellow leaf curl disease*）的主要传播介体，MEAM1 烟粉虱隐种 20 世纪 40 年代进入中国，而 MED 烟粉虱隐种 2003 年首次在云南报道并迅速蔓延至全国多个省份（褚栋，2018）。2006 年番茄黄化曲叶病毒传入我国，随着 MEAM1 和 MED 烟粉虱隐种的扩张，迅速蔓延至多个省份并发生严重危害，造成产量损失为 20%～100%（Levy et al.，2008）。烟粉虱隐种 MED 和 MEAM1 入侵新疆后迅速蔓延，优势种群随时间呈现动态变化，表明 MED 隐种已扩散至和田地区，且在昆玉市已成为优势种群，且 MED 隐种带毒比例较高（韩畅 等，2020）（表 4-7）。

表 4-7　新疆烟粉虱隐种携带番茄黄化曲叶病毒的分子检测

采集地点		生境	MED		MEAM1	
			虫口数	病毒检出率（%）	虫口数	病毒检出率（%）
南疆	昆玉市	温室	141	76.6	1	100.0
东疆	鄯善县	温室	116	68.9	19	15.8
北疆	克拉玛依市	温室	118	40.7	2	0
		露地	54	57.4	0	0
	石河子市	露地	0	0	72	0
	乌鲁木齐市	露地	20	30.0	0	0

除了烟粉虱能够传播番茄黄化曲叶病毒，且相关研究表明番茄黄化曲叶病毒-il 可以通过种子传播。从自然或实验感染番茄黄化曲叶病毒-il 的番茄和本氏烟（*Nicotiana benthamiana*）种子中检测到番茄黄化曲叶病毒，进一步证明番茄黄化曲叶病毒能够通过种子传播（Pérez-Padilla et al.，2020）。

（六）监测检测技术

1. 血清学检测技术

利用高质量的番茄黄化曲叶病毒特异性抗体能够有效检测番茄黄化曲叶病毒的蛋白，如 dot-ELISA 和直接组织印迹免疫法已被开发用于检测番茄和烟粉虱样品中的番茄黄化曲叶病毒。由于其操作简单，成本低廉，ELISA 是最适合进行大量样品检测分析的方法。

2. 核酸检测技术

基于核酸检测番茄黄化曲叶病毒的方法有 PCR、RCA 和 LAMP，尤其是近年发展的高通量测序技术（NGS），有效提高了双生病毒的检测和鉴定技术。PCR 技术需要利用特异性引物扩增番茄黄化曲叶病毒的 DNA 区域后进行测序，即可确认番茄黄化曲叶病毒感染，如对 2007 年江苏省兴化市和南京市表现为植株矮缩、叶片上卷的病株进行 PCR 检测并测序，明确其被番茄黄化曲叶病毒侵染（季英华 等，2008）；RCA 技术不需要特定的引物序列，且比 PCR 具有更高的敏感性，除用于番茄黄化曲叶病毒的检测外，还能够检测未知的双生病毒（Haible et al.，2006）；LAMP 技术是在 60～65 ℃的恒温条件下进行的等温放大过程，已被用于检测番茄黄化曲叶病毒等病毒（Fukuta et al.，2003）；NGS 可以在没有病毒序列信息的情况下识别双生病毒，因此可以同时检测样本中存在的所有已知或未知的病毒序列，可成功从不同的宿主中快速识别番茄黄化曲叶病毒和未知的双病毒。

（七）综合防控技术

番茄黄化曲叶病毒引起的番茄黄化曲叶病一旦发病无法治愈，因此在植物生长阶段采用"预防为主，综合防治"的绿色防治技术，注重农业措施的有效应用。

1. 选择抗病品种

选用抗病品种是防治番茄黄化曲叶病毒病最有效的手段。当前已鉴定出 7 个番茄抗病基因，即 Ty-1、Ty-2、Ty-3、Ty-$3a$、Ty-4、Ty-5 和 Ty-6。目前，被广泛用于育种的抗病基因有 Ty-1、Ty-2、Ty-3 和 Ty-$3a$ 并已有商业化品种。Ty-1 抗病基因通常表现为耐病，与 Ty-3 是一对等位基因，大多数耐番茄黄化曲叶病毒的栽培品种含有该基因，而同时携带 Ty-1、Ty-3 或 Ty-$3a$ 基因的材料均表现高抗（甘桂云 等，2020），目前生产上可以选择的此类品种主要有金鹏 1828、瑞星大宝、罗拉、农 1305、迪达、红贝贝等（李英梅 等，2021）。

2. 加强育苗期管理

依据报道番茄黄化曲叶病毒能够在番茄中进行种传，因此选用无毒种子进行育苗是保证种苗不带毒的关键环节。通常在春茬番茄的大棚内，随机选地放置育苗盘，与春茬已发病番茄、番茄自生苗及其他寄主处于同一空间，棚内烟粉虱能够将番茄黄化曲叶病毒有效传播至种苗。为避免苗期病毒的侵染，应尽量实现规模化育苗，并有效控制育苗棚内烟粉虱的发生。

3. 适时定植，合理利用防虫网、诱虫板

植物苗期感染番茄黄化曲叶病毒，症状严重且产量损失更高。传毒介体烟粉虱的种群数量、发生期、传毒能力、传毒时间与病害发生密切相关（张蕊蕊 等，2010）。根据种植区的气候特点，合理地调整定植期、确保苗期避开烟粉虱发生高峰期，能有效减轻番茄黄化曲叶病毒的危害。

新疆大棚秋茬番茄的定植时间在 9 月前后，与烟粉虱从露地寄主迁飞回保护地的时间吻合，此阶段烟粉虱的数量、传毒能力与番茄黄化曲叶病发生程度密切相关，因此如何减少烟粉虱的数量至关重要。在棚室通风口和出入口安装防虫网，棚室内番茄生长点上方 10～15 cm 处悬挂黄色粘虫板，可有效降低棚内烟粉虱虫口数，降低发生病害的风险。

4. 多措施并举，科学防控烟粉虱

烟粉虱防控主要包括农业防治、物理防治、生物防治、化学防治等各种措施。目前生产上存在过分依赖化学防治的现象，由于烟粉虱容易产生抗药性，常常造成施药成本很高但防治效果欠佳的结果。过去多年烟粉虱防控研究表明，对于烟粉虱的防控要多措并举，进行综合治理。鉴于烟粉虱的传毒效率极高，繁殖能力极强，为达到"防虫控病"的目的，必须对烟粉虱进行提早预防。具体措施有隔离、净苗、喷淋、诱捕、释放天敌、化学调控等措施（褚栋 等，2018）。

（都业娟，高国龙，韩畅）

十、油菜茎基溃疡病菌

（一）学名及分类地位

油菜茎基溃疡病菌［*Leptosphaeria maculans*（Desm）Ces. Et de Not. ］，属真菌界（Fungi）子囊菌门（Ascomycota）座囊菌纲（Dothideomyeetes）格孢腔菌目（Pleosporales）格孢腔菌科（Pleosporaceae）（张慧丽，2021）小球腔菌属（*Leptosphaeria*），无性态为茎点霉［*Phoma lingam*（Tode ex Schw. ）Desm］。

（二）分布与危害

1. 分布

油菜茎基溃疡病菌在北美洲的加拿大和墨西哥，南美洲的巴西，大洋洲的澳大利亚，欧洲的英国、法国、德国等国家，亚洲的亚美尼亚、格鲁吉亚等国家，非洲的埃及、埃塞俄比亚等国家均有分布，但在中国还未见发生危害的报道（张慧丽，2021）。

2. 传播途径

主要通过带病植株、病残体、受侵染的种子、带菌土壤、角果籽粒等植物材料进行远距离传播（王振华，2010）。

3. 危害

油菜茎基溃疡病菌的致病力强，主要危害油菜等十字花科作物，对幼苗和成株均可造成危害，容易导致茎基溃疡、植株倒伏和死亡，种荚易受侵染，种子带菌，会造成巨大的损失。一般年份产量损失10%～20%，严重时可达30%～50%或更高，每年在全球造成的损失超过9亿美元（潘玲玲，2018）。Fitt等用模拟模型预测了我国南方（长江流域）油菜种植区油菜茎基溃疡病传入后16年的流行趋势，仅长江流域每年平均损失达4.93亿美元，同时还会对我国的十字花科野生植物构成重大威胁（张慧丽，2021）。在我国传播流行，每年将造成约30亿元直接经济损失。

（三）识别特征

在整个生长期，植株叶片、茎部、根部、荚果均可被害，主要症状是茎、叶部有灰色病斑。叶片上出现圆形、不规则形、稍凹陷、中部灰白色的病斑，部分斑内散生许多小黑点，茎部0～30 cm处有凹陷的溃疡斑，附着黑色小点，根部病斑长条形，易腐杆（图4-36）。发病严重时，茎溃疡环绕茎基部造成植株倒伏，甚至死亡。

图4-36 油菜发病症状（周国梁 等，2010）

菌落生长速度较慢，多而致密，菌丝形态特征表现为菌丝白色，呈放射状，有隔，边缘不整齐，有较多分支。白色菌丝、菌落上有较大的结节状颗粒点。培养10 d的培养基上可见到褐色至黑色点状的分生孢子器，分生孢子器球形至扁球形，散生、埋生或半埋生于菌丝中，挤压后释放大量分生孢子（张慧丽，2021）。显微镜下分生孢子无色透明，椭圆形至纺锤形，两端各有1个油球（图4-37）。

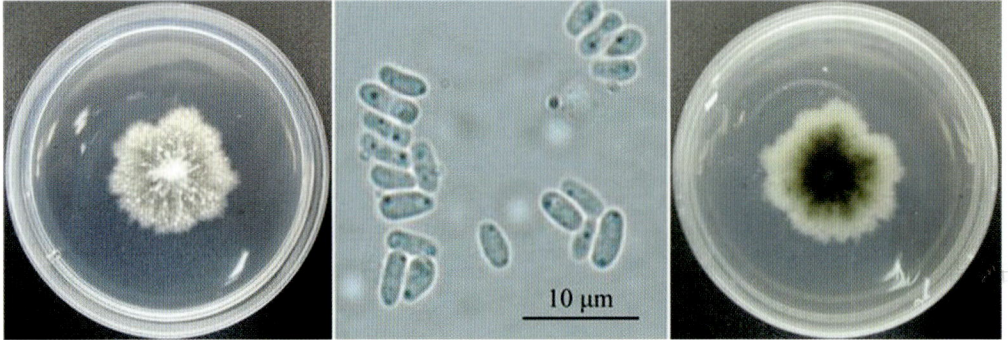

图4-37 油菜茎基溃疡病菌形态特征（周国梁 等，2010）

（四）生物学特性

该菌株在5~37 ℃范围内均能生长，最适生长温度为25 ℃；培养基的酸碱度对病菌营养生长影响不大，病菌产孢繁殖适合在中性环境下进行；光照与否对菌丝生长影响不大，持续黑暗有利于产孢；在V8培养基上生长、产孢效率最高（潘玲玲，2018）。

（五）病害循环

病原在苗期开始侵染植株，植株出苗后，在条件（如温度、湿度）合适时，腐生在田块病残体上的假囊壳释放子囊孢子，子囊孢子随气流、雨水传播，开始侵染叶片，在叶上形成病斑。随着植株的生长，病原由叶片向茎秆侵染，一般在植株成熟前，在病斑处会有假囊壳生成，适当的时期释放孢子形成有性世代循环。在病原侵染叶片形成病斑时，通常会有分生孢子形成，分生孢子会再次侵染其他叶片形成新的侵染途径。病菌以子囊壳和菌丝体在病残株中越夏和越冬，菌丝体在土中可存活2~3年，在种子内可存活3年，子囊壳在残株中可存活5年以上。病菌分生孢子可借风雨进行短距离传播，感病植株、病残体和带菌种子是远距离传播的主要方式。

（六）流行规律

有研究表明，影响油菜茎基溃疡病菌生存的因素有寄主、温度、湿度、降水等。即影响油菜茎基溃疡病菌的发生和流行的主要因素为病原种群和环境气候（潘玲玲，2018）。其中，温度和降水会影响子囊孢子的释放；湿度会影响子囊孢子的萌发。油菜茎基溃疡病为一种喜湿低温病害，故在苗期（澳大利亚为6月末至8月底、加拿大西部为5到6月）雨后易导致病害的流行。

（七）风险评估与适生性分析

1. 风险评估

我国存在着大量的油菜茎基溃疡病菌寄主，且气候、农业条件都适合该菌的生长，所以该菌容易在我国定殖、扩散，并存在对我国的油菜产业造成巨大损失的风险。据荣松柏等（2018）人测算分析，油菜茎基溃疡病菌在中国传播风险高。从预测结果来看，我国北方和长江流域油菜主产区均有可能适合油菜茎基溃疡病菌生存，由于我国许多地方都种植着大量十字花科蔬菜，且许多种类也是油菜茎基溃疡病菌的重要寄主，所以中国油菜非主产区广东、广西、福建、河北、辽宁等地也存在适生的可能性，因此必须加强控制其"进入风险"。

2. 适生性区域的划分

（1）全球适生性区域的划分　MaxEnt 模型预测结果显示，油菜茎基溃疡病菌的中高度适生区集中在北美洲的加拿大、美国北部，欧洲的大部分国家以及大洋洲的澳大利亚、新西兰，零星分布于阿根廷、南非、哈萨克斯坦与中国等国家。

GARP 模型预测结果显示，油菜茎基溃疡病菌的中高度适生区在北美洲、欧洲、大洋洲等地区。此外，阿根廷、南非、哈萨克斯坦、中国、伊朗等国家的部分地区也存在油菜茎基溃疡病的高度适生区。

（2）我国适生性区域的划分　MaxEnt 模型预测结果显示，我国边缘适生区包括内蒙古、吉林南部、安徽北部、青海中部、西藏西部等地区；中高度适生区包括新疆西北部部分地区。

GARP 模型预测结果显示，我国中高度适生区包括内蒙古、吉林南部、陕西、宁夏、甘肃、新疆与西藏西部部分地区。

3. 风险等级

随着国际贸易的日益增长，油菜茎基溃疡病菌随进境种子传入我国的风险很高。且我国气候条件适合该病菌的定殖，一旦传入将对农业生产构成严重威胁（陈清，2013）。

4. 风险管理措施

加强对从疫区进口菜籽的检疫，对于油菜种子可以采取杀菌剂等药剂进行处理；加强对农民的科普，能及时将可疑疫情上报检疫部门；进一步在国内发病的油菜上分离菌株；与非十字花科作物进行轮作，在油菜收割之后，要完全清除残枝，减少可能存在的侵染源；选育抗病品种，最好是多基因抗性品种，可以避免由于单基因抗性而造成的抗性不持久的弊端。

（八）监测检测技术

1. 监测与调查方法

根据目标检疫性有害生物田间症状，在油菜幼苗期、蕾薹期、花期、成熟期分别进行 1 次田间调查。调查方法为原种繁育田逐行、逐株调查检验。原种、良种繁种田可采用棋盘式抽样检验。面积≤1 hm² 调查 5 点，面积 1.1～10.0 hm² 调查 8 点，面积 10.1～20.0 hm² 调查 11 点，面积 20.1～33.3 hm² 调查 15 点，面积＞33.3 hm² 调查 20 点以上。每点调查≥20 株。

2. 检测技术

（1）田间诊断　根据其生物学特性，在油菜苗期、蕾薹期、开花期、成熟期分别开展 1 次监测，"叶变色、茎溃疡、布黑点"等为该病菌主要鉴识特征。

（2）形态学鉴定　挑取皱缩、干瘪、变色、畸形、残缺、有霉变的种子或感病植株根、茎、叶的病健交界处组织进行病菌分离、菌落纯化并培养观察。根据在 PDA 上有无产生色素等菌落培养性状及分生孢子、子囊孢子等病菌形态特征鉴定。

（3）分子生物学鉴定　可参照《油菜茎基溃疡病菌检疫鉴定方法》（GB/T 31793—2015）开展常规 PCR、套式 PCR 和实时荧光 PCR 鉴定。也可参照杜然（2021）等人基于环介导等温扩增技术（LAMP）建立的快速检测法鉴定。相对于 PCR 检测，LAMP 检测方法更灵敏、准确、高效。

（九）应急防控技术

化学农药的使用是降低油菜产量损失最为有效的手段，但是化学农药会造成残留，污染环境。虽然化学农药的使用不能彻底消灭油菜茎基溃疡病，但是可以在很大程度上控制病害的发生和流行。药剂处理主要有三个方面：一是种子施药，在播种前对种子进行药剂处理可以清除种子中的病原菌残留，防止病原菌随子播撒带入新的未染病的田块中，另外种子包衣还可以使油菜植株获得较长时间的抗性，降低幼苗的发病率，常用试剂包括苯并咪唑、二甲酰亚胺、异菌脲等。二是叶面喷药，叶面喷洒杀菌剂能够减少植株感染病原，保障油菜的产量。三是秸秆处理，对田间残留的油菜秸秆进行药剂处理，可以大幅度减少假囊壳的形成，降低病害发生的可能性，常用的化学药剂有多菌灵、苯菌灵，还有一些除草剂草甘膦等（杜然，2019）。

（十）综合防控技术

1. 检疫防控

防治油菜茎基溃疡病的措施主要是口岸检验检疫工作，限制其入境。除油菜之外，油菜茎基溃疡病菌还侵染多种十字花科蔬菜和花卉。因而，除对进口油菜实施检疫之外，还要对进口十字花科蔬菜种子实施检疫。油菜籽粒上的病菌可以引起自生苗发病，由此可能导致病菌扩散。为了做好油菜茎基溃疡病菌防控，检疫部门需对厂区进行监管，要求厂家定期铲除厂区油菜自生苗。油菜籽中的杂质，包括油菜残体（荚、茎秆、杂草种子等），均有可能携带油菜茎基溃疡病菌。检疫部门应督促厂家妥善处理进口油菜籽中的杂质（杜然，2019）。加强对卸货口岸、运输路线以及定点加工厂周边的监测和疫情防控工作（潘玲玲，2018）。

2. 农业防控

通过栽培措施进行防控，油菜和其他作物轮作、隔离种植，以及妥善处理油菜秸秆可以减少油菜茎基溃疡病的发生。轮作可以使油菜秸秆有足够的时间降解，减少油菜茎基溃疡病菌子囊孢子数量，从而降低病害的发生率。轮作要根据当地的气候条件合理安排。隔离种植可以阻碍子囊孢子的传播，减少孢子传播数量，降低病害发生率，科学家建议两块油菜田相隔5～8 m可以减少病害的发生。秸秆处理可以阻断病原和植物的接触，防止植物染病，降低病害发生率。目前，常用的秸秆处理方法有焚烧、深埋、清理等，以此来消灭初侵染源。另外，合理密植油菜，保证充足的营养供给，使油菜的生理状态良好以抵御油菜茎基溃疡病菌的侵染（杜然，2019）。

3. 物理防控

人工清除病株、病残体、受侵染种子、带菌土壤、角果籽粒等，也可通过人为升高或降低温度、湿度，超出油菜茎基溃疡病菌的适应范围，其分生孢子的热致死温度为54 ℃。还可采取晒种、热水浸种或高温处理等方法（潘玲玲，2018）。

4. 生物防控

生物防治是"绿色防治"的重要手段。研究者从油菜田的土壤、油菜病残体、植物组织中分离得到了许多生防菌，包括哈茨木霉菌（*Trichoderma haizianum*）、沙雷氏菌（*Serratia plymuthica*）、解淀粉芽孢杆菌（*Bacillus amyloliquefaciens*）、环状芽孢杆菌（*B. circulans*）等。这些生防菌对油菜茎基溃疡病有一定防效。但是，目前生物防治措施还处于试验室研究阶段，还没有专门针对油菜茎基溃疡病的生物农药出现（杜然，2019）。

5. 生态调控

（1）改良耕种环境 对耕种环境进行优化，能够促进农作物的生长，也能够加强农作物自身的抗病性。种植农作物过程会破坏土壤自身的结构，导致出现水土流失的现象，不利于农作物的生长。农民在种植过程中施用大量的化肥也会影响耕种环境。针对这种情况，可以研制生物药剂来替代传统的化学农药和化肥，逐渐恢复土壤自身的结构，也能够很好的留住土壤中的水分，更好地满足农作物的生长。

（2）加强田间防控管理 在种植过程中加强对农田的管理，并且在这过程中完善基础设备的建设，更好地优化农田生态系统。可以在种植过程中实施轮作的方法，适当地调整农作物的种植时间。如甘薯—油菜轮作是苏南旱地上较广泛的种植形式，甘薯6月上旬移植，9月底收获；油菜9月中旬播种，10月下旬移栽，大田生长期210～215 d；翌年5月下旬收获。还需要在雨天过后对农田进行排水，在炎热干旱的天气及时灌水，在遇到恶劣天气的时候，利用无人机来喷洒药物，进而满足农作物的生长需求，为农作物生长提供有效条件。适当进行施肥，根据农作物的生长情况，控制化肥的施用次数，保证取得相应防治效果的同时不破坏周围环境（占红敏，2020）。

（3）严格遵守消毒程序 包括种子消毒、育苗床消毒、温室消毒、员工工作服及工具消毒，其中在播种前对种子进行消毒处理很重要。

6. 化学防控

目前，国外油菜茎基溃疡病发生区主要使用福美双、异菌脲包衣种子或喷施丙环唑、苯醚甲环唑＋多菌灵、氟硅唑＋多菌灵防治。

（胡白石）

十一、瓜类细菌性果斑病菌

（一）学名及分类地位

瓜类细菌性果斑病菌［*Acidovorax citrulli*（Schaad et al.）Schaad et al.］，是瓜类细菌性果斑病（Bacterial fruit blotch，BFB）的病原，别名西瓜噬酸菌，可对西瓜和甜瓜造成毁灭性危害（图4-38）。

该菌属于细菌域（Bacteria）变形菌门（Proteobacteria）β-变形菌纲（Betaproteobacteria）伯克氏菌目（Burkholderiales）丛毛单胞菌科（Comamonadaceae）噬酸菌属（*Acidovorax*）西瓜种（*Acidovora 5x citrulli*）。

（二）分布与危害

瓜类细菌性果斑病是发生在西瓜、甜瓜及南瓜、西葫芦等葫芦科作物上的一种毁灭性细菌病害，其发病优势主要体现在暴发性强、发病迅速、传播速度快等，对全球西瓜、甜瓜产业造成了极为严重的产量和经济损失，是世界检疫性病害。该病自1965年首次在美国报道以来，世界上许多西瓜、甜瓜产区已相继发生危害，造成巨大的经济损失（Webb et al.，1965）。到目前为止，在美国、中国、日本、韩国、泰国、尼日利亚、希腊、以色列、土耳其、伊朗、巴西、匈牙利、澳大利亚、塞尔维亚等国均有BFB大规模暴发的报道。该病在我国在20世纪90年代首次报道，现已传播至大部分地区，在台湾、吉林、新疆、内蒙古、黑龙江、辽宁、北京、山东、甘肃、福建、海南、宁夏、陕西、湖北、广东、广西、云南等地发生并呈上升趋势，造成大田西瓜和甜瓜减产甚至绝收，给西瓜、甜

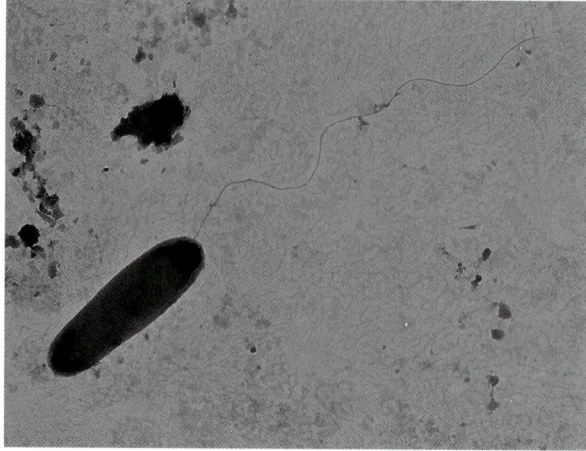

图 4 - 38　瓜类细菌性果斑病菌（胡白石 摄，2021）

瓜生产带来巨大损失。2007 年公布的《进境植物检疫性有害生物名录》将瓜类细菌性果斑病菌收录其中。

（三）识别特征

瓜类细菌性果斑病菌可以影响葫芦科多种寄主各个生长阶段的叶片和果实。西瓜、甜瓜幼苗和果实最易被瓜类细菌性果斑病菌侵染。在幼苗上，典型的瓜类细菌性果斑病症状为在子叶上形成水渍状病斑，在胚轴上形成坏死斑以及导致幼苗死亡。在西瓜果实上，起初病斑很小、形状不规则、水渍状，随后病斑随果皮生长而扩展，颜色变为褐色，常常开裂。在甜瓜果实上，病斑小、表皮凹陷而果实内部常常腐烂。一般在西瓜上病斑多为黑褐色到黑色，而在甜瓜上多为红褐色。在成熟植株的叶片上因发病症状不明显或因环境压力产生类似的症状，往往不好判断。一旦病害发生，叶片上的病斑会随着主脉扩展（图 4 - 39）。

图 4 - 39　瓜类细菌性果斑病症状（Walcott，2005）

（四）生物学特性

瓜类细菌性果斑病菌菌体杆状，平均大小 $0.5~\mu m \times 1.7~\mu m$，不形成芽孢和荚膜，单根极生鞭毛；革兰氏阴性菌，严格好氧型；在 KB 培养基上菌落呈圆形、光滑、透明状。最适生长温度为 27～30 ℃。

该病菌不水解明胶、脂酶，氧化酶反应为阳性。精氨酸双水解酶反应为阴性，在 41 ℃下能生长，但不能在 4 ℃下生长。水解吐温-80。能够将丙氨酸、L-阿拉伯糖、己醇、果糖、甘油、葡萄糖、羟甲基纤维素、β-羟基丁酸盐、半乳糖、L-亮氨酸、海藻糖作为碳源；不能利用蔗糖、丙二酸、乳糖、山梨醇。DNA（G+C）mol％为（66±1）％。

（五）病害循环

带菌种子和病残体是瓜类细菌性果斑病的主要初侵染源，病菌借助带菌种子调运而进行远距离传播。当细菌从种子扩散到幼苗时，会在细胞间隙大量繁殖并引起水渍状病斑。通过借助昆虫、雨水、风、人工嫁接及农事操作等途径传播，进行再侵染，引起病害扩展蔓延（图 4-40）。

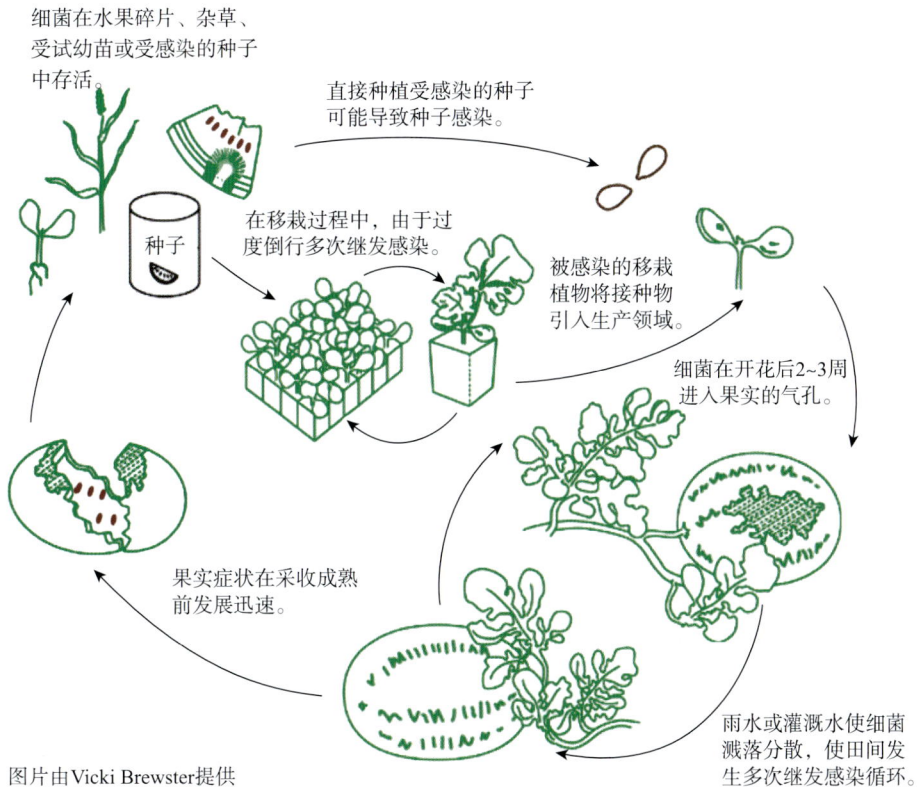

细菌在水果碎片、杂草、受试幼苗或受感染的种子中存活。

直接种植受感染的种子可能导致种子感染。

种子

在移栽过程中，由于过度倒行多次继发感染。

被感染的移栽植物将接种物引入生产领域。

细菌在开花后2~3周进入果实的气孔。

果实症状在采收成熟前发展迅速。

雨水或灌溉水使细菌溅落分散，使田间发生多次继发感染循环。

图片由Vicki Brewster提供

图 4-40　瓜类细菌性果斑病病害循环（Walcott，2005）

（六）流行规律

瓜类细菌性果斑病为种传病害，种子带菌是瓜类细菌性果斑病暴发的主要原因。研究表明，即使在果实上并不表现出瓜类细菌性果斑病症状，瓜类细菌性果斑病菌仍可在西瓜、甜瓜、南瓜、西葫芦等葫芦科作物上发生"种子到幼苗"的传播（Hopkins et al.，

2002）。葫芦科作物幼苗、葫芦科和非葫芦科杂草以及病残体都是瓜类细菌性果斑病潜在的侵染源。当播种带菌的种子后，在幼苗生长 6～10 d 后就有可能表现出瓜类细菌性果斑病发病症状。典型症状的发生取决于环境条件（主要是温度和湿度）和带菌量。高温、高湿以及高带菌量会使幼苗更快表现出瓜类细菌性果斑病症状。因此，育苗种植比直接播种更容易导致瓜类细菌性果斑病的大面积暴发和流行。

（七）风险评估与适生性分析

该病于 20 世纪 90 年代传入我国，目前在我国内蒙古、上海、山东、甘肃、宁夏、新疆等省（自治区、直辖市）均有发生，江苏省于 2016 年首次在盐城市大棚西瓜上发现该病，当地检疫机构立即封锁发病大棚，对大棚内的所有发病植株和病残体进行集中深埋销毁。目前江苏地区已扑灭了瓜类果斑病疫情，但再次传入的可能性很大。2018 年，龚伟荣等根据瓜类果斑病的生物学及生态学特性，并结合江苏省的实际情况，对瓜类果斑病传入江苏的风险进行了定性和定量分析，认为该病害传入江苏的风险较大，属高度危险（龚伟荣，2018）。

（八）监测检测技术

1. 监测与调查方法

收集当地西瓜、黄瓜、南瓜、甜瓜、西葫芦等葫芦科植物的种植、繁育及种子、种苗调入情况，瓜类细菌性果斑病发生历史和现状等有关资料，制订监测计划。

监测时期为寄主植物整个生育期，以苗期和果实成熟期为重点，可根据当地气候特点和寄主植物生育期确定具体调查时间。

在未发生区，监测是否传入瓜类细菌性果斑病。可以通过对苗圃进行全覆盖调查；向当地农技人员、瓜农、种苗经销商等进行访问调查，初步了解疫情可能发生的地点、时间及危害情况；对访问调查过程中发现的可疑发生区和其他有代表性的瓜类作物种植区，在生长期进行踏查 2～3 次，观察田间有无瓜类细菌性果斑病发病症状；对可疑疫情进行定点调查，采用 5 点取样法，每点随机调查 10 株，统计发病株率和病果率，填写瓜类细菌性果斑病调查监测记录表。重点监测瓜类种苗繁育基地、从疫情发生区调入瓜类种苗及产品的地区、境外瓜类引种种植区等疫情发生高风险区域。

在发生区，监测瓜类细菌性果斑病发生动态和扩散趋势。采取访问调查和踏查方法，监测发生区的范围变化；在瓜类细菌性果斑病发生地块以及周边地区采取定点调查法，每县（自治区、直辖市）设立 10 个以上调查点，每点随机调查 10 株，统计发病株率和病果率，每 7 d 调查 1 次，整个生育期调查不少于 4 次。重点监测瓜类种苗繁育基地、有瓜类细菌性果斑病发生历史的地块及其周边地区。

2. 检测技术

瓜类细菌性果斑病菌的检测鉴定常见的方法包括形态学、生理生化、血清学、分子生物学等，而灵敏度高、准确性好、简单高效的检测技术对于新病害的预防控制起至关重要的作用。目前，基于抗原抗体杂交的血清学以及基于 PCR 的分子生物学技术在病原的检测鉴定中被广泛地应用实践。单克隆抗体、微球免疫、侧流纳米胶体金试纸、蛋白宏阵列检测等都是基于血清学技术演化而来，在检测瓜类细菌性果斑病菌方面克服了常规血清检测的假阳性和灵敏度低的缺点，具有高通量、准确性高、特异性强等优点。锁式探针（Padlock-Probe）、基于 TaqMan 探针的绝热等温 PCR（Nsulated Isothermal PCR，TiiPCR）、实时荧光 PCR 等对该菌的检测有良好的效果。一些新技术如微粒子测序平台（Nanopore Sequencing Platform）和拉曼高光谱成像技术（Raman Hyperspectral Imaging）在诊断检测过程中有良好的潜力。在日常生产以及检查检疫过程中，要综合考虑检测效率和成本、准确度和精确性等问题，选用合适的鉴定方法，在一些特殊情况下需要多种方法相互结合，以实现对瓜类细菌性果斑病菌快速高效准确地检出。

（九）应急防控技术

如在田间发现瓜类细菌性果斑病症状，应在发病初期及时喷洒 47％春雷·王铜可湿性粉剂 800 倍液，或 50％丁戊己二元酸铜杀菌剂 500 倍液，或 77％氢氧化铜可湿性粉剂 500 倍液，或 30％碱式硫酸铜悬浮剂 400～500 倍液，施药应均匀周到，隔 10 d 左右防治 1 次，连续防治 2～3 次。

（十）综合防控技术

瓜类细菌性果斑病的综合防控应遵循"预防为主，综合防治"的植保方针。在加强植物检疫的前提下，加强肥水管理，辅以化学防治。

1. 检疫防控

选择无病地区建立种子生产或繁育基地（田）。调运检疫：禁止从疫情发生区和发生地引种或采种。按照《农业植物调运检疫规程》（GB 15569—2009），严格葫芦科植物种子（苗）的调运检疫，禁止调运带疫种子（苗）。国外引种检疫：国外引进葫芦科作物种子（苗）严格检疫及审批，限制或控制从瓜类细菌性果斑病发生国家或地区引进葫芦科植物种子（苗）。

2. 农业防控

使用无病种子；尽量选择壤土或沙壤土质、地势平坦的地块；与非葫芦科作物进行 3 年以上轮作；施用充分腐熟的有机肥或酵素菌沤制的堆肥；合理灌溉，清除杂草，及时清除病株及疑似病株。

3. 物理防控

物理处理种子一般采用高温消毒的方法。经过研究，温汤浸种和 70 ℃下干热处理可以消灭瓜类细菌性果斑病菌，但是对于大粒种子，干热灭菌的方法并不适用，并且种子堆中间层的消毒效果不佳。

4. 生物防控

目前报道的可防治瓜类细菌性果斑病的拮抗菌主要有荧光假单胞菌（*Pseudomonas fluorescens*）、稻种病原菌（*Acidovorax avenae* subsp. *avenae*，AAA）、酵母菌和芽孢杆菌等。

5. 生态调控

避免种植过密导致植株徒长，合理整枝，减少伤口；平整地势，改善田间灌溉系统，合理灌溉并及时排除田间积水。彻底清除田间杂草，及时清除病株及疑似病株并销毁深埋。尽量选择植株上露水已干及天气干燥时进行田间农事操作，减少病原的人为传播。

6. 化学防控

对种子进行化学药剂处理是目前防治瓜类细菌性果斑病最有效、最直接的方法，但处理过程中要尽量避免出现药害，严格把控浸种时间和药剂浓度。用 1％盐酸漂洗种子 15 min，或 15％过氧乙酸 200 倍液处理 30 min，或 30％过氧化氢 100 倍液浸种 30 min，杀灭种子表面的病原。适时叶面喷药防治，控制病害流行。西瓜、甜瓜出苗后可用2%春雷霉素500倍液，或2%春雷霉素500倍液＋农用硫酸链霉素3 000倍液进行预防保护，每隔7～15 d喷雾1次。如果在瓜生长期预报有雨，则在雨前必须喷药，雨后立即补喷1次（李英梅 等，2020）。

7. 综合防控技术应用

开展试验研究，包括瓜类细菌性果斑病发生规律以及传播途径研究，或低毒高效农药筛选试验等。广泛宣传培训疫情监测及防控技术：每年开展一次"植物检疫宣传月"活动，通过电视台、电台、自媒体平台、QQ、微信等广泛宣传瓜类细菌性果斑病监测和综合防控技术，同时各级农业植物检疫机构有针对性地开展瓜类细菌性果斑病检疫与防控技术培训。举办发生区综合防控技术示范样板，以点带面，指导大面积疫情防控。

（胡白石）

十二、甜瓜根结线虫

（一）学名及分类地位

甜瓜根结线虫（*Meloidogyne incognita* Chitwood），属于线虫门（Nematoda）侧尾腺纲（Secernentea）垫刃目（Tylenchida）垫刃亚目（Tylenchina）异皮科（Heteroderidae）根结亚科（Meloidogyninae）根结线虫属（*Meloidogyne*）。

（二）分布与危害

1. 分布

甜瓜根结线虫分布范围广泛。据统计，欧洲、非洲、南美洲、北美洲地区及澳大利亚、加拿大、中国、印度、日本、马来西亚和美国等国家均有报道。

2. 寄主

甜瓜根结线虫除侵染甜瓜外，可侵染黄瓜、西瓜、甜菜、甘薯、大豆、洋葱、芹菜、胡萝卜、番茄、菠菜、菜豆、姜、辣椒等作物，以及还可侵染麝香石竹、美人蕉属、大丽花属、黄杨属、扁桃、油桃、桃、葡萄、石榴等花卉和乔木。对大葱、韭菜、甘蓝等感病轻。

3. 传播途径

主要通过病土、带虫瓜苗、灌溉水进行传播。通常借助流水、风、病土搬迁和农机具沾带的病残体与病土、带病的种子和其他营养材料进行远距离传播。

4. 危害

甜瓜根结线虫病主要危害甜瓜的根部，常造成甜瓜植株瘦弱，茎蔓纤细，结果率低，果实小而畸形，严重时植株矮化甚至死亡，导致甜瓜产量和品质下降，造成的经济损失可达30%～50%，给甜瓜产业带来巨大灾难。

（三）识别特征

1. 形态特征

（1）雌虫　虫体膨大呈梨形或柠檬形，有突出的颈部，排泄孔在口针基部球处，双卵巢。

会阴花纹：会阴花纹有一明显高的背弓（见图4-41A）。背弓由平滑到波浪形的线纹组成。一些线纹在侧面分叉，但无明显的侧线。经常有些弯向阴门的线纹。

口针：口针的锥部明显地向背面弯曲（见图 4-41B、C）。锥体的前端圆柱形，后半部则是圆锥形。整个杆部后端较宽。口针基球扁圆形，同杆部有明显的界线，前端有缺刻。

头部形态：唇盘和中唇（见图 4-41D、E）从顶面观呈哑铃状（中唇比唇盘宽）。在唇盘的腹面有 2 个突起。侧唇大，同圆形的中唇分开，并通常和头区在侧面融合，但融合的面很小。头区通常饰有不完整的环纹。

卵：一般排列在胶质的卵巢中，一个卵巢中含有大量的卵。卵一般呈乳白色、半透明、椭圆形，排出的卵块后期呈淡褐色。

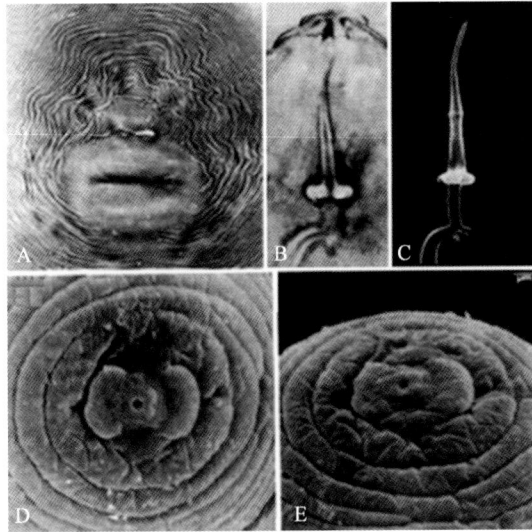

图 4-41　甜瓜根结线虫雌虫形态特征（Eisenback，J. D.）
A. 雌虫会阴花纹　B. 雌虫口针（生物显微）　C. 雌虫口针（电镜扫描）
D、E. 雌虫头部顶面观和侧面观（电镜扫描）

（2）雄虫

口针：雄虫口针的顶端钝，并且比锥部的中部宽（见图 4-42A、B）。在锥部的腹面有个突出部分，口针腔的开口在这个突出部分，大约在相当于整个锥部长度的 1/4 处（从顶端）。杆部通常呈圆柱形，在近口针基球处常常变窄。基球同杆部有明显的界线，前端有缺刻，扁圆形到圆形。

头部形态：雄虫头部形态（图 4-42C、D）特征非常明显，很不容易与其他种相混淆。唇盘大而圆，中部凹陷，整个唇盘突出在中唇上方。中唇与头区等宽。头区通常饰有 2 或 3 个完整的环纹。

（3）二龄幼虫　虫体线形，常在卵中呈"8"字形，蜕皮后破卵而出，即为二龄幼虫，无色透明，体长 360～430 μm（平均 388.9 μm），口针长 10.0～12.5 μm（平均 11.95 μm）。尾部尖细、平滑。

头部形态：二龄幼虫从顶面观有哑铃状的唇盘和中唇（图 4-43A）。唇盘小而圆，并突起比中唇稍高。侧唇同头区在等高线上。头区通常具有 2～4 条不完整的环纹（图 4-43B）。

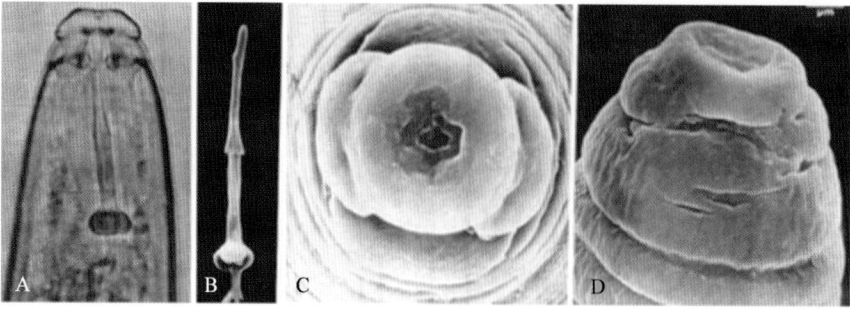

图 4-42　雄虫口针及头部及形态特征（Eisenback，J. D.）

A. 雄虫口针（生物显微）　B. 雄虫口针（电镜扫描）　C、D. 雄虫头部顶面观和侧面观（电镜扫描）

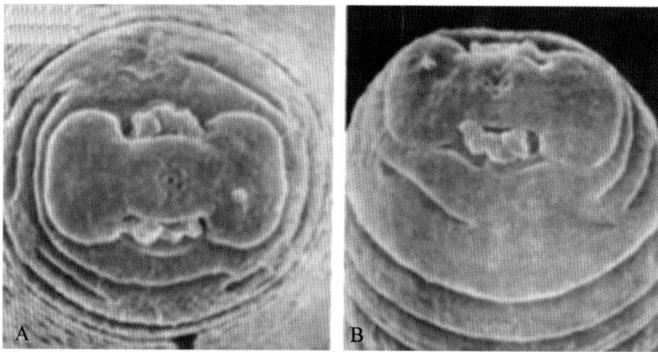

图 4-43　二龄幼虫头部顶面观和侧面观（电镜扫描）（Eisenback，J. D.）

A. 二龄幼虫顶面观　B. 二龄幼虫侧面观

（4）二龄幼虫测量数据（$n=50$）　二龄幼虫全长 346～463 μm（平均 405 μm），尾长 42～62μm（平均 52 μm），头端到口针基部 14～16 μm；雌虫口针长 15～17 μm，雄虫口针长 23～25 μm。

2. 致病症状

甜瓜根结线虫危害主要发生在甜瓜的根部，以侧根和须根最易受害，地上部分也能表现明显症状。感染了甜瓜根结线虫的甜瓜植株，地上部常表现生长缓慢，营养不良，植株大小不一，叶色变浅，高温时萎蔫。重者明显矮化瘦弱，叶片由下向上萎蔫，甚至全株枯死（图 4-44）。与其他根部病原物，以及由水和养分吸收环境条件不良所引起的症状相似。甜瓜根结线虫侵染甜瓜根后，初期易在侧根或须根上产生大小不等的乳白色根结，后随根系生长再度侵染，根结呈链珠状。形成的根结可能是单独的，也可能是几个合并形成一个大的黄褐色、木栓化根瘤（图 4-44B、C）。

解剖甜瓜病株根结，病组织内部可见许多细小乳白色洋梨形线虫（图 4-44B）。

（四）生物学特性

甜瓜根结线虫完成生活史需经过卵、幼虫、成虫 3 个阶段。完成 1 代只需要 20 d 左右。线虫生存适宜温度为 25～30 ℃，土壤湿度 40%～70%，土壤酸碱度 4～8。土温高于40 ℃、低于 5 ℃都很少活动，55 ℃经 10 min 致死。当气温达 10 ℃以上时，卵可发育成幼虫，经 4 次蜕皮，最后变为成虫。甜瓜根结线虫产卵后，卵在卵壳内发育成一龄幼虫，

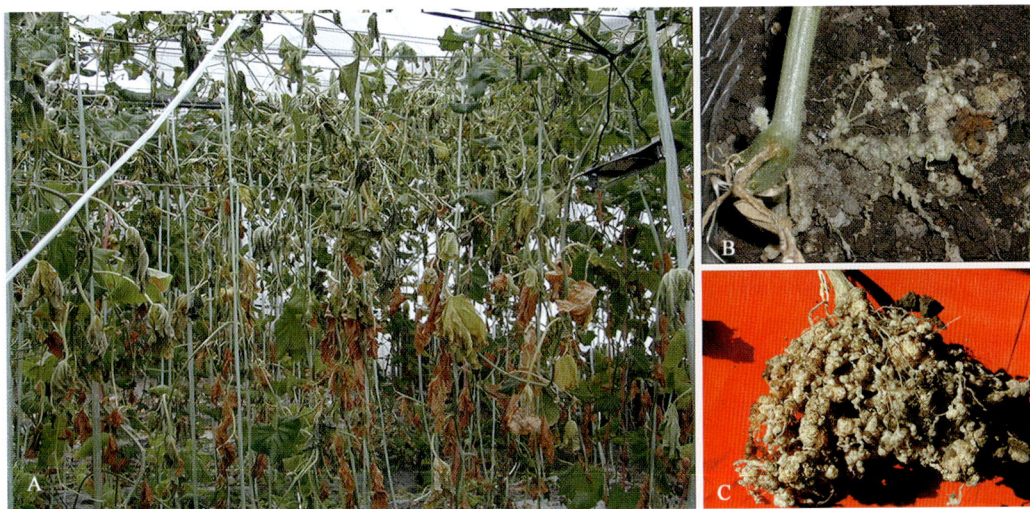

图4-44 甜瓜根结线虫病症状（王晓东 拍摄）
A. 整体危害 B、C. 根部危害

并在卵壳内蜕皮1次，孵化后为二龄幼虫，二龄幼虫栖息在土壤内，伺机侵染，通常从根尖侵入根内，并在根内固定寄生和生长，再经2次蜕皮变成四龄幼虫。在第四次蜕皮前，雄幼虫变为细长形，雌幼虫膨大为长梨形，最后一次蜕皮后，分别成为雌、雄成虫。雄虫离开根在土壤中活动，雌虫留在根内，可以不经交配而产卵，每头雌虫产卵300～800粒，卵产在胶质的卵囊内。在温暖的环境条件下，每年可完成5～10个世代。

（五）病害循环

甜瓜根结线虫多分布在5～30cm土层中，一般可存活1～3年。以雌成虫在根结内排出的卵囊块或二龄幼虫随病残体在土壤中越冬。翌年春天条件适宜时，越冬的卵经几个小时形成一龄幼虫，蜕皮后孵出二龄幼虫，幼虫在土壤中移动寻找寄主，遇到寄主便从根冠上方侵入定居在生长锥内，在维管束附近形成取食点，其头部周围细胞融合形成巨型细胞。后经过3次蜕皮发育为雌虫，固定于根内取食。雌虫口针内分泌物刺激寄主细胞加速分裂，使受害部位形成虫瘿或根结。在生长季节根结线虫有几个世代以对数形式增殖，发育到四龄时可交尾产卵，雌虫也可进行孤雌生殖，卵在根结里再次孵化发育，二龄幼虫后离开卵块进入土中进行再侵染或越冬。二龄幼虫一般活动缓慢，整个生长季节移动距离只有20～30cm，靠自行迁移而传播的能力有限，1年内最大的移动范围1m左右。同一块发病田中线虫分布不均匀。

（六）流行规律

1. 耕作制度

连作地发病重，连作期限越长，危害越严重。发病地如长期浸水至4个月，可使土壤中根结线虫全部死亡。

2. 土壤温度、湿度

温度20～30℃，湿度40%～70%条件下线虫繁殖很快，则病害发生重。低于10℃或高于36℃不能侵染。

3. 土壤和地势

根结线虫是好气性的，凡地势高而干燥、结构疏松、含盐量低且呈中性反应的沙质土，都适合根结线虫的活动，故发病重。潮湿、黏质、结构板结等条件的土壤均不利于根结线虫活动，故发病较轻。

4. 土壤耕翻

根结线虫的虫瘿多分布在表土层下 20 cm 的土壤中，特别是在 3～9 cm 内最多。如将表层土壤深翻后，大量虫瘿从上层翻到底层，不仅可以消灭一部分越冬的虫源，同时耕翻后表层土壤疏松，日晒后易干燥，不利于线虫活动，虫源亦相对减少。

（七）综合防控技术

根结线虫病是一种土传性病害，采用单一措施防治效果不理想，需要采用多种措施综合防治才能起到较好的防治效果，且重点应是移栽前的预防措施。

1. 检疫防控

加强对甜瓜种苗的检疫工作，严禁带虫种苗调运。

2. 农业防控

（1）品种选择与嫁接　优选优质且抗病性强的甜瓜或砧木品种，甜瓜如豫甜翠宝、鲁厚甜 1 号、博洋 8 号等，可以有效减少连作导致的严重病虫害，减少农药使用量，提高设施甜瓜的产量。砧木可选用角黄瓜和南瓜作为砧木嫁接厚皮甜瓜。Nancy 等（2011）在美国佛罗里达州研究发现，角黄瓜作为甜瓜砧木可显著降低根结线虫的侵染率，比南瓜砧木更具有优越性。

（2）轮作防病　发病重的地块与葱、蒜、韭菜或禾本科作物等轮作 2～3 年，能获得明显的防病增产效果。厚皮甜瓜后茬播种一茬菠菜、小白菜、香菜等极易感染根结线虫的速生菜，感病后带根刨出，集中销毁，能降低土壤中的线虫数量。

（3）栽培管理　选用无病土或基质育苗，移栽时认真检查，发现根部有根结的及时剔除。施用不带病残体或腐熟的圈肥等有机肥。收获后清除田间病株及病根残体，集中销毁。

3. 物理防控

重病地块收获后应彻底清除病根残体，深翻土壤 30～50 cm，在盛夏进行日光高温消毒灭虫。也可在翻耕混匀后挖沟起垄或作畦，灌满水后覆膜，可将土中线虫及病菌、杂草等全部杀灭。

4. 生物防控

于种植前 7～15 d 撒施、沟施 30～45 kg/hm² 2.0 亿/g 侧孢短芽孢杆菌颗粒剂，或利用 2 亿活孢子/g 淡紫拟青霉＋2 亿活菌/mL，与巧森根组合，平均防效可达 85.56％。也可用淡紫拟青霉作预防使用，整个生长周期每月使用 1 次，每次 15～30 kg/hm²，兑水稀释灌根，尽量保持土壤湿润 7 d（包敏辉，2020）。

5. 化学防控

发病较重的田块，在播种或定植前根据药剂性质进行土壤处理，可用 98％棉降微粒剂 75～120 kg/hm² 或 35％威百水剂 200～300 倍液，均匀撒施或沟施于 20 cm 表层土内，施药后立即覆土、洒水封闭或盖膜 7～12 d 后，松土放气 3～10 d，再播种或定植；后用 1‰阿维·高氯乳油撒施、沟施 30～45 kg/hm² 或灌根 15～30kg/hm²，灌根前保持土壤湿度在 60%～80%；在甜瓜伸蔓初期、膨瓜初期，可用 1.8% 阿维菌素 1 500 倍液灌根，每穴灌药液 500 mL。亦可选用 10% 丙线磷 30～45 kg/hm²，或 10% 噻唑膦颗粒剂 22.5～30.0 kg/hm² 均匀施入土壤或定植沟穴内，然后移植幼苗，效果较好。化学杀线剂防效虽好，但必须严格控制使用剂量和使用次数，延缓线虫产生抗药性，并加强其对环境的安全性评估（刘芳，2016）。

（王晓东，李克梅）

十三、甜菜孢囊线虫

（一）学名及分类地位

甜菜孢囊线虫（*Heterodera schachtii* Schmidt），属线虫门（Nematoda）侧尾腺纲（Secernentea）垫刃目（Tylenchida）异皮线虫科（Heteroderidae）异皮线虫属（*Heterodera*）。

（二）分布与危害

1. 分布

亚洲：中国、阿塞拜疆、伊朗、伊拉克、约旦、哈萨克斯坦、吉尔吉斯斯坦、韩国、巴基斯坦、乌兹别克斯坦、日本。

欧洲：奥地利、比利时、法国、捷克、斯洛伐克、丹麦、德国、意大利、爱沙尼亚、芬兰、英国、荷兰、卢森堡、葡萄牙、西班牙、爱尔兰、希腊、拉脱维亚、摩尔达维亚、波兰、罗马尼亚、瑞典、瑞士、乌克兰、保加利亚、摩尔多瓦、塞尔维亚、黑山、克罗地亚、斯洛文尼亚。

非洲：赞比亚、塞内加尔、南非、佛得角。

北美洲：加拿大、美国、墨西哥。

南美洲：智利、乌拉圭。

大洋洲：澳大利亚、新西兰。

2015 年在我国新疆新源县首次发现，目前在新疆部分受控地区零星分布（Peng et al.，2022）。

2. 寄主

甜菜［*Beta vulgaris*（Linn.）］是甜菜孢囊线虫的模式寄主植物。甜菜孢囊线虫主要侵染十字花科；此外，还可侵染菠菜属、芥属（甘蓝、甘蓝型油菜；白菜、花椰菜、花茎甘蓝、芜菁）、萝卜、蓼科、玄参科、石竹科、苋科、豆科、茄科；藜科藜属等 23 科 95 属 218 种植物和杂草（Kim et al.，2016）。

中国农业科学院植物保护研究所研究发现，甜菜孢囊线虫二龄幼虫能够侵染十字花科的白菜、萝卜、甘蓝、芥菜、油菜和拟南芥，茄科的番茄和马铃薯，锦葵科的棉花，藜科的甜菜，葫芦科的西瓜和甜瓜，豆科的大豆等 25 种作物，在十字花科作物白菜、甘蓝、芥菜、油菜、萝卜和拟南芥，藜科的菠菜和甜菜和茄科的番茄等 16 种作物的根系上能完成生活史，形成孢子囊（图 4-45）。上述结果说明，甜菜孢囊线虫能够侵染我国的大部分农作物，并能完成侵染循环，完成生活史（乔精松 等，2021）。

3. 传播途径

甜菜孢囊线虫每年主动有效迁移距离在 3～5 cm。在同一块田地中或者从一块田地到

图 4-45　甜菜孢囊线虫地上部危害症状（彭德良 摄，2016）

另一块田地中的迁移主要通过被动迁移。可以通过受侵染土壤转移或日常的农事操作迁移，也可以通过鸟、牲畜、灌溉水、洪水等自然方式传播。孢子囊也可随风传播，这一方式可能是甜菜孢囊线虫快速传播的主要方式。

4. 危害

甜菜孢囊线虫是甜菜上危害最严重的有害生物之一。可导致甜菜产量损失高达 25%～70%，严重导致绝收，在欧洲每年造成的经济损失超过 9 000 万欧元。除此之外，甜菜孢囊线虫对许多十字花科作物危害也很严重，当土壤中幼虫的群体密度达到 18 条/g 时，可使菠菜减产 40%，甘蓝减产 35%，大白菜减产 24%（Lear et al.，1966）。

（三）识别特征

1. 形态特征

雌虫：虫体白色，呈瓶状。具短颈，可插入寄主植物根内，膨大的部分留在根外。阴门锥被携带卵的胶质团所覆盖。头部小，颈部急剧膨大呈圆柱形；排泄孔位于肩部，从此处开始虫体膨大而呈近球形，直到阴门锥处变小，肛门位于亚尾端。头架弱小，口针弱而小，具有小的基部球，中食道球明显，球形。食道腺覆盖肠的腹面和侧面。双卵巢长而卷曲，少部分卵产于胶质团内，极大部分卵仍留在体内。表皮分 3 层。外层覆盖脊状的网状结构（图 4-46A）。

孢子囊：表面粗糙，且有微小的皱褶。孢子囊阴门锥末端阴门裂几乎等长于阴门桥，阴门裂位于孢子囊表皮的肾形薄区的两侧，此区域在较老的孢子囊中就只剩下 2 个孔或者被阴门桥分成 2 个半膜孔。在阴门锥内，与阴道连接的阴门下桥，下方有许多规则排列的、黑褐色臼齿形泡状突。成熟雌虫和新生孢子囊的表面覆盖一层白色蜡状物，俗称为"亚水晶层"，当孢子囊落于土壤中时，亚水晶层自然脱落（图 4-46B）。

雄虫：虫体通常为直线形，固定后虫体后 1/4 部分呈螺旋形旋绕 90～180°；前部渐尖直到颈部，此处宽度仅为体宽的 1/2。尾部钝圆，尾长仅为体宽的 1/2。侧尾腺孔近肛形。体表环纹清晰，侧区有4条刻线，无网格状结构。头部缢缩，呈圆屋顶状，有3~4个环纹，头部骨架对称，侧区略狭于亚侧区。裂缝状的侧器孔开口于侧区部的接近口的开口处。前头色粒在第二个环纹处，后头色粒在头部缢缩处后第6~8个环纹处。一直延伸到中部形成一纺锤形有瓣膜的中食道球。狭部被神经环缠绕，食道腺覆盖肠的腹面和侧面。背食道腺开口于口针基部球后 2 μm 处，另2个亚腹食道腺开口处则在中食道球内近瓣膜处。排泄孔位于中食道球后 2~3 个体宽处。半月体在排泄孔前6~10个体环处。单卵巢，尾钝圆，交合刺弯曲，后部略呈小球状，在前端有刻痕，引带结构简单（图4-46C~G）。

二龄幼虫：头部缢缩，呈半球形，具有4个环纹，头架骨粗壮对称。小的侧器孔位于侧区部近口的开口处。体表环纹间距在口针处为 1.4 μm，而在虫体中部为 1.7 μm。侧区刻线4条，口针中度粗壮、具有向前突出的基部球。食道前体部似雄虫，但中食道球更突

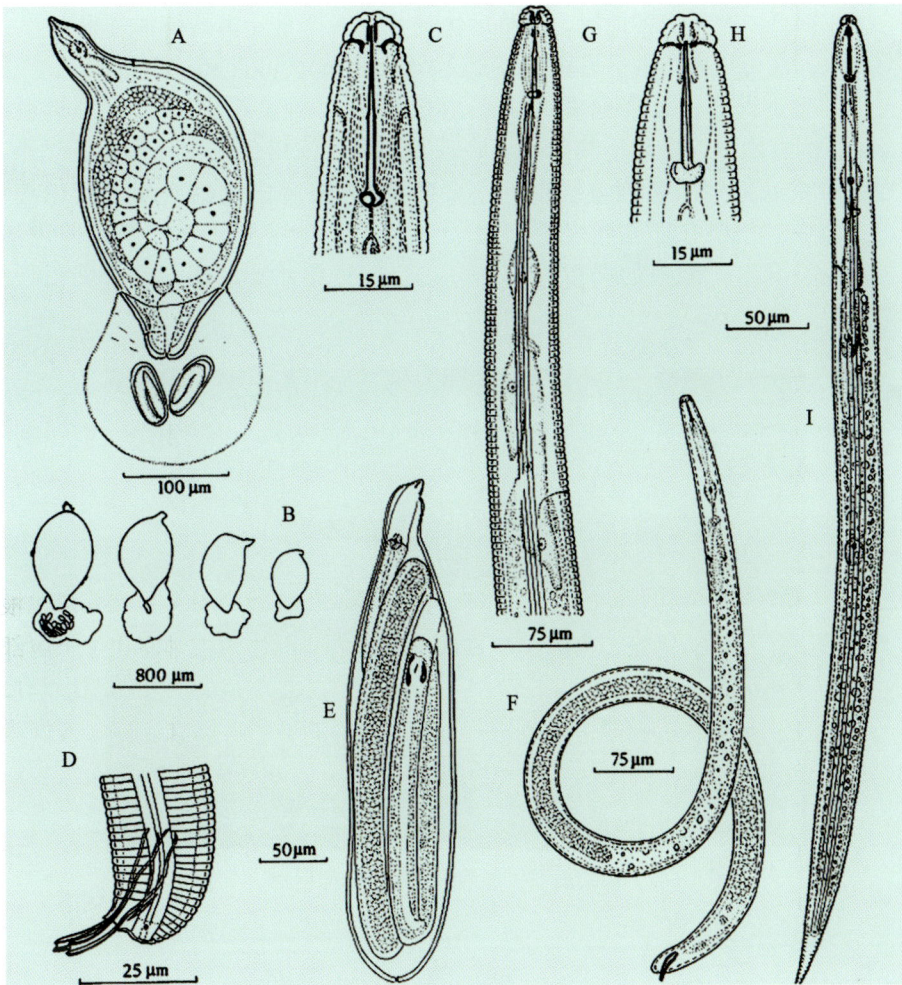

图4-46　甜菜孢囊线虫形态（Franklin，1972）

A. 带卵囊的雌虫　B. 带卵囊的孢子囊　C. 雄虫头区　D. 雄虫尾部　E. 四龄蜕皮的雄虫　F. 雄虫
G. 雄虫食道区域　H. 二龄幼虫虫体前端　I. 二龄幼虫

出，背食道腺开口于基部球后 3~4 μm 处。肛门模糊，位于距尾端 4 倍体宽处。尾部尖锐锥形，末端钝圆，尾部透明区长度为口针长度的 1.25 倍。生殖原基具有 2 个细胞核，位于虫体中部靠后位置。侧尾腺模糊，位于肛门稍后（图 4 - 46H、图 4 - 46I）。

主要形态测量值（Franklin，1972；Peng et al.，2022）：

雌虫：体长 626~890 μm，体宽 361~494 μm，口针长 27 μm；食道长 28~30 μm，角质层厚度 9~12 μm。

雄虫：体长 1 119~1 438 μm；体宽 28~42 μm；口针长 29 μm；交合刺长 34~38 μm；引带长 10~11 μm。

二龄幼虫：体长 435~492 μm；体宽 21~22 μm；口针长 25 μm。

2. 致病症状

受害甜菜地上部：表现为生长缓慢，苗稀，瘦弱矮小、发育不良、黄化，病株叶片萎蔫，后期叶边缘变黄白干枯死亡，叶部的症状包括叶柄伸长、叶片缩小、叶绿素含量减少、光合效率降低。严重受害地块，出苗后快速死亡。严重受害的植株过早萎蔫、枯萎，出现凋落现象，在田块中常常呈斑块状分布（Polychronopoulos et al.，1968）。

受侵染的地下根部：甜菜孢囊线虫严重感染的根部表现出特征性的胡须状表型（图 4 - 47）。侧根增多，根系呈簇须状，表现为白色、浅褐色或者深褐色的须根，须根表面有白色雌虫（判别甜菜孢囊线虫的重要特征），随后白色雌虫死亡变成褐色孢子囊，遗落土壤中。须根有时可能表现轻微的根肿，并在线虫侵入位点表现局部坏死。早期的侵染常会导致贮藏根的严重分枝和开裂。受侵染甜菜的根部产量降低，糖含量减少（彭德良 等，2015）。

图 4 - 47　甜菜地下根部危害症状（彭德良 摄，2016）

（四）生物学特性

在休耕和缺乏宿主条件下，甜菜孢囊线虫种群年度下降率在 40%~60%。在美国犹他州，甜菜孢囊线虫孢子囊内的卵在缺乏寄主时，仍能够存活 6 年以上，休耕 12 年后，仍有少量的甜菜孢囊线虫群体存活（Steele，1984）。在英国，休耕及侵染非寄主植物对线虫种群衰退造成的影响表现为孢子囊的数量、饱满孢子囊的数量及卵的数量年下降率分别为 20%、40% 及 50%。在英国休耕的泥炭土壤中线虫种群的年下降率为 48%，在荷兰种植非寄主植物造成卵的衰退率 38%（Steele，1984）。

　　土壤温湿度、合适寄主及土壤类型是甜菜孢囊线虫成功侵染和生存的关键。在干燥的条件下，线虫的孵化率和二龄幼虫的侵染率急剧下降，在 86% 的空气湿度下放置 30 min 或者在 82% 的空气湿度下放置 20 min，只有 50% 的二龄幼虫存活（Wallace，1955）。同样，高温也将抑制线虫的发育，在 60 ℃ 条件下 10 min，62 ℃ 条件下 5 min 或 65 ℃ 条件下 1 min，孢子囊中的未孵化幼虫全部死亡（图 4-48）。

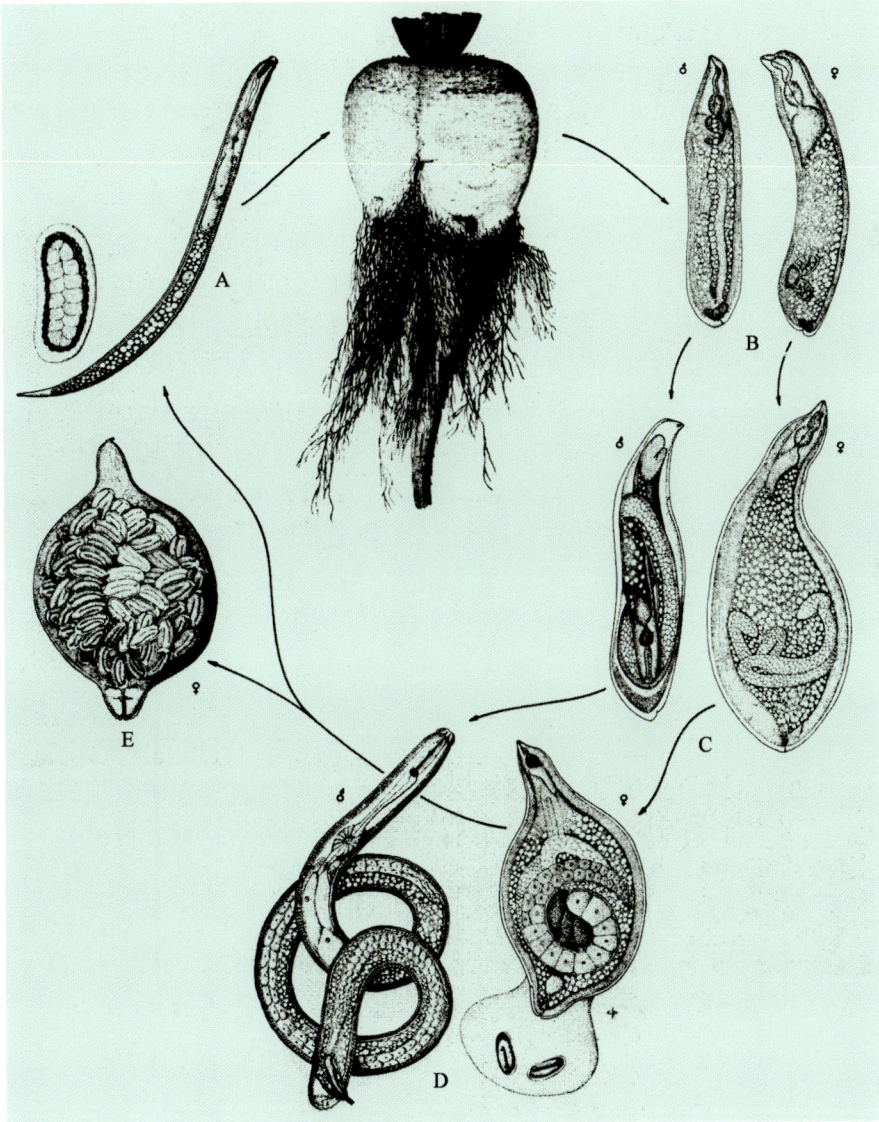

图 4-48　甜菜孢囊线虫生活史（Franklin，1972.）
　　A. 侵染行二龄幼虫从卵中孵化，侵染甜菜幼根（0.435～0.492mm）　B. 根内的三龄幼虫（0.324～0.377mm）　C. 根内的四龄幼虫，雌虫撑破根表，雄虫在四龄幼虫角质层内发育，从根内溢出进入土壤（1.119～1.438mm）　D. 受精雌虫开始产卵（0.626～0.890mm）　E. 孢囊

（五）病害循环

A 图为二龄幼虫从卵中孵化，侵染甜菜幼根。B 图为根内的三龄幼虫。C 图为根内的四龄幼虫，雌虫撑破根表，雄虫在四龄角质层内发育，从根内溢出进入土壤。D 图为受精雌虫开始产卵。E 图为孢子囊（Franklin，1972）。

（六）流行规律

甜菜孢囊线虫以孢子囊虫态越冬，孢子囊是由雌虫虫体形成，呈柠檬形。每个孢子囊含有 200～600 个卵。从孢子囊中孵化出来的二龄幼虫（J2）移动到宿主的根部附近，穿刺表皮进入根中，经过短距离的移动到达皮层，然后进入静止寄生状态，6～7 d 后 J2 幼虫经历第二次蜕皮发育成豆荚形的三龄幼虫（J3），10～11 d 后雄性幼虫开始蜕皮发育成葫芦形的四龄幼虫，14 d 后完全发育，并且外观上呈细线形。16 d 后开始从根中钻出，在 21～43 d 之间有雄虫持续从根中钻出。在 11～12 d 后雌性 J3 幼虫完全发育进行第三次蜕皮发育成典型的细颈瓶形雌虫。15～17 d 发育后雌虫进行第四次蜕皮。18 d 后雌成虫身体开始膨大，呈典型的柠檬形，卵巢中充满卵，在根表面可见白色雌虫，30 d 后卵充满整个体腔（Steele，1984）。数量不等的卵存储于线虫后部的卵囊中，卵囊保持与雌虫相连，当寄主处在生活力强盛早期时，卵囊中的卵迅即孵化。到寄主生长晚期，由于根系衰老，卵囊中的卵不再孵化，雌虫死亡，体壁鞣革化，转变成红褐色孢子囊。

土壤温度对甜菜孢囊线虫的发育影响较大，温度高于 10 ℃，完成一个世代发育需要大约 30 d。J2 幼虫在 15 ℃土壤中活动性最强，卵孵化最适宜温度为 20 ℃，最适的发育温度为 18～28 ℃，侵入寄主根系 18 d 后出现成虫，38 d 后形成褐色孢子囊。一年内发生的世代数取决于寄主生长的土壤平均温度，在温带，如欧洲的中西部一年可发生 2 个完全世代，第三个世代因秋季低温不能完成其生活史；在温暖的地中海、中东地区则完成 3 个世代，在美国加州一季甜菜上可完成 3～5 个世代。在新疆甜菜孢囊线虫发生区域，甜菜孢囊线虫，一年发生 4～5 代（乔青松 等，2021）。

（七）风险评估与适生性分析

1. 风险评估

参考蒋青等（1995）建立的有害生物风险性评估体系，根据甜菜孢囊线虫在国内分布情况、潜在危害性、受害寄主的经济重要性、传入可能性和风险管理的难度等 5 个一级指标，15 个二级指标进行赋分（表 4-8），通过公式进行计算，得出 5 个一级指标的数值，国内分布情况 $P_1 = 2$，潜在的经济危害性（P_2）$= 0.6P_{21} + 0.2P_2 + 0.2P_3 = 2.4$，寄主植物的经济重要性（$P_3$）$= \max（P_{31}，P_{32}，P_{33}）= 3$，传播可能性（$P_4$）$= 5\sqrt{P_{41} * P_{42} * P_{43} * P_{44} * P_{45}} = 2.048$，危险性管理难度（$P_5$）$=（P_{51} + P_{52} + P_{53}）/3 = 2.67$。最终计算出甜菜孢囊线虫的危险性综合评估风险值（R）$= 5\sqrt{P_1 * P_2 * P_3 * P_4 * P_5} = 2.397$，属于高度危险等级（高海峰 等，2019）。

表 4-8　甜菜孢囊线虫风险定量评估

编号	判断指标	判断标准	赋值分
P_1	国内分布情况	个别省份分布，分布面积占全国的 0～20%	2
P_{21}	潜在的经济损失	产量损失高达 30% 以上	3
P_{22}	是否传播其他检疫性有害生物	不传带其他检疫性有害生物	0

（续）

编号	判断指标	判断标准	赋值分
P_{23}	国外重视程度	22个国家将其列入检疫性有害生物名录	3
P_{31}	受害寄主的种类	受害的农作物栽培寄主达218种	3
P_{32}	受害寄主的种植面积	甜菜、油菜等寄主面积大于350万 hm^2	3
P_{33}	受害栽培寄主的经济价值	经济价值高，非常重要	3
P_{41}	截获难易	偶尔被截获	2
P_{42}	运输中的存活率	运输中几乎无死亡，存活率在40%以上	3
P_{43}	国外分布情况	分布于世界上50多个国家	2
P_{44}	国内适生范围	国内适生范围在17个省市	3
P_{45}	传播能力	土传，但也可通过风雨及种子运输传播	1
P_{51}	检验鉴定的难度	现有检验鉴定方法可靠性低、花费时间长	3
P_{52}	除害处理的难度	土传病害，去除难度大	2
P_{53}	根除难度	田间防治效果差，成本高，难度大	3

2. 适生性分析

（1）中国适生区预测　李建中等（2008）采用 MAXENT 与 GARP 两种生态位模型对甜菜孢囊线虫在中国的适生性进行了预测。预测结果表明：甜菜孢囊线虫适生范围为 $26.0°N \sim 48.0°N$，$77.6°E \sim 136.0°E$，在河北、山西、陕西、宁夏、甘肃、内蒙古、新疆、辽宁、吉林西部、黑龙江等17个省（自治区）适存。根据适生指数值，将其分布区进一步划分为高风险区、中风险区、低风险区、无风险区。

高风险区：新疆西部、内蒙古南部、河北中南部、山西东北部、宁夏、甘肃北部。

中风险区：北京、天津、陕西、山西大部、内蒙古西部和东南部、吉林西部、新疆北部。

低风险区：河南、山东、内蒙古中东部、辽宁、吉林东部、黑龙江南部、江苏、安徽、湖北、湖南、江西、浙江北部。

无风险区：青海、新疆南部、西藏、四川、重庆、云南、贵州、广西、广东、福建、海南、内蒙古少数地区和黑龙江部分地区。

采用 GARP 生态位模型对甜菜孢囊线虫分布进行预测，预测结果根据设定临界值进行分类显示：甜菜孢囊线虫在中国的潜在分布区主要集中在长江以北地区，覆盖了辽宁、河北、山东、江苏、安徽、山西、陕西、宁夏、新疆、内蒙古、甘肃、浙江、江西、湖北、重庆、贵州等省市。根据适生指数的大小，将其分布区进一步划分为高风险区、中风险区、低风险区、基本不发生区，即：

高风险区：新疆西北部、辽宁西部、内蒙古南部、河北、山西、陕西、宁夏、甘肃东南部、河南、山东、江苏、安徽、湖北、重庆、贵州北部。

中风险区：内蒙古西部、新疆北部、辽宁中部、湖南南部、江西中部。

低风险区：新疆中部和东北部、吉林西部、浙江、安徽南部、福建、湖南、广西、广东北部、四川西部、西藏少数地区。

基本不发生区：黑龙江、吉林东部、内蒙古东部、新疆南部、青海大部、西藏大部、云南、广东南部、海南。

（2）甜菜孢囊线虫在新疆的适生区预测 高海峰等（2019）采用 BIOCLIM 对甜菜孢囊线虫在新疆的适生区进行了预测，分级（图 4-49）。结果表明，北疆的阿勒泰、塔城、博乐市、伊犁州、克拉玛依市、乌鲁木齐市、昌吉州，南疆的库尔勒、阿克苏西北部，东疆的哈密市西部为甜菜孢囊线虫适生区。预测的适生区和甜菜的种植区域叠加处理后，获得最终甜菜孢囊线虫在新疆的适生范围主要包括：阿勒泰市、塔城、博乐市、伊犁州、乌鲁木齐市、昌吉州、库尔勒市、阿克苏乌什县和拜城县和哈密市的巴里坤哈萨克族自治县。

审图号：GS京（2023）1824号

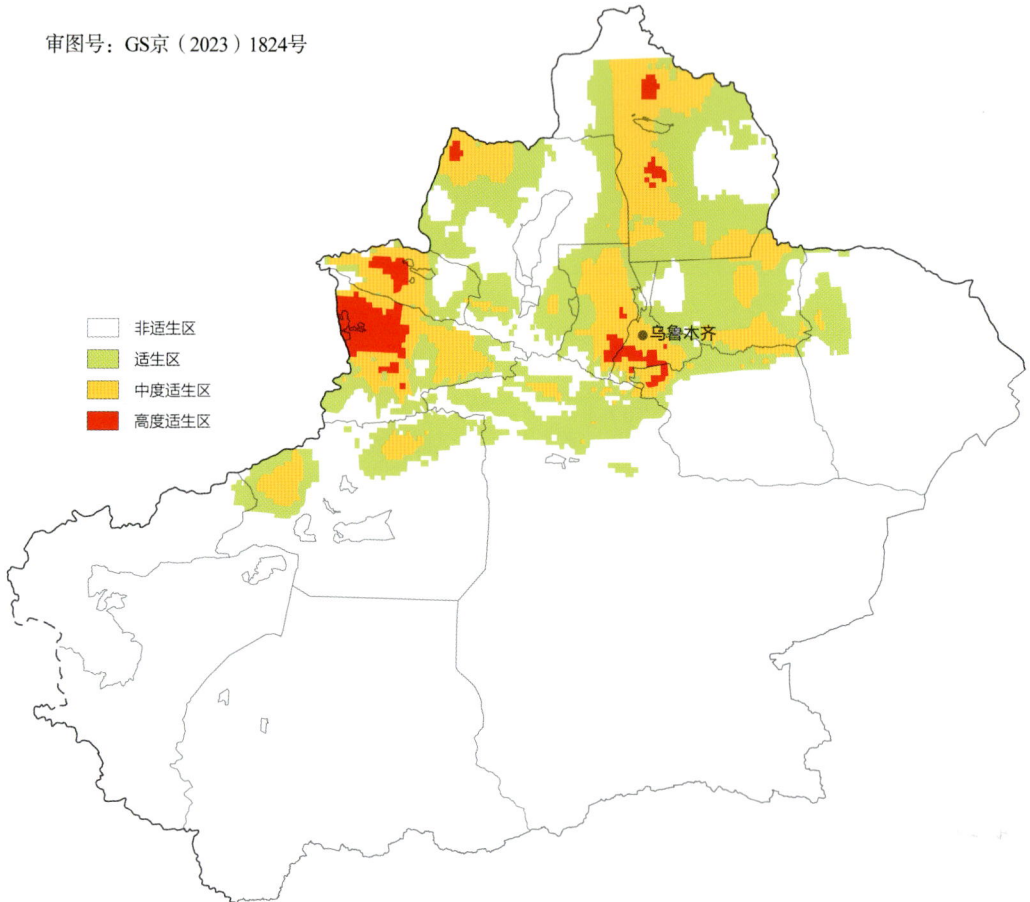

图 4-49 甜菜孢囊线虫在新疆的潜在适生区预测（高海峰 等，2019）

高度适生区为伊犁州新源县、尼勒克县中部、巩留县、霍城县、伊宁县和察布查尔县、塔城市西部、博乐市、温泉县东部、阿勒泰市中部、福海县中部，乌鲁木齐市中部，昌吉市南部等地区。

中度适生区为阿克苏的乌什县、拜城县，伊犁州昭苏县北部、特克斯县北部，博乐市温泉县中西部、精河县西部、博乐市东北部、乌鲁木齐市北部、塔城市额敏县，阿勒泰市大部、布尔津县、福海县大部，昌吉市北部、呼图壁县、玛纳斯县北部、奇台县中部、木垒哈萨克族自治县南部、库尔勒市和静县、乌苏市、沙湾市。

在本研究中其适生区主要在新疆北部地区，南疆等广大地区属于非适生区。近年来，在喀什地区甜菜被作为重要的扶贫经济作物大力推广，种植面积快速增加。为保证甜菜的生产安全，需要在源头上控制甜菜孢囊线虫的传入和扩散，严格把控甜菜种子的检验检疫和甜菜的调运，加强监测，同时做好甜菜孢囊线虫的应急预案，从而保障新疆甜菜的健康生产，为我国糖产业保驾护航。

3. 风险管理措施

（1）加强检疫　控制或减少从疫区进口种子及带根的植物繁殖材料。严格禁止调运疫情发生区寄主作物种子和甜菜块根，禁止种子和甜菜块根在发病区和非发病区之间流通；禁止制糖工厂的废土运回田间。严禁疫区受感染的土壤、植物、农事器械、清洁工具、装载工具和糖厂废料带到非发病区。

（2）做好监测检测　根据适生性分析及风险评估的结果，做好高风险区甜菜孢囊结虫的监测检测工作，定点调查与普查相结合，做到早发现、早上报、及时处置。

（3）综合治理　对甜菜孢囊线虫已发生的区域，加强检疫的同时，通过选种抗病品种、轮作及化学药剂处置等措施进行综合防控。

（八）应急防控技术

1. 加强检疫

控制少从疫区进口种子及带根的植物繁殖材料。疫情发生区严格禁止寄主作物种子和甜菜块茎调运，禁止种子和甜菜块茎在发病区和非发病区之间流通。禁止制糖工厂的废土运回田间。严禁疫区感染土壤、植物、农事器械、清洁工具、装载工具，污染的农场和糖厂废料带到非发病区。

2. 化学防控

可选用噻唑膦、阿维·噻唑膦等对甜菜孢囊线虫有明显防治效果的化学药剂进行防治。

（九）监测检测技术

1. 监测与调查方法

（1）土壤检测　甜菜播种前，根据地块大小采集 10～30 个点的土壤，将所取土样充分混合后取 1 kg 左右装入保鲜袋，带回室内。采用烧杯量取 200 mL 土样，采用淘洗法分离土壤中的孢囊，收集 60 目筛网上的残余物，在解剖镜下观察和计数孢子囊数量。随机挑取 20 个孢子囊，压破挤出卵，制成卵悬浮液，计算卵密度（每克土样中的卵量）。

（2）甜菜植株检测　甜菜出土后，每 10 d 取 1 次甜菜苗，将所采甜菜苗的根剪下后漂洗干净，在 1‰ 次氯酸钠液中浸泡 3～5 min（漂白），移至酸性品红中煮至沸腾，冷却后在解剖镜下观察根内虫态。

2. 检测技术

中国农业科学院植物保护研究所通过 RAPD 引物筛选，获得甜菜孢囊线虫特异性 OPA06 片段，在此基础上开发出甜菜孢囊线虫 SCAR-PCR 快速检测技术（Jiang et al.，2021），在此基础上进一步开发出 RPA－CRISPR 和 RPA－LFD 快速检测技术，可以快速、灵敏、直观地检测甜菜孢囊线虫。灵敏度高达 10^{-4} 个白雌虫或孢子囊，1/256 头二龄幼虫和 0.001 ng 的基因组 DNA，灵敏度比传统 PCR 检测技术提高了 100 倍（Yao et al.，2021）。

3. 监测检测技术应用

甜菜孢囊线虫 SCAR-PCR 和 RPA 快速检测技术能够直接从土壤和罹病植物根系中检

测甜菜孢囊线虫，检测时间从传统的 24 h 缩短至 30 min，通过与 LFD 试剂结合，结果肉眼可视，在甜菜孢囊线虫普查中得到广泛的应用。

（十）综合防控技术

1. 检疫防控

严格控制从疫区进口种子及带根的植物繁殖材料。疫情发生区严格禁止寄主作物种子和甜菜块茎调运，禁止种子和甜菜块茎在发病区和非发病区之间流通。禁止制糖工厂的废土运回田间。严禁疫区受感染的土壤、植物、农事器械、清洁工具、装载工具和糖厂废料带到非发病区。

2. 农业防控

选用抗耐病品种。甜菜品种 beta796 等耐病品种在新疆的种植条件下能够有效降低产量损失。

非寄主轮作。在没有寄主的情况下，种群数量会迅速降低 50％以上。大范围的轮作可以很好地将线虫数量降低到危害水平以下。发病较轻或者中等的地块，使用玉米、棉花或油葵轮作 3 年非常有效，发病严重的实行 6 年轮作，能够有效控制甜菜孢囊线虫的危害。根据中国农业科学院植物保护研究所的研究，在新源县，连续种植玉米和油葵 3 年，土壤中的甜菜孢囊线虫卵数分别下降了 63％和 71％。

3. 生物防控

在英国和新西兰甜菜孢囊线虫危害严重区域种植芥菜和具抗性的萝卜等诱捕植物 1 年，土壤中的活卵数下降 30％～40％（Wright et al.，2019）。厚垣轮枝孢菌（*Verticillium chlamydosporium*）、环孢霉（*Cylidrocarpon destructans*）、辅助链枝菌（*Catenaria auxiliaris*）和直立顶孢霉（*Acremonium strictum*）等对甜菜孢囊线虫具有一定控制效果（彭德良 等，2015）。

4. 化学防控

发生严重的田块，实行土壤熏蒸消毒处理，力争扑灭疫情点。可采用 98％棉隆颗粒剂或 35％威百亩水剂，均匀撒播或喷施于土壤表面，深耕后洒水，覆盖塑料膜，熏蒸 3 周后揭膜松土。发病中等的田块，施用阿维菌素颗粒剂或噻唑膦等药剂每公顷 60 kg，随肥料撒播翻耕。

5. 综合防控技术应用

加强植物检验检疫，在病害发生区种植耐病品种，药剂处理的同时进行轮作倒茬，与油葵和玉米等非寄主植物轮作 3 年以上。

（彭德良，李广阔，彭焕，刘慧，李克梅）

十四、马铃薯环腐病菌

（一）学名及分类地位

马铃薯环腐病菌［*Clavibacter michiganensis* subsp. *sepedonicus*（Spieckermann & Kotthoff）Davis et al.］，属放线菌门（Actinobacteria）放线菌纲（Act inobacteria）放线菌目（Actinomycetales）微杆菌科（Microbacteriaceae）棒形杆菌属（*Clavibacter*）密执安棒形杆菌（*michiganense*）密执安棒形杆菌环腐亚种（*sepedonicus*），英文名为 Bacterial ring rot of potato。

（二）分布与危害

1. 分布

1906 年首先发现于德国，目前在法国、丹麦、芬兰、德国、挪威、瑞典、波兰和俄罗斯等国家均有发生，并广泛分布于北美洲，在亚洲主要发生于日本、韩国和我国的部分地区。我国 20 世纪 50 年代首先发生于黑龙江，之后蔓延到全国十几个省份。新疆的乌鲁木齐市、哈密市、克州、伊犁州、塔城地区、阿勒泰地区、昌吉州、石河子市等 8 个（自治州、市），27 个县（市）均有发生。

2. 寄主

病原的专化性较强，自然条件下只危害马铃薯，人工接种还能使番茄、茄子产生萎蔫症状。

3. 传播途径

病原主要通过种薯远距离传播。主要通过切薯块的刀具和盛放种薯的容器传播，还可通过伤口传播。灌水、昆虫对病害传播作用不大。

4. 危害

马铃薯环腐病是我们最常见的马铃薯病害之一，可发生在其生长期或者储藏期，发病后会造成死苗、死株，造成田间缺苗断垄，还会造成后期植株萎蔫、死亡，在收获期导致薯块腐烂，造成严重减产。

（三）识别特征

1. 形态特征

马铃薯环腐病菌短杆状 [（0.4～0.6）$\mu m \times$（0.8～1.2）μm]，无芽孢，无鞭毛，单个存在，偶尔成双，有时也出现 V 形、Y 形排列，是多型细菌（狄原渤，1964）。

2. 致病症状

感病植株的典型症状是植株萎蔫和块茎维管束呈环状腐烂。植株从下部叶片开始叶缘退绿、稍内卷，似缺水状，之后自下而上萎蔫，植株倒伏枯死，但叶片不脱落，茎秆仍为绿色。感病块茎切开后可见维管束变为黄色至黑褐色，用手挤压可见乳白色、乳酪状菌脓溢出，皮层与髓部之间易于分离。病株的根、茎部维管束常变褐，有时溢出乳白色或黄色菌脓。病株还可出现枯斑型症状：上部叶的尖端或叶缘呈褐色，叶脉间呈黄绿色或灰绿色，叶脉仍为绿色，产生明显的斑驳。以后叶尖干枯并向内卷，逐渐向上蔓延，最后全株枯死。地上部枯斑和萎蔫两种症状常同时出现，依品种不同有主次之分（图 4-50、图 4-51）。

（四）生物学特性

生长最适温度为 20～23 ℃，最低 1～2 ℃，最高 31～33 ℃，致死温度为 50 ℃。马铃薯环腐病的发病适温在 18～24 ℃，土壤最适 pH6.8～8.4，当土温超过 31 ℃时，病害发生受到抑制。由于病原适生温度较低，因而发生区域偏向北方

图 4-50 马铃薯环腐病叶片典型症状
（中国国家有害生物检疫信息平台，2022）

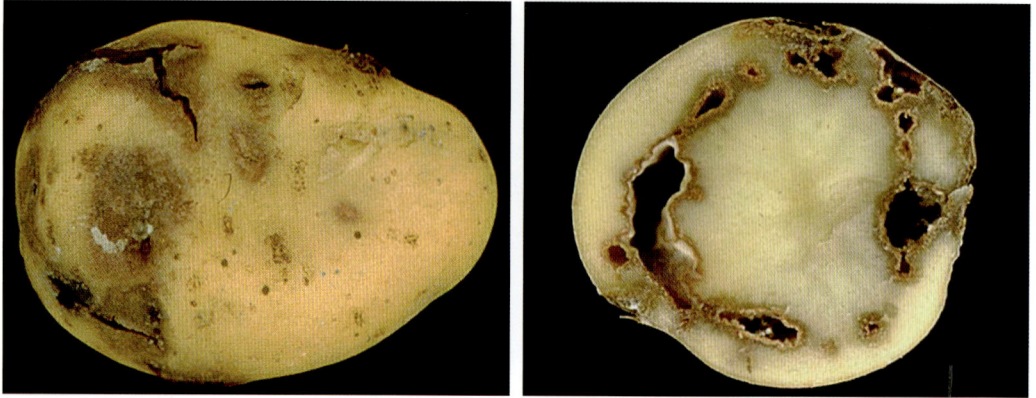

图 4-51 马铃薯环腐病块茎典型症状（中国国家有害生物检疫信息平台，2022）

（刘惠芳，2019）。

（五）病害循环

病原可以在盛放种薯的容器上存活。这些容器是薯块感病的来源之一。马铃薯环腐病菌在土壤中不能长期存活。当年收获遗留田间的病薯不能成为翌年初侵染源。灌溉水或雨水，可将病薯腐烂释放出来的病原传到健薯或健株根茎上，带菌种薯是主要的初侵染源，采用切块播种时，切刀传病是扩大再侵染的主要途径。病原从伤口侵入，潮湿时也可从皮孔侵入。

（六）流行规律

马铃薯环腐病由马铃薯环腐病菌引起，该菌主要潜伏在薯块内越冬，带菌种薯是该菌主要侵染源。但是该菌不能在土壤中长期生存，因此，土壤带菌传播该病可能性较小。该菌主要是通过伤口侵入，如果马铃薯在播种前切块或者在储藏期有碰伤都易传播该菌。主要靠切刀传播，经切块的伤口侵入，而不能从气孔、水孔等自然孔口侵入。另外，受到损伤的健康种薯也只有在维管束部分接触到该病原才能被感染。当病薯播种后，在薯块萌发、幼苗出土的同时，病原会从薯块维管束蔓延到芽的维管束组织中，随着茎叶的形成，病原在植株内系统侵染，由病茎传至茎秆、叶柄，然后造成地上部萎蔫，同时地下部的病原也会顺着维管束侵入匍匐茎，再扩展到新形成薯块的维管束组织中，造成环腐。

（七）监测检测技术

1. 监测与调查方法

盛花期，田间检查时首先注意生长矮小、黄化，特别是发生萎蔫的植株。这类植株经仔细观察，可见一枝或数枝发生萎蔫、黄蔫现象，自下而上，下部枝叶常常首先萎蔫，下垂枯死。上部叶片自边缘向内卷，似失水状，颜色灰绿，由叶缘向中央或叶脉处逐渐变黄，最后变黄处可以枯死（狄原渤，1964）。

2. 检测技术

（1）块茎中病原的分离培养　随机取 100～200 个待测马铃薯薯块，用水洗净，以无菌解剖刀去掉薯脐表皮，取下脐部维管束组织约 1 cm³。按每个薯脐加 1 mL 0.02 MPBS-Tween 缓冲液，用无菌的高速组织匀浆器在室温下以 20 000 rp/min 离心 1.0～1.5 min 将组织粉碎匀浆后静置 30 min。将组织液用 3 层纱布过滤，并用 PBS-Tween 缓冲液冲洗匀浆瓶 1 次，所得组织过滤液经 2 000 r/min 低速离心 10 min。再取上清液进行 8 000 r/min 离心 1 min，沉淀物用 1 mLPBS-Tween 制成悬液。取悬液在 NA 加 5% 葡萄糖的培养基上划线，每一样品做 3 个皿，25 ℃ 恒温培养 5~7 d。马铃薯环腐病菌生长缓慢，最快 3 d 才能形成菌落。

（2）病叶中病原的分离培养　用灭菌剪刀剪取病叶上的病斑，在含有效氯 1% 的次氯酸钠溶液中表面消毒 50~60 s，无菌水清洗 3 次，然后将其移至灭菌培养皿中，加 5~10 滴无菌水，用灭菌镊子将病斑夹碎，使病组织液溶于无菌水中。用灭菌的移植环蘸取该液，在 NA 加 5% 葡萄糖的培养基上划线，25 ℃ 恒温培养 5~7 d。每一样品做 3 个皿。

（3）革兰氏染色及菌体形态观察　取 1~2 滴 3% 的 KOH 溶液置于干净的载玻片上，用牙签挑取新鲜分离细菌培养物与 KOH 混合，充分搅拌 10~20 s。如果液滴变黏稠并可拉出丝状物，表示测试菌为革兰氏阳性菌，反之则为革兰氏阴性菌。马铃薯环腐病菌为典型的革兰氏阳性菌。

在干净的载玻片上滴加 1 滴蒸馏水，用牙签挑取新鲜分离病原培养物与蒸馏水混合，均匀涂抹在载玻片上约 1 cm^2，自然干燥，通过火焰 3~4 次固定后，用石炭酸复红染色液染色 1min，水洗，干燥后用显微镜油镜镜头观察。

（4）高温培养　将供试菌株在 NA 加 5% 葡萄糖的培养基上划线，37 ℃ 恒温培养 5~7 d，每一处理做 2 个皿，观察细菌生长情况。马铃薯环腐病菌在 37 ℃ 不能生长，而该菌的几个近似种在 37 ℃ 下能生长。

（5）半选择性培养基培养　将供试菌株分别在 CNS、TTC 等半选择性培养基所制备的平板培养基上划线，每一处理做 3 个皿，25 ℃ 恒温培养 5~7 d。马铃薯环腐病菌在 CNS、TTC 培养基上均不能生长。

（6）致病性测定　选用感病茄子品种"黑美"作为指示植物。先在花盆里育苗，当长出子叶后移植到盛有营养土的花盆中，每盆一株。在茄苗生长 2~3 周出现第三片真叶时即可用于接种。供试菌株在 NA 加 5% 葡萄糖的培养基上 25 ℃ 恒温培养 5 d，用无菌水将菌苔洗下制成细菌悬浮液（浓度约为 2×107 CFU/mL），采用 1 mL 注射器和 4 号针头吸取被检样品提取液，于茄苗真叶与子叶之间茎部做针刺接种，每株茄苗接种 3 次，每个样品至少接种 20 株，并以无菌水作对照。将接过种的茄苗置于 23 ℃ 室温下，相对湿度 70% 以上，每天光照 12 h。带菌样品接种后 7 d，第一至二片真叶叶缘出现水渍状，12 d 后症状明显，叶缘或叶脉间失水、萎蔫并褪绿，22 d 后病部坏死，叶片呈畸形。

（7）PCR 法检测

DNA 提取：马铃薯块茎中 DNA 的提取，将待测薯块经 70% 酒精消毒后，去皮，用灭菌刀切成小块，放入预冷的研钵中，加入 5 mL TENP 缓冲液研磨，将混合液转入离心管中，4 000 r/min 离心 10 min，上清液转入另一个新离心管中，加入 1 mL SDS 缓冲液，振荡混合后，加入等体积的饱和酚并振荡 10min，离心（10 000 r/min）10 min，搜集水相，再加入等体积的氯仿/异戊醇振荡 10 min，离心（10 000 r/min）10 min，搜集水相，然后加入 2 倍体积的无水乙醇，离心（12 000 r/min）10 min，搜集 DNA。用 70% 乙醇洗 DNA 2 次，干燥后加入适量 TE 缓冲液，4 ℃ 保存备用。

病原 DNA 的提取：将待测菌接入 NA 加 5% 葡萄糖的培养液中，25 ℃ 振荡培养 3~5 d 至 OD 值 0.8 左右。取 1.5 mL 细菌培养液 12 000 r/min 离心 10 min，收集菌体。在菌体沉淀中加入 TE 缓冲液 5 mL，10% SDS 溶液 300 μL，20 mg/mL 蛋白酶 K 30 μL，混匀，37 ℃水浴孵育 1 h。加入 100 μL5mol/L 的 NaCl，充分混匀，再加入 80 μL CTAB/NaCl 混匀，65 ℃水浴孵育 1 min。加入等体积的氯仿、异戊醇，混匀，10 000 r/min 离心 5 min，将上清液移至一个新管中。加入等体积的酚、氯仿、异戊醇（25：24：1），混匀，10 000 r/min 离心 5 min，将上清液移至一个新管中。加入 0.6 体积的异丙醇，轻轻混合至 DNA 沉淀，10 000 r/min 离心 5 min，弃上清液，用 70% 乙醇洗涤沉淀，晾干，加入 50 μL TE 缓冲液溶解 DNA 沉淀，−20 ℃长期保存。

（8）定性 PCR 检测　上、下游引物分别为：5′-TGTACTCGGCCATGACGTTGG-3′；5′-TACTGGGTCATGTTGGT-3′，目标扩增片段为 1kb。PCR 反应体系见表 4-9。

表 4-9　检测马铃薯环腐病菌的 PCR 反应体系

序号	组成	加样体积
1	10×PCR 缓冲液（2.5 mmol/L MgCl$_2$）	5.00 μL
2	dNTP（10 mmol/μL）	4.00 μL
3	Taq 酶（2 U/μL）	0.25 μL
4	上游引物（10 pmol/μL）	1.00 μL
5	下游引物（10 pmol/μL）	1.00 μL
6	模板 DNA（1～10 ng/μL）	2.00 μL
7	dd H$_2$O	34.75 μL
	总体积	50.00 μL

PCR 反应循环参数为：94 ℃/4 min；94 ℃/30 s，55 ℃/30 s，72 ℃/2 min，35 循环；72 ℃/10 min。

PCR 扩增产物的检测：用 TAE 电泳缓冲液制备 1.5% 的琼脂糖凝胶，按比例混匀电泳上样缓冲液和 PCR 扩增产物，将混有上样缓冲液的 PCR 扩增产物加到样品孔中，用 DNA Maker 做分子量标记，进行电泳分析，电泳结束后，在凝胶成像分析仪下观察是否扩增出预期的特异性 DNA 电泳带，拍摄并记录实验结果。

（八）综合防控技术

1. 检疫防控

严格种薯检疫。调种时要经过产地检疫，禁止从病区调种。做好种薯检验，防止病薯传入，保护无病区。

2. 农业防控

（1）选择高抗病品种　目前，随着品种选育技术的不断进步，已培育出很多种具有高抗病特性的品种，但是并没有免疫品种，目前普通种植的品种有克新 1 号、东农 303、固红 1 号、有铁筒、宁紫 7 号、长薯 4 号、高原 3 号、同薯 8 号等，这些品种虽然都具备抗马铃薯环腐病的特性，但是考虑到当地的种植条件、气候条件等抗病程度不同，因此，选择时还要因地制宜、有针对性地选择（刘惠芳，2019）。

（2）建立无病留种田，通过采用小整薯播种，建立无病留种田　播种时晒种可促使病薯出现明显症状而加以淘汰，削尾检查维管束颜色等方法汰除病薯，可大大降低留种田发病率。

3. 物理防控

防止切刀传染，用 0.1％～0.2％升汞溶液或 5％石炭酸、5％来苏儿、75％酒精等浸泡切刀，避免通过切刀传病。

4. 生物防控

王瑞霞等（2010）分离得到 P1 菌株，经鉴定为巨大芽孢杆菌（B. megatherium）经证明 P1 菌株的培养液抗菌粗提物属于蛋白类，该抗菌蛋白对紫外光不敏感，pH 为 7.0 时抑菌活性最强，温度高于 80 ℃时抑菌活性明显下降。温室试验表明，P1 菌株能显著提高马铃薯植株的株高、茎粗、产量及大薯率，其对马铃薯环腐病防效达 53.4％。

5. 化学防控

（1）做好播前土壤管理　播前每公顷可用熟石灰 750 kg 进行全田消毒。

（2）及时清理病株　马铃薯生育前期，结合中耕培土，发现病株，及时拔除病株，并携出田外集中堆沤处理，同时，在病株下用石灰消毒。

（3）选用药剂　可用甲基硫菌灵＋春雷霉素＋滑石粉进行拌种，亦可以用铜制剂（噻菌铜、松脂酸铜、氢氧化铜等）＋春雷霉素＋氨基寡糖素处理薯块，可以控制病害的蔓延，严重的只能拔除，再用氯溴异菌脲酸等进行穴处消毒。发病初期用 72％农用链霉素 400 倍液全田喷雾，消毒保护健康植株。或用 80％代森锰锌可湿性粉剂 500 倍液、88％合霉素可湿性粉剂 1 000 倍液或 0.1％硫酸铜溶液对植株喷雾，发病期每隔 7～10 d 用药剂喷施 1 次，共喷施 2～3 次（刘惠芳，2019）。

（王翀）

十五、大豆疫霉病菌

（一）学名及分类地位

大豆疫霉病菌（*Phytophthora sojae* Kaufmann et Gerdemann），属藻菌界（Chromista）卵菌门（Oomycota）霜霉纲（Peronosporea）霜霉目（Peronosporales）腐霉科（Pythiaceae）疫霉属（*Phytophthora*），英文名为 Soybean Phytophthora stem and root rot。

（二）分布与危害

1. 分布

国外分布于北美洲的美国、加拿大，南美洲的阿根廷、巴西、智利，欧洲的保加利亚、波兰、德国、俄罗斯、法国、瑞士、斯洛伐克、乌克兰、匈牙利、意大利、英国，非洲的埃及、尼日利亚，大洋洲的澳大利亚，亚洲的巴基斯坦、韩国、日本、印度、中国。国内分布于安徽、北京、福建、河南、黑龙江、吉林、江苏、内蒙古、山东、新疆、浙江。

2. 寄主

大豆疫霉病菌具有很强的寄生专化性，寄主范围窄。自然条件下只侵染大豆［*Glycine max*（Linn.）Merr.］，人工接种可侵染其他豆科植物，羽扇豆属［*Lupinus*（Linn.）］、菜豆［*Phaseolus vulgaris*（Linn.）］、豌豆［*Pisum sativum*（Linn.）］、白花草木樨（*Melilotus albus* Medikus）。

3. 传播途径

大豆疫霉病菌是典型的土传病害。主要以孢子囊和游动孢子的形式在田间进行近距离传播。借助带菌种子及混杂在种子中的病残体和病土粒进行远距离传播。

4. 危害

大豆疫霉病在大豆的整个生育期均可发生，可侵染其根、茎、叶、豆荚和种子引起根腐、茎腐、植株矮化、枯萎和死亡，在世界大豆生产区具有极强的危害性。该病危害面积大，毁灭性强，每年使大豆减产 10% 左右，且严重降低大豆的品质（徐鹏飞，2011）。

1996—2014 年，每年由此病造成的产量损失约为 2 050 万 t。若将感病大豆品种种植在有该病史或排水不畅的田块，则产量损失可达 100%。在中国，此病首先于 1989 年在东北被发现，随后该病害的发病区域不断扩大，逐渐成为影响我国大豆生产的主要病害。

在世界范围内，每年的经济损失达 10 亿～20 亿美元，其中仅在美国中西部就造成将近 200 万美元的经济损失。而此病在我国黑龙江大豆主产区部分地方发生也极为严重。其病株率可达 15% 以上，个别严重地块发病率可达 75% 左右，甚至绝产。

此病在不同大豆品种间抗病性存在差异，感病品种发病后可导致减产 20%～50%，高感品种损失可达 75%。该病害曾多次在美国大范围暴发流行，据统计，1989—1991 年大豆疫病在美国中北部 12 个州，造成减产 279 万 t。澳大利亚自 1977 年发现此病以来，危害地区和面积逐年增加，在感病品种上田间植株死亡率高达 50%～90%。土壤温、湿度是影响发病的关键因素，当土壤温度为 15 ℃，高湿多雨季节或低洼易积水的黏性土壤发病重；排水良好的沙土地发病轻，加强田间管理，翻耕可以减轻病害。

（三）识别特征

1. 形态特征

大豆疫霉病菌的菌丝体幼嫩时为无隔菌丝（图 4-52），多呈直角状分支，分支基部稍有缢缩，菌丝体宽 2.6～8.8 μm。菌丝体老化后产生隔膜，并形成菌丝膨大体和厚垣孢子。无性生殖阶段，孢囊梗单生，少数有分支。游动孢子囊顶生于孢囊梗上，呈倒梨形或长椭圆形，大小（22～90）μm×（17～53）μm，长宽比大于 1.6；无乳突，偶见加厚或半乳突，高约 1.8 μm，孢子囊不脱落。新孢子囊在老孢子囊内以层出方式产生。游动孢子在孢子囊内形成，通过孢子囊顶部的排孢孔释放出来。游动孢子卵形，尾鞭的长度是茸鞭的 4 倍。有性生殖为同宗配合，游动孢子在胡萝卜或利马豆培养基平板上培养 7 d 左右可自交产生雄器和藏卵器，藏卵器内生 1 个卵孢子。雄器不规则形，大多侧生，少数围生。藏卵器壁薄，表面光滑无饰纹，球形至扁球形，直径 30～41 μm。卵孢子壁厚、光滑，有内壁和外壁，球形，直径 21～40 μm。成熟和休眠后的卵孢子细胞质呈粒状，边缘有 1 对透明体。

2. 致病症状

大豆苗期发病后，造成烂种、幼苗猝倒以及根腐、茎腐，植株矮化甚至凋萎死亡（图 4-53）。成株期受害时，病株的主根呈棕褐色，并蔓延至茎基部，病茎变黑褐色、缢缩，叶片萎蔫变黄，甚至整株枯萎死亡。感病品种在 3 叶期至成熟前发病时，叶片变黄不脱落，茎基部最易感病，有菱形棕褐色溃疡斑。病斑向下延伸致使根部变褐腐烂，向上蔓延至叶柄，甚至可达生长点。微管束变褐，收获前整株枯死。耐病或抗病品种发病后，仅限侧根腐烂，有时茎基部也会出现狭长、凹陷的条斑，但植株不会枯死。

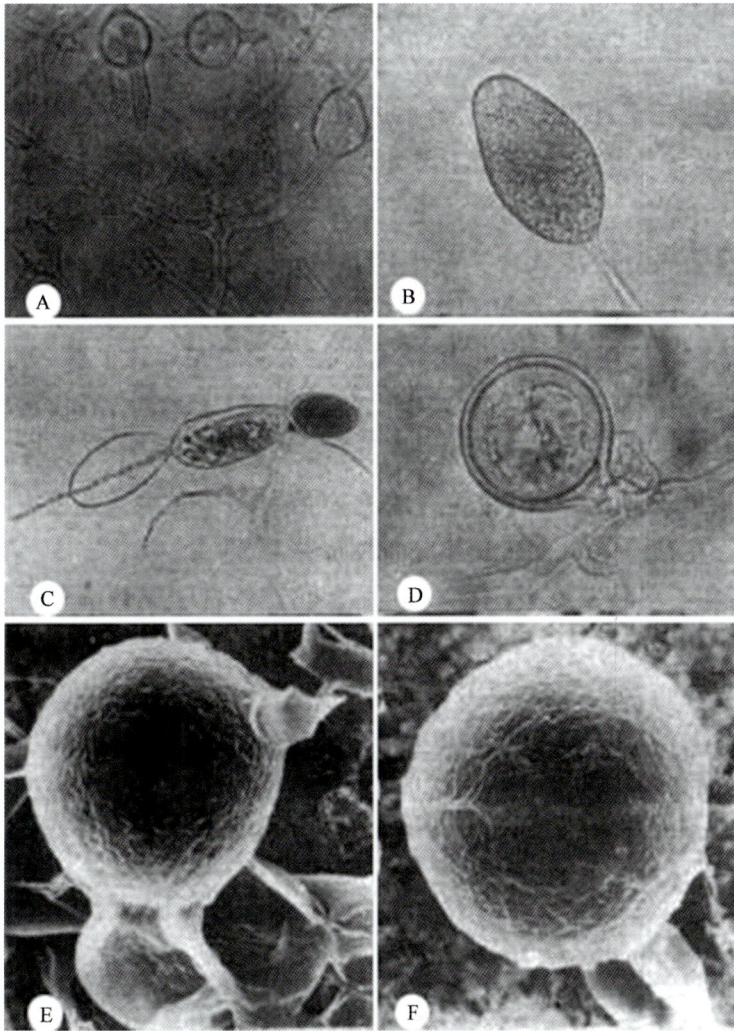

图 4 - 52　大豆疫霉病菌的孢子囊、藏卵器及卵孢子形态特征（苏彦纯 等，1993）
A. 菌丝膨大体和厚垣孢子　B. 无性孢子囊　C. 内层出的无性孢子囊　D. 雄器侧生的卵孢子
E. 卵孢子扫描电镜观察（×2.0k）　F. 对照菌株的卵孢子扫描电镜观察（×2.0k）

图 4 - 53　大豆疫霉病典型症状（张祥林 摄，2006）

（四）生物学特性

该病原在 PDA 培养基上生长较慢，生长速度小于 5 mm/d，在玉米粉培养基（CMA）、胡萝卜培养基（CA）和 V8 培养基上生长速度稍快。菌落平展而均匀，边缘光滑，白色；气生菌丝少至中等，絮状、乳白色（苏彦纯 等，1993）。最适生长温度 24～26 ℃，最高温度 35 ℃，最低温度为 5 ℃。在胡萝卜培养基上气生菌丝较发达，呈致密的絮状。光照条件下卵孢子萌发适温为 23～27 ℃。卵孢子抗逆性强，可在土壤中存活多年。

该病原有生理分化现象，目前已报道至少有 55 个生理小种（徐鹏飞 等，2011）。

（五）病害循环

卵孢子在土壤和植株病残体中能存活多年，菌丝、孢子囊和游动孢子在低温下（3 ℃以下）不能存活。大豆疫霉病菌的卵孢子抗逆性很强，主要在土壤和病残体中越冬。翌年，病田中的卵孢子萌发释放出孢子囊和游动孢子，成为初侵染源。该病原也能以卵孢子和菌丝体方式存活于大豆种子的种皮、胚和子叶内。

此病的发生轻重与栽培的大豆品种、土壤类型、耕作方式、降水量、灌溉方式、温度等多种因素有关，特别是土壤因素。土壤湿度是影响此病发生的关键（余霞 等，2009）。播种前土壤湿度越大、潮湿期越长，大豆疫霉病的发病率越高，因为饱和的土壤湿度有利于大豆疫霉病菌游动孢子的形成和扩散。大水漫灌、地势低洼、排水不良的田块，游动孢子大量形成并随水流传播，有利于该病原侵入并导致大豆植株发病。水对该病原游动孢子的产生、扩散及其对大豆根系的侵染影响很大，若田间土壤不受水淹和根系表面没有水膜，发病率将显著降低。因此，影响土壤湿度的因子如土壤类型、田间排水条件、土壤疏密度对田间发病至关重要。温度对此病的发生影响极大，当温度高于 30 ℃时，该病原的致病性增强。此外，该病原对胚轴的致病性受光照的影响，生长在黑暗中的未受伤感病胚轴当暴露在光照下时抗性显著提高。

（六）流行规律

越冬期：该病原主要利用厚壁抵抗不良环境。

初侵染期：孢子囊在适宜环境可以形成菌丝，在不利环境（如低温潮湿）可分化成一20 个游动孢子。游动孢子寄生并吸附在大豆根部萌发形成芽管，从根部侵入大豆等植株。

再侵染期：发病植株或病残体可以通过无性繁殖方式产生游动孢子囊，成熟的游动孢子囊释放游动孢子可以再次侵染其他健康植株，使田间病情成片或成行发生。

翌年越冬期：再次进入不利环境，大豆疫霉病菌分化出雄器和藏卵器，以有性生殖的方式产生大量卵孢子，卵孢子在植物或杂草的病残体休眠越冬。翌年环境适宜时再次萌发，侵染寄主植物，完成一年的生活史。

（七）风险评估与适生性分析

1. 风险评估

大豆疫霉病菌是我国关注的进境植物检疫性有害生物，也是欧洲和地中海植物保护组织（EPPO）发布的 A2 类检疫性有害生物。

（1）进入可能性　该病原可以卵孢子形态存活于病残体和土壤内许多年，在条件适宜时成为初侵染源。

（2）定殖可能性　该病原在美国分布在 $30°～49°N$，我国大豆主产区属于该纬度范围。我国大豆产区适合大豆疫霉病发生，故该菌在我国定殖的可能性大。

（3）扩散可能性　该菌近距离扩散主要靠风和雨水，远距离传播主要通过土壤和病残体随大豆的调运，因此扩散可能性大。

（4）经济意义　1978 年，该病在美国全国发病面积约有 800 万 hm^2，中北部地区受害面积约 500 万公顷，在密西西比河下游地区约有 200 万公顷大豆遭到严重危害。1994年巴西因此病损失大豆 8 000 t，阿根廷损失 1.63 万 t。因此该病菌经济影响大。

综上所述，该病菌的进入可能性高，定殖可能性大，扩散可能性大，经济意义大，总体风险为高。

2. 适生性区域的划分以及风险等级

根据大豆疫霉病在亚洲已发生地区的地理信息，通过 GARP 软件预测大豆疫霉菌在我国的适生区，结果表明除新疆南部地区外，其他地区都适合该病菌生长。以该病菌卵孢子萌发温度和湿度作为主要的生物学参数，结合我国 600 多个气象站点的气象数据，通过CLIMEX 软件预测得到各气象站点该菌的生态气候指数（EI）。由地理信息系统（GIS）对预测得到的 EI 进行插值替换，再与我国 1∶400 万行政区划图叠加，最后根据该菌在我国局部发生与危害的实际情况，将该菌在我国潜在分布区分为无风险区（$EI=0$）、低风险区（$0<EI<17$）、中度风险区（$17<EI<30$）和高风险区（$E\geqslant30$）。结果表明，我国西部大部分地区属于无风险区或低风险区，南部绝大部分地区为高风险区（崔友林 等，2006）。

分析比较 GARP 和 CLIMEX 预测大豆疫霉病菌在我国的潜在分布区，结果基本吻合。我国绝大部分地区适合大豆疫霉病菌生长，特别是东北南部大部分地区、黄淮流域南部大部分地区以及长江流域等主要大豆种植区都属于病害发生的中、高度风险区。所以，我国应该加强大豆的进境检疫，严格预防控制该病菌的蔓延与传播，保证大豆生产安全（崔友林 等，2006）。

（八）监测检测技术

1. 监测与调查方法

（1）监测时间　大豆的苗期、成株期和结荚期各调查 1 次，具体时间根据当地大豆疫霉病的发生规律确定，一般在雨后或灌溉后进行调查。

（2）监测地点　该病发生区周边的铁路及公路等运输沿线 200 m 范围内的寄主田及其周边的大豆生产基地和繁种基地；大豆储存及加工场所等 5 km 范围内的寄主田；国外引进大豆种植区域；其他大豆疫霉病可能发生的高风险区域。

（3）调查方法　每个监测点按不同方位各调查 3 块大豆田，每块大豆田采用对角线与随机采样相结合的方法，随机取样重点在低洼积水处。6.67 hm^2 以下的大豆田不少于 10 个采样点，6.67 hm^2 以上的不少于 15 个采样点，每点调查 100 株。采集具有典型症状的样本进行室内检测。必要时将疑似发病植株根际周围深 0~10 cm 的土壤 100 g 带回室内检测。

2. 检测技术

（1）种子检验　挑取可疑的大豆病粒，用 10% KOH 水溶液或自来水浸泡过夜，用镊子取下种皮做组织透明处理，镜检观察有无大豆疫霉病菌卵孢子。用 0.05% MTT（Sigma 产品，喀哩兰）染色大豆种皮 48 h（35 ℃），测定卵孢子的活性，可萌发的卵孢子呈蓝色，休眠中的卵孢子呈玫瑰红色，死亡的卵孢子呈黑色。根、茎、荚、叶等植株病残体中该菌卵孢子的检测可参照此方法（周肇慧 等，1997）。

（2）种植检验　将可疑的大豆病粒浸泡过夜，然后播种于灭菌的保湿土壤（湿度≥70%）中，也可将检测的病土、植物残体与灭菌土混合，加水至饱和状态，然后播入感病品种（如 Haro 17、和丰 25、Williams、Sloan）的种子（周明华等，2000），待出苗并长出 3 片真叶后浇水浸泡 24 h，然后立即排水，2 周后即可出现病株。然后用半选择性培养基进行分离培养，待长出菌落后，用挑针挑取疑似病原进行鉴定。在适合大豆疫霉病菌生长的半选择培养基（LBA、V8、CMA、CA）中加入少量可抑制其他真菌和细菌生长的抗生素或杀菌剂（可抑制细菌生长的链霉素、氯霉素、青霉素、利福霉素和黏多霉素等，可抑制真菌生长的匹马霉素、制霉菌素、苯来特、五氯硝基苯、恶霉素和多菌灵等）。

此外，也可直接将病株的根组织清洗后放入灭菌蒸馏水中浸泡 5 d 左右，观察到根组织周围产生霉层，浸泡液中有疫霉病菌的游动孢子时，挑取霉层或用吸管吸取浸泡液接入半选择性培养基上培养 1 周，经纯化培养后可得到致病力很强的大豆疫霉病菌。有时大豆疫霉病菌在固体培养基上不产生孢子囊，需要用灭菌水进行水培，诱发其产生孢子囊和游动孢子。方法是用挑针挑取纯培养的大豆疫霉病菌菌丝块，放入含矿物盐的灭菌水溶液里（硫酸镁 1 g、硝酸钾 0.5 g、硝酸钠 2.36 g、FeNa-EDTA（乙二胺四乙酸铁钠）0.03 g、蒸馏水 1 000 mL，pH5.6），20～25 ℃光照培养 5 d 左右。

（3）土壤检验　取供试土壤 50 g，加水 1 000 mL，在磁力搅拌器上 2 000 r/min 匀浆 3～5 min，将匀浆液经 200、300、500、600 目筛网过滤，用无菌蒸馏水反复洗下 500 目或 600 目筛上物，在显微镜下镜检观察。若发现卵孢子可用毛细吸管吸取卵孢子，移至 PDA 培养基上进行萌发培养。

目前口岸海关检测大豆疫霉病菌多采用土壤叶蝶诱集法。诱集前先将土样在 −7 ℃条件下处理 10 h，以减少杂菌污染，取风干土样以每 10 g 为 1 个样品，碾碎过筛（孔径 2 mm）后放入 50 mL 的烧杯中，加无菌蒸馏水至饱和状态，在 25 ℃和光照条件下培养 4～6 d，加蒸馏水淹没土壤。然后将大豆感病品种的幼嫩真叶，用打孔器切成 0.5 cm 的叶蝶，漂浮于供试土壤的水面 5 h 左右，取出叶蝶晾干，置于半选择培养基上培养 7 d 左右，经纯化培养后，在健康大豆植株的下胚轴做接种试验，观察回接植株的发病情况。也可取健康大豆植株幼叶，用打孔器切成 0.5 cm 的叶蝶，放入培养 1 周的土壤悬浮液中漂浮，诱集 12～24 h 后取出叶蝶，用水冲洗干净后再置于无菌蒸馏水中培养 5 d，待叶蝶发病后采用组织分离法进行培养。为了提高诱集效果，可在土壤悬浮液中加入少量抗生素和杀菌剂抑制杂菌生长（彭金火 等，2002）。

（4）血清学检验　提取大豆疫霉病菌菌丝可溶性蛋白，制备抗血清。将可疑病根或诱集后的叶蝶磨碎，匀浆后用 ELISA 法可以快速检测土壤中的卵孢子及病组织中的病原。

（5）实时荧光 PCR 检测方法　将供试大豆进行过筛，留取土块或其筛下物中的足量土样，研磨土样，洗涤过滤搜集卵孢子，用微量样品基因组 DNA 提取试剂盒提取卵孢子的 DNA 作为模版，用实时荧光 PCR 检测大豆疫霉菌，可用 SYBR GREEN 或 MGB 探针检验（王华 等，2008）：

SYBR GREEN 法引物序列：正向引物 PS1，5′-CTGGATCATGAGCCCACT-3′；反向引物 PS2，5′-GCAGCCCGAAGGCCA C-3′；探针 PSb，5′-FAM-CGG CGTGGCCT-TCGGGCT-TAMRA-3′。

MGB 探针法引物及探针序列：正向引物 MP5-I，5′-TGG TTTGGGTCCTCCTCGT-

3′；反向引物 MP5-2，5′-TGTGCGAGCCTAGACA TCCA-3′；探针 MPb5，5′-FAM-ACCCATTCTTAAATACTGAA-MGB-3′。

（九）综合防控技术

1. 检疫防控

加强产地检疫，不定期地进行田间监测，一经发现，就地封锁，烧毁深埋。

严格调运检疫，对从进口疫区和内地调进的大豆品种一律进行实验室鉴定，合格的种子准予销售，不合格的种子改变其用途或退运处理，不得作为种子使用。

2. 农业防控

（1）种植抗病品种　大豆品种对大豆疫霉病菌的抗病性有单基因抗病性和部分抗病性之分，两种抗病性在生产应用中各有优缺点。目前各国防治大豆疫霉病主要依靠种植抗病或耐病品种。

（2）耕作措施　重病田可用种植非寄主植物进行轮作，轮作年限在 3 年以上。采用水旱轮作方式效果最佳，可使病原的种群数量受到很大的抑制。采用起垄栽培，垄背开沟灌溉，可以有效减轻病害的发生程度（余霞 等，2009）。

3. 物理措施

检疫熏蒸处理技术　溴甲烷、环氧丙烷、碘甲烷和氧硫化碳 4 种熏蒸剂是进口大豆检疫处理的良好选择。

田间发现零星病株，应及时进行人工拔除，防止病情扩展。

4. 化学防治

（1）药剂拌种技术　防控大豆根腐病的拌种药剂宜选择低毒（或微毒）的悬浮种衣剂，如 6.25％精甲霜灵·咯菌腈、25％噻虫嗪·精甲霜灵·咯菌腈、27％噻虫嗪·咯菌腈·苯醚甲环唑等轮换使用（丁俊杰 等，2001）。

（2）药剂喷防技术　在及时做好病虫害监测的基础上，初花期前后或结荚期酌情喷施杀菌剂、杀虫剂，以及叶面肥（或生长调节剂、免疫诱抗剂等）是减少病虫害、维持植株强健、预防根腐病、增加产量的有效措施。常用杀菌剂有 32.5％嘧菌酯·苯醚甲环唑悬浮剂、75％肟菌酯·戊唑醇水分散粒剂、25％嘧菌酯悬浮剂 1 500 倍液、72％霜脲·锰锌可湿性粉剂 800 倍液、53％精甲霜·锰锌可湿性粉剂每公顷 2.25 kg、50％烯酰吗啉可湿性粉剂每公顷 0.75 kg、66.8％丙森·缬霉威可湿性粉剂 1 000 倍液等。

5. 生态调控技术

生防菌发酵液在大豆疫霉病菌的研究中使用。

6. 综合防控技术应用

（1）培育和利用抗、耐性品种　种植抗病品种是控制大豆疫霉病的经济有效的方法之一。目前已经发现带有抗性基因的大豆品种有郑 120、徐豆 12、中黄 70 等十多个品种。

（2）化学防治　目前防治此病的主要手段是化学防治。常用化学药剂有甲霜灵、烯酰吗啉、氟吗啉、甲霜灵·锰锌等药剂。

（3）农业防治　采用与非豆科植物轮作来减少该菌的逐年积累。轮作也有利于改善土壤肥力和物理性质，增强自然控病能力，减少病菌存活数量。

（4）合理密植　种植密度过小，大豆产量低下，密度过大，容易加重病害发生

（5）合理的肥水管理　多施用绿肥有机肥，少施用化肥，平衡施肥。合理灌溉有利于

大豆生长，大水漫灌容易发病。

（张祥林，王翀）

十六、黄瓜绿斑驳花叶病毒

（一）学名及分类地位

黄瓜绿斑驳花叶病毒 [*Cucumber green mottle mosaic virus Tobamovirus*（CGM-MV）]，属棒状病毒科（Virgavirdae）烟草花叶病毒属（*Tobamovirus*）。

（二）分布与危害

1. 分布

Ainsworth 于 1935 年在英国首次报道黄瓜绿斑驳花叶病毒侵染黄瓜，随后逐渐蔓延到全球大部分区域，目前已成为危害葫芦科作物的重要病害之一。该病毒分布广泛，遍布全球 43 个国家和地区）。我国首次发现该病毒是在广西的观赏南瓜上。目前该病毒病已经传播到我国很多地区，如辽宁、湖南、江苏、上海、广西及甘肃等地。

2. 危害

葫芦科作物被黄瓜绿斑驳花叶病毒侵染会导致作物产量降低，严重时甚至绝收。我国辽宁盖州市 2005 年暴发黄瓜绿斑驳花叶病毒，使 333 hm² 瓜田受害，约 13 hm² 瓜田绝收。由于其危害巨大且可通过种子传播，黄瓜绿斑驳花叶病毒被农业农村部确定为全国农业植物检疫有害生物之一。

（三）识别特征

被黄瓜绿斑驳花叶病毒侵染后的植株症状随寄主的不同而不同。植株被黄瓜绿斑驳花叶病毒侵染，植物叶片上会出现花叶、褪绿、斑驳或突起等；为黄瓜绿斑驳花叶病毒发病的典型症状；果实上则会出现畸形或果肉倒瓤等；早期感染该病毒的植株，会延缓植株生长甚至无法结果（Cheng et al.，2019）。被黄瓜绿斑驳花叶病毒侵染前期出现花叶，西瓜和甜瓜受侵染个别植株叶片部分黄化，在西瓜生长后期能够形成空腔，产生腐烂酸化气味，对果实的品质和商品价值产生不利影响（Reingold et al.，2013）。侵染南瓜和西葫芦时，通常症状表现为果实坏死褪色（图 4-54）。

图 4-54　黄瓜绿斑驳花叶病毒发病症状

（四）生物学特性

黄瓜绿斑驳花叶病毒粒子呈棒状、无膜，大小约为 30 nm×18 nm。病毒粒子中蛋白质约占总质量的 94%，核酸约占 6%。2 100 多个壳粒呈螺旋状排列形成病毒的外壳，其螺距为 2.3 nm，螺旋直径为 4 nm（Cheng et al.，2019）。单链 RNA 病毒，整个基因组长度 6 400 bp，其基因组的 5′端和 3′端分别有非编码区，5′端形成帽子结构，提高衣壳蛋白的翻译稳定性（Dawson，1992）。黄瓜绿斑驳花叶病毒的运动蛋白（Movement protein，MP）可使病毒移动；衣壳蛋白 CP 能够防止病毒核酸被破坏，同时也能够参与病毒的长距离运输（Kasschau et al.，1998）。

（五）病害循环

黄瓜绿斑驳花叶病毒可随种子和土壤传毒，遇有适宜的条件即可进行初侵染，种皮上的病毒可传到子叶上，20 d 左右致叶片显症。此外，该病毒易通过手、刀、衣物及病株污染的地块传毒，病毒汁液可借风雨或农事操作传毒，可完成多次侵染。田间遇有暴风雨，造成植株互相碰撞枝叶摩擦或锄地时造成的伤根都是侵染的重要途径，高温条件下发病重。

（六）流行规律

黄瓜绿斑驳花叶病毒是典型的种传病毒，带毒种子形成的种传苗是主要的初侵染源，也是病毒远距离传播的主要途径，病毒在种子或土壤中的病残体可存活一年以上，土壤中的病残体可成为来年的次要初侵染源。由于黄瓜绿斑驳花叶病毒具有较强的稳定性，田间近距离扩散主要通过农事操作中的接触传播方式实现，包括嫁接、移栽、整蔓、摘心、摘果等，其中以嫁接传播最为常见，与感病西瓜接触的花盆、薄膜、支架、剪刀等农具也是再侵染源之一。此外，流水、花粉也可以进行传毒，是病毒近距离扩散的另一种方式（程兆榜 等，2013）。

（七）综合防控技术

1. 检疫防控

我国相关检查机构加强检疫，阻止有毒种苗入境和在国内传播，以减少损失。

2. 农业防控

黄瓜绿斑驳花叶病毒是以葫芦科植物为寄主的病毒，与其他非寄主作物轮作倒茬 2 年以上，随后通过加强田间管理，可以大幅减少损失。抗病品种的选育和应用是防治黄瓜绿斑驳花叶病毒较为有效的措施。2001 年 Daryono 等获得了抗黄瓜绿斑驳花叶病毒的甜瓜品种。也有报道称，抗黄瓜绿斑驳花叶病毒的转基因西瓜砧木已研发成功。

3. 物理防控

种子干热消毒是目前防治黄瓜绿斑驳花叶病毒的一项重要且最为有效的措施，其基本原理是物理高温破坏黄瓜绿斑驳花叶病毒的粒子结构，使依附在种子表皮的病毒钝化从而失去侵染能力。干热处理不仅可以杀死黏附在种子表面的病毒，还可以杀死潜伏在种子内部的病毒。杀灭黄瓜绿斑驳花叶病毒的有效温度为 72 ℃，低于这个温度则没有效果。干热处理时温度过高虽也可使病毒完全钝化，但此时种子发芽率会大幅度降低。

4. 生物防控

卫甜等（2016）从黄瓜绿斑驳花叶病毒发病严重的黄瓜根围土中分离、筛选获得了稳定防效在 40% 以上的菌株 9 个。研究人员陆续发现了一些对植物病毒起钝化作用的植物抽提物，这些物质有强烈的体外钝化、抑制其增殖和诱导植株抗病性的作用。早期研究发现，在温室黄瓜上喷洒狭叶钩粉草提取物可诱导植株对黄瓜绿斑驳花叶病毒产生抗病性；

从鸦胆子种子中提取得到的鸦胆子素 D，其 10 μg/mL 质量浓度就可抑制黄瓜绿斑驳花叶病毒的复制酶基因、运动蛋白基因、外壳蛋白基因的表达，从而有效抑制病毒的侵染与增殖，使病毒粒子解离，抑制率可达 80% 左右（刘莉莉，2010）；黄瓜绿斑驳花叶病毒的弱毒株系可以对强毒株系起到交叉保护的作用，即预先接种弱毒株系的植株对强毒株系的侵染能表现出一定的抗性。

5. 生态调控

发生疫情的田块，要立即选用熟石灰、硝石灰、溴甲烷等对土壤进行消毒处理，与非葫芦科作物实行 3 年以上轮作后方可再种植葫芦科作物，可与花生、甜叶菊轮作。轮作倒茬可有效防止病害随病残体和土壤传播。

6. 化学防控

目前仍然没有有效的化学物质预防病毒病。目前农业生产上主要通过两种方法来进行化学防治，一方面是浸种处理，另一方面是在播种前用溴甲烷和生石灰对土壤进行消毒，减少土壤中的病毒量。

7. 综合防控技术应用

目前还缺乏较为有效的防治黄瓜绿斑驳花叶病毒的方法。对于已经被病毒入侵的区域，在生产中常采用综合治理技术，如种子消毒处理。农业防治黄瓜绿斑驳花叶病毒的方法有建立无病留种田、及时拔除病株、进行合理轮作等，此外农事操作中所用的器具、有机肥、嫁接用的砧木都要保证无毒。还可以采取在栽培葫芦科作物的温室中或田间诱杀媒介昆虫的措施来降低黄瓜绿斑驳花叶病毒的传播概率。其他综合防治措施还包括土壤熏蒸消毒、喷施化学药剂、生物防控、选育抗病品种以及利用抗病基因工程帮助作物抵抗黄瓜绿斑驳花叶病毒的侵染等。

（胡白石，玉山江）

十七、枣疯病植原体

（一）学名及其分类地位

枣疯病病原为枣疯病植原体（*Candidatus Phytoplasma ziziphi* Jung et al.），已被归入 16SrⅤ组（榆树黄化组）。

（二）分布与危害

1. 分布

国外分布：20 世纪 80 年代枣疯病在韩国大面积发生，造成减产 30%～80%。日本也至少有 3 个县市报道了枣疯病的发生。2017 年和 2019 年分别在伊朗和印度发现了枣疯病的发生。

国内分布：据 1989 年的统计，全国已有 18 个省（自治区、直辖市）有枣疯病的分布和危害，其中枣树主产区的河北、河南、山东、陕西、山西五省发生最为普遍，受害也最严重（潘青华，2002）。新疆主要分布于阿克苏地区、喀什地区等南疆地区（韩剑，2012）。

2. 危害

枣疯病是具有毁灭性的检疫性传染病害，几乎分布于国内外所有的枣树栽培区。枣树一旦感染枣疯病，通常幼树 1～2 年，成龄树 3～5 年即逐渐枯死，极少有自愈现象，致死率接近 100%。

（三）识别特征

枣疯病为维管束传导的周身性感染病害，枣树染病后，其症状在各种器官上均有所表现。通常表现为叶片黄花、小枝丛生、花器返祖（花梗延长和花变叶等）、根畸变及果实畸形等，其中最典型、最易识别的症状是枝叶丛生，俗称"扫帚状"，这一症状也最能突出枣疯病"疯"的特点。

调查发现在新疆不同枣树栽培区，枣树感染枣疯病后表现的症状主要有以下 4 种类型（图 4-55）：①表现为枝条纤细、节间缩短、整株矮化，呈短疯枝状，叶片变小、变绿，钝圆；②表现为植株叶片和枝条稀少，从节点萌发出大量短芽，细弱而萎黄，连续抽生细小黄绿的枝叶，呈丛枝状；③病根上生出不定芽，可大量萌发出一丛丛短疯枝，出土后枝叶细小、黄绿、日晒后全部焦枯呈"刷状"，后期病根皮层变褐腐烂，最后整株枯死；④患病植株并未表现出明显的丛枝状，但枣树叶片表现为叶肉变黄，叶脉仍绿，而后整叶逐渐变黄，叶缘上卷，暗淡无光，硬而发脆，严重时焦黄以致脱落。

图 4-55　枣疯病症状（韩剑，2010 年）

（四）生物学特性

枣疯病植原体为不规则球状，直径 90～260 nm，外膜厚度为 8.2～9.2 nm，堆积成团或联结成串（王祈凯 等，1981）。枣疯病植原体具有高致死性，能降低微环境 pH，喜温（27～30 ℃），对糖浓度适应性较广（1%～7%），适合 pH 5.8～8.2（刘孟军 等，2010）。

（五）病害循环

枣疯病植原体在树体内的分布具有普遍性、地上地下对应性、不均匀性等特点。在疯根中5月中旬病原浓度最高，6～8月浓度有所下降，但仍处于较高水平，12月底至翌年3月病原浓度最低；在疯枝中，春季4、5月随温度回升和萌芽生长，病原数量逐渐增加，夏季7、8月病原浓度达到最高，随秋季来临有所下降，但仍保持较高水平，冬季的12月和翌年1、2月降到最低，但仍可检测到大量病原。和病根相比，病枝中的病原浓度一直处于较高水平。枣疯病植原体能在地上部越冬。枣树感染枣疯病初期，病原只存在于感染点附近。枣疯病植原体不必先运行到根部就能导致树体发病，根与枣疯病植原体的繁殖及枣疯病症状表现没有必然联系。枣疯病病原的周年消长规律可直接为治疗时期的确定提供理论依据。通过病原消长规律研究及田间实践认为最佳药物治疗时期应在枣疯病植原体尚未大量繁殖、花叶症状尚未出现而树体已具备很强能力的4月底至5月初（萌芽展叶期）。

（六）流行规律

现已明确，人工嫁接手段也能传病，其次枣疯病在自然条件下可以通过根蘖、昆虫及菟丝子进行传播。其中，叶蝉类昆虫传病是枣疯病近距离传播的主要途径。（陈子文 等，1984）。

另外枣疯病的发生与枣树立地条件（光照、土层、水分）、间作物种类及管理水平等生态因子有密切关系。土壤贫瘠、管理粗放、树势衰弱的低山丘陵枣园，发病较重；土壤酸性、石灰质含量低的枣园发病重；阳坡比阴坡发病重；杂草丛生，周围有松、柏及间作与传病昆虫有相同寄主作物的枣园发病重；管理水平高的平原沙地和盐碱地发病轻（田国忠，2002）。

（七）风险评估与适生性分析

1. 风险评估

张静文等（2012）根据蒋青等（1995）建立的有害生物危险性评价的定量分析方法，依据枣疯病的国内外分布状况，潜在的经济危害性，受害栽培寄主的种类、面积及其经济价值，传播方式，检疫鉴定难度和根除的难度等指标进行赋分（表4-10）。通过公式计算，得出5个一级指标（只）的数值，新疆分布情况（P_1）＝2，潜在的经济危害性（P_2）＝$0.6P_{21}+0.2P_{22}+0.2P_{23}=2.4$，寄主植物的经济重要性（$P_3$）＝Max（$P_{31}$，$P_{32}$，$P_{33}$）＝3，传播可能性（$P_4$）＝$(P_{41}×P_{42}×P_{43}×P_{44}×P_{45})^{1/5}=2.35$，危险性管理难度（$P_5$）＝（$P_{51}+P_{52}+P_{53}$）$/3=3$。最终计算出枣疯病的危险性综合评估风险值$R＝(P_1×P_2×P_3×P_4×P_5)^{1/5}=2.52$，属于特别危险等级。危险性综合评价值$R$分级标准：$R＝3.0～2.5$为特别危险，$R＝2.5～2.0$为高度危险，$R＝2.0～1.5$为中度危险，$R＝1.5～1.0$为低度危险。

表4-10 枣疯病风险定量评估

评价指标	评价标准	赋分值
新疆分布情况（P_1）	新疆喀什地区、阿克苏地区有分布，面积低于20%	2
潜在的经济危害性（P_{21}）	据预测，造成的损失达20%以上	3
是否为其他有害生物传播媒介（P_{22}）	不传带其他检疫性有害生物	0

（续）

评价指标	评价标准	赋分值
新疆以外重视程度（P_{23}）	我国北京、天津、河北、山西、辽宁、陕西、甘肃、等20个以上省份和其他国家和地区列为检疫对象	3
受害寄主的种类（P_{31}）	受害的栽培寄主达10种以上	3
受害寄主的分布面积或产量（P_{32}）	受害栽培寄主总面积小于150万 hm^2	1
受害寄主的特殊经济价值（P_{33}）	有很高的经济价值	3
被截获的难易（P_{41}）	偶尔截获	2
运输过程中有害生物的存活率（P_{42}）	存活率在60%以上	3
传播方式（P_{43}）	人工嫁接、昆虫媒介等活动力很强的介体传播	2
新疆适生范围（P_{44}）	新疆50%以上的地区能够适生	3
新疆以外分布情况（P_{45}）	国内50%～25%以的省份有分布	2
检疫鉴定的难度（P_{51}）	现有的检验鉴定方法耗时长、费用高	3
除害处理的难度（P_{52}）	现有的除害处理方法几乎完全不能杀死病原	3
根除的难度（P_{53}）	田间防治效果差，难度大	3

2. 枣疯病在新疆的适生区

新疆地域辽阔，土地资源丰富，气候条件适宜优质高产的红枣栽培，使得枣疯病病原适应生存的地域广泛，新疆红枣种植区均适合其生存。

（八）监测检测技术

1. 表观症状诊断

枣疯病的地上部表观症状依据病情严重程度主要有叶片黄化、花梗延长、花变叶、小叶及短缩丛枝等症状，根部主要表现为丛根，可以直接进行病情诊断。

2. 鉴定方法

组织化学技术是充分利用光学显微镜检查植物和介体昆虫植原体存在的有效手段，而且可以进行病原的组织定位和定量，是生产和研究中常用的鉴定方法。

3. PCR技术

近年来，随着分子生物学技术引入植原体病害研究领域，植原体鉴定和检测技术得到了较快发展，如普通PCR、巢氏PCR、实时荧光PCR等技术的应用使植原体检测灵敏度和鉴定水平有了极大的提高。与传统的电镜、血清学及核酸杂交技术相比，PCR技术具有快速、灵敏、简便和特异性强等优点，解决了长期以来植原体检测灵敏度低的问题。

（九）应急防控技术

加强枣树苗木、接穗的调运检疫，发现带病接穗、砧木、苗木等繁殖材料应及时销毁，不得引入新枣园，防治枣疯病扩散蔓延。对于新建枣园或无病树枣园，发现病树应及时刨除，刨除后的树坑应晾晒，待树根风干后再补栽。

（十）综合防控技术

目前对于枣疯病的防治，尚无十分成功的经验。鉴于枣疯病的发生发展受周围环境、病原数量、品种等多种因素综合影响，对于枣疯病的防治，应本着"预防为主，综合治理"的原则。

1. 检疫防控

枣疯病为检疫性病害，在引种苗木和接穗时应实行严格的检验检疫制度。主要包括以下几个方面：第一，从外地引进苗木和接穗时要严格进行检疫，防止枣疯病进入非病区，导致病害传播；第二，分株和扦插繁殖时，要严格选择无病母株的根蘖苗和插穗；第三，嫁接时一定采用无病的砧木和接穗。

2. 农业防控

培育和发展抗病性强的品种。研究发现，骏枣单系、秤砣枣单系、清徐园枣单系和南京木枣单系对枣疯病有高抗性，其中骏枣单系果实大、品质上等、产量高，适宜在北方枣区应用推广；加强枣园管理，改善土壤肥水条件，加强营养，结合配药、根外施肥和中耕除草等农业措施，促进植株健康发育，增强树势，提高植株抗性；及早清除重病根蘖。

3. 物理防控

（1）主干环锯（剥）　具体做法是用手锯在病树主干上锯成环状（或剥去一圈树皮），轻病树一般锯3环，环间距20 cm左右，重病树适当增加环数。注意锯口要连续成环，不能断断续续，深度也要适宜，既要把树皮锯透，又不能过深而损伤太多的木质部。

（2）疏除病枝　对于轻病树尤其是初侵染病树，及时去除疯枝，可有效地阻断植原体运行，延缓发病，有可能完全治愈病树。

4. 生物防控

内生细菌作为植物微生态系统的重要组成部分具有一些独特的生物学和生态学作用，可以从多方面影响植物的营养和生长发育过程，主要表现在：生防作用、固氮作用、分泌植物生长调节物质刺激植物生长、促进植物对养分的吸收，增强抗逆性。

5. 生态调控

减少中间寄主（特别是越冬寄主）。合理间作，尽量选择不利于传病昆虫越冬和繁殖的作物间作；控制周围环境，尽量避开或清除枣园周围的松柏等枣疯病传病昆虫的中间寄主，减少传染的概率。

6. 化学调控

实践证明，利用土霉素及四环素族抗生素注入疯树体内或浸根、浸泡接穗，均有一定的治疗效果。

（韩剑，罗明）

十八、李属坏死环斑病毒

（一）学名及其分类地位

李属坏死环斑病毒［*Prunus necrotic ringspot virus Ilarvirus*（PNRSV）］，属雀麦花叶病毒科（Bromoviridae）等轴不稳环病毒属（*Ilarvirus*）。

（二）分布与危害

1. 分布

李属坏死环斑病毒是一种在世界范围内广泛发生的病毒病原物，被列为我国进境植物检疫危险性有害生物（农业部，2007；万方浩 等，2005）。

国外分布：欧洲、亚洲、非洲、大洋洲等地区各国。

国内分布：主要分布于陕西、山东、辽宁、四川、北京、湖北、浙江、新疆等省（自治区、直辖市），其中在新疆主要分布于石河子、喀什等地区（殷智婷 等，2012）。

2. 寄主

李属坏死环斑病毒能够侵染观赏植物如月季、百合等189种植物。其自然寄主主要包括一些核果类果树如杏、李、巴旦木等，以及一些观赏植物如月季、百合等；还可侵染其他一些寄主植物，如啤酒花、烟草、西瓜等（姚文国 等，2002）。

3. 传播途径

李属坏死环斑病毒可通过苗木、种子调运，接穗、砧木的接触等途径远距离传播。也可通过线虫、螨、菟丝子等介体，花粉传播及嫁接、剪枝等农事操作进行近距离传播（张涛 等，2012）。

4. 危害

受到李属坏死环斑病毒侵染的果树表现为矮化、生长迟缓、树体衰弱并大量减产，严重的可导致树皮坏死、癌肿直至死亡。李属坏死环斑病毒可在桃上单独侵染，植株生长量降低 12.2%～32.8%，产量减少 5.6%～77.0%；与李矮缩病毒（*prune drawf virus*，PDV）混合侵染，生长量和产量分别减少 49.5% 和 32.8%，且感病果树果实小，果面有木栓斑且易开裂，失去商品价值（Cochran et al.，1941）。

（三）识别特征

李属坏死环斑病毒典型的症状表现为：叶片褪绿、坏死或扭曲；植株皱缩，叶片形成环斑，也可能是线斑、带纹或花叶斑驳；芽、叶、枝梢和根等坏死。桃树感染李属坏死环斑病毒后的症状在急性期症状较明显，芽期表现为发芽延迟、花芽和叶芽坏死等症状，在幼叶上产生不规则的褪绿斑或坏死斑，慢性期症状恢复或隐症，树势衰弱。樱桃感染后的症状与病毒株系、寄主品种的感病性以及环境条件有关，常见的症状包括坏死环斑、穿孔、线纹、粗花叶、叶背有耳突等。在苹果树上，主要表现为叶片上形成斑驳型、花叶型、条斑型、环斑型和镶边型等不同染病症状，感病树体生长缓慢，提早落叶。在月季花上，病株表现为黄色花叶、褪绿线纹、环斑和脉带，有的产生橡叶纹，有的在幼茎上产生鲜黄斑块。在巴旦木上，主要表现为叶片黄化、叶片穿孔、叶芽枯萎、树体衰弱、树梢坏死、结果少等症状（图 4-56）。

（四）生物学特性

李属坏死环斑病毒粒子形态为等轴对称多面体，直径 22～23 nm，轴距比为 1.0～1.5，沉降系数为 79～119 S，粒子分子量为 $5.2～7.3×10^6$ Da，A260/280 约 1.56，RNA 约占粒子重量的 16%，蛋白质占 84%，没有脂类物。基因组由 3 条正义单链 RNA 构成，RNA1 全长 3 332 nt，RNA2 全长 2 591 nt，RNA3 全长 1 957 nt；RNA1 和 RNA2 是单顺反子，分别编码复制酶蛋白 P1 和 P2；RNA3 为双顺反子，含有 2 个开放阅读框，分别编码 5′端运动蛋白（Movement Protein，MP）和 3′端外壳蛋白（Coat Protein，CP），CP 的合成经过一个单顺反子的亚基因组 mRNA（又称 RNA4）。外壳蛋白含 1 种亚基，相对分子质量约为 25 kDa，含225 或 227 个氨基酸残基。在病组织汁液中，病毒致死温度为 55～62 ℃，未稀释病组织汁液中病毒的体外存活期仅为数分钟，而稀释后最长达 9～18 h，在 0.01 mo/L EDTA 溶液中，病毒粒子能够保持较高且持续的侵染活性。病毒具中等免疫性，与苹果花叶病毒（*Apple mosaic virus*，ApMV）有一定的血清学关系。

图 4-56 李属坏死环斑病毒在自然寄主巴旦木上的症状表现（韩剑，2011 年）

A. 病树叶芽枯萎　B. 叶片穿孔　C. 叶片黄化　D. 树梢坏死

（五）病害循环

李属坏死环斑病毒主要是通过带毒的繁殖材料（如种子和花粉）进行传播。无性繁殖材料的调运是李属坏死环斑病毒一个重要传播途径。李属坏死环斑病毒的种传效率可高达 70%，但种传率随寄主或品种不同而差异很大，带毒种子可以保持较长时间的侵染率。其次花粉传毒普遍，李属坏死环斑病毒通过花粉进行传毒的效率高达 77%。花粉内部和表面均可带毒，表面带毒使病毒在株间传染，内部带毒则导致种子传播，蜜蜂作为花粉传播介体也可间接传播李属坏死环斑病毒。病组织汁液容易传毒，嫁接也可以传毒，菟丝子也是传毒介体之一。

（六）流行规律

李属坏死环斑病毒病属于系统性病害，越冬率较高，较稳定，受环境影响较小，相邻年份波动小，在一个生长季节中增长幅度不大，但能逐年积累，稳定增长，若干年后导致大流行。该病害发病条件与温度的关系密切，每年从 3 月底至 4 月初叶片尚未完全展叶时即可发病，5 月底至 6 月上旬症状表现达到高峰，至夏季 7~8 月气温偏高，抑制病害发生，症状表现较为平稳，至秋季 9 月稍有加重，10 月以后趋于平稳。

该病害的发生与立地条件及管理水平等生态因子有密切关系，同样的品种和管理条件，平川地发病率高于坡塬地；同样的品种和地理条件，种植密度低、管理精细的发病轻于密度大、管理粗放的；树龄越高，发病越重。

（七）监测检测技术

1. 症状观察

将待检样种带到防虫温室或网室，于适宜条件下观察症状。常见自然寄主的症状为急性期症状，叶稍褪绿，叶上有黄环斑、小坏死斑，外围深色，后病斑脱落形成穿孔，而慢性期无病带毒，病苗接口以上接穗处变粗。甜樱桃染病症状表现为粗缩花叶，月季表现为花叶，啤酒表现为花无症或有环及带状花叶。

2. 指示植物法

对李属坏死环斑病毒而言，常用的指示植物包括两类，草本指示植物和木本指示植物。草本指示植物包括黄瓜和昆诺藜。黄瓜接种后 4～5 d，子叶上产生大而扩散性褪绿斑，6～18 d 出现顶枯，真叶不长出。昆诺阿藜接种后 5～6 d 产生局部和系统褪绿环和灰色坏死斑，叶畸形，有的毒株则无痕。木本指示植物，主要包括甜樱桃和桃树，侵染木本指示植物后，呈现叶片褪绿斑、坏死斑点和环斑等症状。

3. 血清学检测（双抗夹心酶联免疫吸附法）

血清学检测法具有灵敏、特异、简便快捷的优点，因此被广泛应用于果树病毒的检测。但值得注意的是 PNRSV 在感染的叶片、芽和枝条上分布不平衡，且病毒浓度随季节变化差异很大，会导致检测的假阴性。在春季时检测效果最佳，花瓣、芽和枝条韧皮部是最适宜的检测材料。

4. 分子生物学检测

有普通 RT-PCR 检测、环介导等温扩增检测等方法。

（八）应急防控技术

苗圃、母本园发现李属坏死环斑病毒病应立即查清情况，并在植物检疫人员的监督下进行封锁，严禁接穗、苗木外运。同时采取销毁等措施扑灭疫情。曾经发生李属坏死环斑病毒病的母本园应改种其他作物。若继续作母本园，3 年内不再发现李属坏死环斑病毒病才可采集接穗。李属坏死环斑病毒病新发现区，或发生面积很小且未传播到周围果园的原发生区，扑灭当年新发、突发或零星疫情。

（九）综合防控技术

李属坏死环斑病毒病控制技术应综合运用检疫、农业、化学等措施，最大限度地减轻病害损失，保护环境和生态安全。

1. 检疫防控

重点加强产地检疫、调运检疫和市场检疫，在疫情较重的地区设置临时植物检疫检查站，调苗木、接穗等繁育材料必须经当地检疫机关检疫后方可调运。引进的苗木要密切监测，发现疫情立即销毁。对发生区调出的种苗、接穗进行严格的跟踪检疫，防止病害扩散。

2. 农业防控

（1）选用无病苗木　李属坏死环斑病毒可通过带毒的苗木、接穗、种子、花粉等繁殖材料进行传播，培育和使用无病毒繁育材料是最重要的防控方法。获得无病毒繁育材料有以下途径：一是无毒苗木检测，通过严格的鉴定，从栽培植株中筛选出无毒苗木；二是病株脱毒，方法有茎尖组织培养法、热处理法、茎尖脱毒和热处理结合法、化学处理法。

（2）加强栽培管理　加强土肥水管理，合理修剪，促进营养生长，优先采用健株栽培技术，加强树势，提高树体抗病能力；在进行农事操作时对修剪、嫁接等操作工具进行消毒，防止人为传播。

3. 化学防控

适时用药剂防治线虫、瘿螨、菟丝子等介体；用药剂保护修剪口、剪锯口、环剥口、嫁接口等；花前和花期可采用灌根、根吸等方法，花后可采用灌根、根吸、叶面喷雾方法，夏季管理时结合环剥、环割等技术使用环涂法进行药剂防治。施药时根据当地实际情况选择有效方法，药剂有地衣·枯草芽孢杆菌、南宁霉素、病毒 A、病毒克，对该病都有一定的防效。

（罗明，韩剑，殷智婷）

十九、枣树病毒

（一）学名及分类地位

枣树病毒病是一种枣树新病害，截至目前在新疆发病枣树上已鉴定到的病毒有 3 种，包括枣树黄化卷叶伴随病毒（*Jujube yellow mottle-associated virus*，JYMaV）、枣树花叶伴随病毒（*Jujube mosaic-associated virus*，JuMaV）和枣树杆状 DNA 病毒（*Jujube badnavirus WS*，JuBWS）。其中枣树黄化卷叶伴随病毒为花楸环斑病毒属（*Emaravirus*）中的新成员，是该属中的第十个正式种，枣树杆状 DNA 病毒和枣树花叶伴随病毒是杆状 DNA 病毒属（*Badavirus*）中的新成员。

（二）分布与危害

2016 年，该病害首先在新疆阿克苏地区的个别枣园发现，呈零星发生。该病害主要危害当年生新发枣头枝、叶片和果实，造成叶片黄化卷曲、果实畸形等症状，严重地影响了红枣的产量和品质。截至 2018 年，枣树病毒病在阿克苏地区红枣种植区均有不同程度发生，个别地块的病株率高达 90％以上。目前该病已传播蔓延至喀什地区，发生面积不断扩大，危害程度呈逐年加重的趋势。

（三）识别特征

枣树病毒病对新疆种植的各类枣树品种均致病，且发病症状略有不同。每年 6 月中下旬，症状首先在当年新发枣头枝上显现，枣头枝细弱，叶片内卷，后期逐渐干枯。7 月初在果实、新发枣头枝、枣吊，以及叶片上出现明显症状，8 月进入发病高峰期。发病初期新枝上叶片呈黄化、斑驳、卷曲状，结实大量减少；在果实上，自幼果期就表现症状，首先在果实上出现水渍状褪绿斑，病斑凹陷，随着果实的生长，病斑扩大，果实畸形，后期果实干缩脱落，味苦不堪食用（图 4 - 57 至图 4 - 59）。

图 4 - 57　病毒侵染后当年生枣头枝受害症状

图 4-58　病毒侵染枣树后发病症状
A. 整株枝、叶受害症状　B. 叶片受害症状　C. 受害果实畸形

图 4-59　不同枣树品种叶片与果实发病症状
A. 灰枣　B. 酸枣　C. 骏枣

（四）生物学特性

枣树病毒病是一种由 DNA 和 RNA 病毒复合侵染发生的一种新病害。枣树杆状 DNA 病毒与杜凯桐等报道的枣树新病毒枣树黄化卷叶伴随病毒具有较高的同源性（Du Kaitong et al.，2017），为杆状 DNA 病毒初步的研究结果表明，枣树黄化卷叶伴随病毒为枣树病毒病的一个病原（图 4－60）。

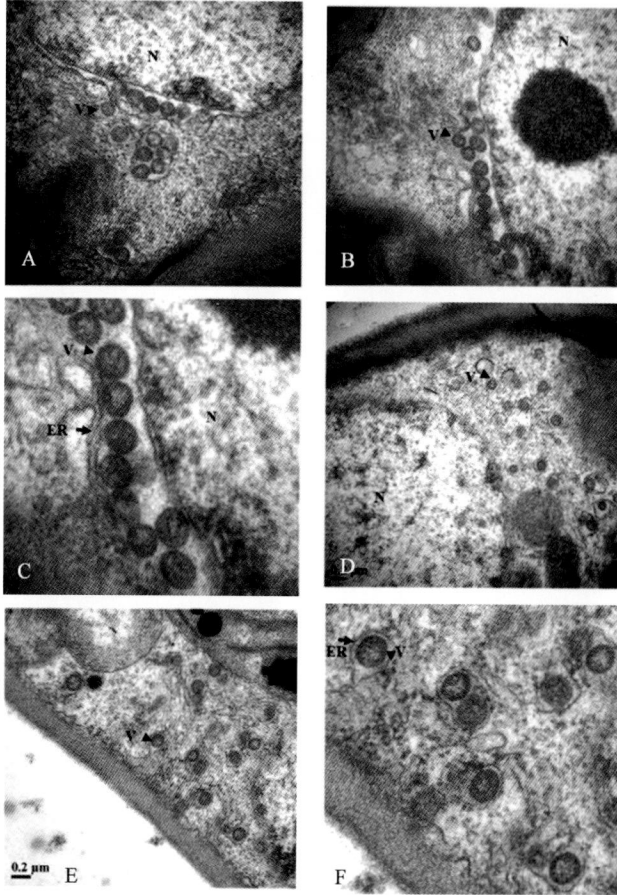

图 4－60　枣树黄化卷叶伴随病毒感染枣树细胞的透射电镜观察

注：球形病毒样颗粒位于核膜和内质网（A、B）之间，聚集在内质网（A）的空腔结构中，单独被细胞质中的内质网样膜结构包围（C、D）。B、E 图的放大截面如 C、F 图所示。三角指示病毒颗粒，箭头指示内质网样结构。ER 表示内质网；N 表示细胞核；V 表示病毒粒子，比例尺＝0.2 μm。

（五）病害循环

目前已初步验证枣树黄化卷叶伴随病毒是枣树病毒病的一个病原，枣瘿螨为该病毒的传毒介体。病原物主要通过寄生于发病枣树嫩枝皮层和枣瘿螨体内越冬。翌年，在当年生枣头枝和叶片上表现黄化卷曲等发病症状，7～9 月进入显症高峰，果实上开始出现环状褪绿凹陷斑，表现畸形症状。寄生于枣瘿螨体内的病毒随着枣瘿螨危害枣树叶片和嫩枝，通过口器传播到健康枣树，并随着枣瘿螨的传播扩散将病毒传播至其他健康枣树，致使病害发生危害面积不断扩大。

（六）流行规律

病害流行的环境条件：截至目前，枣树病毒病仅在南疆红枣种植区发生，尤以阿克苏地区和喀什地区为重。

病害流行的生物环境：枣瘿螨、枣蓟马是植物病毒的主要传毒介体，同时也是危害枣树的主要有害生物，病毒可借助昆虫传播，其虫口密度和带毒率是决定枣树病毒病发生轻重的重要因素。

病害流行的农业环境：南疆地区枣树种植模式多样，造就了多样化的枣园生态小气候，种植密度增加、枣粮兼作、栽培管理的粗放化等创造了有利于传毒介体（螨类）的生存与繁殖，使得病毒病发生趋于严重。修剪、耕作等农事操作对树体造成的创伤加重了病害的传播。

（七）监测检测技术

当前，针对枣树病毒病侵染循环规律的研究尚处于初始阶段，花叶与畸形果症状一般在每年的7月初首先在当年生枣头枝上的幼嫩叶片显症，前期没有明显的发病症状。树黄化卷叶伴随病毒和枣树花叶伴随病毒的田间追踪检测结果表明：病害样本中两种病毒检出率均随着月份的增加呈逐渐升高的趋势，其中5～6月检出率较低，7～8月的检出率明显高于5～6月（白剑宇 等，2022；王权 等，2022）。

（八）应急防控技术

枣树病毒病自2016年在新疆发生以来，由于病原及其侵染循环规律尚不明确，无法针对特定病原在特定时间节点开展高效防控，应急防控主要采用加强田间管理、增强树势，以及病虫兼防等综合防控措施。

（九）综合防控技术

1. 检疫防控

加强枣树优良品种，以及接穗等繁殖材料引进检疫，进行螨类等昆虫传毒介体的镜检、检测与监测。

2. 农业防控

加强栽培管理，合理施用水肥，增强树势。及时修剪、清洁田园等常规农事管理措施。

3. 物理防控

枣树秋季修剪、清洁田园、石硫合剂喷施常规管理措施，夏季及时清除枣园杂草，切断传染源，及时修剪，清除病株。

4. 生物防控

采用微生物制剂防治枣树病虫害，释放捕食螨等生物防控技术措施。

5. 生态调控

避免采用枣麦、枣棉间作模式，监测枣园病虫害种类与数量，特别是枣树病毒病传毒介体，明确不同生态小环境下的发生规律和种群动态变化规律，枣园生态环境-病虫害-枣树间的相互关系，形成枣园病虫害生态调控关键技术系统。

6. 化学防控

4月下旬至5月上旬，使用阿维·高氯和噻虫·高氯氟混配液重点防治枣瘿螨和其他枣树不同虫态的害虫。7月下旬至9月初，采用三唑锡悬浮剂，同时混配氨基寡糖素及解淀粉芽孢杆菌 GLD-191，进行树冠喷雾防治枣树病毒病、传毒介体枣瘿螨、二斑叶螨害虫，达到病虫兼防目的。

7. 综合防控

（1）枣树萌动期灌根　4月上中旬为枣树萌动期，萌动期采用灌根技术进行枣树病毒病防治，药剂选用 0.5% 解淀粉芽孢杆菌 GLD-191 菌剂 300～400 倍液树体灌根 1 次。

（2）枣树花期前防病治虫　4月下旬至 5月上旬，针对枣树整个地上部分、冠下表层土壤和冠下杂草，统一喷洒阿维·高氯和噻虫·高氯氟混配液，防治枣瘿螨和其他危害枣树不同虫态的害虫。

（3）枣树盛花期前的病害防治　在 5月中旬枣树进入盛花期前，采用枣病绝杀，同时混配氨基寡糖素进行树体喷雾。

（4）盛花期枣树病毒病的防治　5月下旬至 6月末枣树开始进入盛花期，同时也是枣树病毒病的显症期，此期禁止树冠喷雾防治病虫害；针对病毒病继续采用 0.5% 解淀粉芽孢杆菌 GLD-191 菌剂 300～400 倍液进行第二次灌根防治树体内病毒。

（5）枣果迅速生长期病毒病的防治　7月下旬至 9月初是枣果快速生长期，采用三唑锡悬浮剂、氨基寡糖素及解淀粉芽孢杆菌 GLD-191 混配液，树冠喷雾防治枣树病毒病、传毒介体枣瘿螨、二斑叶螨害虫，达到病虫兼防目的。

（6）果实成熟期及后期田间管理　采用枣树秋季修剪、清洁田园、石硫合剂喷施常规管理措施。

（白剑宇）

二十、苹果黑星病菌

（一）学名及分类地位

苹果黑星病是由苹果黑星病菌 ［*Venturia inaequalis*（Cooke）Winter］所引起的真菌性病害（郭健 等，2022），苹果黑星病菌无性时期（*Spilocaea pomi*）属于丝孢纲丝孢目，有性时期（*Venturia inaequalis*）属于腔菌纲格孢腔菌目（胡小平，2004）。

（二）分布与危害

苹果黑星病是一种较为严重的苹果病害，在我国属于区域性的检疫病害（陈伊宇，2018），主要发生在陕西、辽宁、黑龙江、新疆伊犁、甘肃、四川的盆周山区和川西高原、云南等地。在新疆，该病主要发生在伊宁市、察布查尔县、新源县、特克斯县、霍城县、尼勒克县、巩留县和塔城市等地（王念平 等，2024）。

苹果黑星病能侵害叶片、叶柄、果实、花、芽及嫩枝等部位，但主要危害叶片和果实。从花蕾开放到苹果成熟期叶片都能遭受黑星病的危害，其中从花蕾开放到落花期是最易受害的时期。

（三）识别特征

叶片发病，初为淡黄绿色的圆形或放射状病斑，后渐变褐色，最终为黑色。病重者，叶片扭曲或卷曲（图 4-61）。果实受害初期病斑呈淡黄绿色，圆形，渐扩大，凹陷，后随着果实长大而硬化，表面有裂纹，形成疮痂，伴有烟煤状霉（胡小平，2010）（图 4-62）。果实产生疮痂、畸形，影响苹果的产量、品质及其商品价值，严重的年份经济损失超过 70%。

图 4-61 苹果黑星病危害叶片的症状（马荣 摄，2020）

图 4-62 苹果黑星病危害果实的症状（马荣 摄，2020）
A. 发病早期 B. 发病中期 C. 发病晚期

（四）生物学特性

苹果黑星病菌分生孢子梗圆柱状，丛生，短而直立，不分支，深褐色，基部膨大，具1～2个隔膜。分生孢子梗上有环痕，有时基部膨大。分生孢子梗与菌丝区别明显或不明显，多数不分支，直或略弯，淡褐色至深褐色，或绿褐色。产孢细胞全壁芽生型产孢，环痕式延伸；分生孢子倒梨形或倒棒状，淡褐色至褐色或绿褐色，具0～1个隔膜，偶具2个或2个以上，分隔处略缢束；孢基平截，表面光滑或具小抚突，大小（14～24）μm×（6～8）μm；在培养基上，菌落不规则形或正圆形，平铺状，橄榄色、灰色或黑色，有时被茸毛，菌丝分支并有分隔。菌丝体多数生于寄主角质层下或表皮层中，做放射状生长（胡小平 等，2004）。

子囊座初埋于基质内，后外露或近表生，子囊壳球形或近球形，有孔口，稍突起作乳

441

头状，在孔口周缘长有刚毛。每个子囊壳一般可产生 50～100 个子囊，最多 242 个。子囊无色，圆筒状，大小为（55～75）$\mu m \times$（6～12）μm，具短柄，胞壁很薄。子囊内一般有 8 个子囊孢子，子囊孢子卵圆形，由 2 个大小不等的细胞组成，上面的细胞较小而稍尖，下面的细胞较大而圆，子囊孢子大小为（11～15）$\mu m \times$（5～7）μm，成熟时为青褐色（胡小平 等，2004）（图 4-63）。

苹果黑星病菌生活史的各个阶段都能在培养基上生长。在 20 ℃条件下，分生孢子的萌发率最高；pH 为 5.0～6.5 时适于苹果黑星病菌生长和产孢；以苹果果汁培养基和苹果叶片汁培养基的培养效果较好；弱光有利于苹果黑星病菌的生长和产孢（胡小平 等，2004）。

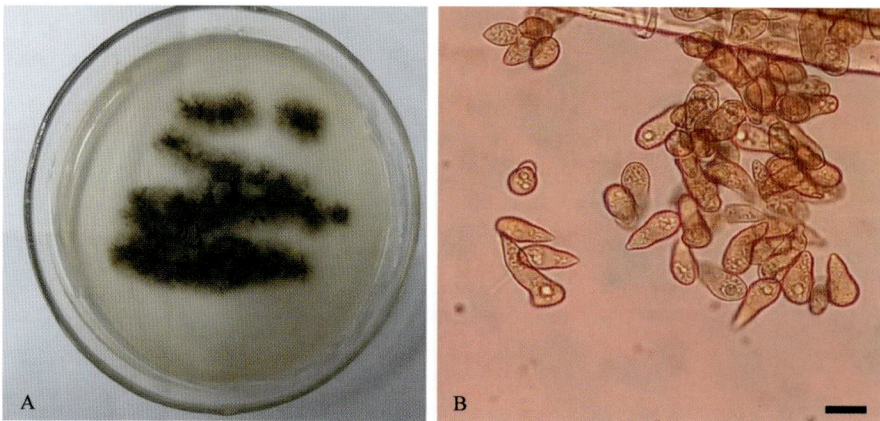

图 4-63 苹果黑星菌的形态特征（马荣 摄，2020 年 12 月）
A. PDA 培养基上的菌落形态　B. 孢子形态

（五）病害循环

苹果黑星病菌以子囊壳在落叶上越冬，以子囊孢子为主要的初侵染源，落叶上子囊壳的数量和子囊的成熟度直接影响翌年春季的初次侵染，也可以菌丝体在枝溃疡或芽鳞内越冬。苹果黑星病菌一旦侵染成功，可在病斑表面产生分生孢子，并以分生孢子为再次侵染的主要来源（胡小平 等，2004）。分生孢子在 2～30 ℃均可萌发，适宜温度为 22 ℃，当其落到呈湿润状态的苹果幼嫩组织上时，即可萌发和侵入。子囊孢子、分生孢子侵染受温度、叶片表面湿润时间、寄主抗病性的影响。子囊孢子、分生孢子侵染最适温度为 16～24 ℃，在这个温度范围内，孢子成功侵染所需要的叶面湿润时间最短，温度过高、过低都会降低其侵染概率。叶片表面湿润时间越长，孢子越容易侵染。孢子对幼嫩的苹果组织易侵染，随着苹果组织的发育，有效侵染率降低（梁振宇，2006）。

（六）流行规律

苹果黑星病的发生流行主要取决于品种抗病性、降水、气温、果园管理水平及初侵染菌源数量等。苹果品种间的抗性有着明显的差异；病菌孢子的传播、萌发、入侵等环节都需要雨水和较高的相对湿度，适当的低温条件有利于病原孢子的萌发。在苹果果树生长季节中，若遇气温低、降水量大且持续时间长、叶面湿度大，苹果黑星病就会大发生并快速蔓延。管理粗放，树势偏弱或郁闭，都会导致该病的发生和流行。

（七）综合防控技术

1. 严格执行检疫措施

苹果黑星病仅在我国局部地区有分布，为了防止该病继续扩展蔓延，应严禁从疫区引入苗木、接穗等繁殖材料，疫区的苗木和接穗也不得外运；疫区的病果不得到非疫区销售（胡小平 等，2010）。

2. 加强预测预报，掌握病害发生流行规律

苹果黑星病初侵染借风、雨传播，流行性强，年际间波动性大。准确掌握其发生流行规律，可减少盲目防治。5月的初侵染菌量和5～7月的降水量是影响该病流行的关键因素。初侵染菌量大、5～7月降水多，病害易流行（罗康宁，2005）。

3. 合理用药，提高防治效果

4月中下旬，在苹果中心花铃铛期，结合防治花腐病、霉心病喷施3％多抗霉素水剂500倍液＋20％硅唑咪鲜胺水乳剂2 000倍液，或3％多抗霉素水剂500倍液＋25％戊唑醇异菌脲悬浮剂1 500倍液。

5月中下旬，苹果落花7～10 d，结合防治炭疽病、轮纹病，喷施10％苯醚甲环唑水分散剂2 000倍液＋70％代森联可湿性粉剂1 000倍液，或30％己唑醇悬浮剂2 000倍液＋60％醚菌·代森联水分散粒剂2 000倍液。

6月上中旬，是苹果幼果套袋前的重要防治期，结合防治斑点落叶病等病害，喷施50％甲基硫菌灵悬浮剂1 000倍液＋70％丙森锌可湿性粉剂800倍液，或80％多菌灵可湿性粉剂1 000倍液＋65％代森锌可湿性粉剂600倍液。

7月中下旬，是苹果黑星病的高发期，喷施43％戊唑醇悬浮剂2 000倍液＋80％代森锰锌可湿性粉剂800倍液，或25％腈菌唑乳油2 000倍液＋70％代森联可湿性粉剂1 000倍液。

（马荣）

二十一、苹果茎沟病毒

（一）学名及分类地位

苹果茎沟病毒 [*Apple stemgrooving virus Capillovirus*（ASGV）]，属芜菁黄花叶病毒目（Tymovirales）线形病毒科（Flexiviridae）发形病毒属（*Capillovirus*）。

（二）分布与危害

1. 分布

苹果茎沟病毒在世界范围广泛分布，几乎所有苹果种植地区均有分布，主要发生在日本、印度、乌兹别克斯坦、哈萨克斯坦、塔吉克斯坦、巴基斯坦、美国、加拿大、墨西哥、俄罗斯、保加利亚、乌克兰、英国、意大利、荷兰、葡萄牙、捷克、澳大利亚、新西兰、南非和中国等国家和地区（李鹏举 等，2021）。在我国分布于河北、山东、辽宁、吉林、黑龙江、河南、内蒙古、北京、云南、山西、陕西、甘肃、宁夏、新疆。

2. 寄主

自然条件下，该病毒主要危害苹果和梨属植物（包括西洋梨、白梨、沙梨、秋子梨等），还危害榅桲、李、柑橘、杏、樱桃、百合、猕猴桃等9科20多种双子叶植物，许多寄主是隐症带毒的。人工接种可侵染茄科、豆科、葫芦科、番杏科、苋科、藜科（Chenopodiaceae）、蔷薇科、玄参科（Scrophulariaceae）等17科40种植物（郭立新等，2005）。

3. 危害

苹果茎沟病毒在许多寄主的品种上呈潜伏侵染，外观不表现症状，仅影响树体生长量和产量。有时带病毒的砧穗组合易显症，病毒常引起植株根系枯死，并在病根的木质部产生条沟。病株新梢生长量减少，叶片小而硬，色淡绿，落叶早。病树开花多，坐果少，果实小，果肉坚硬，发病3～5年后衰退枯死。在田间，病株较健株生长矮小并衰弱，叶片色淡。有的病株嫁接口周围肿大，接合部内有深褐色坏死环纹，木质部表面产生深褐色凹陷裂沟。大多数被侵染的苹果和梨栽培品种无症状，在许多苹果树上通常引起慢性衰退症，严重可减产45％～73％，果质下降。当用感病材料嫁接时，往往导致急性衰退症，造成毁灭性损失，在梨树上的潜隐感染比较普遍，当砧木不耐病时，引起梨树树势严重衰退。该病毒通常与苹果褪绿叶斑病毒复合侵染，给生产带来严重危害。

（三）识别特征

1. 形态特征

苹果茎沟病毒粒体为弯曲线状，无包膜，长640～700 nm，直径12 nm。

2. 致病症状

苹果茎沟病毒是一种潜隐病毒，在果园里大多数被侵染的苹果和梨树栽培品种不表现症状。在温室里该病毒在弗吉尼亚小苹果叶片上产生黄斑或黄色环纹，黄斑常分布在叶片的一侧，且多数在叶边缘，病叶多在黄斑处发生皱缩，病株木质部表面产生褐色凹陷条沟。有病斑的一侧叶片变小，形成舟形叶，该症状与苹果褪绿叶斑病毒在苹果上的表现症状很相似（李帼英 等，2016）（图4-64）。

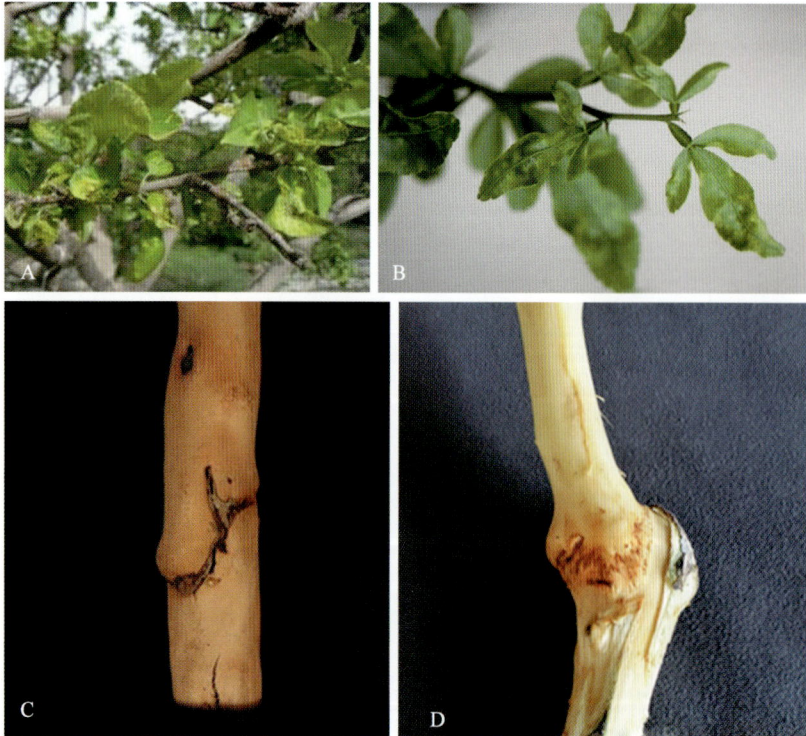

图4-64 苹果茎沟病毒病症状
A、B. 叶部症状 C、D. 茎部症状

将苹果茎沟病毒人工接种在昆诺藜上，接种叶产生褪绿斑，其后成为坏死斑，顶部叶片表现斑驳，后期叶缘下卷、畸形，植株生长受到抑制（马强 等，2020）。

（四）生物学特性

苹果茎沟病毒基因组为 6 496 nt 的正义单链 RNA，含有 2 个 ORF，其中 ORF1 编码产生 1 个 241 ku 多聚蛋白，随后切割成一些功能产物，外壳蛋白（CP）在 C 端；ORF2 编码产生 1 个 36 ku 移动蛋白（MP）。该病毒 MP 基因和 CP 基因相对保守，且 CP 基因的保守性更强。（Lei Z et al.，2017）

在昆诺藜叶片汁液中，该病毒体外存活期为 3 d 左右（25 ℃），致死温度 60～63 ℃（10 min），稀释限点 10^{-4}。−20 ℃下纯化病毒的存活期为 6 个月以上。

目前已报道的该病毒有 3 个株系，其中，C-43 株系在弗吉尼亚小苹果上仅引起茎沟症状，接合部不产生褐色坏死环纹；人工接种在昆诺阿藜上，在接种叶片上形成直径为 0.5 mm 的坏死斑。E-36 株系在弗吉尼亚小苹果上于接合部产生肿胀症状，茎上产生凹陷斑或条沟，接穗部分容易从接口处劈裂，接合部产生褐色坏死环纹；在昆诺阿藜接种叶片上无病斑，但病株矮化，顶端扭曲，叶片畸形。GE 株系在弗吉尼亚小苹果上无明显症状，但在昆诺阿藜接种叶片上产生直径 1～2 mm 的坏死斑，新出叶片形成系统褪绿斑驳，植株矮化，顶端扭曲，叶片严重反卷（李鹏举 等，2021）。

（五）病害循环

苹果、梨、樱桃等果树感染苹果茎沟病毒后终生带毒，各种寄主在生长季节多数时期不表现症状。该病毒主要通过嫁接传染，用芽接和切接可传至弗吉尼亚小苹果上；带毒的嫩叶、花瓣、芽片的汁液可机械传染到草本寄主上；在果园中该病毒可通过病株与健株的根系接触传播。据报道，昆诺藜和大果海棠的种子可传播该病毒，目前尚未发现虫媒传播该病毒。主要通过带毒苗木、接穗等无性繁殖材料的调运进行远距离传播（郑银英 等，2005）。

（六）流行规律

苹果茎沟病毒在苹果、梨、樱桃等果树的各生育阶段均可发病，一般在感病品种的果树上发病重，果园种植密度大、通风不良、高温高湿条件下病害发生较重。

（七）风险评估与适生性分析

1. 侵入可能性

该病毒在全球各国的苹果和梨种植园发生普遍。该病毒主要危害苹果、梨等寄主的茎部，随植株传带的可能性大。无论运输过程是否冷藏，均没有研究数据表明该病毒会在这期间死亡。离开口岸后在运输途中该病毒会继续存活。根据国家标准《进出境植物和植物产品有害生物风险分析技术要求》（GB/T 20879—2007），该病毒随进口苹果、梨等寄主的无性繁殖材料进传入的可能性为高。

2. 定殖可能性

该病毒的寄主主要是苹果属和梨属植物，这些植物在我国北方普遍种植。从该病毒的已知分布来看，我国的气候条件能满足其定殖。因此，该病毒在我国定殖的可能性为高。

3. 扩散可能性

随带病毒繁殖材料传播到当地或其他地方的寄主上的可能性为高，因此，扩散的可能性为高。根据国家标准（GB/T 20879—2007）确定的评判体系，该病毒后果评估总体结果为高。

4. 风险管理措施

经风险评估，苹果茎沟病毒随进口苹果、梨、樱桃等寄主植物无性繁殖材料传入的风险等级为中，需要采取以下风险管理措施，将风险降到中方允许的水平之内。

在苹果、梨、樱桃等寄主植物生长季节，我国海关派人到出口国家备案的果园定期检查苹果、梨、樱桃等寄主植物是否发生苹果茎沟病毒病，一旦查出有此病发生，应立即取消该果园的出口资质。

出口的苹果、梨、樱桃等寄主植物无性繁殖材料应单独存放，出口前出口国家植物检疫部门应对其进行检验，并出具合格的植物检疫证书，以确保该批无性繁殖材料不携带苹果茎沟病毒。

在进口口岸，海关植物检疫人员按照相关法律法规和标准对进口的苹果、梨、樱桃等寄主植物无性繁殖材料进行抽样检验，检查是否携带苹果茎沟病毒，一经发现应立即采取相应处理措施。

已进口的苹果、梨、樱桃等寄主植物无性繁殖材料在隔离种植期间，海关及引种地的当地植物检疫部门应派专业技术人员赴隔离种植果园进行调查采样，检查是否有苹果茎沟病毒，一经发现应立即采取相应处理措施。

通过以上措施，可以将苹果茎沟病毒的风险水平降低到中方允许的范围之内。

（八）监测检测技术

1. 监测技术

（1）监测区域　进境苹果属和李属果树种植地及国内苹果属和李属果树主产区。

根据寄主果树种植分布情况，科学设置监测调查点，每个相关区域（县级以上）的监测调查点不得少于 10 个，每个点每次的采样数不少于 5 个。

（2）监测时间和频率　监测时间取决于各地区的气候条件。一般在苹果属和李属果树生长期，每年的 4～10 月实施监测。每年至少监测 2 次，2 次监测间隔时间不少于 45 d。

（3）监测所需用具　采样袋、记号笔、GPS 仪、修枝剪等。

（4）调查采样方法　在果园调查时，发现疑似症状的果树要及时拍照并采样，用 GPS 定位，填写调查记录表。采样时：采集有症状（如茎沟、叶片畸形等）植株上的叶片，编号后单独检测。必要时可采集整个活体植株，用于后续研究。未表现症状的植株分组（10 株为 1 组），编号后用于检测。

2. 检测技术

（1）指示植物检测法　弗吉尼亚小苹果可以作为苹果茎沟病毒的木本指示植物，昆诺藜可以作为苹果茎沟病毒的草本指示植物。苹果茎沟病毒侵染弗吉尼亚小苹果后，木质部产生长的沟痕，在接穗部发生肿大，接穗部最终死亡。采用二重芽接法试验，表明苹果茎沟病毒侵染弗吉尼亚小苹果在接合部发生肿大，接口会产生褐色的环纹，在木质部产生条沟症状。将病毒接种于昆诺藜，接种叶片出现针尖状的褪绿斑，随后发展成为坏死斑，顶部叶片会表现出轻微斑驳，后期叶缘形成下卷、畸形，整个植株的生长受到抑制。指示植物检测法在操作上比较简便，但是因这种方法特异性较差，常常存在一病多症、多病一症的现象。另外，这种方法检测速度慢，木本指示植物在田间鉴定一般需要花费 1.5～2 个月，温室鉴定需 2～3 个月，指示植物法的灵敏度也较低（姬盼 等，2013）。

（2）血清学检测法（双抗夹心酶联免疫吸附测定）　用包被缓冲液将抗体按说明稀释，

加入酶联板孔中，100 μL/孔，室温下孵育 4 h 或 4 ℃ 冰箱孵育过夜，用 PBST 清洗酶联板孔中的溶液 3～6 次。

将待测样品按 1∶10（重量/体积）加入抽提缓冲液，用研钵研磨，2 000 r/min 离心 10 min，上清液即为制备好的检测样品。阴性对照、阳性对照处理按照说明书进行。加入制备好的检测样品、阴性对照、阳性对照，100 μL/孔，加盖，室温孵育 2 h 或 4 ℃ 冰箱孵育过夜，用 PBST 清洗酶联板孔中的溶液 4～8 次。用酶标抗体稀释缓冲液按酶标抗体稀释至工作浓度，加入酶联板中，100 μL/孔，室温孵育 2 h，用 PBST 清洗酶联板孔中的溶液 4～8 次。将底物 PNPP 加入底物缓冲液中使终浓度为 1 mg/mL（重量/体积，现配现用），100 μL/孔，室温避光孵育 30～60 min。加入 50 μL 3 mol/L（浓度/体积）氢氧化钠溶液终止反应。酶标仪在 405 nm 处读数 OD 值。

结果判定：当样品 OD405 值/阴性对照 OD405 值大于 2，判为阳性；样品 OD405 值/阴性对照 OD405 值在阈值附近，判为可疑样品，需重新做一次，或用其他方法验证。样品 OD405 值/阴性对照 OD405 值小于 2，判为阴性。

（3）RT-PCR 检测法　总 RNA 的提取：取 50～100 mg 研磨物，加液氮研磨成粉状，迅速移入 1.5 mL 离心管中，加入 1 mL Trizol Reagent，颠倒混匀，12 000 r/min 离心 10 min（2～8 ℃）。取上清，15～30 ℃ 放置 5 min，加入 0.2 ml 氯仿，用手剧烈震荡（勿涡旋震荡）约 15s。—15～30 ℃ 放置 2～3 min，12 000 r/min 离心 15 min（2～8 ℃）。小心吸取约 600 μL 的上层水相，勿扰动中间相和下层相。加入 500 μL 异丙醇与上清液混合，15～30 ℃ 放置 10 min。12 000 r/min 离心 10 min（2～8 ℃）；去除上清液，沉淀中加入 1 mL 75% 乙醇，洗涤；7 500 r/min 离心 5 min（2～8 ℃）。弃上清液，自然干燥，沉淀变为无色透明时，将其溶于 30～50 μL DEPC 处理水中。(James D, 1999)

合成引物 Sg-Ph：5′-AAGAGAGGATTTAGGTCCC-3′，Sg-Pc：5′-TAAAGGCAG-GCATGTCAAC-3′，产物 823bp（表 4 - 11）。

表 4 - 11　RT-PCR 反转录体系

次序	组成	加样体积
1	AMV Reverse Transcriptase 5×reaction buffer	5 μL
2	dNTPs (2.5 mM)	2.5 μL
3	RNase Inhibitor (40 U/μL)	1 μL
4	引物 Sg-Pc (10 μM)	1.5 μL
5	AMV Reverse Transcriptase (10 U/μL)	0.5 μL
6	总 RNA	14.5 μL
	总体积	25 μL

反应条件为：37 ℃（不同的逆转录酶产品按所规定的温度条件进行操作）90 min，95 ℃ 5 min 灭活 AMV Reverse Transcriptase。

PCR 反应体系：10×PCR 缓冲液 2.5 μL，MgCl$_2$（25 mmol/L）2.5 μL，dNTPs（2.5 mmol/L）1.0 μL，Taq 酶（5 U/μL）0.5 μL，引物 Sg-Pc（10 μmol/L）1.0 μL，引物 Sg-Ph（10 μmol/L）1.0 μL，反转录产物 2.5 μL，dd H$_2$O 14 μL，总体积 25 μL。

PCR 反应循环参数为：94 ℃/3 min；94 ℃/45s，50 ℃/50s，72 ℃/50s，35 循环；

72 ℃/5 min。

PCR 扩增产物的检测：用 TAE 电泳缓冲液制备 1.5％的琼脂糖凝胶，按比例混匀电泳上样缓冲液和 PCR 扩增产物，将混有上样缓冲液的 PCR 扩增产物加入样品孔中，用 DNA Maker 做分子量标记，进行电泳分析，电泳结束后，在凝胶成像分析仪下观察是否扩增出预期的 823 bp 的特异性片段，拍摄并记录实验结果。

（4）实时荧光 PCR 检测法　总 RNA 的提取同 RT-PCR 检测法。引物和探针如下：

引物 ASG-Pf：5′-GAGTTTGGAAGACGTGCTTCA-3′。

引物 ASG-Pr：5′-TTGCAGAGAAGAAGGTAAAGCTC-3′。

探针 MGB-ASG：5′FAM-CCACCGGGTAGGAGT-MGB 3′。

产物 165bp。

实时荧光 PCR 反应体系：$MgCl_2$（25 mmol/L）2 μL，引物 ASG -Pf（20 μmol/L）0.75 μL，引物 ASG-Pr（20 μmol/L）0.75 μL，探针 MGB -ASG（10 μmol/L）1.5 μL，Read-to-Go RT-PCR Beads 0.5 g，总 RNA 0.2～200.0 ng，DEPC 处理水补至 25 μL，总体积 25 μL。

反应条件为：42 ℃ 30 min，95 ℃ 5 min；然后 95 ℃ 15 s，60 ℃ 1 min，共 40 个循环。

结果判定：实时荧光 PCR 反应结束后，应设置无效基线范围，基线范围选择在 3～15 个循环，如果有强阳性样品，应根据实际情况调整基线范围。阈值设置原则以基线刚好超过正常阴性对照扩增曲线的最高点，且 Ct 值等于 40 为准（Asha Rani et al.，2021）。

在结果达到质控要求的前提下，如果待测样品的 Ct 值大于或等于 40 时，则判定结果为阴性。如果待测样品的 Ct 值小于或等于 35 时，则判定结果为阳性。如果待测样品的 Ct 值大于 35 而小于 40 时，则应重新测试，如果重新测试的 Ct 值大于或等于 40 时，则判定结果为阴性；如果重新测试的 Ct 值大于 35 而小于 40 时，则判定结果为阳性。

（九）综合防控技术

1. 检疫防控

苹果茎沟病毒属于难治疗的病害，至今尚无任何有效药物防治此病，目前较为有效的控制措施是采取检疫措施，控制其扩展。因此应加强检疫，严格控制该病毒随寄主植物的无性繁殖材料传入传出。

苹果无病毒母本树和苗木及国外引进的无病毒繁殖材料，均要进行苹果茎沟病毒的检验。苹果茎沟病毒的检测方法有 3 种：弗吉尼亚小苹果田间二重芽接法鉴定，主要观察苹果枝条上有无茎沟症状；弗吉尼亚小苹果温室嫁接法鉴定，主要看黄斑症状；A 蛋白酶联法快速检测，用酶标仪测定判断。

2. 物理防控

培育和栽培无病毒苗木，苹果茎沟病毒是苹果潜隐病毒种类中最难脱除的病毒。单独采取热处理脱毒，对苹果茎沟病毒的脱毒率仅有 33.9％。将热处理与茎尖脱毒培养相结合，苹果茎沟病毒为 83.3％。控制高接传毒，禁止在带毒树上高接无病毒接穗或在发病砧木上嫁接带毒接穗。在检疫制度尚不健全、缺乏无病毒原种的情况下，尽量不要使用无融合型砧木作为苹果砧木，更不能在无融合型砧木为根砧的大树上进行高接换种，以避免发生苗木死亡和树体生长衰退现象（郑银英 等，2006）。

3. 化学防控

在果树萌芽期、花期或谢花后 7～10 d，以及 7 月中旬前后等 4 个时期，分别使用病毒Ⅱ号 300～450 倍液（每 40 g 药兑水 15 kg，对病株及病株周围的果树开花前后可适当减量），同时每桶水添加纯牛奶 0.5 kg，进行喷雾，可有效预防和控制此病。

对发病严重的果树，在萌芽时期使用病毒Ⅱ号 30～50 mL 兑水 15kg 进行灌根，每株浇灌药液 25～30 kg 水，可达到较好的防效。

（张祥林）

二十二、苹果锈果类病毒

（一）学名及分类地位

苹果锈果类病毒［*Apple scar skin viroid Apscaviroid*（ASSVd）］可引起苹果锈果病。属马铃薯纺锤块茎类病毒科（Pospiviroidae）苹果锈果类病毒属（*Apscaviroid*），含 330 个左右的核苷酸，在寄主细胞核中进行复制和积累，有中央保守区域但不具有核酶活性，非对称滚动循环复制（图 4 - 65）。

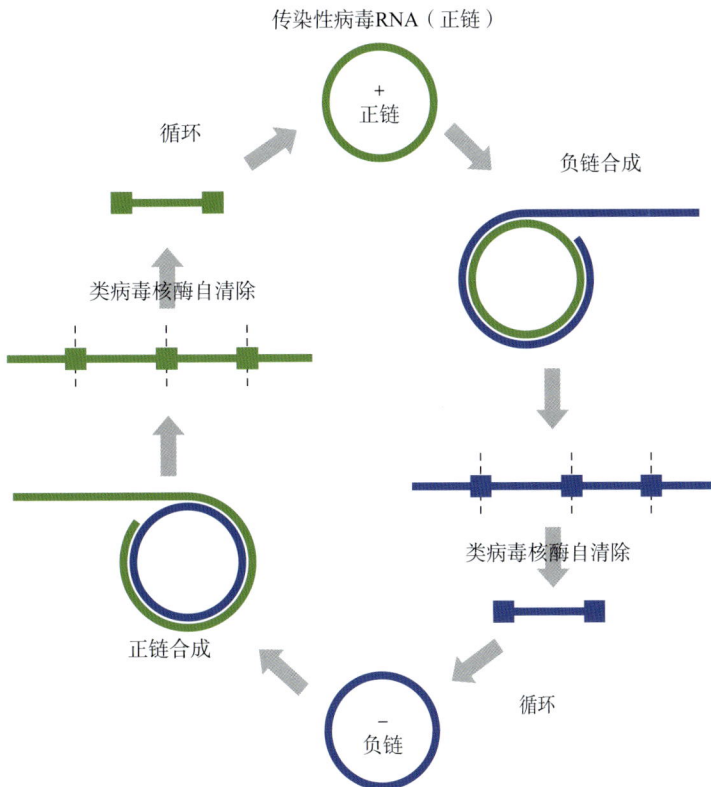

图 4 - 65　类病毒复制的滚动循环模型（Clark D P et al.，2019）

（二）分布与危害

1. 分布

苹果锈果病最早于 20 世纪 30 年代在中国被报道（Ohtsuka，1935），之后于 1953 年

审图号：GS京（2023）1824号

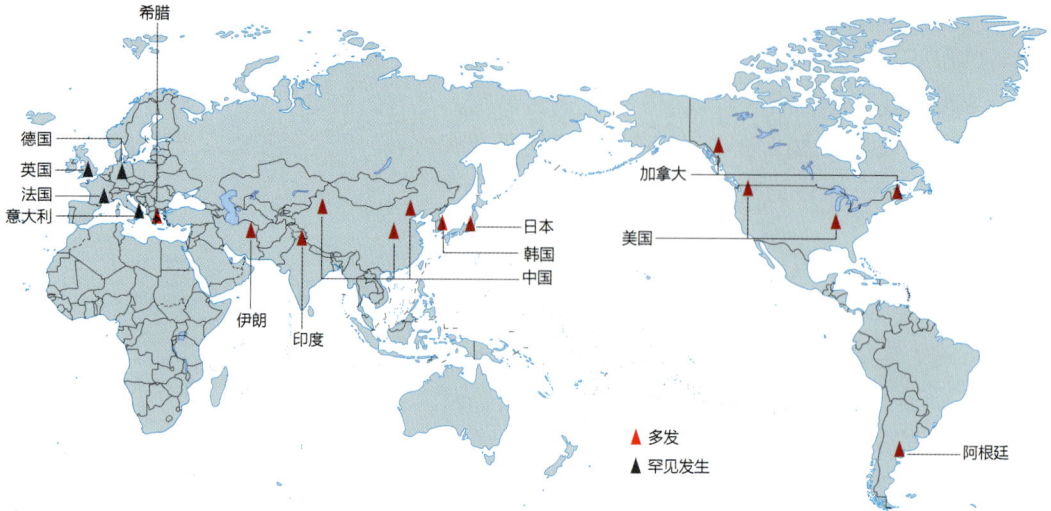

图 4-66　苹果锈果类病毒在全球范围内的地理分布（Hadidi et al.，2017）

在日本发现并报道。1987 年，Hashimoto 等首次报道了苹果锈果类病毒全序列，确定为类病毒。苹果锈果病在中国、日本、韩国、印度、伊朗、埃及和希腊很常见（Yazarlou et al.，2012）；美国、加拿大和英国虽然也报道了这种病害，但在这些国家的发病率很低；该病害在意大利、法国、德国和阿根廷等国家很少发生。苹果锈果类病毒在世界范围内的地理分布见图 4-66。继 20 世纪 30 年代在中国种植的国光苹果上发现了苹果锈果病之后（Ohtsuka et al.，1935），陈炜等于 1985 年从中国农业科学院郑州果树研究所、北戴河海滨园艺场和西山园艺场等地采集了症状表现为锈果、裂的国光、鸡冠、白龙等苹果样品，并检测出环状 RNA 分子，这是国内首次发现苹果锈果类病毒的 RNA。随后在新疆、山东（马伟 等，2011）、北京等地的苹果树上也检测到了苹果锈果类病毒。目前在我国的山东、陕西、山西、辽宁、北京和黑龙江等苹果主产区均有发生，具有逐年增加的趋势，严重威胁苹果产业的安全与可持续发展。

2. 寄主

苹果锈果类病毒自然感染的寄主有苹果、野苹果、梨、扁桃叶梨、杏和甜樱桃，以及桃和红花高盆樱桃。接种实验表明，苹果锈果类病毒主要感染苹果属、梨属、花楸属、木瓜属、楒梓属和楒樟属等（Desvignes et al.，1999）。Walia 等使用基因工程的方法将苹果锈果类病毒寄主范围扩展到更多的寄主植物中，包括黄瓜、番茄、豌豆、茄子、本氏烟草、普通烟草、昆诺藜和苋色藜。

3. 传播途径

苹果锈果类病毒主要通过繁殖苗的砧木、接穗嫁接传播，也可通过根从受感染的树木自然传播到未受感染的邻近树木。

苹果锈果类病毒通过在病树上用过的刀、剪、锯等工具接触传染。

苹果锈果类病毒通过介体传播。目前在国内尚未发现其昆虫传播介体（刘洪玉，2019）。而在国外，Walia 等人发现苹果锈果类病毒由温室白粉虱从感染苹果锈果类病毒的草本宿主传播到黄瓜、番茄和豆类等植物上；携带此类病毒的土壤来回运输或带土移植，也会导致苹果锈果类病毒的传播。

4. 危害

苹果锈果类病毒在全世界造成了严重的经济损失，它们在苹果果实上产生了严重的症状，致使这些果实失去市场价值。感染苹果锈果类病毒后，果实不仅外观受影响，而且还会引起果体变小、风味变淡，导致果实品质降低，商品价值也随之降低。

苹果锈果类病毒在我国苹果主产区均有发生，果树受害后一般在叶片上的症状不明显，主要是在果实上出现畸形并在果实表面产生锈斑，继而丧失商品价值，造成经济损失。早在 19 世纪 50 年代，辽东半岛及辽宁省其他地区的很多苹果树都感染了这种病害，在山西、河北、陕西的一些市县，苹果锈果类病毒的感染率超过 50%。据报道，目前，在我国北方果树主产区，苹果锈果病发病率达 4.8%~48.6%，其中在当地主栽品种富士上发病率为 13.3%~65.2%。目前，苹果锈果病在辽宁、新疆、山东、河北等苹果主产区均有发生，近年来呈不断蔓延趋势，已成为制约我国苹果产业健康发展的主要因子（吴然 等，2015）。

（三）识别特征

苹果锈果类病毒在苹果树上的症状一般呈现在果实上，部分品种的病苗也会出现明显症状（王国平，1991）。果树品种如国光、鸡冠等的苗期有明显症状，表现为树苗的中部以上叶片由叶茎部开始向背面反卷，并且叶片中脉附近急剧皱缩，严重的叶片卷成弧状或圆圈状。发病的病叶变硬而脆，从叶柄中部断裂最后脱落。苹果病苗主干的中上部发生不规则的褐色木栓斑，于韧皮部形成黑色坏死或密集的坏死斑点。

苹果锈果类病毒在果实上造成的症状包括变色的斑点、破裂、疤痕和畸形，感病苹果因品种和环境条件的变化导致果实上的症状分为 5 种类型。其中主要症状类型为锈果型、花脸型以及它们的复合型，表现为果面着色不均、凹凸不平，或形成铁锈色病斑；还有 2 种症状在特定品种上出现，为绿点型和环斑型。苹果锈果类病毒在果实上 5 种类型特征如下：

1. 锈果型

典型症状为果实上生有 5 条与心室对应的木栓化铁锈色的斑点，斑点上分布许多纵横排列的小裂口。锈斑从果顶附近开始沿果面逐渐向果柄处扩展，锈斑组织仅限于表皮，会随果实的生长而发生龟裂，果面粗糙，果实变成凹凸不平成为畸形果。有时果面锈斑不明显，而产生许多深入果肉的横纵裂纹，裂纹处稍凹陷，病果易萎缩脱落，不堪食用。中秋王、印度、金星、国光、青香蕉、乔纳金等品种表现该症状（图 4-67A）。

2. 花脸型

典型症状为果实着色后在果面下散生许多圆形的黄绿色或淡红色的斑块，俗称"花脸果"，富士、斗南、信侬红、祝光、红金、津轻、红玉等品种表现该症状，此外，花红、槟子、红海棠等我国固有苹果品种也有此症状。另外，有些黄色品种的症状表现还与栽培管理有关，一般栽培情况下，陆奥、金帅等品种不表现症状，在使其着红色栽培时则表现出花脸（图 4-67B）。

3. 锈果-花脸复合型

典型症状为果实上同时混有锈斑和花脸的症状。着色前多在果实顶部产生明显的锈斑，着色后在锈斑周围或是未产生锈斑的部位发生不着色的斑块，呈花脸状。发生该症状的有富士、新红星、红香蕉（图4-67C）。

图4-67　苹果锈病症状（王兰、王喆　摄，2019）

A. 锈果型　B. 花脸型　C. 锈果花脸复合型

4. 绿点型

绿点型出现在金冠、黄冠等品种上，果面产生不着色的黄绿色小晕点，使果面出现黄绿相间或浓淡不均的小斑点，边缘不整齐。

5. 环斑型

出现在山荆子的一个变种上，在发病初期，果实表面出现不着色的近圆形斑块，环状着色不均。在果实近成熟时形成明显的黑色环斑，稍凹陷，斑块仅限于果实表面，数目不一，大小不等，直径不超过1 mm。不同苹果品种在果实上的症状见图4-68。

图4-68　携带苹果锈果类病毒各苹果品种果实的症状（李紫腾　等，2021）

注：a～f依次为富士、斗南、信依红、王林、中秋王、信依黄品种的健康果实；A～F依次对应富士（花脸型）、斗南（花脸型）、信依红（花脸型）、王林（锈果和畸形）、中秋王（锈果型）、信依黄（果面凹凸不平）品种的感病果实

（四）生物学特性

苹果锈果类病毒为无蛋白质外壳的单链RNA分子，含330个左右的核苷酸，具有5个结构区和功能区：即左末端区（T_L）、致病区（P）、中央区（C）、可变区（V）和右末端区（T_R），能形成稳定的棒状或拟棒状二极结构（图4-69）（Yazarlou et al.，2012）。

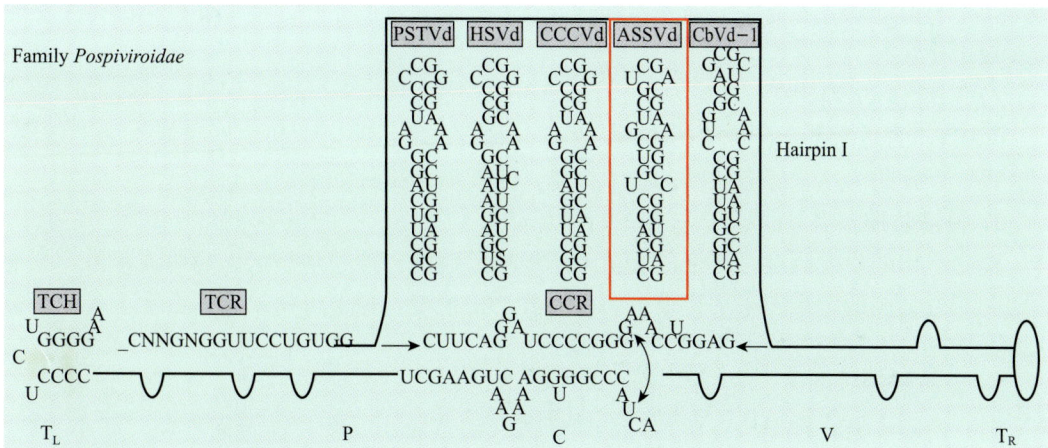

图 4 - 69 马铃薯纺锤块茎类病毒科的核苷酸序列 (Adkar Purushothama et al. ，2020)

苹果锈果类病毒有两层原生质膜，无细胞壁。用聚丙烯酰胺凝胶电泳法，可以测定出这种类病毒，即一种环状低分子量的核糖核酸（王国平，1991）。梨树是此病的带毒寄主，苹果树与梨树混植时，苹果树很容易感染此病。

（五）病害循环

1. 初侵染源

苹果锈果类病毒通常在苹果病树中越冬，成为翌年发生的初侵染源。另外，梨树是苹果锈果类病毒的潜在寄主，它在梨树上不显症状，却是苹果树上苹果锈果类病毒主要的侵染来源。

2. 侵入和发病

苹果锈果类病毒一般通过角质层、表皮、自然孔口以及伤口侵入，进入细胞核，将其基因整合到植物细胞核内进行复制，在植物体内不断扩散。一般苹果锈果病嫁接接种的潜育期为 3～27 个月。苹果树一旦发病，病情将逐年加重，最终发展为全株永久性病害。在果园可见到 2 种发病类型：

（1）果实在结果当年即显症状 此种病树在果园中零星分布，多是育苗时误从病树采集接穗，或用病树根蘖苗作为砧木所致。全株果实呈畸形，病势严重。一年生新梢在结果前即显症状。

（2）在结果后数年乃至数十年才显现症状 发病当年仅个别枝条上果实显现症状，且多为轻病果，或全株各部位在发病后 2～3 年内由局部扩展至全树。病树在田间陆续发生，分布呈现小区集中的趋势。

（六）流行规律

1. 发生流行因素

（1）与毒源量有关 梨树为苹果锈果类病毒的带毒不显症寄主，成为制造苹果锈果类病毒毒源的“储存仓库”。故苹果树和梨树混栽或靠近梨树的苹果树发病较重。

（2）品种抗病性 苹果各品种对 ASSVd 的抗病性和感病性有明显差异。高度抗耐病的品种有黄龙、黄魁、黑龙、安乐诺夫卡等，较抗耐病的品种有金冠、祝光、鹤卵、英金等，高度感病的品种有元帅、红星、青香蕉、赤阳、甘露、红海棠等。

（3）与温度和光照有关　强光照和高温有利于类病毒的累积，所以受侵染的寄主更容易表现出症状。

（七）综合防控技术

ASSVd 的防治是一个重要的难题，由于 ASSVd 对各种化学和物理因素作用不敏感，故应采取以预防为主，综合防治的技术措施。主要防治措施如下：

1. 检疫防控

建立严格的检疫制度，严格落实苗木产地检验制度，严禁从病区、病树或苹果、梨混栽园和靠近梨园的苹果园采集接穗。引种时要严格检疫，保证母树果实不携带苹果锈果类病毒，确保母本接穗无病毒。

2. 农业防控

（1）清除病源　定期检查苗圃，发现病苗（病苗矮小，叶片向背面卷曲，叶小、硬、脆、易落，主干中上部有锈斑）及时挖除。对于发病严重的植株应立即砍伐，连根刨除，根系要彻底清理干净，及时销毁。对于病树较多的果园区，应划定为疫区，进行封锁。要在发病果树周围深挖隔离沟，防止果树间的根系相互交叉传染。冬剪和夏剪时，要对工具严格进行消毒，减少农事操作人为传播，可以有效防止交叉感染。

（2）壮树防病，加强田间管理　果园应加强土肥水管理，多施有机肥，合理整形修剪，适当负载。及时防治其他病虫害，调整果树的营养状况，提高抗病能力，起到壮树防病的作用。定期松土，保证土壤的透气性，增加土壤的排水性。同时观察果树的生长情况，合理浇灌，进而保证果树在不同阶段浇灌量的科学性、合理性，提升果树的坐果率。应根据果树生长要求合理划分种植园面积，确定种植苹果树苗的数量，合理密植。

3. 物理防控

对于带病的植株，采取热处理和冷处理等方式，降低植物体内所携带的类病毒浓度。因品种表现的症状和处理方式的不同，苹果锈果类病毒的根除率不同。标准的热疗处理方法（在 38 ℃下暴露 70 d）可以成功获得无苹果锈果类病毒的苹果植株。而在 4 ℃下休眠 3 个月后再热处理（37 ℃下 48 d），根除率在 90% （Desvignes，et al.，1999）。通过体外治疗和顶端分生组织培养，也可以成功地从受感染的梨中去除苹果锈果类病毒。

4. 生物防控

目前，关于类病毒的生物防控技术，可以使用交叉保护的方法，抑制强毒株系的侵染，然而对于木本植物，尤其是果树上，交叉保护的使用周期相对较长，不利于病害的及时防治。而基因工程手段的使用，对于类病毒的防治取得一定效果。1996 年，杨希才等人通过超表达核酶基因，对某种类病毒进行切割，减少其在寄主中的复制，从而达到抗病的效果（杨希才，1996）。此外，通过分析类病毒特异的 vd-sRNAs 序列，构建 vd-sRNAs 的超表达载体，干扰细胞核和叶绿体中复制的类病毒，但是防治效果受温度、vd-sRNAs 的序列特异性以及 vd-sRNAs 剂量的影响，还不能稳定地应用于生产实践中。

5. 生态调控

（1）培育无病毒苗木　建立无毒苗（脱毒苗）繁育基地；用种子播种繁殖，严禁在病树附近刨取萌蘖砧、避免采用根蘖苗；严禁从病树上采取接穗，避免在老果园附近育苗，建立无病苗圃。嫁接操作前，用酒精或 2% 次氯酸钠溶液浸泡剪、锯和嫁接工具，这样可有效防止交叉感染。

（2）严禁苹果树与梨树混栽　梨树是苹果锈果病的带毒寄主，生产中禁止苹果与梨树混栽或在梨园内培育苹果苗木。新建苹果园要尽量远离梨园和病果园，在苹果园周围300 m 以内的范围内不得栽植梨树。

6. 化学防控

（1）灌药法　在树干下部离地面 40 cm 处，用刀间断的环剥宽 0.5～1.0 cm，深达木质部的窄沟 3 处，剥去沟内树皮，在沟槽处包上蘸有浓度为 0.015％～0.030％的土霉素、四环素或链霉素的脱脂棉，外用塑膜包扎。

（2）喷雾法　用石灰过量式硫酸亚铁 200 倍液、代森锌 500 倍液或硼砂 250 倍液，于7月上中旬间隔 7～8 d 喷 1 次，连续在果面上喷施 3 次。

（3）根部插瓶　病树树冠下面东南西北各挖一个坑，每个坑寻找直径 0.5～1.0 cm 的根切断；将断头插入装有 0.015％～0.020％宁南霉素或土霉素、四环素、链霉素药液的瓶子里，封口填土。此方法应在 4 月下旬、6 月下旬、8 月上旬各进行 1 次。

7. 综合防控技术应用

目前药剂不能治疗已发病的树，该病防治应以预防为主。新建果园选用无病苗木是避免发病的有效措施。在中国，尚没有无毒苗木使用的法规或条例，致使生产实践中采用无毒苗建园的比例较低，因而苹果锈果类病毒发生普遍。许多国家的检疫项目要求对进口的水果种质资源进行苹果锈果类病毒检测，以防止其被引入传播到当地的易感植物种类中，仁果类和核果类植物也是重点检疫的对象。

苹果、梨和其他宿主种类的苗木必须从没有苹果锈果类病毒的母树中繁殖，应清除果园中感染苹果锈果类病毒的树木，以避免类病毒可能通过根嫁接或其他方法传播到邻近的树木。此外建立新苹果园时应远离梨园 150 m 以上，避免与梨树混栽；严格选用无病的接穗和砧木，培育无病苗木；嫁接时接穗应选择多年无病的树；要注意不能用修剪过病树的剪、锯修剪健康树。

为了避免苹果锈果类病毒的传播，对环境和污染物表面进行严格消毒也是必不可少的环节。

综上，关于苹果锈果类病毒的防治，目前没有较好的治疗措施。一方面需要结合上述防治措施进行综合防治，另一方面要在源头上对苹果锈果类病毒进行铲除，因此应当进一步加强对苹果锈果类病毒的检疫。

（王兰）

二十三、根癌农杆菌

（一）学名及分类地位

根癌农杆菌［*Agrobacterium tumefaciens*（Smith et Townsend）Conn］可导致果树发生冠瘿病，属薄壁菌门（Gracilicutes Alphaproteobacteria）根瘤菌目（Rhizobiales）根瘤菌科（Rhizobiaceae）土壤杆菌属（*Agrobacterium*）。

（二）分布与危害

1. 分布

辽宁、河北、山西、陕西、甘肃、河南、山东、浙江、湖北、四川、福建、新疆。

2. 寄主

寄主范围广泛，可侵染331属640多种植物。苹果属、梨属、山楂属、李属、蔷薇属、丁香属、柑橘属、山茶属、杨属、柳属、核桃属、板栗属等植物。

3. 传播途径

病原主要通过伤口（嫁接伤、机械伤、虫伤、冻伤等）侵入寄生植物，也可通过自然孔口（气孔）侵入。

4. 危害

植株根茎、主干上环茎一周的病瘤会引起植株生长缓慢直至枯死；果树结果不良、产量降低。

（三）识别特征

幼苗以及幼树树干基部与根部，或其他部分，会在病害初期于被害处产生难与愈伤组织区分的乳白色瘤状物，生长较快，初期表面光滑，质地柔软，后期发育成不规则状，表面粗糙并龟裂，形成质地坚硬，褐色至暗褐色的大瘤。

瘤的表层细胞枯死，内部木质化，且瘤的周围或表面会产生一些细根，被害果树生长衰弱，叶片发黄且早落，植株矮小，果实变小（图4-70）。

图4-70　果树冠瘿病症状

（https://wenku.baidu.com/view/7e7b624c24d3240c844769eae009581b6bd9bd69.html）

（四）生物学特性

冠瘿病菌，短杆状，周生1~4根鞭毛，革兰氏阴性，有荚膜，不形成芽孢。菌落通常圆形，隆起，光滑，白色至灰白色，半透明。好气性，需氧，最适生长温度22℃，最适pH 7.3。在微碱性、排水不良的圃地以及切接苗木、幼苗上发病较多且较重。病害在22℃左右发展较快，从侵入到显现症状需2~3个月。

（五）病害循环

病原在病瘤、土壤或土壤中的寄主残体中越冬。可存活1年以上，2年内得不到侵染机会即失去生活力。由伤口侵入，在寄主细胞壁上有一种糖蛋白是侵染附着点，嫁接、害虫和中耕造成的伤口均可引起此病侵染。只有携带Ti质粒的菌株才具有致病性。

（六）流行规律

土壤习居菌，寄主范围广泛，病原栖息于土壤及病瘤表层，可通过灌溉水、雨水以及地下害虫等自然传播。主要通过带病苗木、插条、接穗或幼树等人为调运进行远距离传播。

（七）综合防控技术

1. 检疫防控

加强产地检疫，发现带疫苗木应及时销毁。产地检疫时，调查罹病植株是否表现出矮化和干枯症状，叶片是否黄化和早落，根系是否细小和须根是否偏少等。另外，可以调查幼龄植株的根冠部是否有灰白色、球形或扁球形的光滑软质瘤，根茎和主干上是否有表面粗糙、龟裂和质地坚硬的木瘤等症状。调运检疫时抽样检查寄主植物的冠部是否有瘤状突起，或有带细根的木以及大小不一、形状不同或互相连结的瘤，寄主植物的根、茎和主干上是否有表面粗糙、龟裂和质地坚硬的木瘤。如果发现有典型症状，需取样分离培养，并进行镜检鉴定。

2. 农业防控

重病区实行 2 年以上轮作或用氯化苦消毒土壤后栽植。细心栽培，避免各种伤口。改劈接为芽接，嫁接用具可用 0.5% 高锰酸钾消毒。选择未染病、排水透气性良好的土壤育苗。

3. 物理防控

在寄主植物生长期间，对初发病的带病植株，可采取切除病瘤，并用石硫合剂或波尔多液涂抹伤口，或拔除销毁病株。

4. 生物防控

利用放射土壤杆菌（*Agrobacterium radiobacter*）K84 菌株产生的一种细菌素 Agrocin84（简称为 A84），能够选择性抑制致病性的放射土壤杆菌，而对非致病性的菌株没有影响，可对核果类果树根癌病进行生物防治。

5. 生态调控

加强栽培管理，创造不利于该病害发生的环境条件。苗木嫁接时最好采用高位嫁接法嫁接，避免嫁接口接触土壤，以减少病菌感染机会。对碱性土壤的果园，应改良土壤，适当施用酸性肥料和有机肥，创造不利于冠瘿病发生的土壤条件。及时防治地下害虫并推广果园覆盖有机物，以减少地下害虫对果树根系的危害和因施肥造成的根系伤害，从而减少因伤根造成的感病机会。变传统的大水漫灌式的灌溉方式为单株单畦灌溉。及时排除桃园内的积水和雨水，防治根癌土壤杆菌借灌水和雨水传播危害。根据根癌土壤杆菌在土壤内存活时间较长的特点，有条件的果园可进行轮作育苗和轮作栽植，以减少初侵染机会（陶万强，2001）。

6. 化学防控

轻病株可用 402 抗菌剂 300～400 倍液浇灌，或切除瘤后用 500～2 000 ppm 链霉素或 500～1 000 ppm 土霉素或 5% 硫酸亚铁涂抹伤口。另据报道，用甲冰碘液（甲醇 50 份、冰醋酸 25 份、碘片 12 份）涂瘤有治疗作用。

7. 综合防控技术应用

严把检疫关，无病区不宜由病区引进苗木。在产地检疫中，种植培育的砧木苗和接穗应选用无疫情的嫁接繁殖材料，已感染病菌的地块，三年内不能繁育果苗；苗木起苗前，必须经过严格检疫，带疫苗木应及时销毁。在调运检疫中，发现染病的苗木应彻底销毁。

选择无冠瘿病的地方建立苗圃。避免重茬培育同一种果苗，若是老苗圃地，起苗后应清除土内的残留病根，并在圃地选用非感病品种进行轮作，对于苗圃土壤可用硫黄粉、硫酸亚铁或漂白粉 $75\sim225$ kg/hm^2，或田地菌光粉剂 $7.5\sim15.0$ kg/hm^2 进行土壤消毒。

防止苗木产生各种伤口，以免遭病原浸入，及时防治地下害虫。中耕扩穴、施肥时注意保护根系，避免造成机械损伤，发现地老虎、蝼蛄、金针虫、蛴螬等地下害虫时及早除治，防治地老虎可将泡桐叶或新鲜杂草堆放于果园树盘，行间诱杀幼虫，黄昏放，清晨收集处理，也可用敌百虫毒饵进行诱杀；其他地下害虫可用 90% 敌百虫 800 倍液喷洒，或在受害苗木附近撒施毒土并随即浅锄。

对于初发病和生长期带疫病株，可用刀切除病瘤，有削口处用 5 波美度的石硫合剂 100 倍液或 80% 402 抗菌乳剂 50 倍液消毒，外涂波尔多液保护。用甲醇、冰醋酸、碘片（体积比为 50∶25∶12）混合液或二硝基邻甲酚钠、木醇（体积比为 20∶80）混合液涂敷病瘤，能使病瘤消失（段保灵，2005）。

（胡白石，田艳丽）

第二节　具有潜在入侵风险的入侵病原微生物

一、马铃薯癌肿病菌

（一）学名及分类地位

马铃薯癌肿病菌［*Synchytrium endobioticum* （Schilbersky）Percival］，属真菌门鞭毛菌亚门壶菌纲壶菌目集壶菌科集壶菌属，英文名为 Potato wart disease。

（二）分布与危害

1. 分布

我国主要分布于云南、四川、贵州（毕朝位 等，2005）。

2. 传播途径

可通过带菌的块茎、土壤、粪便等传播。

3. 危害

被害块茎或匍匐茎受病原刺激细胞不断分裂，形成大大小小花菜头状的瘤，表皮常龟裂，癌肿组织前期呈黄白色，后期变黑褐色，松软，易腐烂并产生恶臭。病薯在窖藏期仍能继续扩展危害，甚者造成烂窖，病薯变黑，发出恶臭。田间地上部病株初期与健株无明显区别，后期病株较健株高，叶色浓绿，分枝多。重病田块部分病株的花、茎、叶均可被害而产生癌肿病变（汤宗福，1981）。

（三）识别特征

地上症状通常不明显，尽管植物活力可能会降低。茎基部气生芽的位置可能会形成小的绿色疣（Van De Vossenberg BTLH. et al.，2019）。叶子也可能被感染。

病原在地下主要影响匍匐茎和块茎，但不影响根部。发育中的年轻块茎的早期感染导致它们形状扭曲，组织呈海绵状，几乎无法辨认（Langerfeld，1984）。在较老的块茎中，只有沿茎被感染；染病块茎发育成疣状、花椰菜状的突起；如果暴露在光线下，最初呈白色或绿色，但逐渐变暗并最终腐烂和分解。整个块茎可能完全被疣状增生所取代。类似的疣也可发生在匍匐茎上。在马铃薯储藏室（即在黑暗中）长出的疣可能与块茎皮的颜色相同（图4-71、图4-72）。

图4-71 马铃薯癌肿病地上症状
（http://www.nonglinzhongzhi.
com/a/7/2017/0505/3097.html）

图4-72 马铃薯癌肿病地下症状
（https://www.sohu.com/a/274170238_734701）

（四）生物学特性

冬孢子囊一般球形，厚壁，直径大约50 μm（25～75 μm），与土壤微粒团聚为一体，直径0.1～0.2 mm（图4-73）。该病影响植株生长，但症状不明显。

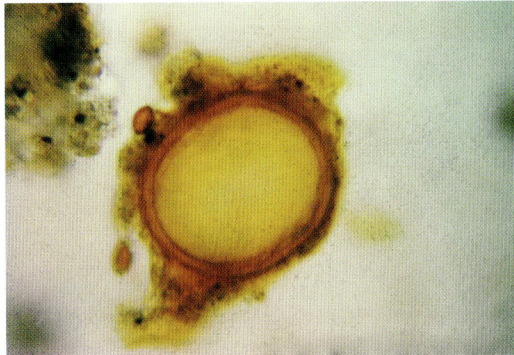

图4-73 马铃薯癌肿病菌冬孢子形态
（http://www.pptok.com/pptok/20180305273430.html）

（五）病害循环

马铃薯癌肿病菌是一种专性寄生菌，不产生菌丝，但产生含有200～300个活动游动孢子的孢子囊。在春季，温度高于8 ℃并有足够的水分，土壤中腐烂疣中的休眠孢子（冬季孢子囊）会发芽并释放出单核游动孢子。游动孢子拥有1个单一的鞭毛，使它们能够在土壤水中移动并到达活的宿主。然后鞭毛消失，游动孢子穿透宿主细胞。夏季孢子囊从中迅速排出大量游动孢子以重新感染周围的细胞，从而再次产生夏季孢子囊（Langerfeld，1984）。

在某些胁迫条件下，如缺水，休眠孢子囊会产生合子；它形成的宿主细胞不会膨胀而是分裂。在宿主细胞壁保持紧密附着，形成抗性厚壁静息孢子的外层。成熟后从腐烂的疣释放到土壤中。静止的孢子可以存活至少30年，并且可以在深度达50 cm的土壤中找到（Laidlaw，1985）。该病原可以在受感染的种子块茎中传播，这些块茎可能具有未检测到的初期疣，或在附着在块茎上的受感染土壤中。静止的孢子可以抵抗动物的消化，因此可以在粪便中传播。

（六）流行规律

病原对生态条件的要求比较严格，在低温多湿、气候冷凉、昼夜温差大、土壤湿度高、温度在 12～24 ℃的条件下有利于病原侵染。本病主要发生在四川、云南，而且疫区一般在海拔 2 000 m 左右的冷凉山区。此外，土壤有机质丰富和酸性条件有利于发病（汤宗福，1981）。

（七）综合防控技术

1. 检疫防控

严格检疫，划定疫区和保护区，严禁疫区种薯向外调运，病田的土壤及其上生长的植物也严禁外移。

2. 农业防控

选用抗病品种，品种间抗性差异大，中国云南的米粒马铃薯品种表现高抗（宁秋娟等，2015），可因地制宜选用。重病地不宜再种马铃薯，一般病地也应根据实际情况改种非茄科作物。

3. 物理防控

加强栽培管理，做到勤中耕，施用腐熟的有机肥，增施磷钾肥，及时挖除病株集中烧毁。必要时病地进行土壤消毒。

4. 生态调控

采用高垄栽培，减少马铃薯茎基部与水直接接触的机会，同时也可以改善马铃薯根际土壤的通透性，提高植株的抗病力。

5. 化学防控

及早施药防治，坡度不大、水源方便的田块于 70％植株出苗至齐苗期，用 20％三唑酮乳油 1 500 倍液浇灌；在水源不方便的田块可于苗期、蕾期喷施 20％三唑酮乳油 2 000 倍液，每公顷喷兑好的药液 750～900 L，有一定防治效果（汤宗福，1981）。

6. 综合防控技术应用

利用脱毒茎尖苗快繁高度抗病品种，尽快更新不抗病的品种。采用双行垄栽；增施肥料；彻底清除田间病薯，病残体集中烧毁；严禁用病薯病残制作肥料，喂家畜的马铃薯应煮熟。

（胡白石）

二、小麦矮腥黑穗病菌

（一）学名及分类地位

小麦矮腥黑穗病菌 ［*Tilletia controversa*（Kühn）］，属担子菌亚门（Basidiomycotina）冬孢菌纲（Teliomycetes）黑粉菌目（Ustilaginales）腥黑粉菌科（Tilletiaceae）腥黑粉菌属（*Tilletia*）。

（二）分布与危害

1. 分布

据 EPPO 报道，该病现分布于欧洲、美洲、大洋洲、亚洲、非洲等五大洲的 51 个国家或地区，我国未分布（图 4-74）。小麦矮腥黑穗病菌具体分布的国家和地区如下：

亚洲：阿富汗、亚美尼亚、格鲁吉亚、伊朗、伊拉克、日本、哈萨克斯坦、吉尔吉斯斯坦、叙利亚、塔吉克斯坦、土耳其、土库曼斯坦和乌兹别克斯坦。

欧洲：阿尔巴尼亚、奥地利、保加利亚、克罗地亚、捷克、丹麦、法国、德国、希腊、匈牙利、意大利、拉脱维亚、卢森堡、黑山、波兰、罗马尼亚、俄罗斯、斯洛伐克、斯洛文尼亚、瑞典、瑞士和乌克兰。

非洲：阿尔及利亚、利比亚和突尼斯。

北美洲：加拿大、美国。

南美洲：阿根廷。

审图号：GS京（2023）1824号

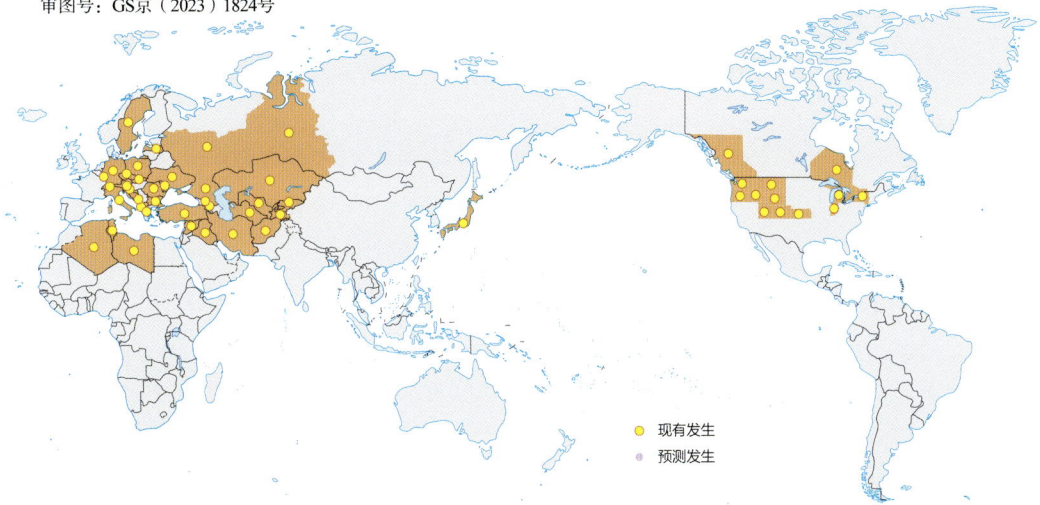

图 4-74　小麦矮腥黑穗病全球分布

2. 寄主

小麦矮腥黑穗病菌的寄主范围很广，可侵染黑麦（1 种）、冬大麦（6 种），以及山羊草（*Aegilops*，6 种）、冰草（*Agropyron*，22 种）、野麦（*Elymus*，8 种）、绒毛草（*Holcus*，1 种）、黑麦草（*Lolium*，4 种）、燕麦草（*Arrhenatherum*，1 种）、溚草（*Koeleria*，1 种）、水稗（*Beckmannia*，2 种）、雀麦（*Bromus*，5 种）、鸭茅（*Dactylis*，1 种）、狐茅（*Festuca*，6 种）、早熟禾（*Poa*，2 种）、蟹钩草（*Trisetum*，1 种）、剪股颖（*Aarostis*，1 种）和看麦娘（*Alopecurus*，2 种）等禾本科 18 属、73 种或变种的牧草及野草。

3. 传播途径

小麦矮腥黑穗病菌主要以菌瘿和冬孢子混杂在土壤和种子中传播。染菌的粮食种子的运输进行远距离传播，此外，包装材料可附着在容器和运输工具上进行传播。

4. 危害

小麦矮腥黑穗病菌对小麦生产具有毁灭性危害，系统侵染小麦，通常使植株产生异常大量的矮化分蘖，大部分感病植株高度只有正常植株的 1/3～2/3，感病植株穗上的籽粒最终被黑粉所取代，形成菌瘿。通常发病率约等于产量损失率，病害流行年份一般导致小麦减产 20%～50%，严重时可高达 75% 以上，甚至造成绝产（Trone et al.，1989）。

（三）识别特征

1. 形态特征

病原冬孢子为棕黄色至红棕色的球形、近球形或不规则形，网脊较高，70%集中在1.5～2.5 μm，孢壁外包被有 2～3 μm 的透明胶质鞘，整个孢子直径（含胶质鞘）为19.73～22.24 μm（Mathre，1996）（图 4-75）。

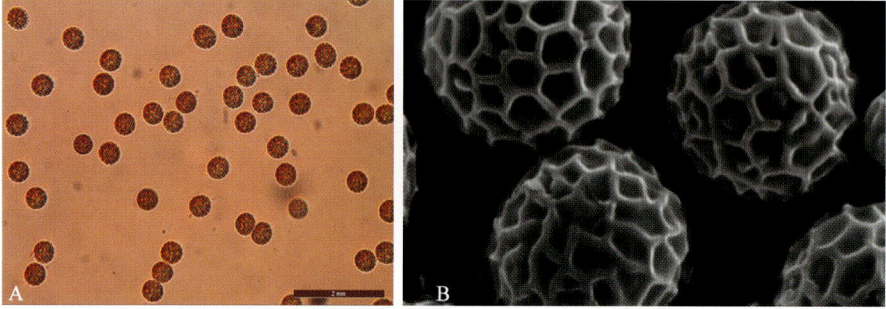

图 4-75　小麦矮腥黑穗病菌冬孢子（高利供图）

A. 普通显微镜观察　B. 扫描电镜观察

2. 致病症状

小麦矮腥黑穗病典型症状为患病植株比健康植株矮 25%～60%，分蘖明显增多，比正常植株多 1 倍以上，病穗的小花增多、紧密，病穗偏宽偏大。各发育阶段的具体症状如下：

（1）苗期症状　受侵染的植株产生异常大量的矮化分蘖。健株分蘖 2～4 个，病株4～10 个，甚至可多达 20～40 个分蘖。叶片产生褪绿斑纹。褪绿斑纹及矮化多蘖的症状因病害严重程度和环境条件而有所差异。

（2）抽穗、扬花期症状　受侵染小花的未成熟子房呈深绿色。随着子房生长，菌丝生长和孢子形成由内向外展开，直到子房壁内部几乎所有的寄主组织都被消耗殆尽。

病株矮化、小花增多。感病植株的高度仅为健康植株的 1/4～2/3，在重病田常见到健穗在上面、病穗在下面。健穗每小穗的小花一般为 3～5 个，病穗小花增至 5～7 个，从而导致病穗宽大、紧密。

（3）成熟期症状　发育完全的孢子团一般呈籽粒状，但比正常籽粒圆且大，使内外稃张开，有芒品种芒外张，形成病穗的典型特征。成熟孢子团（菌瘿）几乎全部由冬孢子组成并被子房壁包被（图 4-76）。

（四）生物学特性

小麦矮腥黑穗病菌冬孢子萌发最佳温度为 5 ℃，冬孢子在土壤质量含水量为 1%～28%（水量3.57%～100.00%）范围内均可萌发，其适宜萌发的土壤含水量范围为 10%～25%（含水

图 4-76　小麦矮腥黑穗病田间病状

量 17.85%～89.30%），最佳土壤相对含水量范围在 65%～75%。

Stockwell 等（1986）首先提出小麦矮腥黑穗病菌冬孢子具有自发荧光特性，章正等（1995）进一步发现虽然大部分小麦矮腥黑穗病菌冬孢子的网状壁都自发橘黄色荧光，但普遍呈现出不同程度的荧光。

（五）病害循环

如图 4-77 所示，冬孢子是病菌实现长途传播的主要途径。当冬孢子达到足够的数量，在适宜的气候和寄主上将导致寄主发病。

当冬孢子达到足够的数量，在适宜的气候和寄主上将导致寄主发病。如图 4-77 所示，接种体的初侵染源是来自前茬带病作物散落在土壤中或被风刮来散落在土表的冬孢子，同时感病的小麦加工后的麸皮、边角料等进入大田也可造成来年的再侵染。冬孢子在冬麦播种后陆续萌发侵染麦苗，侵染期可持续 3～4 个月，太平洋西北岸从 12 月至翌年 4 月都能发生侵染，但大部分发生在 12 月下旬至翌年 2 月。在积雪覆盖下的 -2～2 ℃ 范围内冬孢子萌发侵染，温度不适合时其萌发将暂停或延缓。冬孢子在自然条件的土壤中可存活 10 年以上。冬孢子内部的二倍体将会减数分裂为单倍体，单倍体还能够和寄主体内的细胞质同时出现，诱导萌发产生先菌丝，其通过释放初生担孢子，重新进入并引起减数分裂，融合后得到"H"体菌丝，并分泌出次生担孢子或侵染菌丝，继而产生分蘖原细胞进入寄主幼苗并迅速在其体内生长，引发系统性病害。在小麦子房发育时期，此病原的繁殖生长速度加快，导致整个小麦穗粒完全被该病原冬孢子取代从而变成菌瘿。此后，当前年的病株菌瘿破裂时，该冬孢子掉落在田间再次成为来年的初侵染源（杨岩，1999）。

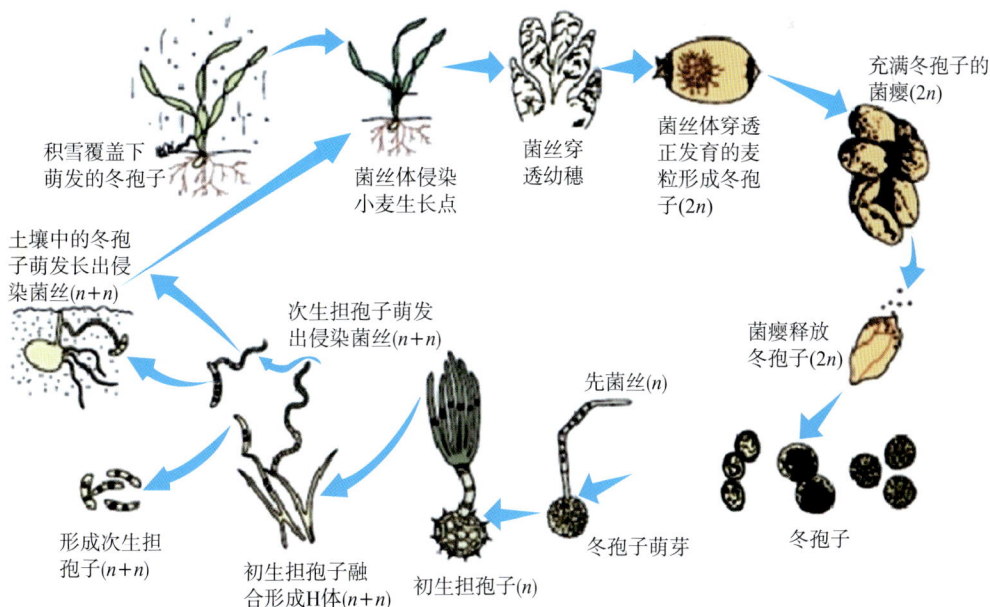

图 4-77　小麦矮腥黑穗病菌侵染过程示意（Wilcoxson and Saari，1996）

（六）流行规律

小麦矮腥黑穗病菌具有很强的生命力，自然条件下，单个冬孢子在土壤中可存活 1～3 年，菌瘿至少能存活 10 年，而且对不同类型土壤和气候条件都有广泛的适应性，因此，小麦矮腥黑穗病一旦发生，很难防治。病原以菌瘿的形式混在小麦种子中或以冬孢子黏附在种子表面进行传播，也可随土壤传播。病原在小麦出苗到拔节前，若温湿度条件合适，都可发生侵染，持续 3～4 个月。土表下 2～3 cm 的温度和相对湿度是影响病原冬孢子存活、萌发和侵染的最重要因素。

传统认为持续 30～60 d 的积雪是小麦矮腥黑穗病发生的必要条件，而 Zhang 等 (1995) 研究表明，在我国无积雪冬麦区，如果易感小麦在越冬期处于幼嫩分蘖阶段、小麦越冬期间土表的 0～10 ℃持续低温每日不低于 16 h，不少于 35～45 d，并且具有适宜的土壤含水量，病害就可以暴发，并不一定必须有积雪。积雪的主要作用在于提供长期的适宜低温和稳定的地表湿度，积雪的迟早对病害的发生程度和流行有重要影响，低温和积雪天数增多，积雪厚度增加，发病加重，稳定积雪 60 d 以上，且积雪厚度 10 cm 以上更有利于小麦矮腥黑穗病发生（Hoffmann，1982）。

（七）风险评估与适生性分析

1. 风险评估

我国科学家章正等（2001）对小麦矮腥黑穗病菌入境潜在可能性进行了分析，提出以下 5 个影响入境可能性的重要因素：①病原的主要寄主及其入境途径；②病原主要寄主的入境数量及入境频率；③病原的截获频率；④病原经小麦储存运输后的存活性；⑤出口国对带菌原粮是否进行了有效的灭菌处理，并把各因素按 0～4 级 5 个级别来划分衡量。根据我国小麦生产的情况、1985—1994 年小麦的入境数据和病原的相关信息等对这 5 个因素分析的结果表明，每个因素的评估值均达到最高级，因此章正等认为小麦矮腥黑穗病菌通过贸易性小麦传入中国的潜在可能性极高。

2. 适生性区域的划分以及风险等级

在小麦矮腥黑穗病菌入境潜在性分析的基础上，魏淑秋等（1995）应用生物气候相似距模型，分析了其在我国定殖的可能性，把我国小麦矮腥黑穗病菌可能发生地区划分为极高危险区、高危险区、局部发生区、偶发区和低危险区 5 个区域。

（1）极高危险区　西北高原麦区，包括新疆、青海、青藏高原、部分黄土高原。

（2）高危险区　黄河中下游麦区和长江中下游、淮河流域平原及丘陵麦区，其中黄河中下游麦区包括华北大部、华东北部及东北南部麦区。

（3）局部发生区　长江下游、中南及西南高海拔麦区，包括山区和丘陵地区。

（4）偶发区　包括台湾及两广高海拔麦区。

（5）低危险区　海南省。

Jia 等（2013）利用地理信息系统（GIS）制作了显示中国冬小麦产区小麦矮腥黑穗病的风险地图（图 4-78）。小麦矮腥黑穗病建立高、中、低、极低（包括无风险）的区域分别占中国冬小麦总种植面积的 27.33%、27.69%、38.12% 和 6.86%。其中，高风险区包括新疆北部、西藏东南部、四川西部、河南中东部、安徽北部、江苏大部、湖北北部、甘肃南部和山东及云南西北部、陕西中部和青海省的一小部分；中风险区包括新疆和四川中北部、西藏和陕西中部地区、青海、湖北北部、河南南部、山东南部和沿海地区、安徽中南部和江苏，以及四川中部的一小部分；低风险区包括新疆中南部、青海大部分地区、云南西北部和东部、四川中东部、重庆北部、贵州湖南、湖北和安徽南部、江西西北部、浙江北部、陕西和山西中南部、河北和辽宁南部、山东中北部以及辽宁南部一小部分

审图号：GS京（2023）1824号

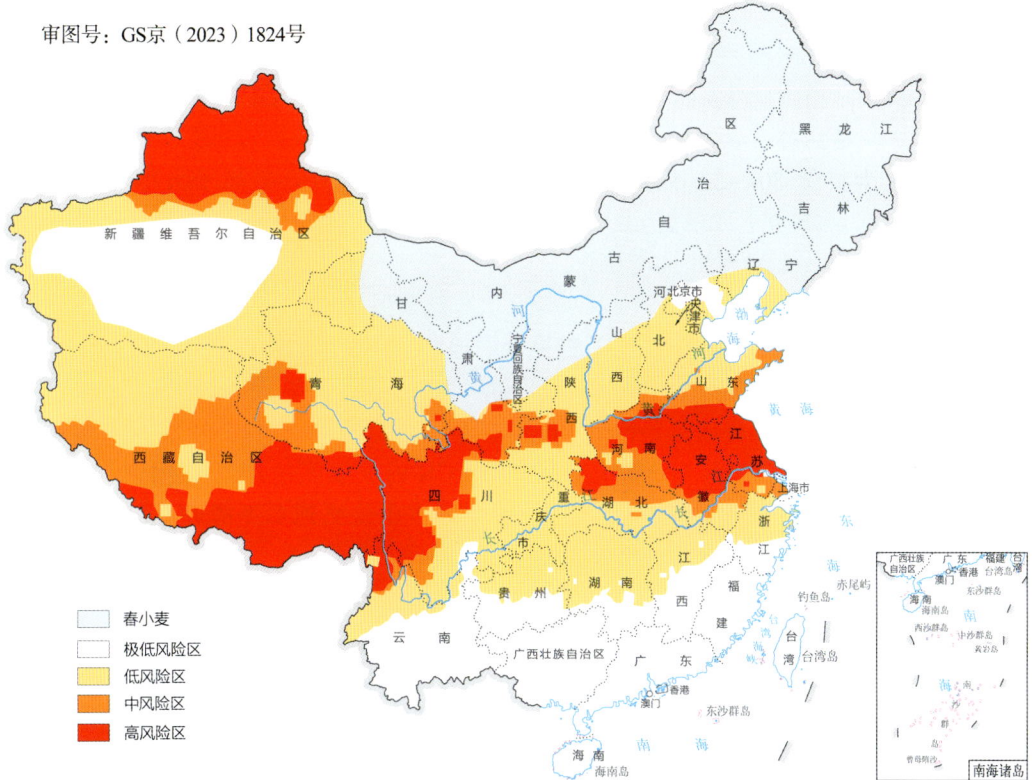

图 4-78　我国不同地区小麦矮腥黑穗病发生风险（Jia et al.，2013）

地区；极低风险或无风险区主要包括云南中南部、贵州南部、湖南、江西、浙江、广西、广东、海南以及福建。

3. 风险管理措施

由于我国疆域广阔，地形复杂，存在着大面积的适合小麦矮腥黑穗病菌生长的区域，且小麦矮腥黑穗病菌的寄主在我国各个地方都有分布，因其种传和土传的特性使小麦矮腥黑穗病菌更容易传播，加上国际贸易的不断扩大，小麦矮腥黑穗病菌随粮食和草种进入我国并且定殖和传播的风险将显著提高。因此，提出以下几条管理建议：需要建立快速检测的分子生物学方法；输华粮食及草种在中国入境口岸要进行进境植物检疫和实验室检测，输华粮食及草种中不得带有小麦矮腥黑穗病菌，并在植物检疫证书上注明；如在输华粮食及草种中发现小麦矮腥黑穗病菌，中方将采取退货、销毁及其他检疫处理措施，并根据情况严重性采取暂停向该地区进口该产品；建立小麦矮腥黑穗病菌无害化处理的方法，对于已经确定受小麦矮腥黑穗病菌感染的粮食及草种进行无害化处理，防止小麦矮腥黑穗病菌的蔓延。

（八）监测检测技术

1. 分子检测技术

Gao 等（2010）利用引物 ISSR818 获得了一个 867 bp 的 DNA 片段，该片段对小麦矮腥黑穗病菌具有特异性，将该标记转化为特定序列扩增区（SCAR）和设计用于 PCR 检测分析的特异引物（TCKSF3/TCKSR3）；可在所有小麦矮腥黑穗病菌分离株中扩增出一个独特的 DNA 片段，检测极限为 5 ng DNA。

Nguyen 等（2019）通过直系同源组分析鉴定单拷贝和物种特异性基因。为了找到物种特异性检测分析的候选基因，从 OrthoFinder 的输出中确定了代表单拷贝基因的 ortho-groups，这些基因对于每个腥黑粉菌属的物种也是独一无二的。使用 Geneious R10（Bi-omatters Ltd.，Auckland，New Zealand）设计引物和探针，扩增子大小 100～150 bp，在外显子内部，引物的 Tm 约为 60 ℃，大约 23 bp 长，探针的 Tm 约为 70 ℃，长度约为 27 bp，可用于区分检疫和非检疫物种。

Liu 等（2020）开发了数字 PCR（ddPCR）的检测方法，可用于检测土壤中极低浓度的小麦矮腥黑穗病菌冬孢子。比较了三种分子检测方法（PCR、实时 PCR 和 ddPCR）对土壤中小麦矮腥黑穗病菌冬孢子的定性和定量检测极限，结果表明，传统 PCR 能够检测出高浓度的小麦矮腥黑穗病菌冬孢子 DNA，但不够敏感，无法检测土壤中的微量小麦矮腥黑穗病菌冬孢子，SYBR Green I 实时荧光 PCR 的灵敏度达到了普通 PCR 的 100 倍，而 ddPCR 的结果优于其他两种方法，可在土壤样本中检测到 2.1 拷贝/μL 的小麦矮腥黑穗病菌冬孢子 DNA（CN＝2.1），极大地提升了检测灵敏度。

Sedaghatjoo 等（2021）比较了 6 种 *Tilletia* 物种的 21 个基因组，以鉴定在所有小麦矮腥黑穗病菌分离株中独特且保守的 DNA 区域，并且与其他腥黑粉菌属物种没有同源性或同源性有限。基于这些 DNA 区域开发了一种用于小麦矮腥黑穗病菌的环介导等温扩增（LAMP）检测，特异性地扩增了 *T. controversa* 的基因组 DNA。只有 *Tilletia trabutii* 产生假阳性信号。LAMP 检测的检测限是 5 pg 的基因组 DNA。一项包括德国五个实验室的测试性能研究显示，该检测的灵敏度为 100％，特异性为 97.7％。

2. 电子鼻检测方法

曹雪仁等（2011）利用电子鼻对小麦矮腥黑穗病菌和光腥黑穗病菌进行检测，再根据主要成分分析法（PCA）和线性判别法（LDA）分析，对小麦矮腥黑穗病菌的区别标准分别为 94.84％和 85.66％。同时该方法还能区分开含不同孢子数的小麦，尤其是小麦矮腥黑穗病菌冬孢子含量较大时，效果更好。

3. 免疫荧光单克隆抗体检测方法

Gao 等（2014）建立了一种快速、灵敏的免疫荧光方法，用于区分小麦矮腥黑穗病菌和网腥黑穗病菌。该方法使用的是针对小麦矮腥黑穗病菌冬孢子的单克隆抗体 D-1 以及 PE-Cy3-共轭山羊抗小鼠抗体（495 和 555 nm 的重叠光激发）。橙色周期荧光信号对小麦矮腥黑穗病菌冬孢子外壁和网脊较强，而对小麦网腥黑穗病菌仅在原生质观察到绿色信号，该方法的检测极限为 2.0 μg/mL 的 D-1 单克隆抗体。Gao 等（2018）首次使用 iTRAQ 技术对小麦矮腥黑穗病菌、光腥黑穗病菌以及网腥黑穗病菌进行蛋白质组学研究。这些蛋白质对于用特定蛋白质产生的单克隆抗体区分三种病原体可能很有价值，并且可以实现病原体的现场检测和作为小麦运输的诊断检测。

4. 激光共聚焦显微镜检测方法

蔚慧欣等（2016）应用激光共聚焦显微镜对小麦矮腥黑穗病菌和小麦网腥黑穗病菌、小麦矮腥黑穗病菌和小麦光腥黑穗病菌冬孢子的自发荧光特性进行比较研究。发现不同冬孢子中自发荧光空间分布差异明显：小麦矮腥黑穗病菌冬孢子中自发荧光主要分布在外孢壁和网脊，原生质中分布较少；小麦网腥黑穗病菌冬孢子中自发荧光物质主要存在于原生质中，孢壁上有少量分布，网脊上则没有分布；小麦光腥黑穗病菌冬孢子的自发荧光物质主要分布在孢壁，原生质中有少量分布。因此可根据孢子图像中自发荧光的位置准确、快速地区分出三种病原冬孢子。

5. 基质辅助激光解吸/电离飞行时间质谱（MALDI-TOF MS）检测方法

基质辅助激光解吸/电离飞行时间质谱（MALDI-TOF MS）是区分密切相关真菌物种的有用工具。Forster 等（2022）评估了 MALDI-TOF MS 分析是否能够区分小麦矮腥黑穗病菌、网腥黑穗病菌和光腥黑穗病菌，以及它是否可能构成基于形态学的鉴定或发芽试验的替代方法。基于光谱的层次聚类分析（HCA）和所得质谱主成分判别分析（DAPC）表明，可以区分小麦矮腥黑穗病菌，但无法区分小麦网腥黑穗病菌和小麦光腥黑穗病菌，对 67 个样本的检测准确率为 98.51%。

（九）应急防控技术

1. 应急控制方法

减少疫麦在口岸的堆积，及时对疫麦进行灭菌处理是比较有效的方法，如环氧乙烷熏蒸法、热力灭菌法、钴 60-γ 射线辐照灭活法等是目前采用的主要方法（王圆，1993；左耀明，1994）。

2. 应急防控技术应用

粮食部门应用环氧乙烷熏蒸法杀灭小麦矮腥黑穗病是比较多的，并且都比较成功。上海、北京、天津等地的实践证明采用环氧乙烷熏蒸法杀灭小麦矮腥黑穗病可以达到 100% 的灭菌效果。

（十）综合防控技术

1. 检疫防控

小麦矮腥黑穗病菌检疫鉴定常用的方法是根据形态学特征、自发荧光显微学特性、萌发生理特性等进行检疫鉴定。2000 年 4 月 26 日国家质量技术监督局发布了《植物检疫小麦矮化腥黑穗病菌检疫鉴定方法》（GB/T 18085—2000），并于 2000 年 10 月 1 日实施。该标准规定小麦矮腥黑穗病菌冬孢子形态学特征、自发荧光显微学特征和萌发生理学特征为鉴定该菌的依据。近些年来，其检测方法不断改善，分子生物学、免疫学等方法实现了该病害的快速检测（Gao et al.，2010）。

2. 农业防控

调整耕作制度，用春小麦代替冬小麦，深播、过早或过迟播种都能降低小麦矮腥黑穗病危害。使用轮作方法，坚持 5～7 年内凡污染小麦矮腥黑穗病菌的土壤不要种小麦。选用抗病品种能在一定程度上减轻危害，由于病菌致病性和品种抗病性的变化，需要不断培养新的抗病品种。

3. 化学防控

可采用环氧乙烷熏蒸法。1988 年 6 月—1989 年 3 月，上海市粮食储运公司和上海动植物检疫所联合采用环氧乙烷与二氧化碳混合剂（3∶7）熏蒸含小麦矮腥黑穗病菌的小麦种子 3.6 万 t，完全杀灭病菌。1974—1976 年，天津市粮食局科研所和天津市动植物检疫所等 9 个单位联合试验，对病麦垛用塑料薄膜作六面密封，采用 $100～600 \text{ g/m}^3$ 纯环氧乙烷（纯度 98% 以上）进行熏蒸，密闭 48h 后，取得 100% 的灭菌效果。

4. 综合防控技术应用

应重视辐射灭菌处理方法的研究，建立能大规模处理疫麦绿色环保的灭菌体系，在疫麦的加工过程中注意小麦矮腥黑穗病菌的处理问题，进行疫麦加工方法的研究，建设疫麦封存处理加工基地，以防其扩散传播，并要加强新防控方法的研究。另外，综合以上所示防控措施达到小麦矮腥黑穗病的防治效果。

（高利）

三、小麦线条花叶病毒

（一）学名与分类地位

小麦线条花叶病毒［*Wheat streak mosaic virus Tritimovirus*（WSMV）］，属于马铃薯 Y 病毒科（Potyviridae）小麦花叶病毒属（*Tritimovirus*）（Hadi et al.，2011）。

（二）分布与危害

1. 分布

小麦线条花叶病毒导致小麦线条花叶病，是一种威胁全球小麦生产的谷物和草类病害。1922 年，小麦线条花叶病毒首次在美国中部大平原的内布拉斯加州被 Peltier 发现，并被描述为"黄色花叶病毒"。小麦线条花叶病毒为我国进境植物检疫性有害生物。目前，小麦线条花叶病毒在全世界范围分布比较广，具体如下：

亚洲：中国（甘肃、陕西、新疆）、约旦、土耳其、伊朗。

欧洲：斯洛伐克、马尼亚、北高加索、鞑靼斯坦、摩尔多瓦、乌克兰。

非洲：北非。

北美洲：加拿大、美国（内布拉斯加州、堪萨斯州、南达科他州、艾奥瓦、俄亥俄州、科罗拉多州、亚拉巴马州、蒙大拿州、北达科他州、俄克拉何马州、得克萨斯州、怀俄明州）、墨西哥。

南美洲：阿根廷、巴西。

大洋洲：澳大利亚、新西兰（Chalupnikova et al.，2017）。

在我国，自 20 世纪 50 年代以来该病在西北地区的甘肃、陕西有零星发生，新疆麦区在 20 世纪 60 年代后期集中发生且在南北疆各麦区均有不同程度发生。

2. 寄主

小麦线条花叶病毒可以侵染的禾本科植物，包括小麦、燕麦、大麦、玉米、小米，还能侵染多种单子叶杂草，但是不侵染双子叶植物，有研究表明，部分单子叶杂草能作为该病毒的潜在"保存库"（Chalupnikova，2017）。

3. 传播途径

小麦线条花叶病毒传播介体为小麦曲叶螨，该螨虫不能飞，主要依靠风进行远距离移动，但它们的或借助会飞的昆虫。汁液接种也可传毒，小麦线条花叶病毒通过种子传播在美国艾奥瓦州种子生产地的玉米中首次被报道，但发现病毒通过种子的传播率很低。

4. 危害

在已经报道的小麦病害对小麦的产量损失中，小麦线条花叶病毒造成的损失是巨大的，在堪萨斯州，产量损失在 7%～13%，1963 年在加拿大阿尔伯塔的小麦线条花叶病毒流行期间，记录到 18%的产量损失，小麦线条花叶病毒是得克萨斯州狭长地带小麦生产的主要限制因素，尽管区域产量潜在的平均损失似乎不大，但仍有可能发现个别农田因小麦线条花叶病毒感染而遭受全部损失。在我国，1967 年新疆塔城地区 168 团场冬麦因 WSMV 而绝收的面积为 17 133 hm²，有 37 797 hm² 减产 80％以上。1968 年该病再次暴发，5 255 hm² 小麦颗粒无收，18 981 hm² 小麦严重减产。80 年代，新湖农场小麦的小麦线条花叶病毒的发病量约占小麦病毒总发病量的 80％以上。

（三）传播介体识别特征

1. 形态特征

小麦曲叶螨身体乳白色，纺锤状，肉眼不易看到，足 2 对，头部有口针 1 对，上颚发达突出，呈刺状，腹部从背面至腹面有很多环状细点刻，腹末有 2 个光滑的下突起，体上着生多对刚毛，尾突 2 对毛特长。卵白色半透明，圆形。若螨和成螨相似，仅大小不同（图 4-79）。卵直径 0.01 mm。成虫体长 0.25～0.31 mm，体宽 0.07～0.09 mm。

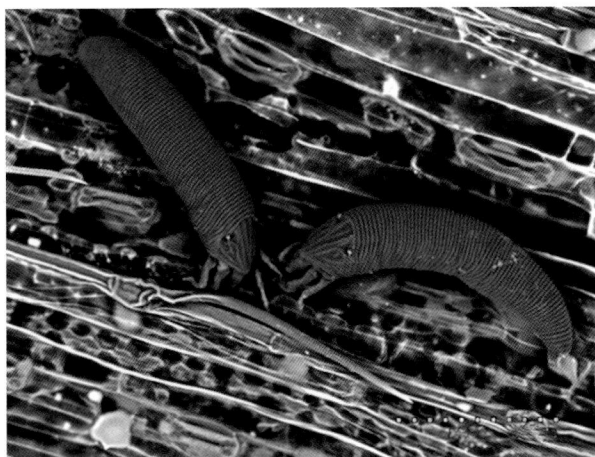

图 4-79　小麦曲叶螨的扫描电子显微镜（SEM）图像（Khushwant，2018）

2. 致病症状

小麦线条花叶病毒可导致小麦严重的花叶和矮化症状。苗期，麦叶颜色变浅，叶片变窄，出现与叶脉平行的细小褪绿条点及黄色小点，逐渐发展成苍白色断续条纹，伴随部分组织坏死。新叶也有褪色条纹，叶脉颜色稍暗。小麦拔节后，节间向下弯曲拐弯节外复又向上，各节向地一侧异常膨大导致全茎呈现拐节状，此症状在基部以上 1～3 节最为明显。病情严重的小麦，全株分蘖向四周匍匐，不易抽穗或穗而不实（Khushwant，2018，图 4-80）。

（四）生物学特性

小麦线条花叶病毒的病毒粒体呈现弯曲线状，无包膜包被，长为 690～700 nm，直径为 11～15 nm，感病叶片细胞质的内含体为风轮状。遗传物质由单分子正义单链 RNA 基因组（ssRNA1）组成，基因组大小为 9.3～9.4 kb。致死温度为 55～60 ℃（王佳莹 等，2018）。

（五）病害循环

小麦线条花叶病毒传播介体为小麦曲叶螨。春季气温升高，小麦曲叶螨活跃起来，

图 4 - 80 小麦条纹花叶病毒在寄主上的症状（Khushwant，2018）

但小麦曲叶螨不能飞，主要通过风或会飞的昆虫在田野间移动，将携带的病毒传播给健康植物。在抽穗期间和抽穗后，介体螨会从小麦的叶子和其他地上部分移动到穗内，在穗内觅食并受到保护。当小麦成熟并开始干燥时，螨虫开始寻找新的有绿色组织的寄主，以便它们可以在夏天觅食和生存。因此，它们会主动转移到小麦和其他草宿主上。在秋季播种后，螨虫会转移到新出现的小麦上，传播小麦线条花叶病毒，完成病害的侵染循环（Khushwant，2018）（图 4 - 81）。此外，汁液接种也可传毒，但通过种子传毒的概率低。

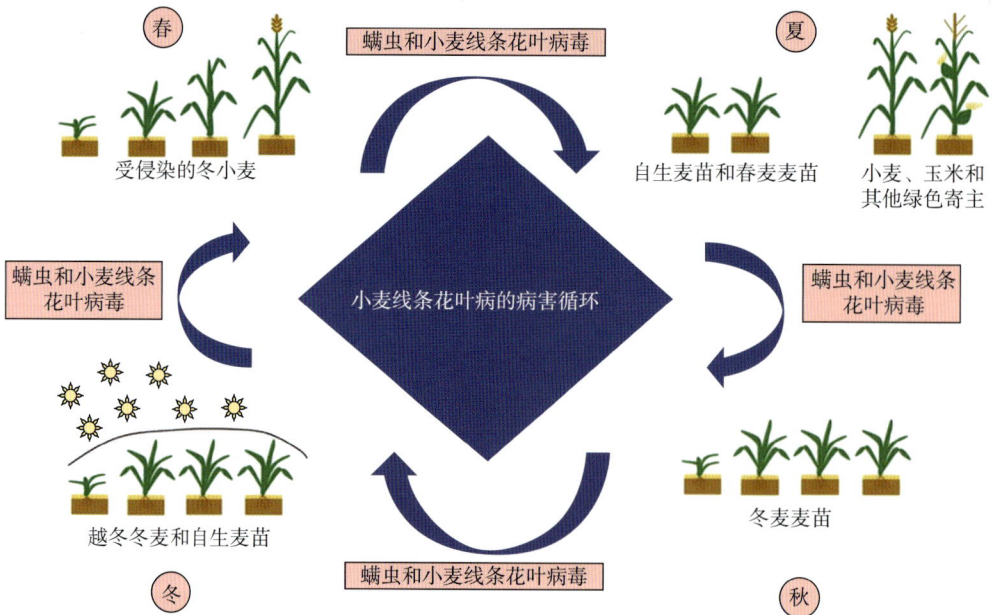

图 4 - 81 小麦线条花叶病的病害循环（Khushwant，2018）

（六）流行规律

小麦线条花叶病一般流行于作物生长期不足 200 d 的冬春麦交界边缘地带，主要发生在陕西延安部分地区、咸阳部分地区，甘肃庆阳部分地区；部分丘陵山地和陕西榆林、甘肃河西等地也有零星发生。该病的发生、流行与黍田位置、小麦播种期、品种、温度等因素密切相关。

1. 黍田位置

麦田多紧邻黍田，一般是愈近愈重，愈远愈轻。在病重麦田中，病情分布与黍田距离呈明显的负相关。调查发现，重病田小麦曲叶螨数量与病情的距离递降是一致的。顺风的麦田发病，反之少发病或不发病。

2. 小麦播种期

在黍收获前，小麦出苗越早发病越重。

3. 品种

茎秆细弱的品种发病重，茎秆粗壮的品种发病轻。此外，同一品种因土壤肥力不同，发病程度也有显著的差异，特别是株高和抽穗率差异明显。据在新疆观察，冬前气温高并延续时间长、入冬较晚、冬季气温高、开春早、气温稳定上升、无倒春寒的年份，该病流行严重。

（七）风险评估与适生性分析

刘静远等（2020）以基础生物学数据和国内外分布数据为基础，利用 CLIMEX 和 MaxEnt 模型分别预测了该病毒在中国潜在的适生区。

依据 Michael（2009）和 Sutherst（2004）的研究，对 CLIMEX 模型的适生性等级进行了划分，$EI=0$，表示该病毒不能在该地区生存，为无风险区；$0<EI\leqslant10$ 表示该病毒在该地区可定殖，但属于限制性分布，为低风险区；$10<EI\leqslant20$ 表示该病毒在该地区较易定殖，为中风险区；$EI>20$ 为高适生区，表示该病毒在该地区极易定殖，为高风险区。

相关研究发现，该病毒在我国的适生区域是广泛的，预测结果表明该病害在我国小麦产区均有可能发生。具体结果如下：

高风险区：我国东北东部、山东南部、江苏北部、安徽北部、河南、陕西、宁夏南部、甘肃南部地区。

中风险区：黑龙江东南部、吉林、辽宁、山西、山东中部、内蒙古与河北交界处、青海东部、四川西部零星地区、云贵川交界处、西藏南部与东部零星地区及广西西部等。

非适生区：新疆、湖南、江西、浙江、西藏西北部、青海北部、甘肃西北部、安徽南部、湖北南部和江苏南部。江西贵溪、玉山、广昌以及湖南衡阳等地区，由于年降水量过大，达 160～1 800 mm，不太适宜小麦生长，江西、湖南为非适生区。

MaxEnt 软件预测显示，预测风险值 $VALUE$ 在 0～1 区间，通过比对该病毒现有分布情况，确定了小麦线条花叶病毒适生分析等级为 4 级，无风险 $0\leqslant VALUE<0.1$、低风险 $0.1\leqslant VALUE<0.3$、中风险 $0.3\leqslant VALUE<0.5$ 和高风险 $0.5\leqslant VALUE\leqslant1.0$。

以该 MaxEnt 软件为基础，该病毒在我国的风险适生区结果如下：

高风险适生区域：新疆北部、甘肃南部、宁夏南部、陕西、山西南部、河南西南部、湖北北部、安徽中部、江苏南部、贵州东部，以及江西、贵州和湖南交界处零星地区等地区。

中风险地区：山东、河北、山西、河南、安徽北部以及湖南、湖北、江西、四川、重庆、贵州等地的零星地区。

非适生区：西藏、青海、甘肃北部、新疆南部以及内蒙古东部等地区。

（八）监测检测技术

1. 监测与调查方法

重点对小麦苗期和拔节期等病害显症期进行监测和调查，结合苗期该病害表现麦叶颜色变浅，叶片变窄，出现褪绿点，白色断续条纹，组织坏死，以及拔节期节间向下弯曲，拐弯节外复又向上，各节向地一侧异常膨大，导致全茎呈现拐节状等症状进行调查。有疑似症状的植株采集发病部位进行检测鉴定，并对样品采集时间、地点、采集人、发病症状及发病面积等必要信息进行记录。

2. 检测技术

小麦线条花叶病毒检疫鉴定的方法主要有以下三种：形态学、血清学及分子生物学方法。

形态学鉴定方法主要包括植物病毒免疫电镜法（IEM）；血清学方法包括双抗体夹心酶联免疫吸附法（DAS-ELISA）；分子生物学方法包括反转录聚合酶链式反应法（RT-PCR）、实时荧光 RT-qPCR 检测方法、环介导等温扩增（RT-LAMP）检测方法等。

3. 监测检测技术应用

常见的血清学方法包括酶联免疫吸附法（Enzyme Linked Immunosorbent Assay，ELISA）、电化学酶联免疫检测（Electro-chemical Enzyme-linked Immunoassay，ECE-IA）、免疫荧光技术（Immuno-fluorescence）、快速免疫滤纸测定技术（Rapid Immune-filter Paper Assay，RIPA）及免疫胶体金技术（Immune Colloidal Gold Technique，ICG）等。1996 年，Seifers 等（1996）对生长于美国堪萨斯州的御谷（*Pennisetum glaucum*）和高粱（*Sorghum bicolor*）使用 ELISA 方法进行检测后发现，小麦线条花叶病毒抗血清获得阳性反应。在温室中接种的 2 种植株出现相同症状，并且同样在 ELISA 检测中为阳性，从而确定了御谷和高粱为该病毒的自然寄主。此外，Sherwood 对 ELISA、免疫斑点试验（Dot Immunobinding Assay，DIBA）和蛋白质印迹（Western blotting）3 种检测方法进行了比较，结果表明 ELISA 可对小麦线条花叶病毒进行更准确的定量检测，免疫斑点试验检测成本最低，蛋白质印迹次之，均可进行定性试验。

分子生物学检测方法目前被广泛应用于各个口岸检疫部门，鉴于其简单易行，高灵敏度和高准确率。为了能同时检测小麦线条花叶病毒与小麦花叶病毒（*Tritcum mosaic virus*），Price（2010）等成功建立了多重实时荧光 RT-PCR 方法，用于检测单个植物样本中的两种病原体，解决了 ELISA 等常规诊断方法无法区分这两种病毒这一问题。徐颖（2014）根据小麦线条花叶病毒外壳蛋白基因序列保守区的特异性引物，建立了该病毒的逆转录环介导等温扩增技术（Reverse-transcription Loop-mediated Isothermal Amplification，RT-LAMP）检测方法。其灵敏度比 RT-PCR 高 10 倍，快速高效、操作简单、特异性强、灵敏度高，适合于实验室现场快速检测。Lee 等（2015）建立了另一种 LAMP 方法，可在进口小麦、玉米、燕麦和小米的检疫检验过程中快速诊断小麦条纹花叶病毒，并适用于在检测样本较多的检疫点的快速筛选，因此，这种方法有望有助于该病毒的检验检疫。

（九）应急防控技术

1. 应急防控

（1）检疫防控　为防止病害传入，应加强检疫，对疫区的寄主作物进行严格的检验检疫，对寄主作物的储存场所、运输过程、卸货、加工、下脚料处理等环节进行严格管控，制定专项监管方案，监督货物存放，及时对下脚料、成品及生产用水实施无害化处理。

（2）农业防控　收获后的病田要及时翻耕，防止介体小麦曲叶螨蔓延、扩散，切断介体传播途径（郭予元，2014）。加强肥水管理，促进小麦生长发育，提高抗病和耐病能力。

（3）物理防控　已发病的麦田，黍田，要及时收获拉运，并放置在远离其他麦田和黍田的地区（郭予元，2014）。

（4）化学防控　Murphy 和 Burrows（2021）发现，在温室中，氨基甲酸酯、有机磷酸酯和拟除虫菊酯可减少植物上的小麦曲叶螨数目，因此在适当的时候可用于介体螨的防治。

（5）注意事项　注意将相关操作农具和装载工具等进行严格的管控和处理，防止病毒的传播。

2. 应急防控技术应用

1980 年在我国新疆发病严重的条田，通过加强肥水管理，结合浇水追施尿素，以及增加一次浇水等措施，使重病株主穗得以保存，轻病株基本恢复正常。

（十）综合防控技术

1. 农业防控

对作物进行合理布局，合理安排轮作倒茬，压缩早黍田面积，即避免糜、麦生育期相遇，在易灾区，积极扩种油菜、豆类及烟草等经济效益高的作物。尽量不种黍，即便种也要与麦生育期错开，从而切断介体的侵染循环，减少病毒危害。21 世纪以来，由于复种指数的提高和压缩早黍的种植面积，直接切断了介体螨和病毒的黍—麦循环，是生产中小麦线条花叶病不流行或少发生的重要原因（郭予元，2014）。

选用抗病和耐病品种，20 世纪 70 年代，丰产 3 号、延安 6 号、农大 157、农大 155、品九、太谷 19 等品种，表现出一定的耐病作用，植株虽有一定症状表现，但不发生拐节匍匐，造成的减产也轻。21 世纪以来，延安 17、延安 19、榆林 8 号、7537、庆丰 1 号、G407 等品种，也对小麦线条花叶病毒表现抗（耐）病作用。此外，北京 8 号、0west、农大 311、平原 50 等抗病性均较强，特别是黑麦与小麦的杂交后代，比较抗病（郭予元，2014）。

2. 化学防控

化学防治主要是利用化学药剂杀灭小麦曲叶螨，从而达到治螨控病的目的。用 70% 吡虫啉湿拌种剂 60 g，兑水 500～600 mL，拌种 25～30 kg 并堆闷 8～12 h 后播种，对苗期杀螨防病有一定效果，并能兼治其他地下病虫和地上害虫，在秋苗期或返拔节期，可用 10% 吡虫啉 4 000～6 000 倍液大田喷洒，防止小麦曲叶螨在田内扩散。

（高利）

四、苜蓿黄萎病菌

（一）学名及分类地位

苜蓿黄萎病菌（*Verticillium alboatrum* Reinke et Berthold），属真菌界（Fungi）子囊菌门（Ascomycota）粪壳菌纲（Sordaraomycetes）小不整球壳科（Plectosphaerellaceae）轮枝孢属（*Verticillium*），英文名为 Alfalfa Verticillium Wilt。

（二）分布与危害

1. 分布

北美洲：波多黎各（美）、伯利兹、古巴、加拿大、美国、墨西哥、尼加拉瓜、萨尔瓦多、危地马拉。

南美洲：阿根廷、巴西、厄瓜多尔、哥伦比亚、圭亚那、秘鲁、委内瑞拉、乌拉圭、智利。

欧洲：爱尔兰、爱沙尼亚、奥地利、保加利亚、比利时、波兰、丹麦、德国、俄罗斯、法国、芬兰、荷兰、捷克、克罗地亚、拉脱维亚、立陶宛、卢森堡、罗马尼亚、挪威、葡萄牙、瑞典、瑞士、塞尔维亚、斯洛伐克、斯洛文尼亚、乌克兰、西班牙、希腊、匈牙利、意大利、英国。

非洲：安哥拉、埃塞俄比亚、刚果（金）、津巴布韦、肯尼亚、马达加斯加、马拉维、摩洛哥、南非、尼日利亚、坦桑尼亚、突尼斯。

大洋洲：澳大利亚、新西兰。

亚洲：阿富汗、巴基斯坦、菲律宾、吉尔吉斯斯坦、柬埔寨、老挝、黎巴嫩、缅甸、日本、沙特阿拉伯、塞浦路斯、乌兹别克斯坦、叙利亚、伊朗、以色列、印度、中国（台湾、新疆）。

2. 寄主

苜蓿黄萎病菌的寄主植物多达 600 余种，但侵染苜蓿的菌系寄主范围相对狭窄，具有较强的寄主专化性，该菌系主要危害苜蓿，还可侵染草莓、大豆、蚕豆、草木樨、番茄、花生、红豆、黄芪、罗马甜瓜、马铃薯、啤酒花、茄子、三叶草、西瓜、豌豆、烟草、羽扇豆等作物及牧草，表现轻重不等的症状，其中大豆、草木樨、罗马甜瓜、茄子、三叶草、西瓜、羽扇豆等带菌但不表现症状。

3. 传播途径

苜蓿黄萎病是典型的土传病害。带菌苜蓿种子调运和带菌昆虫（如豌豆蚜、切叶蜂等）是该病菌远距离传播的主要途径。苜蓿种子内部带菌率可达 25％。带菌农机具、病土和病残体、流水冲刷是田间有效的传病途径；牲畜饲喂病草后的畜粪也可传病。

4. 危害

苜蓿黄萎病给苜蓿生产带来的危害表现在：减低产草量，缩短产草年限；破坏种子生产，降低种子产量和品质；限制饲草调运和以苜蓿为主要原料的各种饲料的外销（索南措等，2019）。

（三）识别特征

该菌可危害寄主的各个部位。危害初期病株表现为上部叶片高温时萎蔫，中下部叶片逐渐褪绿变黄。发病后期病叶呈枯白色，整株萎蔫，病株茎基部维管束变褐色，植株矮化。田间典型症状为：病株明显矮化，严重时较正常植株矮 1/3；病株上小叶顶端出现倒 V 字形黄色坏死斑块，多数病叶沿中脉对折或卷缩扭曲；病叶枯黄或白化，但茎秆在较长时期内仍保持绿色（图 4 - 82）。

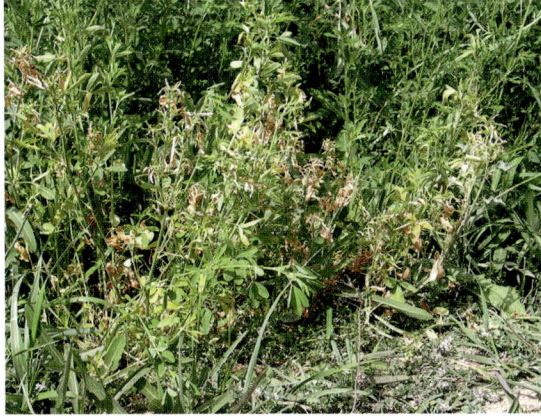

图 4-82 苜蓿黄萎病症状（张祥林 摄，2001）

（四）生物学特性

该菌在 PDA 培养基平板上的初期菌落呈白色至浅灰色，菌丝体绒毛状，一周后菌落逐渐变为黑褐色（图 4-83）。分生孢子梗无色、有隔、直立，有些分生孢子梗基部膨大、呈暗色。少数分生孢子梗上每节轮生 2～4 个小梗，有 1～3 轮。小梗顶端（产孢瓶体）连续产生分生孢子，聚集成无色或淡色易散的头状孢子球。有时小梗发生二次分支。分生孢子椭圆形、长卵圆形，无色，单胞，大小为（3.5～10）$\mu m \times$（2～4）μm。可产生暗褐色至黑色休眠菌丝，直径 3～7 μm，有分隔，隔膜间膨大呈念珠状，不产生微菌核，极少形成厚垣孢子（陈婧 等，2010）。

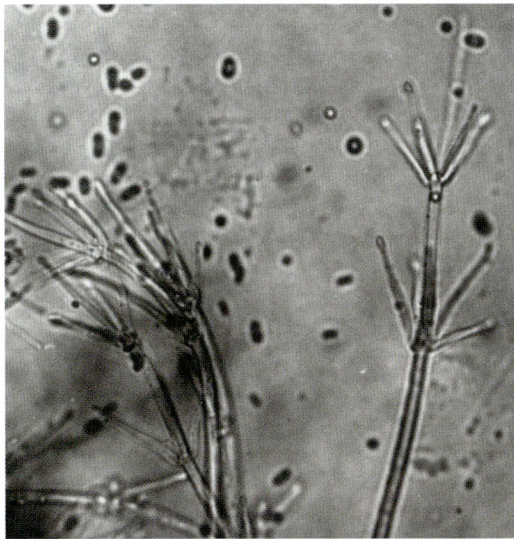

图 4-83 苜蓿黄萎病菌形态（张祥林 摄，2001）

苜蓿黄萎病菌的抗逆性很强，生长温度范围为 3～28 ℃，最适 21～22.5 ℃。耐酸碱，在 pH 4～11 范围内均能生长，在 pH 6.5 左右时生长速度最快，pH 小于 3.5 或大于 11.5 时停止生长。

（五）病害循环

苜蓿黄萎病是典型的土传病害。苜蓿黄萎病菌以不同菌态在田间病残组织和苜蓿种子中越冬，田间病株中的病菌分生孢子是主要初侵染源之一，通过侵入苜蓿根部完成初侵染。病菌随着发病植株死亡而进入土壤中，可长期存活。

（六）流行规律

苜蓿种子带菌率高，田间湿度大是该病害流行的主要因素。

（七）风险评估与适生性分析

（1）风险评估

苜蓿黄萎病的危害性：苜蓿黄萎病能严重影响苜蓿的产量，造成苜蓿品质下降，品种的抗性减弱。一些已定植 3～4 年的苜蓿由于此病减产 50％；原本能够正常生长 6～7 年的苜蓿品种也因该病存活力下降。该病除了给苜蓿生产带来巨大损失外，还因检疫问题影响苜蓿种子、干草及相关产品的出口。我国苜蓿品种对苜蓿黄萎病的抗病性研究发现，我国西北地区的 20 多个苜蓿主栽品种和 3 个野生种中有 19 个品种属于高感品种，3 个品种属于中感品种，只有黄花苜蓿和野黄花苜蓿属于抗病种质，说明苜蓿黄萎病对我国西北地区主要苜蓿品种有很强的致病力。我国苜蓿的主要种植区（西北、东北和华北）绝大部分地处 40°N 以上，与加拿大、美国的苜蓿黄萎病发生区域正好相吻合，因此这些地区很适合苜蓿黄萎病的发生和危害，此病一旦在这些地区传播开来，不但会造成直接的经济损失，而且由于此病极难根除，会加大当地政府的财政投入，并因施药、检疫等因素，对环境和社会带来很大的负面影响。因此，苜蓿黄萎病的传入和蔓延具有潜在的社会危害性。

苜蓿黄萎病传播的可能性：苜蓿黄萎病菌可通过种子传播。因此，该菌主要是通过疫区苜蓿种子的调运而进行远距离传播。据报道，来源于加拿大疫区的苜蓿种子带菌率为 3.2％，来源于美国疫区的苜蓿种子带菌率为 8.7％。饱满的苜蓿种子内部带菌率较低，而瘪种子内部带菌率高达 25％（Howell，1995）。

苜蓿黄萎病病株残体也是此菌远距离传播的主要方式之一，病残体中的苜蓿黄萎病菌可以存活较长时间并成为翌年的初侵染源。将苜蓿病残体埋在土中，发现苜蓿黄萎病菌可存活 9 个月。30 ℃恒温条件下，苜蓿病残体上的苜蓿黄萎病菌可存活 16 个月；在 35 ℃恒温条件下，可存活 3 个月；41 ℃恒温条件下，可存活 1 个月。苜蓿病株埋在土壤中后，病株中的苜蓿黄萎病菌分生孢子在条件适宜时便可萌发，成为感病寄主的接种源，这也是苜蓿黄萎病一旦在一个新的地区定殖便很难根除的原因之一。苜蓿黄萎病菌可以在土壤中单独存活一段时间，但比在病残体中存活的时间要短，病原分生孢子可以通过土壤中的水分扩散传播。此外，灌溉水及雨水、昆虫、农事操作、农用机械均可传播苜蓿黄萎病菌，但只能作为近距离传播的方式。

（2）适生性分析　苜蓿黄萎病菌的寄主范围很广，主要寄主有苜蓿、马铃薯、啤酒花、茄子、大豆等，这些寄主植物在我国各省区均有分布，其中苜蓿主要在我国西北、东北和华北等地区种植。据报道，侵染苜蓿的黑白轮枝菌菌系具有较强的寄主专化型，其寄主范围相对狭窄。

邵刚等（2006）运用地理信息系统（GIS），依据我国 677 个气象站点的逐月气温数据以及全国土壤 pH 等对苜蓿黄萎病菌的适生性进行分析，结果表明，该病菌在我国许多地区的适生性强、适生范围较广。在 6 月绝大部分地区的适生程度达到中等水平以上，部分地区达到高和极高水平，少部分地区处于低水平。适生程度达到高和极高水平的地区主要集中在江苏、山东、陕西、宁夏、山西、河北、辽宁、吉林、黑龙江、内蒙古、新疆西北部零星地区。每年 4～9 月，苜蓿黄萎病菌在我国西北、东北以及华北地区发病的风险性处于较高水平。

风险管理措施：禁止从疫区引进苜蓿种子及苜蓿加工的饲料、草料。实行产地检疫，严格限制引进苜蓿种子的数量和重量。限定进口苜蓿种子入境口岸。加强入境检疫，认真查验苜蓿种子输出国的植物检疫证书。重视进口苜蓿种子的实验室检测工作，普及苜蓿黄萎病菌 PCR 检测方法，提高检测灵敏度和缩短检验流程。加强进口苜蓿种子的隔离试种检疫监管，在隔离试种期间定期进行田间调查，隔离试种合格后方允许上市销售和扩大种植。

（八）监测检测技术

1. 监测与调查方法

在苜蓿黄萎病发生区或引种田对此病进行监测。每块地选 5 点取样，每点 5 m×5 m，先统计总植株数，再统计疑似苜蓿黄萎病的植株数。挑选疑似苜蓿黄萎病的植株和无症状植株各 5 株，每株从植株的基部齐地面处剪下所有枝条，标记植株编号，带回室内分离鉴定。

2. 检测技术

（1）产地检疫　首先根据田间症状做初步诊断，然后检测病原确诊。早期病株上部叶片在温度较高时表现暂时性萎蔫，继而中下部叶片失绿变黄，严重时变枯白色，表现整株萎蔫症状，横切病株颈部可见维管束变褐。发病后期植株因生育停滞而严重矮化。

（2）分离培养鉴定

种子带菌检验：苜蓿种子表面和种子内部都可能传带黄萎病菌。大部分带菌种子是外部带菌，主要是在田间和加工过程中污染造成的，但也有少数种子在生长期间被侵染造成种皮内部带菌。另外，混杂在种子间的病株残体也是重要传病介体。"两步检验法"适用于大量苜蓿种子的检验。该方法首先用 2，4-滴吸水纸检验法，排除大量不带菌种子样品，剩余少数疑似带菌种子用梅干煎汁培养基（PLYA）或其他选择性培养基做进一步鉴定。

将 3 层吸水纸（滤纸）铺于直径 9 cm 的塑料培养皿底部，加入 0.2% 2，4-滴钠盐溶液浸透吸水纸，作为培养床。苜蓿种子不经表面消毒直接植床，每皿等距植入 25 粒种子。植床后，将培养皿移入 21～23 ℃条件下培养，每昼夜用黑光灯（或日光灯）照明 12 h。7～10 d 后取出培养皿，用实体显微镜（25～50×）观察苜蓿种子上的菌落形成情况，用挑针挑取可疑菌落，制成玻片，在显微镜下观察病原形态特征，主要观察病原有无轮状分生孢子梗及小梗顶端是否聚生头状分生孢子球等。根据分生孢子梗和分生孢子的形状、色泽及着生特点进行鉴别。

梅干煎汁培养基检验：用吸水纸培养检验可检出具轮枝结构的带菌种子，这些种子可能带有黑白轮枝菌，以此排除掉大多数不带此菌的种子样品。为确定检出的轮枝状结构是否为苜蓿黄萎病菌，需从上述可疑种子长出的菌落中挑取分生孢子梗和分生孢子转移至梅干煎汁培养基（梅干煎汁 100 mL，乳糖 5 g，酵母浸膏 1 g，琼脂 20 g，硫酸链霉素 50 ppm，蒸馏水 1 000 mL，pH 6.5）平板上，按上述方法培养，检查有无暗色休眠菌丝。

其他寄主来源的黑白轮枝菌菌系可能会污染苜蓿种子，这些菌系对苜蓿不一定有致病力，因此在检验中有时需要做进一步接种鉴定。常用的接种方法是浸根法，即从培养 10 d 左右的轮枝菌菌落上刮下分生孢子配置孢子悬浮液。取在无病条件下栽培的 4 周龄苜蓿幼苗，清洗掉根部土壤后在孢子悬浮液中浸根 45 min，然后栽入花盆中。在 22 ℃和充足光照下，2 周后开始表现症状，3 周后即可鉴定。

发病植株分离培养检验：将田间采集的苜蓿病株茎秆剪成 1 cm 左右的小段，用 5% 次氯酸钠表面消毒 1 min，无菌水冲洗 3 次，在灭菌滤纸上吸干水分后，置于梅干煎汁培养基或甜菜培养基（甜菜 200 g，乳糖 10 g，K_2HPO_4 1 g，琼脂 20 g，蒸馏水 1 000 mL，pH 6.5）上，23 ℃恒温培养 7 d 左右，观察菌落生长情况及分生孢子梗和分生孢子的形态，如果分离到的病原有轮状分生孢子梗，且小梗顶端有聚生头状分生孢子球等特征，则可确定为苜蓿黄萎病菌。

PCR 法检测：将供试样品（苜蓿种子或病株）在液氮中碾成粉末，取 0.1 g 粉末用植物基因组提取试剂盒提取 DNA。用黑白轮枝菌特异性引物 Vaa1（5′-CCGGTACATCAGTCTCTTTA-3′）和 Vaa2（5′-CTCCGATGCGAGCTGTAAT-3′）进行常规 PCR 检测，预期扩增产物为 330 bp。PCR 反应体系为 10×PCR buffer 2.5 μL，2.5 mmol d NTP 1 μL，50 mmol/L $MgCl_2$ 1 μL，10 μmol/L 上、下游引物 Vaa1/Vaa2 各 1 μL，模板 DNA 1 μL，5U/μL TaqDNA 聚合酶 0.25 μL，加灭菌超纯水补足总体积至 25 μL。设阳性对照和阴性对照。PCR 反应程序为：94 ℃变性 5 min；进入循环，95 ℃变性 30 s，64 ℃退火 30 s，72 ℃延伸 30 s，35 个循环；最后 72 ℃延伸 10 min。取 8 μL 扩增产物于 1.5% 的琼脂糖凝胶 1×TAE 缓冲液中进行电泳，EB 染色后用凝胶成像系统分析。若供试样品用 PCR 法扩增出 330 bp 的条带，则该样品带有苜蓿黄萎病菌。陈婧（2010）用的引物是 ITS1（5′-TCCGTAGGTGAACCTGCGG-3′）、ITS4（5′-TCCTCCGCTTATTGATATGC-3′）。

（九）综合防控技术

1. 检疫防控

苜蓿黄萎病菌一旦传入，很难根除，因此要严格保护无病区，严禁从苜蓿黄萎病发生区引种。加拿大专家认为，在苜蓿开花前的生长季节苜蓿黄萎病症状最为明显，最容易调查和识别。对于苜蓿黄萎病，种子抽样检疫检验的检出率低，特别是在该病零星发生情况下，更难以查出。因此，有效的检疫应在苜蓿生长季节苜蓿黄萎病发生高峰时进行（钟天润 等，2004）。

2. 农业防控

（1）实行轮作倒茬　对疫情发生点田块，由当地政府组织农户进行翻种（深度达 50 cm 以下）。选择种植小麦、玉米、油菜、油葵、高粱、亚麻、辣椒等非寄主作物，不宜种植棉花、马铃薯、啤酒花、甜菜、番茄、瓜类等作物。有条件的单位，采取水旱轮作防治此病效果最佳，苜蓿作物与水稻进行轮作是防治苜蓿黄萎病最有效的一种技术措施（钟天润 等，2004）。

（2）实行水旱轮作　在阿克苏地区、巴州和伊犁州苜蓿黄萎病发生点实行 2 年以上水旱轮作，彻底根除苜蓿黄萎病的发生。

（3）选育抗病品种　在重病点建立小型苜蓿黄萎病试验点，进行苜蓿品种抗病性试验，筛选出品质好、产草量高、抗病性强、适应我区种植的苜蓿新品种。钟天润（2004）等报道在加拿大萨斯克彻温省推广种植抗病品种在控制该病害中发挥了重要作用。

3. 物理防控

拔除零星发病株。对零星发生的田块，拔除病株、挖走病土，集中在非作物区深埋。在发病田使用过的农机具要在清除植株碎屑和消毒后，再进入新田块。

4. 化学防控

（1）药剂拌种　每100 kg苜蓿种子使用25%嘧菌酯悬浮液商品剂量100~200 mL进行药剂拌种，可有效防治苜蓿黄萎病（马德成 等，2006）。美国和加拿大对出口的苜蓿种子采用福美双或甲霜灵消毒。然而，加拿大专家认为福美双是一种保护性杀菌剂，只能杀死种子表面的病原（钟天润 等，2004）。

（2）土壤处理　采用氯化苦熏蒸剂对发病田的土壤进行熏蒸处理。施药时，先在发病田中打孔，打孔密度9~12个/m²，孔深20 cm，孔距20 cm，每孔用吸管注药10 mL，然后用土封闭孔口，一周后进行农事操作。尚无有效的化学杀菌剂可用于苜蓿黄萎病的防治。

（王翀，张祥林）

五、番茄褐色皱果病毒

（一）学名及分类地位

番茄褐色皱果病毒［*Tomato brown rugose fruit virus Tobamovirus*（ToBRFV）］，属杆状病毒科（Virgaviridae）烟草花叶病毒属（*Tobamovirus*）。

（二）分布与危害

1. 分布

自2014年首次在以色列发现以来，番茄褐色皱果病毒发生蔓延的速度极快，在欧洲、美洲、亚洲和非洲的多个国家对番茄或辣椒等作物的生产造成重大威胁。目前该病毒已在亚洲、欧洲、北美洲和非洲的35个国家被发现并报道，分别为：欧洲的德国、意大利、希腊、荷兰、英国、西班牙、法国、挪威、瑞士、阿尔巴尼亚、比利时、波兰、捷克、马耳他、匈牙利、保加利亚、奥地利、爱沙尼亚、斯洛文尼亚和葡萄牙；美洲的墨西哥、加拿大和美国；亚洲的以色列、约旦、中国、巴勒斯坦、土耳其、塞浦路斯、乌兹别克斯坦、伊朗、沙特阿拉伯、叙利亚和黎巴嫩；非洲的埃及（Zhang et al.，2022）。其中中国、美国、土耳其、意大利、西班牙和墨西哥是位居世界前10的番茄生产国，荷兰和以色列是主要的番茄种子生产国。我国于2019年4月首次在山东禹城温室栽培的番茄上发现番茄褐色皱果病毒危害，发病面积0.27 hm²，发病率达50%（Yan et al.，2019）。在之后不到4年，北京、江苏、陕西、云南、河南、河北、安徽等地均有报道该病毒。

2. 寄主

在自然条件下，番茄褐色皱果病毒可侵染番茄和辣椒。在实验室条件下，除模式植物本氏烟外，番茄褐色皱果病毒还能系统侵染茄科、苋科、夹竹桃科和菊科的30余种植物。番茄褐色皱果病毒系统侵染普通烟（*Nicotiana tabacum*）、心叶烟（*Nicotiana glutino-sa*）、毛叶烟（*Nicotiana tabacum* cv.'sylvestris'）、克利夫兰氏烟（*Nicotiana clevelandi*）、澳可烟（*Nicotiana tabacum* cv.'occidentalis'）、黄花烟（*Nicotiana tabacum* cv. 'rustica')、三生烟（*Nicotiana tabacum* cv. 'Samsun'）、麦格隆熄丰烟（*Nicotiana megalosiphon*）、白肋烟（*Nicotiana tabacum* cv. 'White Burley'）、墙生藜（*Chenopodium murale*）、藜（*Chenopodium album*）、千日红（*Gomphrena globosa*）、一点红（*Emilia sonchifolia*）、茼蒿（*Glebionis coronaria*）等植物并产生症状；无症侵染苋色藜（*Chenopodium amaranticolor*）、昆诺藜（*Chenopodium quinoa*）、曼陀罗、洋金花、矮牵牛和龙葵（*Solanum nigrum*）（或侵染后引起黄化症状）等植物；但该病毒不能侵染拟南芥（*Arabidopsis thaliana*）、含有 N 基因的三生烟、马铃薯（*Solanum tuberosum*）、茄子（*Solanum melongena*）和西葫芦（*Cucurbita pepo*）等植物（石钰杰 等，2022）。

3. 传播途径

在温室大棚等保护性设施中，番茄褐色皱果病毒主要通过接触传播，包括带毒的繁殖材料、植物残体、受污染的土壤、感染后的杂草和水源以及人类的农业活动和工具。

种子传播是番茄褐色皱果病毒进行远距离传播的主要方式。带毒种子中，番茄褐色皱果病毒仅在种皮中被检测到，与所有其他种子传播的病毒一样，受番茄褐色皱果病毒感染的种子和幼苗的传毒率很低，从 0.08%～2.80% 不等（Salem et al.，2022）。此外，授粉的熊蜂可通过与植物的直接接触，成为番茄褐色皱果病毒的传播者（Levitzky et al.，2019）。

4. 危害

2014 年 10 月，以色列南部某村番茄发病面积为 12.14 公顷，在不到 1 年的时间里传播到以色列大多数番茄种植区。2015 年 4 月，约旦番茄上番茄褐色皱果病毒的发病率接近 100%。2018 年 9 月，美国加利福尼亚州南部温室番茄发病面积约 3.24hm²。2018 年底，巴勒斯坦部分地区番茄发病率为 100%。2019 年后番茄褐色皱果病毒危害成为意大利农业主产区西西里岛番茄栽培面临的严重问题。

2019 年以来，我国已在多地相继发现该病毒，但番茄褐色皱果病毒还没有造成太大的危害，目前只有分散性的零星发生。国家检疫部门对番茄褐色皱果病毒高度重视，2021 年 4 月番茄褐色皱果病毒被农业农村部列入《进境植物检疫性有害生物名录》。

（三）识别特征

1. 形态特征

番茄褐色皱果病毒的病毒粒体呈杆状，长约 300 nm，宽约 18 nm；基因组为一条正义单链 RNA（+ssRNA），长约 6.4 kb。

2. 致病症状

番茄褐色皱果病毒侵染番茄、辣椒时，主要发生在叶片和果实部位。番茄叶片表现为褪绿、花叶、斑驳，有时出现叶片变窄、畸形、坏死（图 4-84）；番茄果实表现为出现绿色、黄色、褐色斑，表面粗糙，畸形，叶柄、花梗和花萼出现坏死（图 4-85）。在辣椒上的症状与番茄相似，主要表现为叶片变形、变黄，有斑点，果实变形及出现黄、棕或绿色条纹。

图 4-84 番茄叶片发病症状

图 4 - 85　番茄果实发病症状

（四）生物学特性

番茄褐色皱果病毒与烟草花叶病毒（*Tobacco mosaic virus*，TMV）和番茄花叶病毒（*Tomato mosaic virus*，ToMV）密切相关。番茄褐色皱果病毒可破坏番茄对番茄褐色皱果病毒的抗性。即目前所有商业上可获得的番茄品种都对番茄褐色皱果病毒敏感。具有 Tm-0、Tm-2 和 Tm-3 抗性的辣椒对番茄褐色皱果病毒具有抗性，但研究表明，具 Tm-0 抗性的植物也可以在高于 30 ℃ 的温度下被侵染。研究表明，茄子对番茄褐色皱果病毒具有抗性，然而，茄子砧木表现出易感性并且在植物上表现出轻微的症状。番茄褐色皱果病毒能侵染带抗性基因 L^1、L^3 和 L^4 的辣椒品种。

（五）病害循环

番茄褐色皱果病毒在多种多年生的植物和宿根性杂草上越冬，病毒还可附着于番茄种子表面果肉残屑上，可侵入种皮中越冬。此外，还可在植物病残体中存活相当长的时期，如番茄病株的根。番茄褐色皱果病毒具有高度的传染性，可接触传播，如移栽、整枝、打杈、中耕、除草等农事操作。有研究表明，授粉昆虫熊蜂若携带番茄褐色皱果病毒，可在授粉时将番茄褐色皱果病毒传播到健康的番茄植株上。

（六）流行规律

番茄褐色皱果病毒的发生发展受气温影响，一般平均气温达 20 ℃ 时，病害开始发生，25 ℃ 时进入发病盛期。高温低湿有利于熊蜂的迁飞和传毒，也有利于病毒的增殖和症状表现。气候条件影响番茄的生长发育，影响传毒介体的发生与传毒，以及病害发生的迟早和轻重。番茄褐色皱果病毒可以通过汁液传染，农事操作导致病健植株的相互摩擦而增加传毒的机会且发病严重。田间杂草多会给番茄褐色皱果病毒提供越冬场所，导致植物发病加重。

（七）监测检测技术

加强监测预警。番茄褐色皱果病毒发生初期不容易被发现，显症后极易暴发流行。只有在病害发生初期能检测出病毒的种类，才能采取快速有效的干预措施，防止病毒的进一步扩散流行。因此，在番茄和辣椒主产区应加强巡查，发现番茄褐色皱果病毒病株及时销毁。

番茄褐色皱果病毒具有高度传染性，对全球番茄产业构成新的威胁，快速和准确的检测和诊断对于及时实施措施控制其传播尤为重要。用于 DNA 病毒检测的 PCR、用于 RNA 病毒检测的逆转录 PCR 和酶联免疫吸附试验是检测病毒最常用的方法。

用于检测番茄褐色皱果病毒 RNA 的方法主要有 RT-PCR、微滴式数字 PCR、多重 PCR、环介导等温 PCR 以及基于 CRISPR/Cas12a 的检测方法。RT-PCR 和微滴式数字

PCR 具有较高的灵敏度和特异性，可以检测叶片、种子和果实中是否存在番茄褐色皱果病毒。有研究人员发表了一种四重 RT-PCR 方法，该检测方法可以在同一反应中同时检测 4 种番茄病毒，番茄褐色皱果病毒、烟草花叶病毒、番茄花叶病毒和番茄斑萎病毒（Yan et al.，2021）。而环介导等温 PCR 不需要专门的设备和仪器，可以在实验室或者田间直接检测是否为番茄褐色皱果病毒阳性结果（Rizzo et al.，2021）。

用于检测番茄褐色皱果病毒蛋白外壳的方法有酶联免疫吸附试验和胶体金免疫试纸条。但烟草花叶病毒、番茄花叶病毒和番茄褐色皱果病毒之间有交叉反应，仅靠酶联免疫吸附试验无法有效区分这 3 种病毒。后者是山东农业大学闫志勇等人开发的一种用于快速检测番茄褐色皱果病毒的方法。这种方法通过特异性测定筛选出一组配对抗体制备的试纸条，能够在 5 min 内特异识别番茄褐色皱果病毒，而与番茄斑驳花叶病毒、番茄花叶病毒、烟草花叶病毒、黄瓜花叶病毒、辣椒轻斑驳病毒、马铃薯 X 病毒、马铃薯 Y 病毒、番茄褪绿病毒、番茄斑萎病毒、番茄黄化曲叶病毒等无交叉反应。灵敏度分析表明，该试纸条可从稀释 12800 倍的番茄叶片病汁液中检测到番茄褐色皱果病毒，也可检测到 50 ng 番茄褐色皱果病毒粒子（闫志勇 等，2022）。

（八）应急防控技术

发现番茄褐色皱果病毒后应当及时上报当地植物保护站。对于发病的植株，需要立即清理，应尽量减少病株与其他植株及地面的接触，接着用消毒酒精充分清洗手部。同时，接触病株的衣服、器具等要进行消毒处理，最好是选择酸性消毒剂。

（九）综合防控技术

1. 检疫防控

番茄褐色皱果病毒可通过种子传播。虽然番茄褐色皱果病毒随种子传播的效率比较低，但是一旦带毒种子进入新的国家或地区，番茄褐色皱果病毒将进行远距离传播。选用无毒种子和种苗是控制番茄褐色皱果病毒的基础。为避免番茄褐色皱果病毒在国内扩散，应设立疫区与非疫区，并强化番茄和辣椒种子或种苗的调运监管，发现疫情及时处理与通报。

2. 农业防控

（1）加强田间管理　番茄褐色皱果病毒容易通过接触传播。在进行整枝打杈等农事活动时，尽量佩戴一次性手套和鞋套，每次处理新植株前需消毒器具。田间发现疑似症状的植株，应立即清除，并将其周围 1.5 m 范围内的植株也一并清除，去除田间、路边杂草，切断病毒田间循环侵染途径。此外，进行轮作也可有效防止病毒传播（Oladokun et al.，2019）。在保护地番茄等茄科作物的种植过程中，熊蜂作为重要的授粉昆虫，是提高茄科作物产量和商品性的重要措施，为防范熊蜂作为传毒介体传播该病毒，应及时铲除田间番茄褐色皱果病毒侵染的植株（张宇 等，2020）。

（2）选育抗病品种　利用抗病品种是防治病毒病最有效的方法。因番茄褐色皱果病毒能侵染携带 $Tm\text{-}1$、$Tm\text{-}2$、$Tm\text{-}2^2$ 抗性基因的番茄品种，目前生产上商品化的抗病品种较少。因此，应加强番茄、辣椒种质资源对番茄褐色皱果病毒的抗性评价，并将筛选出的抗性资源整合，进行常规育种。此外，还应加强番茄褐色皱果病毒致病机制和植物抗病毒机制的研究，挖掘抗番茄褐色皱果病毒的基因，为研发培育抗番茄褐色皱果病毒新品种提供技术储备。

3. 化学防控

报道表明，2％盐酸处理 30min 或者用 10％磷酸三钠处理 3h 可将番茄褐色皱果病毒彻底消除（Samarah et al.，2020）。另外，0.5％乳铁蛋白、2％裴赛斯（Virocid）、10％次氯酸钠和 3％过硫酸氢钾复合物粉（Virkon）对番茄褐色皱果病毒有 90％以上的灭活效果。

4. 物理防控

目前，除了熊蜂外，并没有明确研究表明哪种昆虫可以传播番茄褐色皱果病毒。但防虫措施必须做好，以防万一。种植园区上、下通风口及入口处要设置防虫网，杜绝害虫迁徙进棚。棚内设置黄蓝粘虫板、诱虫灯等，起到监控、减少棚内害虫的作用。一旦发现害虫，还应根据害虫种类及生活习性，及时喷施药剂，避免害虫危害并传播病毒。

番茄褐色皱果病毒可以进行种子传播，所以对于即将进行播种的番茄或辣椒种子应该进行种子消毒，可以播种前用清水浸种 3～4 h，再用 10％磷酸三钠溶液或 0.1％高锰酸钾溶液浸种 20 min，然后用清水冲洗，催芽播种。也可将干燥种子在 70 ℃下干热消毒数小时。但该方法存在一定风险，需通过预试验确定其最适处理温度，以免种子失活或灭菌不彻底。

第五章
外来入侵植物篇

入侵植物是农业、林业和草原生态外来入侵生物的重要类群之一，入侵农田生态后，其传播和危害常造成农田生态系统结构与功能的破坏，从而降低当地物种的种类和数量，甚至导致物种的濒临灭绝或灭绝，引起生物多样性下降。如紫茎泽兰、豚草属、反枝苋等通过化感作用抑制其他植物生长，排挤本土植物并阻碍植被的自然恢复，形成单优群落，间接地使依赖于本地物种生存的其他物种的种类和数量减少，最后致使生态系统单一和退化，改变和破坏景观的自然性和完整性。随着生境片段化，残存的次生植被常被入侵种分割、包围和渗透，使本土生物种群进一步破碎化，还可造成一些物种的近亲繁殖和遗传漂变。本章内容重点介绍了20种近些年来传入新疆农业生态系统中的入侵植物的学名及分类地位、分布和危害、形态特征、生物学特性等，对于豚草、刺萼龙葵、意大利苍耳、刺苍耳等一些重大、新发、潜在扩散风险的入侵植物，还阐述了相应的风险评估与适生性分析、监测检测技术、应急防控和综合防控技术，旨在为上述入侵植物的监测防控提供指导。

一、刺萼龙葵

（一）学名及分类地位

刺萼龙葵（*Solanum rostratum* Dunal），属茄科（Solanaceae）茄属（*Solanum*），为一年生草本植物，别名黄花刺茄、堪萨斯蓟、尖嘴茄等，英文名为 Buffalobur nightshade。属于《重点管理外来入侵物种名录》《中国外来入侵物种名单（第四批）》《进境植物检疫性有害生物名录》。

（二）分布与危害

1. 分布

刺萼龙葵原产北美洲。国外分布于美国、加拿大、墨西哥、俄罗斯、奥地利、保加利亚、捷克、斯洛伐克、罗马尼亚、乌克兰、德国、丹麦、南非、韩国、孟加拉国、澳大利亚和新西兰等国家。刺萼龙葵自1981年在我国辽宁省朝阳市首次发现以来（关广清 等，1984），现已分布于北京、河北、山西、内蒙古、辽宁、吉林、黑龙江、宁夏、新疆等省（自治区、直辖市）。新疆于2005年首次在乌鲁木齐县萨尔达坂乡和昌吉市三工镇发现刺萼龙葵，目前分布于乌鲁木齐市、昌吉回族自治州、石河子市、吐鲁番市和托克逊县，海拔范围－12～1 325 m，入侵生境为草原、荒漠和绿洲（塞依丁，2019）。

2. 危害

刺萼龙葵全身具刺，不易人工清除；刺萼龙葵还具化感作用，对其他植物的生长有较强的抑制作用。入侵农田，对棉花、玉米、小麦和大豆等作物的生长具有严重危害。经评估，刺萼龙葵可能对我国玉米产业造成的潜在经济损失总值在29.37亿～350.83亿元，损失率在 0.83%～8.92%（吴志刚 等，2015）。刺萼龙葵是一些真菌、细菌、病毒（马铃薯卷叶病毒）、害虫（马铃薯甲虫）以及线虫的重要寄主，这些病虫害可随刺萼龙葵的扩散而传播（图 5-1）。

刺萼龙葵竞争力强，在新生态环境中可以占据合适的生态位，并有效地获得水分、养料、光照和生长空间等资源，排挤其他植物生长，极易形成优势群落，降低入侵地的物种丰度，破坏原有的生态环境，影响生物多样性。入侵草场，可降低草场牧草质量，减少草场载畜量。刺萼龙葵全株具刺，可扎进牲畜的皮毛和黏膜，从而降低牲畜皮毛的质量，混入饲料中能损伤牲畜的口腔和消化道。刺萼龙葵的叶、浆果和根中含有茄碱（alkaloid solanine），牲畜误食后可导致中毒。中毒症状表现为身体虚弱、运动失调、呼吸困难和全身颤抖等，甚至因涎水过多死亡。

图 5-1　刺萼龙葵危害（张国良 摄，2015）

（三）形态特征

1. 植株

一年生草本植物，植株高 15～80 cm，除花瓣外，整株皆被长短不一的锥状刺，刺长 0.3～1.0 cm；植株表面并带有星状毛（图 5-2）。

2. 根

直根系，主根发达，侧根较少，多须根。

3. 茎

茎直立，自中下部多分枝，基部稍木质化。

4. 叶

单叶互生，无托叶，叶柄长 3～4 cm，密被刺及星状毛；叶片卵形或椭圆形，羽状深裂，中脉具黄色刺，裂片 7 大 2 小，小裂片位于叶片基部，长 2.0～2.5 cm、宽 1.5～2.0 cm，大裂片长 6.5～11.3 cm、宽 5.0～9.2 cm。

5. 花

属蝎尾状聚伞花序，腋外生，10～20 朵花。花期花轴伸长变成总状花序；花横向，萼筒钟状，长 7～8 mm，宽 3～4 mm，密被刺及星状毛，萼片 5 枚，线状披针形，长约 3 mm，密被星状毛；花冠黄色，辐状，直径 2.0～3.5 mm，5 裂，花萼有刺，瓣间膜伸展，花瓣外面密被星状毛。

图 5-2　刺萼龙葵茎、叶、花、果实和整株形态（张国良，王忠辉 摄，2016）

6. 果

浆果球形，初为绿色，成熟后变为黄褐色或黑色，直径 0.5～1.0 cm，果皮薄，完全被具尖刺的宿存萼片所包被。种子多数，黑色，扁平，长 2.2～2.8 mm，宽 1.9～2.4 mm，表面具网状凹。

7. 幼苗

子叶呈阔披针形，真叶初为长椭圆形，全缘、无刺，以后边缘逐渐出现波状缺刻，并不断形成深裂，茎和叶上开始长出硬刺（图 5-3）。

图 5-3　刺萼龙葵幼苗（张国良 摄，2017 年 6 月）

（四）生物学特性

1. 种子休眠、萌发特性

刺萼龙葵种子具有混合休眠特性，有物理休眠（种皮的机械阻碍作用）和生理休眠（胚中存在抑制萌发的物质）。刺萼龙葵种皮致密而坚厚，透水和透气性差，特别是胚乳帽，对种子萌发形成物理阻碍，限制胚根突破胚乳帽和种皮。刚采集的成熟种子萌发率仅5%左右，并且萌发时间较长，需要 20 d。用浓硫酸处理 10 min，3 d 后种子萌发率可达50%以上，这说明刺萼龙葵存在物理休眠。从新成熟的浆果中得到的种子萌发率为 0，但经 0.6 mmol/L 的 GA$_3$ 处理后，种子萌发率能达到 95%，这说明刚成熟的刺萼龙葵种子有生理休眠。打破刺萼龙葵种子休眠的方法有物理方法和化学方法两种。物理方法：通过切除刺萼龙葵种子的胚乳帽，萌发率可达到 100%，并且所有的种子在 1 d 内即可萌发。化学方法：用 2.4 mmol/L 的 GA3 浸泡刺萼龙葵种子，放在 30 ℃黑暗条件下保存 24 h，萌发率可达到 98%；KNO$_3$ 溶液在一定浓度范围内对打破刺萼龙葵种子休眠有一定的作用，其最适浓度范围为 20～40 mmol/L，刺萼龙葵种子萌发率可达 70%；用 14 mol/L H$_2$SO$_4$ 处理刺萼龙葵的种子 5～15 min，在完全黑暗和 12 h 光周期的条件下都能显著促进种子萌发，其最佳浸种时间为 15 min，萌发率可达 50%（张少逸 等，2011）。

刺萼龙葵种子最适萌发温度范围为 20～30 ℃，但在恒温 30 ℃或变温 20/30 ℃条件下种子萌发效果最好（王海林 等，2017）。刺萼龙葵种子在完全黑暗条件下培养，萌发率较高，但是完全黑暗条件和 14 h 以下光周期条件下的萌发率没有显著差异，光照对刺萼龙葵种子发芽没有显著影响。刺萼龙葵种子的出苗受覆土厚度的影响，当种子覆土 2 cm时，出苗率达最大值 85%；当覆土厚度大于 2 cm 时，出苗率逐渐降低；当覆土厚度达8 cm 以上时，种子基本上难以出苗（张少逸 等，2011）。刺萼龙葵在 pH 为 3～10 的范围内，种子萌发率均大于 95%；在 pH 为 7 的中性环境下，最大萌发率为 98%（Wei et al.，2009）。

2. 生长发育规律

在自然条件下，刺萼龙葵种子经过一个冬天的休眠，每年从 4 月上旬或 5 月上旬当气温达到 10 ℃时，雨后种子即开始萌发，5 月下旬初现花蕾，6 月中旬进入始花期，7 月初果实膨大，8 月中下旬浆果由绿色变为黄褐色，果实开始成熟，一直持续到 9 月末至 10月初，降霜后植株萎蔫枯死，生长期 150 d 以上。在新疆地区的绿洲、荒漠草原、砾石荒漠生境，刺萼龙葵于 6 月上旬进入始花期，6 月中下旬进入盛花期，9 月上旬进入末花期，8 月上旬果实陆续开始成熟，持续时间可达 90 d 以上（邱娟 等，2013）。刺萼龙葵每个浆果可产种子 55～90 粒，单株结实量达 1 万～2 万粒。在新疆地区，刺萼龙葵在绿洲生境单株结果数为（97.00±13.02）个，果实内结籽数为（63.00±11）粒，单株种子量为（4 694.00±62）粒，千粒重为（3.34±0.02）g；荒漠草原生境单株结果数为（63.00±8.55）个，果实内结籽数为（62±9）粒，单株种子量为（2 927±393）粒，千粒重为（3.26±0.47）g；砾石荒漠生境单株结果数为（5.00±5.74）个，果实内结籽数为（55±8）粒，单株种子量为（1 053±235）粒，千粒重为（3.01±0.28）g（邱娟 等，2013）。

3. 开花特性

刺萼龙葵花序为蝎尾状聚伞花序，花序轴从叶腋之外的茎上生出。每个花序产生

10～20 枚花，花序基部的花先成熟开放。单花花期短，为 2～3 d，清晨 6：00—7：00 开放，18：00—19：00 凋萎，整株开花数多达上千朵，花期长（约 50 d），9～10 月初植株陆续枯萎，花也基本败落。果实的成熟期不一致，基本与每个花序的花成熟规律相同，都是每个花序基部的果实先成熟。刺萼龙葵的每朵花的总花粉量较大，约为 3.8×10^5 个，有利于传粉受精。在新疆地区，相同年份不同生境中植株每天的开花时间均在 6：00—9：00，翌日 14：00—20：00 萎蔫，单花持续时间 27～47 h；但环境温度超过 40 ℃时，花出现闭合现象。

4. 生态可塑性

通过调查草地、河滩和农田 3 个生境的刺萼龙葵植株，计量其生物学特征和构件生物量分配。调查结果表明：适宜刺萼龙葵生长的生境可以提高植株生物量的积累，反之植株生物量累积则较小，不同生境中植株具有一定的调节物质分配能力和较强的生态可塑性，随着植株质量的增加，植株用于生殖构件的营养分配比重也不断增加。刺萼龙葵通过这种可塑性调节，保证了完成生活史的同时增加了种子数量与质量，有利于刺萼龙葵持续完成传播、扩散和占据生态空间（牛震 等，2022）

5. 抗逆性

刺萼龙葵种子在 −0.20～0MPa 的水分胁迫条件下，萌发率均超过 95％，这表明刺萼龙葵种子具有一定的耐受水分胁迫的能力。这种特性使刺萼龙葵种子在排水不良或干燥的土壤中仍能萌发，与入侵地的其他杂草相比更耐干旱。刺萼龙葵耐盐碱能力很强，0～40 mmol/L NaCl 溶液对刺萼龙葵种子萌发无显著影响，相对萌发率均大于 95％，表明刺萼龙葵种子对盐渍环境具有一定的适应性。在 200 mmol/L、280 mmol/L 和 320 mmol/L 的 NaCl 条件下，刺萼龙葵种子仍可萌发，萌发率分别为 17％、5％和 2％（张少逸 等，2011）。由此可见，刺萼龙葵种子耐盐碱的能力很强。刺萼龙葵还具一定的抗病、抗虫能力。刺萼龙葵体内含有滤过性毒菌，这种毒菌可以抵抗马铃薯环腐病菌毒害。

（五）应急防控技术

对于新发、暴发的刺萼龙葵采取紧急施药的方式进行防治。在新发、暴发区进行化学药剂直接处理，防治后要进行持续监测，发现刺萼龙葵再根据实际分布反复使用药剂处理，直至 2 年内不再发现或经专家评议认为危害水平可以接受为止。针对不同的生境选择相应的除草剂进行应急防控（图 5-4）。

图 5-4　刺萼龙葵应急防控（宋振 摄，2019）

1. 大豆田

可选择氟磺胺草醚、乙羧氟草醚、灭草松、乳氟禾草灵等除草剂进行防控。

2. 玉米田

可选择氯氟吡氧乙酸、辛酰溴苯腈、烟嘧磺隆、硝磺草酮、莠去津等除草剂进行防控。

3. 草场

可选择辛酰溴苯腈、氯氨吡啶酸、氯氟吡氧乙酸等除草剂进行防控。

4. 果园、林地

可选择氨氯吡啶酸、三氯吡氧乙酸、草甘膦、草甘膦异丙胺盐等除草剂进行防控。

5. 荒地、路边

可选择氨氯吡啶酸、氯氟吡氧乙酸、三氯吡氧乙酸、草甘膦、草甘膦异丙胺盐等除草剂进行防控。

（六）综合防控技术

1. 检验检疫防控

对进出口和在刺萼龙葵发生区调运的粮食作物的种子、种苗、牧草及运载工具要加强对刺萼龙葵的检疫；若发现疫情后，应立即报告当地外来入侵物种主管部门，采取隔离检疫、应急除害处理措施，控制扩散蔓延。

2. 农业防控

刺萼龙葵农业防控是利用农田耕作、栽培技术和田间管理措施等控制和减少农田土壤中刺萼龙葵种子库基数，抑制刺萼龙葵种子萌发和幼苗生长，减轻危害，降低对农作物产量和质量损失的防治策略。其方法包括深耕翻土、良种精选、中耕除草及清除田园等。

（1）深耕翻土　春季刺萼龙葵种子萌发较早，在播种前对土地进行翻耕可以杀死刺萼龙葵幼苗。若在春天对农田和果园进行翻耕，可以有效地减少刺萼龙葵的种群数量。

（2）良种精选　刺萼龙葵种子可混杂在作物种子中，随着作物种子播种进入田间。在播前对作物种子进行精选，剔除混在作物种子中的杂草种子，提高作物种子纯度，是减少田间刺萼龙葵发生量的一项重要措施。

（3）提高作物覆盖度　种植高秆作物，利用农作物高度和密度的荫蔽作用，能有效控制或消灭刺萼龙葵，实现以苗欺草、以高控草和以密灭草等目的；同时覆盖地膜对刺萼龙葵种群有较好的抑制作用。刺萼龙葵比玉米、高粱和果树等低矮，如在玉米田播后苗前选用乙草胺等土壤处理剂对土壤进行处理，待一段时间后玉米出苗长到一定高度，在与刺萼龙葵竞争中占优势地位，抢占了阳光和水分，可以明显地抑制刺萼龙葵的生长。李霄峰（2018）利用高秆作物（玉米与向日葵）的生长优势对刺萼龙葵进行生物抑制，并结合塑料地膜的物理防草作用对刺萼龙葵进行防控，试验结果表明：玉米使刺萼龙葵的单株干重降低了 83%（$P=0.012\,97$），向日葵使刺萼龙葵的单株干重下降了 33%（$P=0.040\,43$），且使其种群密度降低了 49%（$P=0.000\,03$）；而覆盖地膜使刺萼龙葵的种群密度下降了 53%（$P=0.000\,01$）。

（4）中耕除草　中耕除草技术简单，针对性强，除草干净彻底，可促进作物生长。在刺萼龙葵出苗高峰期，结合作物栽培管理，进行中耕除草，可有效地控制刺萼龙葵的种群，防止蔓延。

（5）清洁田园　农田周边、路旁、沟渠和荒地等生境是刺萼龙葵容易入侵，建立种群的生境，应在刺萼龙葵开花前适时铲除，减少或防止入侵入农田。

3. 物理防控

刺萼龙葵的物理防治是指人工拔除或机械刈割刺萼龙葵植株，从而使刺萼龙葵得到防治。

（1）最佳时期　刺萼龙葵在生长初期，尤其在4片真叶前的幼苗期，生长速度较为缓慢，之后生长速度显著加快。在植株幼小时，其刺质地较软，不易刺伤皮肤，此时将其彻底铲除最为安全和有效。因此，在幼苗期对刺萼龙葵人工拔除或铲除为最佳时期。如果植株成熟后，其刺变硬，会给铲除工作带来一定的难度。若植株已结实，铲除时可能造成种子散落，从而加大了铲除的危险性。

（2）物理防治措施　在刺萼龙葵开花前，根据刺萼龙葵发生面积不同，采用不同的铲除方式，在发生面积较大的连片区域内，采取机械铲除；在发生面积较小、密度小的区域，可采取人工拔除。

4. 化学防控

化学防治方法就是利用化学药剂本身的特性，即对作物和刺萼龙葵的不同选择性，达到保护作物而杀死刺萼龙葵的除草方法。

（1）苗前土壤处理剂　乙草胺、异噁草松、甲草胺、精异丙甲草胺和二甲戊灵在低于推荐剂量下，在刺萼龙葵出苗前可对土壤进行处理，可防除刺萼龙葵（张少逸 等，2012）。

（2）苗期防治　草甘膦、草胺膦、氯氟吡氧乙酸、辛酰溴苯腈可作为应急防控刺萼龙葵的除草剂。

（3）花期防治　48％三氯吡氧乙酸乳油和24％氨氯吡啶酸水剂对花期的刺萼龙葵防治有很好的效果。

针对刺萼龙葵不同生境和生育期，应选择相应的除草剂进行防治。

5. 替代控制

刺萼龙葵替代控制是选择竞争能力强的本土植物种植于刺萼龙葵入侵地从而抑制其生长，最终替代刺萼龙葵，从而有效地控制其扩散蔓延。刺萼龙葵在幼苗期生长较为缓慢，此时若有其他植物与之竞争环境资源，将大大削弱其生长势，减轻其危害；若生境中缺少制约因素，刺萼龙葵将不断分枝，大量结实，可能会导致其大面积蔓延危害。因此，在保护生态环境的基础上，利用本土植物替代控制刺萼龙葵，这也是生态治理刺萼龙葵的主要方式之一。选择紫花苜蓿、沙打旺、无芒雀麦、披碱草、冰草、马蔺、向日葵、小冠花、黑麦草、菊芋等替代植物控制不同生境中的刺萼龙葵。该类植物萌发早，生长迅速，能在短期内形成较高郁闭度，与刺萼龙葵争夺光照与养分，抑制刺萼龙葵的生长，多年控制更为效果显著。

6. 综合防控措施

按照分区施策、分类治理的策略，利用检疫、农艺、物理、化学和生态措施控制刺萼龙葵的发生危害。不同生境中刺萼龙葵的防治技术有所差别，对不同生境应采取相应综合防控措施。

（1）农田　在播后苗前，可选择土壤处理剂，均匀喷雾，作物田进行土壤处理；在刺萼龙葵出苗期，可结合作物栽培管理，对作物进行中耕除草；刺萼龙葵发生密度较小时，可采取人工拔除或机械铲除；刺萼龙葵发生密度较大时，可根据农田作物种类选择适合的除草剂，进行防治。

（2）农田周边　刺萼龙葵发生密度较小时，可采取人工拔除或机械铲除；刺萼龙葵发生密度较大时，在苗期可选择草甘膦、草胺膦等除草剂进行靶标喷雾处理；或根据土壤和环境条件，选择适宜植物或组合进行替代控制。

（3）林地和果园　林地、果园的防治也以替代控制为主，同时辅以物理和化学防治措施。对于林地、果园的刺萼龙葵，先刈割，翻耕后种植替代植物紫花苜蓿、沙打旺等豆科牧草，同时观察刺萼龙葵的生长状况，辅以物理和化学防治措施。

（4）草原　草原生态系统以替代控制为主，物理、化学防治为辅。刺萼龙葵发生严重的地区，应用机械刈割后，集中焚烧植株残体，种植竞争能力强的草原优势种，定期观察刺萼龙葵复发状况。如复发，则要再次刈割，直到优势种替代成功。刺萼龙葵零星入侵的地区要及时刈割其植株，喷施化学除草剂，观察周围潜在发生区，早发现早控制。

（5）荒地　荒地根据不同时期结合物理和化学防控措施防治。在刺萼龙葵 4 叶期，喷施农药，抑制刺萼龙葵的生长。在刺萼龙葵开花前植株达到一定高度后，则要配以相应的除草机械刈割，刈割后的植物残体集中堆放，自然干燥后焚烧。

（6）道路两旁　以本土植物替代为主，同时要辅助以物理、化学防控措施。种植替代植物紫穗槐、沙棘、月季等时，先刈割刺萼龙葵，然后将土壤翻耕，以减少刺萼龙葵的发芽率。替代植物长势比较弱时，辅助以物理和化学防控措施；替代植物成为优势种后通过植物之间的竞争优势控制并替代刺萼龙葵。

（张国良，宋振，付卫东，王忠辉）

二、豚草

（一）学名及分类学地位

豚草（*Ambrosia artemisiifolia* Linnaeus）系属菊科（Compositae）向日葵族（Heliantheae）豚草亚族（Ambrosiae）豚草属（*Ambrosia*）的一年生草本植物，别名艾叶破布草、普通豚草。

（二）分布与危害

1. 分布

2010 年在新疆伊犁河谷地区大面积发现豚草的入侵，2014 年大面积暴发，截至 2020 年，豚草的分布面积达到 13.62 万 hm^2，增加了近 13 320 倍（Dong et al.，2020）。目前，新疆已经成为我国豚草分布面积最大的省区。

2. 危害

（1）对人体健康的危害　豚草对人类的危害主要由花粉造成（White et al.，2003）。豚草能产生成无数的黄色花粉，含倍半萜烯内脂化合物，这是一种水溶性蛋白，是"枯草热"（豚草花粉病）的主要致病原。花粉散布于空气中，人们一旦吸入体内就引起过敏现象，表现为打喷嚏、哮喘、鼻子痒、流眼泪、眼睛痒、咳嗽、流鼻涕、皮肤痒甚至胸闷憋气，严重的会产生肺气肿、肺心病甚至死亡。

研究表明，在欧洲大约有 1 350 万人患有由豚草引起的过敏疾病，可造成约 74 亿欧元的经济损失（Qin et al.，2014；Schaffner et al.，2020）。

（2）对农牧业的危害　豚草对作物营养生长和生殖生长有排斥和抑制作用，大量吸收土壤中的磷和氮，造成农田严重草荒。研究发现，豚草密度达到每平方米十几株时，玉米产量下降 35%～40%；当接近一百株时，玉米不易形成穗，导致颗粒无收。如果豚草被家畜食用，会使奶制品、肉制品的质量下降，带来巨大经济损失。

（三）形态特征

1. 茎

茎通常为绿色，少数呈暗红色，具纵条棱，植株高 20～150 cm，植株最高可达 250 cm。茎粗 0.2～2.0 cm。有的茎是圆形的，有的具纵棱，具分枝。有些茎表面绿色，有些是褐色，茎上通常被白色密茸毛（图 5-5）。

2. 叶

叶上面互生，无叶柄，下面对生，具 2～4 cm 短小叶柄，叶片羽状分裂、全裂或深裂，边缘具小裂片状齿，长圆形至倒披针形，有明显的中脉，上面深绿色，有的被短毛或无毛，背面灰绿色，有密而短的茸毛。

3. 花

豚草雌雄花序同株。雄花序卵形，有短柄，下垂，叶腋的花序轴上或枝顶端有几十个甚至几百个雄花序形成总状花序。总苞片全部结合，无肋，边缘具波状齿，被少量茸毛。花托有托片，每个头状花序由十几个不育的小花组成，花冠淡黄色，长 2 mm，上部钟状，有宽裂片，花药卵圆形，花柱不分裂，顶端膨大，雌头状花的花序在雄头总状花的花序的轴基部的叶腋处，单生或簇生。有一个无被能育的雌花，总苞闭合，具结合的总苞片，卵形，长 3～5 mm，宽 3 mm，花柱丝状 2 深裂，被白色糙毛；复果具 6～8 个纵条棱，倒卵形，藏于坚硬的总苞中，每个条棱末端突出，呈尖头状，顶部中央具脉（图 5-6）。

4. 果

瘦果，一般呈灰白色倒卵形，种子的平均长度为 0.33 cm，宽度为 0.18 cm，百粒重 0.24 g（刘延 等，2019）。褐色有光泽，果皮坚硬，被包裹在坚硬的总苞内，总苞顶部有短粗的锥状喙，于其下方有 5～8 个直立的尖刺，苞体有稀疏的网状脉，且常有疏柔毛。

图 5-5　豚草整株（赵文轩，2018）

图 5-6　豚草花（赵文轩，2021）

（四）生物学特性

1. 物候

在新疆伊犁河谷，豚草 3 月中旬开始出苗，4 月为出苗盛期，至 7 月仍有新苗出土。

营养生长期为 5 月初至 7 月中旬。7 月中旬开始现蕾，花期至 9 月上旬结束。8 月下旬开始结实，直到 10 月中旬全部成熟（刘延 等，2019）。

2. 种子与地下种子库特征

豚草不同植株部位种子的平均长、宽以及百粒重差异不显著。豚草平均单株结实高达 2 万～3 万粒。不同生长位置的种子扩散能力、休眠程度、萌发时间不同，可有效避免种子同时萌发导致高密度死亡的风险，缓解种内竞争且有利于扩散入侵（刘延 等，2019）。豚草种子有二次休眠特性，被埋 39 年后依然能够萌发，此时才能完全耗尽（Baskin et al.，1980）。

豚草种子在成熟之后大多数依靠重力扩散落入附近土中，其高大植株在种子散布过程中不倒伏，绝大部分种子散布在母株丛附近，呈聚集型，易形成庞大密集的土壤种子库。种子库密度随土层深度增加而减小，主要集中于 0～10 cm 土层，而在土壤表面下 1～3 cm 深处发芽力最高，在土表层 8 cm 下则不能发芽。干瘪、虫食、霉变等类型的种子在豚草种子库 0～10 cm 土层中占总种子库的 25% 左右，其余种子中有 15% 能在翌年萌发（王瑞丽 等，2021）。

3. 种群分布与扩散特征

（1）种群集群分布　豚草种群呈集群分布。笔者研究发现，新疆伊犁河谷豚草种群在幼苗期密度最高可达 800～10 000 株/m²，至营养期密度大幅下降，到了繁育期种群密度已相对稳定，在成熟期达 50 株/m²。

入侵初期的豚草通过调整茎和叶生物量的分配，产生大量种子，在入侵翌年就能快速密集分布。已连续入侵多年的豚草种群能够稳定维持高密度集群分布（Zhao et al.，2021）。

（2）传播与扩散特征　豚草主要依靠重力作用进行近距离扩散。豚草的中距离和长距离传播是由人类活动驱动的，例如农用机械作业。此外，土壤、碎石、建筑材料和填埋垃圾的运输也辅助了豚草的传播。

研究发现，豚草在新疆的中远距离传播与扩散主要依靠以下几种途径：一是借助农牧产品运输，豚草种子很小且产量高，混杂在牧草、秸秆等农牧产品中，集中于农牧民房前屋后的堆垛区，并借助车辆等交通工具，跨地区远距离传播；二是借助河道水流，种子随河流向下游扩散，使其在河滩、渠道边等生境大量分布；三是牛羊携带和取食，牛羊携带豚草种子后，随转场扩散至沿途生境（孙明明，2022）。

4. 生态习性

（1）水分需求　原产地为北美洲，豚草分布区年降水达到 800 mm；在欧洲入侵区，其分布区年降水达到 745 mm。而在豚草集中暴发的新疆伊犁河谷，降水量达 417.6 mm。

水分充足的条件下，豚草大量萌发，生长发育速度较快。面临干旱胁迫时，豚草通过升高丙二醛含量和超氧化物歧化酶、过氧化氢酶活力，降低过氧化氢酶活性等多种生理变化（邓旭等，2010），保证自身的生长需求。通过模拟降水研究发现（Dong et al.，2020），在 280 mm 降水条件下，尽管豚草植株矮小，但依然能够完成有效繁殖（即种子产生量大于播种量）。

（2）温度需求　豚草萌发温度范围很宽（4～41 ℃，最佳为 10～24 ℃），多集中于早春，也有夏季萌发现象，秋季很少萌发。豚草的种子需经过长时间低温冷冻才能打破休眠进行萌发，长时间恒温对其种子发芽不利，适当变温会增加其种子发芽率（刘延 等，2019）。

（3）光照需求　日照长度和强度是控制豚草生殖生长的主要因素。豚草属于短日照、喜光植物，短日照能促进其开花，在不同地区开花时间也不相同，可以短到45 d，也可长到125 d开花。

不同光照度对豚草生长发育影响的研究表明，豚草花粉在全光照下发育最好，当光强降到30％全光照以下时，花粉不能产生或发育不良不能繁殖。当光强降到10％全光照以下时植株难以生存。

（4）竞争能力　资源吸收与利用能力：豚草资源利用能力非常强，吸收消耗的水分是农作物（特别是禾本科）的2倍以上。在花期，豚草的氮肥利用效率很高、呼吸作用很强。

（5）他感与自毒作用　豚草植株水浸液对多种经济作物萌发率、发芽速度指数、幼苗株高和根长有不同程度的抑制作用。研究发现，低浓度的豚草自毒物质能够促进种子萌发，这使得在种群建立初期就能迅速占领生境，增强对本地物种的竞争能力；而高浓度的豚草自毒物质抑制种子萌发，这有助于缓解激烈的种内竞争，保持种群稳定。这种"低促高依"的自毒效应可能是其成功入侵的重要手段。

目前从豚草中提取出来的化学成分多样，不同物质起到的化感作用不同。豚草残留物水浸液和残留物处理的土壤中均含有大量酚酸，且土壤中酚酸含量低于水浸液中酚酸含量。

（五）风险评估与适生性分析

豚草的适生区分布面积占全疆面积17.78％。其中伊犁州1.63％、博州0.89％、塔城地区4.29％、石河子市0.03％、昌吉州3.79％、克拉玛依市0.37％、乌鲁木齐市0.35％、阿勒泰地区4.09％、吐鲁番市0.16％、哈密市0.29％、阿克苏地区0.77％、克州0.74％、喀什地区0.36％、巴州0.02％（马倩倩，2020）。

各分布区中潜在适生面积占比见表5-1。

表5-1　豚草在新疆各行政区的潜在适生等级与面积占比

序号	行政区	适生等级	潜在适生面积占比
1	石河子市	最适区域	99.75％
2	昌吉州	最适区域	75.80％
3	克拉玛依市	显著适生区	72.53％
4	塔城地区	显著适生区	68.48％
5	博州	显著适生区	55.74％
6	乌鲁木齐市	显著适生区	53.41％
7	阿勒泰地区	显著适生区	51.66％
8	伊犁州	中度适生区	45.58％
9	克州	轻度适生区	18.26％
10	阿克苏地区	轻度适生区	9.69％
11	喀什地区	轻度适生区	5.35％
12	吐鲁番市	轻度适生区	3.77％
13	哈密市	轻度适生区	3.32％
14	巴州	最不适区	0
15	和田地区	最不适区	0

（六）监测检测技术

1. 检测方法

豚草检测方法的原理是将现场采集或实验室检测中发现的疑似植株或籽粒，通过肉眼、扩大镜或体视镜观察，根据其形态特征等信息，按照系统分类学方法进行鉴定。

在现场检测时，根据豚草鉴定特征进行查看，对发现的疑似植株，应拍摄照片，并采集植株样本送实验室检验。送检植株样本应尽量保持完整，形态学特征完好。

2. 监测的要点

根据豚草的生物学特性和分布扩散规律，主要关注以下方面：

从豚草生长发育的生态生物学角度，规范新疆不同地域气候差异下的监测方法和时间，做到早防早控。

根据不同地区入侵预警等级进行监测，做到精准防控，克服由于新疆地域广阔造成盲目性大、成效低等问题，提高准确性和效率。

统一方法要求和上报信息，便于政府和行业部门实时掌握发生动态，为制定科学有效的防控措施提供依据。

3. 监测方法

按照豚草扩散入侵特点与生境适宜程度，将开展的监测区划分为：已有入侵的发生区；与发生区接壤但未发生或可能发生的重点区；具有入侵风险的潜在发生区。

（1）发生区　以县级行政区设立监测点，以乡镇为通报单位，以发生的村和农田、林下、房舍四周、山坡、草场、荒地、路边、河（渠）岸等生境为具体监测点，对其发生面积、覆盖度、经济危害、生态影响开展监测。

每年开展 2 次监测调查：第一次为营养生长期，宜在 6 月中旬至 7 月初；第二次为结实期，宜在 9 月中上旬。对于发生区，使用 GPS 定位，在地形图上确定监测中心点后，现场核实该区域植被类型和豚草分布危害状况，并采用明显标志物标记发生边界，连续跟踪调查 3～5 年。

根据豚草实际分布数量大小，设置相应数量监测样地。样地面积应为 0.25～0.5 hm²，确保包含所有豚草植株。距离较远，不能包含的植株应设置另一个样地。样地受地形等因素限制而不能满足该面积的，按照实际情况设置。

根据植被类型设置不同样方大小，样方大小可根据豚草种群分布大小适当扩大。在每个豚草样方附近设置 5 个以上面积相同的样方做对照。调查样方中植物种类、高度、数量、覆盖度、危害方式、气象数据，采集影像照片，计算并统计每块样方内豚草平均种群密度及覆盖度。

对发生在农田、草场、林带、沟谷、果园、荒地、绿地、居民区、水渠边、生活区等具有明显边界的生境内的豚草，其发生面积为相应地块的面积累计之和；对发生在道路沿线等没有明显边界的豚草，持 GPS 仪沿其分布边缘走完一个闭合轨迹后，将 GPS 仪计算出的面积作为其发生面积，其中，公路和铁路路面的面积也计入发生面积；对发生在地理环境复杂（如山高坡陡、沟壑纵横），人力不便或无法实地踏查或使用 GPS 仪计算面积的区域，可使用目测法、通过咨询当地国土资源部门（测绘部门）或者熟悉当地基本情况的基层人员，获取其发生面积。

（2）重点区　在与发生区相接壤的区域，沿着豚草主要扩散途径设立监测点，包括道路、河道两侧、牧道，牛羊转场通道及农产品的调运通道等。重点调查与发生区间存在牧草、粮食、种子、花卉草木等植物和植物产品及牲畜皮毛等可能夹带豚草种子货物调运活动的地区及周边区域，监测有无豚草发生。

（3）潜在发生区 对草场、农田、路边建设用地等进行设点，在开展监测的行政区域内，依次选取20%的下一级行政区域至地市级，在选取的地市级行政区域中依次选择20%的县和乡镇，每个乡镇选取3个行政村进行调查。县级潜在发生区域不足选取标准的，全部选取。

采用踏查结合走访开展。除已明确的地点外，与豚草扩散有关的牧道、农牧产品运输路径、农牧物资交易区和堆放区，应进行重点调查，可适当增加踏查和走访的频率和次数。如发现豚草，则按照发生区要求开展监测。

具体监测方法与要求详见新疆地方标准《外来入侵植物豚草监测技术规程》（DB 65/T 4538—2022）。

（七）应急防控技术

在普查中，一经发现豚草植株，应在花期前将其连根彻底拔除，避免大量结实造成地下种子库生成和新的扩散，产生严重危害。

防除后，应连续2～3年对重点区进行监测。

（八）综合防控技术

1. 检疫防控

加强入境检疫，严防其从境外传入。从已有该植物的国家进口农产品等，确保不夹带豚草繁殖材料进境，从源头上尽可能遏制豚草的传入。

加大对重点物资的检疫力度，尽可能切断传播途径。对从已入侵区域调运流转的农产品加大检疫力度，防止豚草种子和植株传入新区域，并采取预防控制措施阻断人为活动传播。

2. 农业防控

对于农田中零星的豚草，应在花期前将其连根彻底拔除。针对大面积的豚草，通常采用深耕翻土、播种时精选良种、作物荫蔽和及时除草等农业措施进行抑制或防除。

利用深耕翻土，将土壤表面存留的大量豚草种子深翻于地下（5 cm以下），使其逐渐霉变腐烂、干瘪或被虫食，丧失萌发能力，消耗地下种子库，实现有效控制。

播种作物时，精选良种或高大作物（如玉米、高粱等），使作物自身具备较强竞争能力，并利用高大植株的荫蔽作用对入侵农田的豚草形成竞争优势，影响其光合作用与资源吸收利用，有效抑制生长，减缓入侵态势。同时，及时除草，最终实现有效控制或防除。

3. 物理刈割防控

物理防控的生物学原理是彻底铲除植株，在当年就降低危害，杜绝产生种子。铲除后，新入侵区域不会产生种子库，入侵多年的区域种子库也逐步被消耗，从而达到防控目的。当前，对豚草的物理防除主要依靠人工拔除和刈割。

（1）时间节点 在幼苗期（株高10～20 cm）进行割除。此时植株生长势头弱，可直接导致死亡，残余植株侧枝再生概率低。同时，此时大量植株均已萌发，能够减少割除次数，提高作业效率。

在开花前期进行割除。此时植株正处于生长旺盛时期，积累了大量营养输送到花器。机械割除后残留植株生长发育到降霜时间时，再生分枝和开花结实的时间短，温度和光照条件变差，再结实发育为成熟种子的数量和概率大幅度降低，达到了阻断种子产生的目的。此外，开花前割除会避免产生大量花粉，可降低危害。

（2）割除位置　尽可能低的割除（高度离地面 0～5 cm），避免侧枝生长。植株残留越少，体内积累的营养越少，植株的再生能力越弱。该方法只需割除 2 次，与以前割除 5～6 次的防治效果一致，但效率提高 2.5～3.0 倍，成本降低 60.0%～66.7%。在防治力量投入定量情况下，可提高防治效率，铲除率达 95% 以上，种子产生量降低 98% 以上。

物理防治的优点是安全、见效快，但所需人工成本高且耗时耗力，同时，受地形限制（丘陵、沟壑等处）大，增加机械作业难度。

4. 生物防控

（1）天敌昆虫防治　豚草条纹叶甲（*Gogramma suturalis*）原产北美，是豚草的专一性天敌，成虫、幼虫均取食豚草。在豚草幼苗期，每株（4 片叶）有 1 头以上的一龄幼虫时，其控制效果可达到 78% 以上；在高密度（每株有 2 或 3 头）幼虫的控制作用下，控制效果可达 95% 以上，在此种情况下，豚草叶片增长速率呈负值，且直线性下降，由此可见，豚草幼苗期是较为有利的控制时期（周忠实 等，2015）。

豚草卷蛾（*Epiblema strenuana*）是一种钻蛀植物茎秆并形成虫瘿的外来杂草天敌。豚草卷蛾具有寄主专一、生态适应性强、种群发展速度快和控害能力强等特点，是控制豚草的有效天敌。豚草卷蛾具有较严格的寄主专一性，其释放不会对非目标植物构成威胁；在释放地，豚草卷蛾可同时取食豚草和当地杂草苍耳（*Xanthium sibiricum*），而苍耳上的本地蛀茎性天敌苍耳螟（*Ostrinia orientalis*）亦可同时蛀食豚草。

（2）病原防治　苗期病害包括幼苗叶片（子叶和真叶）上的叶斑病及根腐、茎腐病。从叶斑病上分离的病原有 *Cladosproium herbarum* 和 *Alternaria teruis*；从根腐及茎腐病上分离的病原有 *Sclerlium rolfsi*、*Fusarium avenaceum* 及 *Cladosproium herbarum*。

从叶斑病和茎褐斑病中分离的营养生长期病原有 *Alternariaal ternata*、*Fusarium moniliforme*、*Fusarium* sp.，为土传病害，引起豚草成片死亡。寄主茎基部、根部、根际及周围土表均被白色菌丝层所覆盖，其后产生大量棕褐色小菌核。

从侵染的花盘和花粉粒上分离的病原有 *Fusarium moniliforme*、*Alternariaal tenuis*、*Cladosproium herbarum* 及 *Fusarium semiteclum*。

生物防治相比化学除草剂更具有优势，具有高效、无残留，对人、动物及农业土壤环境无害等优点，但对天敌的培育、储存、越冬和安全性评价要求严格。另外，昆虫、微生物等对不同环境的适应性不同，生长发育与繁殖成功依环境变化而变化。新疆地域广阔，气候差异较大，上述天敌能否成功适应并存活，仍需研究。

（3）植物替代　替代植物一旦定植，便长期抑制豚草，甚至完全替代豚草，不必连年防治。此外，能保持水土，改良土质，涵养水源，提高环境质量。替代植物有直接或间接经济效益，能在短期内收回栽植成本并长期获利（高尚宾 等，2017）。目前，可有效控制豚草的生态型植物有紫穗槐、草地早熟禾、草木樨（*Melilotus officinalis*）及无芒雀麦（*Bromus inerinis*）等。

植物替代方法对环境和定植要求较高，且在主动性上稍有不足，对没有进行替代种植的地方缺乏保护。另外，植物替代只能抑制当前豚草的扩散蔓延，但无法有效根除豚草，且新疆可利用的替代植物资源比较有限。因此，植物替代技术还需与其他防控技术联合使用。

5. 生态防控

豚草营养生长期后对水分需求量大，生态防控的基本原理是改变地形等，减少甚至杜绝积水地区和面积，可以减轻豚草分布危害。在新疆伊犁河谷，豚草主要分布在道路两侧、林下、农田旁边、房屋四周、河道阶地、草场等低洼积水地方，通过人工掩埋、填平积水低洼处，或者开沟引水的方式，把积水进一步集中排出，缩小积水湿润区面积等，可达到降低豚草分布危害的效果。

6. 化学防控

（1）生殖阻断技术　参照 Wang 等（2022）的研究原理，根据豚草生长发育特性，在植株营养生长期施加化学药剂，诱导植物增加对防御的营养投入而降低对繁殖的营养投入，能有效实现对豚草植株的生殖阻断，显著降低个体和种群种子产量。通过 2～3 年连续处理，逐渐减少或杜绝豚草产生种子，达到将豚草铲除的目的，减少并逐渐消耗已有的地下种子库，同时利用恢复后的本地植物对豚草生长的抑制作用协同达到对豚草的有效防控。

连续 2 年的实验发现，在豚草营养生长期（伊犁河谷通常在 6 月中旬）喷施药剂 21％氯氨吡啶酸水剂，用量 33g/hm² ）是最有效的处理方法。该方法能够在以更低的经济成本（每公顷 55.5 元）的基础上，降低药剂成本 70％以上，达到有效防控（杀死约 52％的豚草植株，75％以上的存活植株不开花，使最终种群种子产量减少 90％以上）。

本技术显著降低了对入侵生境原生植物群落的危害，本地植物受药害死亡率在 10％左右。与使用大剂量除草剂相比，对本地植物的毒性显著降低。结果显示，连续施用 2 年后，豚草相对盖度显著下降，几乎没有残存植株，而本地植物相对盖度则增加了一倍以上。

此外，相同除草剂用量下，在本地植物物种丰富度较高的植物群落中豚草的控制率提高，而种子产量降低。这为后续开发低剂量除草剂并利用恢复后的本地植物群落对豚草的抵抗力作为辅助的绿色高效化学防控技术提供了思路与参考。

（2）其他药剂处理方法　丁世强等（2021）发现，对豚草株防效和鲜重防效最高的药剂是 75％苯嘧·草甘膦可湿性粒剂每公顷 0.9 L、1.35 L；其次是 30％草甘膦水剂每公顷 5.25 L、6.75 L，48％三氯吡氧乙酸乳油每公顷 4.17 L、6.26 L，21％氯氨吡啶酸水剂每公顷 0.30 L、0.38 L。用药剂防除豚草以 5 月下旬至 6 月上旬为宜。有条件地区在 7 月可进行第二次施药，并辅以人工拔除，以彻底根除豚草。开花前，特别是幼苗期每公顷用 10％草甘膦 9 000 mL 进行喷洒，或用其他除草剂如 2，4-滴等，效果均较为显著。

7. 综合防控技术应用

加大入侵区豚草监测力度，及时发现扩散通道和传播媒介，采取行政管理措施予以阻断。对于与入侵区相邻地区及其连接通道（道路、河道、牧道和商贸通道等），加强检测与监测。针对豚草大量分布于草场的特点，加强牧草转运和牛羊转场的检疫（图 5-8）。

对于豚草暴发地区，采用物理防控（苗期）、致病微生物防控、植物替代防控、生态防控等措施。由于化学防控对环境副作用大（危害作物、伴生植物以及相关联的昆虫、鸟类等），需要谨慎使用。

对于豚草连片分布的，建议采用化学防控方法。对于入侵时间短（3～5 年），豚草分布没有大面积连片的区域，建议参考前述化学防控中的生殖阻断技术（Wang et al.，2022），在植株营养期施加化学药剂进行处理，达到绿色、高效防控效果（图 5-7、图 5-8）。

图 5-7 豚草药剂处理后
（王寒月，2021）

图 5-8 豚草示范区
（王寒月，2021）

（刘彤，赵文轩，王寒月，董合干，韩志全）

三、三裂叶豚草

（一）学名及分类地位

三裂叶豚草（*Ambrosia trifida* Linnaeus），属菊科（Compositae）向日葵族（Heli-antheae）豚草属（*Ambrosia*）的一年生粗壮草本植物，别名大破布草。

（二）分布与危害

1. 分布

2010 年在新疆伊犁河谷地区大面积发现三裂叶豚草入侵，2014 年大面积暴发，主要分布在丘陵草场。截至 2020 年，三裂叶豚草在新疆的分布面积达 3.79 万 hm²，增加了近 3 790 倍（Dong et al.，2020）。目前，新疆已经成为我国三裂叶豚草分布面积最大的省份。

2. 危害

（1）对人体健康的危害　与豚草相似，三裂叶豚草花粉含水溶性蛋白可致人患过敏性皮炎、枯草热、支气管哮喘等病症，严重的可致人休克或死亡。

（2）对农牧业的危害　三裂叶豚草的入侵严重影响本土植物存活，显著窄化入侵地本土植物生态位宽度，强化与本区域植物间生态位重叠，弱化本土植物对资源的利用效果，改变入侵地生态群落结构。当三裂叶豚草垄密度为 0.26 株/m 时，紧邻的棉花减产约 50%，而当其垄密度增加到 1.85 株/m 时，距离其 1.4m 远的棉花减产 50%（Barnett et al.，2013）。三裂叶豚草甚至可在入侵地群落的植物总生物量中占比达 97%，成为群落绝对优势种（曲波 等，2019）。

（三）形态特征

1. 茎

茎较豚草粗壮，直立，一般株高可达 150～290 cm，有些高于 3 m，最高可达 6 m。茎粗可达 2.0～3.5 cm，最小的植株高 35 cm，茎粗也有 0.55～0.65 cm。茎有的绿色，有的褐色。茎有的呈圆形，有的具纵条棱，被密茸毛或无毛，具分枝（图 5-9A）。

2. 叶

叶对生，仅有小部分大型植株顶端互生，具叶柄，上部叶 3 深裂或少数不裂，下部叶 3～5 深裂，裂片披针形，边缘有锯齿，上面深绿色，具茸毛，或无毛，背面灰绿色，具茸毛。叶柄长 3.0～4.5 cm，基部膨大，边缘有短翅，被茸毛（图 5 - 9B）。

3. 花

三裂叶豚草花序及花器结构与豚草相似，但雄头状花序粗大，雄头状花序总苞大，花序多，圆形，具细花梗，下垂，直径可达 5～8 mm，由 6～7 个扇形总苞片联合而成，在顶端形成总苞花序。总苞内花数目多，浅绿色，有圆齿，被短茸毛。花托无托片，具白色长茸毛。每个头状花序通常为 20～30 朵不育的小花，小花浅黄色，长 2～3 mm，花冠钟形，上端 5 裂，外有紫色条纹。花药离生，卵形。雄花结构与豚草相同。成熟的复果倒圆锥形，褐色，宽 3 mm，有的达 7～8 mm（图 5 - 9C）。

4. 果

瘦果，一般呈灰白色倒卵形，种子平均长度为 0.67 cm，宽度为 0.4 cm，百粒重 1.67 g（图 5 - 9D）（刘延 等，2019）。褐色有光泽，果皮坚硬，被包裹在坚硬的总苞内，总苞顶部有短粗的锥状喙，于其下方有 5～8 个直立的尖刺，苞体有稀疏的网状脉，且常有疏柔毛。

图 5 - 9　三裂叶豚草形态特征（赵文轩 摄，2021）
A. 株高　B. 叶　C. 花　D. 三裂叶豚草种子（左）与豚草种子（右）对比

（四）生物学特性

1. 物候

在新疆伊犁河谷，三裂叶豚草种子从 3 月上旬开始出苗，直至 7 月仍有新苗出土，4 月上中旬为出苗盛期。营养生长期为 5 月初至 7 月中旬。三裂叶豚草于 7 月中旬开始现蕾，花期至 9 月上旬结束，最晚可至 9 月底。8 月下旬开始结实，直到 10 月中旬全部成熟。6～7 月出土的小苗仍能在 9～10 月里开花结实（王瑞丽 等，2021）。

2. 种子与种子库特征

三裂叶豚草不同植株部位种子的平均长、宽及百粒重差异不显著，其平均单株结实可高达 3 000～5 000 粒。不同生长位置的三裂叶豚草种子扩散能力、休眠程度、萌发时间也不同，可有效避免种子同时萌发导致高密度死亡的风险，缓解种内竞争且有利于扩散入侵。

种子在成熟之后大多数依靠重力扩散落入附近土中，其高大植株在种子散布过程中不倒伏，绝大部分种子散布在母株丛附近，散布格局呈聚集型，容易形成庞大密集的土壤种子库。三裂叶豚草土壤种子库密度随土层深度增加而减小，主要集中于 0～10 cm 土层，而在土壤表面下 1～3 cm 深处发芽力最高，在土表层 8 cm 下则不能发芽。干瘪、虫食、霉变等类型的种子在三裂叶豚草种子库 0～10 cm 土层中占总种子库的 15%～34%（王瑞丽 等，2021）。

3. 种群分布与扩散特征

（1）种群集群分布　三裂叶豚草种群具有集群分布的特点。研究发现，新疆伊犁河谷三裂叶豚草种群在幼苗期密度最高，可达 500 株/m²，至营养期阶段植株密度大幅下降，到了繁育期种群密度已相对稳定，成熟期达 30～50 株/m²。

入侵初期的三裂叶豚草通过调整茎和叶生物量的分配，产生大量种子，在入侵第二年就能快速密集分布。已连续入侵多年的三裂叶豚草种群能够稳定维持高密度集群分布（Zhao et al.，2021）。当种群密度过高时，三裂叶豚草通过自疏作用降低密度，增大叶面积指数，加快叶片更新换代速度，减少地上生物量及雄花数量，高植株纵向生长并减少叶面积比率，矮植株则不产生雄花，以产生更多种子（Abul-Fatih et al.，1979）。

（2）传播与扩散特征　三裂叶豚草主要依靠重力作用实现近距离扩散。种子成熟之后大多落入附近土中，绝大部分种子散布在母株丛附近。三裂叶豚草的中距离和长距离传播通常是由人类活动驱动的（Montagnani et al.，2017）。

研究发现，三裂叶豚草在新疆的传播与扩散方式同前述豚草一样，主要为农牧产品运输，河道水流、牛羊携带和取食。

4. 生态习性

（1）水分需求　三裂叶豚草的生长发育对水分需求很大。刘延等（2019）研究发现，当土壤体积含水量低于 5% 时，其种子不会萌发，随水分含量增加，种子萌发率显著上升。Dong 等（2020）通过模拟降水研究发现，在 280 mm 降水下，三裂叶豚草不能完成有效繁殖（即种子产生量大于播种量）。

三裂叶豚草对干旱胁迫较为敏感，无法较好生长和产生种子（Basset and Crompton，1982），而对过量土壤水分条件适应性较强，所以只能在水分状况较好的草场和农田边、居民区和路边积水处分布。因此，在伊犁河谷，三裂叶豚草的分布区域和面积明显不如豚草。

（2）光照需求　三裂叶豚草喜光，但王蕊等（2012）研究发现，在光照不充足条件下，三裂叶豚草可通过向上生长、舒展枝叶、增加单株叶面积，增加叶生物量比重，减小根冠比，吸收足够的光能，从而在高遮光条件下依然能够相对正常地生长。另外，还通过增加叶绿素含量来提高光能利用率，从而在定植和扩散过程中更好地适应不同生境。

（3）温度需求　三裂叶豚草萌发多集中于早春，也有夏季萌发现象，秋季萌发很少。三裂叶豚草的萌发温度范围很宽（8～41 ℃，最佳在 10～24 ℃），但随着温度的升高，种子萌发率均呈下降趋势。种子需经过长时间低温冷冻才能打破休眠进行萌发，长时间的恒温对其种子发芽不利，适当变温会增加其种子发芽率（刘延 等，2019）。

（4）竞争能力 资源竞争能力强：三裂叶豚草资源利用能力极强，其最大净光合速率、光合氮利用效率、光合能量利用效率、水分利用效率等很高，可高效利用资源环境，侵入农田会对作物产量产生严重的影响（王国骄 等，2014）。

三裂叶豚草高大密集的植株加上宽大的叶片，使得其种群形成了极强的遮阳作用，致使位于底层的伴生物种由于缺少光资源而无法正常生长甚至死亡。

他感与自毒作用：低浓度的三裂叶豚草自毒物质能够促进种子萌发，这使得在种群建立初期就能迅速占领生境，增强对本地物种的竞争能力；而高浓度的三裂叶豚草自毒物质抑制种子萌发，这有助于缓解激烈的种内竞争，保持种群稳定。这种"低促高抑"的自毒效应可能是其成功入侵的重要手段（王瑞丽，2020）。

研究发现，三裂叶豚草可以释放一些挥发性的单萜物质到土壤中，抑制周围其他伴生植物的生长发育，甚至种子萌发（王大力 等，1996）。在使用三裂叶豚草水浸提液处理大豆的研究中发现，水浸提液会影响大豆根瘤菌的结瘤的数量，可能是聚炔类物质产生的毒性作用，抑制了大豆根瘤菌的活性，从而抑制根瘤的形成（祝心如 等，1995）。

（五）风险评估与适生性分析

用最大熵模型（MaxEnt），明确了限制三裂叶豚草在新疆分布的最主要气候因子，采用17套不同的大气环流模式数据（GCMs）预测了中等温室气体排放情景（RCP4.5）和高等温室气体排放情景下（RCP8.5），21世纪40～50年代（2041—2060年）、21世纪60～70年代（2061—2080年）两个时期三裂叶豚草在新疆的潜在分布，明确其适生区分布。

结果显示，三裂叶豚草的适生区占全疆面积的13.68%，其中塔城地区占3.56%、昌吉州3.47%、阿勒泰地区2.28%、伊犁州1.29%、博州0.71%、克拉玛依市0.47%、乌鲁木齐市0.23%、吐鲁番市0.17%、哈密市0.18%、阿克苏地区0.59%、克州0.59%、喀什地区0.13%、巴州0.01%（马倩倩，2020）。

各分布区中潜在适生面积占比见表5-2。

表5-2 三裂叶豚草在新疆各行政区的潜在适生等级与面积占比

序号	行政区	适生等级	潜在适生面积占比
1	石河子市	最适区域	100%
2	克拉玛依市	最适区域	92.34%
3	昌吉州	显著适生区	69.37%
4	塔城地区	显著适生区	56.78%
5	博州	显著适生区	44.48%
6	伊犁州	中度适生区	36.03%
7	乌鲁木齐市	中度适生区	35.79%
8	阿勒泰地区	轻度适生区	28.83%
9	克州	轻度适生区	14.67%
10	阿克苏地区	轻度适生区	7.44%
11	吐鲁番市	轻度适生区	3.99%
12	哈密市	轻度适生区	2.04%

（续）

序号	行政区	适生等级	潜在适生面积占比
13	喀什地区	轻度适生区	1.88%
14	巴州	最不适区	0
15	和田地区	最不适区	0

（六）监测检测技术

1. 检测方法

三裂叶豚草的检测方法的原理是将现场采集或实验室检测中发现的疑似植株或籽粒，通过肉眼、扩大镜或体视镜观察，根据其形态特征等信息，按照系统分类学方法进行鉴定。

在现场检测时，根据三裂叶豚草鉴定特征进行查看，对发现的疑似植株，应拍摄照片，并采集植株样本送实验室检验。送检植株样本应尽量保持完整，形态学特征完好。

2. 监测的要点

根据三裂叶豚草的生物学特性和分布扩散规律，主要关注以下方面：

从三裂叶豚草生长发育的生态生物学角度，规范新疆不同地域气候差异下的监测方法和时间，做到早防早控。

根据不同地区入侵预警等级进行监测，做到精准防控，克服由于新疆地域广阔造成的盲目性大、成效低等问题，提高准确性和效率。

统一方法要求和上报信息，便于政府和行业部门实时掌握发生动态，为制定科学有效的防控措施提供依据。

3. 监测方法

三裂叶豚草的监测方法参照前述豚草的监测方法。

（七）应急防控技术

防控方法参照前述豚草应急防控技术。

（八）综合防控技术

三裂叶豚草检疫防控、农业防控、物理刈割防控同前述豚草的防控技术。

4. 生物防控技术

（1）微生物防治　苍耳柄锈菌三裂叶豚草专化型在北京地区可致死30%的田间三裂叶豚草，且具一定持效性，该真菌可破坏三裂叶豚草叶绿体膜结构并使内含物外流，进而减弱植株叶片光合作用；曲波等发现该菌作用专一，能通过引起三裂叶豚草水分代谢失调造成其显著发病、死亡，而对其他农作物则无害（曲波 等，2011）。此外，壳针孢属的 *Septoria epambrosiae*、苍耳轴霜霉菌 ［*Plasmopara angustitorminalis*（Novotelnova）］ 等均被发现可致三裂叶豚草发病、死亡（孙晓东 等，2016）。

微生物防控具一定应用前景，但仍存在实验室环境与大田应用环境不同导致防效有差别等问题。如何改良微生物品系，增强其适应性，尚待进一步试验研究。

（2）植物替代　植物替代具有来源广、环境友好稳固性高等优点。Page 等（2015）试验结果表明，种植杂交的高秆玉米一定程度上抑制了三裂叶豚草生长；Goplen 等（2018）用多年生或早春作物进行窄行种植，形成早春作物冠层，通过光竞争作用延缓

503

三裂叶豚草出苗速度。规模化种植早熟禾（*Poa annua*）或紫穗槐等植物，通过地上光竞争及地下营养竞争增加对三裂叶豚草的环境胁迫，从而抑制其生长，达到防控目的。

5. 生态防控

水分是影响三裂叶豚草生长发育和分布的首要因素，降低水分可有效减少三裂叶豚草生长势和种子生产量，极大缓解繁殖体压力带来的影响。几个生长季过后，三裂叶豚草土壤种子库逐步消耗，多年生草本植物恢复正常生长，三裂叶豚草的优势被削弱或消除。

于每年10月末至降雪前，在三裂叶豚草大量分布的生境（草场、田埂等处），根据地形在集中分布区两侧挖沟渠，保证由早春融雪水、降水形成的积水通过排水渠流走，不会聚集在三裂叶豚草生长区。在此基础上，沟底平铺两层塑料薄膜，覆膜宽度与沟的宽度相同，防止沟底秋季降雪在早春消融，导致水分充足，促进三裂叶豚草种子大量萌发。于翌年4月完全融雪后，将覆膜揭掉，不影响沟底伴生物种的正常生长（刘延等，2019）。

研究表明，生态防控技术的防控率可达56.09%（刘延 等，2022）。但是，生态防控具有见效较慢，防控效果相对低，首次施工成本高，受地形限制大等弊端。通过控制水分降低植株竞争能力是生态防控的关键，在林带、路基、房前屋后等积水多的生境可与物理、化学防除结合应用。

6. 化学防控

研究发现，采用唑草酮、氯酯磺草胺等药剂予以防控不会导致三裂叶豚草产生抗性，采用内吸传导除草剂麦草畏或植物生长调节剂2,4-滴混合谷氨酰胺合成酶抑制剂草铵膦用于防控抗性植株，防效也可达89%以上（Norsworthy et al.，2011；Ganie et al.，2017；Wilson et al.，2020）。Ditschun 等（2017）采用异噁·唑草酮与灭草净1∶4比例混合后防控抗草甘膦的三裂叶豚草，4~8周后可使抗草甘膦三裂叶豚草野外密度和生物量下降80%。

参照 Wang 等（2022）的研究原理，根据三裂叶豚草生长发育特性，在营养生长期喷施21%氯氨吡啶酸水剂，用量33 g/hm²，诱导植株增加对防御的资源营养投入而降低对繁殖的营养投入，实现对三裂叶豚草的生殖阻断，显著铲除个体和种群的种子产量。通过2~3年连续处理，逐渐减少或杜绝产生种子，达到"断子"的目的，同时利用恢复后的本地植物对三裂叶豚草生长的抑制作用，协同达到有效防控。该方法在三裂叶豚草防控上已成功运用，经济成本更低（每公顷55.5元），可降低药剂成本70%以上，为后续开发低剂量除草剂并利用恢复后的本地植物群落对三裂叶豚草的抵抗力作为辅助的绿色高效化学防控技术提供了借鉴与参考。

化学防治可防控面积大、成本低、易操作，但容易造成污染，破坏土壤环境，尤其是在水源周围不能使用，需考虑防控地点的生境、人畜安全、生物多样性等多方面因素。为取得较好防效不建议单纯采用化学防治，需因地制宜，结合物理、生态等方法综合防控三裂叶豚草。

7. 综合防控技术应用

加大入侵区三裂叶豚草监测力度，及时发现扩散通道和传播媒介，采取行政管理措施予以阻断。对于与入侵区相邻地区及其连接通道（道路、河道、牧道和商贸通道等），加强检测与监测。针对三裂叶豚草大量分布于草场的特点，加强牧草转运和牛羊转场的检疫。

对于三裂叶豚草暴发地区，采用物理防控（苗期）、致病微生物防控、植物替代防控、生态防控等措施。由于化学防控对环境副作用大（危害作物、伴生植物以及相关联的昆虫、鸟类等），需要谨慎使用。对于三裂叶豚草连片分布的，建议采用化学防控方法。对于入侵时间短（3～5 年），三裂叶豚草分布没有大面积连片的区域，建议参考前述 Wang 等（2022）提出的方法，达到绿色、高效防控效果（图 5‐10）。

图 5‐10　三裂叶豚草处理示范区（左）及处理后的三裂叶豚草（右）

（刘彤，赵文轩，王寒月，董合干，韩志全）

四、意大利苍耳

（一）学名及分类地位

意大利苍耳（*Xanthium orientale* subsp. *italicum* Moretti），属于菊科（Asteraceae）苍耳属（*Xanthium*）。

（二）分布及危害

1. 分布

意大利苍耳原产地为北美和南欧，包括加拿大南部、美国、墨西哥、澳大利亚和地中海地区，乌克兰也有分布（于胜等，2020）。

国内分布：安徽、北京、广东、广西、河北、黑龙江、辽宁、山东、台湾、新疆等省（自治区、直辖市）。

新疆分布：阿勒泰、塔城、伊犁、克拉玛依、石河子、昌吉、乌鲁木齐、哈密、吐鲁番、库车等地，目前在北疆地区发生较为普遍。

2. 危害

意大利苍耳在发生地区常常迅速蔓延，一旦进入玉米、棉花、大豆等农田，便与作物争夺生存空间，从而使这些作物受到损害，意大利苍耳 8％的覆盖率能使作物减产达到60％；它还能与茄科作物在成花临界期竞争阳光，造成减产。此外，意大利苍耳的果实有刺，容易黏附在羊毛上，且较难清除，能显著减少羊毛产量（杜珍珠 等，2012）。意大利苍耳各部位在自然挥发条件下表现出较强的化感作用，与一年生植物竞争激烈（邰凤姣等，2015）。意大利苍耳的幼苗有毒，牲畜误食会造成中毒。在《中国入侵植物名录》中将其定为 2 级入侵植物，即"严重入侵类"。

意大利苍耳在水分条件稍好的地方可高达 2 m，果实成团，常成堆出苗，成片生长。近距离传播主要依靠农区牛、羊等，远距离传播可能与人为活动有很大关系。该植物主要生于公路边、林带、田间、地头、机耕道等地，多为成群、成片分布，常成单一优势群落，也常与本土西伯利亚苍耳混生一处。春季出苗比本土西伯利亚苍耳要晚，但秋季枯死却较早。春季至夏季都能见到幼苗，生态适应性很强，抗病力强，生长量大，对本土植物或其他杂草的抑制现象非常明显，往往超过原有的西伯利亚苍耳，甚至苦豆子也被其明显抑制。该种传播快、散布广、长势猛、体型大，幼苗有毒，牛、羊等牲畜不食，对农作物、本地植物，以及农、牧业生产的负面影响较大，应重点防除（杜珍珠 等，2012）（图 5-11）。

图 5-11　意大利苍耳入侵阿勒泰地区向日葵地（马占仓 摄，2021）

（三）形态特征

1. 茎

茎直立，粗壮，基部木质化，有棱，常多分枝，粗糙具毛，有紫色斑点。单叶互生，或茎下部叶近于对生（图 5-12A）。

2. 叶

植物高 20～200 cm，子叶狭长，长 6.0～7.5 mm，常宿存于成熟植物体上。叶片三角状卵形至宽卵形，长 9～15 cm，宽 8～14 cm，3～5 浅裂，有 3 条主脉，边缘具不规则的齿或裂，两面被短硬毛；叶柄长 3～10 cm（图 5-12B）。

3. 花

头状花序单性同株；雄花序直径约 5 mm，生于雌花序的上方；雌花序具 2 花。

4. 果

总苞结果时长圆形，长 1.9～3.0 cm，直径 1.2～1.8 cm，外面特化成长 4～7 mm 的倒钩刺，刺上被白色透明的刚毛和短腺毛（图 5-12C）。

（四）生物学特性

意大利苍耳为一年生草本，侧根分枝很多，长达 2.1 m；直根深入地下达 1.3 m，在缺氧环境中可以发育成很大的气腔。据北京十渡风景区的野外观察，5 月 8 日前后出苗，7 月开始开花，8～9 月果实（种子）成熟，9 月底植株开始陆续枯死，生育期约为 145 d。在野外实地选取 22 株不同大小植株进行测量，单株结果数目为 150～2 000 个。花粉平均直径 22～38 μm，无黏性，有微弱棘刺，未见昆虫传粉（林慧 等，2018）。

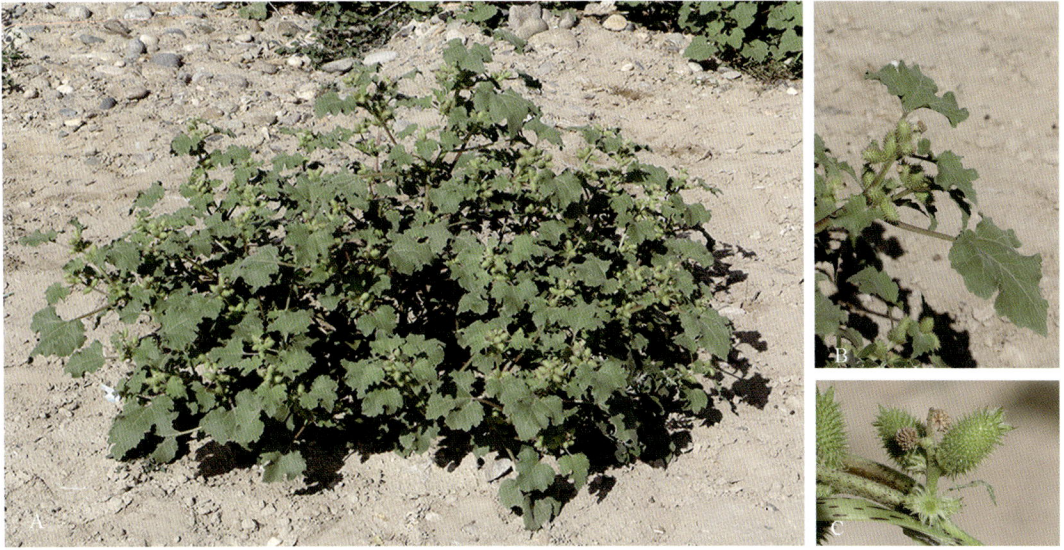

图 5-12 意大利苍耳形态（马占仓 摄）
A. 全株 B. 叶 C. 果

意大利苍耳喜光但耐阴性差，在干扰严重的地区常呈现一定面积的成片分布。夜间温度高于 35 ℃时，能明显抑制花芽形成，土壤溶液 pH 5.2～8.0 都可耐受，并可长期忍受盐碱以及频繁的水涝环境。意大利苍耳种子对新疆的各种越冬生境均有较好的耐受性（李杰 等，2017）。

意大利苍耳为风媒传粉植物，在 4.5 km/h 的微风条件下，其花粉的散布距离可达 45 m，大量的花粉集中分布在距花粉源 0～20 m 的范围内，这对于往往高密度连片分布的意大利苍耳种群来说无疑是一种高效的传粉策略。意大利苍耳的交配系统灵活多样，盛花期自然结实率达到 100%。套袋试验结果表明，该植物具自交亲和性，自花自然授粉的结实率高达 93%。表明较长的花期、大量的雌雄花序及花粉数量、较高的花粉活力、较长的柱头可授期、较远的花粉风媒散布距离、混合交配系统，以及较高的结实率是意大利苍耳繁殖成功的重要保障，也是其成功入侵的重要原因（林慧 等，2018）。

（五）风险评估与适生性分析

新疆大学塞依丁·海米提等综合参考人类活动强度、最干月降水量、极端最低温、年温度变化范围、温度季节性变化等 5 个因子，通过模型预测得出，截至 2019 年，意大利苍耳在新疆的分布未达到饱和，呈现以伊犁地区和博州地区为中心，向东北方向辐射状扩散的趋势，塔城地区、五家渠市、克拉玛依市、北屯市、巴州北部及阿克苏中部等地具有极高的入侵风险，应针对意大利苍耳的适生区建立 2 条隔离监测带，预防其向新疆东北部和南部扩散（塞依丁·海米提 等，2019）。

石河子大学阎平、杜珍珠等 2006 年 9 月首先在新疆温泉查干屯格乡农区路边发现意大利苍耳，2008 年 8 月又在博乐市郊路边发现该植物，分布量已具有一定规模。此后陆续在北疆伊犁、阿勒泰等地发现较大居群。由于意大利苍耳结实量大，总苞密生倒钩刺易附着于牛、羊等动物体毛上传播，扩散迅速。截至 2023 年，在北疆农区、农牧结合区水分条件较好的田边、地头、林缘、路旁分布较多，已经完全适应了北疆农区和部分牧区的环境，目前吐鲁番、哈密和南疆库车等地也有零星分布，尤其在乌鲁木齐、昌吉、石河子、伊犁、阿勒泰分布居群较大、数量较多，在农田之外的田边、地头、林缘、路旁常常无人清除，从而形成比较庞大的种子库、扩散源，这些种子每逢秋冬季，很容易随牛、羊带入农田，埋下隐患。故这些"种子库"对农田形成包围态势，构成严重威胁，应重点开展防除和监控工作。

（六）应急防控技术

在意大利苍耳发生和危害面积显著的区域，采用 25% 灭草松水剂每公顷 6 L、20% 氯氟吡氧乙酸乳油每公顷 0.9 L 在意大利苍耳 4～5 叶期进行茎叶处理，具有良好的防除效果（车晋滇 等，2007）。

（七）综合防控技术

鉴于意大利苍耳蔓延迅速，极易形成单种优势，对农业、畜牧业造成严重危害，我国已于 1997 年将其列入我国进境检疫三类有害生物之中，因此必须采取有效的防控措施对其进行治理，以降低其造成的生态危害。根据意大利苍耳的生物生态学特性，主要有以下几点防控措施（刘慧圆 等，2008）。

1. 人工拔除

可以在意大利苍耳植株开花前将其拔除，拔除的植物体可用于旱制绿肥。一般有意大利苍耳发生的农田，如连续进行 2～3 年的人工拔除，即可根除。

2. 化学防除

参照上述（六）应急防控技术。但是应充分考虑使用化学药剂可能对当地的生态环境及水体造成的污染（车晋滇 等，2007）。

3. 生物防除

可以寻找意大利苍耳的天敌，对其进行抑制。在野外的初步观察发现，菟丝子可以寄生在意大利苍耳的植株上，抑制其生长甚至致死，可以考虑用菟丝子来控制意大利苍耳的蔓延；另外，可以寻找啃食意大利苍耳的昆虫，来抑制其生长。

4. 植物替换

针对多年生草本对意大利苍耳的生长具有抑制作用的特点，可以在意大利苍耳发生地区，栽植多年生草本植物或铺设草皮，以替换意大利苍耳在该地区生长的有效空间。

（阎平，马占仓，杜珍珠）

五、刺苍耳

（一）学名及分类地位

刺苍耳（*Xanthium spinosum* Linnaeus），属菊科（Asteraceae）苍耳属（*Xanthium*）。

（二）分布及危害

1. 分布

国外分布：南美洲、欧洲中部和南部，西北太平洋地区等。

国内分布：河南、北京、安徽、贵州、海南、河北、湖南、吉林、辽宁、内蒙古、宁夏、新疆、云南等省（自治区、直辖市）。

新疆分布：伊犁、塔城、阿勒泰、石河子、昌吉、乌鲁木齐、哈密等地均有分布。

2. 危害

刺苍耳会侵入农田，危害白菜、小麦、大豆等旱地作物，此外对牧场的危害也比较严重。在发生地占据生态位后，会迅速发展成为该地新的优势种，使原来该地植物的生态位受到压缩，能成功地将该地植物排挤掉，导致该地植物多样性降低（杜珍珠 等，2012）。刺苍耳适应能力、繁殖能力、传播能力极强，并有侵略本性，在进入新的生境时，面积迅速扩大，与该地植物争夺养料、水分、光照和生长空间等资源，影响该地植物的生长，严重会使该地植物被排挤出原生长环境，结果将会给原生境中其他植物的生长和繁殖带来影响，破坏该地生物多样性（郎青，2020）。

截至目前，刺苍耳在新疆尤其是北疆伊犁河谷的田间、路旁、荒地、牧场等环境已经相当普遍（王睿，2021）。根据郝晓云等（2018）的调查结果，刺苍耳适应能力强，在荒漠草原、沙石土中均能生长，但长势较差，而在土壤、水分条件较好的环境中长势好。据调查，伊犁河谷8县2市各乡镇均发现了刺苍耳的分布，分布面积逐年增大，2014年刺苍耳在伊犁河谷发生面积约 260 hm²，2017年刺苍耳的发生面积达 400 hm² 以上（郝晓云，2018）。刺苍耳在伊犁河谷主要分布在农田边、居民房前屋后、道路边、林带、荒漠草原、山地草原等。在农田边、房前屋后等水分较好的地方呈带状、大面积分布，密度较大，约 8～10 株/m²，植株分枝多，覆盖度 70%～80%；在荒漠草原、山地草原等水分少、土质差的地带呈点状分布，密度约 12 株/m²，植株长势矮小，分枝少，覆盖度 10%～20%（郝晓云，2018）（图5-13）。

图 5-13　刺苍耳大面积入侵霍城县野果林（马占仓 摄，2021）

在许多地方，刺苍耳已扩散到农田中，并且分布面积逐年扩大，对农业构成了一定威胁。因为刺苍耳植株高大且具刺，不易被机械、人工去除，给农田的机械、人工操作带来困难和障碍；刺苍耳的果实可以混入籽粒较大的农作物（如玉米）种子当中，降低作物种子的纯度，并可以随种子运输进行远距离传播；由于植株具硬刺，牛、羊等牲畜不食，刺苍耳泛滥成灾，对入侵地的牧业生产也会产生负面影响（杜珍珠 等，2012）。另外，刺苍耳的果实不能代替中药苍耳子，刺苍耳的大面积蔓延必将对药用苍耳子的质量产生影响（胡双丰，2005）。

刺苍耳全株具有强的化感作用，研究发现果实不同萃取相的化感作用以氯仿萃取相最强，对小白菜、莴苣、黑麦草 3 种植物根长、苗高都表现出了很明显的化感抑制作用，其强弱顺序为莴苣＞小白菜＞黑麦草。而石油醚萃取相却对小白菜、莴苣、金色狗尾草3种植物根长、苗高生长都表现出了很明显的化感促进作用，其强弱顺序为小白菜＞莴苣＞金色狗尾草。采用生物活性为导向从刺苍耳叶茎分离出苍耳亭［xanthatin（1）］、松柏醛［coniferoldehyde（8）］等8种化合物，对反枝苋的生长以化合物 xanthatin（1）的抑制作用最强，对早熟禾的生长以化合物 coniferoldehyde（8）的抑制作用最强。刺苍耳不同生长期的化感作用以幼苗期时最强，对比刺苍耳各时期全株水提液对植物的综合化感效应，发现随着刺苍耳的生长，其对受体植物的综合化感效应随之降低，表现为幼苗期＞花蕾前期＞成熟期，幼苗期全株水提液在浓度为 5 mg/mL、10 mg/mL 时对小白菜、莴苣、黑麦草、金色狗尾草4种植物表现出了完全的抑制作用（袁着耕，2018）。

（三）形态特征

1. 茎

茎直立，上部多分枝，节上具三叉状棘刺。

2. 叶

叶狭卵状披针形或阔披针形，长3～8厘米，宽6～15毫米，边缘3浅裂或不裂，全缘，中间裂片较长，长渐尖，基部楔形，下延至柄，背面密被灰白色毛；叶柄细，长7～15 mm，被茸毛（图5-14）。

3. 花

花单性，雌雄同株。雄花序球状，生于上部，总苞片一层，雄花管状，顶端5裂，雄蕊5个。雌花序卵形，生于雄花序下部，总苞囊状，长8～14毫米，具钩刺，先端具2喙，内有2花，无花冠，花柱线形，柱头2深裂，花期8～9月。

4. 果

总苞内有2个瘦果，长椭圆形，果期9～10月（图5-15）。

图 5-14　刺苍耳植株及叶片（马占仓 摄）

图 5-15 刺苍耳果实（马占仓 摄）

（四）生物学特性

刺苍耳为一年生草本，茎直立，上部多分枝，高度为 45～136 cm，8 叶期开始生长三叉状棘刺。一次分枝数平均为 20 个，一次分枝的枝高为 21～58 cm，一次分枝种子数为 18～78 粒，平均 42 粒。二次分枝数平均为 5 个，二次枝高为 5.5～43.0 cm，二次分枝种子数为 6～32 粒，平均为 12 粒。1 株刺苍耳的种子数平均在 1 032 粒左右。刺苍耳在伊犁河谷 4 月萌芽，5 月为营养生长高峰期，6 月下旬开花，7 月初结果，9～10 月为果熟期，11 月枯萎死亡。

刺苍耳种群花期很长，雄花花期 91 d，雌花花期 100 d；刺苍耳为风媒传粉植物，即便在风速为 0.89 m/s 的微风条件下，其花粉散播距离也可达到 34 m；柱头具有可授性的时间为 11 d，1 d 内花粉具有活力的时间为 15 h；柱头表面积与花粉粒横截面积的比值为 742.08，有利于雌花柱头成功捕获空气中的花粉；繁殖分配比例高达 53%，说明该植物将超过半数的母体资源都用于繁殖产生种子；刺苍耳既自交亲和，又可以异交结实，从而确保繁殖成功（顾威 等，2019）。

（五）风险评估与适生性分析

阎平、杜珍珠等 2006 年 8 月首先在新疆伊犁州新源克热格塔斯路边发现刺苍耳，2007 年夏季相继在巩留、特克斯、昭苏、霍城等地发现刺苍耳。2011 年夏季又先后在尼勒克、伊宁、察布查尔发现该植物，2011 年在石河子 143 团场、昌吉市南郊也发现了该植物（杜珍珠 等，2012）。截至目前，刺苍耳在新疆尤其是北疆伊犁、昌吉、石河子、乌鲁木齐的田间、路旁、荒地、牧场等环境已经相当普遍了（王睿，2021），近几年在哈密等地也发现有零星发生。该种扩散能力较强，植株具硬刺，牛、羊等牲畜不食，对农作物、本地植物，以及农、牧业生产有一定负面影响，也应重点防除。

（六）应急防控技术

截至 2014 年，尚未见刺苍耳专用除草剂的学术报道，作为其同属植物的意大利苍耳的化学防除剂或许值得参考，即采用 20%氯氟吡氧乙酸乳油每公顷 0.9 L 和 25%灭草松水剂每公顷 6 L。

（七）综合防控技术

1. 机械铲除

刺苍耳在植株生长初期，生长速度较为缓慢，还未形成刺，在此时将其铲除最为安全和有效，防除过的地方一定要进行多年追踪调查（郝晓云 等，2018）。

2. 化学防除

参照前述（六）应急防控技术（郝晓云 等，2018；周明冬、秦晓辉，2014）。

3. 植物替代

当生长蔓延比较严重，铲除植株不能解决问题时，可同时采用植物替代方法。通过其他植物与之竞争环境资源，将大大削弱其生长势，减轻其危害。

4. 生物防治

以寄生植物防治入侵或本地杂草已成为生物防治的重要方法之一。近年来，在野外居群中，研究者陆续发现刺苍耳、意大利苍耳居群中有南方菟丝子寄生现象，研究后发现南方菟丝子寄生降低刺苍耳、意大利苍耳茎和果实生物量，提高根和叶片生物量，改变了自身的生长防御策略，减少营养生长投入从而增强其防御能力。南方菟丝子寄生可显著抑制苍耳、意大利苍耳的生长发育，具有生物防治的潜力。

（阎平，马占仓，杜珍珠）

六、毒麦

（一）学名及分类地位

毒麦包括长芒毒麦 [*Lolium temulentum* var. *longiaristum*（Parnell）]、田毒麦 [*Lolium temulentum* var. *arvense*（Bab.）]，毒麦属被子植物门单子叶植物纲（Monocotyledoneae）禾本科（Gramineae）早熟禾亚科（Pooideae）黑麦草属（*Lolium*）。

（二）分布与危害

1. 分布

毒麦起源于地中海周边地区，现已扩散到全球 140 多个国家和地区。1954 年从保加利亚进口粮食或引种携带传入我国，现已分布到我国 26 个省份。

北美洲：加拿大，美国。

大洋洲：澳大利亚。

非洲：埃及、埃塞俄比亚、肯尼亚、摩洛哥、南非奥兰治自由邦、苏丹、突尼斯。

南美洲：阿根廷、巴西、哥伦比亚、委内瑞拉、乌拉圭、智利。

欧洲：阿尔巴尼亚、爱尔兰、奥地利、比利时、波兰、德国、俄罗斯、法国、荷兰、捷克、斯洛伐克、罗马尼亚、挪威、葡萄牙、瑞士、塞尔维亚、黑山、西班牙、希腊、匈牙利、意大利、英国。

亚洲：土耳其、阿富汗、巴基斯坦、朝鲜、菲律宾、韩国、卡塔尔、黎巴嫩、缅甸、尼泊尔、日本、斯里兰卡、也门、伊拉克、伊朗、以色列、印度、印度尼西亚、爪哇、约旦、中国（安徽、福建、甘肃、广西、河南、黑龙江、湖南、吉林、江苏、江西、辽宁、宁夏、青海、山东、陕西、上海、四川、新疆、云南、浙江）。

2. 危害

毒麦颖果内种皮与淀粉层之间寄生有真菌的菌丝，产生毒麦碱，人、畜食后中毒，轻者引起头晕、痉挛、呕吐、昏迷、视力障碍等症状，重者会造成中枢神经系统麻痹以致死亡。未成熟或多雨潮湿季节收获的毒麦种子毒力最强。另外，毒麦生于麦田中，会影响麦子产量和质量，研究表明，当毒麦的混生株率达 5％时，小麦产量损失可达 19.12％～26.12％，减产相当明显。

（三）形态特征

1. 茎

须根较稀疏而细弱；秆成疏丛，茎直立，无毛，具 3～4 节，株高 50～110 cm。

2. 叶

叶鞘疏松，长于节间，叶舌长约 1 mm；叶线形，长 10～50 cm，质地薄，无毛。

3. 花

毒麦的小花长 6～9 mm，宽 2.2～2.8 mm，厚 1.5～2.5 mm；椭圆形、长椭圆形，粗短而膨胀；稃片淡黄色、黄褐色；内、外稃顶端较尖；外稃披针形，具 5 脉；芒自外稃顶端下方约 0.5 mm 处伸出，长约 10 mm；内稃约与外稃等长，具 2 脊，两边脊上具窄翼和微小的纤毛，近中部通常有横皱纹和纵沟；带稃颖果为内、外稃所紧贴，不易剥离。

4. 穗

毒麦穗状花序长 10～25 cm，宽 1.0～1.5 cm，穗轴节间长 5～7 mm，下部者长可达 1 cm。每小穗含 4～7 朵花，以 5 朵花为多；小穗轴长 1.0～1.5 mm，光滑无毛；小穗长 8～26 mm，宽 3～5 mm；除顶生小穗具外颖外，其余的外颖均退化；内颖长于小穗、背轴，披针形，具狭膜质的边缘，脉纹 5～9 脉，长 8～10 mm，宽 1.5～2.0 mm（图 5 - 16）。

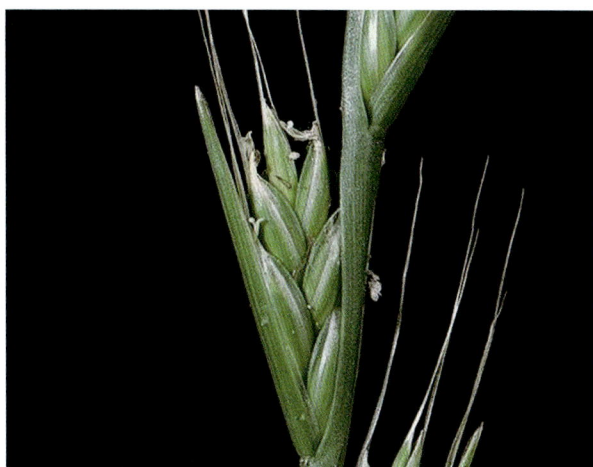

图 5 - 16　毒麦小穗症状

5. 颖果

颖果长 4～6 mm，宽 1.8～2.5 mm，厚 1.5～2.5 mm；黄褐色灰褐色；椭圆形，背面圆形，腹面弓隆，腹沟宽而浅，先端无毛；胚部卵圆形或近圆形；种脐微小，凹陷（图 5 - 17）。

图 5-17　毒麦颖果显微图（中国数字植物标本馆）

（四）生物学特性

毒麦抗寒、抗旱、耐涝能力强，种子可在不同季节的不同温度下萌发。但植株对 35 ℃以上高温敏感。

毒麦中含毒麦碱，如果人吃了含有 4% 毒麦的面粉，家禽吃了达到体重 0.7% 的毒麦，就会引起中毒。

毒麦生活力很强，乳熟期的种子发芽率可达 75% 左右；播深 3～10 cm 都能出苗，但在 15 cm 土层以下不出苗。在淹水状态下不出苗，说明毒麦种子耐湿性较差。越冬期对冻害耐受性较差，但其恢复力较强。

毒麦根系属须根系，发达而粗壮，分布深且数量多。成熟期的次生根，每株平均达 172 条，因此吸收能力强，争肥水能力也强。

（五）风险评估

1. 传播可能性

毒麦在我国的分布范围较广，全国除热带和南亚热带都有可能扩散。毒麦是中朝、中俄（中方提出）植检植保双边协定规定的检疫性杂草。

2. 定殖可能性

毒麦种子繁殖，以幼苗或种子越冬，夏季抽穗。种子在室内贮藏 2 年仍有萌芽力。

毒麦主要以种子传播，种子可在不同季节的不同温度（5～30 ℃）下萌芽，但植株对 35 ℃以上高温敏感，因此，毒麦在中国长江以南地区较难越夏生长。

3. 扩散可能性

1954 年，毒麦随引调小麦种子而传入河南省信阳市等 5 个地区的 25 个县，经检疫和积极防除后，仅信阳有零星分布。但在 1986 年，河南省一些种子经营者，从陕西省调运未经检疫带有毒麦的小麦种子，分散在河南省各地种植，1988 年调查发现，有 11 个地区的 43 个县和一个国有农场发生毒麦，混生面积达 5 万余 hm²，对小麦生产造成很大影响。

我国粮谷类产品主要进口自美国、澳大利亚、德国、法国、阿根廷及东北亚、中亚和独立国家联合体，均是毒麦的分布区域。毒麦（包括长芒毒麦、田毒麦）在我国通过进口小麦传入后，现已传播到我国的大部分地区。

4. 风险管理措施

加强植物检疫，防止向新区传播；对进口粮食及种子，严格依法实施检验，一旦发现毒麦必须按有关规定对该批粮食做除害处理；带有疫情的小麦不能做种用，在指定地点进行除害处理加工，下脚料一定要销毁；加强种子的管理及检验，杜绝毒麦在调运过程中扩散传播，建立良种繁殖基地，严格产地检疫；发生过毒麦的地块，可与其他作物经过2年以上的轮作，防除毒麦；严禁毒麦发生区农户自留小麦种子和相互串换小麦种子，杜绝疫区的小麦种子外流外调，做到全面彻底更换品种。

（六）监测检测技术

1. 监测与调查方法

（1）产地调查　在小麦和毒麦的抽穗期，根据毒麦的穗部特征进行鉴别，记载混杂率。

（2）室内检验　对调运的旱作种子做抽样检查，每个样品不少于1kg，按照毒麦籽粒特征鉴别，计算混杂率。

（3）田间调查　在大、小麦抽穗扬花后，加强田间调查。

2. 鉴定技术

（1）形态鉴定　根据毒麦的形态特征进行形态学鉴定。

（2）PCR法鉴定　对可疑小花（带稃颖果）、颖果等种子或可能混杂有毒麦成分的植物原粮及饲料粮等加工产品的样品，取样品0.05 g，经液氮速冻后研磨至粉末，使用植物基因组DNA提取试剂盒提取总DNA，-20 ℃保存用于后期鉴定。

PCR法检测毒麦所用的引物序列见下表5-3。

表5-3　PCR法检测毒麦所用的引物

物种名称	普通PCR引物序列（5′-3′）	荧光PCR引物序列（5′-3′）
毒麦	F：AGACCGCGCACAAGTTATCTAG R：ATGAGGTTGTCGAGGACTTTGG	VIC-CGGACGATTCCGC-MGB FAM-CGGACGATGCCGC-MGB
长芒毒麦	F：CCTCTGGCGCGTAGCC R：CGTCATGCACTCCGTTAAAGG	VIC-ATTGAGGCAATCGCGT-MGB FAM-ATTGAGGCCATCGCGT-MGB
田毒麦	F：CGTGACCCTGACCAAAACAGA R：GCCAAGCGACGGACGAT	VIC-CGCACGAGTTATC-MGB FAM-CGCACAAGTTATC-MGB
瑞士毒麦	F：CGAAATGCGATACCTGGTGTGAA R：TGCGTTCAAAGACTCGATGGTT	VIC-TTGCAGGATCCCGC-MGB FAM-TTGCAGAATCCCGC-MGB
亚麻毒麦	F：AGTGACACTGACCAACACAGA R：TCCAAGCGACGGACCGAT	VIC-CGAACGAGTAATC-MGB FAM-CGAACTAGTAATC-MGB
多花黑麦草	F：CCATATGCGATACCTGGTA R：TGCGTTCAAAGACTCGAGT	VIC-CGGCGCCGTAGGCGT-MGB FAM-CGGCGCCGAAGGCGT-MGB

反应体系：参照毒麦检疫标准，也可以使用商业购买的试剂。

反应条件：50 ℃ 2 min，95 ℃ 10 min，92 ℃ 15 s，60 ℃ 1 min，进行 40 个循环。

3. 监测检测技术应用

（1）加强口岸检疫监管　毒麦的种子混入农产品中，随农产品的运输和贸易传播，我国曾在进境大豆中截获过毒麦。进口粮在接卸、储运过程中杂草种子可随撒漏而传播，并借助风、水等自然、人为途径传播；存储、加工过程产生的下脚料如果处理不当，可造成逃逸，因此必须加强口岸进口粮全程的有效监管。

（2）加强国门生物安全监测　对装卸、加工、仓储及周边地区进行杂草监测，发现后及时处理，防止蔓延扩散。发生面积不大的地块，可在开花期前人工拔出，避免结籽；对已产生种子的植株，拔除时应避免种子散布，将拔除的植株集中销毁，配合除草剂进行处理。对发现毒麦的场所需进行至少连续 3 年的跟踪监测。

（3）选种和建立无毒麦留种田。

（七）应急防控技术

1. 严格检疫

检验调运种子和商品粮，发现混有毒麦的种子，坚决不再播种，集中加工，并把下脚料、残渣妥善处理，防止毒麦再漏入田间。

2. 选种和种子处理

选用没有毒麦混杂的种子作为播种材料，进行穗选或片选。麦收前进行田间穗选或麦收后进行场地穗选；使用选种机汰除毒麦；使用硫酸铵或硝酸铵液选种，将麦种浸入 50% 硫酸铵或 60% 硝酸铵溶液中，把漂浮面上的毒麦捞去，经过浸选的种子，一定要用清水洗遍，以免影响萌芽和幼苗的生长。

3. 田间防除和轮作

在毒麦已发生的地区，发动群众，于收获前拔除烧毁，逐步压低和消灭危害；在北部地区，可于小麦收获后进行一次秋耕翻地，把落在土里的毒麦翻到土表或土面，促使当年萌芽，经冬季冻死；发生过毒麦的麦茬地，与其他作物经 2 年以上的轮作，可以防除毒麦。

（八）综合防控技术

1. 检疫防控

（1）加强植物检疫　严格执行检疫制度，对于进口粮食及种子（特别是进口小麦），一旦发现毒麦必须按有关规定做除害处理；在指定地点进行除害处理加工，下脚料一定要销毁；加强种子的管理及检验，杜绝毒麦在调运过程中扩散传播，建立无植检对象的良种繁殖基地；严格产地检疫，发生过毒麦的麦茬地，可与其他作物经过 2 年以上的轮作，统一改换小麦良种，严禁毒麦发生区农户自留小麦种子和相互串换小麦种子，杜绝疫区的小麦种子外流外调，做到全面彻底更换品种。

（2）加强口岸检疫监管与加强国门生物安全监测　参照前述"3. 监测检测技术应用"。

（3）加强国门生物安全监测　对装卸、加工、仓储及周边地区进行杂草监测，发现后及时处理，防止蔓延扩散。发生面积不大，可在开花期前人工拔除，避免结籽；对已产生种子的植株，拔除时应避免种子散布，集中销毁，配合除草剂进行处理。对发现毒麦的场所需至少连续 3 年以上的跟踪监测。

2. 农业防控

(1) 选用无毒麦的种子 根据毒麦主要是混杂在麦种里随种子调运、播种而传播扩散的特点，建立无毒麦的小麦留种基地。减少目前毒麦发生地区群众自留种是防止毒麦危害加重的首选措施。

(2) 及时拔出田间毒麦 利用毒麦抽穗期比小麦晚 15～20 d 的特点，在小麦灌浆至成熟的一段时间里，对田间毒麦及时拔出，一定要从毒麦的基部整株拔出。对田间拔出的毒麦不能用于喂家畜，以免中毒。

(3) 耕作防治 在春麦区进行秋耕翻地，使毒麦露出土面，当年发芽，经冬季低温冻死。

3. 物理防控

小麦落黄后，毒麦尚未完全变黄，此时人工拔除，可收到良好的效果。毒麦种子，经过稻田水分浸泡后死亡，不能发芽。

4. 生态调控

(1) 翻耕除苗 及时锄除和中耕深埋，减少自然落粒的繁殖，另外经过冬季也可冻死毒麦植株，在毒麦抽穗至灌浆期开展大面积麦田拔除工作，带出田外集中烧毁，逐年降低毒麦的数量直至铲除。

(2) 轮作倒茬 在稻麦两熟区实行水旱轮作，利用水稻生长期浸水，使落入土中的毒麦种子丧失萌发能力，降低毒麦田间含量。旱地小麦可与玉米、薯类或其他经济作物轮作倒茬，恶化毒麦的生存环境，使遗留在土壤中的毒麦籽粒与植株在农事操作中被消灭。

(3) 统一换种建立无毒麦良种田 繁殖无毒麦的健康种子，对毒麦发生区的农户统一经营良种，依法强行换种，严禁农户自留和相互串换麦种，严格控制疫区麦种的外流外调。

5. 化学防控

每公顷用 40％野麦畏乳油 2 250～3 000 mL，兑水 375 kg，或拌细土 375 kg 于播种前撒于表土后混于土层 5～10 cm 深处；每公顷用 6.9％精噁唑·禾草灵水乳剂 750～900 mL，兑水 750～900 kg，茎叶喷雾；每公顷施用 25％绿麦隆可湿性粉剂 4 500 g，50％异丙隆可湿性粉剂 2 100 g，野麦畏有效成分 1 500 g，兑水 900 kg，3 叶期喷雾。

6. 综合防控

加强监测，提高风险评估能力。建立外来有害生物和潜在外来有害生物入侵物种的风险评估体系，提高风险防范意识，各地设立监测点，建立监测网络，增强外来有害生物监测预警能力，做到早发现、早治理。

毒麦种子随小麦收获后，需经过 30 d 左右的休眠阶段才会完全成熟，随后环境一旦适宜就可发芽。在稻麦两熟地区撒落田间的毒麦种子，经过稻田水分浸泡后死亡，不能发芽。毒麦出苗比小麦迟 5～7 d，但出苗整齐、集中，并且分蘖早于小麦（张吉昌，2015）。

加强疫情普查监测，在无毒麦发生区建立小麦良种的统繁基地生产健康良种。实行统一供种是有效防除毒麦的手段之一。建立发生麦田的疫情档案，规范开展产地检疫和调运检疫检验（张吉昌，2015）。

在小麦播后芽前用 40％野麦畏乳油 2 250～3 000 mL，兑水 375 kg 喷施；小麦 3 叶期使用禾草灵浓度 400～480 倍液，或每公顷用有效成分 1.88～2.25 kg，兑水 900 kg，平均防除效果 81.9％，并对小麦安全（林金成 等，2004）。

小麦播前实行深翻倒茬，稻麦两熟区推行稻麦轮作制度，通过水稻栽培的水分管理，消灭遗落麦田的毒麦种子，小麦收获季节，利用毒麦晚熟和植株较高的特性，发动群众拔除，带出田集中销毁（张吉昌 等，2015）。

（张祥林，张小菊，王翀）

七、列当属

（一）学名及分类地位

列当是一类寄生植物根部营寄生生长的列当科（Orobanchaceae）列当属（*Orobanche* Linnaeus）植物的总称。其分类地位属于被子植物门（Angiospermae）双子叶植物纲（Dicotyledoneae）合瓣花亚纲（Sympetalae）管花目（Tubiflorae）茄亚目（Solanineae）。

（二）分布与危害

1. 列当属的分布与危害

该属植物的寄主范围广泛，可寄生在菊科、豆科、茄科、葫芦科、十字花科、大麻科、亚麻科、伞形科、禾本科等植物根上，对番茄、烟草、向日葵、瓜类和豆类等作物造成严重危害（崔华星，2020）。列当有近 200 种，广泛分布于欧亚大陆、非洲和美洲（Parker，2009）。在中国有 23 种，主要分布于新疆、甘肃、吉林、黑龙江、辽宁、河北、山东、内蒙古、四川等省（自治区）（云晓鹏，2021；姚兆群 等，2017）。中国植物志（1990）报道与新疆有关的列当属植物有 10 种；吴海荣（2006）报道新疆有 4 种；阴知勤和周桂玲（1993）确定新疆有列当属植物 18 种。张金兰（1995）调查鉴定新疆有 8 种。具体种类如表 5 - 4 所示。

表 5 - 4　新疆列当种类统计

编号	列当种类		参考文献			
			王文采	崔乃然	阴知勤	张金兰
1	分枝列当	*Orobanche aegyptiaca* Pers.	√	√	√	√
2	向日葵列当	*Orobanche cumana* Wallr.	√	√	√	√
3	弯管列当	*Orobanche cernua* Loefling	√	√	×	×
4	大麻列当	*Orobanche ramosa*	×	×	√	×
5	美丽列当	*Orobanche amoena* C. A. Mey.	√	×	√	√
6	毛列当	*Orobanche caesia* synonym	√	√	√	√
7	丝毛列当	*Orobanche caryophyllacea* Smith	√	×	√	√
8	长齿列当	*Orobanche coelestis* Boiss. et Reut.	√	√	√	√
9	列当	*Orobanche coerulescens* Steph.	√	×	√	√
10	短齿列当	*Orobanche kelleri* Novopokr.	√	√	√	×
11	缢筒列当	*Orobanche kotschyi* Reut.	√	√	√	√
12	短唇列当	*Orobanche major* L. SP. Pl.	√	√	√	√

（续）

编号	列当种类		参考文献			
			王文采	崔乃然	阴知勤	张金兰
13	淡黄列当	*Orobanche sordida* C. A. Mey.	√	√	√	×
14	多齿列当	*Orobanche uralensis* Beck	√	√	√	×
15	长苞列当	*Orobanche solmsii* Clarke	×	×	√	×

注："√"有相关报道，"×"无相关报道。

张学坤等（2013）在新疆各地采集获得 93 份列当样品，采用形态学特征结合分子辅助鉴定，明确了在新疆主要农作物上危害最为严重的是两个种，即分枝列当和弯管列当。

2. 分枝列当的分布与危害

分枝列当在地中海周边国家、中亚、东亚、大洋洲、美洲、北非均有分布（Parker，2009；Zhang et al.，2014；Shilo et al.，2016；Eizenberg et al.，2018），在我国主要分布于新疆和甘肃（吴海荣 等，2006）。目前已在新疆维吾尔自治区 90 多个县市以及新疆兵团 9 个师 20 多个农牧团场分布（姚兆群 等，2017）。分枝列当可寄生甜瓜（图 5 - 18）、番茄（图 5 - 19）、马铃薯、扁豆和胡萝卜等重要经济作物，可造成严重损失（Eizenberg et al.，2018；Farrokhi et al.，2019）。寄主被寄生后，植株生长缓慢、矮化、黄化、萎蔫或枯死，给农作物产量和品质造成严重损失。在新疆已造成多个地区甜瓜减产，严重发生地块甚至大面积绝收，加工番茄减产 30%～80%，另可造成西瓜、籽瓜、豆类、向日葵、甜叶菊等不同程度减产，危害极大（Parker，2009；张学坤 等，2012；姚兆群 等，2017）。

图 5 - 18　分枝列当危害甜瓜症状（曹小蕾 摄，2019）

图 5-19　分枝列当危害加工番茄症状（张璐 摄，2020）

3. 向日葵列当的分布与危害

向日葵列当在北美洲、欧亚大陆均有分布（Parker，1994）。在我国主要分布在内蒙古、新疆、山西、陕西、甘肃、青海、河北、黑龙江、吉林、辽宁等地，且呈危害愈来愈重的发生态势，其中以内蒙古和新疆分布最广、危害最重（图 5-20，图 5-21）。

图 5-20　向日葵列当危害向日葵症状（赵思峰 摄，2017）

图 5-21 向日葵列当危害向日葵症状（赵思峰 摄，2017）

A. 幼茎出土 B. 种子成熟期

（三）形态特征

1. 分枝列当

株高 15～50 cm，全株被腺毛，茎坚挺，具条纹，自基部或中部以上分枝。叶卵状披针形，花序穗状，花较稀疏；苞片贴生花梗基部，卵状披针形或披针形；小苞片 2 枚，线形；花萼短钟状，长 1.0～1.4 cm；花冠蓝紫色，长 2.0～3.5 cm，近直立，筒部长约 2 cm；雄蕊 4 枚，花丝着生于距筒基部 6～8 mm 处，长 1.0～1.2 cm，基部增粗，疏被柔毛，向上渐被短腺毛或变无毛。雌蕊长 2.2～2.6 cm，子房椭圆形，花柱长 1.8～2.0 cm，被短腺毛，柱头 2 浅裂，裂片半圆形。蒴果，长圆形；种子长卵形，种皮网状，种皮具网状纹饰，网眼底部具网状纹饰（图 5-22）。

2. 向日葵列当

株高 15～40 cm，茎黄褐色，圆柱状，不分枝。叶三角状卵形或卵状披针形，花序穗状，具多数花；花萼钟状。雄蕊 4 枚，基部稍增粗，花药卵形，长 1.0～1.2 cm，常无毛。子房卵状长圆形，柱头 2 浅裂。蒴果长圆形或长圆状椭圆形，种子长椭圆形，表面具网状纹饰，网眼底部具蜂巢状凹点（图 5-23）。

（四）生物学特性

1. 生活史

以种子进行繁殖，一株分枝列当可产生 $1 \times 10^5 \sim 5 \times 10^5$ 粒的种子，一株繁茂的分枝列当甚至可产生 300 万粒以上的种子。列当种子后熟后须在一定温度、湿度条件下预培养 1 周左右，接收到寄主植物根系分泌物等外源萌发刺激物作用后开始萌发，随后萌发产生可以从寄主根部接收萌发物质信号的胚根，已萌发的列当种子若在 1 周内未接触寄主根系就会死亡。种子发芽后，胚根部位的细胞快速分裂及延伸形成根系，胚根的顶端膨大，与寄主根部相连接的部位形成一个"吸盘"，此时列当生长由自养阶段向寄生阶段转变。随后"吸盘"释放穿透降解酶溶解寄主根部的组织，穿透寄主维管束，通过与寄主维管束联结来吸收营养物质和水分。胚芽发育长出幼茎，经过 1～2 周钻出地面，形成列当植株，列当长出花茎后 6～9 d 开始开花，开花 7～10 d 后种子开始成熟，种子成熟的顺序一般是从茎的下部向上部逐渐成熟，分枝列当生活史见图 5-24，向日葵列当生活史见图 5-25。

图 5 - 22　分枝列当形态特征（曹小蕾 摄，2021）

A. 分枝列当花序　B. 花侧面　C. 花上面　D. 花内部　E. 花萼　F. 展开的花萼　G. 苞片

H. 雌蕊　I. 雄蕊　J. 花粉囊　K. 柱头　L. 花粉（白色箭头）　M. 成熟蒴果

2. 生物学特性

列当完成 1 个生育期仅 30 d 左右，一株植株可以产生大量的种子，其种子可通过受污染的土壤、水（流动）、风传播到其他地块，也可通过黏附在动物皮毛上，或通过农具如犁、锄头、耙子以及人的衣服、鞋子等进行近距离传播，也可通过国际贸易以及国内、种子调运进行远距离传播。一旦列当传入，短期内就可以造成严重危害和损失。其种子只有在感受到寄主植物根系分泌物等外源萌发刺激物后才开始萌发，不萌发的种子在土壤中保持生活力可达 5～10 年之久，合适条件下可存活 30 年以上，在条件适宜时，种子终年可萌发（Hayat et al.，2020）。列当通过吸器与寄主建立寄生关系之后，除了可以从寄主那里获得自身生长发育所需的水和营养物质之外，还可以与寄主相互交换 siRNAs、mR-

图 5-23 向日葵列当形态（Sharma A 摄，2021）
A. 花序 B. 出土幼茎 C. 部分花茎 D. 茎部腺毛 E. 苞片 F. 花的侧面 G. 花的正面 H. 花萼 I. 花冠外部
J. 花冠内部 K. 展开花冠 L. 雄蕊着生在花冠上 M. 雌蕊 N. 成熟硕果 O. 子房（横切） P. 种子

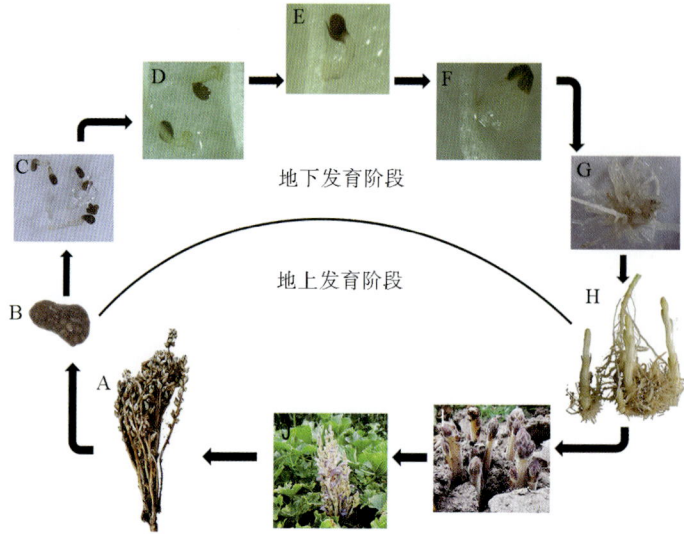

图 5-24　分枝列当生活史（寄主甜瓜）

A. 含有成熟种子的蒴果结籽及开裂　B. 显微镜下的分枝列当种子（大小为 0.19～0.22 mm）　C. 种子萌发
D. 芽管顶端分化出吸器　E. 在萌发后 2～3d 吸附在寄主根表面，未与寄主维管束连接　F. 列当在与寄主维管束
连接后，发育形成小结节，用于储藏从寄主获得的营养　G. 结节发育形成大量的次生根　H. 结节顶端分化出
幼茎组织　I. 地下幼茎露出地面　J. 开花和授粉

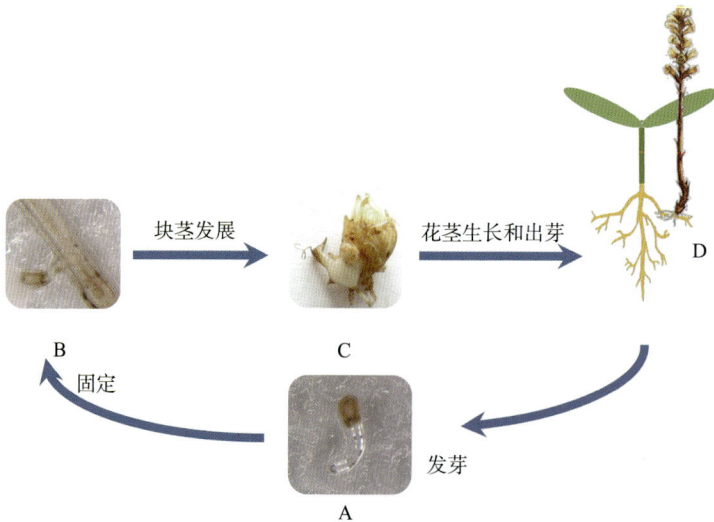

图 5-25　向日葵列当生活史（寄主向日葵）（Louarn et al.，2016）
A. 种子萌发　B. 吸附在寄主根部　C. 产生芽管　D. 建立寄生关系

NAs、病毒、糖类、蛋白质以及除草剂（Aly et al.，2013），能够向寄主传递除草剂是列当难以采用化学除草剂杀灭的最重要原因，同时列当寄生过程主要发生在寄主根部，待其从地下长出后再进行化学防治，便已对寄主造成严重损失（Fernández-Aparicio et al.，2020）。

（五）风险评估与适生性分析

1. 分枝列当风险评估

依据蒋青等建立的有害生物危险性评价的定量分析方法，应用有害生物危险性分析计算公式进行计算，获得各项评判指标（P_i）和风险值（R），把评估结果风险值（R）参照分级标准（表 5-5），确定分枝列当在新疆的危险级别。

表 5-5　评判指标和评判标准

评判指标	评判标准	赋分值
新疆分布状况（P_1）	无分布，$P_1=3$；省内分布面积占 0%～20%，$P_1=2$；省内分布面积占 20%～50%，$P_1=1$；省内分布面积占 50% 以上，$P_1=0$。目前分枝列当在新疆的分布面积约为 5%	2
潜在的经济危害性（P_{21}）	造成寄主作物产量损失超过 20% 以上、严重降低农产品质量，$P_{21}=3$；寄主作物产量损失在 20%～5%，$P_{21}=2$；寄主作物产量损失在 5%～1%，$P_{21}=1$；寄主作物产量损失 1% 以下，$P_{21}=0$。分枝列当寄生寄主作物后，产量损失在 20% 以上	3
是否为其他检疫性有害生物的传播媒介（P_{22}）	可传带 3 种以上检疫性有害生物，$P_{22}=3$；可传带 2 种检疫性有害生物，$P_{22}=2$；可传带 1 种检疫性有害生物，$P_{22}=1$；不传带检疫性有害生物，$P_{22}=0$。分枝列当不传带其他检疫性有害生物	0
国外重视程度（P_{23}）	在世界上有 20 个以上的国家把此有害生物列为检疫对象，$P_{22}=3$；10～19 个国家把此有害生物列为检疫对象，$P_{22}=2$；1～9 个国家把此有害生物列为检疫对象，$P_{22}=1$；无国家把此有害生物列为检疫对象，$P_{22}=0$。目前几乎所有国家都将其列为检疫对象	3
受害栽培寄主的种类（P_{31}）	寄主植物 10 种以上，$P_{31}=3$；寄主植物 5～9 种，$P_{31}=2$；寄主植物 1～4 种，$P_{31}=3$；没有寄主植物，$P_{31}=0$。分枝列当的寄主植物达 10 种以上	3
受害栽培寄主的面积（P_{32}）	种植面积超过 350 万 hm² 以上，$P_{32}=3$；种植面积在 350 万～150 万 hm²，$P_{32}=2$；种植面积 150 万 hm² 以下，$P_{32}=1$；没有种植，$P_{32}=0$。新疆地区受分枝列当危害的栽培寄主面积小于 150 万 hm²	1
受害栽培寄主的特殊经济价值（P_{33}）	特殊经济价值高为 3，无特殊经济价值为 0。甜瓜、西瓜、加工番茄、打瓜、向日葵等均是新疆重要的经济作物	3
截获难易（P_{41}）	经常被截获，$P_{41}=3$；偶尔被截获，$P_{41}=2$；从未被截获，$P_{41}=0$。列当种子在检疫中偶尔被截获	2
运输中有害生物的存活率（P_{42}）	运输中的存活率 40% 以上，$P_{42}=3$；存活率 10%～40%，$P_{42}=2$；存活率 0%～10%，$P_{42}=1$；存活率 0，$P_{42}=0$。分枝列当在运输中易存活，存活率达 40% 以上	3
国外分布广否（P_{43}）	50% 以上的国家有分布，$P_{43}=3$；25%～50% 的国家有分布，$P_{43}=2$；0%～25% 的国家有分布，$P_{43}=1$。目前分枝列当在 25% 以下的国家有分布	1
新疆的适生范围（P_{44}）	省内 50% 以上的地区能够适生，$P_{44}=3$；省内 25%～50% 的地区能够适生，$P_{44}=2$；省内 0%～25% 的地区能够适生，$P_{44}=1$；省内没有适生地域，$P_{44}=0$。分枝列当在新疆 50% 以上的地区能够适生	3
传播力（P_{45}）	气流、自身传播，$P_{45}=3$；由活动能力很强的介体传播，$P_{45}=2$；土传或活动能力很弱的介体传播，$P_{45}=1$。分枝列当依靠气流、自身等传播，也可随流水、种子调运传播	3

（续）

评判指标	评判标准	赋分值
人为传播途径（P_{46}）	通过人为和货物携带途径较多，$P_{46}=3$；主要通过人为携带，$P_{46}=2$；主要通过货物携带，$P_{46}=2$；人为携带和货物携带途径都很少，$P_{46}=1$；不通过人为传播，$P_{46}=0$。分枝列当可依靠人为和货物携带传播	3
自身特性（P_{47}）	繁殖能力极强，$P_{47}=3$；繁殖能力强，$P_{47}=2$；繁殖能力一般，$P_{47}=1$。分枝列当产种量极大，繁殖力极强	3
检疫鉴定的难度（P_{51}）	现行的鉴定方法可靠性低，较耗时，$P_{51}=3$；现行的鉴定方法非常可靠，$P_{51}=2$；介于两者之间，$P_{51}=1$。目前鉴定分枝列当方法可靠性低	3
除害处理的难度（P_{52}）	现有的方法不能消灭有害生物，$P_{52}=3$；除害率在 50% 以下，$P_{52}=2$；除害率在 50%～100%，$P_{52}=1$；除害率 100%，$P_{52}=0$。在新疆地区现有的方法较难杀死分枝列当，除害率在 50% 以下	2
根除难度（P_{53}）	效果较差，成本高，难度大，$P_{53}=3$；效果好，成本低，简便易行，$P_{53}=0$；介于两者之间，$P_{53}=2$ 或 1。新疆目前对分枝列当防治效果较差，成本高，难度大	3

通过分析确定分枝列当在新疆的危险级别风险值 R 为 2.48，属于高度危险，接近特别危险（表 5-5），因此应对其加强检疫，防止其进一步传播和蔓延。

采用公式计算各数值如下：

$$P_1=2$$

$$P_2=0.6P_{21}+0.2P_{22}+0.2P_{23}=0.6\times3+0.2\times0+0.2\times3=2.4$$

$$P_3=\text{Max}(P_{31}, P_{32}, P_{33})=\text{Max}(3, 1, 3)=3$$

$$P_4=\sqrt[7]{P_{41}\times P_{42}\times P_{43}\times P_{44}\times P_{45}\times P_{46}\times P_{47}}=\sqrt[7]{2\times1\times3\times3\times3\times3\times3}$$
$$=\sqrt[7]{486}=2.42$$

$$P_5=(P_{51}+P_{52}+P_{53})/3=(2+3+3)/3=8/3=2.667$$

$$R=\sqrt[5]{P_1\times P_2\times P_3\times P_4\times P_5}=\sqrt[5]{2\times2.4\times3\times2.42\times2.667}=\sqrt[5]{92.94}=2.475$$

2. 向日葵列当风险评估

参照蒋青等建立的风险性评估体系，同时结合唐彩蓉、钱军、张学坤等对有害生物的分析方法，按照各项分析指标对向日葵列当的风险性进行了定量分析，对向日葵列当的各项一级指标值（P_i）及风险综合评价值 R 进行计算，将最终结果与分级标准进行对比，明确向日葵列当在我国的危险级别（表 5-6、表 5-7）。

表 5-6　向日葵列当风险性分析评判指标赋分值

一级指标	二级指标	赋分值	赋分理由
国内分布情况（P_1）	向日葵列当国内分布情况（P_{11}）	2	目前向日葵列当在我国分布面积占 0%～20%
潜在危险性（P_2）	潜在的经济影响性（P_{21}）	3	造成寄主产量损失超过 25%，并严重影响寄主的商品性
	是否为其他检疫性有害生物的传播介体（P_{22}）	0	不是介体，不能传带其他任何检疫性有害生物
	国外重视情况（P_{23}）	3	全部国家均将其列为检疫对象

（续）

一级指标	二级指标	赋分值	赋分理由
受害寄主经济重要性（P_3）	受害栽培寄主的种类（P_{31}）	3	可危害向日葵、甜瓜、烟草等 10 余种作物
	受害栽培寄主的面积（P_{32}）	1	受害栽培寄主的面积在 150 万 hm^2 以下
	受害栽培寄主的特殊经济价值（P_{33}）	2	向日葵、甜瓜都是我国非常重要的经济作物
传播和定殖的可能性（P_4）	截获难易（P_{41}）	1	在检疫中少次截获
	运输中的存活率（P_{42}）	3	种子运输中易存活，存活率超过 40%
	国内适生区域（P_{43}）	3	在我国 9 个省均有发现报道
	适应能力（P_{44}）	3	逆境环境下可自动休眠，种子可在地下存活 10 年之久，适应能力强
	传播方式（P_{45}）	3	可通过雨水、气流、水流、人为活动等进行传播
风险管理难度（P_5）	检验鉴定难度（P_{51}）	3	需带回实验室进行分子鉴定才可确认
	除害难度（P_{52}）	2	目前常规的除害方法除害率低于 50%
	根除难度（P_{53}）	3	防治耗时耗力，且根除难度大、成本高

表 5 - 7　有害生物综合评价分级标准

风险值（R）	2.5～3.0	2.0～2.5	1.5～2.0	1.0～1.5
危险级别	特别危险	高度危险	中度危险	低度危险

表 5 - 8　向日葵列当综合评判值及其风险等级情况

	层次	计算标准	得分值
准则层	国内分布状况（P_1）	$P_1 = P_{11}$	2
	潜在危险性（P_2）	$P_2 = 0.6P_{21} + 0.2P_{22} + 0.2P_{23}$	2.4
	受害栽培寄主的经济重要性（P_3）	$P_3 = \mathrm{Max}\ (P_{31},\ P_{32},\ P_{33})$	3
	传播和定殖的可能性（P_4）	$P_4 = \sqrt[5]{P_{41} \times P_{42} \times P_{43} \times P_{44} \times P_{45}}$	2.408
	风险管理难度（P_5）	$P_5 = (P_{51} + P_{52} + P_{53})\ /3$	2.667
目标层	风险综合评价值（R）	$R = \sqrt[5]{P_1 \times P_2 \times P_3 \times P_4 \times P_5}$	2.473
风险等级			高度危险

　　从表 5 - 8 可以看出，向日葵列当的综合风险评价值为 2.473，属于高度危险的检疫性有害生物，说明向日葵列当对向日葵产业危害极其严重，各地区应提高对向日葵列当的重视程度，加强检疫和管控，谨防其进一步扩散蔓延。

3. 分枝列当和向日葵列当的适生性分析

　　分枝列当潜在的适宜区域主要分布在新疆，面积约为 $30.64 \times 10^4\ km^2$。根据 MaxEnt 的预测结果，将列当及其寄主植物的适宜栖息地区域叠加，获得了列当的危险区域。通过对各大数据库、《全国农业植物检疫性有害生物分布行政区名录》以及国内外公开发表的相关论文的搜集，根据物种发生记录和生物气候数据，得出向日葵列当和分枝列当两种列当的当前潜在适宜区域。向日葵列当的潜在分布区域是连续的，主要集中在我国北部地区。目前，在新疆北部、内蒙古中部和陕西、甘肃西部和吉林以及宁夏大部分地区发现了高适宜性区。中等适宜生境包括黑龙江南部、辽宁西部和内蒙古中部。高、中度适生面积为 $318.69 \times 10^4 \ km^2$，占全国总面积的 33.08%。结果表明，中国北部和中部的大部分地区都是向日葵列当的危险区（图 5-27b）。目前，预计陕西和山西大部分地区、内蒙古中部、新疆东北部、吉林北部、宁夏和甘肃都会出现向日葵列当的潜在危险区。对于向日葵列当而言，我国总面积的 20.54%，是目前潜在的中高风险区。对于分枝列当，在新疆地区发现了高度危险区域，预测面积约为 $12.91 \times 10^4 \ km^2$。

（六）列当监测检测技术

列当监测检测可参考出入境检验检疫行业标准《列当属检疫鉴定方法》（SN/T 1144—2020）来实施。

1. 种子取样

包装大于 0.5 kg 的，每份样品的扦样点不少于 5 个。每份样品的重量：大粒种子（如玉米、花生、大豆等）为 2.5 kg；中粒种子（如麦类、绿豆等）为 2.0 kg；小粒种子（如谷子、苜蓿等）为 1.5 kg；细小或轻质种子（如烟草等）为 1.0 kg。

2. 植物取样

对进口的植物，包括苗木、花卉进行检疫时，查看苗木、花卉是否有残存的列当寄生物及根部有否列当寄生。

3. 现场检疫

在现场检疫时，对从疫区进口的植物、植物产品应进行仔细检验，特别是列当危害的寄主植物种子，过筛后进行仔细检验，筛下物应在体视显微镜下观察，发现有可疑的应在显微镜下仔细观察，必要时作电镜扫描，以防漏检。

4. 检验方法

把检验样品放入三角瓶内（三角瓶视检验样品多少定大小），然后加少许肥皂水或 1% 表面活性剂，再加自来水直至覆盖检验样品。摇匀，静置 10 min。把三角瓶内检验样品连同液体一起倒入上筛为 60 目（孔径 $500 \ \mu m$）、下筛为 300 目（孔径 $500 \ \mu m$）的套筛中（套筛直径最好 10 cm，上大下小）。用自来水冲洗三角瓶 7～8 次，并将冲洗液倒入上筛冲洗检验样品。移开上筛，用自来水冲洗下筛壁，用滤纸吸干后，把下筛直接置体视显微镜下仔细观察，发现有列当种子时，需移至显微镜下确定，必要时需作电镜扫描。

（七）综合防控技术

分枝列当和向日葵列当具有持续时间长、难以根除、防治困难等特点，所以建立以加强检疫为主，同时开发高效、经济的防治策略的任务非常急迫。

1. 检疫防控

列当种子一旦传入就会对当地的农作物造成严重损害，建立完善的检疫法律法规及提高民众的检疫知识，能有效地将列当控制在疫区。

2. 农业防控

列当零星发生地块，可进行人工拔除，人工拔除虽然费时、费力，但与其他防治策略一起使用将有助于减少种子库。推迟或提前播种日期可减轻列当危害，但易受到温度、降雨影响，只适用于特定的地区和作物（陈燕芳 等，2014），但对新疆向日葵主产区，向日葵播得过早又容易导致早春寒从而影响向日葵出苗。通过阳光直接加热土壤或在土壤表面覆盖塑料膜，提高土壤温度，当土壤温度达到 48～57 ℃时能杀死吸胀的列当种子。张连昌等（2013）在辽宁利用黑膜覆盖防治烟草列当，减少了列当的出土数，防效可达 30% 左右。Nassib（1992）等研究发现，列当的寄生与土壤营养状况有密切关系，氮肥、磷肥充足和施用鸡粪均能在一定程度上防治列当。唐嘉成等（2013）报道，播种前用 30 t/hm² 羊粪处理土壤，对烟草田中列当的防除效果达 66%。Sirwan（2010）等报道，利用芝麻、印度大麻、埃及三叶草和绿豆与番茄轮作可减少列当危害，同时番茄产量分别提高 71.4%、67.5%、65.5% 和 62.5%。将甜菜、小麦、辣椒与加工番茄轮作后，分枝列当的寄生数量未显著降低；但与向日葵轮作后，向日葵列当的寄生数量显著减少 60.0% 以上（王恺 等，2019）。番茄可与禾本科植物（小麦、玉米、谷子）、大豆、马铃薯、甜菜、棉花、大麻、苜蓿、辣椒、绿豆等进行轮作（王靖 等，2015）。

3. 培育抗性品种

培育抗性品种是列当综合治理的基础，虽然抗性育种是一个漫长而艰难的过程，但是抗性品种已经显示出对列当不同程度的抗性，目前在向日葵、蚕豆、鹰嘴豆、豌豆、油菜、烟草、番茄上均已发现了与抗性相关的基因，向日葵的 *Or1*、*Or2*、*Or3*、*Or4*、*Or5* 和 *Or6* 基因分别控制对向日葵列当 A、B、C、D、E 和 F 小种的抗性，然而当新生理小种出现后，带有这些抗性基因的品种会很快丧失抗性。抗性基因在向日葵抗性育种上已得到广泛应用，且效果良好（Bai et al.，2020；Hu et al.，2020；Clark et al.，2020；Fernandez-Aparicio et al.，2020）。已明确的是，其他农作物发现的抗性基因较少或其作用机制尚不清楚，因此减少列当种子萌发率以及种子萌发后减少列当瘤节和吸器产生数量的附着前抗性受到越来越多的关注（Bai et al.，2020；Samejima et al.，2018；Hu et al.，2020；Mutuku et al.，2020）。蚕豆埃及品系 Giza402 是地中海和中东地区种植面积最大的一个品系，其主要抗性机制是其根系分泌物使弯管列当、*foetida* 和 *Phelipanche aegyptiaca* 种子萌发率降低，同时其自身生理生化机制可抑制瘤节产生数量和抵御吸器的穿透，并发现了与抗性相关 10 个 QTLs。番茄突变体 Sl-ORT1 因无法合成独脚金内酯而不能诱导种子萌发，对分枝列当表现出高度抗性，但在其根部加入人工合成刺激物 GR_{24} 后，土壤中的列当种子迅速萌发并可与其根系建立良好的寄生关系。5 个鹰嘴豆突变株对 *O. foetida* 表现出强抗性，其抗性机制主要是根系分泌物诱导列当种子萌发率低，同时当列当吸器侵入后，鹰嘴豆植株中的酚类物质以及抗逆相关的酶活性显著提高（Brahmi et al.，2011）。

4. 生物防控

用镰刀菌 L2 菌株进行田间防治，防治效果达到 92.4%，而且该菌株对小麦、玉米、棉花、烟草和向日葵等作物生长无影响（孔令晓 等，2006）。列当蝇（*Phytomiza robanchia*）是一种在北非和东非广泛存在的列当害虫，这种昆虫能取食列当茎秆、果实和种子，防效可以达到 11%～79%，由于列当蝇与当地防治蚜虫的措施存在冲突，因此并没有得到广泛推广（Gressel et al.，2004）。Aybeke 等（2014）研究发现，利用洋葱曲霉（*Aspergillus alliaceus*）能在一定程度上防治列当，国内开发的微生物除草菌剂 Br-2 对番茄列当的防除效果达 64%（郑庆伟，2015）。从自然发病的列当上分离得到的瓜果腐霉（*Pythium aphanidermatum*）和镰刀菌对列当的防效可达 50%～90%（丁丽丽 等，2012）。采用灰黄青霉（*Penicillium griseofulvum*，CF3）的无细胞发酵滤液对分枝列当种子萌发和发芽管生长影响进行研究，通过盆栽试验研究发现，CF3 粉状制剂对分枝列当有较好的防除效果，并可促进番茄生长（陈杰 等，2019）。

5. 化学防控

用氟乐灵、仲丁灵、二甲戊灵、草甘膦异丙胺盐播前进行土壤处理，精异丙甲草胺播后苗前处理，可降低田间列当的出土率，并抑制已出土列当的生长，同时对寄主产量影响较小。将氟啶酮与赤霉素组合后采用滴灌施入土壤中，在 25 ℃、50% 湿度条件下，对分枝列当种子诱杀率可达 85.61% 以上（Bao et al.，2010）。

6. 综合防控技术应用

目前没有一种方法能单独使用且能完全、长远、有效地控制列当，应使用多种方法相结合，综合治理才能更有效地防治列当（Eizenberg and Goldwasser，2018）。防治列当的重点在于如何利用上述方法减少种子库，阻止列当快速繁殖，避免列当从疫区扩散，并使成本降低到农民可以接受的程度，Eizenberg 和 Goldwasser 采用化学防治为主的综合防治措施，经过多年连续防控，使加工番茄列当防效达到 95% 以上。

（赵思峰，姚兆群，曹小蕾，张璐）

八、菟丝子属

菟丝子属（*Cuscuta* Linnaeus）是一年生寄生草本植物。其分类地位属于被子植物门（Angiospermae）双子叶植物纲（Dicotyledoneae）合瓣花亚纲（Sympetalae）管状花目（Tubiflorae）旋花科（Convolvulaceae）菟丝子亚科（Cuscutoideae）。菟丝子无根、无叶或叶片退化成小的鳞片，不含叶绿素，通过吸器从寄主植物的茎叶上获取自身生长所需的水分和营养物质等，其适应环境能力强，具有广泛的寄主范围，生命力顽强，使得被寄生的寄主植物受到损害，严重时可导致寄主植物死亡，从而使得农林经济受到严重损失。

菟丝子属植物大约有 200 个种和 70 个变种，广泛分布于全世界暖温带地区。根据《中国植物志》记载，中国有 11 种菟丝子属植物，分属于 3 个亚属。郭琼霞（2008）报道我国有 14 种，描述依据主要是其种子表面的颜色、大小、形状、种脐等形态特征。田立超 等（2017）记述，我国分布的菟丝子种类有 11 种。从各地报道的文献来看，发生和分布较为普遍的种主要有南方菟丝子、大花菟丝子、中国菟丝子、日本菟丝子、啤酒花菟丝子。

新疆是我国报道菟丝子种类最多、危害最为严重的地区。新疆存在 11 个记录种，单柱菟丝子和田野菟丝子为当地优势种。

（一）学名及分类地位

单柱菟丝子、田野菟丝子均属于菟丝子属的茎全寄生种子植物。单柱菟丝子主要寄生于乔木、灌木及多年生草本植物上。田野菟丝子别称原野菟丝子，主要寄生于一年生植物上。

（二）分布与危害

1. 分布

菟丝子几乎分布于全世界各地，而温带、热带和亚热带地区是菟丝子的主要发生区，美洲是菟丝子分布种类最多、范围最广的地区。单柱菟丝子分布于欧洲西部、非洲北部、亚洲中部、俄罗斯、蒙古国，中国的东北、内蒙古、宁夏、新疆等地；田野菟丝子多发生在福建、新疆等地。

2. 危害

两种菟丝子均具有生长快、易传播、适应性广、种子生命力强、致病力强等特性，其不但可通过茎寄生对其寄主造成直接危害，还可作为农作物病虫害传播的中间寄主，助长病虫害发生，带来负面经济影响。当寄主个体上的菟丝子生物量较多时，寄主植物生长明显受抑制，出现寄主植物黄化、萎蔫等症状，生活力衰退，严重时导致成片干枯死亡（图5-26）。番茄被菟丝子侵染后，生长受抑制，产量下降，而其果实大小和成熟度不受影响（Lanini，2005）。美国约 10% 的番茄受到菟丝子的侵害，造成番茄产量减少 10%～75%，在加利福尼亚州、新泽西州和佛罗里达州菟丝子被视为危害最为严重的杂草（Davis et al.，1998）。在我国菟丝子的危害也相当严重，其中大豆和苜蓿是受危害最为严重的作物，大豆受菟丝子危害后，植株矮小，轻的结荚少，籽粒瘦瘪，重的不能结荚，早期死亡。寄生越早，其危害越为严重，产量损失越大；苜蓿被菟丝子寄生后，生长和产量均受影响，品质变劣，严重影响其饲用价值。菟丝子危害严重时甚至会造成苜蓿成片死亡，给畜牧业带来重大损失（黄建中 等，1991）；2007 年宁夏 13.6% 的草原被菟丝子侵害，成灾面积达 10 万 hm^2，极大影响了畜牧业和生态环境；刘晓红（2009）发现菟丝子寄生亚麻后，严重影响麻的品质和出麻率。菟丝子在新疆对油料作物（亚麻、大豆、油菜等）、经济作物（蚕豆、甜菜等）、饲料作物（苦荬菜等）、蔬菜（辣椒、番茄、胡萝卜等）、香料植物（丁香等）都有严重危害。同时还对果树、观赏植物、经济林木也造成了危害。蔡磊明等（1999）调查发现，田野菟丝子在伊犁地区，对苜蓿的危害占种植面积的 90% 以上，其还可以寄生 30 科、81 属、113 种植物。在伊犁调查发现，路旁、农田、花园、果园等均有被菟丝子危害的情况，其中受危害的木本寄主有 15 种，草本寄主有 52 种（图5-27）。2013 年，阿拉山口出入境检验检疫局检测出检疫性杂草单柱菟丝子，并发现其寄主植物种类较多，危害榆树绿化带达 200 m^2 以上（莫善明 等，2014）。在 20 世纪 70 年代中期，菟丝子也曾侵染新疆玛纳斯平原林场榆树幼林，危害率达 80% 以上，造成树势衰弱，生长停滞，叶片变小，幼枝枯死，老枝叶片转黄而干枯，致大片林子枯死（图5-28）。

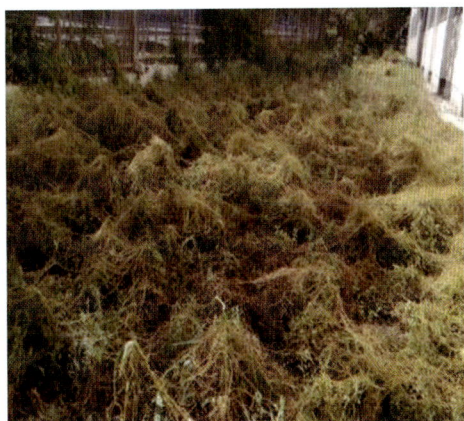

图 5-26　单柱菟丝子危害林木症状
（赵思峰 摄，2015）

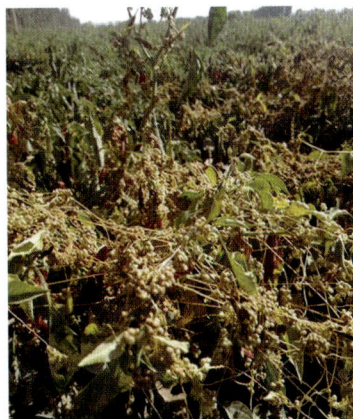

图 5-27　田野菟丝子危害辣椒症状
（赵思峰 摄，2018）

图 5-28　单柱菟丝子和田野菟丝子在寄主茎上寄生症状（艾尼古丽·依明 摄，2017）

A. 单柱菟丝子　B. 田野菟丝子

（三）形态特征

1. 单柱菟丝子

一年生草本，全体无毛；茎线形，强壮，粗糙，多分枝（直径 1~3 mm），淡青色至微红色并有紫色瘤状突起，无叶；花玫红色或几乎白色，穗状花序松散或穗状圆锥花序；花萼包藏花冠筒，裂片近半圆形。花冠裂片卵圆形，顶端钝；鳞片齿状，基部相连；花药无柄，着生在花冠的喉部；子房球形；花柱 1 枚，短，柱头头状，中央有浅裂缝。蒴果周裂。种子椭圆形或舌尖状，背面平或微凹，表面具条纹状纹饰，条纹间有细小的颗粒状突起；晕轮长椭圆形，种脐下陷或与晕轮面平齐或衣领状突起，褐色，有明显的喙状突起（图 5-29）。

图 5-29　单柱菟丝子形态特征（艾尼古丽·依明 摄，2015 年）

A. 茎　B. 花　C. 花萼　D. 花冠（展开）E. 雌蕊　F. 硕果　G. 种子　H. 种脐

2. 田野菟丝子

一年生草本，茎圆形，较细（直径 0.3～0.8 mm）平滑无毛，多分枝，黄色至橘黄色，花白色，花长 2～4 mm，具腺体，有短花梗，聚集成头状的团伞花序（图 5 - 30）。花萼包藏花冠筒；花冠裂片宽三角状，锐尖，尖端常向内弯折；雄蕊短于裂片，花药椭圆形；鳞片卵形，边缘流苏状；子房球形；通常具花柱 2 枚，极少数具花柱 3 枚，柱头头状。蒴果不开裂。种子卵圆形，近三面体，背面圆拱，表面粗糙，密布细颗粒。晕轮较大，近圆形，脐线呈线性或波浪线，淡黄色。有明显的喙状突。

图 5 - 30 田野菟丝子形态特征（艾尼古丽·依明 摄，2015）
A. 茎 B. 花 C. 花萼 D. 花冠（展开） E. 雌蕊 F. 种子 G. 种脐

（四）生物学特性

1. 生活史

菟丝子主要通过种子进行繁殖，在土壤中越冬休眠，翌年夏初萌发，具体萌发时间依当地气候因素等条件而定，时间在 3～6 月，并且菟丝子种子的萌发生长与寄主植物的生长发育呈现同步节律性。菟丝子种子萌发后形成初生幼苗具有黄绿色丝状细茎，能进行光合作用，该阶段为自养阶段。然后其茎藤会向四周延伸去寻找合适的寄主植物，若 2 周后未寄生到适宜的寄主上，即会枯萎死亡。若成功寄生后，菟丝子会产生特化吸器吸附在寄主上，进入寄生阶段。菟丝子在寄生寄主稳定后，其埋藏在土壤中的部分逐渐脱离土壤，营全寄生生活，其茎继续伸长，随着寄主的生长而生长，开花结籽时间为 7～10 月，所结种子小而多，种子生命力强（图 5 - 31）。

2. 生物学特性

菟丝子种子成熟脱落后在土壤或在枯枝上越冬，一株菟丝子可以结出 2×10^4～4×10^4 粒种子。其大部分种子种皮不透水，存在种子休眠现象，未遇合适萌发条件可在土壤中存活 5～8 年。通过低温处理、干燥处理、冲洗处理、药剂处理和机械处理等方法可打

图 5-31　菟丝子生活史（寄主番茄）（Wu et al.，2018）

A. 菟丝子种子　B. 菟丝子幼苗　C. 缠绕在番茄茎秆上的藤蔓，能够看到形成的吸器

D. 缠绕在番茄茎秆上的藤蔓，藤蔓开始生长　E. 菟丝子花　F. 菟丝子硕果

破或解除种子休眠。田野菟丝子种子打破休眠后萌发率可以达到 80%～100%，而休眠种子萌发率不到 20%（Goldwasser et al.，2001）；在一定浓度范围内 GA、ABT 均对中国菟丝子的发芽率有促进作用。

　　菟丝子幼苗生长受温度、光、种子埋在土壤中的深度、种子储存条件、土壤中细菌和种子活力等因素影响。如单柱菟丝子打破休眠的部分种子在－4 ℃也能萌发。而 Saric′ Krsmanovic′等（2013）报道田野菟丝子种子温度低于 15 ℃时不萌发。杜晓莉等（2011）报道大花菟丝子在我国南方一些城市，冬日低温达到 6 ℃时，一年以上生的老茎仍能休眠存活，菟丝子年消长动态与温度关系最为密切，其次是降雨。菟丝子幼苗出土后呈丝状并向四周旋转，寻找寄主，与寄主接触后产生吸器，建立寄生关系后开始大量吸取寄主的营养，迅速生长并不断分枝。

（五）风险评估与适生性分析

1. 风险评估

　　依据蒋青等（1995）建立的有害生物危险性评价的定量分析方法，应用有害生物危险性分析计算公式进行计算，获得各项评判指标（P_i）和风险值（R），把评估结果风险值（R）参照分级标准，确定 2 种菟丝子在新疆的危险级别（表 5-9）。

表 5 - 9　评判指标和评判标准

准则层 P_i	指标层 P_{ij}	评分具体指标	分值	赋值
国内分布情况（P_1）	国内分布情况（P_{11}）	20%≤有害植物分布面积占其适生面积的百分率<50%	0.01~1.00	0.98
传入、定殖和扩散的可能性（P_2）	有害生物被截获的可能性（P_{21}）	被调运和携带繁殖体的可能性都大	2.01~3.00	2.50
	运输过程中种子存活率（P_{22}）	10%≤存活率<40%	1.01~2.00	1.70
	自然扩散能力（P_{23}）	随介体携带扩散能力或自身扩散能力强	2.01~3.00	2.70
	在新疆的适生范围（P_{24}）	≥50%的地区能够适生	2.01~3.00	2.90
潜在危害性（P_3）	潜在经济危害性（P_{31}）	如传入可造成寄主死亡率5%~20%或产量损失	1.01~2.00	1.98
	官方重视程度（P_{32}）	从未列入检疫名单	0	0
受害对象的重要性（P_4）	对人类健康的危害情况（P_{41}）	发病率≤1‰	0.01~1.00	0.05
	对农业、林业生产的危害（P_{42}）	能侵入农田、林地，不易形成优势种	1.01~2.00	1.90
	对环境的破坏（P_{43}）	适应能力强，能与当地植物并存，对环境有一定的破坏性	1.01~2.00	1.95
危险性管理难度（P_5）	检疫识别难度（P_{51}）	当场识别可靠性一般，经过专门培训的技术人员可当场识别	1.01~2.00	1.60
	除害处理难度（P_{52}）	常规方法的除害效率<50%	1.01~2.00	1.80
	根除难度（P_{53}）	效果差，成本高，难度大	2.01~3.00	2.80

通过计算确定 2 种菟丝子在新疆的风险值 R 为 1.675，属于中度危险农林有害生物，依然需要对其加强检疫，防止其进一步传播和蔓延。

采用公式计算各数值如下：

$$P_1 = P_{11} = 0.98$$

$$P_2 = \sqrt[4]{P_{21} \times P_{22} \times P_{23} \times P_{24}} = \sqrt[4]{2.5 \times 1.7 \times 2.7 \times 2.9} = 2.4$$

$$P_3 = 0.7 \times P_{31} + 0.3 \times P_{32} = 0.7 \times 1.98 + 0.3 \times 0 = 1.39$$

$$P_4 = \text{Max}(P_{41}, P_{42}, P_{43}) = \text{Max}(3, 1, 3) = 1.95$$

$$P_5 = (P_{51} + P_{52} + P_{53})/3 = (1.6 + 1.8 + 2.8)/3$$
$$= 2.07$$

$$R = \sqrt[5]{P_1 \times P_2 \times P_3 \times P_4 \times P_5} = \sqrt[5]{0.98 \times 2.4 \times 1.39 \times 1.95 \times 2.07}$$
$$= \sqrt[5]{13.1964} = 1.675$$

2. 适生性分析

通过对比全国各地气候条件以及 2 种菟丝子的生物学特性。其种子低于 10 ℃ 或高于 35 ℃ 均不能萌发或即使萌发也不能很好存活，萌发最适温度是 25~30 ℃，最适湿度是 15%~30%。依据菟丝子的这些特性，全国各省份均是菟丝子的适应区，其中新疆是最适合菟丝子生长、传播蔓延的区域，而广东、海南、广西、湖南、福建、云南、贵州等地是其适生区。

（六）监测检测技术

菟丝子监测检测可参考出入境检验检疫行业标准《菟丝子属的检疫鉴定方法》（SN/T 1385—2004）来实施。对进出境种用种子、粮食（包括豆类、原粮及其粗加工品）、烟草及其他用途的植物和植物产品进行检验检疫。对来源于植物未经加工或者虽经加工但仍有可能传播病虫草害的产品进行抽样，如种用种子、粮食（包括豆类、原粮及其粗加工品）、烟草及其他用途的植物和植物产品等，每份原始样品的总重量为 2 000 g，未经充分混匀的原始样品的总和，每份复合样品的重量应不少于 1 500 g。少于 1 000 g 的散装样品全检，少于 10 听（包或枝）的样品全检。

1. 检验方法

称取 1 000 g（样品不足 1 000 g 的用全量）待检样品，把检验样品放入电动筛或孔筛中筛样。把筛上和筛下物分别倒入白瓷盘或培养皿中，挑选杂草种子或植物体放入培养皿中，在解剖镜或放大镜下镜检，依据菟丝子的形态特征，检查出怀疑对象。

2. 田间检查

生长季节很容易用肉眼看出是否有菟丝子危害。

（七）综合防控技术

单柱菟丝子和田野菟丝子在新疆均有分布，且已对防风林、风景园林等林木植物，对加工番茄、辣椒、甜菜、小茴香、苜蓿等重要经济作物、牧草等造成严重损害，因此需加强检疫，同时开发高效、经济的防治策略。

1. 检疫防控

菟丝子种子易混杂在商品粮、种子或饲料中进行传播扩散，蔓延繁殖。被菟丝子种子污染的商业种子在大多数国家是不允许进境的（Costea et al.，2006）。我国在 1986 年将五角菟丝子列为进口植物检疫植物对象，1992 年将菟丝子属所有的种被列为二类检疫杂草。目前常采用的检疫检验方法有干筛正筛法、倒筛法、比重法、滑动法和磁吸法等。PCR 检测技术也开始用于菟丝子种子的检疫鉴别。

2. 农业防控

农业防控仍然是菟丝子防治的主要方法。因菟丝子种子生命力强，不易被畜牧消化，含有菟丝子种子的畜禽粪肥必须经过充分腐熟后才可使用。对发生过菟丝子的地块，进行深翻，减少菟丝子种子的萌发率。在种子萌发前进行中耕除草，既能深埋种子，也能减少发生量，并结合整形修剪，消除其"桥梁寄主"，减少菟丝子对木本植物的危害。4～10 月，常巡视地块，一旦发现菟丝子应及时拔除烧毁，或结合修剪，剪除有菟丝子寄生的枝条，或连同寄生受害部分一起剪除并烧毁，以免再传播。在菟丝子发生较多的地方，应在种子未成熟前彻底拔除，以免增加翌年侵染源。菟丝子发生严重的农田，可与禾本科作物轮作 3 年以上，最好与水稻实行水旱轮作 1～2 年，可以消灭田里的菟丝子。

3. 生物防控

用能取食菟丝子的茎、花或果实的天敌来抑制或防止菟丝子的生长；我国在以真菌防除菟丝子方面已经取得重大进展。刘志海等于 1963 年成功研制"鲁保一号"真菌除草剂，经测定，它对寄生在大豆上的中国菟丝子、南方菟丝子（*Cascuta australis*）和欧洲菟丝子（*Cascuta europaea*）等种类有特殊防效。Rudakov（1963）报道菟丝子链格孢（*Alternaria cutacide*）悬浮液喷施寄生于紫花苜蓿等寄主上的菟丝子，对菟丝子的防除效果可达 90%～100%；廖咏梅等（1991）筛选出对日本菟丝子具有较强致病力的菌株刺盘孢属（*Coletotrichum corda*），并发现生防菌株的致病力受菟丝子本身对生防菌株的抗性（色泽差异）、生防菌株的致病力和菟丝子寄主对其抗性的影响；周浩等（2012）在广西采集到具有炭疽病斑的日本菟丝子，将其病原鉴定为尖孢炭疽菌（*Colletotrichum acutatum*）；郭凤根等（1998）对云南园林菟丝子进行生防研究，首次从大花菟丝子感病藤茎上分离到半裸镰孢（*Fusarium semitectum*）、腐皮镰孢（*Fusarium solani*）、细交链孢（*A. tenuis*）和茶褐斑拟盘多毛孢（*Pestalotiopsis guepinii*）4 种病原真菌，发现半裸镰孢的寄主安全性最高，被认为是较有发展前途的防治大花菟丝子的菌种。

4. 化学防控

苗前选用 48% 仲丁灵乳油 3 000～3 750 mL/hm²、50% 乙草胺乳油 1 500～2 250 mL/hm²、43% 甲草胺乳油 2 250～3 000 mL/hm²、50% 异丙甲草胺乳油 1 500～3 000 mL/hm² 等进行土壤处理，施药后立即浅耙松土，把药物混入 2～4cm 土层中，可抑制菟丝子种子萌发或杀死刚出苗的嫩茎（周培建 等，2003）。徐乃良和莫钊志（1988）使用草甘膦防治龙眼、油桐上的菟丝子，取得了较好的防治效果；杜晓莉等（2011）、杨思霞等（2015）发现 6% 菟丝特水剂对园林树木安全，具有很好的防效；王坤芳等（2012）发现乙草胺的防治效果为最佳，二次用药对菟丝子的防治效果明显高于一次用药；梁英辉等（2009）发现草甘膦水剂 400 mg/kg 和 800 mg/kg 的剂量处理对苜蓿较为安全，而且与对照组相比，处理组苜蓿产量明显增加，防效高于 80%；廖月华等（2002）采用 48% 仲丁灵乳油防治蔬菜、花卉上长至 5～6cm 的南方菟丝子也取得了较好的效果；陆仟等（2014）发现 6% 菟丝特水剂 30 mg/L、60 mg/L，41% 草甘膦异丙胺盐 364 mg/L，10% 双草醚 28 mg/L 等 4 个处理，对寄主黄素梅的抑制率较小，对菟丝子防效均高于 80%。

5. 综合防控技术应用

菟丝子的防治主要采取植物检疫（形态）、农业防控（深翻和拔除）、化学防控（除草剂）、生物防控（生防菌或生防昆虫）等方法，而这些方法并不能有效控制菟丝子的发生和传播蔓延，菟丝子的防治仍然十分棘手。

（赵思峰，姚兆群，张学坤，熹慧）

九、野燕麦

（一）学名及分类地位

野燕麦（*Avena fatua* Linnaeus），属禾本科（Gramineae）燕麦属（*Avena*），别名燕麦草、乌麦、南燕麦。

（二）分布与危害

1. 分布

原产地中海地区，现世界各地广泛归化（于胜祥 等，2020）。广布于我国南北各省，在新疆产于青河、阿勒泰、乌鲁木齐、精河、和布克赛尔、塔城、伊宁、新源、巩留、特克斯、昭苏、巴里坤、和静、焉耆、乌恰、喀什、莎车、叶城、塔什库尔干等新疆各地。

生于平原绿洲及山区，在天山北坡和塔尔巴哈台山低山丘陵的农田、撂荒地往往形成优势群落，是南北疆农田常见杂草。

2. 危害

野燕麦是世界性的恶性农田杂草，19 世纪中叶曾先后在香港和福州采集到其标本，跟随进口麦传入，首先传到西北再传播至全国（于胜祥 等，2020），马金双等在《中国入侵植物名录》中将其定为 2 级入侵植物即"严重入侵类"（图 5 - 33）。

野燕麦以无意引入的方式传入我国，我国从进口粮食作物及进口动物产品中也经常截获野燕麦种子（张京宣 等，2016）。野燕麦根系发达、分蘖能力强，常混生于麦类、豌豆、油菜等作物中，与农作物争水、争光、争肥，使作物产量降低。野燕麦根系发达，植株高大，分蘖能力强，繁殖系数高，一般单株分蘖 15～25 个，每株结实 410～530 粒，多的可达 1 000 粒。同时种子易混杂于作物中，降低作物产品质量。野燕麦还能传播小麦条锈病、叶锈病，同时是小麦黄矮病等病毒和多种害虫的中间寄主和越冬越夏的栖息场所（于胜祥 等，2020）。

（三）形态特征

1. 茎

须根较坚韧。秆直立，光滑无毛，高 60～120 cm，具 2～4 节。叶鞘松弛，光滑或基部者被微毛（图 5 - 32）。

2. 叶

叶舌透明膜质，长 1～5 mm；叶片扁平，长 10～30 cm，宽 4～12 mm，微粗糙，或上面和边缘疏生柔毛。颖草质，几乎相等，通常具 9 脉。

3. 花

圆锥花序开展，金字塔形，长 10～25 cm，分枝具棱角，粗糙；小穗长 18～25 mm，含 2～3 朵小花，其柄弯曲下垂，顶端膨胀；小穗轴密生淡棕色或白色硬毛，其节脆硬易断落，第一节间长约 3 mm（图 5 - 32）。

4. 果

外稃质地坚硬，第一外稃长 15～20 mm，背面中部以下具淡棕色或白色硬毛，芒自稃体中部稍下处伸出，长 2～4 cm，膝曲，芒柱棕色，扭转。颖果被淡棕色柔毛，腹面具纵沟，长 6～8 mm（图 5 - 32）。

图 5 - 32　野燕麦形态特征（马占仓 摄）

（四）生物学特性

一年生草本，喜温暖，耐寒性不强。花果期 4～9 月，种子繁殖。野燕麦种子对温度的适应范围较广，最适发芽温度为 15～20 ℃；对光周期不敏感；全黑、全光照条件下均可正常萌发；覆盖 2～15 cm 的土层均可萌发，其中 2～10 cm 土层的发芽率最高；适宜

pH 范围较广，在 pH 为 5～9 范围内，发芽率大于 70%；耐盐胁迫能力较强，NaCl 浓度为 160 mmol/L 时，发芽率大于 50%（李涛 等，2018）。野燕麦幼苗对盐胁迫和干旱胁迫具有较强的适应性（赵威 等，2017）。

（五）综合防控技术

人工拔除：结合麦田管理，在野燕麦成熟之前进行拔除（于胜祥 等，2020）。拔掉的野燕麦必须带出麦田，晒干粉碎，或集中烧毁。同时，要清除田埂沟渠的杂草，减少传播扩散源（杨玉锐 等，2015）。

化学防除：用炔草酯、唑啉草酯、精噁唑禾草灵、甲基二磺隆、氟唑磺隆、啶磺草胺对 4～6 叶期野燕麦均有较好防效（李涛 等，2018）。

（阎平，马占仓，黄刚）

十、毒莴苣

（一）学名及分类地位

毒莴苣（*Lactuca serriola* Linnaeus），属菊科（Asteraceae）莴苣属（*Lactuca*），别名野莴苣、刺莴苣、欧洲山莴等，英文名为 Prickly lettuce，属《重点管理外来入侵物种名录》《进境植物检疫性有害生物名录》。

（二）分布与危害

1. 分布

毒莴苣原产于欧洲和西亚，1860 年传入北美，目前国外分布于奥地利、捷克、法国、德国、意大利、荷兰、瑞士、俄罗斯、埃及、美国、加拿大、墨西哥、伊朗、哈萨克斯坦、乌兹别克斯坦、印度、蒙古国等国家。野莴苣一名始于祁天锡《江苏植物名录》（1921），贾祖璋、贾祖珊《中国植物图鉴》（1937）称毒莴苣。最早于 1936 年在云南采集到物种标本，此后，先后在辽宁、上海、安徽、浙江、福建、山东、四川、陕西、新疆及台湾有标本采集记录。国内有辽宁、浙江、内蒙古入侵报道。目前，国内分布于河北、内蒙古、辽宁、吉林、江苏、安徽、浙江、福建、山东、河南、湖南、江西、重庆、四川、陕西、甘肃、新疆、香港等省（自治区、直辖市）。常见于废弃地、放牧草场、农田、果园、马路旁、铁路旁、人行小路等沙质黏土、沙壤土、淡黑钙土等地块。

2. 危害

毒莴苣繁殖力很强，是一种对水果、谷类、豆类作物危害十分严重的入侵植物，一旦侵入到农林生态系统中，可危害牧场、果园以及耕地上的栽培植物，抢夺农作物养分，使农作物的产量和质量下降，对农业生产和经济发展产生不良影响；毒莴苣全株有毒，人畜误食可能中毒。植物含有麻醉剂的成分，特别是开花的时候，植物的乳汁中含有一种叫"山莴苣膏（lactucarium）"的物质，有弱鸦片碱的作用，但不会引起消化紊乱和成瘾；普通剂量易引起嗜睡，过多则引起焦虑不安，如果太过量则会导致心脏停搏而死亡（周玉玲，2016）。

（三）形态特征

1. 植株

一年生草本植物，植株高 60～250 cm（图 5-33）。

图 5 - 33　毒莴苣植株（付卫东 摄，2021）

2. 根

根粗壮，具分枝。

3. 茎

茎单生，直立，无毛或有时有白色茎刺，上部圆锥状花序分枝或自基部分枝（图 5 - 34）。

图 5 - 34　毒莴苣的茎（A 图付卫东 摄，B 图张国良 摄，2021）

4. 叶

中下部茎叶呈倒披针或长椭圆形，长 3.0～7.5 cm，宽 1.0～4.5 cm，倒向羽状或羽状浅裂、半裂或深裂，有时茎叶不裂，呈宽线形，无柄，基部箭头状抱茎，顶裂片与侧裂片等大，三角状卵形或菱形，或侧裂片集中在叶的下部或基部而顶裂片较长，呈线形，侧裂片 3～6 对，呈镰刀形、三角状镰刀形或卵状镰刀形，最下部茎叶及接圆锥花序下部的叶与中下部茎叶同形或呈披针形、线状披针形或线形，全部叶或裂片边缘有细齿或刺齿或细刺或全缘，下面沿中脉有刺毛，刺毛黄色（图 5 - 35）。

图 5-35 毒莴苣叶片（张国良 摄，2021）

5. 花

头状花序多数，在茎枝顶端排成圆锥状花序。总苞果期卵球形，长 12 mm，宽约 6 mm；总苞片约 5 层，外层及最外层小，长 1~2 mm，宽 1 mm 或不足 1 mm，中、内层披针形，长 7~12 mm，宽至 2 mm，全部总苞片顶端急尖，外面无毛。舌状小花 15~25 枚，黄色（图 5-36）。

图 5-36 毒莴苣花（A、B 图付卫东 摄，C 图张国良 摄，2021）

6. 果

瘦果倒披针形，长 3.5 mm，宽 1.3 mm，压扁，浅褐色，上部有稀疏的上指的短糙毛，每面有 8~10 条高起的细肋，顶端急尖成细丝状的喙，喙长 5 mm，喙顶扩展成小圆盘（冠毛着生处），盘中央具褐色点状残基，果基窄，截形，底部具椭圆形果脐，白色，凹陷。冠毛白色，微锯齿状，长 6 mm（图 5-37）。

（四）生物学特性

1. 生长繁殖特性

毒莴苣以种子进行繁殖，单株最大结实量达 52 000 多粒，寿命可达 3 年以上；种子大小（2.0~3.8）mm×（0.8~1.1）mm（长×宽，不记喙）；千粒重 0.38~0.54 g；瘦果顶端具白色冠毛。成熟的种子可借风力、水力等进行大范围扩散，也可通过农产品运

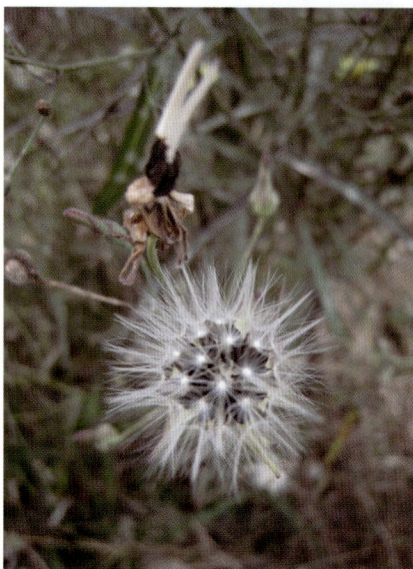

图 5 - 37 毒莴苣子实（付卫东 摄，2021）

输、动物皮毛携带等途径传播。适应力强，不仅喜欢干燥的环境，在潮湿的耕地上也能生长。常见的伴生杂草有小飞蓬、野塘蒿、鬼针草、裂叶月见草、裂叶牵牛、狗尾草、野胡萝卜、苍耳、一年蓬、葎草、龙葵和钻形紫菀等。花果期 6～8 月，种子在 8～10 月成熟，10 月至翌年 4 月为毒莴苣种子的萌发期及幼苗成长期，温度的变化对其生长及分布有着重要影响。毒莴苣分布广泛，海拔、坡向、坡度等对其分布影响不大。

2. 光合特性

毒莴苣净光合速率高达（21.22±0.45） $\mu molCO_2/(m^2 \cdot s)$，比入侵性杂草一年蓬、野塘蒿稍低，比藜、北美车前、山莴苣等高，是一种高光效植物；根据毒莴苣的光合响应曲线，毒莴苣的理论光补偿点为 37.58 $\mu mol/(m^2 \cdot s)$，光饱和点为 1 480 $\mu mol/(m^2 \cdot s)$，理论最大净光合速率 20.81 $\mu molCO_2/(m^2 \cdot s)$；毒莴苣的光合作用具有午休现象，是由于高光照和高温导致气孔阻力增加、气孔关闭，影响了植株对外的气体交换；影响净光合速率的主要因素是气孔导度、叶面光合有效辐射和叶片的蒸腾（郭水良 等，2006）。

（五）综合防控技术

在毒莴苣苗期可选择草甘膦、草胺膦等除草剂进行防治。

（张国良，付卫东，王忠辉，宋振）

十一、曼陀罗

（一）学名及分类地位

曼陀罗（*Datura stramonium* Linnaeus），属茄科（Solanaceae）曼陀罗属（*Datura*），别名土木特张姑、沙斯哈我那、赛斯哈塔肯、醉心花、闹羊花、野麻子、洋金花、万桃花、狗核桃、枫茄花。

（二）分布与危害

1. 分布

原产墨西哥，广布于世界各大洲。我国广布于南北各省，在新疆各地均产。常生于平原绿洲、住宅旁、路边、水渠旁或撂荒地，是北疆农田常见杂草（图 5 - 38）。

图 5 - 38　生于水渠旁的曼陀罗

2. 危害

据《本草纲目》（1594 年）记载，明朝末期作为药用植物引入我国，作为观赏或药用植物有意、无意引入我国沿海地区，再传播至内地（于胜祥 等，2020）。在《中国入侵植物名录》中将其定为 2 级入侵植物，即严重入侵类。

全株含有生物碱，可药用，有镇痉、镇静、镇痛、麻醉的功能，对人、家畜、鸟类、鱼类等有强烈毒性，其中果实和种子毒性最大（于胜祥 等，2020）。且对其他植物种子萌发和幼苗生长具有强烈的化感作用，因此往往以建群种形成优势群落（王磊三，2020）。种子混入大豆等粮食中误食后会引起中毒，引发休克，严重者可致死（于胜祥等，2020）。

（三）形态特征

1. 植株

高 0.5～1.5 m，全体近于平滑或在幼嫩部分被短柔毛（图 5 - 39A）。

2. 茎

茎粗壮，圆柱状，淡绿色或带紫色，下部木质化。

3. 叶

叶广卵形，顶端渐尖，基部不对称楔形，边缘有不规则波状浅裂，裂片顶端急尖，有时亦有波状牙齿，侧脉每边 3～5 条，直达裂片顶端，长 8～17 cm，宽 4～12 cm；叶柄长 3～5 cm（图 5 - 39B）。

4. 花

花萼筒状，长 4～5 cm，筒部有 5 棱角，两棱间稍向内陷，基部稍膨大，顶端紧围花冠筒，5 浅裂，裂片三角形，花后自近基部断裂，宿存部分随果实而增大并向外反折；花冠漏斗状，下半部带绿色，上部白色或淡紫色，檐部 5 浅裂，裂片有短尖头，长 6～10 cm，檐部直径 3～5 cm；雄蕊不伸出花冠，花丝长约 3 cm，花药长约 4 mm；子房密生柔针毛，花柱长约 6 cm。花单生于枝杈间或叶腋，直立，有短梗（图 5 - 39C）。

5. 果

蒴果直立生，卵状，长 3.0～4.5 cm，直径 2～4 cm，表面生有坚硬针刺或有时无刺而近平滑，成熟后淡黄色，规则 4 瓣裂。种子卵圆形，稍扁，长约 4 mm，黑色（图 5 - 39D）。

图 5 - 39　曼陀罗形态特征（马占仓 摄，2020）
A. 植株　B. 叶　C. 花　D. 果

（四）生物学特性

草本或半灌木状。花期 6～10 月，果期 7～11 月。种子繁殖。

（五）综合防控措施

在结果前人工铲除，也可使用草甘膦进行化学防除。严禁作为观赏植物进行引种栽培（徐海根 等，2011）。

（阎平，马占仓，黄刚）

十二、毛曼陀罗

（一）学名及分类地位

毛曼陀罗（*Datura innoxia* Mill.），属茄科（Solanaceae）曼陀罗属（*Datura*），别名软刺曼陀罗、毛花曼陀罗、北洋金花。

（二）分布与危害

1. 分布

原产美洲，现在欧美、南美、北美以及亚洲其他地区均有分布。我国安徽、北京、重庆、福建、甘肃、广西、河北、河南、黑龙江、湖北、湖南、吉林、江苏、江西、辽宁、山东、陕西、上海、四川、天津、云南，以及新疆阿勒泰地区、石河子市等地亦有栽培和逸生。常生于平原绿洲、住宅旁、路边。

2. 危害

矢部吉祯 1905 年在北京采集到标本，本种作为栽培植物有意引入，首先在华北地区种植，之后传播到内地其他地方。在《中国入侵植物名录》中将其定为2级入侵植物，即严重入侵类。

叶和花含有莨菪碱和东莨菪碱，其中果实和种子毒性大，对家畜有强烈的毒害作用。目前在疆内多逸生于城区、乡村的房前屋后，偶入侵果园、苗圃等（图5-41）。

（三）形态特征

1. 植株

一年生直立草本或半灌木状，高1～2 m，全体密被细腺毛和短柔毛。

2. 茎

茎粗壮，下部灰白色，分枝灰绿色或微带紫色（图5-40A）。

3. 叶

叶片广卵形，长10～18 cm，宽4～15 cm，顶端急尖，基部不对称近圆形，全缘而微波状或有不规则的疏齿，侧脉每边7～10条。

4. 花

花单生于枝叉间或叶腋，直立或斜升；花梗长1～2 cm，初直立，花谢后渐转向下弓曲。花萼圆筒状而不具棱角，长8～10 cm，直径2～3 cm，向下渐稍膨大，5裂，裂片狭三角形，有时不等大，长1～2 cm，花后宿存部分随果实增大而渐大呈五角形，果时向外反折；花冠长漏斗状，长15～20 cm，檐部直径7～10 cm，下半部带淡绿色，上部白色，花开放后呈喇叭状，边缘有10尖头；花丝长约5.5 cm，花药长1.0～1.5 cm；子房密生白色柔针毛，花柱长13～17 cm（图5-40B）。

5. 果

蒴果俯垂，近球状或卵球状，直径3～4 cm，密生细针刺，针刺有韧曲性，全果亦密生白色柔毛，成熟后淡褐色，由近顶端不规则开裂。种子扁肾形，褐色，长约5 mm，宽3 mm（图5-40C）。

图5-40 毛曼陀罗形态特征（阎平 摄）
A. 茎微带紫色 B. 花单生于枝间 C. 蒴果俯垂

（四）生物学特性

花果期 6～9 月。种子繁殖。

（五）防控技术

在结果前人工铲除。严禁作为观赏植物进行引种栽培（徐海根 等，2011）。

（阎平，马占仓，黄刚）

十三、蒙古苍耳

（一）学名及分类地位

蒙古苍耳（*Xanthium mongolicum* Kitagawa），属于菊科（Asteraceae）苍耳属（*Xanthium*）。有学者指出蒙古苍耳是北美苍耳的晚出异名，但由于目前缺少针对发现于新疆内居群的进一步验证和研究资料，暂时收录为蒙古苍耳，以备查之（金效华 等，2020）。

（二）分布与危害

1. 分布

蒙古苍耳原产北美洲，现分布于内蒙古、黑龙江、河北、辽宁、山东、甘肃、河南、安徽、湖北、江西、江苏、浙江、福建、贵州、广东等地。

阎平、杜珍珠等于 2011 年夏、秋季，分别在新疆温泉科克其乡、昌吉三工乡、阿勒泰 181 团 3 营等地发现少量蒙古苍耳（杜珍珠 等，2012）。目前，该种分布区很窄，数量很少，呈零星分布，不成片，未形成规模与优势。近年来阎平等在新疆阿勒泰地区也采集到了标本（凭证标本：阎平、宋文丹 14629；阎平、王超 14660，存于石河子大学植物标本馆 SHI）。

主要散生于公路边，有时与意大利苍耳或西伯利亚苍耳混生一处，生于干旱山坡或沙质荒地、农田附近（王睿，2021）。

2. 危害

该种个体较大，通常高 0.6～1.2 m，果实也较大。近距离传播应该依靠农区牛、羊等，远距离传播可能与人为活动有关，但危害程度相比于意大利苍耳和刺苍耳较轻（杜珍珠 等，2012）。蒙古苍耳结实量大，较大的植株每年可产果实 200～300 粒，且总苞刺长，顶端具细倒钩，容易黏附在牲畜及其他动物皮毛上迅速传播。蒙古苍耳偏爱在人类活动频繁的向阳河滩和垃圾堆生长，极易被河流和雨水带至下游而大面积扩散。

（三）形态特征

1. 根

根粗壮，纺锤状，具多数纤维状根。茎直立，坚硬，圆柱形，分枝，有纵沟，被短糙伏毛。

2. 茎

茎直立，坚硬，圆柱形，分枝，有纵沟，被短糙伏毛（图 5-41A、B）。

3. 叶

叶互生，具长柄，宽卵状三角形或心形，长 5～9 cm，宽 4～8 cm，3～5 浅裂，顶端钝或尖，基部心形，与叶柄连接处成相等的楔形，边缘有不规则的粗锯齿，具 3 基出脉，叶脉两面微凸，密被糙伏毛，侧脉弧形而直达叶缘，上面绿色，下面苍白色，叶柄长 4～9 cm。

4. 花

圆锥花序腋生或假顶生。雄花序黄白色，雄花冠近筒状，裂片直立，外面散生短糙毛。雌花序生于雄花序之下，通常数量较多。

5. 果

具瘦果的总苞成熟时变坚硬，椭圆形，绿色，或黄褐色，连喙长 18～20 mm，宽 8～10 mm，两端稍缩小成宽楔形，顶端具 1 或 2 个锥状的喙，喙直而粗，锐尖，外面具较疏的总苞刺，刺长 2.0～5.5 mm（通常 5 mm），直立，向上部渐狭，基部增粗，径约 1 mm，顶端具细倒钩，中部以下被柔毛，上端无毛。瘦果 2 个，倒卵形。此种成熟的具瘦果的总苞大，椭圆形，连同喙部长达 18～20 mm，外面有较疏生的长 2.0～5.5 mm（通常 5 mm）坚硬的总苞刺，与苍耳容易区别（图 5-41C）。

（四）生物学特性

一年生草本，高达 1 m 以上。花期

图 5-41 蒙古苍耳形态特征（马占仓 摄，2020）
A. 全株 B. 茎叶 C. 果实

7～8 月，果期 8～9 月。蒙古苍耳在种子萌发阶段对各环境因子（温度、光照、土壤水分、盐分及土壤酸碱度）都有较宽泛的耐受幅度，说明高原盆地、林地农田、荒漠山区、河谷湿地、盐碱地等复杂多变的环境都可成为其种子萌发的适宜生境，其种子均可在该生境条件下萌发（王鹏鹏 等，2018）。

（五）综合防控技术

在开花结果前人工铲除。

（阎平，马占仓，杜珍珠）

十四、假苍耳

（一）学名及分类地位

假苍耳 [*Cyclachaena xanthiifolia* (Nuttall) Fresenius]，属菊科（Asteraceae）假苍耳属（*Cyclachaena*），英文名为 Giant sumpweed，属《重点管理外来入侵物种名录》《进境植物检疫性有害生物名录》

（二）分布与危害

1. 分布

原产于北美洲，目前国外分布于加拿大、美国、墨西哥、阿根廷、智利、南非、莱索托、摩洛哥、阿尔及利亚、突尼斯、土耳其、格鲁吉亚、亚美尼亚、阿塞拜疆、伊朗、哈萨克斯坦、乌兹别克斯坦、土库曼斯坦、阿富汗、巴基斯坦、印度、塔吉克斯坦、吉尔吉斯斯坦、蒙古国、日本、朝鲜、韩国、印度尼西亚、澳大利亚、新西兰等国。国内在内蒙古、新疆有入侵报道。现已广泛分布于河北、内蒙古、辽宁、吉林、黑龙江、山东、新疆等省（自治区）。在新疆，假苍耳仅分布于塔城市，其他地区未见分布。常生长于农田、路旁及荒地等生境。

2. 危害

假苍耳生长过程中易排斥其他植物，形成单一群落，改变当地原有植物种类和群落类型，危害较大。假苍耳的适应性、长势、竞争力、繁殖力等均较强，无论是在贫瘠的公路两侧，还是在营养丰富的粪堆旁，均能生长；其化感物质能够明显抑制其他植物的萌发及生长发育，特别是对农田禾本科杂草的抑制作用明显（赵微 等，2009）。

入侵农田，与田间作物竞争水分、光照、矿质营养及生存空间，并阻碍农事活动的开展，导致农作物（大豆、玉米、向日葵、甜菜等）产量下降，并造成严重的经济损失；入侵草场，叶有苦味，牲畜不食，可降低草场的载畜量；入侵林地，严重影响林木生长。

假苍耳在花期产生大量花粉，其花粉可导致枯草热病的患者增多；果期植株散发明显的异味，皮肤接触后会有瘙痒感。皮肤敏感的人接触到假苍耳叶片会引发皮肤炎。影响人类身体健康（图5-42）。

图5-42 假苍耳危害（付卫东 摄，2021）

（三）形态特征

1. 植株

一年生草本植物，植株高0.5～2 m（图5-43）。

2. 根

发达直根系。

3. 茎

茎直立，有分枝，粗壮，下部茎光滑无毛，绿色或紫色，具明显纵条纹，向上渐有毛，节很明显（图5-44）。

4. 叶

叶片大部分对生，茎上部少数叶片互生；单叶，呈长卵圆形、阔卵形至心形；叶脉在背面隆起，叶前端渐尖，叶基阔楔形、截形或心形，叶缘有重锯齿；叶正面具短伏毛，背面具绵毛，灰绿色；叶柄长3～12 cm（图5-44）。

图 5-43 假苍耳植株（付卫东 摄，2021）

图 5-44 假苍耳茎、叶（付卫东 摄，2021）

5. 花

头状花序排成圆锥花序状，花序枝顶生及腋生，每个头状花序下垂，具极短的柄；总苞5枚，覆瓦状排列，叶质，呈椭圆状菱形，顶端通常具短尖，脉明显，边缘微锯齿状，有睫毛；花单性，同一头状花序上既有雌花也有雄花，全部为管状花，着生在圆锥形的花序托上；雌花位于花序盘边缘，通常5个，位于总苞片内侧，在雌花与总苞片之间有一大型船形鳞片包围雌花，鳞片边缘有睫毛；雌花的筒状花冠退化成极短的膜质小筒，位于子房的顶端，包围花柱的基部，花柱较短，柱头2裂，子房呈倒卵形，腹面平，背面隆起，幼时多毛；雄花位于花序盘中央，数目较多，每个头状花序有数十朵雄花，每朵雄花基部皆有一条形鳞片；雄花的花冠筒长约2 mm，顶端膨大，下部较细，具5个齿裂；花粉粒呈圆球形，具刺状突起；雄花中存在退化雌蕊，退化花柱较长（1.2 mm 左右），柱头盘状（图 5-45）。

6. 果

瘦果黑褐色至灰黄褐色，呈倒卵形，有较平的腹面和隆起的背面，腹面中央及两侧各有一条脊棱，顶端有花柱残痕，并有稀疏柔毛。

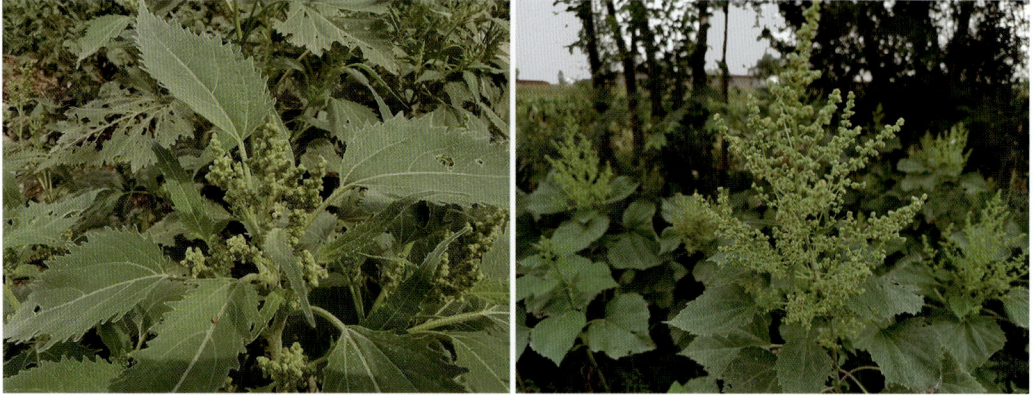

图 5-45　假苍耳花序（付卫东 摄，2021）

（四）生物学特性

1. 萌发特性

室内培养发现，假苍耳种子快速萌发发生在第 3～5 d（13.2 个/d），之后第 6～9 d 萌发速度达到 2 个/d，第 9 d 后基本不萌发（贾晶，2007）。假苍耳种子通过 20 s 的硫酸、60 ℃热水、0.20％ FeSO$_4$ 溶液和 500 mg/L 的赤霉素处理，发芽率分别提高了 10％、17％、5％、11％；低温处理不能提高种子发芽率（赵吉柱 等，2010）。假苍耳种子的寿命在 2～3 年，为中寿命种子，贮藏 1 年的种子发芽率最高，为 56.24％，贮藏 3 年的种子各项萌发指标极低；在 4 ℃层积 15 d 后种子的发芽率最高，为 68.33％；在 −20 ℃和 −40 ℃冷冻处理下，种子的萌发率、内源 GA 总含量、鲜重均显著降低，但对幼苗的下胚轴长度无显著影响；假苍耳种子的萌发需要光照，在不同光照周期处理下，种子的发芽率、发芽势、发芽指数和活力指数均显著高于完全黑暗处理，且随着光照时间的延长呈逐渐升高趋势，在 24 h 光照处理下，各项萌发指标均达到最大值，发芽率高达 60.74％（王丽娟 等，2021）。

2. 生长繁殖特性

假苍耳以种子繁殖，通常每株产种子 2 000～3 000 粒，发育良好植株可结种子万粒以上；顶生花序的种子先成熟，腋生花序自上部逐渐向下部成熟，边熟边脱落。不同年份种子的千粒重为 1.17～1.31 g，含水量在 0.93％～1.26％，种子寿命在 2～3 年（王丽娟 等，2021）。自然条件下，花期 7～10 月。假苍耳快速生长发生在早春至初夏，在 6 月初至 7 月末，快速生长期平均生长速度可以达到 1.98 cm/d，同期直径生长速度可达到 0.2 mm/d（贾晶，2007）。在沈阳地区，假苍耳 4 月上中旬开始出苗，7 月下旬现蕾，8 月初开始开花，8 月下旬种子开始成熟，一直到 10 月中旬植株逐渐枯死。

3. 光合特性

假苍耳可能通过改变叶片结构（栅栏组织和海面组织厚度、层数及比例）来调节其叶片光合特征。而且，叶片具有强的光合能力，非同化器官茎、叶柄、生殖器官等也具有较强的光合能力；叶绿素荧光测定电子传导速率 ETR 可以达到叶片的光合能力 50％以上；而红外线 CO_2 分析技术测定发现其光合可以全部固定自身呼吸产生的 CO_2，为假苍耳的入侵奠定了生理基础（贾晶，2007）。

4. 化感特性

假苍耳茎浸提液中含有抑制萝卜、白菜等十字花科植物种子萌发及幼苗生长的主要化感物质；随着浸提液浓度升高，假苍耳对十字花科植物化感作用增强，狗尾草和苋种子萌发对假苍耳不同部位浸提液均表现敏感，大籽蒿、藜、稗种子萌发对假苍耳不同部位浸提液则表现出低促高抑的趋势（李凤兰，2020）。

同时假苍耳根系分泌物对土壤中土著菌及有益、有害菌的菌体生长均有一定抑制作用，并随着浓度的增加该抑制作用增强（陶波，2010）。

（五）综合防控技术

1. 物理防控

对于零星生长的假苍耳，可在苗期进行拔除；对于生长迅速、根系庞大的成片假苍耳，应进行机械割除，且应贴地低割，不留高茬，以防新枝再发。人工防除，均宜在植物开花前进行，使其不能开花结籽。

2. 化学防控

在假苍耳4～6叶期，可选择草甘膦、氟磺胺草醚、苯嗪草酮等除草剂化学防治。

3. 替代控制

可采用紫穗槐、沙棘、草地早熟禾、菊芋等有经济价值或绿化价值的本土植物替代控制假苍耳，一旦替代植物定植成功，可长期抑制假苍耳的生长。

（张国良，付卫东，王忠辉，宋振）

十五、一年蓬

（一）学名及分类地位

一年蓬［*Erigeron annuus*（Linnaeus）Pers.］，属菊科（Asteraceae）飞蓬属（*Erigeron*），别名白顶飞蓬、治疟草、千层塔、野蒿，英文名为 Daiy Fleabane，属《中国外来入侵物种名单（第三批）》。

（二）分布与危害

1. 分布

一年蓬原产于北美洲，现广布于北半球温带和亚热带地区。1986年在上海郊区被发现，《江苏植物名录》（1921年）有记录。现分布于我国河北、上海、江苏、安徽、浙江、福建、山东、河南、湖北、湖南、江西、广东、重庆、四川、贵州、云南、西藏、陕西、宁夏、新疆等省（自治区、直辖市）。2013年一年蓬入侵新疆。

2. 危害

一年蓬具有繁殖力强大、适应性广泛、发生量庞大和蔓延快速等特点，对麦类、果树、桑树和茶树等产生很大危害（Edwards，2006）；通过释放化感物质使本土植物生长的环境发生改变，从而导致本土植物的生长受到抑制（王从彦 等，2012）；能够在较短的时间内生根发芽，通过侵占非农作物环境和排挤本土植物，快速造成生物多样性的丧失以及生态系统的破坏（倪福明 等，2009）；大量发生于荒野、路边，严重影响景观；花粉致人类花粉病，危害健康（图5-46）。

图 5 - 46　一年蓬危害（张国良 摄，2021）

（三）形态特征

1. 植株

一年生或二年生草本植物，植株高 30～100 cm（图 5 - 47）。

2. 茎

茎粗壮，基部直茎 6 mm，直立，上部有分枝，绿色，下部被开展的长硬毛，上部被较密的上弯短硬毛。

3. 叶

基部叶花期枯萎，长圆形或宽卵形，少有近圆形，长 4～17 cm，宽 1.5～4.0 cm，或更宽，顶端尖或钝，基部呈狭成具翅的长柄，边缘具粗齿，下部叶与基部叶同形，但叶柄较短，中部和上部叶较小，呈长圆状披针形或披针形，长 1～9 cm，宽 0.5～2.0 cm，顶端尖，具短柄或无柄，边缘有不规则的齿或近全缘，最上部叶呈线形，全部叶边缘被短硬毛，两面被疏短硬毛，或有时近无毛（图 5 - 47）。

4. 花

头状花序数个或多数排列成疏圆锥花序，长 6～8 mm，宽 10～15 mm，总苞半球形，总苞片 3 层，草质，披针形，长 3～5 mm，宽 0.5～1.0 mm，近等长或外层稍短，淡绿色或多少褐色，背面密被腺毛和疏长节毛；外围的雌花舌状，2 层，长 6～8 mm，管部长 1.0～1.5 mm，上部被疏微毛，舌片平展，白色，或有时淡天蓝色，线形，宽 0.6 mm，顶端具 2 小齿，花柱分枝线形；中央的两性花管状，黄色，管部长约 0.5 mm，檐部近倒锥形，裂片无毛。

5. 果

瘦果披针形，长约 1.2 mm，扁压，被疏贴柔毛；冠毛异形，雌花的冠毛极短，膜片状连成小冠，两性花的冠毛 2 层，外层鳞片状，内层为 10～15 条长约 2 mm 的刚毛。

（四）生物学特性

1. 繁殖特性

一年蓬为三倍体（2n=27），主要以无融合生殖的方式繁衍后代。一年蓬每个花序能产生 275 粒种子，单株种子产量为 10 000～50 000 粒，种子小而轻（质量为 25 μg），具冠毛，可随风传播。一年蓬可通过调节物候来加大繁殖力度，通常在秋季生产种子，越冬后，花作

图 5 - 47　一年蓬（张国良 摄，2021）
A. 全株　B. 茎　C. 叶　D. 花

为营养型花，依靠光合作用积累能量，使其比春天发芽的植物在种子存活率上更具竞争优势。一年蓬能适应多种环境，在土壤肥沃、光照充足的地方极易生长，在土壤贫瘠的地方如山崖、陡壁，甚至在土壤稀少的石缝中也可存活。在遗传基因表达方面，一年蓬有 2 种基因型，一种以长期生长一年蓬的单形种群表示，另一种以无一年蓬生长的多态种群表示，研究发现群体间存在高度的遗传分化（RAPDs 的 GST＝0.58，ISSRs 的 GST＝0.64），说明在一年蓬的繁殖过程中能够快速适应新环境，为一年蓬的成功入侵提供了理论依据。

2. 生长发育特性

在自然条件下，一年蓬种子的萌发率较低，仅在 5.08％以下，但单株产量高，萌发期短，因此繁殖非常快速。一年蓬株高日平均增高为 0.61 cm/d，其中生长高度最低值为 0.04 cm/d，最高为 2.7 cm/d；叶片日平均增长为 1.22 片/d，其中最低增量为 0.02 片/d，最高增量为 2.2 片/d（张建 等，2009）。种子在早春萌发，当年 6～8 月开花，8～10 月结果，在高海拔和高纬度等生长期较短的地区，一年蓬为越年生植物，在秋季萌芽，在冬季它以莲座形式越冬，次年的夏天开花结果。

3. 生态可塑性

一年蓬的表型可塑性在海拔限制下保持相对较高的适应能力，因此一年蓬的生长表现不会随着海拔的升高而下降（Trtikova，2009）。但一年蓬的植株形态、生物量和叶片功能性状随着地域（东、中与西部）来源和方位（南与北）的改变会受到相应影响，其中地域来源对一年蓬株高、生物量的影响表现为东部浙江显著高于中部湖北与西部重庆，方位对一年蓬株高与茎基分枝数的影响表现为南部株高显著高于北部，根分配则相反（李振，2014）。刘婷婷等（2010）调查了雾灵山一年蓬在不同生境中的分布和空间格局，其结果表明：影响一年蓬杂草分布的2个主要因素是光照和人为干扰，物种多样性随着一年蓬重要值的增加而减小，表明一年蓬对群落内物种多样性存在不利影响。在温度方面，张斯斯等（2016）研究一年蓬在增温条件下，通过提前开花、开大量的花、延长花期持续时间、增加其种子大小和质量，从而增加了繁殖，并通过生物量分配投资优化配置来适应气温升高，提高了一年蓬的适应性和入侵性。

4. 化感特性

赵昱玮等（2010）用超临界 CO_2 流体萃取一年蓬植株，分析鉴定成分中，尿嘧啶占16.27%，酸类化合物占19.08%，甾醇类化合物占10.96%，醇类化合物占1.81%，萜类化合物占1.23%。Rice（1974）将所发现的化感物质归为14类，而一年蓬中起作用的化感物质可能为14类化感物质中易溶于氯仿、乙醚和乙酸乙酯3种有机溶剂的物质。

不同浓度的一年蓬植株地上部分水浸提液对长梗白菜、番茄、辣椒、萝卜种子的萌发、苗高和根的生长主要起抑制作用，且随着浸提液浓度的增加而抑制作用明显增强（方芳等，2005）。金攀等（2010）研究了一年蓬水浸液对白菜、萝卜、黄瓜、月见草、苘麻5种植物的化感作用，试验结果表明，不同浓度一年蓬根、茎、叶水浸液对不同受体植物种子萌发和幼苗的生长发育有不同的化感效应。在低浓度时对特定植物的发芽率和幼苗生长有一定促进作用，而在高浓度时则为显著的抑制作用。在5种受体植物中，苘麻和萝卜受抑制作用较明显，白菜和月见草则较弱，而低浓度处理对黄瓜种子萌发有一定的促进作用。叶浸提液的化感作用要显著强于根和茎的浸提液，所有浓度的叶水浸液处理均极显著地抑制了受体植物种子的萌发和幼苗生长。

（五）综合防控技术

1. 物理防控

在低海拔地区可对一年蓬的种子采用深埋处理，降低发芽能力，减少危害；高海拔地区采用刈割的处理，可以推迟一年蓬的物候期，阻碍一年蓬的生长繁殖。

2. 化学防控

玉米田生境，玉米3~5叶期，一年蓬苗期，可选择2甲4氯、氯氟吡氧乙酸等除草剂防治；果园、荒地、路旁生境，一年蓬苗期，可使用氯氟吡氧乙酸、苯嘧磺草胺、乙氧氟草醚、噁草酮、草甘膦等除草剂进行防治。

（张国良，付卫东，宋振，王忠辉）

十六、皱果苋

（一）学名及分类地位

皱果苋（*Amaranthus viridis* Linnaeus），属苋科（Amaranthaceae）苋属（*Amaranthus*），别名绿苋。

（二）分布及危害

1. 分布

皱果苋广泛分布在两半球的温带、亚热带和热带地区。目前已在全球80多个国家有分布（Francischini et al.，2014）。目前国内分布于安徽、澳门、北京、重庆、福建、甘肃、广东、广西、贵州、海南、河北、河南、黑龙江、香港、湖北、湖南、吉林、江苏、江西、辽宁、内蒙古、陕西、山东、山西、上海、四川、台湾、天津、云南、浙江。近年来在新疆乌苏、石河子、吐鲁番、哈密等地陆续发现有分布，尤其在吐鲁番地区的湿度较大的葡萄架下大面积发生（阎平 等，2023）。

2. 危害

1986年在我国台湾首次发现，人工引种时无意引入，经人和动物活动传播种子。在《中国入侵植物名录》中将其定为2级入侵植物，即严重入侵类。皱果苋相当常见，是菜地和秋季旱作物田间的杂草，可与凹头苋杂交，猪食用后会中毒（Salles et al.，1991）。

（三）形态特征

1. 植株

一年生草本，高40～80 cm，全体无毛。

2. 茎

茎直立，有不明显棱角，稍有分枝，绿色或带紫色。

3. 叶

叶片卵形、卵状矩圆形或卵状椭圆形，长3～9 cm，宽2.5～6.0 cm，顶端尖凹或凹缺，少数圆钝，有1芒尖，基部宽楔形或近截形，全缘或微呈波状缘；叶柄长3～6 cm，绿色或带紫红色（图5-48A）。

4. 花

圆锥花序顶生，长6～12 cm，宽1.5～3.0 cm，有分枝，由穗状花序形成，圆柱形，细长，直立，顶生花穗比侧生者长；总花梗长2.0～2.5 cm；苞片及小苞片披针形，长不及1 mm，顶端具凸尖；花被片矩圆形或宽倒披针形，长1.2～1.5 mm，内曲，顶端急尖，背部有1绿色隆起的中脉；雄蕊比花被片短；柱头3或2裂。胞果扁球形，直径约2 mm，绿色，不裂，极皱缩，超出花被片（图5-48B、C）。

5. 果

种子近球形，直径约1 mm，黑色或黑褐色，具薄且锐的环状边缘。

（四）生物学特性

花期6～8月，果期8～10月。种子繁殖。

（五）综合防控技术

皱果苋喜湿，在幼苗期很容易被拔除，也容易受到地膜、秸秆等覆盖物的影响，而一旦幼苗成熟后很难拔除，在开花前拔除，可防止其种子的形成和扩散（闫小玲 等，2020）。据报道在甘蔗、高粱、玉米和番茄等作物农田中，使用三嗪类除草剂和嗪草酮等可以有效控制皱果苋生长。*Phomopsis amaranthicola* 对防除皱果苋非常有效（Roskopf et al.，2000）。

（阎平，马占仓，徐文斌）

图 5-48　皱果苋（马占仓 摄）

A. 叶　B. 花序　C. 花

十七、绿穗苋

（一）学名及分类地位

绿穗苋（*Amaranthus hybridus* Linnaeus），属苋科（Amaranthaceae）苋属（*Amaranthus*），别名台湾苋。

（二）分布及危害

1. 分布

绿穗苋原产于北美洲东部、墨西哥部分地区、中美洲和南美洲北部。绿穗苋在我国最早的记载是 1944 年的《庐山植物采集名录》（闫小玲 等，2020），目前国内分布于安徽、重庆、福建、甘肃、广东、广西、贵州、河南、湖北、湖南、江苏、江西、辽宁、陕西、山东、上海、四川、台湾、香港、云南、浙江。近年来新疆新源、乌鲁木齐等地也有分布。

常生于平原绿洲、住宅旁、路边、撂荒地。

2. 危害

在《中国入侵植物名录》中将其定为 2 级入侵植物，即严重入侵类，是世界性恶性杂草，广泛分布于 27 个国家，是 27 种作物农田中的主要杂草（马金双，2013）。国外报道绿穗苋可以造成马铃薯、菜豆等作物减产。此外绿穗苋是辣椒炭疽病的宿主，可以导致番茄和棉花幼苗患炭疽病。

（三）形态特征

1. 植株

一年生草本，高 30～50 cm（图 5-49A）。

2. 茎

茎直立，分枝，上部近弯曲，有开展柔毛。

3. 叶

叶片卵形或菱状卵形，长 3.0～4.5 cm，宽 1.5～2.5 cm，顶端急尖或微凹，具凸尖，基部楔形，边缘波状或有不明显锯齿，微粗糙，上面近无毛，下面疏生柔毛；叶柄长 1.0～2.5 cm，有柔毛（图 5-49B）。

4. 花

圆锥花序顶生，细长，上升稍弯曲，有分枝，由穗状花序而成，中间花穗最长；苞片及小苞片钻状披针形，长 3.5～4.0 mm，中脉坚硬，绿色，向前伸出成尖芒；花被片矩圆状披针形，长约 2 mm，顶端锐尖，具凸尖，中脉绿色；雄蕊略和花被片等长或稍长；柱头 3 裂。和反枝苋极相近，但本种花序较细长，苞片较短，胞果超出宿存花被片，可以区分（图 5-49C、D）。

5. 果

胞果卵形，长 2 mm，环状横裂，超出宿存花被片。种子球形，直径约 1 mm，黑色。

图 5-49　绿穗苋形态特征（马占仓 摄，2020）

A. 地上部分　B. 叶　C. 花序　D. 花

（四）生物学特性

花期 7～8 月，果期 9～10 月。种子繁殖。

（五）综合防控技术

幼苗阶段可以直接拔除，成熟植株体应该采用机械防除，还应注意防止其从机械损伤中恢复而产生腋生花序。墨西哥采用病原菌 *Erwinia carotovora* var. *rhapontici*（Gonzalez-Mendoza & Rodriguez，1990）以及昆虫 *Herpetogramma bipunctalis* 和 *Conotrachelus seniculus* 对绿穗苋进行生物防治（Perez et al.，1990）。

（阎平，马占仓，徐文斌）

十八、北美苋

（一）学名及分类地位

北美苋（*Amaranthus blitoides* S. Watson），属苋科（Amaranthaceae）苋属（*Amaranthus*）。

（二）分布与危害

1. 分布

《中国外来入侵植物志》中记载北美苋可能原产于美国中部和东部的部分地区，目前在北美洲的温带地区和亚热带至温带的许多地区广泛归化（闫小玲 等，2020）。北美苋在我国最早记录于 1959 年。国内分布于安徽、北京、甘肃、河北、河南、黑龙江、吉林、辽宁、内蒙古、山东、山西、陕西、新疆等地。新疆阿勒泰、伊犁、塔城、石河子、昌吉、乌鲁木齐、哈密等地有分布。

常生在田野、路旁杂草地等贫瘠干旱的沙质土壤上。

2. 危害

1957 年在辽宁采集到标本，随货物、游客无意引入。在《中国入侵植物名录》中将其定为 4 级入侵植物，即一般入侵类（马金双，2013）。

常侵入干旱农田及菜园，发生量较小。但北美苋伏地茎常多分枝，可形成直径可达 1.0～1.5 m 的"毯子"，在美国被列为次生恶性杂草，可使菜豆、马铃薯等农作物减产。

（三）形态特征

1. 植株

一年生草本，高 15～30 cm（图 5-50A）。

2. 茎

茎大部分伏卧，从基部分枝，绿白色，全体无毛或近无毛（图 5-50B）。

3. 叶

叶片密生，倒卵形、匙形至矩圆状倒披针形，长 5～25 mm，宽 3～10 mm，顶端圆钝或急尖，具细凸尖，尖长达 1 mm，基部楔形，全缘；叶柄长 5～15 mm（图 5-50C）。

4. 花

花成腋生花簇，比叶柄短，有少数花；苞片及小苞片披针形，长 3 mm，顶端急尖，具尖芒；花被片 4 枚，有时 5 枚，卵状披针形至矩圆状披针形，长 1.0～2.5 mm，绿色，顶端稍渐尖，具尖芒；柱头 3 裂，顶端卷曲（图 5-50D）。

图 5 - 50　北美苋形态特征（马占仓 摄）

A. 植株　B. 茎　C. 叶　D. 花

5. 果

胞果椭圆形，长 2 mm，环状横裂，上面带淡红色，近平滑，比最长花被片短。种子卵形，直径约 1.5 mm，黑色，稍有光泽。

（四）生物学特性

花期 8～9 月，果期 9～10 月。种子繁殖。

（五）综合防控措施

苋属植物幼苗娇嫩，一旦幼苗长至 2.54 cm 左右高或者出现 4 片子叶或者更多真叶时很难杀死，因此应该及时进行除草或者加以物理障碍，在开花之前拔除可防止其种子的形成和扩散（闫小玲 等，2020）。

（阎平，马占仓，徐文斌）

十九、大狼耙草

（一）学名及分类地位

大狼耙草（*Bidens frondosa* Linnaeus），属菊科（Asteraceae）鬼针草属（*Bidens*），别名狼把草、接力草、一包针、外国脱力草、针线包草，英文名有 Bur Marigold、Devil′s

Beggarticks、Pitchfork Weed、Sticktights、Tickseed Sunflower。

（二）分布与危害

1. 分布

起源于北美洲，在美洲、欧洲、亚洲地区都有分布。国内分布于北京、河北、辽宁、吉林、黑龙江、上海、安徽、浙江、福建、山东、河南、湖南、江西、广东、广西、重庆、四川、贵州、甘肃、新疆等省（自治区、直辖市）。新疆分布于阿勒泰地区哈巴河县、塔城地区、巴州等地。

2. 危害

为秋收作物（棉花、大豆及番薯）和水稻田间常见杂草，也常见于路边田埂上及抛荒农田。由于大狼耙草植株高大，生长快，须根多，吸收土壤水分和养分的能力很强，耗肥和耗水超过作物生长的消耗，发生量大，影响作物对光能的利用和光合作用，干扰并限制作物生长，影响作物产量。大狼耙草植株高大，与其他植物竞争光照、养分、水分及生存空间等，同时具化感作用，对入侵地其他植被生长有排挤和抑制作用，易形成优势种群，减少入侵地物种的丰富度，破坏生态环境，影响入侵地物种多样性（图 5-51）。

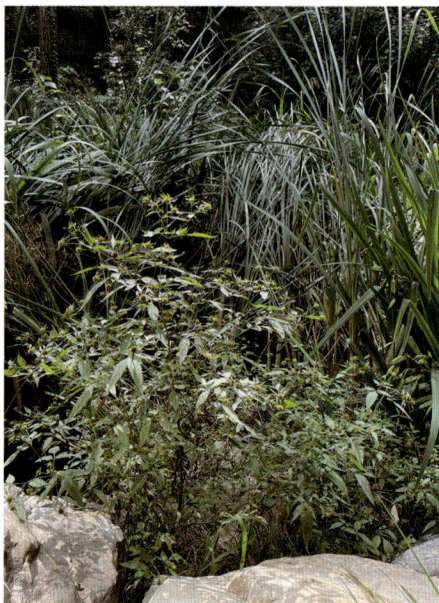

图 5-51 大狼耙草危害
（付卫东 摄，2020）

（三）形态特征

1. 植株

一年生草本植物，植株高 30~170 cm（图 5-52A、B）。

2. 根

根系乳白色，主根明显或不明显，有分枝，细根白色，有发达的横走的根。下部茎秆极易生不定根。

3. 茎

茎直立，略呈四棱形，上部多分枝，被疏毛或无毛，常带紫色；幼时节及节间分别被长柔毛及短柔毛（图 5-52C）。

4. 叶

叶对生，具柄，为一回羽状复叶，小叶 3~5 枚，呈披针形或狭卵状披针形，长 3~10 cm，宽 1~3 cm，先端渐尖，边缘有粗锯齿，正面多为紫色，背面多为淡棕绿色，两面被疏短毛或无（图 5-52D、E）。

5. 果

瘦果扁平，呈狭楔形，长 5~10 mm，近无毛或是糙伏毛，顶端芒刺 2 枚，长约 2.5 mm，有倒刺毛（图 5-52F）。

6. 花

头状花序单生茎端和枝端，直径 12~25 mm，高约 12 mm；总苞呈半球形，外层苞

图 5-52 大狼耙草形态特征（张国良 摄，2020）
A. 植株 B. 幼苗 C. 茎 D、E. 叶 F. 果实 G. 花序 H. 花

片 5～10 枚，通常 8 枚，呈披针形或匙状倒披针形，叶状，边缘具缘毛，内层苞片呈长圆形，长 5～9 mm，膜质，具淡黄色边缘；无舌状花或舌状花不发育，格不明显，筒状花两性，花冠长约 3 mm，冠檐 5 齿裂（图 5 - 52G、H）。

（四）生物学特性

1. 生长繁殖特性

大狼耙草以种子进行繁殖，每个个体均能产生大量的带有倒刺的瘦果（Coskunelcebi，2007），且果序中间和边缘的果实形态存在差异，中间部位果实的休眠较深，萌发较缓慢，形态上有利于动物的携带传播定居新的生境，边缘果实休眠浅，萌发快，可迅速占据原生境（Brandel，2004）。自然条件下，在温带地区，5～6 月出苗，一周左右即开始抽茎，7～8 月开花，8～9 月结实；在亚热带地区，4 月下旬以后出苗，6～8 月中旬分枝，8 月中旬至 9 月孕蕾开花，9～10 月结果并成熟，至 11 月中旬（霜降）以后枯死。在沈阳地区，大狼耙草 5 月末至 6 月初发芽，出苗 1 周左右抽茎，7～8 月开花，8～9 月成熟。

闫小红等（2017）研究认为大狼耙草不同生育期的生长特性、生物量分配格局及异速生长关系存在差异，表现出灵活的生长和资源分配。株高、植株基径、分枝数和叶片数均随着生育期的推进而增加，根长、总叶面积和平均单叶叶面积均在营养期达到最高。叶生物量分配比在苗期最大（48.88%），茎生物量分配比在生殖期最大（59.89%）；苗期和营养期根生物量分配比显著高于生殖期（$P<0.05$），茎生物量分配比随生育期的推进而升高，而叶生物量分配比随生育期的推进而下降，且不同生育期间存在显著差异（$P<0.05$）。大狼耙草植株基茎与各构件生物量间呈异速生长关系，总叶面积与茎、叶生物量大致呈等速生长关系，但不同生育期间、构件间的异速生长关系存在一定差异。

增温可使大狼耙草始花期和开花高峰期显著提前，但对其终花期无显著影响，也延长了花期持续时间，开花同步性指数和花序数也显著增加，同时增加了其种子大小及质量，而对相对开花强度则无显著影响。

2. 化感特性

大狼耙草全草的化学成分有己酸植基酯、亚麻酸乙酯、棕榈酸植醇酯、三亚油精、亚油酸、5-十二烷基-2，2′-联噻吩、大根香叶烯 B、莪术酮、反，反-吉马酮、艾菊萜、莱莲宁 F、角鲨烯、2′-羟基-4，4′-二甲基-查耳酮、3，2′，4′-三羟基-4-甲氧基-查耳酮、2′，4′，3，4，α-五羟查耳酮、紫铆查耳酮、木樨草素、山奈酚、大风子素、异奥卡宁、紫铆素、硫华菊素 23 种（乐佳美 等，2014）。大狼耙草浸提液对大麦种子的萌发有显著抑制作用，对小麦种子萌发抑制作用不明显；对 2 种作物的苗高和根长均有显著的抑制作用；对 2 种作物根的分化均有一定抑制性，总体上对大麦的抑制作用大于小麦（卢东升 等，2019）。

3. 光全特性

气温升高后，通过光合测定仪测定大狼耙草的初始斜率（α）为 0.06 ± 0.02、饱和光强 I_{sat} 为（$1\,526.17\pm88.77$）$\mu mol/（m^2 \cdot s）$、最大净光合速率（P_{nmax}）为（19.10 ± 0.16）m^2/s、光补偿点（I_c）为（71.61 ± 12.71）$\mu mol\ photons \cdot m \cdot s$、暗呼吸速率（$R_d$）为（$3.41\pm0.13$）$\mu mol\ CO_2 \cdot m \cdot s$。结果显示增温后，大狼耙草的最大净光合速率、饱后光强和初始斜率较对照分别增加了 9.02%、17.31 和 50%，光补偿点较对照下

降 7.58%，但均差异不显著（$P>0.05$）（张斯斯，2014）。

闫小红等（2017）以大狼耙草和本地伴生种山莴苣（*Lactuca indica*）为研究对象，采用温室控制实验，设定轻度干旱（LD）、中度干旱（MD）、重度干旱（SD）和正常灌水（CK）4 个处理，对两个物种的最大净光合速率（P_{max}）、光饱和点（LSP）、暗呼吸速率（R_d）、潜在最大光合速率（A_{max}）、无 CO_2 时的光下呼吸速率（R_p）、Rubisco 最大羧化速率（Vc_{max}）、RuBP 最大再生速率（J_{max}）等气体交换参数以及光合色素（叶绿素和类胡萝卜素）含量的变化进行了比较研究。结果表明，不同程度干旱胁迫下，两个物种各参数的变化趋势基本一致，但入侵种大狼耙草大部分参数值的变化幅度显著低于伴生种山莴苣，甚至在重度干旱胁迫下，山莴苣地上部分死亡，并且复水后难以恢复。干旱胁迫下，大狼耙草光合作用下降的主要原因为气孔限制，而山莴苣则为非气孔限制。相对于本地种山莴苣，入侵种大狼耙草在相同的呼吸消耗（R_d）下具有更高的呼吸效率（R_E），能够积累更多的光合作用产物；其更高的光呼吸速率（R_p），可保护光合机构免受伤害；在干旱胁迫下大狼耙草能够保持更高的光化学反应和 RuBP 的羧化能力，可维持更高的光合作用能力。可见，入侵种大狼耙草和本地种山莴苣的光合特征对干旱胁迫的响应趋势基本一致，但大狼耙草具有更强的极端干旱耐受性和复水恢复能力，显示了更好的干旱适应性，将有助于其入侵。

（五）综合防控技术

1. 农业防控

合理轮作是改变大狼耙草生态环境抑制和减轻大狼耙草危害的重要农业措施。另外，可采用地膜覆盖等最常用的物理除草措施，提高地膜和土表温度，高温可使大狼耙草致死，或抑制大狼耙草生长。也可利用犁、耙、中耕机等农具，在不同时间和季节进行土壤耕作，对杂草有杀除作用。

2. 物理防控

对于农田、果园及四周可适时进行人工除草，把大狼耙草等杂草消灭在幼苗阶段。

3. 化学防控

可选择苄嘧磺隆、氯氯吡氧乙酸、2 甲 4 氯、草甘膦、草甘膦铵盐等除草剂进行防治。

（张国良，付卫东，王忠辉，宋振）

二十、粗毛牛膝菊

（一）学名及分类地位

粗毛牛膝菊（*Galinsoga quadriradiata* Ruiz & Pavon），属于菊科（Asteraceae）牛膝菊属（*Galinsoga*），别名粗毛辣子草、睫毛牛膝菊、粗毛小米菊、珍珠草，英文名有 Hairy Galinsoga、Shaggy Soldier。

（二）分布与危害

1. 分布

粗毛牛膝菊原产中美洲、南美洲，现已广布于全球温带和亚热带的大部分地区。20 世纪中叶随园艺植物引种传入我国，最早于 1943 年在四川成都采到标本，此后在江西、台湾、湖北、贵州、云南等地有标本采集记录。现国内主要分布于北京、河北、黑龙江、辽宁、上海、江苏、安徽、浙江、湖北、江西、广西、贵州、云南、陕西、新疆、台湾等省（自治区、直辖市）。新疆主要分布于石河子市、霍尔果斯市。

2. 危害

危害秋收作物（玉米、大豆、甘薯、甘蔗）、蔬菜、观赏花卉、果树及茶树，发生量大，危害重。粗毛牛膝菊入侵严重时会使农作物产量下降50%，同时会排挤乡土植物，对生境造成一定的破坏（杨霞，2020）。粗毛牛膝菊能产生大量种子，在适宜的环境条件下快速扩增，排挤本土植物，形成大面积的单一优势种群落，会造成本地植物多样性指数下降幅度加大，对当地植物造成一定威胁（贺俊英 等，2020）。粗毛牛膝菊入侵和危害草坪、绿地，造成草坪的荒废，给城市绿化和生物多样性带来巨大威胁（图5-53）。

图5-53 粗毛牛膝菊危害（付卫东 摄，2020）

（三）形态特征

1. 植株

一年生草本植物，植株高10～80 cm。

2. 根

根系分布于20～30的表土层，近地表的茎及茎节可生出不定根。

3. 茎

纤细不分枝或自茎部分枝，分枝斜升，主茎节间短，侧枝发生于叶腋间，生长旺盛，节间较长，茎密被展开的长柔毛，而茎顶和花序轴被少量腺毛，每片叶的叶腋间可发生1条以上的侧枝（图5-54A、B）。

4. 叶

幼苗子叶出土，心形，初生叶完全，椭圆形至圆形，具齿（图5-54C、D）。叶对生，呈卵形或长椭圆状卵形，长2.5～5.5 cm，宽1.2～3.5 cm，基部圆形、宽或狭楔形，顶端渐尖或钝，具基出3脉，或不明显的5脉，叶两面被长柔毛，边缘有粗锯齿或犬齿（图5-54E、F）。

5. 花

头状花序呈半球形，多数在茎枝顶端排成疏松的伞房花序；总苞半球形或宽钟状，总苞片2层，外层苞片绿色，呈长椭圆形，背面密被腺毛；内层苞片近膜质；舌状花4～5朵，雌性，舌片白色，顶端3齿裂，筒部细管状，外面被稠密白色短毛；管状花黄色，两性，顶端5齿裂，冠毛（萼片）先端具钻形尖头，短于花冠筒；花托圆锥形；托片膜质，呈披针形，边缘具不等长纤毛（图5-54G、H）。

图 5-54　粗毛牛膝菊植株及幼苗（付卫东 摄，2020）

A、B. 茎　C. 植株　D. 幼苗　E、F. 叶　G、H. 花

6. 果

瘦果黑色或黑褐色，两型；舌状花瘦果冠毛毛状，脱落；管状花瘦果冠毛膜片状，白色，披针形至倒披针形，流苏状，有时具芒。

（四）生物学特性

1. 生长发育特性

粗毛牛膝菊利用种子进行有性生殖，也通过茎生出不定根进行无性生殖。粗毛牛膝菊

565

种子小，长 1.3～2.0 mm，具伞形冠毛，有利于远距离传播扩散；重量轻，千粒重为 0.228 6～0.230 3 g；含水量较低，为 5.78%，有利于储存；种子通过雨水、风力、鸟类或其他动物的携带传播扩散。粗毛牛膝菊种子在埋土深度为 0～10 cm 时，随深度加深，种子虽可发芽出苗，但发芽率呈现逐渐下降的趋势；当种子埋土深度为 0～2 cm 时，平均发芽率 57% 左右，发芽持续时间 2.5 d 左右；当种子埋土深度为 4～8 cm 时，平均发芽率 36% 左右，发芽持续时间延长；当种子埋土深度为 10 cm 时，发芽率仅为 13%，发芽持续时间达 13 d 左右。粗毛牛膝菊种子在 10～35 ℃ 条件下虽能够萌发，但低温和高温条件对种子的萌发率影响较大；温度为 10 ℃ 时，发芽率仅为 12%，始见发芽时间为第 6 天，发芽持续时间较长；温度在 15～30 ℃ 时，发芽率均达到 90% 以上，除 15 ℃ 时的始见发芽时间为第 3 天外，其他都为第 1 天或第 2 天，发芽持续时间在 3 d 左右；在 25 ℃ 时，发芽率最大，为 97.33%；当温度在 35 ℃ 时，发芽率下降为 52.67%，发芽持续时间在 4.4 d 左右（杨霞 等，2020）。

在自然条件下，粗毛牛膝菊花果期为 7～10 月。在内蒙古自治区呼和浩特市，5 月初开始出苗，6 月初出现花蕾，6 月中旬花苞开放，6 月末植株出现分枝，7 月初至 10 月末，粗毛牛膝菊进入边生长边开花边结实阶段，11 月中旬植株开始枯萎（杨霞 等，2020）。

2. 生态适应性

在野外调查中发现，粗毛牛膝菊具有广泛的生态适应性，在贫瘠的环境中更易暴发，并且在新的环境中能迅速生长，排挤本地植物（田陌 等，2011）。粗毛牛膝菊的在土壤紧实度高的生境中，能够保持较高的均匀度和高度，坡度越小的生境越利于其种群的建立，较多出现在受过人为活动干扰的生境中（刘刚 等，2016）。通过调查表明，随着海拔升高，粗毛牛膝菊繁殖力和种子传播力均呈显著下降趋势，农田中的粗毛牛膝菊种群繁殖力和种子传播力均显著高于荒地中的种群（陈晓艳 等，2022）。粗毛牛膝菊喜冷凉，不耐热，植株在夏季温度过高时会枯死，在土壤肥沃而湿润的地带生长旺盛（杨霞 等，2020）。

3. 光合特性

粗毛牛膝菊具有较大的单叶面积，能够增强光合速率，保持体内的营养物质，使其在贫瘠的环境中能够生存；粗毛牛膝菊的叶比重较大，叶片的支持和抵御能力强；气孔面积较小，能够有效防止水分蒸发。粗毛牛膝菊在不同生长时期光响应曲线均表现出先直线上升、后缓慢上升、再下降的趋势；存在光合午休现象，具有较高的光饱和点和很低的光补偿点（杨霞，2020）。

4. 遗传特性

李晓春等（2015）利用 ISSR 分子标记技术，分析我国分布的 18 个粗毛牛膝菊地理种群遗传多样性和遗传结构特点。结果表明，粗毛牛膝菊种群多态位点百分比（P）为 8.88%～29.51%，Nei 基因多样性指数（H）为 0.024 8～0.102 3，种群遗传分化系数为（Gst）为 0.466 3，种群间基因流（Nm）为 0.572 3，遗传相似度平均为 0.940 4，遗传距离平均为 0.062 1。UPGMA 聚类分析将 18 个粗毛牛膝菊地理种群分为 5 大类，经 Mantel 检验，不同地理种群遗传距离与地理距离相关性不显著。

（五）综合防控技术

1. 农业防控

农业防控是利用农田耕作、栽培技术和田间管理措施等控制和减少农田土壤中粗毛牛膝菊种子库基数，抑制粗毛牛膝菊种子萌发和幼苗生长，减轻危害，降低其对农作物产量和质量损失的防治策略。其方法包括深耕翻土、良种精选、中耕除草及清除田园等措施。

2. 化学防控

化学防控就是利用化学药剂本身的特性，即对作物或本地植物和粗毛牛膝菊的不同选择性，达到保护作物或本地植物而杀死粗毛牛膝菊的除草方法。

对于适合进行化学防控的生境，可在粗毛牛膝菊幼苗期选择扑草净、敌草隆、西玛津等除草剂进行防除；生长期可选择二甲四氯、灭草松等除草剂防除。

（张国良，付卫东，王忠辉，宋振）

参 考 文 献

阿不都拉·艾克拜尔，阿不都瓦哈·艾再孜，阿地力·沙塔尔，等，2019.枣实蝇对寄主植物不同器官的选择性测定［J］.林业科学研究，32（1）：112-117.

阿地力·沙塔尔，陈亚丽，阿不都拉·艾克拜尔，等，2017.榆黄毛萤叶甲生物学习性及发生动态研究［J］.应用昆虫学报，54（5）：851-858.

阿地力·沙塔尔，何善勇，田呈明，等，2008.枣实蝇在吐鲁番地区的发生及蛹的分布规律［J］.植物检疫，22（5）：295-297.

阿地力·沙塔尔，温俊宝，骆有庆，等，2012.主要气象因子对吐鲁番枣实蝇越冬代成虫羽化率的影响［J］.林业科学研究，4：540-544.

阿米热·牙生江，付开赟，阿地力·沙塔尔，等，2021.番茄潜叶蛾幼虫和卵在新疆大棚番茄的空间分布型及理论抽样数［J］.生物安全学报，30（2）：102-109.

艾尼古丽·依明，付超，郭开发，等，2017.石河子地区寄生性杂草菟丝子的种类鉴定［J］.新疆农业科学，54（2），327-335.

艾森拜克，1986.四种最常见根结线虫分类指南［M］.杨宝君，译.昆明：云南人民出版社.

敖铁胜，李显玉，程瑞春，等，2016.赤峰市桑褐翅尺蛾生物学特性及防治对策［J］.安徽农学通报，22（2）：85，139.

包敏辉，2020.北海地区设施栽培甜瓜根结线虫病绿色防控综合技术［J］.长江蔬菜（3）：50-52.

毕朝位，胡秋玲，2005.贵州省六盘水市马铃薯癌肿病综合防治技术［J］.中国马铃薯，19（6）：369-370.

毕胜，李桂兰，李清明，2000.菟丝子的危害及防治［J］.中国林副特产（2）：24.

卜靖，2023.警惕异宠市场渐热带来生物安全风险.中国经贸导刊（8）：79-81.

波拉提·热合买都拉，2015.青杨脊虎天牛在阿勒泰地区天然林发生规律及其防控措施［J］.新疆林业（1）：41-42.

蔡双虎，程立生，2003.二斑叶螨的研究进展［J］.热带农业科学（2）：68-74.

蔡耘英，1998.梨黄粉蚜危害新疆香梨［J］.植保技术与推广，18（4）：22-23.

曹庆杰，2015.环境友好型技术控制杨干象研究［D］.哈尔滨：东北林业大学.

曹庆杰，迟德富，2015.杨树品系抗杨干象水平及其与木质部和韧皮部硬度等关系［J］.林业科学，51（5）：56-67.

曹文秋，林思雨，王雨晴，等，2017.吐鲁番葡萄园阿小叶蝉发生规律及寄生蜂资源调查［J］.环境昆虫学报，39（2）：396-404.

查红英，孙长明，1996.新疆伊犁地区发现甜菜霜霉病［J］.植物检疫（1）：41-42.

车晋滇，胡彬，2007.意大利苍耳的药剂防除［J］.杂草科学（3）：59-60.

车晋英，金玲，朱展飞，等，2020.4种不同性诱剂对玉米草地贪夜蛾诱集作用［J］.植物保护，46（2）：261-266.

陈燕芳，赵君，金玉华，等，2014.不同播期对向日葵列当发生的影响［J］.现代农业科技，（13）：136，140.

陈宝明，彭少麟，吴秀平，等，2016.近20年外来生物入侵危害与风险评估文献计量分析［J］.生态学报，36（12）：6677-6685.

陈宝雄，孙玉芳，韩智华，等，2020. 我国外来入侵生物防控现状，问题和对策［J］. 生物安全学报，29（3）：157-163.

陈曾，2019. 榆绿毛萤叶甲发生规律与防控技术研究［D］. 长春：吉林农业大学.

陈晨，陈娟，胡白石，等，2007. 梨火疫病菌在中国的潜在分布及入侵风险分析［J］. 中国农业科学（5）：940-947.

陈洪俊，2005. 西花蓟马和三叶草斑潜蝇在中国的风险评估及管理对策研究［D］. 北京：北京林业大学.

陈杰，马永清，郭振国，等，2019. 灰黄青霉对瓜列当的防效及对番茄根区土壤微生物的影响［J］. 中国生态农业学报，766-773.

陈洁君，王晶，2018. 我国外来入侵生物防控科技进展［J］. 生物安全学报，27（1）：16-19.

陈婧，白应文，杨继娟，等，2010. 苜蓿黄萎病菌中国菌株生物学特性研究［J］. 草地学报（18）：274-279.

陈静，张凤，张锐，等，2019. LC-MS/MS法测定毛曼陀罗中莨菪碱、东莨菪碱和山莨菪碱的含量［J］. 井冈山大学学报（自然科学版），40（4）：92-95.

陈静，张建萍，张建华，等，2007. 蠋敌对双斑长跗萤叶甲成虫的捕食功能研究［J］. 环境昆虫学报，29（4）：149-154.

陈娟，2005. 外来入侵生物梨火疫病菌风险分析的初步研究［D］. 南京：南京农业大学.

陈乃中，2000. 水果果实上的叶蜂科害虫［J］. 植物检疫（6）：360-365.

陈乃中，2009. 中国进境植物检疫性有害生物——昆虫卷［M］. 北京：中国农业出版社.

陈其焕，1983. 棉花枯萎病和黄萎病的综合防治［M］. 北京：科学出版社.

陈睿，李彪，王媛，等，2021. 大丽轮枝菌 VdKeR 基因的克隆及功能分析［J］. 农业生物技术学报，29（11）：2212-2222.

陈尚进，2003. 橄榄片盾蚧的生物学特性及其防治［J］. 昆虫知识，40（3）：266-267.

陈生翠，2014. 柴达木地区枸杞瘿螨的生物学特性及生态学研究［D］. 西宁：青海大学.

陈卫民，2013. 我国向日葵白锈病发生概况及研究进展［J］. 植物检疫，27（6）：13-19.

陈卫民，李俊兴，轩娅萍，等，2011. 向日葵黑茎病发病规律及综合防治技术研究［J］. 新疆农业科学，48（2）：241-245.

陈卫民，廖国江，杨莉，等，2010. 向日葵白锈病发生与气象因子关系的研究［J］. 农业科技通讯（10）：3.

陈卫民，马俊义，缪卫国，等，2004. 新疆向日葵白锈病与防治［J］. 新疆农业科学，41（5）：361-362.

陈卫民，乾义柯，2016. 向日葵白锈病和黑茎病［M］. 北京：中国农业出版社.

陈卫民，宋红梅，焦子伟，等，2005. 五种药剂防治油葵白锈病试验初报［J］. 新疆农业科学，（42）：237-239.

陈卫民，于江南，徐毅，等，2006. 新疆首次发现苹果绵蚜［J］. 新疆农业科学，42（4）：309.

陈卫民，张金霞，马福杰，等，2013. 新疆新源县 32 个向日葵品种对黑茎病和白锈病抗性鉴定［J］. 农业科技通讯，5：105-108.

陈卫民，张中义，马俊义，等，2006. 国内新病害——新疆向日葵白锈病发生研究［J］. 云南农业大学学报，21（2）：184-187.

陈晓艳，张文刚，刘芮伶，等，2022. 海拔对入侵植物粗毛牛膝菊种群繁殖力与种子扩散力的影响［J］. 生态科学，41（3）：44-53.

陈伊宇，2018. 伊犁苹果黑星病发生及其防治［J］. 现代园艺，（1）：121.

陈瑜，马春森，2010. 气候变暖对昆虫影响研究进展［J］. 生态学报，30（8）：2159-2172.

陈雨，2023. 莫让"异宠"跨越法律之笼［N/OL］. 中国自然资源报，2023-02-28［2024-01-23］.

陈子文，张凤舞，田旭东，等，1984. 枣疯病传播途径的研究［J］. 植物病理学报，14（3）：141-146.

承泓良，赵洪亮，李汝忠，2016. 棉花黄萎病研究与应用［M］. 济南：山东科学技术出版社.

程少丽，张俊祥，冷德训，等，2010. 苹果全爪螨越冬卵孵化规律调查研究［J］. 落叶果树，42（6）：32-33.

程晓甜，阿地力·沙塔尔，张伟，等，2014. SYBR Green 实时荧光 PCR 快速鉴定枣实蝇技术［J］. 林业科学，50（4）：60-65.

褚栋，张友军，2018. 近 10 年我国烟粉虱发生危害及防治研究进展［J］. 植物保护，5（44）：51-55.

崔灿，郭英，沈彦俊，2021. 新疆荒漠植被的时空分布变化及其驱动因素［J］. 中国生态农业学报（中英文），29（10）：1668-1678.

崔华星，王宁，龙宣杞，等，2020. 新疆列当种类、危害与防治现状［J］. 植物检疫，34（3）：20-24.

崔乃然，1993. 新疆植物志［M］. 乌鲁木齐：新疆科技卫生出版社，429-438.

崔笑雄，李志雄，麻正辉，等，2020. 香梨园苹果蠹蛾和梨小食心虫性诱集技术［J］. 新疆农业科学，57（3）：519-527.

崔旭东，2010. 双条杉天牛生物学特性及成虫的风洞行为［D］. 泰安：山东农业大学.

崔亚琴，郭思维，葛雪贞，等，2019. 气候变化条件下悬铃木方翅网蝽在中国的适生性分析［J］. 植物保护，45（5）：171-177.

代万安，陈翰秋，周军，等，2012. 西藏高寒地区设施美洲斑潜蝇的发生与防治初探［C］. 中国植物保护学会和植物病虫害生物学国家重点实验室. 中国植物保护学会成立 50 周年庆祝大会暨 2012 年学术年会论文集，216-221.

戴爱梅，常巧真，吐鲁达洪，等，2014. 3 种杀虫剂滴灌施药防治玉米三点斑叶蝉试验［J］. 植物医生，27（5）：31-32.

戴爱梅，梁巧玲，张皓，等，2014. 黑森瘿蚊在新疆博州的发生现状及原因分析［J］. 植物检疫，28（4）：60-63.

戴小华，尤民生，付丽君，2000. 美洲斑潜蝇、南美斑潜蝇寄主植物比较［J］. 武夷科学（16）：202-206.

邓福新，2016. 3 种杀虫剂对葡萄斑叶蝉的毒力测定及田间药效试验［J］. 武夷科学，32：74-77.

邓金奇，朱小明，韩鹏，等，2021. 我国瓜实蝇研究进展［J］. 植物检疫，35（4）：1-7.

邓旭，王娟，谭济才，2010. 外来入侵种豚草对不同环境胁迫的生理响应［J］. 植物生理学通讯，46（10）：1013-1019.

狄原渤. 1964. 马铃薯环腐病的诊断［J］. 植物保护，2（5）：221-223.

丁吉同，阿地力·沙塔尔，程晓甜，等，2014. 枣实蝇不同发育阶段过冷却点及结冰点的测定［J］. 西北农业学报，23（11）：163-167.

丁吉同，阿地力·沙塔尔，主海峰，等，2014. 枣实蝇成虫飞行能力的测定［J］. 昆虫学报，57（11）：1315-1320.

丁俊杰，马淑梅，严森，2001. 防治大豆疫霉病田间药剂筛选试验［J］. 黑龙江农业科学（4）：1-4.

丁俊男，2015. 青杨脊虎天牛的无公害控制技术［D］. 哈尔滨：东北林业大学.

丁丽丽，张静，王兴应，等，2012. 哈密地区瓜列当茎腐病病原菌的分离与鉴定［J］. 西北农业学报，21（4）：187-192.

丁世强，2021. 豚草和三裂叶豚草发生分布、生长限制生态因子和化学防控技术研究［D］. 乌鲁木齐：新疆农业大学.

丁世强，付开赟，丁新华，等，2021. 普通豚草防控药剂筛选［J］. 生物安全学报，30（2）：126-131.

丁新华，李超，王小武，等，2019. 稻水象甲在新疆的潜在分布及适生性研究［J］. 生物安全学报，28（2）：116-120.

丁新华，王小武，吐尔逊·阿合买提，等，2017. 新疆荒漠绿洲稻区稻水象甲危害损失及防治阈值研究 [J]. 生物安全学报，26（1）：63-67.

丁一汇，王会军，2016. 近百年中国气候变化科学问题的新认识 [J]. 科学通报，61（10）：1029-1041.

丁玉献，2019. 苹果小吉丁虫饲养及其寄主营养成分分析 [D]. 杨凌：西北农林科技大学.

杜磊，刘伟，柴绍忠，等，2012. 苹果蠹蛾的蛀果与脱果特性 [J]. 应用昆虫学报，49（1）：61-69.

杜然，2019. 检测油菜黑胫病菌的 LAMP 技术建立与应用 [D]. 武汉：华中农业大学.

杜然，张静，杨龙，等，2021. 油菜黑胫病菌和茎基溃疡病菌的 LAMP 检测方法的建立 [J]. 植物病理学报，51（1）：123-134.

杜珍珠，崔瑜，阎平，等，2017. 新疆发现外来有害杂草—假苍耳 [J]. 生物安全学报，26（1）：95-97.

杜珍珠，徐文斌，阎平，等，2012. 新疆苍耳属 3 种外来入侵新植物 [J]. 新疆农业科学，49（5）：879-886.

段保灵，陈秀玉，何银玲，等，2005. 果树冠瘿病的发生规律与综合防治技术 [J]. 河南林业科技（1）：55.

段晓东，马丽娟，姚正培，等，2011. 新疆地区烟粉虱类群 mtDNA COI 基因序列分析 [J]. 生物安全学报 20（1）：50-55.

方德立，陈洪冰，王培，等，2000. 哈密地区美洲斑潜蝇的发生与防治 [J]. 新疆农业科学（51）：139-140.

方芳，茅玮，郭水良，2005. 入侵杂草一年蓬的化感作用研究 [J]. 植物研究（4）：449-452.

方天松，叶燕华，冯莹，等，2013. 典型寄生性植物—菟丝子类的风险分 [J]. 广东林业科技，29（5），49-52.

冯宏祖，马小艳，王兰，2016. 新疆棉花不同生育期病虫草害防治技术 [M]. 五家渠：新疆生产建设兵团出版社.

冯丽凯，刘政，李国富，等，2019. 苹果蠹蛾不同虫态体征及雌雄个体的快速鉴别方法 [J]. 应用昆虫学报，56（2）：354-360.

冯文全，王树娟，赵建奇，等，2015. 榆绿毛萤叶甲生物学特性观察及防治方法 [J]. 内蒙古林业（9）：14-15.

付海滨，曲辉，李惠萍，等，2010. 警惕危险性害虫——葡萄粉蚧入侵我国 [J]. 环境昆虫学报，32（2）：283-286.

付建业，高九思，张建林，2003. 山楂叶螨发生危害及综合防治技术 [J]. 现代农业科技，20：79-81.

付开赟，李爱梅，丁新华，等，2022. 10 种杀虫剂对番茄潜叶蛾防治效果评价 [J]. 新疆农业科学，59（5）：1165-1172.

盖英萍，冀宪领，孙绪艮，2000. 中国梨木虱若虫的排蜜规律及蜜露中氨基酸成分的研究 [J]. 昆虫知识，37（6）：333-335.

甘桂云，李韦柳，林仲，等，2020. 番茄抗黄化曲叶病材料引进及评价 [J]. 长江蔬菜（6）：69-71.

高国龙，张兴旺，姜子健，等，2022. 木尔坦棉花曲叶病毒在新疆的发生分布及烟粉虱带毒检测 [J]. 植物保护，48（3）：254-262.

高海峰，彭焕，乔精松，等，2019. 外来入侵甜菜孢囊线虫在新疆的适生性分布及风险评估 [J]. 生物安全学报，28（4）：286-291.

高建诚，王俊，2021. 新疆首次发现甜瓜迷实蝇疫情并铲除 [J]. 植物检疫，35（3）：8.

高雷，李博，2004. 入侵植物凤眼莲研究现状及存在的问题 [J]. 植物生态学报（6）：735-752.

高利，2015. 中国农作物病虫害·小麦矮腥黑穗病 [M]. 北京：中国农业出版社. 343-345.

高鹏飞，2018. 朝阳地区黄斑长翅卷叶蛾生物学特性研究 [J]. 吉林农业（4）：1.

高萍，李维根，陈静，等，2021. 温室菜豆上二斑叶螨的药剂防治 [J]. 中国植保导刊，41（10）：

78-79.

高琼琼，杨孟可，徐常青，等，2022. 枸杞红瘿蚊和枸杞白瘿蚊所致虫瘿形态结构差异 [J]. 植物保护，48（3）：55-62，80.

高瑞芳，程颖慧，宋子烨，等，2018. 进境油菜籽中油菜茎基溃疡病菌携带效应分子研究 [J]. 植物检疫，32（1）：18-23.

高瑞桐，2003. 杨树害虫综合防治研究 [M]. 北京：中国林业出版社，118-120.

高尚宾，张宏斌，孙玉芳，等，2017. 植物替代控制 3 种入侵杂草技术的研究与应用进展 [J]. 生物安全学报，26（1）：18-22.

高苏岚，许志春，弓献词，2007. 双条杉天牛研究进展 [J]. 中国森林病虫，（3）：19-22，38.

高卫红，韩嵘，2021. 新疆统计年鉴 [M]. 北京：中国统计出版社，139-158.

高越，王银平，王亚黎，等，2019. 我国苹果主产区苹果叶螨种类及杀螨剂应用现状 [J]. 中国植保导刊，39（2）：67-70.

宫庆涛，张坤鹏，李素红，等，2022. 橘小实蝇的发生危害与防控 [J]. 落叶果树，54（1）：49-52.

龚伟荣，胡婕，胡旭东，等，2018. 瓜类果斑病入侵江苏地区的风险分析与管控对策 [J]. 安徽农业科学，46（17）：155-157.

苟新卯，武利利，2019. 认识和防治核桃树黄刺蛾 [J]. 西北园艺（果树）（3）：34-35.

顾威，马淼，2019. 外来入侵植物刺苍耳的繁殖生物学特性研究 [J]. 石河子大学学报（自然科学版），37（3）：332-338.

顾耘，张迎春，1996. 中国梨木虱生命表的研究 [J]. 植物保护，23（1）：8-12.

关广清，高东昌，李文耀，等，1984. 刺萼龙葵——一种检疫性杂草 [J]. 植物检疫（4）：25-28.

郭立新，2005. 苹果茎沟病毒的分子特性及实时荧光 RT-PCR 检测方法的研究 [D]. 石河子：石河子大学.

郭风根，李扬汉，邓福珍，1998. 园林菟丝子生防真菌的筛选研究 [J]. 中国生物防治，14（4），16-19.

郭建国，刘永刚，张海英，等，2010a. 70％噻虫嗪种子处理可分散粉剂和 10％吡虫啉可湿性粉剂拌种对马铃薯甲虫的防效 [J]. 植物保护，36（6）：151-154.

郭建国，张海英，刘永刚，等，2010b. 新烟碱类杀虫剂拌种对马铃薯甲虫幼虫食物利用和生长发育的影响 [J]. 昆虫学报，53（7）：748-753.

郭建洋，冼晓青，张桂芬，等，2019. 我国入侵昆虫研究进展 [J]. 应用昆虫学报，56（6）：1186-1192.

郭健，任维超，李保华，2022. 苹果黑星病有效防治药剂筛选及施药适期研究 [J]. 中国果树（3）：54-58.

郭利娜，郭文超，吐尔逊，2011. 寄主对马铃薯甲虫飞行能力的影响 [J]. 新疆农业科学，48（5）：853-858.

郭腾达，宫庆涛，叶保华，等，2019. 橘小实蝇的国内研究进展 [J]. 落叶果树，51（1）：43-46.

郭文超，2013. 重大外来入侵害虫马铃薯甲虫生物学、生态学与综合防控 [M]. 北京：科学出版社.

郭文超，2015. RNA 干扰 E75 和 HR3 对马铃薯甲虫化蛹的影响 [D]. 南京：南京农业大学.

郭文超，李晶，魏振兴，等，2011. 新疆首次发现水稻重大外来有害生物稻水象甲 [J]. 新疆农业科学，48（1）：5.

郭文超，马祁，2004. 二十一世纪新疆植物保护的形势与对策 [J]. 新疆农业科学（5）：257-262.

郭文超，谭万忠，张青文，2013. 重大外来入侵害虫：马铃薯甲虫生物学、生态学与综合防控 [M]. 北京：科学出版社.

郭文超，吐尔逊，程登发，等，2014. 我国马铃薯甲虫主要生物学、生态学技术研究进展及监测与防控对策 [J]. 植物保护，40（1）：1-11.

郭文超，吐尔逊，周桂玲，等，2012. 新疆农林外来生物入侵现状、趋势及对策 [J]. 新疆农业科学，49（1）：86-100.

郭文超，吐尔逊·艾合买提，付开赟，等，2015. 新疆荒漠绿洲生态区苹果蠹蛾生物学、生态学和防治技术研究与应用进展［J］. 生物安全学报，24（4）：274-280.

郭文超，杨秀容，谢浩，1996. 新疆甜菜霜霉病的初步研究［J］. 新疆农业科学（3）：127-129.

郭文超，张祥林，吴卫，等，2017. 新疆农林外来入侵生物的发生现状、趋势及其研究进展［J］. 生物安全学报，26（1）：11-22.

郭予元，2014. 中国农作物病虫害［M］. 北京：中国农业出版社，389-391.

韩柏明，2005. 苹果全爪螨实验种群的生物学特性及其田间消长规律的研究［D］. 延吉：延边大学.

韩彩霞，2021. 外来入侵植物豚草挥发物化感作用研究［D］. 乌鲁木齐：新疆大学.

韩畅，张兴旺，高国龙，等，2020. 新疆番茄黄化曲叶病毒与烟粉虱隐种的区域分布检测［J］. 石河子大学学报（自然科学版），38（2）：160-165.

韩剑，罗明，徐金虹，等，2014a. 枣疯病植原体 TaqMan 探针实时荧光定量 PCR 检测方法的建立［J］. 植物保护，5：111-116.

韩剑，罗明，徐金虹，等，2017. 南疆红枣产区枣疯病发生现状及主导因子分析［J］. 生物安全学报，26（1）：80-86.

韩剑，罗明，殷智婷，等，2014b. 李属坏死环斑病毒（PNRSV）RT-LAMP 检测方法的建立［J］. 新疆农业大学学报，4：327-332.

韩剑，罗明，殷智婷，等，2014. 李属坏死环斑病毒（PNRSV）RT-LAMP 检测方法的建立［J］. 新疆农业大学学报，37（4）：327-332.

韩剑，罗明，殷智婷，等，2015. 李属坏死环斑病毒新疆分离物运动蛋白基因片段的克隆与序列分析［J］. 植物保护学报，42（4）：564-570.

韩剑，徐金虹，罗明，等，2012. 枣疯病植原体新疆分离物 16S rDNA 基因克隆与序列分析［J］. 西北农业学报，21（4）：176-180.

韩剑，徐金虹，王同仁，等，2013. 新疆枣疯病植原体 *tuf* 基因的克隆与序列分析［J］. 新疆农业科学，50（3）：476-483.

郝璐，叶婷，陈善义，等，2015. 我国北方部分苹果主产区病毒病的发生与检测［J］. 植物保护，41（2）：158-161.

郝晓云，蔡永智，董合干，等，2018. 刺苍耳在伊犁河谷的分布现状及防治对策［J］. 新疆农业科技，2018（3）：18.

何丹丹，周国梁，陈仲兵，等，2010. 免疫捕获 PCR 检测进境苹果果实中梨火疫病菌［J］. 植物检疫，24（1）：13-17.

何江，王刚，吐尔逊，等，2014. 光照强度对稻水象甲飞行能力的影响［J］. 新疆农业科学，11：2014-2019.

何江，王小武，郭文超，等，2020. 我国稻水象甲生物学、生态学及综合防控技术研究进展［J］. 新疆农业科学，57（12）：2260-2269.

何善勇，2009. 枣实蝇生态学特性及适生性研究［D］. 北京：北京林业大学.

何善勇，温俊宝，阿地力·沙塔尔，等，2010. 检疫性有害生物枣实蝇研究进展［J］. 林业科学，46（7）：8.

何善勇，朱银飞，阿地力·沙塔尔，等，2011. 枣实蝇在中国的风险评估［J］. 林业科学，47（3）：107-116.

何艳艳，2020. 丽蚜小蜂对烟粉虱寄主选择 *OBP* 基因筛选与表达研究［D］. 北京：中国农业科学院.

洪晓月，2011. 农业螨类学［M］. 北京：中国农业出版社.

洪晓月，薛晓峰，王进军，等，2013. 作物重要叶螨综合防控技术研究与示范推广［J］. 应用昆虫学报，50（2）：321-328.

胡小平，杨家荣，梅娜，等，2003. 苹果黑星病菌培养基的比较研究［J］. 西北农业学报（4）：51-52，55.

胡白石，2000. 梨火疫病菌的风险分析及检测技术研究［D］. 南京：南京农业大学.

胡白石，翟图娜，孙长明，等，1999. 甜菜霜霉病研究初报［J］. 植物保护，（1）：19-21.

胡成志，2013. 扶桑绵粉蚧生物生态学特性及除治技术研究［D］. 乌鲁木齐：新疆农业大学.

胡俊，塔娜，胡宁宝，等，1998. 内蒙古西部地区番茄溃疡病发生特点及防治对策［J］. 内蒙古农业科技，147-148.

胡陇生，田呈明，朱银飞，等，2013. 枣实蝇生物学特性研究［J］. 昆虫学报，56（1）：69-78.

胡双丰，2005. 苍耳子与其伪品刺苍耳子的鉴别［J］. 中国医院药学杂志，2005（2）：92-93.

胡卫峰，魏亦寒，蔡平，2017. 新型杀虫剂防治扶桑绵粉蚧田间试验研究［J］. 上海农业科技（5）：126-128.

胡学难，顾渝娟，王勇，等，2013. 甜瓜实蝇检疫鉴定方法：SN/T 3574—2013［M］. 北京：中国标准出版社.

黄聪，李有志，杨念婉，等，2019. 入侵昆虫基因组研究进展［J］. 植物保护，45（5）：112-120.

黄铨，于倬德，2006. 沙棘研究［M］. 北京：科学出版社.

黄伟，张春竹，任德新，2004. 橄榄片盾蚧的田间防治试验初报［J］. 新疆农业科学，41（5）：355-356.

黄咏槐，黄华毅，钱明惠，等，2019，星天牛寄毛选择研究［J］. 新疆昆虫学报，41（2）：323-328.

黄振，黄可辉，2008. 橘小实蝇传入中国风险的定量分析［J］. 江西农业学报（8）：61-62.

黄振，黄可辉，2013. 检疫性害虫——瓜实蝇在中国的适生性研究［J］. 武夷科学，29：177-181.

惠慧，张学坤，杨定宜，等，2021. 新疆棉花黄萎病菌的培养特性及致病力分化［J］. 植物病理学报，51（4）：592-606.

霍宗红，2000. 果园桑白蚧的发生规律与防治方法［J］. 安徽农业（1）：20.

姬盼，王连春，孔宝华，等，2013. 云南苹果产区苹果茎沟病毒（ASGV）的发现及其分子变异［J］. 果树学报，30（3）：397-403.

纪锐，辛肇军，娄永根 .2011. 温度对悬铃木方翅网蝽生长发育、存活和繁殖的影响［J］. 植物保护学报，38（2）：153-158.

纪晓彬，2020. 新疆兵团垦区棉花大丽轮枝菌群体遗传多样性初步分析［D］，石河子：石河子大学.

贾晶，2007. 林业有害植物假苍耳的入侵特性研究［D］. 哈尔滨：东北林业大学.

贾尊尊，2018. 新疆烟粉虱隐种分布、遗传多样性分析及抗药性监测［D］. 乌鲁木齐：新疆农业大学.

贾尊尊，付开赟，丁新华，等，2022. 烟粉虱持续取食对棉花叶片防御酶活性、营养物质和代谢产物含量的影响［J］. 新疆农业科学，59（4）：916-924.

贾尊尊，王小武，付开赟，等，2017. 新疆主要农区烟粉虱生物型鉴定及其对11种常用杀虫剂的抗性监测［J］. 新疆农业科学，54（2）：304-312.

简桂良，邹亚飞，马存，2003. 棉花黄萎病连年流行的原因及对策［J］. 中国棉花（3）：13-14.

姜帆，2015. 我国检疫性实蝇分子鉴定技术体系的研究［D］. 北京：中国农业大学.

姜莉莉，孙瑞红，武海斌，等，2021. 苹果园绣线菊蚜和山楂叶螨的田间生物防控技术研究［J］. 中国果树（11）：39-43.

蒋青，梁忆冰，王乃扬，等，1995. 有害生物危险性评价的定量分析方法研究［J］. 植物检疫，9（4）：208-211.

蒋世铮，任德新，张文忠，等，2012a. 香梨上山楂叶螨自然种群连续世代生命表分析［J］. 植物保护，38（3）：36-39.

蒋世铮，任德新，张文忠，等，2012b. 库尔勒市香梨园山楂叶螨自然种群连续世代生长发育和繁殖研究［J］. 新疆农业科学，49（1）：108-112.

蒋世铮，任德新，张文忠，等，2012c. 香梨园山楂叶螨种群动态的研究 [J]. 植物保护，38（4）：54-56.

蒋世铮，任德新，张文忠，等，2012d. 新疆库尔勒梨园山楂叶螨发生规律及防治技术 [J]. 中国果树（1）：49-52.

蒋晓晓，2014. 阿克苏枣树主要害虫的发生规律与生态位研究 [D]. 乌鲁木齐：新疆农业大学.

焦蕊，许长新，于丽辰，等，2012. 山楂叶螨生态学研究进展 [J]. 河北果树（6）：4，12.

金梦娇，范银君，滕子文，等，2021. 橘小实蝇的化学防治措施及抗药性治理 [J]. 农药，60（1）：1-5，13.

金大勇，李龙根，吕龙石，2003. 杨干象无公害防治试验 [J]. 中国森林病虫（6）：25-26.

金攀，杨利民，韩梅，2011. 一年蓬化感物质的初步分离和生物测定 [J]. 吉林农业大学学报，33（1）：36-41.

金效花，林秦文，赵宠，2020. 中国外来入侵植志 [M]. 上海：上海交通大学出版社：256-259.

金扬秀，张德满，谢传峰，等，2022. 橘小实蝇绿色防控技术研究进展 [J]. 植物检疫，3：1-6.

金宗亭，曹忠新，冯爱丽，等，2005. 枣瘿螨的发生及综合防治 [J]. 中国果树，37（4）：65.

景炜明，张文超，陈永利，等，2017. 蔬菜烟粉虱监测预报与防治策略 [J]. 蔬菜（7）：54-55.

鞠瑞亭，李博，2010. 悬铃木方翅网蝽：一种正在迅速扩张的城市外来入侵害虫 [J]. 生物多样性，18（6）：638-646.

鞠瑞亭，王凤，李跃忠，等，2007. 上海市绿化植物中四种常见刺蛾的生态位及其种间竞争 [J]. 生态学杂志（4）：523-527.

卡德艳·卡德尔，彭彬，马志龙，等，2020. 苹小吉丁对不同单色光及波长的趋性研究 [J]. 林业科学研究，33（1）：113-122.

克热曼·赛米，岳朝阳，努尔古丽，等，2013. 枣瘿蚊在新疆的风险分析 [J]. 江苏农业科学，41（6）：107-109.

孔令晓，王连生，赵聚莹，等，2006. 烟草及向日葵上列当 Orobanche cumana 的发生及其生物防治 [J]. 植物病理学报，36（5）：466-469.

孔亚丽，王勇，2016. 保护地番茄褪绿病毒病的发生及其防控措施 [J]. 农业科技通讯（4）：202-203.

匡海源，1995. 中国经济昆虫志第 44 册蜱螨亚纲瘿螨总科 [M]. 北京：科学出版社，126-127.

Lance Jepson，2021. 异宠诊疗速查手册 [M]. 马文，郭婧雯，译. 2 版. 济南：山东科学技术出版社.

赖成霞，玛依拉·玉素音，石必显，等，2021. 助剂激健在防治棉花黄萎病中的效果 [J]. 新疆农业科学，58（12）：2220-2227.

郎青，2020. 伊犁地区刺苍耳的种群分布及生态学特性的研究 [J]. 农村实用技术（8）：78-79.

乐佳美，吴志军，熊筱娟，2014. 大狼把草的化学成分研究 [J]. 中国药学杂志（20）：1802-1806.

黎宁，2015. 枣桃小食心虫的发生及综合防治 [J]. 落叶果树，47（3）：32-33.

李飞，2020. 中国光肩星天牛地理种群分化及卵——低龄幼虫期寄生蜂研究 [M]. 北京：中国林业科学研究院.

李爱梅，付开赟，丁新华，等，2022. 新疆地区番茄潜叶蛾遗传多样性的 ISSR 分析 [J]. 生物安全学报，31（2）：121-127.

李成德，2004. 中国森林昆虫 [M]. 北京：中国林业出版社.

李栋，李晓维，马琳，等，2019. 温度对番茄潜叶蛾生长发育和繁殖的影响 [J]. 昆虫学报，62（12）：1417-1426.

李凤兰，武佳文，姚树宽，等，2020. 假苍耳不同部位水浸提液对 5 种土著植物化感作用的研究 [J]. 草业学报. 29（9）：169-178.

李广伟，2008. 双斑长蹠萤叶甲的生物学、生态学及综合防治的研究 [D]. 石河子：石河子大学.

李广伟，张建萍，陈静，等，2007. 几种杀虫剂对双斑萤叶甲的毒力测定及田间药效试验 [J]. 农药，46（7）：486-488.

李国平，吴孔明，2022. 中国转基因抗虫玉米的商业化策略 [J]. 植物保护学报，49（1）：17-32.

李国伟，王金华，宋彩民，等，2011. 树干注药防治杨干象效果 [J]. 北华大学学报（自然科学版），12（3）：330-333.

李国志，曹骞，段晓东，等，2013. 新疆 MEAM1 烟粉虱隐种对吡虫啉的抗性遗传力分析及交互抗性测定 [J]. 农药学学报，1：59-64.

李帼英，王耀辉，周晓康，等，2016. 甘肃天水苹果病毒病发生情况调查 [J]. 中国果树（1）：94-96.

李佳慧，叶兴状，张明珠，等，2021. 入侵植物三裂叶豚草在中国的潜在适生区预测 [J]. 生物安全学报，30（4）：263-274.

李建军，2012. 核桃主要害虫发生与防治技术研究 [D]. 杨凌：西北农林科技大学.

李建领，刘赛，徐常青，等，2017. 宁夏枸杞主要害虫发生规律与防治策略 [J]. 中国现代中药，19（11）：1599-1604.

李杰，马淼，2017. 新疆外来入侵植物意大利苍耳和刺苍耳种子的越冬性能 [J]. 生态学报，37（21）：7181-7186.

李杰，于江南，王登元，等，2008. 吐鲁番地区外来入侵生物烟粉虱发生迁移规律研究 [J]. 新疆农业科学，45（6）：1116-1120.

李京，2016. 新疆甜菜上两种检疫性有害生物快速检测及甜菜霜霉病药剂防治技术研究 [D]. 乌鲁木齐：新疆农业大学.

李娟，赵宇翔，宋玉双，等，2013. 林业有害生物风险分析指标体系及赋分标准的探讨 [J]. 中国森林病虫，32（3）：10-15.

李俊峰，2017. 葡萄花翅小卷蛾生物学习性及其风险分析 [D]. 乌鲁木齐：新疆农业大学.

李俊阁，王惠林，张亮，等，2015. 不同甜瓜材料苗期对细菌性果斑病抗病性鉴定 [J]. 新疆农业科学，52（10）：1843-1848.

李克梅，刘俊杰，范钧星，等，2019. 甜菜孢囊线虫二龄幼虫对不同类型化合物的趋化性研究 [J]. 新疆农业大学学报，42（2）.

李楠，朱丽娜，翟强，等，2010. 一种新入侵辽宁省的外来有害植物—意大利苍耳 [J]. 植物检疫，24（5）：49-52.

李鹏举，侯帅，宋鹏慧，等，2021. 黑龙江省苹果茎沟病毒的分布及遗传多样性分析 [J]. 黑龙江农业科学，28（4）：59-62.

李涛，苟军，裴越娥，2007. 新疆玉米三点斑叶蝉的发生与防治 [J]. 北京农业（10）：45.

李涛，袁国徽，钱振官，等，2018. 野燕麦种子萌发特性及化学防除药剂筛选 [J]. 植物保护，44（3）：111-116.

李霞，魏长安，贾海燕，等，2007. 几种药剂防治苹果绵蚜药效试验 [J]. 山东农业大学学报，27（4）：436-437.

李向群，朱旭东，唐仲军，等，2016. 2015 年邵东县瓜实蝇大发生原因及防治对策 [J]. 湖南农业科学（7）：69-72.

李晓春，齐淑艳，姚静，等，2015. 入侵植物粗毛牛膝菊种群遗传多样性及遗传分化 [J]. 生态学杂志，34（12）：3306-3312.

李晓维，李栋，郭文超，等，2019. 番茄潜叶蛾对 4 种茄科植物的适应性研究 [J]. 植物检疫（3）：1-5.

李晓霞，马俊义，魏娜，等，2009. 瓜类细菌性果斑病菌突变体文库的构建及群体感应信号分子突变株的筛选 [J]. 新疆农业科学，46（5）：1036-1041.

李晓旭，郭文超，付开赟，等，2015. 腺苷高半胱氨酸水解酶基因 dsRNA 对马铃薯甲虫幼虫毒力测定

［J］. 新疆农业科学，52（1）：56-64.

李兴龙，王佩汤，2012. 黏虫胶防除苹果蠹蛾老熟幼虫技术应用［J］. 中国植保导刊，22（5）：58-59.

李璇，加马力丁，付开赟，等，2020. 外来入侵植物豚草、三裂叶豚草对新疆伊犁河谷草原的危害现状及防控对策［J］. 新疆畜牧业，35（6）：41-43，33.

李燕凌，张文，张新宇，等，2012. 番茄抗溃疡病品种的转育与 SSR 鉴定［J］. 湖南农业科学，13：13-15.

李英梅，杨艺炜，刘晨，等，2021. 陕西番茄黄化曲叶病毒病绿色防控新思路［J］. 陕西农业科学，67（11）：110-114.

李源，赵珮，尹春艳，等，2010. 多种植物挥发物及马铃薯甲虫聚集素对马铃薯甲虫的引诱作用［J］. 昆虫学报，53（7），734-740.

李振，2014. 中国不同地域入侵植物一年蓬的生长和繁殖特征适应性［D］. 武汉：华中农业大学.

李志红，2015. 生物入侵防控：重要经济实蝇潜在地理分布研究［M］. 北京：北京农业大学出版社.

李紫腾，曹钰晗，李楠，等，2021. 苹果锈果类病毒在 7 个品种苹果上的分子变异及系统发育关系［J］. 中国农业科学，54（20）：4326-4336.

廉永善，卢顺光，薛顺康，等，2000. 沙棘属植物生物学和化学［M］. 兰州：甘肃科学技术出版社.

梁宏斌，贾玉龙，高方武，等，1999. 麦双尾蚜的化学防治试验［J］. 昆虫学报（S1）：163-166.

梁萌，阿不都瓦哈·艾再孜，阿地力·沙塔尔，2020. 枣实蝇对枣果挥发物的选择行为［J］. 林业科学研究，33（2）：145-153.

梁照文，童明龙，高振峰，等，2014. 毒莴苣及其近似种的形态比较［J］. 植物检疫，28（4）：36-40.

廖咏梅，周广泉，周志权，1991. 日本菟丝子的生物防治研究初报危害性及寄生真菌的筛选［J］. 广西植物，11（1），82-86.

林河州，万钢，孙惠敏，等，2015. 石河子垦区杨树蛀干害虫的调查［J］. 新疆农业科技（3）：24.

林慧，张明莉，王鹏鹏，等，2018. 外来入侵植物意大利苍耳的传粉生态学特性［J］. 生态学报，38（5）：1810-1816.

林伟丽，2006. 新疆香梨园昆虫种类与苹果蠹蛾和梨小食心虫的种群动态研究［D］. 乌鲁木齐：新疆农业大学.

刘彬，张祥林，王翀，等，2011. 向日葵白锈病菌巢式 PCR 检测方法的研究［J］. 新疆农业科学，48（5）：859-863.

刘晨曦，吴孔明，2011. 转基因棉花的研发现状与发展策略［J］. 植物保护，37（6）：11-17.

刘达，白剑宇，方荣祥，等，2020. *Emaravirus* 属新病毒：中国枣树花叶伴随病毒全基因组测序［J］. 微生物学，60（2）：397-405.

刘芳，李劲松，廖新福，等，2016. 几种复混药剂防治厚皮甜瓜南方根结线虫的效果［J］. 中国瓜菜，29（2）：27-29.

刘海洋，王伟，张仁福，等，2021. 不同因素影响下棉田土壤中大丽轮枝菌微菌核的数量特征［J］，新疆农业科学，58（3）：522-531.

刘海洋，王伟，张仁福，等，2022. 利用生防菌防治棉花黄萎病效果的制约因素［J］. 新疆农业科学，59（1）：155-161.

刘洪玉，孙子豪，李保华，等，2019. 侵染'舞美'苹果的苹果锈果类病毒检测与全序列分析［J］. 植物保护，45（4）：176-179.

刘惠芳，陈秋芳，2019. 浅析马铃薯环腐病症状及防治关键［J］，现代园艺，17：147-148.

刘莉莉，2010. 鸦胆子素 D 对黄瓜绿斑驳花叶病毒病的抑制作用［D］. 福州：福建农林大学.

刘美珍，李效禹，1985. 枸杞刺皮瘿螨的饲养方法［J］. 植物保护（5）：25.

刘孟军，赵锦，周俊仪，2010. 枣疯病［M］. 北京：中国农业出版社.

刘赛，雷捷惟，陈君，等，2020. 宁夏回族自治区中宁县枸杞红瘿蚊生物学特性及发生规律 [J]. 植物保护学报，47（2）：446-454.

刘赛，李建领，徐常青，等，2016. 枸杞瘿螨田间迁移扩散规律研究 [J]. 中国现代中药，18（3）：271-274.

刘赛，杨孟可，李建领，等，2019. 我国枸杞主产区瘿螨鉴定及其越冬调查 [J]. 中国中药杂志，44（11）：2208-2212.

刘铁志，2012. 内蒙古被子植物新记录 [J]. 赤峰学院学报（自然科学版），28（6）：134-135.

刘婷婷，张洪军，王晓磊，2010. 外来植物一年蓬对雾灵山生物多样性的影响 [J]. 北京大学学报（自然科学版），46（3）：365-370.

刘万才，刘振东，朱晓明，等，2022. 我国昆虫性信息素技术的研发与应用进展 [J]. 中国生物防治学报，38（4）：803-811.

刘晓红，2009. 黑龙江省菟丝子种类及寄主范围 [J]. 植物检疫，23（3），60.

刘延，董合干，刘彤，等，2019. 豚草和三裂叶豚草不同植株部位种子萌发与入侵扩散关系 [J]. 生态学报，39（24）：9079-9088.

刘彦宁，任月萍，2005. 几种农药防治枸杞木虱和枸杞刺皮瘿螨的药效评价 [J]. 农业科学研究（3）：100-102.

刘旸，付开赟，吐尔逊，等，2016. 不同地理种群马铃薯甲虫 SSR、RAPD 遗传多样性分析 [J]. 新疆农业科学，9：835-838.

刘永华，李鲜花，阎雄飞，等，2018. 糖醋液对黄斑长翅卷叶蛾诱集效果研究 [J]. 陕西农业科学，64（7）：21-22.

刘永华，阎雄飞，李鲜花，等，2020. 短时高温对黄斑长翅卷叶蛾生长发育及繁殖的影响 [J]. 陕西农业科学，66（7）：4-6.

刘勇，李凡，李月月，2019. 侵染我国主要蔬菜作物的病毒种类、分布与发生趋势 [J]. 中国农业科学，52（2）：239-261.

刘钰燕，高灵旺，张怡，等，2013. 微小昆虫自动计数软件在葡萄斑叶蝉监测中的应用 [J]. 中国植保导刊，33（11）：45-50.

刘长月，2012. 苜蓿种子田节肢动物群落结构组成及苜蓿籽蜂生物学生态学研究 [D]. 乌鲁木齐：新疆农业大学.

刘长月，赵莉，陈坤，等，2015. 苜蓿籽蜂田间发生及危害规律的研究 [J]. 新疆农业科学，52（5）：882-888.

刘志宏，2019. 橘小实蝇的危害、监测与防控 [J]. 农业开发与装备，12（1）：207-208.

刘中芳，张鹏九，郭晓君，等，2016. 240 g/L 氟啶虫胺腈悬浮剂防治苹果绵蚜田间药效试验 [J]. 山西农业科学，44（10）：1526-1528.

柳晓燕，李俊生，赵彩云，等，2016. 基于 MAXENT 模型和 ArcGIS 预测豚草在中国的潜在适生区 [J]. 植物保护学报，43（6）：1041-1048.

柳晓燕，朱金方，李飞飞，等，2021. 豚草入侵对新疆伊犁河谷林下本地草本植物群落结构的影响 [J]. 生态学报，41（24）：9613-9620.

卢东升，吴昊，陈俊帆，等，2019. 入侵植物大狼把草对 2 种农作物的化感作用 [J]. 信阳师范学院学报（自然科学版），32（4）：544-548.

卢军帅，卢冠霖，王作懿，等，2020. 玉米田间关键因素对草地贪夜蛾性诱效果的影响 [J]. 植物保护，46（3）：242-246.

卢绍辉，2020. 悬铃木方翅网蝽种群遗传结构及扩散传播机制研究 [D]. 长沙：中南林业科技大学，45-58.

卢绍辉，李金铭，崔淑丹，等，2013. 悬铃木方翅网蝽在郑州地区的生活史及发生情况 [J]. 河南林业科技，33（2）：1-4.

陆永跃，2021. 警惕番茄潜叶蛾 Tuta absoluta（Meyrick）在我国持续扩散入侵 [J]. 环境昆虫学报，43（2）：526-528.

陆永跃，曾玲，许益镌，等，2019. 外来物种红火蚁入侵生物学与防控研究进展 [J]. 华南农业大学学报，40（5）：149-160.

路纪芳，王小艺，杨忠岐，2012. 中国白蜡窄吉丁研究进展 [J]. 应用昆虫学报，49（3）：785-792.

罗康宁，2005. 苹果黑星病在庆阳市发生、扩展、蔓延及防治对策 [J]. 中国植保导刊（8）：24-25.

罗立平，王小艺，杨忠岐，等，2018. 光肩星天牛生物防治研究进展 [J]. 生物灾害科学，41（4）：247-255.

吕要斌，贝亚维，林文彩，等，2004. 西花蓟马的生物学特性、寄主范围及危害特点 [J]. 浙江农业学报，16（5）：73-76.

吕要斌，张治军，吴青君，等，2011. 外来入侵害虫西花蓟马防控技术研究与示范 [J]. 应用昆虫学报，48（3），488-496

马金双，2013. 中国入侵植物名录 [M]. 北京：高等教育出版社.

马金双，2014. 中国外来入侵植物调研报告（上卷）[M]. 北京：高等教育出版社.

马立芹，2009. 双条杉天牛有效积温测定及生物防治技术研究 [D]. 北京：北京林业大学.

马琳，李晓维，郭文超，等，2021. 基于 COⅠ基因的新入侵害虫番茄潜叶蛾遗传多样性分析 [J]. 应用昆虫学报，58（6）：1356-1364.

马宁远，王惠卿，张伟，等，2008. 基于地统计学的新疆棉田烟粉虱（Bemisiatabaci Gennadius）危害动态与时空分布 [J]. 生态学报，6：2654-2662.

马倩倩，2020. 气候变化下豚草和三裂叶豚草在新疆的潜在地理分布 [D]. 石河子：石河子大学.

马强，孙平平，鞠明岫，等，2020. 苹果茎沟病毒陕西分离物基因组序列与生物学研究 [J]. 干旱区资源与环境，34（9）：151-156.

马瑞燕，荆英，李佐，等，2000. 黄斑长翅卷叶蛾行为、习性的研究 [J]. 山西农业大学学报（1）：20-23.

马文珍，1995. 中国经济昆虫志（鞘翅目，花金龟科）（第四十六册）[M]. 北京：中国科技出版社，119-120.

马玉忠，2009. 外来物种入侵中国每年损失 2000 亿 [J]. 中国经济周刊（21）：43-45.

马志龙，姚艳霞，阿地力·沙塔尔，2021. 苹小吉丁林间扩散行为的初步研究 [J]. 林业科学研究，34（1）：173-180.

马苗，姜春燕，秦萌，等，2018. 全国农业植物检疫性昆虫的分布与扩散 [J]. 应用昆虫学报，55（1）：1-11.

玛依拉·吐拉甫，2010. 新疆伊犁河谷苹果绵蚜种群生态学与控制技术研究 [D]. 乌鲁木齐：新疆农业大学.

买合甫皮古丽·阿不力米提，热孜万古丽·阿布都哈尼，李京，等，2013. 中华草蛉对烟粉虱的捕食功能反应及捕食行为观察 [J]. 新疆农业大学学报，36（2）：112-117.

买热木古丽·克依木，徐好学，鲜金花，等，2014.5 种环境友好杀虫剂对 MEAM1 烟粉虱隐种的药效评价 [J]. 新疆农业科学，51（6）：1137-1142.

毛赫，王聪慧，杨帆，2015. 黄刺蛾生物学特性及综合防治技术 [J]. 吉林农业（6）：100.

毛杨军，赵应苟，朱昶，等，2021.20% 呋虫胺可溶粒剂对悬铃木方翅网蝽的防治效果 [J]. 农药，60（6）：463-465.

孟醒，桂富荣，陈斌，2018. 云南扶桑绵粉蚧的发生及防治 [J]. 生物安全学报，27（4）：236-239.

苗国显，李淑丽，刘志群，1998. 桑褐翅尺蛾的生物学特性及防治 [J]. 昆虫知识 (1)：32-47.

莫善明，郭开发，曾怡然，等，2014. 阿拉山口口岸发现检疫性有害生物单柱菟丝子 [J]. 植物检疫，28 (3)：74-76.

倪福明，李钧敏，吴建江，等，2009. 不同盐度梯度下一年蓬的遗传多样性和遗传分化 [J]. 福建林业 科技，36 (2)：44-47.

宁秋娟，许毅戈，张桂红，等，2015. 马铃薯几种常见病害的防治 [J]. 河南农业 (21)：30-31.

牛春敬，刘勇，廖芳，2013. 检疫性有害生物—葡萄花翅小卷蛾 [J]. 检验检疫学刊，23 (5)：57-59.

牛春林，田奥在，张福海，等，2014. 白蜡宅吉丁肿腿蜂对三种蛀干害虫的寄生效能研究 [J]. 环境昆 虫学报，36 (6)：1046-1050.

牛永浩，2006. 二斑叶螨 (Tetranychus Urticae Koch) 生物学特性及防治技术研究 [D]. 杨凌：西北农 林科技大学.

牛震，张琦，陈亚男，等，2022. 不同生境下黄花刺茄枯落期生物量分配适应性研究 [J]. 内蒙古民族 大学学报 (自然科学版)，37 (3)：230-235.

潘玲玲，王峰，莫斌，等，2018. 加拿大进境油菜籽茎基溃疡病菌的生物学特性 [J]. 江苏农业科学，46 (10)：96-99.

潘青华，2002. 枣疯病研究进展及防治措施 [J]. 北京农业科学，3：4-8.

潘若曦，高梅，2023. 买卖饲养"异宠"猎奇不能突破法律底线 [N/OL]. 检察日报，2023-08-21 [2024-02-11].

裴会明，2015. 入侵植物刺苍耳的形态学特征与防治 [J]. 甘肃林业科技，40 (1)：24-25，46.

彭彬，马志龙，卡德艳·卡德尔，等，2018. 伊犁地区苹果小吉丁虫在野苹果树上危害特性研究 [J]. 新疆农业大学学报，41 (2)：121-127.

彭德良，彭焕，刘慧，2015. 国外甜菜孢囊线虫发生危害、生物学和控制技术研究进展 [J]. 植物保护，41 (5)：1-7.

彭瀚，刘亚宁，耿显胜，等，2020. 星天牛成虫的取食节律及对两种苦楝粗提物行为趋性 [J]. 生态学 杂志，39 (4)：1206-1213.

彭焕，高海峰，张瀛东，等，2019. 甜菜孢囊线虫 SCAR 快速分子检测技术研究 [C]. 中国植物保护学 会 2019 年学术年会论文集.

彭金火，1998. 大豆疫霉的土壤诱集检测 [J]. 植物检疫，12 (4)：198-203.

彭露，万方浩，侯有明，2020. 中国入侵昆虫预防与控制研究进展 [J]. 应用昆虫学报，57 (2)：244-258.

齐国君，高燕，黄德超，等，2012. 基于 MAXENT 的稻水象甲在中国的入侵扩散动态及适生性分析 [J]. 植物保护学报，39 (2)：129-136.

钱国良，胡白石，卢玲，等，2006. 梨火疫病菌的实时荧光 PCR 检测 [J]. 植物病理学报 (2)：123-128.

乔精松，彭德良，刘慧，等，2021. 甜菜孢囊线虫在我国的寄主范围及生活史研究 [J]. 植物保护，47 (3)：177-183.

乔曦，2019. 基于计算机视觉的薇甘菊自动监测方法研究 [D]. 北京：中国农业科学院.

乔艳艳，肖兴，魏洪义，2022. 粉蚧化学生态学研究进展 [J]. 环境昆虫学报，44 (2)：305-315.

秦誉嘉，吕文诚，赵守歧，等，2018. 考虑灌溉及气候变化条件下葡萄花翅小卷蛾在中国的潜在地理分 布 [J]. 植物保护学报，45 (3)：599-605.

邱娟，地里努尔·沙里木，谭敦炎，2013. 入侵植物黄花刺茄在新疆不同生境中的繁殖特性 [J]. 生物 多样性，21 (5)：590-600.

屈荷丽，赵冰梅，张建萍，等，2014. 粘虫板对玉米三点斑叶蝉的诱集作用试验初报 [J]. 中国植保导刊，34（5）：45-47.

屈立峰，黄星硕，曲仕绅，1998. 枣顶冠瘿螨的饲养与观察［J］. 昆虫知识，35（3）：149-150.

曲波，薛晨阳，许玉凤，等，2019. 三裂叶豚草入侵对撂荒农田早春植物群落的影响［J］. 沈阳农业大学学报，50（3）：358-364.

全国农业技术推广服务中心，2001. 植物检疫性图鉴［M］. 北京：中国农业出版社，244.

冉浩，2023. "异宠"兴起 警惕外来物种的入侵风险［J］. 光明少年（5）：20-23.

热孜万古丽·阿布都哈尼，王岩萍，热孜万古丽·加马力，等，2016. 海氏桨角蚜小蜂新疆种群形态特征及其与烟粉虱的时空动态比较［J］. 植物保护学报，43（1）：142-148.

任轲亮，耿坤，张斌，等，2016. 不同悬挂高度和密度黄板对葡萄斑叶蝉的诱杀效果［J］. 贵州农业科学，44（2）：93-95.

任羽，郭文超，岳明翠，等，2016. Cry8E 亚致死浓度对马铃薯甲虫解毒酶和保护酶的影响［J］. 中国生物防治学报，32（6）：794-799.

任月萍，刘生祥，2005. 苦参素农药对枸杞刺皮瘿螨的室内毒力测定及药效试验［J］. 农业科学研究（3）：40-42.

任月萍，刘生祥，2007. 宁夏枸杞刺皮瘿螨空间分布型及抽样技术的研究［J］. 宁夏大学学报（自然科学版）（4）：364-366.

荣松柏，初明光，吴新杰，等，2018. 中国油菜黑胫病危害风险性分析及预防策略［J］. 农学学报，8（6）：15-20.

塞依丁·海米提，努尔巴依·阿布都沙力克，迈迪娜·吐尔逊，等，2019. 外来入侵植物意大利苍耳在新疆的潜在分布及扩散趋势［J］. 江苏农业科学，47（13）：126-131.

塞依丁·海米提，努尔巴依·阿布都沙力克，许仲林，等，2019. 气候变化情景下外来入侵植物刺苍耳在新疆的潜在分布格局模拟［J］. 生态学报，39（5）：1551-1559.

桑文，刘燕梅，邱宝利，2018. 柑橘木虱绿色防控技术研究进展［J］. 应用昆虫学报，55（4）：557-564.

沙月霞，樊仲庆，王国珍，等，2011. 贺兰山东麓主要病虫害发生情况调查［J］. 中国果树，1：8.

商鸿生，1990. 苜蓿黄萎病检诊技术［J］. 植物检疫，4（3）：165-168.

商鸿生，胡小平，2001. 向日葵检疫性有害生物［J］. 植物检疫，15（3）：152-154.

邵刚，李志红，张祥林，等，2006. 苜蓿黄萎病菌在我国的适生性分析研究［J］. 植物保护，32（5）：48-51.

邵雅丽，2022. 克州林业有害生物普查及风险分析［D］. 乌鲁木齐：新疆农业大学.

盛世英，周强，邱德文，等，2017. 植物免疫蛋白制剂阿泰灵诱导小麦抗病增产效果及作用机制［J］. 中国生物防治学报，33（2）：213-218.

石必显，2017. 向日葵列当生理小种鉴定、遗传多样性研究及向日葵资源抗列当水平的评价［D］. 呼和浩特：内蒙古农业大学.

时振亚，王高平，司胜利，等，2001. 榆毛萤叶甲啮小蜂——中国新纪录种（膜翅目：姬小蜂科）［J］. 河南农业大学学报，35（4）：35-36.

司剑华，郑娜，张永秀，2015. 不同物理防治方法对柴达木枸杞瘿螨的防治效果［J］. 江苏农业科学，43（11）：183-185.

宋来庆，刘美英，赵玲玲，等，2019. 橘小实蝇在烟台果树产区的监测与防控［J］. 烟台果树，（2）：36-37.

宋娜，陈卫民，杨家荣，等，2012. 向日葵黑茎病菌的快速分子检测［J］. 菌物学报，31（4）：630-638.

宋素琴，楚敏，曹焕，等，2005. 新疆阿克苏地区苹果园主要病虫害发生现状调查［J］. 中国果树（3）：74-75.

苏梅华，吴建波，李秋英，等，2010. 免疫吸附 PCR 技术提高梨火疫病菌检测灵敏度［J］. 植物检疫，

24（3）：8-10.

苏彦纯，沈崇尧，1993. 大豆疫霉病菌在中国的发现及其生物学特性的研究．植物病理学报，23（4）：341-347.

孙备，李建东，王国骄，等，2016. 三裂叶豚草对其入侵地植物-土壤微生物反馈作用的影响［J］. 生态环境学报，25（7）：1174-1180.

孙朝晖，孙士学，温秀军，1995. 梨黄粉蚜生物学特性及防治技术的研究［J］. 森林病虫通讯（2）：11-14.

孙明明，2022. 豚草和三裂叶豚草入侵伊犁河谷的空间分布格局及群落特征［D］. 石河子：石河子大学.

孙清花，焦子伟，张相锋，等，2019. 伊犁河谷红地球葡萄病虫害综合防治技术［J］. 现代农业科技，14：120-121.

孙庆文，何顺志，杨相波，2010.2 种外来新纪录物种入侵贵州的状况及防治对策［J］. 贵州农业科学，38（3）：90-92.

孙晓东，吕国忠，赵志慧，等，2016. 三裂叶豚草霜霉病的病原鉴定及生物学特性研究［J］. 大连民族大学学报，18（1）：15-18.

孙晓军，周婷婷，玉山江•麦麦提，等，2021. 设施番茄病毒病病原鉴定［J］. 新疆农业科学，58（1）：99-106.

孙孝龙，工素娟，童朝亮，等，2005. 桑白蚧的生物学特性及其防治［J］. 蚕桑通报，36（3）：37-38.

索南措，黄远志，李彦忠，等，2019. 苜蓿黄萎病的发生、危害及检测．草业科学，36（9）：2384-2394.

郜凤姣，韩彩霞，邵华，2015. 入侵植物意大利苍耳不同部位挥发油的化感作用及其化学成分的比较分析［J］. 生物学杂志，32（2）：36-41.

谈钇汐，付开赟，贾尊尊，等，2022. 诱捕器颜色、悬挂高度与位置对番茄潜叶蛾诱捕效果评价［J］. 新疆农业科学，59（5）：1144-1155.

汤祊德，1992. 中国粉蚧科［M］. 北京：中国农业科学技术出版社，768.

汤亚飞，何自福，杜振国，等，2013. 侵染垂花悬铃花的木尔坦棉花曲叶病毒分子特征研究［J］. 植物病理学报，43（2）：120-127.

汤宗福，1981. 马铃薯癌肿病［J］. 四川农业科技（6）.

唐桦，郑哲民，李恺，2004. 光肩星天牛与黄斑星天牛分类地位的研究［J］. 南京林业大学学报（自然科学版），28（6）：67-72.

唐远，陆永跃，2013, 广东地区引起扶桑黄化曲叶病的病毒种类确定［J］. 广东农业科学，40（10）：80-82.

陶波，赵微，韩玉军，等，2010. 假苍耳根系分泌物对土壤中微生物的影响［J］. 东北农业大学学报，41（2）：15-19.

陶赛峰，2015. 橘小实蝇综合防治试验初探［J］. 上海农业科技，（6）：163.

陶万强，陈凤旺，过颂新，等，2001. 桃树冠瘿病的发生与预防［J］. 绿化与生活，1（1）：24-25.

陶万强，郭一妹，禹菊香，等，2009, 双条杉天牛引诱剂林间引诱效果研究［J］. 中国森林病虫，28（1）：39-41.

田宝良，2011. 不同果园中主要食心虫种群监测防控与桃小食心虫越冬幼虫出土条件研究［D］. 保定：河北农业大学.

田国忠，张志善，李志清，等，2002. 我国不同地区枣疯病发生动态和主导因子分析［J］. 林业科学，38（2）：83-91.

田宏刚，刘同先，张文庆，2019.RNAi 技术在中国昆虫学研究中的发展，应用与展望［J］. 应用昆虫学报，56（4）：605-616.

田虎，李小凤，万方浩，等，2013. 利用种特异性 COI 引物（SS-COI）鉴别扶桑绵粉蚧 [J]. 昆虫学报，56（6）：689-696.

田立超，万涛，吴道军，等，2017. 菟丝子属植物常见种类鉴定特征及防控方法 [J]. 绿色科技（13），3-4.

田文辉，2021. 棉花黄萎病菌糖转运蛋白基因 Vdght2 敲除突变体构建及功能初步分析 [D]，石河子：石河子大学.

田新春，2022. 新疆天然草地毒害草的危害及治理措施 [J]. 现代农业科技（7）：90-94.

万方浩，郑小波，郭建英，等，2005. 重要农林外来入侵物种的生物学与控制 [M]. 北京：科学出版社.

万方浩，郭建英，王德辉，2002. 中国外来入侵生物的危害与管理对策 [J]. 生物多样性，10：119-125.

万方浩，侯有明，蒋明星，等，2015. 入侵生物学 [M]. 北京：科学出版社.

万方浩，谢丙炎，杨国庆，等，2011. 入侵生物学 [M]. 北京：科学出版社.

万方浩，严盈，王瑞，等，2011. 中国入侵生物学学科的构建与发展 [J]. 生物安全学报，20（1）：1-19.

万秀琴，2017. 不同处理对甜瓜、籽用西瓜细菌性果斑病的防效研究 [D]. 乌鲁木齐：新疆农业大学.

王磊三，2020. 拉萨外来入侵植物曼陀罗（Datura stramonium）繁殖生态学研究 [D]. 拉萨：西藏大学.

王爱静，席勇，甘露，2006. 新疆林果花草蚧虫及其防治 [M]. 乌鲁木齐：新疆科学技术出版社，160.

王琛，2010. 陕西园林蚧虫种类调查（半翅目：蚧总科）[D]. 杨陵：西北农林科技大学.

王成祥，张静文，岳朝阳，等，2012. 桑白蚧在新疆的风险分析 [J]. 江苏农业科学，40（10）：117-119.

王春林，吴立峰，王雪薇，等，2003. 加拿大、美国苜蓿黄萎病发生控制情况及我国对策 [J] 植物检疫，17（1）：57-59.

王春艳，2020. 放线菌 LG-9 对棉花黄萎病生防效果的研究 [D]. 石河子：石河子大学.

王从彦，向继刚，杜道林，2012. 2 种入侵植物对根际土壤微生物种群及代谢的影响 [J]. 生态环境学报，21（7）：1247-1251.

王大力，祝心如，1996. 豚草及三裂叶豚草挥发物成分的 GC 和 GC/MS 分析 [J]. 质谱学报（3）：37-41.

王钿，付开赟，丁新华，等，2022. 基于 ISSR 的豚草和三裂叶豚草遗传多样性研究 [J]. 生物安全学报，31（2）：128-134.

王凤，詹慧敏，鞠瑞亭，2013. 上海地区悬铃木方翅网蝽种群动态及防治指标 [J]. 植物保护，39（4）：147-150.

王福民，武景和，王春光，2020. 辽北地区苹果小吉丁虫的发生规律及防控措施 [J]. 落叶果树，52（1）：44-45.

王刚，吐尔逊，何江，等，2014. 温度对稻水象甲飞行能力的影响 [J]. 新疆农业科学，3：464-470.

王刚，吐尔逊，何江，等，2015. 新疆荒漠绿洲生态区稻水象甲主要生物学特性及发生规律研究 [J]. 植物保护，41（1）：141-146.

王国骄，孙备，李建东，等，2014. 外来入侵种三裂叶豚草对不同水分条件的生理响应 [J]. 湖北农业科学，53（5）：1054-1058.

王国平，1991. 近期发现的果树类病毒及其检测方法 [J]. 植物检疫，5（6）：434-437.

王华，陈卫民，麦尔旦，等，2011. 伊犁河谷苹果黑星病的发生危害和综合防治技术 [J]. 北方园艺（15）：189-191.

王华，高峰，吴彩兰，等，2008. 新疆大豆疫霉生物学特性及生理小种鉴定 [J]. 新疆农业科学，45（1）：126-129.

王佳莹，崔俊霞，张吉红，等，2018. 小麦线条花叶病毒研究进展 [J]. 植物检疫，32（9）：5-9.

王靖，崔超，李亚珍，等，2015. 全寄生杂草向日葵列当研究现状与展望 [J]. 江苏农业科学，43（5）：144-147.

王俊，高建诚，巴音克西克，等，2022. 利用电加热自动消毒修枝剪阻断梨火疫病田间传播 [J]. 植物检疫，36（2）：25-28.

王俊，高建诚，巴音克西克，等，2022. 利用蜜蜂传播生防菌防治梨火疫病 [J]. 植物检疫，36（1）：9-12.

王俊，高建诚，管辉，2021. 番茄潜叶蛾在新疆的发生情况与防控建议 [J]. 中国植保导刊，41（12）：83-84，79.

王恺，李朴芳，余蕊，等，2019. 我国新疆焉耆垦区作物轮作种植模式防除列当的有效性研究 [J]. 中国生物防治学报，35（2），272-281.

王坤芳，万井尉，王文成. 2012. 应用化学药品防治菟丝子试验报告 [J]. 现代畜牧兽医（10），21-22.

王丽娟，李爱雨，冯旭，等，2021. 外来入侵植物假苍耳种子的萌发特性 [J]. 生态学杂志，40（7）：1979-1987.

王玲玲，段立清，刘慧，等，2008. 枸杞瘿螨姬小蜂的生物学特性 [J]. 昆虫知识，45（2）：264-268.

王鹏鹏，何影，马淼，等，2018. 入侵植物蒙古苍耳种子萌发对环境因子的响应 [J]. 石河子大学学报（自然科学版），36（4）：509-514.

王平，王树娟，季彦华，等，2021. 蝎蝽对榆绿毛萤叶甲的室内捕食反应 [J]. 中国森林病虫，40（5）：32-36.

王祈楷，徐绍华，陈子文，等，1981. 枣疯病的研究 [J]. 植物病理学报，11（1）：15-18.

王权，刘宝军，宋丹波，等，2022. 阿克苏地区枣树花叶伴随病毒 A（JuMaVA）的分子检测 [J]. 果树学报，39（3）：449-455.

王全文，2023. 玉米对草地贪夜蛾的抗性品种资源筛选及抗虫性研究 [D]. 重庆：西南大学.

王蕊，孙备，李建东，等，2012. 不同光强对入侵种三裂叶豚草表型可塑性的影响 [J]. 应用生态学报，23（7）：1797-1802.

王瑞丽，2020. 豚草和三裂叶豚草地下种子库命运和种子萌发的自毒效应对种群的调节作用 [D]. 石河子：石河子大学.

王瑞丽，董合干，刘彤，等，2021. 入侵恶性杂草豚草和三裂叶豚草土壤种子库特征及其对地上种群的贡献 [J]. 石河子大学学报（自然科学版），39（1）：72-79.

王睿，2021. 准噶尔盆地南部城乡菊科杂草植物区系研究 [D]. 石河子：石河子大学.

王思一，2018. 玉米根萤叶甲围食膜相关基因的分子特性及功能分析 [D]. 北京：中国农业大学.

王维，2021. 外来入侵植物叶片图像识别与分类方法研究 [D]. 沈阳：沈阳大学.

王维玮，张淑萍，2016. 全球变暖引起的物候不匹配及生物的适应机制 [J]. 生态学杂志，35（3）：808-814.

王小武，2017. 新疆稻水象甲传播、扩散及防控技术研究 [D]. 石河子：石河子大学.

王小武，丁新华，吐尔逊，等，2017. 新疆荒漠绿洲稻区稻水象甲幼虫、蛹的空间分布型及抽样技术 [J]. 西北农业学报，26（9）：1385-1394.

王小武，付开赟，丁新华，等，2016. 基于 RAPD 标记的新疆荒漠稻区稻水象甲遗传多样性分析 [J]. 新疆农业科学，11：834-838.

王晓梅，孙静双，李志强，等，2016. 北京地区橘小实蝇的发生规律及防治措施研究 [J]. 中国南方果树，45（3）：27-30.

王艳俏，孙萍，林贤锐，等，2021. 浙中生态区桃园橘小实蝇发生危害特点及绿色防控技术 [J]. 园艺与种苗，41（10）：6-7，20.

王莹莹. 扶桑绵粉蚧生物学和生态学特性研究 [D]. 杭州：浙江农林大学，2012.

王钊英，郭文超，马小平，等，2009. 我国新疆与中亚五国的农业科技合作及其展望 [J]. SH 世界农业，9 (4)：14-17.

王振华，杨武，赵晖，等，2011. 加拿大进境油菜籽茎基溃疡病菌的检测与鉴定 [J]. 华中农业大学学报，30 (1)：66-69.

王志刚. 中国光肩星天牛发生动态及治理对策研究 [D]. 哈尔滨：东北林业大学，2004.

王志伟，李焕秀，孙德玺，等，2020. 西瓜甜瓜根结线虫病研究进展 [J]. 中国瓜菜 (2)：31-33.

王志英，刘宽余，张国财，等，2006. 青杨脊虎天牛防治技术 [J]. 东北林业大学学报，34 (5)：1-3.

王子清，2001. 昆虫纲第二十二卷 [M]. 北京，科学出版社，611.

王子清，2001. 中国动物志. 昆虫纲第二十二卷 [M]. 北京：科学出版社：237-243.

卫甜，李宏伟，苏建坤，等，2016. 黄瓜绿斑驳花叶病毒病生防菌株的分离与筛选 [J]. 园艺学报，43 (12)：2391-2400.

蔚慧欣，高利，康晓慧，等，2016. 应用激光共聚焦显微扫描技术鉴别小麦矮腥黑穗病和小麦光腥黑穗病病菌冬孢子 [J]. 中国植保导刊，36 (2)：5-8.

魏瑞芳，2005. 豫北枣瘿螨的发生及综合防治 [J]. 植物保护，31 (6)：95-96.

魏亚东，1996. 番茄溃疡病 [J]. 天津农林科技，4：42-43.

文勇林，王国平，阎萍，等，1999. 新疆塔城地区麦双尾蚜的发生与防治 [J]. 昆虫学报 (S1)：125-129.

问锦曾，黄虹，1995. 榆绿毛萤叶甲寄生微粒子虫新种记述（微孢子门：微粒子科）[J]. 动物分类学，20 (2)：20-21.

吴福中，王徐玫，李惠萍，等，2020. 扶桑绵粉蚧及其近似种的 DNA 条形码鉴定 [J]. 植物检疫，34 (2)：42-47.

吴贵宏，邵维治，白学慧，等，2018. 扶桑绵粉蚧鉴定初报及风险分析 [J]. 热带农业科学，38 (4)：81-84, 94.

吴海荣，钟国强，胡佳，等，2009. 从美国进口芹菜种子中截获大量毒莴苣 [J]. 植物检疫，23 (2)：2.

吴佳教，梁帆，梁广勤，2009. 实蝇类重要害虫鉴定图册 [M]. 广州：广东科技出版社，76-79.

吴建国，2017. 气候变化影响与风险：气候变化对生物多样性影响与风险研究 [M]. 北京：科学出版社.

吴金泉，Smith M T，2010. 发达国家应战外来入侵生物的成功方法 [J]. 江西农业大学学报，32 (5)：1040-1055.

吴青君，张友军，徐宝云，等，2005. 入侵害虫西花蓟马的生物学、危害及防治技术 [J]. 昆虫知识，1：11-14.

吴然，李君英，邵建柱，等，2015. 苹果锈果类病毒实时荧光 PCR 检测方法的建立 [J]. 果树学报，32 (1)：150-155.

吴秀花，杨荣，刘丽英，等，2017. 白枸杞瘤螨的虫瘿特点、分布及对枸杞的危害 [J]. 植物保护，43 (1)：135-139.

吴秀兰，张太西，王慧，等，2020，1961—2017 年新疆区域气候变化特征分析 [J]. 沙漠与绿洲气象，14 (4)：27-34.

吴正伟，2015. 苹果蠹蛾颗粒体病毒对新疆强日照环境的适应性机理及苹果蠹蛾的生物防治 [D]. 杨凌：西北农林科技大学.

吴志刚，方焱，秦萌，等，2015. 刺萼龙葵对中国玉米产业造成的潜在经济损失评估 [J]. 中国农业大学学报，20 (6)：138-145.

伍永明，2006. 瓜类细菌性果斑病菌分子检测技术的研究与应用 [D]. 乌鲁木齐：新疆农业大学.

武春生，2010. 中国刺蛾科幼虫的寄主植物多样性分析 [J]. 中国森林病虫，29 (2)：1-4.

武福亨，赵玉珍，2004. 前苏联沙棘病虫害的研究与防治 [J]. 国际沙棘研究与开发，2（4）：44-48.

武丽丽，孙炎，张礼生，等，2019. 基于 CNKI 文献计量的我国生物防治学科研究进展与发展态势分析 [J]. 中国生物防治学报，35（6）：958-965.

武三安，2009. 中国大陆有害蚧虫名录及组成成分分析（半翅目：蚧总科）[J]. 北京林业大学学报，31（4）：55-63.

武威，李志红，杭小溪，2015. 基于 CLIMEX 的黑森瘿蚊在我国的潜在适生区预测 [J]. 植物检疫，29（1）：20-24.

夏凤，刘家成，王学良，等，2004. 梨黄粉蚜测报方法研究 [J]. 安徽农业科学，32（5）：955-956.

冼晓青，陈宏，赵健，等，2013. 中国外来入侵物种数据库简介 [J]. 植物保护，39（5），103-119.

冼晓青，王瑞，郭建英，等，2018. 我国农林生态系统近 20 年新入侵物种名录分析 [J]. 植物保护，44（5）：168-175.

萧刚柔，1992. 中国森林昆虫 [M]. 北京：中国林业出版社，889-927.

萧刚柔，1992. 中国森林昆虫第 2 版（增订版）[M]. 北京：中国林业出版社，455-457.

萧玉涛，吴超，吴孔明，2019. 中国农业害虫防治科技 70 年的成就与展望 [J]. 应用昆虫学报，56（6）：1115-1124.

谢映平，1998. 山西林果蚧虫 [M]. 北京：中国林业出版社，147.

熊韫琦，赵彩云，赵相健，2021. 埋深和播种密度对豚草种子出苗及幼苗生长的影响 [J]. 生态学报，41（24）：9621-9629.

胥丹丹，陈立，王晓伟，等，2017. 我国入侵昆虫学研究进展 [J]. 应用昆虫学报，54（6）：885-897.

徐颖，2014. 小麦线条花叶病毒 RT-LAMP 检测方法的建立 [J]. 农业科学与技术，15（11）：1857-1859，1941.

徐朝茜，2020. 荷兰苹果输华有害生物风险分析 [D]. 晋中：山西农业大学.

徐海根，强胜，2011. 中国外来入侵生物 [M]. 北京：科学出版社.

徐进，许景生，刘志静，等，2007. 重要入侵细菌性病害的风险评估 [C]. 生物入侵与生态安全——"第一届全国生物入侵学术研讨会"论文摘要集，144.

徐鹏飞，姜良宇，李文滨，等，2011. 黑龙江省大豆品种对大豆疫霉根腐病抗性评价及抗性基因推导 [J]. 中国油料作物学报，33（5）：521-526.

徐钦望，任利利，骆有庆，2021. 全球外来入侵生物与植物有害生物数据库的比较评价 [J]. 生物安全学报，30（3）：157-165.

徐汝梅，2003. 生物入侵数据集成、数量分析与预警 [M]. 北京：科学出版社.

徐汝梅，叶万辉，2003. 生物入侵-理论与实践 [M]. 北京：科学出版社.

徐艳彩，2015. 桃小食心虫越冬幼虫滞育解除和出土条件研究 [D]. 洛阳：河南科技大学.

许建军，冯宏祖，李翠梅，等，2014. 释放赤眼蜂防治苹果蠹蛾、梨小食心虫效果研究 [J]. 中国生物防治学报，30（5）：690-695. DOI：10.16409/j. cnki. 2095-039x，2014.05.019.

许建军，袁洲，刘忠军，等，2009. 白星花金龟在新疆农田生态区所寄主、分布及其发生规律 [J]. 新疆农业科学，46（5）：1042-1046.

薛培，马文涛，2020. 涉"异宠"类野生动物犯罪的特点、成因和治理对策 [J]. 森林公安（5）：5-7.

薛晓峰，2007. 中国古北界瘿螨总科的分类研究 [D]. 南京：南京农业大学.

薛永发，李志东，2019. 苹果叶蜂的危害症状及防治技术 [J]. 果农之友（2）：25.

闫凤鸣，白润娥，2017. 中国粉虱志 [M]. 郑州：河南科学技术出版社.

闫明辉，李静静，刘佳磊，等，2021. 瓜菜害虫 Q 型烟粉虱 *Bemisia tabaci*（Gennadias）形态特征研究 [J]. 中国瓜菜，34（8）：15-20.

闫小红，何春兰，周兵，等，2017. 不同生育期入侵植物大狼把草的生物量分配格局及异速生长分析

［J］. 生态与农村环境学报，33（2）：150-158.

闫小玲，严靖，王樟华，等，2020. 中国外来入侵植物志（1）［M］. 上海：上海交通大学出版社，256.

严靖，唐赛春，李惠茹，等. 中国外来入侵植物志（5）［M］. 上海：上海交通大学出版社，107.

严丽，焦斌，李武平，等，2008. 阿勒泰地区苜蓿菟丝子综合防治技术体系［J］. 陕西农业科学（4），116-117.

严玉平，王晓鸿，2007. 生物入侵对中国农业的危害及对策［J］. 江西农业学报（2）：90-94.

阎雄飞，程鑫辉，郝哲，等，2022. 枣瘿蚊幼虫在设施枣树上的空间分布型及抽样技术［J］. 南京林业大学学报（自然科学版），46（4）：201-208.

杨桂群，范苇，张倩，等，2022. 异色瓢虫和龟纹瓢虫幼虫对番茄潜叶蛾低龄幼虫的捕食功能反应［J/OL］. 中国生物防治学报，38（4）：959-966.

杨集昆，1995. 梨茎蜂研究的述评附一新种（膜翅目：茎蜂科）［J］. 湖北大学学报（自然科学版），17（1）：7-13.

杨金花，徐海燕，潘玉雯. 入侵害虫悬铃木方翅网蝽的监测与防控技术［J］. 现代农业科技，14：116-117，124.

杨磊，2017. 新疆食心虫种类与分布调查研究［D］. 石河子：石河子大学.

杨宁权，周兴隆，于丽，等，2021. 多种杀螨剂对枸杞瘿螨的田间防效［J］. 中国植保导刊，41（8）：84-86.

杨帅，焦旭东，郭燕兰，等，2012. 枣顶冠瘿螨在新疆的发生规律及防控技术［J］. 北方园艺（8）：145-147.

杨思霞，黄旭光，陆仟，等. 2015. 黄金榕上日本菟丝子防除药剂筛选及其安全性评价［J］. 南方农业学报，46（10），1828-1833.

杨伟东，余道坚，胡学难，等，2008，地中海实蝇检疫鉴定方法——PCR法［M］. 北京：中国标准出版社.

杨文飞，杜小风，季国宝，等，2006. 0.36%苦参碱水剂防治苹果园山楂叶螨试验［J］. 中国果树（1）：29-30.

杨希才，朱峰，刘玉乐，等，1996. 抗马铃薯纺锤形块茎类病毒的转核酶基因研究［C］. 中国马铃薯学术研讨文集. 中国作物学会马铃薯专业委员会，271-272.

杨星，2015. 昌吉地区玉米三点斑叶蝉发生及防治方法［J］. 农村科技（1）：41.

杨玉锐，郭建洲，2015. 野燕麦危害现状及防治对策［J］. 现代农村科技，（14）：24-25.

杨宗武，焦浩，1997. 梨实蜂发生规律与综合防治技术［J］. 陕西农业科学（2）：47-48.

姚文国，曲能治，张立，等，2002. 中国进出境植物检疫手册［M］. 北京：中国农业科学技术出版社.

叶森，2020. 水生外来入侵植物遥感识别与预警研究［D］. 呼和浩特：内蒙古大学.

殷智婷，韩剑，周国辉，等，2012. 李属坏死环斑病毒（PNRSV）新疆巴旦木分离物外壳蛋白基因（CP）片断的克隆与序列分析［J］. 果树学报，29（5）：740-746.

印丽萍. 1995. 菟丝子属主要种的分类记述（一）［J］. 植物检疫，9（3），165-174.

于江南，陈卫民，徐毅，等，2008. 伊犁河谷苹果绵蚜生物学特性及防治［J］. 新疆农业科学，44（2）：298-302.

于生，2014. 甜菜霜霉病的防效试验［J］. 中国糖料，14（3）：39-40.

于胜祥，陈瑞辉，2020. 中国口岸外来入侵植物彩色图鉴［M］. 郑州：河南科学技术出版社.

于昕，王玉晗，李红卫，等，2020. 苹果蠹蛾的发生现状、监测技术及防治方法研究进展［J］. 植物检疫，34（1）：1-6.

于洋洋，刘倩倩，徐恩丽，等，2011. 梨火疫病菌（*Erwinia amylovora*）双精氨酸运输系统基因（tatC）的功能分析［J］. 农业生物技术学报，19（6）：1081-1088.

余霞，杨丹玲，王俊峰，等，2009. 大豆疫霉病研究进展［J］. 植物检疫，23（5）：47-50.

俞志文，2021. 榆树 2 种叶甲的发生规律及防治试验 [J]. 安徽农学通报，27（5）：118-125.

虞国跃，周在豹，王合，2020. 枣树重要害虫——枣星粉蚧和枣树皅粉蚧的识别 [J]. 植物保护，46（3）：163-166.

袁着耕，2018. 刺苍耳化感作用及活性成分研究 [D]. 伊宁：伊犁师范学院.

詹金良，李童，2023. 警惕"异宠热"带来的生物安全风险 [J]. 中国海关（6）：82-84.

詹开瑞，赵士熙，朱水芳，等，2006. 橘小实蝇在中国的适生性研究 [J]. 华南农业大学学报（4）：21-25.

占红敏，2020. 农作物病虫害生态调控防治措施的探讨 [J]. 农家参谋（6）：79.

张迎春，2021. 棉花黄萎病菌 β-1，4-内切木聚糖酶基因的鉴定及功能初步研究 [D]. 石河子：石河子大学.

张彩红，王廷中，2009. 双条杉天牛的生物学特性及防治技术 [J]. 甘肃科技，25（7）：147-148.

张春霞，章家恩，郭靖，等，2019. 我国典型外来入侵动物概况及防控对策 [J]. 南方农业学报，50（5）：1013-1020.

张春竹，黄伟，蒋世铮，等，2004. 橄榄片盾蚧的生物学特性的研究 [J]. 新疆农业科学，41（5）：303-305.

张春竹，黄伟，任德新，等，2006. 橄榄片盾蚧的天敌 [J]. 植物保护，32（3）：87-89.

张春竹，黄伟，盛强，等，2021. 五种药剂对白枸杞瘤瘿螨田间防治效果初报 [J]. 植物保护（1）：41-42.

张聪，袁志华，王振营，等，2014. 双斑长跗萤叶甲在玉米田的种群消长规律 [J]. 应用昆虫学报，51（3）：668-675.

张翠疃，徐国良，李大乱，2003. 梨树主要害虫——梨木虱的研究综述 [J]. 华北农学报，18：127-130.

张丹丹，吴孔明，2019. 国产 Bt-Cry1Ab 和 Bt-（Cry1Ab＋Vip3Aa）玉米对草地贪夜蛾的抗性测定 [J]. 植物保护，45（4）：54-60.

张凡，2020. 枸杞红瘿蚊生殖生物学及相关信息化学物质研究 [D]. 北京：北京协和医学院.

张广学，张军，张润志，等，1999. 麦双尾蚜形态结构的扫描电镜观察 [J]. 昆虫学报（51）：31-34.

张桂芬，刘万学，郭建洋，等，2013. 重大潜在入侵害虫番茄潜叶蛾的 SS-COⅠ快速检测技术 [J]. 生物安全学报，22（2）：80-85.

张桂芬，马德英，刘万学，等，2019. 中国新发现外来入侵害虫——南美番茄潜叶蛾（鳞翅目：麦蛾科）[J]. 生物安全学报，28（3）：200-203.

张桂芬，冼晓青，张毅波，等，2020. 警惕南美番茄潜叶蛾 Tuta absoluta（Meyrick）在中国扩散 [J]. 植物保护，46（2）：281-286.

张桂芬，张毅波，刘万学，等，2020. 4 种性信息素产品对新发南美番茄潜叶蛾引诱效果研究 [J]. 植物保护，46（5）：303-308，320.

张桂芬，张毅波，冼晓青，等，2022. 新发重大农业入侵害虫番茄潜叶蛾的发生危害与防控对策 [J]. 植物保护，48（4）：8.

张国良，曹坳程，付卫东，2009. 农业重大外来入侵生物应急防控技术指南 [M]. 北京：科学出版社.

张皓，戴爱梅，梁巧玲，等，2016. 噻虫嗪种子处理对冬小麦黑森瘿蚊的防治效果 [J]. 植物检疫，30（3）：58-61.

张华普，张怡，马成斌，等，2019. 葡萄斑叶蝉危害特点和防治措施 [J]. 中外葡萄与葡萄酒（6）：65-70.

张华纬，赵健，李志鹏，2021. 基于 GIS 的入侵生物适生区预测-以橘小实蝇为例 [J]. 测绘与空间地理信息，44（6）：59-64.

张欢，2021. 准噶尔盆地南部城乡合瓣花类（除菊科）杂草植物区系研究 [D]. 石河子：石河子大学.

张慧丽，李雪莲，陈先锋，等，2021. 进境澳大利亚大麦夹杂油菜茎基溃疡病菌的检疫鉴定［J］. 植物保护，47（4）：52-58.

张吉昌，杨玉梅，张勇，等 2015. 毒麦生长习性观察及防除技术探讨［J］. 陕西农业科学，61（6）：43-44.

张继俊，姚建华，陈志，2008. 新疆博尔塔拉玉米三点斑叶蝉的发生与防治对策［J］. 中国农技推广（5）：43-44.

张建，王朝晖，2009. 外来有害植物一年蓬生物学特性及危害调查研究［J］. 农业科技通讯（6）：105-106.

张金兰，蒋青，印丽萍，等，1995. 新疆寄生杂草菟丝子和列当的调查［J］. 植物检疫，9（4）：205-207.

张京宣，邵秀玲，纪瑛，等，2016. 入境动物产品携带杂草疫情分析［J］. 食品安全质量检测学报，7（4）：1375-1381.

张静文，岳朝阳，焦淑萍，等，2012. 枣疯病入侵新疆的风险分析［J］. 新疆农业科学，49（2）：261-266.

张立志，刘岩，2006. 大兴安岭森林昆虫图谱［M］. 哈尔滨：东北林业大学出版社.

张丽杰，杨星科，2002. 警惕危险性害虫——玉米根萤叶甲传入我国［M］. 昆虫知识（2）：81-88.

张连昌，谭超亮，程乐强，2013. 黑膜防治烟草列当技术研究［J］. 中外企业家（14）：236-237.

张梦洋，刘君，王燕凌，等，2015. 外源水杨酸诱导黄瓜幼苗抗细菌性果斑病抗性浓度的筛选［J］. 新疆农业大学学报，38（6）：459-464.

张萍，寇彬，陈连芳，等，2018. 危害库尔勒香梨的新害虫——桑褶翅尺蛾［J］. 中国植保导刊，38（4）：37-39，47.

张仁福，王登元，王华，等，2011. 不同药剂对黄斑长翅卷叶蛾的毒力测定及田间药效试验［J］. 新疆农业科学，48（11）：2046-2049.

张蕊蕊，李萌，许方程，等，2010. 媒介虫口密度、植株苗龄及温度对 B 型烟粉虱传播台湾番茄曲叶病毒的影响［J］. 植物保护学报，37（1）：1-6.

张润志，梁宏斌，张军，等，1999a. 温度对麦双尾蚜发育、存活和繁殖的影响［J］. 昆虫学报（S1）：35-39.

张润志，汪兴鉴，阿地力·沙塔尔，2007. 检疫性害虫枣实蝇的鉴定与入侵威胁［J］. 昆虫知识，44（6）：928-930.

张润志，王福祥，张雅林，等，2012. 入侵生物苹果蠹蛾监测与防控技术研究-公益性行业（农业）科研专项（200903042）进展［J］. 应用昆虫学报，49（1）：37-42.

张润志，张军，杜秉仁，1999b. 麦双尾蚜的龄期鉴别［J］. 昆虫学报（S1）：26-30.

张少逸，张朝贤，王金信，等，2012. 五种土壤处理除草剂对刺萼龙葵的生物活性研究［J］. 华北农学报，27（增刊）：382-385.

张顺益，2015. 桃小食心虫滞育特性和危害苹果后果实的生理适应性研究［D］. 泰安：山东农业大学.

张斯斯，2014. 模拟增温对菊科 2 种入侵植物繁殖生态学及光合特性的影响［D］. 重庆：西南大学.

张斯斯，肖宜安，邓洪平，等，2016. 短期增温对入侵植物一年蓬开花物候与繁殖分配的影响［J］. 西南大学学报（自然科学版），38（1）：53-59.

张涛，吴云锋，曹瑛，等，2012. 李属坏死环斑病毒病研究进展［J］. 北方果树，1：1-3.

张伟，莫桂花，1992. 巴音郭楞州首次发现梨黄粉蚜［J］. 新疆农业科学（3）：123.

张文玲，2005 我国进出境植物检疫面临的问题及对策［D］. 南京：南京农业大学.

张小菊，2019. 进出境瓜类种子中 10 种主要病原物微阵列芯片高通量检测技术研究［D］. 乌鲁木齐：新疆农业大学.

张新宇，2020 棉花不同抗性品种根系分泌物对黄萎病菌基因表达的影响［D］. 石河子：石河子大学．

张学坤，姚兆群，赵思峰，等，2012. 分枝（瓜）列当在新疆的分布、危害及其风险评估［J］. 植物检疫，26（6）：31-33.

张学祖，1957. 苹果蠹蛾（*Carpocapsa pomonella* L.）在我国的新发现［J］. 昆虫学报（4）：467-472.

张娅，2020. 砀山酥梨病虫害绿色防控技术［J］. 安徽农学通报，26（10）：77-78.

张艳，2009. 番茄溃疡病菌的分子检测及其生防链霉菌 L-Z-22 的研究［D］. 保定：河北农业大学．

张颖，段立清，段文昌，等，2012. 枸杞瘿螨虫瘿发生与螨量关系的研究［J］. 内蒙古农业大学学报（自然科学版），33（21）：84-86.

张映合，陈卫民，2011. 向日葵黑茎病在新疆的风险评估［C］. 中国植物病理学会 2011 年学术年会论文集，148-152.

张永强，严俊鑫，张鑫乾，等，2013. 双斑长跗萤叶甲对园林植物嗜食性及药剂毒力测定［J］. 东北林业大学学报，41（5）：140-143.

张勇，刘正兴，2018. 阿克苏地区枣园桃小食心虫发生规律及防控措施［J］. 农村科技（4）：38-39.

张勇，武钢，王兰，等，2014. 深翻对长期连作棉田黄萎病防治效果的调查分析［J］. 新疆农垦科技，37（6）：25-26.

张宇凡，王小艺，2019. 星天牛生物防治研究进展［J］. 中国生物防治学报，35（1）：134-145.

张原，焦晓丹，祖英治，等，2012. 黑龙江马铃薯甲虫疫情监测工作现状及建议［J］. 中国植保导刊，32（6）54-55.

张真，王鸿斌，陈国发，等，2022. 信息化学物质在害虫监测中的应用［J］. 昆虫学报，65（3）：351-363.

章士美，赵泳祥，1996. 中国农林昆虫地理分布［M］. 北京：中国农业出版社．

章正，王圆，姚文国，等，1995. 中美小麦矮腥黑穗病菌鉴定合作研究：I. 自发荧光显微学特性研究［J］. 植物病理学报（3）：199-206.

赵吉柱，滑雪，陶波，2010. 不同处理方法对假苍耳种子萌发的影响［J］. 东北农业大学学报，41（8）：15-18.

赵静妮，许益镌，2015. 基于互联网的红火蚁在中国伤人事件调查［J］. 应用昆虫学报，52（6）：1409-1412.

赵添羽，何蕊，华玉涛，2022. 我国"十三五"时期重要外来物种入侵防控科技进展与展望［J］. 生物安全学报，31（2）：95-102.

赵廷昌，王克，白金铠，等，1993. 东北地区番茄细菌性溃疡病的发生和病原菌鉴定研究［J］. 植物病理学报，23（1）：29-34.

赵威，王艳杰，李琳，等，2017. 野燕麦繁殖和抗逆特性及其对小麦的他感效应研究［J］. 中国生态农业学报，25（11）：1684-1692.

赵微，陶波，2009. 外来杂草假苍耳（*Iva xanthifolia*）化感作用研究［J］. 东北农业大学学报，40（4）：21-24.

赵文学，冉永正，王翠萍，等，2004. 济南地区三裂叶豚草发生及控防措施［J］. 植物检疫，18（6）：370-370.

赵友福，林伟，1995. 应用地理信息系统对梨火疫病可能分布区的初步研究［J］. 植物检疫（6）：321-326.

赵友福，张从仲，1996. 利用 MARYBLYT 模型预测中国各栽培区划梨火疫病发生的可能严重性［J］. 植物检疫（4）：6-10.

赵昱玮，南敏伦，吕雪峰，等，2010. 一年蓬超临界提取物的 GC-MS 测定［J］. 中国医药指南，8（34）：222-223.

郑雅楠，祁金玉，孙守慧，等，2012. 白蛾周氏啮小蜂 *Chouioia cunea* Yang 的研究和生物防治应用进展 [J]. 中国生物防治学报，28（2）：275-281.

郑银英，洪霓，王国平，等，2006. 苹果茎沟病毒梨分离物外壳蛋白基因的克隆和序列分析 [J]. 植物病理学报，36（1）：62-67.

郑银英，王国平，洪霓，等，2005. 苹果茎沟病毒部分分离物的生物学特性与分子鉴定 [J]. 植物保护学报，32（3）：266-270.

郅军锐，李景柱，盖海涛，2010. 西花蓟马取食不同豆科蔬菜的实验种群生命表 [J]. 昆虫知识，47（2）：313-317.

中国科学院动物研究所，1981. 中国科学院动物研究所中国蛾类图鉴 1 [M]. 北京：科学出版社，749-950.

中国科学院中国植物志编辑委员会，1979. 中国植物志 64（1）卷 [M]. 北京：科学出版社.

中国农科院植保所，中国植保学会，2015. 中国农作物病虫害中册（第三版）[M]. 北京：中国农业出版社：390-397.

钟天润，李恩普，王春林，等，2004. 加拿大苜蓿黄萎病的发生控制情况 [J]. 中国植保导刊，24（2）：44.

钟勇，黄静，陈展册，2023. 关于异宠监管的思考和建议 [J]. 植物检疫，37（2）：23-25.

周爱明，2009. 进出境货物携带红火蚁风险和检疫处理研究 [D]. 广州：华南农业大学.

周才丽，2009. 玉米三点斑叶蝉的识别及防治措施 [J]. 新疆农垦科技，32（6）：19-20.

周国梁，尚琳琳，于翠，等，2010. 进境油菜籽中黑胫病菌和茎基溃疡病菌的检测 [J]. 植物保护学报，37（4）：289-294.

周浩，黄宁珍，郭伦发，等 .2012. 菟丝子寄生真菌 YTJ-8 的分离和鉴定 [J]. 西南农业学报，25（1），157-160.

周涛，杨普云，赵汝娜，等，2014. 警惕番茄褪绿病毒在我国的传播和危害 [J]. 植物保护，40（5）：196-199.

周尧，1982. 中国盾蚧志（第一卷）[M]. 西安：陕西科学技术出版社，142-146.

周玉玲，2016. 外来入侵生物-毒莴苣的识别与防治 [J]. 新疆农业科技（2）：35-36.

周肇慧，严进，2001. 大豆疫病的种子带菌和传病研究 [J]. 粮食储藏，30（6）：3-6.

周忠实，郭建英，李保平，等，2011. 豚草和空心莲子草分布与区域减灾策略 [J]. 生物安全学报，20（4）：263-266.

周忠实，郭建英，万方浩，2015，利用天敌昆虫治理豚草的研究进展 [J]. 中国生物防治学报，31（5）：657-665.

朱丹，鲁佳雄，钟问，等，2017. 新疆马铃薯叶甲寄生蜂天敌资源调查研究 [J]. 新疆农业科学，54（12），2248-2254.

朱虹昱，刘伟，崔艮中，等，2012. 苹果蠹蛾迷向防治技术效果初报 [J]. 应用昆虫学报，49（1）：121-129.

朱晓锋，安尼瓦尔·肉孜，宋博，等，2020. 新疆发现悬铃木方翅网蝽 *Corythucha ciliata*（Say）发生与危害 [J]. 新疆农业科学，57（10）：1849-1854.

朱晓锋，徐兵强，宋博，等，2021. 植保无人机施药对核桃黑斑蚜和黄刺蛾的田间防效评价 [J]. 新疆农业科学，58（11）：2077-2083.

朱秀，2021. 枸杞红瘿蚊拟长尾小蜂生物学特性及其寄主识别的化学生态机制研究 [D]. 北京：北京协和医学院.

朱学松，刘英，戴实忠，等，2021.3 种药剂对苹果园橘小实蝇的防治试验 [J]. 云南农业科技（3）：9-10.

祝心如，王威，赵国镇，等，1995. 三裂叶豚草（*Ambrosia trifida*）对大豆根系生长及其结瘤的影响 [J]. 生态学报，17（4）：407-411.

訾莉莉，2018. 阿拉尔垦区枣树"两虫一病"的防治研究 [D]. 阿拉尔：塔里木大学.

宗园园，刘磊，李涛，2012，等. 类番茄抗番茄黄花曲叶病毒 QTL 的定位 [J]. 园艺学报，39（5）：915-922.

Aly R，2013. Trafficking of molecules between parasitic plants and their hosts [J]. Weed Research，53（4），231-241.

Amrine J W，Stasny T A H，Flechtmann C H W，2003. Revised keys to world genera of Eriophyoidea（Acari：Prostigmata）[J]. Indira Publishing House.

Antoniou P P，Tjamos E C，Panagopoulos C G，1995. Use of soil solarization for controlling bacterial canker of tomato in plastic houses in Greece [J]. Plant Pathology，44：438-447.

Armbrecht I，Ulloa-Chacón P，2003. The little fire ant *Wasmannia auropunctata*（Roger）（*Hymenoptera：Formicidae*）as a diversity indicator of ants in tropical dry forest fragments of Colombia [J]. Environ Entomol，32（3）：542-547.

Aybeke M，Şen B，Ökten S，2014. *Aspergillus alliaceus*，a new potential biological control of the root parasitic weed Orobanche [J]. Journal of Basic Microbiology，54（5），S93-S101.

Babendreier，2000. Life history of *Aptesis nigrocincta*（Hymenoptera：Ichneumonidae）*a cocoon parasitoid of the apple sawfly*，*Hoplocampa testudinea*（Hymenoptera：*Tenthredinidae*）[J]. Bulletin of Entomological Research，90（4）.

Bahder B W，Naidu R A，Daane K M，et al.，2013. Pheromone-Based Monitoring of *Pseudococcus maritimus*（Hemiptera：*Pseudococcidae*）Populations in Concord Grape Vineyards [J]. Journal of Economic Entomology，106（1）：482-490.

Bao Y Z，Yao Z Q，Cao X L，et al.，2017. Transcriptome analysis of *Phelipanche aegyptiaca* seed germination mechanisms stimulated by fluridone，TIS108，and GR24 [J]. Plos ONE，12（11）：e0187539.

Barnett K A，Steckel L E，2013. Giant ragweed（*Ambrosia trifida*）competition in cotton [J]. Weed science，61（4）：543-548.

Baskin J M，Baskin C C，1980. Ecophysiology of secondary dormancy in seeds of *Ambrosia artemisiifolia* [J]. Ecology，61（3）：475-480.

Billard E，Goyet V，Delavault P，et al.，2020. Cytokinin treated microcalli of *Phelipanche ramosa*：an efficient model for studying haustorium formation in holoparasitic plants [J]. Plant Cell，Tissue and Organ Culture，141（3），543-553.

Borse R H，Mahajan U B，1981. Studies on the relative efficiency of triazine compounds，2.4- D and slow release 2，4- D in comparison with mechanical methods of weed control in hvbrid jowar（CSH-1）（Sorghum bicolor（Linn.）Moench）[J]. Journal of Maharashtra Agricutural Universities，6（2）：161-163.

Brandel M，2004. Dormancy and Germination of Heteromorphic Achenes of *Bidens frondose* [J]. Flora：Morphology，Distribution，Functional Ecology of Plants，199（3）：228-233.

Briddon R W，Mansoors，Bedford I D，et al.，2001，Identification of DNA components required for induction of cotton leaf curl disease. Virology，285（2）：234-243.

Caffrey J M，Baars J R，Barbour J H，et al.，2014. Tackling Invasive Alien Species in Europe [J]. The Top 20 Issues. Management of Biological Invasions，5（1）：1-20.

Campos M R，Biondi A，Adiga A，et al.，2017. From the western palaearctic region to beyond：Tuta absoluta 10 years after invading Europe [J]. Journal of Pest Science, 90 (3): 787-796.

Cao X, Xiao L, Zhang L, et al., 2023. Phenotypic and histological analyses on the resistance of melon to *Phelipanche aegyptiaca*. Front Plant Sci, 14: 1070319.

CDB (Convention on Biological Diversity). What are invasive alien species?[2021-05-11]. http: www. cbd. int/invasive/what are IAS. shtml/.

Chalupnikova J, Kundu J K, Singh K, et al., 2017. *Wheat streak mosaic virus*: incidence in field crops, potential reservoir within grass species and uptake in winter wheat cultivars [J]. Journal of Integrative Agriculture, 16: 60345-60357.

Chen D L, Muhae-Ud-Din G, Liu T G, et al., 2021. Wheat varietal response to *Tilletia controversa* J. G. Kühn using qRT-PCR and laser confocal microscopy [J]. Genes, 12 (3), 425.

Chen M S, Wheeler S, Davis H, et al., 2014. Molecular markers for species identification of *Hessian fly* males caught on sticky pheromone traps [J]. Journal of Economic Entomology, 107 (3): 1110-1117.

Chen X L, Ning D D, Xiao Q, et al., 2022. Factors affecting the geographical distribution of invasive species in China [J]. Scientia Agricultura Sinica, 21 (4): 1116-1125.

Chen Y D, Dong J H, Bennetzen J L, et al., 2017. Integrating transcriptome and microRNA analysis identifies genes and microRNAs for AHO-induced systemic acquired resistance in N. tabacum [J]. Scientific Reports, 7 (1), 12504-12516.

Cheng Y, Huang C, Chang C, et al., 2019. Identification and characterisation of *Watermelon green mottle mosaic virus* as a new cucurbit - infecting tobamovirus [J]. Annals of Applied Biology, 174 (1): 31-39.

Choi G S, 2001. Occurrence of two tobamovirus diseases in cucurbits and control measures in korea [J]. Plant Pathology Journal, (17): 243-248.

Clark D P, Pazdernik N J, McGehee M R, 2019. Chapter 24-viruses, viroids, and prions. Molecular Biology, 3rd ed. [M]. The Netherlands, 749-792.

Clermont K, Wang Y X, Liu S M, et al., 2019. Comparative metabolomics of early development of the parasitic plants *Phelipanche aegyptiaca* and *Triphysaria versicolor* [J]. Metabolites, 9 (6): 114.

Cochran L C, Hutchins L M, 1941. A severe ring -spot virus on peach [J]. Phytopathology, 31: 860.

Coskuncelebi K, Terzio G, Lu S, et al., 2007, A New Alien Species for the Flora of Turkey: *Bidens frondosa* L. (Aster-aceae) [J]. Turkish Journal of Botany, 31 (5): 477-479.

Costea M, Tardif F J, 2006. The biology of Canadian weeds. 133. *Cuscuta campestris* Yuncker, *C. gronovii* Willd. ex Schult. *C. umbrosa* Beyr. ex Hook. *C. epithymum* (L.) L. and *C. epilinum* Weihe. [J]. Canadian Journal of Plant Science, 86 (1), 293-316.

Davidson J A, Miller D R, 1990. Ornamentalplants [C]. In: D. Rosen (ed.), *Armoured scale* insects, their biology, natural enemies and control. Elsevier, Amsterdam, the Netherlands, 4B: 603-632.

Dawson W O, 1992. Tobamovirus-plant interactions [J]. Virology, 186 (2): 359-367.

De Clercq E M, Let S, Estrada-Pe A A, et al., 2015. Species distribution modelling for *Rhipicephalus microplus* (Acari: Ixodidae) in Benin, West Africa: comparing datasets and modelling algorithms [J]. Preventive Veterinary Medicine, 118 (1): 8-21.

De Meyer M, Robertson M P, Peterson A T, et al., 2008. Ecological niches and potential geographical distributions of Mediterranean fruit fly (*Ceratitis capitata*) and Natal fruit fly (*Ceratitis rosa*) [J]. Journal of Biogeography, 35 (2): 270-281.

Dellatorre F G, 2014. Rapid expansion and potential range of the invasive kelp *Undaria pinnatifida* in the Southwest Atlantic [J]. Aquatic Invasions, 4 (9): 693-700.

Desvignes J C, Grasseau N, Boye' R, et al., 1999. Biological properties of apple scar skin viroid: isolates, host range, different sensitivity of apple cultivars, elimination, and natural transmission [J]. Plant Disease, 83 (8): 768-772.

Diagne C, Leroy B, Vaissière A C, et al., 2021. High and rising economic costs of biological invasions worldwide [J]. Nature, 592 (7885): 571-576.

Dickens J C, 2006. Plant volatiles moderate response to aggregation pheromone in Colorado potato beetle [J]. Appl. Entomol, 130, 26-31.

Dicker G H L, 2015. Some Notes on the Biology of the Apple Sawfly, *Hoplocampa testudinea* (Klug) [J]. Journal of Horticultural Science, 28 (4) .

Ditschun S, Soltani N, Robinson D E, et al., 2016. Control of glyphosate-resistant giant ragweed (*Ambrosia trifida* L.) with isoxaflutole and metribuzin tankmix [J]. American Journal of Plant Sciences, 7 (6): 916.

Doherty T S, Glen A S, Nimmo D G, et al., 2016. Invasive predators and global biodiversity loss [J]. Proceedings of the National Academy of Sciences, 113: 11261-11265.

Dong H, Song Z, Liu T, et al., 2020. Causes of differences in the distribution of the invasive plants *Ambrosia artemisiifolia* and *Ambrosia trifida* in the Yili Valley, China [J]. Ecology and Evolution, 10 (23): 13122-13133.

Dou L M, Han L L, Zhang J, et al., 2008. Cloning, expression and activity of cre11a gene from *Bacillus thuringiensis* isolate [J]. Chinese Journal of Agricutural Biotec hnology, 5 (1), 49-53.

Du Z Z, Zong Q Q, Gao H F, et al., 2021. Development of an Agrobacterium tumefaciens-mediated transformation system for *Tilletia controversa* Kühn [J]. Journal of Microbiological Methods, 189: 106313.

Dubey N K, Eizenberg H, Leibman D, et al., 2017. Enhanced host-parasite resistance based on down-regulation of *Phelipanche aegyptiaca* target genes is likely by mobile small RNA [J]. Fronties Plant Science, 8: e1574.

Early R, Bradley B A, Dukes J S, et al., 2016. Global threats from invasive alien species in the twenty-first century and national response capacities [J]. Nature Communications, 7: 1-9.

Edwards P J, Frey D, Bailer H, et al., 2006, Genetic variation in native and invasive populations of *Erigeron annuus* as assessed by RAPDmarkers [J]. Int J Plant Sci, 167 (1): 93-101.

Elton C S, 1958. The Ecology of Invasions by Animals And Plants [M]. Methuen, London.

Faradonbeh N H, Darbandi E I, Karimmojeni H, et al., 2020. Physiological and growth responses of cucumber (*Cucumis sativus* L.) genotypes to Egyptian broomrape [*Phelipanche aegyptiaca* (Pers.) Pomel] parasitism [J]. Acta Physiologiae Plantarum, 42 (8): 140.

Farrokhi Z, Alizadeh H, Alizadeh H, et al., 2019. Host-induced silencing of some important genes involved in osmoregulation of parasitic plant *Phelipanche aegyptiaca* [J]. Molecular Biotechnology, 61 (12): 929-937.

Flanders K L, Reisig D D, Buntin G D, et al., 2013. Biology and management of *Hessian fly* in the Southeast [J]. Alabama Cooperative Extension System, 1069.

Forster M K, Sedaghatjoo S, Maier W, et al., 2022. Discrimination of *Tilletia controversa* from the T. caries T. laevis complex by MALDI-TOF MS analysis of teliospores [J]. Applied Microbiology and Biotechnology, 106 (3): 1257-1278.

Francischini A C, Constantin J, Oliveira Jr R S, et al., 2014. First report of *Amaranthus viridis* resistance to herbicides. Planta daninha, 32 (3): 571-578.

Franklin M T, 1972. *Heterodera schachtii*. CIH Descriptions of plant parasitic nematodes, Set 1, No. 1. St Albans, UK, Commonwealth Institute of Helminthology, 4.

Fu K Y, Li Q, Zhou L T, et al., 2016. Knockdown of juvenile hormone acid methyl transferase severely affects the performance of *Leptinotarsa decemlineata* (Say) larvae and adults [J]. Pest Management Science, 72 (6): 1231-1241.

Fukuta S, Kato S, Yoshida K, et al., 2003. Detection of Tomato Yellow Leaf Curl Virus by Loop-Mediated Isothermal Amplification Reaction [J]. Journal of Virological Methods, 112 (1-2): 35-40.

Ganie Z A, Lindquist J L, Jugulam M, et al., 2017. An integrated approach to control glyphosate-resistant *Ambrosia trifida* with tillage and herbicides in glyphosate-resistant maize [J]. Weed Research, 57 (2): 112-122.

Gao L, Chen W Q, Liu T G, 2010. Development of a SCAR marker by inter-simple sequence repeat for diagnosis of dwarf bunt of wheat and detection of *Tilletia controversa* KüHN [J]. Folia Microbiol (Praha), 55 (3): 258-264.

Gao L, Li B M, Feng C W, et al., 2015. Detection of *Tilletia controversa* using immunofluorescent monoclonal antibodies [J]. Journal of Applied Microbiology, 118 (2), 497 - 505.

Gao L, Yu H X, Han W S, et al., 2014. Development of a SCAR marker for molecular detection and diagnosis of *Tilletia controversa* Kühn, the causal fungus of wheat dwarf bunt [J]. World Journal of Microbiology and Biotechnology, 30 (12): 3185-3195.

Goldwasser Y, Miryamchik H, Rubin B, et al., 2001. Field dodder (*Cuscuta campestris*) —a new model describing temperature-dependent seed germination [J]. Weed Science, 64 (1): 53-60.

Gong Q, Yang Z E, Wang X Q, et al., 2017. Salicylic acid-related cotton (*Gossypium arboreum*) ribosomal protein GaRPL18 contributes to resistance to *Verticillium dahliae* [J]. BMC Plant Biol, 17 (1): 59.

Goplen J J, Sheaffer C C, Becker R L, et al., 2018. Giant ragweed (*Ambrosia trifida*) emergence model performance evaluated in diverse cropping systems [J]. Weed Science, 66 (1): 36-46.

Goyet V, Billard E, Pouvreau J B, et al., 2017. Haustorium initiation in the obligate parasitic plant *Phelipanche ramosa* involves a host-exudated cytokinin signal [J]. Journal Experimental Botany, 68 (20), 5539-5552.

Graf B, Hopli H U, Hohn H, et al., 1996. Modelling spring emergence of the apple sawfly *Hoplocampa testudinea* Klug (*Hymenoptera, Tenthredinidae*) [J]. Acta Horticulturae (416).

Guo H, Gong X L, Li G C, et al., 2022. Functional analysis of pheromone receptor repertoire in the fall armyworm, *Spodoptera frugiperda* [J]. Pest Manag Sci, 78 (5): 2052-2064.

Guo W C, Liu X P, Fu K Y, et al., 2015a. Functions of nuclear receptor HR3 during larval-pupal molting in *Leptinotarsa decemlineata* (Say) revealed by in vivo RNA interference [J]. Insect Biochemistry and Molecular Biology, 63: 23-33.

Guo W C, Liu X P, Fu K Y, et al., 2016a. Nuclear receptor E75 is required for the larval-pupal metamorphosis in the Colorado potato beetle *Leptinotarsa decemlineata* (Say) [J]. Insect Molecular Biology, 25 (1): 44-57.

Guo W C, Wang Z A, Luo X L, et al., 2016b. Development of selectable marker-free transgenic potato plants expressing cry3A against the Colorado potato beetle (*Leptinotarsa decemlineata* Say) [J]. Pest Manag Sci, 72 (3): 497-504.

Guo, W C, Fu K Y, et al., 2015b. Instar-dependent systemic RNA interference response in *Leptinotarsa decemlineata* larvae [J]. Pesticide Biochemistry and Physiology, 123: 64-73.

Göre M E, Erdog O, Caner Ö K, et al., 2014. VCG diversity and virulence of *Verticillium dahliae* from commercially available cotton seed lots in Turkey [J]. Eur J Plant Pathol, 140: 689-699.

Hadidi A, Barba M, Ni H, et al., 2017. Apple Scar Skin Viroid [M]. Viroids and Satellites. Academic press, 217-228.

Haible D, Kober S, Jeske H, 2006. Rolling Circle Amplification Revolutionizes Diagnosis and Genomics of Geminiviruses [J]. Journal of Virological Methods, 135 (1): 9-16.

Hayat S, Wang K, Liu B, et al., 2020. A two-year simulated crop rotation confirmed the differential infestation of Broomrape species in China is associated with crop-based biostimulants [J]. Agronomy-Basel, 10 (1): 18.

He T, Xu T S, Muhae-ud-In G, et al., 2022. ITRAQ-Based proteomic analysis of wheat (*Triticum aestivum*) spikes in response to *Tilletia controversa* Kühn and *Tilletia foetida* Kühn infection, causal organisms of dwarf bunt and common bunt of wheat [J] Biology, 11: 865.

Hoffmann J A, 1982. Bunt of wheat [J]. Plant disease, 66: 979-987.

Hopkins, D L, Thompson, C M, 2002. Seed Transmission of *Acidovorax avenae* subsp. *citrulli* in Cucurbits [J]. HortScience, 37 (6): 924-926.

Huang D C, Zhang R Z, Ke C K, et al., 2012. Spatial Pattern and Determinants of the First Detection Locations of Invasive Alien Species in Mainland China. PLoS ONE, 7 (2): e31734.

Inderbitzin P, Subbarao K V, 2014. Verticillium systematics and evolution: Implications of information confusion on *Verticillium wilt* management and potential solutions [J]. Phytopathology, 104: 564-574.

Jia H Y, Muhae-ud-In G, Zhang H, et al., 2022. Characterization of rhizosphere microbial communities for disease incidence and optimized concentration of difenoconazole fungicide for controlling of wheat dwarf bunt [J]. Frontiers in Microbiology, 13, 863176.

Jiang C, Zhang Y, Yao K, et al., 2021. Development of a Species-Specific SCAR-PCR Assay for Direct Detection of Sugar Beet Cyst Nematode (*Heterodera schachtii*) from Infected Roots and Soil Samples [J]. Life (Basel), 11 (12): 1358.

Jiang N J, Mo B T, Guo H, et al., 2022. Revisiting the sex pheromone of the fall armyworm *Spodoptera frugiperda*, a new invasive pest in South China [J]. Insect Sci, 29 (3): 865-878.

Jiao, K L, Zhou, X Y, Qiao, H L, et al., 2020. A new species of gall midge (Diptera: Cecidomyiidae) damaging flower buds of goji berry *Lycium barbarum* (Solanaceae) [J]. Journal of Asia-Pacific Entomology, 23 (4), 930-934.

Johnson R, Crafton R E, Upton H F, 2017. Invasive species: major laws and the role of selected federal agencies [M]. Washington, D C: Congressional Research Servic.

Kaitong D K T, Liu S J, Chen Z R, et al., 2017. Full genome sequence of jujube mosaic associated virus, a new member of the family Caulimoviridae [J]. Arch Virol.

Kamali H, Sijani M, Bazoobandi M, 2016. Biological characteristics of almond bud mite, *Acalitus phloeocoptes* (Nalepa) (Acari: Eriophyoidea) in Khorasan-e-Razavi Province [J]. Plant Pests Research, 6 (2): 63-74.

Kandul N P, Liu J, Sanchez C. H M, et al., 2019. Transforming insect population control with precision guided sterile males with demonstration in flies [J]. Nature Communications, 10 (1): 84-98.

Kauppinen S, Petruneva E, 2014. Producing sea buckthorn of high quality [C]. Proceedings of the 3rd European Workshop on Sea Buckthorn.

Kim D H, Cho M R, Yang C Y, et al., 2016. Host range screening of the sugar beet nematode, *Heterodera schachtii* Schmidt [J]. Korean journal of applied entomology, 55 (4): 389-403.

Kim J Y，Choi Y J，Shin H D，2010. Downy mildew caused by *Peronospora farinose* f. sp. betae newly reported on Swiss chard in Korea [J]. Plant Pathology，59 (2)：405.

Kirkland H，2018. *Cryptorhynchus lapathi* (L.) in Massachusetts [J]. Psyche：A Journal of Entomology：8 (278) .

Kokla A，Melnyk C W，2018. Developing a thief：Haustoria formation in parasitic plants [J]. Developmental Biology，442 (1)，53-59.

Kong Y，Liu X P，Wan P J，et al. ，2014. The P450 enzyme Shade mediates the hydroxylation of ecdysone to 20-hydroxyecdysone in the Colorado potato beetle，*Leptinotarsa decemlineata* [J]. Insect Molecular Biology，23：632-643.

Laidlaw W M R，1985. A method for the detection of the resting sporangia of potato wart disease (Synchytrium endobioticum) in the soil of old outbreak sites [J]. Potato Research，28：223-232.

Lanini W，Kogan M，2005. Biology and management of Cuscuta in crops [J]. Cienciae Investigacion Agraria，32：165-179.

Laverty C，Green K D，Dick J，et al. ，2017. Assessing the ecological impacts of invasive species based on their functional responses and abundances [J]. Biological Invasions：1-13.

Lear B，Miyagawa S T，Johnson D E，et al. ，1966. The sugar beet nematode associated with reduced yields of cauliflower and other vegetable crops [J]. Plant Disease Report，50：611-612.

Lebcdal A，Dolczaloval l，Krlstkova E，et al. ，2007. Acquisition and ecological characterization of *Lactuca serriolu* L，germplasm collected in the Czech Republic，Ucrmany，the Netherlands and United Kingdom [J]. Genetic Resources and Crop Evolution，54 (3)：555-562.

Levy D，Lapidot M，2008. Effect of Plant Age at Inoculation On Expression of Genetic Resistance to Tomato *Yellow leaf curl virus* [J]. Archives of Virology，153 (1)：171-179.

Li F Q，Fu N N，Qu C，et al. ，2017. Understanding the Mechanisms of Dormancy in an Invasive Alien Sycamore Lace Bug，*Corythucha ciliata* through Transcript and Metabolite Profiling [J]. Rep，7 (1)：2631.

Li F，Qiao R，Yang X，et al. ，2022. Occurrence，Distribution，and Management of *Tomato yellow leaf curl virus* in China [J]. Phytopathology research，4 (1)：1-12.

Li J X，Liu S，Gu Q S，2016. Transmission efficiency of *Cucumber green mottle mosaic virus* via Seeds，soil，pruning and irrigation water [J]. Journal of Phytopathology，164 (5)：300-309.

Li Y M，Wang L H，Li S L，et al. ，2007. Seco-pregnane steroids target the subgenomic RNA of alphavirus-like RNA viruses [J]，PNAS，104 (19)：8083-8088.

Linda M，Han H X，James S，2007. Moths of the tribe Pseudoterpini：a review of the genera [J]. Zoological Journal of the Linnean Society，150：343-412.

Lindquist E E，Amrine J W，1996. Systematics，diagnoses for major taxa，and keys to families and genera with species on plant of economic importance. In：Lindquist EE，Sabelis MW，Bruin J (eds) Eriophyoid mites，their biology，nature enemies and control [M]. World crop pests，6：33-87.

Liu B J，Wang Y X，Zhang G X，et al. ，2022. Complete genome sequence of a novel virus belonging to the genus Badnavirus in jujube (Ziziphus jujuba Mill.) in China [J]. Archive of virous.

Liu J H，Gao L，Liu T G，et al. ，2009. Development of a sequence-characterized amplified region marker for diagnosis of dwarf bunt of wheat and detection of *Tilletia controversa* Kühn [J]. Letters in Applied Microbiology，49 (2)，235-240.

Liu J J，Li C，Muhae-Ud-Din G，et al. ，2020. Development of the droplet digital PCR to detect the teliospores of *Tilletia controversa* Kühn in the soil with greatly enhanced sensitivity [J]. Front. Microbiol 7，

11: 1-9.

Logan J A, Régnière J, Gray D R, et al., 2007. Risk assessment in the face of a changing environment: gypsy moth and climate change in Utah [J]. Ecological Applications, 17 (1): 101-117.

Louarn J, Boniface M C, Pouilly N, et al., 2016. Sunflower resistance to Broomrape (*Orobanche cumana*) is controlled by specific QTLs for different parasitism stages [J]. Fronties Plant Science, 7: 590.

Lozano G, Moriones E, Navas-Castillo J, 2020. Complete nucleotide sequence of the RNA 2 of the Crinivirus tomato chlorosis virus [J]. Archives of Virology, 151 (3), 581-587.

Lü F G, Fu K Y, Guo W C, et al., 2015. Characterization of two juvenile hormone epoxide hydrolases by RNA interference in the Colorado potato beetle [J]. Gene, 570: 264-271.

Luan J B, Wang X W, Colvin J, et al., 2014. Plant-Mediated Whitefly-Begomovirus Interactions: Research Progress and Future Prospects [J]. Bulletin of Entomological Research, 104 (3): 267-276.

Malumphy C, Anderson H, 2016. Plant pest factsheet: Globose scale, *Sphaerolecanium prunastri* [EB/OL]. https: // planthealthportal. defra. gov. uk/assets/factsheets/Plant-Pest-Factsheet-S. -prunastri-June-2016v3. pdf, [2016-09-28] (2020. 10. 31).

Mansoor S, Bedford I, Pinner M S, et al., 1993, A whitefly transmitted geminivirus associated with cotton leaf curl disease in Pakistan. Pak. J. Bot., 25, 105-107.

Martel J W, Alford A R, Dickens J C, 2005. Laboratory and greenhouse evaluation of a synthetic host volatile attractant for Colorado potato beetle, *Leptinotarsa decemlineata* (Say) [J]. Agricultural and Forest Entomology, 7: 71-78.

McQuate G T, Liquido N J, Nakamichi K A A, 2017. Annotated world bibliography of host plants of the melon fly, *Bactrocera cucurbitae* (Coquillett) (Diptera: Tephritidae) [J]. Insecta Mundi.

Meinke L J, Souza D, Siegfried B D, 2021. The Use of Insecticides to Manage the Western Corn Rootworm, Diabrotica virgifera virgifera, LeConte: History, Field-Evolved Resistance, and Associated Mechanisms [J]. Insects, 12 (112): 1-22.

Meng Q W, Liu X P, Lü F G, et al., 2015. Involvement of a putative allatostatin in regulation of juvenile hormone titer and the larval development in *Leptinotarsa decemlineata* (Say) [J]. Gene 554: 105-113.

Meng Q W, Xu Q Y, Zhu T T, et al., 2019. Hormonal signaling cascades required for phototaxis switch in wandering *Leptinotarsa decemlineata* larvae [J]. Cold Spring Harbor Laboratory, 15 (1): e100-423.

Meyerson L A, Carlton J T, Simberloff D, et al., 2019. The growing peril of biological invasions [J]. Front Ecol Environ, 17 (4): 191-203.

Moneen M J, Jacqueline, 2012. Toxicity of Thiamethoxam and Mixtures of Chlorantraniliprole Plus Acetamiprid, Esfenvalerate, or Thiamethoxam to Neonates of Oriental Fruit Moth [J]. Journal of Economic Entomology, 105 (4).

Montagnani C, Gentili R, Smith M, et al., 2017. he worldwide spread, success, and impact of ragweed (*Ambrosia* spp.) [J]. Critical Reviews in Plant Sciences, 36 (3): 139-178.

Mooney H A, Cleland E E, 2001. The evolutionary impact of invasive species [J]. Proceedings of the National Academy of Sciences, 98 (10): 5446-5451.

Mozūraitis R, Aleknavičicus D, Vepstaite-Monstaviče I, et al., 2020. *Hippophae rhamnoides* berry related *Pichia kudriavzevii* yeast volatiles modify behaviour of *Rhagoletis batava* flies [J]. Journal of Advanced Research, 21 (C): 71-77.

Mutuku J M, Cui S K, Yoshida S, et al., 2020. Orobanchaceae parasite-host interactions [J]. New Phytology, 230 (1), 46-59.

Myung I S, Lee J Y, Yun M J, et al., 2016. Fire Blight of Apple, Caused by *Erwinia amylovora*, a new disease in Korea [J]. Plant Disease, 100 (8): PDIS-01-16-0024.

Nassib S, Hussein A, Saber H, et al., 1992. Effect of N, P, and K nutrients with a reduced rate of glyphosate on control and yield of faba bean in middle Egypt [J]. Egyptian Journal of Basic and Applied Sciences, 7: 720-730.

Nateshan H M, Muniyappa V, Swanson M M, et al., 1996. Host range, vector relations and serological relationships of cotton leaf curl virus from southern India. Ann. Appl. Biol., 128: 233-244.

Nemeth M, Schmelzer K, 1972. Der scharka virus der pflaume an prunus glandulosa thumo [J]. Acta Phytopath Acad Sci Hung, 7 (1): 193-196.

New T R, 2017. Mutualisms and insect conservation [J]. Cham: Springer International Publishing, 153-165.

Nikrooz B, 2020. Application of a erial remote sensing technology for detection of fire blight infected pear trees [J]. Computers and Electronics in Agriculture, (168): 1-7.

Norsworthy J K, Riar D, Jha P, et al., 2011. Confirmation, control, and physiology of glyphosate-resistant giant ragweed (Ambrosia trifida) in Arkansas [J]. Weed Technology, 25 (3): 430-435.

Ohtsuka Y, 1935. A new disease of apple, on the abnormality of fruit [J]. Journal of Japan Society Horticultural Scienc (in Japanese), 6: 44-53.

Otálora-Luna F, Dickens J C, 2011b. Multimodal stimulation of Colorado potato beetle reveals modulation of pheromone response by yellow light [J]. PLoS One, 6 (6): e20990.

Paddock K J, Robert C, Erb M, et al., 2021. Western Corn Rootworm, Plant and Microbe Interactions: A Review and Prospects for New Management Tools [J]. Insects, 12 (2): 171.

Page E R, Nurse R E, 2015. Cropping systems and the prevalence of giant ragweed (Ambrosia trifida): From the 1950's to present [J]. Field Crops Research, 184: 104-111.

Paini, D R, Sheppard A W, Cook D C, et al., 2016. Global threat to agriculture from invasive species [J]. Proceedings of the National Academy of Sciences, 113 (27): 7575-7579.

Paulin, J P, 1978. Biological control of fireblight: Preliminary experiments In: Proc. 4th Int. Conf. Plant Path. Bact. Angers: 525-526.

Pellizzari G, Porcelli F, Seljak G, et al., Some additions to the Scale insect fauna (Hemiptera: Coccoidea) of Crete with a check list of the species known from the island [J]. Journal of Entomological and Acarological Research Ser. II, 2011, 43 (3): 291-300.

Peng H, Liu H, Gao L, et al., 2022. Identification of Heterodera schachtii on sugar beet in Xinjiang Uygur Autonomous Region of China [J]. Journal of Integrative Agriculture, 21 (6): 1694-1702.

Perez Panduro A, Solis Aguilar J F, Trujillo Arriaga J, et al., 1990. Biological agents for population regulation of Tithonia tubaeformis (Jacq) Cass (Asteraceae), Amaranthus hybridus L. and Amaranthus spinosus L. (Amaranthaceae) in Chapingo, State of Mexico and Tecalitlan, Jalisco [J]. Revista Chapingo, 15 (67- 68): 126-129.

Pérez-Padilla V, Fortes I M, Romero-Rodríguez B, et al., 2020. Revisiting Seed Transmission of the Type Strain of Tomato yellow leaf curl virus in Tomato Plants [J]. Phytopathology, 110 (1): 121-129.

Pimentel D, 2014. Biological invasions: economic and environmental costs of alien plant, animal, and microbe species, Boca Raton: CRC press. Synthesis [M]. Island Press, Washington DC.

Polychronopoulos A G, Lownsbery B F, 1968. Effect of Heterodera schachtii on sugar beet seedings under monoxenic conditions [J]. Nematologica, 14: 526-534.

Psallidas P G, Tsiantos J, Vanneste J L, 2000. Chemical control of fire blight [J]. Fire Blight the Disease

&. Its Causative Agent Erwinia Amylovora.

Qin Y J，Zhang Y，Clarke Anthony R，et al.，2021. Including Host Availability and Climate Change Impacts on the Global Risk Area of *Carpomya pardalina* （Diptera：Tephritidae）［J］. Frontiers in Ecology and Evolution，9：1-10.

Qin Z，Di Tommaso A，Wu R S，et al.，2014. Potential distribution of two Ambrosia species in China under projected climate change［J］. Weed Research，54（5）：520-531.

Rafoss T，Saethre M G，2003. Spatial and temporal distribution of bioclimatic potential for the Codling moth and the Colorado potato beetle in Norway：model predictions versus Climate and field data from the 1990s［J］. Agricultural and Forest Entomology，5（1）：75-85.

Ramosa R S，Kumarb L，Shabanib F，et al.，Risk of Spread of *Tomato yellow leaf curl virus* （TYLCV） in Tomato Crops Under Various Climate Change Scenarios［J］，2019：524-535.

Reingold V，Lachman O，Koren A，et al.，2013. First report of *Cucumber green mottle mosaic virus* （CGMMV） symptoms in watermelon used for the discrimination of non-marketable fruitsin Israeli commercial fields［J］. New Disease Reports，28（1）：11.

Ren Z Y，Fang M K，Muhae-Ud-Din G，et al.，2021. Metabolomics analysis of grains of wheat infected and noninfected with *Tilletia controversa* Kühn［J］. Scientific Reports，11：18867.

Rice E L，1974. Allelopathy［M］. New Yoke：Academic Press.

Roskopf E N，Charudattan R，DeValerio J T，et al.，2000. Field evaluation of *Phomopsis amaranthicola*，a biological control agent of *Amaranthus* spp. ［J］. Plant Disease，84（11）：1225-1230.

Rudakov O L. 1963. The first results in the biological control of *Cuscuta* spp. ［J］. Zashchita Rast ot Vreditelei i Boleznei，8：25-26.

Saheed S A，Botha C E J，Liu L，et al.，2010. Comparison of structural damage caused by Russian wheat aphid （*Diuraphis noxia*） and Bird cherry-oat aphid （*Rhopalosiphum padi*） in a susceptible barley cultivar，Hordeum vulgare cv. Clipper［J］. Physiologia Plantarum，129（2）.

Salles M S，Lombardo De Barros C S，Lemos R A，et al.，1991. Perirenal edema associated with *Amaranthus* spp. poisoning in Brazilian swine［J］. Veterinary and Human Toxicology，33（6）：616-617.

Saric'Krsmanovic' M，Boz Ic D，Pavlovic' D，et al.，2013. Temperature effects on *Cuscuta campestris* Yunk. seed germination. ［J］. Pesticidi I Fitomedicina，28（3），187-193.

Schaffner U，Steinbach S，Sun Y，et al.，2020. Biological weed control to relieve millions from *Ambrosia allergies* in Europe［J］. Nature Communications，11（1）：1-7.

Seo J K，Kim M K，Kwak H R，et al.，2018. Molecular dissection of distinct symptoms induced by *Tomato chlorosis virus* and *Tomato yellow leaf curl virus* based on comparative transcriptome analysis ［J］. Virology，516，1-20.

Sharma A，Singh N，Rawat D S，et al.，2021. *Orobanche cumana* （Orobanchaceae），an addition to the flora of India from Himachal Pradesh （Western Himalaya） with a new host record［J］. Jaridin Botanique de Guyane，5（1），189-205.

Shi Y W，Yang H M，Chu M，et al.，2021. Differentiation and variability in the rhizosphere and endosphere microbiomes of healthy and diseased cotton （*Gossypium* sp. ）［J］. Frontiers in Microbiology，12：765269.

Siguenza C，Schoohow M，Turini T，et al.，Use of Cucumis metuliferus as a rootstock for melon to manage meloidogyne incognita［J］. Journal of Nematology，37（3）：276-280.

Sirwan B，Hassan A，Mohammad R，et al.，2010. Management of *Phelipanche aegyptiaca* Pomel. using trap crops in rotation with tomato （*Solanum lycopersicom* L. ）［J］. Australian Journal of Crop Science，

4 (6): 437-442.

Soesanthy F, Hapsari A, 2022. Efficacy of some plant extracts against mealybugs on cacao [J]. IOP Conference Series: Earth and Environmental Science, 974 (1).

Sorte C J B, Ibanez I, Blumenthal D M, 2013. Poised to prosper Across-system comparison of climate change effects on native and non-native species performance [J]. Ecol Lett, 16 (2): 261-270.

Speight M R, Hunter M D, Watt A D, 1999. Ecology of Insects: Concepts and Applications [M]. Blackwell Science Ltd, Oxford.

Steele A E, 1984. Nematode parasites of sugar beets [M] //Nickle W R. Plant and insect nematodes. New York: Marcel Dekker, 507-569.

Streito J C, 2006. Note On some Invasive Species of Tingidae: *Corythucha ciliata* (Say, 1932), *Stephanitis pyrioides* (Scott, 1874) and *Stephanitis takeyai* Drake & Maa, 1955 (*Hemiptera Tingidae*) [J]. Entomologiste, 62: 31-36.

Subbarao K, 2020. *Verticillium dahliae* (*Verticillium wilt*). Invasive Species Compendium [OL]. Wallingford, UK: CABI.

Sun G L, Xu Y X, Liu H, 2018. Large-scale gene losses underlie the genome evolution of parasitic plant *Cuscuta australis* [J]. Nature communications, 9: 2683.

Sun Y, Roderick G K, 2019. Rapid evolution of invasive traits facilitates the invasion of common ragweed, *Ambrosia artemisiifolia* [J]. Journal of Ecology, 107 (6): 2673-2687.

Thomson L J, Macfadyen S, Hoffmann A A, 2010. Predicting the effects of climate change on natural enemies of agricultural pests [J]. Biological control, 52 (3): 296-306.

Toyzhigitova B, Yskak S, Łozowicka B, et al., 2019, Biological and chemical protection of melon crops against *Myiopardalis pardalina* (Bigot). Journal of Plant Diseases and Protection.

Trtikova M, 2009. Effects of competition and mowing on growth and reproduction of the invasive plant *Erigeron annuus* at two contrasting altitudes [J]. Botan Helv, 119 (1): 1-6.

Van De Vossenberg B T L H, Van Gent-Pelzer M P E, Boerma M, et al., 2019. An alternative bioassay for *Synchytrium endobioticum* demonstrates the expression of potato wart resistance in aboveground plant parts [J]. Phytopathology, 109: 1043-1052.

Van Der Zwet T, Beer S V, 1991. Fire Blight: Its nature, prevention, and control-A practical guide to integrated disease management [J]. US Dep Agric, Agric Inform Bull, 34: 631.

Walcott R R, 2005. Bacterial fruit blotch of cucurbits [J]. Plant Health Instructor.

Walia Y, Dhir S, Zaidi A A, et al., 2015. Apple scar skin viroid naked RNA is actively transmitted by the whitefly *Trialeurodes vaporariorum* [J]. RNA Biology, 12 (10): 1131-1138.

Wallace H R, 1955. Factors influencing the emergence of larvae form cysts of the beet eelworm, *Heterodera schachtiis* Schm [J]. Journal of Helmintology, 29: 3-16.

Wan F H, Jiang M X, Zhan A B, 2017. Biological invasions and its management in China [M]. Singapore: Springer Nature Singapore Press Ltd.

Wan F H, Yang N W, 2015. Invasion and Management of Agricultural Alien Insects in China [J]. Annual Review of Entomology, 61 (1): 77-98.

Wan F H, Yang N W, 2016. Invasion and Management of Agricultural Alien Insects in China [J]. Annual Review of Entomology, 61 (1).

Wan P J, Fu K Y, Lü F G, et al., 2014a. A putative Δ1-pyrroline-5-carboxylate synthetase involved in the biosynthesis of proline and arginine in *Leptinotarsa decemlineata* [J]. Journal of Insect Physiology, 71: 105-113.

Wan P J，Fu KY，Lü F G，et al.，2015. Knocking down a putative Δ-1-pyrroline-5-carboxylate dehydro-genase gene by RNA interference inhibits flight and causes adult lethality in the Colorado potato beetle [J]. Pest Management Science，71：1387-1396.

Wan P J，Lü D，Guo W C，et al.，2014b. Molecular cloning and characterization of a putative proline de-hydrogenase gene in the Colorado potato beetle，*Leptinotarsa decemlineata* [J]. Insect science，21（2）：147-158.

Wang B，Yang X，Wang Y，et al.，2018. *Tomato yellow leaf curl virus* V2 Interacts with Host Histone Deacetylase 6 to Suppress Methylation-Mediated Transcriptional Gene Silencing in Plants [J]. Journal of Virology，92(18).

Wang C，Zhang S，Guo M B，et al.，2022. Optimization of a pheromone lure by analyzing the peripheral coding of sex pheromones of *Spodoptera frugiperda* in China [J]. Pest Manag Sci，78（7）：2995-3004.

Wang L，Lu Y Y，Xu Y J，et al.，2013. The current status of research on *Solenopsis invicta* Buren（Hy-menoptera：Formicidae）in Mainland China [J]. Asian Myrmecol，5：125-138.

Wang L，Xu Y J，Zeng L，et al.，2019. A review of the impact of the red imported fire ant *Solenopsis in-victa* Buren on biodiversity in South China [J]. J Integr Agr，18（4）：788-796.

Wang W，Zhu X，Liu W，1998. Influence of ragweed（*Ambrosia trifida*）on plant parasitic nematodes [J]. Journal of chemical ecology，24（10）：1707-1714.

Webb R E，Goth R W，1965. A seedborne bacterium isolated from watermelon [J]. Plant Disease Report-er，49：818-821.

Wei J，He Y，Guo Q，et al.，2017. Vector Development and Vitellogenin Determine the Transovarial Transmission of Begomoviruses [J]. Proceedings of the National Academy of Sciences，114（26）：6746-6751.

Wei S H，Zhang C X，Li X J，et al.，2009. Factors affecting buffalobur（*Solanum rostratum*）seed ger-mination and seedling emergence [J]. Weed Science（57）：521-525.

Whaley D K，2019. *Hessian fly* management in wheat [J]. Washington State University Extension Region-al Specialist E-2，Ag and Natural Resource Program Unit.

White J F，Bernstein D I，2003. Key pollen allergens in North America [J]. Annals of Allergy，Asthma & Immunology，91（5）：425-435.

Williamson M，1996. Biological invasions [M]. London，Chapman & Hall.

Wilson C E，Takano H K，Van Horn C R，et al.，2020. Physiological and molecular analysis of glypho-sate resistance in non-rapid response *Ambrosia trifida* from Wisconsin [J]. Pest management science，76（1）：150-160.

Wilson M，1993. Interactions between the biological control agent *Pseudomonas fluorescens* A506 and *Erwinia amylovora* in pear blossoms [J]. Phytopathology，83（1）：117-123.

Wisler G C，Duffus J E，Liu H Y，et al.，1998. Tomato chlorosis virus：a new whitefly-transmitted，Phloem-limited，bipartite closterovirus of tomato [J]. Phyto-pathology，88（5），405-409.

Wright A J D，Back M A，Stevens M，et al.，2019. Evaluating resistant brassica trap crops to manage *Heterodera schachtii*（Schmidt）infestations in eastern England [J]. Pest management science，75（2）：438-443.

Xin Y，Xiang R Z，Mingju Z，et al.，2011. Transgenic potato overexpressing the *Amaranthus caudatus* agglutinin gene to confer aphid resistance [J]. Crop science，51（5）：2119-2124.

Xu T S，Jiang W L，Qin D D，et al.，2021. Characterization of the microbial communities in wheat tissues and rhizosphere soil caused by dwarf bunt of wheat [J]. Scientific Reports, 11: 5773.

Yao K, Peng D, Jiang C, et al., 2021. Rapid and Visual Detection of *Heterodera schachtii* Using Recombinase Polymerase Amplification Combined with Cas12a-Mediated Technology. Int J Mol Sci, 22 (22): 12-77.

Yao K, Peng D, Jiang C, et al., 2021. Rapid and visual detection of *Heterodera schachtii* using recombinase polymerase amplification combined with Cas12a-mediated technology [J]. International journal of molecular sciences, 22 (22): 12577.

Yao Z Q, Tian F, Cao X L, et al., 2016. Global transcriptomic analysis reveals the mechanism of *Phelipanche aegyptiaca* seed germination [J]. International Journal of Molecular Sciences, 17, 1139.

Yazarlou A, Jafarpour B, Habili N, et al., 2012. First detection and molecular characterization of new apple scar skin viroid variants from apple and pear in Iran. Australasian [J]. Australasian Plant Disease Notes, 7 (1): 99-102.

Yoshida S, Cui S K, Ichihashi Y, et al., 2016. The haustorium, a specialized invasive organ in Parasitic plants [J]. Annual Review of Plant Biology, 67, 643-667.

Yuncker T G, 1932. The genus Cuscuta [J]. Memoirs of the Torrey Botanical Club, 18 (2): 109-331.

Zhao L H, Hu Z H, Li S L, et al., 2019. Diterpenoid compounds from Wedelia trilobata induce resistance to *Tomato spotted wilt virus* via the JA signal pathway in tobacco plants [J]. Scientific Reports, 9 (1): 2763-2775.

Zhao W, Liu T, Liu Y, et al., 2021. The significance of biomass allocation to population growth of the invasive species *Ambrosia artemisiifolia* and *Ambrosia trifida* with different densities [J]. BMC Ecology and Evolution, 21 (1): 1-13.

Zhou L T, Jia S, Wan P J, et al., 2013. RNA interference of a putative S-adenosyl-L-homocysteine hydrolase gene affects larval performance in *Leptinotarsa decemlineata* (Say) [J]. Journal of Insect Physiology, 59: 1049-1056.

Zhou Z X, Pang J H, Guo W C, et al., 2012. Evaluation of the resistance of transgenic potato plants expressing various levels of Cry3A against the Colorado potato beetle (*Leptinotarsa decemlineata* Say) in the laboratory and field [J]. Pest Manag Sci, 68: 1595-1604.

Zhu T T, Meng Q W, Guo W C, et al., 2015. RNA interference suppression of the receptor tyrosine kinase Torso gene impaired pupation and adult emergence in *Leptinotarsa decemlineata* [J]. Journal of Insect Physiology, 83: 53-64.

Zijp J P, Blommers L H M, 2002. Impact of the parasitoid *Lathrolestes ensator* (Hym., Ichneumonidae, Ctenopelmatinae) as antagonist of apple sawfly *Hoplocampa testudinea* (Hym Tenthredinidae) [J]. Journal of Applied Entomology, 126 (7-8).

图书在版编目（CIP）数据

新疆农林主要外来入侵生物监测与防控 / 郭文超主编 . —北京：中国农业出版社，2024.7
ISBN 978-7-109-31335-4

Ⅰ.①新… Ⅱ.①郭… Ⅲ.①侵入种－监测－新疆 Ⅳ.①Q111.2

中国国家版本馆 CIP 数据核字（2023）第 212144 号

新疆农林主要外来入侵生物监测与防控

XINJIANG NONGLIN ZHUYAO WAILAI RUQIN SHENGWU JIANCE YU FANGKONG

中国农业出版社出版

地址：北京市朝阳区麦子店街 18 号楼
邮编：100125
责任编辑：谢志新　郭晨茜
版式设计：杨　婧　责任校对：吴丽婷
印刷：北京通州皇家印刷厂
版次：2024 年 7 月第 1 版
印次：2024 年 7 月北京第 1 次印刷
发行：新华书店北京发行所
开本：787mm×1092mm　1/16
印张：39.5
字数：1000 千字
定价：498.00 元